心理学译丛
教材系列

Handbook of
Infant Mental Health, 3e

婴幼儿心理健康手册

（第3版）

[美] 小查尔斯·H·泽纳（Charles H. Zeanah, Jr.） 编
刘 文 等 译

中国人民大学出版社
·北京·

心理学译丛·教材系列
出版说明

我国心理学事业近年来取得了长足的发展。在我国经济、文化建设及社会活动的各个领域，心理学的服务性能和指导作用愈发重要。社会对心理学人才的需求愈发迫切，对心理学人才的质量和规格要求也越来越高。为了使我国心理学教学更好地与国际接轨，缩小我国在心理学教学上与国际先进水平的差距，培养具有国际竞争力的高水平心理学人才，中国人民大学出版社特别组织引进“心理学译丛·教材系列”。这套教材是中国人民大学出版社邀请国内心理学界的专家队伍，从国外众多的心理学精品教材中，优中选优，精选而出的。它与我国心理学专业所开设的必修课、选修课相配套，对我国心理学的教学和研究将大有裨益。

入选教材均为欧美等国心理学界有影响的知名学者所著，内容涵盖了心理学各个领域，真实反映了国外心理学领域的理论研究和实践探索水平，因而受到了欧美乃至世界各地的心理学专业师生、心理学从业人员的普遍欢迎。其中大部分教材多次再版，影响深远，历久不衰，成为心理学的经典教材。

本套教材以下特点尤为突出：

● 权威性。本套教材的每一本都是从很多相关版本中反复遴选而确定的。最终确定的版本，其作者在该领域的知名度高，影响力大，而且该版本教材的使用范围广，口碑好。对于每一本教材的译者，我们也进行了反复甄选。

● 系统性。本套教材注重突出教材的系统性，便于读者更好地理解各知识层次的关系，深入把握各章节内容。

● 前沿性。本套教材不断地与时俱进，将心理学研究和实践的新成果和新理论不断地补充进来，及时进行版次更新。

● 操作性。本套教材不仅具备逻辑严密、深入浅出的理论表述、论证，还列举了大量案例、图片、图表，对理论的学习和实践的指导非常详尽、具体、可行。其中多数教材还在章后附有关键词、思考题、练习题、相关参考资料等，便于读者的巩固和提高。

这套教材的出版，当能对我国心理学的教学和研究具有极大的参考价值和借鉴意义。

中国人民大学出版社

译者序

多年前，我曾经参加了由林崇德教授主持的《儿童心理学手册》的翻译工作，感觉受益匪浅。当我来主持翻译本书时，正好要开始建立婴儿实验室，此书恰如及时雨，像一位名师那样给了我很多指导。

赤子之心纯真虚广，稚约简朴，天真无邪。但在成长过程中，由于社会属性的增强，自然属性逐渐淡化，竟也发生了身心失衡的问题。“三岁看大，七岁看老”，婴儿期的发展影响了个体一生的轨迹，这个时期的一些心理问题不但给家庭带来诸多烦恼，而且对孩子的健康成长乃至整个人类生存都产生重要影响。这是一本专业而不乏生动的权威书籍，集合了国外婴幼儿心理健康方面深厚的理论和最新的研究成果。其中所涉及的诸多问题也值得专家学者或每一位关心孩子健康成长的人认真思考。本书围绕婴幼儿的心理健康展开，内容丰富全面，并辅以大量新近科学研究成果作为叙述基础，讲解深入浅出，从发展、临床和社会的角度来探讨儿童早期的心理健康问题。全书主要介绍了六个领域的内容，包括：发展与环境、风险性因素与保护性因素、评估、心理病理学、干预和婴儿心理健康的应用。

全书共 36 章，每章集中探讨一个专题，语言清晰，内容丰富，难易适度，既呈现了必要的理论基础，也提供了专业的操作规范，将理论和应用、发展与治疗完美地结合在一起。本书具有以下创新点：第一，关注儿童早期的心理健康，近些年关于心理健康的书还是不少的，但是从 3 岁前婴儿期便开始关注儿童的心理健康还是首创。第二，早期培养、心理疾病的预防及障碍评估、干预并重。观念新，理论阐述科学，应用性强。第三，新近研究和成果多，内容丰富。第四，视角多元。从发展、临床和社会多个角度进行探讨，可操作性强。

本书首先概括了婴儿心理健康的内涵及各方面的基础，如孕育期的心理学和心理病理学、胎儿与婴儿发育的神经生物学、婴儿期压力的神经生物学、婴儿社会性与情绪发展、婴儿心理健康的社会文化背景，接着书中提到将早期经历的研究发现应用于婴儿心理健康的风险性和保护性因素、贫困对婴幼儿发展的影响、母亲抑郁对孩子的影响、父母物质滥用对孩子的影响、早产对孩子的影响等，而且书中还讨论了孕期与婴儿成长过程中的风险性因素和保护性因素，包括暴力经历对婴幼儿的影响、未成年母亲对婴幼儿成长的影响。为了让读者有更直观的印象，本书还介绍了观察法在童年早期关系评估中的临床应用，同时为了更广泛的应用，书中还对童年早期的心理病理学分类进行了介绍，例如，孤独症、智能障碍、创伤后应激障碍、睡眠障碍、进食障碍、发育停滞和肥胖症等。同时，书中还提出了一些对于现有的问题的解决方式，例如亲子心理治疗、安全圈、母婴计划、童年早期的寄养、童年早期的精神药理学。最后让研究者及父母看到了希望：介绍了婴儿心理健康培训、基础健康护理中的婴儿心理健康、婴儿心理健康的经济学等方面。

本书既可以作为大学心理学专业本科与研究生教材，也可以作为临床医生、临床心理学的研究者、精神病治疗师、家庭治疗师、社会工作者、儿科医生和护士及家长的学习资料。对于从事相关工作的人而言，本书提供了很多科学的研究证据、方法和实际的建议。阅读此书，你会发现，婴幼儿期关乎人一生生活的方方面面。

本书的翻译工作由我和我的研究生们共同完成，研究生们进行初译，然后由我和博士生温国旗逐章修改，最后由我进行统稿和统校。各章分工如下：温国旗（第 1、2、11、12、33、34、35 章）、朱琳（第 3、4、28、32 章）、刘文（第 5、6、13、16、18、19、20、21、22、23、25、26）、刘娟（第 7、8、9、10、30 章）、张文心（第 24、27、31 章）、李程（第 14、15、17、29 章）、涂歆恬（第 36 章）。

完成此书要感谢的人很多，感谢小查尔斯·H·泽纳教授为我们提供了原书。感谢中国人民大学出版社张宏学编辑的支持和帮助！最后还要感谢我的研究生团队，除了上面提到的主要参与翻译的成员外，研究生车翰博、朱函昱、张雪和王歆然等参与了书稿的校对等工作，还有所有参与此项工作的同学和其他相关人士、支持我工作的家人，在这里一并致谢！

限于我们的水平，书中会有许多疏漏和不当之处，恳请各位专家和读者批评指正，在此不胜感激！

刘文

2014年3月于辽宁师范大学

前言

能为本书作序对我来说是十分荣幸的事情。第 3 版意味着比之前的版本增加了新的内容。我很幸运地见证了婴儿心理健康领域的成长，它从兴起时的一个冷门领域，由少数的杰出学者引领着一大批如我一样的年轻研究者投身其中，到如今已经得到社会学、医学、教育学、法学，甚至立法系统的承认。此外，其关于儿童早期经历和抚养关系至关重要的观点已经为人们所接受。我们值得拿出一些时间来思考一下在这个领域中关于早期经历的观点多么深刻地影响了我们。奥巴马总统说："是……父母积极抚养孩子的意愿最终决定了我们的命运。"这是对婴儿心理健康领域最好的认可！

但是也并非总是如此。很多年以来，当我说我对婴儿心理健康感兴趣时总是遭到异样的眼光。

偶尔也有例外。15 年前我为路易斯安那州策划一个儿童保护服务机构的访谈项目。多年来见证了许多儿童长期被忽视、被虐待的事实使我一度苦闷，因为我并没有为孩子和父母提供任何法律帮助，于是，我开始思考仅仅一个项目是否会对儿童有所帮助。我设想可以建立一个能够专门为儿童、父母提供帮助和治疗的专业团队，而且这个团队能够与儿童保护服务机构保持密切的合作。

在一次会议中，我给这家儿童保护服务机构的主任写了一封信，在信中我向她描述了一位我认识的母亲和她的孩子。有一次这个小女孩得到了一把剪刀，于是她就把妈妈为她精心编好的辫子剪掉了，并精心地用穗带和发带来打扮自己。她的妈妈看到之后非常生气，在没有控制住情绪的情况下狠狠地打了自己的女儿。

我在信中强调的是，这个事件对年轻母亲来说有着特殊的意义。母亲由于女儿剪掉辫子，就认为其"满身毛病"并且"不受欢迎"。然而，对母亲来说存在一个更重要的问题，这个问题源于她自身的经历。那种不受欢迎和满身毛病的感觉是她努力想排除在意识之外的。她的愤怒反映了一直隐藏着的在自己与母亲关系中经历的伤害。我指出，这位年轻的母亲知道她惩罚女儿是错误的。她不需要"父母能力建构课程"或者"愤怒管理课程"。她知道自己是反应过度的，但是她不知道为什么。她需要理解为什么她直觉的情绪反应压倒了她的判断力，以及她女儿"失去了小辫子"这件事中的哪一点唤起了她自身不愉快的童年经历。

令我惊讶的是，当我遇到主任并开始提起这一事件时，她陷入了沉思，之后说："你信中的故事引起了我的共鸣。你知道，我长久以来致力于对问题严重且不易改变的儿童和青少年进行研究。我希望看到如果早一点进行干预的话会怎样。如果有人对这样的母亲和女儿进行干预，或许就可以打破这种恶性循环。"

当时，听到如此重要的人物这样说，让我大为震惊。如今，在州办公室中再也找不到没听过早期经历问题的人了。但是在那时确实很少有人想了解这些，更别说愿意研究这一新方向了。我们会面之后，主任很快就兑现了她承诺的资金。婴儿小组（Infant Team）成立了，并且我和同事开始了我们职业生涯中最为令人兴奋的工作。

当然，挑战仍然存在。就在我写这篇前言时，我仍要在面对州预算大规模缩减时为婴儿小组的生存而奋斗。抛开这些个人计划，即使路易斯安那州、全国或其他地方所有的相关公共服务机构已经得到安置，需要的资金中也仅仅有微不足道的一部分落实到位。发展科学研究越深入，我们越发现只研究了一些皮毛。新的研究、新的方法、新的理解都在等待着我们充满活力与创造性地献身其中。

本书尝试包含在过去 30 年中婴儿心理健康研究的两个主要课题以及新的发展与应用。因此保留了前两版中的结构，但是更新了目录与一些新主题。即便如此，仍然有许多有价值的主题没有被包括进来。

本书的作者们代表了很多为婴儿心理健康研究做出了令人瞩目的贡献的人。他们中的一些人甚至都没有想到自己身处于这个领域中，但是在维护和支持关于童年早期的发展和心理病理学的知识在年幼儿童及其家庭中的探索、传播和应用上，他们的工作做出了无可争议的贡献。在这里我再一次感谢那些在这个领域努力工作和奉献的人们。我并没有刻意突出某个人的贡献，但是就在最近，简·克尼特（Jane Knitzer）不幸去世了。简一直是儿童的代言人，为婴儿心理健康领域做出了无数伟大的贡献。从她在国家贫困儿童中心工作时起，她就积极地撰文提出年幼儿童家庭需要更多的支持。我们沉痛地怀念她及她的贡献。

吉尔福特（Guilford）出版团队为本书第1版的出版做出了巨大的贡献。姬蒂·穆尔（Kitty Moore）和西摩·温加藤（Seymour Weingarten）给予的持续支持使得整个工作成为一个令人愉快的过程。珍妮·唐（Jeannie Tang）对这一版本的出版也付出了许多努力。我由衷地对他们表示感谢。

我在杜兰大学的团队非常棒，平时他们不断地激励我。他们的不懈努力促使我完成了一项卓越的成果，它可以有效地服务于全世界所有的孩子以及他们的家庭。谢谢他们这些年来给我提供的快乐、温暖和富有激情的工作环境。

在过去的7年里，黛安·舍夫勒（Diann Schoeffler）不仅帮助我完成这本书，并且在其他方面也给我很大的支持。

最后感谢我最亲爱的家人，他们分别是葆拉（Paula）、埃米莉（Emily）、马特（Matt）、凯蒂（Katy）和梅尔（Mel）。

目 录

第一篇　发展与环境

第二篇　风险性因素与保护性因素

第三篇　评　估

第四篇　心理病理学

第五篇　干　预

第六篇　婴儿心理健康的应用

第一篇　发展与环境

关注婴儿和学步儿的心理健康必须重视发展和环境这两个主题。婴儿是在多元环境下逐步成长的，环境的范围涉及从婴儿自身遗传和神经生物学的内在方面到父母、家庭、文化和学校的外在方面。关于早期儿童发展医学报告会的主题，《从神经元到邻近科学》（*From Neurons to Neighborhoods*）（National Research Council and Institute of Medicine，2000）很好地强调了理解儿童发展的多元环境的重要性。随着时间的推移，不同环境之间，以及环境与发展中个体之间便会以复杂的方式进行交互作用。 *1*

临床医生对可变环境特别感兴趣。他们以降低风险过程、推动保护进程和提高婴儿能力为努力的重点。环境中最关键的，也最具经验性的便是儿童的主要抚养关系。当然，这种关系本身也受到其他情境的强烈影响。由于亲子关系对儿童的重要性，它是评估和干预的重点。

此篇的重点是婴儿心理健康。在第 1 章中我们首先介绍与主题相关的内容（Zeanah & Zeanah）。我们会界定婴儿心理健康的内涵，回顾其实证基础，并重点介绍该领域的临床实践、科学研究和政策的含义。为了与婴儿心理健康的本质保持一致，我们将婴儿看成是积极发展并与相关环境交互作用的个体，强调发展与环境的重要性。

在第 2 章中，斯莱德（Slade）、科恩（Cohen）、萨德勒（Sadler）和米勒（Miller）分析了孕育期的心理学和心理病理学问题。胎儿期是婴儿发展的第一个心理和生理情境，婴儿会建立第一个关系。母亲和婴儿在这段特殊时期的体验对出生后的发展有着重要意义。另外，此时孕妇的状态也可能会影响她和其他孩子的关系。值得赞赏的是，为了符合情境的主题，作者们也考虑到孕育过程中父亲的体验。他们 *2*
通篇强调了孕育期是一个至关重要的发展阶段，具有重要的临床意义。

在第 3 章中，谢里登（Sheridan）和纳尔逊（Nelson）回顾了大脑发育的神经生物学基础，指出这一过程中的大量影响因素，并强调了神经可塑性。行为和大脑可塑性是婴儿心理健康关注的焦点。有关婴儿气质神经生物学的讨论对婴儿心理健康从业者具有特殊价值，其作用在发展和心理病理学中已被公认。最后，作者强调了缩短人脑和人类行为研究之间差距的必要性。

里夫金-格拉博伊（Rifkin-Graboi）、博雷利（Borelli）和布斯克茨·恩洛（Bosquet Enlow）在第 4 章中深入分析了婴儿期的神经生物学压力。这是一个复杂且日渐受到重视的课题，也是有关经验对婴儿发展影响研究中一个活跃的领域。作者描述了神经生物系统对压力的反应、婴儿期压力的构成、个体差异对压力响应的影响，阐述了婴儿期暴露于慢性压力情境下会影响长期的压力响应，也影响心理和身体健康。

由罗森布拉姆（Rosenblum）、戴顿（Dayton）和穆齐克（Muzik）编写的第 5 章，详述了生命头三年的发展过程，集中于情绪和社会性的发展。她们强调在多元的、相互联系的情境中，婴儿和父母间所产生的复杂互动，能提高儿童的社会性和情绪能力。自始至终，她们将母婴关系看成是影响婴儿发展互动行为的关键，这种交互行为是一种动态的、发展性的相互作用。她们描述了引导婴儿社会性和情绪能力发展的过程，并为母婴关系的积极影响提供支持性依据。关注婴儿和父母间的互动，可能会使婴儿的发展轨迹朝着更加适合的方向发展。

在第 6 章中，高希·依彭（Ghosh Ippen）强调文化差异不仅影响婴儿发展，而且这种影响也会出现在家庭与临床医生之间。她举了一个有趣的例子来说明聆听的必要性，反思我们的假设与价值观念，重视文化差异并且对它保持敏感，以便了解家庭中的儿童。她还指出，设计干预方案不仅要符合家庭文化，也要符合其他重要的环境性因素。最后，她以一个多样化意识模型结尾，强调可以利用这个模型来确定冲突的多样性并指导干预。

第 7 章涉及的内容是早期经历的重要性，奥康纳（O'Connor）和帕菲特（Parfitt）借助新证据重新审视了一个持续了几十年的争论。简单地说，这个争论关注的是哪种早期经历有长期持久的影响，是不是早期经历比发展后期的经历更重要。研究者们指出，尽管这个领域已经取得了重要成果，但目前还有很多问题仍不清楚。这些研究证据主要来自于动物研究，因此把结论迁移到人类身上，面临着巨大的挑战。这也提醒我 *3*
们，这个领域急需那些能够同时检验不同因素间复杂相互作用的研究。通过不断努力，我们不仅可以明确早期经历的影响，还可以解决关于这些经历何时以及如何改变并提高社会性和情绪能力的关键问题。

第 1 章

婴儿心理健康的内涵

小查尔斯·H·泽纳（Charles H. Zeanah，Jr.）
葆拉·多伊尔·泽纳（Paula Doyle Zeanah）

5 在过去的35年里，婴儿心理健康成为日益重要且备受关注的临床研究。我们可以通过多种方式去追溯它的起源。塞尔玛·弗雷伯格和密歇根州的同事（Fraiberg，Adelman & Shapiro，1975）是临床实践领域早期研究的主要贡献者，这是一项有关婴儿影响抚养人的发展心理学研究（Bell，1968）。从那时开始，婴儿心理健康这一领域在研究的广度和可接受度上取得了长期引人注目的发展。21世纪初，婴儿心理健康被视为是基础广泛的、跨学科的领域，全世界为之共同努力，旨在提高儿童社会性和情绪的积极发展，临床医生、科研工作者和政策制定者都做出了相应的努力。

诚然，作为一个相对较年轻的领域，很多问题亟待考虑。比如，如何定义婴儿心理健康？一些人对于“婴儿心理健康”这个术语已经表现出疑惑甚至是厌恶。“婴儿”这一概念，让人联想起天真无邪、新开始、对美好未来的希望，而“心理健康”则容易让人想到适应不良、污名和精神疾病，似乎这二者放在一起并不协调。把婴儿看成是患有心理问题的个体，这合理吗？是否等他们长大一些再去考虑出现问题的风险性更说得通？对于把“婴儿心理健康”作为一个专业也存在很多质疑。在一个涉及多学科知识的领域，其自身核心知识如何与各学科的专业知识对抗？婴儿心理健康干预与儿童和青少年的心理健康干预真的不同吗？最后，婴儿心理健康与其他相关学科领域，如发展心理病理学，有何相似之处，又有何区别？

首先，我们定义了婴儿心理健康，并界定了它的范围。我们认为，婴儿心理健康的合理框架与年长儿童和青少年是有明显区别的。我们回顾了该领域的一些主要基础，显示了这些经验基础对于婴儿心理健康发展的意义。最后，我们强调了综合干预与实证取向研究程序的必要性，整章都在强调这项工作的政策含义。

6

婴儿心理健康的定义

婴儿心理健康指导委员会成立之初，历经三届确定了婴儿心理健康的定义。婴儿心理健康的定义似在描述其特征。具体如下：

> 婴儿体验、控制、表达情绪，建立亲密安全关系，探索环境及学习的能力。所有这些能力均将在家庭、群体及文化等养育环境中得到很好的发展。发展这些能力与社会性和情绪的健康发展是同义的。（Zero to Three，2001）

该定义得到了大家的广泛认可（Zeanah，Gleason & Zeanah，2008）。

另外，婴儿心理健康也被定义为，一个多学科专业领域的探究、实践和政策制定，该领域涉及年幼儿童的痛苦减轻、社会性和情绪能力提高。之所以说婴儿心理健康是有关各种学科的，是因为人类发展的复杂性和错综性，为避免偏差就要求超越单一学科范围，同时需要专业知识和专业化概念。鉴于相同原因，婴儿心理健康将会继续保持其学科的多元化和边缘性，而非仅是一门整合的、特殊的学科。

“婴儿”这一术语的含义也包含在定义中。在医学研究中，“婴儿期”通常指出生后的第一年。在心理健康领域，习惯上把婴儿的年龄界限延伸为出生至3岁。而在本章中，我们采用了一个更为宽泛的概念。首先，正如著名的《从神经元到邻近科学》一书中提到的（National Research Council and Institute of Medicine，2000），人们极少关注0～3岁这一阶段，“它开始得太晚，结束得又太快”（p. 7）。因为有重要资料显示胎儿期会导致很多童年早期临床疾病的产生（参见Robinson et al.，2008），我们便把胎儿期的经验也纳入婴儿心理健康的概念中来。鉴于很多研究和临床方案都已超出最初的3年，我们将年龄上限扩展到3～5岁。①

除了这些定义，一些有关婴儿心理健康临床实践的原则也值得人们注意。也就是说，我们应当关注婴儿、家庭、评估和干预的合理框架，以及预防导向。

婴儿心理健康是一门强调优势基础的学科。

① 为避免读者误解，我们将书名译为《婴幼儿心理健康手册》。——译者注

也就是说，临床医生工作的目的就是确定形成能力及解决问题的优势来源。有人可能会说，所有心理健康专业人员的工作都应该关注个体的优势和天分，而对于关注亲子关系——这一重要且脆弱的领域而言，这一点显得尤为重要。孩子是父母的延续，如果他们不能茁壮成长，我们就会视其为父母的深刻反映。然而，强调优势并不意味着忽视劣势（Zeanah，1998）。临床医生必须毫不含糊地确定哪些是婴儿的问题，哪些是家长的问题，以便有效解决。更进一步地说，在优势和劣势之间通常存在着复杂的交互关系，优势可能由于劣势而受到削减，但劣势也极有可能因优势的带动而有所好转。

婴儿心理健康评估与干预的第一要点便是婴儿与抚养人之间的关系，不仅因为婴儿非常依赖他们的照料情境，而且因为婴儿与抚养人之间的关系会极大地影响婴儿能力的形成与发展。婴儿期的评估通常是为了某种形式的干预，因为这对婴儿和家庭都有很重要的影响。干预通常包括预防，因为婴儿是连续发展的，所以除了要关注婴儿当下的适应之外，我们要对婴儿发展的轨迹给予积极关注。也就是说，我们要同时聚焦于缓解当前痛苦和关注未来发展，这些都要借助于对主要抚养关系的分析（Zeanah，Stafford，Nagle & Rice，2005；Zeanah，Stafford & Zeanah，2005；Zeanah & Zeanah，2001）。

正如，婴儿意味着未来美好的希望，婴儿心理健康这一领域的工作就是努力描绘、建立并维 7
持儿童积极发展的轨迹。通过很多有助于实践和政策制定的途径，婴儿心理健康工作的实证性基础得到了拓展和深化。

婴儿心理健康的实证基础

婴儿心理健康的基础知识已经得到了来自基因学、基础神经科学、儿童发展、发展心理病理学、临床精神疾病及治疗等领域的研究支持。这些领域的研究为婴儿心理健康提供了实证基础。

早期经历问题

一项研究显示，对于个体发展而言，早期经历非常重要。在个体生命早期，大脑神经元回路快速形成，各种各样的经验不仅影响着大脑的功能，也影响着神经元网络结构的发展。我们现在仅仅是开始尝试去理解经验到底是如何影响大脑发育的，人类在这个问题上积累的证据正在不断增多（参见 Sheridan & Nelson，本书第3章）。

尽管轻度至中度的压力能够促进神经元回路的发展，但所谓的“毒性压力”还是会削弱其发展，尤其是在童年早期，神经元回路正处在极易受损害的阶段（Middlebrooks&Audage，2008）。如果个体的压力阈限较低，他就会对生命中一些不利经历表现出过度反应，个体的生理和心理健康都会受到危害（另见 Rifkin Graboi，Borelli & Bosquet Enlow，本书第4章）。例如，在一项不良童年经历（ACE）的研究中，研究者们对已经接受了健康维护组织（HMO）治疗的成年人进行访谈，访谈涉及童年早期辱骂、忽视和家庭功能障碍等经历。童年期风险因素的数量与个体身体健康和心理健康的状况呈线性相关。个体报告的不利经历越多，就越可能出现行为问题，越有可能被诊断出患有抑郁、酒精成瘾、药物滥用、心脏病、癌症、慢性肺部疾病、肥胖症、糖尿病等疾病（Dube，Feletti，Dong，Giles & Anda，2003；Feletti et al.，1998）。这些发现提醒我们，婴儿心理健康对于个体的身体健康和心理健康有着非常重要的意义。

与此相关的问题是通常被称为“敏感期”或“关键期”假说的时机问题。克努森（Knudsen，2004）提出，个体经验对大脑能产生极大影响的时期叫做“敏感期”；而有些经验能为个体正常发展和行为表现的持续改变提供非常关键的信息，这一时期就称为“关键期”。动物研究文献揭示了在大脑发育的过程中确实存在“敏感期”或“关键期”（Knudsen，2004）。

克努森（Knudsen，2004）还注意到，“敏感期”或“关键期”实际上是神经元回路的属性，尽管我们最感兴趣的可能是这些不同时期的影响在行为上是如何表现的。例如，纳尔逊（Nelson et al.，2007）研究发现，儿童在3岁以前，由接受机构式抚养转入寄养家庭后，其IQ（智商）增高。那些在24个月之前迁出的儿童获益更大，而在24个月之后迁出的儿童获益较少。对于像IQ

这样复杂的概念，我们期望找到大量与关键期和敏感期相关的神经元回路。

与这些发现一致，重视婴儿经历是婴儿心理健康的核心原则。早在半个世纪以前，埃斯卡洛纳（Escalona，1967）就预言婴儿早期经历的重要性，她注意到真正关键的并不是婴儿特征或环境特征，而是婴儿对于这个世界的主观经验。事实上，发展神经病理学已经论证了，个体间的稳定差异在最初婴儿与抚养人关系上就存
8 在，后来便成为了个体特征的一部分。而且，个体如何理解这种关系经验的内部表征或工作模式，是非常关键的，因为个体赋予经验的意义会影响其行为结果（Sroufe，1989；Sroufe & Rutter，2000）。

对于婴儿心理健康临床医生来说，他们所有的任务就是尝试理解儿童的经验，并帮助其抚养人投入感情地领会这些经验。从政策的视角来看，我们面临的挑战是令人却步的，因为试图将对婴儿经验的欣赏上升到系统层面还很困难，比如儿童保护系统或立法系统。如果那些庞大而复杂的系统能够更加理解并珍视儿童经验，那么那些生活在恶劣环境下的婴儿的生活就会产生巨大的改观（Knitzer，2000）。

涉及抚养人关系的核心经验

婴儿成长和发展所处的情境或环境是非常重要的。领会情境的复杂性和重要性能够加深我们对婴儿发展的理解，也能增强我们预测婴儿发展轨迹的能力（Sameroff & Fiese，2000）。情境对内部和外部都能产生影响，它决定了婴儿所具有的经验，以及婴儿如何理解这些经验。幼年的突出特征之一便是，婴儿发展过程中所处的多重相关情境（婴儿与抚养人的关系、家庭情境、文化背景等）非常重要。对年幼儿童来说，婴儿期时与抚养人之间的关系对其发展是尤为重要的，也是婴儿心理健康领域格外需要关注的重点。

大量研究都已证实了，婴儿与抚养人的关系质量非常重要，而且会影响婴儿后期的发展（National Research Council and Institute of Medicine，2000）。事实上，尽管个体间的差异在婴儿期的特征上已经清晰可辨，但这些特征并不能具体地预测其未来发展的后续特征。婴儿与父母关系中的积极特质，比如温情、积极卷入、对焦虑的敏感应对，与社会性与情绪和认知的良好发展联系在一起（参见 Crockenberg & Leerkes，2000）。另外，家长如能促进儿童自律的发展并最小化其问题行为倾向，儿童便可能避免适应不良的发展后果（Degnan，Henderson，Fox & Rubin，2008；Gardner，Sonuga-Barke & Sayal，1999）。相反，如果父母和小孩的关系有问题，便会增加儿童适应不良的可能性（Scheeringa & Zeanah，2001）。

婴儿与父母的关系能够降低婴儿固有的生物风险因素（Mc-Carton et al.，1997）。也就是说，有生物学障碍的婴儿，如早熟并发症或不良气质性格，当抚养环境是支持性时，他们会有更好的发展；而当抚养环境缺少支持时，他们更容易出现问题。而且，依恋关系能够弱化儿童由于产前压力而导致的17个月时的恐惧，甚至能控制产后压力带来的不良反应，也能控制分娩时、社会和人口学的因素所引起的不良反应（Bergman，Sarkar，Glover & O'Conner，2008）。

婴儿与父母的关系也是婴儿体验环境性风险因素的渠道（Zeanah，Boris & Scheeringa，1997）。也就是说，婴儿的体验主要是通过诸如贫穷、母亲心理疾病和伴侣暴力等风险因素对婴儿与父母关系的影响而来的。这些风险因素通过他们特殊的关系经验，使得抚养环境也具备了这些风险因素的特性，进而对婴儿产生冲击。究其本质，婴儿与父母关系能够缓冲或加剧风险。

最后，我们越来越多地了解到，年幼儿童是否出现心理病理症状依赖于他们与抚养人之间的关系类型（Zeanah et al.，1997）。研究表明，婴儿能够与不同的抚养人建立起不同类型的关系（Steele，Steele & Fonagy，1996），而且他们在某个抚养人面前表现出症状，在其他的抚养人面前则不会（Zeanah，Bakshi，Boris & Lieberman， 9
2000）。另外，有证据显示个体如何通过内部工作模式加工处理关系经验，直接关系到结果如何（Sroufe，1997）。

由于以上因素，婴儿心理健康的关注重点就是关系取向。也就是说，在婴儿早期的养护关系中，他们需要被很好地理解、评估和对待。或者用斯鲁夫（Sroufe，1989）的话来描述："早期的绝大多数问题，在儿童行为中明显表现出来，最终都被定义为关系问题。"（p. 70）。

除了婴儿和抚养人的二元关系，我们必须把

婴儿的发展放到整个家庭情境中来考虑。婴儿的发展与家庭整体的特质有关系（Minuchin，1988），与不同家庭成员间的个性化关系也对其发展有重要影响（参见 Crockenberg，Lyons-Ruth & Dichstein，1993；Favez，Frascorola，Keren & Fivaz-Depeursinge，本书第29章）。如大量证据表明，父母婚姻关系是影响儿童发展的重要因素之一（Cummings & Davis，2002）。针对兄弟姐妹对婴儿发展的影响研究较少，但它们也极有可能是重要因素。理解家庭的作用是一项复杂的工程。埃姆德（Emde，1991）指出，家庭内部二元关系的数量随着儿童数量的增长而快速增多。比如，一个三口之家（一对父母和一个孩子的家庭）只有3对二元关系需要考虑，一个五口之家（一对父母和三个孩子的家庭）就有10对二元关系，一个七口之家（一对父母和五个孩子的家庭）有21对二元关系等等。而且，婴儿与不同家庭成员的关系受到家庭内部其他各种关系的影响。（Emde，1991）。显然，人们也可以考虑其他水平的复杂性，婴儿以及其关系如何受到他与父母和兄弟姐妹间三元关系的影响。然而，这些水平的复杂性极少在研究中和临床概念中被关注和提及。

除了婴儿的直接家庭外，其他家庭因素也很重要，主要涉及婴儿成长的文化环境。文化信仰和价值观限定了群体对于什么是重要的，以及育儿方式的认识。对婴儿行为的教养观念、理解和解读是婴儿成长环境中的重要组成部分（Lewis，2000）。这些观念包括很多具体的设想，涉及什么促进婴儿发展，心理病理的成因和干预，父母教养的作用以及其他有关婴儿心理健康的问题。在与大环境的互动中，文化适应性地发展，通常需要在更为广阔的情境下理解文化信仰间的差异。然而近几十年，科技发展把不同文化快速推挤到一起，引起猛烈的文化冲击，人们致力于文化共存，并承受着地球村文化融合带来的压力。所有这些因素都对婴儿发展和其心理健康具有重要意义。

这些结果蕴含的方向很清晰，我们可以简单地表述为：研究目的旨在为家庭和其他关系提供支持，比如，儿童养护就会对婴儿发展提供必要的支持（Center on the Developing Child at Harvard University，2007）。

支持性发展轨迹

在人类出生后的生命轨迹中，头三年生命发展的速度和深度是史无前例的。仅仅36个月，婴儿就能从一个完全依赖于他人的新生儿变成一个随意来去的复杂生物体；知道自己可以与其他人分享想法、情感和意图；借助象征物简洁地表达自己；同情他人（Zeanah & Zeanah，2001）。从婴儿心理健康的角度而言，这种发展的连续性不 10
仅要求我们考虑婴儿的现在，也要考虑婴儿的过去和未来。同时，我们还要理解发展中的儿童突然出现的能力，和构建发展轨迹时涉及的过程。

风险和保护性因素

风险和保护性因素影响发展轨迹，它会增加或降低发展性损害和心理病理学的风险。这些风险因素可用来定义高风险组，如早产儿、产妇为抑郁症患者。另一方面，风险因素既不是随机分布的，也不是相互独立的。通常，风险因素会在组内发生复杂的相互作用。也就是说，虽然干预计划是针对单一风险因素而制定的，如物质滥用、产妇抑郁症或亲子关系，但大多数情况下，婴儿面临着多个风险因素。

有关风险因素类型的研究，已经得出了大量的研究成果（Sroufe & Rutter，2000）。事实上，风险因素的数量要比任何因素的特性更能有效预测结果（Sameeroff & Fiese，2000）。比如，人们普遍接受产前物质滥用是影响婴儿发展的风险因素（参见 Boris，本书第10章）。然而，卡尔塔等（Carta et al.，2001）研究了产前滥用和环境累积风险的影响，发现虽然产前药物滥用和累积环境风险都能预测儿童的发展水平和成长速度，但是环境风险比物质滥用更能解释发展轨迹的变异。事实上，随着时间的流逝，环境风险的影响比产前物质滥用的不良后果更重要。

保护性因素可能直接降低风险性因素的影响，并提高能力，或保护个体免遭不幸（Garmezy，Masten & Tellegen，1984）。保护性过程可以是同时性的，也可以是继时性的，甚至是同一个体在发展的不同时间面对不同挑战。

正如前面提到的，婴儿心理健康领域一直就有关注优势并通过优势降低风险的传统（Knitzer，2000；Zeanah，1998）。一个核心的问题在于，婴儿心理健康如何平衡风险因素和保护性因素的影响，平衡特定情境下，它们对于儿童的相互作用。罗切斯特纵向研究显示，依据4岁儿童的能力而言，高风险环境中高能力儿童的发展不如低风险环境中的低能力儿童（Sameroff，Bartko，Baldwin，Baldwin & Seifer，1998）。因此，明确、支持、加强抚养人和家庭的作用是一项基本原则，这是婴儿心理健康工作从业者的基础，也为支持少年儿童的政策制定者提供方向。

心理病理症状可能是早期证据

婴儿能体验或表达心理病理学的信息吗？关于婴儿期心理病理学的观点，有着大量的争论，某种程度上是因为我们拒绝相信婴儿能够体验或承受精神紊乱（Zeanah et al.，1997）。婴儿心理健康的行为指标包括情绪管理、与照料者交流情感的能力，以及积极探索环境的能力。这些行为为后期的社会性和情绪能力打下基础，使儿童具备入学的阅读能力，拥有更好的学业和社会性表现。

研究早期心理病理学的主要方法是被人们称为“发展心理病理学”的多学科尝试。它关注发展轨迹的确定，增加或降低积极发展可能性的风险、防护性因素及过程。临床紊乱要少于婴儿期的彻底分化（参见 Angold & Egger，2007）。发展心理病理学强调在实际紊乱出现之前识别个体的发展迟滞（发展落后于其应该处于的水平，但
11 儿童在其他方面正常）和异常（发展是不正常的）。因此，预防性干预是针对携带风险因素，但是还没有扩大为紊乱的儿童，从而促进他们的发展。最后，因为研究目的是紊乱发展的过程，发展心理病理学的研究领域研究紊乱随时间发展的评估，并不是只针对一个时间点出现的标记或症状进行检验。

心理病理症状通常以改变或适应无能为特点，但是婴儿是在发展中不断变化的。也就是说，必须把婴儿行为的正常发展和发展中的短暂波动婴儿问题区分开。显然，解决这个挑战的途径就是长时间地追踪儿童以确定问题是否持续。另一方面，人们需要认识到，心理病理症状和适应不良并不一定会产生静态的总症状。相反，问题的加剧可能使其在发展的不同时间有不同的表现。例如，在童年早期对陌生成人的无辨别反应行为预示着个体青春期可能会出现严重的同伴关系障碍（Hodges & Tizard，1989）。连续性能体现人际问题，但是在不同的年龄会有不同的表现。症候学的合法发展转化被称为“异型连续性”，增加了对婴儿期和童年早期心理病理评估的复杂性。

然而，对于一个儿童来说，他的实际发展和其在给定时间的功能状况要比潜在的风险因素更重要。临床医生必须能够确定儿童在一个给定时间里，是否承受了足够的痛苦，不适应行为是否已经构成了紊乱，进而需要干预。这一观念也将其他方法引入到了婴儿心理病理学当中，这些方法考虑到一些婴儿的问题行为可能是精神病的标志或症状。临床医生们已经发现分类诊断方法对年幼儿童是有价值的，因为它们考虑到了以概念化的形式来解释症状丛，与给出不同构造的维度分数相比，这种方式提供了更清晰的“个案”线索。

一些人把早期的行为变异描述为心理病理症状，现在有越来越多引人注目的理由让人们确定这么做是有价值的。例如，多数人都认为孤独症是一种失调，有资料明确地指出孤独症作为一种病症早在生命的第二年就已经很明显了（参见 Carr & Lord，本书第18章）。可以肯定的是，神经生物异常和行为差异在两年之前就已经非常明显了，但是在2岁时对孤独症进行分类诊断是合理可信的。

新的研究显示很多精神疾病在年幼儿童中也很普遍。超过300名2～5岁儿童在达勒姆的儿科诊所参与了一项研究，北卡罗来纳州发现16%的精神疾病与功能性损伤相联系（Egger et al.，2006）。这一发展速率达到13%，与未参与研究的学前儿童群体和已经报告的青少年相比是基本相同的（Costello，Mustillo，Erkanli，Keeler & Arnold，2003）。

区分暂时的个体变异和真正意义上的心理病理症状的研究又有了新进展。贝尔登、汤姆森和卢比（Belden，Thomson & Luby，2008）对健康、抑郁和具有破坏性的学前儿童暴怒发作进行对比研究发现，被诊断为具有破坏行为疾病的学前儿童更容易发作，且发作时间更长，发作强度更大。相反，与破坏性儿童和正常儿童相比，诊断为抑郁症的学前儿童，在发作过程中表现出更多的自残行为。结论是，对发作激烈和发作中伴有自伤行为的儿童，要给予认真监控或是参照性

评估。分离焦虑作为一种病症，应与短暂的分离焦虑区分开来（Egger，2008）。

尽管得到了这些发现，但是临床医生们对使用《精神障碍诊断与统计手册（第4版修订版）》（DSM-Ⅳ-TR）（American Psychiatric Association，2000）的标准诊断儿童疾病还存在很多的不满。新构建的诊断分类系统希望能提供更具发展
12 性的适宜标准，也为研究诊断的结构效度提供基础。0～3岁替代的疾病分类最近已经更新为《诊断标准（0～3岁修订版）》［DC（0-3-R）］（Zero to Three，2005），并且在世界上很多地方被应用。另外，为增强研究的一致性，临床调查者们已经编制了婴儿与学前儿童研究诊断标准（American Academy of Child and Adolescent Psychiatry，2003）。最后，计划于2012年出版的DSM-Ⅴ，具有明显的聚焦发展目标特点，包括了一些已被证实与年龄相关的疾病亚类型（Pine et al.，2008）。这证明人们在少年儿童精神疾病上的浓厚兴趣。

我们相信在婴儿心理健康这门科学的发展早期，无论是发展心理病理学中风险与保护因素的这一研究途径，还是临床研究的疾病分类学的研究途径，二者都有优势且值得进一步研究。事实上，每一种方法都可能弥补另一种方法的不足。另外，我们不仅要关注不良结果，也要关注预期效果以及如何达成。这就引出了一个如何最优促进婴儿心理健康的讨论。

社会能力和弹性

健康通常被定义为没有疾病。尽管越来越多的研究者和临床医生开始关注健康提升，也就是增强个体的经验质量。"经验质量"的一个方面就是使个体适应不同社会和环境要求的社会能力。当然，社会能力是一个不断成长变化的适应能力，它会随着时间根据不同的刺激和情境而发生变化。聚焦能力也会提醒我们注意到症状本身并不会导致疾病；个体的功能性特征是必须要考虑的。社会能力已经作为一个越来越重要的因素出现在婴儿心理健康和发展心理病理学的研究中。

弹性也得到了越来越多的关注。弹性通常在以下情境中展示出来：即使在高风险的情境中，一些婴儿和年幼儿童的发展也还是积极的，在压力生活情境中保持能力功能，从创伤性经验中康复（Masten & Coatesworth，1998）。逐渐地，人们清楚地发现，弹性和能力一样，是一个多维度的结构，会随时间和情境而变化。另外，弹性并不是在很多问题面前都能表现出来，个体可能会在一些刺激情境中表现出弹性而在另外一些则不会（Rutter，2000）。

对于童年早期而言，与那些对他们的要求积极反应的抚养人建立关系，能够帮助他们达成发展的需要，可能是帮助他们获得积极结果的最重要因素，在压力下保持能力功能，克服创伤性体验。就这一点而言，那些有能力从他人那里获取支持和积极反应的年幼儿童是有优势的（Wener & Smith，2001）。推行政策来支持家庭，尤其是那些资源有限的家庭，在童年早期，是增强其能力功能的最佳时机（Center on the Developing Child at Harvard University，2007）。

早期问题的持续性

如上所述，并非所有早期出现的行为问题都是暂时的。我们看看这些持久的心理病理学的例子，想想其背后的启示。我们首先看看攻击这一风险因素的亚综合症状，然后再了解创伤后应激障碍的分类诊断。

攻击

攻击、反抗、暴怒发作通常在学步早期显现出来，到入学前期下降；然而，一些儿童并不显示这种规律性的下降。在全国儿童健康与人类发展研究所（NICHD）的儿童护理研究中，研究者辨识出一组特殊的儿童，他们在2岁和9岁时表现出极高的攻击性（National Institute of Child Health and Human Development Early Child Care Research Network，2004）。儿童所处家庭的低社 13
会阶层、母亲较低的受教育水平、对儿童的低敏感性、严厉和惩罚性的教养方式、父母的抑郁症状、父母较少的以婴儿为中心的态度等因素，都和儿童的高攻击性有着稳定的关系。另外，在一项纵向研究中，研究者对318名2岁、4岁、5岁儿童进行分析，发现两个典型破坏性行为的纵向持续性（Degnan，Calkins，Keane & Hill-Soderlund，2008）。高攻击性的儿童有着高反应性（指儿童反应强烈且极易体验挫折），同时具有极高水平的母性控制行为。儿童低水平的自我控制（指无法控制情绪情感），同时具有低水平控制的母性控制行为。在这些研究中，攻击性具有跨时间的

稳定性，并且与父母的稳定特质相联系。

年幼儿童的攻击性并非没有后果。吉列姆（Gilliam，2005）发现公立学前教育计划中的开除率是十二年级的3倍。年幼儿童被早教中心和学前教育机构开除的原因通常都是攻击行为。长期的后果也很严重，因为具有攻击性的儿童可能会在青少年期和成年后开始走上反社会的道路（Frick & Mar，2006）。

创伤后应激障碍

众所周知，许多成年人和年纪较大的儿童如果经历过严重的创伤会形成创伤后应激障碍（PTSD），表现出过度反应、重新体验创伤、避免回忆创伤和反应麻木。一系列针对青少年的研究显示这些症状在年幼儿童身上都能出现，尽管由于明显的发展差异，他们的临床表现与成人和年纪较大的孩子是不同的（参见 Scheeringa，本书第21章）。另外，两项追踪青少年创伤发展过程的研究显示，创伤后出现的症状和表现并非是连续的。舍尔丁格等（Scheeringa，Zeanah，Myers & Putnam，2005）对62名有不同程度创伤体验（创伤后4个月、16个月和28个月）的儿童进行研究。他们发现症状在两年内表现出明显的稳定性，毫无减退。迈泽尔-斯特德曼等（Meiser-Stedman，Smith，Glucksman，Yule & Dalgleish，2008）对62名学前儿童进行研究，这些儿童在2～4周前和6个月前经历过摩托车事故。即使首次评估是在事故发生后一个月内进行的，PTSD的诊断也在6个月内基本稳定。

包含控制组在内，针对PTSD治疗的研究也显示出了跨时间的稳定性。例如，利伯曼、范·霍恩和依彭（Lieberman，Van Horn & Ippen，2005）研究了亲子心理疗法对因遭受暴力而患PTSD的年幼儿童进行治疗的有效性。对照组是采用个案管理的方式，每月和母亲电话沟通，向其提供相关信息并推荐当地的心理健康诊所。治疗结束后（创伤一年后），接受亲子心理治疗的儿童其创伤后应激症状有显著好转，但接受个案管理的控制组儿童其PTSD症状则没有明显的减轻。这些结果表明，接受个案管理或转诊的儿童其症状将持续12个月。

启示

这些发现是选择性而非综合性的，但这说明早期显示的症状不是持续的。而且，人们有理由相信，至少对发展的某些方面来说越早干预，效果越好。

迪什及其同事（Dishion et al.，2008）给出三条理由来解释为什么干预越早越有益。第一，尽早干预可能在行为问题严重之前就确定了目标行为。在他们聚焦于问题具体化的过程中，他们认为不顺从或对抗行为比说谎、偷窃和侵犯更易矫正。第二，儿童越小，父母也就越年轻，压力 14
越少，越有能力改变。第三，乐观的抚养人认为，在孩子童年早期，亲子关系改变的可能性更大。

克努森及其同事（Knudsen，Heckman，Cameron & Shonkoff，2006）指出儿童发展、神经科学和经济学研究有一个交叉的发现，越早干预，预期的投资回报越多。引用这三个领域的研究，他们展示了有力的证据来说明早期干预更有效，为制定提高童年早期积极性的政策提供理论基础（参见 Knitzer & Lefkowitz，2006）。这点帮助我们认识到早期干预对于婴儿心理健康的重要性。

必要的综合性干预

婴儿心理健康领域的目标是减轻或消除痛苦，排除不利后果（学业不良、行为不良、精神障碍、人际分离或冲突、发育迟滞或行为异常），通过提高社会竞争力和适应能力促进健康发展。为了达成这些目标，干预必须能：（1）提高抚养人有效养育儿童的能力；（2）确保有需要的家庭能够获得额外的服务；（3）提高非家庭内部的抚养人在童年早期识别、从事、预防社会性与情绪问题的能力。干预的目标可以是儿童行为、父母行为，也可以是儿童发展的社会情境，但婴儿心理健康的重点是关系的增强或促进，因为它们影响年幼儿童的发展和行为。

在图1.1中，我们展示了一个婴儿心理健康服务系统的模型（Mrazek & Haggerty，1994；National Research Council and Institute of Medicine，2000），基于预防性健康的视角展示了一个早期概

念的更新（Zeanah，Stafford，Nagle et al.，2005)。姆拉泽克和哈格蒂（Mrazek & Haggerty，1994）区分了预防和治疗服务。预防性干预旨在预防障碍发生，减少病原并加强保护性因素，同时，减轻障碍的程度或减少持续的时间。预防性干预特别强调改变儿童或家长行为和家庭功能，以便使婴儿保持或恢复在更规范的发展轨迹上。例如，困难性气质是婴儿固有的风险性因素，无法预防，但是困难性气质的不利后果——行为问题，可以成为干预努力的重点。

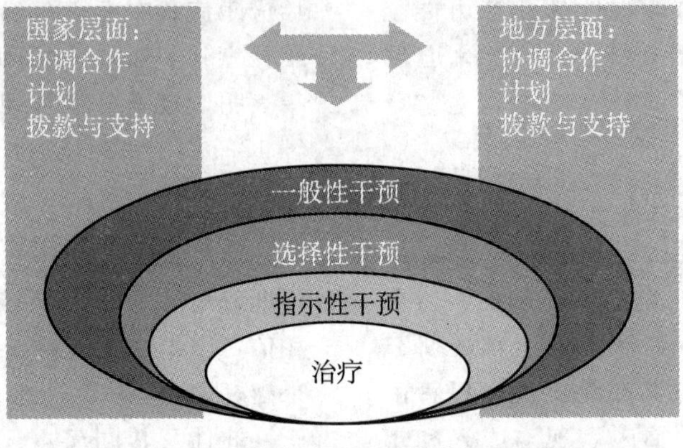

图 1.1　国家和地区层面的服务连续体

15 姆拉泽克和哈格蒂（Mrazek & Haggerty，1994）将预防性干预分为三种不同的水平。“一般性预防”被认为是对每个人都适合的；专业的帮助每个人都可能需要。“选择性预防”的目标群体是那些年纪较大或面临高风险的人。最后，“指示性预防”的目标人群是那些虽然表现不明显但有行为问题症状表现，且将来有可能发展为真正有障碍的人。现存障碍的治疗给这一概念增加了第四个水平（见图 1.1）。

由于年幼儿童是在生物学、社会学的多元环境中成长和发展的，各种关系也相互关联，因此就需要连续性的服务。婴儿和家庭可能在这一连续体的任何一点或几点上同时寻求服务。例如，一位因受虐待或忽视需要治疗创伤症状的年幼儿童很可能也需要保护性健康护理，需要一些满足基本需要的服务，如食物、处所或衣物，或如演讲或心理治疗的专业发展性服务。一位看起来很好的儿童很可能被认定具有行为问题，需要集中的专业干预。因此，跨学科和跨系统的合作是必要的。事实上，美国的很多州都积极建立婴儿心理健康的政策，这得益于联邦政府或州政府的支持（Rosenthal & Kaye，2005)。

一般性预防

人们相信一些服务对于婴儿和家庭来说都是非常重要的，既能达到预防的目的，也能达到提升健康的目的。这些一般性预防服务力图避免问题出现，或促进社会性与情绪的健康和发展。对于婴儿心理健康而言，具体的途径包括有关正常婴儿心理健康和发展的教育，增加健康亲子关系构成要素的相关知识，还有必要的附加性服务。尽管大多数一般性服务是针对个体或家庭的，但一些情况下，以社区群体为单位也是必要的，目的是确保例如安全住房、适当营养、医疗保证和社会福利等基础需要能首先被满足。

早期儿童养护提供了一个一般性预防的案例来说明婴儿心理健康。斯卡尔（Scarr，1998）称国际上一致认为保证儿童养护质量的因素是在安全、健康、刺激性的环境中与成人温暖的、支持性的互动。大量证据支持她的说法。例如，NICHD 设计了一项关于早期儿童养护预期性的纵向研究，用来检验哪些共同发生的、长时间存在的、累积的因素能够影响儿童对早期养护的体验。在这项研究中，通过美国周边的 10 个网站招募了 1 364 名健康的足月新生儿。研究者通过在不同领域内评估儿童、家庭和儿童养护的长期设施，来考察儿童养护的哪些方面对于促进儿童发展是重要的。在儿童养护的变量中，养护质量是预测儿童成长的最重要指标。养护质量与认知和语言发展有关，也与年幼儿童的社会性和行为发展有关（National Institute of Child Care Research Network，2005)。也就是说，确保养护质量对年幼儿童干预是非常重要的，为了达到这一目的，人们应该对此给予持续性的政策关注。

有一点需要强调，亲子关系的类型比其他儿童养护变量能更有效地预测儿童的发展（National Institute of Child Care Research Network，2006）。这并不是说儿童养护体验就不重要了。恰恰相反，对年幼儿童来说，所有的养护关系都是非常重要的，亲子关系是第一位。

干预的选择性取向

有些干预方法是供那些存在着潜在社会性与情绪问题的儿童所在家庭使用的。一些儿童可能表现出功能性良好；而另一些则可能问题表现比
16 较明显。这种干预也许能够解决人类固有的风险，一些特殊的结果也能被监控和测量。很多机构（比如，生理健康、心理健康、教育或社会服务机构）都可以实施选择性干预，在这些服务机构中又可以选择不同的角度进行干预，例如，频率、强度、干预类型、目标能力或行为、监控或追踪的数量。

选择性预防的一个著名例子是，奥尔兹、索尔德和基茨曼（Olds，Salder & Kitzman，2007）为促进母婴发展，减少高风险的虐待和忽视而做的研究，样本都是来自于非常贫困的家庭。他们提倡护士家庭合作计划（NFP），为首次做妈妈的人提供护士到家探访式干预。这种预防性干预从怀孕前 28 周开始，一直持续到儿童两周岁。尽管 NFP 以依恋理论、社会学习理论和人类生态理论为基础，与其说该计划是从心理健康传递方法中演变出来的，不如说它是从公共健康传递方法中演变出来的。

NFP 有 3 个主要目标：保证孕期健康，促进婴儿健康和发展，促进产妇的毕生发展。经过严格培训的护士按照工作指南来处理与个人健康及一般健康、婴儿养护质量、产妇毕生发展和社会支持的有关问题。建立信任、护士和客户之间的持续关系、安全养育、丰富的亲子关系都是十分重要的。

通过一系列随机化对照试验，NFP 在不同的母婴健康和社会性发展状况上表现出明显的作用，包括降低儿童受虐程度，减少儿童严重意外伤害的几率，延迟连续怀孕，降低儿童和母亲在接受计划后 15 年内的犯罪和反社会行为（Olds et al.，2007）。更重要的是，两个独立组表明这一计划具有明显的成本效益优势（Aos，Lieb，Mayfield，Miller & Pennucci，2004；Karoly，Kilburn & Cannon，2005）。

预防性干预的指示性取向

当儿童已经表现出明显的亚综合征时，我们应该采用指示性方法进行干预。这种干预的目的在于阻止早期显现的偏差发展成为后期的临床障碍。

儿童和抚养人之间不安全，尤其紊乱的依恋是其随后心理适应的一个风险因素。因为敏感和积极反应的教养方式与安全依恋相关。范登・博姆（van den Boom，1994）为增强易怒气质婴儿的安全依恋发展了一种干预方法。她 3 次家访低收入母亲和她们 6 至 9 个月的易怒气质婴儿。干预的重点在于增强母亲对于婴儿线索的敏感反应。100 对母婴被随机分配，结果显示，当婴儿 9 个月大时，计划组的母亲反应更积极、兴奋，看起来更细心。在婴儿 12～18 个月大时，母亲接受干预的儿童有可能发展为安全依恋（van den Boom，1994，1995）。这些发现帮助朱费等（Juffer，Bakermans-Kranenburg & Van IJzendoorn，2007）设计并验证被称为“促进积极抚养的视频干预”。这种干预针对不安全依恋可能产生的不良后果，能够有效降低儿童外显问题的发生。

对已确定障碍的治疗

对于那些已经被确定患有某种障碍的儿童来说，能够减轻痛苦并修复功能的心理疗法是必要的。通常来说，能提供这种服务的专业心理健康工作人员，都是接受过专门的婴儿心理健康评估和干预技术培训的。对于已确诊障碍的治疗会首 17
先集中在改变婴儿（Benoit，Wang & Zlotki，2001）和父母的行为上（McDonough，2000），或者是亲子关系上（Lieberman，Silverman & Pawl，2000）。斯特恩（Stern，1995）认为，我们需要采用不同的策略和途径进行不同形式的干预，但所有的干预必须重视通过改变婴儿行为和经验进而改变关系。

对于障碍的治疗需要关注目前症状和痛苦的消除，也需要关注婴儿的发展轨迹。因此，婴儿心理健康的治疗是同时着眼于儿童现在和未来适应性的治疗。

越来越多的人认为婴儿心理健康的治疗是依赖于经验的。也许人们了解最多的是亲子心理治疗。该方法由弗雷伯格和同事率先使用（Fraiberg et al.，1975）。这种干预方法最初被用于儿童年

龄小于5岁的高风险家庭。亲子心理治疗试图在父母的童年经验和他们现今对婴儿和年幼儿童的感受、看法和行为之间建立起联系。这些治疗学家像是父母和儿童情感经验的翻译器，重视父母生活的压力情境和文化衍生价值。

新一代的临床研究者进一步发展了亲子心理治疗，将其适用范围扩展到学前儿童，并系统地研究了其效果（参见 Lieberman & Van Horn，本书第27章）；事实上，五组随机对照试验已经证实了其效果。亲子心理治疗在以下一些方面显示出了效果：（1）减少处于压力中的移民家庭内学步儿的不安全依恋行为（Lieberman，Weston & Pawl，1991）。（2）减少儿童由于婚姻暴力产生的PTSD（Lieberman et al.，2005；Lieberman，Ippen & Van Horn，2006）。（3）增强抑郁母亲婴儿（Cicchetti，Toth & Rogosch，1999；Toth，Rogosch，Manly & Cicchetti，2006）和被虐待年幼儿童的安全依恋（Cicchetti，Rogosch & Toth，1999；Toth，Maughan，Manly，Spagnola & Cicchetti，2002）。

婴儿心理健康干预面临的挑战

对婴儿心理健康的预防性干预和治疗面临着几个挑战。首先，让年幼儿童的家庭聆听并愿意参与到干预的计划和执行中是非常重要的。这需要在父母和干预者之间建立起一种工作同盟，即建立起怀有对儿童的极大兴趣协同工作的承诺。父母往往会将与干预者之间的关系移情到其与儿童之间的关系当中。

其次，从业者必须认识到个人、家庭、种族、文化、专业和组织的价值观念影响干预的各个方面。观念通过关系以内隐或外显的方式呈现出来。通常，当婴儿和年幼儿童面临这种情境时，会产生强烈的感觉。认识并了解个人的价值体系，以及个人的感知如何使个体有能力理解父母和婴儿这种双体关系，这是个持续的挑战。反移情作用，包括范围界定、价值评估和再现幻想，能够降低客观性并破坏干预成功。如果想开展有效的干预，充分的培训和监督是必不可少的。（参见 Hinshaw-Fuselier，Zeanah & Larrieu，本书第31章）。

再次，尤其是那些个案研究者，要持续关注亲子关系。专业人员既要注意父母和婴儿间的行为互动，也要关注父母对于年幼儿童的情感经验及年幼儿童对父母的经验。对于大多数从业者来说，理解这些观点需要转变思维模式，也需要通 18
过强化培训来将这些观点理解并整合到临床工作中去。

最后，尽管关于婴儿心理健康问题已经有了很多证据，但是在预防性干预和治疗方面还需要不断的深入研究。确定干预的构成是很重要的，比如：（1）目标受体；（2）干预方法；（3）操作的频率、强度和时间；（4）干预的操作地点；（5）提供服务者的类型。重要的是，将这些内容和预期的、可测量的结果联系起来。（Karoly et al.，2005）说明这些成分并采用适当的研究方法能够增强理论证据基础，并帮助我们确定哪些才是方案中促使变化发生的关键要素和方法。例如，奥尔兹和同事（Olds et al.，2002）发现护士比专业人士的助手在实现目标和保持NFP模型的连续性等问题上表现得更出色。这一结果证明在干预中增加护士投入是必要的。

针对连续预防性干预的影响进行研究是非常必要的（Mrazek & Haggerty，1994）。这一领域的研究很少，部分是因为这会面临巨大的财政和后勤保障方面的挑战。

为了提出更精确的干预研究问题，临床医生需要和研究人员紧密合作。最理想的情形是，最新的研究成果能够显示临床实践，通过引入先进手段体现研究设计。有效地针对儿童的具体问题和情境选择干预手段，这是临床医生们的终极目标。随着人们对促进婴儿、家庭和特殊干预良好匹配的研究不断深入，确保家庭能够获得个性化服务的政策，将变得越来越重要。

结论

婴儿心理健康强调亲子关系的重要性，因为这一关系对年幼儿童社会性和情绪经验具有重要影响。健康的亲子关系，镶嵌于多元的社会和文化情境中，能够提高儿童的社会能力，而社会能力又与适应性的行为、情感和认知发展联系在一起。婴儿心理健康的范围包括临床、研究和政策制定、理论观点和跨学科的知识基础。正因为婴儿和学步儿的问题很复杂，我们必须通过各方面的努力来降低他们的痛苦，提高他们的能力。

参考文献

American Academy of Child and Adolescent Psychiatry Task Force on Research Diagnostic Criteria: Infancy and Preschool. (2003). Research diagnostic criteria for infants and preschool children: The process and empirical support. *Journal of the American Academy of Child and Adolescent Psychiatry*, *42*, 1504–1512.

American Psychiatric Association. (2000). *Diagnostic and statistical manual of mental disorders* (4th ed., text rev.). Washington, DC: Author.

Angold, A., & Egger, H. L. (2007). Preschool psychopathology: Lessons for the lifespan. *Journal of Child Psychology, Psychiatry, and Allied Disciplines*, *48*, 961–966.

Aos, S., Lieb, R., Mayfield, J., Miller, M., & Pennucci, A. (2004). *Benefits and costs of prevention and early intervention programs for youth*. Olympia, WA: Washington State Institute for Public Policy.

Belden, A. C., Thomson, N. R., & Luby, J. L. (2008). Temper tantrums in healthy versus depressed and disruptive preschoolers: Defining tantrum behaviors associated with clinical problems. *Journal of Pediatrics*, *152*, 117–122.

Bell, R. Q. (1968). A reinterpretation of the direction of effects in studies of socialization. *Psychological Review*, *75*, 81–95.

Benoit, D., Wang, E. L., & Zlotki, S. H. (2000). Discontinuation of enterostomy tube feeding by behavioral treatment in early childhood: A randomized controlled trial. *Journal of Pediatrics*, *137*, 498–503.

Bergman, K., Sarkar, P., Glover, V., & O'Connor, T. G. (2008). Quality of child–parent attachment moderates the impact of antenatal stress on child fearfulness. *Journal of Child Psychology and Psychiatry*, *49*, 1089–1098.

Carta, J. J., Atwater, J. B., Greenwood, C. R., McConnell, S. R., McEvoy, M. A., & Williams, R. (2001). Effects of cumulative prenatal substance exposure and environmental risks on children's developmental trajectories. *Journal of Clinical Child Psychology*, *30*, 327–337.

Center on the Developing Child at Harvard University. (2007). *A science-based framework for early childhood policy using evidence to improve outcomes in learning, behavior, and health for vulnerable children*. Available online at *www.developingchild.harvard.edu*.

Cicchetti, D., Rogosch, F. A., & Toth, S. L. (2006). Fostering secure attachment in infants in maltreating families through preventive interventions. *Development and Psychopathology*, *18*, 623–649.

Cicchetti, D., Toth, S. L., & Rogosch, F. A. (1999). The efficacy of toddler–parent psychotherapy to increase attachment security in offspring of depressed mothers. *Attachment and Human Development*, *1*, 34–66.

Costello, E. J., Mustillo, S., Erkanli, A., Keeler, G., & Angold, A. (2003). Prevalence and development of psychiatric disorders in childhood and adolescence. *Archives of General Psychiatry*, *60*, 837–844.

Crockenberg, S., & Leerkes, E. (2000). Infant social and emotional development in family context. In C. H. Zeanah, Jr. (Ed.), *Handbook of infant mental health* (2nd ed., pp. 60–90). New York: Guilford Press.

Crockenberg, S., Lyons-Ruth, K., & Dickstein, S. (1993). The family context of infant mental health: II. Infant development in multiple family relationships. In C. H. Zeanah (Ed.), *Handbook of infant mental health* (pp. 38–55). New York: Guilford Press.

Cummings, E. M., & Davies, P. T. (2002). Effects of marital conflict on children: Recent advances and emerging themes in process-oriented research. *Journal of Child Psychology and Psychiatry*, *43*, 31–63.

Degnan, K. A., Calkins, S. D., Keane, S. P., & Hill-Soderlund, A. L. (2008). Profiles of disruptive behavior across early childhood: Contributions of frustration reactivity, physiological regulation, and maternal behavior. *Child Development*, *79*, 1357–1376.

Degnan, K. A., Henderson, H. A., Fox, N. A., & Rubin, K. H. (2008). Predicting social wariness in middle childhood: The moderating roles of child care history, maternal personality, and maternal behavior. *Social Development*, *71*, 471–487.

Dishion, T. J., Shaw, D., Connell, A., Gradner, F., Weaver, C., & Wilson, M. (2008). The family check up with high risk indigent families: Preventing problem behavior by increasing parents' positive behavior support in early childhood. *Child Development*, *79*, 1395–1414.

Dube, S. R., Felitti, V. J., Dong, M., Giles, W. H., & Anda, R. F. (2003). The impact of adverse childhood experiences on health problems: Evidence from four birth cohorts dating back to 1900. *Preventive Medicine*, *37*, 268–277.

Egger, H. L. (2008, November). *Assessing preschoolers with anxiety*. Paper presented at the annual meeting of the American Academy of Child and Adolescent Psychiatry, Chicago.

Egger, H. L., Erkanli, A., Keeler, G., Potts, E., Walter, B. K., & Angold, A. (2006). Test–retest reliability of the Preschool Age Psychiatric Assessment (PAPA). *Journal of the American Academy of Child and Adolescent Psychiatry*, *45*, 538–549.

Emde, R. N. (1991). The wonder of our complex enterprise: Steps enabled by attachment and the effect of relationships on relationships. *Infant Mental Health Journal*, *12*, 164–173.

Escalona, S. (1967). Patterns of infantile experience

and the developmental process. *Psychoanalytic Study of the Child*, *22*, 197–244.

Felitti, V. J., Anda, R. F., Nordenberg, D., Williams, D. F., Spitz, A. M., Edwards, V., et al. (1998). Relationship of childhood abuse and household dysfunction to many of the leading causes of death in adults: The Adverse Childhood Experiences (ACE) study. *American Journal of Preventive Medicine*, *14*, 245–258.

Fraiberg, S., Adelman, B., & Shapiro, V. (1975). Ghosts in the nursery. *Journal of the American Academy of Child and Adolescent Psychiatry*, *14*, 387–421.

Frick, P. J., & Marsee, M. A. (2006). Psychopathy and developmental pathways to antisocial behavior in youth. In C. J. Patrick (Ed.), *Handbook of psychopathy* (pp. 353–370). New York: Guilford Press.

Gardner, F., Sonuga-Barke, E., & Sayal, K. (1999). Parents anticipating misbehavior: An observational study of strategies parents use to prevent conflict with behavior problem children. *Journal of Child Psychology and Psychiatry*, *40*, 1185–1196.

Garmezy, N., Masten, A. S., & Tellegen, A. (1984). The study of stress and competence in children: A building block for developmental psychopathology. *Child Development*, *55*, 97–111.

Gilliam, W. S. (2005). *Prekindergarteners left behind: Expulsion rates in state prekindergarten systems*. New Haven, CT: The Edward Zigler Center in Child Development and Social Policy, Yale University Child Study Center. Available at *ziglercenter.yale.edu/resources/docs/National%20Prek%20Study_expulsion.pdf*.

Hodges, J., & Tizard, B. (1989). Social and family relationships of ex-institutional adolescents. *Journal of Child Psychology and Psychiatry*, *30*, 77–97.

Juffer, F., Bakermans-Kranenburg, M. J., & van IJzendoorn, M. H. (2007). *Promoting positive parenting: An attachment-based intervention*. Mahwah, NJ: Erlbaum.

Karoly, L. A., Kilburn, M. R., & Cannon, J. S. (2005). *Early childhood interventions: Proven results, future promise*. Santa Monica, CA: RAND.

Knitzer, J. (2000). Early childhood mental health services: A policy and systems development perspective. In J. Shonkoff & S. Meisels (Eds.), *Handbook of early childhood intervention* (2nd ed., pp. 416–438). New York: Cambridge University Press.

Knitzer, J., & Lefkowitz, J. (2006). *Pathways to early school success issue: Brief No. 1. Helping the most vulnerable infants, toddlers, and their families*. New York: National Center for Children in Poverty.

Knudsen, E. I. (2004). Sensitive periods in the development of the brain and behavior. *Journal of Cognitive Neuroscience*, *16*, 1412–1425.

Knudsen, E. I., Heckman, J. J., Cameron, J. L., & Shonkoff, J. P. (2006). Economic, neurobiological, and behavioral perspectives on building America's future workforce. *Proceedings of the National Academy of Sciences*, *103*, 10155–10162.

Lewis, M. (2000). The cultural context of infant mental health: The developmental niche of infant–caregiver relationships. In C. H. Zeanah, Jr. (Ed.), *Handbook of infant mental health* (2nd ed., pp. 91–107). New York: Guilford Press.

Lieberman, A. F., Ippen, C. G., & Van Horn, P. (2006). Child–parent psychotherapy: 6-month follow-up of a randomized controlled trial. *Journal of the American Academy of Child and Adolescent Psychiatry*, *45*, 913–917.

Lieberman, A. F., Silverman, R., & Pawl, J. (2000). Infant–parent psychotherapy. In C. H. Zeanah (Ed.), *Handbook of infant mental health* (2nd ed., pp. 472–484). New York: Guilford Press.

Lieberman, A. F., Van Horn, P., & Ippen, C. G. (2005). Toward evidence-based treatment: Child–parent psychotherapy with preschoolers exposed to marital violence. *Journal of the American Academy of Child and Adolescent Psychiatry*, *44*, 1241–1248.

Lieberman, A. F., Weston, D., & Pawl, J. H. (1991). Preventive intervention and outcome with anxiously attached dyads. *Child Development*, *62*, 199–209.

Masten, A. S., & Coatesworth, D. J. (1998). The development of competence in favorable and unfavorable environments: Lessons from research on successful children. *American Psychologist*, *53*, 205–220.

McCarton, C. M., Brooks-Gunn, J., Wallace, I. F., Bauer, C. R., Bennett, F. C., Bernbaum, J. C., et al. (1997). Results at age 8 years of early intervention for low-birth-weight premature infants: The infant health and development program. *Obstetrical and Gynecological Survey*, *52*, 341–342.

McDonough, S. (2000). Interaction guidance: An approach for difficult to engage families. In C. H. Zeanah (Ed.), *Handbook of infant mental health* (2nd ed., pp. 485–493). New York: Guilford Press.

Meiser-Stedman, R., Smith, P., Glucksman, E., Yule, W., & Dalgleish, T. (2008). The posttraumatic stress disorder diagnosis in preschool- and elementary school-age children exposed to motor vehicle accidents. *American Journal of Psychiatry*, *165*, 1326–1337.

Middlebrooks, J. S., & Audage, N. C. (2008). *The effects of childhood stress on health across the lifespan*. Atlanta: Centers for Disease Control and Prevention, National Center for Injury Prevention and Control.

Minuchin, P. (1988). Relationships within the family: A systems perspective on development. In R. A. Hinde & J. Stevenson-Hinde (Eds.), *Relationships within families: Mutual influences* (pp. 7–26). New York: Oxford University Press.

Mrazek, P. B., & Haggerty, R. J. (1994). *Reducing risks for mental disorders: Frontiers for preventive intervention research*. Committee on Prevention of Mental Disorders, Institute of Medicine. Washington, DC: National Academy Press.

National Institute of Child Health and Human Development Early Child Care Research Network. (2004). Trajectories of physical aggression from toddlerhood to middle childhood: Predictors, correlates and outcomes. *Monographs of the Society for Research in Child Development (Serial No. 278), 69*, 1–144.

National Institute of Child Health and Human Development Early Child Care Research Network. (2005). *Child care and child development.* New York: Guilford Press.

National Institute of Child Health and Human Development Early Child Care Research Network. (2006). Child care effect sizes for the NICHD study of early child care and youth development. *American Psychologist, 61*, 99–116.

National Research Council and Institute of Medicine. (2000). *From neurons to neighborhoods: The science of early childhood development.* Committee on Integrating the Science of Early Childhood Development (J. P. Shonkoff and D. A. Phillips, Eds.). Washington, DC: National Academy Press.

Nelson, C. A., Zeanah, C. H., Fox, N. A., Marshall, P. J., Smyke, A. T., & Guthrie, D. (2007). Cognitive recovery in socially deprived young children: The Bucharest Early Intervention Project. *Science, 318*, 1937–1940.

Olds, D. L., Robinson, J., O'Brien, R., Luckey, D. W., Pettitt, L. M., Henderson, C. R., et al. (2002). Home visiting by paraprofessionals and by nurses: A randomized, controlled trial. *Pediatrics, 110*, 486–496.

Olds, D. L., Sadler, L., & Kitzman, H. (2007). Programs for parents of infants and toddlers: Recent evidence from randomized trials. *Journal of Child Psychology and Psychiatry, 48*, 355–391.

Pine, D. S., Costello, E. J., Dahl, R., James, R., Leckman, J., Leibenluft, E., et al. (2008, March). *Increasing the developmental focus in DSM-V: Broad issues and specific potential applications in anxiety.* Paper presented at the annual meeting of the American Psychopathological Association, New York City.

Robinson, M., Oddy, W. H., Li, J., Kendall, G. E., de Klerk, N. H., Silburn, S. R., et al. (2008). Pre- and postnatal influences on preschool mental health: A large-scale cohort study. *Journal of Child Psychology and Psychiatry, 49*, 1118–1128.

Rosenthal, J., & Kaye, N. (2005). *State approaches to promoting young children's healthy mental development: A survey of Medicaid, maternal and child health, and mental health agencies.* Portland, ME: National Academy for State Health Policy.

Rutter, M. (2000). Resilience reconsidered: Conceptual considerations, empirical findings, and policy implications. In J. Shonkoff & S. Meisels (Eds.), *Handbook of early childhood intervention* (2nd ed., pp. 651–682). New York: Cambridge University Press.

Sameroff, A. J., Bartko, W. T., Baldwin, A., Baldwin, C., & Seifer, R. (1998). Family and social influences on the development of competence. In M. Lewis & C. Feiring (Eds.), *Families, risk and competence* (pp. 161–186). Hillsdale, NJ: Erlbaum.

Sameroff, A. J., & Fiese, B. (2000). Models of development and developmental risk. In C. H. Zeanah (Ed.), *Handbook of infant mental health* (2nd ed., pp. 3–19). New York: Guilford Press.

Scarr, S. (1998). American child care today. *American Psychologist, 53*, 95–108.

Scheeringa, M. S., & Zeanah, C. H., Jr. (2001). A relationship perspective on PTSD in infancy. *Journal of Traumatic Stress, 14*, 799–815.

Scheeringa, M. S., Zeanah, C. H., Jr., Myers, L., & Putnam, F. W. (2005). Predictive validity in a prospective follow-up of PTSD in preschool children. *Journal of the American Academy of Child and Adolescent Psychiatry, 44*, 899–906.

Sroufe, L. A. (1989). Relationships, self and individual adaptation. In A. J. Sameroff & R. N. Emde (Eds.), *Relationship disturbances in early childhood* (pp. 70–94). New York: Basic Books.

Sroufe, L. A. (1997). Psychopathology as an outcome of development. *Development and Psychopathology, 9*, 251–268.

Sroufe, L. A., & Rutter, M. (2000). Developmental psychopathology: Concepts and challenges. *Development and Psychopathology, 12*, 265–296.

Steele, H., Steele, M., & Fonagy, P. (1996). Associations among attachment classifications of mothers, fathers, and their infants. *Child Development, 67*, 541–555.

Stern, D. N. (1995). *The motherhood constellation.* New York: Basic Books.

Toth, S. L., Maughan, A., Manly, J. T., Spagnola, M., & Cicchetti, D. (2002). The relative efficacy of two interventions in altering maltreated preschool children's representational models: Implications for attachment theory. *Development and Psychopathology, 14*, 877–908.

Toth, S. L., Rogosch, F. A., Manly, J. T., & Cicchetti, D. (2006). The efficacy of toddler–parent psychotherapy to reorganize attachment in the young offspring of mothers with major depressive disorder: A randomized preventive trial. *Journal of Consulting and Clinical Psychology, 74*, 1006–1016.

van den Boom, D. C. (1994). The influence of temperament and mothering on attachment and exploration: An experimental manipulation of sensitive responsiveness among lower-class mothers with irritable infants. *Child Development, 65*, 1457–1477.

van den Boom, D. C. (1995). Do first-year intervention effects endure?: Follow-up during toddlerhood of a sample of Dutch irritable infants. *Child Development, 66*, 1798–1816.

Werner, E. E., & Smith, R. S. (2001). *Journeys from childhood to midlife: Risk, resilience, and recovery.* Ithaca, NY: Cornell University Press.

Zeanah, C. H., Jr. (1998). Reflections on the strengths perspective. *The Signal, 6*, 12–13.

Zeanah, C. H., Jr., Bakshi, S., Boris, N. W., & Lieberman, A. (2000). Disorders of attachment.

In J. Osofsky & H. Fitzgerald (Eds.), *WAIMH handbook of infant mental health* (pp. 93–122). New York: Wiley.

Zeanah, C. H., Boris, N., & Scheeringa, M. (1997). Psychopathology in infancy. *Journal of Child Psychology, Psychiatry, and Allied Disciplines, 38*, 81–99.

Zeanah, C. H., Jr., & Zeanah, P. D. (2001). Towards a definition of infant mental health. *Zero to Three, 22*, 13–20.

Zeanah, P. D., Gleason, M. M., & Zeanah, C. H., Jr. (2008). Infant mental health. In M. M. Haith & J. B. Benson (Eds.), *Encyclopedia of infant and early childhood development* (pp. 301–311). New York: Elsevier.

Zeanah, P. D., Stafford, B., Nagle, G., & Rice, T. (2005). Addressing social emotional development and infant mental health. In *Building early childhood comprehensive systems series* (Vol. 12). Los Angeles: National Center for Infant and Early Childhood Health Policy.

Zeanah, P. D., Stafford, B., & Zeanah, C. H., Jr. (2005). Clinical interventions in infant mental health: A selective review. In *Building state early childhood comprehensive systems series* (Vol. 13). Los Angeles: National Center for Infant and Early Childhood Health Policy.

Zero to Three. (2001). *Definition of infant mental health*. Washington, DC: Zero to Three Infant Mental Health Steering Committee.

Zero to Three. (2005). *Diagnostic classification of mental health and developmental disorders of infancy and early childhood, revised (DC:0–3R)*. Washington, DC: Zero to Three Press.

第 2 章

孕育期的心理学和心理病理学

重组和转型

阿里耶特·斯莱德（Arietta Slade）
莉萨·J·科恩（Lisa J. Cohen）
洛伊丝·S·萨德勒（Lois S. Sadler）
马娅·米勒（Maia Miller）

22 孕育期是女人一生中最不平凡的时期。她的一生中只有在此刻如此短暂的时间内会产生巨大的变化，其适应的性质和治疗将深远地影响自身和孩子身体与心理健康。一方面，这一时期的巨大过渡、转型和重组带来希望和可能性；另一方面，这一时期也蕴含着危机和潜在的混乱。

孕育期很好的过渡对母亲和孩子的心理健康而言至关重要。即使是计划好的，孕育期仍然具有内在的破坏性。原因很多：其一，在这一时期身体和大脑内部发生了巨大的生理、激素、神经化学和神经生物学的变化；另外，对身份、自我和他人、依恋及养护的重新确认是为即将成为父母需要准备的部分。准妈妈对这些发展性契机的处理及整合程度与大量的内部和外部因素相关，个人心理便是其一：她使孕育成为一种内在的生活，一种她体验和组织情感世界、感知自我和他人的独特方式。她的内部生活已经被童年、格式化的关系、早前的创伤经验和失败塑造成型了，但不是决定性的。由此类推，孕育是在身体健康、生物和基因优势及缺陷等情境的共同作用下发生的。它也是在她与婴儿父亲、她的家庭、社交与文化的关系网中发生的，在她的年龄和社会经济状况复杂矩阵中发生的。这些变量的独特交融会引起情感上的巨变，这在孕育期是正常的。

尽管情感巨变是正常的，但是这个时期的易损性不能被忽视，既从母亲的出发点考虑，也从未出世婴儿心理健康的角度考虑。对于那些心理功能脆弱的女人来说，孕育期的情感危机可能会给妈妈、婴儿和大家族带来长期的影响。孕育期最具风险性的因素是，妇女们有先前的精神障碍，有过创伤、虐待和失败（包括流产）的历史。同 23
样，未成年母亲之所以更脆弱，是因为她们经常面临在青春期成为父母以及贫穷、缺少社会支持、不良依恋和创伤带来的压力。这些环境使临床医生们开始注意这些孕妇，有可能需要及时或长时间的干预，以帮助她们调整状态适应怀孕的巨变和婴儿的降临。

在接下来的章节中，我们会对围产期和产后期间那些容易导致心理健康问题的多变而复杂的因素进行大致介绍。我们首先考虑孕育期机体的、生物的、激素的和神经方面的因素。接下来会介绍孕育期对母亲发展和婴儿的关系起到基础性作用的情感方面因素。之后讨论孕妇在围产期的各种营养和父母身份心理适应的家庭和环境性因素。最后，我们会考察孕育期进行心理病理学治疗和对高危母亲准备好适应母亲身份等问题上的干预作用。

孕育期的发展性概述

怀孕

怀孕始于受精，大多数怀孕的妇女是源于可孕期间的两性性交。受精引起一系列机体、生物和神经方面的改变，这些变化会在几天内通过尿液和血液样本被检测出来。然而，受精在生物学方面与在心理学方面是明显不同的。女人是在有很多亲属和社会情境中怀孕的，这些因素都有助于孕育期的心理经验和她们对怀孕的接受。不管一个女人是否期望怀孕，是否很容易怀孕，是否与孩子的父亲有稳定的关系，处于自身的社会和文化情境中是否在心理上准备好了做母亲等等，她都会为新生命和自己建立起某种环境。意外怀孕通常会带来很大的压力，会威胁母亲的心理健康。另外，拒绝怀孕会影响母亲未来的教养经验和儿童后期的依恋状况（Ispa，Huth-Bocks，Sable，Porter & Csizmadia，2007）。

孕期三个阶段的顺序

婴儿在怀孕的头3个月（12周）会有迅速的发展，未分化的细胞会变为关节组织和器官。在这3个月中，胎儿极易受到有毒物质的影响，因为这个原因大多数发展中国家建议妇女在确认怀孕后，停止吸烟、喝咖啡和饮酒。怀孕后激素剧增，会引起晨吐、易怒和情绪变化。1/4的流产都发生在妊娠期的10～12周，人们需要重视这一时期的脆弱性。

一个女人很可能直到过了这个时期才发现自己怀孕了，大多数女人是在怀孕的头几周就感觉到了自己身体的一些变化。然而，当她的身体确实开始变化时，她可能在饮食和行为水平上都发生了变化。胎儿仍然是一个抽象概念（Leifer，

1980)。即将到来的母亲身份远不如在接下来的几个月来得真实和持久。也就是说，超声波扫描技术的最新发展使得我们能在第10周就看到胎儿的影像。这种技术使得一些妇女可以通过依托于医院的医疗养护机构，在婴儿未出生之前就看到她们，这是最近几十年才可能的事情。这会让人们
24 体验到强烈的兴奋，当然也让婴儿感觉起来更真实，会加深妈妈（爸爸）与胎儿联结的印象（McKinney，Tuber & Downey，1996）。

胎儿的成长在第二个阶段表现得更加直观明显，很多女人能够更真实地感觉到婴儿的存在。由于激素分泌稳定，晨吐和易怒程度会减轻。腹部已经隆起到足够"看出"怀孕，这一阶段对女人们来说可能会引起强烈的冲突，尤其对那些担心形体问题和孕期进食障碍的人来说（Huganir，1990；Rocco et al.，2005）。最重要的是，在这个时期（4～5个月），女人开始感到胎儿的移动，尽管在7～8周就已经发生了未检测出来的运动。人们称之为"胎动"。从心理学角度而言，这是一个女人在孕育期最重要的时刻之一。很多精神分析理论已经指出，随着怀孕母亲身体的生长，婴儿越来越容易被人们想象出来，胎儿通过胎动被感知，通过超声波被看见，她心理上的适应转向内部。她的感情投资从外部世界抽离，跟随婴儿转而聚焦于内部，并在其内部发生转型（Bibring，Dwyer，Huntington & Valenstein，1961；Leifer，1980）。此时，心理转变加速；她不仅在生理上正变为妈妈，也逐渐发展成一位心理上的妈妈。

第三个阶段胎儿变大，到了胎儿达到新生儿大小的时间。孕妇的体重在此时达到最高，一般增加约19公斤。她的移动相当受限，体重会引起强烈的不适，尤其是在最后的一个月。在她孕期的最后几周内，孕妇开始做好婴儿降生生理和心理上的准备；这可能与催产素神经元的激活传输有关（Leckman et al.，2004）。温尼科特（Winnicott，1956）称这一时期的开始为"原始母性预设想法"。她们由内而外逐渐关注婴儿的到来和即将发生的巨大变化（Leifer，1980；Lester & Notman，1986；Pines，1972）。

分娩

怀孕的高潮当然是分娩。孕妇们怀着紧张而矛盾的心情期盼着分娩。分娩预示着历经长久的等待，辛苦的孕育期终于结束了。然而分娩也要承受机体疼痛，这是一个艰难的经历。分娩过程中，孕妇不可避免地要遭遇身体控制的极限，甚至是死亡。这些事实使得分娩对于孕妇而言成为一个令人惊恐的时刻，很多文化已经开设了一些减轻分娩恐惧的实践课程。其中包括分娩陪同或是"助产师"（分娩全程陪伴在产妇身边）。支持性陪同的出现与一系列的积极助产和母婴良好发展相关（Kennell，Klaus，McGrath，Robertson & Hinkley，1991）。母亲、外祖母和其他女性亲属在不同文化中作用相同。西方文化经常鼓励父亲参与分娩。研究印证了一个常识，如果孕妇在分娩期间或之后产生掌控感，这个过程的痛苦会减轻，而且情绪更具有适应性（Green，Coupland & Kitzinger，1990）。对那些有性虐待和躯体虐待史的妈妈来说，分娩能够唤起强烈的创伤再现。干预对于这样的孕妇而言，在分娩时是至关重要的，它会帮助她们控制内在的无力感（Seng，2002；Simkin，1992）。

孕育期的神经生物学

近期研究已经开始探索孕育期相当复杂的神经生物基础。一方面，各种激素和其他神经化学的变化使得胎儿发展。在很多水平上，它们也导致怀孕固有的情绪波动和巨变。一些激素，尤其是催产素，在引发即时的和产后的母性行为时起到重要作用，它能调动神经回路促进母婴依恋（Feldman，Weller，Zzgoory-Sharon & levine，2007；Leckman et al.，2004；Nelson & Panksepp，1998）。费尔德曼及其同事报告说如果怀孕 25
头三个月的血浆催产素的水平越高，4个月时母婴互动中积极依恋的指数就越高。另外，那些怀孕期间催产素水平较高的孕妇，会在产后报告更多的与婴儿形成排他性依恋的行为指标，也更有可能报告自己专注于婴儿的安全和未来。费尔德曼等还认为，催产素可能与皮质醇和应激激素以某种方式相互作用以降低焦虑，变得镇定，强化"依恋目标的诱因价值"（Feldman et al.，2007，p. 969）。正如随后将讨论到的，在产前和产后阶段，激素能够预测精神紊乱。

孕期心理过程

孕期情感波动

由于内部和外部对即将到来的父母身份的准备，孕期的情感波动和间歇精神痛苦是很正常的（Bibring et al.，1961；Leifer，1980；Trad，1990）。比布林（Bibring），是最早开始研究怀孕心理分析的作家之一，指出情感不稳定是孕妇的典型特征。她和同事对孕妇进行评估，发现绝大多数孕妇看起来非常不安和不稳定。比布林的观察已经在过去几十年里被多次验证（Di Pietro，Novak，Costigan，Atella & Reusing，2006；Moses-Kolko & Feintuch，2002）。孕妇的文化刻板印象能够暗示出她的情感状态（Leifer，1980）。

内部重组：客体关系、依恋和表征

重组的关键出现在内部心理层面。任何发展性危机都能导致自我和他人内部表征的激活。对孕妇而言，要成为母亲总是会激活她内心与自己母亲的亲子关系。她与母亲和其他重要抚养人的关系越复杂，越可能让一位准妈妈开始与自己的母亲进行对比。如比布林及其同事（Bibring et al.，1961）提到的，这个过程逐渐发生，伴随着孕育期，她与母亲重新建立起内在的、真实的关系。通常这种表征重造会使得女人能从更积极的角度看待自己的母亲，以便把她自己想象为一位母亲。她不再是个有依赖且与母亲冲突的孩子。另外，当怀孕唤醒了客体和自我的消极表征，母性认同的发展就会受到影响。事实上，在临床文献中有关孕育的问题已经被充分论述，怀孕的表征冲突解决十分困难，因此很多孕妇都变得焦虑（Leifer，1980；Lester & Notman，1986；Pines，1972；Trad，1990）。然而，解决和整合如此复杂的认同和内部客体表征对于女人准备好当妈妈和与孩子建立关系而言非常重要。一旦成功，再造表征便给了一次修复和解决的机会（Benedek，1970）。如果不成功，便留下了一个母婴不良关系的隐患，对母亲和孩子来说后果都很严重。

母性身份认同的建立也涉及她对自身感觉其他方面的重构。除了是一个女人、女儿、妻子、职员，她现在要成为一位母亲，并将先前对母亲的依恋转移到这个上面。这些固有的任务在建立新的身份认同时也将贯穿于孩子的毕生发展之中。退行、冲突、焦虑、持续的抑郁、情绪不稳定是转变过程中的正常现象，是她对自身感觉的基础。事实上，特拉德（Trad，1990）就曾提到，这些转变会引发矛盾，这是成功适应怀孕的一个健康表现。

重建早期关系的任务就是分离儿童与依附的关系（Condon & Corklindale，1997；Pines，1972）。怀孕期间，婴儿既是她的一部分，同时也在渐渐与她分离。一方面，尤其是在怀孕后期和产后早期，从某种意义上来说，女人必须完全投入在孩子身上。温尼科特（Winnicott，1956）称这种状态为“母亲最主要的职业”，意指母亲变得完全被孩子占据并与孩子的需要、节奏和所有的一切保持一致的过程。在这种状态下，她和孩子深刻地融为一体。同时，婴儿从她身体内的分离，对她而言必定是真实的。她必须想象并牢记孩子的自主性，与她的幻想、愿望、投射和归因区分开来。她必须对自己控制一个自主身份的能力感到确定，即使她的感觉已经沉溺于孩子。

怀孕以同样的方式激活了内部的客体关系，也激活了依恋系统和它的表征。鲍尔比（Bowlby，1988）认为，养护系统像依恋行为系统一样，是在一些重要条件下被激活的动力系统。鲍尔比特别强调，婴儿生理上的依恋倾向会使父母产生对婴儿提供照料的生理倾向。养护系统在怀孕过程中被激活，类似于儿童的依恋行为系统（Solomon & George，1996），与其他的动力系统竞争，包括管理配偶、性行为等等。

鉴于依恋理论家用“依恋”来描述儿童对更强大或更智慧个体的联结（比如父母），很多人又用“母胎依恋”或“产前依恋”来描述母亲与孩子所建立关系的行为和表征成分（参见Cannella，2005；Doan & Zimerman，2003）。孕妇所感觉到与孩子的依恋和联系的程度，或展示出来与依恋相一致的行为，与父母和孩子很多重要的亲子行为发展都联系在一起（Condon & Corklindale，1997），还和妈妈在孩子出生后的经验（Leifer，1980），以及妈妈在孩子出生后投入精力的质量也有关系（Siddiqui & Hägglöff，2000）。不同的学者（Bennett，Litz，Lee & Maguen，2005；Doan & Zimerman，2003）都提到父母在开始体验到联结感觉和与未出世婴儿依恋的时候，差别是非常大的。对一些人来说，这种感觉甚至在她怀孕之前就已经很久了；有些人开始于怀孕早期；而有些人出现得较晚。这种感觉的强度在不同的孩子之间也可能不同。

关于孩子的表征从女人怀孕之前就已经开始形成了，似乎在她生命中的某个阶段，就已经开始幻想有孩子和成为母亲，虽然这种表征在怀孕早期才开始扩散开来，到第二个阶段才开始逐渐变得具体。母亲将胎儿描述为“繁忙的”、“吃力的”、“任性的”、“不停地烦扰我”、“总让我觉得不舒服”和“让我感觉到生命的美好”。女人对于自己是母亲的看法是不断发展的：“我会是一个好妈妈”……“一个喜欢控制的妈妈”……“我不想成为全职妈妈因为我热爱工作”。在孕育期间，更多的是想象中的婴儿。因此，这些表征都是完
27 全出于想象，基于孕妇的预期、希望、梦想、归因和潜意识幻想的混合，而非现实。到了第三个阶段，孕妇们在想象婴儿和自己成为一位母亲的能力上便会出现显著的差异。这些差异也相当一致和稳定。在内容和结构上表明妇女成功适应怀孕的程度：她能在多大程度上想象婴儿，同时将婴儿想象成她的一部分，和她即将分离的一部分？她能在多大程度上想象自己是位母亲？这些表征是一致的、有组织的、平衡的，还是矛盾的、混乱的、消极的？贝努瓦、帕克和泽纳（Benoit，Parker & Zeanah，1995）评估了孩子从孕期到 1 岁时母亲的表征。他们发现这些表征从怀孕到出生后 1 年是稳定的，而且那些在怀孕期间表征平衡的母亲很可能会安全分娩。最近，瑟安等（Theran，Levendosky，Bogat & Huth-Bocks，2005）研究了父母对婴儿表征跨时间的稳定性。将表征分为平衡和不平衡的，样本的 71%具有跨时间的稳定性，具有平衡表征的妇女其稳定性更明显。收入水平、单亲身份、虐待史和抑郁症状能够预测变化。

大量的研究者已经把女人和自己父母的依恋与母婴依恋和对未出世胎儿的母性表征质量联系在一起。一个女人的依恋安全性能够预测自己与胎儿的依恋（Siddiqui，Hägglöff & Eisemann，2000）以及婴儿和自己产后表征（Benoit et al.，1997；Frank，Tuber，Slade & Garrod，1994；Huth-Bocks，Levendosky，Bogat & von Eye，2004；Mikulincer & Florian，1999；Slade & Cohen，1996；Slade et al.，1995；Zeanah，Dailey，Rosenblatt & Saller，1995）。可以想象，母婴依恋和产后表征的质量与婴儿之后的安全感是有联系的（Benoit et al.，1997；Huth-Bocks et al.，2004）。

尽管术语“反思机能”和“心智化”被主要用来描述在真实关系中对他人精神状态的反思能力，但它们也用来描述那些在孕育期想象孩子有意图、感觉和愿望的母亲。事实上，反思机能在孕期起到特殊而重要的作用，因为妈妈需要记住两点，她对自身感觉和强度的改变影响婴儿，婴儿既是她的一部分，又要离开她。反思机能使得妈妈能够在头脑中，孩子出生之后，想象婴儿已经有了对自己一致的和可知的意识。它会使得妈妈在面对怀孕混乱时保持一份自我的统一感和可知感。

外部重组

当一个女人成为母亲时，她的绝大多数关系都将改变。她和伴侣间的关系必须要加入第三个（或者第四个、第五个等）人，开始竞争需要和欲望。她和自己妈妈的关系会发生改变，她不再仅仅是个女儿，而是一位加入母亲行列的女儿。她与她的其他孩子的关系、与大家庭的关系和同事的关系也将发生改变。很自然，由于孕期增长的生理和情感需要，孕妇在这段时间变得更加依赖他人。她们需要身边更多的支持——丈夫、家庭、朋友，这些人帮助她们顺利度过孕期。在孩子出生前后大家庭通常会变得更加有凝聚力；即使是陌生人也可能与孕妇打交道，有时把手放在孕妇的肚子上或主动提供有关婴儿养护的建议。怀孕戏剧化地改变了核心家庭的动力，尤其是父母的婚姻，以及来自于丈夫和其他外延社会网络的支持，对孕育期的良好适应是非常重要的（Condon & Corklindale，1997；Leifer，1980）。 28
女人怀孕的体验受到其社会情境、与伴侣关系、她的其他孩子、自己原有家庭和所处文化的深刻影响。

孕育期的父亲

对于父亲来说，怀孕也要有心理上的准备。尽管针对孕育期父亲发展的研究明显较少，还是有一些研究论述了男人也必须要经历的深刻转型和在这个过程中男性的积极作用（Gage & Kirk，2002；Habib & Lancaster，2006）。孕育期间，父亲必须形成对孩子的看法和对这个未曾谋面孩子的依恋。因为男人并未像女人一样直接承受同样巨大的生理变化，有时这会成为一项令人气馁的任务，而且对一些爸爸来说尽管他们对伴侣的感受有了变化，但感受真实的婴儿是有难度的，因为他们要尽越来越多父母应该尽到的职责。有趣的是，一项研究表明超声波检查的数量能够预测母亲与胎儿依恋的强度（Gerner，2006）。一些研究发现那些有意想成为父亲（Peterson & Jenni，2003）和将自我身份的核心认定为父亲的男人（Habib & Lancaster，2006），在孕育期感情投入最多。一个父亲对自己父亲的看法影响他和新生儿的依恋。在2004年的一项研究中，比顿、多尔蒂和路透（Beaton，Doherty & Reuter，2003）认为，怀孕中期，父亲如果在童年与自己的父母既不过于亲近也不过于疏远，就会对父亲角色的卷入有更积极的态度。因此，童年期的安全依恋促进了他与未出世的孩子建立安全亲密的依恋，不安全依恋的再造也在父亲与胎儿依恋中发挥非常关键的作用。

孕育期婚姻关系也经历着深刻的变化。两个人变成了三个人，至少20年内他们的任何决定都需要考虑孩子。怀孕为婚姻标注了一个深深的承诺；爸爸和妈妈在接下来的生活中将会紧紧联在一起。因此，怀孕具有牢固婚姻紧密联结的作用。当然，怀孕也给婚姻带来了大量的压力。婚姻的满意度越高，丈夫越能感觉到自己是怀孕和抚养孩子的一部分。因此，尽管对于大多数男性来说，与孩子情感卷入是生命增强和生命转型的体验，但婚姻关系可能比母子关系和父子关系对孩子的影响更大。

一位父亲也会感到紧张，对妻子或伴侣正在经历的变化而感到矛盾。父亲可能很享受女人身体上的变化，因在她身体内生命的成长而感到兴奋和敬畏。与此相对地，他也会不愿看到自己伴侣性感的身体成为一个如此清晰的母亲形态。一些男人为妻子和孩子的生理健康而极度焦虑（“那么大的头要从哪儿出来呢?”）。然而，一些男人也可能感到自己被妻子抛弃了，她现在正将所有的能量和注意都放在孕育上。很多男人也会感到自己在教养过程中的中心作用被排除掉了，被朋友和家人视为养家糊口的帮手，好像孕育是一个排外的只供女人所有的俱乐部。对父亲情感体验的聚焦说明了女人怀孕期间被忽视的动力，尽管女人在孕育期对社会支持的需要被高度重视，很多妇女可能会拒绝与伴侣分享力量和父母身份。然而，为了让男人成为积极的父亲，女人需要牺牲掉一些她们已经习惯享受在抚养孩子上的控制欲。

一种有趣的跨文化现象，术语叫做“拟娩”，是说一些男人如何象征性地在生理上迎接父亲面对孕期的挑战（Klein，1991）。拟娩是指一个男人通过做出与怀孕的伴侣相类似的躯体表现来达到认同。通过躯体上与孕妇的一致，丈夫与妻子 29
拉近距离，达到“怀孕”过程中自身角色的再认，为即将出世的孩子做好心理准备。一些作者认为，生理学影响这一现象，证据显示男性和女性在怀孕期间经历相似的（质量上或数量上）激素的变化。特别是在产前期和围产期的特定阶段，男性和女性催乳激素和雌二醇增加，睾丸素下降（Storey，Walsh，Quinton & Wynne-Edwards，2000；Zeigler & Snowdon，2000）。

很多女人在孕期并没有得到孩子父亲的支持，这并不足为奇；事实上，尤其在少女怀孕或是意外怀孕的事件中，这是一个很多男人消失的时刻（C. H. Zeanah，Jr.，Personal Communication，Feb. 2，2008）。很显然，作为支持性伴侣和共同养育者的父亲，他的缺席会通过多种方式影响女人的孕期体验和分娩。在这种情况下，很多女人指导男性家庭成员如何度过孕育期。另一些人则认为在某些文化群体当中父亲缺席很正常。然而，人们还是对父亲缺席感觉很敏感。

孕期和母亲身份适应的风险因素

每个女人都以她独特的方式来表达各种孕期的发展性需求。但是有些情况使得孕期和母亲身份的适应面临极大挑战。这其中包括先前的精神紊乱、物质滥用、早期或正在经历的创伤、家庭暴力、流产，以及在这个重要发展阶段家庭和社会支持的缺乏。对于高风险的年轻女性来说，尤其是少女，意外怀孕带来的挑战是贫穷、资金紧张、家庭和社会的支持匮乏和单亲家长的身份，这几乎是难以克服的。

心理和生物因素

孕期和母亲身份适应的主要风险之一是先前的精神紊乱，尤其是抑郁、焦虑，或其他主要的精神障碍（Condon & Corklindale，1997；Leifer，1980；Trad，1990）。事实上，人们普遍认同围产期是精神紊乱增高的时期；因此，那些对精神疾病易感，或有精神疾病史的妇女在孕期更有可能染患精神疾病。尽管像焦虑症、强迫症、躁郁症和精神失调这种精神疾病和产前阶段有联系，但怀孕中最常见的精神问题还是情绪障碍，尤其是抑郁（参见 Goodman & Brand，本书第 9 章）。一些研究发现，女人在围产期患抑郁症等精神障碍的几率急剧增高（Kendell，Chalmers & Platz，1987；Kendell，Wainwright，Hailey & Shannon，1976），尽管两项大型研究对围产期孕妇在年龄、经产数和社会经济地位等因素进行匹配后发现，与控制组相比，抑郁症的患病率并没有统计意义上的差异（Cooper，Campbell，Day，Kennerly & Bond，1988；O'Hara，Neunaber，Zekoski，Philips & Wright，1990）。尽管如此，两类研究中孕妇的确报告出更高水平的抑郁症状（O'Hara et al.，1990）。这些研究因对那些在过去几年已经生育且现在仍在养护孩子的妇女进行操控而遭到批评（Moses-Kolko & Feintuch，2002）。

产后期是风险极高的时期。产妇在产后患抑郁症的流行率在 10%～15%（Buist，2002；Moses-Kolko & Feintuch，2002）。在大概 10%～30% 的情况下，抑郁的表现是早前疾病的重现，围产期的孕妇中有高达 60%的人在之后还会出现症状的反复（Cooper & Murray，1995；Llewellyn，Stowe & Nemeroff，1997）。另外，有 80%的妇女体验过所谓的"产后忧郁"：是抑郁的一种短暂 30
而温和的表现形式，达不到 DSM-Ⅳ中抑郁症的诊断标准。这些案例中的大多数产妇的产后忧郁逐渐减轻，但是一些妇女则最终发展为临床上的抑郁症。

很多研究者认为围产期的抑郁可能是由于女人在孕期的激素和生理变化所引起。尽管一些研究表明抑郁和非抑郁的围产期妇女激素水平无差异，但激素和精神疾病间的关系可能涉及复杂的相互作用，而不是简单地由激素水平所控制（Moses-Kolko & Feintuch，2002）。也有数据显示雌性激素水平和神经递质与精神障碍有关，比如 5-羟色胺和多巴胺（Moses et al.，2000；Wieck et al.，2003）。很显然，环境和心理上的风险因素对围产期间的抑郁有很重要的影响。缺少婚姻支持，有童年创伤史和压力生活事件都是风险因素（Kendell et al.，1976；Lang，Rodgers & Lebeck，2006；Liewellyn et al.，1997；Moses-Kolko & Feintuch，2002；O'Hara et al.，1990）。

除了可诊断的精神障碍外，很多女人还承受着孕期亚临床水平的焦虑、抑郁和压力。孕妇担心她们的身体变化，婴儿的健康成长，分娩的疼痛和其自身的、感情的、事业的和资金上的巨大变化（DiPietro et al.，2006. Llewellyn et al.，1997；Moses-Kolko & Feintuch，2002）。那些在关于身体变化文献中的重要发现，验证了孕期的婚姻压力和不安对产前和产后身体状况的影响（Diego，Field & Hernandez-Reif，2005；DiPietro et al.，2006；Monk et al.，2004）。

大多数研究表明婚姻压力和不安情绪会破坏胎儿和婴儿的良好发育（Diego et al.，2005；Monk，2001；Monk et al.，2004；Moses-Kolko & Feintuch，2002）。蒙克等（Monk et al.，2004）通过一个认知任务测量了孕妇在中等压力下的胎儿心率。发现高抑郁和焦虑水平的孕妇，其胎儿的心率增长比非抑郁和焦虑组的快。研究者认为胎儿增高的自主反应性可能是未来情感控制困难的一个先导。与此类似，迭戈等（Diego et al.，2005）发现，妇女产前而非产后的抑郁能够预测新生儿的不定型睡眠、易怒和压力行为，深入强调产前抑郁对于婴儿发展的特殊作用。罗加尔、波施曼和贝朗格（Rogal，Poschman & Belanger，2007）发现出生时的低体重与孕期抑郁症有关。说来奇怪，一项研究表明：孕育期母亲焦虑和抑郁的自我报告水平和婴儿2岁时的心理及动力发展呈中等程度的正相关（DiPietro et al.，2006）。这可能是因为被试经济状况良好，且接受过良好教育，有相当低的压力基线水平，她们增长的焦虑和抑郁反映了对未来深刻生活改变的积极心理准备。

有一个领域不像围产期抑郁那样受人关注，但对很多承受压力并遭受创伤的妇女却极为重要，即关注患创伤后应激障碍（PTSD）及其对孕期和未来儿童发展的影响。例如，施韦特费格尔和纳尔逊·高夫（Schwerdtfeger & Nelson Goff，2007）提到，人际的创伤历史对胎儿期依恋有消极作用。最近报告指出3%～7%的孕妇达到了PTSD的诊断标准，这样的妇女可能同时患有情绪和其他焦虑障碍（Morland，Goebert & Onoye，2007；Smith，Poschman，Cavaleri，Howell & Yonkers，2006）；报告有先前创伤史的妇女其发病率高达11%（Smith et al.，2006）。一些创伤性妇女很可能是先患有PTSD之后怀孕的；另一些则因为孕期的多元压力，包括对身体变化、生理进程、神经内分泌和社会心理变化的失控，导
31 致孕期创伤重现，尽管史密斯等（Smith et al.，2006）认为孕期激素水平的升高会减少PTSD症状的出现。PTSD与自杀、惊恐发作、抑郁症和轻度抑郁症及提早分娩有关（Rogal et al.，2007；Smith et al.，2006）。这很可能是因为PTSD增加了出现健康问题的风险性隐患，比如吸烟、酗酒和物质滥用，缺乏产前护理和超重等（Morland et al.，2007）。

在一项对一组高风险、主要生活在贫困农村的十几岁的孕妇进行的初步研究中，被试报告了显著的被虐待和遗弃的经历，她们一直在与物质滥用、抑郁和焦虑作斗争（Patterson，Slade & Sadler，2005），我们用标准化量表和临床报告的方式对创伤症状进行评估。评估发现，比如分裂、麻木和二次体验等创伤症状的出现与母亲想象儿童，并以一贯方式想象自己是家长的能力，即与她怀孕相关的反思机能（RF）呈负相关。先前的虐待（性和躯体的）也与RF呈负相关。因此，那些要与创伤后果做抗争的女人不太可能把更多的心思放在未出世的孩子身上。RF也与母亲对未出世孩子表现出的情感基调和精心照料程度有关；母亲RF水平越高，就越能更好地以积极方式想象儿童，并为其提供充足和精心的照料。然而，需要重点说明的是，这些人的RF、情感基调和精心照料的水平普遍较低。

流产和堕胎

流产和堕胎的经历在决定孕妇孕期的情感适应上也起到重要作用。如上所述，从她发现自己要有一个孩子开始，孕妇就踏上了一次复杂的重新定义、重新组织和重新整合的旅程。一旦流产，孕妇正在发展的与婴儿的依恋就破碎了，通常会出现毁灭性的情绪。很多研究已经确认，孕妇在流产后所经历的悲痛要比一般认为的程度还要严重（参见Bennett et al.，2005）。围产期流产，是指胎儿在怀孕20周后死亡和产后1个月死亡，这尤其是毁灭性的。同时，需要注意的是，对一位已经在怀孕早期便与胎儿建立了紧密联系的孕妇而言，早期流产的悲痛要好于围产期（Bennett et al.，2005）。

尽管大多数女人及其伴侣能从这种创伤中恢复过来，但仍有15%～25%的人们不断地遭受着心理健康并发症的困扰（Bennett et al.，2005）。一些人在流产后患上了PTSD、抑郁症和焦虑症（Hughes，Turton，Hopper & Evans，2002）。特顿等（Turton，Hughes，Evans & Feinman，2001）估计，流产后一生患PTSD的风险为29%；在之后的怀孕中患PTSD的风险提高至20%。流产的另一个长期后遗症是创伤性伤痛，它与悲痛、抑郁和PTSD很容易区分（Bennett et al.，2005）。轶事临床证据支持了这一说法，这样的丧失所带来的阴影能够持续几代人。女人在流产后的感受和反应应该被解读为她失去了什么。她失去了自己的一部分，这一部分被认为是她的孩子。因为她们失去做母亲的机会并再次将自己视为孩子，她们受到了“痛苦的打击”（Leon，1986，p. 315），这种孕期适应性危机更难解决。

怀孕能够唤起之前的失败经验，特别是，再次

唤起未解决的哀痛。一项关于怀孕的纵向研究表明（Dermer，1995；Slade & Cohen，1996），流产与成人依恋访谈（AAI；George，Kaplan & Main，1996）
32 显著相关。同样，休斯等（Hughes，Turton，Hopper，McGaullery & Fonagy，2004）发现，与无死产史的孕妇相比，经历过死产的妇女，在怀了下一个孩子的时候更有可能在 AAI 上出现问题。另外，数量相同的死产组妇女和控制组都报告先前有创伤，但是死产组妇女无力解决创伤。如果在流产和给婴儿举办葬礼之后，没有足够的家庭支持，就会引起无法解决的悲痛。在一项相关研究中，休斯和她的同事调查了允许母亲去看或抱自己死去的孩子是否与心理健康和依恋有关。抱死去的孩子与更多不利的结果联系在一起，那些没有抱婴儿的母亲不易抑郁，而抱过死婴的则更可能抑郁。另外，看到自己死去孩子的母亲更有可能焦虑并在死产后表现出 PTSD 症状，婴儿出生后养至 12 个月死亡，母亲依恋行为紊乱的几率更高。这些结果引出了有关婴儿死后处理这一问题的重要性，也提醒人们，通过让母亲去看或抱自己死去的孩子来渡过难关的做法有时是错误的，实际上会损害母亲的心理健康。

流产的伤痛过后想再要一个孩子的冲动是非常强烈的（Leon，1986；Zeanah，1989）。考虑到平复失去孩子和流产的痛苦是非常复杂的任务，流产打击过后如果怀孕过快不仅不会缩短悲痛的过程，甚至还会影响母亲与孩子建立依恋的能力。在怀孕后期流产情况可能更严重。同时，在流产事件的伤痛程度减低时怀孕，或是在怀孕早期流产，这对解决问题和恢复是有帮助的（Leon，1986；Zeanah，1989）。孕妇或夫妻完全走出流产阴影所需要的时间存在个体间的巨大差异（Zeanah，1989）。

当然，堕胎也是另一种形式的流产。一些孕妇选择终止怀孕，因为她们觉得还没有做好像母亲一样养育孩子的准备。另一些孕妇由于医学原因终止怀孕，比如出现基因缺陷或多胎儿。选择性堕胎和医学性堕胎在感情上是非常不同的。当孕妇不管因什么原因而不想继续怀孕后，堕胎在头三个月中越早实施越好。尽管大多数孕妇对堕胎的决定都会觉得有压力，但终止怀孕的想法都会明显阻断对婴儿依恋的发展。孕妇在这种情况下不允许自己存在心理上的怀孕。女人感觉与婴儿联系在一起的程度越深（有可能是在她做决定是否要这个孩子的过程中发生），这种决定所带来的痛苦就越强烈。一些孕妇，尤其是未成年的，不切实际地娱乐，理想化地幻想着孩子应该是什么样子的，怀孕完成后会出现神奇的修复效果。在这些例子中，未解决的愧疚、遗憾，或者是怨恨会持续到成年期。

医学性堕胎对于孕妇的心理感受提出极不同的挑战。在这种情况下，婴儿和母亲已经互相感受到彼此的存在了；然而，母亲最终要同意终止怀孕。婴儿出现异常后堕胎的伤痛与围产期的自发流产所带来的伤痛是一样强烈的（Zeanah，Dailey，Rosenblatt & Saller，1993）。在一项堕胎研究中，孕妇报告强烈的愧疚感、焦虑和伤心，尽管事实是这种选择性终止能够增加至少一个胎儿成活的可能性，降低母亲的风险，或减轻养育多胎的巨大负担（McKinney et al.，1996）。很多孕妇报告自己梦见了流产的胎儿。有趣的是，大多数孕妇由于最终一或两个健康婴儿的出生会从 33
现实的多胎压力中恢复过来。孕妇需要选择放弃一些胎儿，这些胎儿最终的存活会受到基因缺陷的深刻影响，但由于这些孩子是被期望在怀孕和分娩中存活，所以情况就会有些不同。这对胎儿和父母来说都是不容易的。通常孕妇在这类决定面前会觉得既愧疚又悲痛：内疚的是没能养育这个孩子，尽管是因为他的缺陷；悲痛的是一个完美宝贝的幻想破灭了。从医学专业角度而言，多胞胎的堕胎和医学堕胎是必要和明智的；然而对父母来说，这个过程会引起他们强烈而复杂的情感。一对夫妻准备建立家庭之前必须清楚这些。

少女怀孕

女人在二十几岁至五十几岁的成人生活中，在生理上是有能力进行生育的。通常，身体成熟先于情感成熟；很多女孩在法律还不允许她们开车甚或找工作时，就已经可以生育孩子了。在美国，大量的青年未婚母亲还在继续生育孩子，尤其是在由贫困家庭和少数族裔构成的社区（Ventura，Abma，Mosher & Henshaw，2007）。目前，每年有近 50 万的少女生育，尽管在过去的 20 年里人们为了降低这个比率已经做出了巨大努力。15 年里，美国少女生育率（在 2005 年和 2006 年）增长了 3%（Martin et al.，2007）。因为这些母亲还都是未成年人，她们需要在专注于自身未成年发展任务的同时，还要肩负起复杂的母亲角色和责任（Sadler & Cowlin，2003）。双重的发展性任务需要大量的支持（通常来自于家庭）和专业的青少年父母支持计划（Flannagan，McGrath，Meyer & Garcia Coll，1995；Sadler & Cowlin，2003；Sadler et al.，2007）。很多未成年母亲在怀孕前有严重的心理健康问题和学业失败问题，这些问题源于她们有被虐待、抑郁和PTSD的历史，这些通常会成为她们的环境压力（Lesser & Koniak-Griffin，2000；Moore & Brooks-Gunn，2002；Seccombe，2000）。对未成年母亲来说，她们中的大多数也来自于单亲家庭，多方面因素使她们很难成长为健康的成年人和在养育上敏感的母亲，也很难建立起有助于她们养育孩子的重要家庭关系，难于留在学校，也难于延缓之后的快速怀孕（Sadler et al.，2007；Sadler，Swartz & Ryan-Krause，2003）。如果未成年母亲的情绪问题与关键家庭成员的冲突关系变得无法抵挡，就会出现无法完成学业、忽视或虐待儿童、无家可归、快速后续怀孕等问题，抑郁症和物质滥用也极有可能发生（Meadows-Oliver，Sadler，Swartz & Ryan-Krause，2007；Sadler，Anderson & Sabatelli，2001）。

需要说明的是，年轻也不总是和不好的结果联系在一起的。在很多国家，年轻的母亲对孩子并没有不良影响，很大程度上是归功于广泛的家庭支持网络和形成的指导养育的传统。在一些家庭里，由具有支持性的成年人建立一个网络，团结未成年人的力量，并向她们提供其需要的继续学习的组织，照顾好自己和孩子的身体，为这一新的、深刻的依恋关系建立提供支持。下面会介绍在内外部资源发展过程中的各种团体干预急救。

干预

心理治疗和精神药物干预

考虑到胎儿心理健康和母亲养育能力的重要潜在影响，掌握适当的治疗方法是非常重要的。很多情况下，若是轻度障碍，最好用心理治疗。
34 心理治疗既能帮助妈妈改善目前的困难处境，也能帮助她为目前身份转换做好心理准备，而且它没有生理方面的副作用。在更严重的情况下，当母亲的健康、判断或养育能力已经严重受损时，便需要药物治疗。例如，一位急性躁狂发作的妇女会做出鲁莽和冒险的行为，如吸毒、疯狂驾驶、发生不安全性行为，使胎儿处于风险中。

尽管药物治疗对胎儿和婴儿健康有很大风险，但关于精神药物治疗导致畸形这类副作用的研究还是非常有限的。好的研究设计必须是积极的、双盲的、安慰剂对照实验，在实验中母亲被随机分配到组内，接受或不接受各种积极的药物治疗。由于这种方法有着明显的伦理问题，到目前为止研究都是在自然条件下对比那些继续药物治疗和终止药物治疗的母亲。这类研究得到大量数据，尤其是在像瑞典这样拥有健康注册的国家，但是严重疾病、酗酒和吸烟还是会带来不好的影响。

摩西-科尔科和法因图赫（Moses-Kolko & Feintuch，2002）回顾了大量关于围产期精神障碍的文献，认为很多抗抑郁剂是相对安全的，尽管它们并不是没有风险，如低胎龄，甚至流产的风险也会略有增加。其他的药物治疗，如锂、丙戊酸钠和一些情绪稳定剂，似乎有更严重的风险，如增加脊柱裂、先天畸形和心脏畸形的风险。苯二氮平类药物，通常用来治疗焦虑症的一类药物，能够抑制胎儿的呼吸，并引起产后疾病。一种也能用来治疗严重焦虑症和抑郁症（Galynker et al.，2005）的非典型抗精神病药也许副作用更小，但是由于是新药而且它们最近才投放市，所以有关它们对孕妇可能产生的不良影响的数据很少（Moses-Kolko & Feintuch，2002）。总之，做出接受药物治疗的决定对于母亲来说是复杂和困难的，应该与家人和医生好好商量。

对孕妇和家庭的预防性干预

从以上的回顾中能够很明显地看出，怀孕是一个发生巨大转型与重组的时期，为干预提供了绝佳的机会。在过去30年里，受到塞尔玛·弗雷伯格（Selma Fraiberg）有关母婴的开创性工作的启发，遍布美国的临床医生已经形成了大量针对孕妇和其家庭的干预。其中包括：基于学校的未成年父母支持计划（Sadler et al.，2007；Williams & Sadler，2001）；广泛的孕妇团体干预，包括以父母为目标群体的心理治疗服务，这种服务在婴儿出生后会继续追踪母婴；（对高风险的妇女来说）在怀孕时就开始的家访计划。尽管干预有不同的形式和结构，但它们都基于相同的假设，即怀孕引起的快速的情感、机体和关系上的转变构成一系列危机，在此期间会发生重要的再造和重组。由于她们这个时候更加脆弱和需要支持，这也是妇女极其开放地形成治疗关系的时间。

不幸的是，在美国，孕妇和家庭可获得的临床服务相对较少，也很少有在这个发展性的挑战阶段的系统干预途径。出现这些漏洞有很多原因，但最重要的原因可能是满足这个时期孕妇脆弱性需要的身体健康和心理健康社区的普遍失败，和她们对于令人喜悦的、神奇的共享文化幻想的无意识接受。干预只在未成年孕妇和其他社会高风险孕妇中已经严格实现并广泛执行。针对居住在城市和农村的贫困人群，那些在身体和情感健康方面已被证实更脆弱的人群，长期的成功干预还是最令人印象深刻的。很大程度上，尽管这些干预始于怀孕，但它们通常都会持续到婴儿出生的
35 头一年。在美国，完整而有效的孕期干预是护士家庭合作计划，由奥尔兹及其同事创立（Olds et al.，2004；Olds，Sadler & Kitzman，2007）。这项计划，已经在美国的不同环境中实施，公共健康护士在婴儿出生前就开始探望孕妇，尤其是在孕期的第三个阶段。家访将一直持续到婴儿的第二个生日，而且聚焦多个领域：自我照顾、婴儿照顾、养育、依恋、生命机能的发展。奥尔兹和他的同事强调了基于婴儿出生前与母亲关系的模型的有效性，此时会发生关键的内部整合。他们还强调，高风险的孕妇无法寻找支持系统和参与与她们自己有关的社区活动；照料者需要靠近她们并与母亲在家里工作。奥尔兹和同事发现，这种早期强化干预对母婴社会性、情感和健康的重要而长远的发展都有关系。

那些具有挑战性的母亲，甚至是由包括NFP项目在内的成功干预的母亲，是那些对自己的心理健康，包括创伤、忽视、抛弃十分细心和关注的母亲。通常，这些难题不能被正常的没有受过训练的护士治好（Zeanah et al.，1993）。在过去的五年中，我们开发了一个称为“关注孩子”（MTB）的家访项目，旨在整合看护和心理健康服务对高危孕妇的干预（Sadler，Slade & Mayes，2006；Sadler，Slade & Mayes，2005）。在怀孕的第三阶段中，每周都要去孕妇家中拜访，帮助孕妇解决那些不能独自面对的问题。这种模式的本质集中在母亲孕期和孩子出生前两年的发展能力上。这种对父母反思机能发展的重视是进行全面干预的基础，特别是针对生理健康、心理健康、养育和依恋发展的干预。在干预研究中，母亲的反思机能对于干预有显著的促进作用，安全依恋婴儿的比例（75%）也比正常和中等样本中要高。但有一点必须注意，样本中的母亲在孕期想象孩子或他们自身作为母亲的角色是相当受限制的。在母亲温和的外表下，其责任感和反思性是十分刻板的；另一些母亲则会受到生气和恐惧的困扰。

在参与治疗两年之后，样本中的母亲基本上可以反映儿童完全不同于自身的独立的心理体验，并以一种多维而复杂的方式看待儿童与自己的关系。从心理健康的角度看，这些人是出现PTSD和其他症状的高危人群，此外，我们治疗的母亲中有很多人遭受着身体虐待和性虐待，或者是处于被抛弃的状态。一年之后，焦虑水平降低了。此外，所有指标都上升了，喂养频率增高了，并且在两年之后孩子没有哮喘，没有牙齿方面不利的报告。人们需要这些积极的结果，他们认为干预是十分有效的。

结论

母亲良好适应怀孕的过程对健康、灵活和互惠的母子关系是非常关键的。女人仅仅通过这种特别的渠道，就能变成“足够好”的母亲（Winnicott，1965）。怀孕中所做的一切都只是为了一

个目的：确保孩子健康、安全和在爱中成长。那些不能在怀孕过程中适应的妇女会发现做妈妈十分困难，并且她们的孩子发展会经历很多的困难。比布林及其同事（Bibring et al.，1961）很早就提到过，孕期非常适合干预。然而，这也是一段需要孩子适应母子关系的时间。因此，孕妇适应不良需要专业医生、护士和精神科医生认真对待。当怀孕期间出现愤怒、正负情绪并存、抑郁、不能控制的焦虑、过于夸张的躯体化，或者是情绪不能控制时，就非常需要干预。

参考文献

Beaton, J. M., Doherty, W. J., & Reuter, M. A. (2003). Family of origin processes and attitudes of expectant fathers. *Fathering, 1*, 149–168.

Benedek, T. (1970). The psychobiology of pregnancy. In E. J. Anthony & T. Benedek (Eds.), *Parenthood: Its psychology and psychopathology* (pp. 137–151). New York: Little, Brown.

Bennett, S., Litz, B. T., Lee, B. S., & Maguen, S. (2005). The scope and impact of perinatal loss: Current status and future directions. *Professional Psychology: Research and Practice, 36*, 180–187.

Benoit, D., Parker, K., & Zeanah, C. H., Jr. (1997). Mothers' representations of their infants assessed prenatally: Stability and association with infants' attachment classifications. *Journal of Child Psychology, Psychiatry, and Allied Disciplines, 38*, 307–313.

Bibring, G., Dwyer, T. F., Huntington, D. C., & Valenstein, A. F. (1961). A study of the psychological processes in pregnancy and the earliest mother–child relationship. *Psychoanalytic Study of the Child, 16*, 9–44.

Bowlby, J. (1988). *A secure base: Parent–child attachment and healthy human development*. New York: Basic Books.

Buist, A. (2002). Mental health in pregnancy: The sleeping giant. *Australian Psychiatry, 10*, 203–206.

Cannella, B. L. (2005). Maternal–fetal attachment: An integrative review. *Journal of Advanced Nursing, 50*(1) 60–68.

Condon, J. T., & Corklindale, C. (1997). The correlates of antenatal attachment in pregnant women. *British Journal of Medical Psychology, 70*, 359–372.

Cooper, P. J., Campbell, E. A., Day, A., Kennerly, H., & Bond, A. (1988). Non-psychotic psychiatric disorder after childbirth: A prospective study of prevalence, incidence, course and nature. *British Journal of Psychiatry, 153*, 799–806.

Cooper, P. J., & Murray, L. (1995). Course and recurrence of postnatal depression: Evidence for specificity of the diagnostic concept. *British Journal of Psychiatry, 166*, 91–95.

Dermer, M. (1995). *Pregnancy following pregnancy miscarriage: A study of attachment and unresolved grief.* Unpublished dissertation, City University of New York.

Diego, M. A., Field, T., & Hernandez-Reif, M. (2005). Prepartum, postpartum, and chronic depression effects on neonatal behavior. *Infant Behavior and Development, 28*, 155–164.

DiPietro, J. A., Novak, M. F. S. X., Costigan, K. A., Atella, L. D., & Reusing, S. P. (2006). Maternal psychological distress during pregnancy in relation to child development at age two. *Child Development, 77*, 573–587.

Doan, H., & Zimmerman, A. (2003). Conceptualizing prenatal attachment: Toward a multidimensional view. *Journal of Prenatal and Perinatal Psychology and Health, 18*(2), 109–129.

Feldman, R., Weller, A., Zagoory-Sharon, O., & Levine, A. (2007). Evidence for a neuroendocrinological foundation of human affiliation. *Psychological Science, 18*(11), 965–970.

Flannagan, P. F., McGrath, M. M., Meyer, E. C., & Garcia Coll, C. (1995). Adolescent development and the transitions to motherhood. *Pediatrics, 96*, 272–277.

Fonagy, P., Gergely, G., Jurist, E., & Target, M. (2002). *Affect regulation, mentalization, and the self.* New York: Other Press.

Frank, M. A., Tuber, S., Slade, A., & Garrod, E. (1994). Mother's fantasy representations and infant security of attachment: A Rorschach study of first pregnancy. *Psychoanalytic Psychology, 11*, 475–490.

Gage, J. D., & Kirk, R. (2002). First-time fathers: Perceptions of preparedness for fatherhood. *Canadian Journal of Nursing Research, 34*, 15–24.

Galynker, I., Khan, A., Grebchenko, Y., Ten, A., Malaya, L., Yanowitch, P., et al. (2005). Low-dose risperidone and quetiapine as monotherapy for comorbid anxiety and depression. *Journal of Clinical Psychiatry, 66*, 544.

George, C., Kaplan, N., & Main, M. (1996). *Adult Attachment Interview* (3rd ed.). Unpublished manuscript, University of California, Berkeley.

Gerner, L. (2006). Exploring prenatal attachment: Factors that facilitate paternal attachment during pregnancy. *Dissertation Abstracts International: Section B: The Sciences and Engineering, 66*(7-B), 3934.

Green, J. M., Coupland, V. A., & Kitzinger, J. V. (1990). Expectations, experiences, and psychological outcomes of childbirth: A prospective study of 825 women. *Birth, 17*(1), 15–24.

Habib, C., & Lancaster, S. (2006). The transition to fatherhood: Identity and bonding in early pregnancy. *Fathering, 4*, 235–253.

Huganir, L. S. (1990). *Body image in pregnancy: An attachment perspective*. Unpublished dissertation, City University of New York.

Hughes, P., Turton, P., Hopper, E., & Evans, C. (2002). Assessment of guidelines for good practice in psychosocial care of mothers after stillbirth: A cohort study. *The Lancet*, *360*, 114–118.

Hughes, P., Turton, P., Hopper, E., McGaulley, G. A., & Fonagy, P. (2004). Factors associated with the unresolved classification of the Adult Attachment Interview in women who have suffered stillbirth. *Development and Psychopathology*, *16*, 215–230.

Huth-Bocks, A. C., Levendosky, A. A., Bogat, G. A., & von Eye, A. (2004). The impact of maternal characteristics and contextual variables on infant–mother attachment. *Child Development*, *75*(2), 480–496.

Ispa, J., Huth-Bocks, M., Sable, M. R., Porter, N., & Csizmadia, A. (2007). Pregnancy acceptance, parenting stress, and toddler attachment in low-income black families. *Journal of Marriage and Family*, *69*, 1–13.

Kendell, R. E., Chalmers, J. C., & Platz, C. (1987). Epidemiology of puerperal psychoses. *British Journal of Psychiatry*, *150*, 662–673.

Kendell, R. E., Wainwright, S., Hailey, A., & Shannon, B. (1976). The influence of childbirth on psychiatric morbidity. *Psychological Medicine*, *6*, 297–302.

Kennell, J., Klaus, M., McGrath, S., Robertson, S., & Hinkley, C. (1991). Continuous emotional support during labor in a U.S. hospital: A randomized control trial. *Journal of the American Medical Association*, *265*, 2197–2201.

Klein, H. (1991). Couvade syndrome: Male counterpart to pregnancy. *International Journal of Psychiatry in Medicine*, *21*, 57–69.

Lang, A. J., Rodgers, C. S., & Lebeck, M. M. (2006). Associations between maternal childhood maltreatment and psychopathology and aggression during pregnancy and postpartum. *Child Abuse and Neglect*, *30*, 17–25.

Leckman, J., Feldman, R., Swain, J. A., Eichler, V., Thompson, N., & Mayes, L. C. (2004). Primary maternal preoccupation: Circuits, genes, and the crucial role of the environment. *Journal of Neural Transmission*, *11*, 753–771.

Leifer, M. (1980). *Psychological effects of motherhood: A study of first pregnancy*. New York: Praeger.

Leon, I. G. (1986). Psychodynamics of perinatal loss. *Psychiatry*, *49*, 312–324.

Lesser, J., & Koniak-Griffin, D. (2000). The impact of physical or sexual abuse on chronic depression in adolescent mothers. *Journal of Pediatric Nursing*, *15*, 378–387.

Lester, E., & Notman, M. T. (1986). Pregnancy, developmental crises and object relations: Psychoanalytic considerations. *International Journal of Psychoanalysis*, *67*, 357–366.

Llewellyn, A. M., Stowe, Z. N., & Nemeroff, C. B. (1997). Depression during pregnancy and the puerperium. *Journal of Clinical Psychiatry*, *58*(Suppl. 15), 26–32.

Martin, J. A., Hamilton, B., Sutton, P., Ventura, S. J., Menacher, F., Kirmeyer, S., et al. (2007). Births: Final data for 2005. *National Vital Statistics Reports*, *56*, 1–3.

McKinney, M. K., Tuber, S. B., & Downey, J. I. (1996). Multifetal pregnancy reduction: Psychodynamic implications. *Psychiatry*, *59*, 393–407.

Meadows-Oliver, M., Sadler, L. S., Swartz, M. K., & Ryan-Krause, P. (2007). Sources of stress and support and maternal resources of homeless adolescent mothers. *Journal of Child and Adolescent Psychiatric Nursing*, *20*, 114–123.

Mikulincer, M., & Florian, V. (1999). Maternal–fetal bonding, coping strategies, and mental health during pregnancy. *Journal of Social and Clinical Psychology*, *18*, 255–276.

Monk, C. (2001). Stress and mood disorders during pregnancy: Implications for child development. *Psychiatric Quarterly*, *72*(4), 347–357.

Monk, C., Sloan, R. P., Myers, M. M., Ellman, L., Werner, E., Jeon, J., et al. (2004). Fetal heart rate reactivity differs by women's psychiatric status: An early marker for developmental risk? *Journal of the American Academy of Child and Adolescent Psychiatry*, *43*, 283–288.

Moore, M. R., & Brooks-Gunn, J. (2002). Adolescent parenthood. In M. Bornstein (Ed.), *Hand book of parenting* (2nd ed., Vol. 4, pp. 173–214). Mahwah, NJ: Erlbaum.

Morland, L., Goebert, L., & Onoye, J. (2007). Posttraumatic stress disorder and pregnancy health: Preliminary update and implications. *Psychosomatics: Journal of Consultation Liaison Psychiatry*, *48*, 304–308.

Moses, E. L., Drevets, Q. C., Smith, G., Mathis, C. A., Kalro, B. N., Butters, M. A., et al. (2000). Effects of estradiol and progesterone administration on human serotonin 2A receptor binding: A PET study. *Biological Psychiatry*, *48*, 854–860.

Moses-Kolko, E. L., & Feintuch, M. G. (2002). Perinatal psychiatric disorder: A clinical review. *Current Problems in Obstetrics, Gynecology, and Fertility*, *25*, 61–112.

Nelson, E. E., & Panksepp, J. (1997). Brain substrates of infant–mother attachment: Contributions of opioids, oxytocin, and norepinephrine. *Neuroscience and Biobehavioral Reviews*, *22*(3), 437–452.

O'Hara, M. W., Neunaber, D. J., Zekoski, E. M., Philips, L. H., & Wright, E. J. (1990). Controlled prospective study of postpartum mood disorders: Comparison of childbearing and nonchildbearing women. *Journal of Abnormal Psychology*, *99*, 3–15.

Olds, D. L., Kitzman, H., Cole, R., Robinson, J., Sidora, K., Luckey, D., et al. (2004). Effects of nurse–home visiting on maternal life course and child development: Age 6 follow-up results of a randomised trial. *Pediatrics*, *114*, 1550–1559.

Olds, D. L., Sadler, L., & Kitzman, H. (2007). Programs for parents of infants and toddlers: Recent evidence from randomized trials. *Journal of Child Psychology and Psychiatry*, *48*, 355–391.

Patterson, M., Slade, A., & Sadler, L. S. (2005, April). *Maternal representation and reflective functioning in high-risk young mothers during pregnancy: Associations with trauma symptomatology*. Paper presented at the biennial meetings of the Society for Research in Child Development, Atlanta, GA.

Peterson, A., & Jenni, C. B. (2003). Men's experience of making the decision to have their first child: A phenomenological analysis. *Family Journal: Counseling and Therapy for Couples and Families*, *11*, 353–363.

Pines, D. (1972). Pregnancy and motherhood: Interaction between fantasy and reality. *British Journal of Medical Psychology*, *45*, 333–343.

Rocco, P. L., Orbitello, B., Perini, L., Pera, V., Ciano, R. P., & Balestrieri, M. (2005). Effects of pregnancy on eating attitudes and disorders. *Journal of Psychosomatic Research*, *59*(3), 175–179.

Rogal, S., Poschman, K., & Belanger, K. (2007). Effects of posttraumatic stress disorder on pregnancy outcomes. *Journal of Affective Disorders*, *102*, 137–143.

Sadler, L. S., Anderson, S. A., & Sabatelli, R. M. (2001). Parental competence among African American adolescent mothers and grandmothers. *Journal of Pediatric Nursing*, *16*, 217–233.

Sadler, L. S., & Cowlin, A. (2003). Moving into parenthood: A program for new adolescent mothers combining parent education with creative physical activity. *Journal of Specialists in Pediatric Nursing*, *8*, 62–70.

Sadler, L. S., Slade, A., & Mayes, L. (2006). Minding the baby: A mentalization-based parenting program. In J. G. Allen & P. Fonagy (Eds.), *Handbook of mentalization-based treatment* (pp. 271–288). Chichester, UK: Wiley.

Sadler, L. S., Swartz, M. K., & Ryan-Krause, P. (2003). Supporting adolescent mothers and their children through a high school-based child care center. *Journal of Pediatric Health Care*, *17*, 109–117.

Sadler, L. S., Swartz, M. K., Ryan-Krause, P., Seitz, V., Meadows-Oliver, M., Grey, M., et al. (2007). Promising outcomes in teen mothers enrolled in a school-based parent support program and child care center. *Journal of School Health*, *77*, 121–130.

Schwerdtfeger, K., & Nelson Goff, B. S. (2007). Intergenerational transmission of trauma: Exploring mother–infant prenatal attachment. *Journal of Traumatic Stress*, *20*(1), 39–51.

Seccombe, K. (2000). "beating the Odds" versus "changing the odds": Poverty, resilience, and family policy. *Journal of Marriage and the Family*, *62*, 1094–1113.

Seng, J. (2002). A conceptual framework for research on lifetime violence, post traumatic stress and childbearing. *Journal of Midwifery and Women's Health*, *47*, 337–361.

Siddiqui, A., & Hägglöf, B. (2000). Does maternal prenatal attachment predict postnatal mother–infant interaction? *Early Human Development*, *59*(1), 13–25.

Siddiqui, A., Hägglöf, B., & Eisemann, M. (2000). Own memories of upbringing as a determinant of prenatal attachment in expectant women. *Journal of Reproductive and Infant Psychology*, *18*(1), 67–74.

Simkin, P. (1992). Overcoming the legacy of childhood sexual abuse: The role of caregivers and childbirth educators. *Birth*, *19*, 224–225.

Slade, A. (2005). Parental reflective functioning: An introduction. *Attachment and Human Development*, *7*, 269–281.

Slade, A., & Cohen, L. J. (1996). The process of parenting and the remembrance of things past. *Infant Mental Health Journal*, *17*(3), 217–238.

Slade, A., Dermer, M., Gerber, J., Gibson, L., Graf, F., Siegel, N., et al. (1995, March). *Prenatal representation, dyadic interaction, and quality of attachment*. Paper presented at the biennial meetings of the Society for Research in Child Development, Indianapolis, IN.

Slade, A., Sadler, L. S., & Mayes, L. (2005). Minding the Baby: Enhancing parental reflective functioning in a nursing/mental health home visiting program. In L. Berlin, Y. Ziv, L. Amaya-Jackson, & M. Greenberg (Eds.), *Enhancing early attachments* (pp. 152–177). New York: Guilford Press.

Smith, M. V., Poschman, K., Cavaleri, M. A., Howell, H. B., & Yonkers, K. (2006). Symptoms of posttraumatic stress disorder in a community sample of low-income pregnant women. *American Journal of Psychiatry*, *163*, 881–884.

Solomon, J., & George, C. (1996). Defining the caregiving system: Toward a theory of caregiving. *Infant Mental Health Journal*, *17*, 183–197.

Storey, A. E., Walsh, C. J., Quinton, R. L., & Wynne-Edwards, K. E. (2000). Hormonal correlates of paternal responsiveness in new and expectant fathers. *Evolution and Human Behavior*, *21*, 79–95.

Theran, S. A., Levendosky, A. A., Bogat, G. A., & Huth-Bocks, A. C. (2005). Stability and change in mothers' internal representations of their infants over time. *Attachment and Human Development*, *7*(3), 253–268.

Trad, P. V. (1990). On becoming a mother: In the throes of developmental transformation. *Psychoanalytic Psychology*, *7*, 341–361.

Turton, P., Hughes, P., Evans, C. D., & Feinman, D. (2001). Incidence, correlates and predictors of post-traumatic stress disorders in the pregnancy after stillbirth. *British Journal of Psychiatry*, *178*, 556–60.

Ventura, S. J., Abma, J. C., Mosher, N. D., & Henshaw, E. K. (2008). Estimated pregnancy rates by outcome for the United States, 1900–2004. *National Vital Statistics Reports*, *56*.

Wieck, A., Davies, R. A., Hirst, A. D., Brown, N., Papadopoulos, A., Marks, M. N., et al. (2003). Menstrual cycle effects on hypothalamic dopamine receptor function in women with a history of puerperal bipolar disorder. *Journal of Psychopharmacology*, *17*, 204–209.

Williams, E. G., & Sadler, L. S. (2001). Effects of an urban high school-based child care center on self-selected parents and their children. *Journal of School Health*, *71*, 47–72.

Winnicott, D. W. (1956). Primary maternal preoccupation. In *Through pediatrics to psychoanalysis* (pp. 300–305). New York: Basic Books.

Zeanah, C. H., Jr. (1989). Adaptation following perinatal loss: A critical review. *Journal of the American Academy of Child and Adolescent Psychiatry*, *28*(4), 467–480.

Zeanah, C. H., Jr., Dailey, J., Rosenblatt, M. J., & Saller, N. (1993). Do women grieve following termination of pregnancy for fetal anomalies?: A controlled investigation. *Obstetrics and Gynecology*, *82*, 270–275.

Zeigler, T. E., & Snowdon, C. T. (2000). Preparental hormone levels and parenting experience in male cotton-top tamarins, *Saguinus oedipus*. *Hormones and Behavior*, *38*, 159–167.

第 3 章

胎儿与婴儿发育的神经生物学

玛格丽特·谢里登（Margaret Sheridan）
查尔斯·A·纳尔逊（Charles A. Nelson）

40 当代发展模式强调发育各阶段的遗传易感性（genetic predispositions）与环境压力（environmental pressures）间相互作用的相关性（参见 Zeanah & Zeanah，本书第 1 章；Nelson & Bloom，1997）。有关发育寓于环境之中及环境中变异的基因型可表达不同表型的思想，在当前受到极大的重视。我们知道，社会物理环境会影响人体基本结构单元，而随着发育遗传学领域的研究对先前已知机制的补充，我们日益清楚地看到，儿童处在一个对其自身发展各个方面均有影响的复杂环境之中。

本章针对一些方法进行选择性评述，这些方法是有关环境与基因相互作用以影响神经生物机制进而影响心理健康的。我们首先概述了有关脑发育和脑组织的研究。其次，描述了目前已知的心理健康影响因素，以及针对这种影响机制的神经生物学实例。由于我们的目的是集中研究以脑科学为基础的婴儿心理健康的概念，所以只探讨了用直接方法研究中枢和外周神经系统的活动。外周神经系统活动可用生理学测量来评定，比如对皮质醇水平或心血管活动的测量。中枢神经系统可用多种技术评定，包括测量头皮脑电活动的脑电图，这种脑电活动来自头皮神经细胞群的兴奋传递，或用磁场测量大脑构造的磁共振成像（MRI）。再次，我们认为在适当的时候，由于大多发育神经生物学方面的实验工作都使用动物样本，如果需要的话我们也会考虑使用动物样本。最后，我们提出有关未来研究的建议，强调有关当前婴儿神经生物学和心理健康中未知领域的研究。

脑发育

人类大脑的构造和发育经历了一段相当长的
41 时间，通常在受孕后不久开始，至少持续到青春期末，具体时间要取决于如何定义发育成熟。正常发育情况下，人类会产生功能与结构相似的脑组织。这种发育的组织根源就在它的神经管（neural tube）开端。这种神经管背面有感觉输入神经（sensory inputs），神经管腹侧面有运动输出神经（motor outputs），所以它有运动和感觉组织定位。成熟人体中这种组织存在于脊髓（spinal cord），在某种程度上，可认为它存在于脊髓皮质（cortex）。大脑前部是从神经管腹侧面发育而来的，而运动—感觉组织则是沿着前—后轴线形成的。人类大脑都有若干个脑沟（sucli）（向内的折叠）和脑回（gyri）（折叠的外部部分），这些沟回在不同个体间都是相似的。这些主要的沟回可帮助识别大脑脑叶（lobes，见图 3.1）。脑叶组织在提供特殊功能的大脑分区中轮廓分明，易被识别。

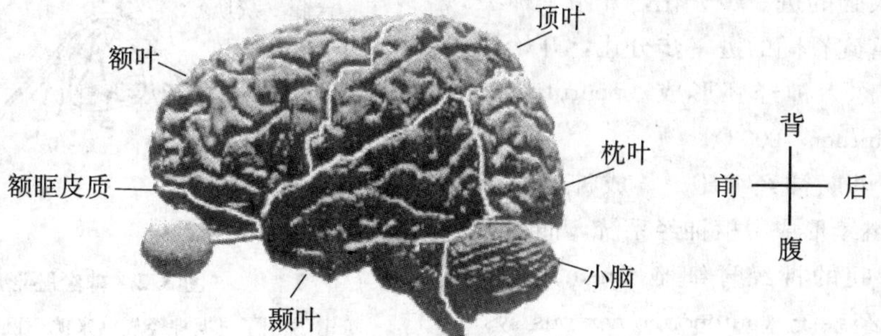

图 3.1　成熟脑组织

此图通过展示成熟脑组织，说明了生长发育的目标。此外，还提供了对背侧、腹侧、前侧和后侧的方位定向，以在本章和其他章节作参考。

资料来源：Adapted from the Washington Digital Anatomist Program（*www9.biostr.washington.edu.da.html*）. Copyright 1994 by the University of Washington. Reprinted by permission.

神经发育的胚胎起源

通常，大脑发育会经历很长一段轨迹，开始于受孕后几周内，一直持续到青春期末。紧接着，受孕后含两个细胞的受精卵（zygote）迅速开始分裂成更多的细胞。受孕后大约一周，产生了近100个未成形的细胞，称为囊胚（blastocyst）。细胞群在结构上发生变化，中心细胞变为成胚细胞（embryo-blast），外层细胞变为滋养层（trophoblast）。成胚细胞将发育为胚胎（embryo）本身，滋养层会发育为所有的支持组织（supporting tissues），比如羊膜囊（amniotic sac）、胎盘（placenta）和脐带（umbilical cord）。在接下来的几周中，由胚胎组成的细胞会经历一次转变，形成内胚层、中胚层、外胚层三层。外胚层会发育为中枢（脑和脊髓）和外周神经系统以外的表皮（或皮肤）、乳腺、脑下垂体、皮下腺和覆盖于脑与脊髓的脑脊膜（meninges）。

脑发育的第一阶段——神经诱导（neural induction）——涉及早期神经管的形成。促进胚胎外胚层转化为神经组织的化学制剂叫转化生长因子（transforming growth factors）（Murloz-Sanjuan & Brivanfou，2002）。随着外胚层细胞增殖，形成一个
42 表层，叫神经板（neural plate）。接下来，沿着纵轴形成一个沟，如图3.2中插图B所示。这个沟渐渐开始折叠到其自身上，形成一个管。怀孕第22天，这个管开始闭合，如果一切正常，在第26天会完全闭合。神经管到大脑的进一步分化，开始于神经管的最前端，神经管到脊髓的进一步分化，开始于神经管的尾部，这称为神经胚形成（neurulation；参见 Lumsden & Kintner，2003）。

神经管内部的早期神经细胞——成神经细胞（neuroblasts）——继续形成中枢神经系统，而神经管外部和外胚层壁间的神经脊细胞（neural crest cells），形成自主神经系统（autonomic nervous system）（神经系统中调控呼吸、心率等自主功能的部分），这些细胞的描述见图3.2。一旦神经管自身闭合，成神经细胞就继续大量增殖形成新的神经细胞——神经发生（neurogenesis），其通常在胎儿期第5周开始，在胎儿期3～4个月达到最高峰（Volpe，2000；参见 Bronner-Fraser & Hatten，2003）。增殖高峰时，每分钟约有数十万新的神经细胞产生（Brown，Keynes & Lumsden，2001）。在神经管闭合到胎儿期第6周这段时间，增殖导致了3～5个“囊泡”（vesicles）的形成（如图3.3）。神经管顶部的前脑（prosencephalon），最终会形成大脑皮层和大脑两半球（端脑，telencephalon）及下丘脑（hypothalamus）和丘脑（thalamus）（间脑，diencephalon）结构。在前脑下方是中脑（mesencephalon），中脑下方是后脑（metencephalon）。神经管的其余部分会形成脊髓（关于细胞增殖的详细描述，参见 McConnell，1995）。

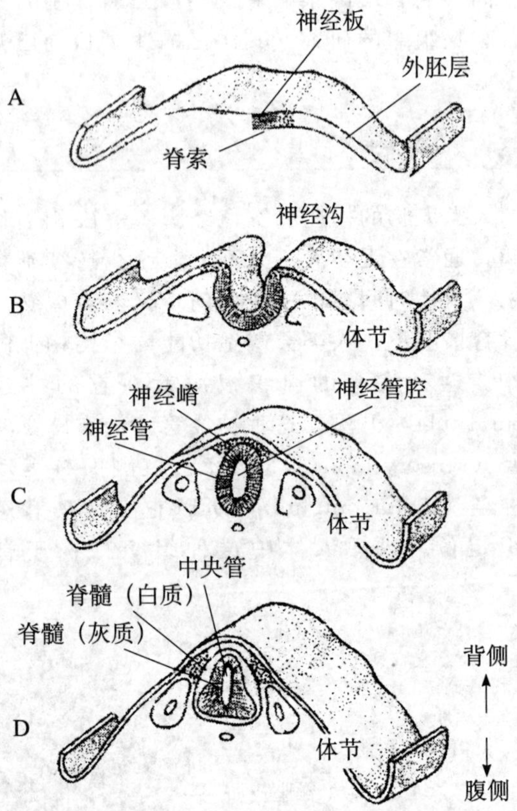

图3.2 神经胚形成过程

此图说明了早期神经板（来源于胚胎外胚层壁的外层）如何第一次增厚（由于细胞增殖）继而折叠到其自身（A和B）的过程。一旦神经管形成，顶端（前端的）和底端（尾部的）的神经管闭合结束。管中细胞将产生中枢神经系统，然而那些在神经管外和外胚层壁之间的细胞（C，“神经嵴”）将产生自主神经系统。

资料来源：From Kandel，Schwartz，and Jessell（1991）.

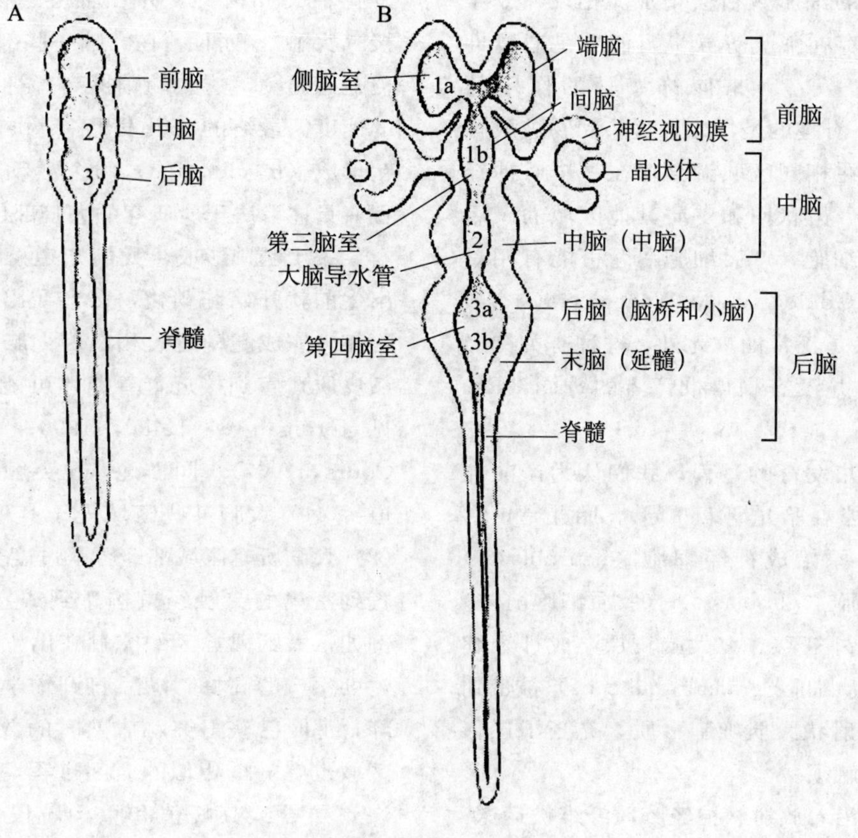

图 3.3　囊泡形成与发展

一旦早期神经管形成，并且细胞开始分化，中枢神经系统就开始形成。此图说明了早期三个（A）到五个（B）囊泡的发展阶段。特别是三个主结构（前脑、中脑、后脑）逐渐分化产生更精细的结构，包括端脑和间脑（前脑）以及后脑和末脑（后脑）（中脑此时的发育变化不大）。

资料来源：From Kandel，Schwartz，and Jessell (1991)．Copyright 1991 by McGraw-Hill Co. Reprinted by permission.

我们刚刚探讨了胎儿期神经发生的过程，实际上，人体约一千亿个神经细胞中，每一个细胞在胎儿发育中都有自身的起源（Naegele & Lombroso，2001）。确切地说，脑不像身体的其他部分，它在个体出生后不产生新的神经细胞（包括嗅球等已知的特例，下面会充分描述）。最新文献记录了一些重要的特例，下面会做简短的说明。然而，大多时候大脑不能靠产生新的神经细胞来修复自身以应对伤害和疾病。

直到最近，神经系统（除嗅球之外）在产生时就包含它应具有的所有神经细胞的讨论，才被
43 认可。然而，最新技术已经发现，人类（Gage，2000）、非人灵长类动物（Bernier，Bédard，Vinet，Levesque & Parent，2002；Gould，Beylin，Tanapat，Reeves & Shors，1999；Kornack & Rakic，1999）、啮齿类动物（Gould et al.，1999）在出生后，至少其中枢神经系统的部分细胞会经历有丝分裂。如同上文所述，研究普遍认为新生细胞在产生多年后会在大脑特定部位增殖。要打破这种共识就在于精确地确定哪个部位在产生后经历了这种生长。显然在嗅球和海马齿状回（dentate gyrus of the hippocampus）有新的神经元在生长。
然而，一些研究报告了诸如扣带回（前额皮质的 44
一部分）和部分顶叶皮质（参见 Gould & Gross，2002）等大脑新皮层区域的生长。还有一篇关于非人灵长类动物的杏仁核（amygdala）、梨状皮质（piriform cortex）和颞下皮质（inferior temporal cortex）产后神经发生的报告（Bernier et al.，2002；综述请参见 Barinaga，2003）。

与此相关，研究发现细胞增殖可被经验影响（Gould et al.，1999）。例如，当老鼠被放置在能满足其学习和记忆需求的丰富刺激中时，啮齿类

动物齿状回产生的细胞数目会增加。相反，成年后压力（例如，存在狐臭等异臭）似乎是通过抑制齿状回的神经发生，来修饰海马的作用的（Gould，2003）。有趣的是，如果这些动物被放置在丰富刺激中，在相同区域就会存在一个对神经发生的正向调节。齿状回和皮质其他区域的产后细胞不同于产前细胞。产后细胞尽管可能有相对较短的半衰期（Gould，Vail，Wagers & Gross，2001），但看上去是正常的。此外，这种有关神经发生的改良观点并没有赢得批评者的赞同（Rakic，2002）。

回过来谈胎儿发育的过程，我们认为产前神经增殖时期（通常在胎儿期第6周），胎儿是正常发育的。此时，原始成神经细胞（neuroblasts）和成神经胶质细胞（glioblasts）（胶质细胞前体）开始呈放射状向外迁移。在大脑皮层，成神经细胞通过放射状胶质细胞（radial glial cells）被带到目的地，这些放射状胶质细胞本质上充当了迁移成神经细胞的长触须。

成神经细胞沿着放射状神经胶质纤维被运送，直到到达目的地，在那儿，它自身分裂并开始走向最终目的地。随着一波波迁移的成神经细胞完成这种循环，最终形成了皮质的六个层面（薄层）。重要的是，这些皮质层是按由内而外的方式形成的，由此促使最深的皮质层形成最早，周围的浅层则是随后形成的。因此，皮层最老的部分同时也是最深的部分。最后，由于成神经细胞垂直于皮层表面径向迁移，一纵列相关细胞也产生了。许多这样的纵列具有特殊功能，比如视觉中眼优势纵列的作用。

通常，细胞迁移发生在胎儿期6个月，之后，就开始了它们的分化过程。这些成熟的细胞，开始发育轴突和树突，并在轴突、树突之间形成连接（突触）。而且，在大脑一些部位，神经元轴突覆盖有髓鞘，这些髓鞘提高了神经元间信息传导的速度。最终的突触发生（synaptogenesis）和髓鞘形成（myelination）两个活动有不同的发育过程，具体取决于所研究的大脑部位。

关于髓鞘形成，我们知道感觉和运动区域在出生前就开始髓鞘化，多半在出生后头几个月或一年内完成髓鞘化。相反，大脑额叶（特别是前额皮质）直到接近青春期才可能完全髓鞘化（参见 Jernigan & Tallal，1990；Yakovlev & LeCours，1967）。同样地，在突触发生方面我们知道：（1）大脑某些区域先于其他部位形成突触。（2）大脑所有区域都经历了过度生产突触的阶段，直到密集的突触经重构达到成熟时的数量为止。例如，大脑视觉区的突触在出生后第4个月达到过度生产的高峰。随后直到约学前期末才逐渐下降，那时已获得突触成熟时的数量。在大脑听觉区域也有一个相似的时间进程，尽管时间上的少许差异导致其峰值和重构阶段发生略迟（参见 Huttenlocher & Dabhholkar，1997a）。大脑另一些区域的时间进程更长。例如，前额皮质区域直到接近1岁时才达到高峰，接着表现出更加平缓的下降，所以直到青春期，突触才达到成熟的数 *45*
量（参见 Huttenlocher，1994；突触发生的差别时间进程说明见图3.4）。此外，最新的结构磁共振成像证据表明前额皮质和诸如基底神经节（basal ganglia）或海马之类的某些皮质下区域有一个延长的发育时间进程，灰质和白质的比率在青春期晚期和成年早期才达到成熟水平（Lenroot & Giedd，2006）。

脑发育小结

总的说来，脑发育在怀孕几周内就开始了，持续到青春期。当然，这种一般情况并不能公正地反映特定年龄群在生命头20年发生的改变。因此，在胎儿期头6个月基本结构已经形成，但在胎儿期后3个月和出生头几年还一直保留其连通性和功能方面的改变。发生在大脑连接处的持久变化（突触发生）与使脑力劳动更有效率的变化（髓鞘化），两者都显示出从学前期直到青春期末剧烈而非线性的改变。

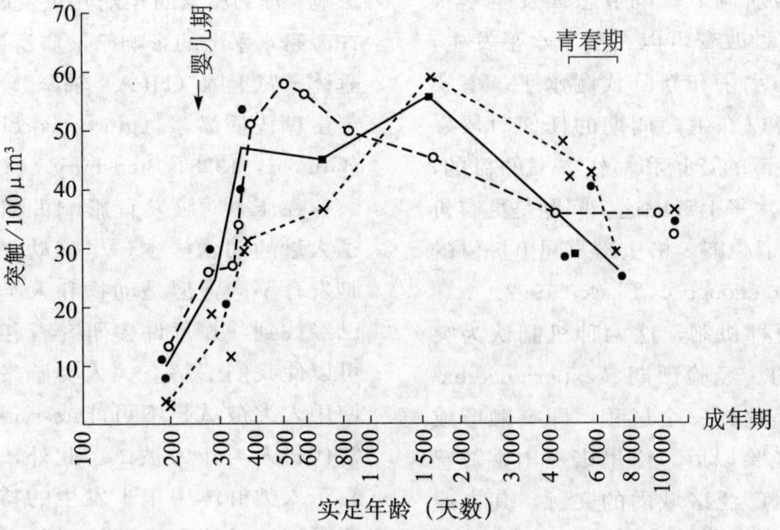

图 3.4　突触发生的时间进程

如本文描述，人脑不同区域的突触发生遵从不同的时间进程。例如，视觉皮质的突触比听觉皮质的突触到达高峰要早，而听觉皮质的突触又依次比前额皮质的突触早。同样地，突触回缩到成熟数量开始不久，就首先在视觉区先完成这个过程，其次是听觉区，最后是额叶区。

资料来源：From Huttenlocher and Dabhholkar (1997b). Copyright 1997 by John Wiley and Sons. Reprinted by permission.

神经可塑性

发育可塑性最典型的例子通常来自于早期感官发育。研究表明发育存在关键期。关键期是发育中的一段时间，在这段时间中，受到一些环境刺激对特定脑发育来说是必需的。一些诸如视觉等感觉形态（sensory modalities）的关键期已经确定。莫勒等（Maurer，Lewis，Brent & Levin，1999）报告说，天生白内障婴儿，如果在出生几个月内成功移除白内障（cataracts）并用新晶体替换，这样的婴儿即使只有几分钟的视觉经验也能促使其视敏度明显好转。而白内障被搁置不治得越久，其结果越不利。在视觉功能的广阔领域，我们知道在 16 岁后失明的盲文阅读个体中，初级视觉皮层激活是缺失的，然而这样的激活在那些 16 岁之前失明的个体中是存在的（Sadato et al.，1998）。此研究结果与视觉功能的关键期是一致的（Knudsen，2004）。

46

借助敏感期可以更好地说明大脑和神经系统其他区域的发育。敏感期是一段在发展中环境对脑发育影响最大的时期。敏感期和关键期区别在于，后者不能影响随后脑发育的方向，然而前者允许有敏感期以外的窗口期发展。我们知道在 6～12 个月之间，婴儿从语言中区别音位的能力明显下降了（参见 Werker，2006；Werker & Vouloumanos，2001）。然而，非天生区别差异的能力并未完全丧失。例如，如果 12 个月前婴儿有过非母语语音的经历，这种能力就会被保留（Kuhl，Tsao & Liu，2003）。视觉领域也会发生一种相似的现象，特别是面部加工领域。帕斯卡利斯等（Pascalis，de Haan & Nelson，2002）报告说 6 个月、9 个月大婴儿以及成人都同样擅长区分两张不同的人脸，但只有 6 个月的婴儿可以区分两张猴子的脸。然而情况也可能是，如果 6 个月的孩子有 3 个月观察猴子脸的经历，他们就能保留这种能力（Pascalis et al.，2005）。因此，就如同上述语音的例子，即使一个人有过特定的经历，似乎也存在一个有关面部加工发展的敏感期。

可塑性本质上适应或不适应生物体，取决于经验及大脑对经验的应答。例如，对于应对脑损伤来说，从脑损伤中恢复和功能保留都是积极适应的例子。另一方面，由于接触致畸物（如酒精）而使细胞死亡或由于剥夺而缺少正常细胞分化是明显适应不良的例子。当然，在这两种情况下，大脑已经被某些经验所调节。调节怎样发生是很重要的。我们知道这种改变可以在多个水平发生，包括生理水平、结构水平和新陈代谢水平。事实上，所有这些改变可以在生命周期的任何时候发生。然而，考虑到发育的背景和写作本书的目的，在一个更加概念化的水平上考虑这个问题是更有价值的。这样我们得到了威廉·格里诺及同事提供的可塑性模型（参见 Greenough & Black，1992）。

格里诺提出了两种机制，这两种机制认为突触是基于经验形成的。经验预期（experience-expectant）发育指的是这样一个过程，即突触形成于获得最低限度的经验以后。格里诺提出，敏感期时分散于大脑相对广泛区域内的突触，其未成形的暂时过度生产是为所“预期”的结构基质作准备的。之后，没有形成连接的突触或者形成不规则连接的突触会紧接着进行回缩。经验预期引起了把被选择保留下来的突触作为目标的神经活
47 动模式。这种假定是这样的，即突触连接最初是短暂的，并且有赖于确认的类型才能继续存在。如果没有得到这种确认，突触回缩将取决于发育进度或与已确认的突触竞争。相比之下，经验依赖（experience-dependent）发育指的是对个体来说唯一的一个过程，即特定的唯一经验影响脑的发育和功能。经验依赖发育最经典的例子是学习，这是贯穿我们一生可以去做的事情。

总之，经验预期发育是有时间限制的，它取决于发育敏感期或关键期发生的经验。反之，经验依赖发育不被时间约束，并可在生命周期的任何时候发生。经验预期发育适用于特定的感知功能（如视觉发展），然而经验依赖发育适用于几乎所有行为。而有待观察的是，关键期时的经验预期发育机制，对仅仅有敏感期的行为是否具有同样的重要性。到目前为止，与情绪发展相关的过程似乎是对经验依赖最好的描述。本章接下来集中论述了依赖经验发育的例子，强调发展中有机体的可塑性（参见 Nelson & Bloom，1997；Nelson，de Haan & Thomas，2006）。

神经可塑性与早期压力经验

有关母亲压力的大量研究已经持续了40年之久。大量对幼鼠、猴子及人类儿童做的研究都调查了产前、产后母亲压力的机制和影响，除此之外，还有不可忽略的文化本身对猴子和人类发育早期压力的直接影响。压力激素对年幼儿童发展的影响和产后环境在激素水平上的影响已被广泛研究。人类下丘脑—垂体—肾上腺（HPA）轴调节皮质醇的产生，由此产生糖皮质激素（glucocorticoid）以应答压力经验（Gunnar，1998；Stansbury & Gunnar，1994）。

在压力对脑发育影响的研究中，研究者使用了大量的动物样本。尽管动物脑发育明显和人类脑发育不同，但是动物和人类脑系统的对应关系已经找到，并且许多研究者相信动物研究的数据可以使我们了解有关人类脑发育的一些信息。当使用人类被试是不可能或不道德的时候，动物经常代替人类作为被试。此外，多数动物可以被暴露于人类群体中很少发生的特殊环境，允许研究者更好地了解那个环境对脑发育的影响。接下来的章节，我们将介绍啮齿类动物、猴子和人类有关于压力对神经发育影响的研究。

个体一旦经历令人恐惧的、异常的或其他的压力刺激，就会开始两个阶段的压力反应。一是共情反应（sympathetic response），在压力开始的头几秒就在儿茶酚胺（肾上腺素和神经肾上腺素）的作用下被激活。如果压力刺激充足，几分钟后，HPA应答就开始了。HPA轴的激活导致糖皮质激素的释放，最终在压力源开始约30分钟左右，人类皮质醇在外周神经系统被察觉。中枢（海马）和外周（肾上腺）神经系统区域有糖皮质激素受体，通过垂体释放激素而被激活。由于HPA轴活动对情绪过程敏感，再加上系统活动可以通过唾液采样中不同的皮质醇水平而重复测定，所以HPA轴是婴儿情绪过程和脑发育研究中普遍调查区域（Stansbury & Gunnar，1994）。

一些关于人类和其他灵长类动物的研究，试图阐明母亲压力、早期灾难和儿童发育结果的相关联系。而恒河猴群体（rhesus macaque）中一种被称为同伴抚养的现象，已被广泛研究。同伴抚 48
养，即猴子出生后就被带离母亲，被同伴养育。这种情况导致了焦虑和侵犯的显著增加（Soumi，2006）。考虑到上文提到有关鼠类的资料和调查结果，我们可以预测，如果环境中缺乏一个敏感的早期依恋对象，将会导致神经发育的深层改变。抚养孩子的收容所就是这种环境的一个例子。然而，动物研究进一步预测，如从不同角度来看，这些发育的改变实质上和人类母亲行为的自然变异所产生的发育改变是相似的。当施测于人体时，

HPA 轴对新异事物或压力的激活与血清素活动似乎会受到影响。

由于多种技术和研究以人为被试会受道德限制，并且由于人类制度的日益复杂，用于了解儿童神经生物基础的方法明显不同于大多数动物研究的方法。由唾液皮质醇测定的糖皮质激素对异常或压力情境的应答，可继续作为对 HPA 轴反应性的测量。然而，人类中枢血清素功能难以测定，所以使用了多种代替变量和相关变量。其中一个例子就是儿童和成人海马体积和功能的利用。如同早期研究描述，海马是已知的对学习和记忆有重要作用的皮质下结构。海马大小可通过使用 MRI 技术对儿童和成人进行无害测定而得。此外，考虑到它对记忆形成的全程参与，记忆和学习行为以及与其关联的神经相关物有时也可被用于测定海马的功能。由于海马完全受糖皮质激素受体支配，所以这个区域对我们刚刚探讨的研究来说是很重要的。然而，脑的其他区域，包括额叶的中部和侧面［这个区域被认为涉及有意注意（effortful attention）、抑制控制（inhibitory control）以及情绪和行为的自我调节（self-regulation）］以及杏仁核（牵涉恐惧和压力反应），似乎有高水平的糖皮质激素受体（Gunnar，1997，1998），并可能受到早期经历的影响。

我们以探讨人类母亲行为变化作为开端。由于其复杂的性质，人类已经从不同方面对母亲行为变化的影响进行了研究。其中，有抚养人注意缺乏的调查研究，例如在收容机构的孩子们；有对不可预知和不安全看护的研究，例如辱骂和疏忽的父母教养。这两者之中任何一个研究都可依据童年早期压力而被定义。此外，一些研究还调查了看护中的正常变化，就如同在依恋类型或母亲敏感性中的正常变化一样。最后，对产孕妇抑郁（maternal depression）在看护行为变化中所扮演的角色进行大量研究。后两条可被定义为环境或母亲压力因素影响儿童发展的机制。

如前所述，收容机构对儿童发育有深远的负面影响。一项研究（布加勒斯特早期干预项目，BEIP）对三组儿童从婴儿期到童年中期进行了追踪。收容组的儿童几乎全部生活在罗马尼亚布加勒斯特的制度化环境中。看护组的儿童，出生时被机构收容，在进行大量基线评估后，被随机分配看护（分配时的平均年龄是 22 个月）。而第三组儿童从未被收容，他们和有血缘关系的亲人一起生活在较大的布加勒斯特社区（参见 Zeanah et al.，2003）。这项研究的调查结果经由各种渠道而被报道和评估（参见 Nelson，Zeanah & Fox，2007）。

在收容组和看护组间发现心理病理学方面的显著性差异，看护组儿童的内部障碍显著低于收容组。与此相比，看护组儿童在注意缺陷/多动障碍（ADHD）和对立违抗性障碍（ODD）上的症状并没有减少。未被收容组在上述症状上的情况和美国对照样本相似，显著低于另外两个实验 49
组。研究表明，这种与并发心理病理症状相关的早期心理社会剥夺（psychosocial deprivation）似乎是有迹可循的，看护组在降低与外部障碍（externalizing disorders）相对抗的内部症状时更为有效。

现已充分证明，成人若在儿童期有过诸如虐待等早期压力的经验，其患创伤后应激障碍（PTSD）和重度抑郁症（major depressive disorder）的风险更高（Caspi et al.，2003；Gilbertson et al.，2002）。并且这些成人会出现海马体积减小的现象，某些情况下，还会发生记忆损伤（impairments in memory；Bremner et al.，1997；Stein，Koverola，Hanna，Torchia & McClarty，1997）。其作用机制被认为是海马上循环的糖皮质激素神经中毒所致（参见 Nelson & Carver，1998）。在比较双生子的一项研究中，双生子双方都经历了早期虐待，但只有一方成年期经历了战争，从海马体积变化来看，和战争相关的 PTSD 与早期压力影响显著相关（Gilbertson et al.，2002）。早期童年虐待可能导致了对恐惧相关刺激的反应调整，使得个体在成年期更易患 PTSD。

最后，人类和其他动物一样，母亲敏感性（maternal sensitivity）的自然变异似乎与皮质醇反应性相关，同样与潜在的心理病理学因素相关。调整后期压力应答时母亲敏感性的作用可从多角度进行定义。冈纳（Gunnar，1998）提出了下面的概念：如果糖皮质激素升高的水平损害了大脑发育（如海马体积减小）以及认知和情绪功能的充分发展（如 HPA 轴反应性），发育进程中就有可能建立一些机制，以保证婴儿期的这些激素含量维持在低水平。如冈纳所述，母亲敏感性就是其中的一个机制。

出生时，婴儿的HPA系统是高反应性且不稳定的（Gunnar，Brodersen，Krueger & Rigatuso，1996）。2～6个月间，婴儿通过与敏感抚养人之间的交往，使得自身应激系统变得有组织性，其中，敏感抚养人对HPA轴的反应性起了缓冲的作用（Gunnar，Brodersen & Rigatuso，1993）。冈纳等（Gunnar et al.，1993）发现，若婴儿在2个月大时能对自己的不适发出清晰信号，或者其抚养人是敏感的并能够及时响应婴儿需求，那么这样的婴儿倾向于在6个月时形成有效的母亲调节或双向调节下的压力调节系统。在婴儿有能力进行自我调节之前，若压力经历没有被抚养人适当的调节，就有可能影响特定脑结构和HPA轴反应性的发展（Gunnar，1997）。若有早期压力经历或者缺乏母亲对这种压力的缓冲，HPA轴的早期反复或慢性激活，就可能导致焦虑发展困难和更多的焦虑气质。当然，上述观点在动物和人类实验中都得到证实。

依恋关系的好坏与抚养人缓冲HPA轴活动的能力有关，与此观点一致，斯潘格勒和格罗斯曼（Spangler & Grossmann，1993）发现，安全依恋关系的婴儿在陌生情境刺激后，比不安全依恋关系的婴儿表现出更低的皮质醇水平。此外，越来越多的证据表明，婴儿皮质醇反应性与母亲皮质醇反应性是相关的（Thanh Tu et al.，2007；Thompson & Trevathan，2008）。

依恋状态或母亲敏感性与HPA轴活动间可变的中介关系（mediating the relationship），也许是婴儿对自身能否应对压力的知觉。按照冈纳（Gunnar，1993）的说法，这个中介关系不是压力源本身，而是当孩子在影响HPA轴活动的环境中，对自身应对环境中压力源的能力而进行的评估。如果包括孩子本身能力和对策在内的适当应对办法是有效的，那么即使面对巨大的压力源，孩子的HPA压力应答也可能会被降低或阻止（Gunnar，1994）。研究者推测，安全依恋儿童的成长过程经历了及时应答和敏感性照顾，不安全依恋儿童则遭遇了反复无常的和拒绝照顾的成长
50 历程。安全依恋儿童可以依赖其抚养人适当的应答以缓冲压力，然而，不安全依恋儿童则不能。因此，在面对压力源时，安全依恋儿童比不安全依恋儿童更可能去判断他们的应对方法是否适当，从而表现出更低的对压力的生理反应。纳赫米尔纳等（Nachmias，Gunnar，Mangelsdorf，Parritz & Buss，1996）发现，不安全依恋婴儿与气质上倾向于谨慎接近陌生情境的婴儿，特别容易处于高压力反应性的风险中，因为这些婴儿，特别易于经历可能风险的新异事件，但却并不期待他们的抚养人能有效缓解其遭受的压力影响。

当母亲抑郁的时候，她不大可能去缓解婴儿的外部压力。无论是母亲还是孩子，增强的心理病理学风险的传递，可能来自遗传也可能来自环境。研究者推测，抑郁可能通过两种方式影响脑发育，一是通过抑郁母亲的行为，二是通过婴儿健康情绪发展的关键因素。在正常的母婴互动中，母亲调节其行为去满足婴儿的需求，以适当刺激婴儿（Field，Healy，Goldstein & Guthertz，1990）。最好情况下，母亲和婴儿的有意情感行为是同步的。在一对抑郁的母—婴之间，抑郁母亲经常感情冷淡或迟钝；结果，婴儿就可能经历行为混乱，母亲和婴儿的情感行为会变得不同步。菲尔德等（Field et al.，1990）认为这样的去同步化导致婴儿不能发展正常的觉醒机制，也不能有效组织注意或情感行为。

许多研究证实，抑郁母亲与其孩子的理想交互行为要少于不抑郁的母亲。而在许多对抑郁母婴中，发现他们缺乏情感行为的同步性并显露出高水平的消极情感（参见Goodman & Brand，本书第9章）。这可能对突触和神经细胞群组织的修整有显著影响，特别是在生命头两年。受到母亲增强的消极性水平的影响，如情感贫乏、退缩、干涉，可能导致与消极情绪和退缩行为相联系的神经细胞群扩大（即右侧前额皮质），缺乏积极情绪充足水平的影响，可能导致与积极趋向行为相联系的突触修整（即左侧前额皮质）。扩大和修整的模式有望能解释相对右侧额叶的不对称性，这是用脑电图进行研究时，发现存在于抑郁母亲的孩子中的一种普遍模式。这种模式一旦建立，皮质图（cortical maps）便日渐难以改变（Dawson，Hessl & Frey，1994）。这些皮质图可引导婴儿解释未来有关外部环境的经验（Dawson et al.，1994）。

如果受到母亲行为作用会影响婴儿的情绪发

展，那么婴儿在生命头几年应该表现出对母亲抑郁长期影响的敏感性。虽然研究者难以分离母亲抑郁的慢性和急性影响与定期影响，但也有证据表明婴儿在 6～18 个月间对母亲抑郁的影响特别敏感（Alpern & Lyons-Ruth，1993；Dawson，Frey，Panagiotides，Osterling & Hessl，1997；Dawson et al.，1994）。许多研究发现如果孩子在此期间受到母亲抑郁的影响，不管在这之后的几年内母亲抑郁的状况如何，都预示了孩子在日托中心和早期学校生活中发生情绪和认知的困难的可能性（Alpern & Lyons-Ruth，1993；Wolkind，Zajicek-Coleman & Ghodsian，1980）。此外，道森等（Dawson et al.，1997）发现，孕妇抑郁时间的长短，与婴儿额叶脑电图模式显著相关，而产妇抑郁时间的长短与其没有显著相关。这个发现表明，暴露于遗传压力环境之中，可导致抑郁症母亲的婴儿产生非典型脑电图模式。

51 最后，一些研究证实了抑郁症母亲的孩子会出现增强的皮质醇反应性（Essex，Kline，Cho & Kalin，2002）。此研究结果表明，婴儿情绪性的差异与其他物种和环境中养育方式影响的相同系统相关。然而，值得注意的是，经常采用其他机制对与抑郁母亲行为差异相关的儿童情绪效果进行研究（有关儿童情绪以及额叶不对称性的深入讨论，见下文）。另外需要注意，研究已发现，人类一系列包括基线皮质醇在内的有关皮质醇与母亲行为变化的现象，可被一些诸如 HPA 轴反应性消解等原因所解释（Schechter et al.，2004），这与之前假定并描述的 HPA 轴反应性的增强形成强烈对比。

神经可塑性小结

总的来说，早期有害经历明显对脑发育有严重负面影响，这种影响可能一直持续到童年甚至更久。母亲抚养似乎对此时期的神经生物基础有重大影响，因为婴儿正处在这些系统发育的敏感期。

显然，经验可以深刻影响发育中的大脑。这里我们讨论了大多在生命头几年可能影响神经发育的特殊经历，这种特殊经历普遍可以通过父母和子女间的关系来调节。特别值得注意的是，许多经历可以影响未来生命中的神经生物学发育，比如成长中的孩子不断地学习和发育。随着孩子将自身经历扩展到远远超出父母—子女关系之外，这些经验可能直接影响孩子，并很少被父母—子女间相互作用所调节。

婴儿气质的神经生物学

婴儿情绪表达的诸多差异与气质有关，气质即一种可以调节儿童与其周围环境交互作用的早期稳定的情绪倾向。在人类和一些非人灵长类动物中，抚养差异由等位基因变异来调节。其他研究已经证实，人类生态位利用效能是更大等位基因变异的结果。即，表型表达的种内变异，特别当其与环境刺激存在交互作用时，会促使其利用复杂环境的能力增强（Soumi，2006）。

研究者已经有一种方法用来研究婴儿脑发育，它在了解婴儿情绪化生活中有特定的用途，这种方法即脑电图。科学家已经使用脑电图方法，研究产生情绪和情感类型的局部脑活动（Davidson，1994b）。脑电图可以反映：（1）一直存在于大脑中的基础脑电活动；（2）引导电荷（由突触活动引起）从细胞外流动到头皮表层的神经细胞群。脑电图是通过在头皮上的几个位点放置电极来记录。每个位点的脑电活动通过和基线参照点（baseline reference point，经常为在面部的一个电极）的比较来测定和分析。分析中可以比较每个位点的相对活动水平。

脑电图与情绪

使用脑电图方法的大多数婴儿研究，已经发现了前额皮质在情绪产生和管理中的作用。前额皮质能极好地整合所有产生并计划性调节情绪表达所必需的元素，因为前额皮质有能在相互作用中连接其与顶叶、颞叶区域，边缘系统（limbic system）和基底神经节（basal ganglia）的唯一神经环路（neural circuitry）（Nauta，1971）。

研究者假定右侧和左侧前额皮质一致充当趋避系统，左半球专门管理与趋近相关的行为和情绪，诸如快乐、喜好和愤怒。右半球专门管理与回避相关的行为和情绪，诸如焦虑、悲痛、悲伤和厌恶以及与哭有关的行为（Dawson，1994a；Fox，1994）。 52

婴儿研究

依据福克斯（Fox，1994）的说法，趋避二分（approach-withdrawal dichotomy）在婴儿出生时就存在，婴儿最初对环境的应答，很大程度上是基于对回避连续统一体的趋近而不是离散的情绪反应。婴儿通过增加和整合与趋避相关的新运动模式，以扩大他们的情绪状态范围，所以到第一年末，趋避二分系统已经能有区别地表现婴儿1岁时普遍会经历的基本情绪，包括快乐、喜好、愤怒、悲痛、厌恶和恐惧（Fox，1994）。随着前额皮质和胼胝体（连接两个半球的纤维束）在生命头几年的发育，情绪反应变得更加分化和复杂（Fox，Bell & Jones，1992）。

福克斯和戴维森（Fox & Davidson，1986）已经证实，与情感行为相关的，不对称额叶激活模式在婴儿期就出现了。戴维森和其他研究者提出，情绪反应上的个体差异由基线不对称方面的特质个体差异所影响（Davidson，1994a）。福克斯等（Fox et al.，1992）提出，两半球的觉醒水平与半球间的交流结合，交互产生了应答特殊情绪刺激的个体差异。因此，随着婴儿发育，不对称模式变成更稳定的特质，尽管在应答环境影响时仍然易受短期变化的影响（如受到强烈的情感激发）。研究表明，在6～12个月的个体间，不对称的比例有适度的稳定性（Bell & Fox，1994）。这种差异与气质有关：与母亲分离时更易哭的高反应性婴儿，随着年龄增长，表现出相对右侧额叶的更强激活；然而，不易哭的婴儿表现出相对左侧额叶的更强激活（Kagan，Snidman，Kahn & Towsley，2007）。

趋近或回避的趋势从儿童直到成年期似乎都是稳定的；然而，这种趋势可被早期经历所影响（Davidson，Ekman，Saron，Senulis & Friesen，1990）。例如，恐惧个体可以学习去接近而不是回避其恐惧的客体（Davidson et al.，1990）。尽管趋近或回避行为模式可能由于经验而改变，但最初的额叶不对称模式依旧可能存在（Fox，Calkins & Bell，1994）。

道森等（Dawson，1994；Dawson，Panagiotides，Grofer Klinger & Hill，1992）提出，研究全部额叶活动水平和脑电不对称，对理解情绪反应和规则来说是必需的。依据道森（Dawson，1994）的说法，可以从两个维度描述情绪：类型与强度。她推测，不对称的程度预示了情绪表达类型上的个体差异，然而，普遍的额叶活动数量预示了情绪反应性和强度的差异。这两种测量在个体上是不相关的：快乐和悲哀两者的表达与额叶皮质活动的普遍增强有关（Dawson et al.，1992）。如上所述，个体大脑激活模式的发展，被认为是形成结构的遗传编码程序与结构和环境因素中联结的一系列交互过程的结果。遗传组成（genetic makeup）发挥其影响的方式是通过气质实现的。

卡根和斯奈德曼给气质定义为“发展为不同心理效果外貌的各种初期遗传轮廓”（Kagan & Snidman，1991，p. 856）。据贝尔和福克斯（Bell & Fox，1994）以及卡尔金斯、福克斯和马歇尔（Calkins，Fox & Marshall，1996）所说，孩子的气质可以由其额叶不对称模式（pattern of frontal asymmetry）来描绘，这种额叶不对称模式通过孩子积极和消极反应性的临界值以及其对刺激的反应强度来表明。研究者在同一批成人或儿童的记录中 53
发现，对单一刺激的情绪应答和额叶不对称性有关（Davidson & Fox，1989；Wheeler，Davidson & Tomarken，1993）。惠勒等（Wheeler et al.，1993）发现，成人被试对积极和消极短片应答的特性与强度的个体差异，和在观看短片3周前测量的基线不对称性有关。有着稳定的左侧额叶激活增强和右侧额叶激活降低的个体，相比其他被试，对积极短片的应答有更强烈的积极情感；右侧额叶激活增强的被试，相比其他基线不对称性模式的被试，对消极短片有更消极的应答。

相关脑电活动研究阐明了气质结构“行为抑制”（behavioral inhibition）的可能基础。卡尔金斯等（Calkins et al.，1996）认为行为抑制是对陌生的人、地点、事件和物体表现出回避的趋势和消极情感。行为抑制儿童比没有行为抑制的儿童容易对不熟悉或挑战性的活动产生更大的压力（Reznick et al.，1986）。依据卡根等的说法，行为抑制是一个范畴学上的概念，10%的健康美国白人儿童显示极端行为抑制，剩余的90%儿童代表了行为上的和生物学上的性质不同组的个体（Kagan，Reznick & Gibbons，1989；Kagan & Snidman，1991；Reznick et al.，1986）。抑制儿童，就像抑郁成人一样，左侧额叶抑郁激活程度低于同龄人（Davidson，1992，1994a；Henriques & Davidson，1990）。戴维森（Davidson，1994a）认为这些发现表明，抑制儿童会小心谨慎地接近新异物体和人，他们可能有趋近缺陷（与过度活跃的回避系统相反）。

额叶不对称性可能还与一定的心理病理学的易感性有关。戴维森（Davidson，1992）指出少部分抑制儿童，可能易患心理病理学方面的问题，例如在生命晚期面对相对极端的生活压力时的情感混乱。然而，大多数儿童易表现出亚临床特性，诸如精神抑郁情绪、害羞和积极情感减少等（Davidson，1992）。这种易感性可能与右侧额叶不对称性和气质间的关联有关；然而额叶不对称性对预测这些结果的独立性证据还没有被确定。

道森等（Dawson，Grofer Klinger，Panagiotides，Hill & Spieker，1992；Dawson，Grofer Klinger，Panagiotides，Spieker & Frey，1992）做了一系列实验去验证母亲抑郁症症状和婴儿前额皮质发育的关系，并发现了无症状儿童和有症状母亲之间脑电图模式的若干差别。抑郁母亲的婴儿中普遍存在的消极情绪情感可能影响其内源特性的这个假设不容忽视，但一些研究者提出，抑郁母亲的婴儿由于反复受到抑郁母亲影响，而显示出相对偏右的额叶脑电图不对称性。这可能是由于气质抑制与其导致的经脑电图测定为额叶皮质激活的右—左不对称，是描述与易感基因型相关的表现型的方式（例如，强调在5-HTT基因上至少存在一个短的等位基因）。另一方面，抑制气质和脑电图额叶不对称性可能仅仅是基因—环境交互作用的表型结果。

道森等（Dawson et al.，1994）注意到，抑郁母亲的易感性，可能是由前额皮质的状态和发育期间的发展阶段任务引起的。6～18个月，前额皮质内还存在一个与其突触过剩期一样的快速生长期（Chugani & Phelps，1986；Dawson et al.，1994；Hutten locher，1979）。由于前额皮质在自我调节（self-regulatory）行为发育中起了关键性的作用，加之这些自律行为非常受父母行为的影响，所以6～18个月期间可能是对母亲抑郁在前额 54
皮质发育和调节情绪能力方面的影响特别敏感的时期（Dawson et al.，1994）。

我们对母亲抑郁影响婴儿前额活动的方式还未充分理解。但是，在母亲抚养变更对神经发育的影响这个大的文化背景（上述讨论的）下，可以合理推断这种关系可能不仅仅涉及气质倾向性的基因遗传。

婴儿气质小结

前额皮质在早期情绪产生和管理中起了关键性的作用。大脑区域似乎二分为趋避系统：趋近系统位于左侧前额皮质；回避系统位于右侧前额皮质。左右侧前额皮质的相关激活与相互作用被认为与个体情绪反应模式（patterns of emotional-reactivity）有关。研究者同样认为，个体激活模式最初是可塑的，随着时间推移而变得越来越稳固。这些差异可能与婴儿气质等有关，即情绪反应的稳定模式会影响儿童和成人行为与心理病理学基础。事实上，尽管这里有关于气质的讨论，但我们呈现了有关婴儿和成人神经生物学与上一部分类似方面的个体变量与环境间交互作用的重要证据。

结论

本章目的是为探讨脑科学研究如何促进我们理解婴儿心理健康而提供一个框架。我们首先对大脑发育进行了概述。指出，即使在怀孕第1个月的时候，胚胎和胎儿脑就可被外源因素所影响，如母亲压力。然后，进一步说明了出生后经验对脑发育的影响。事实上，除感官功能（如视觉系统和支撑语言系统的语言运动系统的发展）与情绪发展的若干可能方面以外，我们确信经验在生命的头一年后已可以很好地发挥它对脑发育的影响。长期影响很可能由两个原因造成。第一，过度生产突触的轨迹相对较长，紧接着这些基于经验的密集突触进行回缩。第二，突触可能被生活中各方面的经验重塑（如由于经验而增加的树突状分枝）。在这一章节，我们通过大量描述啮齿类动物和猴子的最新研究工作，举例说明了动物样本在理解早期发育方面的有用性，这些研究证明了教养在神经生物学方面的重要性。

接下来讨论的一个话题可以充分说明大脑被经验重塑的可能性：脑电图测定得到的大脑与情感间的关系。这里清楚地显示抑郁母亲的婴儿出现了脑电活动模式的改变，暗示了这些模式可能是受到母亲压力影响而发生应答。不幸的是，积极抚养经历对婴儿脑发育的影响却是“接受远远赶不上学习”——例如，我们不知道被高能力且敏感的抚养人养育是不是有益的，如果存在有益的影响，如何由脑电图显示出来，是否存在使这些影响得以实现的关键期或敏感期等。在相关研究中，我们对保护性因素一无所知，比如那些可能发生在一个母亲抑郁但婴儿有积极气质的家庭中的保护性因素，和一个在其他方面高功能的家庭中的保护性因素。

最终，我们对依据神经科学原理被判定处于风险中（抑郁或其他内在障碍）婴儿生活的干预范围仍然未知。一个值得思考的问题就是，被消极经验所影响的婴儿成长轨迹可通过干预生活事件而得到积极的改变，这些生活事件包括：（1）顺利处理母亲压力的影响；（2）提供给婴儿补偿性的经验。
55 此外，关于啮齿类动物样本，最新文献证明，通过在发育期丰富其环境，鼠类由早期压力经验造成的成体 HPA 轴反应性差异被完全改变（Francis，Diorio，Plotsky & Meaney，2002）。

显然，我们还有很多工作要做。其中，一个特殊领域即为，对研究脑发育和行为发展间关系的适当方法进行改进。另外，在神经可塑性背景下，我们还需足够的有关风险因素和保护性因素意义的概念模型。最后，我们需要更好地了解早期经历与病理学之间关系变更中干预的作用。最近十年，有关这些方面的信息日渐增多。我们相信，有关行为与神经科学互相影响的研究仍是极其重要的。我们希望，各领域研究者能继续合作，提出有关促进我们对婴儿发育的理解并制定基于正确神经科学原理的干预计划这两方面的统一认识。

参考文献

Alpern, L., & Lyons-Ruth, K. (1993). Preschool children at social risk: Chronicity and timing of maternal depressive symptoms and child behavior at school and at home. *Development and Psychopathology*, *5*, 371–387.

Bell, M. A., & Fox, N. A. (1994). Brain development over the first year of life: Relations between electroencephalographic frequency and coherence and cognitive and affective behaviors. In G. Dawson & K. W. Fischer (Eds.), *Human behavior and the developing brain* (pp. 314–345). New York: Guilford Press.

Bernier, P. J., Bédard, A., Vinet, J., Lévesque, M., & Parent, A. (2002). Newly generated neurons in the amygdala and adjoining cortex of adult primates. *Proceedings of the National Academy of Sciences USA*, *99*, 11464–11469.

Bremner, J. D., Randall, P., Vermetten, E., Staib, L., Bronen, R. A., Mazure, C., et al. (1997). Magnetic resonance imaging-based measurement of hippocampal volume in posttraumatic stress disorder related to childhood physical and sexual abuse: A preliminary report. *Biological Psychiatry*, *41*, 23–32.

Bronner-Fraser, M., & Hatten, M. B. (2003). Neurogenesis and migration. In L. R. Squire et al. (Eds.), *Fundamental neuroscience* (2nd ed., pp. 391–416). New York: Academic Press.

Brown, M., Keynes, R., & Lumsden, A. (2001). *The developing brain*. Oxford, UK: Oxford University Press.

Calkins, S. D., Fox, N. A., & Marshall, T. R. (1996). Behavioral and physiological antecedents of inhibited and uninhibited behavior. *Child Development*, *67*, 523–540.

Caspi, A., Sugden, K., Moffitt, T. E., Taylor, A., Craig, I. W., Harrington, H., et al. (2003). Influence of life stress on depression: Moderation by a polymorphism in the 5-HTT gene. *Science*, *301*(5631), 386.

Chugani, H. T., & Phelps, M. E. (1986). Maturational changes in cerebral function in infants determined by 18FDG positron emission tomography. *Science*, *231*, 840–843.

Davidson, R. J. (1992). Anterior cerebral asymmetry and the nature of emotion. *Brain and Cognition*, *20*, 125–151.

Davidson, R. J. (1994a). Asymmetric brain function, affective style, and psychopathology: The role of early experience and plasticity. *Development and Psychopathology*, *6*, 741–758.

Davidson, R. J. (1994b). Temperament, affective style, and frontal lobe asymmetry. In G. Dawson & K. W. Fischer (Eds.), *Human behavior and the developing brain* (pp. 518–536). New York: Guilford Press.

Davidson, R. J., Ekman, P., Saron, C. D., Senulis, J. A., & Friesen, W. V. (1990). Approach–withdrawal and cerebral asymmetry: Emotional expression and brain physiology: I. *Journal of Personality and Social Psychology*, *58*, 330–341.

Davidson, R. J., & Fox, N. A. (1989). Frontal brain asymmetry predicts infants' response to maternal separation. *Journal of Abnormal Psychology*, *98*, 127–131.

Dawson, G. (1994). Frontal electroencephalographic correlates of individual differences in emotion expression in infants: A brain systems perspective on emotion. In N. A. Fox (Ed.), Emotion regulation: Behavioral and biological considerations. *Monographs of the Society for Research in Child Development*, *59*(Serial No. 2–3), 135–151.

Dawson, G., Frey, K., Panagiotides, H., Osterling,

J., & Hessl, D. (1997). Infants of depressed mothers exhibit atypical frontal brain activity: A replication and extension of previous findings. *Journal of Child Psychology and Psychiatry, 38*, 179–186.

Dawson, G., Grofer Klinger, L., Panagiotides, H., Hill, D., & Spieker, S. (1992). Frontal lobe activity and affective behavior in infants of mothers with depressive symptoms. *Child Development, 63*, 725–737.

Dawson, G., Grofer Klinger, L., Panagiotides, H., Spieker, S., & Frey, K. (1992). Infants of mothers with depressive symptoms: Electroencephalographic and behavioral findings related to attachment status. *Development and Psychopathology, 4*, 67–80.

Dawson, G., Hessl, D., & Frey, K. (1994). Social influences on early developing biological and behavioral systems related to risk for affective disorder. *Development and Psychopathology, 6*, 759–779.

Dawson, G., Panagiotides, H., Grofer Klinger, L., & Hill, D. (1992). The role of frontal lobe functioning in the development of infant self-regulatory behavior. *Brain and Cognition, 20*, 152–175.

Essex, M. J., Klein, M. H., Cho, E., & Kalin, N. H. (2002). Maternal stress beginning in infancy may sensitize children to later stress exposure: Effects on cortisol and behavior. *Biological Psychiatry, 52*(8), 776–784.

Field, T., Healy, B., Goldstein, S., & Guthertz, M. (1990). Behavior–state matching and synchrony in mother–infant interactions of non-depressed versus depressed dyads. *Developmental Psychology, 26*, 7–14.

Fox, N. A. (1994). Dynamic cerebral processes underlying emotion regulation. In N. A. Fox (Ed.), Emotion regulation: Behavioral and biological considerations. *Monographs of the Society for Research in Child Development, 59*(Serial No. 2–3), 152–166.

Fox, N. A., Bell, M. A., & Jones, N. A. (1992). Individual differences in response to stress and cerebral asymmetry. *Developmental Neuropsychology, 8*, 161–184.

Fox, N. A., Calkins, S. D., & Bell, M. A. (1994). Neural plasticity and development in the first two years of life: Evidence from cognitive and socioemotional domains of research. *Development and Psychopathology, 6*, 677–696.

Fox, N. A., & Davidson, R. J. (1986). Taste-elicited changes in facial signs of emotion and the asymmetry of brain electrical activity in human newborns. *Neuropsychologia, 24*(3), 417–22.

Francis, D. D., Diorio, J., Plotsky, P. M., & Meaney, M. J. (2002). Environmental enrichment reverses the effects of maternal separation on stress reactivity. *Journal of Neuroscience, 22*(18), 7840–7843.

Gage, F. H. (2000). Mammalian neural stem cells. *Science, 287*, 14333–14338.

Gilbertson, M. W., Shenton, M. E., Ciszewski, A., Kasai, K., Lasko, N. B., Orr, S. P., et al. (2002). Smaller hippocampal volume predicts pathologic vulnerability to psychological trauma. *Nature Neuroscience, 5*(11), 1242.

Gould, E. (2003, July). *Neurogenesis in the adult brain*. Paper presented at the Merck Summer Institute on Developmental Disabilities, Princeton University, Princeton, NJ.

Gould, E., Beylin, A., Tanapat, P., Reeves, A., & Shors, T. J. (1999). Learning enhances adult neurogenesis in the hippocampal formation. *Nature Neuroscience, 2*, 260–265.

Gould, E., & Gross, C. G. (2002). Neurogenesis in adult mammals: Some progress and problems. *Journal of Neuroscience, 22*, 619–623.

Gould, E., Vail, N., Wagers, M., & Gross, C. G. (2001). Adult-generated hippocampal and neocortical neurons in macaques have a transient existence. *Proceedings of the National Academy of Sciences USA, 98*, 10910–10917.

Greenough, W. T., & Black, J. E. (1992). Induction of brain structure by experience: Substrates for cognitive development. In M. R Gunnar & C. A. Nelson (Eds.), *Minnesota symposia on child psychology: Vol. 24. Developmental behavioral neuroscience* (pp. 155–200). Hillsdale, NJ: Erlbaum.

Gunnar, M. R. (1993, March). *Adrenocortical reactivity: Who is more stress vulnerable, the inhibited or bold child?* Paper presented at the biennial meeting of the Society for Research in Child Development, New Orleans, LA.

Gunnar, M. R. (1994). Psychoendocrine study of temperament and stress in early childhood: Expanding current models. In J. Bates & T. D. Wachs (Eds.), *Temperament: Individual differences at the interface of biology and behavior* (pp. 175–198). New York: American Psychological Association.

Gunnar, M. R. (1998). Quality of early care and buffering of neuroendocrine stress reactions: Potential effects on the developing human brain. *Preventive Medicine, 27*, 208–211.

Gunnar, M. R., Brodersen, L., Krueger, K., & Rigatuso, J. (1996). Dampening of adrenocortical responses during infancy: Normative changes and individual differences. *Child Development, 67*, 877–889.

Gunnar, M. R., Brodersen, L., & Rigatuso, J. (1993, March). *Infant and parent contributions to the organization of adrenocortical stress reactivity.* Paper presented at the biennial meeting of the Society for Research in Child Development, New Orleans, LA.

Henriques, J. B., & Davidson, R. J. (1990). Regional brain electrical asymmetries discriminate between previously depressed and healthy control subjects. *Journal of Abnormal Psychology, 99*, 22–31.

Huttenlocher, P. R. (1979). Synaptic density in human frontal cortex: Developmental changes and effects of aging. *Brain Research, 163*, 195–205.

Huttenlocher, P. R. (1994). Synaptogenesis, synapse elimination, and neural plasticity in human cerebral cortex. In C. A. Nelson (Ed.), *Minnesota symposia on child psychology: Vol. 27. Threats to optimal development: Integrating biological, psychological, and social risk factors* (pp. 35–54). Hillsdale, NJ: Erlbaum.

Huttenlocher, P. R., & Dabhholkar, A. S. (1997a). Regional differences in synaptogenesis in human cerebral cortex. *Journal of Comparative Neurology, 387*, 167–178.

Huttenlocher, P. R., & Dabholkar, A. S. (1997b). *Developmental anatomy of the prefrontal cortex: Evolution, neurobiology, and behavior*. Baltimore: Brookes.

Jernigan, T. L., & Tallal, P. (1990). Late childhood changes in brain morphology observable with MRI. *Developmental Medicine and Child Neurology, 32*, 379–385.

Kagan, J., Reznick, J. S., & Gibbons, J. (1989). Inhibited and uninhibited types of children. *Child Development, 60*, 838–845.

Kagan, J., & Snidman, N. (1991). Temperamental factors in human development. *American Psychologist, 46*, 856–862.

Kagan, J., Snidman, N., Kahn, V., & Towsley, S. (2007). The preservation of two infant temperaments into adolescence. *Monographs of the Society for Research on Child Development*, 72(2).

Kandel, E. R., Schwartz, J. H., & Jessell, T. M. (1991). *Principles of neural science*. New York: McGraw-Hill.

Kornack, D. R., & Rakic, P. (1999). Continuation of neurogenesis in the hippocampus of the adult macaque monkey. *Proceedings of the National Academy of Sciences, 98*, 5768–5773.

Knudsen, E. I. (2004). Sensitive periods in the development of the brain and behavior. *Journal of Cognitive Neuroscience, 16*(8), 1412–1425.

Kuhl, P. K., Tsao, F. M., & Liu, H. M. (2003). Foreign-language experience in infancy: Effects of short-term exposure and social interaction on phonetic learning. *Proceedings of the National Academy of Sciences, 100*, 9096–9101.

Lenroot, R. K., & Giedd, J. N. (2006). Brain development in children and adolescents: Insights from anatomical magnetic resonance imaging. *Neuroscience and Biobehavioral Reviews, 30*(6), 718–729.

Lumsden, A., & Kintner, C. (2003). Neural induction and pattern formation. In L. R. Squire et al. (Eds.), *Fundamental neuroscience* (2nd ed., pp. 363–390). New York: Academic Press.

Maurer, D., Lewis, T. L., Brent, H. P., & Levin, A. V. (1999). Rapid improvement in the acuity of infants after visual input. *Science, 286*(5437), 108–110.

McConnell, S. K. (1995). Strategies for the generation of neuronal diversity in the developing central nervous system. *Journal of Neuroscience, 15*, 6987–6998

Murloz-Sanjuan, I., & Brivanfou, A. H. (2002). Neural induction: The default model and embryonic stem cells. *Nature Reviews Neuroscience, 3*(4), 271–280.

Nachmias, M., Gunnar, M., Mangelsdorf, S., Parritz, R. H., & Buss, K. (1996). Behavioral inhibition and stress reactivity: The moderating role of attachment security. *Child Development, 67*, 508–522.

Naegele, J. R., & Lombroso, P. J. (2001). Genetics of central nervous system developmental disorders. *Child and Adolescent Psychiatric Clinics of North America, 10*, 225–239.

Nauta, W. J. H. (1971). The problem of the frontal lobe: A reinterpretation. *Journal of Psychiatric Research, 8*, 167–187.

Nelson, C. A., & Bloom, F. E. (1997). Child development and neuroscience. *Child Development, 68*, 970–987.

Nelson, C. A., & Carver, L. (1998). The effects of stress and trauma on brain and memory: A view from developmental cognitive neuroscience. *Development and Psychopathology, 10*, 793–809.

Nelson, C. A., de Haan, M., & Thomas, K. M. (2006). *Neuroscience and cognitive development: The role of experience and the developing brain*. New York: Wiley.

Nelson, C. A., Zeanah, C. H., Jr., & Fox, N. A. (2007). The effects of early deprivation on brain–behavioral development: The Bucharest Early Intervention Project. In D. Romer & E. Walker (Eds.), *Adolescent psychopathology and the developing brain: Integrating brain and prevention science* (pp. 197–215). New York: Oxford University Press.

Pascalis, O., de Haan, M., & Nelson, C. A. (2002). Is face processing species specific during the first year of life? *Science, 296*, 1321–1323.

Pascalis, O., Scott, L. S., Kelly, D. J., Dufour, R. W., Shannon, R. W., Nicholson, E., et al. (2005). Plasticity of face processing in infancy. *Proceedings of the National Academy of Sciences, 102*, 5297–5300.

Rakic, P. (2002). Adult neurogenesis in mammals: An identity crisis. *Journal of Neuroscience, 22*, 614–618.

Reznick, J. S., Kagan, J., Snidman, N., Gersten, M., Baak, K., & Rosenberg, A. (1986). Inhibited and uninhibited children: A follow-up study. *Child Development, 57*, 660–680.

Sadato, N., Pascual-Leone, A., Grafman, J., Deiber, M., Ibanez, V., & Hallett, M. (1998). Neural networks for Braille reading by the blind. *Brain, 121*(7), 1213–1229.

Schechter, D. S., Zeanah, C. H., Jr., Myers, M. M., Brunelli, S. A., Liebowitz, M. R., Marshall, R. D., et al. (2004). Psychobiological dysregulation in violence-exposed mothers: Salivary cortisol of mothers with very young children pre- and post-separation stress. *Bulletin of the Menninger Clinic, 68*(4), 319–336.

Soumi, S. J. (2006). Risk, resilience, and gene × environment interactions in rhesus monkeys. *Annals of the New York Academy of Sciences, 1094*(1), 52–62.

Spangler, G., & Grossmann, K. E. (1993). Biobehavioral organization in securely and insecurely attached infants. *Child Development*, *64*(5), 1439–1450.

Stansbury, K., & Gunnar, M. R. (1994). Adrenocortical activity and emotion regulation. In N. A. Fox (Ed.), Emotion regulation: Behavioral and biological considerations. *Monographs of the Society for Research in Child Development*, *59*(Serial No. 2–3), 108–134.

Stein, M. B., Koverola, C., Hanna, C., Torchia, M. G., & McClarty, B. (1997). Hippocampal volume in women victimized by childhood sexual abuse. *Psychological Medicine*, *27*, 951–959.

Thanh Tu, M., Grunau, R., Petrie-Thomas, J., Haley, D., Weinberg, J., & Whitfield, M. (2007). Maternal stress and behavior modulate relationships between neonatal stress, attention, and basal cortisol at 8 months in preterm infants. *Developmental Psychobiology*, *49*(2), 150–164.

Thompson, L. A., & Trevathan, W. R. (2008). Cortisol reactivity, maternal sensitivity, and learning in 3-month-old infants. *Infant Behavioral Development*, *31*(1), 92–106.

Volpe, J. J. (2000). Overview: Normal and abnormal human brain development. *Mental Retardation and Developmental Disabilities Research Reviews*, *6*, 1–5.

Werker, J. F. (2006). Cognitive, perception and language. In W. Damon, R. Lerner, D. Kuhn, & R. Siegler (Vol. Eds.), Handbook of child psychology (6th ed., Vol. 2, pp. 3–57). New Jersey: Wiley.

Werker, J. F., & Vouloumanos, A. (2001) Speech and language processing in infancy: A neurocognitive approach. In C. A. Nelson & M. Luciana (Eds.), *Handbook of developmental cognitive neuroscience* (pp. 269–280). Cambridge, MA: MIT Press.

Wheeler, R. E., Davidson, R. J., & Tomarken, A. J. (1993). Frontal brain asymmetry and emotional reactivity: A biological substrate of affective style. *Psychophysiology*, *30*, 82–89.

Wolkind, S. N., Zajicek-Coleman, E., & Ghodsian, M. (1980). Continuities in maternal depression. *International Journal of Family Psychiatry*, *1*, 167–182.

Yakovlev, P. I., & LeCours, A.-R. (1967). The myelogenetic cycles of regional maturation of the brain. In A. Minkowski (Ed.), *Regional development of the brain in early life* (pp. 3–70). Oxford, UK: Blackwell Scientific.

Zeanah, C. H., Jr., Nelson, C. A., Fox, N. A., Smyke, A. T., Marshall, P., Parker, S. W., et al. (2003). Designing research to study the effects of institutionalization on brain and behavioral development: The Bucharest Early Intervention Project. *Development and Psychopathology*, *15*, 885–907.

第 4 章

婴儿期压力的神经生物学

安妮·里夫金-格拉博伊（Anne Rifkin-Graboi）
杰茜卡·L·博雷利（Jessica L. Borelli）
米歇尔·布斯克茨·恩洛（Michelle Bosquet Enlow）

59 婴儿期是对未来情绪、认知和生长轨迹相当重要的发育时期（Couperus & Nelson，2006），理解婴儿期压力的影响和重要性非常关键。这种理解有助于形成对个体机能更敏锐的洞察力——对婴儿期乃至以后的生命进程亦是如此。例如：理解婴儿期压力的重要性有助于解释，为什么看上去近期没有受到创伤甚至外部压力的年长儿童和成人，会呈现出“与压力相关的”行为、认知以及情绪困难。为此，本章集中探讨了四个问题，均与压力反应和应对的神经生物机制相关，并且尤其重视对婴儿期的探讨。

探讨的第一个问题就是神经回路如何应答急性压力。接下来我们探讨了组成婴儿压力源的经验类型以及婴儿如何应答这些经验。再次，我们探讨了遗传因素在压力反应性中的作用。最后，我们探讨了反复而慢性地暴露于压力源，如何形成随后的压力反应性以及独立于遗传因素的发育。

急性压力的神经回路应答

一些外周和中枢神经系统区域涉及对急性压力源的应答，区域间的协调程度与应答调整经常被看做是健康的指标（Bauer，Quas & Boyce，2002）。婴儿期，如同成人期一样，对压力应答的重要区域很可能包括神经系统两个主要区域的组成部分：外周神经系统（PNS）和中枢神经系统（CNS）。当婴儿遭遇外部威胁时，信息经由外周神经系统而传导，外周神经系统导致外周神经系统分支［即自主神经系统（ANS）］应答和中枢神经系统应答（参见 Breedlove，Rosenzweig & Watston，2007）。此时，很可能发生三种应对威
60 胁的神经生物学应答：ANS 交感—肾上腺髓质激活（sympathetic-adrenal medulla activation）；CNS 杏仁核—蓝斑激活（amygdale-locus coeruleus activation）；CNS 下丘脑激活，进而可立即导致 HPA 轴的兴奋。正常发育在影响这些系统功能的同时，还可能对导致神经激活与抑制的多重神经结构与神经传递产生影响。

发育对压力应答的影响

尽管婴儿与成人的压力反应性涉及的神经解剖区域可能是相似的，但区域的协调与调整在不同发育阶段可能会有差异。这种差异在一定程度上是由于其协调受环境影响支配，大量研究认为哺乳类幼崽间的协调最初形成于照顾。研究显示在啮齿类动物中，母亲可作为“调整者”，是由于母亲照顾与接触会影响生命基本状态（如体温）的调整，这种基本状态可能被分离和压力所影响（Hofer，2006）。人类也是如此，研究结果指出调控压力能力的获得是一个发展的过程，即从新生儿期对抚养人调控的完全依赖到婴儿期的双方调控再到学前的自我调控，期间，照顾越敏感越能促进理想压力调控能力的发展（Gunnar & Donzella，2002；Sroufe，Egeland，Carlson & Collins，2005）。

此外，应答程度和应答类型，可能不仅仅受刺激本身的性质影响，还受个体对刺激的理解所影响，这种理解又可能受自身先前经历影响（Lazarus & Folkman，1984）。总体来说，婴儿的压力经验历史相对较短；因此，在一定程度上，新生儿期压力反应更可能会被婴儿素质和其他个体特性（如气质）逐步驱动，而不是先前压力经验，然而在发育晚期，过去经验的影响可能更大。

此外，与记忆（如海马）、恐惧学习（如杏仁核）和推理（如前额皮质）意义建构相关脑区的调整，也可能与神经解剖学方面的原因不同。即，与这些过程相关的脑区会继续发展进入青春期甚至成年期（Toga，Thompson & Sowell，2006）。同样，许多这样的区域被性腺（gonadal）（如睾酮，testosterone）和脂肪（adipose）（如瘦素，leptin）激素（Herman et al.，2003；Walf & Frye，2006）影响，并且激素水平在不同发展阶段会发生变化。

总之，HPA 系统是一个涉及压力反应性的关键系统，发育神经生物学的标准变化对 HPA 系统特别重要。个体出生后不久，HPA 轴是高反应性的，意味着 HPA 应答很容易发生（Gunnar，Conners & Isensee，1989）。在婴儿晚期，个体经历了一段 HPA 低反应性的时期，意味着对刺激只有微弱的 HPA 应答发生。人类婴儿对 HPA 系统的抑制早在生命第二个月就开始了（Lewis &

Ramsay，1995），一直持续到第二年（Gunnar，Brodersen，Krueger & Rigatuso，1996）。因此，低反应性阶段压力应答的皮质醇未能增强，可能反映了HPA系统在那个发育阶段的不变性。

自主神经系统中交感神经系统的压力应答

如上所述，自主神经系统支配的压力反应是可预期的。在某些情况下，副交感神经分支系统可能经由迷走神经应答以降低觉醒（如减慢心率）（参见Porges，2003）。然而，更常见的是ANS的另一方面——交感神经—肾上腺髓质系统（SAM），经由向外周释放激素而增强觉醒。特别是，交感神经系统可以通过信号促使肾上腺髓质释放去甲肾上腺素和肾上腺素。由于这些激素的影响，SAM系统经常被认为是抵抗或逃避压力反应的决定者：这些激素增强了呼吸、心血管扩张
61 力、骨骼肌肉的血流量，同时抑制了营养性功能（如消化）。

自主神经系统还与另外两个系统频繁地进行有关压力应答的交互作用（即蓝斑—杏仁核系统和HPA轴）。经由外周神经系统向外周释放肾上腺素和去甲肾上腺素，可以作为信号，表明可导致中枢神经系统活动变化的生理状态（Ellis，Jackson & Boyce，2006；Porges，2003；Tsigos & Chrousos，2002）。同样，下丘脑和脑干等中枢神经系统区域也会影响交感神经系统（SNS；Diamond，Scheibel & Elson，1985）。

中枢神经系统蓝斑—杏仁核活动

中枢去甲肾上腺素由一个叫做蓝斑（locus coeruleus）的脑干区域释放。压力因素可导致蓝斑活动增强，继而可增强杏仁核中促肾上腺皮质激素释放素（CRF）神经细胞的激发率（Ellis et al.，2006；Porges，2003；Tsigos & Chrousos，2002）。这些CRF神经细胞，转而增强蓝斑去甲肾上腺素神经细胞的激发率，形成了蓝斑和杏仁核之间积极的反馈回路。

蓝斑—杏仁核回路可以影响HPA活动。例如，蓝斑对直接调节HPA活动的前额皮质有影响。此外，杏仁核一旦被激活，便可通过抑制下丘脑终纹床核的γ-氨基丁酸（GABA）神经细胞的抑制作用而增强HPA活动（Herman et al.，2003）。

HPA轴功能

对下丘脑的影响

在应答“反应压力”（即，引起生理变化的情况，如疼痛、中毒和心血管变化）时，“指挥”至室旁核的信号发生，杏仁核和前额皮质并非影响HPA活动所必需下丘脑区域（即，室旁核，PVN）的唯一部位。直接激活室旁核神经细胞的方式多种多样，包括：孤束核（nucleus of the solitary tract）释放去甲肾上腺素和肾上腺素；中缝核释放血清素（5-HT）；终纹床核释放CRF；下丘脑其他区域释放谷氨酸盐；丘脑释放多巴胺（DA）；通过血液和脑脊液的液体成分（如免疫因子和激素）激活等（Herman et al.，2003；见图4.1）。

此外，当其他区域应答“预期压力”（例如，如果不加制止，便可导致反应压力的状况，再如，遭遇掠夺者、好斗的同物种和风险环境）时，可能间接地给下丘脑发信号，间接输入还涉及海马和前额皮质。有趣的是，这些有代表性的区域，并不总是限制压力反应性。例如：海马本身从许多区域接收输入，可通过抑制区的“指挥”调节室旁核活动。另一个例子，前额皮质，从包括蓝斑、中缝核、丘脑以及多巴胺区域的多种区域接收输入，可通过激发抑制区和激活区来间接调节室旁核活动。不出意料，在众多预期区域间存在很多交互调节。前额皮质除了对杏仁核有影响，还和海马相互作用（Herman et al.，2003；Lovallo & Thomas，2000；见图4.1）。

最终，许多对室旁核激活很重要的区域，被皮质醇等肾上腺激素所影响，而皮质醇是HPA激活的最后一个产物。皮质醇是增强还是降低下丘脑活动取决于所涉及的结构。

下丘脑对脑垂体和肾上腺的影响

来自室旁核下丘脑神经细胞的CRF的释放，经常被认为是HPA轴活动的直接起始点。当促肾上腺皮质激素释放素被释放，并且占用垂体前叶受体时，一种术语叫促黑素细胞皮质素（POMC）的多肽被释放。大一些的肽被分割成更小的肽，其中，包括促肾上腺皮质激素（ACTH）。为应答ACTH，肾上腺释放了皮质类固醇等激素，包括盐皮质激素（如醛固酮）和糖皮质激素（如鼠类 62
中的皮质酮、人类中的皮质醇），以及性类固醇激素；然而，相比性激素，糖皮质激素应答更好。

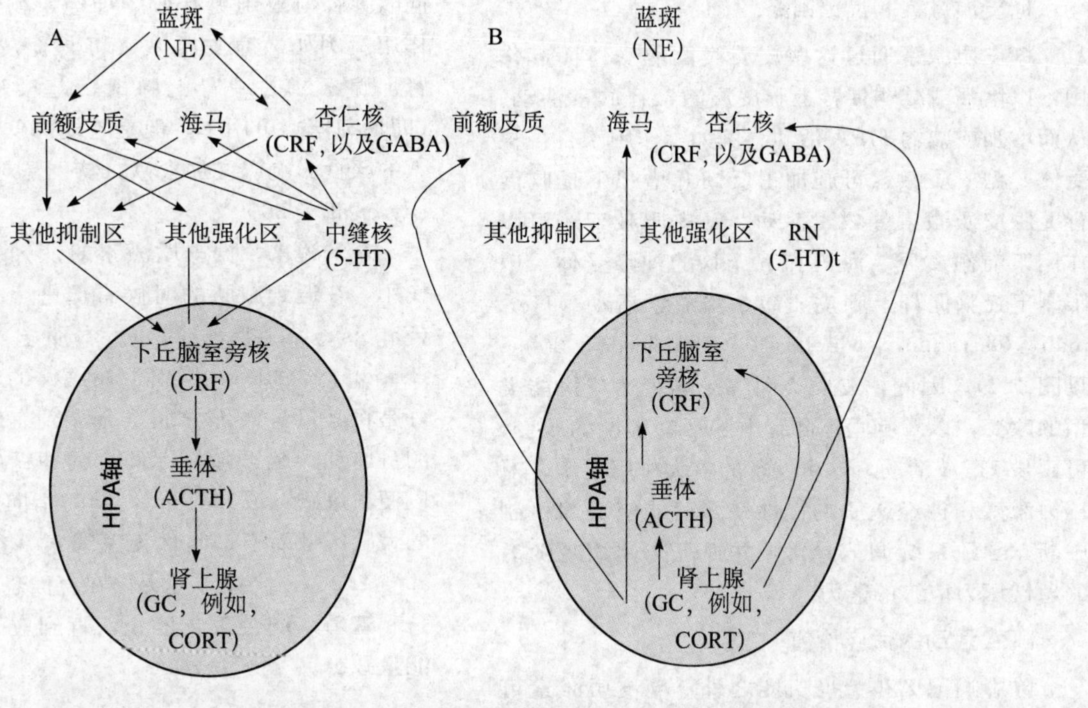

图 4.1　影响 HPA 轴活动（A）或者被 HPA 轴活动影响（B）的环路的部分图解

通路可能是抑制的也可能是兴奋的。HPA 轴在灰色圆圈中被描述。括号中的神经递质和激素包括：ACTH，促肾上腺皮质激素；NE，去甲肾上腺素；CORT，皮质醇；CRF，促肾上腺皮质激素释放激素；5-HT，血清素；GABA，γ-氨基丁酸；GC，糖皮质激素。在诸如前额皮质、海马和杏仁核这些区域之间还存在交叉效应。

有关婴儿和成人的大量研究已经提供了有关 HPA 轴压力应答功能的重要数据。数据显示，即使高峰应答时间存在 15～30 分钟不等的个体差异，在压力源开始的 20 分钟内，唾液中应答典型急性压力的糖皮质激素含量也明显达到高峰（Ramsay & Lewis，2003）。

此外，研究显示，皮质醇反应性被系统的昼夜变化所限制。加之对环境的应答，HPA 活动遵从着一种日常节律。一般而言，皮质醇水平在夜晚是最低的，在醒来 45 分钟内会增强。最初早晨的高峰过后，皮质醇水平将会更急剧地下降，随着时间的推移会继续下降，不过是以较低的速率进行。

糖皮质激素对神经受体的影响

释放后，皮质醇可能附着在蛋白质上（皮质醇结合球蛋白），只有解脱束缚（即不受约束）形式的皮质醇可以和受体相互作用，从而发挥作用。游离的皮质醇可以附着在盐皮质激素和糖皮质激素受体这两种皮质类固醇受体上。这两种类型的受体都存在于大脑中，但它们具有不同的功能和表达；与糖皮质激素受体相比，表达盐皮质激素受体的区域较少（de Kloet & Reul，1987）。糖皮质激素对盐皮质激素受体比对“本身的”糖皮质受体有更大的吸引力。因此，当只有少量糖皮质激素可利用时，多数糖皮质激素受体未被占用；但是当 HPA 活动活跃时，就会有更多的糖皮质激素受体被占用（de Kloet，Oitzl & Joels，1999）。 *63*

盐皮质激素和糖皮质激素受体占用之间的比率，可能影响心理、认知、行为和生物学领域中应激前和应激后的机能。例如，盐皮质激素占用有助于记忆形成和免疫机能，然而糖皮质激素受体激活会导致记忆能力和免疫抑制的增加（Sapolsky，Romero & Munck，2000）。

由于日常节律导致高水平的循环糖皮质激素在每天特定的时间出现，因此，在一天中的不同时间很可能有不同程度的盐皮质激素占用，对压力的急性应答也可能随着一天时间的不同而变化。即，给同一个体施加同一压力源，早晨（糖皮质激素水平相对高）得到的结果与下午（糖皮质激素水平相对低）不同，由于它会导致盐皮质激素—糖皮质激素占用的不同比率，进而导致不同的受体调节结果。

糖皮质激素和反馈回路

糖皮质激素通过这些皮质类固醇受体而起作用，以增强或减弱促肾上腺皮质激素释放素活动，从而增强或减弱 HPA 活动。例如，作用于杏仁核受体，糖皮质激素可施加正反馈并增强下丘脑促肾上腺皮质激素释放素活动。糖皮质激素还可以作用于前额皮质、海马和下丘脑的神经受体，以限制下丘脑促肾上腺皮质激素释放素活动（Herman，Ostrander，Mueller & Figueiredo，2005；见图 4.2）。因此，皮质类固醇受体表达与机能类型的改变，以及脑垂体和肾上腺活动程度的改变，可延长 HPA 活动。这个发现的重大作用在于，对压力激素和神经递质的慢性暴露可能使反馈机制中断，导致系统调节异常，并提高个体缩减随后的急性压力应答的能力。

HPA 活动的适应价值

除影响记忆和免疫机能之外，糖皮质激素可同时弥补与限制更有效的神经生物学压力应答的作用。例如：糖皮质激素可与促皮质素释放素、肾上腺素或去甲肾上腺素一起增强心率与能量（即葡萄糖）可用率，但是不能降低促皮质素释放素的厌食影响以增加食欲，特别是对糖类（Sapolsky et al.，2000）。

总的说来，糖皮质激素对认知和生理过程的作用，在遇到威胁的时候有促进生存的适应价值（Sapolsky et al.，2000）。本质上，萨波尔斯基（Sapolsky，2004）指出，在这样的时期，个体最好是将其自身大部分能量分流到有助于直接生存的身体和大脑区域。因此，葡萄糖应该指向肌肉以便"逃跑"或"战斗"，同时指向用于处理威胁的大脑区域而不是回忆无关线索（参见 Lupien et al.，2006）。同样，他提出在直面恐惧的时候，生长和繁殖系统会逐步停止，直到应答风险所需的能量减少。

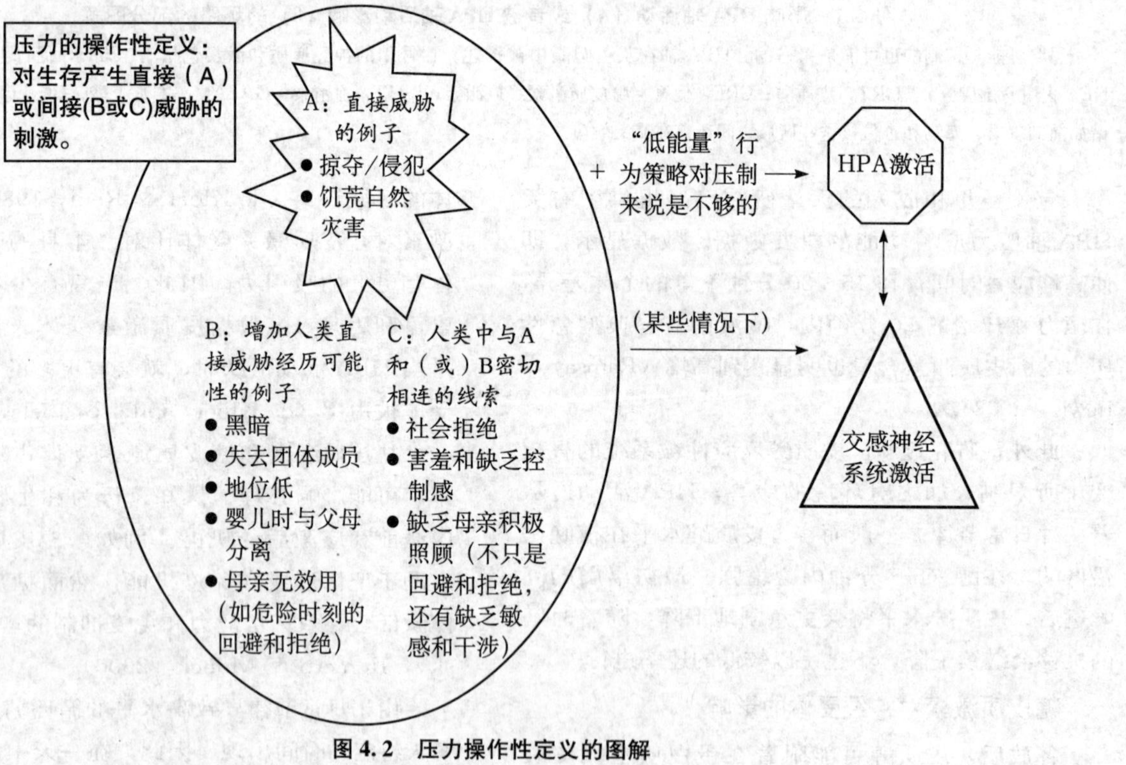

图 4.2 压力操作性定义的图解

个体或物种水平上直接和可能的威胁被认为是导致行为和内分泌反应的"压力源"。

婴儿期的压力经验/应答

界定压力

近几年出现了有关压力种类的一些观点（Lazarus & Folkman，1984；Mason，1968；Selye，1956）。其中，约翰·鲍尔比（例如，John

Bowlby，1969）和米歇尔·米尼及其同事（例如，Cameron et al.，2005），广泛采取了以构成压力 64 的各种情境类型为基础的系统发生法。即，我们不仅考虑直接的威胁，而且考虑可能与物种进化历史这样的事件相关联的情境与线索（见图 4.2）。因此，我们得出潜在压力源的三种类别：直接威胁、间接威胁和与威胁相关的可靠线索。

迪克森和凯梅尼（Dickerson & Kemeny，2004）最近一篇元分析综述的研究结果验证了进化的重要性，他们证明了一种基于进化观点的假设，这种假设可以解释为什么一些实验范式产生的 HPA 活动比其他范式更可靠。他们证明了作为社会灵长类动物，我们依赖群体成员来生存和繁殖，首要是对经常伴随对群体成员资格（如摒弃）和地位（如失败；参见 Sapolsky，1990，2004）的威胁而出现的感觉的敏锐觉察，而且当我们预感或觉察到拒绝和失败时，我们可能同样预感到需要额外的能量（如由皮质醇而来的葡萄糖）以改变状况。不出所料，他们通过一系列研究发现，包含社会拒绝和可能丧失可靠地位的实验环境，导致成熟人类皮质醇增加。同样地，其他范式作为婴儿期和童年早期 HPA 激活的诱因，缺乏可操纵性（Lewis & Ramsay，2005；Luby et al.，2003）。

直接威胁及其结果

自然灾害与极端事件

自然灾害属于对生存的直接威胁，但是研究 65 第一次遭遇自然灾害时的反应极其困难。在行为学水平上，也许自然灾害同其他压力因素一样，人类婴儿面对这类情况，可能倾向于首先寻找主要抚养人（Bowlby，1969；Suomi，1999）。这可能是由于人类婴儿相当无助，父母保护则提供给他们更多的生存机会。换句话说，在面对威胁时，婴儿可能有倾向性地进行回应，麦克尤恩（McEwen）及其同事（例如，Lupien et al.，2006）将寻找母亲称为低成本行为策略，但即使在最初遭遇极端环境时，仍旧可能出现高成本激素应答（例如，儿茶酚胺与促肾上腺皮质激素释放素增加）（Heim，Newport et al.，2000）。

由于婴儿特别依赖抚养人调整其压力反应，因此婴儿对极端环境创伤的应答受到其抚养人应答的高度影响。抚养人自身的创伤压力应答，可能阻碍其为婴儿提供敏感照顾并处理婴儿压力。研究发现，若父母创伤症状高度同现，年幼儿童就会表现出创伤症状（“与创伤后精神紧张性精神障碍相关”），这是由于儿童自我调节能力方面缺乏父母管理（如退缩、过度保护）造成的，特别是在儿童特别依赖父母管理的发育期（Bogat，DeJonghe，Levendosky，Davidson & von Eye，2006；Scheeringa & Zeanah，2001）。在这种情况下，创伤经历后的高成本激素应答尤其可能会表现出好的结果。

虐待

此外，高成本激素应答可能会出现在来自父母威胁的情境中。像自然灾害一样，虐待也属于对生存的直接威胁。然而，对虐待的应答，由于父母也是威胁的来源，所以其处理行为不太可能会终止威胁。因此，高成本激素应答或许可能像低成本处理策略一样，会增加而非减少威胁。这个观点与依恋研究者表达的观点一致，这些依恋研究者认为婴儿“紊乱依恋行为”是父母恐惧时引起的自相矛盾的产物。换句话说，就是婴儿被相互矛盾的倾向所影响：远离恐惧来源的驱力（即令人恐惧的父母）和接近父母寻求保护的驱力（Main & Hesse，1990）。事实上，若父母有虐待行为，婴儿经常会同时表现出囊括了接近与逃避的障碍行为（van IJzendoorn，Schuengel & Bakermans-Kranenburg，1999）。此外，障碍婴儿对温和刺激会表现出激素应答延迟，这或许表明其缺乏低成本行为的替代选择（Spangler & Grossmann，1993）。

即将发生的威胁及其结果

与直接威胁一样，面对即将发生的威胁，婴儿可能有倾向性地去寻找主要抚养人（Bowlby，1969）。鲍尔比认为人类婴儿可能会将各种刺激当作即将发生的威胁的线索或“面对风险的自然线索”，因为，在进化历史中，它们与掠夺可能性增加等危险情境有关。预示即将发生威胁的情境的例子，包括新奇、陌生人接近和与抚养人分离。

环境的新奇性

鲍尔比认为环境的新奇性是一种“对风险的自然线索”。有趣的是，阿纳特及其同事（Ahnert，Gunnar，Lamb & Barthel，2004）最近注意到，在“学前适应”阶段，年幼儿童在抚养人在场的情况下接触教室，相比在熟悉的家庭环境中，表现出皮质醇的增加。作者认为皮质醇的明显增加，是由于在新奇环境中，面临着形成新的社会关系的挑战。

66 陌生人接近

鲍尔比还认为陌生人接近是另一种面对风险的自然线索。当考察24个月大的孩子对这种威胁的应答时，巴斯及其同事（Buss，Davidson，Kalin & Goldsmith，2004）认为，自由接近母亲的婴儿，比通过物理约束而禁止这样做的孩子，更少表现出有关HPA激活行为的影响（即僵硬和恐惧的行为；参见Gunnar & Vazquez，2006）。

分离

此外，鲍尔比指出与主要抚养人分离，特别是当分离发生在新奇环境中时，可能对人类儿童起到了风险的自然线索的作用。例如，由于地生灵长类动物的进化，分离导致绝食（一种逃避捕食的无能表现）等其他诸如此类的威胁，因此分离可能暗示着即将发生的风险。

在相对较短的分离期间，HPA应答可能由于婴儿寻找低成本解决方案的能力得以缓和。例如，冈纳和纳尔逊（Gunnar & Nelson，1994）发现，为应答与母亲分离，婴儿如果能利用与临时抚养人相互影响的机会，其皮质醇在一年内不会增加，而那些退缩的甚至是熟睡的婴儿，其皮质醇确实增加了（Gunnar，Larson，Hertsgaard，Harris & Brodersen，1992）。

长期分离中的低成本行为策略可能被限制（如分离中，婴儿不能接近父母），因此激素活动可能会增加。事实上，人类和非人灵长类婴儿会频繁地增加HPA激活以应答与母亲分离（Gunnar，Brodersen，Field，McCabe & Schneiderman，1992）。例如，去日托中心是让父母和婴儿分离的一种形式，研究者发现，日托中许多婴儿和学前儿童（Dettling，Parker，Lane，Sebanc & Gunnar，2000；Tout，de Haan，Campbell & Gunnar，1998；Watamura，Donzella，Alwin & Gunnar，2003；de Haan，Gunnar，Tout，Hart & Stansbury，1998）的皮质醇水平全天都较高。事实上，一项有关70个15个月大婴儿的最新研究（Ahnert et al.，2004）显示，与在家的情况相比，孩子离开母亲被留在日托的头两周，皮质醇水平会增长75%～100%。而且，研究者发现婴儿在长期分离中的皮质醇水平，比那些“适应日托”阶段观测的皮质醇水平要高。这些调查结果显示，至少对一些儿童来说，当唯一的显著威胁是环境新奇性和潜在的社会拒绝时，低成本策略可能是有效的，这与依旧存在母亲分离威胁的过渡阶段的情况相反。

与直接/即将发生的威胁相关的线索

如前所述，不可控性和失败的感觉可能充当了压力源，因为它们可能与团体成员减少和潜在的社会拒绝显著相关（Dickerson & Kemeny，2004）。同样，另一些线索可能与婴儿期直接的和即将发生的威胁显著相关。考虑到父母对婴儿保护的重要性，父母无效用、拒绝和忽视可能都与婴儿生存环境的微小挑战显著相关。此外，回溯人类历史，忽视和侵犯减少了父母照顾的机会，这表明发展中的儿童很可能面对严酷的环境，包括遭遇更多的直接环境威胁，如掠夺、抛弃、暴力和营养不良（参见Cameron et al.，2005）。

父母无效用、拒绝与忽视

与鲍尔比的观点一致，即在危险期间婴儿最佳的生存机会是寻求安全避难所或“依恋人物”，非理想教养的固定形式（如拒绝、忽视、退缩）由于在威胁时期父母无效用，可能暗示了生存机会的减 67
少（参见Bugental，Martorell & Barraza，2003）。在一项母亲压力对婴儿行为影响的模拟实验中，科恩和特罗尼克（Cohn & Tronick，1983）发现，当母亲与她们3个月大的孩子面对面交流到脸部开始停止交流的时候，婴儿出现焦虑和谨慎的反应——这种情形在母亲再次开始和孩子进行交流后，仍旧保留。此外，其他研究者（Haley & Stansbury，2003）发现当母亲与其5～6个月大的婴儿参与“静止面孔”程序时，婴儿表现出皮质醇和心率的升高。这些研究结果表明，父母情绪获得的中断可能对婴儿来说是一个威胁。

非最佳教养的其他形式

就像米尼及其同事（例如，Cameron et al.，2005）和本章节的评述，非最佳教养行为的其他形式，如无应答性、侵扰性、敌意或过度控制行为，可能被认为是压力因素，这是由于它们起了信号的作用，而这种信号与经历威胁的可能性是紧密联系的，其中威胁是作为日常生活一部分的。

同样地，尽管不同物种间表现出的行为形式不同，但在许多物种间都观察到教养行为模式与周围环境间的相互关系。比如猴子，在母亲—子代接触中的发展不适增加，与等级低（Nicolson，1987）和强迫分离（Sanchez et al.，2005）有关。而人类，非最佳母亲行为（Klebanov，Brooks-Gunn & Duncan，1994）和风险环境（如穷困、暴力）相关，事实上，社会经济地位越低，婴儿基础皮质醇水平越高（Wailoo et al.，2003）。

此外，不安全依恋与母亲压力都与非最佳教养方式（Field，Hernandez-Reif & Diego，2006；van IJzendoorn，1995）以及风险环境（Cutrona，Wallace & Wesner，2006；Fish，2004）相关。母亲压力与同时增加的基础皮质醇相关（Field，Healy，Goldstein & Perry，1988）就不足为奇了，表现出较高侵扰行为比率的抑郁母亲的婴儿，在6月大时，去甲肾上腺素、肾上腺素和多巴胺水平较高（Jones et al.，1997）。

个体/遗传对压力应答的影响

尽管考虑广泛的风险线索没有太大帮助，但不应忽略一些数据，这些数据可以证明个体在察觉和应答威胁的程度上的变化。在某些情况下，HPA活动与环境显著不匹配（例如，在物质生活使多数人感到焦虑的情况下，活动性极其低）可能是涉及和预测其他神经生物学功能的来源（Buss et al.，2004；Keenan，Gunthorpe & Grace，2007）。

胎儿期的影响（Field，Diego & Hernandez-Reif，2006；Rieger et al.，2004；Wadhwa，2005；Yehuda et al.，2005）、性别（Sanchez et al.，2005；Stroud，Salovey & Epel，2002）和临床状态（Gunnar & Vazquez，2006）可能都会影响个体在压力应答中的变化。此外，很明显，遗传影响HPA应答、急性压力应答以及与慢性压力结果关系密切的休眠状态。其实现的部分灵感来自使用候选基因的工作，这种候选基因是与上述提到的神经回路相关的。而且，慢性压力与低皮质醇血症之间早期生命的关联——较低的HPA基础功能和较低的HPA反应性——也是原因之一。

候选基因与压力应答率

儿茶酚胺类

如上所述，儿茶酚胺去甲肾上腺素，和其他儿茶酚胺类如肾上腺素和多巴胺，可能直接或间接地促成促皮质素释放素的释放，从而，对生物
68 压力应答尤其重要。儿茶酚氧位甲基转移酶（COMT）对儿茶酚胺的分解很重要，最近发现COMT基因变异与成人对社会心理压力因素应答中等离子体肾上腺素有关（Jabbi et al.，2007）。尽管我们不知道有关儿童COMT的类似研究，但依恋研究者已经开始从遗传学角度考察其影响，是基于儿童与抚养人短暂实验分离时，应答的多巴胺功能差异来考察的。这里，聚酰胺受体机能形成较少与分离应答“紊乱”相关（Lakatos et al.，2002；Bakermans-Kranenburg & van IJzendoorn，2004），分离应答紊乱与增强的皮质醇水平有关（Hertsgaard，Gunnar，Erickson & Nachmias，1995；Spangler & Grossmann，1993；Spangler & Schieche，1998）。有趣的是，最新研究进一步发现，同样的多巴胺受体变异，可以允许婴儿逐渐接受这种可对分离进行应答的环境影响（van IJzendoorn & Bakermans-Kranenburg，2006）。

血清素

血清素功能可能影响对压力反应性的关键脑结构发育（Korte，Koolhaas，Wingfield & McEwen，2005）。此外，直接感觉到促皮质素释放素在广泛途径上的释放也是重要的。例如，它可影响与促皮质素释放素相关的区域，如杏仁核与下丘脑，它还可以影响诸如海马等倾向于抑制促皮质素释放素释放的区域。

血清素功能涉及的基因变异直接与环境相互作用，与自杀和抑郁（Caspi et al.，2003；Lemonde et al.，2003）相关，后者经常与长期生活压力有关（Goodman，2002）。特别是关于HPA轴，最终导致更低血清素水平的遗传变异，与增强的HPA反应性和经历早期剥夺的幼猴侵犯行为有关（Suomi，2006）。诸如此类的研究结果提出，不同遗传素质可能导致“逃跑”或“战斗”感受（Korte et al.，2005），以及“逃跑”行为的差异缺陷（Ellis，Jackson & Boyce，2006）与应答威胁的“战斗—逃跑”行为差异缺陷（Suomi，2006）。

γ-氨基丁酸

如上所述，γ-氨基丁酸可对下丘脑激活发挥重要的抑制作用，它可抑制下丘脑活动的抑制因子。如此，影响γ-氨基丁酸的遗传改造也可能影响压力反应性。尽管还没有人类婴儿γ-氨基丁酸受体基因变异的调查研究，但已有研究报告了成人γ-氨基丁酸多态性与HPA活动的关联分析（Uhart，McCaul，Oswald，Choi & Wand，2004）。

促肾上腺皮质激素释放素

促肾上腺皮质激素释放素是对蓝斑—杏仁核与HPA压力应答都尤其重要的神经递质。有趣的是，最近调查发现促肾上腺皮质激素释放素单体型（一套通用的变异）与行为抑制有关（Smoller et al.，2005），行为抑制长期被认为有遗传的因素，并且影响婴儿对分离的HPA应答（Nachmias，Gunnar，Mangelsdorf & Parritz，1996）。例如，临床上具有内在症状的儿童倾向于有较高的基础皮质醇（Kagan，Reznick & Snidman，1987）。男孩的害羞和内在压力（Dettling，Gunnar & Donzella，1999；Tout et al.，1998）、男孩和女孩的社会恐惧（Watamura et al.，2003）均与一天中皮质醇的快速增加有关（参见Vermeer & van IJzendoorn，2006）。相比而言，对15个月大的婴儿研究发现，抑郁婴儿不会表现出的典型行为，如愤怒倾向（van Bakel & Riksen-Walraven，
69 2002）、弱自我控制和侵犯，与升高的皮质醇有关（Dettling et al.，1999）。尽管如此，这些结果彼此之间可能并不存在差异：最新研究认为相对于外向型，当侵犯被放在第一位时，抑制与增强的皮质醇反应性相关（Gunnar，Sebanc，Tout，Donzella & van Dulmen，2003）。

尽管肾上腺皮质激素释放素单体型的功能意义并不明确，但斯莫勒及其同事（Smoller et al.，2005）推测，它有助于促肾上腺皮质激素释放素的释放并增强焦虑，这是经由杏仁核激活增强与海马内部血清素作用分解而实现的。

皮质类固醇受体

糖皮质激素，HPA轴的“最终产物”，也可通过反馈回路影响HPA活动与反应性。即，糖皮质激素可通过皮质类固醇受体增加或减少随后的HPA应答而起作用。皮质类固醇受体的遗传变异与基础（无负荷）皮质醇水平相关（Rosmond et al.，2000）。

遗传变异与HPA功能

压力产生HPA应答，就会导致HPA活动增强（而不是减弱），随后由于负反馈而造成中断。然而，由于慢性出现的压力激素和神经递质可削弱负反馈进程，当压力因素持续不断，普遍认为会导致低皮质醇血症（即无压力皮质醇水平提高与随之而来的HPA应答增强）。然而，身体可能继续适应，并且最终可能有一个向下调节，例如，对肾上腺受体的向下调节，导致低皮质醇血症。这种向下调节普遍在长期暴露后出现，且只在创伤过去之后（Heim，Ehlert & Hellhammer，2000）。

尽管如此，我们为何发现暴露于诸如体制化抚养、虐待、母亲感觉迟钝或自然灾害等情况下的年幼儿童患有低皮质醇血症（Gunnar & Vazquez，2006）？即使当压力因素（如寄居机构收容）终止时，其影响还是持续的，所以这段相对短的时间还是会受到压力影响。此外，在成人期，高对抗的低皮质醇血症可能被同时发生的心理病理学与人格因素所影响。而且，在发展研究中，内在障碍倾向于与高皮质醇血症相关，尽管两种条件都可能与过去不幸相关，外部障碍倾向于与低皮质醇血症相关。因此，这些发现证明了对基线以及反应的HPA活动的遗传感受性加以考量的重要性。

“战斗”或“逃跑”

一种HPA功能基线和反应差异的解释，涉及“战斗”与“逃跑”行为的差别感受性。科尔特及其同事（Korte et al.，2005）提出基因促成了个性的两种类型：“鹰”与“鸽子”。

鹰型的人比鸽型的人有更高水平的性（如睾丸）激素和更低水平的血清素。相应地，与血清素影响下丘脑肾上腺皮质激素释放素的观点一致，鹰型的人更可能有低水平的循环皮质类固醇。因此，即使在标准情况下，鹰型的人已占用的盐皮质激素受体水平也比鸽型的人更低。因此，鹰型的人第一次遭遇风险时，不太可能会表现僵硬行为，因为如果这样的话就需要盐皮质激素受体几乎完全被占用。然而，在这样的遭遇中，中枢和外周去甲肾上腺素可能会大量增加，但是很大程度上不会引起HPA应答。因为糖皮质激素对盐皮质激素受体的吸引力比对糖皮质激素受体更高，意味着即使如此温和的HPA反应性也只允许盐皮质激素受体增加占用，但是仍有少量的糖皮质激

素受体占用。因此，糖皮质激素—受体—调节行为不太可能发生，如恐惧调节，但是盐皮质激素—调节行为是可能发生的。例如，面对高水平的性激素，增加的盐皮质激素受体占用有望能允
70 许“战斗”行为，并且事实上，当个体经历急性血清素增加时（就像在面对压力时发生的一样），在血清素比较低的个体中可能会表现出攻击性。此外，对于慢性压力，鹰型的人可能会表现出过分侵略性（如显示外部障碍），并且表现出与慢性交感神经自主神经活动相关的状态（如心因性猝死、非典型抑郁等）。

相比而言，因为鸽型的人有增强的基础血清素功能，因此他们的海马生长可能会增强，并且由于海马涉及记忆形成，所以研究者进行了进一步探究。然而，由于鸽型的人相比鹰型的人有更高水平的基础糖皮质激素，所以鸽型的人的盐皮质激素在他们遭遇压力时更可能被全部占用。这种完全占用可能允许鸽型的人在第一次遭遇风险时就表现出冻结行为。而且，这意味着在一定程度上，由于高水平的血清素，鸽型的人可能也会用较高的 HPA 活动以应答风险。因此，糖皮质激素受体在遇到压力的时候可能也会被占用以促进恐惧调节。所以，当鸽型的人再次遭遇相似环境情况时，甚至当风险不再呈现时，他都可能出现冻结行为。此外，面对慢性压力，鸽型的人可能经历更高的糖皮质激素水平，并可能最终抑制皮质类固醇受体对刺激的反应，继而阻止负反馈。因此，下丘脑可能不会收到“负反馈”，压力应答可能会持续很久。最终，肾上腺皮质激素释放素活动的延缓可能导致杏仁核过度活动，海马和前额功能降低，以及与其有关的重度抑郁增强。海马树突重塑（树突长度和分支上的潜在可逆变化）以及神经元细胞死亡也可能发生。回顾前额皮质和海马的作用，从神经生物学角度看，这些变化可能进一步抑制负反馈。此外，由于海马和前额有助于高级加工，因此结构中的变化可能导致记忆和复杂推理上的难度增加。

因此，科尔特及其同事（Korte et al.，2005）的模型可以说明为什么一些生活在长期压力情境中的“鹰型的人”的孩子（如外部障碍高的孩子）显示出低水平的基础皮质醇及其反应性，然而生活在长期压力情境中的“鸽型的人”的孩子（如内部障碍高的孩子）倾向于显示出高水皮的基础皮质醇和皮质醇反应性。扩展科尔特及其同事（Korte et al.，2005）的模型，在有遗传倾向的鹰型的人中（相应开始了低 HPA 活动倾向生活），不间断的慢性压力可能导致外化行为，而不是正向调节 HPA 活动；在有遗传倾向的鸽型的人中（相应开始了高 HPA 活动倾向生活），不间断的慢性压力，至少是在最初时，可能正向调节 HPA 活动并引起高皮质醇血症和内化行为。

“逃跑”（和“战斗”）的感受性

博伊斯及其同事（Boyce & Ellis，2005；Ellis et al.，2006）发表了一系列相关的有趣论点。借鉴科尔特及其同事（Korte et al.，2005）的观点，博伊斯等同样提出有“鹰”和“鸽子”两种类型，每种压力调节策略有其本身的成本和收益。然而，鉴于科尔特及其同事提出导致两种不同压力应答的两种遗传属性。博伊斯及其同事指出，某些个体对环境比其他个体更敏感，且大多环境敏感的个体有可能和极端抚养环境的积极结果一样，遭受像鸽型一样的压力行为结果（Suomi，2006）。他们进一步提出，可能只有在长期适度的（而不是严格的）压力环境中，成为“鹰”类型的人才是最好的。

博伊斯及其同事（Boyce & Ellis，2005；Ellis et al.，2006）还指出，研究报告 HPA 活动水平与最佳结果关联中的明显冲突，可能是由于样本风险特性的差异所致。例如，当孩子从相对的
低风险组（即同时包含长期适度压力与优越培养 71
背景）离开，高反应性似乎与更多积极结果（如更少的外化行为）相关。相反，当高风险组的孩子与适度压力组的孩子比较时，高反应性可能与相对坏的结果相关，如焦虑和压力增加。

过去经历的影响

当然，不是所有对压力的应答都是一成不变的。当压力是反复的和长期的，个体对随后的压力应答与初次遭遇时会相当不同。事实上，反复和慢性压力可形成低成本（行为的）和高成本（激素的）应答的可能性，是通过风险的心理策略和解释的改变、神经环路的改变以及神经解剖学的变更而实现的。此外，这些效果可彼此相互作用。例如，神经生物学的变化可改变对认知和心理补偿的重要结构。随着时间推移，这些效果不仅影响心理机能和压力反应，而且影响身体健康。幸运的是，最新研究开始证明对起因于年幼儿童压力的心理和生物改变进行干预的潜在益处（Dozier，Peloso et al.，2006）。

威胁的心理策略与解释

临床医师和研究人员从不同理论角度出发，强调个体对急性压力因素的解释和反应上的过去经验的作用（Fonagy，Gergely，Jurist & Target，2002；Young，Weinberger，Beck & Barlow，2001）。例如，依恋研究者对儿童抚养经历影响其后来对压力的解释和应答的方式特别有兴趣。经历敏感照顾的婴儿对与其抚养人分离的反应，与经历拒绝、前后矛盾或令人恐惧的照料的婴儿不同。前者显示“安全的”应答模式。紧接着一个短暂的实验分离，安全型儿童在压力期间表现出婴儿的自然倾向：在对分离压力进行反应时，能接近抚养人，接着恢复到探索状态。相反，没有经历最佳照顾的婴儿会在重聚时逃避抚养人，对抚养人既依附又焦躁，表现平静或显得无组织性（Madigan et al.，2006；van IJzendoorn，1995）。就压力期间部分婴儿而言，这些变化的行为被理解为反应策略缺乏（Main，2000）。由于敏感型父母的婴儿已经开始期待舒适，他们使用也许是最低成本的行为策略，即抚养人处理，来应答分离。拒绝型父母的婴儿了解到，在防止更久的分离甚至抛弃时，情感最小化很重要；因此，当威胁不太严峻时（即短期分离），他们为了维持亲近而躲避父母（Main，1981）。前后矛盾型父母的婴儿显示出维持父母关注的极端痛苦。最后，令人恐惧型父母的婴儿可能被分离恐惧和父母恐惧联合击垮，从而，表现出紊乱行为（Hesse & Main，1999）。的确，大多数研究者指出这些策略是不受遗传因素支配的，是过去经验的产物，敏感的父母教养可以导致安全、拒绝回避，也可以导致矛盾情绪和对混乱的恐惧行为。

重要的是，接下来对实验室压力进行应答时，与安全型婴儿形成对照，无法使用最佳低成本行为策略的婴儿反而会显示出增强对压力的生理反应。实际上，斯潘格勒和格罗斯曼（Spangler & Grossman，1993）以及赫茨戈德等（Hertsgaard et al.，1995）已经报告了分离后与依恋相关的皮质醇差异。此外发现，安全依恋婴儿缓冲了对短暂实验分离（Spangler & Schieche，1998）、新奇环境（Nachmias et al.，1996）和接种（Gunnar，Brodersen，Nachmias，Buss & Rigatuso，1996）的皮质醇应答方面的行为抑制的影响，并且在年长儿童中，与影响自主神经系统活动的行为抑制相互作用（Stevenson-Hinde & Marshall，1999）。最后，在上述提及的过渡到日托中心学习（Ahnert et al.，2004）的过程中，依恋关系的质量可预测婴儿在适应阶段而不是分离阶段的皮质醇水平；就如同作者提到的，这些数据指出，安全型依恋儿童的母亲若在场则会帮助儿童处理面对同伴和新奇环境时的风险因素。

生物反应

除形成心理解释和反应外，过去经历还激活了涉及压力应答的神经回路。事实上，大多有关啮齿类动物的研究表明，长期 HPA 活动改变了神经回路，也改变了上述提到的利于持久且失调的鸽型应答压力的神经解剖学基础。

然而，很明显的是，在经过实验的啮齿类中，独立于遗传贡献而引起母亲照顾改变的实验操作，对形成压力应答发挥了深刻的作用。例如，以缺乏最佳母亲行为和母爱剥夺的形式经历早期压力的成年鼠，显示出神经递质与受体的改变，这些受体对各种涉及压力应答和心理健康的神经回路很重要，包括血清素、多巴胺和去甲肾上腺素机能（Brake，Zhang，Diorio，Meaney & Gratton，2004；Caldji，Francis，Sharma，Plotsky & Meaney，2000；Ladd，Owens & Nemeroff，1996；Liu et al.，1997；Vazquez，Lopez，Van Hoers，Watson & Levine，2000）。同样，在猴子的母婴接触中，被迫分离和发展不适模式以及其他形式的反复和慢性的早期生活压力（Pryce et al.，2005），影响了后来的压力应答（Sanchez et al.，2005）。尽管纵向人类研究还没有检验早期生活压力对成人的生物学影响，但已往研究已暗示了来自早期经历对成人反应的类似影响途径（Luecken，2000；Pruessner，Champagne，Meaney & Dagher，2004）。

至于与交感神经—肾上腺髓质系统相关的研究发现，几乎没有特别集中在早期生活压力影响和晚期肾上腺髓质输出方面的动物研究。尽管如此，最近研究提出，早期经历会以组织中的特殊途径影响外周去甲肾上腺素活动（Young，2000）。

对于与随后的蓝斑和杏仁核活动尤其相关的调查结果，早期生活压力可导致随后杏仁核和蓝斑中 γ-氨基丁酸受体表达减少，蓝斑中促肾上腺皮质激素释放素受体表达增多（Caldji et al.，2000），杏仁核信使 RNA 中促肾上腺皮质激素释放素表达增多（Plotsky et al.，2005）。

依据与随后HPA活动尤其相关的研究结果，早期生活压力与以下两点相关：一是影响下丘脑（Liu，Caldji，Sharma，Plotsky & Meancy，2000）的蓝斑细胞的改变，下丘脑信使RNA中增强的促肾上腺皮质激素释放素，使基础HPA水平与HPA应答增强；二是皮质类固醇受体在诸如海马等缩减压力反应的重要区域表达改变（Francis，Caldji，Champagne，Plotsky & Meaney，1999）。同样地，人类研究显示，婴儿期母亲抑郁的儿童和没有接受最佳照顾的婴儿显示出增强的HPA反应性（Ashman，Dawson，Panagiotides，Yamada & Wilkinson，2002）。此外，越来越多的研究团体调查了慢性压力对日常皮质醇水平的影响（参见Gunnar & Vazquez，2006）。例如，婴儿期寄养与儿童晚期非典型高和低的皮质醇水平相关（Dozier，Manni et al.，2006）。

神经解剖结构和机能

随着时间推移，对解释诸如压力的慢性HPA活动、伴随负反馈缺乏的神经回路敏感化等经历方面的心理偏差，可能会导致大脑结构的变化。这些变化可以通过细胞死亡（细胞凋亡）和对接
73 受信息（树突重塑）很重要的微观结构改变而发生（Korte et al.，2005；Saplosky & Steinberg，1999）。例如，海马是调节下丘脑活动的决策结构之一；此外，糖皮质激素可占用海马受体，以引起对随后下丘脑活动神经化学物质的限制，并且很可能间接地引起对蓝斑—杏仁核活动的神经化学物质的限制。因此，可能无法确定结构体积的减少，尽管近期研究显示，这种减少在某些情况下是可逆的（McEwen & Chattarji，2004）。

尽管压力对人类婴儿的影响还没有在如此复杂的神经生物学的微小方面被证明，但纵向研究已经证明，婴儿期的非最佳父母行为和母亲抑郁，与脑电功率（Dawson et al.，2003）和大脑半球单侧化（如增强的右侧额叶活动与减少的左侧额叶活动）（Jones，Field & Davalos，2000）的大脑活动改变有关。此外，继对啮齿类动物研究之后，有关人类婴儿模仿的新近研究（Hane & Fox，2006）发现，母亲照顾方面自然发生的变化预示了婴儿压力反应的个体差异并使右侧额叶脑电活动开始运转，但气质不能解释同时观察到的压力反应差异。

此外，尽管研究人员没有调查与母亲抑郁有关的比较敏感的母亲行为是否预示了大体的解剖变化，但是磁共振成像（MRI）技术表明与HPA活动变更相关的童年虐待，也同样与更精细的神经解剖结构相关，比如海马（Stein，Koverola，Hanna & Torchia，1997）和前额皮质（De Bellis et al.，2002）。不出意料的话，非最佳母亲照顾和母亲抑郁有时与可持续到青春期早期的认知困难相关，特别在注意和脉冲控制的领域，这本身暗示了额叶功能困难（Fearon & Belsky，2004；Hay et al.，2001；Kurstjens & Wolke，2001）。而且，母亲照顾和抑郁与贫乏的行为结果有关，其中在那些轻微受损的额叶机能中可能出现许多行为结果：包括求学困难（Hay et al.，2001）、内在和外在障碍（Dawson et al.，2003）与成年期抑郁（Bureau，Easterbrooks & Lyons-Ruth，2009）。

因此，似乎早期消极经历不只形成了解释和管理悲痛的心理策略，还影响了特定的执行这些复杂过程以及进一步限定蓝斑—杏仁核与HPA活动的必要结构。因此，与许多临床医师长期坚持的观点一致，研究指出生命早期对情绪、认知和生物范畴的困难的预防干预的重要性，所有这些都可能彼此间相互作用，以增强心理健康甚至身体健康方面障碍的易感性。

结论

婴儿期是与心理新经验和生物开放性相关的时期。事实上，正常发育的某些方面需要环境输入，然而在其他情况下，经验的变化可能形成随后的心理和生物过程。这样的适应性由于其科学的角度以及严肃的预防与解释的立场，而显得格外特别，因为它可能意味着在这段时期中存在许多正向的改变。

然而，由于婴儿与生俱来的心理和生物可塑性，也表明在这一时期中，极端的反复或慢性压力是特别有害的。尽管急性压力通过各种行为和激素应答较易管理，但是慢性压力则可能导致有害的心理、生物和认知的结果。因此，考虑到婴儿期显著压力的毕生影响的可能性，本章集中关注以下四点：神经生物学系统怎样应答压力；婴

儿期的压力有哪些，可能出现哪些神经生物学应
74 答；基因怎样影响压力应答；婴儿期经历的反复
和慢性压力是怎样形成随后的压力应答以及整体心理和身体健康的。就我们目前掌握相关知识的程度来说，我们建议尽早将压力神经生物学的相关知识彻底融入对年幼儿童及其父母的干预中。

参考文献

Ahnert, L., Gunnar, M. R., Lamb, M. E., & Barthel, M. (2004). Transition to child care: Associations with infant–mother attachment, infant negative emotion, and cortisol elevations. *Child Development*, *75*(3), 639–650.

Ashman, S. B., Dawson, G., Panagiotides, H., Yamada, E., & Wilkinson, C. W. (2002). Stress hormone levels of children of depressed mothers. *Development and Psychopathology*, *14*(2), 333–349.

Bakermans-Kranenburg, M. J., & van IJzendoorn, M. H. (2004). No association of the dopamine D4 receptor (DRD4) and -521 C/T promoter polymorphisms with infant attachment disorganization. *Attachment and Human Development*, *6*(3), 211–218.

Bartels, M., de Geus, E. J. C., Kirschbaum, C., Sluyter, F., & Boomsma, D. I. (2003). Heritability of daytime cortisol levels in children. *Behavior Genetics*, *33*(4), 421–433.

Bauer, A. M., Quas, J. A., & Boyce, W. T. (2002). Associations between physiological reactivity and children's behavior: Advantages of a multisystem approach. *Journal of Developmental and Behavioral Pediatrics*, *23*(2), 102–113.

Bogat, G. A., DeJonghe, E., Levendosky, A. A., Davidson, W. S., & von Eye, A. (2006). Trauma symptoms among infants exposed to intimate partner violence. *Child Abuse and Neglect*, *30*(2), 109–125.

Bokhorst, C. L., Bakermans-Kranenburg, M. J., Fearon, R. M. P., van IJzendoorn, M. H., Fonagy, P., & Schuengel, C. (2003). The importance of shared environment in mother–infant attachment security: A behavioral genetic study. *Child Development*, 74(6), 1769–1782.

Bowlby, J. (1969). *Attachment, separation, and loss* (Vol. 1). New York: Basic Books.

Boyce, W. T., & Ellis, B. J. (2005). Biological sensitivity to context: I. An evolutionary–developmental theory of the origins and functions of stress reactivity. *Development and Psychopathology*, *17*(2), 271–301.

Brake, W. G., Zhang, T. Y., Diorio, J., Meaney, M. J., & Gratton, A. (2004). Influence of early postnatal rearing conditions on mesocorticolimbic dopamine and behavioural responses to psychostimulants and stressors in adult rats. *European Journal of Neuroscience*, *19*(7), 1863–1874.

Breedlove, S. M., Rosenzweig, M. R., & Watston, N. V. (2007). *Biological psychology: An introduction to behavioral, cognitive, and clinical neuroscience* (5th ed.). Sunderland, MA: Sinauer Associates.

Buchanan, T. W., Kern, S., Allen, J. S., Tranel, D., & Kirschbaum, C. (2004). Circadian regulation of cortisol after hippocampal damage in humans. *Biological Psychiatry*, *56*(9), 651–656.

Bugental, D. B., Martorell, G. A., & Barraza, V. (2003). The hormonal costs of subtle forms of infant maltreatment. *Hormones and Behavior*, *43*(1), 237–244.

Bureau, J.-F., Easterbrooks, A., & Lyons-Ruth, K. (2009). Maternal depressive symptoms in infancy: Unique contribution to children's depressive symptoms in childhood and adolescence? *Development and Psychopathology, 21*, 519–537.

Buss, K. A., Davidson, R. J., Kalin, N. H., & Goldsmith, H. H. (2004). Context-specific freezing and associated physiological reactivity as a dysregulated fear response. *Developmental Psychology*, *40*(4), 583–594.

Caldji, C., Francis, D., Sharma, S., Plotsky, P. M., & Meaney, M. J. (2000). The effects of early rearing environment on the development of GABA-sub(A) and central benzodiazepine receptor levels and novelty-induced fearfulness in the rat. *Neuropsychopharmacology*, *22*(3), 219–229.

Cameron, N. M., Champagne, F. A., Parent, C., Fish, E. W., Ozaki-Kuroda, K., & Meaney, M. J. (2005). The programming of individual differences in defensive responses and reproductive strategies in the rat through variations in maternal care. *Neuroscience and Biobehavioral Reviews*, *29*(4), 843–865.

Caspi, A., Sugden, K., Moffitt, T. E., Taylor, A., Craig, I. W., Harrington, H., et al. (2003). Influence of life stress on depression: Moderation by a polymorphism in the 5-HTT gene. *Science*, *301*(5631), 386–389.

Coe, C. L., Kramer, M., Czeh, B., Gould, E., Reeves, A. J., Kirschbaum, C., et al. (2003). Prenatal stress diminishes neurogenesis in the dentate gyrus of juvenile rhesus monkeys. *Biological Psychiatry*, *54*(10), 1025–1034.

Cohn, J. F., & Tronick, E. Z. (1983). Three-month-old infants' reaction to simulated maternal depression. *Child Development*, *54*(1), 185–193.

Couperus, J. W., & Nelson, C. A. (2006). Early brain development and plasticity. In K. McCartney & D. Phillips (Eds.), *Blackwell handbook of early childhood development* (pp. 85–105). Malden, Ma: Blackwell.

Cutrona, C. E., Wallace, G., & Wesner, K. A. (2006). Neighborhood characteristics and depression: An examination of stress processes. *Current Directions in Psychological Science*, *15*(4), 188–192.

Dawson, G., Ashman, S. B., Panagiotides, H., Hessl, D., Self, J., Yamada, E., et al. (2003). Preschool outcomes of children of depressed mothers: Role of maternal behavior, contextual risk, and children's brain activity. *Child Development*, 74(4), 1158–1175.

De Bellis, M. D., Keshavan, M. S., Shifflett, H., Iyengar, S., Beers, S. R., Hall, J., et al. (2002). Brain structures in pediatric maltreatment-related posttraumatic stress disorder: A socio-demographically matched study. *Biological Psychiatry*, 52(11), 1066–1078.

de Haan, M., Gunnar, M. R., Tout, K., Hart, J., & Stansbury, K. (1998). Familiar and novel contexts yield different associations between cortisol and behavior among 2-year-old children. *Developmental Psychobiological*, 33(1), 93–101.

de Kloet, E. R. (2003). Hormones, brain, and stress. *Endocrine Regulations*, 37, 51–68.

de Kloet, E. R., Oitzl, M. S., & Joels, M. (1999). Stress and cognition: Are corticosteroids good or bad guys? *Trends in Neurosciences*, 22(10), 422–426.

de Kloet, E. R., & Reul, J. M. (1987). Feedback action and tonic influence of corticosteroids on brain function: A concept arising from the heterogeneity of brain receptor systems. *Psychoneuroendocrinology*, 12(2), 83–105.

de Rijk, R., Wust, S., Meijer, O. C., Zennaro, M.-C., Federenko, I., Hellhammer, D. H., et al. (2007). A common polymorphism in the mineralocorticoid receptor modulates stress responsiveness. *Journal of Clinical Endocrinology and Metabolism*, 9(12), 5063–5089.

Dettling, A. C., Gunnar, M. R., & Donzella, B. (1999). Cortisol levels of young children in full-day childcare centers: Relations with age and temperament. *Psychoneuroendocrinology*, 24(5), 519–536.

Dettling, A. C., Parker, S. W., Lane, S., Sebanc, A., & Gunnar, M. R. (2000). Quality of care and temperament determine changes in cortisol concentrations over the day for young children in childcare. *Psychoneuroendocrinology*, 25(8), 819–836.

de Weerth, C., Zijl, R. H., & Buitelaar, J. K. (2003). Development of cortisol circadian rhythm in infancy. *Early Human Development*, 73(1), 39–52.

Diamond, M. C., Scheibel, A. B., & Elson, L. M. (1985). *The human brain coloring book*. New York: Harper Perennial.

Dickerson, S. S., & Kemeny, M. E. (2004). Acute stressors and cortisol responses: A theoretical integration and synthesis of laboratory research. *Psychological Bulletin*, 130(3), 355–391.

Dozier, M., Manni, M., Gordon, M. K., Peloso, E., Gunnar, M. R., Stovall-McClough, K. C., et al. (2006). Foster children's diurnal production of cortisol: An exploratory study. *Child Maltreatment*, 11(2), 189–197.

Dozier, M., Peloso, E., Lindheim, O., Gordon, M. K., Manni, M., Sepulveda, S., et al. (2006). Developing evidence-based interventions for foster children: An example of a randomized clinical trial with infants and toddlers. *Journal of Social Issues*, 62(4), 767–785.

Ellis, B. J., Jackson, J. J., & Boyce, W. T. (2006). The stress response systems: Universality and adaptive individual differences. *Developmental Review*, 26(2), 175–212.

Fearon, R. M. P., & Belsky, J. (2004). Attachment and attention: Protection in relation to gender and cumulative social-contextual adversity. *Child Development*, 75(6), 1677–1693.

Field, T., Diego, M., & Hernandez-Reif, M. (2006). Prenatal depression effects on the fetus and newborn: A review. *Infant Behavior and Development*, 29, 445–455.

Field, T., Healy, B., Goldstein, S., & Perry, S. (1988). Infants of depressed mothers show "depressed" behavior even with nondepressed adults. *Child Development*, 59(6), 1569–1579.

Field, T., Hernandez-Reif, M., & Diego, M. (2006). Intrusive and withdrawn depressed mothers and their infants. *Developmental Review*, 26(1), 15–30.

Fish, M. (2004). Attachment in infancy and preschool in low socioeconomic status rural Appalachian children: Stability and change and relations to preschool and kindergarten competence. *Development and Psychopathology*, 16(2), 293–312.

Fonagy, P., Gergely, G., Jurist, E. L., & Target, M. (2002). *Affect regulation, mentalization, and the development of the self*. New York: Other Press.

Francis, D. D., Caldji, C., Champagne, F., Plotsky, P. M., & Meaney, M. J. (1999). The role of corticotropin-releasing factor–norepinephrine systems in mediating the effects of early experience on the development of behavioral and endocrine responses to stress. *Biological Psychiatry*, 46(9), 1153–1166.

Glover, D. A., Stuber, M., & Poland, R. E. (2006). Allostatic load in women with and without PTSD symptoms. *Psychiatry: Interpersonal and Biological Processes*, 69(3), 191–203.

Goodman, S. H. (2002). Depression and early adverse experiences. In I. H. Gotlib & C. Hammen (Eds.), *Handbook of depression* (pp. 245–267). New York: Guilford Press.

Gunnar, M. R., Brodersen, L., Field, T. M., McCabe, P. M., & Schneiderman, N. (1992). Infant stress reactions to brief maternal separations in human and nonhuman primates. In T. M. Field, P. M. McCabe, & N. Schneiderman (Eds.), *Stress and coping in infancy and childhood* (pp. 1–18). Hillsdale, NJ: Erlbaum.

Gunnar, M. R., Brodersen, L., Krueger, K., & Rigatuso, J. (1996). Dampening of adrenocortical responses during infancy: Normative changes and individual differences. *Child Development*, 67(3), 877–889.

Gunnar, M. R., Brodersen, L., Nachmias, M., Buss, K., & Rigatuso, J. (1996). Stress reactivity and attachment security. *Developmental Psychobiology*, 29(3), 191–204.

Gunnar, M. R., Connors, J., & Isensee, J. (1989). Lack of stability in neonatal adrenocortical reactivity because of rapid habituation of the adrenocortical response. *Developmental Psychobiology*, *22*(3), 221–233.

Gunnar, M. R., & Donzella, B. (2002). Social regulation of the cortisol levels in early human development. *Psychoneuroendocrinology*, *27*(1), 199–220.

Gunnar, M. R., Larson, M. C., Hertsgaard, L., Harris, M. L., & Brodersen, L. (1992). The stressfulness of separation among nine-month-old infants: Effects of social context variables and infant temperament. *Child Development*, *63*(2), 290–303.

Gunnar, M. R., & Nelson, C. A. (1994). Event-related potentials in year-old infants: Relations with emotionality and cortisol. *Child Development*, *65*(1), 80–94.

Gunnar, M. R., Sebanc, A. M., Tout, K., Donzella, B., & van Dulmen, M. M. H. (2003). Peer rejection, temperament, and cortisol activity in preschoolers. *Developmental Psychobiology*, *43*(4), 346–358.

Gunnar, M. R., & Vazquez, D. (2006). Stress neurobiology and developmental psychopathology. In D. Cicchetti & D. J. Cohen (Eds.), *Developmental psychopathology: Vol. 2. Developmental neuroscience* (2nd ed., pp. 533–577). New York: Wiley

Haley, D. W., & Stansbury, K. (2003). Infant stress and parent responsiveness: Regulation of physiology and behavior during still-face and reunion. *Child Development*, *74*(5), 1534–1546.

Hane, A. A., & Fox, N. A. (2006). Ordinary variations in maternal caregiving influence human infants' stress reactivity. *Psychological Science*, *17*(6), 550–556.

Hay, D. F., Pawlby, S., Sharp, D., Asten, P., Mills, A., & Kumar, R. (2001). Intellectual problems shown by 11-year-old children whose mothers had postnatal depression. *Journal of Child Psychology and Psychiatry*, *42*(7), 871–889.

Heim, C., Ehlert, U., & Hellhammer, D. H. (2000). The potential role of hypocortisolism in the pathophysiology of stress-related bodily disorders. *Psychoneuroendocrinology*, *25*(1), 1–35.

Heim, C., Newport, D. J., Heit, S., Graham, Y. P., Wilcox, M., Bonsall, R., et al. (2000). Pituitary–adrenal and autonomic responses to stress in women after sexual and physical abuse in childhood. *Journal of the American Medical Association*, *284*(5), 592–597.

Herman, J. P., Figueiredo, H., Mueller, N. K., Ulrich-Lai, Y., Ostrander, M. M., Choi, D. C., et al. (2003). Central mechanisms of stress integration: Hierarchical circuitry controlling hypotholamo–pituitary–adrenocortical responsiveness. *Frontiers in Neuroendocrinology*, *24*, 151–180.

Herman, J. P., Ostrander, M. M., Mueller, N. K., & Figueiredo, H. (2005). Limbic system mechanisms of stress regulation: Hypothalamic–pituitary–adrenocortical axis. *Progress in Neuro-Psychopharmacology and Biological Psychiatry*, *29*, 1201–1213.

Hertsgaard, L., Gunnar, M., Erickson, M. F., & Nachmias, M. (1995). Adrenocortical responses to the Strange Situation in infants with disorganized/disoriented attachment relationships. *Child Development*, *66*(4), 1100–1106.

Hesse, E., & Main, M. (1999). Second-generation effects of unresolved trauma in nonmaltreating parents: Dissociated, frightened, and threatening parental behavior. *Psychoanalytic Inquiry*, *19*(4), 481–540.

Hofer, M. A. (2006). Evolutionary basis of adaptation in resilience and vulnerability. *Annals of the New York Academy of Sciences*, *1094*, 259–262.

Jabbi, M., Kema, I. P., van der Pompe, G., Te Meerman, G. J., Ormel, J., & den Boer, J. A. (2007). Catechol-O-methyltransferase polymorphism and susceptibility to major depressive disorder modulates psychological stress response. *Psychiatric Genetics*, *17*(3), 183–193.

Jones, N. A., Field, T., & Davalos, M. (2000). Right frontal EEG asymmetry and lack of empathy in preschool children of depressed mothers. *Child Psychiatry and Human Development*, *30*(3), 189–204.

Jones, N. A., Field, T., Fox, N. A., Davalos, M., Malphurs, J., Carraway, K., et al. (1997). Infants of intrusive and withdrawn mothers. *Infant Behavior and Development*, *20*(2), 175–186.

Kagan, J., Reznick, J. S., & Snidman, N. (1987). The physiology and psychology of behavioral inhibition in children. *Child Development*, *58*(6), 1459–1473.

Keenan, K., Gunthorpe, D., & Grace, D. (2007). Parsing the relations between SES and stress reactivity: Examining individual differences in neonatal stress response. *Infant Behavior and Development*, *30*(1), 134–145.

Kirschbaum, C., & Hellhammer, D. H. (1989). Salivary cortisol in psychobiological research: An overview. *Neuropsychobiology*, *22*(3), 150–169.

Kirschbaum, C., & Hellhammer, D. H. (1994). Salivary cortisol in psychoneuroendocrine research: Recent developments and applications. *Psychoneuroendocrinology*, *19*(4), 313–333.

Klebanov, P. K., Brooks-Gunn, J., & Duncan, G. J. (1994). Does neighborhood and family poverty affect mothers' parenting, mental health, and social support? *Journal of Marriage and the Family*, *56*(2), 441–455.

Korte, S. M., Koolhaas, J. M., Wingfield, J. C., & McEwen, B. S. (2005). The Darwinian concept of stress: Benefits of allostasis and costs of allostatic load and the trade-offs in health and disease. *Neuroscience and Biobehavioral Reviews*, *29*(1), 3–38.

Kurstjens, S., & Wolke, D. (2001). Effects of maternal depression on cognitive development of children over the first 7 years of life. *Journal of Child Psychology and Psychiatry*, *42*(5), 623–636.

Ladd, C. O., Owens, M. J., & Nemeroff, C. B. (1996). Persistent changes in corticotropin-releasing factor neuronal systems induced by maternal deprivation. *Endocrinology*, *137*(4), 1212–1218.

Lakatos, K., Nemoda, Z., Toth, I., Ronai, Z., Ney, K., Sasvari-Szekely, M., et al. (2002). Further evidence for the role of the dopamine D4 receptor (DRD4) gene in attachment disorganization: Interaction of the exon III 48-bp repeat and the -521 C/T promoter polymorphisms. *Molecular Psychiatry*, *7*(1), 27–31.

Lazarus, R. S., & Folkman, S. (1984). *Stress, appraisal, and coping*. New York: Springer.

Lemonde, S., Turecki, G., Bakish, D., Du, L., Hrdina, P. D., Bown, C. D., et al. (2003). Impaired repression at a 5-hydroxytryptamine 1A receptor gene polymorphism associated with major depression and suicide. *Journal of Neuroscience*, *23*(25), 8788–8799.

Lewis, M., & Ramsay, D. S. (1995). Developmental change in infants' responses to stress. *Child Development*, *66*(3), 657–670.

Lewis, M., & Ramsay, D. S. (2005). Infant emotional and cortisol responses to goal blockage. *Child Development*, *76*(2), 518–530.

Liu, D., Caldji, C., Sharma, S., Plotsky, P. M., & Meaney, M. J. (2000). Influence of neonatal rearing conditions on stress-induced adrenocorticotropin responses and norepinepherine release in the hypothalamic paraventricular nucleus. *Journal of Neuroendocrinology*, *12*(1), 5–12.

Liu, D., Diorio, J., Day, J. C., Francis, D. D., & Meaney, M. J. (2000). Maternal care, hippocampal synaptogenesis, and cognitive development in rats. *Nature Neuroscience*, *3*(8), 799–806.

Liu, D., Diorio, J., Tannenbaum, B., Caldji, C., Francis, D., Freedman, A., et al. (1997). Maternal care, hippocampal glucocorticoid receptors, and hypothalamic–pituitary–adrenal responses to stress. *Science*, *277*(5332), 1659–1662.

Lovallo, W. R., & Thomas, T. L. (2000). Stress hormones in psychophysiological research: Emotional, behavioral, and cognitive implications. In J. T. Cacioppo, L. G. Tassinary, & G. G. Berntson (Eds.), *Handbook of psychophysiology* (2nd ed., pp. 342–367). New York: Cambridge University Press.

Luby, J. L., Heffelfinger, A., Mrakotsky, C., Brown, K., Hessler, M., & Spitznagel, E. (2003). Alterations in stress cortisol reactivity in depressed preschoolers relative to psychiatric and no-disorder comparison groups. *Archives of General Psychiatry*, *60*(12), 1248–1255.

Luecken, L. J. (2000). Parental caring and loss during childhood and adult cortisol responses to stress. *Psychology and Health*, *15*(6), 841–851.

Lupien, S. J., Ouellet-Morin, I., Hupbach, A., Tu, M. T., Buss, C., Walker, D., et al. (2006). Beyond the stress concept: Allostatic load—a developmental biological and cognitive perspective. In *Developmental psychopathology: Vol. 2. Developmental neuroscience* (2nd ed., pp. 578–628). New York: Wiley.

Madigan, S., Bakermans-Kranenburg, M. J., van IJzendoorn, M. H., Moran, G., Pederson, D. R., & Benoit, D. (2006). Unresolved states of mind, anomalous parental behavior, and disorganized attachment: A review and meta-analysis of a transmission gap. *Attachment and Human Development*, *8*(2), 89–111.

Maestripieri, D., Lindell, S. G., & Higley, J. D. (2007). Intergenerational transmission of maternal behavior in rhesus macaques and its underlying mechanisms. *Developmental Psychobiology*, *49*(2), 165–171.

Maestripieri, D., McCormack, K., Lindell, S. G., Higley, J. D., & Sanchez, M. M. (2006). Influence of parenting style on the offspring's behaviour and CSF monoamine metabolite levels in crossfostered and noncrossfostered female rhesus macaques. *Behavioural Brain Research*, *175*(1), 90–95.

Main, M. (1981). Avoidance in the service of attachment: A working paper. In K. Immelmans, G. Barlow, L. Petronovitch, & M. Main (Eds.), *Behavioral development: The Bielefeld interdisciplinary project* (pp. 651–693). New York: Cambridge University Press.

Main, M. (2000). The organized categories of infant, child, and adult attachment: Flexible vs. inflexible attention under attachment-related stress. *Journal of the American Psychoanalytic Association*, *48*(4), 1055–1096.

Main, M., & Hesse, E. (1990). Parents' unresolved traumatic experiences are related to infant disorganized attachment status: Is frightened and/or frightening parental behavior the linking mechanism? In M. T. Greenberg, D. Cicchetti, & E. M. Cummings (Eds.), *Attachment in the preschool years: Theory, research, and intervention* (pp. 161–182). Chicago: University of Chicago Press.

Main, M., Kaplan, N., & Cassidy, J. (1985). Security in infancy, childhood, and adulthood: A move to the level of representation. *Monographs of the Society for Research in Child Development*, *50*(1), 66–104.

Mason, J. W. (1968). A review of psychoendocrine research on the sympathetic–adrenal medullary system. *Psychosomatic Medicine*, *30*, 631–653.

McEwen, B. S., & Chattarji, S. (2004). Molecular mechanisms of neuroplasticity and pharmacological implications: The example of tianeptine. *European Neuropsychopharmacology*, *14*, S497–S502.

McEwen, B. S., & Seeman, T. (1999). Protective and damaging effects of mediators of stress: Elaborating and testing the concepts of allostasis and allostatic load. In N. E. Adler, M. Marmot, B. S. McEwen, & J. Stewart (Eds.), *Socioeconomic status and health in industrial nations: Social, psychological, and biological pathways* (pp. 30–47). New York: New York Academy of Sciences.

McEwen, B. S., & Wingfield, J. C. (2003). The concept of allostasis in biology and biomedicine. *Hormones and Behavior*, *43*(1), 2–15.

Meaney, M. J. (2001). Maternal care, gene expression, and the transmission of individual differences in stress reactivity across generations. *Annual Review of Neuroscience*, *24*, 1161–1192.

Miller, G. E., Chen, E., & Zhou, E. S. (2007). If it goes up, must it come down?: Chronic stress and the hypothalamic–pituitary–adrenocortical axis in humans. *Psychological Bulletin*, *133*(1), 25–45.

Nachmias, M., Gunnar, M., Mangelsdorf, S., & Parritz, R. H. (1996). Behavioral inhibition and stress reactivity: The moderating role of attachment security. *Child Development*, *67*(2), 508–522.

Nicolson, N. A. (1987). Infants, mothers, and other females. In B. B. Smuts, D. L. Cheney, R. M. Seyfarth, R. W. Wrangham, & T. T. Struhsaker (Eds.), *Primate societies* (pp. 330–342). Chicago: University of Chicago Press.

Plotsky, P. M., Thrivikraman, K. V., Nemeroff, C. B., Caldji, C., Sharma, S., & Meaney, M. J. (2005). Long-term consequences of neonatal rearing on central corticotropin-releasing factor systems in adult male rat offspring. *Neuropsychopharmacology*, *30*(12), 2192–2204.

Polan, H. J., & Hofer, M. A. (1999). Psychobiological origins of infant attachment and separation responses. In J. Cassidy & P. R. Shaver (Eds.), *Handbook of attachment: Theory, research, and clinical applications* (pp. 162–180). New York: Guilford Press.

Porges, S. W. (2003). The polyvagal theory: Phylogenetic contributions to social behavior. *Physiology and Behavior*, *79*(3), 503–513.

Pruessner, J. C., Champagne, F., Meaney, M. J., & Dagher, A. (2004). Dopamine release in response to a psychological stress in humans and its relationship to early life maternal care: A positron emission tomography study using [^{11}C] raclopride. *Journal of Neuroscience*, *24*(11), 2825–2831.

Pryce, C. R., Ruedi-Bettschen, D., Dettling, A. C., Weston, A., Russig, H., Ferger, B., et al. (2005). Long-term effects of early-life environmental manipulations in rodents and primates: Potential animal models in depression research. *Neuroscience and Biobehavioral Reviews*, *29*(4), 649–674.

Ramsay, D. S., & Lewis, M. (2003). Reactivity and regulation in cortisol and behavioral responses to stress. *Child Development*, *74*(2), 456–464.

Rieger, M., Pirke, K. M., Buske-Kirschbaum, A., Wurmser, H., Papoušek, M., & Hellhammer, D. H. (2004). Influence of stress during pregnancy on HPA activity and neonatal behavior. *Annals of the New York Academy of Sciences*, *1032*, 228–230.

Rosmond, R., Chagnon, Y. C., Holm, G., Chagnon, M., Perusse, L., Lindell, K., et al. (2000). A glucocorticoid receptor gene marker is associated with abdominal obesity, leptin, and dysregulation of the hypothalamic–pituitary–adrenal axis. *Obesity Research*, *8*(3), 211–218.

Sanchez, M. M., Noble, P. M., Lyon, C. K., Plotsky, P. M., Davis, M., Nemeroff, C. B., et al. (2005). Alterations in diurnal cortisol rhythm and acoustic startle response in nonhuman primates with adverse rearing. *Biological Psychiatry*, *57*(4), 373–381.

Sapolsky, R. M. (1990). Adrenocortical function, social rank, and personality among wild baboons. *Biological Psychiatry*, *28*(10), 862–878.

Sapolsky, R. M. (2004). Social status and health in humans and other animals. *Annual Review of Anthropology*, *33*, 393–418.

Sapolsky, R. M., Romero, M., & Munck, A. (2000). How do glucocorticoids influence stress responses?: Integrating permissive, suppressive, stimulatory, and preparative actions. *Endocrine Reviews*, *21*, 55–89.

Sapolsky, R. M., & Steinberg, G. K. (1999). Gene therapy using viral vectors for acute neurologic insults. *Neurology*, *53*(9), 1922–1931.

Scheeringa, M. S., & Zeanah, C. H. (2001). A relational perspective on PTSD in early childhood. *Journal of Traumatic Stress*, *14*(4), 799–815.

Seeman, T. E., McEwen, B. S., Rowe, J. W., & Singer, B. H. (2001). Allostatic load as a marker of cumulative biological risk: MacArthur studies of successful aging. *Proceedings of the National Academy of Sciences USA*, *98*(8), 4770–4775.

Selye, H. (1956). Stress and psychiatry. *American Journal of Psychiatry*, *113*, 423–427.

Smoller, J. W., Yamaki, L. H., Fagerness, J. A., Biederman, J., Racette, S., Laird, N. M., et al. (2005). The corticotropin-releasing hormone gene and behavioral inhibition in children at risk for panic disorder. *Biological Psychiatry*, *57*(12), 1485–1492.

Spangler, G., & Grossmann, K. E. (1993). Biobehavioral organization in securely and insecurely attached infants. *Child Development*, *64*(5), 1439–1450.

Spangler, G., & Schieche, M. (1998). Emotional and adrenocortical responses of infants to the Strange Situation: The differential function of emotional expression. *International Journal of Behavioral Development*, *22*(4), 681–706.

Sroufe, L. A., Egeland, B., Carlson, E. A., & Collins, W. A. (2005). *The development of the person: The Minnesota study of risk and adaptation from birth to adulthood*. New York: Guilford Press.

Stein, M. B., Koverola, C., Hanna, C., & Torchia, M. G. (1997). Hippocampal volume in women victimized by childhood sexual abuse. *Psychological Medicine*, *27*(4), 951–959.

Stevenson-Hinde, J., & Marshall, P. J. (1999). Behavioral inhibition, heart period, and respiratory sinus arrhythmia: An attachment perspective. *Child Development*, *70*(4), 805–816.

Stroud, L. R., Salovey, P., & Epel, E. S. (2002). Sex differences in stress responses: Social rejection versus achievement stress. *Biological Psychiatry*, *52*(4), 318–327.

Suomi, S. J. (1999). Attachment in rhesus monkeys. In J. Cassidy & P. R. Shaver (Eds.), *Handbook of attachment: Theory, research, and clinical applications* (pp. 181–197). New York: Guilford Press.

Suomi, S. J. (2006). Risk, resilience, and gene × environment interactions in rhesus monkeys. *Annals of the New York Academy of Sciences*, *1094*, 52–62.

Toga, A. W., Thompson, P. M., & Sowell, E. R. (2006). Mapping brain maturation. *Trends in Neurosciences*, *29*(3), 148–159.

Tout, K., de Haan, M., Campbell, E. K., & Gunnar, M. R. (1998). Social behavior correlates of cortisol activity in child care: Gender differences and time-of-day effects. *Child Development*, *69*(5), 1247–1262.

Tsigos, C., & Chrousos, G. P. (2002). Hypothalamic–pituitary–adrenal axis, neuroendocrine factors and stress. *Journal of Psychosomatic Research*, *53*(4), 865–871.

Uhart, M., McCaul, M. E., Oswald, L. M., Choi, L., & Wand, G. S. (2004). GABRA6 gene polymorphism and an attenuated stress response. *Molecular Psychiatry*, *9*(11), 998–1006.

van Bakel, H. J. A., & Riksen-Walraven, J. M. (2002). Parenting and development of one-year-olds: Links with parental, contextual, and child characteristics. *Child Development*, *73*(1), 256–273.

van IJzendoorn, M. H. (1995). Adult attachment representations, parental responsiveness, and infant attachment: A meta-analysis on the predictive validity of the Adult Attachment Interview. *Psychological Bulletin*, *117*(3), 387–403.

van IJzendoorn, M. H., & Bakermans-Kranenburg, M. J. (2006). DRD47-repeat polymorphism moderates the association between maternal unresolved loss or trauma and infant disorganization. *Attachment and Human Development*, *8*(4), 291–307.

van IJzendoorn, M. H., Schuengel, C., & Bakermans-Kranenburg, M. J. (1999). Disorganized attachment in early childhood: Meta-analysis of precursors, concomitants, and sequelae. *Development and Psychopathology*, *11*(2), 225–249.

Vazquez, D. M., Lopez, J. F., Van Hoers, H., Watson, S. J., & Levine, S. (2000). Maternal deprivation regulates serotonin 1A and 2A receptors in the infant rat. *Brain Research*, *855*(1), 76–82.

Vermeer, H. J., & van IJzendoorn, M. H. (2006). Children's elevated cortisol levels at daycare: A review and meta-analysis. *Early Childhood Research Quarterly*, *21*(3), 390–401.

Wadhwa, P. D. (2005). Psychoneuroendocrine processes in human pregnancy influence fetal development and health. *Psychoneuroendocrinology*, *30*(8), 724–743.

Wailoo, M. P., Westaway, J. A., Joseph, D., Petersen, S. A., Davies, T., & Thompson, J. R. (2003). Overnight deep body temperature and urinary cortisol excretion in infants from economically deprived areas. *Child: Care, Health, and Development*, *29*(6), 473–480.

Walf, A., & Frye, C. (2006). A review and update of mechanisms of estrogen in the hippocampus and amygdala for anxiety and depression behavior. *Neuropsychopharmacology*, *31*(6), 1097–1111.

Watamura, S. E., Donzella, B., Alwin, J., & Gunnar, M. R. (2003). Morning-to-afternoon increases in cortisol concentrations for infants and toddlers at child care: Age differences and behavioral correlates. *Child Development*, *74*(4), 1006–1020.

Weaver, I. C. G., Champagne, F. A., Brown, S. E., Dymov, S., Sharma, S., Meaney, M. J., et al. (2005). Reversal of maternal programming of stress responses in adult offspring through methyl supplementation: Altering epigenetic marking later in life. *Journal of Neuroscience*, *25*(47), 11045–11054.

Wust, S., Van Rossum, E. F., Federenko, I. S., Koper, J. W., Kumsta, R., & Hellhammer, D. H. (2004). Common polymorphisms in the glucocorticoid receptor gene are associated with adrenocortical responses to psychosocial stress. *Journal of Clinical Endocrinology and Metabolism*, *89*(2), 565–573.

Yehuda, R., Engle, S. M., Brand, S. R., Seckl, J., Marcus, S. M., & Berkowitz, G. S. (2005). Transgenerational effects of posttraumatic stress disorder in babies of mothers exposed to the World Trade Center attacks during pregnancy. *Journal of Clinical Endocrinology and Metabolism*, *90*(7), 4115–4118.

Young, J. B. (2000). Effects of neonatal handling on sympathoadrenal activity and body composition in adult male rats. *American Journal of Physiology: Regulatory, Integrative, and Comparative Physiology*, *279*(5), R1745–R1752.

Young, J. E., Weinberger, A. D., Beck, A. T., & Barlow, D. H. (2001). Cognitive therapy for depression. In D. H. Barlow (Ed.), *Clinical handbook of psychological disorders: A step-by-step treatment manual* (3rd ed., pp. 264–308). New York: Guilford Press.

Zaharia, M. D., Kulczycki, J., Shanks, N., Meaney, M. J., & Anisman, H. (1996). The effects of early postnatal stimulation on Morris water-maze acquisition in adult mice: Genetic and maternal factors. *Psychopharmacology (Berl)*, *128*(3), 227–239.

第 5 章

婴儿社会性与情绪发展

形成于关系情境中的能力

凯瑟琳·L·罗森布拉姆（Katherine L. Rosenblum）
卡罗琳·J·戴顿（Carolyn J. Dayton）
玛丽亚·穆齐克（Maria Muzik）

80 对父母来说，孩子 1 岁以后的社会性与情绪行为相比其他发展变化要更加明显。他们会热切期望孩子第一次社会性微笑的出现，并开始由于不知其为何哭而担忧。父母对孩子个性的早期描述主要就是使用与情绪和社会性相关的词语：“他真是一个快乐的宝宝”，“他实在是太腼腆了”，或是“他就是招人喜欢”。但这个领域的发展决不仅局限于父母所认识到的。年幼儿童情绪与社会经验的相关研究在哲学和实证文献中有长期而丰富的研究历史（Aristotle，1941；James，1884）。尽管研究通常从单独的领域切入，但很明显对儿童本身来说，社会性与情绪发展是交错在一起的。例如，随着年幼儿童区分情绪能力的发展，他们依赖他人情绪表达以决定如何对特定情境进行反应的能力也在提升。就像 1 岁儿童第一次遇到陌生人时会看母亲一样。对操纵社会情境（经常被认为是一种社会性发展）的全新“应用”完全取决于年幼儿童区分和应答他人情感表达的能力（可被认为是一种情绪发展）。

所有这些领域在生命头一年中的变化都非常大。新生儿自我调节能力有限，情绪表达更像是基于信号的生物学反射，在进化上是为了吸引他人提供保护和关心，婴儿仍旧依靠他人满足自身物质和情感需要。短短数月中，婴儿的情绪经验变得更加复杂。他能够在交流中吸引他人，在面对面游戏中表达高兴，通过区分面部表情来表达悲伤或生气的感觉，并且能够有策略地根据父母情绪表达来决定如何对特定情境加以回应。这种快速的发展过程并不只局限于婴儿；学步儿已开始对他人有共情反应，并且随着自我认知的发展，还表现出了更为复杂的害羞、尴尬和内疚等自我意识情感。早期社会互动经验是内部的，儿童用每天的社会性和情绪互动的生活经验来指导自己 81
对当前与他人的交流进行回应。

婴儿社会性与情绪能力随着其他方面的发展而发展，表现为情绪调节与处理能力增强，情感表达和理解更加复杂，与自身社交界中重要他人的交流更加顺畅。在有帮助的环境中，随着儿童自我效能感、安全和信任感增强，其能力也会发展得更好。

我们对于婴儿社会性与情绪发展的理解依赖于正常发展过程以及风险情境中的发展。很多婴儿心理健康干预的共同目标是支持家庭和年幼儿童去维持、恢复或发展其社会性与情绪能力。因此，我们旨在为之后的章节提供基础，并强调社会性与情绪发展的正常过程以及婴儿心理健康的含义。

社会性和情绪发展的理论模型

目前已有解释社会性和情绪领域发展进程的若干理论模型。“成熟模型”也许是最基础的，由此看来，个体发展是在某个与生俱来的成熟时间点开始的（Gesell & Armatruda，1947）。高阶能力被视为大脑和身体功能进化的结果。例如，情绪表达的发展进程可能就符合“演变的时间表”。

更加整合性的模型是在环境中描述个体。布朗芬布伦纳（Bronfenbrenner，1979）对儿童在彼此互相影响的更广阔环境中的经验进行概括，提出“生态系统模型”，强调对儿童日常生活经验有直接冲击的直接环境（例如，亲子互动）以及间接影响儿童发展（例如，儿童保健政策、文化价值观）的远端环境（例如，机构）。这些环境可能从多方面影响婴儿社会性和情绪发展。

“交互作用模型”认为“儿童与环境间具有跨时间的相互作用，即，在连续动态过程中，一个状态会影响下一个状态”（Sameroff，1993，p. 4）。这一观点清楚地说明了社会性与情绪发展。例如，当父母应答孩子的情绪表达时，他们的反应（例如，对婴儿感到挫败）也会影响婴儿的回应（例如，婴儿对父母的挫败反应表现出更多的痛苦）。亲子中的父母和孩子都以一种动态持续的方式形成各自的社会性与情绪经验。

生物领域的当前研究也强调生物（遗传）特性和环境间的复杂相互作用。“基因—环境相互作用模型”强调个体生物倾向与环境特征相互作用以形成发展历程的方法。例如，如果儿童有害羞或压抑气质特性的基因易损性，亲代抚育就能改变这种儿童的社会性发展进程（Fox et al.，2005）。

与社会性和情绪领域相关的还有几个其他的特定模型。“依恋理论”（Bowlby，1969/1982）为现代婴儿社会性发展的研究做出了很大贡献；依恋关系的形成被看做是年幼儿童社会性发展的主要动力。与抚养人的早期互动既促进生存，也能为抚养人有效而敏感的行为打下基础。在年幼儿童将依恋对象看做安全基地的方式中，依恋安全性的个体差异非常明显，这些差异在大量扩展环境中蕴含着社会性和情绪发展。

82 “气质模型”强调个体差异，主要将年幼儿童看做是在某些特征下变化的个体，这些特征塑造了他们对环境的经验及其反应。气质模型经常强调生物基础的个体差异，尽管最近研究认为其与环境具有复杂的相互作用（Fox et al.，2005）。然而气质的某些特征与社会性和情绪发展的关系并不是那么明显（例如，活动水平），另一些特征则与其有内在联系（例如，情绪性和心境）。

儿童社会功能的情绪性影响依赖于其情绪调节能力（Lemerise & Arsenio，2000）。大多数“情绪调节模型”强调年幼儿童控制、改变、管理其情绪反应和表达的能力。虽然很明显不同气质儿童也会面对调节情绪的不同任务（Lemerise & Arsenio，2000；Thompson，1990），但情绪调节的个体差异性通常与养育环境有关（Calkins & Hill，2007）。例如，有着积极性格和高悲伤阈限的儿童相比倾向于强烈而持久负性情绪的儿童有着完全不同的调节能力。

社会性和情绪发展中的转变

在生命第一年中，各领域都存在着巨大改变。然而，每个领域的发展并不是同步的。尽管存在明显连续性并逐渐发展，但仍有快速改变和重组时期，有时被称为生物行为的“移动”或“转变”（Davies，1999；Emde & Buschsbaum，1989）。尽管早期阶段包含了特定能力的演变和出现，但是在重组时期，新的能力开始整合并占有优势（Goodlin-Jones Burnham & Anders，2000）。我们在这里略述几个社会性和情绪领域内发生显著性发展变化的时期。

2～3个月

大多数新生儿的行为是由内源节律和内部状态引起的。随着2～3个月的转变，与神经系统快速改变相一致，婴儿大部分日常生活是处于觉醒状态的，并且婴儿更易集中注意力也更具有组织能力（Bowlby，1969/1982）。这种转变对于社会互动与交往有明显影响，对于父母来说，婴儿的情绪表达和社会反应是显而易见的。2个月时，大多数婴儿就已经开始表现出社会性微笑，在大约2周后，婴儿在回应社交冲突时会发出低语的声音。这些发展明显使父母和其他抚养人感到高兴。父母开始让婴儿体验有更多响应性和一致性的特性。

7～9个月

这一阶段中，婴儿对熟悉的主要抚养人的不同反应有快速发展。婴儿能够清楚区分依恋对象和陌生人的照料。因此这一时期被称为“依恋的开始”（Emde & Buschsbaum，1989）。当家长离开房间，那些之前不会反抗分离的婴儿会大哭。婴儿记忆和认知的发展促进其获得更多的与社会惯例和互动相关的预感或预期。年龄较小的儿童会因为完成一个游戏而笑，例如，婴儿在玩躲猫猫游戏时会因为想到妈妈会回来而笑（Lieberman，1993；Saarni，1999）。

18～21个月

这一时期的特征是自我觉察和符号表征的发展。婴儿表现出更强的独立性，并且婴儿表现出的象征能力（例如，语言）促进了其社会互动。社会参照是明显的；儿童理解父母的不同情感表 83
现，并以此来对新情境作出反应（Feinman，Roberts，Hsieh，Sawyer & Swanson，1992）。另外，学步儿逐渐把情感表达作为一种工具。例如，一个儿童会为自己的“为所欲为”而微笑或生气。婴儿能记住过去发生的事件及顺序，并根据重复事件形成表象——这能反过来引导新情境中的行为。随着分离意识的增强，情绪波动、脆弱感逐渐增强，安全基地行为也变多（Lieberman，1993；Mahler，Pine & Bergman，1994）。这一时期，学步儿开始表现出更多的自我意识情绪——自我和他人的意识感，包括羞耻感、愧疚感、尴尬和共情。

情绪发展

从生命第一周开始，情绪反应帮助婴儿应对环境，并起着沟通信号的作用。情绪过程反映了生理学、认知和社会功能的改变，同时反过来影响这些领域。父母为帮助婴儿形成情绪反应，指导大量活动——放大情绪的表现，或者努力转移或改变不需要的情绪。

情绪研究中有两个主要的理论观点：“构造主义”和“机能主义”。构造主义关注构成情绪的内在加工（例如，生气的生理学成分是什么），同时也关注情绪体验的发展变化（在某一年龄时，儿童可以体验到什么情绪）并且与成熟模型相一致（Izard & Malatesta，1987）。伊扎德及其同事提出了一组“主要的”或“离散的”情绪——兴趣、快乐、惊讶、悲伤、生气、厌恶、轻视、害怕、羞愧、内疚和害羞——认为这些或多或少反映了普遍的情绪表达和相关的认知能力。与此方法相同，大量研究通过关注婴儿早期如何发展，来确定婴儿情感表达的综合分类法。

相反，机能主义强调另一种方法，这种方法将情绪看做“当人类和内外部环境间关系对个体很重要时，建立、保持或破坏这种关系的加工”（Campos，Campos & Barrett，1989，p. 395）。根据这一观点，情绪通过其功能加以界定，即它们能做什么。通过这种方法，情绪也许能调节其他心理和行为加工。例如，年幼学步儿的恐惧可能导致他们去家长身边寻求安慰，而安慰可以使他们重新投入游戏活动中。

尽管有关这种分离情绪是否作为先天的、普遍的、生理决定的现象而存在于婴儿早期仍然是争论的话题，但是一般认为情绪发展包括情绪的、认知的、生理的和社会—环境系统间更加复杂的相互作用（Bell & Wolfe，2004；Fogel et al.，1992）。于是我们从人生第一年的情绪情感发生的研究开始，重审伴随婴儿情绪发展的人际环境。

情绪表达的发展

新生儿的分离情绪表达有限，但随着发展，就会显示出更多的情绪并对更多的刺激情境进行反应。至少有 3 种主要情绪在最早的几周、几个月比较明显：悲伤、积极（或快乐）和兴趣。一出生便出现的情绪，包括悲伤、厌恶、害怕和生气（Izard&Malatesta，1987）。例如，在 2 个月的时候，婴儿对抚养人的主要反应是忧伤情绪，但是到 19 个月时生气占了主导地位（Izard，Hembree & Huebner，1987）。包括微笑在内的积极情绪表达，普遍出现在 2～3 个月，3～4 个月会出现明显的笑声。更复杂的情感混合也在人生的第一年出 *84*
现；例如，一项研究发现 6 个月大婴儿会表现出嫉妒，当其喜爱的抚养人注意其他人时，婴儿的快乐会减少，生气和消极情感会增多（Hart，Carrington，Tronick & Carroll，2004）。

随着第二年自我意识的开始，很多继发的或“自我意识”情绪变得明显（Lewis，2000），包括尴尬、害羞、内疚和骄傲。例如，巴雷特、扎恩-瓦克斯勒和科尔（Barrett，Zahn-Waxler & Cole，1993）观察 2 岁儿童在摔坏了主试最“喜欢的布娃娃”之后的两种态度：一组儿童试图挽救这个情况（改正者）；第二组则尽量躲避主试，一般是微笑地转过脸（躲避者）。研究者建议，改正者所展示出的行为与内疚感是一致的，而躲避者的表现则可能类似于害羞。

很多社会、文化和生物因素决定了儿童对于特定情绪唤起情境的反应类型。例如，在很多西方国家的文化中，内疚可能是更能被接受的（Walbot& Scherer，1995），而羞愧通常更令人厌恶和烦恼。相反，很多集体主义文化认为羞愧是一种有助于促进适当社会性合作和服从的情绪（Cole，Tamang & Shrestha，2006；Kitayama，Marcus & Matsumoto，1995）。

婴儿对他人情绪信号的敏感度

情绪情感是关键的社会信号，因此小婴儿难以适应和响应他人的情绪信号毫不奇怪。2 个月大的婴儿对于不同的人类表情有识别能力（Oster，1981），包括某些表情的强度水平。然而，这种早期识别能力并不意味着“理解了”他人的情感；这种理解涉及一个加工，这个加工在生命头几年中持续发展。与认知领域发展相一致的是，8～9 个月的婴儿开始意识到他人的情绪信息属于特殊的客体或事件。“社会参照”认为婴儿用他人的情感来帮助形成他对环境反应的能力。这种能力在婴儿12个月的时候就已经形成（Feinman，Roberts，Hsieh，Sawyer & Swanson，1992），但随着时间推移，其复杂性也在增加。例如，18个月的婴儿学会了“情感窃听”，他们用成人情绪表达的信息来决定是否接近一个客体（Repaccholi & Meltzoff，2007）。

除了“觉察”他人情绪表达的能力，婴儿在社会交往中还发展了关于他人情感显露的“预期”。躲猫猫游戏是成年抚养人用来发展婴儿在一段时间的分离后对其笑脸预期的能力。研究者曾设计程序来研究这些预期，旨在中断“普遍的”互动中的意外事件。例如，静止面孔程序（Tronick，2003）就是一个结构化的成人—婴儿互动任务，主要包括：（1）一系列面对面的自由游戏；（2）成人在一段时间内无表情且保持不变；（3）双方回到面对面游戏。在面孔静止阶段，2～9个月婴儿表现出增强的消极情绪和相当高程度的生理唤醒，这可能是由于他们意识到这种中断在情感交换中是有差异和不合时宜的（Rosenblum，McDonough，Muzik，Miller & Sameroff，2002；Tronick，2006；Weinberg & Tronick，1996）。

随着情绪觉察和预期能力的发展，共情能力也揭示了年幼儿童对他人情绪显露的敏感性。例如，情绪的“感染”过程（例如，在日托中心，一些婴儿开始哭时，其他婴儿也会开始哭）通常被认为是婴儿期的“预共情”能力（Saarni，
85 1999）。在未来发展中，学步儿显露出更高级的共情反应，这说明其具有从更好的角度与他人交流的高级认知能力。表示关切（例如，担心的表情、轻拍、询问“宝贝你还好吗”）或者询问他人为何悲伤，表明其形成了对他人悲伤的敏感性。共情能力发展有一个基础，这个基础是关于他人如何回应婴儿表现出的悲伤。例如，受虐待学步儿共情姿态较少，但却对悲伤的同伴表现出更多的心烦意乱或攻击性（Main & George，1985），然而，如果婴儿的母亲在其1岁期间给予更多回应，婴儿就会表现出更多的共情关注，并且在第18个月时对他人有较少的悲伤反应（Spinrad & Stifter，2006）。

婴儿期的气质、基因和情绪

除了伴随发展而出现的变化，儿童的情绪“表现”是不同的，并且这些不同通常依据气质而变化。例如，高反应、急躁的孩子通常被描述为“困难型”，而那些有着积极情绪和低反应的婴儿被描述为“易相处型”。尽管气质不仅仅只包括情绪，但情绪性被认为是一个重要的成分。在本章中，我们还描述了一个相关的领域——情绪调节，在后续章节中还将单独介绍。

与基因—环境相互作用模型一致，气质被视为个体接近社交界并与之相互作用的行为倾向，这种行为倾向具有一定的生物基础（Rothbart & Bates，1998）。在定义气质的过程中，一些研究者强调有限的几个维度（例如，活动水平、情绪性和社会能力；Buss & Plomin，1984），而另一些研究者则认为有更广泛的维度（例如，悲伤和害怕的倾向、安静、注意广度、坚持性和积极情绪；Rothbart & Derryberry，1981；Thomas & Chess，1977）。然而，被普遍认同的是，情绪反应是气质的一个关键特征。“反应度”指的是个体反应系统的兴奋性或唤醒强度（Rothbart & Derryberry，1981），例如，婴儿应对不熟悉的刺激时用多长时间表达悲伤。

在过去几十年中，研究发现了关于气质特征稳定性的不同证据。适度稳定的证据包括托马斯和切斯（Thomas & Chess，1977）的纵向研究，他们研究婴儿期的几种气质维度，并区分出“容易”、“困难”和“迟缓”儿童的气质类型，“困难”型（大约10%的婴儿）显示出高水平的消极心情，身体机能无规律，适应环境慢。随后的纵向研究证明，那些早期表现出高水平消极情绪行为的儿童，更多表现出消极情感和攻击性，在童年中期（5岁）和青春期（14～17岁）有着更多的问题行为。童年早期消极情感和攻击行为显著相关（$r=0.63$），只有那些在3岁表现出攻击行为的儿童在童年中期才更具有攻击性，因此在青春期有更多的问题行为（Lerner，Hertzog，Hooker，Hassibi & Tomas，1988）。另一些人对遭遇陌生事物时显示极端恐惧与抑制的行为抑制儿童进行研究（约为大样本的15%；Calkins & Fox，1992；Kagan，Reznick，Clarke，Snidman & Garcia-Coll，1984），结果表明从婴儿期到童年中期具有适度的稳定性（约30%仍存在抑制性；Fox，Henderson，Rubin，Calkins & Schmidt，2001）。此外，婴儿期的行为抑制是焦虑障碍的先兆，特

别是童年后期的社交焦虑（Kagan，Snidman，McManis & Woodward，2001；Schwartz，Snidman & Kagan，1999）。

尽管通常基于行为观察对气质进行评估，但大量研究反映了生物学研究的进展。目前认为婴儿气质的个体差异性起源于遗传变异基础行为、神经内分泌和生理调节过程（参见 Propper &
86 Moore，2006）。人类基因组大约由 30 000 个基因组成，这些基因基本上编码了人体的所有结构，并通过这些结构调节功能。不同的等位基因经常转换成不同的基因活动水平（即“基因表达”）。目前研究发现了特定基因的等位基因和气质易损性的联系。

最近，大脑中两个受体——多巴胺 D_4 受体（DRD 4）和血清素转运体受体（5-HTTLPR）——的活动水平的基因编码被认为是关键气质变化的潜在机制，特别是对于趋向行为和抑制、注意与新异性寻求的个体差异性（Auerbach，Benjamin，Faroy，Geller & Ebstein，2001；Ebstein et al.，1998；Kluger，Siegfried & Ebstein，2002）。例如，2 个月和 12 个月婴儿，如果具有 DRD 4 基因的短等位基因而不是长等位基因，其母亲就会认为其负性情绪较高，并且发现有血清素转运体基因短等位基因（“短”5-HTTLPR 等位基因）的婴儿显示出高恐惧和行为抑制（Auerbach，Faroy，Ebstein，Kahana & Levine，2001；Auerbach et al.，1999）。研究也发现 DRD 4 和 5-HTTLPR 的一个额外作用，即在这两个基因上有短等位基因的婴儿比只有一个风险等位基因的婴儿显示出更多的消极情绪反应（Auerbach，Faroy et al.，1999）。

虽然这些风险等位基因似乎在婴儿气质变化中扮演了一个直接角色，但最近有关基因—环境相互作用的研究强调早期社会经验对基因功能的关键性影响。环境因素既能减轻也能加强遗传基础的气质风险（Caspi et al.，2003；Fox et al.，2005；Kaufman et al.，2004），这一发现说明了干预的重要影响。例如，那些是 5-HTTLPR 风险携带者的儿童和那些经历童年虐待的儿童在未来更容易抑郁，但仅仅是当其抚养人自身在高压力下时才会出现（Kaufman et al.，2004）。同样，那些携带 5-HTTLPR 风险等位基因的行为抑制婴儿，只有在其抚养人报告低社会性支持时，才有童年中期行为抑制增加的风险（Fox et al.，2005）。最后，最新研究发现，尽管母亲感觉迟钝与之后的外化问题行为相关，但也仅仅是在婴儿 DRD4 遗传风险状态存在的时候。感觉迟钝的养育外加婴儿基因易损性，会导致儿童在日托中心的攻击行为频率比正常高出 6 倍（Bakerman-Kraneburg & van IJzendoorn，2006）。

这些基因—环境的相互作用与交互作用视角一致，并且在“最佳拟合”模型中有所描述（Seifet，2000），该模型认为，气质易损性的结果取决于婴儿气质与特定环境间的相互影响。那些了解孩子行为（甚至是“困难”行为）并对其有敏感回应的父母，可能会更有效地帮助孩子学会调节他们的气质性挑战，以防止后期行为问题的发展（Ghera，Hane & Malesa，2006；Teti & Candelaria，2002）。相反，那些对婴儿的困难严厉应对，或对婴儿行为不敏感的父母，会增加孩子后期适应不良的风险（Bates，Pettit & Dodge，1995；Belsky，Hsieh & Crnic，1998；Crockenberg，1981）。

总的来说，这些研究结果表明，气质的“困难”不仅仅取决于个体，也受环境情境的重要影响。正如之前所建议的，父母对孩子在发展过程中的情绪敏感反应的能力是一个重要的因素。

父母对婴儿情绪的反应

关于养育对婴儿情绪发展和表达的影响有很多不同的观点。婴儿情绪行为的很多方面，比如表达、自主导向和他人导向的情绪调节行为都与父母自身的情绪表达（Garner，1995）、情绪状态的意识（Gergely & Watson，1996）和情绪失调 87
（如抑郁）相关（Field，1994）。

父母从婴儿早期就开始从孩子那里感知到大量的情绪，并且这些情绪的归因有很重要的含义，正如一项有关父母心理健康如何影响他们感知到的情绪的研究所证明的（Dix，1991；Leerkes & Crockenberg，2003）。例如，如果妈妈与婴儿的依恋关系中缺乏安全感，就几乎不会有良性归因，而是有更多的关于婴儿面部表情的敌对归因（Rosenblum，Zeanah，McDonough & Muzik，2004）。

父母和婴儿的情绪交流倾向于遵从有意义的相互作用模式。斯特恩（Stern，1985）通过对母婴情绪交流的观察，认为情感互动存在一个动态的“塑造”，并且不同母婴双方的塑造是不同的。斯特恩认为，婴儿心理健康受互动同步性的影响。

事实上，当个体对同伴暗示的理解与反应不那么敏感的时候，不同步互动就会对婴儿早期情绪发展产生消极影响（Malatesta，Culver，Tesman & Shepard，1989；Tronick & Weinberg，1997）。特罗尼克和科恩（Tronick & Cohn，1989）认为，尽管母婴双方的协调和同步性在3～9个月有所增长，但他们在“不协调”或“不同步”状态上比同步的匹配状态上花费更多的时间。这些结果，适用于相互调节模型（Tronick，2006），该模型认为破坏和修复的过程可能是发展过程的关键。例如，罗森布拉姆和同事（Rosenblum et al.，2002）认为，妈妈和婴儿被静止面孔程序强制中断互动后，可以用积极情感（例如躲猫猫游戏）来“重新联系”。

在婴儿识别和调节自身情绪结构的新能力中，情绪交换的过程扮演了主要角色（Lewis & Ramsay，2005）。例如，杰尔杰伊和沃森（Gergely & Watson，1996）为母亲的情感镜像提供了强有力的说明，母亲准确感知、心理转变，并对婴儿情绪以一种“明显”夸张的反应进行回应的能力，与婴儿自身内化并理解情绪体验的能力相关。当父母对婴儿的无“标记”压力显示出一个纯镜像状态时，婴儿可能会出现失调。例如，一个过于活跃的情绪唤醒倾向的父母所描绘的情绪调节特点是，可能仅仅模仿孩子的情绪表达，而没有阐明加工和改变情绪的特点。这个“纯镜像”可能增强婴儿的情绪状态，因为其并未能给婴儿提供必要的帮助来应对正在经历的情绪状态。

在年幼儿童情绪理解中语言发展扮演着越来越重要的角色（Garner，2003；Meins，Fernyhough & Wainwright，2003），心理状态的言语认知，是语言镜像的一个形式，逐渐被应用于面部镜像以促进婴儿情绪理解。在最近研究中，如果母亲在儿童15和24个月时对其使用更多心理语言，例如，考虑儿童的需要（例如，“你想要那个玩具吗?”）或情绪（例如，“那会让你惊喜的!”），这些儿童在组织情绪理解任务上表现就会更好（Taumoepeau & Ruffman，2006）。

在早期发展中，父母和抚养人主要帮助婴儿表达和指导他们发展情绪。通过这些情感转变过程、一系列破坏与修复，以及身体和语言镜像，婴儿开始内化情绪认知、理解以及早期情绪自我调节能力。

情绪调节

儿童情绪调节能力作为社会性和情绪能力的核心成分，在儿童和世界的相互作用中起到很重要的作用（Calkins & Hill，2007；NICHD Early Child Care Research Network，2004）。当儿童进入学龄期，他们应该能在自身社会性需求和目标 88
中控制情绪（Sroufe，Egeland，Carlson & Collins，2005），并且情绪调节异常的指标经常是临床诊疗参照的基础。

那些调节较好（在情绪和行为中）的儿童更能以灵活的、自发的行为来适应环境中的情境改变，同时适当推迟他们的反应（例如，有效控制）（Eisenberg et al.，2001）。根据发展认知神经科学的观点，情绪、认知与调节的发展神经机制是动态联结的，它们共同帮助婴儿处理信息并进行情绪调节（Bell & Wolfe，2004），这个过程贯穿婴儿期至学前阶段。

很多人对如何定义并测量情绪调节有不同意见（参见Cole，Martin & Dennis，2004）。但这些定义都认为，情绪调节包括通过行为、技能和策略——意识或无意识的、意志控制或自动的——来调整、抑制或增强情绪体验和表达（Calkins & Hill，2007）。

尽管积极和消极情绪都能被调节和用来达到目标（例如，微笑以增强互动修复或生气以消除阻碍），但作为一个动态过程，儿童情绪调节在提供消极情绪的情境中最容易被观察（Cole et al.，2004）。当与挑战情境比较时，婴儿或年幼儿童能利用各种行为情绪调节策略来应对，包括悲伤反应、回避和自我安慰行为。有效策略的全部技能随时间增长（Calkins & Hill，2007；Kopp，1989；Thompson，1990）。例如，在婴儿早期，注视厌恶和运动控制的能力允许婴儿将注意从消极事件（如一些令人沮丧的事）转移到积极事件（如一个玩具），从而调整消极情感（Calkins，2004；Johnson，Posner & Rothbart，1991；Kochanska，2001）。父母可以通过努力转移婴儿注意力而促进这一过程（Crockenberg & Leerkes，2004；Johnson et al.，1991）。快2岁时，婴儿在试图调整压力中更加活跃。他们更能计划行为，并能有意地提醒他人以帮助其调整情感状态。在第二年中，婴儿的情绪调节方法从被动过渡到主动，虽然抚养人仍扮演一个重要的角色，但学步儿越来越能够用特殊的策略来管理不同的情感状态。

挑战性的事件可能或多或少引起婴儿对压力的调节。例如，刘易斯和拉姆齐（Lewis & Ramsay，2005）观察4个月和6个月大婴儿在情境中的生气和悲伤反应，并阻止他们得到想得到的目标。婴儿悲伤情绪的表现与压力激素反应有关（即，皮质醇的产生），而生气的表现则不是。婴儿生气作为对目标障碍的反应经常与尝试克服障碍相联系（Lemerise & Dodge，2000）。相反，悲伤可能反映婴儿对情境中的感知缺乏控制，或感觉到任务会失败，没有对促进适当生理调节的一致处理（Lewis & Ramsay，2002，2005）。

以早期亲子互动为基础，有效情绪调节的能力有显著的社会起源（Calkins&Hill，2007；Cole，Teti & Zahn-Waxler，2003；Kopp，1989；Stern，1985；Stifter，2002；Thompson，1990）。例如，在静止面孔程序中，母亲与3个月大婴儿有较少的同步，这与挑战任务中较少的有效生理调节有关（Moore & Calkins，2004）。在2岁儿童中，消极的母性行为与贫乏的生理调节、较少的合适情绪调节和对抗行为有关（Calkins，Smith，Gill & Johnson，1998）。相反，母亲的积极引导与18个月婴儿在挫
89 折诱发任务中的调节行为有关（Calkins et al.，1998），6个月婴儿在母亲偶尔回应他们的自我安抚努力（如凝视厌恶）时，会表现出较少的压力（Crockenberg & Leerkes，2004）。

总之，在婴儿第一年中，包括社会环境、成熟过程和气质在内的很多因素都会影响其情绪调节能力。每个儿童有效自我情绪调节的能力在适当的情境中发展，并成为儿童自我调节和社会性与情绪能力的核心因素。

婴儿心理健康的启示

生命头一个月中，亲子间存在大量情感互动（Magai，1999），亲子情绪冲突的影响似乎是婴儿情绪发展的必要原因。因此，根据婴儿心理健康的观点，评定亲子情绪的“舞动”（Stern，1985），并且同时观察情感同步过程以及随后的修复过程（Rosenblum，Dayton & McDonough，2006；Tronick，2006）是非常关键的。

早期经历的情绪基调提供了一个框架，在这个框架中，婴儿的全部情感技能得以发展。因此，当父母对忧郁和焦虑的处理能力减弱时，与婴儿在情绪上的积极互动可能会具有特别重要的作用（Kogan & Carter，1996）。尽管消极情绪的识别与评估或者敌对—消极双方的互动，经常是婴儿心理健康互动的焦点，但研究表明“积极情感的缺乏”可能是出现情绪问题的更重要的前兆（Rosenblum et al.，2006）。

最近研究也强调识别的重要性，不同类型的婴儿要用不同的教养方式。例如，“困难型”气质婴儿的父母在安慰他们的孩子时要面对更大的挑战，这些儿童在看护过程中会对过失更加敏感。李尔克斯和克罗肯伯格（Leerkes & Crockenberg，2003）认为，能成功使“困难”气质的婴儿平静下来的母亲比“容易型”气质婴儿的母亲或是没有成功使“困难”气质婴儿平静下来的母亲有更高程度的敏感性。当父母将这些具有挑战性气质的婴儿看做可以安抚的，他们会表现出更高水平的敏感看护（Ghera et al.，2006）。因而促使家长将这些挑战看做可克服的事。

总的来说，这些研究表明在婴儿情绪调节和社会性与情绪能力的发展中，父母和婴儿都扮演了很重要的角色。在下面的章节中我们将重点讨论情绪调节能力在社会性情境中的发生和发展。

社会性发展

婴儿出生于复杂的社交网络，以形成与他人的社会性情感联结。从第一个主要的依恋关系到与大家庭、同龄人和他人越来越复杂的社会关系，年幼儿童沉浸于一个充满社会关系的世界。

个体头三年社会性发展的关键性事件，深植于认知和神经病学发展之中，并嵌入更广阔的社会性情境中。表5.1简要介绍了这一发展进程，包括主要任务、发展情境以及年幼儿童相应的社

会性发展转折点。这些进展的社会情境，从主要的亲子关系发展到包括同龄人、大家庭或儿童养育关系在内的其他重要关系。这些互动表明了伙伴关系的建立，其中婴儿和成人可进行独立而又相互依存的交流和谈话。

表 5.1　　生命头三年的社会性发展任务、情境和关键期

发展任务	社会情境	协调行为	关键期	年龄
管理	主要是亲子关系	父母帮助婴儿管理睡眠、进食、困境和觉醒。	发展对社会世界的关注；增加亲子互动的协调性。	0～3个月
新兴社交能力	主要是亲子关系	父母引导婴儿进行协调活动；随着联合注意的发展而进行面对面互动；父母对婴儿说话。	增加眼神接触；社会性微笑开始出现；社会性发声。	2～3个月
相互交流	亲子关系和亲密的家庭关系	婴儿与他人间反复地交流。	婴儿对社会性交流的反应增加。	3～6个月
婴儿的主动性	亲子关系和亲密的家庭关系	婴儿积极主动参与其他人的游戏，同时直接活动能力也开始发展；婴儿开始注意他人的行为。	意图性与目标导向的证据——婴儿对某项活动表现出偏好并且开始注意；喜欢游戏（例如，躲猫猫）。	6～9个月
开始建立依恋	亲子关系	父母提供安全基地；当婴儿安全受到威胁时，父母提供安慰和安全的感觉；在抚养人存在的情况下，婴儿开始探索这个世界。	陌生人焦虑、分离焦虑；客体守恒出现（例如，即使父母不在眼前，婴儿也能记住父母）；安全基地行为。	7～18个月
出现联合注意	更广泛的社交环境，包括父母、家庭成员、同伴、照料提供者	婴儿开始认识他人有自己的观点；婴儿开始通过观察他人的表情来理解新的情境。	模仿学习；社会参照；有意图地表达情感。	9～12个月
自我主张和独立的自我概念	更广泛的社交环境，包括父母、家庭成员、同伴、照料提供者	婴儿开始有自我意识；婴儿能够不受他人影响而决定自己的目标。	镜像自我识别；学会用“不”和发脾气；自主性增强；自我中心的推理。	18～24个月
识别，连续性，出现目标导向的同伴关系	更广泛的社交环境，包括父母、家庭成员、同伴、照料提供者	儿童可以逐渐意识到抚养人的意图与自身的不同；顺序的协调逐渐反映了自由而独立的个体间的交流。	识别主要关系的永久性和连续性；依据他人目标商议和协调行为的能力提高；共情反应。	18～36个月
开始建立同伴关系	兄弟姐妹、同伴关系	婴儿在兄弟姐妹和同伴团体中开始有意义的交流。	开始对其他儿童表现出兴趣；从独自游戏向平行游戏发展；开始与同伴玩各种游戏；开始关心同伴的感觉。	18～36个月

资料来源：Data from Sander (1975)；Sparrow，Balla & Cicchetti (1984)；and Sroufe (1989).

92 当依恋关系不再是婴儿社会性发展的唯一情境时（Crockenberg & Leerkes，2000），依恋理论就成为理解早期亲子关系的一个主导取向。后面我们会讨论亲子依恋关系如何发展，从普遍过程的讨论到依恋关系个体差异的概述。我们关注安全依恋的养育环境，以及早期经历如何作为后期社会性关系的模板。

亲子依恋关系

依恋理论（Bowlby，1969/1982）强调，人类婴儿为了生存而长期处于依恋状态，接近某个抚养人对生存和心理健康发展（如安全感、情绪调节）是必要的（Simpson，1999）。这一接近性的主要进化功能是提升依赖型婴儿的生存几率，不过随着发展，依恋关系开始包含更多复杂的功能。

婴儿越发将依恋对象当做安全基地，是因为在安全的情况下婴儿可以对环境进行探索，在感到害怕和悲伤时能够得到依变对象的保护和安慰（Sroufe & Waters，1997）。

尽管在很多文化中（尤其是西方），工作—家庭平衡会导致父亲花更多的时间来积极教育他们的孩子，但母性依恋仍然是主要的（Hofferth，Pleck，Stueve，Bianchi & Sayer，2002）。相比母子依恋，当代理论和研究表明，父子依恋更强调婴儿在遇到痛苦时，与寻求安抚相悖的探索能力（Grossmann et al.，2002；Paquette，2004）。然而，不管是对母亲还是父亲，依恋关系都是早期情感和觉醒机制建立的基础。这些早期关系中的个体差异似乎暗示着年幼儿童新的情绪调节、自我效能感和在亲子情境以外的关联性（Sroufe et al.，2005）。

依恋关系中的个体差异

根据进化的观点，婴儿形成依恋关系受生物学驱使，这些关系特性中的个体差异是过去几十年大量研究的焦点。安斯沃斯和同事（Ainsworth et al.）开发了陌生情境程序（SSP）来评估依恋关系中的个体差异（Ainsworth，Blehar，Waters & Wall，1978）。SSP提供若干挑战，包括面对未知的环境，与陌生成人合作，以及与家长分离和重聚。这些挑战会激活婴儿的依恋策略，通过观察婴儿在这一过程中的行为，以考察婴儿是否会依靠家长来调节其分离后的情绪状态。

安斯沃斯用三种有组织的形式，来描述婴儿（和父母）如何协商依恋一行为一诱发任务：安全、焦虑—回避和焦虑—矛盾式依恋类型（Ainsworth et al.，1978）。

安全型依恋的婴儿对其抚养人会真诚地表达情绪，并且利用父母来调节他们的忧伤情绪。一旦感到安慰了，这些婴儿就会回到探索性游戏中。根据家庭观察的结果来看，他们平衡、开放的调节策略并不令人惊讶，观察表明这些婴儿的父母都有普遍敏感性，并且在看护过程中很温柔。婴儿“相信”父母提供的关心和保护，事实上，这些母亲对婴儿表达出来的需要和要求会做出灵敏的反应和协调。

相反，焦虑一回避式的婴儿尽管在生理上显
93 示出高水平的唤醒和忧虑，但仍然表现得完全不需要父母的安慰。回避型儿童独立玩耍，并经常好像对父母的到来和离开无动于衷。而焦虑一回避婴儿所显示出来的行为策略被视为儿童一方的努力，通过释放其自身显露出的情绪需要来继续接近父母（Magai，1999）。

第三种形式，焦虑一矛盾型依恋，以激活策略增强为特点。这种婴儿似乎极度渴望与父母接触，却不会因为与父母重聚而变得平静。并且这些婴儿无法再重新进行探索游戏（Magai，1999）。观察发现，矛盾型婴儿的母亲在看护中前后矛盾，并且她们与婴儿的交流经常不以婴儿需要为基础。婴儿情绪激活增强被理解为儿童一方来维持家长响应和参与的努力。

第四种依恋形式由梅因和所罗门（Main & Solomon，1986）提出，并被称为混乱型。这些儿童通常有被虐待、辱骂和忽视的历史，当忧伤时似乎缺少一种亲近父母的清晰而有组织的策略，反而会显示出对压力的奇异或不协调的行为范式。例如，这类婴儿面对父母时会表现冷淡或显示冲突的接近—回避行为，似乎在其尝试得到亲近时又表达出矛盾和害怕。由于混乱型婴儿的母亲显示出恐惧和害怕行为（如奇怪的发音、突然出现的身体运动、对婴儿行为表现出害怕）（Lyons-Ruth & Jacobvitz，1999），这些婴儿内心经历了如何从依恋对象那里寻求亲近和关心体验的矛盾冲突。

早期依恋与后期社会性与情绪能力

对儿童从婴儿期追踪到成年早期的纵向研究表明，通常早期依恋关系的特征可以预测后期社会性与情绪能力的发展，而后期生命事件也会减弱这些依恋的稳定性（Grossmann，Grossmann & Waters，2005；Sroufe et al.，2005）。通常，那些与抚养人在早期就建立安全型依恋的儿童，会进而在心理关系上获得一个安全工作模型，并在未来几年中展现出最好的发展结果。

相反，有回避依恋历史的儿童会在各种关系情境中被拒绝，研究表明尤其当涉及其他风险因素时，这些儿童之后的人际交往能力会降低。他们更容易成为感情上绝缘、充满敌意和具有反社会性的人，潜意识中认为成人和同伴会拒绝自己（Weinfield，Sroufe，Egeland & Carlson，1999）。例如，与安全和矛盾抵抗儿童相比，回避型儿童对同伴显示出更大的敌意（Suess，Grossman & Sroufe，1992）。

有矛盾抵抗历史的儿童已经学会为了获得温情而过度唤醒的行为表现。在童年早期，这些儿童被认为在探索的新情境中更加犹豫不决、不成熟和容易挫败，更加容易被同伴忽视（与回避型儿童面对的拒绝不同），更可能显示出分离焦虑，社会性隔离和社会性敌对更明显，并且比没有安全感的儿童表现出更少的共情（Horvath & Weinraub，2005；Kestenbaum，Farber & Sroufe，1989；Sroufe，1983）。

最脆弱的似乎是混乱型依恋的婴儿。这一类型取决于儿童的恐惧和父母对此的反应，这些父母可能曾经给他们造成恐惧，或因害怕回应而表现出无助、敌对或虐待。因此，毫不奇怪，这些婴儿发展的结果不好。研究记录了许多有问题的
94 发展结果，包括童年早期可控行为过多，对同伴敌对或挑衅行为过多，更多的外化和内化的行为问题，以及学业自尊和成就较低的发展延迟（参见 Green & Goldwyn，2002；Lyons-Ruth & Jacobvitz，1999）。

父母对婴儿社会性发展的影响

看护情境在婴儿依恋安全和早期社会性与情绪能力的发展中扮演重要角色。这里我们通过几个领域来考察父母对年幼儿童社会性与情绪发展的影响，包括养育行为、对婴儿的语言以及父母自身的依恋表现。

养育敏感性

先来看安斯沃斯开创性的家庭研究，母亲看护的“敏感性”（如温暖、协调和认可）被认为是构成婴儿依恋关系的主要机制（Ainsworth et al.，1978）。看护敏感性的作用，特别是对婴儿忧伤的反应（McElwain & Booth-Laforce，2006），已经被多项研究被证实，之后的研究结果并没比安斯沃斯原来的研究更加有说服力（De Wolff & van IJzendoorn，1997）。

近期研究发现，还有其他因素可以对依恋形式的发展有影响；例如，儿童气质（Mangelsdorf，McHale，Diener，Goldstein & Lehn，2000）、更广泛的儿童看护情境（Aviezera，Sagi-Schwartz & Koren-Karie，2003；Sagi，van IJzendoorn，Aviezer & Donnell，1994），或双向调节和情绪有效性等其他因素（Biringen，2000；Harrist & Waugh，2002）。这些研究证实看护情境的很多方面都对婴儿依恋结果有影响。

父亲在年幼儿童社会性发展中扮演的角色近期才受到关注。通常，研究没有发现对父亲敏感性的传统（如源于母亲的）评估和婴儿依恋之间的联系（Braungart-Rieker，Garwood，Powers & Wang，2001；Grossmann et al.，2002；van IJzendoorn & De wolff，1997）。然而，有迹象表明，如情绪支持和交流中的挑战等父亲的其他行为，可能在婴儿的探索过程中起很重要的作用，并且可能成为父子关系更主要的方面（Grossmann et al.，2002）。

目前研究对于父母对婴儿心理状态的口头归因或是将心比心的评论颇感兴趣（Meins，Fernyhough & Fradley，2001；Meins et al.，2003）。“将心比心”指父母将婴儿看作是有思想的个体的倾向。例如，这方面做得好的父母会在交流中评论儿童的兴趣、需要、感觉和信念（如“你想要那个球，是吗”或“你很沮丧吗”）。而这方面做得不好的父母倾向于根据父母自身的观点来看待儿童（如“别大惊小怪的”）。母亲与6个月大婴儿在互动时将心比心的评论与行为敏感性是相关的（Meins et al.，2001；Muzilk & Rosenblum，2003；Rosenblum，McDonough，Sameroff & Muzik，2008），研究表明，母亲适当的将心比心的评论可以预测孩子1岁时的依恋安全性（Meins et al.，2001）。此外，孩子生命第一年时母亲将心比心的评论与孩子4岁时的“心理理论”以及对他人心理状态的理解是相关的（Meins，Fernyhough & Johnson，2006）。

心理表征的作用

依恋理论假设，通过早期发展，与主要抚养人间交流的日常生活经验被储存为记忆模板。这些“内部工作模式”（Bowlby，1982），或心理表征，包含抚养人早期经历的认知和情感因素（Crittenden，1990），并被认为在其他社会性关系 95
中引导行为与预期，包括亲子关系。下面我们会讨论父母表征（包含父母对过去与其父母之间关系的表征和现在对孩子的表征）对养育行为和婴儿依恋的影响。

父母对自身早期关系经历的表征。对成人依恋表征的研究主要关注个体当前心理状态，通过

成人依恋访谈（AAI）来评估（George，Kaplan & Main，1985）。AAI 有四个主要的类别（自主型、回避型、焦虑型和混乱型），分别对应四种婴儿依恋类型（安全型、回避型、矛盾—抵抗型和混乱型）。父母的内部工作模式也可对关系情境中的情绪进行调节（Rosenblum et al.，2006；Zimmermann，1999），并且影响其真正识别和熟悉儿童情绪的程度（Cassidy，1994）。例如，母亲的 AAI 依恋种类与她们在对婴儿唱歌时表达情绪的方法有关；回避型的母亲则不能通过改变她们的歌声来调整婴儿的忧伤（Milligan，Atkinson，Trehub，Benoit & Poulton，2003）。相反，观察发现部分自主型母亲比非自主型母亲对婴儿情感有更广泛的敏感性与协调能力（Haft & Slade，1989）。

这些表征在两代人之间表现出高度一致性。最近多齐尔和同事（Dozier，Stovall & Albus，2001）的研究就证明了自然实验情境下的这种影响力。仅仅 3 个月后，孩子的依恋安全性与抚养父母的 AAI 分类间就表现出显著相关，与完整家庭的母子双方的比率相当。

*父母对儿童的表征。*虽然 AAI 研究证明了父母自身童年时期的依恋表征对婴儿依恋安全有影响，但这些表征现在仍存争议。最近研究关注父母对儿童、对养育以及对与儿童间关系（Mayseless，2006）的近端作用，并且为深入了解这些表征而进行了大量访谈（Aber，Slade，Berger，Bresgi & Kaplan，1985；George & Solomon，1996；Zeanah & Benoit，1995）。

在低风险和高风险样本（Benoit，Parker & Zeanah，1997；Rosenblum et al.，2002）、出生前和出生后（Benoit et al.，1997；Huth Bocks，Levendosky，Theran & Bogat，2004），以及健康或风险儿童样本（Coolbear & Benoit，1999）中进行近端评估。结果发现：父母对儿童和养育的心理表征，不管在出生前还是出生后，都与安全依恋显著相关，与 AAI 中的比率类似（Benoit et al.，1997；Huth-Bocks et al.，2004）。另外，父母表征和父母如何与孩子建立亲密关系有关（Dayton，Levendosky，Davidson & Bogat，2007；Slade，Belsky，Aber & Phelps，1999；Vizziello，Antonioli，Cocci & Invernizzi，1993；Zeanah，Keener，Stewart & Anders，1985）。

96 尽管有证据表明父母表征、敏感性与婴儿依恋间存在相关，但元分析结果发现一个“传输间隔”（De Wolff & van IJzendoorn，1997），其中，养育敏感性只解释了父母与孩子工作模式之间联系的 23%。对此，研究者提出一系列解释。在近端水平上，例如，父母积极情感、快乐情绪（Rosenblum et al.，2001）或语言传递出的影响（Meins et al.，2002），对关系的安全性来说有可能比母亲行为敏感性本身更重要。

然而最近研究表明，养育敏感性似乎扮演一个重要但并不直接的角色。例如，一项研究指出，在 AAI 上表现不自主但却有“安全型”婴儿的母亲比有“非安全型”婴儿的不自主母亲行为更敏感（Atkinson，Goldberg & Raval，2005）。从干预的视角看，这一发现指出了我们需要知道更多关于促进敏感养育的因素。

反思机能和洞察力

反思机能是临床意义上的一个概念，指个体进行恰当心理归因并信任他人的能力（Fonagy & Target，1997）。这一能力包括理解行为背后动机的能力，以及有助于婴儿行为更加有意义且可预测的高水平反思能力。有反思机能能力的父母在应答儿童的情感需要和反应时会更加开放，这使儿童明白积极和消极的情绪都是可以被接纳并协调整合的。

反思机能的能力同时依据父母的成人依恋讲述以及评估其对儿童进行表征的访谈来进行编码，与婴儿安全依恋有关（Fonagy，Steele，Moran，Steele & Higgitt，1991；Schechter et al.，2005；Slade，Grienenberger，Bernbach，Levy & Locker，2005）。洞察力评估（IA）是一个基于叙述的访谈，用来评定父母对儿童的经历的洞察力和共情理解（Koren-Karie，Oppenheim & Dolev，2002）。IA 要求父母观看有关他们的年幼孩子的视频，并对一系列与洞察力相关的问题进行回应，例如：“你认为你的孩子在想什么或感觉到了什么？”对 IA 的回答也与儿童依恋安全和养育敏感性有关（Koren-Karie et al.，2002）。

当父母承认并默许复杂情感、代际认知或其他情境的影响，对儿童表现显示出开放性和复杂性，并寻求潜藏在自身和儿童行为之下的心理意义时，父母的反思机能和洞察力都是明显的。当父母极少承认情绪或心理状态、不承认心理过程对自身或他人行为的影响，或对行为产生极端刻板的行动而非情感导向的解释时，低反思机能非常明显。

以往研究强调父母反思机能对儿童发展的重要性，特别是面对早期父母或儿童逆境或困苦时。例如，反思机能被认为是儿童依恋的先兆，特别是在母亲童年经历逆境的时候（Fonagy，Steele，Steele，Higgitt & Target，1994），并且可能会提供一个重要的心理缓冲，这个缓冲能提升儿童的调整和适应能力，特别是在风险情境中。

婴儿心理健康的启示

婴儿心理健康领域对亲子关系的稳定性有很深入的研究，并且有大量以关系为焦点的干预模型出现；目前正在积累这些干预效能的证据（Berlin，2005；Sameroff，McDonough & Rosen-
97 blum，2004）。

元分析结果显示，婴儿依恋研究成果有助于提高养育敏感性并应用于风险人群（Bakermans-Kranenurg，van IJzendoorn & Juffer，2003）。其中一项研究认为，有敏感性回应父母的儿童相比缺少敏感性养育的儿童发展要好，即使父母自身有风险因素。例如，在一个大样本研究中，贝尔斯基和费伦（Belsky & Fearon，2002）观察发现，与母亲“在后期发展为敏感型”且有不安全依恋历史的儿童相比，母亲在学步期发展为“非敏感型”且有安全依恋历史的儿童在3岁时有较低的心理机能分数。这一发现表明，越近端的养育行为越能预期儿童的发展结果，并能克服早期不安全依恋的历史。

提高养育敏感性的干预对儿童社会性与情绪发展有重要的积极影响（Bakermans-Kranenburg et al.，2003），特别是对那些极其脆弱的父母和婴儿而言。例如，对于那些有困难型婴儿的父母，干预的影响可能是最强烈的（Klein Velderman，Bakermans-Kranenburg & Juffer，2006）。其他的综合干预，如以安全圈依恋为基础的干预，证明了治疗效能不仅针对养育敏感性，还有父母理解儿童情绪性交流的能力、父母的心理表征和父母对孩子行为的反思推理能力（Hoffman，Marvin & Cooper，2006）。

结论

人生的第一年在社会性和情绪领域的快速发展非常明显。随着新获得能力的发展，婴儿的社会性与情绪能力水平日渐增高。在发展的关键期，社会性与情绪能力在年幼儿童意识和对自身及他人情绪的理解中变得明显；共情参与的能力，应对厌恶情绪和挑战环境的能力，关系中开放和信任的情绪交流，在安全和支持上信任他人的能力，探索、游戏和持有信任感的能力也得到发展（Saarni，1999；Sroufe et al.，2005）。当错过社会性和情绪领域能力发展的关键期，或当发展异常时，社会性与情绪领域的缺陷会更加明显。婴儿心理健康领域早已表明：社会性与情绪能力产生于跨越成熟、环境、生理和人际情境间的复杂动态发展过程之中。对婴儿在动态发展过程中的评估和干预是提高儿童社会性与情绪能力的重要手段。

参考文献

Aber, J. L., Slade, A., Berger, B., Bresgi, I., & Kaplan, M. (1985). *The Parent Development Interview*. Unpublished manuscript.

Ainsworth, M. D. S., Blehar, M. C., Waters, E., & Wall, S. (1978). *Patterns of attachment: A psychological study of the Strange Situation*. Hillsdale, NJ: Erlbaum.

Aristotle. (1941). *The basic works of Aristotle* (J. I. Beare, Trans.). New York: Random House.

Atkinson, L., Goldberg, S., & Raval, V. (2005). On the relation between maternal state of mind and sensitivity in the prediction of infant attachment security. *Developmental Psychology, 41*(1), 42–53.

Auerbach, J., Benjamin, J., Faroy, M., Geller, V., & Ebstein, R. (2001). DRD4 related to infant attention and information processing: A developmental link to ADHD? *Psychiatric Genetics, 11*(1), 31–35.

Auerbach, J., Faroy, M., Ebstein, R., Kahana, M., & Levine, J. (2001). The association of the dopamine D4 receptor gene (DRD4) and the serotonin transporter promoter gene (5-HTTLPR) with temperament in 12-month-old infants. *Journal of Child Psychology and Psychiatry*, *42*(6), 777–783.

Auerbach, J., Geller, V., Lezer, S., Shinwell, E., Belmaker, R. H., Levine, J., et al. (1999). Dopamine D4 receptor (D4DR) and serotonin transporter promoter (5-HTTLPR) polymorphisms in the determination of temperament in 2-month-old infants. *Molecular Psychiatry*, *4*(4), 369–373.

Aviezera, O., Sagi-Schwartz, A., & Koren-Karie, N. (2003). Ecological constraints on the formation of infant–mother attachment relations: When maternal sensitivity becomes ineffective. *Infant Behavior and Development*, *226*(3), 285–299.

Bakermans-Kraneburg, M. J., & van IJzendoorn, M. H. (2006). Gene–environment interaction of dopamine D4 receptor (DRD4) and observed maternal insensitivity predicting externalizing behavior in preschoolers. *Developmental Psychobiology*, *48*, 406–409.

Bakermans-Kranenburg, M. J., van IJzendoorn, M. H., & Juffer, F. (2003). Less is more: Meta-analyses of sensitivity and attachment interventions in early childhood. *Psychological Bulletin*, *129*(2), 195–215.

Barrett, K. C., Zahn-Waxler, C., & Cole, P. M. (1993). Avoiders vs. amenders: Implications for the investigation of guilt and shame during toddlerhood? *Cognition and Emotion*, *7*(6), 481–505.

Bates, J. E., Pettit, G. S., & Dodge, K. A. (1995). Family and child factors in stability and chance in children's aggressiveness in elementary school. In J. McCord (Ed.), *Coercion and punishment in long-term perspectives* (pp. 124–138). New York: Cambridge University Press.

Bell, M. A., & Wolfe, C. D. (2004). Emotion and cognition: An intricately bound developmental process. *Child Development*, *75*(2), 366–370.

Belsky, J., & Fearon, R. M. P. (2002). Early attachment security, subsequent maternal sensitivity, and later child development: Does continuity in development depend upon continuity of caregiving? *Attachment and Human Development*, *4*(3), 361–387.

Belsky, J., Hsieh, K. H., & Crnic, K. (1998). Mothering, fathering, and infant negativity as antecedents of boys' externalizing problems and inhibition at age 3 years: Differential susceptibility to rearing experience? *Development and Psychopathology*, *10*(2), 301–319.

Benoit, D., Parker, K. C. H., & Zeanah, C. H. (1997). Mothers' representations of their infants assessed prenatally: Stability and association with infants' attachment classifications. *Journal of Child Psychology and Psychiatry*, *38*(3), 307–313.

Berlin, L. J. (2005). Interventions to enhance early attachments: The state of the field today. In L. J. Berlin, Y. Ziv, L. Amaya-Jackson, & M. T. Greenberg (Eds.), *Enhancing early attachments: Theory, research, intervention, and policy* (pp. 3–33). New York: Guilford Press.

Biringen, Z. (2000). Emotional availability: Conceptualization and research findings. *American Journal of Orthopsychiatry*, *70*, 104–114.

Bowlby, J. (1982). *Attachment and loss: Vol. 1. Attachment* (2nd ed.). New York: Basic Books. (Original work published 1969)

Braungart-Rieker, J. M., Garwood, M. M., Powers, B. P., & Wang, X. (2001). Parental sensitivity, infant affect, and affect regulation: Predictors of later attachment. *Child Development*, *72*(1), 252–270.

Bronfenbrenner, U. (1979). *The ecology of human development: Experiments by nature and design*. Cambridge, MA: Harvard University Press.

Buss, A. H., & Plomin, R. (1984). *Temperament: Early developing personality traits*. Hillsdale, NJ: Erlbaum.

Calkins, S. D. (2004). Early attachment processes and the development of emotional self-regulation. In R. F. Baumeister & K. D. Vohs (Eds.), *Handbook of self-regulation: Research, theory, and applications* (pp. 324–339). New York: Guilford Press.

Calkins, S. D., & Fox, N. A. (1992). The relations among infant temperament, security of attachment, and behavioral inhibition at twenty-four months. *Child Development*, *63*, 1456–1472.

Calkins, S. D., & Hill, A. (2007). Caregiving influences on emerging emotion regulation: Biological and environmental transactions in early development. In J. J. Gross (Ed.), *Handbook of emotion regulation* (pp. 229–248). New York: Guilford Press.

Calkins, S. D., Smith, C. L., Gill, K. L., & Johnson, M. C. (1998). Maternal interactive style across contexts: Relations to emotional, behavioral, and physiological regulation during toddlerhood. *Social Development*, *7*, 350–369.

Campos, J. J., Campos, R. G., & Barrett, K. C. (1989). Emergent themes in the study of emotional development and emotion regulation. *Developmental Psychology*, *25*, 394–402.

Caspi, A., Sugden, K., Moffitt, T. E., Taylor, A., Craig, I. W., Harrington, H., et al. (2003). Influence of life stress on depression: Moderation by a polymorphism in the 5-HTT gene. *Science*, *301*(5631), 386–389.

Cassidy, J. (1994). Emotion regulation: Influences of attachment relationships. In N. A. Fox (Ed.), *The development of emotion regulation: Biological and behavioral considerations. Monographs of the Society for Research in Child Development* (Vol. 59, pp. 228–249). Malden, MA: Blackwell Publishing.

Cole, P., Martin, S. E., & Dennis, T. A. (2004). Emotion regulation as a scientific construct: Methodological challenges and directions for child development research. *Child Development*, *75*(2), 317–333.

Cole, P., Tamang, B.-L., & Shrestha, S. (2006). Cultural variations in the socialization of young children's anger and shame. *Child Development*, *77*(5), 1237–1251.

Cole, P., Teti, L. O., & Zahn-Waxler, C. (2003). Mutual emotion regulation and the stability of conduct problems between preschool and early school age. *Develomental Psychopathology, 16*, 1–18.

Coolbear, J., & Benoit, D. (1999). Failure to thrive: Risk for clinical disturbance of attachment? *Infant Mental Health Journal, 20*(1), 87–104.

Crittenden, P. M. (1990). Internal representational models of attachment relationships. *Infant Mental Health Journal, 11*(3), 259–277.

Crockenberg, S. B. (1981). Infant irritability, mother responsiveness, and social support influences on the security of infant–mother attachment. *Child Development, 52*(3), 857–865.

Crockenberg, S. B., & Leerkes, E. (2000). Infant social and emotional development in family context. In C. H. Zeanah, Jr. (Ed.), *Handbook of infant mental health* (2nd ed., pp. 60–90). New York: Guilford Press.

Crockenberg, S. B., & Leerkes, E. M. (2004). Infant and maternal behaviors regulate infant reactivity to novelty at 6 months. *Developmental Psychology, 40*, 1123–1132.

Davies, D. (1999). *Child development: A practitioner's guide*. New York: Guilford Press.

Dayton, C. J., Levendosky, A. A., Davidson, W. S., & Bogat, G. A. (2007). The child as held in the mind of the mother: The impact of prenatal maternal representations on later parenting behaviors. Poster presented at the *Society for Research in Child Development*. Boston.

De Wolff, M., & van IJzendoorn, M. H. (1997). Sensitivity and attachment: A meta-analysis on parental antecedents of infant attachment. *Child Development, 68*(4), 571–591.

Dix, T. (1991). The affective organization of parenting: Adaptive and maladaptive processes. *Psychological Bulletin, 110*, 3–25.

Dozier, M., Stovall, K. C., & Albus, K. E. (2001). Attachment for infants in foster care: The role of caregiver state of mind. *Child Development, 72*, 1467–1477.

Ebstein, R., Levine, J., Geller, V., Auerbach, J., Gritsenko, I., & Belmaker, R. H. (1998). Dopamine D4 receptor and serotonin transporter promoter in the determination of neonatal temperament. *Molecular Psychiatry, 3*(3), 238–246.

Eisenberg, N., Cumberland, A., Spinrad, T. L., Fabes, R. A., Shepard, S. A., Reiser, M., et al. (2001). The relations of regulation and emotionality to children's externalizing and internalizing problem behavior. *Child Development, 72*(4), 1112–1134.

Emde, R., & Buschsbaum, H. K. (1989). Toward a psychoanalytic theory of affect: II. Emotional development and signaling in infancy. In S. I. Greenspan & G. H. Pollock (Eds.), *The course of life* (Vol. 1). Madison, CT: International Universities Press.

Feinman, S., Roberts, D., Hsieh, K. H., Sawyer, D., & Swanson, D. (1992). A critical review of social referencing in infancy. In S. Feinman (Ed.), *Social referencing and the social construction of reality in infancy* (pp. 15–54). New York: Plenum Press.

Field, T. (1994). The effects of mother's physical and emotional unavailability on emotion regulation. In N. A. Fox (Ed.), *The development of emotion regulation: Biological and behavioral considerations. Monographs of the Society for Research in Child Development* (Vol. 59, pp. 208–227). Malden, MA: Blackwell Publishing.

Fogel, A., Nwokah, E., Dedo, J. Y., Messinger, D., Dickson, K. L., Matusov, E., et al. (1992). Social process theory of emotion: A dynamic systems approach. *Social Development, 1*, 122–141.

Fonagy, P., Steele, H., Moran, G., Steele, M., & Higgitt, A. (1991). The capacity for understanding mental states: The reflective self in parent and child and its significance for security of attachment. *Infant Mental Health Journal, 13*, 200–217.

Fonagy, P., Steele, M., Steele, H., Higgitt, A., & Target, M. (1994). Theory and practice of resilience. *Journal of Child Psychology and Psychiatry, 35*, 231–257.

Fonagy, P., & Target, M. (1997). Attachment and reflective function: Their role in self-organization. *Development and Psychopathology, 9*, 679–700.

Fox, N. A., Henderson, H. A., Rubin, K., Calkins, S. D., & Schmidt, L. A. (2001). Continuity and discontinuity of behavioral inhibition and exuberance: Psychophysiological and behavioral influence across the first four years of life. *Child Development, 72*(1), 1–21.

Fox, N. A., Nichols, K. E., Henderson, H. A., Rubin, K., Schmidt, L., Hamer, D., et al. (2005). Evidence for a gene–environment interaction in predicting behavioral inhibition in middle childhood. *Psychological Science, 16*(12), 921–926.

Garner, P. W. (1995). Toddlers' emotion regulation behaviors: The roles of social context and family expressiveness. *Journal of Genetic Psychology, 156*, 417–430.

Garner, P. W. (2003). Child and family correlates of toddlers' emotional and behavioral responses to a mishap. *Infant Mental Health Journal, 24*, 580–596.

George, C., Kaplan, N., & Main, M. (1985). *An Adult Attachment Interview: Interview protocol*. Unpublished manuscript, University of California at Berkeley.

George, C., & Solomon, J. (1996). Representational models of relationships: Links between caregiving and attachment. *Infant Mental Health Journal, 17*, 198–217.

Gergely, G., & Watson, J. S. (1996). The social biofeedback theory of parental affect mirroring: The development of emotional self-awareness and self-control in infancy. *International Journal of Psycho-Analysis, 77*, 1181–1212.

Gesell, A., & Armatruda, C. S. (1947). *Develomental diagnosis*. New York: Haber.

Ghera, M. M., Hane, A. A., & Malesa, E. (2006). The role of infant soothability in the relation between infant negativity and maternal sensitivity. *Infant Behavior and Development, 29*(2), 289–293.

Goodlin-Jones, B. L., Burnham, M. M., & Anders, T. F. (2000). *Sleep and sleep disturbances: Regulatory processes in infancy*. Dordrecht, Netherlands: Kluwer.

Green, J., & Goldwyn, R. (2002). Annotation: Attachment disorganization and psychopathology: New findings in attachment research and their potential implications for developmental psychopathology in childhood. *Journal of Child Psychology and Psychiatry*, *43*, 835–846.

Grossmann, K., Grossmann, K. E., Fremmer-Bombik, E., Kindler, H., Scheuerer-Englisch, H., & Zimmerman, P. (2002). The uniqueness of the child–father attachment relationship: Fathers' sensitive and challenging play as a pivotal variable in a 16-year longitudinal study. *Social Development*, *11*(3), 307–331.

Grossmann, K. E., Grossmann, K., & Waters, E. (2005). *Attachment from infancy to adulthood: The major longitudinal studies*. New York: Guilford Press.

Haft, W. L., & Slade, A. (1989). Affect attunement and maternal attachment: A pilot study. *Infant Mental Health Journal*, *10*(3), 157–172.

Harrist, A. W., & Waugh, R. M. (2002). Dyadic synchrony: Its structure and function in children's development. *Developmental Review*, *22*(4), 555–592.

Hart, S. L., Carrington, H. A., Tronick, E. Z., & Carroll, S. R. (2004). When infants lose exclusive maternal attention: Is it jealousy? *Infancy*, *6*, 57–78.

Hofferth, S. L., Pleck, J., Stueve, J. L., Bianchi, S., & Sayer, L. (2002). The demography of fathers: What fathers do. In S. Tamis-LeMonda & N. Cabrera (Eds.), *Handbook of father involvement: Multidisciplinary perspectives* (pp. 63–92). Mahwah, NJ: Erlbaum.

Hoffman, K. T., Marvin, R. S., & Cooper, G. (2006). Changing toddlers' and preschoolers' attachment classifications: The Circle of Security intervention. *Journal of Consulting and Clinical Psychology*, *74*, 1017–1026.

Horvath, D. D., & Weinraub, M. (2005). Predicting children's separation anxiety at age 6: The contributions of infant–mother attachment security, maternal sensitivity, and maternal separation anxiety. *Attachment and Human Development*, *7*(4), 393–408.

Huth-Bocks, A. C., Levendosky, A. A., Theran, S. A., & Bogat, G. A. (2004). The impact of domestic violence on mothers' prenatal representations of their infants, *Infant Mental Health Journal*, *25*, 79–98.

Izard, C. E., Hembree, E. A., & Huebner, R. R. (1987). Infants' emotion expressions to acute pain: Developmental change and stability of individual differences. *Developmental Psychology*, *23*(1), 105–113.

Izard, C. E., & Malatesta, C. Z. (1987). Perspectives on emotional development: I. Differential emotions theory of early emotional development. In J. D. Osofsky (Ed.), *Handbook of infant development* (2nd ed., pp. 494–554). New York: Wiley.

James, W. (1884). What is an emotion? *Mind*, *9*, 188–205.

Johnson, M. H., Posner, M. I., & Rothbart, M. K. (1991). Components of visual orienting in early infancy: Contingency learning, antocipatory looking, and disengaging. *Journal of Cognitive Neuroscience*, *3*(4), 335–344.

Kagan, J., Reznick, J. S., Clarke, C., Snidman, N., & Garcia-Coll, C. (1984). Behavioral inhibition to the unfamiliar. *Child Development*, *55*(6), 2212–2225.

Kagan, J., Snidman, N., McManis, M., & Woodward, S. (2001). Temperamental contributions to the affect family of anxiety. *Psychiatric Clinics of North America*, *24*(4), 677–688.

Kaufman, J., Yang, B. Z., Douglas-Palumberi, H., Houshyar, S., Lipschitz, D., Krystal, J. H., et al. (2004). Social supports and serotonin transporter gene moderate depression in maltreated children. *Proceedings of the National Academy of Sciences of the United States of America*, *101*(49), 17316–17321.

Kestenbaum, R., Farber, E., & Sroufe, L. A. (1989). Individual differences in empathy among preschoolers: Relation to attachment history. *New Directions for Child Development*, *44*, 51–64.

Kestenbaum, R., Farber, E., & Sroufe, L. A. (1989). Individual differences in empathy among preschoolers: Relation to attachment history. *New Directions for Child Development*, *44*, 51–64.

Kitayama, S., Marcus, H., & Matsumoto, H. (1995). *Culture, self, and emotion: A cultural perspective on "self-conscious" emotions*. New York: Guilford Press.

Klein Velderman, M., Bakermans-Kranenburg, M. J., & Juffer, F. (2006). Effects of attachment-based interventions on maternal sensitivity and infant attachment: Differential susceptibility of highly reactive infants. *Journal of Family Psychology*, *20*(2), 266–274.

Kluger, A. N., Siegfried, Z., & Ebstein, R. (2002). A meta-analysis of the association between DRD4 polymorphism and novelty seeking. *Molecular Psychiatry*, *7*(7), 712–717.

Kochanska, G. (2001). Emotional development in children with different attachment histories: The first three years. *Child Development*, *72*(2), 474–490.

Kogan, N., & Carter, A. S. (1996). Mother–infant reengagement following the still-face: The role of maternal emotional availability in infant affect regulation. *Infant Behavior and Development*, *19*, 359–370.

Kopp, C. B. (1989). Regulation of distress and negative emotions: A developmental view. *Developmental Psychology*, *25*, 343–354.

Koren-Karie, N., Oppenheim, D., & Dolev, S. (2002). Mother's insightfulness regarding their infants' internal experience: Relations with maternal sensitivity and infant attachment. *Developmental Psychology*, *38*(4), 534–542.

Leerkes, E., & Crockenberg, S. B. (2003). The impact of maternal characteristics and sensitivity on the concordance between maternal reports and laboratory observations of infant negative emotionality *Infancy*, *4*, 517–539.

Lemerise, E. A., & Arsenio, W. F. (2000). An integrated model of emotion processes and cognition in social information processing. *Child Development*, *71*, 107–118.

Lemerise, E. A., & Dodge, K. A. (2000). The development of anger and hostile interactions. In M. Lewis & J. M. Haviland-Jones (Eds.), *Handbook of emotions* (2nd ed., pp. 594–606). New York: Guilford Press.

Lerner, J. V., Hertzog, C., Hooker, K. A., Hassibi, M., & Tomas, A. (1988). A longitudinal study of negative emotional states and adjustment from early childhood through adolescence. *Child Development*, *59*, 356–366.

Lewis, M. (2000). Self-conscious emotions: Embarrassment, pride, shame, and guilt. In M. Lewis & J. M. Haviland-Jones (Eds.), *Handbook of emotions* (2nd ed., pp. 623–636). New York: Guilford Press.

Lewis, M., & Ramsay, D. (2002). Cortisol response to embarrassment and shame. *Child Development*, *73*, 1034–1045.

Lewis, M., & Ramsay, D. (2005). Infant emotional and cortisol responses to goal blockage. *Child Development*, *76*, 518–530.

Lieberman, A. F. (1993). *The emotional life of the toddler.* New York: Free Press.

Lyons-Ruth, K., & Jacobvitz, D. (1999). Attachment disorganization: Unresolved loss, relational violence, and lapses in behavioral and attentional strategies. In J. Cassidy & P. Shaver (Eds.), *Handbook of attachment: Theory, research, and clinical applications* (pp. 520–554). New York: Guilford Press.

Magai, C. (1999). Affect, imagery, and attachment: Working models of interpersonal affect and the socialization of emotion. In J. Cassidy & P. Shaver (Eds.), *Handbook of attachment: Theory, research and clinical applications* (pp. 787–802). New York: Guilford Press.

Mahler, M. S., Pine, F., & Bergman, A. (1994). Stages in the infant's separation from the mother. In G. Handel & G. G. Whitchurch (Eds.), *The psychosocial interior of the family* (4th ed., pp. 419–448). Hawthorne, NY: Aldine de Gruyter.

Main, M., & George, C. (1985). Responses of abused and disadvantaged toddlers to distress in agemates: A study in the day care setting. *Develomental Psychopathology*, *21*, 407–412.

Main, M., & Goldwyn, R. (1984). *Adult attachment scoring and classification systems* (2nd ed.). Unpublished manuscript, University of California at Berkeley.

Main, M., & Solomon, J. (1986). Discovery of a new, insecure-disorganized/disoriented attachment pattern. In T. B. Brazelton & M. Q. Yogman (Eds.), *Affective development in infancy* (pp. 95–124). Norwood, NJ: Ablex.

Malatesta, C. Z., Culver, C., Tesman, J. R., & Shepard, B. (1989). The development of emotion expression during the first two years of life. *Monographs of the Society for Research in Child Development*, *54*(1–2), 1–103.

Mangelsdorf, S., McHale, J. L., Diener, M., Goldstein, L. H., & Lehn, L. (2000). Infant attachment: Contributions of infant temperament and maternal characteristics. *Infant Behavior and Development*, *23*(2), 175–196.

Mayseless, O. (2006). *Parenting representations: Theory, research, and clinical implications.* New York: Cambridge University Press.

McElwain, N. L., & Booth-Laforce, C. (2006). Maternal sensitivity to infant distress and nondistress as predictors of infant–mother attachment security. *Journal of Family Psychology*, *20*(2), 247–255.

Meins, E., Fernyhough, C., & Fradley, E. (2001). Rethinking maternal sensitivity: Mothers' comments on infants' mental processes predict security of attachment at 12 months. *Journal of Child Psychology and Psychiatry*, *42*(5), 637–648.

Meins, E., Fernyhough, C., & Johnson, F. (2006). Mind-mindedness in children: Individual differences in internal-state talk in middle childhood. *British Journal of Developmental Psychology*, *24*(1), 181–196.

Meins, E., Fernyhough, C., & Wainwright, R. (2003). Pathways to understanding mind: Construct validity and predictive validity of maternal mind-mindedness. *Child Development*, *74*(4), 1194–1211.

Milligan, K., Atkinson, L., Trehub, S. E., Benoit, D., & Poulton, L. (2003). Maternal attachment and the communication of emotion through song. *Infant Behavior and Development*, *26*(1), 1–13.

Moore, G. A., & Calkins, S. D. (2004). Infants' vagal regulation in the still-face paradigm is related to dyadic coordination of mother–infant interaction. *Developmental Psychology*, *40*(6), 1068–1080.

Muzik, M., & Rosenblum, K. (2003, April). *Maternal reflective capacity: Association with sensitivity and mental state comments during interaction.* Poster presented at the Society for Research on Child Development (SRCD) conference, Tampa, FL.

NICHD Early Child Care Research Network. (2004). Affect dysregulation in the mother–child relationship in the toddler years: Antecedents and consequences. *Development and Psychopathology*, *16*, 43–68.

Oster, H. (1981). "Recognition" of emotional expression in infancy? In M. E. Lamb & L. R. Sherrod (Eds.), *Infant social cognition: Empirical and theoretical considerations* (pp. 85–125). Hillsdale, NJ: Erlbaum.

Paquette, D. (2004). Theorizing the father–child relationship: Mechanisms and developmental outcomes. *Human Development*, *47*(4), 193–219.

Propper, C., & Moore, G. A. (2006). The influence

of parenting on infant emotionality: A multi-level psychobiological perspective. *Developmental Review*, *26*, 427–460.

Repacchli, B. M., & Meltzoff, A. N. (2007). Emotional eavesdropping: Infants selectively respond to indirect emotional signals. *Child Development*, *78*, 503–521.

Rosenblum, K. L., Dayton, C. J., & McDonough, S. (2006). *Communicating feelings: Links between mothers' representations of their infants, parenting, and infant emotional development*. New York: Cambridge University Press.

Rosenblum, K. L., McDonough, S., Muzik, M., Miller, A., & Sameroff, A. (2002). Maternal representations of the infant: Associations with infant response to the still face. *Child Development*, *73*(4), 999–1015.

Rosenblum, K. L., McDonough, S. C., Sameroff, A. J., & Muzik, M. (2008). Reflection in thought and action: Maternal parenting reflectivity predicts mind-minded comments and interactive behavior. *Infant Mental Health Journal*, *29*, 362–376.

Rosenblum, K. L., Zeanah, C. H., McDonough, S., & Muzik, M. (2004). Video-taped coding of working model of the child interviews: A viable and useful alternative to verbatim transcripts? *Infant Behavior and Development*, *27*(4), 544–549.

Rothbart, M. K., & Bates, J. E. (1998). Temperament. In N. Eisenberg (Ed.), *Handbook of child psychology: Social, emotional, and personality development* (Vol. 3, pp. 105–176). New York: Wiley.

Rothbart, M. K., & Derryberry, D. (1981). Development of individual differences in temperament. In M. E. Lamb & A. L. Brown (Eds.), *Advances in developmental psychology* (Vol. 1). Cambridge, NY: Cambridge University Press.

Saarni, C. (1999). *The development of emotional competence*. New York: Guilford Press.

Sagi, A., van IJzendoorn, M. H., Aviezer, O., & Donnell, F. (1994). Sleeping out of home in a kibbutz communial arrangement: It makes a difference for infant–mother attachment. *Child Development*, *65*(4), 992–1004.

Sameroff, A. (1993). Models of development and developmental risk. In C. H. Zeanah, Jr. (Ed.), *Handbook of infant mental health* (pp. 3–13). New York: Guilford Press.

Sameroff, A., McDonough, S., & Rosenblum, K. L. (Eds.). (2004). *Treating parent–infant relationship problems: Strategies for intervention*. New York: Guilford Press.

Sander, L. W. (1975). Infant and caretaking environment: Investigation and conceptualization of adaptive behavior in a system of increasing complexity. In E. J. Anthony (Ed.), *Explorations in child psychiatry* (pp. 129–166). New York: Plenum Press.

Schechter, D. S., Coots, T., Zeanah, C. H., Davies, M., Coates, S. W., Trabka, K. A., et al. (2005). Maternal mental representations of the child in an inner-city clinical sample: Violence-related posttraumatic stress and reflective functioning. *Attachment and Human Development*, *7*, 313–332.

Schwartz, C. E., Snidman, N., & Kagan, J. (1999). Adolescent social anxiety as an outcome of inhibited temperament in childhood. *Journal of the American Academy of Child and Adolescent Psychiatry*, *38*(8), 1008–1101.

Seifer, R. (2000). Temperament and goodness of fit: Implications for developmental psychopathology. In A. J. Sameroff, M. Lewis, & S. M. Miller (Eds.), *Handbook of developmental psychopathology* (2nd ed., pp. 257–276). New York: Kluwer/Plenum.

Simpson, J. A. (1999). Attachment theory in modern evolutionary perspective. In J. Cassidy & P. Shaver (Eds.), *Handbook of attachment: Theory, research and clinical applications* (pp. 115–140). New York: Guilford Press.

Slade, A., Belsky, J., Aber, J. L., & Phelps, J. L. (1999). Mothers' representations of their relationships with their toddlers: Links to adult attachment and observed mothering. *Developmental Psychology*, *35*(3), 611–619.

Slade, A., Grienenberger, J., Bernbach, E., Levy, D., & Locker, A. (2005). Maternal reflective functioning, attachment, and the transmission gap: A preliminary study. *Attachment and Human Development*, *7*, 283–298.

Sparrow, S., Balla, D., & Cicchetti, D. (1984). *Vineland Adaptive Behavior Scales*. Circle Pines, MN: American Guidance Service.

Spinrad, T. L., & Stifter, C. A. (2006). Toddlers' empathy-related responding to distress: Predictions from negative emotionality and maternal behavior in infancy. *Infancy*, *10*(2), 97–121.

Sroufe, L. A. (1983). Infant–caregiver attachment and patterns of adaptation in preschool: The roots of maladaptation and competence. In M. Perlmutter (Ed.), *Minnesota symposium in child psychology* (Vol. 16, pp. 41–83). Hillsdale, NJ: Erlbaum.

Sroufe, L. A. (1989). Relationships, self, and individual adaptation. In A. J. Sameroff & R. N. Emde (Eds.), *Relationship disturbances in early childhood* (pp. 70–94). New York: Basic Books.

Sroufe, L. A., Egeland, B., Carlson, E. A., & Collins, W. A. (2005). *The development of the person: The Minnesota study of risk and adaptation from birth to adulthood*. New York: Guilford Press.

Sroufe, L. A., & Waters, E. (1977). Attachment as an organizational construct. *Child Development*, *48*, 1184–1199.

Stern, D. N. (1985). *The interpersonal world of the infant: A view from psychoanalysis and developmental psychology*. New York: Basic Books.

Stifter, C. A. (2002). Individual differences in emotion regulation in infancy: A thematic collection. *Infancy*, *3*, 129–132.

Suess, G. J., Grossmann, K. E., & Sroufe, L. A. (1992). Effects of infant attachment to mother and father on quality of adaptation in preschool: From dyadic to individual organisation of self. *International Journal of Behavioral Development*, *15*(1), 43–65.

Taumoepeau, M., & Ruffman, T. (2006). Mother and infant talk about mental states relates to desire language and emotion understanding. *Child Development*, *77*(2), 465–481.

Teti, D. M., & Candelaria, M. (2002). Parenting competence. In M. H. Bornstein (Ed.), *Handbook of parenting: Applied parenting* (2nd ed., Vol. 4, pp. 149–180). Mahwah, NJ: Erlbaum.

Thomas, A., & Chess, S. (1977). *Temperament and development*. New York: Brunner/Mazel.

Thompson, R. (1990). Emotion and self-regulation. In R. A. Thompson (Ed.), *Nebraska symposium on motivation* (pp. 367–467). Lincoln, NE: University of Nebraska Press.

Tronick, E. Z. (2003). Things still to be done on the still-face effect. *Infancy*, *4*, 475–482.

Tronick, E. Z. (2006). The inherent stress of normal daily life and social interaction leads to the development of coping and resilience and variation in resilience in infants and young children. *Annals of the New York Academy of Sciences*, *1094*, 83–104.

Tronick, E. Z., & Cohn, J. F. (1989). Infant–mother face-to-face interaction: Age and gender differences in coordination and the occurrence of miscoordination. *Child Development*, *60*, 85–92.

Tronick, E. Z., & Weinberg, M. K. (1997). Depressed mothers and infants: Failure to form dyadic states of consciousness. In L. Murray & P. J. Cooper (Eds.), *Postpartum depression and child development* (pp. 54–81). New York: Guilford Press.

van IJzendoorn, M. H., & De Wolff, M. S. (1997). In search of the absent father—meta-analysis of infant–father attachment: A rejoinder to our discussants. *Child Development*, *68*(4), 604–609.

Vizziello, G. F., Antonioli, M. E., Cocci, V., & Invernizzi, R. (1993). From pregnancy to motherhood: The structure of representative and narrative change. *Infant Mental Health Journal*, *14*(1), 4–16.

Walbot, H., & Scherer, K. (1995). Cultural determinants in experiencing shame and guilt. In J. P. Tangney & K. W. Fischer (Eds.), *Self-conscious emotions: The psychology of shame, guilt, embarrassment, and pride* (pp. 465–487). New York: Guilford Press.

Weinberg, M. K., & Tronick, E. Z. (1996). Infant affective reactions to the resumption of maternal interaction after the still-face. *Child Development*, *67*(3), 905–914.

Weinfield, N. S., Sroufe, L. A., Egeland, B., & Carlson, E. A. (1999). The nature of individual differences in infant–caregiver attachment. In J. Cassidy & P. Shaver (Eds.), *Handbook of attachment: Theory, research, and clinical applications* (pp. 68–88). New York: Guilford Press.

Zeanah, C. H., & Benoit, D. (1995). Clinical applications of a parent perception interview in infant mental health. *Child and Adolescent Psychiatric Clinics of North America*, *4*(3), 539–554.

Zeanah, C. H., Keener, M. A., Stewart, L., & Anders, T. F. (1985). Prenatal perception of infant personality: A preliminary investigation. *Journal of the American Academy of Child Psychiatry*, *24*(2), 204–210.

Zimmermann, P. (1999). Structure and functions of internal working models of attachment and their role for emotion regulation. *Attachment and Human Development*, *1*(3), 291–306.

第 6 章

婴儿心理健康的社会文化背景

迈向情境一致的干预

钱德拉·米希科·高希·伊彭（Chandra Michiko Ghosh Ippen）

不要跟在我后面，我可能无法引导你；不要走在我前面，我可能不会跟随你；走在我身边，这样我们会如同一个人。

——犹太谚语

104 ● 纳塔利娅，一个患产后抑郁的25岁母亲，想要把她5个月大的儿子送到墨西哥给他的祖父母照顾。

● 阿尔玛，在寄养中心长大的17岁少年母亲，似乎不愿为了她9个月大的女儿配合联合抚养计划，也不愿放弃她对女儿的抚养权。

● 杜安，27个月大，由于侵犯其他儿童而面临着被日托中心开除的风险。接送她上学的姥姥，看起来很和善，却因为说塔加路族语没法与老师沟通。他父亲人很好，却无视学校的建议。

这些只是婴儿心理健康工作者在工作中可能遇到的一类家庭。我们试图建立伙伴关系来帮助他们。缺乏对话和信任，使我们看不到来访者的真实情况，并使我们做出与来访者意图不相符的干预。特别是为社会文化背景与我们不同的家庭提供服务时，必须认识到我们的观点可能与其截然不同，包括对安全、养育和孩子行为的理解。《从神经细胞到邻近科学》（Shonkoff & Phillips，2000）的综述指出童年早期项目低摄取、高消耗的特点，引起了所提供的服务与所需要的服务间相容程度的问题。如果我们通过多种系统降低服务品质的不一致性，我们必须先承认尽管我们的目的是好的，也为此不懈努力，但我们仍有很多不足。我们需要借助他人的观点分析问题。

105 虽然本章的目的是表达对话的重要性，包括语调、语态和内容，但我的观点会因为我的经验而有所偏颇。因此，再继续往下阅读并就某一问题进行讨论之前，我想你应该先了解一下我。我是孟加拉人和日本人的混血儿，我的父母成年后移民到美国，并且成为儿童保护服务的工作者。我生长在旧金山，身为中产阶级却进入了私立学校读书，在洛杉矶学习如何成为一名心理学家，进学校工作并落户洛杉矶东南部后重新学习西班牙语。现在为加州大学旧金山分校（UCSF）的儿童创伤研究计划工作，这是一个临床研究计划，主要研究创伤对儿童（从出生到5岁）的影响，调查亲子心理治疗的效果（Lieberman & Van Horn，2005），该治疗基于亲子双方、依恋和文化背景。我们的项目主要服务于低收入、多种族家庭。大多数抚养人经历过很多创伤。我的同事有75%说西班牙语，我是唯一一个非拉美裔而说西班牙语的人。

我继承的文化和个人经验影响了我的观点，同样，你们的文化和经验也会影响你们对同一事物的反应与看法。如果你从中没有获得什么，那么我希望为了尊重各自的文化背景，以及其他工作者的观点，我们必须先理解我们从哪里来以及我们的内在反应、对事件的解释和干预对自身背景的影响（Garcia Coll & Meyer，1993；Lewis，2000；Lieberman，1990）。临床医生和个体的反应经常受各自文化背景的影响，我们不仅要承认我们的反应，还要尽力去理解为什么这样做。在我们的发展过程中，如何被“教”着去感受？不管我们的答案是什么，当我们与不同个体一起工作时，应花时间与他们进行必要的对话，理解他们的观点。

探讨文化多样性时经常伴随着强烈的情绪，因为当我们的团队经历创伤、歧视或郁闷时，诉说这一现实可能会感到痛苦。其次，我们的价值和信念会改变我们的现实，而放弃我们所知道的。除了否定我们的反应，我们需要承认，如果我们这么感觉，那么与我们一起工作的家庭也会有同样的感觉。再次，我们需要认识到，尽管对话可能是困难的，但当这些事情没人理睬时，困难会持续并严重削弱干预效果。

人口统计的现象强调关注多样化。回顾前面关于多元文化、文化胜任力和文化敏感性的讨论，使我们了解发展干预的目标，这一目标不仅与家庭文化相一致，也与其他因素相一致。特定小组提供的信息不在本章讨论范围内。相反，本章讨论有助于维持以背景和潜在差异为焦点的理论模型。最后介绍多样化意识模型，该模型能用来识别相关的争论并引导干预。这一章提出了很多研究和临床工作的例子以供思考。我希望你们能思考这些例子，并与他人分享和讨论。这一工作不仅需要结构分析，还要有经验，与我们不同的人进行对话，并拓展我们的思维方式和干预方法。我要承认开始时可能会忽视很多重要的问题，有些因为空间和组织上的约束，另一些则因为超出了我的知识背景。我鼓励你们积极思考什么适合你，什么适合你的同事，并问问你自己，哪些话应该说却没说。

106 多元文化背景

2006 年，国家文化胜任力中心（National Center for Cultural Competence）开发了一种组织评估文化和语言能力的工具。这一工具从两个基本问题开始：（1）工作者在其服务中能否“识别多元文化的交流”？（2）是否熟悉“目前和预期的人口统计”？最近的美国人口普查数据（U. S. Census，2005）公布了种族分布：66.9%白人，14.4%拉丁美洲人（西班牙裔），12.8%黑人，4.3%亚洲人，1.5%其他种族，1%美印第安人和阿拉斯加本土人，还有 2%夏威夷本土人和来自其他太平洋岛屿的人。尽管还不完善（没有记录多种族个体的分布点），但还是能推断 2050 年的种族分布为 52.8%白人，24.3%拉丁美洲人（西班牙裔），13.2%黑人，8.9%亚洲人，以及 0.8%美印第安人和阿拉斯加本土人。这一变化在某些州尤其明显。例如，到 2050 年，加利福尼亚的拉丁美洲人口可能会从 15%增长到 53.6%（U. S. Census，2000）。这些数据对婴儿心理健康工作者有重要意义，出生率的改变在这之前就从人口普查中反映出来。所以我们必须问自己，我们准备好为婴儿、学步儿和学前儿童服务了吗？

关于文化的讨论必然引出有关社会经济学领域的讨论，因为一些少数族裔团体更有可能经历经济困难。美国贫困数据显示，与 5.9%的非西班牙白人相比，22.5%的黑人和 20.8%的西班牙家庭生活在贫困水平以下（Proctor & Dalaker，2003）。通过与多重风险因素相互作用，贫困影响发展的几个主要方面包括：大脑发育、智力和学习能力以及身心健康（Aber，Jones & Cohen，2000；Knitzer & Perry，本书第 8 章；Sameroff & Fiese，2000）。因此，基于多文化的观点，我们不能忽略社会经济阶层的背景。然而，正如第一届国家跨文化研讨峰会中提到的（Sue，Bingham，Porché-Burke & Vasquez，1999），多样化的重要方面，如性别、性取向、能力以及宗教信仰，必然体现出多文化的焦点，考虑它们与差异和误解的关系。用这一标准，需要考虑的其他因素包括移民情况、文化适应、创伤经历、年龄和居于乡村或城市。

这必不可少地拓宽了多元文化的焦点，且十分重要：必不可少是因为很难记住并评估所有这些因素，并很难判定它们对干预的影响；重要则是因为，任何因素都有助于全面理解“问题”及其潜在的解决办法，并且背景因素的相互作用能反映唯一的现实。例如，你学习了知识后，会逐渐转变评定和干预 27 个月大的杜安的设想。曾提到杜安有严重的语言发展延迟，并因为咬伤同龄人而可能被学校开除。他的母亲是非裔美国人，他的爸爸是第一代移民的菲律宾裔美国人，并且是他的主要抚养人。他父亲是同性恋，并且最近刚与他的尼加拉瓜情人同居。这个新的转变激怒了杜安的姥姥，她直到这之前还很支持杜安的父亲，因为她认为他给了外孙一个很好的家。必须面对这种复杂情况，因为在旧金山与这种家庭打交道同在亚特兰大或盐湖城的工作显然不同。

你首先想到的是什么？你会有什么疑问？杜安的背景如何影响他的言语？他为什么要咬人？你还想知道关于他家庭的什么？他上日托中心的情况如何？如果他上的是一个白人为主的日托中心或是一个亚洲人为主的日托中心，情况会如何？在诸如学校中谁应该为不礼貌负责等话题上，老师和家庭的文化信念如何一致或有冲突？为什么城市背景很重要？这个例子强调了联合多元文化焦点的重要性。试想我们没有创设一个可以分享信息的安全、开放的氛围，没有意识到关键的背景因素会阻碍干预效果。每一个新的信息都能引 107
导出新的问题、假设以及不同的干预途径。其次，必须考虑知识如何引发我们的反应，这将影响我们与这种家庭交流的方式。

美国外科医生总会的国家行动纲要中儿童心理健康的第四个目标即体现了多元文化的重要性：“消除心理健康服务中的种族和社会经济不一致。”（U. S. Public Health Service，2000，p. 6）这要求我们在工作的每一方面都采取多文化视角，必须提供“有文化胜任力和科学论证的服务”；建立多种家庭都能参与的程序；招募并培训能代表社区多样化的服务者；指导研究诊断、预防、治疗和提供服务过程中的不一致；制定我们机构和其他广泛交流中的策略，以满足各类人群的需要。

情境一致的干预

正如我们信奉多文化的观点，不仅要避免我们的视角聚焦家庭及其文化时过于狭隘，还要考虑更广的背景（Brave Heart & Spicer，2000；Levine et al.，1994；Lieberman，1990）。在这个快节奏的世界中，只有“文化胜任力”还不够，还要使干预符合情境，即干预要结合文化、家庭历史、当前情况和未来的目标。我并不是否定文化的重要性或使事情复杂化，而是我相信，情境一直是我们真正的目标，并且概念化是我们应为之奋斗的事情。

我将分享我的推论。首先，我们不能把文化的“真相”抓得太紧，因为文化是动态的，在不断变化。文化总在变，但在科技发达的今天，变化比以往发生的更加频繁。陈、岑和李等（Chen，Cen，Li et al.，2005）对中国小学生的害羞实验说明了这一点。1990年，害羞与学业成绩、同伴接纳、教师评定的能力和领导水平有关。1998年，这一关系变弱了。而2002年，害羞则与同伴拒绝、教师评定的学校问题以及抑郁有关。尽管该研究的被试为年龄较大的儿童，但它联结“社会情境和经济价值的变化”，在上海这样一个文化相对同质和同一个物理范围内，“其文化价值观也在改变”。迁移或接触其他文化能通过文化适应和同化引起更大和更快的改变（García Coll，Ackerman & Cicchetti，2000）。

其次，忽视情境改变的干预不能满足家庭的真正需要。例如，一个父亲是商人的日本家庭，父亲通常晚上11点回家，孩子只能一直不睡觉，这样才有机会与父亲进行交流，才符合日本重家庭的文化信仰，即尊重父亲。事实上，在日本家庭中这种情况很普遍。然而，儿童进入日托中心后，从下午的第一节课（如音乐和游泳）开始，母亲会参与英语课并需要完成一些作业，但这种策略可能导致失眠，反过来引起母亲压力增加，以及亲子关系问题。多数情况下，家庭会调整她们的价值观和需要，但如果不这么做，并向我们求助，我们就需要考虑整体情境，包括家庭的价值观和实际需要。

最后，文化价值观和实际需要经常有冲突。例如，纳塔利娅为了逃离有家庭暴力的丈夫以及经济危机，两年前从墨西哥移民到美国，将1岁的儿子留给了她的母亲。她现在有了一个5个月大的儿子，她上班时把孩子放在早教中心全天托管。她感觉很沮丧，与儿子交流时并不快乐。反过来，她的儿子与她接触也比较少。她在想是不是要把儿子送回墨西哥给母亲照顾。为了帮助纳塔利娅和她的家庭，我们不仅要清楚她是谁（她的文化和个人经历），还要知道她生活的地方（如经济需要、安全威胁、作为非法移民的社会地位），以及她对家庭未来的目标。她的文化使她重视家庭和母亲的角色，目前的环境需要她工作来维持生活并且能寄钱给她墨西哥的儿子。失去家庭的支持以及她认为自己是一个“坏母亲”的想法使她很难用自己的方法抚养儿子，并且怀疑是不是她的儿子离开她会更好。了解她的现实情况以后，我们假设与纳塔利娅的治疗对话可以让她谈论移民造成的损失（她的儿子、家庭、国家和自我感），帮助其认识到价值观和行为的联系。通过这些，使她能够解决由文化价值观和行为间冲突所引起的内部分裂，并且把自己看成一个有现实困难但仍有爱心关心孩子的母亲。这种自我知觉的改变，反过来可能改变她抚养儿子的能力。 108

然而，这并不意味着她必须将儿子留在身边，即使她将儿子送去墨西哥，她的真实感受也会使她同情自己，并且将她与孩子的关系看成是不断进步的，使她较少重复原来抚养孩子的方法，改变认为自己不能照顾孩子的想法。另外，对于一些临床医学家来说，他们不把治疗看做一次失败，而是即使不能改变她所面对的现实，也帮助纳塔利娅改变她对自己和孩子的归因。

全面的方法即不是单方面地看待对象（家庭或文化）并鼓励干预的发展，而是对双方都很敏感，并且可能与少数族裔和多元文化团体更加和谐。古铁雷斯和萨默罗夫（Gutierrez & Sameroff，1990）发现，适应文化的墨西哥裔美国母亲比西班牙白人母亲更有见解，在理解儿童行为时更有可能结合心理学、法规和环境的知识。少数族裔倾向于在至少两种不同的文化情境中工作

(Sue，Arredondo & McDavis，1992)。为了胜任工作，他们要有多种观点应对不同境况。为了与他们生活的复杂性相匹配，我们的干预需要综合多种观点。

幸运的是，我们应对情境的基础较好。起初认为关系和情境是婴儿心理健康的塑造者（Fitzgerald & Barton，2000）。0～3岁婴儿心理健康工作组（The Zero to Three Infant Mental Health Task Force，2001，p. 1）将婴儿心理健康定义为“儿童从出生到3岁期间的发展能力：经验、控制和情绪表达；亲密关系；探索环境和学习……家庭、社会和对婴儿文化预期中包含的一切。”基于关系的核心价值、自我反省和积极反对（Gilkerson，2004）将我们引向更一致的观点，因为它们帮助我们处理这些因素间不断变化的相互影响，塑造了儿童的发展，去思考我们在干预中的反应，以及花时间去思考安全和支持环境下潜在的不同。

来自文化的挑战包括群体共享并世代传承的态度、价值观、信仰和行为（Matsumoto，1997），缺乏“适应抚养子女机制的无意识传递”的解释（Lieberman，1990，p. 103）。适时地，我们忘记了做事情的原因，并承认事情就应该是这样。多样化指人类在信仰、态度、价值观或行为上的差异。因此，与那些文化背景不同的人工作时，所受到挑战会提高我们的文化胜任力。 109

文化胜任或文化敏感性的讨论核心是，要了解自身和来访者的世界观与价值观，与我们的价值观是相互的和尊重的关系（Barrera & Corso，2002；Lieberman，1990；Sue et al.，1992）。休（Sue，1998）重视理性思维，提出并检验基于既有知识的假设，并在认同个体差异的同时整合家庭文化背景。加西亚·科尔和迈耶（García Coll & Meyer，1993）提出了一系列问题以促进一个有意义对话的发展：“有问题吗？为什么会有这个问题？可以做些什么？谁应该明确这个问题？”（p. 61）他们提醒了我们，来访者的答案可能与我们不同。利伯曼（Lieberman，1990）提出，文化敏感性源自和谐，是人际敏感性的一种形式，包括了解个体的气质和背景，接受我们所不知道的事情。这回到了最初的根源问题，使我们认识到我们所做的工作是什么，我们不仅要适当地调整，还要和其他人一起关注应该加强和保护什么。

理论模型

第二届国家跨文化研讨峰会指出：“目前难以定义人类行为，没有理论可以反映或解释多样化的形成的真实性。”（Bingham，Porché-Burke，James，Sue & Vasquez，2002，p. 84）这一声明尊重了人类经验的复杂性，但欠缺理论解释。相反，需要一个多元理论方法在与不同人群工作时提高我们干预的灵活性。以下的模型和理论能帮助我们实施符合情境的干预。我先提供一个新模型帮我们理解不同的观点。之后描述层次生态模型，并讨论它对情境和干预的影响。

依恋、文化和创伤

依恋、文化和创伤（ACT）模型结合了这些领域作为塑造发展和观点的一致性力量。虽然依恋和文化对婴儿心理健康很重要，而创伤似乎少有论证。然而，创伤在很多种族史和儿童当前生活中普遍存在。对已婚夫妻或同居者的研究估计，1年内29.4%的儿童（1.55亿）目睹家庭暴力（McDonald，Jouriles，Ramisetty-Mikler，Caetano & Green，2006）。尽管这项研究没有包括儿童的年龄，但是其他研究者发现0～5岁的儿童比年龄更大的儿童更有可能目睹家庭暴力（Fantuzzo，Boruch，Beriama & Atkins，1997）。儿童虐待数据显示：2005年0.36亿儿童接受了儿童保护服务（CPS）的调查；0～3岁儿童成为受害者的比率最高（U. S. Department of Health and Human Services，2007）。该模型强调创伤具有长期深远的影响。舍尔丁格、泽纳、迈尔斯和帕特南（Scheeringa，Zeanah，Myers & Putnam，2005）发现了20个月到6岁经历过创伤的儿童，两年后有功能性损伤的现象。此外，不利的童年经历（ACE），包括虐待和目睹家庭暴力是预测成人死亡和残疾的主要原因（Felitti et al.，1998），这一现象在某些少数族群中更为普遍（Koss et al.，2003）。

ACT的内容我们并不陌生。发展科学认为：
“人类发展是遗传和经历持续相互作用的结果”， 110

“文化影响人类发展的每一方面”（Shonkoff & Phillips，2000，p.3）。我们已经知道创伤如何改变发展的轨迹（Cicchetti，Toth & Maughan，2000；Pynoos，Steinberg & Piacentini，1999）。研究者和临床医生已经讨论过依恋和创伤的联系（Hesse & Main，2006；Lieberman，2004）、依恋和文化的联系（van IJzendoorn & Sagi，1999），以及创伤和文化的联系（DeVries，1996；Lewis & Ghosh Ippen，2004）。这些联系以及它们的相互作用如何影响行为、感觉和思维，包括信仰和价值观是一个多么新的发现（见图6.1）。

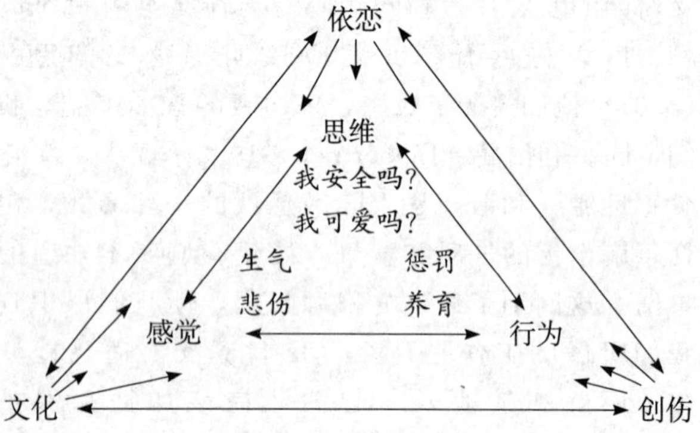

图6.1 ACT模型

科尔、塔芒和什雷斯塔（Cole，Tamang & Shrestha，2006）对两种尼泊尔文化（塔芒族和婆罗门族）的情感社会化的研究论证了依恋、文化和创伤间隐藏的相互作用如何影响价值观、行为和感情表达。长辈访谈以及对3～5岁儿童亲子互动的观察都表明在应对愤怒时，塔芒的抚养人更倾向于反对、指责或戏弄儿童，而婆罗门人则更倾向于教育、说服或抚慰孩子。相反，塔芒人更常以教导和培养的方式回应儿童的害羞，而婆罗门人则忽略几乎75%的害羞情况。为什么这两个群体对生气和害羞的反应不同呢？为什么塔芒培养自谦？从西方人的视角来看，塔芒和婆罗门人有相似的地方，他们生活在同一片土地上，都以农业为生，划分为不同的部落，通过自治和个人兴趣维持群体和睦。然而，他们的社会地位和宗教信仰不同。尼泊尔的主要信仰是印度教，婆罗门是印度教中最高的等级。塔芒人是佛教徒，作为一个小团体经常遭受种族歧视和偏见。尼泊尔的现状解释了情感社会化差异的现实，但是历史使得这些差异不仅可以理解，而且是自适应和生存的必备条件。18世纪，廓尔喀族征服了尼泊尔，占领了塔芒族的土地，并交给了婆罗门和刹帝利阶级。塔芒人被迫像工人和奴隶一样去耕种曾经属于自己的土地（Tamang，n.d.）。1856年，尼泊尔民事法典将塔芒确定为印度教体系中社会地位低下的首陀罗或达利人，意味着他们可以被奴役或杀害（Bhattachan，2003；Tamangsamaj.com，n.d.）。这一法典一直保留到1962年。了解了这段历史，我们看到创伤因为文化信仰影响了情感和父母抚养。

布拉德肖等（Bradshaw，Schore，Brown， 111
Poole & Moss；2005，p.807）举的例子可以进一步说明依恋、文化和创伤的相互关系：

> 大功率步枪穿破空气的声音，以及受到惊吓的婴儿看着他的家人倒在地上，这一景象深深地留在了他的记忆里。他和其他孤儿被送到遥远的地方开始新生活。十年后，这些青少年孤儿开始放肆地谋杀，留下了数以百计的受害者。

这个故事即“大象崩溃”，讲述年幼的大象目睹了父母的死，长大后就去猎杀犀牛。这是一个真实的故事。这里大象暗喻人类，它们的故事提供了一个清晰的例子，创伤如何在依恋和文化中产生破坏，导致社会的、相关的或心理的疾病。象群是母系社会，以亲近的血缘家族为特征。从出生到1岁，母亲和群体内的女性抚养人就不断地拥抱、抚摸婴儿。8岁前，小象通常都与母亲保持15步的距离。非法捕猎大象而带来的创伤破坏了这种亲密依恋，几乎毁了大象的文化，包含大量的惯例和传统，包括青春期公象借助年长公象群体完成社会化。这个结果既令人惊讶也在意料之中。传统价值和组织的损失破坏了它们的世界。大象出现创伤后应激障碍（PTSD）和复杂的创伤，包括异常的惊吓、反常的不合群行为、抑郁和高侵略性。大象已经有过攻击人类和其他生物的行为。在受创伤影响的大象公园，相比6%的稳定群体，90%的公象因为其他公象而死亡。

尼泊尔人的研究和大象的故事与婴儿心理健康工作有关，因为这些让我们知道现今的互动（父母和孩子、工作者和家庭）受到ACT效力和历史影响。它使我们明白，魔鬼不仅仅只是托儿所里用来吓唬小朋友的（Fraiberg，Adelson & Shapiro，1975），也存在于我们社会中。历史创伤的遗产坚持社会文化情境充满了贫困、种族偏见、歧视和压制，这暗示着人们不敢说出口的恐惧并没有从现实中完全消失。而我们试图改变父母的行为时，其实并不与我们希望的相一致——我们将这些行为标记为“控制的”、“攻击的”、“退缩的”、“抵抗的”——我们必须知道，它们会逐渐成为保护功能的一部分。

为社会文化情境与我们不同的家庭提供干预时，我们要评定过去和当下感到的威胁、害怕、悲伤和生气，适当的时候我们要尝试和这种不理想的现实对话。其次，合作的、融合了文化群体力量的干预尤其有效。与那些父亲对母亲实施家暴的儿童一起工作时，我们发现这些儿童迫切地讲出父亲的一些优点。正如他们所说：“如果我的父亲是个大坏蛋，我还是有一半像父亲的，那我就是坏孩子，所以如果我想成为一个好人，我就需要父亲有一些优点。”文化也是这样，我们都需要知道我们是来自一个强大和优秀的团体。所以，在我们寻找“托儿所里的天使”（Lieberman，Padron，Van Horn & Harris，2005）时我们必须同时在我们的文化历史中寻找天使，我们世代相传的天使。

Oyate Ptayela（“关爱家园”），一个为拉科塔族家庭开设的抚养课程，是这一方法的例证（Brave Heart & Spicer，2000）。这种干预通过找回本国的信仰治疗过去的创伤，包括 *Woope Sakowin*（“七种神圣的法律”）、*tiospaye*（“大家族”）和 *lena waken beca*（一种信念，认为儿童是神圣的，是造物者的礼物）。

33 岁的临床医生葆拉尝试了解阿尔玛，她是
112 一个 17 岁少年母亲，她不想要孩子却也拒绝放弃。尽管葆拉对她进行了很好的干预，然而阿尔玛仍表现出无法与女儿露西娅沟通。直到一次家访，葆拉发现了一个阿尔玛为艺术课编织的小篮子，阿尔玛开始讲述她的过去。阿尔玛的母亲有一半纳瓦霍血统，过去生活在居留地，她的母亲很会编织篮子。阿尔玛经常忽略这一部分血统，因为她大部分的血统来自墨西哥，并且小的时候经常搬家，那时她母亲在绝望地寻找她和决定放弃她之间摇摆不定。阿尔玛和葆拉讨论在印第安寄宿学校造成的历史创伤，学校通过强制他们与家庭和文化分离使印第安儿童变得“文明”。鉴于历史、文化因素，阿尔玛开始理解母亲对她的拒绝。慢慢地，通过依恋、文化和创伤的交叉，阿尔玛对露西娅的矛盾心理变得可以理解，不仅仅是对葆拉，也是对阿尔玛。阿尔玛开始讲述她能想象母亲曾经遇到的困难，并将她在城里见到的酗酒和家庭暴力与创伤根源联系起来。她开始用吊兜带露西娅，并且意识到她的高曾外祖母可能也这么带过孩子。

层次模型

我们需要什么？我们的目标是什么？什么是我们的动力？层次模型将我们的答案分类，并逐步组合出答案。马斯洛（Maslow，1954）的需要层次模型，将需要层次划分为最低层的生理需求，之后是安全需求、归属感、自尊以及自我实现。每一个层次代表了干预的一个潜在目标。作为婴儿心理健康专业人员，我们必须认识到，自身的需要层次在有意识和无意识地影响干预。考虑如下问题：治疗的目的是什么？当我们认为生理需求不符合关系目标，当孩子的安全需要或归属需求受阻时，我们将提供个案管理。总体来说，这种方法是有意义的。但是，在行动之前，我们必须考虑家庭的价值观层次，以及我们的价值观与其是否符合。价值观不同时我们可以逐步实现目标，可能忽略他们层次里的价值基础，或者我们的核心价值观不同，因此我们期望的抚养行为和儿童发展也不同。

我们必须明白在不同情境下所有的模型都有偏差。例如，心理学中著名的马斯洛需要层次模型是历史、文化、个人事件的产物。马斯洛在 1943 年发表了《人类动机理论》（*A Theory of Human Motivation*），当时学界正研究二战的屠杀。米尔格拉姆（Milgram）和科尔伯格（Kohlberg）将他们的代表理论与服从权威相联系，并用人类道德和需要的关系去理解二战的暴行（Schwartz，2004）。马斯洛是 20 世纪来到美国的俄裔犹太人移民的后代，他同样被这件事驱使着去找寻人类美好的事物。然而，他所选取的需要层次都受到自身经历的影响。他将归属感置于需求层次的中间，可能与他的童年有关。他将自己的童年描述如下：“我是一个很不开心的男孩。我成长在一个可悲的家庭，而我妈妈也是很可怕的。我在图书馆长大，与书籍做朋友。”（Hoffman，1988，p. 1）马斯洛在宗教信仰和精神领域的缺失

可能是一种反犹太主义的产物，也是他对母亲威胁做出的反应，他母亲威胁如果行为不端上帝会惩罚他。他把注意力集中在自尊和自我实现上，反映了犹太教看重个人的责任，即自我主张，以及通过学习获取知识（Borowitz，1984）。1968年3月7日，他在日记中写道："我充满价值的科学哲学可以被称为犹太——至少我个人如此定义。当然那时我还没有意识到。"（Hoffman，1988，p. 306）

在婴儿心理健康领域，我们可能需要设计一个归属感占重要地位的层次，让我们看到依恋和
113 婴儿健康发展的关系，以及婴儿期的事实，依恋与安全感、满足心理需求的关系。然而，定义归属感要结合我们所处的环境而有所变化。我们如何联系？用什么方式联系？舒尔策、哈伍德和舍尔梅里希（Schulze，Harwood & Schoelmerich，2001）关于非西班牙裔白人和波多黎各母婴双方的研究表明，父母价值观的差异会转变成儿童行为的差异。交谈反映了价值观上的文化差异：非西班牙裔白人支持与自治权有关的目标，然而波多黎各人却注重与亲属性有关的目标。这些不同反映在12个月大婴儿的自我喂养行为中：录像观察显示，81.4%的非西班牙裔婴儿能够自我喂养，而波多黎各人的婴儿只有3.6%。

弗纳尔德和森川（Fernald & Morikawa，1993）在日本和美国进行的母婴游戏行为研究表明，社会化目标的差异如何转变为母婴游戏合作的差异。他们发现美国母亲更有可能给物体贴上标签，以促进语言能力的发展，而日本妈妈更倾向用符合社交礼仪的游戏方式。如果我们干预任意一对美国或者日本母婴的互动，我们社会化目标下的干预能否解决他们的问题？这个问题的答案根据我们要研究的问题而不同，如合作行为、孤独症或语言发展迟缓。总而言之，在没有与家庭沟通目标前，我们不会强行改变亲子关系的治疗。

除了文化，创伤和二次逆境也能影响个体获得基本需求的能力和主观满足感。这种影响在玛丽萨的治疗中体现得非常明显。玛丽萨是洛杉矶诊所一个34个月大的非裔女孩，玛丽萨10个月大时开始和养母丹尼丝一起生活。根据丹尼丝的表述，她总是吃光所有的食物，并关注自己需要的，还总是储存食物，而且经常发现她吃垃圾。丹尼丝对此无能为力，她担心别人怀疑她虐待玛丽萨。因此，治疗重点是改善丹尼丝和玛丽萨之间的紧张关系，但玛丽萨不配合。她总是推倒所有玩具（碗碟、食物、动物）并扔到空地上，使这些东西杂乱无序。

丹尼丝的社会工作者送来的一份剪报，为这一行为提供了一个重要线索。它详述了玛丽萨的个人史。婴儿期受到严重忽视，而且被发现时在垃圾堆中，可能她为了生存而曾吃过垃圾。有了这些信息，治疗从鼓励她游戏变为和她一起游戏。现在就明白了为什么她用一大堆玩具将自己包围取乐，即是为了复现她最初的生活。通过偷窃食物，我们可以看出，当她没有饭吃时，她的身体能记住这个时间。养母对她的食物问题很烦恼，影响了母亲的安全感和关爱能力。只关心她的环境改变还不够，我们要结合她当前的环境看到她的真实需要。

总的来说，层次模型为我们提供了组织价值观以及思考干预强度和目标的结构。背景的驱力影响了层次的系统性，包括我们选择需要的方法，我们能否满足需要。下一节将提到生态模型，说明外在力量将影响我们对能否达到目标的看法，并且使我们思考如何获得自身和儿童的需要，考虑我们存在的社会和环境。

生态模型

布朗芬布伦纳称心理学为"在陌生情境中，儿童与陌生成人在短时间内出现异常行为的科学"（Bronfenbrenner，1977，p. 513）。他看待儿童生存环境及其发展塑造道路的方式，是对心理学领域的挑战。他将问题定义为"家族内部的发展如何受家族外部条件的影响"（Bronfenbrenner，1986， 114
p. 723）。换句话说，我们的环境、现实、感知和记忆，是如何影响我们进行儿童社会化并使他们立足于世的过程。布朗芬布伦纳强调个体存在于多个生态环境。每一种环境或多个环境的相互作用都能影响发展。他的模型是一个嵌套的环境系统。"微系统"包括与个体紧密联系的当前环境（如家族、学校、家庭）。"中间系统"包括各环境间的相互关系，而"外系统"包含了间接影响我们的环境，甚至我们并不从属其中。例如，市政基金影响医疗政策，继而影响家庭的治疗，或是媒体（如迪斯尼）影响儿童理解自我的方式。"宏系统"是原型、蓝图，能影响人类的发展，更像是统领。

在中间系统水平，当年幼儿童生活在与他们价值观不同的环境中时，影响发展的冲突就会产生。例如，下面引用一个日托中心园长举的例子，即帕马、哈克尼斯和休珀（Parmar，Harkness & Super，2004，p. 102）做的一项研究："亚洲孩子在教室环境下非常安静。我认为他们的父母在家很独断，对孩子期望高，我不认为这有什么好处，所以在这里我们帮助孩子成为自己。"家长听到这样的言论会作何感受呢？即使园长从没当着家长的面说，但这些信息也会有意无意地被家长知道吗？如果儿童在家里开始变得大声说话，变得很"自由"，会发生什么呢？

加西亚·科尔和同事（Carcía Coll et al.，1996）提出了一个综合模型，该模型关注环境中易被忽略的3个方面：（1）社会地位（种族、社会阶层和性别）；（2）种族偏见、歧视和压制；（3）种族隔离（居住的、经济的、社会的和心理的）。他们提出，这些方面构成了多元文化群体的独特经验，并影响儿童的发展。尽管大多数差异之前讨论过，包括良性的差异，但我认为种族偏见存在普遍性，包括制度上的种族偏见、歧视和现代社会中的压制。只有承认创伤继续存在才能开始一个治愈的对话。

1862年4月16日废除了奴隶制，但历史创伤仍警醒着人们，创伤、种族偏见、歧视和压制的真实经验留在了非裔美国人和其他个体心中。塔斯基吉梅毒实验持续了40年，399名黑人男性为了配合科学家自然地进行试验而拒绝治疗梅毒，实验结束于1972年。官方政府直到1997年才承认该实验的可怕性，克林顿总统对此公开致歉（Gamble，1997）。1973年DSM-Ⅱ删除同性恋的诊断，新的定义"性别取向混乱"持续到1980年，直到1992年才从《国际疾病分类》（ICD）中删除（Mendelson，2003）。20世纪30年代，美国种族限定政策取消了印第安人寄宿学校，该政策剥夺了部落的土地和权力。直到今天仍有人为此抗争。这些只是大量例子中的一小部分，因为这些说明了我们的社会，不仅仅是个人，如何影响环境。这些例子也说明，这些创伤不是古老的历史，有些我们在现世也经历过。卡特里娜飓风发生时，政府缺乏响应，非裔美国儿童和本土美国儿童在我们的养育系统中比例过高，造成了种族偏见和压制的事实（Casey Family Programs，n. d）。

奥布（Ogbu，1981）的文化—生态模型建议，父母应意识到这些不利环境。他们希望孩子能茁壮成长，所以教孩子一些必要的技能应对环境。不同的环境需要不同的技能。不了解环境前不能评判一项技能的作用。当孩子遇到身体攻击的恐吓时，我们就应该叫他们去战斗。如果我们知道有一天人们会根据肤色或头发的质地来评判我们的孩子，那我们就应该让他们知道这些事实。115
与非裔美国学前儿童的家长谈话发现，他们大多数运用过种族社会化信息：88.8%的家长对孩子讲述种族骄傲，74.1%讨论种族精神，66.5%谈论种族偏见，还有64.8%传达与不信任相关的信息（Caughy，O'Campo，Randolph & Nickerson，2002）。与孩子分享这些信息的家长显示出较少的行为问题，这说明有关背景的对话可能具有保护性。

上面提到的研究和历史事实强调，那些我们想要忘记的不愉快的历史事实，对很多人来说是曾经存在的生态现实。它提醒着创伤仍然存在，并继续影响父母和孩子、文化群体之间的关系。如果我们接受这一事实，那我们必须要问："对话能反映事实吗？"这是我们定义、监督和与家庭互动的一部分吗？如果不是，那么原因是什么，我们在这个领域中的沉默会如何影响干预和结果？

多样化意识模型

宾厄姆等（Bingham et al.，2002）讨论投入困难对话的重要性。要想进行这项工作需要两个基础条件：（1）我们认识到将会有一个对话；（2）我们保证足够的安全空间和时间维持讨论进程。可见的模型（见图6.2）可以引导我们的思维。因为工作与真理通常位于十字路口，这个模型基于描述关系的数学模型构建的维恩图。每一个圆圈代表不同的环境或观点。我们的工作包括自我、来访者和监督者之间的交叉部分。我们的工作也受系统（如诊断）和社会的影响，有多个来访者时（如儿童和父母），也受多个来访者背景的影响。

作为婴儿心理健康从业者，我们起引导作用。通常，这个过程是平稳的。然而，观点上的不同可能导致分歧。有冲突时，我们首先要决定我们存在于模型中的哪个环节。我们身体中的生物觉

116 醒标志了我们的投入，并提醒我们继续干预前要理解自身的反应和环境。“自己”的问题出现时，正确的干预可能是反省。我们必须考虑全局才可能使问题变得清晰，包括等级制度、环境和 ACT 的作用都可能造成影响。这样我们才能提供更好的和背景一致的干预；引导家庭成员回答他们在哪儿，来自哪儿又想去哪儿。

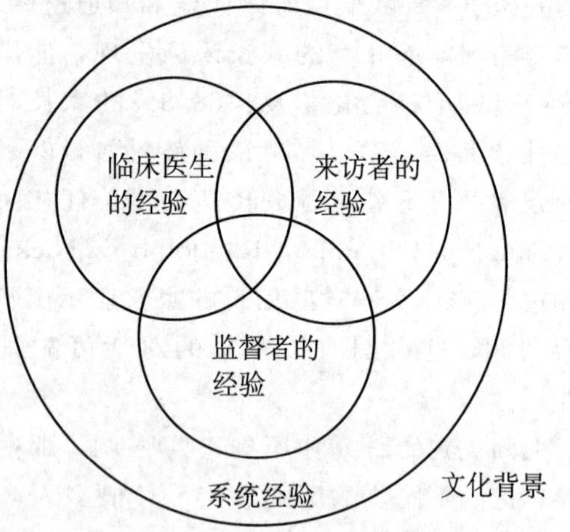

图 6.2 多样化意识模型

为了说明这一过程的进展，我分享关于贾森的例子，他是一个 3 岁的非裔美国男孩，他的父母经过长期的家庭暴力后分开了。贾森有踢打成人和儿童的行为，他面临着被托儿所开除的风险。她的母亲很担心贾森长大后会像他的父亲。因为这些原因，一次贾森告诉我们他打了另一个孩子，因为那个孩子打他了，她的母亲贾斯敏说：“很好——我很高兴你教训了他。”这让我很惊讶。我尴尬地解释贾森母亲的行为不是这个意思，而是想让贾森学会如何与孩子相处，但是她的母亲看着我说：“不，他必须学会保护自己。如果那个孩子一直打他，我就亲自去教训他不要来打扰我的孩子。”因此，我们产生了分歧。

我不明白她怎么会这样教育孩子，打架与我提倡的方法相矛盾，成人应该保护孩子。我在私立学校上学时只目睹过一次身体肉搏，并且成人很快就干预了。相反，贾斯敏却不同意这种方法。幸运的是，我们之前建立了比较可靠的关系。我约见了贾斯敏，我问她对贾森被打有什么看法。这个问题引出了滔滔不绝的信息。她认为老师没有保护她的儿子，因为他们都认为贾森是个小霸王。她还记得她小的时候，其他小朋友嘲笑她得荨麻疹。她希望儿子能自己保护自己。确实，作为生长在美国的黑人男孩，他需要有能力保护自己。她不能承受她的儿子“是软弱的”。通过她的讲述，我明白了不同环境导致了我们教育方法上的差异，但我们有一个共同的目标：保证贾森的安全。当我附和她保护贾森的需要时，我们的关系再次联系起来了。我们反思她的经历影响了她希望贾森能保护自己的愿望，当贾森有攻击行为时她也感到恐惧。贾斯敏开始说，贾森还只是个小孩子。也许对他来说打架还太早，6 岁时他就可以正当防卫了。我也承认有一天贾森需要学习自我保护的技能。

最后一个例子是关于监督者和受训者用多样化意识模型协同观点中的差异。瓦妮莎是一名来自尼加拉瓜的训练治疗专家，从洪都拉斯移民来的伊娃让她感到很受挫。伊娃曾拿一些材料让瓦妮莎翻译，瓦妮莎觉得这种要求会干扰她的工作。监督者和瓦妮莎都仔细考虑了瓦妮莎的观点。伊娃 2 岁的儿子胡安有严重的发育迟缓，并且有抑郁症的迹象，瓦妮莎希望通过亲子游戏帮助胡安。瓦妮莎认为这些资料是临时陪审团召集令，但伊娃并不适合这种方法（她不是美国公民）。瓦妮莎和监督者设想如果要求伊娃上法庭她的感觉会如何，对她来说，上法庭意味着驱逐出境。瓦妮莎她下定决心帮助这个家庭，解除母亲感到的压力带来的母子之间的交流障碍。

这些例子让我们看到，如何运用这个模型帮助我们处理多种相关的冲突。这个模型帮助我们聚焦于不同的观点，以及影响它们的环境。我们 117
希望借此回到一个基本概念上，认识到即使是不希望出现的反应，根据个人的依恋、文化和创伤经验，都是可以理解的。

总结

本文只是一个开始。还有很多没有提到，特别是关于群体差异（如集体主义、宿命论、个人和组织间的责任）的一些方面，以及这些差异与关键行为（如游戏、称赞、情感社会化、控制）

在干预中的关系。在这章我想要论述的研究至少还有 100 项。我们的工作并不依赖于我们所教的，而是我们如何联系实际（Pawl & St. John，1998）。通过对话，我们帮助家庭成员思考他们的环境，这样他们就能选择生活前进的方向。

西方传统中通常只有一个真实的信念——"圣灵"。当多重真相同等有效时，全面的方法有助于我们辩证地看待问题。辩证法帮助我们调和、超越并接受出现的矛盾（Nisbett，Peng，Choi & Norenzayan，2001）。透过 ACT 模型能看清和证实重叠的观点。多样化意识模型能帮助我们直观地考虑自身、来访者和更大系统之间的相互关系，并思考我们每个人如何持有不同却同等有效的观点。通过探索不同的现实，我们能帮助那些与我们一起工作的人，让他们找到一个与背景相一致的方法。

这一章是一个旅程，所以为了画上一个圆满的句号，我用来自我的文化传统的句子来结束。印度诗人泰戈尔说："如果你把所有的谬误关到门外，你也就把真理关在了门外。"错误和误解是不可避免的，但是我们对待它们的态度是可以改变的。最后一句来自我的日本姥姥——一位娇小的女士，当她看相扑比赛时，她的声音响彻整栋房子："加油！"这是一句呐喊也是一种鼓励，告诉你当工作中需要应对挑战时，我和你在一起。它意味着，"去做吧！""尽你最大的努力！""努力工作！""祝你好运！""加油干！"

参考文献

Aber, J. L., Jones, S., & Cohen, J. (2000). The impact of poverty on the mental health and development of very young children. In C. H. Zeanah, Jr. (Ed.), *Handbook of infant mental health* (2nd ed., pp. 113–128). New York: Guilford Press.

Barrera, I., & Corso, R. M. (2002). Cultural competency as skilled dialogue. *Topics in Early Childhood Special Education*, *22*(2), 103–113.

Bhattachan, K. B. (2003). *Indigenous nationalities and minorities of Nepal*. Retrieved February 14, 2008, from *nipforum.org/bhattachan_report.pdf*.

Bingham, R. P., Porché-Burke, L., James, S., Sue, D. W., & Vasquez, M. J. T. (2002). Introduction: A report on the National Multicultural Conference and Summit II. *Cultural Diversity and Ethic Minority Psychology*, *8*(2), 75–87.

Borowitz, E. B. (1984). The autonomous Jewish self. *Modern Judaism*, *4*(1), 39–56.

Bradshaw, G. A., Schore, A. N., Brown, J. L., Poole, J. H., & Moss, C. J. (2005). Elephant breakdown. Social trauma: Early disruption can affect the physiology, behavior, and culture of animals and humans over generations. *Nature*, *433*, 807.

Brave Heart, M. Y., & Spicer, P. (2000). The sociocultural context of American Indian infant mental health. In J. D. Osofsky & H. E. Fitzgerald (Eds.), *World Association of Infant Mental Health handbook of infant mental health* (pp. 153–179). New York: Wiley.

Bronfenbrenner, U. (1977). Toward an experimental ecology of human development. *American Psychologist*, *32*, 513–531.

Bronfenbrenner, U. (1986). Ecology of the family as a context for human development: Research perspectives. *Developmental Psychology*, *22*(6), 723–742.

Casey Family Programs. (n.d.). *Child welfare fact sheet*. Retrieved April 17, 2007, from *www.casey.org/MediaCenter/MediaKit/FactSheet.htm*.

Caughy, M. O., O'Campo, P. J., Randolph, S. M., & Nickerson, K. (2002). The influence of racial socialization practices on the cognitive and behavioral competence of African American preschoolers. *Child Development*, *73*(5), 1611–1625.

Chen, X., Cen, G., Li, D., & He, Y. (2005). Social functioning and adjustment in Chinese children: The imprint of historical time. *Child Development*, *76*(1), 182–195.

Cicchetti, D., Toth, S. L., & Maughan, A. (2000). An ecological–transactional model of child maltreatment. In A. J. Sameroff, M. Lewis, & S. M. Miller (Eds.), *Handbook of developmental psychopathology* (2nd ed., pp. 689–722). Dordrecht, Netherlands: Kluwer Academic.

Cole, P. M., Tamang, B. L., & Shrestha, S. (2006). Cultural variations in the socialization of young children's anger and shame. *Child Development*, *77*(5), 1237–1251.

DeVries, M. W. (1996). Trauma in cultural perspective. In B. A. van der Kolk A., C. McFarlane, & L. Weisaeth (Eds.), *Traumatic stress: The effect of overwhelming experience on mind, body, and society* (pp. 398–413). New York: Guilford Press.

Fantuzzo, J., Boruch, R., Beriama, A., & Atkins, M. (1997). Domestic violence and children: Prevalence and risk in five major U.S. cities. *Journal of the American Academy of Child and Adolescent Psychiatry*, *36*(1), 116–122.

Felitti, V. J., Anda, R. F., Nordenberg, D., Williamson, D. F., Spitz, A. M., Edwards, V., et al. (1998). The adverse childhood experiences (ACE) study. *American Journal of Preventive Medicine*, *14*(4), 245–258.

Fernald, A., & Morikawa, H. (1993). Common themes and cultural variations in Japanese and American mothers' speech to infants. *Child Development*, *64*(3), 637–656.

Fitzgerald, H. E., & Barton, L. R. (2000). Infant mental health: Origins and emergence of an interdisciplinary field. In J. D. Osofsky & H. E. Fitzgerald (Eds.), *World Association of Infant Mental Health handbook of infant mental health* (pp. 2–36). New York: Wiley.

Fraiberg, S., Adelson, E., & Shapiro, V. (1975). Ghosts in the nursery: A psychoanalytic approach to the problem of impaired infant–mother relationships. *Journal of the American Academy of Child Psychiatry*, *14*, 387–421.

Gamble, V. N. (1997). Under the shadow of Tuskegee: African Americans and health care. *American Journal of Public Health*, *87*(11), 1773–1778.

García Coll, C., Ackerman, A., & Cicchetti, D. (2000). Cultural influences on developmental processes and outcomes: Implications for the study of development and psychopathology. *Development and Psychopathology*, *12*, 333–356.

García Coll, C., & Meyer, E. C. (1993). The sociocultural context of infant development. In C. H. Zeanah, Jr. (Ed.), *Handbook of infant mental health* (pp. 56–69). New York: Guilford Press.

García Coll, C. T., Lamberty, G., Jenkins, R., McAdoo, H. P., Crnic, K., Wasik, B. H., & Vazquez García, H. (1996). An integrative model for the study of developmental competencies in minority children. *Child Development*, *67*(5), 1891–1914.

Gilkerson, L. (2004). Irving B. Harris distinguished lecture: Reflective supervision in infant–family programs: Adding clinical process to nonclinical settings. *Infant Mental Health Journal*, *25*(5), 424–439.

Gutierrez, J., & Sameroff, A. (1990). Determinants of complexity in Mexican-American and Anglo-American mothers' conceptions of child development. *Child Development*, *61*, 384–394.

Hesse, E., & Main, M. (2006). Frightened, threatening, and dissociative parental behavior in low-risk samples: Description, discussion, and interpretations. *Development and Psychopathology*, *18*, 309–343.

Hoffman, E. (1988). *The right to be human: A biography of Abraham Maslow*. Los Angeles: Tarcher.

Koss, M. P., Yuan, N. P., Dightman, D., Prince, R. J., Polacca, M., & Sanderson, B., et al. (2003). Adverse childhood exposures and alcohol dependence among seven Native American tribes. *American Journal of Preventive Medicine*, *25*(3), 238–244.

Levine, R. A., Dixon, S., Levine, S., Richman, A., Leiderman, P. H., Keefer, C. H., et al. (1994). *Childcare and culture: Lessons from Africa*. Cambridge, UK: Cambridge University Press.

Lewis, M. (2000). The sociocultural context of infant development: The developmental niche of infant–caregiver relationships. In C. H. Zeanah, Jr. (Ed.), *Handbook of infant mental health* (2nd ed., pp. 91–107). New York: Guilford Press.

Lewis, M., & Ghosh Ippen, C. (2004). Rainbow of tears, souls full of hope: Cultural issues related to young children and trauma. In J. D. Osofsky (Ed.), *Young children and trauma: Intervention and treatment* (pp. 11–46). New York: Guilford Press.

Lieberman, A. F. (1990). Culturally sensitive intervention with children and families. *Child and Adolescent Social Work*, *7*(2), 101–120.

Lieberman, A. F. (2004). Traumatic stress and quality of attachment: Reality of internalization of infant mental health. *Infant Mental Health Journal*, *25*(4), 336–351.

Lieberman, A. F., Padrón, E., Van Horn, P., & Harris, W. W. (2005). Angels in the nursery: The intergenerational transmission of benevolent parental influences. *Infant Mental Health Journal*, *26*(6), 504–520.

Lieberman, A. F., & Van Horn, P. J. (2005). *Don't hit my mommy: A manual for child–parent psychotherapy with young witnesses of family violence*. Washington, DC: Zero to Three Press.

Maslow, A. H. (1954). *Motivation and personality*. New York: Harper.

Matsumoto, D. (1997). *Culture and modern life*. Pacific Grove, CA: Brooks/Cole.

McDonald, R., Jouriles, E. N., Ramisetty-Mikler, S., Caetano, R., & Green, C. E. (2006). Estimating the number of American children living in partner-violent families. *Journal of Family Psychology*, *20*(1), 137–142.

Mendelson, G. (2003). Homosexuality and psychiatric nosology. *Australian and New Zealand Journal of Psychiatry*, *37*, 678–683.

National Center for Cultural Competence. (2006). *Cultural and linguistic competence policy assessment*. Retrieved April 9, 2007, from *www.clcpa.info/documents/CLCPA.pdf*.

Nisbett, R. E., Peng, K., Choi, I., & Norenzayan, A. (2001). Culture and systems of thought: Holistic versus analytic cognition. *Psychological Review*, *108*(2), 291–310.

Ogbu, J. U. (1981). Origins of human competence: A cultural–ecological perspective. *Child Development*, *52*(2), 413–429.

Parmar, P., Harkness, S., & Super, C. M. (2004). Asian and Euro-American parents' ethnotheories of play and learning: Effects on preschool children's home routines and school behaviour. *International Journal of Behavioral Development*, *28*(2), 97–104.

Pawl, J., & St. John, M. (1998). *How you are is as important as what you do in making positive differences for infants, toddlers, and their families*. Washington, DC: Zero to Three Press.

Proctor, B., & Dalaker, J. (2003). *Current population reports, P60-222, poverty in the United States: 2002*. Washington, DC: U.S. Census Bureau.

Pynoos, R. S., Steinberg, A. M., & Piacentini, J. C. (1999). A developmental model of childhood traumatic stress and intersection with anxiety disorders. *Biological Psychiatry*, *46*, 1542–1554.

Sameroff, A. J., & Fiese, B. H. (2000). Models of development and developmental risk. In C. H. Zeanah, Jr. (Ed.), *Handbook of infant mental health* (2nd ed., pp. 3–19). New York: Guilford Press.

Scheeringa, M. S., Zeanah, C. H., Myers, L., & Putnam, F. W. (2005). Predictive validity in a prospective follow-up of PTSD in preschool children. *Journal of the American Academy of Child and Adolescent Psychiatry, 44*(9), 899–906.

Schulze, P. A., Harwood, R. L., & Schoelmerich, A. (2001). Feeding practices and expectations among middle-class Anglo and Puerto Rican mothers of 12-month-old infants. *Journal of Cross-Cultural Psychology, 32*(4), 397–406.

Schwartz, E. (2004). Why some ask why. Social psychologists, Kohlberg (1927–1986) and Milgram (1933–1984) dramatically broadened our understanding of how "ordinary people" can end up doing terrible things; Holocaust survivors. *Judaism: A Quarterly Journal of Jewish Life and Thought*. Retrieved May 5, 2007, from *www.encyclopedia.com/doc/1G1-133233195.html*.

Shonkoff, J. P., & Phillips, D. A. (2000). *From neurons to neighborhoods*. Washington, DC: National Academy Press.

Sue, D. W., Arredondo, P., & McDavis, R. J. (1992). Multicultural counseling competencies and standards: A call to the profession. *Journal of Counseling and Development, 70*, 477–486.

Sue, D. W., Bingham, R. P., Porché-Burke, L., & Vasquez, M. (1999). The diversification of psychology: A multicultural revolution. *American Psychologist, 54*(12), 1061–1069.

Sue, S. (1998). In search of cultural competence in psychotherapy and counseling. *American Psychologist, 53*(4), 440–448.

Tamang, R. (n.d.). *Nepal Tamang Ghedung*. Retrieved February 13, 2008, from *www.tamangs.com/tmgorgs.htm*.

Tamangsamaj.com (n.d.). *About Tamang*. Retrieved February 13, 2008, from *www.tamangsamaj.com/about_tamang.php*.

U.S. Census Bureau. (2000). *Projections of the resident population by race, Hispanic origin, and nativity: Middle Series, 2005 to 2007*. Retrieved January 20, 2007, from *www.census.gov/population/projections/nation/summary/np-t5-g.pdf*.

U.S. Census Bureau. (2005). *U.S.A. Quick facts*. Retrieved March 20, 2007, from *quickfacts.census.gov/qfd/states/00000.html*.

U.S. Department of Health and Human Services. (2007). *Child maltreatment 2005*. Retrieved June 1, 2007, from *www.acf.hhs.gov/programs/cb/pubs/cm05/cm05.pdf*.

U.S. Public Health Service. (2000). *Report of the Surgeon General's conference on children's mental health: A national action agenda*. Washington, DC: Department of Health and Human Services. Retrieved April 11, 2007, from *www.surgeongeneral.gov/topics/cmh/childreport.htm*.

van IJzendoorn, M. H., & Sagi, A. (1999). Cross cultural patterns of attachment: Universal and contextual dimensions. In J. Cassidy & P. R. Shaver (Eds.), *Handbook of attachment: Theory, research, and clinical applications* (pp. 713–734). New York: Guilford Press.

Zero to Three Infant Mental Health Task Force. (2001). *What is infant mental health?* Retrieved April 11, 2007, from *www.healthychild.ucla.edu/First5CAReadiness/Conferences/materials/InfantMH.definition.pdf*.

第 7 章

早期经历与婴儿心理健康

托马斯·G·奥康纳（Thomas G. O'Connor）
大卫·B·帕菲特（David B. Parfitt）

120 从影响机制来看，早期经历对婴儿的生理及心理病理发展将产生长远影响，实质上影响着婴儿的心理成熟。我们也从大量有关早期经历的研究进展中发现其对心理健康的影响，但仍有许多不确定因素，并且有关这一研究领域的争议还在不断涌现。

这一章我们将论述“早期经历”中存在争议的核心概念和研究结论，充分考虑其对婴儿心理健康发展的应用价值。在这个过程中，我们首要考虑主导理论，以及研究方法和范式的多样性，其次是相关的人类研究结果，在必要的时候，还将参考动物研究。我们始终将重点放在描述研究上，并从诸如遗传领域角度思考问题，或采用生物社会心理和生物行为模型进行探讨。

早期经历的发展模型

有关发展的最基本问题，临床医生、科学家、父母和诗人都会问：人类婴儿获得的早期经历，无论好坏，将在何种程度上构成深远的影响？如果对个体的心理或生理产生长远影响，那么我们如何及时掌握其发生时间？在公共卫生和预防背景下所研究的这些问题，实质上可能影响婴儿心理的成熟和稳定。

在明确早期经历问题前，首先要意识到不同个体行为特征的差异性中还存在着小到中等程度的稳定性；例如从童年早期到成年期的气质和行为变化，这种稳定性甚至能预测成年后的职业能
121 力（Caspi，2000）。早期经历可能改变个体的生活轨迹，但从童年早期就显现出适度的个体内稳定性也很重要，因为它决定了个体生活轨迹被改变的程度。虽然这种有序且适度的稳定性十分关键，但它也说明个体还存在着大量不稳定或不可预测的部分。

从婴儿期就可获得长远的行为发展预期，但这一观察过程十分困难。但事实上，众多研究表明，早期发展中形成的稳定行为模式的确可以作为一个基础，更好地评估婴儿后期产生的行为，例如卡斯皮（Caspi，2000）报告的案例、卡根和莫斯（Kagan & Moss，1962/1983）的经典研究。而且，在大量有关婴儿预期的研究中（如行为抑制；Kagan，Snidman，Kahn & Towsley，2007），这不过是冰山一角。

在婴儿期，乃至生命的头几年，个体内显著缺乏的稳定性又意味着什么呢？这可能暗示着婴儿期成长环境中的可塑性和敏感性；因为测量工具的局限性，不成熟的精神生物学系统对了解个体发育、个体对环境的敏感性都不显著。

即使有关婴儿期行为稳定性的实例很少，但仍存在强有力的证据表明婴儿期或产前经历如何产生持续的影响。就营养而言，叶酸能显著改变婴儿的身体发育（例如，MRC Vitamin Study Research Group，1991）；接触化学药品可能影响后期的认知能力（Canfield et al.，2003）。除了显要的公共健康问题，这些有关叶酸和被迫接触化学药物的研究揭示了接触（或缺乏某种物质，如叶酸）时所产生的影响以及之后持续的效应。研究者试图检验这一假设：是否能用类似的方式来考虑经受压力所产生的影响？如果通常来说早期经受压力的确会对个体产生持续的影响，那么这对发展理论具有显著意义，婴儿的心理健康问题也会放到公共健康问题的首要位置上。这一类的问题可能与儿童临床心理健康最为密切，这也是本章之后所要关注的焦点。

评估早期经历的影响

早期经历的问题一直饱受争议的原因是，很少有人去验证有关人类早期经历的假设。这并不是说我们没有细致和详尽的后续研究，仍有许多研究关注童年早期所承受的压力、所经历的创伤。然而，大多数情况下认为的逆境，如早期面临风险——贫穷、不良抚育、父母有心理疾病、家庭冲突，并没有限制早期发育，在整个发展过程中也没有精准的时间发生点。事实上，临床上关注的大多数环境风险有持续性或十分固定。因此，不能孤立地看待早期经历所产生的影响；同样，在发展的转折期，如青春期，也很难孤立地看待逆境所产生的影响。许多经验能够说明问题，如亲子依恋。由沃特斯等（Waters，Merrick，Treboux，Crowell & Albersheim，2000）共同跟进了20年的研究发现，婴儿期建立了安全型依恋的年轻人在谈论他们与父母的关系时多表述为合

作、安全。这一发现并不意味着早期依恋就是模式化的，而是因为多年“安全型”（secure-ogenic）抚育下成长的孩子——安全依恋保持了适度的稳定性——继而发展为成年期的安全型行为方式。解决早期依恋经历所产生的影响是一个长期问题，即使通过研究儿童依恋品质的自然发生变化（Belsky & Fearon，2002），仍不能排除一些重要的混合因素或选择效应。

筛选早期经历的困难在于，它可能包含了众
122 多带有倾向性的压力源，如以上所介绍的，同时或长期重复的压力。然而，尽管精于数据的分析，但是就其性质而言，也不可能简单地解决交织在发展过程中的诱因和影响。并且，即使正在着手的研究可能确定某些限制因素，但这些发现可能无法推广乃至获得人们的认可。

但有趣的是，有关早期经历的争论在动物研究方面已经取得了实质性的进展。这是因为动物研究有效地绕开了在人类研究中存在的方法论混淆问题。从经受一般压力到更多特殊的逆境，如抚育中断，动物研究的确为说明早期社会经历导致的长期影响提供了有力证据（Cacioppo et al.，2002；Fleming，O'Day & Kraemer，1999；Francis，Diorio，Liu & Meaney，1999；Hofer，1994；Sanchez，Ladd & Plotsky，2001；Weaver et al.，2004）。

人们倾向于将动物研究中发现的普遍理论运用于人类研究，但有时相当困难。遗憾的是，一些物种的生物概念未能引起足够重视。一个典型的例子是生活在新旧大陆猴子的依恋行为迥异，尤其养育模式与后代的发展密切联系，早期影响在发展后期表现得更为明显（Suomi，1999）。另外非典型性的例子关注一般压力系统的生理机能，包括啮齿类物种的差异，甚至同一物种不同种族间的差异（Parfitt，Walton，Corriveau & Helmreich，2007；Sanchez et al.，2001）。当然，在人类和动物研究中也有许多相似且好的例证；主要在于动物研究为检验人类研究的一般假设奠定了基础，但在明确被支持的结论前需要转换到人类研究的背景下说明问题。

另一个方法论问题在于，一些能够运用于动物的研究范式并不适用于人类。动物研究追求的是测量承受压力时间或受限的精确性。然而，承受压力时间的准确性是个例外，不符合人类研究的规则（Glynn，Wadhwa，Dunkel-Schletter，Chicz-Demet & Sandman，2001）。临床上和政策上反而关心个体面临的慢性压力，因为这更容易导致个体的心理或生理疾病。如果动物研究利用慢性压力范式，则更有利于揭示人类健康问题的过程。同样，在心理健康工作中，要重视不同种类的高压环境，如照顾者不断搬迁的影响等，但在动物研究中没有这类范式——因而可能不会产生作用。这意味着一些发展的临床问题不能运用动物模型，因此只能用临床上的研究来解答。

动物研究还得益于对实验条件的控制，这是临床研究达不到的。事实上，在人类研究中极少运用必要的实验干预，因为存在着各种现实难题。下面我们将讨论布加勒斯特早期干预项目（The Bucharest Early Intervention Project；Nelson et al.，2007；Zeanah，Smyke，Koga & Carlson，2005）。作为替代实验的研究设计，临床调查通常依靠“自然实验”（Bronfenbrenner，1979）以验证有关人类早期经历的假设。由于伦理或现实的原因，自然实验无法检验发展问题的假设，如追踪研究政治权利被剥夺的儿童（Gunnar，Morison，Chisholm & Schuder，2001；O'Connor et al.，2000），母亲在产前由于战争而经受饥饿等（Brown，van Os，Driessens，Hoek & Susser，2000）。接下来将论述这一领域各类研究所提供的富有挑战性的数据。

揭示早期经历的备选模型

我们突出三个典型模型来明确早期经历的概
念。虽然这并不完全但足以阐明早期经历在塑造 123
个体发展时的差异性。任何模型在每个研究中有时都不能十分明确地被验证，但这并不影响它在研究设计中的运用。因此，比如仅在婴儿期进行抚养干预并考察其影响，可用于检验有关早期经历的假设（如婴儿期的抚养干预可能对亲子依恋产生持续影响）；另一方面，如果在婴儿期后再加以干预就无法检验其假设，早期干预只能产生或多或少的作用（因为仅仅在婴儿期后加以干预缺乏对照组样本）。研究设计往往决定了假设能否被检验，然而设计中对结果的讨论比较模糊，也很少对公众解释研究的结果。

第一个关于早期经历发展模型的例子是敏感期假设。一些与经验预期相关的神经环路意味着，在环境事件中，这些环路是十分敏感或“可预期的”。假定许多经验预期过程包含敏感期——有机体发展的关键时机，即有机体在正常发展过程中需要一定的环境因素，但是同样的环境因素不一定会产生同样的效果。或许，敏感期模型预示着在这一时期所接触的风险因素可能对个体发展产生永久性的影响；但同样的风险因素发生在敏感期外就可能不会或只是产生极小的持续影响。动物研究主要是基于这一模型展开的，有机体通常受到了严重且致命的环境影响而不是处于持续性的风险情境。这严重扰乱了关注的结果，使焦点转向了物种的典型行为或总体的病理学特征而不是个体差异。

克努森（Knudsen，2004）认为敏感期可以视作神经环路的性能（作为行为结果的基础）。他讨论了可能的动态机制在某种水平上可以操纵敏感期，包括轴突精细化、突触萎缩、突触形成。证明细胞或神经回路在敏感期结束后的作用也很重要，也更加难以捉摸。在有关人类的研究中，克努森的理论比已有的发现分析得更为细致。克努森基于敏感期的细胞治疗有两个关键的特征：第一，无论是分析细胞或行为，敏感期模型都有类似的原则（如发展期的任务）；第二，阐明细胞或行为的易感“效应”比认识复杂行为，如依恋和社交能力更加困难，它涉及多个脑区（相较于视觉发育）。比较研究的经验在于要根据不同的物种来定义敏感期的界限，对低等动物需要更严格更细致的定义，对较高等的动物则需要更大的灵活性。贝拉尔迪、皮佐鲁索和马费伊（Berardi，Pizzorusso & Maffei，2000）用这一原则来论述视觉精确性，获得了最完备的数据资料（亦可参见Hensch，2004）。动物研究发现一些敏感期在某种程度上可能受到遗传控制（Huang et al.，1999；Kinnunen，Koenig & Bilbe，2003），这一领域可能引起更广泛的关注。

另一个是发展规划或适应规划模型。这一模型的理念是有机体适应早期的环境所产生的影响；有机体的一些特征（如葡萄糖代谢或压力控制）根据早期经历被“设定”了，而这些“设定项”一直持续到成年。早期环境中的变量决定了有机体的“设定项”。有关个体的适应或准备暗示着有机体与他当前（或之后）环境的配合，而不是平常地对抗异常行为（Gluckman & Hanson，2005）。不同于敏感期模型只对人类研究产生极小的影响，在研究人类的心血管疾病和其他疾病方面，适应规划模型具有卓越的贡献（Barker，1992）。对于儿童健康问题来说，这一早期经历的理论可能不是最新的（Mackenzie，1906），但近来多少有一些严格的经验论证；这一论题上有关人类研究的资源还是十分可观的。规划模型在心理学上的运用还相当新（O'Connor，Heron，Glding，Glover & ALSPAC study team，2003；Rutter，O'Connor & Study Team，2004），但有关心理健康发展的研究正迎来更为重要的议题。

新近的发展模型本身没有如此强调早期环境，但相当重视所经历的生活模式，接受“生活轨迹”观念（Bowlby，1988；Schaffer，2000）。根据这一观点，只有经历持续、强烈、突出的早期风险，才能预测长远的发展结果。换句话说，假如目前没有经历风险，或者给予了实质性的补偿和保护，早期风险经历的预测作用是有限的或者对未来发展没有威胁。基于弹性的思考，该模型试图主导人类发展的研究，其相较于敏感期模型需要更为强大的测量方法。根据生活事件模型，仅评估早期经历是不够的，因为在往后的风险经历中，它不能检验那些早期经历需要被强调还是被忽视。原则上，该模型最重视个体差异和细微的累积风险而不是更多的限制或严重的风险因素。同时，该模型很少提出发展中缺少的可塑性。生活轨迹模型主要的假设是童年逆境导致了可能不断增加的早期发展障碍或适应不良，更增加了后期调整的难度（Bowlby，1988）。尽管如此，虽然早期经历持续的风险可能导致适应不良，生活轨迹模型并没有排除实现正常发展的可能性——尽管可能需要很大程度（甚至不可行）的干预手段。

与这三个发展模型相对的非发展模型则认为经历的时机和发展事件的构成并不重要。基础的应激理论模型就是基于这一假定。这意味着，本身倾向于患病的人，其心理素质没有体现在个体发展的任何方面：个体面对压力时本身就可能以病态的心理作为回应，而缺乏正确的应对心态。

辨析多个发展模型的差异可以参考一些外在的标准。这些模型最大的区别在于：（1）把握住经历或干预的时机十分重要；（2）潜在的弹性（如早期经历或发展失败后的积极适应）；（3）相对于生物的典型行为，要重视个体差异。无论如何，最终的问题是这些模型如何更好地结合数据，以及如何完善研究设计以更好地解释模型。

早期剥夺

转换视角来检验早期经历的假设，其中最为突出也最为重要的是追踪经历早期制度化剥夺的儿童研究。这些研究立场明确，因为通常在较低或平常的风险环境下，早期面临风险（关于人类最为严峻的研究）和后期经历存在着十分明显的分歧。早期剥夺的经历不足为奇，间歇性的风险处境极为常见，这可能导致研究结果无法应用于更多的人；这些研究不包括那些婴儿期后经历剥夺的儿童。尽管如此，它们还是影响了早期剥夺效应测量的持续性。

本书的其他章节论述了有关依恋（见第5章）
125 和依恋障碍（见第26章）的概念，两个与早期剥夺和常规抚养相近的表现型。这一章我们将论述基本的研究发现，关于早期剥夺对人类心理发展的影响。

临床观察和来自鲍尔比（Bowlby，1951）、斯皮茨（Spitz，1965）等人早期的结论激起了有关出生后几月或几年对心理正常发展重要性的争论。随后的动物研究（如非人类的灵长目动物研究；参见 Cameron，2004；Coplan et al.，1998；Harlow & Suomi，1970；Hinde & Spencer-Booth，1971；Sabatini et al.，2007）强调早期经历对正常社会关系（对非人类灵长目动物而言）的重要性。近期追踪那些经历从接受常规抚养到被残酷剥夺的儿童，推动了有关人类研究的重要转变。这也与早几十年，更重视研究方法的严谨性，差异的显著性，取样、测量工具和随访的持续性的研究截然不同。

追溯这些不断增长的文献结论可以直接总结到一点（更多细节参见 Gunnar & Quevedo，2007；O'Connor，2006；van IJzendoorn & Juffer，2006），因为这些研究有相当大的重复性。许多的报告都来自罗马尼亚接受了常规抚养的儿童，还有大量的数据来自其他国家被收养的儿童（Gunnar & van Dulmen，2007；O'Connor et al.，2000；van IJzendoorn & Juffer，2006）及干预机构，但这些数据的预测性很低（Nelson et al.，2007）。

通过多重结果和不同的测量方法，对早期剥夺的影响最突出的研究可能是关于结果的变异程度。例如，就智力而言，经历过两年抚养剥夺的孩子分数从智力受损到平均数之上不等（Beckett et al.，2006）。这意味着任何模型都能解释早期经历对以后发展的影响，至少说明了个体差异的原因。

再者，从行为结果的观察报告来看，持续的剥夺将对未来发展构成长久影响。这就是说，尽管给孩子足够的时间弥补发育上的不足，早期剥夺的效应仍不会“消除”（O'Connor et al.，2000）。英国和罗马尼亚被收养儿童（English and Romanian adoptee，ERA）研究的智力发育结论说明了这一观点。贝克特和同事（Beckett et al.，2006）发现，对罗马尼亚被收养的11岁儿童进行评估，6个月前被收养的孩子韦氏量表的平均智力为101，被收养了6～24个月的孩子得分为86，被收养了超过24个月（不到42个月）的孩子得分为83。考虑到这些家庭没有显著的差异性这可能归结到尽管被重新领养，且接受了新家庭多年的悉心照顾，但早期剥夺对智力的影响会持续很长时间。

更长期的追踪数据表明，新生儿头几个月就被遗弃的话，长久的剥夺不会发生持续效应。因此，根据ERA的研究，出生不到6个月就被收养的儿童与那些未被收养的儿童相比差异不显著，但是，与那些出生6个月后才被收养的儿童相比差异显著；并且，对于那些后期（6～42个月）被收养的儿童，发展结果与11岁时接受剥夺持久性评估的孩子没有必然联系（Beckett et al.，2006；Rutter et al.，2007）。这一问题在认知能力和严重的依恋问题上也是显而易见的，随之而来的问题是：6个月是不是定义个体易感性的关键期。另一些研究，尤其是伊杰泽多恩和朱费（van IJzendoorn & Juffet，2006）的元分析表明，对于国际上被收养的儿童，必须在12个月大时就明确依恋和社会关系产生不利影响的可能性，因为预测12个月后被收养的儿童比较困难。冈纳和同事

(Gunnar & van Dulman，2007）认为他们在研究
126 国际被收养儿童中的行为或情绪障碍有一些相似性。最后，纳尔逊等（Nelson et al.，2007）对机构里的儿童进行干预研究表明，不断改变收留机构的环境对儿童智力产生显著影响的关键期很长（超过 24 个月）；无论该研究能否证明敏感期假设，其结论可能对提高儿童智力提供了有力的证据，这些儿童都曾经历过长期的抚养剥夺。

当然，即使有一个清晰的分界点——还不明确是否有这种可能——个体仍存在本质差异。迄今为止，没有可以有力地证明时机效应（timing effects）的发现，即使动物研究中有所体现。考虑到在动物中发现了有关敏感期遗传的影响，自然会认为人类可能出生就遗传了易感性，但我们目前缺乏数据来验证这种假设的可能性。并且，定义非常敏感期需要考虑到个体如何适应行为和生物行为系统的区别。最后，许多生理发展领域还有著名的发展补偿，及有关童年早期剥夺的研究中都提到过，并不是所有来自寄养机构的剥夺效应都会产生持续影响；并且，补偿的程度取决于儿童从被剥夺环境中抽离出来的年龄（参见 O'Connor et al.，2000；Miller，Chan，Comfort & Tirella，2005；van IJzendoorn & Juffer，2006）。

早期经历与后期发展的关系

神经科学的进步激发了研究者更广泛的兴趣，获得了更丰富的早期经历成果，主要体现在探索可能的生理指标或生物机制指标。他们不仅仅致力于发现可观察行为的“真实性”，而是从另一个层面来解释问题，明确生物治疗潜在的目标，探索其他的隐含变量（例如，早期经历效应的某一变量可能由于遗传易感性而减弱）。神经科学的理论在临床上的运用对婴儿心理健康的评估和治疗可能效果显著，也可能一般或极小，对此下结论还太早。同时，研究的重要目标是探索可能的机制，关注婴儿心理健康的临床医生和决策者应该特别重视。

几个生物系统已经作为候选机制，结合大量的技术，以解释早期经受压力产生的持续影响。其中一些方法难以有效地运用于人类研究，因此我们必须依赖动物研究的数据。例如，可观的动物研究结果表明神经肽催产素（neuropeptides oxytocin）和加压素（vasopressin）关系到抚养、合群、配对及其他各种形式的社会关系（Carter，1998；Insel，2003；Winslow，2005）。显然，这些物质可能降低早期经历中社会关系或依恋紊乱的长期影响。但是，这一假设并不能直接解释人类现象，因为催产素在中枢神经系统之外聚集可能无法指明大脑的催产素水平或功能。研究方法制约了科学的进步，这一方法还存在许多不足（Meinlschmidt & Heim，2007）。

其他系统和神经递质对降低早期经历的影响有重要作用，包括阿片系统和多巴胺能通路（Chugani et al.，2001；De Bellis，2005；Pryce，Dettling，Spengler，Schnell & Feldon，2004）。事实上，一些利用脑成像分析人脑的结构和功能的研究，已经发现了经历早期剥夺的儿童在适应困难上的证据，包括眶额皮层、前额叶、含有杏仁核和海马的内侧颞叶葡萄糖代谢降低（Chugani et al.，2001；Eluvathing et al.，2006）。127

目前已了解的脑区范围和神经递质系统说明，几个脑区的活动极有可能联合作用。因此，新的成像技术揭示了这种联结性的独特意义（Eluvathingal et al.，2006）。

研究早期经历压力的最佳机制是通过 HPA 轴。通过皮质醇含量，经唾液检测到的压力激素，很好地论证了早期经受压力、抚育缺失、早期心灵创伤等问题与 HPA 轴功能改变有关。后续的一系列研究（Heim，Newport，Bonsall，Miller & Nemeroff，2001；Meinlschmidt & Heim，2005）报告，早期逆境，如虐待或抚养缺失与唾液的皮质醇含量改变有关。追踪受虐待的儿童，检测其皮质醇含量也出现紊乱（Cicchetti & Rogosch，2007；Dozier et al.，2006）。然而，以上研究的发现仍然难以弥补概念上或方法论上的问题，因为难以收集并分析宽泛的 HPA 轴数据。测量或解释来自唾液皮质醇的 HPA 轴数据十分困难，尽管许多的研究者对这一方法保持乐观的态度。并且，尽管认为早期经受压力解释了 HPA 轴效应，但这一结论仍不能从众多研究中分离出来，因为早期经历的定义是发展变化的（一项研究中直到 14 岁），如前面所提到的，仅通过观察几乎不可能检验一项早期经历本身的影响力。

正在进行的研究表明，HPA 轴水平受到早期压力改变的程度可能通过治疗性的干预得以“修正”。通过社会心理学或抚养干预（Brotman et al.，2007；Fisher et al.，2006）和更为实际的干预手段——收养（Gunnar & Quevedo，2007；Gunnar et al.，2001），我们从中有重大意义的发现。因此，要改进 HPA 轴评估方法，多采用干预，以推动这一领域的研究。

该类型的研究说明不能用单一机制来降低早期剥夺和后期影响之间的联系，尤其是造成了生物学上的影响以及依恋和认知能力的显著改变。该研究部分受到技术上的制约，有必要考虑跨学科研究和细致的临床观察。

预防和干预的运用

围绕早期经历的争论不只是科学或政策讨论的问题；人们逐渐意识到早期经历的商业利用价值。例如，有公司向目标客户，即婴儿的父母推出了视频或其他项目（类似于《小小爱因斯坦》）。虽然没有切实的证据表明完全达到宣传的效果，但这些项目还是具有一定的积极作用（Garrison & Christakis，2005）。齐默尔曼、克里斯塔基斯和梅尔特佐夫（Zimmerman，Christakis & Meltzoff，2007）对 1 000 多名家长的研究发现，观看婴儿 DVD（视频）与 8～16 个月婴儿的交流或言语发展障碍症状的减轻有关，而 17～24 个月的婴儿中则不存在这种相关性。同样，误解早期经历的作用，意味着临床治疗的类型或强度也受到了广泛的影响，典型的案例是对不安全型依恋的孩子进行“控制”（holding）治疗（参见 O'Connor & Zeanah，2003）。这一点，研究并不能解决临床上或其他运用早期经历的争论。

从之前列出的早期经历模型中分离出来的早期干预有着十分不同的解释。作为研究后发现的观点表明，没有适合的模型与数据十分吻合，至
128 少在某些案例中，大量的个体差异造成显著的长期影响。更重要的是，还没有数据能够说明干预不能发挥作用；但也没有产生相反的作用：必须在发展的某一关键期之前对个体进行干预，才能发挥作用。简而言之，我们不能从已有的数据得出具体的结论，这经常会在运用时被问到。

这意味着我们早期干预可能产生长远积极影响。奥尔兹等（Olds et al.，2004）的工作，还有雷诺兹（Reynolds & Robertson，2003）、雷米及其同事（Campbell，Pungello，Johnson，Burchinal & Ramey，2001），奇凯蒂和托特（Toth，Rogosch，Manly & Cicchetti，2006）的研究都表明，在生命的头几年（包括产前）进行社会心理干预会产生持续的影响直到成年期。这些研究并没有暗示早期干预比后期干预更有效，其实验设计并不是为了验证这一结论（如没有哪一组接受了相对集中的、后期的干预）。这些研究之外的设计包括发展后期的对照组干预——如果可能的话——可以确定干预效应发挥作用的关键时机。但是，考虑到已有的论证足以支持早期干预计划，所以论证干预时机这样复杂的问题可能被实践者和决策者所忽视。

另一方面，有关早期经历研究的其他经验，即个体差异的大小与早期逆境相关，正被运用于实践。寻找个体差异的来源对早期干预而言，可以更快地锁定最有可能受益的干预组，改变或提高干预的效果。

临床上和社区运用研究结果时要注意：干预计划执行得并不好。例如先前引用的叶酸的例子，博托等（Botto et al.，2005）发现推荐使用叶酸“没有检测到影响神经管缺损的发生率（p. 570）”，但推荐的方式、时机和预期效果都被忽视了。考虑到叶酸的效用，这仍是发人深省的观察。与婴儿心理健康研究类似，常规观察表明基础理论走在临床实践的前面。更为积极的是，社区十分支持有理论依据的治疗方案。例如，“家庭—护理伙伴”广泛流行（基于奥尔兹及其同事的工作）。但这可能还不是最典型的。多项证据表明在心理健康领域讨论概念的问题最多，也容易混淆。如依恋是什么，观点不一，很难统一甚至被误用。最为典型的例子大概是采用“依恋疗法”帮助混乱型儿童建立依恋（参见 O'Connor & Zeanah，2003）。还有一些好的例子，如帮助婴儿脱离摇椅，在庭院里运用婴儿期的发展科学，对0～3 岁婴儿拍摄录像。又比如，玛丽·多齐尔（Mary Dozier）在婴儿社会关护系统中的研究提升了对依恋、早期经历，以及循证实践在应用设置中的理解。

结论

关于早期经历的争论很大程度上仍没有得到解决，且其主要关注人类心理学和生物行为学的成果和进展方面（参见 Bruer，1999；Clarke & Clarke，2000）。尤其是那些关于出生后头几个月或头几年经历早期剥夺婴儿的研究，获得了有益而富有挑战性的结论。这些发现，以及那些作为
129 实验干预和自然实验的发现在不久的将来把争论推向了更重要的位置。从单一方法论来看，虽然当前大量的工作还集中在单一的机制上，但是神经科学技术的进步和更强大的合作有助于提出多元机制。许多观点认为动物研究的结果提醒我们没有充分理解人类早期经历逆境，急于解释早期经历的争论以致忽视了核心方法论的缺陷。受益于大量关于动物和人类的调查研究，已有的结论提高了公众对这一领域的了解。最后，克努森等（Knudsen，Heckman，Cameron & Shonkoff，2006）提出了重要的观点，即不仅要了解早期经历争论的临床运用，还要认识到它的商业价值（参见 Nagle，本书第 36 章）。

参考文献

Barker, D. J. (Ed.). (1992). *Fetal and infant origins of adult disease*. London: Tavistock.

Beckett, C., Maughan, B., Rutter, M., Castle, J., Colvert, E., Groothues, C., et al. (2006). Do the effects of early severe deprivation on cognition persist into early adolescence?: Findings from the English and Romanian Adoptees study. *Child Development*, *77*, 696–711.

Belsky, J., & Fearon, R. M. (2002). Early attachment security, subsequent maternal sensitivity, and later child development: Does continuity in development depend upon continuity of caregiving? *Attachment and Human Development*, *4*, 361–387.

Berardi, N., Pizzorusso, T., & Maffei, L. (2000). Critical periods during sensory development. *Current Opinion in Neurobiology*, *10*, 138–145.

Botto, L. D., Lisi, A., Robert-Gnansia, E., Erickson, J. D., Vollset, S. E., Mastroiacovo, P., et al. (2005). International retrospective cohort study of neural tube defects in relation to folic acid recommendations: Are the recommendations working? *British Medical Journal*, *330*, 571.

Bowlby, J. (1951). *Maternal care and mental health*. Geneva, Switzerland: World Health Organization.

Bowlby, J. (1988). Developmental psychiatry comes of age. *American Journal of Psychiatry*, *145*, 1–10.

Bronfenbrenner, U. (1979). *The ecology of human development: Experiments by nature and design*. Cambridge, MA: Harvard University Press.

Brotman, L. M., Gouley, K. K., Huang, K. Y., Kamboukos, D., Fratto, C., & Pine, D. S. (2007). Effects of a psychosocial family-based preventive intervention on cortisol response to a social challenge in preschoolers at high risk for antisocial behavior. *Archives of General Psychiatry*, *64*, 1172–1179.

Brown, A. S., van Os, J., Driessens, C., Hoek, H. W., & Susser, E. S. (2000). Further evidence of relation between prenatal famine and major affective disorder. *American Journal of Psychiatry*, *157*, 190–195.

Bruer, J. T. (1999). *The myth of the first three years*. New York: Free Press.

Cacioppo, J. T., Bernstein, G. G., Adolphs, R., Carter, C. S., Davidson, R. J., McClintock, M. K., et al. (Eds.). (2002). *Foundations of social neuroscience*. Cambridge, MA: MIT press.

Cameron, J. L. (2004, June). *The use of animal models for mechanistic and developmental studies*. Paper presented at the NIMH workshop on the prevention of depression in children and adolescents, Rockville, MD.

Campbell, F. A., Pungello, E. P., Johnson, S. M., Burchinal, M., & Ramey, C. T. (2001). The development of cognitive and academic abilities: Growth curves from an early childhood educational experiment. *Developmental Psychology*, *37*, 231–242.

Canfield, R. L., Henderson, C. R., Jr., Cory-Slechta, D. A., Cox, C., Jusko, T. A., & Lanphear, B. P. (2003). Intellectual impairment in children with blood lead concentrations below 10 microg per deciliter. *New England Journal of Medicine*, *348*, 1517–1526.

Carter, C. S. (1998). Neuroendocrine perspectives on social attachment and love. *Psychoneuroendocrinology*, *23*, 779–818.

Caspi, A. (2000). The child is father of the man: Personality continuities from childhood to adulthood. *Journal of Personality and Social Psychology*, *78*, 158–172.

Chugani, H. T., Behen, M. E., Muzik, O., Juhasz, C., Nagy, F., & Chugani, D. C. (2001). Local brain functional activity following early deprivation: A study of postinstitutionalized Romanian orphans. *NeuroImage*, *14*, 1290–1301.

Cicchetti, D., & Rogosch, F. A. (2007). Personality, adrenal steroid hormones, and resilience in maltreated children: A multilevel perspective. *Development and Psychopathology*, *19*, 787–809.

Clarke, A. M., & Clarke, A. D. B. (2000). *Early experience and the life path*. London: Jessica Kingsley.

Coplan, J. D., Trost, R. C., Owens, M. J., Cooper, T. B., Gorman, J. M., Nemeroff, C. B., et al. (1998). Cerebrospinal fluid concentrations of somatostatin and biogenic amines in grown primates reared by mothers exposed to manipulated foraging conditions. *Archives of General Psychiatry*, *55*, 473–477.

De Bellis, M. D. (2005). The psychobiology of neglect. *Child Maltreatment*, *10*, 150–172.

Dozier, M., Manni, M., Gordon, M. K., Peloso, E., Gunnar, M. R., Stovall-McClough, K. C., et al. (2006). Foster children's diurnal production of cortisol: An exploratory study. *Child Maltreatment*, *11*, 189–197.

Eluvathingal, T. J., Chugani, H. T., Behen, M. E., Juhasz, C., Muzik, O., Maqbool, M., et al. (2006). Abnormal brain connectivity in children after early severe socioemotional deprivation: A diffusion tensor imaging study. *Pediatrics*, *117*, 2093–2100.

Fisher, P. A., Gunnar, M. R., Dozier, M., Bruce, J., & Pears, K. C. (2006). Effects of therapeutic interventions for foster children on behavioral problems, caregiver attachment, and stress regulatory neural systems. *Annals of the New York Academy of Sciences*, *1094*, 215–225.

Fleming, A. S., O'Day, D. H., & Kraemer, G. W. (1999). Neurobiology of mother–infant interactions: Experience and central nervous system plasticity across development and generations. *Neuroscience and Biobehavioral Reviews*, *23*, 673–685.

Francis, D., Diorio, J., Liu, D., & Meaney, M. J. (1999). Nongenomic transmission across generations of maternal behavior and stress response in the rat. *Science*, *286*, 1155–1158.

Garrison, M. M., & Christakis, D. A. (2005). *A teacher in the living room?: Educational media for babies, toddlers and preschoolers*. Menlo Park, CA: Kaiser Family Foundation.

Gluckman, P., & Hanson, M. (2005). *The fetal matrix*. New York: Cambridge University Press.

Glynn, L. M., Wadhwa, P. D., Dunkel-Schletter, C., Chicz-Demet, A., & Sandman, C. A. (2001). When stress happens matters: Effects of earthquake timing on stress responsivity in pregnancy. *American Journal of Obstetrics and Gynecology*, *184*, 637–642.

Greenough, W. T., Black, J. E., & Wallace, C. S. (1987). Experience and brain development. *Child Development*, *58*, 539–559.

Gunnar, M. R., Morison, S. J., Chisholm, K., & Schuder, M. (2001). Salivary cortisol levels in children adopted from Romanian orphanages. *Development and Psychopathology*, *13*, 611–628.

Gunnar, M. R., & Quevedo, K. (2007). The neurobiology of stress and development. *Annual Review of Psychology*, *58*, 145–173.

Gunnar, M. R., & van Dulmen, M. H. (2007). Behavior problems in postinstitutionalized internationally adopted children. *Development and Psychopathology*, *19*, 129–148.

Harlow, H., & Suomi, S. (1970). The nature of love—simplified. *American Psychologist*, *25*, 161–168.

Heim, C., Newport, D. J., Bonsall, R., Miller, A. H., & Nemeroff, C. B. (2001). Altered pituitary–adrenal axis responses to provocative challenge tests in adult survivors of childhood abuse. *American Journal of Psychiatry*, *158*, 575–581.

Hensch, T. K. (2004). Critical period regulation. *Annual Review of Neuroscience*, *27*, 549–579.

Hinde, R. A., & Spencer-Booth, Y. (1971). Effects of brief separation from mother on rhesus monkeys. *Science*, *173*, 111–118.

Hofer, M. A. (1994). Hidden regulators in attachment, separation, and loss. *Monographs of the Society for Research in Child Development*, *59*(2–3), 192–207.

Huang, Z. J., Kirkwood, A., Pizzorusso, T., Porciatti, V., Morales, B., Bear, M. F., et al. (1999). BDNF regulates the maturation of inhibition and the critical period of plasticity in mouse visual cortex. *Cell*, *98*, 739–755.

Insel, T. R. (2003). Is social attachment an addictive disorder? *Physiology and Behavior*, *79*, 351–357.

Kagan, J., & Moss, H. A. (1983). *Birth to maturity*. New York: Wiley. (Original work published 1962)

Kagan, J., Snidman, N., Kahn, V., & Towsley, S. (2007). The preservation of two infant temperaments into adolescence. *Monographs of the Society for Research in Child Development*, 72(2), 1–75.

Kinnunen, A. K., Koenig, J. I., & Bilbe, G. (2003). Repeated variable prenatal stress alters pre- and postsynaptic gene expression in the rat frontal lobe. *Journal of Neurochemistry*, *86*, 736–748.

Knudsen, E. I. (2004). Sensitive periods in the development of the brain and behavior. *Journal of Cognitive Neuroscience*, *16*, 1412–1425.

Knudsen, E. I., Heckman, J. J., Cameron, J. L., & Shonkoff, J. P. (2006). Economic, neurobiological, and behavioral perspectives on building America's future workforce. *Proceedings of the National Academy of Sciences USA*, *103*, 10155–10162.

Mackenzie, W. L. (1906). *The health of the schoolchild*. London: Methuen.

MRC Vitamin Study Research Group. (1991). Prevention of neural tube defects: Results of the Medical Research Council vitamin study. *Lancet*, *338*, 131–137.

Meinlschmidt, G., & Heim, C. (2005). Decreased cortisol awakening response after early loss experience. *Psychoneuroendocrinology*, *30*, 568–576.

Miller, L., Chan, W., Comfort, K., & Tirella, L. (2005). Health of children adopted from Guatemala: Comparison of orphanage and foster care. *Pediatrics, 115*(6), E710–E717.

Nelson, C. A., III, Zeanah, C. H., Fox, N. A., Marshall, P. J., Smyke, A. T., & Guthrie, D. (2007). Cognitive recovery in socially deprived young children: The Bucharest Early Intervention Project. *Science, 318*(5858), 1937–1940.

O'Connor, T. G. (2006). The persisting effects of early experiences on psychological development. In D. Cicchetti & D. Cohen (Eds.), *Developmental psychopathology: Vol. 3. Risk, disorder, and adaptation* (2nd ed., pp. 202–234). New York: Wiley.

O'Connor, T. G., Heron, J., Golding, J., Glover, V., & ALSPAC study team. (2003). Maternal antenatal anxiety and behavioural/emotional problems in children: A test of a programming hypothesis. *Journal of Child Psychology and Psychiatry, 44*, 1025–1036.

O'Connor, T. G., Rutter, M., Beckett, C., Kreppner, J. M., Keaveney, L., & the English and Romanian Adoptees Study Team. (2000). The effects of global severe privation on cognitive competence: Extension and longitudinal follow-up. *Child Development, 71*, 376–390.

O'Connor, T. G., & Zeanah, C. H. (2003). Attachment disorders: Assessment strategies and treatment approaches. *Attachment and Human Development, 5*, 223–244.

Olds, D. L., Kitzman, H., Cole, R., Robinson, J., Sidora, K., Luckey, D. W., et al. (2004). Effects of nurse home-visiting on maternal life course and child development: Age 6 follow-up results of a randomized trial. *Pediatrics, 114*, 1550–1559.

Parfitt, D. B., Walton, J. R., Corriveau, E. A., & Helmreich, D. L. (2007). Early life stress effects on adult stress-induced corticosterone secretion and anxiety-like behavior in the C57BL/6 mouse are not as robust as initially thought. *Hormones and Behavior, 52*, 417–426.

Pryce, C. R., Dettling, A. C., Spengler, M., Schnell, C. R., & Feldon, J. (2004). Deprivation of parenting disrupts development of homeostatic and reward systems in marmoset monkey offspring. *Biological Psychiatry, 56*, 72–79.

Reynolds, A. J., & Robertson, D. L. (2003). School-based early intervention and later child maltreatment in the Chicago Longitudinal Study. *Child Development, 74*, 3–26.

Rutter, M., Colvert, E., Kreppner, J., Beckett, C., Castle, J., Groothues, C., et al. (2007). Early adolescent outcomes for institutionally-deprived and non-deprived adoptees: I. Disinhibited attachment. *Journal of Child Psychology and Psychiatry, 48*, 17–30.

Rutter, M., O'Connor, T. G., & the English and Romanian Adoptees Study Team. (2004). Are there biological programming effects for psychological development?: Findings from a study of Romanian adoptees. *Developmental Psychology, 40*, 81–94.

Sabatini, M. J., Ebert, P., Lewis, D. A., Levitt, P., Cameron, J. L., & Mirnics, K. (2007). Amygdala gene expression correlates of social behavior in monkeys experiencing maternal separation. *Journal of Neuroscience, 12*, 3295–3304.

Sanchez, M. M., Ladd, C. O., & Plotsky, P. M. (2001). Early adverse experience as a developmental risk factor for later psychopathology: Evidence from rodent and primate models. *Development and Psychopathology, 13*, 419–449.

Schaffer, H. R. (2000). The early experience assumption: Past, present, and future. *International Journal of Behavioral Development, 24*, 5–14.

Spitz, R. A. (1965). *The first year of life*. New York: International Universities Press.

Suomi, S. (1999). Attachment in rhesus monkeys. In J. Cassidy & P. Shaver (Eds.), *Handbook of attachment* (pp. 181–197). New York: Guilford Press.

Toth, S. L., Rogosch, F. A., Manly, J. T., & Cicchetti, D. (2006). The efficacy of toddler–parent psychotherapy to reorganize attachment in the young offspring of mothers with major depressive disorder: A randomized preventive trial. *Journal of Consulting and Clinical Psychology, 74*, 1006–1016.

van IJzendoorn, M. H., & Juffer, F. (2006). The Emanuel Miller Memorial Lecture 2006: Adoption as intervention. Meta-analytic evidence for massive catch-up and plasticity in physical, socio-emotional, and cognitive development. *Journal of Child Psychology and Psychiatry, 47*, 1228–1245.

Waters, E., Merrick, S., Treboux, D., Crowell, J., & Albersheim, L. (2000). Attachment security in infancy and early adulthood: A twenty-year longitudinal study. *Child Development, 71*, 684–689.

Weaver, I. C., Cervoni, N., Champagne, F. A., D'Alessio, A. C., Sharma, S., Seckl, J. R., et al. (2004). Epigenetic programming by maternal behavior. *Nature Neuroscience, 7*, 847–854.

Winslow, J. T. (2005). Neuropeptides and non-human primate social deficits associated with pathogenic rearing experience. *International Journal of Developmental Neuroscience, 23*, 245–251.

Wolkind, S. N. (1974). The components of "affectionless psychopathology" in institutionalized children. *Journal Child Psychology and Psychiatry, 15*, 215–220.

Zeanah, C. H., Smyke, A. T., Koga, S. F., & Carlson, E. (2005). Attachment in institutionalized and community children in Romania. *Child Development, 76*, 1015–1028.

Zimmerman, F. J., Christakis, D. A., & Meltzoff, A. N. (2007). Associations between media viewing and language development in children under age 2 years. *Journal of Pediatrics, 151*, 364–368.

第二篇　风险性因素与保护性因素

“累积风险模型”现已被人们广泛接受。简而言之，该模型包含的风险因素数据，使独生子、双胞胎 133
或多成员家庭存在的不利因素比任何特定结合的风险因素都具有更好的预见性。采集的大量证据表明，累积风险模型得到了多种类型结果的验证。许多研究由于孤立单一的风险因子，而着眼于它们的相关性，潜在地依从了具有误导性的结果而受到批判。假如缺乏这种特定性，那么我们可能要问：为什么这些风险性因素的一部分仍是由特定的因素组成的呢？

这个问题的答案主要体现了实用主义精神。许多干预方案定位于特定的风险因素，例如有关青少年母亲药物滥用的干预方案。那些母亲的孩子面临言语表达迟缓的风险，但是这并不意味着对这类母亲进行干预是没有意义的，对特定人群的治疗经验是对单个风险因素进行干预的例证。

还有，风险因素通常是同时出现的，两两之间的相互作用可能不利于身心健康。第二篇许多章节的研究不仅关注风险因素本身，还关注风险产生的过程。

当然，研究风险因素在临床情境中实际的影响比研究特定的双胞胎或家庭更有意义。因为，一旦临床问题显著，研究者更关注导致问题行为的额外因素，而不是风险因素本身。

影响婴儿心理健康最常见的风险因素大概是贫困。贫困包含了多个风险因素和过程，很少单独产生作用。克尼特（Knitzer）和佩里（Perry）在第 8 章主要论证了贫困的消极影响，包括有限的家庭生活资源和父母较少的情感给予。研究者重视给低收入家庭提供支持和有益于孩子健康成长的机会，以加强父母与婴儿的关系。他们呼吁那些旨在减少贫困和提高养育能力的“以家庭为中心”的政策，并在这两个 134
目标间建立起有效的桥梁。

第 9 章，古德曼（Goodman）和布兰德（Brand）回顾了近来有关母亲抑郁的研究，明确了抑郁对孕妇和新妈妈的影响，以及母亲抑郁对婴儿发展的短期和长期影响。他们阐述了抑郁影响婴儿的可能机制，描述了风险性因素和保护性因素在这个过程中所起的作用。为了保持前后关系的协调一致，同时强调要研究婴儿的父亲，因为他们同样受到了母亲抑郁的影响。古德曼和布兰德指出母亲抑郁虽然是对婴儿心理健康产生影响的风险因素，但可以治疗和预防，因此呼吁大家为减少抑郁产生的代际影响而更加努力。

与研究多种风险因素及其复杂影响过程相一致的是，鲍里斯（Boris）在第 10 章提出儿童父母物质滥用的问题。他描述了药物可能影响婴儿心理健康的几种途径。首先，我们都知道妊娠期与影响婴儿行为和发展的多种因素都有密切关系。其次，遗传可能分别或同时影响父母与婴儿的行为方式。最后，伴随着物质滥用而产生的累积社会逆境可能进一步增加其风险性。每种途径都提示了如何在客观情境中观察家庭，也暗示了有关强制干预的必要过程。

为大家所熟知的影响婴儿心理健康的生物性风险因素就是早产。在第 11 章，穆勒·尼克斯（Müller Nix）和安塞梅（Ansermet）阐述了这种风险情况和它的复杂性。他们呈现了近期研究和父母经历过的心灵创伤。基于问题的复杂性，提出多方干预，以说明影响生物、发展、社会性和情绪的决定因素及其潜在后果。他们强调心理健康医生和父母直接沟通的重要性，强调在育婴重症护理的复杂医学环境中，心理健康医生合作的重要性。

在第 12 章，谢克特（Schechter）和威廉（Willheim）研究了暴力情境对婴儿心理健康的影响。他们认为许多因素都应该考虑进去，包括观看暴力的天性，即婴儿的体质可能提高易感性和弹性（resilience），还有暴力发生的成长环境和婴儿的相关背景。由于这是心理健康医生能发生作用的最后一个因素，谢克特和威廉详细地阐述了暴力情境的相关复杂影响，强调预防和治疗方案的重要性，以减少长期后遗症的发生。

第 13 章作为总结章节，汉斯（Hans）和图伦（Thullen）主要讨论未成年母亲问题。除了关注母亲和婴儿，他们还考虑了母亲—外祖母、母亲—父亲间关系对未成年母亲和婴儿的影响，以及未成年父母社交网的影响。如此大的关系背景表明了年轻母亲和婴儿对专业性综合干预的多种需要。

第8章

贫困与婴儿和学步儿发展

面临艰难挑战

简·克尼特（Jane Knitzer）
德博拉·F·佩里（Deborah F. Perry）

135 每年，美国大约要迎来 400 万新生儿。其中，大约 80 万的孩子出生于“官方认定”的贫困家庭，大约 90 万孩子出生于勉强能维持收支平衡的家庭。总而言之，42%的美国婴儿和学步儿在贫困家庭中成长，这些家庭的收入远远低于官方划定的贫困水平的 200%。科学让我们明白如何确保孩子茁壮成长，而政策则将知识转化为实践能力，服务于下一代人。这一章所探讨的一系列问题，其结论都是为了阐明贫困与儿童发展能力之间的复杂交互作用。这些研究成果既能激发新的研究，也能作为一种行为准则支持贯穿本书的临床干预方案。

本章由三个部分组成。第一部分强调人口压力对低收入家庭儿童成长经历的巨大影响。第二部分针对已有研究，记录了贫困与消极发展结果的关系，以更好地理解贫困的影响。第三部分关注当前政策体系，研究它对低收入家庭扶持的范围和成效。这一部分重视强化当前的政策，而新的政策体系也急需与更好的科学课题相融合。

谁是贫困婴儿和学步儿？

2007 年，“官方认定”的贫困标准是一个三口之家的年收入为 17 170 美元。但是，这一官方数据是基于 20 世纪 60 年代的计算公式得出的，它估计一个家庭把大约 1/3 的收入花在食物上，但它忽略了儿童养育的费用，低估了家庭开支的负担，也没有将税费或地区差异考虑在内（Cauthen & Fass，2006）。因此，本研究基于实际的家庭基
136 本开支需求，即大约为官方数据的 200%。然而，除了用更合适的方式来定义贫困（Citro & Michael，1995；Dalakar，2005），从官方视角来看，在分配公共资源时，仍是以官方认定的贫困标准为依据的，尤其要区分哪些家庭有资格获得公共援助。

总而言之，在 520 万孩子中，约 21%的家庭收入处于或低于官方贫困标准线，120 万 0～3 岁（占所有婴儿和学步儿的 10%）孩子所在的家庭收入处于官方标准的中间或更低水平。另有 22%的婴儿和学步儿，或 270 万极年幼儿童所在的家庭收入在贫困标准的 100%～200%之间。虽然官方认定的贫困标准固定，但事实上仍有家庭未计入贫困行列。收入的变动影响这些家庭每月能否获得补助资格。但更为重要的是，收入在贫困标准 100%～200%间的家庭存在着临界于脱离贫困标准的风险；他们生活在“边缘地带”，没有任何存款或资产来支付他们的汽车维修费或房租费。由于临界的贫困家庭失去获得补助的资格要先于收入增长，因而处于不利地位（Cauthen，2006）。

除以上数据外还有更复杂的情况，即伴随着民族、种族和移民身份的重大变动，研究、政策和临床议程也受到影响。美国孩子正主导着美国进入一个种族、民族多样化的社会。这个国家有 55%的婴儿是白人，这就意味着白人婴儿仍占大多数，但不会更多了（白人约占人口总数的 67%）。占婴儿总数 23%的是西班牙和葡萄牙裔，14%为非裔，4%是亚裔，还有 3%的“其他”。比 1%的一半还要少的是土生土长的美国人，只有极少数的几个州，本土美国人的孩子能构成人口中可观的一部分。

贫困和低收入状况不同程度地影响了不同种族的婴儿。与将近 2/3 的非裔（66%）、西班牙和葡萄牙裔（63%）及本土美国婴儿（63%）相比，白人婴儿（30%）中有 1/3 以下的孩子成长在低收入家庭。大约 25%的亚裔婴儿出生在低收入家庭。近期移民的孩子——每 5 个孩子当中就有 1 个是移民的——比在美国家庭出生的孩子更有可能生活在贫困或低收入家庭。有一半的孩子生活在低收入家庭，1/3 的家庭中没有精通英语的成年人（Gozdziak，2006；转引自 Dinan，2006）。这些不同肤色的孩子将成为新美国的开拓者，将营造一个比现在更具文化多元性的国家；到 2030 年，估计低于一半的美国儿童将成为非西班牙和葡萄牙血统的白人，而另一半由绝大多数其他不同种族特点的混血儿构成（Mather，2009）。

低收入家庭孩子的另外两个特征也具有相关性。首先是低收入家庭出生的婴儿比例在不同州域有显著差异，从 21%到 58%不等（Stebbins & Knitzer，2007）。这种大范围的差异性已经影响到各州和国家的政策制定。还有令人震惊的发现：

孩子越小，家庭收入显得越不充裕（Douglas-Hall，Chau & Koball，2006；见图8.1）。更有证据表明，贫困对婴儿的影响根据贫困的持续时间和程度而不同，婴儿期经历贫困要比稍大的孩子经历贫困面临更多始料未及的消极影响（Duncan & Brooks-Gunn，1997）。

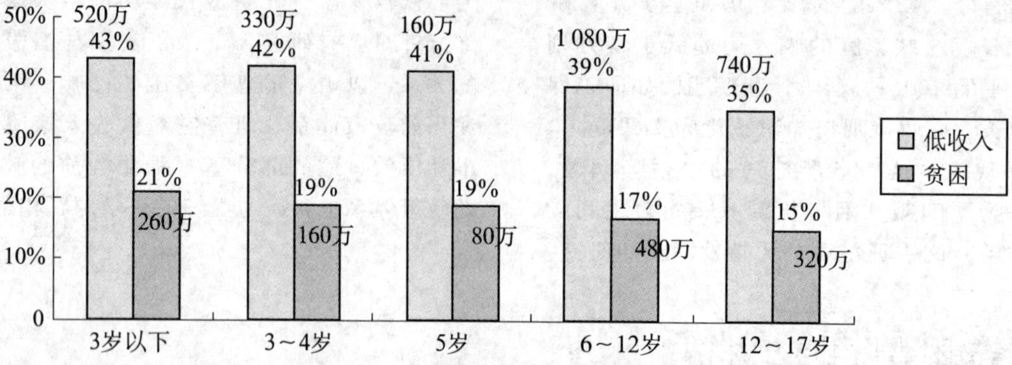

图8.1 生活在低收入家庭和贫困家庭的孩子（按年龄分组）

资料来源：From Douglas-Hall，Chau & Koball（2006）. Copyright 2006 by the National Center for Children in Poverty. Reprinted by permission.

家庭背景：人口统计类型

这些数据仅呈现了低收入家庭婴儿的部分特点。危机和适应性机制要求同时关注人口统计、心理危机和儿童父母的能力。三项人口统计因素
137 相关——父母的受教育程度、父母的工作地位、父母的婚姻状况，它们相互联系，影响婴儿的成长，并以复杂的方式与收入状况发生相互作用。

父母尤其是母亲的受教育水平能预测孩子将来的教育成就（Baum，2004）。婴儿的早期语言发展直接与母亲的受教育水平有关。受教育程度高的家庭会运用更多的词汇、不同的表达方式以及准确的发音，这些因素都有利于儿童语言的发展（Hart & Risley，1995；Ramey & Ramey，2004）。反过来，良好的表达能力使孩子进入日托中心后更有优势。低收入家庭中1/4的父母只有高中以下的学历。另外36%的父母仅有高中学历，38%的父母上过大学。再者，还存在种族特点不一致：63%的本土美国婴儿、62%的西班牙和葡萄牙裔婴儿和50%非裔婴儿的父母仅有高中甚至更低的学历。与以往认为低收入家庭父母都参加工作的陈旧观念不同，低收入婴儿家庭中，至少一个家长做全职工作占51%，另外30%的父母做兼职。平常的分配比例是73%的全职工作和17%的兼职工作。然而，大部分低收入家庭的父母没有受到良好教育，尽管他们很努力地工作，但仍无法赚到足够的钱使他们摆脱贫困，或者给孩子提供丰富的经历。最后，低收入家庭中仅有近一半（49%）的婴儿和学步儿生活在一个完整的家庭，对于这些家庭，婚姻面临着经济困境的威胁。在单亲家庭，尤其孩子出生的那段时间，父亲也几乎没有正式出现在生活中。

在能够统计到的人口数据之外，还要注意婴儿中的一个小群体，他们同时面临着父母、环境或其他风险因素，包括极端的贫困，这些因素结合在一起降低了健康成长的可能性。早期开端教育计划（Early Head Start）的评估基于由风险因素结合的分解数据，例如，婴儿同时经历四个或更多风险因子就无法受益于早期干预计划，而同样的情况下其他参与者却可以受益（Love et al.，2004）。有数据提到所谓的父母"困境"，与抑郁症、药物滥用、模仿同伴暴力相关，无论是单个、多个，或与其他风险因素共同作用，都将严重威
胁婴儿的成长。在婴儿的生活中，没有关于父母 138
心理危机的普遍统计数据，但是，近期的一个综合报告显示，低收入家庭儿童的父母患抑郁症的比率高达48%（Early Head Start Research and Evaluation Project，2003）并且大约10%的孩子有药物滥用的父母（Knitzer & Lefkowitz，2006）。虐待婴儿的比率比其他任何年龄组都要高，评估得到的比率在16/1 000。

同样，是否出生在移民家庭也影响着婴儿的发展，关于出生在低收入家庭的可能性，与40%本地出生的孩子相比，移民家庭占61%（Douglas-Hall et al.，2006）。他们大多来自墨西哥或其他西班牙语国家和文化领域，一些受到战争创伤

的孩子和家人一起逃离充满精神创伤的环境，他们在美国共享来自其他国家的“新美国文化”。这些因素要求服务提供者，要充分考虑不同的文化，以适当的方式提供服务（Dinan，2006）。移民地位也影响到这些孩子能获得的公共福利。理论上，出生在移民家庭的孩子也是美国公民，他们有权利享受同样的福利，但实际上，目前存在的各种反移民意识让这些家庭感到害怕，“救助”系统中有各种限制和禁令。

最后，值得强调的是表面看来难以解决的不平等问题仍在持续。在美国社会，贫困及其相关的风险因素不同程度地影响了不同肤色的孩子和家庭。从一开始，有色人种的婴儿出生得更早、体型更小，其中非裔婴儿中低体重初生儿和早产儿比例更高（U. S. Department of Health and Human Service，2006b）。慢性病（如哮喘、贫血）比例的升高进一步危害了他们的健康，增加了家庭的护理空间和经济负担。对于来自西班牙语国家的新移民（或已有移民），他们面临的主要问题是，缺乏具备双语能力、懂双边文化的抚养人。从某一层面来看，这种缺口引发了对有关文化胜任力的新见解和实践。但在另一层面上，儿童正承受着不平等的社会竞争。

贫困和社会性与情绪发展

几十年来，已有的研究结论现在更是不言自明了：成长在贫困家庭的孩子面临着不同的风险因素，表现出多重领域的发展不良（Aber，Jones & Raver，2007；Duncan & Brooks-Gunn，1997；McLoyd，1998；Ryan，Fauth & Brooks-Gunn，2006）。然而，近期更多研究深化了我们对贫困使儿童健康受损的具体方式或途径的理解。本书强调关注家庭健康的重要性。

概念模型

构成该研究的概念模型（见图 8.2）受到杨、林瓦尔和布鲁克斯-冈恩（Yeung，Linver & Brooks-Gunn，2002）著名研究的影响，他们先于该模型做了大量具有开创性意义的工作。他们结合两种主要的研究方法，利用综合结构模型分析当地具有代表性的大样本，以此解释贫困对儿童发展的影响，这两方面包括：长远投入和家庭作用模型。最初，著名的经济学家曾对“长远投入”做了明确的定义（Becker，1981；Becker & Thomes，1986），认为家庭收入对儿童未来成就的影响作为主导因素，直接与父母的经济状况和时间有关。经济越充

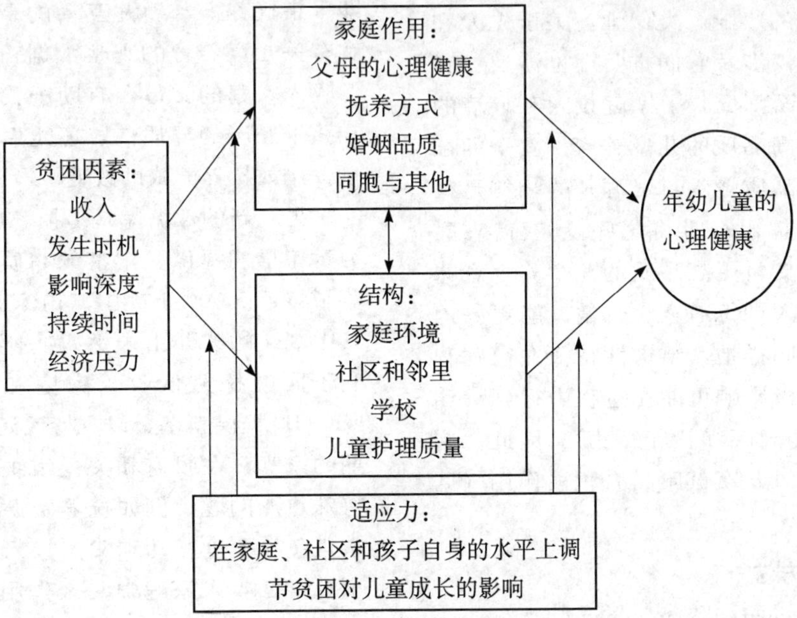

图 8.2 我们的概念模型

139 裕，父母越能做到：（1）买更多令孩子兴奋的玩具、书籍或游戏程序；（2）提供更好的儿童养育，然后上私立学校；（3）到一个安全的小区安家；（4）有更多休闲的时间可以陪孩子参加活动。家庭作用模型假定父母的情绪健康（尤其是妈妈）和家庭互动的质量能缓和低收入对儿童成长的影响，尤其它们都与压力相关，该观点源自埃尔德的“家庭压力”模型（Conger & Elder，1994；Elder & Caspi，1988）。研究者关注长远投入中一些变量对儿童认知发展和学业成就的显著影响，然而，有关“家庭压力”的文献特别探究了造成婴儿社会性与情绪发展差异的原因。

杨、林瓦尔和布鲁克斯·冈恩（Yeung，Linver & Brooks-Gunn，2002）结合单一概念模型中两方面的观点，解释为什么总体上贫困家庭的孩子比更高收入家庭孩子的生活条件差。另外，投入模型中最具理论意义的特殊变量，实际上可能与造成家庭压力的核心变量相互作用。例如，因为购买食物、支付房租或缺乏卫生保健带来的压力可能改变抚养方式，继而关系到儿童的未来成长。研究者也明确了认知和行为的发展结果，关注低龄儿——在有关家庭压力的文献中所强调的青少年健康成长缺失的特殊阶段。最后，数据样本的选取加强了他们的研究工作，包含大量重要的理论变量以及对大样本的长期追踪研究。

简言之，抚养投入和家庭压力有助于我们理解贫困对儿童健康的影响。类似地，关于先天和后天抚养的争论不仅涉及它们本身，也涉及二者的相互作用。两方面都反映了家庭投入和环境的情感品质结构（如高品质的儿童养育、安全的社区环境、可利用的高质量学习资源）的相符是很

140 重要的。也有证据提出很难将这些范畴分离开：拥有足够的收入来支付更高品质的儿童养育意味着，通常这些抚养人训练有素、热情、能更好地回应孩子的需要。同样地，结构性特征在家庭和社区产生的不同消极影响可能在过程中得到缓和（例如，妈妈的心理健康和抚养行为）。因此，这些交互相关的结构对儿童健康具有积极作用（见图8.2）。

拓展模型的新方法

过去十年的研究得益于几个数据库的建立，这些数据采自对低收入人群的高质量纵向研究，也受益于多变量统计建模技术，从而使研究者可以检验提出的假设机制和方案，分析与贫困经历联系更复杂的构成因素。我们进一步认为，更好地分析经济不利对家庭和婴儿的影响要结合三个基本因素：运用更精确的统计工具进行数据分析；运用更多与低收入家庭理论相关的、不断更新的数据库资料；参照更微观的理论机制和方案的先进之处。

新的多变量分析技术（multivariate analytic techniques）使科学家基于大量人口统计样本解答新问题、关于收入与支出的关系，以及低收入家庭与高收入家庭的发展轨迹。全国取样的婴儿代表性样本，例如童年早期纵向研究（ECLS），即依据两个同年龄组的大样本（从孩子出生到学前班阶段，从学前班到八年级，即ECLS-B和ECLS-K），再结合已知童年早期的特有风险和保护性因素选取出来的（U. S. Department of Education，National Center for Education Statistics，1999）。同时，仍然有其他研究者从大量的观察研究中搜集数据，进一步夯实了我们的理论基础。例如，“三城联合研究”（Three-City study）追踪了大约2 400个于1999年在波士顿、芝加哥、圣安东尼奥招募的低收入家庭，当时这些家庭的孩子有的小于4岁，有的在10～14岁之间，然后追踪研究他们以后的两个年龄阶段。除了纵向研究获得的数据，研究者还利用“嵌入式发展研究”，即采集抚养人与婴儿互动的录像、日常记录资料和有关儿童养育的观察数据。在取样中重点关注低收入家庭的父母，有助于我们探究低收入父母和孩子经历的异质性，还能更深层地分析其他变量，例如抚养方式的改变。

另一新的数据库是易损家庭与儿童健康研究，为童年早期提供了丰富的高质量资源。研究组招募了将近5 000个美国城市家庭的同年龄组样本；其中3/4的婴儿由未婚妈妈所生，该实验设计有利于同时探究低收入家庭和单亲家庭的影响。NICHD提供新基金以支持该研究追踪步入童年中期的家庭；在政府和关爱组织的支持下，一系列特殊热点问题，例如抚养资源与儿童幸福感、父亲角色、夫妻互动和父亲投入被研究。这些研究填补了低收入家庭中父亲作用的空白。最后，另一些近期的研究结果来自结合不同工作福利项目的系统“实验”（Huston et al.，2005）。

141 研究者可以用新的研究方法和追踪数据定义贫困。不同于在某个时间点以单一因素简单地考量个人收入，新近的研究试图捕捉贫困影响儿童发展的动态性原生因素。例如，运用来自“收入动态”专门研究小组（PSID）提供的家庭大样本，瓦格米勒等（Wagmiller，Lennon，Kuang，Alberti & Aber，2006）运用独特的统计建模技术（例如，潜变量分析）确定儿童期经历贫困的四种不同情况：长期贫困、脱离贫困、陷入贫困、非贫困。这种技术考虑了经历贫困的时间，加之对儿童生长规律的认识，强调童年早期是经受贫困消极影响的敏感脆弱期。还有人加入了用财政压力的主观感受对收入进行客观评定的方法（Gershoff，Raver，Aber & Lenon，2007；Mistry，Biesanz，Taylor，Burchinal & Cox，2004），财政压力作为考量家庭收入压力的中介变量十分显著。

研究者还强调贫困“程度”的重要性，通常低于官方标准50%以下被定义为重度贫困，这与定义如缺少稳定住所和食物保障一类的变量不同。发展心理学、社会人口统计学和公共健康等研究发现，这些有关心理机制的新数据构成了研究早期压力对脑和身体发展影响的基础；还有关于基因遗传的相互作用影响心理健康的研究（National Scientific Council on the Developing Child，2005；Knudsen，Heckman，Cameron & Shonkoff，2006；Rutter & Silberg，2002）。

贫困与社会性与情绪健康

收入的直接影响

收入的直接影响仅部分地反映了它对社会性与情绪和认知领域的影响。因此，很少有数据、分析方法和理论模型能反映收入对社会性与情绪和认知领域的直接影响。并且，少量的研究报告了收入对童年早期心理健康的直接作用，影响的程度比较适中（Dearing，McCartney & Taylor，2006）。同样，一些研究报告了收入对认知的额外（直接）影响，但仅仅是在控制了多元变量模型中其他的中介变量之后。这种影响通常比较小，初次出现在儿童学步期，研究者认为这可能被看作理论缺陷的早期根源（有关入学准备资料的综述参见 Ryan et al.，2006）。

收入的间接影响

近期众多研究考察贫困与年幼儿童心理健康之间的联系，探究收入通过中介变量对儿童成长产生的间接影响。首先，越来越细致的研究继续认同抚养方式是调和贫困影响的重要因素。其次，研究还指出了抚养经验的重要性。研究反映的要素集合如下：更新、更好的数据资源和方法配合先进的理论，对大量低收入家庭样本进行基于理论的假设检验。以下，我们将简明地概述该研究。

抚养方式

贫困作用于抚养方式从而对儿童成长产生影响。研究已经考察了大量与童年早期心理健康有关的特殊抚养方式。包括固执或严厉的父母如何规范他们的孩子，婴儿期母亲如何进行情感交流，父母如何表达情感和关怀，还有在许多低收入家庭严厉的家长由于抑郁而阻碍了积极的抚养方式（参见 Goodman & Brand，本书第9章；Rosenblum et al.，本书第5章）。研究者开始寻求关于 142
儿童抑郁的动态经验（Petterson & Albers，2001），对抑郁症母亲的长效影响（Grace，Evinder & Stewart，2003），以及干预方案能对抑郁症妇女发挥重要作用的程度（Nylen，Moran，Fanklin & O'Hara，2006；Robinson & Emde，2004）。研究者还开始追踪母性风险因素，通常交杂着抑郁、药物滥用和亲密同伴间的暴力（Whitaker，Orzol & Kahn，2006）。未来将持续关注父亲和其他可能的抚养人。

童年早期环境

绝大多数有关贫困影响社会性与情绪发展的研究关注家庭产生作用的途径，日益显现的证据认为“童年贫困环境”的结构性特征可能与抚养方式共同作用于孩子的成长。例如，埃文斯（Evans，2004）发表了有关物理和环境风险的评论，阐述了许多低收入家庭孩子所在的社区和家庭的特点。鉴于有限的经济资源，家庭通常面临着更高浓度的毒素、更差的空气质量和更严重的噪声污染，这些都可能降低父母和婴儿的身体免疫力。与社会发展联系更为紧密的是，低收入家庭面临着更高几率的社会暴力，通过对抚养人施压从而影响婴儿和学步儿的发展，并且出于安全的考虑进而限制年幼儿童出去与同伴玩耍（Evans，2004）。家庭和社区的物理特征反映了低收入家庭面临的收入不稳定，研究者将其加入改进的研究中，以考察其重要的生态学背景（Beyers，Bates，Pettit & Dodge，2003；Caughy & O'Campo，2006；Caughy，Randolph & O'Campo，2002；Kohen，Brooks-Gunn，Leventhal & Hertzmann，2002；O'Campo，2003）。

理解环境的结构性特征如何影响儿童的社会性与情绪发展的另一个重要背景是儿童养育。许多低收入的家庭缺乏高品质的儿童养育，因为它花费太高。儿童养育的构成和人际交往特点是儿童认知和社会性发展的重要"预测器"；研究坚持记录在高品质的儿童养育背景下，低收入家庭儿童认知能力的发展（Loeb，Fuller，Kagan & Carrol，2004；NICHD Early Child Care Research Network，2005；Ryan et al.，2006）。

减缓贫困的影响

尽管贫困在大体上显现出了对婴儿成长的消极影响，但极度或长期的贫困造成的后果更引人关注。有研究表明，成长于贫困中的孩子面临着更多的风险因素。这一现象——涉及双重风险（Parker，Greer & Zuckerman，1988）——是风险"自控"的一个例子：成长在极低收入家庭的孩子面临着更严峻的后果。例如，迪林等（Dearing，2006）用划定贫困的新标准——维持基本生活的收入比率——开始设法解决绝对贫困问题，考察贫困的早期影响。在儿童生活的前54个月，研究者对比了三种类别的贫困：（1）"长期贫困"指婴儿生活的家庭维持基本生活的收入比率低于1.0，超过贫困标准纵向评估3倍以上；（2）"暂时贫困"指维持基本生活的比率仅1～2个时间点滑落到1.0以下；（3）"非贫困"的家庭收入通常超过比率1.0。研究者发现，对于长期处在贫困中的孩子而言，家庭收入与外化行为方式密切相关。也就是说，童年早期经历的长期贫困缓解了家庭收入对外化行为问题的直接影响。

143 同时，调和因素能够引起积极的结果。事实上，尽管研究成果记录了在贫困环境中抚养孩子更为不利的结果，但许多孩子和家庭确实对此应对良好，并显现了弹性能力。弹性，指个人面对困境时，卷入已知风险因素而积极适应、调节自我的能力（Luthar，2006）。目前许多研究适应力的人发现保护性因素可能缓和生活困境带来的消极影响，并找出了其潜在的作用机制和过程（Luthar，2006）。这一类研究，反过来通过干预方案的设计和实施加强了保护，例如促使孩子与至少一位家长（或其他抚养人）关系更加紧密，或者教给抚养人更有效的抚养技巧（例如，温和但不失必要的原则），可预知孩子未来的适应力。同样地，在照顾孩子的过程中，对孩子的需要给予及时回应能减缓贫困对年幼婴儿的影响（Luthar，2006）。

来自神经生物学（neurobiology）和行为遗传学（behavioral genetics）的发现更好地解释了相关的生理基础，如经济困境如何对婴儿成长施加压力，特殊的基因环境相互作用如何调节或削弱这种关系。例如，基于冈纳的研究（Gunnar & Donzella，2002），生命前几年承受过重的压力——尤其所谓的"过激"压力，将逐渐激活HPA轴——事实上扰乱了发育中大脑的结构，进而将引起婴儿应激系统的永久性改变（National Scientific Council on the Developing Child，2005；Rifkin-Graboi et al.，本书第4章）。

同类研究发现，能区分基因遗传和环境因素的影响。金-科恩等（Kim-Cohen，Moffitt，Caspi & Taylor，2004）的同卵双生子实验发现，遗传因素占到了已发现的行为适应变异的70%。然而，这种影响方式却不是单一的。他们认为遗传因子通过所谓的"被动"传输机制发挥作用：儿童遗传的部分基因证明了他们具有很好的情绪调节能力，这些基因也解释了父母所表现出的温暖和爱。或者遗传因子可能通过"主动"的基因环境发挥作用：这样一来，父母的基因遗传给孩子，影响着他们的性格特质，实际上激发了充满温暖和爱的抚养方式。虽然研究者还无法准确地描述某一特定基因可能调和父母与孩子的关系，但有人开始研究特殊基因的显现或缺失与特定行为结果间的关系。例如卡斯皮等（Caspi et al.，2002）报告了遗传给婴儿的单胺氧化酶A（MAO-A）显现的特定基因型对受虐待的孩子具有保护作用；与遗传了低水平MAO-A的受虐孩子相比，这些孩子都具有与高含量单胺氧化酶A相联系的基因型，从而降低了反社会行为发生的几率。这些研究者认为基因型（5-HTT基因中的变异）调和了高压生活事件与抑郁间的影响：遗传这样的基因加快了血清素的有效运转，降低了患抑郁症的风险

(Caspi et al.，2003)。

未来的研究方向

根据文献资料，有人对贫困与儿童发展间复杂的相互作用进行大量的研究。在行为遗传学和神经生物学的研究下，不断与有关儿童发展的研究相融合，确保科学更好地为相关政策制定者和实践者服务。迪林等（Dearing et al.，2006）的研究旨在对同一被试进行一段时间的追踪，以分析贫困处境变化所产生的不同影响，这对政策制定者也有特殊意义；源自“婴儿期”研究设计的数据使政策制定者注意到，假如儿童生活的经济条件有足够的改善，他们就能从贫困的消极影响
144 中恢复过来。同时，有必要考察每个家庭中更多的孩子以拓展我们的研究，这样的设计有助于理解儿童适应力的等级。随着有关父母和儿童适应力等级的深入研究，还有必要进一步分析家庭的水平（Kim-Cohen et al.，2004；Luthar，2006）。

还有批判指出已发表文献与美国贫困现实的脱节。很少有研究审视这些过程中文化所起的关键作用。之前提到过，美国不断增加的移民家庭都生活在低收入的不稳定状态之中，与那些美国原生家庭类似，经历着许多高压刺激。但是，这些可能是非法入境的家庭，只掌握有限的英语。缺少可利用的服务和收入援助，加重了他们的压力源。尽管有越来越多基于移民社区的研究，主要涉及家庭抚养孩子面临的压力和强度，但没有针对这类家庭的独立研究（参见 Le，Lara & Perry，2008）。显然，对于文化驱力和调节因素如何缓解贫困的影响，我们需要更多的研究弥补认识上的不足。

科学推广政策

虽然仍有很大程度的不确定性，但人口统计数据和越来越确切的研究成果已应用于制定国家政策。例如，综合概念模型强调上述提高婴儿和学步儿成长的政策体系。因此，首要目标应该是通过给低收入父母提供机会，集中提高家庭投入力度或收入，尤其是抚养能力（但对婴儿和学步儿发展不利的措施除外）。这意味着要加快制定有关降低贫困的策略，帮助特殊家庭提高抚养能力，并建立起这两个举措间的联系。还要认识到非家庭因素对成长的影响，以确保儿童养育和社区环境有助于提升他们的适应力和身心健康。以下，分析了美国儿童早期成长的政策（Stebbins & Knitzer，2007)。

增强家庭经济保障，完善基本福利制度

早前提到，许多低收入家庭如果能够赚到充足的钱维持生活，他们就能恢复过来并做得很好。但是通常他们都无法赚到足够的钱。例如，如果一位单亲妈妈要赚相当于贫困标准两倍的钱，那么一份工作必须要达到每小时 19 美元。事实上，绝大多数父母仅仅赚到或略高于国家法律规定的 6.55 美元的最低工资标准，很少达到 7.25 美元每小时。虽然超过一半的州设定的最低工资标准略高于当前的国家标准，但是许多州要求收入在贫困标准以下的家庭上缴个人所得税。如此一来，低收入父母需要“工作援助”的福利来补充有限的工资，例如他们和孩子都能获得的卫生保健、家庭援助（他们很少获得）和儿童养育。当家庭收入与家庭必需生活费之间产生落差时，这些福利能确保孩子得到最基本的服务。

值得庆幸的是仍有一系列的国家策略，的确为经济保障提供了必要的基金支持。例如，联邦工薪退税优惠（Earned Income Tax Credit，EITC）以及社会保障（Social Security）（Cauthen，2005）是美国最有影响力的反贫困计划。EITC 降低了低收入家庭的税负，在某种意义上提高了工资补助。但不是所有的家庭都能享受到这种福利。作为回应，一些州也发起倡议提高他们的生活水平。例如，路易斯安那州在全州范围推广扶助贫 145
困运动（Solutions to Poverty campaign，SToP)。各州用自己的计划补充了 EITC，但仅 14 个州提供 EITCs，这意味着，只有当家庭获得的优惠额超过了家庭本身所有的收入时，他们才能得到退税（Stebbins & Knitzer，2007)。

类似地，国家立法的基础建设为低收入家庭提供了一套福利，包括给无法自己支付医疗保健的家庭提供基本健康检查和儿童养育，例如通过医疗补助计划（Medicaid）、国家儿童健康保险计划（SCHIP）、妇女儿童营养补充计划（WIC），

这些都是极少数仅针对婴儿和学步儿与孕妇的福利计划，还包括儿童健康发展补助金。由于各州通常可以自行决定如何执行这些计划，因此整个国家的进展情况比较复杂。例如，之前提到的，认为国家大部分地区采取高于国家贫困标准两倍的水平来衡量家庭的需要，41 个州提供的医疗保健覆盖了处于官方贫困标准或超过标准 200%的家庭。然而，仅 16 个州给收入在贫困线 200%或以上的家庭提供儿童护理。这意味着孩子出生在哪里很大程度上决定了他可能享受什么样的福利。例如，一个出生在新泽西州的孩子能加入公共健康保险，而出生在北达科他州且家庭收入比新泽西州那个孩子的家庭收入少了一半的孩子却无法享受这种福利（Stebbins & Knitzer，2007）。这种区别可能有利于州的权益，但不利于孩子的发展。

再者，单纯的福利支持远远不够。这种高效的福利政策还应该在国家的投入中发挥积极的作用。可悲的是这样的情况并没有出现。例如，许多低收入家庭的孩子，包括婴儿，没有获得健康咨询和口腔保健，而这些都是完善儿科保健必要的组成部分。为了鼓励给接受医疗补助计划的孩子更多的权利，联邦政府设定了一个基准，纳入计划中 80%的孩子每年至少加入一项保健项目。仅 7 个州报告，超过 80%的 1～2 岁孩子接受了至少一个保健项目，一个州的达标率仅 36%（Stebbins & Knitzer，2007）。谈到如何确保高质量的儿童养育，政策更加令人质疑。大约有 40 万婴儿和学步儿获得受资助的儿童护理，主要来自无数其他非正式的资助，如亲戚或邻居的帮助。比起需要儿童养育资助的家庭数目，这些援助项目是远远不够的。更糟糕的是，在过去的几年，事实上有一半的州减少了对儿童养育的资助（Stebbins & Knitzer，2007）。

有证据表明，这种童年早期护理通常都是不合格的，尤其是对婴儿和学步儿的护理。在一项研究中仅 9%的婴儿和学步儿护理和仅 25%的学前儿童养育比较高效（Kreader，2005），但仅有 8 个州符合国家机构的执行标准。在一些州，允许一位抚养人同时照顾 9 个孩子（Stebbins & Knitzer，2007）。其他的问题如儿童养育中人员流动频繁将产生消极影响。当孩子开始依赖抚养人时，孩子缺乏持续的交流会引起一些问题，尤其对那些生活在不稳定家庭环境中的婴儿和学步儿来说更是如此。近半数的州报告称每一个婴儿都应有一位专门的抚养人，但不知道什么样的机制能监管这一标准，给婴儿和学步儿不断调换抚养人的不规范行为往往很常见（Stebbins & Knitzer，2007）。

建立联动机制

实质上，目前的主要挑战是，缺乏科学的联动机制执行提高家庭生活能力的政策，或者像克尼特（Knitzer，2001）所说的基于亲子关系的政策。儿童健康发展的关键是坚持高效、始终如一的抚养。研究和临床实践也建议高质抚养，除了 *146* 适当的收入，还需要父母保持身心健康，他们有知识和能力来回应孩子表现出来的个性和需要（包括对孩子成长的预期，在某一年龄阶段孩子什么可以做，什么不能做）。父母还应该有医学和其他常识识别婴儿发展的早期信号，准备好接受情感的挑战。同时，对绝大多数高危父母来说，特别需要检验他们学习新抚养策略和技能的程度（Dicker，Beckmann & Knitzer，2009）。另外，如果不能提前制定高质抚养的政策，至少应该在怀孕期规划好。最后，任何抚养计划都必须考虑文化的重要性，它决定了将采取何种有效的养育方式——从宝宝的睡眠到学步应该由成人带多长时间等，文化对社会性与情绪的发展都产生了调和与潜移默化的影响。

目前制定的系列政策所依据的理论基础还比较薄弱。为确保儿童父母身心健康所做的努力十分有限。因此，尽管婴儿和学步儿有机会获得儿童养育，他们的父母却不一定能做到。分别在 35 个州工作的父母只有当他们的收入在贫困线以下时，他们才有权利享受医疗补助；还有 12 个州要求在贫困标准的 50%以下。仅 4 个州对处于贫困线或高于贫困线 200%的家庭放宽了权益提供（Stebbins & Knitzer，2007）。考虑到低收入家庭父母的健康状况通常不容乐观，缺乏必要的医疗补助将成为他们对孩子高质抚养的障碍。

需要特别关注的是低收入家庭父母能力不足，尤其是母亲，需要提供对如抑郁、家庭暴力和药物滥用等的心理健康援助。如上所述，这种风险广泛传播，它们都是影响儿童健康成长的消极因素。然而，尽管它在广泛传播，但仍没有适合的政策来应对风险因素，这些风险都可能削弱对婴儿和学步儿的高质抚养。换句话说，抚养孩子的家长同时要应对无法确诊、未经治疗的抑郁，以及与药物滥用或家庭暴力作斗争，如何保证他们的身心健康应该成为政策制定的核心部分，还应该考虑婴儿和学步儿的心理健康。

许多国家执行的一项政策（美国除外）就是给初为家长的父母放假。尽管没有足够的科学依据支持给父母放假与孩子心理健康存在必然联系，但一个强有力的基本原理支持了该项政策，即假期使家长能够在孩子刚出生的几个月有更多的时间陪伴他。至少有一项基于与有经验的家长进行访谈的研究发现，较短的假期与母亲抑郁症和婴儿亚健康的“紧急处境”有密切相关（Feldman，Sussman & Zigler，2004）。在现有的联邦法律下，父母在超过50名员工的环境中工作，只能享受12周的无薪假期以照顾刚出生的婴儿。但现实是，许多家庭无法承受，尤其低收入家庭没有准备好放弃12周的薪水。虽然有5个州通过“无劳动力制度”支付母亲休假期的薪水，但仅加利福尼亚州允许亲生或养父母带薪休假（Stebbins & Knitzer，2007）。让父母休假保证了和孩子建立亲密关系的时间，但在社会生活中，工作依恋往往比亲子依恋更容易建立。

在孩子脑结构快速发展的敏感期，政策体系的制订如何支持早期的有效抚养显然也是重要的考验，要帮助父母提高抚养技能，加强亲子间的积极互动，这也是一个复杂的难题。通过公共健康监督实现最好的贯彻，将围绕提高有效抚养的策略，确定那些需要更多帮助的父母，当抚养遇到更多困难时，要尽早采取适当强度的干预措施。

全国范围内，社会团体尽力提供多种能帮助父母抚养孩子的方法。但大多的努力都是不成体
147 系的，很难维持它的长期效果。相当典型的情况发生在美国加州的圣马特奥，该市提供了非常可观的专项基金用于培训所有家庭成员与婴儿互动，旨在帮助父母和抚养人学习如何读懂婴儿发出的提示。一旦终止基金支持，就没有可以维持这项举措的公共资金了（Knitzer & Lefkowitz，2006）。同样，在儿科实践背景下，预防和早期干预承诺提高父母抚养能力，尽力防止父母抑郁，但培训员工、建立参照网络，尤其是确保赔偿的政策仍旧面临着挑战，尽管州和社会团体正尽力将这些方面同时考虑在内（Rosman，Hepburn & Perry，2005）。

政策支持可能相当匮乏，但关于两代人发展和家庭扶持的项目还是广泛而全面的。早期开端教育计划是有政府支持的全国性推广模式，为处于贫困线以下（虽然目前法律承认的资格上升到贫困线的130%）的孕妇与婴儿和学步儿服务。该计划已成为仔细研究的主题，它体现了经一系列抚养实践获得的适当的抚养方式（例如提高家庭的积极作用）和儿童成长成果，尤其适合需要调和风险因素的家庭。从概念上来说，早期开端教育特别重要，因为它包含了特定的以孩子为中心和以家庭为中心的两种模式，研究者提议将两者结合可能是最有效的（Knitzer，2008）。它还具有建立更稳固家庭经济保障的潜力，因此，将这两个概念性途径更好地联系起来可以共同影响孩子童年经历贫困的后果。尽管早期开端教育已实施差不多15年，但它基本上处于停滞状态，仅服务了不到3%的适合人群。评估显示仅10个州用州财政来补贴联邦政府提供的资金。

针对婴儿和学步儿家庭的家访计划通常被看做一系列抚养计划的一部分，其中护士家庭合作计划就是十分有利的证明（Olds，2002）。在童年早期的研究中，基于“家访计划”或其他全国性的模式，如教育护理，仍存在许多关于投入早期开端教育计划是否明智的争论，它们不是专注于黄金标准的研究，而是需要0～5岁基于早期开端教育和开端教育计划的加强模式。无论哪种观点，联邦政府支持适合的发展计划底线在于，要以已有的基于婴儿和学步儿关系的策略为根据，但这种支持是非常有限的。

帮助婴儿和学步儿与高危贫困家庭的政策

现在还缺乏关于高危婴儿和学步儿及其家庭的政策，包括亲子关系的社会心理问题。作为个体和特殊教育行为的一部分，政府已经通过早期干预项目建立起具有潜在影响力的政策应对婴儿和学步儿发展延迟问题。该项目要有针对不同家庭服务的计划——必须以他们家庭的需要、能力和优势为依据了解婴儿和学步儿的发展。同时，在理论上允许各州给发展延迟的婴儿和学步儿提供帮助。然而，由于资源有限，仅很少几个州会考虑到项目中身陷风险的婴儿和学步儿，甚至有些权利对发展延迟的婴儿和学步儿有更多的限制。还有早期干预的执行者多是职业语言治疗师，通

常没有经过训练去发现和应对社会性与情绪延迟和人际关系问题。所以总的来说，有社会性与情绪延迟或处在风险中的婴儿没有受到帮助。另一方面，近期的修正案提出，包括婴儿和学步儿虐待与疏于照顾的所有案件都应纳入早期干预的评
148 估。然而，这其中隐藏并且显现出很大的政策漏洞。评估表明大约有156 000名婴儿和学步儿已经受到看护并且有享受政策的资格，但事实上，近期的数据显示仅涉及大约17 000的婴儿（Rosenberg，Smith & Levinson，2007），在许多地方，几乎没有配备临床医生。

然而，针对孩子会面临的风险，相关政策的底线可以适当地提高。针对由于家庭环境而面临风险的婴儿和学步儿，帮扶政策前景渺茫。将服务于婴儿和学步儿成长的应对方法结合起来，这要求制定复杂的政府财政计划（Johnson & Knitzer，2005；Kaye，May & Abrams，2006；Perry，2007）。为极贫困家庭提供帮助的基本安全网计划是困难家庭临时援助计划（TANF）。不幸的是，TANF强调父母与服务人员的关系，大多不关注孩子的健康和福利。这些父母经历的所谓工作障碍也较少引起注意，对工作障碍（典型地定义为低文化程度、存在心理健康问题、药物滥用、效仿同伴暴力，并且身体健康状况差）也是有效抚养障碍缺乏实质认识。一项政策致力于帮助极度贫困的家庭能够将照顾孩子和工作结合起来，这样的话可能使两代人受益，既能有效帮助孩子与服务人员建立依恋关系，也将实现孩子的健康成长。到目前为止，适合特殊人群的政策还没有提上州或联邦政府的议程（Knitzer & Cohen，2007）。

另一套对策能帮助全国的高危家庭。该对策包括提供更多强制性干预，如针对家长存在的风险因素与亲子关系干预的综合治疗，还包括有时以孩子为中心的干预，如早期开端教育和家访计划（Knitzer & Lefkowitz，2006）。然而，考虑到公共医疗补助和其他政府财政的限制，这样的论证根本不合要求。例如在一些州，不可能通过儿童心理健康系统支付有关亲子关系治疗的费用，或支付非官方的服务费用。通过联邦基金会的领导、慈善机构的努力，许多州正起草政策和财政计划以最大限度地扩大用于支持婴儿成长和童年早期心理健康的公共医疗补助（Kaye et al，2006）。然而，近期通过的《赤字削减法案》（Deficit Reduction Act）作为医疗补助计划的重要构成，导致相关计划的实施更加困难，如拓宽有关儿童养育的心理健康咨询。此外，2005年对大约156 000婴儿进行的评估发现，对于那些应该从家庭解放出来的婴儿缺乏关注（Dicker et al.，2009；Osofsky & Lederman，2004）。政府承诺的举措正慢慢显露，但在目前的政府政策中给这些人群的关注还不多。

放眼未来

科学实证体现在稳固的政策中，如提高家庭经济安全，改善家庭影响作用和婴儿和学步儿的早期交往，尤其对那些处于高危环境中的孩子。我们需要一个更有针对性的政策。这里我们提出了10点建议：

（1）为所有要抚养婴儿的家庭发起有力的反贫困活动，并推进工作援助。

（2）确保可获得早期发展福利计划的权利，特别是健康和儿童养育计划，标准设定在全州贫困水平的200%以上。

（3）建立两代人的公共援助计划（如困难家庭临时援助计划）支持健康护理和亲子依恋。

（4）为所有低收入家庭增加定向基金以确保高品质婴儿和学步儿养育。

（5）为极贫困家庭扩大类似早期开端教育的计划意义重大，可以最大限度地挖掘婴儿和学步儿的社会性、情感性和认知的潜能。

（6）拓展政府早期干预计划，确保正常或处
于风险中的婴儿和学步儿的发展延迟、依恋缺失 149
（attachment disturbance）或其他交往问题通过文化熏陶或家庭强化的方式及时得到适当的帮助。

（7）通过现有的政府法律，例如医疗补助计划，补偿促进早期健康发展的抚养方案，或为激励州政府帮助社会团体落实政策制定相应的法律保护条例。

（8）通过家庭咨询，将心理健康服务融入年幼儿童家庭计划，推动多元代际的干预项目（参见Perry，Kaufmann & Knitzer，2007）。

（9）建立战略性的政策体系，眼下政策措施正着力增进父母的抚养能力，即提高有效抚养。这样一个政策体系将涵盖：关注已有政策中公共健康体系（如医疗补助计划）和儿童与成人心理健康体系涉及的有效抚养；支持针对父母的社会团体和州立战略计划，提高那些直接与父母接触的服务人员的能力，包括保健医师；确保高危父母，尤其是在孕期或孩子出生头几年深陷药物滥用、夫妻暴力或患抑郁症的父母，可接受适当的治疗。

（10）支持拥护 5 年制出生政策宣传。

以上建议意味着（Knitzer，2008；Shonkoff，Lippitt & Cavanaugh，2000）利用科学的方式提高政策的可行性。传统意义上，有关政策问题对孩子的影响已经渐渐脱离保护孩子的作用，包括无形地帮助贫困家庭的孩子离开不称职的父母。这带来了一系列高成本的补救措施，例如少年司法制度和儿童福利制度。这一章呼吁保护性的政策投入和早期干预计划。我们不仅要向陈旧的贫困观念提出挑战，还要摈除内隐的美国个人主义价值观，这种价值观不把儿童和家庭置于中心地位，阻碍了儿童政策的制定。不幸的是，尽管生态学和发展理论解释了多重环境是如何影响儿童成长的，但有关政策仅体现了以家庭为焦点的措施，而非支持系统对家庭的威胁。

另一方面，日渐鲜明的事实表明，随着时间的推移，能够以更节约的方式进行高品质的两代人早期童年干预越来越具有说服力。目前，有证据表明投资回报的论证正促使州政府为大多数 4 岁孩子投入学前教育项目。特别值得一提的是对刚出生或出生前的两代人干预方案：启蒙和芝加哥亲子中心（Abecedarian and the Chicago Child Parent Centers）。此外，来自早期开端教育计划的纵向研究发现，从婴儿期就参与了早期开端教育计划的日托中心孩子，因为接受了连续的高素质教育，比那些没有接受连续教育或受到低素质教育的孩子表现得更好（U. S Department of Health and Human Services，2006b）。这股研究的热浪由有学识的学者所推动，可能将研究浪潮转向下一代美国出生的婴儿，也可能推广到其他国家。

参考文献

Aber, J. L., Jones, S., & Raver, C. (2007). Poverty and child development: New perspectives on a defining issue. In J. L. Aber et al. (Eds.), *Child development and social policy: Knowledge for action*. Washington, DC: American Psychological Association.

Angel, R., Burton, L., Lindsay Chase-Lansdale, P., Cherlin, A., & Moffitt, R. (2009). *Welfare, children, and families: A three-city study* [Computer file]. ICPSR04701-v7. Ann Arbor, MI: Inter-university Consortium for Political and Social Research.

Baum, C. L. (2004). The long term effects of early and recent maternal employment on a child's academic achievement. *Journal of Family Issues, 25*(1), 29–60.

Becker, G. S. (1981). *A treatise on the family* (2nd ed.). Cambridge, MA: Harvard University Press.

Becker, G. S., & Thomes, N. (1986). Human capital and the rise and fall of families. *Journal of Labor Economics, 4*, S1–S139.

Beyers, J. M., Bates, J. E., Pettit, G. S., & Dodge, K. A. (2003). Neighborhood structure, parenting processes, and the development of youths' externalizing behaviors: A multi-level analysis. *American Journal of Community Psychology, 31*(1–2), 35–53.

Campbell, F. A., Pungello, E. P., Miller-Johnson, S., Burchinal, M., & Ramey, C. T. (2001). The development of cognitive and academic abilities: Growth curves from an early childhood educational experiment. *Developmental Psychology, 37*(2), 231–242.

Caspi, A., McCay, J., Moffitt, T. E., Mill, J., Martin, J., Craig, I. W., et al. (2002). Role of genotype in the cycle of violence in maltreated children. *Science, 297*, 851–854.

Caspi, A., Sugden, K., Moffitt, T. E., Taylor, A., Craig, I., Harrington, H., et al. (2003). Evidence that the influence of life stress on depression is moderated by variation in the serotonin transporter (5-HTT) gene promoter. *Science, 301*, 386–389.

Caughy, M. O., & O'Campo, P. J. (2006). Neighborhood poverty, social capital, and the cognitive development of African American preschoolers. *American Journal of Community Psychology, 37*(1–2), 141–154.

Caughy, M. O., Randolph, S. M., & O'Campo, P. J. (2002). The Afrocentric Home Environment Inventory: An observational measure of the racial socialization environment of the home for preschool children. *Journal of Black Psychology, 28*, 37–52.

Cauthen, N. (2005). *Why Social Security matters to children and families: What every policymaker should know*. New York: National Center for Children in Poverty. Available at *www.nccp.org/publications/pub_615.html*.

Cauthen, N. (2006). *When work doesn't pay: What every policymaker should know*. New York: National Center for Children in Poverty. Available at *www.nccp.org/publications/pub_666.html*.

Cauthen, N. K., & Fass, S. (2006). *Measuring income and poverty in the United States*. New York: National Center for Children in Poverty. Available at *www.nccp.org/publications/pdf/text_707.pdf*.

Citro, C. F., & Michael, R. T. (Eds.). (1995). *Measuring poverty: A new approach*. Washington, DC: National Academy Press.

Conger, R. D., & Elder, G. H. (1994). *Families in troubled times: Adapting to change in rural America*. New York: Aldine de Gruyter.

Dalakar, J. (2005). *Alternative poverty estimates in the United States: 2003* (Current Population Reports P60-227). Washington, DC: U.S. Census Bureau. Available at *www.census.gov/prod/2005pubs/p60-227.pdf*.

Dearing, E., McCartney, K., & Taylor, B. A. (2006). Within-child associations between family income and externalizing and internalizing problems. *Developmental Psychology*, *42*(2), 237–252.

Demographic data based on special analyses prepared by Ayana Douglas Hall. (2008). Annual social and economic supplement. *Current Population Survey*.

Dicker, S., Beckmann, K., & Knitzer, J. (2009). *Improving parenting for young children in child welfare: A national imperative*. New York: National Center for Children in Poverty. Unpublished manuscript.

Dinan, K. A. (2006). *Young children in immigrant families: The role of philanthropy in building supportive policies*. Report of a Meeting, Jan. 18–19, 2006. New York: Columbia University Mailman School of Public Health. Available at *www.nccp.org/publications/pub-661.html*.

Douglas-Hall, A., Chau, M., & Koball, H. (2006). *Basic facts about low income children: Birth to age 3*. New York: National Center for Children in Poverty. Available at *www.nccp.org/publications/pdf/text_679.pdf*.

Duncan, G. J., & Brooks-Gunn, J. (Eds.). (1997). *The consequences of growing up poor*. New York: Sage Foundation.

Early Head Start Research and Evaluation Project. (2003). *Depression in the lives of Early Head Start families*. Washington, DC: U.S. Department of Health and Human Services, Administration for Children, Youth and Families.

Elder, G. H., & Caspi, A. (1988). Economic stress in lives: Developmental perspectives. *Journal of Social Issues*, *44*, 25–45.

Evans, G. W. (2004). The environment of childhood poverty. *American Psychologist*, *59*(2), 77–92.

Feldman, R., Sussman, A., & Zigler, E. (2004). Parental leave and work adaptation at the transition to parenthood: Individual, marital, and social correlates. *Applied Developmental Psychology*, *25*, 459–479.

Gershoff, E., Raver, C., Aber, L., & Lenon, M. (2007). Income is not enough: Incorporating material hardship into models of income association with parenting and child development. *Chid Development*, *78*(1), 70–95.

Gozdziak, E. M. (2006). *Beyond the gateway as cited in Dinan, K. A.: Young children in immigrant families: The role of philanthropy*. New York: National Center for Children in Poverty. Available at *www.nccp.org/publications/pdf/text_661.pdf*.

Grace, S. L., Evinder, A., & Stewart, D. E. (2003). The effect of postpartum depression on child cognitive development and behavior: A review and critical analysis of the literature. *Archives of Women's Mental Health*, *6*, 263–274.

Gunnar, M., & Donzella, B. (2002). Social regulation of the cortisol levels in early human development. *Psychoneuroendocrinology*, *27*, 199–220.

Hart, B., & Risley, T. (1995). *Meaningful differences in the everyday experience of young American children*. Baltimore, MD: Brookes.

Hernandez, D. J. (2006). *Analyzing community data as cited in Dinan, K. A.: Young children in immigrant families: The role of philanthropy*. New York: National Center for Children in Poverty. Available at *www.nccp.org/publications/pdf/text_661.pdf*.

Huston, A. C., Duncan, G. J., McLoyd, V. C., Crosby, D. A., Ripke, M. N., Weisner, T. S., et al. (2005). Impacts on children in poverty of a policy to promote employment and reduce poverty for low income parents: New hope after 5 years. *Developmental Psychology*, *41*(6), 902–918.

Johnson, K., & Knitzer, J. (2005). *Spending smarter: A funding guide for policymakers and advocates to promote social and emotional health and school readiness*. New York: National Center for Children in Poverty. Available at *www.nccp.org/publications/pub_634.html*.

Kaye, N., May, J., & Abrams, M. (2006). *State policy options to improve delivery of children development services: Strategies from the eight ABCD states*. New York: Commonwealth Foundation.

Kim-Cohen, J., Moffitt, T. E., Caspi, A., & Taylor, A. (2004). Genetic and environmental processes in young children's resilience and vulnerability to socioeconomic deprivation. *Child Development*, *75*(3), 651–668.

Knitzer, J. (2001). Caring for infants and toddlers: Federal and state efforts to improve care for infants and toddlers. *The Future of Children*, *11*, 79–97.

Knitzer, J. (2008). Giving infants and toddlers a Head Start: Getting policies in sync with knowledge. *Infants and Young Children*, *21*(1), 18–29.

Knitzer, J., & Cohen, E. (2007). Promoting resilience in young children and families at the highest risk: Challenge for early childhood mental health. In D. F. Perry, R. K. Kaufmann, & J. Knitzer (Eds.), *Social and emotional health in early childhood: Building bridges between services and systems* (pp. 335–359). Baltimore, MD: Brookes.

Knitzer, J., & Lefkowitz, J. (2006). *Helping the most vulnerable infants, toddlers and their families*. New York: National Center for Children in Poverty.

Knudsen, E. I., Heckman, J. J., Cameron, J. L., & Shonkoff, J. D. (2006). Economic, neurobiological, and behavioral perspectives on building America's future workforce. *PNAS, 103*(27), 10155–10162.

Kohen, D. E., Brooks-Gunn, J., Leventhal, T., & Hertzmann, C. (2002). Neighborhood income and physical and social disorder in Canada: Associations with young children's competencies. *Child Development*, *73*, 1844–1860.

Kreader, L. (2005). Infant and toddler child care quality: Research-to-policy connections (#2). Available at *www.childcareresearch.org*.

Le, H. N., Lara, M. A., & Perry, D. F. (2008). Recruiting Latino women in the U.S. and women in Mexico in postpartum depression prevention research. *Archives of Women's Mental Health*, *11*(2), 159–169.

Le, H. N., Lara, M. A., & Perry, D. F. (2009). *Recruiting Hispanic women in the U.S. and women in Mexico in postpartum depression prevention research*. Manuscript submitted for publication.

Loeb, S., Fuller, B., Kagan, S. L., & Carrol, B. (2004). Child care in poor communities: Early learning effects of type, quality, and stability. *Child Development*, *75*(1), 47–65.

Love, J. M., Eliason Kisker, E., Ross, C. M., Schochet, P. Z., Brooks-Gunn, J., Paulsell, D., et al. (2004). *Making a difference in the lives of infants and toddlers and their families: The impacts of Early Head Start: Vol. I: Final technical report (rev.)*. Princeton, NJ: Mathematica Policy Research. Available at *www.mathematica-mpr.com/publications/pdfs/ehsfinalvol1.pdf*.

Luthar, S. (2006). Resilience in development: A synthesis of research across five decades. In D. Cicchetti & D. J. Cohen (Eds.), *Developmental psychopathology: Risk, disorder, and adaptation* (2nd ed., pp. 739–795). New York: Wiley.

Mather, M. (2009, February). Children in immigrant families chart new path. *Reports on America*.

McLoyd, V. C. (1998). Socioeconomic disadvantage and child development. *American Psychologist*, *53*(2), 185–204.

Mistry, R. S., Biesanz, J. C., Taylor, L. C., Burchinal, M., & Cox, M. J. (2004). Family income and its relation to preschool children's adjustment for families in the NICHD Study of Early Child Care. *Developmental Psychology*, *40*(5), 727–745.

National Scientific Council on the Developing Child. (2005). *Excessive stress disrupts the architecture of the developing brain* (Working Paper #3). Cambridge, MA: Author.

NICHD Early Child Care Research Network. (Ed.). (2005). *Child care and child development: Results from the NICHD Study of Early Care and Youth Development*. New York: Guilford Press.

Niles, M. D., Reynolds, A. J., & Roe-Sepowitz, D. (2008). Early childhood intervention and early adolescent social and emotional competence: Second-generation evaluation evidence from the Chicago Longitudinal Study. *Educational Research*, *50*(1), 55–73.

Nylen, K. J., Moran, T. E., Fanklin, C. L., & O'Hara, M. W. (2006). Maternal depression: A review of relevant treatment approaches for mothers and infants. *Infant Mental Health Journal*, *27*(4), 327–343.

O'Campo, P. (2003). Advancing theory and methods for multi-level models of residential neighborhoods and health. *American Journal of Epidemiology*, *157*(1), 9–14.

Olds, D. (2002). Prenatal and infancy home visiting by nurses: From randomized tirals to community replication. *Prevention Science*, *3*(3), 153–172.

Osofsky, J. D., & Lederman, C. (2004). Healing the child in juvenile court. In J. D. Osofsky (Ed.), *Young children and trauma: Intervention and treatment*. New York: Guilford Press.

Parker, S., et al. (1988). Double jeopardy: The impact of poverty on early child development. *Pediatric Clinics of North America*, *35*, 1227–1240.

Perry, D. F. (2007). Strategic financing of early childhood mental health services. In D. F. Perry, R. K. Kaufmann, & J. Knitzer (Eds.), *Social and emotional health in early childhood: Building bridges between services and systems* (pp. 211–232). Baltimore, MD: Brookes.

Perry, D. F., Kaufmann, R. K., & Knitzer, J. (2007). *Social and emotional health in early childhood: Building bridges between services and systems*. Baltimore, MD: Brookes.

Petterson, S. M., & Albers, A. B. (2001). Effects of poverty and maternal depression on early child development. *Child Development*, *72*(6), 1794–1813.

Ramey, C. T., & Ramey, S. L. (2004). Early learning and school readiness: Can early intervention make a difference? *Merrill-Palmer Quarterly*, *50*(1), 471–492.

Rosenberg, S., Smith, E., & Levinson, A. (2007). Identifying young maltreated children with developmental delays. In R. Haskins, F. Wulczyn, & M. B. Webb (Eds.), *Child protection: Using research to improve policy and practice* (pp. 34–43). Washington, DC: Brookings Institution.

Rosman, E., Hepburn, K., & Perry, D. F. (2005). *The best beginning: Partnerships between primary health care and mental health and substance abuse services for young children and their families*. Washington, DC: National Technical Assistance Center for Children's Mental Health, Georgetown University Center for Child and Human Development.

Rutter, M., & Silberg, J. (2002). Gene–environment interplay in relation to emotional and behavioral disturbance. *Annual Review of Psychology*, *53*, 463–490.

Ryan, R. M., Fauth, R. C., & Brooks-Gunn, J. (2006). Childhood poverty: Implications for school readiness and early childhood education. In S. Spodek & O. Saracho (Eds.), *Handbook on the education of young children* (pp. 323–341). Mahwah, NJ: Erlbaum.

Shonkoff, J., Lippitt, J., & Cavanaugh, D. (2000). Early childhood policy: Implications for infant mental health. In C. H. Zeanah, Jr. (Ed.), *Handbook of infant mental health* (2nd ed., pp. 503–518). New York: Guilford Press.

Stebbins, H., & Knitzer, J. (2007). Early childhood policies: A report of the Improving the Odds Project. New York: National Center for Children in Poverty. Available at *www.nccp.org/publications/pub_725.html.*

The Bendheim-Thoman Center for Research on Child Wellbeing. (2008). *The fragile families and child wellbeing study.* Retrieved from *www.fragilefamilies.princeton.edu/public/asp* on February 12, 2008.

U.S. Department of Education, National Center for Education Statistics. (1999). *ECLS, Kindergarten class of 1998–1999.* Washington, DC: Author. Available at *www.nces.ed.gov/ecls/kindergarten.asp.*

U.S. Department of Education, National Center for Education Statistics. (2007). *Early childhood longitudinal study, birth cohort (ECLS-B) 9-month–preschool restricted-use data file and electronic codebook* (CD-ROM). (NCES 2008-034). Washington, DC: Author.

U.S. Department of Health and Human Services. (2006a). *National healthcare disparities report.* Agency for Healthcare Research and Quality. Rockville, MD: Author. Available at *www.ahrq.gov/qual/nhdr06/nhdr06.htm.*

U.S. Department of Health and Human Services. (2006b). *Research to practice: Preliminary findings from the Early Head Start prekindergarten follow-up. Administration for Children and Families.* Rockville, MD: Author. Available at *www.acf.hhs.gov/programs/opre/ehs/ehs_resrch/reports/prekindergarten_followup/prekindergarten_followup.pdf.*

Wagmiller, R. L., Lennon, M. C., Kuang, L., Alberti, P. M., & Aber, J. L. (2006). The dynamics of economic disadvantage and children's life chances. *American Sociological Review, 71,* 847–866.

Whitaker, R., Orzol, S., & Kahn, R. (2006). Maternal mental health, substance abuse, and domestic violence in the year after delivery and subsequent behavior problems in children. *Archives of General Psychiatry, 63,* 551–560.

Yeung, W. J., Linver, M. R., & Brooks-Gunn, J. (2002). How money matters for young children's development: Parental investment and family process. *Child Development, 73*(6), 1861–1879.

Zeanah, C. H., Jr. (Ed.). (2000). *Handbook of infant mental health* (2nd ed.). New York: Guilford Press.

第 9 章

抑郁症母亲的孩子

易感性、风险性因素，以及预防儿童抑郁的保护性因素

谢里尔·H·古德曼（Sherryl H. Goodman）
萨拉·R·布兰德（Sarah R. Brand）

153 母亲抚养能满足婴儿的成长和情感需要，而抑郁症可能通过母亲影响儿童的行为，母亲抑郁在所有新生儿家庭中已引起高度关注。抑郁伴随着抚养过程，与婴儿的发展有着相当复杂的关联。过去几十年的研究奠定了重要的理论基础。在这一章中，我们将重新审视女性抑郁（包括孕前和产后，因为影响可能从妊娠期就开始产生）、抑郁症母亲的孩子的心理机能（尤其是后期成长和心理发展中易受伤害的群体），以及母亲抑郁影响婴儿成长的可能机制。综观全章，我们总结了婴儿易感性和心理病理学关于后期发展的选择性途径，强调了风险因素和保护性因素。尽管绝大多数有关父母抑郁影响婴儿成长的研究已经集中到对母亲抑郁的研究上，我们还是要指出这项工作已开始指向父亲抑郁的方面，有必要进一步研究在母亲抑郁的情况下父亲对婴儿成长的作用。最后，我们描述了预防和治疗措施，对它们的有效性进行了评估，并对需要指导的工作提出了建议。

抑郁：界定与测评

DSM-Ⅳ（American Psychiatric Association，1994）描述了抑郁的症状、持续时间和损伤，研究者还通过自我评定界定情绪障碍。DSM-Ⅳ将情绪障碍划分为抑郁症或躁狂症，通常较少研究母亲抑郁的双相型障碍，即躁狂—抑郁症，这一章也没有对此进行讨论。

DSM-Ⅳ进一步将抑郁障碍划分为重度抑郁症
154 和情绪不良。重度抑郁症诊断标准为，个体症状出现超过两个星期或更长时间，如情绪低落（儿童或青少年可能表现出易怒情绪）或对日常活动失去兴趣，还伴随着体重突然增加或下降、没有食欲、睡眠障碍、心理活动焦躁或迟滞、疲劳、愧疚感或无用感，以及注意力难以集中。诊断为情绪不良多表现出长期不强烈的情绪困扰，个体在大概两年间表现出一些抑郁症状（儿童和青少年为一年的时间）。

其他研究者放弃了诊断系统，而是利用连续量表得分或依靠抑郁症状自我报告量表，通常用贝克抑郁量表第二版（BDI-Ⅱ；Beck，Steer & Brown，1997）和流行病研究中心抑郁量表（CES-D；Radloff，1977）。围产期抑郁症通常利用爱丁堡产后抑郁量表（EPDS；Cox，Holden & Sagovsky，1987）。在这些量表中高分并不特指抑郁，也可能是短暂性的情绪低落。根据人口抽样调查，在这些量表中获得高分的女性，可能有一些人满足诊断标准，其他人被认为临床症状不明显是因为不符合DSM-Ⅳ中提到的一个或多个诊断标准。抑郁症临床症状不明显的等级也在临床意义上预示着未来抑郁症发作的可能性（Lewinsohn，Seeley，Soloman & Zeiss，2000）。此外，与出生和童年期成长结果相关的可能是抑郁症出现后带来的影响，而不是对抑郁症本质的诊断（Weinberg et al.，2001）。

通常，临床意义上DSM-Ⅳ定义的孕产期抑郁症被视为重度抑郁症（American Psychiatric Association，1994）。DSM-Ⅳ中所指的抑郁障碍，并没有特别考虑妊娠期。另一方面，“产后”是可能患上重度抑郁的“特殊时期”。除了女人一生中患上抑郁症的其他时候，孕产期抑郁症也从经验上根据等级量表划定程度，最为典型的是EPDS（Cox et al.，1987）。尽管该量表的设计考虑了多种可能性，如特有的妊娠期和产后经验（如睡眠问题、体重变化、精力下降）可能掩盖抑郁症状，但它仍有一些缺陷。首先，该量表根据产后妇女的样本编制，因此无法准确地评定妊娠期抑郁症。其次，由于它在苏格兰发展起来，在美国，EPDS中的一些语言可能让人感到迷惑。然而，它仍是评定孕产期抑郁症最优、最常用的测量工具。

对许多正经历产后抑郁的女人来说，这并不是她们首次或最后一次的经历，因为抑郁症是周期性的情绪障碍。在总人口中，超过80%的抑郁症病人抑郁症发作不止一次（Belsher & Costello，1988）；超过50%的人在康复期两年内再度情绪恶化（Keller，Shapiro，Lavori & Wolfe，1982）。这并不奇怪，先前产生的抑郁情绪能预示孕期和产后抑郁的发生，没有抑郁症发作史的女人，经历4～5次临床意义上抑郁症的风险不断增加（Marcus，Flynn，Blow & Barry，2003；O'Hara & Swain，1996）。

发生率

女人一生中6%～17%的时间都经历过重度抑

郁发作，这一比率比已知的男性比率高出 1.5～3 倍（Kessler，2006）。女人分娩时的抑郁症比率特别高（Wilhelm，2006）。产后抑郁症的不同定义
155 可能有助于对抑郁症流行以及孕期和产后出现的抑郁障碍进行全面评估。除了定义的问题，评估中的变异与我们所了解的总人口抑郁比率的样本特征有关，例如贫困、未成年母亲，以及其他社会统计学上的风险因素。近期的综述文章（Bennett，Einarson，Taddio，Koren & Einarson，2004；Gavin et al.，2005）为缩小一些研究和统计分析中 95%的置信区间，要求扩大取样。

妊娠期妇女抑郁症的发生率

妊娠期抑郁症达到临床上的显著水平的比率为 8%～51%（Bennett et al.，2004；Gotlib，Whiffen，Mount，Milne & Cordy，1989）。这一比率反映了定义和取样的多样性。DSM-Ⅳ明确定义的妊娠期重度抑郁症发作的比率在 10%～17%（Evans，Heron，Francomb，Oke & Golding，2001；Gotlib et al.，1989；Johanson，Chapman，Murray，Johnson & Cox，2000），尽管综合分析也在评估中报告了显著的差异（Gavin et al.，2005）。

哺乳期母亲抑郁症的发生率

有 20%～80%的新妈妈出现产后“忧郁”症状（O'Hara，Schlechte，Lewis & Wright，1991）。近期的综合评估发现，产后重度或轻度抑郁在产后头三个月发生的概率高达 19.2%（Gavin et al.，2005）。狭义的重度抑郁症在新妈妈中的发生率达到 7.1%（Gavin et al.，2005）。

因此，尤其是对分娩期和哺乳期的妇女来说，周期性或长期性的抑郁症十分常见。除了这些基础研究，母亲患抑郁症使我们开始关注干扰抚养者的潜在因素，这些干扰因素对健康儿童的发展至关重要。为了更好地理解母亲抑郁如何影响她们的孩子，接下来的部分我们介绍了心理病理学发展的前景。

抑郁症母亲的孩子的易感性

研究发现，母亲妊娠期和产后抑郁症与婴儿发育不良密切相关，这就是我们所知道的心理病理学上婴儿后期发育的易感性（vulnerabilities）。

依恋

多元研究显示，临床意义上的母亲抑郁症与低比率安全型依恋，并与高比率回避型和无组织混乱型依恋（平均达到 17%～28%；Martins & Gaffan，2000）呈显著相关。此外，临床样本与团体样本相比，组间效应更加显著，这大概是因为临床抑郁症的长期特质伴随着发作时的附和性机能失调（Atkinson et al.，2000）。

一些研究者探究了两者的调节变量和中介变量。例如，母亲心理的不安状态加强了母亲产后抑郁同婴儿不安全型依恋之间的联系（McMahon，Barnett，Kowalenko & Tennant，2006）。另一个有效的缓和途径是婴儿的身体状况。特别是即使在控制了新生儿健康等级后，早产仍显著地改变了母亲产后抑郁症的程度以及婴儿与母亲依恋间的联系（Poehlmann & Fiese，2001）。一个潜在的调节变量没有受到重视，即与其他孩子相比，虽然患有抑郁母亲的孩子表现出比预期更大几率的不安全型依恋，但情境性危险因素也不能忽视（Cicchetti，Rogosch & Toth，1998）。

相应地，婴儿依恋品质和易感性影响了后期患抑郁症的可能。具体来说，不安全依恋可能导致儿童对人际交往的消极预期和消极的自我知觉，156
容易患上抑郁症（Cummings & Cicchetti，1990；Sroufe，Egeland，Carlson & Collins，2005）。研究发现无论母亲是否患有抑郁症，不安全型依恋也与左脑额叶的活动降低有关（Dawson et al.，2001）。

情绪和行为的机能与控制

研究发现，其他几个婴儿情绪和行为机能的指标与母亲抑郁症相关。特别令人关注的是积极影响处于低水平，消极影响处于高水平，以及情绪控制和行为困难，作为被复核的指标，这些都是患抑郁症的易感性因素。

一些研究者在妇女妊娠期时开始研究，以检验产后抑郁症与婴儿情绪和行为机能的关联。他们发现，妊娠期已患上抑郁症的母亲，或在抑郁等级量表中获得高分的母亲，她们的孩子更爱哭

闹，且难以安抚（Zuckerman，Bauchner，Parker & Cabral，1990）。这些被观察的孩子也表现出更多消极情绪（Huot，Brennan，Stowe，Plotsky & Walker，2004），在与母亲的交往中表现出更多凝视厌恶（Boyd，Zayas & McKee，2006）。此外，在妊娠末三个月患上抑郁症的母亲，她们的孩子在布雷泽尔顿新生儿评估量表的定向分量表中得分较低（Brazelton，1984），表现出更多反常行为，并且在莱斯特—特罗尼克应激性与退缩性因子上得分较低（Lundy et al.，1999）。

其他人专注于妊娠期母亲的焦虑或压力，对妇女抑郁症与焦虑和压力的相关感兴趣（Klein，Corwin & Ceballos，2006；Monroe & Hadjiyannakis，2002）。妊娠期测量母性焦虑发现，它与产后4～6个月婴儿的“困难型”气质、产后抑郁症的依赖性，以及社会学人口统计和分娩时的风险因素都密切相关（Austin，Hadzi-Pavlovic，Leader，Saint & Parker，2005）。通过母亲的自我报告和观察发现，产前压力解释了3～8个月婴儿注意力控制和行为困难、8个月婴儿注意力控制3.3%～8.2%的变异（Huizink，Robles de Medina，Mulder，Visser & Buitelaar，2002）。

患产后抑郁症母亲的孩子在玩耍时，与母亲或其他人的交往，往往处在高水平的消极影响和低水平的积极影响中（Field，Pickens，Fox，Gonzalez & Nawrocki，1998），并且表现出早产和无效的自我调控（Tronick & Gianino，1986）。相比那些轻度抑郁症母亲的孩子，抑郁症程度严重的母亲的孩子多表现出困倦的样子，他们较少放松或体验到满足感，并且很少沉浸在玩玩具或游戏当中（Abrams，Field，Scafidi & Prodrmidis，1995）。同样，相比那些正常的母亲，观察者评估那些被确诊为抑郁症母亲的孩子，他们像一个拉紧的发条，很少快乐，并且对实验程序表现出不耐烦，与母亲分离时较少表现出痛苦（Cohn & Campbell，1992）。

研究发现，婴儿的情绪和行为机制是影响抑郁症后期发展和其他心理病理学的易感性因素（Fox，1994；Southam-Gerow & Kendall，2002）。例如，观察显示，婴儿反感忧郁母亲的外部控制，而是忙于自我学习规范的行为方式，这预示着未来社会交往中的退缩行为（Tronick & Gianino，1986）。深远的影响可能是情绪自控力下降，这是普遍存在的情绪和行为失调现象，更为明确的是，压力敏感性增加（如父母双方的冲突、父母的痛苦），情感安全受到威胁，出现包括侵犯行为在内的对父母和同龄人的控制行为，行为过度受控或情感压抑，都可能是儿童应对压力情境的方式（Cohn & Tronick，1983；Zahn-Waxler， 157
Iannotti，Cummings & Denham，1990）。这些方面的情绪和行为反应可能预示孩子未来的侵犯或退缩行为（Cummings，Keller & Davies，2005）。

同样关注婴儿更多显著的消极情绪，因为它可能与同伴交往中的悲伤情绪（Field et al.，1988），与产生消极片面观念的倾向都有密切联系（Fagen & Prigot，1993）。消极情绪本身也与后期的学习困难相关（Bugental et al.，1992）。因此，研究发现，婴儿情绪和行为的机能与控制都与母亲产前或产后抑郁症相关，说明发展中婴儿适应环境遇到的困难与抑郁症和其他心理问题有关。

神经内分泌和心理生理机能

现在已知的是妊娠期压力影响胎儿多方面的发育，这与婴儿后期的情绪和行为机能都相关（Wadhwa et al.，2002）。我们也知道大脑机能和神经行为机制发育的重要性，研究者开始关注婴儿大脑对早期生活压力的易感程度，重点研究额叶对情绪控制的重要作用（参见Graham，Heim，Goodman，Miller & Nemeroff，1999）。因此，妊娠期抑郁症与常伴随出现的压力和焦虑在胎儿发育期内及出生后的生活中都可能影响婴儿的神经内分泌和心理生理机能。

研究者还发现，在妊娠末三个月患上抑郁症的母亲的孩子比妊娠期健康的母亲所生育的孩子在出生时显现出更高含量的皮质醇和去甲肾上腺素，并伴随着更低含量的多巴胺（Lundy et al.，1999）。婴儿与产后抑郁症相关的研究发现：患有产后抑郁症母亲的孩子应激激素——去甲肾上腺素和皮质醇——显著升高，这与婴儿母亲在抑郁量表上的低分相关（Field，Fox，Pickens & Nawrocki，1995；Lundy et al.，1999）。

研究发现，产前和产后抑郁症都与低水平的迷走神经张力有关（Dawson et al.，2001；Field et al.，2004；Field，Pickens，Fox，Nawrocki &

Gonzalez，1995）。抑郁症母亲生育的婴儿也显现出额叶脑电波（EEG）不对称的非典型性特征：与健康母亲生育的婴儿相比，抑郁症母亲生育的孩子与母亲互动时左半球额叶的大脑活动减少了（Dawson et al.，1999；Field，Fox et al.，1995；Lundy，Jones et al.，1999）。一个后续研究发现，孩子在4～5岁时，大脑额叶的活动和家庭环境的风险性等级，共同调节着母亲抑郁症与孩子行为问题间的联系（Dawson et al.，2003）。

婴儿神经内分泌和心理生理机能的这些方面，基于大量对皮质醇、迷走神经张力和脑电波不对称性的研究，有力论证了心理病理学上的易感性。皮质醇作为应激反应的指标被广泛地接受，包括对婴儿的研究（Gunnar，2006）。然而，在对婴儿的研究中，慎重地解释有关皮质醇的发现十分重要，无论是因为过度反应的激素系统，还是因为对环境变异的极度敏感，基础皮质醇含量的个体差异日渐显著的变化在5～8个月婴儿中十分典型（de Weerth & van Geert，2002）。皮质醇的个体差异引起应激反应的改变是微小的，即使在婴儿4～6个月这段时间，它们之间的联系也并不紧密（Gunnar，Brodersen，Krueger & Rigatuso，1996）。预测关系的发现来自婴儿皮质醇反应的心理病理学的后期指标，包括更高含量的新生儿皮质醇，这与婴儿6个月大时，其母亲的痛苦指数降低到一定限度有关，还包括气质类型（Gunnar，
158 Porter，Wolf & Rigatuso，1995）。这种关联与年长儿童的表现相反，波格斯、杜萨尔-罗斯福和迈蒂（Porges，Doussard-Roosevelt & Maiti，1994）发现尤其是在婴儿早期，甚至在出生后的头一年，能更好地预测行为。其他发现将婴儿的低皮质醇反应与安全型依恋联系在一起（Gunnar & Vazquez，2001）。

一项关于脑电波不对称性的研究中，随机抽取婴儿和成人被试发现，右脑活动与悲伤、痛苦等消极情绪体验有关，倾向于退缩和逃避，行为活动更少，而左额叶区域的活动则与积极的情绪和兴趣有关（Davidson & Fox，1982；Fox，1994；Gotlib，Ranganath & Rosenfeld，1998）。患有抑郁症的成人，他们的左额叶活动不仅在抑郁发作时明显降低，平时也处于持续平缓的状态（Davidson，Schaffer & Sharon，1985；Henriques & Davidson，1990）。此外，研究发现，抑郁症母亲的孩子脑电波呈现出的非典型性模式，意味着婴儿期经历消极情绪的易感性（Davidson & Fox，1989），因而可作为目前或长期性情绪低落的标志（Field et al.，1995）。在孩子7～12个月大的时候，脑电波的不对称性与婴儿的情感有密切联系，以应对与母亲分离时的哭泣（Bell & Fox，1994）。同时，几乎所有3个月大的婴儿都显现出右脑额叶的不对称性，这种现象一直持续到3岁，并且与其他孩子相比抑制性更显著（Jones et al.，1998）。

迷走神经张力最具可靠性和稳定性（Fracasso，Porges，Lamb & Rosenberg，1994），和其他考量方法一起与心理病理学的后期发展联系紧密（Porges，2005）。这也是预测婴儿应激反应的有效指标，因为它早在婴儿出生后一周就能被可靠记录（Jones et al.，1998）。

神经内分泌和心理生理的易感性互相都有联系。在新生儿中，更高基准的迷走神经张力与更高含量的皮质醇显著相关（Gunnar et al.，1995），6个月大的婴儿高基础和应激源反应的皮质醇含量与相关的右脑脑电图不对称性密切相关（Buss et al.，2003）。

认知—智力机能

研究发现，抑郁症母亲的婴儿在贝利婴儿发展量表上得分低，而学步儿或学前儿童在麦卡锡儿童能力量表上得分低（Field，Estroff et al.，1996；Hay & Kumar，1995；Jones et al.，1998；Murray，1992；Whiffen & Gotlib，1989）。父母压力也显露出类似的影响（King & Laplante，2005）。研究还发现，即使控制了社会经济状况，母亲产后抑郁症仍会影响儿童至11岁时的认知能力（Hay et al.，2001）。

虽然在贝利和其他婴儿发展量表上的得分不能准确地预测未来智力的水平，但婴儿在贝利量表上的得分仍有重要意义，因为它能预测儿童后期的认知能力（DiLalla et al.，1990；Rose & Wallace，1985）。认知—智力机能有时作为风险模型中的调节变量，该模型主要针对抑郁症母亲的孩子（Goodman & Gotlib，1999），也可作为孩子发展中的重要考量因素。难以专注或作出决定，还有其他症状的出现可能是后代遗传抑郁症的早期征兆，对智力和学习能力有很强的潜在干扰，

并且青春期由于学校的失误也可能增加患抑郁症的风险（Lewinsohn et al.，1994）。

影响的可能机制

遗传率

遗传率（heritability）是解释抑郁症母亲的孩子在心理病理学发展上的重要机制，这种作用可以是单独的，也可能与环境因素共同产生作用。遗传可以说明抑郁症母亲婴儿的神经生理学
159 机制。评定儿童可能遗传抑郁症时结果分布域广，这可能是源于评定抑郁症时遇到的困难（例如，来自等级量表评定与症状诊断的不同信息）以及抑郁程度、儿童年龄和性别的差异。也有论证认为，遗传率对抑郁症不一定产生特定影响。遗传可能对其他病症构成威胁，而这些病症已在抑郁症母亲的孩子中得到确证，与其他孩子相比，他们遗传病症的几率更大（Moldin，1999；Tsuang & Faraone，1990）。同时，研究者惊喜地发现了支持压力因素模型中血清素转运体基因的相关证据。卡斯皮等（Caspi et al.，2003）发现了该基因功能的多型现象（polymorphism），即它能缓和同一出生样本中年轻人的压力生活事件与患抑郁症的关联。明确重度抑郁症的基因感受性（susceptibility）十分重要，这依赖于受基因控制的能揭示生物学机制的预示作用，这种作用可能增加遗传了抑郁症基因的儿童的易感性。

从本质上来说，承认基因与抑郁症遗传率的明确关系，不同于其他有关抑郁症易感性的遗传率研究，例如古德曼和戈特利布的模型（Goodman & Gotlib，1999）。研究发现遗传率的个体差异，主要体现在行为抑制和退缩（Cherny，Fulker，Corley，Plomin & DeFries，1994）、低自尊（Loehlin & Nichols，1976）、神经质（Tellegen et al.，1988）、社交和情感表达中的消极情绪（Plomin et al.，1993）、主观幸福感（Lykken & Tellegen，1996）、额叶脑电波的不对称性上（Anokhin，Heath & Myers，2006）。研究还发现对情绪刺激物作出反应的过程中高水平遗传率的个体差异，例如心率变异性和迷走神经张力（Davidson，Ekman，Saron，Senulis & Friesen，1990；Healy，1992；Porges，2001）、HPA轴活动（或无反应）指标的最基本水平（Bartels，Van den Berg，Sluyter，Boomsma & de Geus，2003；Wust，Federenko，van Rossum，Koper & Hellhammer，2005；Young，Aggen，Prescott & Kendler，2000）。将抑郁症遗传给孩子的可能性纳入心理病理学遗传模型中似乎非常重要。

遗传率研究的进展还包括遗传学和其他机制相互作用的理论模型，用以解释母亲抑郁和儿童精神病理学之间的联系（Goodman，2003），包括：消极的、有反应的、积极的基因—环境相关或共变（Goldsmith，Gottesman & Lemery，1997；Rutter et al.，1997）；基因—环境相互作用（gene-environment interaction），例如压力素质模型（Caspi et al.，2003；Monroe & Simons，1991）；遗传易感性与其他生物易感性或认知易感性的相互作用（Coccaro，Silverman，Klar，Horvath & Siever，1994）；基因间的相互作用（Goldsmith，Gottesman et al.，1997）；除了遗传外的多因素的压力因素模型（例如性格；Cicchetti & Toth，1998；Goldsmith，Buss，& Lemery，1997；Sameroff，1995）；儿童特质引起的环境特征（Field，Healy，Goldstein & Guthertz，1990；Teti & Gelfand，1991）。双生子研究也揭示了遗传因素对风险环境的感受性明显造成了个体差异。例如，西尔伯格等（Silberg et al.，2001）发现了作为中介的环境因素，只有父母患有情绪障碍时，才会引起青少年抑郁的消极生活事件。

妊娠期抑郁症和风险机制

母亲的基础皮质醇水平解释了胎儿皮质醇含量中50%的变异，说明胎盘是皮质醇的传输器（Gitau，Cameron，Fisk & Glover，1998；Glover，1997）。临床论证表明，胎儿面临着高含量的肾上腺皮质激素对海马产生的持续损伤（Uno et al.，1994），婴儿出生时伴随着神经控制系统机能失调的风险。后者对感受性的影响清晰可见，表现为应对压力时皮质醇含量升高、脑电波不对称、更低的心脏迷走神经张力、倾向于体验消极或退 160
缩情绪，以及其他易感性的早期征兆。

除了通过神经内分泌机制，输送给胎儿的动脉血流量的降低可能是抑郁症（应激或焦虑）母亲将精神病症遗传给孩子的另一个潜在风险因素。妊娠期的母亲焦虑与妊娠期末三个月的子宫内血流量降

低有关，反过来与新生儿低体重和早产有关系（Glover，1997）。降低的子宫内血流量可能阻碍了母体对胎儿营养的输送。最后，胎儿活动水平与胎儿心率变异受到极大关注，因为这可能是抑郁症孕妇对婴儿间风险遗传的机制。在格洛弗的研究中，母亲焦虑和应激的显著特点在孕期末三个月还与高频率的胎儿心率有关，就像子宫内血流量降低，与低体重儿以及新生儿的注意倾向和唤醒水平低有关（Emory，Walker & Cruz，1983；Glover，Teixeira，Gitau & Risk，1998；Teixeira，Fisk & Glover，1999）。

作为风险机制的抚养损害

众所周知，抚养质量与儿童健康成长密切相关（Sroufe et al.，2005）。抑郁症母亲缺少可信赖和有回应的抚养，而这些都是婴儿拥有健康依恋关系所必需的。除了缺少敏感性，研究者已开始确定某些抚养对婴儿形成的压力，例如干涉和敌意。道森等（Dawson et al.，2003）和菲尔德（Field，2002）提出，好的抚养方式需要在产后持续几年，有助于大脑健康发育（本章后面有详细论述）。无论如何，抑郁症母亲不恰当的抚养方式可能损害婴儿后续的适应力，建议应对抑郁症时采取多种可选择的方式。接下来我们将探讨与其他母亲相比，抑郁症母亲抚养方式的共同点。

*忽视。*母亲忽视是特罗尼克和贾尼诺（Tronick & Gianino，1986）的相互控制模式（mutual regulation model），以及菲尔德（Field，1985）心理生物学协调模型（psychobiological attunement model）的核心。母亲不愿意在行为或情感上回应孩子的需要，最终将导致婴儿发育中的适应困难。起初，婴儿变得焦虑不安，试图寻求母亲的回应，随后，开始出现退缩以及抑郁症的一些特征。这些发现与假装抑郁母亲抚养的孩子和真实患有抑郁母亲的孩子的研究相一致。

采用静止面孔程序的研究发现，当非抑郁的母亲在实验中以无面部表情来回应婴儿的积极情感需要时，孩子同样以无表情作为回应，并回避来自母亲的注视（Cohn & Elmore，1988；Cohn & Tronick，1983）。近30年来，采用此范式对2～9个月婴儿的重复实验观察到婴儿作出回应时的情绪障碍（厌恶凝视增多和笑容减少）进行了研究（Adamson & Frick，2003）。虽然对该现象的解释还没有达成共识，但通常用来说明婴儿与母亲社会交往中的期望意图。本章关注静止面孔程序代表的抚养行为，这种婴儿和抑郁症母亲的面对面接触比其他方式更为显著，与抑郁症母亲的交往对孩子来说是有压力的（Haley & Stansbury，2003；Moore，Cohn & Campbell，2001；Stoller & Field，1982）。

观察抑郁症母亲与婴儿的面对面互动，能发现这些母亲表现出更少的积极情绪，更多悲伤的情感表达，比其他母亲表现出更低的兴趣。例如，重度抑郁症母亲在与6个月婴儿的交往中表现出低同步性（Lundy，2002）。在一个更大的样本中， 161
观察抑郁症母亲与2个月的婴儿交往发现低协调敏感度和孩子行为的不稳定性（Murray，Fiori-Cowley，Hooper & Cooper，1996）。

观察发现，抑郁症母亲的孩子存在行为障碍，例如厌恶注视和沉思，这与婴儿通过自我控制行为来降低因母亲无回应引起的消极情绪的观点相一致。一些研究者观察婴儿对忽视的反应发现，抑郁症母亲抚养的孩子比健康母亲的孩子表现出更多的共同点。例如，莱昂斯-鲁思和同事发现，如果婴儿的母亲以极端和回避的态度对待孩子，相比那些有攻击性的母亲更可能建立伴随着忧虑和焦躁的无组织—混乱型依恋（Lyons-Ruth，Lyubchik，Wolfe & Bronfman，2002）。在一项纵向研究中，有回避行为的抑郁症母亲，她们的孩子在3个月大时表现出交往行为适应不良，1岁时孩子在贝利婴儿发展量表的心理量表上比没有回避行为的抑郁症母亲的孩子得分更低（Jones et al.，1997）。男孩与母亲交往时，对母亲的回避态度更加敏感，这可能与男孩需要更强烈的支持有关（Weinberg et al.，2006）。

*富有攻击性的、严厉的、强制性的教养。*不恰当的教养方式可能是有攻击性、严厉或强制的。研究者表示，母亲抑郁症不仅与母婴交往过程中的回避、缺乏回应有关，还与敌对—强势的抚养模式有关（Cohn，Matias，Tronick，Lyons-Ruth & Connell，1986；Field et al.，1990）。

观察发现，抑郁症母亲有过度刺激和身体攻

击性（如戳、刺孩子），对孩子的探索活动干涉过多，还表现出更强的敌意和暴躁情绪（Cohn et al.，1986；Lyons-Ruth，Zoll，Connell & Grunebaum，1986；Malphurs et al.，1996）。

我们发现，母亲的敌意和攻击性与婴儿的回避和易怒密切相关。有攻击性或敌意的母亲阻碍了婴儿的自主能力（Egeland，Pianta & O'Brian，1993）。科恩等（Cohn et al.，1986）观察了婴儿与有攻击性母亲的交往，发现婴儿对母亲表示反抗的时间不到5%，大约55%的时间都在回避母亲。菲尔德和同事们注意到婴儿在与有攻击性母亲的交往时经常表现得烦躁不安（Field et al.，1990）。一项研究显示女孩可能比男孩对攻击性母亲更敏感，然而，男孩可能比女孩更倾向于回避母亲（Weinberg & Tronick，1998）。任何一种行为反应都可能增加婴儿患抑郁症的风险。

*反复无常的教养。*虽然一些研究者将回避和攻击性抚养作为抑郁症母亲群体的典型特征（Field，Hernandez-Reif & Diego，2006），但其他人观察到抑郁症母亲与孩子交往时可能表现出回避或攻击性交替的现象（Lyons-Ruth et al.，2002）。即使这种反复无常的教养模式只存在于抑郁症母亲群体中，我们仍要充分考虑其让婴儿感觉到的压力，以及还可能对婴儿的神经生物发育产生的不利影响。例如，婴儿在反复无常的教养下左侧额叶的脑电波活动可能降低。这些神经生物学的交替与愉悦情绪感受力降低和消极情绪感受力提高有关，因此，这可能对抑郁症和其他障碍构成威胁（Jones et al.，1997）。

作为风险机制的逆境

与其他时候患上的抑郁症一样，产后抑郁症通常出现于不良社会心理背景下。众所周知，逆境本身与婴儿心理病理学发育过程中的易感性有 162
关（Rutter，2000）。因此，研究者试图理解母亲抑郁、逆境和心理病理学发育过程中与婴儿易感性的关系。

抑郁症，尤其是妊娠期和产后抑郁症通常伴随着病理上的高度焦虑和压力（Kendler，Kessler，Neale，Heath & Eaves，1993；Monroe & Simons，1991），这也是抑郁症造成的结果（Hammen，1991）。对抑郁症孕妇抽样发现，焦虑状态和特征、压力体验和烦恼与抑郁症密切相关（Austin et al.，2005；DaCosta，Larouche，Dritsa & Brender，2000；O'Connor，Heron，Glover & Team，2002）。

其他的逆境通常伴随着抑郁症，包括对个体基本机能水平差异的制约，例如难以描述个体人格障碍的特征（Klein，Durbin，Shankman & Santiago，2002；O'Sullivan，2004）。通过一个孕妇样本发现，抑郁症对社交功能障碍和情绪障碍产生很大的消极影响，从而严重阻碍了工作或其他活动（McKee，Cunningham，Jankowski & Zayas，2001）。

研究者还对抑郁症母亲与婴儿的易感性进行检验，发现逆境和母亲的产后抑郁各自独立预示了婴儿的易感性。例如，在婴儿两个月大时出现的逆境和产后抑郁预示着婴儿的依恋类型（Murray et al.，1996）。更多的研究需要明确最能解释母亲抑郁、逆境与婴儿机能间的关系模型。

父亲及其角色

在探究母亲抑郁对婴儿影响的研究中，通常忽视了父亲这一角色（Connell & Goodman，2002）。据古德曼和戈特利布（Goodman & Gotlib，1999）的概述，父亲可能增加抑郁症母亲的孩子患心理疾病的风险，也可能对孩子起到保护作用。心理病理学上的研究集中在这些孩子的父亲角色上。夫妻的结合增加了这样一种可能性，即患有抑郁症的女人，她的配偶也患有精神疾病或存在心理障碍，或者有精神病家族史（Matthews & Reus，2001）。换句话说，母亲患有抑郁症，孩子的父亲更可能通过基因或环境的作用患上精神疾病。

父亲的抑郁症同样可能遗传给孩子，从而增加了抑郁症基因遗传的风险性（Kendler，Gardner，Neale & Prescott，2001）。考虑到这些孩子的父亲极有可能患上精神疾病，因此我们要展开更多关于母亲抑郁和父亲抑郁的不同影响和共同作用的研究。

关于父母抑郁症和其他心理障碍对婴儿和年幼儿童健康成长影响的研究发现，父亲的心理疾病比母亲抑郁更能预测儿童的心理疾病（Eiden & Leonard，1986；Goodman，Brogan，Lynch & Fielding，1993；Thomas & Forehand，1991；Weissman et al.，1984）。例如，儿童高度的内化行为与父母严重抑郁密切相关，即使控制母亲抑郁后，父亲抑郁仍预示着儿童的内化问题（Marchand & Hock，1998）。与母亲产后抑郁一样，一项有关父亲产后抑郁症的研究发现，同时患有抑郁症的父母最不可能遵照儿科医师建议的健康行为（如让婴儿在其背上睡觉，哄孩子睡觉）抚养孩子（Paulson，Dauber & Leiferman，2006）。

尽管母亲可能患抑郁症，但一般关于父亲作
163 用的文献发现，父亲在母亲抚养和孩子成长之间所起的作用不是很大。例如，研究发现，母亲可付出的抚养更为积极，也更好地支持了孩子的父亲（Crnic，Greenberg，Ragozin，Robinson & Basham，1983；Crockenberg，1986；Tamis-LeMonda & Cabrera，2002；Teti & Gelfand，1991）。相关的研究也发现，对比那些夫妻关系不和谐的家庭，夫妻关系和谐的家庭中，父亲更愿意参与对孩子的照顾（Shannon，Tamis-LeMonda & Margolin，2005）。

父亲也能对孩子产生适度的积极影响。一项纵向研究从婴儿期追踪儿童和他们的家庭，在婴儿期，父亲只需要花一小部分时间和孩子在一起，就能给予孩子更多的温暖，帮助他们缓冲来自母亲抑郁造成的不良影响（Mezulis，Hyde & Clark，2004）。研究者还发现，即使父亲也患有抑郁症，和孩子在一起少量时间，比他们花大量时间和孩子在一起在学前期出现的内化行为问题也会更少。这一发现说明我们需要进一步研究母亲患抑郁症时，如何正确处理婴儿与父亲交往中父亲起作用的程度和效果。

父亲还可能以另一种方式构成婴儿患精神疾病的威胁，即父亲与抑郁症母亲的关系。母亲抑郁症通常伴随着夫妻间的冲突，她感到缺少帮助和支持（Brown & Harris，1978；Fredman，Weissman，Leaf & Bruce，1988）。也有研究支持了孕期（O'Connor et al.，1998；Zelkowitz et al.，2004）和产后（Cutrona & Troutman，1986；O'Hara & Swain，1996）妇女面临的抑郁症、低社会支持、夫妻关系不和谐之间的联系。

临床实践

研究证实了孕期和产后抑郁症对贫困婴儿及其童年成长产生的影响。正如这一章所提到的，这种易感性对婴儿后期生活中出现的精神障碍的影响体现在多个方面，如依恋、情绪和行为控制、神经内分泌和心理生理机能、认知和智力机能。尽管预防和早期干预可能有效防止抑郁症和其他心理障碍的发生，但很少对其进行干预。一些研究团队，例如菲尔德与同事、奇凯蒂与同事，以及魏斯曼（Weissman）的缓和抑郁症的序列治疗方案（STAR*D）发现了对婴儿和抑郁症母亲进行干预的实证支持。现在，我们来回顾一下这些研究。

考虑到从婴儿生理上对自我控制的定义存在不足，菲尔德及其同事考察了对婴儿采用按摩疗法（massage therapy）的有效性，即在群组里教母亲给婴儿按摩的短期（6 周）干预。患有抑郁的未成年母亲其儿童从中受益，这与随信息降低唾液皮质醇水平的干预有关；干预组儿童与那些坚持反对接受按摩的婴儿相比，通过治疗增加了体重，提高了情绪感知力（emotionality）、社交能力（sociability）和性格的柔和度（soothability），面对面互动的频率也提高了（Field，Grizzle et al.，1996）。为了降低母亲压力激素（stress hormones）分泌的水平，减小生产困难，孕期按摩（pregnancy massage）也作为类似的干预手段被成功地采纳，因此，对抑郁症母亲的孩子已知的易感性问题进行一些预防是可行的（Field，2002）。

对抑郁症母亲的孩子还可采用其他针对不安全型依恋的干预方案。学步期儿童父母的心理治疗（psychotherapy）作为一项干预措施可以促进儿童与抑郁症母亲安全型依恋的建立。将干预组的孩子与没有接受干预的孩子和控制组进行比较发现，干预组的孩子和控制组孩子（母亲未患抑郁症）的安全型依恋比率相当。没有接受干预的孩子仍表现出较高比率的不安全型依恋（Cicchetti，Toth & Rogosch，1999）。

其他人考虑如何促使母亲从抑郁症中恢复过来，以促进孩子的健康成长。魏斯曼和她的STAR*D团队首先研究了经抗抑郁剂治疗的母亲及其孩子的变化。接受抗抑郁剂治疗3个月后（研究被试的33%），如果母亲的抑郁症状完全缓解，则孩子诊断出抑郁症的可能性会降低11%；而在整个研究被试中没有恢复健康的母亲，她们的孩子诊断出抑郁症的可能性上升了8%。在研究前没有诊断出抑郁的孩子，即使他们的母亲出现抑郁症的缓解，他们也不太可能被诊断为抑郁；相比之下，如果母亲的病症没有明显改善，17%的孩子会被诊断出抑郁（Weissman et al.，2006）。

尽管研究中的每个干预措施都是显著的，但还需要做很多工作。越来越多的人认为预防抑郁症是有效的（Le，Munoz，Ippen & Stoddard，2003）。采取应对妊娠期和产后抑郁症的有效措施，是建立系统筛查方式，减少干预障碍，继续基于研究成果设计并检验的有效干预方式。最后，更多的纵向研究需要了解抑郁症母亲的孩子的易感性，这有利于恢复并了解引起失调的途径。

参考文献

Abrams, S. M., Field, T., Scafidi, F., & Prodrmidis, M. (1995). Newborns of depressed mothers. *Infant Mental Health Journal, 16*, 233–239.

Adamson, L. B., & Frick, J. E. (2003). The still face: A history of a shared experimental paradigm. *Infancy, 4*, 451–473.

American Psychiatric Association. (1994). *Diagnostic and statistical manual of mental disorders* (4th ed.). Washington, DC: Author.

Anokhin, A. P., Heath, A. C., & Myers, E. (2006). Genetic and environmental influences on frontal EEG asymmetry: A twin study. *Biological Psychology, 71*, 289–295.

Atkinson, L., Paglia, A., Coolbear, J., Niccols, A., Parker, K. C. H., & Guger, S. (2000). Attachment security: A meta-analysis of maternal mental health correlates. *Clinical Psychology Review, 20*, 1019–1040.

Austin, M.-P., Hadzi-Pavlovic, D., Leader, L., Saint, K., & Parker, G. (2005). Maternal trait anxiety, depression, and life event stress in pregnancy: Relationships with infant temperament. *Early Human Development, 81*(2), 183–190.

Bartels, M., Van den Berg, M., Sluyter, F., Boomsma, D. I., & de Geus, E. J. (2003). Heritability of cortisol levels: Review and simultaneous analysis of twin studies. *Psychoneuroendocrinology, 28*, 121–137.

Beck, A. T., Steer, R. A., & Brown, G. K. (1997). *Beck Depression Inventory* (2nd ed.). San Antonio, TX: Psychological Corporation.

Bell, M. A., & Fox, N. A. (1994). Brain development over the first year of life: Relations between electroencephalographic frequency and coherence and cognitive and affective behaviors. In G. Dawson & K. W. Fischer (Eds.), *Human behavior and the developing brain* (pp. 314–345). New York: Guilford Press.

Belsher, G., & Costello, C. G. (1988). Relapse after recovery from unipolar depression: A critical review. *Psychological Bulletin, 104*, 84–96.

Bennett, H. A., Einarson, A., Taddio, A., Koren, G., & Einarson, T. R. (2004). Prevalence of depression during pregnancy: A systematic review. *Obstetrics and Gynecology, 103*(4), 698–709.

Boyd, R. C., Zayas, L. H., & McKee, M. (2006). Mother–infant interaction, life events, and prenatal and postpartum depressive symptoms among urban minority women in primary care. *Maternal and Child Health Journal, 10*(2), 139–148.

Brazelton, T. B. (1984). *Neonatal Behavioral Assessment Scale*. Philadelphia: Lippincott.

Brown, G. W., & Harris, T. O. (1978). *Social origins of depression: A study of psychiatric disorder in women*. New York: Free Press.

Bugental, D. B., Blue, J., Cortez, V., Fleck, K., & Rodriquez, A. (1992). Influences of witnessed affect on information processing in children. *Child Development, 63*(4), 774–786.

Buss, K. A., Malmstadt Schumacher, J. R., Dolski, I., Kalin, N. H., Goldsmith, H. H., & Davidson, R. J. (2003). Right frontal brain activity, cortisol, and withdrawal behavior in 6-month-old infants. *Behavioral Neuroscience, 117*, 11–20.

Caspi, A., Sugden, K., Moffitt, T. E., Taylor, A., Craig, I. W., Harrington, H., et al. (2003). Influence of life stress on depression: Moderation by a polymorphism in the 5-HTT gene. *Science, 301*, 386–389.

Cherny, S. S., Fulker, D. W., Corley, R. P., Plomin, R., & DeFries, J. C. (1994). Continuity and change in infant shyness from 14 to 20 months. *Behavior Genetics, 24*, 365–379.

Cicchetti, D., Rogosch, F. A., & Toth, S. L. (1998). Maternal depressive disorder and contextual risk: Contributions to the development of attachment insecurity and behavior problems in tod-

dlerhood. *Development and Psychopathology*, *10*, 283–300.
Cicchetti, D., & Toth, S. (1998). The development of depression in children and adolescents. *American Psychologist*, *53*, 221–241.
Cicchetti, D., Toth, S. L., & Rogosch, F. (1999). The efficacy of toddler–parent psychotherapy to increase attachment security in offspring of depressed mothers. *Attachment and Human Development*, *1*(1), 34–66.
Coccaro, E. F., Silverman, J. M., Klar, H. M., Horvath, T. B., & Siever, L. J. (1994). Familial correlates of reduced central serotonergic system function in patients with personality disorders. *Archives of General Psychiatry*, *51*, 318–324.
Cohn, J. F., & Campbell, S. B. (1992). Influence of maternal depression on infant affect regulation. In D. Cicchetti & S. Toth (Eds.), *Rochester symposium on developmental psychopathology: Vol. 4. A developmental approach to affective disorders* (pp. 103–130). Rochester, NY: University of Rochester Press.
Cohn, J. F., & Elmore, M. (1988). Effect of contingent changes in mothers' affective expression on the organization of behavior in 3-month-old infants. *Infant Behavior and Development*, *11*(4), 493–505.
Cohn, J. F., Matias, R., Tronick, E., Lyons-Ruth, K., & Connell, D. B. (1986). Face-to-face interactions, spontaneous and structured, of mothers with depressive symptoms. *New Directions for Child Development*, *34*, 31–46.
Cohn, J. F., & Tronick, E. (1983). Three-month-old infants' reaction to simulated maternal depression. *Child Development*, *54*, 185–190.
Connell, A. M., & Goodman, S. H. (2002). The association between psychopathology in fathers versus mothers and children's internalizing and externalizing behavior problems: A meta-analysis. *Psychological Bulletin*, *128*(5), 746–773.
Cox, J., Holden, J., & Sagovsky, R. (1987). Detection of postnatal depression: Development of the 10-item Edinburgh Postnatal Depression Scale. *British Journal of Psychiatry*, *150*, 782–786.
Crnic, K. A., Greenberg, M. T., Ragozin, A. S., Robinson, N. M., & Basham, R. B. (1983). Effects of stress and social support on mothers and premature and full-term infants. *Child Development*, *54*, 209–217.
Crockenberg, S. B. (1986). Are temperamental differences in babies associated with predictable differences in caregiving? *New Directions in Child Development*, *31*, 52–73.
Cummings, E. M., & Cicchetti, D. (1990). Toward a transactional model of relations between attachment and depression. In M. T. Greenberg, D. Cicchetti, & E. M. Cummings (Eds.), *Attachment in the preschool years: Theory, research, and intervention* (pp. 339–372). Chicago: University of Chicago Press.
Cummings, E. M., Keller, P. S., & Davies, P. T. (2005). Towards a family process model of maternal and paternal depressive symptoms: Exploring multiple relations with child and family functioning. *Journal of Child Psychology and Psychiatry*, *46*, 479–489.
Cutrona, C. E., & Troutman, B. R. (1986). Social support, infant temperament, and parenting self-efficacy: A mediational model of postpartum depression. *Child Development*, *57*, 1507–1518.
DaCosta, D., Larouche, J., Dritsa, M., & Brender, W. (2000). Psychosocial correlates of prepartum and postpartum depressed mood. *Journal of Affective Disorders*, *59*, 31–40.
Davidson, R. J., Ekman, P., Saron, C., Senulis, R., & Friesen, W. V. (1990). Approach–withdrawal and cerebral asymmetry: I. Emotional expression and brain physiology. *Journal of Personality and Social Psychology*, *58*, 330–341.
Davidson, R. J., & Fox, N. (1982). Asymmetrical brain activity discriminates between positive and negative affective stimuli in human infants. *Science*, *218*, 1235–1237.
Davidson, R. J., & Fox, N. A. (1989). Frontal brain asymmetry predicts infants' response to maternal separation. *Journal of Abnormal Psychology*, *98*, 127–131.
Davidson, R. J., Schaffer, C. E., & Sharon, C. (1985). Effects of lateralized stimulus presentation on the self-report of emotion and EEG asymmetry in depressed and non-depressed subjects. *Psychophysiology*, *22*, 353–364.
Dawson, G., Ashman, S. B., Hessl, D., Spieker, S., Frey, K., Panagiotides, H., et al. (2001). Autonomic and brain electrical activity in securely- and insecurely-attached infants of depressed mothers. *Infant Behavior and Development*, *24*, 135–149.
Dawson, G., Ashman, S. B., Panagiotides, H., Hessl, D., Self, J., Yamada, E., et al. (2003). Preschool outcomes of children of depressed others: Role of maternal behavior, contextual risk, and children's brain activity. *Child Development*, *74*, 1158–1175.
Dawson, G., Frey, K., Self, J., Panagiotides, H., Hessl, D., Yamada, E., et al. (1999). Frontal brain electrical activity in infants of depressed and nondepressed mothers: Relation to variations in infant behavior. *Development and Psychopathology*, *11*, 589–605.
de Weerth, C., & van Geert, P. (2002). A longitudinal study of basal cortisol in infants: Intra-individual variability, circadian rhythm, and developmental trends. *Infant Behavior and Development*, *25*(4), 375–398.
DiLalla, L. F., Thompson, L., Plomin, R., Phillips, K., Fagan, J. F., & Haith, N. M. (1990). Infant predictors of preschool and adult IQ: A study of infant twins and their parents. *Developmental Psychology*, *26*(5), 759–769.
Egeland, B., Pianta, R., & O'Brian, M. (1993). Maternal intrusiveness in infancy and child maladaptation in early school years. *Development and Psychopathology*, *5*, 359–370.
Eiden, R. D., & Leonard, K. E. (1986). Paternal alcohol use and the mother–infant relationship. *Development and Psychopathology*, *8*, 307–323.

Emory, E., Walker, E., & Cruz, A. (1983). Fetal heart rate: II. Behavioral correlates. *Psychophysiology, 19*, 680–686.

Evans, J., Heron, J., Francomb, H., Oke, S., & Golding, J. (2001). Cohort study of depressed mood during pregnancy and after childbirth. *British Medical Journal, 323*, 257–260.

Fagen, J. W., & Prigot, J. A. (1993). Negative affect and infant memory. *Advances in Infancy Research, 8*, 169–216.

Field, T. (1985). Attachment as psychological attunement: Being on the same wavelength. In M. R. T. Field (Ed.), *Psychobiology of attachment* (pp. 415–454). New York: Academic Press.

Field, T. (2002). Prenatal effects of maternal depression. In S. H. Goodman & I. H. Gotlib (Eds.), *Children of depressed parents* (pp. 59–88). Washington, DC: American Psychological Association.

Field, T., Diego, M., Dieter, J., Hernandez-Reif, M., Schanberg, S., Kuhn, C., et al. (2004). Prenatal depression effects on the fetus and the newborn. *Infant Behavior and Development*, 27(2), 216–229.

Field, T., Estroff, D. B., Yando, R., del Valle, C., Malphurs, J., & Hart, S. (1996). "Depressed" mothers' perceptions of infant vulnerability are related to later development. *Child Psychiatry and Human Development*, 27(1), 43–53.

Field, T., Fox, N., Pickens, J., & Nawrocki, T. (1995). Relative right frontal EEG activation in 3- to 6-month-old infants of "depressed" mothers. *Developmental Psychology, 31*, 358–363.

Field, T., Grizzle, N., Scafidi, F., Abrams, S., Richardson, S., Kuhn, C., et al. (1996). Massage therapy for infants of depressed mothers. *Infant Behavior and Development, 19*, 107–112.

Field, T., Healy, B., Goldstein, S., & Guthertz, M. (1990). Behavior-state matching and synchrony in mother–infant interactions of nondepressed versus depressed dyads. *Developmental Psychology, 26*, 7–14.

Field, T., Healy, B., Goldstein, S., Perry, S., Bendell, D., Schanberg, S., et al. (1988). Infants of depressed mothers show "depressed" behavior even with nondepressed adults. *Child Development*, 59(6), 1569–1579.

Field, T., Hernandez-Reif, M., & Diego, M. (2006). Intrusive and withdrawn depressed mothers and their infants. *Developmental Review*, 26(1), 15–30.

Field, T., Pickens, J., Fox, N. A., Gonzalez, J., & Nawrocki, T. (1998). Facial expression and EEG responses to happy and sad faces/voices by 3-month-old infants of depressed mothers. *British Journal of Developmental Psychology, 16*, 485–498.

Field, T., Pickens, J., Fox, N. A., Nawrocki, T., & Gonzalez, J. (1995). Vagal tone in infants of depressed mothers. *Development and Psychopathology*, 7, 227–231.

Fox, N. A. (1994). *The development of emotion regulation: Biological and behavioral considerations* (Vol. 59). Chicago: University of Chicago Press.

Fracasso, M. P., Porges, S. W., Lamb, M. E., & Rosenberg, A. A. (1994). Cardiac activity in infancy: Reliability and stability of individual differences. *Infant Behavior and Development, 17*, 277–284.

Fredman, L., Weissman, M. M., Leaf, P. J., & Bruce, M. L. (1988). Social functioning in community residents with depression and other psychiatric disorders: Results of the New Haven Epidemiologic Catchment Area study. *Journal of Affective Disorders, 15*(2), 103–112.

Gavin, N. I., Gaynes, B. N., Lohr, K. N., Meltzer-Brody, S., Gartlehner, G., & Swinson, T. (2005). Perinatal depression: A systematic review of prevalence and incidence. *Obstetrics and Gynecology, 106*, 1071–1083.

Gitau, R., Cameron, A., Fisk, N. M., & Glover, V. (1998). Fetal exposure to maternal cortisol. *Lancet, 352*, 707–708.

Glover, V. (1997). Maternal stress or anxiety in pregnancy and emotional development of the child. *British Journal of Psychiatry, 171*, 105–106.

Glover, V., Teixeira, J., Gitau, R., & Risk, N. (1998, April). *Links between antenatal maternal anxiety and the fetus*. Paper presented at the International Conference on Infant Studies, Atlanta, GA.

Goldsmith, H. H., Buss, K. A., & Lemery, K. S. (1997). Toddler and childhood temperament: Expanded content, stronger genetic evidence, new evidence for the importance of environment. *Developmental Psychology, 33*, 891–905.

Goldsmith, H. H., Gottesman, I. I., & Lemery, K. S. (1997). Epigenetic approaches to developmental psychopathology. *Development and Psychopathology, 9*, 365–387.

Goodman, S. H. (2003). Genesis and epigenisis of psychopathology in children with depressed mothers: Toward an integrative biopsychosocial perspective. In D. Cicchetti & E. Walker (Eds.), *Neurodevelopmental mechanisms in the genesis and epigenesis of psychopathology: Future research directions* (pp. 428–460). New York: Cambridge University Press.

Goodman, S. H., Brogan, D., Lynch, M. E., & Fielding, B. (1993). Social and emotional competence in children of depressed mothers. *Child Development, 64*, 516–531.

Goodman, S. H., & Gotlib, I. H. (1999). Risk for psychopathology in the children of depressed mothers: A developmental model for understanding mechanisms of transmission. *Psychological Review, 106*, 458–490.

Gotlib, I. H., Ranganath, C., & Rosenfeld, J. P. (1998). Frontal EEG alpha asymmetry, depression, and cognitive functioning. *Cognition and Emotion, 12*, 449–478.

Gotlib, I. H., Whiffen, V. E., Mount, J. H., Milne, K., & Cordy, N. I. (1989). Prevalence rates and demographic characteristics associated with depression in pregnancy and the postpartum. *Jour-*

nal of Consulting and Clinical Psychology, 57, 269–274.

Graham, Y. P., Heim, C., Goodman, S. H., Miller, A. H., & Nemeroff, C. B. (1999). The effects of neonatal stress on brain development: Implications for psychopathology. *Development and Psychopathology, 11,* 545–565.

Gunnar, M. R. (2006). *Social regulation of stress in early child development.* Malden, MA: Blackwell.

Gunnar, M. R., Brodersen, L., Krueger, K., & Rigatuso, J. (1996). Dampening of adrenocortical responses during infancy: Normative changes and individual differences. *Child Development, 67,* 877–889.

Gunnar, M. R., Porter, F. L., Wolf, C. M., & Rigatuso, J. (1995). Neonatal stress reactivity: Predictions to later emotional temperament. *Child Development, 66,* 1–13.

Gunnar, M. R., & Vazquez, D. M. (2001). Low cortisol and a flattening of expected daytime rhythm: Potential indices of risk in human development. *Development and Psychopathology, 13,* 515–538.

Haley, D. W., & Stansbury, K. (2003). Infant stress and parent responsiveness: Regulation of physiology and behavior during still-face and reunion. *Child Development, 74*(5), 1534–1546.

Hammen, C. (1991). Generation of stress in the course of unipolar depression. *Journal of Abnormal Psychology, 100,* 555–561.

Hay, D. F., & Kumar, R. (1995). Interpreting the effects of mothers' postnatal depression on children's intelligence: A critique and re-analysis. *Child Psychiatry and Human Development, 25,* 165–181.

Hay, D. F., Pawlby, S. J., Sharp, D., Asten, P., Mills, A., & Kumar, R. (2001). Intellectual problems shown by 11-year-old children whose mothers had postnatal depression. *Journal of Child Psychology and Psychiatry, 42*(7), 871–889.

Healy, B. T. (1992). The heritability of autonomic nervous system processes. In T. M. Field & P. M. McCabe (Eds.), *Stress and coping in infancy and childhood* (pp. 69–82). Hillsdale, NJ: Erlbaum.

Henriques, J. B., & Davidson, R. J. (1990). Regional brain electrical asymmetries discriminate between previously depressed subjects and healthy controls. *Journal of Abnormal Psychology, 99,* 22–31.

Huizink, A. C., Robles de Medina, P. G., Mulder, E. J. H., Visser, G. H. A., & Buitelaar, J. K. (2002). Psychological measures of prenatal stress as predictors of infant temperament. *Journal of the American Academy of Child and Adolescent Psychiatry, 41,* 1078–1085.

Huot, R. L., Brennan, P. A., Stowe, Z. N., Plotsky, P. M., & Walker, E. F. (2004). Negative affect in offspring of depressed mothers is predicted by infant cortisol levels at 6 months and maternal depression during pregnancy, but not postpartum. *Annals of the New York Academy of Sciences, 1032,* 234–236.

Johanson, R., Chapman, G., Murray, D., Johnson, I., & Cox, J. (2000). The North Staffordshire Maternity Hospital prospective study of pregnancy-associated depression. *Journal of Psychosomatic Obstetrics and Gynaecology, 21,* 93–97.

Jones, N. A., Field, T., Fox, N. A., Davalos, M., Lundy, B., & Hart, S. (1998). Newborns of mothers with depressive symptoms are physiologically less developed. *Infant Behavior and Development, 21*(3), 537–541.

Jones, N. A., Field, T., Fox, N. A., Davalos, M., Malphurs, J., Carraway, K., et al. (1997). Infants of intrusive and withdrawn mothers. *Infant Behavior and Development, 20*(2), 175–186.

Keller, M. B., Shapiro, R. W., Lavori, P. W., & Wolfe, N. (1982). Recovery in major depressive disorder: Analysis with the life table and regression models. *Archives of General Psychiatry, 39,* 905–910.

Kendler, K. S., Gardner, C. O., Neale, M. C., & Prescott, C. A. (2001). Genetic risk factors for major depression in men and women: Similar or different heritabilities and same or partly distinct genes? *Psychological Medicine, 31,* 605–616.

Kendler, K. S., Kessler, R. C., Neale, M. C., Heath, A. C., & Eaves, L. J. (1993). The prediction of major depression in women: Toward an integrated etiological model. *American Journal of Psychiatry, 150,* 1139–1148.

Kessler, R. C. (2006). The epidemiology of depression among women. In C. L. M. Keyes & S. H. Goodman (Eds.), *Women and depression: A handbook for the social, behavior, and biomedical sciences* (pp. 22–40). New York: Cambridge University Press.

King, S., & Laplante, D. P. (2005). The effects of prenatal maternal stress on children's cognitive development: Project Ice Storm. *Stress: International Journal on the Biology of Stress, 8*(1), 35–45.

Klein, D. N., Durbin, E. E., Shankman, S. A., & Santiago, N. J. (2002). Depression and personality. In I. H. Gotlib & C. L. Hammen (Eds.), *Handbook of depression* (pp. 115–140). New York: Guilford Press.

Klein, L. C., Corwin, E. J., & Ceballos, R. M. (2006). The social costs of stress: How sex differences in stress responses can lead to social stress vulnerability and depression in women. In C. L. M. Keyes & S. H. Goodman (Eds.), *Women and depression: A handbook for social, behavioral, and biomedical sciences* (pp. 199–218). New York: Cambridge University Press.

Le, H.-N., Munoz, R. F., Ippen, C. G., & Stoddard, J. L. (2003). Treatment is not enough: We must prevent major depression in women. *Prevention and Treatment, 6,* 1–43.

Lewinsohn, P. M., Roberts, R. E., Seeley, J. R., Rohde, P., Gotlib, I. H., & Hops, H. (1994). Adolescent psychopathology: II. Psychosocial risk factors for depression. *Journal of Abnormal Psychology, 103*(2), 302–315.

Lewinsohn, P. M., Seeley, J. R., Soloman, A., &

Zeiss, A. (2000). Clinical implications of "subthreshold" depressive symptoms. *Journal of Abnormal Psychology, 109*, 345–351.

Loehlin, J. C., & Nichols, R. C. (1976). *Heredity, environment, and personality*. Austin: University of Texas Press.

Lundy, B. L. (2002). Paternal socio-psychological factors and infant attachment: The mediating role of synchrony in father–infant interactions. *Infant Behavior and Development, 25*, 221–236.

Lundy, B. L., Jones, N. A., Field, T., Pietro, P., Nearing, G., Davalos, M., et al. (1999). Prenatal depression effects on neonates. *Infant Behavior and Development*, 22, 119–129.

Lykken, D. T., & Tellegen, A. (1996). Happiness is a stochatic phenomenon. *Psychological Science*, 7, 186–189.

Lyons-Ruth, K., Lyubchik, A., Wolfe, R., & Bronfman, E. (2002). Parental depression and child attachment: Hostile and helpless profiles of parent and child behavior among families at risk. In S. H. Goodman & I. H. Gotlib (Eds.), *Children of depressed parents: Mechanisms of risk and implications for treatment* (pp. 89–120). Washington, DC: American Psychological Association.

Lyons-Ruth, K., Zoll, D., Connell, D., & Grunebaum, H. U. (1986). The depressed mother and her one-year-old infant: Environment, interaction, attachment, and infant development. *New Directions for Child Development, 34*, 61–82.

Malphurs, J. E., Field, T., Larraine, C., Pickens, J., Pelaez-Nogueras, M., Yando, R., et al. (1996). Altering withdrawn and intrusive interaction behavior of depressed mothers. *Infant Mental Health Journal, 17*, 152–160.

Marchand, J. F., & Hock, E. (1998). The relation of problem behaviors in preschool children to depressive symptoms in mothers and fathers. *Journal of Genetic Psychology, 159*(3), 353–366.

Marcus, S. M., Flynn, H. A., Blow, F. C., & Barry, K. L. (2003). Depressive symptoms among pregnant women screened in obstetrics settings. *Journal of Women's Health, 12*(4), 373–380.

Martins, C., & Gaffan, E. (2000). Effects of early maternal depression on patterns of infant–mother attachment: A meta-analytic investigation. *Journal of Child Psychology and Psychiatry, 41*(6), 737–746.

Matthews, C. A., & Reus, V. I. (2001). Assortative mating in the affective disorders: A systematic review and meta-analysis. *Comprehensive Psychiatry*, 42, 257–262.

McKee, M. D., Cunningham, M., Jankowski, K. R. B., & Zayas, L. (2001). Health-related functional status in pregnancy: Relationship to depression and social support in a multi-ethnic population. *Obstetrics and Gynecology*, 97, 988–993.

McMahon, C. A., Barnett, B., Kowalenko, N. M., & Tennant, C. C. (2006). Maternal attachment state of mind moderates the impact of postnatal depression on infant attachment. *Journal of Child Psychology and Psychiatry, 47*(7), 660–669.

Mezulis, A. H., Hyde, J. S., & Clark, R. (2004). Father involvement moderates the effect of maternal depression during a child's infancy on child behavior problems in kindergarten. *Journal of Family Psychology, 18*(4), 575–588.

Moldin, S. O. (1999). Report of the NIMH's genetic workgroups: Summary of research. *Biological Psychiatry, 45*, 559–602.

Monroe, S. M., & Hadjiyannakis, K. (2002). The social environment and depression: Focusing on severe life stress. In I. H. Gotlib & C. L. Hammen (Eds.), *Handbook of depression* (pp. 314–340). New York: Guilford Press.

Monroe, S. M., & Simons, A. D. (1991). Diathesis–stress theories in the context of life-stress research: Implications for depressive disorders. *Psychological Bulletin, 110*, 406–425.

Moore, G. A., Cohn, J. F., & Campbell, S. B. (2001). Infant affective response to mother's still-face at 6 months differentially predicts externalizing and internalizing behaviors at 18 months. *Developmental Psychology, 37*, 706–714.

Murray, L. (1992). The impact of postnatal depression on infant development. *Journal of Child Psychology and Psychiatry, 33*(3), 543–561.

Murray, L., Fiori-Cowley, A., Hooper, R., & Cooper, P. (1996). The impact of postnatal depression and associated adversity on early mother–infant interactions and later infant outcomes. *Child Development, 67*(5), 2512–2526.

O'Connor, T. G., Hawkins, N., Dunn, J., Thorpe, K., Golding, J., & ALSPAC study team. (1998). Family type and depression in pregnancy: Factors mediating risk in a community sample. *Journal of Marriage and the Family, 60*, 757–770.

O'Connor, T. G., Heron, J., Glover, V., & Team, T. A. S. (2002). Antenatal anxiety predicts child behavioral/emotional problems independently of postnatal depression. *Journal of the American Academy of Child and Adolescent Psychiatry, 41*, 1470–1477.

O'Hara, M. W., Schlechte, J. A., Lewis, D. A., & Wright, E. J. (1991). Prospective study of postpartum blues: Biologic and psychosocial factors. *Archieves of General Psychiatry, 48*, 801–806.

O'Hara, M. W., & Swain, A. M. (1996). Rates and risk of postpartum depression: A meta-analysis. *International Review of Psychiatry, 8*(1), 37–54.

O'Sullivan, C. (2004). The psychosocial determinants of depression: A lifespan perspective. *Journal of Nervous and Mental Disease, 192*, 585–594.

Paulson, J. F., Dauber, S., & Leiferman, J. A. (2006). Individual and combined effects of postpartum depression in mothers and fathers on parenting behavior. *Pediatrics, 118*(2), 659–668.

Plomin, R., Emde, R. N., Braungart, J. M., Campos, J., Corley, R. P., Fulker, D. W., et al. (1993). Genetic change and continuity from fourteen to twenty months: The MacArthur Longitudinal Twin Study. *Child Development, 64*, 1354–1376.

Poehlmann, J., & Fiese, B. H. (2001). The interaction of maternal and infant vulnerabilities on developing attachment relationships. *Development and Psychopathology, 13*(1), 1–11.

Porges, S. W. (2001). The polyvagal theory: Phylogenetic substrates of a social nervous system. *International Journal of Psychophysiology*, *42*, 123–146.

Porges, S. W. (2005). The role of social engagement in attachment and bonding: A phylogenetic perspective. In C. S. Carter, L. Ahnert, K. E. Grossman, S. B. Hrdy, & M. E. Lamb (Eds.), *Attachment and bonding: A new synthesis* (pp. 33–54). Cambridge, MA: MIT Press.

Porges, S. W., Doussard-Roosevelt, J. A., & Maiti, A. K. (1994). Vagal tone and the physiological regulation of emotion. *Monographs of the Society for Research in Child Development*, *59*(2–3, Serial No. 240), 167–186.

Radloff, L. S. (1977). The CES-D Scale: A self-report depression scale for research in the general population. *Applied Psychological Measurement*, *1*, 385–401.

Rich-Edwards, J. W., Kleinman, K., Abrams, A., Harlow, B., McLaughlin, T. J., Joffe, H., et al. (2006). Sociodemographic predictors of antenatal and postpartum depressive symptoms among women in a medical group practice. *Journal of Epidemiology and Community Health*, *60*, 221–227.

Rose, S. A., & Wallace, I. F. (1985). Visual recognition memory: A predictor of later cognitive functioning in preterms. *Child Development*, *56*(4), 843–852.

Rutter, M. (2000). Psychosocial influences: Critiques, findings, and research needs. *Development and Psychopathology*, *12*, 375–405.

Rutter, M., Dunn, J., Plomin, R., Simonoff, E., Pickles, A., Maughan, B., et al. (1997). Integrating nature and nurture: Implications of person–environment correlations and interactions for developmental psychopathology *Development and Psychopathology*, *9*, 335–364.

Sameroff, A. J. (1995). General systems theories and developmental psychopathology. In D. Cicchetti & D. J. Cohen (Eds.), *Developmental psychopathology: Vol. 1. Theory and methods* (pp. 659–695). New York: Wiley.

Shannon, J. D., Tamis-LeMonda, C. S., & Margolin, A. (2005). Father involvement in infancy: Influences of past and current relationships. *Infancy*, *8*, 21–41.

Silberg, J., Pickles, A., Rutter, M., Hewitt, J., Simonoff, E., Maes, H., et al. (2001). The influence of genetic factors and life stress on depression among adolescent girls. *Archives of General Psychiatry*, *56*, 225–232.

Southam-Gerow, M. A., & Kendall, P. C. (2002). Emotion regulation and understanding: Implications for child psychopathology and therapy. *Clinical Psychology Review*, 22, 189–222.

Sroufe, L. A., Egeland, B., Carlson, E. A., & Collins, W. A. (2005). *The development of the person: The Minnesota study of risk and adaptation from birth to adulthood* New York: Guilford Press.

Stoller, S., & Field, T. (1982). Alternation of mother and infant behavior and heart rate during a still-face perturbation of face-to-face interaction. In T. Field & A. Fogel (Eds.), *Emotion and early interactions* (pp. 57–82). Hillsdale, NJ: Erlbaum.

Tamis-LeMonda, C. S., & Cabrera, N. (2002). *Handbook of father involvement: Multidisciplinary perspectives*. Mahwah, NJ: Erlbaum.

Teixeira, J. M., Fisk, N. M., & Glover, V. (1999). Association between maternal anxiety in pregnancy and increased uterine artery resistance index: Cohort based study. *British Medical Journal*, *318*, 153–157.

Tellegen, A., Lykken, D. T., Bouchard, T. J., Wilcox, K. J., Segal, N. L., & Rich, S. (1988). Personality similarity in twins reared apart and together. *Journal of Personality and Social Psychology*, *54*, 1031–1039.

Teti, D. M., & Gelfand, D. M. (1991). Behavioral competence among mothers of infants in the first year: The mediational role of maternal self-efficacy. *Child Development*, *62*, 918–929.

Thomas, A. M., & Forehand, R. (1991). The relationship between paternal depressive mood and early adolescent functioning. *Journal of Family Psychology*, *4*, 43–52.

Tronick, E. Z., & Gianino, A. F., Jr. (1986). The transmission of maternal disturbance to the infant. In E. Z. Tronick & T. Field (Eds.), *Maternal depression and infant disturbance* (pp. 5–11). San Francisco: Jossey-Bass.

Tsuang, M. T., & Faraone, S. V. (1990). *The genetics of mood disorders*. Baltimore: Johns Hopkins University Press.

Uno, H., Eisele, S., Sakai, A., Shelton, S., Baker, E., & De-Jesus, O. (1994). Neurotoxicity of glucocorticoids in the primate brain. *Hormones and Behavior*, *28*, 336–348.

Wadhwa, P. D., Glynn, L., Hobel, C. J., Garite, T. J., Porto, M., Chicz-DeMet, A., et al. (2002). Behavioral perinatology: Biobehavioral processes in human fetal development. *Regulatory Peptides*, *108*, 149–157.

Weinberg, K. M., Olson, K. L., Beeghly, M., & Tronick, E. Z. (2006). Making up is hard to do, especially for mothers with high levels of depressive symptoms and their infant sons. *Journal of Child Psychology and Psychiatry*, *47*(7), 670–683.

Weinberg, K. M., & Tronick, E. (1998). The impact of maternal psychiatric illness on infant development. *Journal of Clinical Psychiatry*, *59*, 53–61.

Weinberg, K. M., Tronick, E. Z., Beeghly, M., Olson, K. L., Kernan, H., & Riley, J. M. (2001). Subsyndromal depressive symptoms and major depression in postpartum women. *American Journal of Orthopsychiatry*, *71*, 87–97.

Weissman, M. M., Pilowsky, D. J., Wickramaratne, P. J., Talati, A., Wisniewski, S. R., Fava, M., et al. (2006). Remission in maternal depression and child psychopathology: A STAR*D—Child Report. *Journal of the American Medical Association*, *295*, 1389–1398.

Weissman, M. M., Prusoff, B., Gammon, G. D., Merikangagas, K. R., Leckman, J. F., & Kidd, K. K. (1984). Psychopathology in the children (ages

6–18) of depressed and normal parents. *Journal of the American Academy of Child and Adolescent Psychiatry*, *23*(1), 78–84.

Whiffen, V. E., & Gotlib, I. H. (1989). Infants of postpartum depressed mothers: Temperament and cognitive status. *Journal of Abnormal Psychology*, *98*, 274–279.

Wilhelm, K. (2006). Depression: From nosology to global burden. In C. L. M. Keyes & S. H. Goodman (Eds.), *Women and depression: A handbook for the social, behavior, and biomedical sciences* (pp. 3–21). New York: Cambridge University Press.

Wust, S., Federenko, L. S., van Rossum, E. F. C., Koper, J. W., & Hellhammer, D. H. (2005). Habituation of cortisol responses to repeated psychosocial stress: Further characterization and impact of genetic factors. *Psychoneuroendocrinology*, *30*, 199–211.

Young, E. A., Aggen, S. H., Prescott, C. A., & Kendler, K. S. (2000). Similarity in saliva cortisol measures in monozygotic twins and the influence of past major depression. *Biological Psychiatry*, *48*, 70–74.

Zahn-Waxler, C., Iannotti, R. J., Cummings, E. M., & Denham, S. (1990). Antecedents of problem behaviors in children of depressed mothers. *Development and Psychopathology*, *2*, 271–291.

Zelkowitz, P., Schinazi, J., Katofsky, L., Saucier, J. F., Valenzuela, M., & Westreich, R. (2004). Factors associated with depression in pregnant immigrant women. *Transcultural Psychiatry*, *41*, 445–464.

Zuckerman, B., Bauchner, H., Parker, S., & Cabral, H. (1990). Maternal depressive symptoms during pregnancy and newborn irritability. *Journal of Developmental and Behavioral Pediatrics*, *11*(4), 190–194.

第 10 章

父母物质滥用

尼尔·W·鲍里斯（Neil W. Boris）

171 父母使用物质是一个很重要的公众健康问题，也是影响婴儿成长的复杂风险因素。最新数据显示，美国大约有5%（接近200 000名）的新生儿在子宫内接触到非法物质，有10%以上（超过400 000名新生儿）接触到酒精（Substance Abuse and Mental Health Services Administration，2008a，2008b）。评估物质滥用的社会成本十分复杂，因为还无法充分评估父母物质滥用的无形成本（French，Rachal & Hubbard，1991），可能包括使用物质造成的营养不良与婴儿成长相关的费用。即使不考虑这些无形成本，2002年美国统计物质滥用造成的成本也达到1 809亿美元（Office of National Drug Control Policy，2004）。莱斯特等（Lester，Boukydis & Twomey，2002）在本书第二版中指出，由于很少考虑到母亲物质滥用的预期成本，如妊娠期接触物质造成孩子注意缺陷和认知加工困难，额外的长期教育经费增加了。大约1/10的孕妇受到物质的影响，绝大多数婴儿因此受到影响。

如果对孕妇进行有效的干预，可能减轻一些将来与父母物质滥用相关的成本。而近期的元分析排除了一些对孕妇物质滥用的门诊治疗，它可能有益于戒除药瘾或改善妊娠结果（Terplan & Lui，2007），但缺乏依据。首先，为使用物质的孕妇精心设计的治疗方案为数不多。其次，这些实验所呈现的强制性干预是有限的。最后，对孕妇的针对性不强，其他方案（如社区治疗）的评
172 估还没有合适的结论（Greenfield et al.，2004）。当然，美国的物质滥用治疗通常针对所有成年人，不仅仅是对孕妇。即使婴儿和年幼儿童在胎儿期时在子宫内没有接触物质，仍然可能受到父母使用物质的不良影响。心理健康和物质滥用的状况调查令人遗憾，因为很少有人接受物质治疗（Wu，Ringwalt & Williams，2003）。很多婴儿和年幼儿童的母亲同时有心理健康问题和物质滥用情况，而有限的治疗意味着婴儿和年幼儿童将面临父母物质滥用造成的伤害（Luthar，Suchman & Altomare，2007）。

对临床医生来说，因父母物质滥用导致的不良影响很难消除。研究表明父母物质滥用影响婴儿健康的方式包括：直接影响——子宫内接触物质影响胎儿发育，从而导致不良发育后果；遗传影响——父母物质滥用后影响抚养行为；最后，父母物质滥用和一系列风险因素共同影响婴儿的社会环境。当风险因素共同发生作用时，对孩子成长造成的消极影响可能更大、更久。从个案出发，将直接影响、遗传影响和其他累积风险分离开既不可能也不现实。然而，对临床医生来说，追踪物质滥用对婴儿发育的影响需要考虑这三方面的相互作用。同样，有效的干预措施要基于家庭，旨在干预这三方面对关键发育阶段的影响。

本章围绕这三方面展开论述。首先，探讨接触物质对婴儿发育造成影响的依据，以使用酒精和可卡因为例。接下来，结合父母的抚养实践考虑物质滥用的遗传效应。最后，考虑同时发生的风险因素对婴儿发育的重要性。

物质滥用的直接影响

有人就物质对胎儿发育产生的直接影响进行了深入研究，尽管涉及许多复杂的因素（Shankaran et al.，2007）。首先，不同物质对胎儿器官系统发育的影响程度不同，例如酒精是烈性的神经毒素。虽然影响神经元增长的机制相当复杂，但怀孕初期胎儿接触酒精的确将导致大量神经元死亡（Olney，Farber，Wozniak，Jevtovic-Todorovic & Ikonomidou，2000）。研究者还记录了一系列接触酒精后产生的神经解剖学上的变异（Chen，Maier，Parnell & West，2003）。其他物质，如可卡因可能损伤神经元，但不能直接杀死神经元（Ren，Malanga，Tabit & Kosofsky，2004）。虽然可卡因能引起血管收缩，伤害胎儿的器官或胎盘，但可卡因对神经元的直接影响似乎不构成一个争论点（Plessinger & Woods，1993）。

其次，难以明确接触物质的时机、剂量和持续时间对胎儿的影响。例如，有研究表明，即使酒精是直接的神经毒素，但妊娠期使用低至中度的酒精，并没有对胎儿和婴儿发育产生明显有害的影响（Henderson，Gray & Brocklehurst，2007）。但也有研究认为，妊娠期即使偶尔使用酒精，仍会对胎儿产生影响，饮酒的女性怀孕时常

常如此（Martínez-Frías，Bermejo，Rodríguez-Pinilla & Frías，2004）。问题是接触多少酒精足以对婴儿产生直接影响还不得而知。

着手研究的第三个因素，也就是母亲使用物质可能与其他风险因素有关联。173 例如，营养不良与母亲妊娠期嗜酒有密切关系，有充分的证据表明接触酒精和营养不足的母体环境最影响胎儿的大脑发育（Guerrini，Thomson & Gurling，2007）。其他因素如母亲年龄、长期酗酒、多次受孕也增加了成熟胎儿患上酒精综合征（FAS）的可能性（Niccols，2007）。母亲营养不良也可能强化可卡因的作用，孕期增重不足是可卡因使用者共同的问题（Shankaran et al.，2004）。对直接影响进行研究的不足之处确实显而易见。由于使用可卡因不仅会引起增重不足，还会与其他物质或酒精发生作用，单独记录可卡因产生的直接影响相当困难（Shankaran et al.，2007）。酒精和可卡因对胎儿发育产生的影响还有很多是我们不知道的。尽管如此，临床医生还是应该熟悉如何诊断胎儿酒精综合征，应该意识到胎儿接触可卡因有限的纵向研究数据的重要性。

酒精的影响

有数据证实，在美国，婴儿发育障碍中最可能进行预防的是胎儿接触酒精，因此，针对符合生育年龄的妇女（和她们的伴侣）酒精摄入的公共健康干预方案是一项值得的投入（Floyd，O'Connor，Bertrand & Sokol，2006）。胎儿酒精综合征是一种神经发育综合征（neurodevelopmental syndrome），以身体疾病、认知缺陷和产前、产后发育受损为特征（Calhoun & Warren，2007）。然而，近期才对FAS提出统一的诊断标准（Floyd，O'Connor，Sokol，Bertrand & Cordero，2005）。事实上关于FAS特征的争论或多或少地影响了婴儿个体。更多的术语，包括胎儿酒精谱系障碍（FASD），用来描述受到影响但没有达到“传统”意义上酒精综合征标准的儿童群体（大多数受到影响）（Niccols，2007）。对临床医生来说，识别接触酒精后出现的行为和发育问题是设计干预方案的关键。

近期观点认为，不能简单地因为智力下降判断FAS对绝大多数儿童发育的影响。个体接触酒精通常影响语言或非语言智力（Kodituwakku，2007）。然而，单凭智力测试无法涵盖因酒精造成的缺陷的全貌。三种功能性缺陷，即思维加工速度下降、工作记忆缺陷、分心是影响儿童的首要因素（Kodituwakku，2007；Niccols，2007）。酒精对孩子造成的缺陷更容易显现出来，显现的加工过程与语言运用的功能无法进行比较。

接触酒精还关系到婴儿社会行为的改变。表现在读取社会信息困难，如患有FAS的学前儿童很难区分熟悉或不熟悉的抚养人，表现出过度友好或无辨别对待（Kelly，Day & Streissguth，2000）。由于年龄小，受影响的儿童可能出现严重的社会适应困难。儿童在学前被界定为患有注意缺陷/多动障碍（ADHD）或有破坏性行为（disruptive behavior），进一步加剧了早期学习障碍（Streissguth et al.，2004；Whaley，O'Connor & Gunderson，2001）。

可卡因的影响

与接触酒精相比，关于接触可卡因及其未来一段时间内发展机能的研究数据很少。联系最紧密的文献资料记录着因母亲在妊娠期和产后使用可卡因产生的影响，如早产、体重不足和短暂的神经行为问题（Shankaran et al.，2007）。然而，无法很好地记录产后可能出现的长期影响，也无法证实可卡因造成的更为严重的出生缺陷。虽然 174
20世纪90年代初是美国使用可卡因上升的时期，但此时进行的少数纵向研究认为，即使控制了混合因素，怀孕时使用可卡因在未来也可能会引发轻微的注意缺陷和情绪表达下降（Frank，Augustyn，Knight，Pell & Zuckerman，2001）。

一方面，莱斯特等（Lester et al.，2002）提到，儿童妊娠期接触可卡因会引发轻微的学习障碍，其应对成本令人难以承受。另一方面，接触可卡因造成的缺陷既不具有普遍性也不足以造成严重损害，这表明可以预见可卡因对大多数婴儿的影响。相反，同样的纵向研究数据表明还应考虑产后环境对婴儿的影响。尽管呼吁要考虑产后接触物质预测社会风险的可靠指标（参见Conners et al.，2003；Tronick & Beeghly，1999），但近期研究认为上瘾是一个基于遗传的复杂生物社会性问题。对临床医生而言，现有的行为表征与妊娠期物质滥用间相互作用的研究能指导医生进行评定和干预。

妊娠期物质滥用的预测

通过预测可能使父母摆脱物质成瘾。双生子和其他遗传型研究尤其适合分析物质滥用的显著特点，还能评定这些特质可遗传的程度（Kendler，Myers & Prescott，2007）。例如，追踪高危群体（如物质滥用者的孩子）的研究论证了早期冲动性和后期物质滥用间的联系。韦尔德戈-加西亚、劳伦斯和克拉克（Verdejo-García，Lawrence & Clark，2008）概括如下："（1）患有物质使用障碍（substance use disorder，SUD）父母的孩子接触药物前冲动性明显提升；（2）冲动性是预示往后初次使用药物以及药物和酒精成瘾问题可靠的指标。"（p. 791）事实上，冲动性能准确地预测物质滥用和成瘾，显示出先前存在的冲动性和不同物质滥用（如可卡因和酒精）之间的相互作用。类似研究（与冲动性相关）包括：发现新方法干预物质滥用问题（Hiroi & Agatsuma，2005）。

这些领域的研究还在关注识别物质滥用的特征，并正在加速研究基因和能增强毒品效能的基因产物（van den Bree，2005）。然而，纵向研究的统计数据不断证实了基因产物与物质滥用不存在相关。不过，基于遗传的研究具有启发性。例如，一项纵向研究对受虐待儿童与对照组进行实验，预测早期使用酒精的后果，发现儿童虐待和早期使用酒精显著相关（Kaufman et al.，2007）。然而，只有同时考虑遗传和环境因素，使用酒精的后果才明显。特别是带有5-HTTLPR基因的儿童，使用酒精增加了其风险性，还有不足等位基因（s-allele）和虐待之间的相互作用。受虐待儿童出生时就带有HTTLPR基因的不亲和性，早期生活中一开始接触酒精就存在着极大的风险性。经历虐待创伤、早期心理疾病、母婴关系不良都预示着使用酒精的后果（Kaufman et al.，2007）。该研究与其他研究类似，强调遗传因素的重要性，遗传决定了个体对环境的反应。明确神经递质（neurotransmitter）的补偿作用是关键，使应对物质滥用的个体获得更有效的干预（Gass & Olive，
175 2008）。对临床医生来说，治疗物质滥用的有效干预只是诸多难题中的一个方面。另外还有冲动的抚养人，对他们与婴儿的关系会产生难以预计的影响。那么如何评定临床意义上的冲动性？该特质对亲子关系的影响是什么？

仅有有限的数据指导临床医生如何应对既具有冲动性又物质滥用的抚养人。然而，最近的数据认为，在亲子交往中追踪抚养人的冲动性很重要。例如陈和约翰斯顿（Chen & Johnston，2007）发现，母亲疏忽（与冲动性紧密相关的特质）、抚养中表现不一致以及情感投入较少，影响4～8岁儿童的健康成长。此外，同样的研究也表明，母亲的冲动性对抚养过程中明确的原则会产生消极作用。即使在控制了孩子行为、母亲抑郁和社会统计学因素后，这种相互影响仍然存在。配合其他人的研究显示，父亲患有ADHD对他们的孩子的症状的影响更为严重和消极（Arnold，O'Leary & Edwards，1997），患有ADHD的母亲更少监管她们同样患有ADHD的孩子，并且比那些不构成ADHD标准的母亲更少与孩子达成一致（Murray & Johnston，2006）。

抚养人的冲动性，对于一个物质成瘾的母亲来说是一个尤其特殊的问题，很值得临床医生对其进行跟踪研究。例如有证据表明，可卡因成瘾的母亲在孩子出生头一年和她们互动时，带有分裂性和攻击性倾向（Burns，Chethik，Burns & Clark，2997；Mayes et al.，1997）。尽管使用物质的母亲和她们子女的研究结果并不一致，但多数调查发现，母亲物质滥用是交际困难的标志。大多数研究考虑了学龄前的二元互动（Johnson，2001；Mayes & Truman，2002）。长期跟踪记录表明，3岁孩子可卡因成瘾的母亲的攻击性和敌意比对照组没有使用物质的母亲更高（Johnson et al.，2002）。此外，抚养人的冲动性还与妊娠期接触物质的儿童的混乱型依恋有关（Swanson，Beckwith & Howard，2000）。结合来自神经影像和神经生物学的研究揭示了可卡因如何直接干扰神经调节系统，掌控父母的回应行为（Swain，Lorberbaum，Kose & Strathearn，2007）。

遗传研究的贡献在于使临床医生可以帮助物质成瘾病人提高重组基因结构的"可能性"，他们通常遗传了一系列的行为特质（如冲动性），从而

更容易成为物质成瘾的受害者。对物质滥用的父母的干预过分强调对抗，甚至责备的成分（Miller & Rollnick，2002）。例如，转运体基因的短等位基因的遗传没有被选择。尽管认为物质成瘾的抚养人是无助的受害者也无济于事，但科学说明了一个人如何成为物质成瘾者，因此责备他们是不合理的。

基于遗传风险因子研究的第二个重要贡献，在于发现了遗传特质影响抚养人和婴儿之间的互动，这种情况在物质成瘾的抚养人中更为普遍。例如，抚养人的冲动性对婴儿有直接影响。甚至交往行为中出现的细微改变——已知的与可卡因和酒精成瘾相关的改变——久而久之能对发育结果产生重大影响（Tronick，Weinberg，Seifer et al.，2005）。利用观察程序评定受物质影响的双染色体（dyads）十分重要，包括婴儿的静止面孔程序，以及针对学步儿和学前儿童的结构化互动程序（参见 Miron，Lewis & Zeanah，本书第 15 章）。抚养人学会识别孩子发出的暗示十分重要。在鉴别抚养人物质滥用时，要重点追踪有冲动和物质滥用行为抚养人的不一致性、攻击性和典型特征。

对于物质成瘾的抚养人来说，内疚和羞愧通常是影响他们行为的重要因素。通常，物质成瘾的抚养人报告在使用物质时产生的作用会过度刺 176 激他们的孩子，即使在没有使用活性物质时，他们也会对孩子“假装”忽视。如此“反复”的转变可能通过自我叙述访谈（narrative interview）反映出来。对物质成瘾者的叙述访谈是直接观察亲子互动的重要补充（参见 Oppenheim & Koren-Karie，本书第 16 章）。

值得铭记的是，物质滥用已成为风险社会情境的标志（Hans，1999；Liu et al.，2003）。临床医生必须探寻物质滥用者抚养障碍的具体特质，同时评定婴儿生活的社会背景。

物质滥用：社会风险的标志

近来，个体与环境之间的相互作用被看作是决定个体发展结果的驱动力（Sameroff & Mackenzie，2003）。换句话说，婴儿既对生活的社会环境起作用，又反过来受到环境的影响。例如母亲物质滥用，婴儿可能直接受到酒精或可卡因的影响，同时面临着与主要抚养人的交往困难。例如，随着婴儿的发展，抚养人的冲动性可能渗透到婴儿的社会经历中，导致早期情绪控制困难。此外，这些婴儿还可能受到妊娠期接触酒精的直接影响，具有遗传冲动性的趋势。若这些早期风险因素受到产后物质滥用的环境激化，将对婴儿发育产生最严重的后果。

美国对近期出生群组的研究阐明了风险环境是如何共同发挥作用并影响婴儿发育的（Whitaker，Orzol & Kahn，2006）。研究者对美国 18 个城市总数超过 4 200 名婴儿的母亲进行为期 3 年的访谈后，评估了儿童行为（由母亲报告）和母亲心理健康、使用物质、家庭暴力之间的关系。对社会统计学因素（如收入、种族、母亲年龄、母亲教育水平、出生体重）相关变量、父亲心理健康和物质使用进行控制，发现 3 岁儿童的攻击性、焦虑/抑郁和注意缺陷/多动，与 1 岁时的风险条件（母亲心理健康、使用物质和家庭暴力）数量相关。还有其他研究（Sameroff，Seifer，Barocas，Zax & Greenspan，1987），尤其是童年早期生活中母亲构成的风险情境（包括母亲物质滥用）对儿童往后行为方式的预测性要低于其他风险情境。在一定程度上，风险因素累积最能预测早期行为缺陷。

当母亲物质滥用时，风险聚合的现象很常见。例如，妊娠期的物质滥用和母亲抑郁通常同时出现（Chandler & McCaul，2003）。此外，母亲物质滥用和家庭、邻里间暴力也相关（Ondersma，Delaney-Black，Covington，Nordstrom & Sokol，2006）。酒精产生的直接有害影响可能是一个例外，有效数据显示母亲物质滥用表现出的家庭风险的共性，解释了绝大多数与物质滥用相关的消极影响（Shankaran et al.，2007）。对临床医生来说，鉴别那些同时产生作用的风险条件十分重要。纵向研究认为，母亲在孩子出生时物质滥用是学前儿童是否纳入保护性服务的有力指标（Street，Whitlingum，Gibson，Cairns & Ellis，2008），这就有必要和物质滥用的母亲合作以尽可能地规避风险。

不管母亲出现物质滥用时对临床医生构成怎样的挑战，干预仍然很有效。照顾婴儿能成为物 177

质成瘾抚养人的促进因素。怀孕或拥有一个孩子与坚持参与社区物质治疗计划有关，尤其是当其他孕妇或有抚养经验的妇女参与其中的比例较高的时候（Grella，Joshi & Hser，2000）。反过来，坚持参加社区计划提高了成功治疗的比例，近期大范围跨地域研究报告，接受治疗后节制用药6～12个月，其中有超过2/3的妇女花了6个月或更长时间接受社区治疗（Greenfield et al.，2004）。例如安全圈（Circle of Security；Powell，Cooper，Hoffman & Marvin，本书第28章）这类干预模式的传播，有效维护了母婴互动，同时有助于母亲接受治疗。这样的干预可能促进了早期安全依恋的建立，是婴儿发展的有力保护因素（Edwards，Eiden & Leonard，2006）。

母亲物质滥用是严重的风险因素，影响婴儿的发展，对胎儿期的影响、遗传作用、累积的社会风险都具有临床意义。只有强制干预可能发挥作用，幸好已有的干预模式对降低风险具有显著效果。

参考文献

Arnold, E. H., O'Leary, S., & Edwards, G. H. (1997). Father involvement and self-reported parenting of children with attention deficit hyperactivity disorder. *Journal of Consulting and Clinical Psychology, 65*, 337–342.

Burns, K. A., Chethik, L., Burns, W. J., & Clark, R. (1997). The early relationship of drug abusing mothers and their infants: An assessment at eight to twelve months of age. *Journal of Clinical Psychology, 53*(3), 279–287.

Calhoun, F., & Warren, K. (2007). Fetal alcohol syndrome: Historical perspectives. *Neuroscience and Biobehavioral Reviews, 31*(2), 168–711.

Chandler, G., & McCaul, M. E. (2003). Co-occurring psychiatric disorders in women with addictions. *Obstetric and Gynecology Clinics of North America, 30*(3), 469–481.

Chen, M., & Johnston, C. (2007). Maternal inattention and impulsivity and parenting behaviors. *Journal of Clinical Child and Adolescent Psychology, 36*(3), 455–468.

Chen, W. J., Maier, S. E., Parnell, S. E., &West, J. R. (2003). Alcohol and the developing brain: Neuroanatomical studies. *Alcohol Research and Health, 27*(2), 174–180.

Conners, N. A., Bradley, R. H., Mansell, L. W., Liu, J. Y., Roberts, T. J., Burgdorf, K., et al. (2003). Children of mothers with serious substance abuse problems: An accumulation of risks. *American Journal of Drug and Alcohol Abuse, 29*(4), 743–758.

Edwards, E. P., Eiden, R. D., & Leonard, K. E. (2006). Behavior problems in 18- to 36-month-old children of alcoholic fathers: Secure mother–infant attachment as a protective factor. *Development and Psychopathology, 18*(2), 395–407.

Floyd, R. L., O'Connor, M. J., Bertrand, J., & Sokol, R. (2006). Reducing adverse outcomes from prenatal alcohol exposure: A clinical plan of action. *Alcoholism: Clinical and Experimental Research, 30*(8), 1271–1275.

Floyd, R. L., O'Connor, M. J., Sokol, R. J., Bertrand, J., & Cordero, J. F. (2005). Recognition and prevention of fetal alcohol syndrome. *Obstetrics and Gynecology, 106*(5 Pt. 1), 1059–1064.

Frank, D. A., Augustyn, M., Knight, W. G., Pell, T., & Zuckerman, B. (2001). Growth, development, and behavior in early childhood following prenatal cocaine exposure. *Journal of the American Medical Association, 285*, 1613–1625.

French, M. T., Rachal, J. V., & Hubbard, R. L. (1991). Conceptual framework for estimating the social cost of drug abuse. *Journal of Health and Social Policy, 2*(3), 1–22.

Gass, J. T., & Olive, M. F. (2008). Glutamatergic substrates of drug addiction and alcoholism. *Biochemistry and Pharmacology, 75*(1), 218–265.

Greenfield, L., Burgdorf, K., Chen, X., Porowski, A., Roberts, T., & Herrell, J. (2004). Effectiveness of long-term residential substance abuse treatment for women: Findings from three national studies. *American Journal of Drug and Alcohol Abuse, 30*(3), 537–550.

Grella, C. E., Joshi, V., Hser, Y. I. (2000). Program variation in treatment outcomes among women in residential drug treatment. *Evaluation Review, 24*(4), 364–383.

Guerrini, I., Thomson, A. D., & Gurling, H. D. (2007). The importance of alcohol misuse, malnutrition and genetic susceptibility on brain growth and plasticity. *Neuroscience and Biobehavioral Reviews, 31*(2), 212–220.

Hans, S. L. (1999). Demographic and psychosocial characteristics of substance-abusing pregnant women. *Clinical Perinatology, 26*(1), 55–74.

Henderson, J., Gray, R., & Brocklehurst, P. (2007). Systematic review of effects of low-moderate prenatal alcohol exposure on pregnancy outcome. *British Journal of Obstetrics and Gynaecology, 114*(3), 243–252.

Hiroi, N., & Agatsuma, S. (2005). Genetic susceptibility to substance dependence. *Molecular Psychiatry, 10*(4), 336–344.

Johnson, A. L., Morrow, C. E., Accornero, V. H., Xue, L., Anthony, J. C., & Bandstra, E. S. (2002). Maternal cocaine use: Estimated effects on mother–child play interactions in the preschool period. *Journal of Developmental and Behavioral Pediatrics, 23*(4), 191–202.

Johnson, M. O. (2001). Mother–infant interaction and maternal substance use/abuse: An integrative review of research literature in the 1990s.

Worldviews on Evidence-Based Nursing, *8*(1), 19–36.

Kaufman, J., Yang, B. Z., Douglas-Palumberi, H., Crouse-Artus, M., Lipschitz, D., Krystal, J. H., et al. (2007). Genetic and environmental predictors of early alcohol use. *Biological Psychiatry*, *61*(11), 1228–1234.

Kelly, S. J., Day, N., & Streissguth, A. P. (2000). Effects of prenatal alcohol exposure on social behavior in humans and animals. *Neurotoxicology and Teratology*, *22*, 143–149.

Kendler, K. S., Myers, J., & Prescott, C. A. (2007). Specificity of genetic and environmental risk factors for symptoms of cannabis, cocaine, alcohol, caffeine, and nicotine dependence. *Archives of General Psychiatry*, *64*(11), 1313–1320.

Kodituwakku, P. W. (2007). Defining the behavioral phenotype in children with fetal alcohol spectrum disorders: A review. *Neuroscience and Biobehavioral Reviews*, *31*(2), 192–201.

Lester, B. M., Boukydis, C. F. Z., & Twomey, J. E. (2002). Maternal substance abuse and child outcome. In C. H. Zeanah, Jr. (Ed.), *Handbook of infant mental health* (2nd ed., pp. 161–175). New York: Guilford Press.

Liu, J. Y., Roberts, T. J., Burgdorf, K., & Herrell, J. M. (2003). Children of mothers with serious substance abuse problems: An accumulation of risks. *American Journal of Drug and Alcohol Abuse*, *29*(4), 743–758.

Luthar, S. S., Suchman, N. E., & Altomare, M. (2007). Relational psychotherapy mothers' group: A randomized clinical trial for substance abusing mothers. *Development and Psychopathology*, *19*(1), 243–261.

Martínez-Frías, M. L., Bermejo, E., Rodríguez-Pinilla, E., & Frías, J. L. (2004). Risk for congenital anomalies associated with different sporadic and daily doses of alcohol consumption during pregnancy: A case-control study. *Birth Defects Research Part A, Clinical and Molecular Teratology*, *70*(4), 194–200.

Mayes, L. C., Feldman, R., Granger, R. H., Haynes, O. M., Bornstein, M. H., & Schottenfeld, R. (1997). The effects of polydrug use with and without cocaine on mother–infant interaction at 3 and 6 months. *Infant Behavior and Development*, *20*(4), 489–502.

Mayes, L. C., Grillon, C., Granger, R., & Schottenfeld, R. (1998). Regulation of arousal and attention in preschool children exposed to cocaine prenatally. *Annals of the New York Academy of Sciences*, *21*(846), 126–143.

Mayes, L. C., & Truman, S. D. (2002). Substance abuse and parenting. In M Bornstein (Ed.), *Handbook of parenting: Vol. 4. Social conditions and applied parenting* (2nd ed., pp. 329–359). Mahwah, NJ: Erlbaum.

Miller, W. R., & Rollnick, S. (2002). *Motivational interviewing: Preparing people for change* (2nd ed.). New York: Guilford Press.

Murray, C., & Johnston, C. (2006). Parenting in adults with attention-deficit-hyperactivity disorder. *Journal of Abnormal Psychology*, *115*, 52–61.

Niccols, A. (2007). Fetal alcohol syndrome and the developing socio-emotional brain. *Brain and Cognition*, *65*(1), 135–142.

Office of National Drug Control Policy. (2004). *The economic costs of drug abuse in the United States, 1992–2002* (Publication No. 207303). Washington, DC: Executive Office of the President.

Olney, J. W., Farber, N. B., Wozniak, D. F., Jevtovic-Todorovic, V., & Ikonomidou, C. (2000). Environmental agents that have the potential to trigger massive apoptotic neurodegeneration in the developing brain. *Environmental Health Perspectives*, *108*(Suppl. 3), 383–388.

Ondersma, S. J., Delaney-Black, V., Covington, C. Y., Nordstrom, B., & Sokol, R. J. (2006). The association between caregiver substance abuse and self-reported violence exposure among young urban children. *Journal of Traumatic Stress*, *19*(1), 107–118.

Plessinger, M. A., & Woods, J. R., Jr. (1993). Maternal, placental, and fetal pathophysiology of cocaine exposure during pregnancy. *Clinical Obstetrics and Gynecology*, *36*(2), 267–278.

Ren, J. Q., Malanga, C. J., Tabit, E., & Kosofsky, B. E. (2004). Neuropathological consequences of prenatal cocaine exposure in the mouse. *International Journal of Developmental Neuroscience*, *22*(5–6), 309–320.

Sameroff, A. J., & Mackenzie, M. J. (2003). Research strategies for capturing transactional models of development: The limits of the possible. *Development and Psychopathology*, *15*(3), 613–640.

Sameroff, A. J., Seifer, R., Barocas, R., Zax, M., & Greenspan, S. (1987). Intelligence quotient scores of 4-year-old children: Social–environmental risk factors. *Pediatrics*, *79*(3), 343–350.

Shankaran, S., Das, A., Bauer, C. R., Bada, H. S., Lester, B., Wright, L. L., et al. (2004). Association between patterns of maternal substance use and infant birth weight, length, and head circumference. *Pediatrics*, *114*(2), E226–E234.

Shankaran, S., Lester, B. M., Abhik, D, Bauer, C. R., Bada, H. S., Lagasse, L., et al. (2007). Impact of maternal substance use during pregnancy on childhood outcome. *Seminars in Fetal and Neonatal Medicine*, *12*, 143–150.

Street, K., Whitlingum, G., Gibson, P., Cairns, P., & Ellis, M. (2008). Is adequate parenting compatible with maternal drug use? A 5-year follow-up. *Child: Care, Health, and Development*, *34*(2), 204–206.

Streissguth, A. P., Bookstein, F. L., Barr, H. M., Sampson, P. D., O'Malley, K., & Young, J. K. (2004). Risk factors for adverse life outcomes for fetal alcohol syndrome and fetal alcohol effects. *Journal of Developmental and Behavioral Pediatrics*, *25*, 228–238.

Substance Abuse and Mental Health Services Administration, Office of Applied Studies. (2008a). *Results from the 2007 National Survey on Drug Use and Health: National Findings* (NSDUH Series H-34, DHHS Publication No. SMA 08-

4343). Rockville, MD: Author.

Substance Abuse and Mental Health Services Administration, Office of Applied Studies. (2008b). *The NSDUH Report: Alcohol Use among Pregnant Women and Recent Mothers: 2002 to 2007*. Rockville, MD: Author.

Swain, J. E., Lorberbaum, J. P., Kose, S., & Strathearn, L. (2007). Brain basis of early parent–infant interactions: Psychology, physiology, and in vivo functional neuroimaging studies. *Journal of Child Psychology and Psychiatry*, *48*(3–4), 262–287.

Swanson, K., Beckwith, L., & Howard, J. (2000). Intrusive caregiving and quality of attachment in prenatally drug-exposed toddlers and their primary caregivers. *Attachment and Human Development*, *2*(2), 130–148.

Terplan, M., & Lui, S. (2007). Psychosocial interventions for pregnant women in outpatient illicit drug treatment programs compared to other interventions. *Cochrane Database of Systematic Reviews*, *17*(4), CD006037.

Tronick, E. Z., & Beeghly, M. (1999). Prenatal cocaine exposure, child development, and the compromising effects of cumulative risk. *Clinical Perinatology*, *26*(1), 151–171.

Tronick, E. Z., Messinger, D. S., Weinberg, M. K., Lester, B. M., Lagasse, L., Seifer, R., et al. (2005). Cocaine exposure is associated with subtle compromises of infants' and mothers' social–emotional behavior and dyadic features of their interaction in the face-to-face still-face paradigm. *Development and Psychopathology*, *41*(5), 711–722.

van den Bree, M. B. (2005). Combining research approaches to advance our understanding of drug addiction. *Current Psychiatry Reports*, *7*(2), 125–132.

Verdejo-García, A., Lawrence, A. J., & Clark, L. (2008). Impulsivity as a vulnerability marker for substance-use disorders: Review of findings from high-risk research, problem gamblers and genetic association studies. *Neuroscience and Biobehavioral Review*, *32*(4), 777–810.

Whaley, S. E., O'Connor, M. J., & Gunderson, B. (2001). Comparison of the adaptive functioning of children prenatally exposed to alcohol to a nonexposed clinical sample. *Alcoholism: Clinical and Experimental Research*, *25*, 118–124.

Whitaker, R. C., Orzol, S. M., & Kahn, R. S. (2006). Maternal mental health, substance use, and domestic violence in the year after delivery and subsequent behavior problems in children at age 3 years. *Archives of General Psychiatry*, *63*(5), 551–560.

Wu, L. T., Ringwalt, C. L., & Williams, C. E. (2003). Use of substance abuse treatment services by persons with mental health and substance use problems. *Psychiatric Services*, *54*(3), 363–369.

第 11 章

早产：风险性因素和保护性因素

卡萝尔·穆勒·尼克斯（Carole Müller Nix）
弗朗索瓦·安塞梅（François Ansermet）

180 早产涉及复杂的环境问题，在工业化国家已然引起公众关注。早产导致了两个后果：其一是早产会威胁到婴儿的生活和成长，特别是出生时体重较轻的婴儿（小于1 500克）或者是孕期较短的婴儿（少于32周）；其二是早产会引起父母强烈的情绪反应，如影响婴儿与父母的关系。

在过去的二三十年中，新生儿学取得了引人注目的进展和巨大的进步，早产儿的存活率提高了，使得人们开始关注他们的发展和生活质量。在过去20年里，大量研究旨在对影响这些弱小婴儿的风险因素和保护因素及其交互因素进行探索。

与以往不同的是，这些研究是为了有效了解复杂的、生物学上相互关联的、发展性的、社会性和情绪方面的因素。在综述了流行病学数据之后，本章主要探讨情绪、环境和早产的影响因素。

事实上，不但生物学因素对早产儿及其之后的成长中发挥重要作用，而且心理学和社会学因素也很重要。严格来说，一个婴儿承受压力的水平，及父母对于早产的主观经验和适应能力，会影响婴儿以后的能力和发展。在任何情况下，这些因素都是改善孩子先天不足的主要方法。确切地说，本章会探讨早产儿和父母的易感性、父母和婴儿适应能力的表现，会特别注意早产情况导致的创伤。对这些家庭的临床调查显示，父母精神病史在早产儿的亲子关系中扮演了重要角色。这个阶段对于每个家庭来说都是独一无二的，每个孩子都会被赋予独特的意义。

181

定义和分类

早产儿是指怀孕不到37周就出生的婴儿。早产儿分为："轻度早产儿"，即怀孕34～37周出生的婴儿；"中度早产儿"，即怀孕28～33周出生的婴儿；"超早产儿"，即怀孕不到28周出生的婴儿。早产程度越重，死亡率和发病率也越高。早产儿与正常儿童对比研究尚缺乏系统数据。当不知道早产儿的准确孕期时，早产只能以出生体重来判断。传统的分类是：低于2 500克的婴儿是低出生体重儿（LBW），低于1 500克的是极低出生体重儿（VLBW），低于1 000克的婴儿则是超低出生体重儿（ELBW）。LBM的比率受基因、胎儿营养、子宫内生长限制等因素的影响，而对早产出生时间估计的准确率低于对VLBW和ELBW估计的准确率（Fox，2002）。

早产的原因

很多原因可以引起早产，包括个体行为、心理学因素、环境因素、药物条件、缺乏治疗、生物学因素和基因因素。早产很多是由于父母双方或一方的社会经济地位较低，或是属于比较稀少的种族（Behrman & Stith Butler，2006）。有限的社会支持、人种歧视、低学历、生活中的负性事件都被视为不利因素（Dole et al.，2003）。现在的医疗条件，使妇女34岁之后怀孕的几率增大，生殖疗法或者诱导排卵也对早产产生了促进作用。怀孕过程中的变化（早期超声波的数据、早产感应、剖宫产分娩）也很重要（Adashi et al.，2003）。

很少有人知道孕期中如何预防早产发生。治疗的成果主要集中在如何控制妇女的早产分娩上。这些方法虽然没有减少早产的发生，但是却有效地延长了时间，使分娩可以接受正常孕期用药的方法，并且使孕妇能及时就医，使医院为孕妇及胎儿提供适当照顾，减少早产儿的死亡率和发病率（Behrman & Stith Butler，2006）。动物研究证明，母亲孕期的压力和紧张情绪可能与孩子出生后的不良结果有关（Seckl & Meaney，2006）。尽管这种联系没有被完全肯定，但是多尔等从众多研究中证明，早产的风险程度随孕期紧张情绪的增长而上升（Dole et al.，2003）。可能是母体子宫中血液的变化，经皮质醇由母亲传递给胎儿（Golver & O'Connor，2005）。母亲孕期的沮丧也会产生负面影响，但是还没有研究支持这一观点（Dayan et al.，2006；Dole et al.，2003）。

发生率

2005 年，美国早产儿的百分比是 12.7%（MacDorman & Mathews，2008）。从 20 世纪 80 年代中期开始，美国、加拿大、欧洲的早产比率都开始稳定增长（Ananth，Joseph，Oyelese，Demissie & Vintzileos，2005；Lumley，2003），特别是怀孕不到 28 周出生的婴儿开始增多。2004 年，美国 12.5%的婴儿是早产儿，值得注意的是，由于种族、民族和社会经济地位的差异，早产比率也有所不同（Behrman & Stith Butler，2006；Getahun，Ananth，Selvam & Demissie，2005）。非裔美国女性的早产比率是 17.8%，然而欧裔美国女性的早产比率是 11.5%。在欧洲，早产的发生率低于美国，2000 年，早产发生率在 5%～8%之间（Blondel，Macfarlane，Gissler，Breart & Zeitlin，2006）。对于这种情况的一种解释是，从 20 世纪 30 年代开始，很多欧洲国家就开始在分娩
前后提供广泛的健康看护和社会保障，这比美国 182
提前了很长时间（Papiernik & Goffinet，2004）。

死亡率和存活率

2005 年，在婴儿所有死亡原因中，早产死亡占 68.6%，比 2000 年的 65.6%有所增高（MacDorman & Mathews，2008）。围产期和新生期的看护对于提高这些早产儿的存活率有很重要的意义（Ananth et al.，2005；Wheller，Baker & Griffiths，2006）。美国早产儿的死亡率从 1989 年的 3.3%下降到 2001 年的 2.4%（Ananth et al.，2005）。

以前那些婴儿没能存活的部分原因是由于他们是同伴中过早出生的。对于 ELBW 的综述，发现在现今的照顾措施下，特别是怀孕期使用类固醇，增强了婴儿的生存能力（Ancel，EPIPAGE Group，2008）。单就出生体重来考虑，从 1995 年到 2001 年，出生体重为 750～999 克的早产儿的死亡率下降了 15.4%，出生体重为 500～749 克的早产儿的死亡率下降了 9.7%，但是出生体重在 500 克以下的早产儿死亡率只下降了 5.4%（Mathews，Menacker & MacDorman，2003）。

然而，早产与童年时期的死亡率和发病率仍然有着紧密的关系。在美国，早产仍然是导致婴儿死亡的最普遍原因，95%的婴儿死亡都是由于早产（怀孕小于 32 周）或出生体重较轻（出生重量小于 1 500 克），而且 2/3 的死亡发生在出生后 24 小时之内（Callaghan，MacDorman，Rasmussen，Oin & Lackritz，2006）。

早产的结果

如果早产儿得以幸存，关注的焦点则变成了他们将来的生活质量，并且很多研究集中探讨早产儿的童年和未成年期的生活状态。从儿科发展的前景来看，早产儿比正常婴儿有更高的风险，不仅仅是在死亡率上，而且在其发展和健康问题上也是如此。

婴儿出生时是否成熟决定着其发展过程中有无风险（Escobar et al.，2006）。怀孕 32 周出生的婴儿属于早产儿，他们在生活中比正常婴儿要经历更多的困难。中度早产儿，或者是需要用药物治疗的早产儿，在长期的心理发展、情绪发展和行为问题上有更大的困难。这其中有些重要的调节因素，如母亲高龄、较高的社会经济地位和教育水平与婴儿较少的损害相关（Behrman & Stith Butler，2006）。一种可能的解释是母亲更倾向于让她们的婴儿接受认知和社交的刺激（Singer et al.，2003）。但是我们必须认识到，这些不同研究得到的结果是很难去比较的，并且有的时候会产生互相矛盾的结果，这主要是因为实验方法不同，特别是早产有时是从孕期判断的（小于 34 周，小于 28 周），有时则是从出生体重上判断的（小于 1 500 克，小于 1 000 克）。

神经发育结果

大多数早产儿并没有严重的神经损伤，比如大脑瘫痪、反应迟钝和感受神经的严重损害（眼盲、耳聋），但是这些疾病的患病率会随着母亲孕期的缩短而提高（Allen，2008）。然而，从2000年开始，脑瘫和神经受损患者的患病率开始下降（Robertson，Watt & Yasui，2007；Wilson-Costello et al.，2007）。在21世纪初，出生体重低于1 000克的脑瘫患儿存活率为5%左右（Hack & Costello，2008）。这些与我们实践的发展有关，包括剖宫产分娩、出生前类固醇疗法使用的增加和出生后地塞米松使用的减少。

然而，很多早产儿表现出更多的神经发展障碍，这种趋势在最近的调查中开始逐渐显现。这些疾病包括语言障碍、学习障碍、注意缺陷/多动障碍（ADHD）、动机机能障碍或发展协调障碍和
183 感觉运动问题、行为问题和情绪困难导致的功能损伤、认知缺陷、学习困难（例如阅读和拼写障碍）、社会性与情绪问题（例如自卑和同伴关系问题）和家庭关系障碍（Allen，2008；Behrman & Stith Butler，2006；Bhutta，Cleves，Casey，Cradock & Anand，2002；Hall et al.，2008；Salt & Redshaw，2006）。即使是对于非早产儿童，这些问题也很重要。一项研究表明，在怀孕30～34周出生的儿童，认知损伤是最为普遍的疾病（Marret et al.，2007）。

对大脑结构和功能的测量可以预测神经发展的状况，最近的研究用磁共振成像（MRI）和新生儿超声波对儿童进行检查（Behrman & Stith Butler，2006）。如果改善围产期的护理状况，就可以减少那些破坏性的器质性脑损害（如胆囊周围坏死和大出血造成的梗死），以及运动发育异常和脑瘫，人们希望通过MRI提供的信息识别出干扰婴儿脑发育和功能的潜在发展损害。对大脑不同区域的大小、体积和成长速率进行测量，比如胼胝体、心室系统、皮层、深层灰质和小脑等，它们会因早产发生改变（Cheong et al.，2008；Inder，Warfield，Wang，Huppi & Volpe，2005）。在新生儿或者之后的阶段，使用先进的MRI和加工技术，可以很清楚地观察到大脑发育的微妙变化，尤其大脑白质的微观结构异常时亦是如此（Boardman & Dyet，2007；Counsell et al.，2008；Nagy et al.，2003）。这些发现和临床状况的准确关系并不清楚（Hart，Whitby，Griffiths & Smith，2008）。

情绪和行为结果

早产儿经历婴儿期、童年期和青春期时，在行为和情绪问题上还是存在风险的。6个月大的时候，他们会面临更大的压力，亲近行为较少，自控方面也有更多问题（Wolf et al.，2002）；在童年早期（0～4岁），会有更多的困难，其适应能力、活动性、注意力和坚持性与正常婴儿相比都比较差（Chapieski & Evankovich，1997；Tu et al.，2007）；在接下来的童年期（5～11岁），他们会出现更多的行为和注意问题（男孩比女孩更严重）（Bhutta et al.，2002；Dahl et al.，2006），适应能力、领导能力和社交能力都比较差（Anderson & Doyle，2003；Chapieski & Evankovich，1997）。研究发现ADHD和过度活跃引起的行为障碍症状在早产儿身上发生的情况总是比正常婴儿更频繁（Anderson & Doyle，2003；Bhutta et al.，2002；Foulder-Hughes & Cooke，2003），青少年时期这些情况的发生率为13%～23%（Botting，Powls，Cooke & Marlow，1997；Elgen，Sommerfelt & Markestad，2002；Stjernqvist & Svenningsen，1999）。这些问题更多发生在ELBW或者是孕期最短的婴儿身上。

总体来说，借助青少年、家长和教师的自陈问卷所获得的数据较少，并且结果间经常是互相矛盾的。青少年的自我评价和家长或者教师的评价有明显的不同。有趣的是，早产青少年报告的问题比正常青少年的问题要少。相反，他们的父母和教师则报告早产的孩子有更多的社交、忧郁和ADHD等相关问题，并且认为他们的社交能力和学习能力更差（Dahl et al.，2006）。早产的青少年预测他们将来的生活质量（例如，好相处、幸福、满足）与正常青少年描述的很相似。他们认为将来没有大的健康问题和低自尊问题（Indredavik，Vik，Heyerdahl，Romunstad & Brubakk，2005），但是其家长的报告则认为他们的生活质量会差很多（Dinesen & Greisen，2001）。巴顿及其同事认为早产和青少年时期高比例的抑郁障碍之间有着稳定的联系

（Patton，Coffey，Carlin，Olsson & Morley，2004）。

一些研究报告了早产青年人（年龄在 20～23 岁之间）与控制组的健康和生命质量的比较结果（Saigal et al.，2006），发现他们较少出现行为过失、酒精中毒或者是使用毒品等问题（Cooke，2004；Hack et al.，2002）。沃尔瑟及其同事对荷 184
兰同等人群的研究，给出了一个悲观的结果，即 40% ELBW 的青年无法成为一个完全独立的个体（Walther，Den Ouden & Verloove-Vanhorick，2000）。

早产儿的疼痛和压力

早产儿在出生时过早地离开了他原来适应的环境，并且开始接受常规医药治疗，即使那是必要的，也都会引起疼痛和压力，有时还会使人陷入创伤性无助。这个时期婴儿的大脑组织发生了意义深远的变化，而且他们完全依靠抚养人，使得他们对环境非常敏感。

医疗护理等专业环境，可以减少婴儿的疼痛和压力，如呼吸困难或其他的药物并发症，环境中不适当的感觉刺激（例如，过大的噪声、过亮的光线和在保温箱中不舒服的位置；Bullinger，2005）和远离家长的关注，还有过程中的感染都会使婴儿产生压力。有证据显示即使是触觉也会使早产儿产生压力（Holsti，Grunau，Whifield，Oberlander & Lindh，2006）。

对疼痛和压力的评估

与以往人们所了解的相反，早产儿可以感受到疼痛。怀孕 24 周时，胎儿的传输疼痛刺激的神经系统已经发育完全。精确、可靠的观察及对婴儿疼痛、压力和自我管理能力的评估是必要的，为了达到这些目的，可以用一些仪器来进行适当的干预。包括新生儿行为评估量表（NBAS；Brazelton & Nugent，1995）和早产儿行为评估（APIB；Als，Lester，Tronick & Brazelton，1982），都用来对儿童进行测量。新生个体发展性护理与评估程序（NIDCAP；Als，1986；Als et al.，2004）应用于住院期间，新生儿面部表情编码系统（NFCS；Grunau & Craig，1987）和早产儿疼痛分析（PIPP），或者婴儿疼痛行为调查（BIIP）（Holsti，Grunau，Oberlander & Osiovich，2008；Stevens，Johnston，Petryshen & Taddio，1996），都会针对疼痛体验提供具体信息。面部或者身体灵活性的升高或者降低、心率的增高、氧饱和度的降低都是婴儿疼痛和压力的指标（Grunau et al.，2005；Holsti，Grunau，Oberlander & Whitfield，2004）。

艾尔斯（Als，1986）的关于早产儿发展的概念（例如，综合发展的概念）允许临床医生观察和评估婴儿压力表现和自我调节能力。他们可以通过关注无组织的动机的行为、自我管理规范中的问题和缺乏稳定而清楚的睡眠——觉醒规律——来监控婴儿的压力程度。这其中或者是子系统中任何会导致压力反应的不利刺激和挑战，都可能影响婴儿社交适应能力的长期发展（Anand & Scalzo，2000）。相反，适合的刺激使得早产儿保持在稳定状态下，人们可以对其进行不同形式的观察，了解他们如何适应社会性互动以及他们如何以有利的方式探究环境。

感觉运动方法

感觉运动方法聚焦于婴儿的需要上，同时也考察婴儿感觉运动的发展水平。特别是，这种方法试图解决新生儿监护病房（NICU）中由于接触到不良刺激而表现出的适应不良、刻板运动和姿势异常等问题，同时，正常的感觉运动经验得到加强（Bellefeuille-Reid & Jakubek，1989）。一些研究者为了帮助婴儿更好地适应刺激，而探究婴儿的感觉能力（特别是嗅觉和触觉），进而帮助婴儿控制对压力的反应（Goubet，Rattaz，Pierrat，Bullinger & Lequien，2003；Pihet，Bullinger，Mellier & Schaal，1997）。其他学者运用感觉运 185
动理论，用一个有趣的方法探究早产儿的压力。研究者认为，早产儿的神经系统没有发育完善，他们不能正常地对感觉系统的输入做出独立反应。婴儿的感觉运动和均衡营养允许他们可以针对环境中的刺激而组织自己的行为。这也是抚养婴儿的一个重要方面，除了相关方面，为了避免使婴儿长期受到压力的影响，压力反应主要强调早产儿对压力并发症的易感性，包括身体上的和心理上的。能够积极应对刺激的婴儿没有被无助地击倒或被迫抵抗的风险（Bullinger，2005）。这种积极参与会帮助婴儿构建一幅自身和环境的准确、可靠与和谐的画面。

婴儿对随后压力的反应

几个研究已经证明围产期间如果遇到压力事件，也许会影响婴儿之后在生活中面对压力的反应。塔迪奥等（Taddio，Katz，Iiersich & Koren，1997）举了一个这样的例子，那些未经麻醉被割包皮的新生儿，在出生后的 2～4 个月预防接种的压力情境下表现出更强烈的心理和行为反应。出生的方式也与之后接种疫苗时的反应相关，经助产工具而出生的婴儿在接种期间表现出更高的皮质醇水平，即因为某些因素的促进作用（产钳和真空吸力器）的婴儿其皮质醇水平是最高的，而那些选择剖宫产的婴儿水平则是最低的（Taylor，Fisk & Glover，2000）。

反复遭受疼痛和压力也许会改变之后对压力事件的神经行为反应，即行为反应减少和生理反应增加（Grunau et al.，2005；Grunau et al.，2007）。一项最近的研究表明超早产儿在他们 3～18 个月（修正年龄）时，基础皮质醇反应发生了改变，与正常婴儿相比，他们在 3 个月时唾液皮质醇水平更低，而 8～18 个月时其基础皮质醇水平更高。这些发现暗示了基础皮质醇水平存在“重置”的可能，HPA 轴可能具有长时的“程序设计”（Grunau et al.，2007）。即使是轻微的压力刺激也可以改变 HAP 轴和皮质醇水平上的生物行为反应（Meaney，2001）。

HPA 轴对于成年期的轻微压力和自身情绪调节的反应都具有持续的敏感性（LeDoux，1998；Perry，Pollard，Blakley，Baker & Vigilante，1995；Yehuda & LeDoux，2007），这也许会发展成为情绪障碍和焦虑症的基础，使个体易感于与压力相关的神经性障碍，比如抑郁症、焦虑症或者 PTSD（Heim & Nemeroff，1999）。塞克尔和米尼（Seckl & Meaney，2006）认为母亲孕期较大的压力会影响婴儿的 HPA 轴并引发随后的神经精神障碍，很可能患 PTSD。有趣的是，一些影响似乎“遗传”给了后代，它自身未暴露于外源性糖皮质激素，这却是表观遗传持久的标记。

尽管不良的早期经历意义重大，但我们也不能把早产儿的未来看成是一个完全注定的结果。人们必须认识到大脑神经的可塑性——伴随变化的生活经历，记忆轨迹也在不断重组，像早期经历一样改变着人们的生理因素（Ansermet & Magistretti，2007）。

父母的精神创伤

围产期的发展性危机

从怀孕到孩子 2 岁这个期间，对大多数父母来说是很独特的情感经验，从心理分析的观点来看，即使对于一名足月生产且健康状况良好的婴儿来说，这也可以看做是一个发展性的危机。实际上，这期间存在一些重新解读的机会，对父母意识到或未意识到的过去经验的重新解读，或者是对未解决冲突的重新解读，特别是那些与童年经历相关的冲突，也有机会修改对家长角色的定义。有时伴随着具有破坏性的或是有问题的情感和记忆，他们也会形成对父母或新生儿新的认识，这些能够在家长产后心理病理学中体现出来。

186

早产儿童父母的焦虑和抑郁

早产具有压力性，对父母二人来说都是在情感上具有长期冲击力的严酷经历。截至现在，大量研究探究了父母经历和他们面对持续性焦虑或抑郁的反应（Miles，Holditch-Davis，Schwartz & Scher，2007；Padden & Glenn，1997；Singer et al.，1999）。母亲比父亲焦虑水平更高，并且她们更难适应早产（Hughes & McCollum，1994；Jackson，Ternestedt & Schollin，2003）。能够影响父母在早产事件上的处理能力的压力源包括：婴儿的未充分成长和医疗状况的安全性（胎龄、出生体重、阿普加评分、住院治疗的时间长度和产后并发症）、父母的不良情绪因素（与婴儿的分离、父母在住院治疗期间角色的改变、无法理解婴儿的语言、对于婴儿出生后状况的焦虑）、社会心理因素（经济状况、人格和家庭因素、出生前和围产期的经验）和抚养人的关系等（DeMier et al.，2000；Dudek-Schriber，2004；Meyer et al.，1995；Miles，Burchinal，Holditch-Davis，Brunssen & Wilson，2002）。父母感知到的压力源数量和严重程度是不同的（Hughes & McCollum，1994），因为母亲对于压力更为敏感。在产后，母亲会经历抑郁和焦虑长达几个月（Miles et al.，2007）。

父母的创伤后反应

只有最近的几项研究从创伤的角度探讨了父母经验，也就是说，将早产看成是创伤事件。创伤后反应的症状经常在创伤事件发生的 3 个月内表现出来（American Psychiatric Association，2000）。研究发现早产儿的父母即使是在婴儿出生一年之后仍旧有较高的 PTSD 发生率（DeMier et al.，2000；Holditch-Davis，Bartlett，Blickman & Miles，2003；Jotzo & Poets，2005；Pierrehumbert，Nicole，Müller Nix，Forcada Guex & Ansermet，2003）。克斯廷等的研究发现，高风险早产儿的母亲具有更加明显的 PTSD 症状，以及更严重的抑郁和焦虑症状，这些症状会持续到婴儿出生后 14 个月（Kersting et al.，2004）。另一项研究显示，对母亲的预防性创伤干预，使得她们在出院时创伤程度降低，尽管在没有干预的情况下，婴儿出生 1 个月内有明显心理创伤的母亲比例是 77%，在产后 1 年左右这个比例下降到 49%（Jotzo & Poets，2005）。

父母的体验

定性研究提供了很多元素，帮助我们理解早产事件。除了来自标准化问卷的数据，定性数据，尤其是那些来自父母访谈的数据，对于理解父母对早产的主观体验具有重要意义（Borghini & Müller Nix，2008；Jackson et al.，2003；Meyer，Zeanah，Boukydis & Lester，1993；Padden & Glenn，1997）。

父母对于早产儿出生的体验

有一篇文章从临床的角度用大量文献描述了父母对于早产的体验。在他们的讲述中，父母形容婴儿的出生对他们来说就是一瞬间的震惊，根本不敢相信，经历了麻木、无助和困惑，他们无法完全适应这个状况（Müller Nix，Nicole，Forcada Guex & Ansermet，2001）。我们或许可以将这些因素理解为他们对无法忍受的情感的防御，因为他们认为那是怀孕的中断。事情发展得太快且出乎意料。一个孩子刚刚出生，就要面对死亡的风险。即使那种风险好像已经度过了，但是对
187 婴儿不确定状况的担忧还是会不断出现（Ansermet，1999）。而且这种不确定性正是父母无法承受的，有时在住院治疗期间的几周或几个月里，这种感觉极为强烈。

与刚出生的婴儿分离是十分困难的，他们需要时时刻刻的照顾，父母对孩子能否生存下来有强烈的恐惧。与孩子在 NICU 中见面，对于父母来说是艰难的，婴儿很难看清楚，因为他太小了，并且从颜色和比例来看太奇怪了。父母可能会觉得那个东西并不像婴儿，他看起来病恹恹的，这会让他们产生对死亡和残疾的恐惧想象。亲密行为对于亲子关系是十分必要的，父母认为这是一个重要挑战。未成熟的早产儿不能像正常婴儿那样回应父母的请求，从而导致互动的愉悦性减少。父母不理解这是因为婴儿能力没有完全发展，反而认为那是对父母的人身侮辱。父母一直在强调自己在家庭和社会中的地位（Minde，2000）。

这种婴儿生存的不确定性会减少父母对于婴儿心理上的投入（DeMier et al.，2000）。父母将逐一经历各种情绪，从强烈的焦虑、抑郁、受挫和无助到内疚和愤怒。母亲的内疚感是特别强烈的，因为她们没有顺利地把孩子带到这个世界上（Holdith-Davis，Miles & Belyea，2000）。这些情绪非常重要，即使很痛苦，但这些情绪帮助父母意识到，婴儿的存在，就如同他们认识到自己新的父母身份一样（Pancer，Pratt，Hunsberger &

Gallant，2000），同时这些情绪帮助他们注意到这些事情发生的意义。有些时候这些难以承受的情绪，使得父母和孩子保持距离以回避他们，相反，有些时候又促使父母过度刺激孩子，以确定孩子做出的反应。从长远来看，父母情绪的不稳定不利于建立和谐的亲子关系（Levy-Shiff，Sharir & Mogilner，1989），也可能成为母婴依恋问题的源头（Minde，Whitelaw，Brown & Fitzhardinge，1983）。

二次创伤，或对早产的善后

药物并发症会极大地延长婴儿的住院治疗时间并增加婴儿生存的不确定性。这是父母压力情绪的主要来源，并且可能带来一系列的二次创伤。婴儿被转移到其他部门或者医院，甚至是婴儿出院都会成为压力源（Zanardo，Freato & Zacchello，2003）。父母感到被护理人员抛弃或是拒绝，或者是没有确定自己父母身份安全性的时候，这对大多数父母来说都是一种挑战。

一些父母在面对这些困难做出反应的时候，带着对婴儿夸大的矛盾情绪。焦虑和受挫，这些痛苦使得他们有些时候想保护自己不再次去经历创伤恐惧。每个创伤的瞬间都可能使父母收回对婴儿的投入，但是也可能促使父母果断地决定为婴儿投入更多。这里蕴藏着很多机会：表达情绪，克服夸大的矛盾情绪，寻找事情的意义，坚定自己对婴儿和父母身份投入的愿望，尽管面对着艰难的环境。在孩子的住院治疗期间，面对不断的创伤，父母依然很脆弱，他们也需要持续的情绪支持（Kersting et al.，2004）。

支持父母对于早产儿的投入

亲子关系的一个主要保护性因素是父母积极参与照顾婴儿，体验与婴儿感知觉上的亲密接触，对婴儿负有责任感。他们对于父母身份的信心在婴儿住院治疗期间不断被确认，并且在出院之前得到评估。出院时仍然感觉不安全的父母与孩子在家里更容易产生困难，这些困难也许会导致长期的亲子关系问题。

父母创伤经验：一种心理动力学方法 188

从精神分析的角度，可以将早产看做是围产期创伤的一种形式，此时父母还没能准备好，而仓促应对事件（Freud，1916－1917，1920；Winnicott，1989）。创伤压力的症状经常在出生时出现，但是这些症状会在二级压力事件中被放大，使父母面对孩子能否存活的恐惧，有时这种恐惧比婴儿出生时的恐惧还要强烈。住院期间的早产儿可能会表现出持续的创伤，婴儿健康状况的波动会不断引起二次创伤。并且，父母的情绪状况不仅和现状有关，和他们先前的心理状况也有关。

可以将父母的创伤经验概念化为三个加工过程。第一阶段是震惊，包括麻木、恐惧、无法清晰思考（在出生时）。第二阶段是创伤心理加工的核心，连续的情绪体验需要时间去平复，来获得意义并减少被损伤的程度（在住院治疗期间，再次受到创伤的时候）。第三阶段是恢复，当创伤得到修复之后，负性情绪将不再抑制父母的感受和他们对婴儿的情感投入。

亲子互动

父母压力和亲子互动质量

父母的经历和行为，与婴儿的性格总是相互作用的，使得每一对亲子关系都有着不同的质量。对于健康的足月婴儿来说，母亲的痛苦，尤其是表现出抑郁症状，被认为是不良母子关系造成的。很少有研究探讨母亲的心理障碍与亲子互动的质量关系（Feeley，Gottlieb & Zelkovitz，2005；Singer et al.，2003）。

父母的思想和情绪会极大地影响他们的行为（Fraiberg，1982）。婴儿自身和其性格也会激发他们，父母和婴儿总是在以某种方式相互影响，这形成一个复杂的反馈系统（Beckwith & Rodning，1996；Goldberg & DiVitto，1995）。以往研究曾指出，早产儿和足月儿相比较，他们更不警觉、不能集中注意、不活泼，反应也更慢，但是他们的母亲更加活泼、敏感、具有攻击性，同时，和足月儿的母亲相比，早产儿母亲的亲子互动更疏离（Barnard，Bee & Hammond，1984；Field，

1979；Minde，Perrotta & Marton，1985）。一些研究显示，这些差异会持续到儿童 2 岁时（Minde，2000）。

早产母亲的态度容易受到刺激这一观点已经成为辩论的主题，一些作者认为它是面对早产儿童不完全发育状态所引起的困难，是母亲的一种适应性和补偿性的反应（Goldberg & DiVitto，1995），但其他人认为这是一种对早产儿发展不利的破坏性和控制性行为（Butcher，Kalverboer，Minderaa，Doormaal & Wolde，1993；Field，1979）。进一步研究描述，在婴儿与母亲的互动中，双方是能够胜任的（Schermann-Eizirik，Hagekull，Bohlin，Persson & Sedin，1997），特别是在婴儿出生的一年之中（Greenberg，Carmichael-Olson & Crnic，1992）。

过去 20 年之间的医疗进步可以解释这些对立的结果，父母在儿童护理中出现和卷入的程度越来越高，新生儿期父母也得到越来越多的情感支持（Als，1986；Goldberg & DiVitto，1995）。然而，更小和发育更不成熟的早产儿的存活还面临困难，需要更长的住院治疗时间。长期缺少亲子亲密接触始终是一个风险因素（Keilty & Freund，2005）。

母婴互动的二元质量与婴儿的发展结果

一项研究探讨了 6 个月和 18 个月时婴儿和母亲的互动质量与早产严重以及母亲产后抑郁的关
189 系（Müller Nix et al.，2004）。研究发现，与足月儿的母亲相比，那些高危早产儿的母亲和围产期高焦虑的母亲，在配对游戏中表现得更不敏感且控制欲更强，并且发现她们的孩子比正常婴儿更顺从母亲。有趣的是，当我们考虑到母亲的创伤反应和婴儿不完全成熟的严重程度时，母亲的创伤经验成为母婴互动特征的主要影响因素。

人们研究了母亲与早产儿互动的二元质量（将母亲与婴儿的互动行为进行配对），并定义了两种二元互动模式，一种是“合作”模式（敏感型母亲和合作型婴儿），一种是“控制”模式（控制欲型母亲和强制—顺从婴儿）（Forcada Guex，Pierrehumbert，Borghini，Moessinger & Müller Nix，2006）。对比这两种互动模式，发现二者对孩子今后的发展有显著不同的影响（见下文）。

父母的依恋表征和亲子互动

采用儿童工作模式访谈（WMCI；Zeanah & Benoit，1995）评估母亲对婴儿依恋表征，结果显示在 18 个月的时候，孕期小于 34 周的早产儿，他们的母亲当中只有 34%具有安全依恋表征，然而与之相对地，足月儿的母亲中，这个比例达到了 57%（Borghini et al.，2006）。母亲的依恋质量与母亲创伤后反应有很大关系。大多数“扭曲型依恋”的母亲报告出高焦虑水平，大多数“疏离型依恋”的母亲报告出低焦虑水平，而足月儿的母亲则是“平衡型”。

有趣的是，关于亲子互动模式与母亲的依恋表征，尽管“合作”型的互动模式在足月儿的二元关系（68%）和早产儿的二元关系（28%）中都能看到（Forcada Guex et al.，2006），但这两组的母亲依恋表征是截然不同的：足月生产的母亲主要是平衡型依恋，而早产儿的母亲表现出平衡型和疏离型依恋。在亲子关系中那些属于控制型的母亲主要表现的是扭曲型依恋。

父母压力和婴儿的发展结果

父母的主观经验对于婴儿的经历有决定性的影响（Goldberg & DiVitto，1995；Korja et al.，2008；Pierrehumbert et al.，2003；Wijnroks，1999）。早期亲子关系的质量是之后儿童能力水平的一个关键影响因素（Wijnroks，1998）。它是围产期风险因素和婴儿发展间的一个重要的调节变量（Magill-Evans & Harrison，2001；Singer et al.，2003）。敏感性和反应性良好的母婴互动行为与婴儿良好的认知和社交能力相关（Beckwith & Rodning，1996；Singer et al.，1999）。

母亲产后抑郁对孩子的认知、情绪和行为发展有负面的影响。早产的情况下也会产生类似的后果。辛格和同事（Singer et al.，2003）证明了早产后的母亲抑郁与婴儿 8 个月和 12 个月时的认知发展缓慢有关。

研究发现，父母的创伤后反应与婴儿 18 个月时出现的问题相关（Pierrehumbert et al.，2003）。早产儿的母亲，与足月儿的母亲相比，孩子18个月时的创伤后压力反应会呈现更多的行为症状（特别是睡眠问题）。尽管婴儿的成长与不完全发育的程度和母亲的创伤后压力反应有关，然而后者也是婴儿发展的调节因素。这个结果强调了父母情绪反应在婴儿成长过程中的中心地位。

其他的一些研究证实了父母的情绪经验对婴儿发展结果有重要影响。母亲的压力已经被证明是婴儿新生压力和婴儿在8个月（修正年龄）时注意力水平的重要调节因素（Tu et al.，2007）。研究发现，当孩子长到36个月时，其发展与母亲
190 抑郁和社会支持的关系，与早期生理因素相比，更加紧密（Miceli et al.，2000）。婴儿早期的父母压力被认为是儿童后期行为问题的一个风险因素（Kaaresen，Ronning，Ulvund & Dahl，2006）。

一项关于亲子互动模式和婴儿发展结果的研究显示，在一组二元关系中，如果是敏感型母亲和合作型婴儿，那么这个婴儿的发展结果就和足月出生的婴儿很相似。相反，如果二元关系中是控制型母亲和强制顺从型婴儿，那么这个婴儿的发展结果与足月儿相比显著偏低，表现出更多的行为症状（特别进食问题），社会技能发展水平更低（Forcada Guex et al.，2006）。前一个模式可以看做是一个保护因素，后一个模式则是一个风险因素，它独立于早产风险因素和家庭的社会经济背景。

这些结果强调了在NICU中干预疗法的重要性，其旨促进亲子关系，并在必要时与父母进行早期心理治疗会谈。

父母和护理人员的关系

父母和护理人员的关系被认为是很重要并且具有挑战性的。父母也许会体验感激和矛盾的混合情绪，也包括对护理人员的依靠与敌对。刚开始，很多的父母对于照顾婴儿感觉到很无助，但是当婴儿不需要治疗的时候，他们就需要证明自己父母的身份了（Jackson et al.，2003）。这个过渡会造成紧张，因为一些无知的护理人员鼓励父母完全依赖他们。在出院以后，感觉不安全的父母开始寻求保证，有时从儿科医师那里，有时从婴儿那里，但是这样也许会对婴儿的情绪发展带来不利影响。

婴儿出院后父母的表现

父母在婴儿回到家以后会感觉很宽慰。他们经常把这时期描述为婴儿的第二次生命。他们仍然会表现出对婴儿的过度紧张。他们会高度关注婴儿的成长和自己在婴儿成长过程中的成就。这样的关心在某种程度上会影响父母享受亲子关系并且很难了解婴儿的性格。有时，父母在描述婴儿的个性时会出现困难。与之相矛盾的是，父母会夸大这样的关心，并且将自己孩子的能力发展理想化。他们有时会对自己的抚养能力缺乏自信，并且对于其他照顾婴儿的人产生敌意。这强调了儿科医生对于这些潜在困境的注意和监控父母的重要性，尽管这些问题并不经常出现，并且在刚开始的时候并不是很容易在亲子关系中发现。

干预

很多研究者想要更好地定义父母和婴儿在住院治疗期间的需要，并且为了提升父母与孩子之间的亲密行为，提出干预计划。一些是以父母为中心，另一些是以婴儿或亲子关系为中心（Kaaresen et al.，2006）。

泽纳等（Zeanah et al.，1984）描述了三种帮助重症婴儿监护室中的家长的主要途径：危机干预、支持性心理治疗、洞察力导向的心理治疗。

通常这些不同的方法会在住院治疗过程中应用在不同的时间点。以心理教育支持为例，它可以有效地帮助父母并预防创伤后应激反应。帮助父母协助 NICU 中的婴儿护理工作，增加父母的自我效能感，降低与婴儿出生相关的压力和减少住院治疗时间，这些都是重要的干预（Holditch-Davis et al.，2003）。在支持性环境和条件允许的情境下，护士可以帮助家长说出自己的感受。

191 在住院治疗期间，家长和护士对婴儿的细心观察是非常有好处的。家长通常会对婴儿产生创伤性的表征，形成一幅紧张的画面，笼罩着婴儿死亡或残疾的恐惧。在集体护理过程中观察婴儿可以帮助家长了解婴儿的个性、行为和有限的交际能力，及婴儿独特的人格，增加父母对婴儿的感情投入（Borghini & Forcada Guex，2004；Golse，1999；Lebovici & Stoleru，1994）。

干预应该以婴儿的需要为中心，目的在于减轻痛苦，这是非常重要的。需要留心婴儿的环境，对良性刺激和不良刺激进行控制，并且促进婴儿的个性化发展护理。NIDCAP 就是这样的一个例子（Als，1986；Als et al.，2004）。

支持性干预并不总是有效和充分的，尤其是当长期住院治疗期间，婴儿不断发生危机的时候更是如此。一个灵活的心理治疗干预是指，当家长遇到与自己孩子有关的困境时，向其提供一种适当的方法，干预的目标是为了减轻家长的痛苦，促进亲子关系的提升和发展。心理治疗应将信息、建议、暗示结合起来，帮助家长看清他们的孩子到底需要什么。洞察力导向的心理治疗应该在家长体验到强烈冲突时使用，这种冲突与他们自己的精神历史有关，表现在与工作人员的不良关系上，或者表现在他们和婴儿持续的不良关系上（Zeanah，Canger & Jones，1984）。这种方法能帮助家长意识到他们过去的经验正在影响他们和婴儿的关系。

一般来说，在新生儿住院治疗期间，以家庭为基础的早期个性化干预和之后回到家中的过渡，可以减轻家长的压力、焦虑，提高父母的自尊，并促进积极的早期亲子互动（Dudek-Schriber，2004）。

NICU 中的心理健康顾问就像一个联络员，帮助家长向工作人员澄清他们的经历，解释清楚他们自我防御反应的原因，同时也帮助工作人员弄清自己的情绪和对家长的适当反应，因为工作人员和父母是从不同的角度来看待婴儿的，心理健康顾问帮助工作人员支持家长建立亲子关系。

结论

早产婴儿在发展关键阶段的早期压力体验会导致持久的缺陷，并对以后生活中的压力做出情绪性反应，因此了解婴儿的压力表现和能力表现都非常重要。早产的追踪研究对公共健康具有重要意义，它在一些西方国家已经成为一个多发现象。

在父母与早产婴儿的关系以及婴儿的发展当中，父母的情绪和情感体验起着重要的作用。正如临床研究和调查数据显示的一样，可以将父母的经验理解为一种创伤。

关于婴儿心理健康的职业角色也非常重要。它在两个方面是有区别的：和医院工作人员的联络工作，与家长和婴儿直接开展的心理治疗工作（目的在于改善亲子关系）。早产自然会伴随着很多的风险因素，它们能重新激活父母未解决的精神冲突，有时需要专门的心理治疗干预。即使这样，我们仍然不能低估婴儿的自我调节能力和父母创伤冲突恢复能力，这些因素会对动态变化过程产生影响。

早产儿的结果未必一定是因果关系的演变，从风险因素中能推导出既定的重复和逻辑。鉴于大脑神经的可塑性，经验可以被重新组织，这将开启一种新的研究框架（Ansermet & Magistretti，2007）。这个实验范式如果有适当的支持性或心理治疗性干预相结合的话，就会非常有意义。

致谢

我们要感谢玛加丽塔·福尔卡达·盖（Margarita Forcada Guex）和埃莱纳·马丁内斯（Elena Martinez）在这一章写作过程中提供的帮助和观点。

参考文献

Adashi, E. Y., Barri, P. N., Berkowitz, R., Braude, P., Bryan, E., & Carr, J. (2003). Infertility therapy-associated multiple pregnancies (births): An ongoing epidemic. *Reproductive BioMedicine Online*, *7*(5), 515–542.

Allen, M. C. (2008). Neurodevelopmental outcomes of preterm infants. *Current Opinion in Neurology*, *21*, 123–128.

Als, H. (1986). A synactive model of neonatal behavioral organization: Framework for the assessment of neurobehavioral development in the premature infant and for support of infants and parents in the neonatal intensive care environment. In J. K. Sweeny (Ed.), *The high-risk neonate: Developmental therapy perspectives* (pp. 3–55). New York: Haworth Press.

Als, H., Duffy, F. H., McAnulty, G. B., Rivkin, M. J., Vajapeyam, S., Mulkern, R. V., et al. (2004). Early experience alters brain function and structure. *Pediatrics*, *113*(4), 846–857.

Als, H. A., Lester, B. M., Tronick, E. Z., & Brazelton, T. B. (1982). Manual for the assessment of preterm infants' behavior (APIB). In H. E. Fitzgerald, B. M. Lester, & M. W. Yogman (Eds.), *Theory and research in behavioral pediatrics* (pp. 65–132). New York: Plenum Press.

American Psychiatric Association. (2000). *Diagnostic and statistical manual of mental disorders. DSM-IV-TR* (4th ed., text rev.). Washington, DC: Author.

Anand, K. J., & Scalzo, F. M. (2000). Can adverse neonatal experiences alter brain development and subsequent behavior? *Biology of the Neonate*, *77*(2), 69–82.

Ananth, C. V., Joseph, K. S., Oyelese, Y., Demissie, K., & Vintzileos, A. M. (2005). Trends in preterm birth and perinatal mortality among singletons: United States, 1989 through 2000. *The American College of Obstetricians and Gynecologists*, *105*(5), 1084–1091.

Ancel, P.-Y., EPIPAGE Group. (2008). La grande prématurité en 2008: Questions et perspectives de recherche [Very preterm birth in 2008: questions and perspectives]. *Archives de Pédiatrie*, *15*(5), 598–601.

Anderson, P., & Doyle, L. W. (2003). Neurobehavioral outcomes of school-age children born extremely low birthweight or very preterm in the 1990s. *Journal of American Medical Association*, *289*(24), 3264–3272.

Ansermet, F. (1999). *Clinique de l'origine, l'enfant entre la médecine et la psychanalyse [Clinic of origin, the child between medicine and psychoanalysis]*. Lausanne: Payot.

Ansermet, F., & Magistretti, P. (2007). *Biology of freedom: Neural plasticity, experience, and the unconscious*. New York: Other Press.

Barnard, K., Bee, H., & Hammond, M. (1984). Developmental changes in maternal interactions with term and preterm infants. *Infant Behavior and Development*, *7*, 101–113.

Beckwith, L., & Rodning, C. (1996). Dyadic processes between mothers and preterm infants: Development at ages 2 to 5 years. *Infant Mental Health Journal*, *17*(4), 322–333.

Behrman, R. E., & Stith Butler, A. (2006). *Preterm birth: Causes, consequences, and prevention*. Washington, DC: The National Academic Press.

Bellefeuille-Reid, D., & Jakubek, S. (1989). Adaptive positioning intervention for premature infants: Issues for paediatric occupational therapy practice. *British Journal of Occupational Therapy*, *52*(3), 93–96.

Bhutta, A., Cleves, M., Casey, P., Cradock, M., & Anand, K. J. S. (2002). Cognitive and behavioral outcomes of school-aged children who were born preterm: A meta-analysis. *Journal of American Medical Association*, *288*(6), 728–737.

Blondel, B., Macfarlane, A., Gissler, M., Breart, G., & Zeitlin, J. (2006). Preterm birth and multiple pregnancy in European countries participating in the PERISTAT project. *British Journal of Obstretic and Gynaecology*, *113*(5), 528–535.

Boardman, J. P., & Dyet, L. E. (2007). Recent advances in imaging preterm brain injury. *Minerva Pediatrica*, *59*(4), 349–368.

Borghini, A., & Forcada-Guex, M. (2004). L'observation du bébé prématuré: Un travail conjoint parents-spécialistes [Observation of premature infant in the NICU: a partnership between parents and staff]. *Psychoscope*, *5*, 20–22.

Borghini, A., & Muller Nix, C. (2008). *Un étrange petit inconnu : La rencontre avec l'enfant né prématuré [An unusual little stranger: The first encounter with the premature infant]*. Ramonville Saint-Agne: Erès.

Borghini, A., Pierrehumbert, B., Miljkovitch, R., Muller Nix, C., Forcada Guex, M., & Ansermet, F. (2006). Mother's attachment representations of their premature infant at 6 and 18 months after the birth. *Infant Mental Health Journal*, *27*(5), 494–508.

Botting, N., Powls, A., Cooke, R. W., & Marlow, N. (1997). Attention deficit hyperactivity disorders and other psychiatric outcomes in very low birthweight children at 12 years. *Journal of Child Psychology and Psychiatry*, *38*(8), 931–941.

Brazelton, T., & Nugent, J. (1995). *Neonatal behavioral assessment scale*. London: Mac Keith Press.

Bullinger, A. (2005). *Le développement sensorimoteur de l'enfant et ses avatars: Un parcours de recherche [Sensorimotor development of the child and its vicissitudes: A research course]*. Ramonville Saint-Agne: Erès.

Butcher, P. R., Kalverboer, A. F., Minderaa, R. B., Doormaal, E. F., & Wolde, Y. (1993). Rigidity, sensitivity and quality of attachment: The role of maternal rigidity in the early socio-emotional development of premature infants. *Acta Psychiatrica Scandinavica Supplement*, *88*(375), 1–38.

Callaghan, W. M., MacDorman, M. F., Rasmussen, S. A., Qin, C., & Lackritz, E. M. (2006). The contribution of preterm birth to infant mortality rates in the United States. *Pediatrics*, *118*(4), 1566–1573.

Chapieski, M. L., & Evankovich, K. D. (1997). Behaviorals effects of prematurity. *Seminars in Perinatology*, *21*(3), 221–239.

Cheong, J. L., Hunt, R. W., Anderson, P. J., Howard, K., Thompson, D. K., Wang, H. X., et al. (2008). Head growth in preterm infants: correlation with magnetic resonance imaging and neurodevelopmental outcome. *Pediatrics, 121*(6), e1534–e1540.

Cooke, R. W. (2004). Health, lifestyle, and quality of life for young adults born very preterm. *Archives of Disease in Childhood*, *89*(3), 201–206.

Counsell, S. J., Edwards, A. D., Chew, A. T., Anjari, M., Dyet, L. E., Srinivasan, L., et al. (2008). Specific relations between neurodevelopmental abilities and white matter microstructure in children born preterm. *Brain*, *131*(Pt. 12), 3201–3208.

Dahl, L. B., Kaaresen, P. I., Tunby, J., Handegard, B. H., Kvernmo, S., & Ronning, J. A. (2006). Emotional, bahavioral, social, and academic outcomes in adolescents born with very low birthweight. *Pediatrics*, *118*(2), e449–e459.

Dayan, J., Creveuil, C., Marks, M. N., Conroy, S., Herlicoviez, M., Dreyfus, M., et al. (2006). Prenatal depression, prenatal anxiety, and spontaneous preterm birth: A prospective cohort study among women with early and regular care. *Psychosomatic Medicine*, *68*(6), 938–946.

DeMier, R., Hynan, M., Hatfield, R., Varner, M., Harris, H., & Manniello, R. (2000). A measurement model of perinatal stressors: Identifying risk for postnatal emotional distress in mothers of high-risk infants. *Journal of Clinical Psychology*, *56*(1), 89–100.

Dinesen, S. J., & Greisen, G. (2001). Quality of life in young adults with very low birthweight. *Archives of Disease in Childhood: Fetal and Neonatal Edition*, *85*(3), F165–F169.

Dole, N., Savitz, S. A., Hertz-Picciotto, I., Siega-Riz, A. M., McMahon, M. J., & Buekens, P. (2003). Maternal stress and preterm birth. *American Journal of Epidemiology*, *157*(1), 14–24.

Dudek-Schriber, L. (2004). Parental stress in the neonatal intensive care unit and the influence of parent and infant characteristics. *American Journal of Occupational Therapy*, *58*(5), 509–520.

Elgen, I., Sommerfelt, K., & Markestad, T. (2002). Population based, controlled study of behavioural problems and psychiatric disorders in low birthweight children at 11 years of age. Archives of Disease in Childhood. *Fetal Neonatal Edition*, *87*(2), F128–F132.

Escobar, G. J., McCormick, M. C., Zupancic, J. A., Coleman-Phox, K., Armstrong, M. A., Greene, J. D., et al. (2006). Unstudied infants: Outcomes of moderately premature infants in the neonatal intensive car unit. *Archives of Disease in Childhood: Fetal and Neonatal Edition*, *91*(4), 238–244.

Feeley, N., Gottlieb, L., & Zelkowitz, P. (2005). Infant, mother, and contextual predictors of mother-very low birthweight infant interaction at 9 months of age. *Journal of Developmental and Behavioral Pediatrics*, *26*(1), 24–33.

Field, T. M. (1979). Interactions patterns of preterm and term infants. In T. M. Field, A. Sostek, S. Goldberg, & H. Shuman (Eds.), *Infants born at risk-behavior and development* (pp. 333–356). New York: Spectrum.

Forcada Guex, M., Pierrehumbert, B., Borghini, A., Moessinger, A., & Muller Nix, C. (2006). Early dyadic patterns of mother–infant interactions and outcomes of prematurity at 18 months. *Pediatrics*, *118*(1), e107–e114.

Foulder-Hughes, L. A., & Cooke, R. W. (2003). Motor, cognitive, and behavioural disorders in children born very preterm. *Developmental Medicine and Child Neurology*, *45*(2), 97–103.

Fox, G. (2002). Available statistics on premature birth. *Fetal Maternal Medicine Review*, *13*(3), 195–211.

Fraiberg, S. (1982). Pathological defenses in infancy. *Psychoanalytic Quarterly*, *51*(4), 612–635.

Freud, S. (1916–1917). Introductory lectures on psycho-analysis. In J. Strachey (Ed.), *The standard edition of the complete psychological works of Sigmund Freud* (Vol. 15–16). London: Hogarth Press.

Freud, S. (1920). Beyond the pleasure principle. In J. Strachey (Ed.), *The standard edition of the complete psychological works of Sigmund Freud* (Vol. 18, pp. 1–64). London: Hogarth Press.

Getahun, D., Ananth, C. V., Selvam, N., & Demissie, K. (2005). Adverse perinatal outcomes among interracial couples in the United States. *American College of Obstetricians and Gynecologists*, *106*(1), 81–88.

Glover, V., & O'Connor, T. G. (2005). Effects of antenatal maternal stress or anxiety: From fetus to child. In B. Hopkins & S. Johnson (Eds.), *Prenatal development of postnatal functions* (pp. 221–245). Westport, CT: Praeger.

Goldberg, S., & DiVitto, B. (1995). Parenting children born preterm. In M. H. Bornstein (Ed.), *Handbook of parenting* (pp. 209–231). Mahwah, NJ: Erlbaum.

Golse, B. (1999). Du rôle de l'attention dans le dépistage et les interventions précoces [Attention's function in early detection and intervention]. In B. Golse, *Du corps à la pensée* (pp. 293–311). Paris: Presses Universitaires de France.

Goubet, N., Rattaz, C., Pierrat, V., Bullinger, A., & Lequien, P. (2003). Olfactory experience mediates response to pain in preterm newborns. *Developmental Psychobiology*, *42*(2), 171–180.

Greenberg, M., Carmichael-Olson, H., & Crnic, K. (1992). The development and social competence of a preterm sample at age 4: Prediction and transactional outcomes. In S. Friedman &

M. Sigman (Eds.), *The psychological development of low birthweight children* (pp. 125–155). Norwood, NJ: Ablex.

Grunau, R. E., Halex, D. W., Whitfield, M. F., Weinberg, J., Yu, W., & Thiessen, P. (2007). Altered basal cortisol levels at 3, 6, 8, 18 months in infants born at extremely low gestational age. *Journal of Pediatrics, 150*(2), 151–156.

Grunau, R. E., Holsti, L., Haley, D. W., Oberlander, T., Weinberg, J., Solimano, A., et al. (2005). Neonatal procedural pain exposure predicts lower cortisol and behavioral reactivity in preterm infants in the NICU. *Pain, 113*, 293–300.

Grunau, R. V., & Craig, K. D. (1987). Pain expression in neonates: Facial action and cry. *Pain, 28*(3), 395–410

Hack, M., & Costello, D. W. (2008). Trends in the rates of cerebral palsy associated with neonatal intensive care of preterm children. *Clinical Obstetrics and Gynecology, 51*(4), 763–774.

Hack, M., Flannery, D. J., Schluchter, M., Cartar, L., Borawski, E., & Klein, N. (2002). Outcomes in young adulthood for very-low-birth-weight infants. *New England Journal of Medicine, 346*(3), 149–157.

Hall, R. W., Huitt, T. W., Thapa, R., Williams, D. K., Anand, K. J., & Garcia-Rill, E. (2008). Long-term deficits of preterm birth: Evidence for arousal and attentional disturbances. *Clinical Neurophysiology, 119*(6), 1281–1291.

Hart, A. R., Whitby, E. W., Griffiths, P. D., & Smith, M. F. (2008). Magnetic resonance imaging and developmental outcome following preterm birth: Review of current evidence. *Developmental Medicine and Child Neurology, 50*(9), 655–663.

Heim, C., & Nemeroff, C. B. (1999). The impact of early adverse experiences on brain systems involved in the pathophysiology of anxiety and affective disorders. *Biological Psychiatry, 46*(11), 1509–1522.

Holditch-Davis, D., Bartlett, T. R., Blickman, A. L., & Miles, M. S. (2003). Posttraumatic stress symptoms in mothers of premature infants. *Journal of Obstetric, Gynecologic, and Neonatal Nursing, 32*(2), 161–171.

Holditch-Davis, D., Miles, M. S., & Belyea, M. (2000). Feeding and nonfeeding interactions of mothers and prematures. *Western Journal of Nursing Research*, 22(3), 320–334.

Holsti, L., Grunau, R. E., Oberlander, T. F., & Osiovich, H. (2008). Is it painful or not? Discriminant validity of the Behavioral Indicators of Infant Pain (BIIP) scale. *Clinical Journal of Pain, 24*(1), 83–88.

Holsti, L., Grunau, R. E., Oberlander, T. F., & Whitfield, M. F. (2004). Specific newborn individualized developmental care and assessment program movements are associated with acute pain in preterm infants in the neonatal intensive care unit. *Pediatrics, 114*(1), 65–72.

Holsti, L., Grunau, R. E., Whifield, M. F., Oberlander, T. F., & Lindh, V. (2006). Behavioral responses to pain are heightened after clustered care in preterm infants born between 30 and 32 weeks gestational age. *Clinical Journal of Pain*, 22(9), 757–764.

Hughes, M. A., & McCollum, J. (1994). Neonatal intensive care: Mothers' and fathers' perceptions of what is stressful. *Journal of Early Intervention, 18*(3), 258–268.

Inder, T. E., Warfield, S. K., Wang, H., Huppi, P. S., & Volpe, J. J. (2005). Abnormal cerebral structure is present at term in premature infants. *Pediatrics, 115*(2), 286–294.

Indredavik, M. S., Vik, T., Heyerdahl, S., Romundstad, P., & Brubakk, A. M. (2005). Low birthweight adolescents: Quality of life and parent–child relations. *Acta Paediatrica, 94*, 1295–1302.

Jackson, K., Ternestedt, B. M., & Schollin, J. (2003). From alienation to familiarity: Experiences of mothers and fathers of preterm infants. *Journal of Advanced Nursing, 43*(2), 120–129.

Jotzo, M., & Poets, C. (2005). Helping parents cope with trauma of premature birth: An evaluation of trauma-preventive psychological intervention. *Pediatrics, 115*(4), 915–919.

Kaaresen, P. I., Ronning, J. A., Ulvund, S. E., & Dahl, L. B. (2006). A randomized, controlled trial of the effectiveness of an early-intervention program in reducing parenting stress after preterm birth. *Pediatrics, 118*(1), 9–19.

Keilty, B., & Freund, M. (2005). Caregiver–child interaction in infants and toddlers born extremely premature. *Journal of Pediatric Nursing, 20*(3), 181–189.

Kersting, A., Dorsch, M., Wesselmann, U., Ludorff, K., Witthaut, J., Ohrmann, P., et al. (2004). Maternal posttraumatic stress response after birth of a very low-birth-weight infant. *Journal of Psychosomatic Research, 57*(5), 473–476.

Korja, R., Savonlahti, E., Ahlqvist-Björkroth, S., Stolt, S., Haataja, L., Lapinleimu, H., et al. (2008). Maternal depression is associated with mother–infant interaction in preterm infants. *Acta Paediatrica, 97*(6), 724–730.

Lebovici, S., & Stoleru, S. (1994). *Le nourrisson, la mère et le psychanalyste: Les interactions précoces [The infant, the mother and the psychoanalyst: Early interactions]*. Paris: Bayard.

LeDoux, J. (1998). *The emotional brain, the mysterious underpillings of emotional life*. New York: Touchstone.

Levy-Shiff, R., Sharir, H., & Mogilner, M. B. (1989). Mother– and father–preterm infant relationship in the hospital preterm nursery. *Child Development, 60*, 93–102.

Lumley, J. (2003). Defining the problem: The epidemiology of preterm birth. *British Journal of Obstetrics and Gynaecology, 110*(Suppl. 20), 3–7.

MacDorman, M. F., & Mathews, T. J. (2008). Recent trends in infant mortality in the United States. *NCHS Data Brief, 9*, 1–8.

Magill-Evans, J., & Harrison, M. J. (2001). Parent–child interactions, parenting stress, and developmental outcomes at 4 years. *Children's Health Care, 30*(2), 135–150.

Marret, S., Ancel, P. Y., Marpeau, L., Marchand, L., Pierrat, V., Larroque, B., et al. (2007). Neonatal and 5-year outcomes after birth at 30–34 weeks of gestation. *Obstetrics and Gynecology, 110*(1), 72–80.

Mathews, T. J., Menacker, F., & MacDorman, M. F. (2003). Infant mortality statistics from the 2001 period linked birth/infant death data set. *National Vital Statistics Reports, 52*(2), 1–28.

Meaney, M. J. (2001). Maternal care, gene expression, and the transmission of individual differences in stress reactivity across generations. *Annual Review of Neuroscience, 24*, 1161–1192.

Meaney, M. J., Diorio, J., Francis, D., Widdowson, J., La Plante, P., Caldji, C., et al. (1996). Early environmental regulation of forebrain glucocorticoid receptor gene expression: Implications for adrenocortical responses to stress. *Developmental Neuroscience, 18*(1–2), 49–72.

Meyer, E. C., Garcia Coll, C. T., Seifer, R., Ramos, A., Kilis, E., & Oh, W. (1995). Psychological distress in mothers of preterm infants. *Developmental and Behavioral Pediatrics, 16*(6), 412–417.

Meyer, E. C., Zeanah, C. H., Boukydis, Z., & Lester, B. (1993). A clinical interview for parents of high-risk infants: Concept and applications. *Infant Mental Health Journal, 14*(3), 192–207.

Miceli, P. J., Goeke-Morey, M. C., Whitman, T. L., Kolberg, K. S., Miller-Loncar, C., & White, R. D. (2000). Brief report: Birth status, medical complications, and social environment: Individual differences in development of preterm, very low birthweight infants. *Journal of pediatric Psychology, 25*(5), 353–358.

Miles, M. S., Burchinal, P., Holditch-Davis, D., Brunssen, S., & Wilson, S. M. (2002). Perceptions of stress, worry, and support in black and white mothers of hospitalized, medically fragile infants. *Journal of Pediatric Nursing, 17*(2), 82–88.

Miles, M. S., Holditch-Davis, D., Schwartz, T. A., & Scher, M. (2007). Depressive symptoms in mothers of prematurely born infants. *Journal of Developmental and Behavioral Pediatrics, 28*(1), 36–44.

Minde, K. (2000). Prematurity and serious medical conditions in infancy: Implications for development, behavior, and intervention. In C. H. Zeanah (Ed.), *Handbook of infant mental health* (2nd ed., pp. 176–194). New York: Guilford Press.

Minde, K., Perrotta, M., & Marton, P. (1985). Maternal caretaking and play with full-term and premature infants. *Journal of the American Academy of Child Psychiatry, 26*(2), 231–244.

Minde, K., Whitelaw, A., Brown, J., & Fitzhardinge, P. (1983). Effect of neonatal complications in premature infants on early parent–infant interactions. *Developmental Medicine and Child Neurology, 25*, 763–777.

Muller Nix, C., Forcada Guex, M., Pierrehumbert, B., Jaunin, L., Borghini, A., & Ansermet, F. (2004). Prematurity, maternal stress and mother–child interactions. *Early Human Development, 79*(2), 145–158.

Muller Nix, C., Forcada Guex, M., Pierrehumbert, B., Jaunin, L., Borghini, A., & Ansermet, F. (2006, July 8–12). *Prematurity, maternal stress and mother–child interactions*. Paper presented at the 10th World Association for Infant Mental Health meeting, WAIMH, Paris.

Muller Nix, C., Nicole, A., Forcada Guex, M., & Ansermet, F. (2001). Prématurité, représentations et traumatisme parental [Prematurity, parental representations and traumatism]. *Revue Médicale de la Suisse Romande, 121*(3), 241–246.

Nagy, Z., Westerberg, H., Skare, S., Andersson, J. L., Lilja, A., Flodmark, O., et al. (2003). Preterm children have disturbances of white matter at 11 years of age as shown by diffusion tensor imaging. *Pediatric Research, 54*(5), 672–679.

Padden, T., & Glenn, S. (1997). Maternal experience of preterm birth and neonatal intensive care. *Journal of Reproductive and Infant Psychology, 15*, 121–139.

Pancer, S. M., Pratt, M., Hunsberger, B., & Gallant, M. (2000). Thinking ahead: Complexity of expectations and transition to parenthood. *Journal of Personality, 68*(2), 253–279.

Papiernik, E., & Goffinet, F. (2004). Prevention of preterm births, the french experience. *Clinical Obstetrics and Gynecology, 47*(4), 755–767.

Patton, G. C., Coffey, C., Carlin, J. B., Olsson, C. A., & Morley, R. (2004). Prematurity at birth and adolescent depressive disorder. *British Journal of Psychiatry, 184*, 446–447.

Perry, B. D., Pollard, R. A., Blakley, T. L., Baker, W. L., & Vigilante, D. (1995). Childhood trauma, the neurobiology of adaptation, and "use-dependent" development of the brain: How "states" become "traits". *Infant Mental Health Journal, 16*(4), 271–291.

Pierrehumbert, B., Nicole, A., Muller Nix, C., Forcada Guex, M., & Ansermet, F. (2003). Parental post-traumatic reactions after premature birth: Implications for sleeping and eating problems in the infant. *Archives of Disease in Childhood: Fetal and Neonatal Edition, 88*(5), F400–F404.

Pihet, S., Bullinger, A., Mellier, D., & Schaal, B. (1997). Reponses comportementales aux odeurs chez le nouveau-ne premature: Etude preliminaire. [Behavioral responses of preterm newborns to odors: Preliminary study]. *Enfance, 1*, 33–46.

Robertson, C. M., Watt, M. J., & Yasui, Y. (2007). Changes in the prevalence of cerebral palsy for children born very prematurely within a population-based program over 30 years. *Journal of American Medical Association*, 297(24), 2733–2740.

Saigal, S., Stoskopf, B., Pinelli, J., Streiner, D., Hoult, L., Paneth, N., et al. (2006). Self-perceived health-related quality of life of former extremely low birthweight infants at young adulthood. *Pediatrics, 118*(3), 1140–1148.

Salt, A., & Redshaw, M. (2006). Neurodevelopmental follow-up after preterm birth: Follow up after two years. *Early Human Development, 82*(3), 185–197.

Schermann-Eizirik, L., Hagekull, B., Bohlin, G., Persson, K., & Sedin, G. (1997). Interaction between mothers and infants born at risk during the first six months of corrected age. *Acta Paediatrica*, *86*(8), 864–872.

Seckl, J., & Meaney, M. J. (2006). Glucocorticoid "programming" and PTSD risk. *Annals of New York Academy of Sciences*, *1071*, 351–378.

Singer, L. T., Fulton, S., Davillier, M., Koshy, D., Salvator, A., & Baley, J. E. (2003). Effects of infant risk status and maternal psychological distress on maternal–infant interactions during the first year of life. *Journal of Developmental and Behavioral Pediatrics*, *24*(4), 233–241.

Singer, L. T., Salvator, A., Guo, S., Collin, M., Lilien, L., & Baley, J. (1999). Maternal psychological distress and parenting stress after the birth of a very low-birth-weight infant. *Journal of the American Medical Association*, *28*(9), 799–805.

Stevens, B., Johnston, C., Petryshen, P., & Taddio, A. (1996). Premature infant pain profile: development and initial validation. *Clinical Journal of Pain*, *12*(1), 13–22.

Stjernqvist, K., & Svenningsen, N. W. (1999). Ten-year follow-up of children born before 29 gestational weeks: Health, cognitive development, behaviour and school achievement. *Acta Paediatricae*, *88*(5), 557–562.

Stromme, P., & Hagberg, G. (2000). Aetiology in severe and mild mental retardation: A population-based study of norwegian children. *Developmental Medicine and Child Neurology*, *42*, 76–86.

Taddio, A., Katz, J., Iiersich, A. L., & Koren, G. (1997). Effect of neonatal circumcision on pain response during subsequent routine vaccination. *The Lancet*, *349*, 599–603.

Taylor, A., Fisk, N. M., & Glover, V. (2000). Mode of delivery and subsequent stress response. *The Lancet*, *355*, 120.

Tu, M. T., Grunau, R. E., Petrie-Thomas, J., Haley, D. W., Weinberg, J., & Whitfield, M. F. (2007). Maternal stress and behavior modulate relationships between neonatal stress, attention, and basal cortisol at 8 months in preterm infants. *Developmental Psychobiology*, *49*(2), 150–164.

Walther, F. J., den Ouden, A. L., & Verloove-Vanhorick, S. P. (2000). Looking back in time: Outcome of a national cohort of very preterm infants born in the Netherlands in 1983. *Early Human Development*, *59*(3), 175–191.

Wheller, L., Baker, A., & Griffiths, C. (2006). Trends in premature mortality in England and Wales, 1950–2004. *Health Statistics Quarterly*, *31*, 34–41.

Wijnroks, L. (1998). Early maternal stimulation and the development of cognitive competence and attention of preterm infants. *Early Development and Parenting*, *7*, 19–30.

Wijnroks, L. (1999). Maternal recollected anxiety and mother–infant interaction in preterm infants. *Infant Mental Health Journal*, *20*(4), 393–409.

Wilson-Costello, D., Friedman, H., Minich, N., Siner, B., Taylor, G., Schluchter, M., et al. (2007). Improved neurodevelopmental outcomes for extremely low birthweight infants in 2000–2002. *Pediatrics*, *119*(1), 37–45.

Winnicott, D. W. (1989). The mother–infant experience of mutuality. In *Psychoanalytic explorations*. Cambridge: Harvard University Press. (Original work published 1969)

Wolf, M. J., Koldewijn, K., Beelen, A., Smit, B., Hedlund, R., & deGroot, I. J. (2002). Neurobehavioral and developmental profile of very low birthweight preterm infants in early infancy. *Acta Paediatrica*, *91*(8), 930–938.

Yehuda, R., & LeDoux, J. (2007). Response variation following trauma: A translational neuroscience approach to understanding PTSD. *Neuron*, *56*, 19–32.

Zanardo, V., Freato, F., & Zacchello, F. (2003). Maternal anxiety upon NICU discharge of high-risk infants. *Journal of Reproductive and Infant Psychology*, *21*(1), 69–75.

Zeanah, C. H., & Benoit, D. (1995). Clinical applications of a parent perception interview in infant mental health. *Child and Adolescent Psychiatric Clinics of North America*, *4*(3), 539–554.

Zeanah, C. H., Canger, C. I., & Jones, J. D. (1984). Clinical approaches to traumatized parents: Psychotherapy in the intensive-care nursery. *Child Psychiatry and Human Development*, *14*(3), 158–169.

第 12 章

暴力经历对婴儿和年幼儿童的影响

丹尼尔·S·谢克特(Daniel S. Schechter)
埃丽卡·威廉(Erica Willheim)

197 回顾过去10年关于暴力对儿童影响的文献，本章首先指出，暴力和虐待不利于神经生物学发展，对心理和社会性功能及随后对环境的期望也会产生不良影响（Kaufman，Plotsky，Nemeroff & Charney，2000）。目前，暴力经历和虐待在多大程度上以何种方式影响早期发展的问题依旧存在。具体如下：

- 不同类型的事件和事件发生的频率会产生什么影响？
- 婴儿或儿童自身的建构会产生什么影响？
- 不同关键期的不良事件有不同的影响吗？
- 在特殊关系背景下，当经历的意义被重新解读后，它会带来怎样的影响？

回答这些问题对童年阶段暴力经历的临床评估与有效治疗有着重要的作用。

在了解关于童年早期暴力经历的相关流行病学文献后，我们主要讨论了创伤的本质以及暴力经历的后遗症。接下来我们从以下几个维度回顾历史、心理、神经生物学这几个方面：个体差异、基因和环境的相互作用、在重要发展阶段的暴力体验、暴力事件的情境以及相关意义解释。最后，我们会对已知资料进行总结并研究相关的干预手段，旨在中断或者改善童年时期遭受暴力创伤的不良影响。我们从4个方面对本章内容进行阐述（暴力经历、体质、发展和依恋）。就像我们观察水晶一样，在审查暴力对儿童的影响时，无论你从水晶的哪一面去观察，你能看到的都只是从那面所反射回来的光，其余的你什么都看不到。

198

遭受暴力的流行病学

从许多方面来讲，过去10年当中，儿童遭受暴力现象在美国非常普遍。儿童是个人、家庭、社会、国际暴力的受害者和见证者。2001年世贸中心被袭和2003年伊拉克战争爆发把恐怖主义和战争的影响带给了美国这代儿童。从1999年的科伦拜恩中学枪击事件到2009年比利时西部日托中心的刀袭事件，这10年中媒体正向孩子的父母不断传达出这样一种信息，那就是父母委托学校安全照顾的儿童，甚至是最小的儿童，都不能在学校的致命暴力事件中得到保护。此外，我们正在通过媒体逐渐弄清孩子成为真实暴力事件目击者的程度。带着对儿童经历的特别关注，我们开始研究关于国家暴力比例方面的可用数据。

2005年，接近360万儿童成为儿童保护服务（CPS）调查的对象。报告显示，遭受虐待和暴力的受害儿童总数大约达899 000人，占美国同龄儿童比例的12.1‰（U.S. Department of Health and Human Services，2006）。总体来说，当中63%的儿童遭受过忽视，17%的儿童有过物质滥用，9%的儿童遭受过性虐待。一半以上的受害者（54%）年龄在7岁或者7岁以下。在受害者中比率最高的是0～3岁组，为16.5‰，其次是4～7岁组，为13.5‰。3岁以下儿童有73%遭受过忽视，12%遭受过身体虐待，2%遭受过性虐待。差不多有1 460名儿童因虐待而丧命，其中近77%是4岁以下儿童。和全体儿童1.96/100 000的死亡率相比，1岁以下男婴的死亡率是17.3/100 000，1岁以下女婴的死亡率是14.5/100 000，在所有受虐待的儿童中，近80%来自于单亲家庭。

每年遭受父母暴力的儿童已经达到了儿童总数的10%～20%，相当于330万～1 780万名儿童（Carlson，2000）。然而，这个估计可能是不准确的（Gelles，1997；Osofsky，2003），因为数据源于20年前（Straus Gelles & Steinmetz，1980），且调查仅仅包括有3～17岁儿童的家庭。我们知道从1993年到2004年，家庭中12岁以下的儿童平均有40%（接近35万）遭受到亲密伴侣暴力（IPV）（Catalano，2006）。一项最新研究发现，在过去的1年中估计有接近1 550万的儿童至少遭受一次家庭暴力，700万的儿童可能遭受到更为严重的IPV（McDonald，Jouriles，Ramisetty-Mikler，Caetano & Green，2006）。

为了调查儿童目击IPV的频率及他们的年龄和遭受程度，凡图佐和富斯科（Fantuzzo & Fusco，2007）与国家东北部的一个警察部门合作收集一些数据。警察部门反映出来的结果显示，儿童事件当中43%是家庭暴力事件，其中92%和母亲有关。作者报告81%的儿童当场听到或者目睹了暴力事件，有60%的儿童是直接受害者，他们还不到6岁。在罗得岛州的早期调查中也有着相似的发现：

儿童事件中有 44%是家庭暴力事件，当中有 47%的不满 6 岁的儿童是直接见证者（Gjelsvik，Verhoek-Oftedahl & Pearlman，2003）。

在某国家的案例中，来自 CPS 系统的 3 612 名在家照顾小孩的女性养护人员中，据她们的配偶反映，44.8%犯有身体上的虐待罪，去年这个比例是 29%（Hazen，Connelly，Kelleher，Landsverk & Barthm，2004）。这个结果和先前的 41%（Appel & Holden，1988）与 30%～60%（Edleson，1999）是一致的。

199 社会暴力的定义不尽相同，但大体上是指在家庭、学校或邻居家里经历过暴力或者见证过暴力。有研究者（Stein，Jaycox，Kataoka，Rhodes & Vestal，2003）系统回顾并调查了在 1991 年和 2002 年之间遭受到社会暴力的儿童。尽管在研究样本、对创伤的定义以及研究方法上存在不同，但结论是相同的：在低收入地区、闹市、少数族裔社区居住的儿童，遭受社会暴力的比率格外高。

仅仅有少量研究调查了居住在高危城市中心的母亲和学前儿童（3～5 岁）这类经历的发生比率。华盛顿特区使用了一种创新技术对儿童进行研究，即把父母和孩子分开以调查儿童遭受暴力的比率（Shahinfar，Fox & Leavitt，2000）。总体上来说，66.5%的父母和 78.1%的孩子报告儿童曾经至少是一个暴力事件的目击者或者受害者。在波士顿，利纳雷斯等（Linares et al.，2001）让母亲诉说她们以及其孩子遭受的暴力事件，不包括 IPV。81%的母亲和 42%的孩子目睹过 1 次暴力事件，21%的儿童目睹过 3 次或者更多，12%的儿童目睹过 8 次或者更多。在洛杉矶，71%的母亲目睹过暴力事件，65%是直接受害者。母亲和孩子遭受到社会暴力事件的平均比率分别是 10.69%和 10.09%（Farver，Xu，Eppe，Fernandez & Schwartz，2005）。

具体有多少儿童受到世界战乱以及恐怖主义的影响仍然未知（Costello，Erkanli，Fairbank & Angold，2002），但是联合国儿童基金会（UNICEF，2004）估计在世界范围内有 3 亿儿童遭受过暴力、剥削和虐待。接近 25 万的儿童成为童兵，200 万的儿童遭受过性虐待，2 000 万的儿童无家可归，自 1999 年，已经有 160 万的儿童在武装冲突中死去。美国因遭到战争和恐怖主义的儿童难民数量正在增加，这些孩子是患创伤后应激障碍的高危人群（Allwood，Bell-Dolan & Hussain，2002）。

媒体和互联网也是有趣且重要的传播暴力的形式。由于年幼儿童创伤暴露的复杂性，无法将媒体呈现和个体早期的真实经历区分开来，这将引起很多问题。多年来人们已经知道了媒体暴力对学前儿童行为具有影响（Stein & Friedrich，1972）。最近针对有年幼子女的家庭进行的研究显示，支持收看暴力媒体的主要抚养人，可能曾经或正在体验相关创伤经历，其所在的家庭喜欢看暴力媒体。

所遭受暴力的性质

遭受创伤事件通常从以下几个方面定义：距离事件发生的时间、遭受伤害或者面对伤害或丧生的程度，以及由此受到惊吓的程度。因为儿童判断这种惊恐的能力有限，主要依靠他们的抚养人来进行，对于这些儿童来说，面对暴力是一件很复杂的事情。然而暴力和心理虐待对于儿童造成的创伤越来越受到重视。

排除年龄因素，需要考虑的是，暴力创伤与精神病学很多方面的高风险存在关联，包括睡眠、饮食、焦虑、情绪、身体状况、行为活动、注意力调控、语言发展、分离进程、自激行为以及许多自身免疫情况和用药情况（Driessen，Schnroeder，Widmann，von Schonfeld & Schneider，2006；Dube et al.，2001；Seng，Graham-Bermann，Clark，McCarthy & Ronis，2005）。尽管儿童遭受虐待的形式可能多种多样，但这种影响永远有害（Cicchetti & Lynch，1995）。遭受到虐待的儿童一般会表现出一些内部或外部问题，如较低的 200
自我恢复水平和较高的自我控制水平。对婴儿和学步儿使用暴力会对其中后期的适应性发展产生消极影响，在婴儿期和童年期遭受性虐待和身体虐待的儿童表现出较低的自我恢复水平和较高的自我抑制水平（Manly，Kim，Rogosch & Cicchetti，2001）。当年幼儿童的抚养人正是威胁的来源时，比如在虐待和家庭暴力的事件中，这种深远的影响会被带到今后实际发展的每个领域当中，包括与其相关联的根本障碍（Cicchetti，Toth，Bush & Gillespie，1988）。

童年期目击家庭暴力与成年后亲密关系中的攻击性相关（Ehrensaftetal，2003）。在超过100项有关儿童目击家庭暴力研究的元分析中，基茨曼等（Kitzmann，Gaylord，Holt & Kenny，2003）发现童年时期的这种经历与行为、社会性以及学业问题有显著相关。目睹过IPV的儿童和没有目睹过的儿童是相当不同的，但是他们和那些遭受过身体虐待的儿童却没有什么明显不同。学前儿童的目击事件所造成的问题已经伴随着内部和外部的各种症状体现在各个方面（Lieberman，Van Horn & Ozer，2005）。莱文德斯基等（Levendosky，Leaby，Bogat，Davidson & von Eye，2006）已指出如果发生了严重的暴力事件，且使母亲承受创伤，那些婴儿将会表现出创伤症状和外化行为（攻击、消极情绪反应、活动水平）。与舍尔丁格和泽纳（Scheeringa & Zeanah，2001）的PTSD关系模型一致，母亲在家庭暴力与婴儿外在行为表现之间能起到调停者的作用，母亲的这种管理对婴儿的恢复能起到抑制或促进的作用。

社会暴力会对学前儿童产生消极影响（Farver，Natera & Frosch，1999）。社会暴力对儿童内部及外在行为产生的影响可以通过母亲的作用而得到调节（Bailey，Hannigan，Delaney-Black，Covington & Sokol，2006；Margolin & Gordis，2000）。

恐怖主义给儿童的世界带来了不安全性与不可预见性。主要的可变因素是暴露的程度、期间和之后获得的家庭支持的多少、对主要养护者的影响、家庭瓦解的程度和社会混乱的程度。对直接暴露进行的研究表明，越多地暴露于暴力，患严重PTSD的风险就越大（Pine，Costello & Masten，2005）。对于居住在战争区的学前儿童来说，高创伤程度与行为和情感问题的严重程度相关（Thaber，Karim & Vostanis，2006）。对于先前受到创伤的儿童来说，间接暴露于暴力会带来更有害的影响，但是对于大多数儿童来说不一定会导致PTSD（Pfeffrbaum et al.，2003）。然而，对于这些间接暴露于暴力的儿童而言，这会造成一种风险气氛，这种气氛会引起分离焦虑、新的恐惧以及逃避行为（Pynoos，Schreiber，Steinberg & Pfefferbaum，2005）。

有研究者对以色列1～4岁儿童的母亲进行了一个调查，发现创伤暴露具有不同的形式：直接暴露于恐怖主义、通过媒体暴露于恐怖主义，以及其他类型的创伤（Wang et al.，2006）。直接暴露增加了内部和外部问题的风险性。每天最少5分钟的电视报道与情绪反应和睡眠问题的更高风险相关。对立性行为、其他形式的外化和攻击性行为也会受到影响。和恐怖主义无关的创伤会引起更大的焦虑不安等内部症状。这些造成伤害的事件是非暴力的（比如汽车肇事、事故、被狗咬伤事件、医疗或者手术事故等）。

在患PTSD的年幼儿童中，有很多孩子患有精神疾病，包括对立违抗性障碍和其他的焦虑障碍（Scheeringa & Zeanah，2008；Scheeringa，Zeanah & Putnam，2003）。还有一些遭受创伤的学前儿童并没有表现出一些明显的心理病理学特征，他们的症状很轻微，或者低于诊断类别判断的阈限。暴露的性质、基因与环境的相互作用、 201
发展性因素和依恋关系可以使作为暴力创伤受害者的个体在没有明显PTSD症状的情况下表现出心理病理学症状。

不管儿童PTSD的发生率有多低，他们在精神紊乱时的恢复力都十分有限。实际这个比率在儿童期并没有那么低，尤其是在童年早期。首先，就如舍尔丁格等（Scheeringa，Wright，Hunt & Zeanah，2006）所报告的，PTSD的诊断和DSM-Ⅳ的描述，与大多数儿童的能力在发展上并不适应。其次，当一个年幼儿童满足了PTSD诊断所描述的DSM-Ⅳ伤害事件的标准症状时，更具有挑战的问题产生了。婴儿和年幼儿童可能并不能理解创伤经历，尽管这种创伤已经通过环境中的抚养人或者其他人的因素形成了。这就是说婴儿和学步儿没有能力估计创伤所带来的威胁以及后果，所以要依靠他们的抚养人来进行评价。

最终，短暂的PTSD症状与暴力事件发生之间的关联要取决于PTSD诊断。对于许多婴儿和前语言阶段的儿童来说，他们无法确定这种联系。例如一个正在被养育的儿童可能呈现出PTSD的所有症状，但是却没有任何被身体虐待或性虐待的记录。所以，一个人是否患有PTSD需要更多的信息才能确定。而且，损伤的记忆可能会导致婴儿逃避和反应过度的症状（Kaplow，Saxe，Putnam，Pynoos & Lieberman，2006）。

不考虑儿童年龄的因素，持续或间断出现行为改变与所遭受的伤害或不幸有关，随后出现导火索事件或严重的暴露（即暴露于家庭暴力或虐待），这应该是需要进行心理病理学评估的标志，不管行为或症状与某一特定的诊断标准是否符合。

婴儿的体质差异

对于婴儿生存的威胁，不管是直接威胁自己，还是威胁到看护系统，都会激起与恐惧条件相关的“战斗—逃跑—僵硬”反应。无法压制恐惧反应以及由此付出的心理生物学代价导致了创伤后心理病理症状的产生。和恐惧相关的两个主要应激反应机制的激活通常由边缘系统引发，最显著的是杏仁核，通过加快分泌去肾上腺素，激活自主神经系统的交感神经系统（即心率升高），通过减缓分泌糖皮质激素激活 HPA 轴（即增加皮质醇循环，在中枢神经系统的海马和内侧前额皮质部位结合）。增加的皮质醇会导致血糖增高，后者能在 HPA 应答中保持有机体的活动并且帮助平缓交感神经系统的唤醒（参见 Rifkin-Graboi et al.，本书第 4 章）。

暴露于婚姻暴力和虐待的儿童已经在这两个系统上表现出较高的活动性（Saltzman，Holden & Holahan，2005）。越来越多的证据说明儿童在早期长时间遭受到压力，就类似于一种环境性毒素阻碍中枢系统的发展，并且对一系列的脑组织和功能带来长期的不利影响，也会增加精神上和身体上对于疾病的易感性（McEwen，2003）。然而，儿童经历的事件性质和事件发生的时间共同决定了长期的后果。婴儿自身的体质会影响这些效果的大小。

婴儿心理健康领域正在迅速吸收“基因—环境相互作用”（G×E）的最新理念。一项研究
202 （Gaspi et al.，2002）发现功能性 X-连接的变异或编码神经递质代谢酶即单胺氧化酶（MAO-A）的基因“多态性”，可以减缓身体虐待的后续影响，从而解释结果的变异性。那些拥有更高水平的 MAO-A 表达的人，不容易产生暴力和反社会行为。有两项针对受虐待和忽视的白人孩子的研究对此进行了证实（Nilsson et al.，2007；Widom & Brzustowicz，2006）。

至少两项研究表明，当一种特殊的基因多态性出现时，生活压力与负性生活事件和焦虑相关（Caspi et al.，2003；Silberg，Rutter，Neale & Eaves，2001）。在后来的研究中发现，当血清素转运体（5-HTT）基因启动区的等位基因缺乏与生活压力同时存在时，人们可能出现抑郁症状。因此，特殊的遗传基因变异可能会增加创伤性生活经历的风险，使个体遵循另一种发展路径（Fischer et al.，1997）。

发展性差异同样具有挑战性。我们发现，童年时期受到生理和性虐待的成人 PTSD 患者的海马体积较小（Bremner et al.，1997），所以，研究者认为海马较小的人可能更容易患 PTSD。这个假设基于一项双生子研究（Gilbertson et al.，2002）。然而，德贝利斯等（DeBellis et al.，2002）并没有发现受虐儿童与未受虐儿童海马体积的不同，但是发现了胼胝体大小的不同。最近，一项针对创伤后应激障碍患儿的前瞻性研究表明，创伤性压力引起的海马受损与后期的海马变小是有关联的（Carrion，Weems & Reiss，2007），这与萨波尔斯基（Sapolsky，2000）的结论一致。然而，关于儿童头三年生活的数据我们掌握得非常少。

发展背景

在描述创伤对发展的影响时，费希尔等（Fischer et al.，1997）描述到“与标准假设不同，心理病理症状源于个体发育不成熟”（p. 749），心理病理症状实际上是对创伤的一种“适应”。关于虐待，费希尔等注意到，被虐待儿童具有正常发展的复杂性，但情感—认知组织有其特定功能，如游戏中消极归因偏差和扭曲的互动交流表现。科特等（Cote，Vaillancourt，Barker，Nagin & Tremblay，2007）同样发现，敌对的父母教育方式会使那些社会原本可以接受的正常攻击行为变得更加糟糕，造成严重的人际交往困难，比如 2 岁以上儿童对同伴采取的有意攻击。

如果发展延缓或者根本不能继续发展，就会对遭受虐待的风险产生影响（Horner-Johnson & Drum，2006），同时也会影响虐待与暴力创伤后果的表现（Turk，Robbins & Woodhead，2005）。就像前语言阶段的婴儿能够表达暴力创伤的不良反应一样，患语言迟滞或障碍的学前儿童也能对

专业医生做出暴力创伤后的行为表现（Cook，Kieffer，Charak & Leventhal，1993；Turk et al.，2005）。暴力创伤和儿童发展有着的相互作用更加复杂，虐待与语言迟滞的关系表现在词汇、语法结构加工和内部语言状态等方面（Beeghly & Cicchetti，1994；Eigsti & Cicchetti，2004）。

然而，令人遗憾的是，暴力创伤和虐待在孩子5岁以前对其发展中的智力和心理产生的打击最大，而这段时期正是辱骂、忽视和家庭暴力的
203 多发期，也正是父母的精神病和物质滥用所造成的伤害事件的高发期。

接下来，我们要讨论发展性组织在以下这些问题上的作用：儿童作为目击者时，哪些构成了创伤，创伤的神经生物学后果，对创伤记忆的编码、加工和恢复以及对后续的创伤性体验的影响。

创伤事件对儿童发展的影响

回顾DSM-Ⅳ的研究，我们惊叹于婴儿和年幼儿童的能力，他们可以意识到一个事件如何会成为“影响生死或带来重创的现实或潜在的威胁，甚至是对自己或他人人身安全的威胁”，虽然大部分儿童在从婴儿起就经历过一些类似的事件（Copeland，Keeler，Angold & Costello，2007；Costello et al.，2002）。同样地，婴儿或学步儿比大一些的孩子或成人更能够察觉那些威胁生命的事情。例如在一次争吵中，一个家长使劲推另一个家长，或者大孩子把小孩子推进浴缸，使小孩的头浸到很浅的水里。当然，非常小的孩子还会因为其他原因表现出恐惧。伊思和皮诺斯（Eth & Pynoos，1994）在回顾一个目击父母被杀害的案子时指出，小孩子最惊恐的地方，可能是你意想不到的方面，医生需要以一个开放的方式来问出什么使他害怕。例如陌生人在救护车上搬动他父母的尸体比由凶手来做更让他不安。

此外，儿童在3岁前还没有关于怨恨和死亡的概念，但在3～5岁之间能够表现出来（Barrett & Behne，2005）。一个男人拿着枪在婴儿或学步儿附近挥舞不会使他本能地感到害怕。然而，大约8～10个月时，婴儿开始能够感觉到附近的人给他带来的恐惧，并表现出害怕。甚至不到8个月的婴儿就能够感觉到抚养人的恐惧和压力，对抚养人面对创伤的反应感到紧张，而不是对自己受到的威胁感到紧张。

到18个月时，学步儿的表征能力得到发展，使得他们可以比较基于预期偏好的心理表征和经验基础上的行为，他们更有能力去体会、重演和记住真实生活经验，包括对他们以及抚养人的潜在威胁（Lukowski et al.，2005；Simcock & DeLoache，2006）。舍尔丁格和泽纳（Scheeringa & Zeanah，1995）发现创伤事件暴露后对儿童最具威力的创伤因素是来自抚养者的威胁。这个发现在一项关于1～18岁儿童的研究中得到了验证（Scheeringa et al.，2006）。

神经生物学

本章之前提到，生命早期体验的暴力创伤，特别是反复的剧烈暴力，对中枢神经系统、大脑发育和个人整体健康会产生不良影响（McEwen，2003）。我们现在根据发展的相关文献从更深层次综述暴力创伤在神经生物学上的潜在后果。

临床前研究表明，脑部某些区域尤其容易在最初的3～5年之间受到虐待和暴力创伤的负面影响，这些区域包括：（1）在产后也有很长发育期的区域；（2）拥有高密度糖皮质激素受体的区域；（3）可能发育成产后神经的区域。（Teicher et al.，2003）这些区域主要包括海马、杏仁核、胼胝体、小脑蚓部和大脑皮层。

当一只幼鼠受到例如反复步调震动等风险压力时，如果海马区未能形成预期的连接密度，那么这种幼鼠在成年之后，该部位只有非常少的突触连接（Andersen & Teicher，2004）。这些结果支持卡里翁等（Carrion et al.，2007）的研究，PTSD患者的海马体积不同，可能是缘于应激激素神经毒性不同， 204
而不是本质的差异。临床意义上海马和杏仁核损伤是由于应激因素包括混淆过去和现在、倒叙和分离症状的增长倾向（Sakamoto et al.，2005）。

胼胝体是大脑较厚的髓鞘区域，与大脑两半球一体化相联系。婴儿期和童年早期压力激素的高水平可能与抑制神经的胶质细胞分裂有关，而这种分裂是髓鞘发展的关键（Berrebi et al.，1988）。德贝利斯等（DeBellis et al.，2002）观察发现，那些有虐待历史和PTSD的儿童最显著的特征就是胼胝体减小。在头三年的时候，与同龄非虐待儿童相比，过多的糖皮质激素会引起胼胝体髓鞘和皮质紊乱，这也许可以解释受虐的学前儿童在整合认知和情绪信息以及接受他人观点时的障碍（Pears & Fisher，2005）。

众多解释发展和创伤经历交互作用的研究都表明，不同类型的虐待和暴力创伤给发展关键期的大脑带来的影响也是不同的，这在人类和动物

身上都有体现（Hall，1998；Teicher，Tomoda & Andersen，2006）。例如有过多次性虐待和身体虐待的儿童，如果这种虐待发生在童年早期，则与海马体积减小有关，如果发生在青春期，则与前额皮质体积减小有关（Teicher，2005）。

对记忆的影响

从心理学和神经生物学角度理解创伤性事件，还涉及婴儿和年幼儿童编码、记忆、回忆事件等具有发展性的能力，这些能力能赋予这些经历以意义。最近的证据显示即使是在 1 岁之前，婴儿也能很好地使用回忆系统。在生命的第 2 年中，长时记忆已经稳固清晰地呈现，特别是那些被加强过的记忆（例如重复出现和稍微提醒），但这在虐待和家庭暴力事件中是经常出现的（Bauer，2006；Hartshorn & Rovee-Collier，2003）。费沃斯（Fivush，1998）明确提出婴儿在 18 个月之前有对创伤性事件的感知，但并不能通过语言表达出来，然而如果这类事件在 18～36 个月之间经历，儿童经常可以连贯叙述并作为长时记忆进行存储。

两项重要的个案研究强调了婴儿期和童年早期记忆和回忆的问题。两名儿童遭受了目击重要抚养人被凶手伤害这一严重创伤，其中一名儿童约 12 个月大（Gaensbauer，Chatoor，Drell，Siegel & Zeanah，1995），另一名儿童约 19 个月大（Kaplow，Saxe，Putnam，Pynoos & Lieberman，2006）。两个案例都指出，在这种极端情境下的创伤性记忆是用细节编码而整合的，尽管他们还无法形成口头叙述记忆。经历过早期创伤的个体，他们的创伤记忆很容易被触发。很多在 2～3 岁时受到虐待的儿童，当面对自己或他人的严重消极情绪时，他们也很难控制情绪反应。他们在发展连续的、平衡的自我表征，连续的行为组织和建立新关系上会遇到困难（Hartman & Burgess，1989）。

早期慢性的或者是严重的暴力创伤事件和虐待也许会导致记忆功能更普遍的损害（Howe，Cicchetti & Toth，2006；Nelson & Carver，1998）。记忆功能的生物性损害机制被认为是糖皮质激素过多的影响，它会损害包括记忆语境和存储在内的结构发展，比如海马（Sapolsky，2000；Sapolsky，205
Uno，Rebert & Finch，1990）。很显然，在结构化发展的过程中，暴力创伤和虐待会影响大脑神经生物学方面变化的程度和性质。

相关情境

为了支持相关经历能够影响暴露体验的观点，弗洛伊德和伯林厄姆（Freud & Burlingham，1943）描述了年幼儿童在二战伦敦闪电战期间的经历：

> 战争对于儿童的影响是非常重大的，因为战争威胁到他们的生命，打扰他们的舒适生活，或者是切断他们的食物来源。它打破了他们的家庭生活，切断了他们对家庭的依恋。因此，伦敦的孩子被疏散到乡村中以远离炸弹的威胁。

婴儿或年幼儿童的暴力创伤，不管是虐待造成的，还是家庭、社会、战争或恐怖主义的暴力造成的，都是其安全的隐患。与成人不同，极年幼儿童通过情境体验他们的世界，即在重要依恋关系中体验（Scheeringa & Zeanah，2001）。因此他们对于安全的感觉和期盼与抚养人紧密联系在一起。为了处理好暴力对于孩子的影响力，需要理解依恋关系的目标和机制，以及创伤影响依恋的途径。

依恋、安全感和暴力

依恋理论的固有概念中，抚养人与婴儿间的这种行为学智慧，可以确保种群的延续（Bowlby，1969）。婴儿通过依恋行为表达的追求安全感的动机很重要，它会随着时间发生形式上的改变，但是追求“感觉安全”的目的是相同的（Bretherton，1990）。婴儿为了去除不安，体验到安全感，必须去适应，而这种适应或多或少也许是有害的，这取决于挫折的性质和程度。为了回应主要依恋对象提供“让他感觉到”安全的追踪记录，婴儿会给自己和其他人建立一个内部工作模式。这种内部表征在生命的头三年里不断得到巩固，并且在有压力的时候指导着婴儿的预期和行为。

暴力体验，以及随之而来生理上的“感觉到焦虑”，可以准确地被定义为“感觉到安全”的情感对立面。这种情况下，不管是作为受害者还是目击者，他们都没有能力在恐怖情境下调节自己的情绪。对于孩子来说，抚养人的作用就是起到消极或强烈情绪与感觉调节的功能。有些暴力场景下，抚养人可能无法平息婴儿的紧张情绪：当抚养人是受害者时，当抚养人是暴力的目击者而变得过度唤起或者是过度分离导致无法提供安全感，或者当抚养人本身是暴力源时——比如在父母虐待的情形下（Carlson，2000）。一个具有内部工作模式的学步儿，如果未被保护或多次被丢下独自面对巨大恐惧——创伤的标准定义之一——也许就会发展出无安全基础行为（Lieberman & Pawl，1990）。事实上，这种扭曲是儿童在没有抚养人实际精神支持的情况下努力去应对那些无法解决的焦虑时的表现。童年早期的特征是受相关情境影响的，在这些情境中儿童面对压力的能力取决于抚养人的反应，因此抚养人的心理健康状态就成为一件意义非同小可的事。弗雷伯格、阿德尔松和夏皮罗（Fraiberg，Adelson & Shapiro，1975）呼吁大家注意母亲的心理健康状况对于婴儿发展的深刻影响。弗雷伯格描述了“托儿所中的魔鬼”，他有一个恶毒的内部依恋对象，这个依恋对象让他在童年期遭受到各种虐待。弗雷伯格观察发现抚养人过去的创伤导致：（1）他或她现在无法对婴儿焦虑做出
206 适当反应；（2）他或她的参与行为实际上加重了焦虑。从依恋的角度来看，抚养人的不安全依恋表征影响着婴儿对自我与他人的内部工作模式。

在探索表征模型的过程中，福纳吉等（Fonagy，Moran，Steele，Steele & Higgitt，1991；Fonagy，Steele，Moran，Steele & Higgitt，1993）将“反思机能”定义为能够意识到自我和他人之间的相关心理状态（感觉、想法、动机、期望）与行为存在关联的能力。福纳吉的团队发现，抚养人的反思机能可以显著预测婴儿的依恋类型。抚养人准确“读出”婴儿心理状态、推断其意图和敏感协调的回应的能力创造了一种安全的主观体验，并促进婴儿自我调节能力的发展（Bretherton & Munholland，1999）。然而，当反思机能引起极度消极的情感体验时，心理机能的某些方面就会被防御性地抑制（Fonagy，Steele，Steele，Higgitt & Target，1994）或者是消除（Bretherton，1990）。抚养人的防御机制可能会导致其无法正常准确地回应或反映儿童的心理状态，使婴儿不能自己处理紧张的情绪。和这个结果相一致的是，研究发现那些对抚养人有不安全依恋的婴儿，是不能正常解决过去创伤经验的（Lyons-Ruth & Jacobvitz，1999）。简短而言，抚养人依恋关系和创伤暴露的经历不仅通过反思机能决定了自身和儿童依恋的质量，也决定了儿童和抚养人加工创伤暴露的方式。

因此，如果抚养人受到了极其不利的影响，创伤性暴力就会破坏安全感和依恋的最初发展，或者使安全依恋变成不安全依恋。不安全型依恋，反过来，会增加：（1）孩子和抚养人创伤暴露的恢复（Fisher，Gunnar，Dozier，Bruce & Pears，2006）；（2）受创伤的抚养人实施虐待（Cicchetti，Rogosch & Toth，2006）；（3）抚养人看护不当导致的儿童创伤暴露（Schechter，2006；Schechter，Brunelli，Cunningham，Brown & Baca，2002；Schechter et al.，2005）；（4）受创儿童和抚养人反复和传播创伤的风险（Weinfield，Whaley & Egaland，2004）。支持这个论点的证据指出，我们应该从依恋理论和创伤理论两个角度来干预婴儿心理健康中出现的问题（Lieberman，2004）。

很多提议中都强调了创伤经验相关背景在临床评估和治疗中的重要性，其中一个就是，对亲子关系间的PTSD具有调节、缓和的作用（Scheeringa & Zeanah，2001）。另外，也强调对家长的评估，主要是指家长对儿童遭受创伤和灾难后的状态的关注程度（Coates，Schechter & First，2003）。

神经生物学相关内容

和所有的心理功能一样，孩子的期待和依恋对象具有神经生理学上的联系。除了皮质醇的作用，物质滥用在依恋背景下对情绪调节和分离焦虑会产生更强大的影响，这些与注意力失调和对生气与负性情绪的选择性偏见有关（Pollak & Torrey-Schell，2003）。

而且，早期的婴儿依靠他们依恋对象的反馈，来感知并理解自己的体验。杰尔杰伊和沃森（Gergely & Watson，1996）的研究描述了婴儿早期对及时反馈的期待，这也是他们首次强调主要抚养人对婴儿的情感关注，即在出生后2～5个月期间，关注情感的加工与调节、感同身受的反馈，以及对宝宝的调节功能。随后，杰尔杰伊（Gergely，2001）指出对儿童想法缺少关注或者过分识别都会影响情感调节，尤其是在面对危机和创伤时。 207

我们知道发育中的大脑有很多特殊的神经回路，其中，镜像神经元扮演着重要角色，它们对社会认知、自我意识、情绪管理和学习能力的发展起着至关重要的作用（Iacoboni & Dapretto，2006）。我们只是刚刚才开始了解这些皮质前运动区和顶叶结

构在早期发展中的功能性意义。未来研究还需要从攻击性的角度关注暴力暴露对这些回路发育的影响。

迈伦·霍弗（Myron Hofer，1984）在哺乳类物种的依恋系统中描述了多重“隐身调节者”。人类情感与唤醒的相互调节，需要大脑中从髓鞘到前额叶回路的综合协调，所有区域都来协助儿童在面对压力和恐惧时的情绪调节。换句话说，在生命的头 5 年里，主要抚养人在婴儿的自我调节发展上起着至关重要的作用。依恋系统中“隐身调节者”包括睡眠、饮食、消化和排泄，还有情感、唤醒和注意等高级功能。文献中列举了许多例子，比如受暴力创伤和虐待的抚养人的后遗症、PTSD、情绪障碍、严重的人格障碍和物质滥用，它们在发展的结构化过程中，在依恋的表征和行为层面，都会损害基本的调节功能（Lyons-Ruth & Block，1996；Schechter et al.，2005；Theran，Levendosky，Bogat & Huth-Bocks，2005），并导致代际的暴力创伤和虐待遗传。

神经生物学根据对灵长类的研究，尤其是对猕猴的研究，能够说明依恋在抑制虐待代际遗传中的作用（Barr et al.，2004；Maestripieri，2005；Shannon et al.，2005）。香农等（Shannon et al.，2005）的研究发现，母性因素缺失（即忽视）与血清素减少有关，与情绪和冲动性疾病有关，也与过度饮酒有关（参见 Barr et al.，2004）。

最近研究也证明了创伤后生物反应的代际遗传，不过这个发现仍存争议。在孕期遭受暴力创伤影响的母亲（即“9·11”恐怖袭击事件），其糖皮质激素压力反应和糖皮质激素水平与其 9 个月婴儿的行为反应是相关的（Yehuda et al.，2005）。耶胡达等（Yehuda，Yehuda et al.，2005）发现，“9·11”事件中有些孕妇在逃离世贸中心时已怀有 2～3 个月的身孕。产后一年，她们和孩子分泌的唾液皮质醇水平较低，随后更有可能发展成 PTSD。更惊人的是，在 9 个月期间她们的婴儿也表现出更低的唾液皮质醇水平和更多的对新奇事物的忧虑反应。如果是这样的话，那么 PTSD 到底是一种并无实际威胁的风险，还是一种对潜在威胁有价值的预警反应？

抚养人对婴儿刺激的反应会经历下丘脑—中脑—边缘系统—旁边缘系统—皮质的循环回路，这与对正常母婴二元体进行的神经成像研究的发现一致（Swain，Lorberbaum，Kose & Strathearn，2007）。我们可以想象儿童失常对遭受过创伤的母亲而言也是一种紧张性刺激。实际上，遭受过暴力的母亲的婴儿和没有遭受过暴力的母亲的婴儿在面对压力时，他们的自主神经系统的反应和大脑的活动是有差异的（Schechter，2006）。

影响创伤暴露破坏性（比如忍受了多久）的一个重要决定因素是主要抚养人通过管理婴儿的情 208
绪、睡眠、唤醒和注意力帮他们恢复和建立安全感的能力（Laor，Wolmer & Cohen，2001；Scheeringa & Zeanah，2001）。这些发现也许会指导我们找到通过养育的功能性作用解决暴力创伤经历和其后遗症的途径。从一个积极的角度来看，我们已经开始了解新的关系，即良好的照顾，即使不能逆转，也可以抑制早期的暴力创伤带来的负面影响（Fisher et al.，2006；Zeanah et al.，2001）。

预防性干预和治疗

正如我们所理解的，暴力、创伤和童年早期经历的关系是很复杂的（Osofsky，2004），所以需要干预和预防。国家儿童创伤性压力网络（NCTSN）有效地传播了关于心理健康治疗和创伤的信息。在国家政策水平上，未成年人刑事和犯罪预防办公室、司法部司法程序办公室、健康与人类服务部门已经设立了安全开端计划：联邦社区合作计划（Kracke，2001）。计划的目的是通过扩展各级儿童教育、心理健康和刑事司法服务提供之间的合作关系，阻止和减少家庭暴力对孩子的影响。

最著名的预防虐待和忽视的项目是 NFP（Olds，Sadler & Kitzman，2007）。NFP 把护士送到那些有高风险的、第一次做妈妈，或者是怀孕初期的家庭中，并且直到孩子 2 岁的时候才离开。这个项目是为受虐待儿童和忽视儿童的家庭设计的，希望能解决分娩困难、儿童虐待与忽视和经济能力不足等问题。在随后的 15 年中，那些参与项目的妈妈中有 48% 没有出现儿童虐待或者是忽视。然而这个计划没有把家庭暴力作为目标，从而导致家庭暴力并没有显著减少。

关于对创伤儿童的治疗，经实践检验的成功方法正在不断增多，例如创伤聚焦认知行为疗法（Cohen & Mannarino，1996）和亲子心理治疗

（Cicchetti et al.，2006；Lieberman，Van Horn & Ghosh Ippen，2005a）。

录像带反馈是童年早期治疗干预中一种有价值的工具，其效果尤其体现在降低创伤后的逃避和分离上（Schechter et al.，2006）。遭受严重创伤的母亲即使仅仅回顾录像，也能降低其对儿童造成的负面影响。

在抚养儿童上的有效干预也能够降低皮质醇水平，减少行为问题，减少儿童的不安全依恋行为，降低问题再犯的概率（Dozier，Peloso，Lewis，Laurenceau & Levine，2008；Fisher et al.，2006；Zeanah et al.，2001）。

结论

本章提供了一个基本的框架，从至少4个方面对遭受过暴力创伤或虐待的婴儿或年幼儿童的评估和治疗进行了介绍：暴露的性质、婴儿的先天因素、成长环境和关系环境。我们希望临床医生和研究者在阅读完本章后会思考：

婴儿发生了什么事？

从心理生物学的角度而言，谁是遭受过创伤的婴儿？

在婴儿生命进程中的什么时候，发生了创伤事件？

在婴儿的关系世界里，谁能帮助他们或阻止那些事件的发生？

致谢

感谢来自纽约州精神病研究所亲子互动工程协调员雅伊梅·马卡（Jaime McCaw）女士所提供的帮助。

参考文献

Allwood, M., Bell-Dolan, D., & Hussain, S. (2002). Children's trauma and adjustment reactions to violent and nonviolent war experiences. *Journal of the American Academy of Child and Adolescent Psychiatry*, *41*, 450–457.

Andersen, S. L., & Teicher, M. H. (2004). Delayed effects of early stress on hippocampal development. *Neuropsychopharmacology*, *29*(11), 1988–1993.

Appel, A. E., & Holden, G. W. (1998). The co-occurrence of spouse and physical child abuse: A review and appraisal. *Journal of Family Psychology*, *12*(4), 578–599.

Bailey, B. N., Hannigan, J. H., Delaney-Black, V., Covington, C., & Sokol, R. J. (2006). The role of maternal acceptance in the relation between community violence exposure and child functioning. *Journal of Abnormal Child Psychology*, *34*(1), 57–70.

Barr, C. S., Newman, T. K., Lindell, S., Becker, M. L., Shannon, C., Champoux, M., et al. (2004). Early experience and sex interact to influence limbic–hypothalamic–pituitary–adrenal axis function after acute alcohol administration in rhesus macaques (*Macaca mulatta*). *Alcoholism: Clinical and Experimental Research*, *28*(7), 1114–1119.

Barrett, H. C., & Behne, T. (2005). Children's understanding of death as the cessation of agency: A test using sleep versus death. *Cognition*, *96*(2), 93–108.

Bauer, P. J. (2006). Constructing a past in infancy: A neuro-developmental account. *Trends in Cognitive Sciences*, *10*(4), 175–181.

Beeghly, M., & Cicchetti, D. (1994). Child maltreatment, attachment, and the self system: Emergence of an internal state lexicon in toddlers at high social risk. *Development and Psychopathology*, *6*, 5–30.

Berrebi, A. S., Fitch, R. H., Ralphe, D. L., Denenberg, J. O., Friedrich, V. L. J., & Denenberg, V. H. (1988). Corpus callosum: Region-specific effects of sex, early experience and age. *Brain Research*, *438*(1–2), 216–224.

Bowlby, J. (1969). *Attachment and loss: Vol. 1. Attachment*. New York: Basic Books.

Bowlby, J. (1979). *The making and breaking of affectional bonds*. London: Tavistock Press.

Bremner, J. D., Randall, P., Vermetten, E., Staib, L., Bronen, R. A., Mazure, C., et al. (1997). Magnetic resonance imaging-based measurement of hippocampal volume in posttraumatic stress disorder related to childhood physical and sexual abuse: A preliminary report. *Biological Psychiatry*, *41*(1), 23–32.

Bretherton, I. (1990). Communication patterns, internal working models, and the intergenerational transmission of attachment relationships. *Infant Mental Health Journal*, *11*(3), 237–252.

Bretherton, I., & Munholland, K. A. (1999). Internal working models in attachment relationships: A construct revisited. In J. Cassidy & P. R. Shaver (Eds.), *Handbook of attachment* (pp. 89–114). New York: Guilford Press.

Carlson, B. E. (2000). Children exposed to intimate partner violence: Research findings and implications for intervention. *Trauma, Violence, and Abuse, 1*(4), 116–126.

Carrion, V. G., Weems, C. F., & Reiss, A. L. (2007). Stress predicts brain changes in children: A pilot longitudinal study on youth stress, posttraumatic stress disorder, and the hippocampus. *Pediatrics, 119*(3), 509–516.

Caspi, A., McClay, J., Moffitt, T. E., Mill, J., Martin, J., Craig, I. W., et al. (2002). Role of genotype in the cycle of violence in maltreated children. *Science, 297*(5582), 851–854.

Caspi, A., Sugden, K., Moffitt, T. E., Taylor, A., Craig, I. W., Harrington, H., et al. (2003). Influence of life stress on depression: Moderation by polymorphism in the 5-HTT gene. *Science, 301*(5631), 386–389.

Catalano, S. (2006). *National crime victimization survey: Criminal victimization in the United States, 2005*. Washington, DC: Bureau of Justice Statistics, U.S. Department of Justice, Publication No. NCJ 214644.

Cicchetti, D., & Lynch, M. (1995). Failures in the expectable environment and their impact on individual development: The case of child maltreatment. In D. Cicchetti & D. J. Cohen (Eds.), *Developmental psychopathology: Risk, disorder, and adaptation* (Vol. 2, pp. 32–71). New York: Wiley.

Cicchetti, D., Rogosch, F. A., & Toth, S. L. (2006). Fostering secure attachment in infants in maltreating families through preventive interventions. *Development and Psychopathology, 18*(3), 623–649.

Cicchetti, D., Toth, S. L., Bush, M. A., & Gillespie, J. F. (1988). Stage-salient issues: A transactional model of intervention. *New Directions for Child Development, 39*, 123–145.

Coates, S. W., Schechter, D. S., & First, E. (2003). Brief interventions with traumatized children and families after September 11. In S. W. Coates, J. L. Rosenthal, & D. S. Schechter (Eds.), *September 11: Trauma and human bonds* (pp. 23–50). Hillside, NJ: Analytic Press.

Cohen, J. A., & Mannarino, A. P. (1996). A treatment outcome study for sexually abused preschool children: Initial findings. *Journal of the American Academy of Child and Adolescent Psychiatry, 35*, 42–50.

Cohen, J. A., Mannarino, A. P., Murray, L. K., & Igelman, R. (2006). Psychosocial interventions for maltreated and violence-exposed children. *Journal of Social Issues, 62*(4), 737–766.

Cook, E. H. J., Kieffer, J. E., Charak, D. A., & Leventhal, B. L. (1993). Autistic disorder and post-traumatic stress disorder. *Journal of the American Academy of Child and Adolescent Psychiatry, 32*(6), 1292–1294.

Copeland, W. E., Keeler, G., Angold, A., & Costello, E. J. (2007). Traumatic events and posttraumatic stress in childhood. *Archives of General Psychiatry, 64*(5), 577–584.

Costello, E. J., Erkanli, A., Fairbank, J. A., & Angold, A. (2002). The prevalence of potentially traumatic events in childhood and adolescence. *Journal of Traumatic Stress, 15*(2), 99–112.

Cote, S. M., Vaillancourt, T., Barker, E. D., Nagin, D., & Tremblay, R. E. (2007). The joint development of physical and indirect aggression: Predictors of continuity and change during childhood. *Development and Psychopathology, 19*(1), 37–55.

DeBellis, M. D., Keshavan, M. S., Shifflett, H., Iyengar, S., Beers, S. R., Hall, J., et al. (2002). Brain structures in pediatric maltreatment-related posttraumatic stress disorder: A sociodemographically matched study. *Biological Psychiatry, 52*(11), 1066–1078.

Dozier, M., Peloso, E., Lewis, E., Laurenceau, J. P., & Levine, S. (2008). Effects of an attachment-based intervention on the cortisol production of infants and toddlers in foster care. *Developmental Psychopathology, 20*(3), 845–859.

Driessen, M., Schroeder, T., Widmann, B., von Schonfeld, C. E., & Schneider, F. (2006). Childhood trauma, psychiatric disorders, and criminal behavior in prisoners in Germany: A comparative study in incarcerated women and men. *Journal of Clinical Psychiatry, 67*(10), 1486–1492.

Dube, S. R., Anda, R. F., Felitti, V. J., Chapman, D. P., Williamson, D. F., & Giles, W. H. (2001). Childhood abuse, household dysfunction, and the risk of attempted suicide throughout the life span: Findings from the Adverse Childhood Experiences Study. *Journal of the American Medical Association, 286*(24), 3089–3096.

Edleson, J. L. (1999). The overlap between child maltreatment and woman battering. *Violence Against Women, 5*(2), 134–154.

Ehrensaft, M. K., Cohen, P., Brown, J., Smailes, E., Chen, H., & Johnson, J. G. (2003). Intergenerational transmission off partner violence: A 20-year prospective study. *Journal of Consulting and Clinical Psychology, 71*(4), 741–753.

Eigsti, I. M., & Cicchetti, D. (2004). The impact of child maltreatment on expressive syntax at 60 months. *Developmental Science, 7*(1), 88–102.

Eth, S., & Pynoos, R. S. (1994). Children who witness the homicide of a parent. *Psychiatry, 57*(4), 287–306.

Fantuzzo, J., & Fusco, R. (2007). Children's direct sensory exposure to substantiated domestic violence crimes. *Violence and Victims, 22*(2), 158–171.

Farver, J. A., Natera, L. X., & Frosch, D. L. (1999). Effects of community violence on inner-city preschoolers and their families. *Journal of Applied Developmental Psychology, 20*, 143–158.

Farver, J. A., Xu, Y., Eppe, S., Fernandez, A., & Schwartz, D. (2005). Community violence, family conflict, and preschoolers' socioemotional functioning. *Developmental Psychology, 41*(1), 160–170.

Fischer, K. W., Ayoub, C., Singh, I., Noam, G.,

Maraganore, A., & Raya, P. (1997). Psychopathology as adaptive development along distinctive pathways. *Development and Psychopathology*, *9*(4), 749–779.

Fisher, P. A., Gunnar, M. R., Dozier, M., Bruce, J., & Pears, K. C. (2006). Effects of therapeutic interventions for foster children on behavioral problems, caregiver attachment, and stress regulatory neural systems. *Annals of the New York Academy of Sciences*, *1094*, 215–225.

Fivush, R. (1998). Children's recollections of traumatic and nontraumatic events. *Development and Psychopathology*, *10*(4), 699–716.

Fonagy, P., Moran, G., Steele, M., Steele, H., & Higgitt, A. (1991). The capacity for understanding mental states: The reflective self in parent and child and its significance for security of attachment. *Infant Mental Health Journal*, *13*, 200–216.

Fonagy, P., Steele, M., Moran, G. S., Steele, H., & Higgitt, A. (1993). Measuring the ghost in the nursery: An empirical study of the relation between parents' mental representations of childhood experiences and their infants' security of attachment. *Journal of American Psychoanalytic Association*, *41*, 957–989.

Fonagy, P., Steele, M., Steele, H., Higgitt, A., & Target, M. (1994). Theory and practice of resilience. *Journal of Child Psychology and Psychiatry*, *35*, 231–257.

Fraiberg, S., Adelson, E., & Shapiro, V. (1975). Ghosts in the nursery: A psychoanalytic approach to the problems of impaired infant–mother relationships. *Journal of the American Academy of Child Psychiatry*, *14*(3), 387–421.

Freud, A., & Burlingham, D. T. (1943). *War and children*. New York: Medical War Books.

Gaensbauer, T., Chatoor, I., Drell, M., Siegel, D., & Zeanah, C. H. (1995). Traumatic loss in a one-year-old girl. *Journal of the American Academy of Child and Adolescent Psychiatry*, *34*(4), 520–528.

Gelles, R. J. (1997). *Intimate violence in families* (3rd ed.). London: Sage.

Gergely, G. (2001). The obscure object of desire: "nearly, but clearly not, like me": Contingency preference in normal children versus children with autism. *Bulletin of the Menninger Clinic*, *65*(3), 411–426.

Gergely, G., & Watson, J. S. (1996). The social biofeedback theory of parental affect-mirroring: The development of emotional self-awareness and self-control in infancy. *International Journal of Psychoanalysis*, *77*(Pt. 6), 1181–1212.

Gilbertson, M. W., Shenton, M. E., Ciszewski, A., Kasai, K., Lasko, N. B., Orr, S. P., et al. (2002). Smaller hippocampal volume predicts pathologic vulnerability to psychological trauma. *Nature: Neuroscience*, *5*(11), 1242–1247.

Gjelsvik, A., Verhoek-Oftedahl, W., & Pearlman, D. N. (2003). Domestic violence incidents with children witnesses: Findings from Rhode Island surveillance data. *Women's Health Issues*, *13*(2), 68–73.

Hall, F. S. (1998). Social deprivation of neonatal, adolescent, and adult rats has distinct neurochemical and behavioral consequences. *Critical Reviews in Neurobiology*, *12*, 129–162.

Hartman, C. R., & Burgess, A. W. (1989). Sexual abuse of children: Causes and consequences. In D. Cicchetti & V. Carlson (Eds.), *Child maltreatment* (pp. 95–128). New York: Cambridge University Press.

Hartshorn, K., & Rovee-Collier, C. (2003). Does infant memory expression reflect age at encoding or age at retrieval? *Developmental Psychobiology*, *42*(3), 283–291.

Hazen, A. L., Connelly, C. D., Kelleher, K., Landsverk, J., & Barthm, R. (2004). Intimate partner violence among female caregivers of children reported for child maltreatment. *Child Abuse and Neglect*, *28*(3), 301–319.

Hofer, M. A. (1984). Relationships as regulators: A psychobiological perspective on bereavement. *Psychosomatic Medicine*, *46*, 183–187.

Horner-Johnson, W., & Drum, C. E. (2006). Prevalence of maltreatment of people with intellectual disabilities: A review of recently published research. *Mental Retardation and Developmental Disabilities Research Reviews*, *12*(1), 57–69.

Howe, M. L., Cicchetti, D., & Toth, S. L. (2006). Children's basic memory processes, stress, and maltreatment. *Development and Psychopathology*, *18*(3), 759–769.

Huizinga, D., Haberstick, B. C., Smolen, A., Menard, S., Young, S. E., Corley, R. P., et al. (2006). Childhood maltreatment, subsequent antisocial behavior, and the role of monoamine oxidase A genotype. *Biological Psychiatry*, *60*(7), 677–683.

Iacoboni, M., & Dapretto, M. (2006). The mirror neuron system and the consequences of its dysfunction. *Nature Reviews. Neuroscience*, *7*(12), 942–951.

Kaplow, J. B., Saxe, G. N., Putnam, F. W., Pynoos, R. S., & Lieberman, A. F. (2006). The long-term consequences of early childhood trauma: A case study and discussion. *Psychiatry*, *69*(4), 362–375.

Kaufman, J., Plotsky, P. M., Nemeroff, C. B., & Charney, D. S. (2000). Effects of early adverse experiences on brain structure and function: Clinical implications. *Biological Psychiatry*, *48*(8), 778–790.

Kitzmann, K. M., Gaylord, N. K., Holt, A. R., & Kenny, E. D. (2003). Child witness to domestic violence: A meta-analytic review. *Journal of Consulting and Clinical Psychology*, *71*, 741–753.

Kracke, K. (2001). Children's exposure to violence: The Safe Start Initiative. In *Office of Juvenile Justice and Delinquency Prevention fact sheet*, *13*.

Laor, N., Wolmer, L., & Cohen, D. J. (2001). Mothers' functioning and children's symptoms 5 years after a SCUD missile attack. *American Journal of Psychiatry*, *158*(7), 1020–1026.

Levendosky, A. A., Leahy, K. L., Bogat, G. A., Davidson, W. S., & von Eye, A. (2006). Domestic violence, maternal parenting, maternal mental health, and infant externalizing behavior. *Journal of Family Psychology*, *20*(4), 544–552.

Lieberman, A. F. (2004). Traumatic stress and quality of attachment: Reality and internalization in disorders of infant mental health. *Infant Mental Health Journal*, *24*(4), 336–351.

Lieberman, A. F., & Pawl, J. H. (1990). Disorders of attachment and secure-base behavior in the second year of life. In E. T. Greenberg, D. Cicchetti, & E. M. Cummings (Eds.), *Attachment in the preschool years: Theory, research, and interventions* (pp. 375–397). Chicago: University of Chicago Press.

Lieberman, A. F., Van Horn, P., & Gosh Ippen, C. (2005a). Toward evidence-based treatment: Child–parent psychotherapy with preschoolers exposed to marital violence. *Journal of the American Academy of Child and Adolescent Psychiatry*, *44*(12), 1241–1248.

Lieberman, A. F., Van Horn, P., & Ozer, E. J. (2005b). Preschooler witnesses of marital violence: Predictors and mediators of child behavior problems. *Development and Psychopathology*, *17*, 385–396.

Linares, L. O., Heeren, T., Bronfman, E., Zuckerman, B., Augustyn, M., & Tronick, E. (2001). A mediational model for the impact of exposure to community violence on early child behavior problems. *Child Development*, *72*(2), 639–652.

Lukowski, A. F., Wiebe, S. A., Haight, J. C., DeBoer, T., Nelson, C. A., & Bauer, P. J. (2005). Forming a stable memory representation in the first year of life: Why limitation is more than child's play. *Developmental Science*, *8*(3), 279–298.

Lyons-Ruth, K., & Block, D. (1996). The disturbed caregiving system: Relations among childhood trauma, maternal caregiving, and infant affect and attachment. *Infant Mental Health Journal*, *17*, 257–275.

Lyons-Ruth, K., & Jacobvitz, D. (1999). Attachment disorganization: Unresolved loss, relational violence, and lapses in behavioral and attentional strategies. In J. Cassidy & P. R. Shaver (Eds.), *Handbook of attachment: Theory, research, and clinical implications* (pp. 520–555). New York: Guilford Press.

Maestripieri, D. (2005). Early experience affects the intergenerational transmission of infant abuse in rhesus monkeys. *Proceedings of the National Academy of Science USA*, *102*(27), 9726–9729.

Manly, J. T., Kim, J. E., Rogosch, F. A., & Cicchetti, D. (2001). Dimensions of child maltreatment and children's adjustment: Contributions of developmental timing and subtype. *Development and Psychopathology*, *13*, 759–782.

Margolin, G., & Gordis, E. B. (2000). The effects of family and community violence on children. *Annual Review of Psychology*, *51*, 445–479.

McDonald, R., Jouriles, E. N., Ramisetty-Mikler, S., Caetano, R., & Green, C. E. (2006). Estimating the number of American children living in partner-violent families. *Journal of Family Psychology*, *20*(1), 137–142.

McEwen, B. S. (2003). Early life influences on lifelong patterns of behavior and health. *Mental Retardation and Developmental Disabilities Research Reviews*, *9*(3), 149–154.

Nelson, C. A., & Carver, L. J. (1998). The effects of stress and trauma on brain and memory: A view from developmental cognitive neuroscience. *Development and Psychopathology*, *10*(4), 793–809.

Nilsson, K. W., Sjoberg, R. L., Wargelius, H. L., Leppert, J., Lindstrom, L., & Oreland, L. (2007). The monoamine oxidase A (MAO-A) gene, family function, and maltreatment as predictors of destructive behaviour during male adolescent alcohol consumption. *Addiction*, *102*(3), 389–398.

Olds, D. L., Sadler, L., & Kitzman, H. (2007). Programs for parents of infants and toddlers: Recent evidence from randomized trials. *Journal of Child Psychology and Psychiatry*, *48*(3–4), 355–391.

Osofsky, J. D. (2003). Prevalence of children's exposure to domestic violence and child maltreatment: Implications for prevention and intervention. *Clinical Child and Family Psychology Review*, *6*(3), 161–170.

Osofsky, J. D. (2004). *Young children and trauma: Intervention and treatment*. New York: Guilford Press.

Pears, K. C., & Fisher, P. A. (2005). Emotion understanding and theory of mind among maltreated children in foster care: Evidence of deficits. *Development and Psychopathology*, *17*(1), 47–65.

Pfefferbaum, B., Pfefferbaum, R. L., Gurwitch, R. H., Nagumalli, S., Brandt, E. N., Robertson, M. J., et al. (2003). Children's response to terrorism: A critical review of the literature. *Current Psychiatry Reports*, *5*(2), 95–100.

Pine, D. S., Costello, J., & Masten, A. (2005). Trauma, proximity, and developmental psychopathology: The effects of war and terrorism on children. *Neuropsychopharmacology*, *30*(10), 1781–1792.

Pollak, S. D., & Torrey-Schell, S. A. (2003). Selective attention to facial emotion in physically abused children. *Journal of Abnormal Psychology*, *112*(3), 323–338.

Pynoos, R. S., Schreiber, M. D., Steinberg, A. M., & Pfefferbaum, B. J. (2005). Impact of terrorism on children. In B. J. Sadock & V. A. Sadock (Eds.), *Comprehensive textbook of psychiatry* (Vol. II, pp. 3,551–3,564). Philadelphia: Lippincott, William & Wilkens.

Sakamoto, H., Fukuda, R., Okuaki, T., Rogers, M., Kasai, K., Machida, T., et al. (2005). Parahippocampal activation evoked by masked traumatic images in posttraumatic stress disorder: A functional MRI study. *NeuroImage*, *26*(3), 813–821.

Saltzman, K. M., Holden, G. W., & Holahan, C. J. (2005). The psychobiology of children exposed to marital violence. *Journal of Clinical Child and Adolescent Psychology*, *34*(1), 129–139.

Sapolsky, R. M. (2000). Glucocorticoids and hippocampal atrophy in neuropsychiatric disorders. *Archives of General Psychiatry*, *57*(10), 925–935.

Sapolsky, R. M., Uno, H., Rebert, C. S., & Finch, C. E. (1990). Hippocampal damage associated with prolonged glucocorticoid exposure in primates. *Journal of Neuroscience*, *10*, 2897–2902.

Schechter, D. S. (2006, October). *Maternal PTSD and availability for mutual emotion regulation with toddlers.* Paper presented at the 53rd annual meeting of the American Academy of Child and Adolescent Psychiatry, Washington, DC.

Schechter, D. S., Brunelli, S. A., Cunningham, N., Brown, J., & Baca, P. (2002). Mother–daughter relationships and child sexual abuse: A pilot study of 35 mothers and daughters (ages 1–9 years). *Bulletin of the Menninger Clinic*, *66*(1), 39–60.

Schechter, D. S., Coots, T., Zeanah, C. H., Davies, M., Coates, S. W., Trabka, K. A., et al. (2005). Maternal mental representations of the child in an inner-city clinical sample: Violence-related posttraumatic stress and reflective functioning. *Attachment and Human Development*, *7*(3), 313–331.

Schechter, D. S., Myers, M. M., Brunelli, S. A., Coates, S. W., Zeanah, C. H., Davies, M., et al. (2006). Traumatized mothers can change their minds about their toddlers: Understanding how a novel use of videofeedback supports positive change of maternal attributions. *Infant Mental Health Journal*, *27*(5), 429–447.

Scheeringa, M. S., Wright, M. J., Hunt, J. P., & Zeanah, C. H. (2006). Factors affecting the diagnosis and prediction of PTSD symptomatology in children and adolescents. *American Journal of Psychiatry*, *163*, 644–651.

Scheeringa, M. S., & Zeanah, C. H. (1995). Symptom expression and trauma variables in children under 48 months of age. *Infant Mental Health Journal*, *16*, 259–270.

Scheeringa, M. S., & Zeanah, C. H. (2001). A relational perspective on PTSD in early childhood. *Journal of Traumatic Stress*, *14*(4), 799–815.

Scheeringa, M. S., & Zeanah, C. (2008). Reconsideration of harm's way: Onsets and comorbidity patterns in preschool children and their caregivers following Hurricane Katrina. *Journal of Clinical Child and Adolescent Psychology*, *37*, 508–518.

Scheeringa, M. S., Zeanah, C. H., Myers, L., & Putnam, F. (2003). New findings on alternative criteria for PTSD in preschool children. *Journal of the American Academy of Child and Adolescent Psychiatry*, 42, 561–570.

Seng, J. S., Graham-Bermann, S. A., Clark, M. K., McCarthy, A. M., & Ronis, D. L. (2005). Posttraumatic stress disorder and physical comorbidity among female children and adolescents: Results from service-use data. *Pediatrics*, *116*(6), E767–E776.

Shahinfar, A., Fox, N. A., & Leavitt, L. A. (2000). Preschool children's exposure to violence: Relation of behavior problems to parent and child reports. *American Journal of Orthopsychiatry*, *70*(1), 115–125.

Shannon, C., Schwandt, M. L., Champoux, M., Shoaf, S. E., Suomi, S. J., Linnoila, M., et al. (2005). Maternal absence and stability of individual differences in CSF 5-HIAA concentrations in rhesus monkey infants. *American Journal of Psychiatry*, *162*(9), 1658–1664.

Silberg, J., Rutter, M., Neale, M., & Eaves, L. (2001). Genetic moderation of environmental risk for depression and anxiety in adolescent girls. *British Journal of Psychiatry*, *179*, 116–121.

Simcock, G., & DeLoache, J. (2006). Get the picture?: The effects of iconicity on toddlers' reenactment from picture books. *Developmental Psychology*, *42*(6), 1352–1357.

Stein, A. H., & Friedrich, L. K. (1972). Television content and young children's behavior. In J. P. Murray, E. A. Rubinstein, & G. A. Comstock (Eds.), *Television and social behavior* (Vol. 2). Washington, DC: U.S. Government Printing Office.

Stein, B. D., Jaycox, L. H., Kataoka, S., Rhodes, H. J., & Vestal, K. D. (2003). Prevalence of child and adolescent exposure to community violence. *Clinical Child and Family Psychology Review*, *6*(4), 247–264.

Straus, M. A., Gelles, R. J., & Steinmetz, S. K. (1980). *Behind closed doors: Violence in the American family.* New York: Doubleday/Anchor Books.

Swain, J. E., Lorberbaum, J. P., Kose, S., & Strathearn, L. (2007). Brain basis of early parent–infant interactions: Psychology, physiology, and in vivo functional neuroimaging studies. *Journal of Child Psychology and Psychiatry*, *48*(3–4), 262–287.

Teicher, M. H. (2005, October). *Childhood abuse and regional brain development: Evidence for sensitive periods.* Paper presented at the meeting of the American Academy of Child and Adolescent Psychiatry, Toronto, Ontario.

Teicher, M. H., Andersen, S. L., Polcari, A., Anderson, C. M., Navalta, C. P., & Kim, D. M. (2003). The neurobiological consequences of early stress and childhood maltreatment. *Neuroscience and Biobehavioral Reviews*, *27*(1–2), 33–44.

Teicher, M. H., Tomoda, A., & Andersen, S. L. (2006). Neurobiological consequences of early stress and childhood maltreatment: Are results from human and animal studies comparable? *Annals of the New York Academy of Sciences*, *1071*, 313–323.

Thabet, A. A. M., Karim, K., & Vostanis, P. (2006). Trauma exposure in preschool children in a war zone. *British Journal of Psychiatry*, *188*, 154–158.

Theran, S. A., Levendosky, A. A., Bogat, G. A., & Huth-Bocks, A. C. (2005). Stability and change in mothers' internal representations of their infants over time. *Attachment and Human Development*, *7*(3), 253–268.

Turk, J., Robbins, I., & Woodhead, M. (2005). Post-traumatic stress disorder in young people with intellectual disability. *Journal of Intellectual Disability Research*, *49*, 872–875.

United Nations Children's Fund. (2004). *The state of the world's children 2005: Childhood under threat.* New York: Author.

U.S. Department of Health and Human Services, Administration on Children, Youth, and Families. (2006). *Child maltreatment 2005*. Washington, DC: U.S. Government Printing Office.

Wang, Y., Nomura, Y., Pat-Horenczyk, R., Doppelt, O., Abramovitz, R., Brom, D., et al. (2006). Association of direct exposure to terrorism, media exposure to terrorism, and other trauma with emotional and behavioral problems in preschool children. *Annals of the New York Academy of Sciences, 1094*, 363–368.

Weinfield, N. S., Whaley, G. J., & Egeland, B. (2004). Continuity, discontinuity, and coherence in attachment from infancy to late adolescence: Sequelae of organization and disorganization. *Attachment and Human Development*, 6(1), 73–97.

Widom, C. S., & Brzustowicz, L. M. (2006). MAOA and the "cycle of violence": Childhood abuse and neglect, MAOA genotype, and risk for violent and antisocial behavior. *Biological Psychiatry, 60*(7), 684–689.

Yehuda, R., Engel, S. M., Brand, S. R., Seckl, J., Marcus, S. M., & Berkowitz, G. S. (2005). Transgenerational effect of posttraumatic stress disorder in babies of mothers exposed to the World Trade Center attacks during pregnancy. *Journal of Clinical Endocrinology and Metabolism, 90*(7), 4115–4118.

Zeanah, C. H., Larrieu, J. A., Heller, S. S., Valliere, J., Hinshaw-Fuselier, S., Aoki, Y., et al. (2001). Evaluation of a preventive intervention for maltreated infants and toddlers in foster care. *Journal of the American Academy of Child and Adolescent Psychiatry*, *40*(2), 214–221.

第 13 章

未成年母亲的社会关系

西德尼·L·汉斯（Sydney L. Hans）
马修·J·图伦（Matthew J. Thullen）

214 孩子的出生标志着一个家庭的重要转变。假如这个妈妈未成年，那就有很多需要她关注的事情，为人母的过渡时间被取消，这会将她与孩子置于极大的风险当中。在美国，虽然很多未成年母亲的经济水平都较为拮据，并且早育影响着美国各个种族，但是青少年早育最多的还是欧裔美国人（Martin et al.，2007）。尽管在最近几十年里，全球未成年母亲的生育率在下降，但是与其他西方工业化国家相比，美国的未成年母亲生育率却在继续上升（Alan Guttmacher Institute，2001）。学校、健康诊所、社区机构都在积极寻找方法，以便更好地满足那些未成年母亲的需要。

未成年母亲的孩子与成年母亲的孩子相比，在早期的发育和行为上更容易表现出一些问题，最重要的是这些孩子往往也会变成未成年父母（Brooks-Gunn & Chase-Lansdale，1995；East & Felice，1996；Hardy et al.，1997）。研究证明未成年母亲将通过两个途径将风险遗传到孩子身上（Berlin，Brady-Smith & Brooks-Gunn，2002）。首先，从宏观角度来看，美国复杂的社会和家庭环境与未成年人的生育是密切相关的，其中包括家庭和社区贫困、单亲、有限的亲子教育等，它们都可能把孩子置于巨大的风险当中（Brooks-Gunn & Chase-Lansdale，1995；Turley，2003）。其次，从微观角度来看，未成年母亲的养育行为以及她跟孩子所建立起来的养育关系可能影响到孩子的发展。在这个时期，我们关注于未成年母亲和婴儿之间的关系，并且通过有计划的干预来支持这些关系。

尽管婴儿心理健康专业人员认为母亲和婴儿是他们工作的重点，但是孩子的出生也会使得家庭其他关系也发生改变（Cowan & Cowan，1995）。假如这个母亲是未成年人，那么由于这些重新建立起来的社会关系有着自身的特点，她可能还没有做好准备去承担养育孩子的责任，很可能由她的父母来抚养孩子，并且还涉及与孩子父 215
亲的不稳定关系。

这些关系在未成年母亲的生活中起着重要的作用，特别是与其母亲和孩子父亲的关系，我们同样通过有计划的干预来支持这些关系。

最后，从婴儿心理健康的角度来看，认识这些“人际关系的相互影响”（Emde，1991）是一项很重要的内容，我们也研究未成年母亲与其母亲和配偶的关系，看他们是如何支持母婴关系的；婴儿心理健康实践者的工作就是研究未成年母亲在复杂的家庭关系中如何生活。

未成年母亲与婴儿之间的关系

对于未成年母亲是否准备好承担做母亲的责任，专家、学者和政府都表现出极大的担忧。很多未成年母亲都在为放弃自己的少女生活并承担起母亲的责任而做斗争。一位未成年母亲叹息道：“我不想让自己感觉像是一个成年人……我想回到以前只有我和男朋友的时候。”（Easterbooks，Chaudhuri & Gestdottir，2005，p. 321）

然而，这些母亲没必要去争论青春期的发展挑战。对于很多未成年妈妈来说，母亲身份的转变不会对她们的生活造成多大的影响，并且可以给她们提供一种新的、积极的生活方式。对于另一部分未成年母亲来说，她们认为自己只有有限的能力来学习和工作，虽然做好一个母亲可以给她们带来一丝成就感，但除此之外其他的都做不好。尽管公众通常认为青春期妊娠是一个悲剧，但是有些时候，这些未成年母亲却将它视为自己身份一个重要而有力的转变（McMahon，1995）。一个未成年母亲说：“我改变了很多……我变得更好、更平静……我停止了斗争和无休止的争论，我尝试着做得更好。”（Brubaker & Wright，2006，p. 1225）有些母亲说为了孩子的将来，她们将在学校里更加积极努力地学习（Lashley，2007）。

学者们一样关注未成年父母是否具有理解并满足孩子所表现出来的各种需求的能力。通过文献研究比较未成年母亲和成年母亲对孩子的培养方式，我们可以得知，一般来说，未成年母亲对婴儿的敏感性和责任感比较差。她们不能很好地理解婴儿的信号，比如寻求安慰或食物，也不能根据婴儿的提示做出正确的反应，如分离、干扰或者生气（Osofsky，Hann & Peebless，1993；Pomerleau，Scuccimarri & Malcuit，2003）。与那些年长的母亲相比，未成年母亲缺少一些温情的回应（Krpan，Coombs，Zinga，Steiner & Fleming，2005），并且与婴儿的言语交流也比较少（Culp，Culp，Osofsky & Osofsky，1991；Pomerleau et al.，2003）。有关社会人口因素分组的研究显示，尽管并不是所有的研究都认为未成年母亲和成年母亲在控制力上有所不同，但是最近在分析早期开端计划与评估项目中，在多种人口学因素的控制下，我们认为未成年母亲更可能不被婴儿理解，并且与婴儿的关系不亲密甚至对婴儿形成干扰（Berlin et al.，2002）。最后，研究表明在减少不良的教养方式和孕妇的反应方面是相一致的，未成年母亲的婴儿相对于成年母亲的婴儿，他们的不安全感以及无组织感更强一些（Spieker & Bensley，1994；Ward & Carlson，1995）。

尽管未成年母亲和成年母亲有各种各样的不同之处，但最重要的一点是未成年母亲在抚养行为和态度上的变化（Wakschlag & Hans，2000），并且越来越多的研究开始关注未成年母亲这一群体，并打算从中找出增加或者减少风险的因素。有研究者认为，有经验的未成年母亲相对于没有经验的未成年母亲具有更强的抚养能力（East & Felice，1996；Easter-brooks et al.，2005；Hess，Papas & Black，2002）。研究也证明了这一点，在未成年母亲中，对婴儿的应答和准确觉察与母亲的认知准备是密切相关的，这包括儿童发展的
216 知识和经验、与其他儿童的交往、吸收同化其他知识并在儿童的生活环境中灵活运用的能力（East & Felice，1996；Miller，Miceli，Whitman & Borkowski，1996）。

对于未成年母亲来说，自身的心理健康与她的抚养行为密切相关。与成年母亲一样，未成年母亲的抑郁与其养育时对婴儿和年幼儿童的较少回应相关（Leadbeater，Bishop & Raver，1996；Osofsky et al.，1993）。其他研究也证明未成年母亲和孩子的无应答性行为在心理侵犯和行为问题之间是有关联的（Cassidy，Zoccolillo & Hughes，1996）。

由于母亲的思想和态度各不相同，所以未成年母亲对子女的养育方式也是不一样的。拥有强烈效能感的母亲可以更好地抚养她们的孩子（East & Felice，1996；Hess et al.，2002）。拥有现实发展期望的未成年母亲，相对于与青少年之间的相互影响而言，她们与婴儿之间的相互影响显得更加明显（Chen & Luster，1999）。一般来说，未成年母亲对孩子都有过多的愤怒或蔑视情绪，并且在孩子的抚养行为中显得更加专制（Strassberg & Treboux，2000）。未成年母亲可能会想到她们自己的童年历史，因此她们在处理与孩子的关系时候显得更加敏感（Brophy-Herb & Honig，1999）。

我们可以注意到，不同的母婴关系显示出不同的相互影响模式（Easter-brooks et al.，2005）。有些未成年母亲和婴儿之间具有强大的相互依存，或者相互之间至少可以响应。有些未成年母亲则存在一些问题，比如不能够正确理解孩子并给予积极回应。这些母亲在日常生活中扮演着不同的角色，例如导演剧情，选择玩具，有时候变得“孩子气”，并且跟她们的孩子竞争。在自由玩耍的互动过程中，这些未成年母亲显得无助和被动。这些母亲很少向孩子提供帮助：不提供玩具，不给孩子建议，或者不对孩子的行为进行任何评论。这些问题之间均有不同的关联并且需要不同的支持性干预。

未成年母亲的母婴抚养干预

很多将怀孕的未成年母亲作为对象的研究已经开始预先阻止她们的后期妊娠和中途退学，但对于支持她们作为母亲的新角色，以及支持她们的母婴关系却较少强调（Chase-Lansdale，Brooks-Gunn & Paikoff，1991）。不同的干预策略对未成年母亲有着不同的影响。其中的大部分项目都是以学校为基础的，但是另外一些研究则是在社区卫生诊所、社会服务中心以及一些未成年母亲的家中进行的。综合分析14项干预项目，我们可以总结出影响干预的一些因素，比如母性敏感、自信、同一性，以及婴儿对母亲的反应等（Coren，Barlow & Stewart-Brown，2003）。

大多数的干预计划都为青少年提供了一些指导，包括儿童的发展、婴儿的安全，以及基本技能的掌握。培训计划在顾及未成年妈妈不同兴趣和所关注方面的同时，发展了越来越多的干预策略。研究者制作了包含未成年妈妈和孩子的“家庭电影”录像带，这对于需要得到帮助的妈妈是一个很好的策略，特别是在干预即将结束的时候

保留一份录音（Bernstein，1997）。在一个大型未成年母亲的干预项目中，以录像带为基础的干预有很大的影响，例如小型预防基金发展计划（Bernstein，Percansky & Wechsler，1996；Hans，Bernstein & Percansky，1991）。在一项干预研究中，随机抽取控制组，让只有一个月大婴儿的母亲看关于她们与婴儿互动的录像（Koniak-
217 Griffin，Verzemnieks & Cahill，1992）。接受过特殊培训的护士提供教学反馈，并鼓励这些妈妈找出她们觉得互动良好的一部分。这样做的目的在于理解婴儿的线索、悲痛的反应，以及用言语跟婴儿交流。在一个月后制作的跟踪调查录像中，我们可以看出，这对婴儿心理认知成长以及婴儿对母亲的反应方面是有作用的。

对未成年母亲的另一个有前景的个性化干预是家庭管理新生儿活动（FANA；Cardone，Gilkerson & Wechsler，2008）。这个干预包含 项技术，即通过探索研究婴儿的睡眠周期、知觉、运动能力、个性和喜好等，引起新生儿甚至未出生胎儿的反应，这让未成年母亲感到非常惊讶。总之，这个干预的目标是帮助母亲与婴儿建立起更强的情感联结，并且能够理解未出生胎儿或刚出生的婴儿所发出的信号。

其他的个性化干预策略允许未成年母亲在怀孕和出生期间去承担妈妈的责任，助产师团体中，有些以前就是未成年母亲，她们可以提供帮助，并对怀孕期的未成年母亲进行分娩指导，使她们在生产时感到舒适并得到鼓励。助产师帮助这些母亲采取积极的方法去面对怀孕和孩子，让她们感觉自己很坚强，最后承担起母亲的责任（Abramson，Isaacs & Breedlove，2006；Glink，1999）。将助产师所帮助的未成年母亲作为实验组，发现干预增加了母亲的效能感，并且对未成年母亲与婴儿之间相互关系的建立产生巨大的影响（Hans，2005）。

未成年母亲和外祖母之间的关系

对于大多数的未成年母亲而言，她们的母亲或慈母般的人在她们调节母子关系中起着重要的作用。她们不但仍被母亲抚养着，而且通常都依赖着她们的母亲，从母亲那里得到最重要的支持、建议和抚养婴儿的模式（Brubaker & Wright，2006；Voight，Hans & Bernstein，1996）。

十年前实施的联邦福利改革法有一个核心规定，未婚的未成年母亲要跟她们的父母或其他监护人住在一起，并且要待在学校直到高中毕业或者取得同等学力（Gordon，1999）。虽然进行了福利改革，但是这对未成年母亲的居住模式影响很有限，研究者认为至少有 1/3 的未成年母亲现在跟单亲居住或住在类似的环境下（Gordon，Chase-Lansdale & Brooks-Gunn，2004）。令人惊奇的是，没有数据证明她们跟父母居住在一起对她们有什么益处，事实上，在外祖母和未成年母亲当中，未成年母亲不负责任的抚养与外祖母是有关联的（Chase-Lansdale，Brooks-Gunn & Zamsky，1994；East & Felice，1996；Gordon et al.，2004；Spieker & Bensley，1994）。

孩子的出生给未成年母亲带来必然的转变，对他们的外祖母也是如此（Burton & Bengtson，1985）。虽然被认为对未成年妈妈有益的几代人同堂的家庭生活模式在非裔美国人和拉丁裔社区中非常普遍（Burton，1990；Russell & Lee，2006），但这并不意味着妈妈渴望变成外祖母。真实情况是未成年人的怀孕在最初并不被认为是一件让人高兴的事情。未成年人的怀孕几乎总是令她们的母亲感到失望和震惊，实际上，她们的母亲需要调整对女儿行为的失望情绪。一位母亲说："开始的时候我不高兴，并且很震惊，但是当我看到婴儿的时候，我很高兴。"（Sadler & Clemment，2004，p. 221）一位未成年母亲用同样的方式说到了她母亲的反应："她离开了我，她就要疯了，她很愤怒并且说'你应该去流产……'，但是现在她最终学会了接纳他。"（Brubaker & Wright，2006，p. 1219）

未成年人初期的父母身份和她们母亲的外祖母 218
身份是相互联系的。她们的母亲可能感觉到自己太年轻而不能做外祖母，并且对她们的怀孕感到很愤怒，因为在这个时候她们最小的孩子还在上学，她们正在谋划自己下一步的愿望，例如返回学校还是换个工作。一位母亲说出了她的抱怨，她说："处理这些事情太不容易了……我不想开始新的生活……我想一个人生活……从16岁开始我就要抚养一个孩子，并且现在我只能待在这里做我不想做的很多事情，我真的不想做！"（Wakschlag，1992，p. 158）

另外一件让人意外的事情是，未成年人的母亲也要开始承担起照顾新生一代的繁重责任，并且还要给家庭中的几代人提供经济保证。由于美国的医疗改革，很多母亲经常在做一些低收入工作，她们不可能待在家里，因为她们要承担起家庭的经济责任，并且还要照顾好她们的外孙。对于未成年母亲的家庭而言，孩子的出生意味着财政压力，并且给家庭增加了照顾新生儿的责任，这通常会导致未成年妈妈以及她们的母亲负担过重（Culp，Culp，Noland & Anderson，2006）。

毫不奇怪，未成年母亲和她们的母亲之间经常会有压力和冲突。未成年人与她们家庭争论的一些话题比较典型，如家庭琐事、学校和男友（Sadler & Clemmens，2004）。然而很多焦虑都是直接来源于照顾孩子的问题。婴儿的外祖母承担起这个家庭指导和领导者的责任，但是她们很认真地认为未成年母亲缺少认同感和专业技能的知识阻碍了她们的成功。一位外祖母这么描述道："有时候她认为她知道很多事情，并且不想听别人说。我告诉她，我知道我在做什么。当你试着去教她的时候，她变得很烦躁。"（Sadler & Clemmens，2004，p. 222）

对于这种紧张关系之间的苦恼，未成年妈妈相对于她们的母亲有更深的体会（Caldwell，Antonucci & Jackson，1998）。她们可能认为照顾婴儿是一种负担，但对于获得她们母亲的帮助既怨恨又矛盾（East & Felice，1996）。一位未成年母亲的观点是："她总是耗着我……她让我产生另一种想法，我根本感觉不到那是我的孩子。我真的不知道该怎么做才好。"（McDonald & Armstrong，2001，p. 217）尽管这些压力对于很多未成年妈妈以及她们的母亲来说非常现实，但是她们仍然能够通过"孩子的吸引力"来解决这个问题，这个吸引力帮助她们待在一起来共同照顾婴儿（Sadler & Clemmens，2004）。

阿普费尔和塞茨（Apfel & Seitz，1991）通过对收集到的美国家庭数据进行研究，得到了在多代同堂家庭中适合未成年母亲生活的四种模型。在"父母替换模型"中，未成年人的母亲承担起抚养孩子的全部责任。不同的是，在"父母补充模型"中，未成年人和她们的母亲一起承担着照顾孩子的责任。在"父母支持模型"中，未成年母亲承担起照顾孩子的主要责任。在"父母学徒模型"中，未成年人的母亲积极地教她们怎样做好一个母亲，并且由未成年人来承担全部责任。尽管有些研究认为最后一种模式可能对培养未成年人成为父母更有益处（Oberlander，Black & Starr，2007），但是"父母补充模型"在现实中却很普遍，因为在现实生活中它具有很强的灵活性。

史密斯巴特尔（SmithBattle，1996）也指出了"父母学徒模型"的好处，在这个模型中未成年人的母亲为她们提供支持与鼓励，但并不承担照顾孩子的责任。她注意到在学徒期的时候，未成年母亲必须牢牢地融入家庭信任与亲密氛围中，这可以使她们更好地接受建议和帮助。未成年女 *219*
孩需要很认真地对待母亲这个身份，而不是感觉到压抑或不称职，并且在她们成为一个母亲后不要有任何明确的冒险行为。一位母亲提到了她15岁的女儿："我每天都亲吻她，并且告诉她我以她为荣，因为她能按时起床，上学，然后回家并承担起母亲的责任。"（Isap，Thornburg & Fine，2006，pp. 113-114）特别是未成年人的母亲对她们女儿的慈爱，可以使她们的女儿将这种关系运用到自己与婴儿之间。另一位母亲提到："我每天吃完饭，看着他们都如此漂亮。当我看到婴儿依偎着他母亲睡觉的时候，我很爱他们。"（SmithBattle，1996，p. 61）

史密斯巴特尔同时指出，如果家庭中母亲的角色是被迫承担或者是被剥夺母亲角色，这些家庭往往会采取"对抗性照顾"。并且会涉及她们相互关系的专制与权威问题，比如她们对孩子之间的竞争、看护上的冲突，以及吹毛求疵的态度。这种关系使得未成年妈妈很难获得照顾孩子的经验——要么她们的母亲承担起这个责任，要么这些未成年妈妈放弃反抗。

以往对孩子的成长调查显示，未成年妈妈与母亲之间的关系影响着她们的健康以及与婴儿之间的关系。显而易见，未成年妈妈与她们母亲相对和谐的关系对她们与婴儿的关系起着重要的支持作用。母亲帮助未成年妈妈做家务时伴随着高水平的冲突和要求，可能不会培养起未成年妈妈做母亲的能力（Hess et al.，2002；Richardson，Barbour & Bubenzer，1991；Voight et al.，1996），特别是当冲突聚焦于孩子问题的时候，这可能增加她们做母亲的难度（Spencer，Kalill，Larson，Spieker & Gilchrist，2002）。

有一种最佳的支持方式：母亲应该提供给她们女儿做母亲的方法，使得她们可以发展起做母亲的技能。在家庭中，未成年人的母亲没有照顾婴儿的责任，未成年妈妈只拥有很少能够胜任起做母亲的行为，或者因为她们没有机会去观察积极的父母对子女养育的行为模式（Oberlander et al.，2007）。相反，当未成年人的母亲长期照顾婴儿时，未成年妈妈对于她们的孩子会形成较少的合理期望（Culp et al.，2006），对孩子不敏感（Contreras，Mangelsdorf，Rhodes，Diener & Brunson，1999），并且婴儿对她们的吸引力也很低（Easterbrooks et al.，2005）。风险与母亲高水平的支持已经被很多实例所证明，包括非裔美国人、欧裔美国人，以及拉美裔美国人的案例（Contreras，Narang，Ikhlas & Teichman，2002）。

未成年母亲与她们母亲互动的这种模式可能和她们与儿童之间的互动是有关联的。这种平行的模式已经在两个非裔美国家庭中被证实，记录包括未成年母亲与她们母亲之间、未成年母亲与婴儿之间。未成年妈妈与母亲之间的相互影响，包括亲密感、积极情绪、未成年人的母亲的指令性以及未成年人的个性化（Hess et al.，2002；Wakschlag，Chase-Lansdale & Brooks-Gunn，1996）。未成年人与母亲关系中的个性化可以强烈
220 预示着未成年妈妈与孩子相互关系中的抚养行为。经常跟母亲争论的未成年妈妈很自信地将各种有差异但又有联系的能力联合起来，使自己成为一个引人注目的母亲，她们能够对学前儿童进行合理的控制并保持各种反应的平衡。

因此，对于多代家庭中未成年人的父母的挑战是，需要给予未成年母亲支持和鼓励，在她们发挥自主性及能力之间寻求某种平衡。获得这种平衡并不是件容易的事情，因为需要未成年母亲的能力与自信不断增长，孩子的发展需要不断变化的情况下，不断地调节责任、角色及多种关系。一方面，这需要来自外祖母对管理和指导有关的承诺；另一方面，需要外祖母不介入其中并允许女儿在尝试成为母亲的过程中犯错误。实验证明，尽管存在这些挑战，很多家庭仍可以获得一种平衡，并且随着时间变化影响到母亲的幸福及扮演母亲角色的能力（Apfel & Seitz，1991）。

对未成年母亲与外祖母的干预

关于未成年母亲与她们母亲的研究进行了很多干预，减轻负担过重的外祖母压力、母亲与外祖母之间关系的压力，以及帮助母亲与外祖母协调好她们间的角色以保证支持与权力自由之间的平衡，是未成年父母最终成功获得父母角色的关键所在。为外祖母、未成年母亲提供支持与心理教育服务的组织作出了很多承诺，它们可以帮助家庭协调好人们之间的任务、角色以及各种关系。这些组织能够为家庭提供处理冲突与减少压力的特殊策略。在照顾孩子及表达关于孩子共同的喜悦和自豪时，它们还可以提供一个全部家庭成员都扮演重要角色的机会。尽管有证据显示外祖母的组织效力是有限的，但是有外祖母参与的未成年父母项目仍增加了成功性（Roye & Balk，1996）。包括对外祖母及未成年母亲的家访活动，为观察家庭的日常活动及在家庭的基本结构中的各种角色的协调提供了机会。

另外，直接集中于支持未成年母亲与外祖母关系的行为项目及婴儿的身体健康项目，同样需要认识到外祖母作为父母专业知识的来源在家庭中的关键作用（Bentley，Gavin，Black & Teti，1999）。如果介入组织在提供关于健康及孩童的照顾行为时，将外祖母排除在讨论之外，那么喂养、睡觉、抱孩子及惩罚、干预措施也许不会成为家庭行为的一部分（Hanson，1992）。此外，向未成年母亲传授建议，却没有意识到这些建议有可能与来自外祖母的建议是相抵触的，这可能是无用的，或使未成年母亲与她的母亲过早处于冲突状态（Korfmacher，2008）。

一些项目只在乎未成年母亲而忽略外祖母出于多方面的原因。很多为孕妇及未成年父母设计的项目是在学校里进行的，而这有可能使学员没有面对挑战，这些项目可能包括几个小时的活动，而有工作的外祖母很难参加。另一些项目假定其涉及一个未成年人的工作会被一个家庭成员破坏。一些项目可能丧失基础地位，因为有未成年父母的家庭是不协调的，并不希望得到他们的帮助。

尽管早期的干预程序通常不常涉及外祖母，但是一项研究显示，有90%的未成年母亲表示在支持教育性的项目中有家庭成员参与是有益的（Crockenberg，1986）。尽管外祖母常常感到缺乏供养她们女儿的能力，但是她们多数会很好地照顾女儿并且投入很多财力使她们变成好母亲（Flaherty，1988）。有研究专门花大量时间来倾听外祖母的声音，发现她们有许多很合适的支持性建议，包括如何融入团体、婴儿发展过程中的课程进修、各种工作机会、家庭互助，以及提供照顾孩子的资金（Sadler & Clemmens，2004）。 221

未成年父母之间的关系

未成年父母以及他们的父母都是社会上很典型的一些人，尤其是贫困的和没有接受过良好教育的人（Xie，Cairns & Cairns，2001）。尽管未成年母亲的伴侣中只有20%～40%的人同为未成年人，但是相对来看他们还是比较成熟的（Elo，King & Furstenberg，1999）。这些未成年母亲与孩子父亲之间的年龄差异是符合事实的，在美国几乎所有女性的配偶都要比她们自己大2～3岁（Coley & Chase-Lansdale，1998）。

最近几十年，未婚的未成年母亲比例急剧增加，所以非婚生子也是符合规则的（McElroy & Moore，1997）。尽管整个美国的结婚率在下降，但是对于非白种人的未成年母亲而言，她们的结婚率一直都特别低（Martin et al.，2007）。尽管大多数的未成年母亲没有与孩子的父亲结婚，但是孩子的父亲仍能够与婴儿及其母亲融合到一起。在未成年母亲怀孕期间，大多数未成年爸爸都期望着孩子的出生，并准备抚养孩子（Elster，1988；Rivara，Sweeney & Henderson，1986）。在孩子出生后，父亲往往都能够精心地照顾孩子（Lerman，1993）。在孩子出生后的最初几年里，他们的许多变化很大程度上来自于自己父亲，尽管母亲也参与其中（Kalil，Ziol-Guest & Coley，2005a），这种模式伴随着孩子的成长会逐步降低父亲的参与程度（Gee & Rhodes，2003）。

虽然在未成年母亲与孩子父亲之间，结婚已成为一种趋势，但是其他的很多因素又增加了父亲与孩子及其母亲一起生活的复杂性。父亲有很多与身份不同的想法，这可能会影响他们处理与孩子及其母亲的关系。这种供给者角色保持的核心是未成年男人们的父亲身份（Anderson，1993），并且被未成年母亲认为这是“所有父亲必须承担的责任”（Roy & Burton，2007，p.29）。正在工作的未成年父亲会尽可能与孩子融合到一起（Danziger & Radin，1990）。一些未成年妈妈在孩子与父亲之间扮演着看门人的角色，她们限制孩子父亲的接近，并且认为他们不是合格的养家者（Ray & Hans，1997）。与那些认为父亲的首要任务是养家的人刚好相反，一些未成年男性认为对于孩子来说作为一个父亲的核心就应该是这样的。一位未成年男人对父亲角色的描述是这样的：“我要花费大量的时间跟孩子待在一起。我要作为他生命中的一部分。当他长大的时候，我要使他能认出他的父亲，我不想让他认为我只能给他一些钱而已。”（Paschal，2006，p.85）有些未成年父亲希望能够用多种方法来供养孩子，例如扮演养育孩子的角色，同时未成年妈妈们可能会适应他们的期望并接受各种不同形式或与其相关的支持（Johnson，2001；Roy & Burton，2007）。最后，也有些未成年爸爸认为做父亲几乎没有任何意义，它既不能增强父子之间的关系，也不能给他们与未成年母亲之间的关系提供支持（Paschal，2006）。

很多未成年父亲努力协调理想与现实中的父亲义务，他们本应该提供给孩子一切，但是年龄和经济的约束导致他们做不到（Johnson，2001；Rivara et al.，1986）。像未成年母亲一样，未成年父亲需要同时关注学校、就业、其他人的期望，以及做一个好父亲等各种问题（Miller，1997）。由于压力累积所产生的情绪可能会使这些未成年父亲很难从事或者很容易脱离父亲的职责以及他们与孩子之间的关系（Bowman，1989；Kiselica，1995；Miller，1997）。

影响父母间关系质量的一个最重要的因素就是在孩子与母亲的整个生活中有明确的父亲角色（Coley & Chase-Lansdale，1998；Cutrona，Hessling，Bacon & Russell，1998；Furstenberg & Harris，1993；Marsiglio，1987）。父母间经常商 222

议有压力的话题，例如他们之间以及与其他人不确定的关系、父亲的经济支持、照顾孩子的角色，以及与孩子有关的决策，这些不同的话题将会形成各具特色的父母关系（Ispa et al.，2006；Kiselica，1995）。当然，如果父母之间维持一个比较稳固的关系，协商孩子的教育问题就会比较轻松。然而，随着时间的推移，其他的关系模式会出现：从表面的和谐关系到离婚再到公开的不和。

为了协商出一个让人满意的关系模式，未成年父母所作的努力将会是一个有活力甚至反复无常的过程。一个未成年母亲这样描述处理父母立场转变的问题："他想结婚，但我认为这对孩子来讲是不明智的，因为他不常在身边。我说'那我们结婚后会有什么不同吗？你一样不在身边'，因此，我拒绝了他，他非常生气地离开了，我再也没有见过他。"（Rains，Davies & McKinnon，1998，p. 311）那些期待中的青少年情侣比起没有期待的情侣表现出更多的消极行为（Moore & Florsheim，2001）。未成年父母怎么处理紧张的关系会影响压力的水平，或是给其他父母做榜样，抑或是对其他人谈恋爱有影响。

未成年父母的关系对于母亲养育质量有影响（Krishnakumar & Black，2003）。父亲参与程度的下降（Kalil，Ziol-Guest & Coley，2005）与母亲压力的增加（Florsheim et al.，2003）有关。有证据表明，有男性支持的未成年母亲更有责任心（Crockenberg，1987；Unger & Wandersman，1998），而且更能为孩子提供积极的教育环境（Cutrona er al.，1998）。与孩子父亲相处好的母亲养育的孩子会较少地表现出敌对行为（Florsheim et al.，2003）。对幼时出现问题的母亲来讲，互相支持的关系对其养育孩子是一个保护因素（Crockenberg，1987）。一些研究并没有发现与男性伴侣的相互支撑与母亲教育孩子之间的关系，这可能是因为父亲好坏参半，不仅仅提供支持，还提供压力（Musick，1994；Voight et al.，1996）。

对未成年父母的干预

总的来说，培养父亲的参与程度有许多不同的形式（参见 McBride & Lutz，2004）。种类多是由于强调不同目标的新政策改变而引起的，如预防未成年怀孕、从父亲那里获得经济支撑、增加父亲的参与程度、鼓励结婚等（Mincy & Pouncy，2002；Parikh，2005）。以提高父亲参与程度为目的的项目较少（Johnson，2001）。在父亲项目中工作人员需要提供有形资产和具体问题的服务，在热情、尊重的氛围中对未成年男性进行咨询对孩子的发展有好处（Barth，Claycomb & Loomic，1988；McBride & Rane，2001）。许多项目试图提供促进父亲参与程度的综合性服务（Barth et al.，1988；Mazza，2002）。

意识到父亲角色的中心作用，有关方案开始强调对未成年男性的教育以及就业需求。然而，在这些方案中也强调了文化的不同。尽管欧美的 223
父亲有更多的经济机会，但是他们认为过早地承担父亲的角色对于他们未来的发展是有害的（Kiselica，1995）。同样，欧裔和拉美裔的父亲同孩子的母亲结婚或同居也许会承受更大的压力。受相对有限的文化影响，拉美的父亲或许会对父亲角色有传统的期望，并且当他们没有能力胜任时会感到有压力（Kiselica，1995）。

对于未成年父亲来说，制订计划同样能够为处理好自己与孩子以及孩子母亲之间的关系提供帮助。父母教育组织通常在婴儿出生前就已经成功地提升了父亲关于婴儿成长和照料方面的知识（Westney，Cole & Munford，1988）。父母教育对于父亲尤为重要，这些父亲由于缺少对于照顾婴儿的理解，在孩子成长的早年会抵触参与孩子的抚养。一位父亲说："当他开始哭闹、烦躁或扔东西时，我就会把他交给他的妈妈。我不喜欢这样。我爱他，但是我不知道怎么去照顾他。我并不是紧张，我只是不知道应该怎样对他。我想当他长大一些，我会把他抚养得更好。"（Paschal，2006，p. 148）尽管对于所有的父亲来说，随着孩子进入学步期其对子女的教养将更轻松是普遍现象（Dallas，2004），但教育能够帮助未成年父亲，使他们感到威胁减少了，而这是通过对婴儿的抚养来实现的，同时也能够让他们感受到抚养孩子的能力与自豪。未成年父亲经常认为女人在抚养孩子方面有特殊的直觉。一旦他们意识到抚养孩子通常是尝试错误的过程，他们随后就能察觉到孩子发出的信号并且给予孩子很好的照顾（Johnson，2007）。

未成年父亲计划的个人咨询和组织结构具有一些重要的功能。一个功能是为父亲分享家庭经验以及怎么样为影响当前的父亲角色提供空间（Parra-Cardona，Wampler & Sharp，2006；Paschal，2006）。对于父亲的咨询或者是夫妻双方都参与的咨询同样能够提供一个机会，这个机会能够帮助父亲发展交际技能，这个技能能够帮助父亲同母亲之间建立起稳固而持久的伴侣关系（Moore & Florsheim，2001），即使他们不再是一对浪漫的夫妻（Kiselica，1995）。底线是：对于未成年夫妻干预要帮助他们避免全或无地接近和谐关系，在这种关系中父亲的参与将是建立在他与母亲的浪漫关系以及他最后的支持上（Johnson，2007）。

"新婚阶段"这个观念对于那些不再有浪漫情节的接受干预的未成年夫妻来说或许是一个有用的框架。这个观念把焦点从维持浪漫转移到建立并维持一个有效的、有功能的夫妻关系中，尤其是对于那些要抚养孩子的夫妻（Feinberg，2002）。理想上，即使他们的私人关系起起落落，但是未成年父母能够在分享父母责任的时候试图去维持一个共同的努力，在投资、重大事件以及重大决定时都会考虑对方的意见（Feinberg，2002；McBride & Rane，1998）。尽管对于新婚及离婚的夫妻研究取得了很好的成果，但是我们对于还没有结婚的未成年人如何度过他的新婚阶段或者怎样去对重新组合的家庭进行干预等问题还不清楚。然而，有研究已经发现来自重组家庭的压力对于父母角色是强大的预测器，如同未成年妈妈诉说的那样（Futris & Schoppe-Sullivan，2007）。计划帮助未成年的父母意识到，他们两个都需要去关注孩子健康并且制定策略以给他们人际交往留出空间从而促进他们的发展。

最后，适应生活程序的视角也是重要的，其重要性在于能够帮助我们理解一些模式，这些模式中未成年父亲影响着未成年妈妈的经验（Roy & Burton，2007）。未成年父亲对于他们角色的适应理应提上日程，尤其是对于那些把问题聚焦在学校竞争和经济技能发展上的父亲。未成 224
年父亲自己清楚他们持续服务的必要性，同样他们还要思考教育与工作、其他人的改变，以及他和未成年妈妈的角色改变（Parra-Cardona et al.，2006）。许多未成年父亲希望改变他们的年龄。当他们变老的时候，会认为自己是一个好父亲，并且能够给孩子提供各种经济上的帮助以及丰富的知识经验（Paschal，2006）。当未成年爸爸不准备承担父亲的角色时，在未来给自己留一条退路是很重要的（Johnson，2007）。尽管将婴儿和学步儿发展作为一个重要的基础，但父母与儿童的关系在以后的生活中也将给儿童提供各种资源和机会。

未成年母亲广泛的相关关系生态学

除了亲子关系和夫妻关系对未成年母亲和孩子产生影响之外，其他社会关系也会产生影响。此外，未成年母亲在工作中与不同人的关系也不是彼此孤立的。某种程度上而言，不同的关系可以对彼此产生影响：当在工作中可以取得较高的收入时，那么未成年母亲需要的其他支持相对来说就少了；相反，当她的各种关系存在一定问题的时候，她就会从更多的人身上获得支持。例如依靠家庭提供的大量高质帮助，受父亲牵连的未成年母亲会有不同的需求和期望（Cervera，1991；Krishnakumar & Black，2003）。当未成年母亲和自己的家庭关系紧张时，父亲就会成为家里至关重要的支撑力量（Crocken-berg，1987），并且也会成为维持与孩子关系的关键（Gee & Rhodes，2003）。大部分外祖母在第一年时与孩子父亲的关联刚刚开始，互动也是较少的（Kalil et al.，2005）。而且，父母间关系紧张的负面影响由于外祖母的支持也许会缓和（Gee & Rhodes，2003）。

同时，未成年母亲的工作关系通常是显而易见的并且是彼此作用的，还会影响到自己以及孩子。未成年父亲与妻子父母之间的关系也很重要。未成年父亲如果和岳母有良好的关系，那么他和未成年妻子之间也会充满温情（Krishnakumar & Black，2003），并且相互支持（Gavin et al.，2002）。这些发现与文化和低收入相关的观点是一致的，未婚父母在这一方面显得更加突出。与另一半家庭的延伸交往和这个家庭的稳定以及父亲在家庭里的参与度密切相关，并且很有可能从保持很久的低水平参与度转化到高水平参与度（Ryan，Kalil & Ziol-Guest，2008）。年轻母亲对于她伴侣的态度很大程度上受到外祖母的影响，作为家庭的领导者，外祖母会起到很大的作用，作为一种保护手段她会拒绝父亲参与到自己女儿和外孙的关系中。或者，母亲或父亲的家庭成员还要从事其他的家庭工作，例如征募、应募，有时候未成年父母要以照顾孩子为基本原则（Roy&Burton，2007）。如果工作顺利，整个家庭之间的相互理解和交流就会减少未成年父母的压力，也会使他们和孩子之间的互动效益最大化（Miller，1997）。

最后，未成年母亲还有许多其他的重要社会关系，可以为她们自身以及和孩子之间的关系发展提供便利。未成年母亲的主要支持来源是男性亲属、扩大的女性亲属、兄弟姐妹等，但是有关这些关系的实证研究非常有限。相似地，也不能忽视调查父
225 亲家庭的青春期亲子关系。对于未成年母亲及其孩子进行经济帮助或者是生活上的照料，父亲家庭总是重要的直接资源（Paschal，2006；Roy & Burton，2007）。

姐妹也对未成年母亲产生重要的影响，为照料孩子和其他家务提供帮助（Gee，Nicholson，Osborne & Rhodes，2003；Voight et al.，1996）。然而这种血缘关系是复杂且紧张的，拥有血缘关系的亲属也会产生竞争，在这个家庭中由于对孩子增加的关注和孩子引起的问题将恶化他们的关系（Gee et al.，2003；Voight et al.，1996）。亲属之间的信赖关系和减弱的心理压力（Thompson，1986）相关（Voight et al.，1996）。

在未成年母婴关系中，同龄人通常被忽略，尽管发展理论强调同龄人的重要性。未成年母亲的男朋友经常被指责对未成年母亲有消极影响，但是在家庭中，男性还是起到了积极的作用。男朋友可以为未成年母亲在情感上提供高品质的帮助，这可以与家庭所提供的帮助相比，甚至是超过家庭上给予的帮助（Lyons，Henly & Schuerman，2005；Richardson et al.，1991）。未成年母亲的朋友对她们的帮助可以使她们更好地履行自己的职责（Colletta，1981），促进和谐行为的产生（Voight et al.，1996）。

显而易见，为了储备未成年母亲的经验，她们就父母过渡期进行商议，发展自己和孩子的关系。婴儿的心理健康培训项目是以丰富的理论和时间为基础的，对孩子的成长有着重要的作用。我们也需要考虑到孩子和母亲所需要的关系环境。现在仅仅是开始将其概念化，对关系的网络化结构研究也刚刚开始起步，运用当前的理论方法为非正式的支持网络、家庭系统、共同养育网络的结构和发展提供依据（McHale，2007）。更多的关注需要致力于支持母亲和孩子，要加强对未成年母亲的帮助，使他们的关系系统更加完善。

致谢

我们的工作得到了芝加哥大学欧文・B・哈里斯婴儿心理健康培训课程（Irving B. Harris Infant Mental Health Training Program）的帮助。感谢劳伦・瓦克斯葛雷格（Lauren Wakschlag）在本书第二版的早期父母这一章节以及本章中的贡献。要感谢琳达・亨森（Linda Henson）为我们提供本章的资料，还要感谢瓦尔多・约翰逊（Waldo Johnson）给我们提供了他对未成年父亲的观察资料。

参考文献

Abramson, R., Isaacs, B., & Breedlove, G. (2006). *The community-based doula: Reclaiming birth, empowering families*. Washington, DC: Zero to Three Press.

Alan Guttmacher Institute. (2001). *Teenagers' sexual and reproductive health: Developed countries*. New York: Alan Guttmacher Institute. Retrieved July, 2007, from *www.guttmacher.org*.

Anderson, E. (1993). Sex codes and family life among poor inner-city youths. In R. I. Lerman & T. J. Ooms (Eds.), *Young unwed fathers: Changing roles and emerging policies* (pp. 74–98). Philadelphia: Temple University Press.

Apfel, N. H., & Seitz, V. (1991). Four models of adolescent mother–grandmother relationships in black inner-city families. *Family Relations*, *40*, 421–429.

Barth, R. P., Claycomb, M., & Loomis, A. (1988). Services to adolescent fathers. *Health and Social Work*, *13*(4), 277–287.

Bentley, M., Gavin, L., Black, M. M., & Teti, L. T. (1999). Infant feeding practices of low-income, African-American, adolescent mothers: An ecological, multigenerational perspective. *Social Science and Medicine*, *49*, 1085–1100.

Berlin, L. J., Brady-Smith, C., & Brooks-Gunn, J. (2002). Links between childbearing age and observed maternal behaviors with 14-month-olds in the Early Head Start Research and Evaluation Project. *Infant Mental Health Journal*, *23*(1–2), 104–129.

Bernstein, V. J. (1997). Using home videotapes to strengthen the parent–child relationship. *IMPrint: Newsletter of the Infant Mental Health Promotion Project*, *20*, 1–4.

Bernstein, V. J., Percansky, C., & Wechsler, N. (1996). Strengthening families through strengthening relationships: The Ounce of Prevention Fund developmental training and support program. In M. Roberts (Ed.), *Model programs in child and family mental health* (pp. 109–133). Hillsdale, NJ: Erlbaum.

Bowman, P. J. (1989). Research perspectives on black men: Role strain and adaptation across the adult life cycle. In R. L. Jones (Ed.), *Black adult development and aging* (pp. 117–150). Berkeley, CA: Cobbs & Henry.

Brooks-Gunn, J., & Chase-Lansdale, P. L. (1995). Adolescent parenthood. In M. Bornstein (Ed.), *Handbook of parenting: Vol. 3. Status and social conditions of parenting*. Mahwah, NJ: Erlbaum.

Brophy-Herb, H. E., & Honig, A. S. (1999). Reflectivity: Key ingredient in positive adolescent parenting. *Journal of Primary Prevention*, *19*(3), 241–250.

Brubaker, S. J., & Wright, C. (2006). Identity transformation and family caregiving: Narratives of African American teen mothers. *Journal of Marriage and Family*, *68*, 1214–1228.

Burton, L. M. (1990). Teenage childbearing as an alternative life-course strategy in multigeneration black families. *Human Nature*, *1*, 123–143.

Burton, L. M., & Bengtson, V. L. (1985). Grandmothers: Issues of timing and meaning in roles. In V. L. Bengtson & J. F. Robertson (Eds.), *Grandparenthood: Research and policy perspectives* (pp. 61–77). Beverly Hills: Sage.

Caldwell, C. H., Antonucci, T. C., & Jackson, J. S. (1998). Supportive/conflictual family relations and depressive symptomatology: Teenage mother and grandmother perspectives. *Family Relations*, *47*(4), 395–402.

Cardone, I., Gilkerson, L., & Wechsler, N. (2008). *Teenagers and their babies*. Washington, DC: Zero to Three Press.

Cassidy, B., Zoccolillo, M., & Hughes, S. (1996). Psychopathology in adolescent mothers and its effects on mother–infant interactions: A pilot study. *Canadian Journal of Psychiatry*, *41*, 379–384.

Cervera, N. (1991). Unwed teenage pregnancy: Family relationships with the father of the baby. *Families in Society*, *72*, 29–37.

Chase-Lansdale, P. L., Brooks-Gunn, J., & Paikoff, R. (1991). Research and programs for adolescent mothers: Missing links and future promises. *Family Relations*, *40*, 396–403.

Chase-Lansdale, P. L., Brooks-Gunn, J., & Zamsky, E. S. (1994). Young African-American multigenerational families in poverty: Quality of mothering and grandmothering. *Child Development*, *65*, 373–393.

Chen, F.-M., & Luster, T. (1999). Factors related to parenting behavior in a sample of adolescent mothers with two-year-old children. *Early Child Development and Care*, *153*, 103–119.

Coley, R. L., & Chase-Lansdale, P. L. (1998). Adolescent pregnancy and parenthood: Recent evidence and future directions. *American Psychologist*, *53*(2), 152–166.

Colletta, N. D. (1981). Social support and the risk of maternal rejection by adolescent mothers. *Journal of Psychology*, *109*, 191–197.

Contreras, J. M., Mangelsdorf, S. C., Rhodes, J. E., Diener, M. L., & Brunson, L. (1999). Parent–child interaction among Latina adolescent mothers: The role of family and social support. *Journal of Research on Adolescence*, *9*(4), 417–439.

Contreras, J. M., Narang, D., Ikhlas, M., & Teichman, J. (2002). A conceptual model of the determinants of parenting among Latina adolescent mothers. In J. M. Contreras, K. A. Kems, & A. M. Neal-Barnett (Eds.), *Latino children and families in the United States* (pp. 155–177). Westport, CT: Praeger.

Coren, E., Barlow, J., & Stewart-Brown, S. (2003). The effectiveness of individual and group-based parenting programmes in improving outcomes for teenage mothers and their children: A systematic review. *Journal of Adolescence*, *26*, 79–103.

Cowan, C. P., & Cowan, P. A. (1995). Interventions to ease the transition to parenthood: Why they are needed and what they can do. *Family Relations*, *44*(4), 412–423.

Crockenberg, S. (1986). Professional support for adolescent mothers: Who gives it, how adolescent mothers evaluate it, what they would prefer. *Infant Mental Health Journal*, *7*, 49–58.

Crockenberg, S. (1987). Predictors and correlates of anger toward and punitive control of toddlers by adolescent mothers. *Child Development*, *58*, 964–975.

Culp, A. M., Culp, R. E., Noland, D., & Anderson, J. W. (2006). Stress, marital satisfaction, and child care provision by mothers of adolescent mothers: Considerations to make when providing services. *Children and Youth Services Review*, *28*, 673–681.

Culp, R. E., Culp, A. M., Osofsky, J. D., & Osofsky, H. J. (1991). Adolescent and older mothers' interaction patterns with their six-month-old infants. *Journal of Adolescence*, *14*, 195–200.

Cutrona, C. E., Hessling, R. M., Bacon, P. L., & Russell, D. W. (1998). Predictors and correlates of continuing involvement with the baby's father among adolescent mothers. *Journal of Family Psychology*, *12*(3), 369–387.

Dallas, C. (2004). Family matters: How mothers of adolescent parents experience adolescent pregnancy and parenting. *Public Health Nursing*, *21*(4), 347–353.

Danziger, S. K., & Radin, N. (1990). Absent does not equal uninvolved: Predictors of fathering in teen mother families. *Journal of Marriage and the Family*, *52*, 636–642.

East, P. L., & Felice, M. E. (1996). *Adolescent pregnancy and parenting: Findings from a racially diverse sample*. Mahwah, NJ: Erlbaum.

Easterbrooks, M. A., Chaudhuri, J. H., & Gestsdottir, S. (2005). Patterns of emotional availability among young mothers and their infants: A dyadic, contextual analysis. *Infant Mental Health Journal*, *26*(4), 309–326.

Elo, I. T., King, R. B., & Furstenberg, F. F., Jr.

(1999). Adolescent females: Their sexual partners and the fathers of their children. *Journal of Marriage and the Family*, *61*(1), 173–195.

Elster, A. B. (1988). *Adolescent fathers: Fact, fiction, and implications for federal policy*. Washington, DC: U.S. Government Printing Office.

Emde, R. N. (1991). The wonder of our complex enterprise: Steps enabled by attachment and the effects of relationships on relationships. *Infant Mental Health Journal*, *12*, 164–173.

Feinberg, M. E. (2002). Coparenting and the transition to parenthood: A framework for prevention. *Clinical Child and Family Psychology Review*, *5*(3), 173–195.

Flaherty, M. J. (1988). Seven caring functions of black grandmothers in adolescent mothering. *Maternal–Child Nursing Journal*, *17*, 191–207.

Florsheim, P., Sumida, E., McCann, C., Winstanley, M., Fukui, R., Seefeldt, T., et al. (2003). The transition to parenthood among young African-American and Latino couples: Relationship predictors and risk for parental dysfunction. *Journal of Family Psychology*, *17*(1), 65–79.

Furstenberg, F. F., Jr., & Harris, K. M. (1993). When and why fathers matter: Impacts of father involvement on children of adolescent mothers. In R. I. Lerman & T. J. Ooms (Eds.), *Young unwed fathers* (pp. 117–138). Philadelphia: Temple University Press.

Futris, T. G., & Schoppe-Sullivan, S. J. (2007). Mothers' perceptions of barriers, parenting alliance, and adolescent fathers' engagement with their children. *Family Relations*, *56*, 258–269.

Gavin, L. E., Black, M. M., Minor, S., Abel, Y., Papas, M. A., & Bentley, M. E. (2002). Young, disadvantaged fathers' involvement with their infants: An ecological perspective. *Journal of Adolescent Health*, *31*, 266–276.

Gee, C. B., Nicholson, M. J., Osborne, L. N., & Rhodes, J. E. (2003). Support and strain in pregnant and parenting adolescents' sibling relationships. *Journal of Adolescent Research*, *18*(1), 25–34.

Gee, C. B., & Rhodes, J. E. (2003). Adolescent mothers' relationships with their children's biological fathers: Social support, social strain, and relationship continuity. *Journal of Family Psychology*, *17*(3), 370–383.

Glink, P. (1999). Engaging, educating, and empowering young mothers: The Chicago Doula Project. *Zero to Three*, *20*, 41–44.

Gordon, R. A. (1999). Multigenerational coresidence and welfare policy. *Journal of Community Psychology*, *27*(5), 525–549.

Gordon, R. A., Chase-Lansdale, P. L., & Brooks-Gunn, J. (2004). Extended household and the life course of young mothers: Understanding the associations using a sample of mothers with premature, low birth weight babies. *Child Development*, *75*(4), 1013–1038.

Hans, S. L. (2005). *Doula support for young mothers: A randomized trial* (005R40 MC 00203-04, HRSA Maternal and Child Health Bureau). Chicago: University of Chicago.

Hans, S. L., Bernstein, V. J., & Percansky, C. (1991). Adolescent parenting programs: Assessing parent–infant interaction. *Evaluation and Program Planning*, *14*, 87–95.

Hanson, S. L. (1992). Involving families in programs for pregnant teens: Consequences for teens and their families. *Family Relations*, *41*, 303–311.

Hardy, J., Shapiro, S., Astone, N., Miller, T., Brooks-Gunn, J., & Hilton, S. (1997). Adolescent childbearing revisited: The age of inner-city mothers at delivery is a determinant of their children's self-sufficiency at age 27–33. *Pediatrics*, *100*, 802–809.

Hess, C. R., Papas, M. A., & Black, M. M. (2002). Resilience among African American adolescent mothers: Predictors of positive parenting in early infancy. *Journal of Pediatric Psychology*, *27*(7), 619–629.

Ispa, J. M., Thornburg, K. R., & Fine, M. A. (2006). *Keepin' on: The everyday struggles of young families in poverty*. Baltimore, MD: Brookes.

Johnson, W. E., Jr. (2001). Young unwed African American fathers: Indicators of their paternal involvement. In A. Neal-Barnett, J. M. Contreras, & K. Kerns (Eds.), *Forging links: African American children clinical developmental perspectives* (pp. 147–174). Westport, CT: Praeger.

Johnson, W. E., Jr. (2007). *Personal communication with Waldo Johnson*. Chicago: Center for the Study of Race, Politics and Culture.

Kalil, A., & Danziger, S. K. (2000). How teen mothers are faring under welfare reform. *Journal of Social Issues*, *56*(4), 775–798.

Kalil, A., Ziol-Guest, K. M., & Coley, R. L. (2005). Perceptions of father involvement patterns in teenage-mother families: Predictors and links to mothers' psychological adjustment. *Family Relations*, *54*, 197–211.

Kiselica, M. S. (1995). *Multicultural counseling with teenage fathers: A practical guide*. Thousand Oaks, CA: Sage.

Koniak-Griffin, D., Verzemnieks, I., & Cahill, D. (1992). Using videotape instruction and feedback to improve adolescents' mothering behaviors. *Journal of Adolescent Health*, *13*, 570–575.

Korfmacher, J. (2008). Supporting parents around feeding and eating in early childhood. In L. Birch & W. Dietz (Eds.), *Eating behaviors of the young child* (pp. 185–203). Elk Grove Village, IL: American Academy of Pediatrics.

Krishnakumar, A., & Black, M. M. (2003). Family processes within three-generation households and adolescent mothers' satisfaction with father involvement. *Journal of Family Psychology*, *17*(4), 488–498.

Krpan, K. M., Coombs, R., Zinga, D., Steiner, M., & Fleming, A. S. (2005). Experiential and hormonal correlates of maternal behavior in teen and adult mothers. *Hormones and Behavior*, *47*(1), 112–122.

Lashley, C. O. (2007). *The transition to motherhood: Low income adolescent black mothers' perspectives*. Chicago: Loyola University Chi-

cago and Erikson Institute for Early Child Development.
Leadbeater, B., Bishop, S., & Raver, C. C. (1996). Quality of mother–child interactions, maternal depressive symptoms, and behavior problems in preschoolers of adolescent mothers. *Developmental Psychology*, *32*, 280–288.
Lerman, R. I. (1993). A national profile of young unwed fathers. In R. I. Lerman & T. J. Ooms (Eds.), *Young unwed fathers* (pp. 27–51). Philadelphia: Temple University Press.
Lyons, S. L., Henly, J. R., & Schuerman, J. R. (2005). Informal support in maltreating families: Its effect on parenting practices. *Children and Youth Services Review*, *27*, 21–38.
Marsiglio, W. (1987). Adolescent fathers in the United States: Their initial living arrangements, marital experience, and educational outcomes. *Family Planning Perspectives*, *19*, 240–251.
Martin, J. A., Hamilton, B. E., Sutton, P. D., Ventura, S. J., Menacker, F., Kimeyer, S., et al. (2007). Births: Final data for 2005. *National Vital Statistics Report*, *56*(6), 1–104.
Mazza, C. (2002). Young dads: The effects of a parenting program on urban African-American adolescent fathers. *Adolescence*, *37*, 681–693.
McBride, B. A., & Lutz, M. M. (2004). Intervention: Changing the nature and extent of father involvement. In M. E. Lamb (Ed.), *The role of the father in child development* (4th ed., pp. 446–475). Hoboken, NJ: Wiley.
McBride, B. A., & Rane, T. R. (1998). Parenting alliance as a predictor of father involvement: An exploratory study. *Family Relations*, *47*(3), 229–236.
McBride, B. A., & Rane, T. R. (2001). Father/male involvement in early childhood programs: Training staff to work with men. In J. Fagan & A. J. Hawkins (Eds.), *Clinical and educational interventions with fathers* (pp. 171–189). New York: Hawthorne Press Inc.
McDonald, K. B., & Armstrong, E. M. (2001). De-romanticizing black intergenerational support: The questionable expectations of welfare reform. *Journal of Marriage and Family*, *63*, 213–223.
McElroy, S. W., & Moore, K. A. (1997). Trends over time in teenage pregnancy and childbearing: The critical changes. In R. Maynard (Ed.), *Kids having kids: Economic costs and social consequences of teen pregnancy* (pp. 23–53). Washington, DC: Urban Institute Press.
McHale, J. P. (2007). When infants grow up in multiperson relationship systems. *Infant Mental Health Journal*, *28*(4), 370–392.
McMahon, M. (1995). *Engendering motherhood*. New York: Guilford Press.
Miller, C. L., Miceli, P. J., Whitman, T. L., & Borkowski, J. G. (1996). Cognitive readiness to parent, and intellectual–emotional development in children of adolescent mothers. *Developmental Psychology*, *32*, 533–541.
Miller, D. B. (1997). Adolescent fathers: What we know and what we need to know. *Child and Adolescent Social Work Journal*, *14*(1), 55–69.
Mincy, R. B., & Pouncy, H. W. (2002). The responsible fatherhood field: Evolution and goals. In C. Tamis-LeMonda & N. Cabrera (Eds.), *Handbook of father involvement: Multidisciplinary perspectives* (pp. 555–597). Mahwah, NJ: Erlbaum.
Moore, D. R., & Florsheim, P. (2001). Interpersonal processes and psychopathology among expectant and nonexpectant adolescent couples. *Journal of Consulting and Clinical Psychology*, *69*(1), 101–113.
Musick, J. S. (1994). Grandmothers and grandmothers-to-be: Effects on adolescent mothers and adolescent mothering. *Infant and Young Children*, *6*, 1–9.
Oberlander, S. E., Black, M. M., & Starr, R. H., Jr. (2007). African American adolescent mothers and grandmothers: A multigenerational approach to parenting. *American Journal of Community Psychology*, *39*, 37–46.
Osofsky, J. D., Hann, D. M., & Peebles, C. (1993). Adolescent parenthood: Risks and opportunities for parents and infants. In C. H. Zeanah, Jr. (Ed.), *Handbook of infant mental health* (pp. 106–119). New York: Guilford Press.
Parikh, S. S. (2005). The other parent: A historical policy analysis of teen fathers. *Praxis*, *5*, 13–21.
Parra-Cardona, J. R., Wampler, R. S., & Sharp, E. A. (2006). "Wanting to be a good father": Experiences of adolescent fathers of Mexican descent in a teen father program. *Journal of Marital and Family Therapy*, *32*(2), 215–231.
Paschal, A. M. (2006). *Voices of African-American teen fathers*. New York: Hawthorne Press.
Pomerleau, A., Scuccimarri, C., & Malcuit, G. (2003). Mother–infant behavioral interactions in teenage and adult mothers during the first six months postpartum: Relations with infant development. *Infant Mental Health Journal*, *24*(5), 495–509.
Rains, P., Davies, L., & McKinnon, M. (1998). Taking responsibility: An insider view of teen motherhood. *Families in Society*, *79*(3), 308–319.
Ray, A., & Hans, S. L. (1997, August). *Fathers past and present: African-American women's views of their fathers and the paternal role of their children's fathers*. Paper presented at the annual meetings of the American Psychological Association, Chicago.
Richardson, R., Barbour, N., & Bubenzer, D. (1991). Bittersweet connections: Informal social networks as sources of support and interference for adolescent mothers. *Family Relations*, *40*, 430–434.
Rivara, F. P., Sweeney, P. J., & Henderson, B. F. (1986). Black teenage fathers: What happens when the child is born? *Pediatrics*, *78*, 151–158.
Roy, K., & Burton, L. (2007). Mothering through recruitment: Kinscription of nonresidential fathers and father figures in low-income families. *Family Relations*, *56*, 24–39.
Roye, C. F., & Balk, S. J. (1996). Caring for pregnant teens and their mothers, too. *MCN: Ameri-*

can Journal of Maternal Child Nursing, 22(3), 153–157.

Russell, S. T., & Lee, F. C. H. (2006). Latina adolescent motherhood: A turning point? In J. Denner & B. L. Guzmán (Eds.), *Latina girls* (pp. 212–225). New York: New York University Press.

Ryan, Kalil, A., & Ziol-Guest, K. M. (2008). Longitudinal patterns of nonresident fathers' involvement: The role of resources and relations. *Journal of Marriage and Family*, 70, 962–977.

Sadler, L. S., & Clemmens, D. A. (2004). Ambivalent grandmothers raising teen daughters and their babies. *Journal of Family Nursing*, 10(2), 211–231.

SmithBattle, L. (1996). Intergenerational ethics of caring for adolescent mothers and their children. *Family Relations*, 45, 56–64.

Spencer, M. S., Kalill, A., Larson, N. C., Spieker, S. J., & Gilchrist, L. D. (2002). Multigenerational coresidence and childrearing conflict: Links to parenting stress in teenage mothers across the first two years postpartum. *Applied Developmental Science*, 6(3), 157–170.

Spieker, S. J., & Bensley, L. (1994). Roles of living arrangements and grandmother social support in adolescent mothering and infant attachment. *Developmental Psychology*, 30, 102–111.

Strassberg, Z., & Treboux, D. (2000). Interpretations of child emotion expressions and coercive parenting practices among adolescent mothers. *Social Development*, 9(1), 80–95.

Thompson, M. S. (1986). The influence of supportive relations on the psychological well-being of teenage mothers. *Social Forces*, 64(4), 1006–1023.

Turley, R. N. (2003). Are children of young mothers disadvantaged because of their mother's age or family background? *Child Development*, 74(2), 465–474.

Unger, D. G., & Wandersman, L. P. (1988). The relation of family and partner support to the adjustment of adolescent mothers. *Child Development*, 59, 1056–1060.

Voight, J. D., Hans, S. L., & Bernstein, V. J. (1996). Support networks of adolescent mothers: Effects on parenting experience and behavior. *Infant Mental Health Journal*, 17, 58–73.

Wakschlag, L. S. (1992). *Intergenerational continuities: The influence of the mother–grandmother relationship on parenting in African-American young mother families.* Unpublished dissertation, University of Chicago.

Wakschlag, L. S., Chase-Lansdale, P. L., & Brooks-Gunn, J. (1996). Not just "ghosts in the nursery": Contemporaneous intergenerational relationships and parenting in African-American families. *Child Development*, 67, 2132–2147.

Wakschlag, L. S., & Hans, S. L. (2000). Early parenthood in context: Implications for development and intervention. In C. H. Zeanah, Jr. (Ed.), *Handbook of infant mental health* (2nd ed., pp. 129–144). New York: Guilford Press.

Ward, M. J., & Carlson, E. A. (1995). Associations among adult attachment representations, maternal sensitivity, and infant–mother attachment in a sample of adolescent mothers. *Child Development*, 66, 69–79.

Westney, O. E., Cole, J. O., & Munford, T. L. (1988). The effects of prenatal education intervention on unwed prospective adolescent fathers. *Journal of Adolescent Health Care*, 9, 214–218.

Xie, H., Cairns, B. D., & Cairns, R. B. (2001). Predicting teen motherhood and teen fatherhood: Individual characteristics and peer affiliations. *Social Development*, 10(4), 488–511.

第三篇　评　估

研究婴儿心理健康的核心任务是对婴儿及其家庭进行评估。埃姆德、宾厄姆和哈蒙（Emade，Bingham & Harmon，1993）有效区分了障碍诊断和个体评估的差别。婴儿心理健康的评估包括确定个体、社会关系、家庭和文化的优势和劣势。然而，对儿童进行评估并不一定能得出诊断结果。这一部分会介绍一些诊断方法，包括家长报告、结构化观察法和关系评估。每种方法都提供了有效且直观的有关儿童行为和经验的设想。 231

第 14 章，卡特（Carter）、戈多伊（Godoy）、马拉科维茨（Marakovitz）和布里格斯-高恩（Briggs-Gowan）概述了父母报告测量儿童行为的方法。因为儿童不能报告出他们自己的内部经验，所以临床医生们必须依靠儿童抚养人的报告。作者认为，对于任何一个儿童的心理健康评估而言，父母的报告都非常必要，因为父母对儿童发展和行为的理解反映出儿童发展最重要的环境因素。他们还强调，不同的报告之间可能存在不一致，但是他们强烈要求临床医生把有关儿童人格和行为的差异结果看作是丰富临床资料的一部分。了解父母或其他报告者关注的行为和情感，以及他们赋予这些行为和情感的意义，会大大加深对儿童的理解，并明确未来的干预目标。

第 15 章，我们（Miron，Lewis & Zeanah）回顾了几种观察测量法，这些方法在临床环境中是有效和有用的。首先，我们制定了广泛的操作指南，供临床医生选择合适的方法观察儿童和其抚养人的互动。接着，我们介绍了评估儿童和其抚养人观察程序的关键环节，以及伦理和专业方面的相关问题。最后，通过论证得出结论，结构化的观察流程给临床医生们提供了一种评估和治疗抚养人与儿童非常有价值的方法。

奥本海姆（Oppenheim）和科伦-卡里（Koren-Karie ）在第 16 章进行了总结，描述了关系评估的方法和途径。与其他的亲子关系评估方法相比，洞察力程序，一种旨在把父母对其子女的洞察力进行分类的方法，把观察和访谈评估的方法结合在一起。其目标旨在判定父母是否具有能力视儿童为一个独特个体，领会儿童的需要和愿望，并能接受最真实的他。尽管这一方法是标准化和有效的，但作者相信，当倾听父母谈话时，父母洞察力这一概念会很自然地被临床医生抽取出来，而且他们认为这将是亲子关系评估中非常重要的一个组成部分。 232

第 14 章

父母报告与婴儿和学步儿的心理健康评估

艾丽斯·S·卡特（Alice S. Carter）
利安德里·戈多伊（Leandra Godoy）
苏珊·E·马拉科维茨（Susan E. Marakovitz）
玛格丽特·J·布里格斯-高恩（Margaret J. Briggs-Gowan）

为了真正理解儿童，人们应乐于同时考虑多重事实。

233 在进行婴儿心理健康评估时，我们必须把各种形式的父母报告都考虑其中，包括拍摄形式的父母报告、看护形式的父母报告、标准化问卷、半结构访谈和诊断访谈（Hirshberg，1993），它们能够帮助我们解决一些独特的挑战。无论是出于研究还是临床目的，当进行儿童心理健康评估时把有常模参照的父母测量法纳入进来，也许是尤其重要的，因为儿童的父母会较少表达担心或忧虑，尽管行为问题或社会性与情绪问题的表现是具有临床意义的（Briggs-Gowan & Carter，2008）。本章的重点是要说明父母报告法在综合性的儿童心理健康评估中起重要作用，但当缺少对儿童和其关系情境的直接观察时，父母报告法也可能并不成立。因此，我们建议临床医生和研究者通过多种途径去了解儿童的行为和发展，这是非常必要的。

不管评估者认为父母是位优秀还是有偏见的信息提供者，父母对于儿童行为的归因，或是父母如何看待儿童在家庭关系中扮演的角色都将严重影响儿童的发展（Johnston & Ohan，2005；Miller，1995）。例如斯奈德等（Snyder，Cramer，Afrank & Patterson，2005）发现，父母的敌意归因和日托中心无效或草率的惩罚，可有效预测儿童一年之后的行为问题。因此，在对儿童进行评估时，最佳的方法是把父母报告法和观察法结合起来。此外，最好是通过观察法收集有关亲子关系和儿童行为的信息，而其他方面的信息也许只能通过父母报告法获得（Zeanah，Keener & Anders，1986，1987）。

评估者可以通过父母公开表达的担忧、半结
234 构化和结构化访谈以及常模参照量表来获得信息。对于父母或其他信息提供者的比率量表而言，量表和问卷在研究应用领域被广泛使用，因为它们便宜、快捷，而且易于通过灵活的方式获得大样本数据（比如实地发放，通过信件或网络）。父母或主要抚养人最常使用有关年幼儿童发展的问卷，但是其他的信息提供者（比如日托服务者）在抚养关系和实际情境中能更好地理解问题的普遍性和孩子的能力表现，这些也是有价值的信息。随着有关婴儿和学步儿社会性和情绪判断的心理测量工具的发展，将其应用于临床情境下的要求日渐增长，而且越发迫切（AAP，2001，2006；U. S. Public Health Service，2000）。

与问卷相比，尽管对父母或抚养人进行结构化和半结构化访谈主要应用于研究领域，却更能深入考察儿童的问题和能力，并且对于确定儿童的诊断现状尤其有帮助（Egger & Angold，2004）。比如使用学前心理健康评估（PAPA；Egger & Angold，2004），访谈者能掌握有关儿童行为的具体事例，并且通过追问和分析探明行为的发生、消退、频率、持续时间、强度、特性和事件发生的来龙去脉。因此，访谈提供了一个更为全面理解儿童行为和收集诊断必备信息的框架。最近已经发展出一些可供极年幼儿童使用的结构化或半结构化的诊断访谈方法（Egger & Angold，2004；Keenan et al.，2007）。但是，由于时间限制和培训问题，这些方法目前在临床和研究领域还极少使用。

这一章，我们将首先介绍几种评估婴儿心理健康的父母或其他抚养人的信息报告法，这有助于我们更全面地了解儿童。接着，我们关注父母或抚养人报告工具使用的注意事项。在本章，我们针对使用基于父母评定的社会性与情绪功能的工具提供了一些注意事项，强调为极年幼儿童设计的工具可以在尝试初级鉴定时使用，或作为佐证社会性与情绪和行为功能方面的资料。

本章中所使用的“父母”一词指的是儿童的主要抚养人，因此包括亲生父母、养父母、监护人或定期养育儿童的扩展式家庭中的成员。我们使用“抚养人”这个词比用“父母”一词内涵稍微宽泛些，它既包括主要抚养人，也包括那些定期花费足够时间与儿童在一起，并熟悉儿童的社会性与情绪功能和日常行为的人。因此，“抚养人”一词也指扩展式家庭中的成员，和那些定期养育儿童至少一个月的儿童养育人员。确定谁是定期养育儿童的人，以及在它们定义的家庭中父母指谁，是这些评估程序中至关重要的第一步，特别是考虑到“家庭”指的可能是核心家庭、大一些的扩展式亲属体系，或与家庭成员有紧密交往的个体（Carter & Murdock，2001；Sue & Sue，2003）。

评估领域

评估的内容通常包含那些通过父母报告评估出的主要机能。尽管这章的重点是社会性与情绪并结合发展机能去解释该领域父母的报告。但是需要在发展构架中理解社会性与情绪能力的延迟。需要仔细考虑神经病理学意义上延迟的风险，以此来分析预期性的社会性与情绪延迟（与儿童的
235 认知或语言机能同等重要）。例如，对待一个发展普遍延迟的孩子就不能期望他与同龄孩子具有一样的水平，比如在行为方面的自我控制和顺从，和在社会性与情绪能力方面的情感调节或娴熟地完成计划。这会误导我们假定这些延迟在本质上和意义上都是一致的，也会误导我们认定儿童认知和语言能力都达到同龄水平时的社会性与情绪有延迟的风险。

因而，如果没有有效信息说明儿童机能发展的情况，我们建议最低限度地使用父母报告法来收集信息，例如，用年龄和发展阶段问卷（ASQ；Bricker & Squaires，1999）测量机能发展，用麦克阿瑟—贝茨交流发展问卷（CDIs；Fenson et al.，2000）测量语言功能。评估领域是至关重要的，因为儿童的认知水平和语言机能会影响其对社会性与情绪调整的理解，也对进一步的评估和干预有适当参考作用。言语和认知延迟的孩子在社会性与情绪问题上具有高风险，并且在社会性与情绪能力的获得方面也会出现延迟（Briggs-Gowan & Carter，2007）。因此，当语言或认知方面的延迟被确定，进一步明确社会性与情绪功能的困难、延迟或不足显得十分重要。然而，如果直接综合评估语言和发展机能的常规数据，那么就没有必要用父母报告获得相关信息，除非想考察父母对孩子这方面发展的知识。

不管是否使用父母报告法进行评定或只是作为全面的心理健康评估部分，我们还需要评估社会性与情绪和行为能力问题（Briggs-Gowan & Carter，1998；Carter，Briggs-Gowan，Jones & Little，2003；Carter，Briggs-Gowan & Davis，2004）。评估重点即社会性与情绪问题，如服从和共情。整合社会性与情绪和行为能力相关信息有多种用途。首先，社会性与情绪能力延迟或缺乏是出现行为问题和精神错乱的风险因素（Carter，2002；Cicchetti & Cohen，2006；Denham & Holt，1993）。相反，在阶段性发展任务中获得的能力显著提高了能力发挥的可能性（Denham et al.，2003；Houck，1999；Sameroff，Bartko & Baldwin，1998），以最大限度地减少新问题出现，维持现有的适应不良的行为模式（Carter，2002；Keenan & Shaw，1997；Masten，Burt & Coatsworth，2006；Masten & Coatsworth，1998）。其次，评估社会性与情绪和行为能力为我们提供了评估当前问题行为损害的相关程度的途径（Briggs-Gowan，Carter，Skuban & Horowitz，2001）。从某种程度上说，问题行为和显著的阶段性能力延迟获得的同时发生，提高了对儿童全面发展的关注。再次，儿童积极和消极方面的问题会减少父母反应偏差（Briggs-Gowan & Carter，1998；Carter，2002）。最后，在儿童的临床评估中评价儿童的社会性与情绪和行为能力，有助于发挥孩子的长处来设计干预措施。

婴儿和学步儿评估中的挑战

任何心理健康评估都存在挑战，婴儿和学步儿的评估更有其独特性。了解这些挑战有利于推进评估的进程。

有限的语言和元认知能力

婴儿和学步儿没有或只有有限的语言和元认
236 知能力，虽然有可能，但很难获得他们对于当前不满、历史行为和相关事件的想法和感受。因此，抚养人就在提供这类信息中发挥着核心作用，即儿童在多个环境和背景下的行为，包括行为出现和改变的时间等重要信息。

年幼儿童行为的情境影响

年幼儿童的行为对情境和关系的影响高度敏感（Clark，Tluczek & Gallagher，2004；Tronick，1989），因此儿童的表现总是多变的。例如，婴儿

和学步儿社会性和情绪评估（ITSEA；Carter & Briggs-Gowan，2006）的数据来自于父亲、母亲和儿童抚养人。在问题和能力方面，父母间达成高度一致（平均相关系数 0.71）Carter et al.，2003，而父母和抚养人间的相关只有 0.26（Moye，Briggs-Gowan & Carter，2000），这与儿童和父母间的相关水平相似（Achenbach，McConaughy & Howell，1987）。儿童的成长情境存在显著性差异，因而父母和抚养人之间中等程度的相关存在一点误差。特别是婴儿和学步儿由非父母的抚养人在家庭环境中养育，父母和抚养人之间的相关会适当地增强（问题的平均系数为 0.34，能力则是 0.50）。相反地，对于传统的儿童中心抚养方式或家庭日托方式来说，母亲和抚养人之间的相关不显著，表明儿童行为与这两种方式之间没有一致性（Moye et al.，2000）。

鉴于这种背景影响的敏感性，最优方式就是在多种环境和能得出各种反应的交互类型中收集儿童的行为信息（如游戏、饮食、学习、睡觉）。由于多情境的观察是不切实际的，收集不同环境下的数据就尤为珍贵。重视分析不同环境中儿童困境的预测性和结构性，可以为干预提供重要的线索。

儿童行为和养育关系

我们必须意识到，儿童的发展、行为和机能都内含于他们的养育关系中。通过情感表达、调整和环境的物理结构化，抚养人可以大大地影响儿童的行为（Calkins & Hill，2007；Clark et al.，2004；Moore & Calkins，2004；Tronick，1998）。因此，社会性与情绪行为、适应机能和损害的评估范围应包括养育关系背景下的儿童和独自发展的儿童这两种不同情况，时刻密切关注儿童的养育关系。在考察独立水平时这个年龄和发展水平的儿童易受暗示，但是评估那些独立于抚养人的儿童可以得到儿童受养育时内化或概括化的策略信息。收集当前养育关系的模式或特质信息（如谁是主要抚养人，提供怎样的养育方式），和养育关系历史性的信息（如多个过渡或突然消失）势在必行。还应考虑儿童的个人特质如气质、发展机能，与情境需求和支持提供之间的匹配与否。问题行为可以反映出儿童和养育环境、抚养人的不恰当预期以及抚养人满足儿童需求的能力限制之间的不匹配（Seifer，2000）。

抚养人报告的限制性在童年早期可能被放大 237

尽管本书第一版出版后婴幼儿心理健康有了极大进展，但心理健康问题的鉴别仍有不确定性。此外，父母缺乏区分标准规范行为和临床问题行为等相关的发展知识，对早期察觉临床显著的心理病理症状带来极大挑战。越来越多的证据表明，父母往往意识不到儿童的“问题行为”，因此一些极端问题行为就可能不被关注（Briggs-Gowan & Carter，2008；Ellingson，Briggs-Gowan，Carter & Horwitz，2004；Glascoe，2003）。例如，在具有代表性的同龄组样本中，36%的父母在报告孩子 2 岁时儿童行为量表（Achenbach & Rescorla，2000）的非临床或临床范围的得分时，表示他们“完全不担心”或“有点担心”孩子的行为（Briggs-Gowan et al.，2001）。另外有结果表明（Briggs-Gowan & Carter，2008），父母对社会性与情绪行为问题的担心会限制学龄儿童社会性与情绪和行为问题的预测值，然而父母根据问题行为的标准常模参照量表报告的异常行为，在检测早期、持续性社会性与情绪问题上具有借鉴意义。因此，除了询问父母对社会性与情绪和问题行为的关心与担忧，使用标准的常模参照父母报告法如 ITSEA（Carter & Briggs-Gowan，2006）、简版 ITSEA（Briggs-Gowan & Carter，2006），年龄和发展阶段问卷社会性和情绪分量表（ASQ-SE Squires，Bricker & Twombly，2002）去整合特殊社会性与情绪行为问题的信息在童年早期十分关键。

年幼儿童的父母在鉴别孩子的行为时有更大的困难，因为年幼儿童不像较大儿童那样有更多家庭情境外的活动时间。他们没有机会去观察同龄孩子的行为，或是与同龄孩子间的互动，父母很难进行标准的参照并评估孩子行为的临床意义。虽然学龄儿童的父母有机会从具备儿童发展知识的老师那里得到有关孩子行为的回馈，而那些不参与儿童养育的父母则没有机会接受相关的知识。

损害的评估

相对于较大儿童和成人来说，评估年幼儿童的机能损害是很有必要的，就是说，评估精神症状在何种程度上干扰了孩子的发展进程或影响其参与适龄活动的能力。评估损害时，关键要考虑孩子的认知、运动和语言能力，以避免将损害归入某些方面（如心理病理学）的原因，实际上它能更好地通过发展障碍或延迟来解释。以奶瓶喂养和只吃纯婴儿食品而拒绝固体食物的婴儿为例。尽管这种喂养方式可以反映潜在的社会性与情绪问题，但口腔运动的缺失或延迟能更好地解释这一现象。因此，评估心理病理学的损害需要考虑多个领域的发展轨迹。

对较大儿童和成人来说，损害评估通常需要评估个人的人际关系、学业、职业和适应机能，损害的证据需要有心理疾病学的诊断（American Psychiatric Association，2000）。评估极年幼儿童的损害需要从个人到家庭系统的观念上发生转变。特别是极年幼儿童依赖于父母的支持，损害可以说明父母在孩子活动和发展进程中的参与程度和数量的整体情况。例如父母因为无法提供儿童康复的条件，就会停止工作去重构家庭来适应孩子的特殊需求。抚养人很少重视那些影响孩子康复的需要（Carter et al.，2004）。使用年幼儿童损 238
害框架即是对家庭系统，亲子关系中父母的痛苦或低成效的重新概念化，或者证明儿童行为影响到父母对家庭的维系（如在饭店家庭聚餐）、就业情况（因为不方便照料孩子而改变工作环境）等。

还有一些有效和适宜的方法可以收集儿童行为对家庭机能影响的信息，例如教养压力指数（PSI；Abidin，1995）和家庭生活损害量表（FLIS；Briggs-Gowan，Carter，Bosson-Heenan，Guyer & Horwitz，2006）。此外，一些父母报告方式，如维兰德适应行为量表第二版（Vineland-Ⅱ；Sparrow，Cicchetti & Balla，2005）和适应行为评估系统第二版（ABAS-Ⅱ；Harrison & Oakland，2003），全面评估儿童的适应机能。适应机能显著低于认知能力，儿童就无法参与适龄活动或无法达到预期的发育能力。因此，适应机能是表征损害程度的一个指数。

抚养人报告的一般注意事项

使用父母抚养人报告信息时应该注意一些事项，包括评估范围或方式。第一，在一个全球化和跨国交流的时代，了解民族、种族和文化在评估中发挥的作用至关重要。第二，如同所有的评估方式，了解父母报告法的优势和劣势很关键。第三，本章强调父母报告法的同时，必须承认整合它与其他报告者及其他评估方式信息的困难性（即观察）。父母报告法的注意事项同样适用于其他抚养人。

种族、民族和文化的注意事项

在考虑种族、民族和文化如何影响父母报告之前，明确它们的概念是十分重要的。种族即“一种建立在身体特征上的社会联系，有分类和区别的社会构成概念”（Suyemoto & Dimas，2003，p. 58）。尽管经常和种族混淆，民族指一种特殊的文化，与共同的地理地域或国家起源相联系（Atkinson，Morton & Sue，1998；Pinderhughes，1989；Sue & Sue，2003）。文化指一个群体内代代传承的共同价值观、信仰和习俗（参见 Pinderhughes，1989；Tomlinson-Clarke，1999）。因此共同文化群体可能包括犹太文化、同性恋文化和聋人文化等（Suyemoto & Kim，2005）。

包含在父母报告中最关键的信息，在于理解父母对抚育儿童的一般观点和基于文化对儿童行为的解释。因为不同背景、信仰和期望，父母对儿童行为和抚育的理解不同于临床医生。那些被临床医生视为有问题的行为可能在父母的标准里即正常。此外，那些临床医生视为正常的行为却让父母坐立不安。不同孩子可能表现相同的行为，但是不同的文化基准和期望会规范或降低行为表现，或使行为更加突出，因此导致了不同的报告评估等级（Mandell & Novak，2005）。

让父母参与有关他们对孩子行为的了解和对治疗期望的谈话是必要的，以确保不会因背景不同而产生误解。因此，有必要和家庭谈论以下几点：（1）对孩子困难和痛苦的感知；（2）在他们
文化群体中如何参照其他孩子来看待自己孩子的 239
行为（即父母使用的参照标准）；（3）对孩子困难和痛苦的文化性解释；（4）父母经验、偏好和治疗（Christensen，Emde & Fleming，2004）。此外，考虑“父母把他们孩子的行为提高到传统文化和主流文化的意图”（Christensen et al.，2004，

p. 14）也很重要。当家庭开始讨论养育的背景和意向时，多元文化认同和跨代压力与冲突会越来越被关注。

根据以上因素，负责选择年幼儿童评估方法的临床医生和研究者应该慎重考虑其对多个群体和家庭的适宜性。尽管适当的规范不适用于特殊的家庭，但父母报告法也提供了一个讨论特殊儿童行为问题的机会。父母赞同的个人问题和能力选项可以视为父母填写问卷时的参照值，例如行为“有点……”或“经常是……”。此外，情感效价归因于行为及其文化意义，所以临床医生可以决定特殊测量项目的文化效度，例如确定现有的标准化数据不适合使用。这样的评估水平才是被认可并结合了父母信仰、关注和偏好的治疗计划，因此增加了家庭参与治疗过程的可能性。

临床医生和研究者必须在收集父母报告信息前考虑一些因素。他们要探究和反思有关种族和民族的背景、态度和信仰，增加对形成自己世界观因素的理解（APA，2003；Hays，2001）。自我反思和拓展“文化胜任力”的过程没有一个静止的终极目标；相反，它是前进的、动态的。了解一个家庭的种族、民族和文化群体等背景信息有助于评估。任何时候探究种族和文化背景，对了解父母的信仰都是有帮助的，即父母的认同及其种族主义偏见会影响他们对孩子行为、养育经验和寻求帮助的信仰。了解了这些家庭群体的社会政治和历史经验之后需要考虑的事会增多（例如对那些最近从墨西哥移民的家庭，研究者需要有美国移民法的知识）。然而背景信息提供了一个基本的评估框架，可以询问移民模式、经济状况、文化起源和主流文化下的父母身份、语言能力、表达和偏好，这对于询问家庭的生活经验是极有帮助的（Christensen et al.，2004）。

对自己的了解、评估工具的使用、家庭认同的群体和这些因素间潜在的相互作用，在与父母和家庭建立积极的工作关系时是极为关键的。例如，你应该考虑家庭是如何看待你这个医生和研究者的，以及看待你基于儿童行为的临床计划。和家庭开放地讨论这些问题会大大提高评估过程、工作关系，有助于收集可靠有效的儿童和家庭功能的信息。

在新群体中研发新工具和使用新工具的调查人员，有必要承认儿童心理健康研究直接受白人，即西方欧洲文化的指导，而不是以文化为中心。为了转变视角，父母评估工具应该：（1）把文化作为感兴趣的中心变量，而不是干扰变量；（2）包括不同群体的代表样本；（3）了解组内变异；（4）确保群体受益于研究结果（APA，2003）。其制订和 240
修改考虑了种族、民族和文化变量的评估工具，通过访谈来收集信息，使问题得到解决。

目标人群的先导性实验测量评估心理属性（信度、效度和因子结构）和文化适宜性的问题极为重要，因为它是少有的获得民族内群体资料的方式。鼓励调查人员报告研究群体基本的心理信息。虽然记录测试或量表结构及内部一致性非常有用，但决定是否在群组间用同一方式检验其能力也是很必要的（例如，具有相同的敏感性、特异性和测量等值）（Sattler，2001）。鼓励研究人员和测试开发人员增加样本多样性并收集足够大的样本以验证组间效应。使用父母和抚养人报告法特别关键的是文化敏感语言适应性。让家长有机会用自己的语言描述孩子，提高信息搜集的质量。使测量适用于不同群体，翻译和回译是必要步骤，但这些努力仍不够，因为翻译不一定适合研究人群或寻求治疗的家庭。我们在进行 ITSEA 第一版西班牙语翻译时的尴尬遭遇就是深刻的教训。我们对波多黎各的被试家庭用的西班牙语单词“调解人”，对于墨西哥后裔的样本家庭来说是有性别的区分，并令人不愉快。

父母报告的优劣

父母报告法的主要优势是父母对孩子的行为、气质和日常生活有一个发展的、前后联系的、历史性和密切的了解。例如，父母能以独特的视角报告孩子每星期发脾气的次数，何时开始发脾气，近来的次数是否有改变，触发原因，持续时间，别人的回应和帮助孩子平静的方式。父母还可以报告那些在实验环境下很少发生或很难观察到的行为。获取低概率行为的信息是必要的，因为这种行为在临床上显著但通常没有体现在量表的维度中（Carter et al.，2003）。

尽管父母是极佳的报告者，但父母报告的局限性导致一些专家减少使用或不信任父母的报告。首先要考虑到由于父母的偏见，相较于其他报告者或客观资料，父母对儿童的描述被限制在更积极或消极的范围。广泛的研究发现影响父母报告结果的因素是父母的情绪症状，特别是抑郁症，这与儿童问题行为报告和报告者间的分歧增加有关（Briggs-Gowan，Carter & Schwab-Stone，1996；Najman et al.，2000；Youngstrom，Loeber & Stouthamer-Loeber，2000）。抑郁症扭转假设可以解释父母的心理疾病症与父母对儿童行为问题的评级之间的正相关（De Los Reyes & Kazdin，2005）。尽管抑郁症假设的大部分文献已经产生小范围的影响，来自研究的结论也被纳入问卷中（Richters，1992）。然而研究缺少系统性，父母因为顾及羞辱感未意识到孩子的问题，因此可能在报告中低估孩子的问题。偏差影响评估对问题的解释，这在评估较大儿童时也一样，但是对年幼儿童父母报告的严重依赖，且没有相关的辅助信息，导致这一问题在年幼儿童群体评估中
241 更为突出。需要一个结构更精巧且低歧义的测量，使结果更为可信，较少受父母偏见的影响（Carter，Marakovitz & Sparrow，2006）。

影响父母报告的因素很重要，但即使有偏见的报告也可以提供了解儿童发展全貌的重要信息。父母期望、归因和对儿童行为的解释影响他们的养育方式，影响孩子的自我评估和自我理解，进而影响儿童行为（Snyder et al.，2005）。父母的负性归因和期望能预测儿童未来的行为问题（Carter，Garrity-Rokous，Chazan-Cohen，Little & Briggs-Gowan，2001；Snyder et al.，2005）。伴随着抚育社会化行为的归因，会对特定行为是否导致适应或适应不良结果产生影响（参见 Fonagy，Target & Gergely，2006；Zeanah et al.，1986）。例如一个活跃的儿童，他的父母支持高活跃水平、鼓励身体运动及对自我控制的发展持和缓态度。相对于那些高压制型父母，使用严厉的养育方式，使孩子静止或比相同活跃水平的孩子更安静，前者在心理病理学上的风险会小于后者。此外，当抚养人关于儿童行为意见不同时，它会反映出家庭的紧张、冲突以至于加剧儿童的问题（De Los Reyes & Kazdin，2005）。

考虑父母评价是否太苛刻或过于宽松的时候，父母期望和评价是一个有用的介入点（例如，Bugental et al.，2002）。鉴于产前和产后预期的儿童气质间的连续性（Benoit，Parker & Zeanah，1997；Mebert，1989；Zeanah，Keener，Stewart & Anders，1985），它可能是很重要的识别和干预方式，特别是那些对孩子降生前持消极态度或对发展预期知识了解有限的父母。此外，有必要在这领域提升测量工具对肯定和否定偏见的敏感性，可以通过纳入社会可取性、消极性项目和尺度来实现。

总之，父母是最佳的报告者，因为他们最了解孩子的发展，能以不同方式报告孩子的行为，对成长历史、发展阶段、连续性的影响都很敏感。与此同时，一些抚养人是有偏见的报告者、狭隘的历史学家。他们会不断改变对孩子行为的理解和解释，因此在解释父母的报告或用依赖抚养人报告得到的结果进行量表编制比较困难。

多个报告者的优点和复杂性

收集家长报告需要关注的是，如何整合其他报告者关于儿童行为和机能的信息。多报告者的方法对儿童行为的全面构建是很有用的，尤其是儿童跨越不同情境和抚养人之间的行为表现。收集多报告者信息的第一步是明确谁可以提供儿童信息，如和孩子相处足够的时间，让父母感觉融洽亲近。获取外界信息来源时（例如抚养人）必须小心谨慎，以保护儿童和家庭的隐私和取得父母或法定监护人的书面同意。

抚养人的优势能弥补家长报告，他们可以在更为结构化且有同龄陪伴的环境下照看孩子。此外，抚养人对儿童的规范或非典型行为更加了解。获得跨情境的行为信息，说明问题的普遍性和严重性，有助于确定临床意义的行为（Campbell，1995；Wakschlag et al.，2007）。此外，当涉及个案的概念化和治疗规划时，跨情境的信息可以显示哪方面的养育环境会改善或加剧儿童的行为问
题。与此同时，抚养人可能不是确切的报告者， 242
可能由于在忙碌的环境下其看护水平较低，只有发现高水平问题行为，或借助优势偏见，才将临床关注的行为归因于气质或其他发展变量。

进行临床评估时相互矛盾的报告很常见，这可以反映出跨情境行为，报告者偏见和家庭不和的真实差异。很少有解释多个报告者和综合争议信息的规则；因此，解释矛盾的报告很困难（Kraemer et al.，2003）。考虑每个信息的来源是解除迷惑并理解儿童世界的重要部分，而不仅是考察单一事实的评估方法（De Los Reyes & Kazdin，2006；Kerr，Lunkenheimer & Olson，2007）。

父母的关注

纵向研究证实，使用标准或常模参照的、全

面的家长报告对早期心理病理症状的确认至关重要。因为它们提供了家长和临床医生最初不关注的行为信息。例如，虽然在测量学龄儿童或青少年时它极其敏感，但父母的关注无法有效地预测年幼儿童当前或未来的行为问题（Briggs-Gowan & Carter，2008；Glascoe，2003）。虽然他们报告的孩子问题行为达到了临床上的显著水平，但我们发现大量的家长并不担心他们孩子的行为。这可能是因为家长不愿意过多关注负性行为，担心会反映出孩子和家庭的不足。相对于行为，父母总因社会性与情绪能力的延迟（即当孩子没有达到既定水平时）而担心或寻求帮助（Ellingson et al.，2004）。那些父母所关心的影响孩子心理健康的问题一直悬而未决，这将促使父母努力寻求帮助。此外，有时父母提出的担忧，专家却不予担心时，他们宁愿采取一种“等待和观望”的态度。增加经验效度的评估，对确认儿童的情感行为问题是否达到临床显著水平是至关重要的。

选择父母/抚养人评估工具

进行婴儿心理健康评估时，选择父母/抚养人报告工具不仅需要有工具选择的一般知识（参见 Carter et al.，2006），还要了解早期发展特点如何影响工具的信效度（参见 Carter et al.，2004）。评估目的是选择工具最重要的影响因素。然而它也受实际考虑的限制，如：（1）工具的成本；（2）父母的时间保证；（3）父母文化水平；（4）人员配备限制；（5）访谈情况（训练有素的工作人员可以掌控访谈的有效性）；（6）评估时可选择的翻译版本或翻译者；（7）儿童和家庭的民族和文化背景；（8）得分和解释的灵活性；（9）心理测量的问题，如工具在目标群体的信效度。这种考虑适用于任何年龄段的个体。婴儿心理健康评估的独特之处在于：（1）确认工具对早期儿童的行为和发展快速变化的敏感性（例如重测间隔要短）；（2）意识到父母的经验在区分临床不良行为中的标准是十分困难的（例如需要低推断性的问题）。接下来的内容我们强调父母报告儿童心理健康选择工具时相关的心理测量问题。

243 心理测量评估问题

分析一个心理测量首先要测试它的适用性。通常，在临床和研究背景下，选择测量工具首先要考虑是否便于使用和普遍适用性，而心理测量并没有适合的权重。以下部分概述了家长或抚养人评估年幼儿童时有关的心理测量问题。

信度

信度反映了测量的一致性或稳定性。对于问卷调查，评估测量的一致性一是通过检测内部一致性，或单个项目在某种程度上反映了相同的结构，最经常使用的信度系数是 α 系数；二是通过检测重测信度，即相同的时间内重复测量的稳定性。对于访谈评估来说，评定等级测量的一致性或评分者信度也应被评估。

量表的 α 系数达到 0.70 或者更高通常被认为符合内在一致性信度，信度系数落在 0.60～0.70 范围则被看作临界范围，信度系数低于 0.60 则应考虑不接受。然而，我们有必要意识到一些临床上评估儿童的有效测量可能没有合适的内部一致性。测量包括群体中很少出现的行为（例如孤独症相关的非典型行为）或一系列临床上关注但不太可能与另一种行为同时出现的行为，这些都是常有的。ITSEA 非典型行为的指标就是一个例子，即临床上十分重视但很少出现的一系列行为，导致了低于标准群体内部一致性的结果（Carter & Briggs-Gowan，2006）。这些少见的行为尽管在临床及诊断上是有效的，但被排除在问卷之外，因为它们会降低问卷的内部一致性系数。由于这类信息影响测量的内部一致性，因此评估者应该思考为什么一个测量或量表可能内部一致性信度较低。

通常对年龄较大的儿童和成人问卷的重测信度在 2～4 周后进行（Carter et al.，2006）。评估测量婴儿或学步儿的特质，重测信度应在更短时间间隔后评估；需要指出的是，这个年龄发展速度较快可能降低重测信度。例如，对 4～6 周婴儿睡眠行为每隔两周进行一次重测信度的评估，其重测信度明显低于较大儿童或成人每隔两周进行的睡眠行为的重测信度。婴儿低的信度评估可能是反映真实的发展变化而不是测量的误差。0.70 及高于 0.70 的信度系数被认为是好的。重测信度的原则与问卷调查及访谈的要求相类似。

选择访谈评估工具应报告评分者信度或评分者一致性系数以及重测信度。心理病理学访谈通常以症状清单和诊断作为信度分析的一部分。一般来说，结构评估的结构性越好，评估者的推论水平越低，重测信度和评分者信度就越大。

效度

父母或抚养人在选择评估儿童行为的测量工具时，评价其有效性很关键，就是说，它能反映想要测量的问题、能力或特质的程度。效度低的测量工具将限制我们对潜在维度和变化过程的理解，导致我们对发生在某个时间点或逐渐发展的机能得出错误的结论。关于对几种不同类型的有效性进行评估，以下对此进行了简要的介绍，以“学前儿童的假想性焦虑测量”（HAMP）为例。

（1）内容效度或者表面效度。个别问题或项目是旨在测量潜在结构的吗？项目发展是否适用于目标年龄段的被试？例如，HAMP 中的项目评
244 估学前儿童的焦虑是否适当？内容效度经常需要专家进行评定。

（2）结构效度。测量如何很好地评估它想要测量的结构？例如相关的 HAMP 分数能证明学前儿童的焦虑吗？此外，测验是否有一个好的构想效度，这样才能将症状（项目）群纳入到全部量表或分量表中，这关系到测验想要评估的整体结构。

（3）辐合效度。测验与相关（但不完全相同）的结构是否呈预期的正相关？例如，考虑到抑郁和焦虑之间已有明确关系，一个人可能会问：HAMP 得分与抑郁测量结果相关吗？

（4）发散效度。测量与其他相关的结构呈预期的负相关吗？例如，HAMP 得分与风险因子负相关吗？

（5）区分效度或组间效度。旨在测量有问题儿童与没有问题儿童之间的测验是否不同？例如，有焦虑症儿童的 HAMP 得分比没有焦虑症儿童的得分要高吗？而另一个评估区分效度的方法是检测一个工具如何能有效地区分一个人是否有重大临床问题或障碍，评估这种类型的区分效度是就测量的敏感性和特异性（在下一部分会讨论）方面来说的。

（6）预测效度。一个评估工具能在多大程度上测量或预期相同的特性或结构呢？例如，3 岁儿童的 HAMP 得分能够预测其学龄期的焦虑症吗？

对年幼儿童来说，尤其是当纵向分析或临床的后续问题被计划好时，在发展框架中分析评估工具是很关键的，这可以确保工具有相同的结构，并且能够测量不同时期或年龄段内的相同结构。然而，情况不总是如此。为构建具有异质、连续性特性，可能有必要用不同年龄段的不同结构项目进行评估。例如，一个不同的 HAMP 版本可能会要求儿童需要用语言来描述其内心经历的能力。

敏感性—特异性

在评估区分效度时，关于量表如何较好地实现具体的区分目的，敏感性和特异性可以提供一些信息。“敏感性”涉及处于特定困难团体（例如障碍/转诊小组）中儿童的比例，他们通过量表中的测量项目被成功地分到不同的小组。因此，若一个焦虑症量表作为“阳性”分类，得出 100 名情绪紊乱（通过一些其他的标准）的儿童中 80 名有焦虑症，则该量表的敏感性为 80%。“特异性”涉及没有特定困难的儿童比例（根据量表的测量项目而准确得出的）。因此，若一个焦虑症量表作为“阴性”分类，得出 100 名非病例中 90 名确实没有焦虑症，则该量表的特异性为 90%。

高敏感性（错误率低）是用设计好的量表对特定诊断或疗法进行评估（例如结构化临床访谈），因为对儿童和家庭的错误分类会造成潜在损失，这些儿童表面没有问题但实际上有特定的心理障碍。然而，当评估的目标是从大样本中筛查出那些忽视了诊断结果而处于困境中的个体时，通常要借助检测到的一定比例的问题儿童去维持这种十分具有挑战性的平衡，同时还要保持误报率在可接受的范围内。当得分阈值太高时，筛查者倾向于保持高特异性以及低误报率，但是低敏

感性意味着有问题的孩子更有可能未被检测出。相较之下，当阈值过低，敏感性会很高，但特异性较低，从而导致错误分类，并且会使误报体系 245 存在潜在的缺陷。因此，有必要同时记录下工具的敏感性和特异性：一个通用的方法是评估工具应该足够灵敏地保持最少 80%的准确率才可以进行早期预防干预，但仍有一定的误报率（误报率达到 20%或更低），因此，服务体系没有必要百分百准确。然而，根据评估的目的，不同的标准可能更为合适。

具体测验评估的敏感性和特异性可能随着发展而变化，尤其是不同的年龄段有不同的基本比率和诊断条件时。因此，在检查测验的敏感性和特异性时，应考虑其能否用于比较小的年龄段，尤其是那些快速变化的行为。此外，评估者应该注意敏感性和特异性数据已经记录的年龄，因为这些可能未包含在不同年龄群体中。

测量的敏感性和特异性，以及信度和效度，可能因亚群体和评估内容的不同而变化。这些问题可能高度复杂，对政策制定、研究和临床应用具有借鉴意义。例如就政策而言，虽然大多数专业人士，包括美国儿科学会（American Academy of Pediatrics，2006），提倡在儿童的样本中筛查孤独症和一般行为问题儿童的基本方法，要意识到相关的挑战。父母报告形式筛查孤独症和一般行为问题的局限性，已经引发了关于执行这些建议最好方法的争论。除了心理测量方面的挑战，许多儿科医生不愿意从无效的参照资源中筛查有问题的儿童，认为这是不道德的（Perrin & Stancin，2002）。随着筛查评估的确定以及治疗儿童可能性的增加，筛查实施和持续心理健康障碍的后遗症将减少，从而提高精神卫生系统的能力。

规范

规范的目的是比较个体与同辈群体，因此对同龄婴儿心理健康的评估是关键，身为父母和其他抚养人可能对于行为、临床问题没有足够的内部规范。通常有常模数据的测量比那些没有建立在可用样本基础上的数据更好。评审者应熟悉样本及采集常模数据的条件，并且应该考虑这些常模与儿童/家庭或者研究样本规范的关系（Carter et al.，2006）。

反应模式

在评价问卷或访谈时，最后考虑的是反应模式。反应模式会随着问题被判定有或无（在许多诊断访谈和筛查中都是如此）而变化，或者测验能否使被试承受行为发生的频率或严重性的变化（Achenbach，2000）。通常要求应答者同时考虑某些特征或行为是否代表目标儿童和这种行为多久发生。因此，许多测验通过评定行为发生频率的等级，判断这种行为是否是儿童的典型行为。因为大多数社会情绪和行为问题以及能力的频率和强度是变化的，所以应用反应模式是很有意义的，反应模式可以很快地感知情绪和行为等问题的频率和强度的变化（Achenbach，2000）。例如在 ITSEA 测试中，反应模式是“0”，代表“不真实或很少是真实的”，“1”表示“一些情况或有时是真实的”，“2”表示“很真实或经常是真实的”。另一种行为模式是采用行为检测表（BCL；Richman，1977），它需要家长对通常被认为是问题行为的特殊行为估计等级。明确地说，根据 BCL 家长要估计特殊行为所属范畴，“0”表示“没有困难”，“1”表示“适度困难”，“2”表示“很困难”。当测量项目组合成意义集合时，所有这些反应尺度能在心理风险升高时对儿童进行充分识别（Achenbach，2000；Campbell，1995）。然而，没有反应模式能充分决定临床诊断的状态。能够决定诊断状态的有关发病、持续时间、行为强度，以及损害程度的信息，应很好地收集到访谈记录中。

值得注意的是，一个过于复杂的反应模式， 246 比如随着每个问题而改变或采用一个 13 点反应等级，对教育背景较有限的父母来说，可能会令其不愉快。包括多重选项或仅有消极方面都会使测量复杂化（比如“经常/非常真实”的行为很少见）。同样，一个“是/否”形式可能引发错误，作为开始的困难可能不仅仅是行为出现与否的问题，而是在适当的情境中常规行为的使用（例如目光接触）。最后，在某一时间（例如孩子经常生气发脾气时）评价态度和行为比被迫标明孩子更像一个或另一个统一体（例如是否生气是比平静更具个性）更容易。

针对婴儿和学步儿心理健康评估的建议

理想状态是使用家长和其他抚养人的报告，筛查从婴儿期到青春期的心理健康问题。用心观察那些呈现轻微心理问题的儿童，对那些中度至严重心理问题的儿童进行全面综合的评估。此外，对涉及孩子行为的，以及家庭或社区中的风险因素进行筛查，包括家庭暴力、父母心理疾病史、严厉或疏忽的抚育。目前已有一些筛查和评价方法，但所用的资源有限，某种程度上是由于精神卫生保健系统不足以满足婴儿和学步儿的需求，这些婴儿和学步儿一般通过筛查和早期检测被识别。为了鼓励使用通用的筛查方法和随后的对儿童社会性与情绪和行为问题、能力和家庭病史相关风险的评估，在以下部分我们会介绍几种不同类型的评估工具。

评估工具类型

几类工具可以用来系统地收集父母和抚养人报告的有关社会性与情绪问题或能力的信息，包括简版筛选检测表［如 BITSEA（Briggs-Gowan & Carter，2006），或 ASQ-SE（Squires et al.，2002）］、更多综合的检测表［如 ITSEA（Carter & Briggs-Gowan，2006）］和诊断访谈［如 PAPA（Egger & Angold，2004）］。因为实际考虑和限制往往会影响工具的选择，充分了解所提供的不同工具是很有必要的。

筛查工具

筛查工具，被看成是检测问题儿童的简便措施，当需要迅速、有效地从大量人口统计中识别出目标时，筛查工具是最适合使用的。通过筛选鉴定的儿童及其家庭可以受益于附加的随访和更深程度的评估，这些随访及深入评估是为了估计最初通过筛查工具检测到的困难范围和本质，和其他涉及的东西。因为检查工具是简单的并且没有提供详细有关其优缺点或诊断信息的介绍，所以它们不适用于治疗计划或记录治疗的成效。

虽然有专为检测较大范围问题（例如社会性与情绪或行为问题）的筛查工具，但一些筛选工具是专为检测定义狭隘（例如孤独症障碍）的问题而设计的。筛查工具，如孤独症学步儿检测表（CHAT；Baron-Cohen，Allen & Gillberg，1992；Baron-Cohen et al.，1996）及孤独症学步儿检测表修订版（M-CHAT；Robins，Fein，Barton & Green，2001）的目的是检测出孤独症障碍，那么当目的是为了检测有社会性与情绪问题或行为异常的非孤独症障碍症候群的儿童时，这些检测量表并不合适。

相反，更多筛查工具，诸如 ASQ-SE（Squires et al.，2002）和 BITSEA（Briggs-Gowan & Carter， 247
2006）是专为鉴别在更广的领域中有社会性与情绪问题或行为障碍的儿童而设计的简便的父母报告工具。这些筛查工具应该被用来鉴别高程度行为问题的儿童，这些问题行为变化范围从侵略性和叛逆行为到焦虑和孤独症障碍症候群。BITSEA 量表测量范围超出了这些问题，它是专为检测儿童在社会性与情绪功能上的延迟行为而设计的。选择一个筛查工具符合筛选过程的目标对确保成功的筛查是必需的。

综合检测表

当评估的目标是为了收集有关儿童正在经历的困难这类特定的详细信息时，适合用更长、更详细的评估。这类工具，诸如 ITSEA（Carter & Briggs-Gowan，2006）和儿童行为检测表（CBCL）（Achenbach & Rescorla，2000），它们能够得出分量表和总量表的分数。分量表集中聚焦具体的问题行为（例如，ITSEA 同伴攻击行为分量表、ITSEA 睡眠问题分量表）。相反，总分数表明了一个更广的问题行为分类（例如，ITSEA 叛逆领域），是分量表的得分之和。例如，ITSEA 叛逆领域分数是用 ITSEA 感觉敏感性、负面情绪、饮食问题和睡眠质量问题分数计算出来的。综合测量能提供一份详细和可区分的结果，可以了解此领域中父母报告的儿童问题行为属于哪个典型范围。采用这样的措施解决父母对儿童广泛问题行为的疑问，这些对是否考虑到父母会低估问题或他们孩子天性行为的可能性都是重要的。

诊断访谈

父母报告评估的最后一个类别是父母访谈。在这个范畴中我们强调了 PAPA（Egger & Angold，2004），这个评估满足了 2～5 岁儿童综合性诊断访谈的需要。PAPA 包括所有的 DSM-Ⅳ（American Psychiatric Association，2000）与在这个年龄段的孩子发展有关的标准、DC（0-3）中所有的项目（Zero to Three，1994）。另外，目前诊断系统中没有包括学前儿童和他们的家长可能会存在的潜在相关问题行为和症状。访谈也评估损伤，这些损伤与特定的症状群、家庭环境和人际关系、家庭的社会心理问题及生活事件有关。PAPA 以半结构式访谈的方式，从父母或其他被调查者那儿获得有利信息，包括有没有特定的行为以及它们的发病时间、次数和强度。其重测信度与较大儿童和青少年的诊断访谈有差异（Egger et al.，2006）。

结论

父母和其他抚养人的报告提供了一个重要窗口，使有关儿童心理健康临床需要可以在童年早期被识别。此外，父母和其他信息提供者可以帮助分析社会性与情绪和行为问题，以及儿童当前和成长中的能力素质模式。要考虑到家庭背景和可用的心理测量应是父母或抚养人具体报告所选择的工具。在这一章中，我们认为家长报告是任何婴儿和学步儿或学前儿童心理健康评估的必要组成部分，作为父母理解孩子行为发展的情境受到儿童成长发展及家长回应孩子方式的影响。不要把多个信息提供者、多种方法的评估作为调和的目标，必须接受多元化和经常在综合的婴儿心理健康评估中出现相互冲突的观点。了解父母及 248
其他报告者关注的行为情感和归因的意义，可以深入理解儿童及其生态背景。

参考文献

Abidin, R. R. (1995). *Parenting Stress Index—Third Edition (PSI): Professional manual.* Odessa, FL: Psychological Assessment Resources.

Achenbach, T. M. (2000). Assessment of psychopathology. In A. J. Sameroff, M. Lewis, & S. M. Miller (Eds.), *Handbook of developmental psychopathology* (2nd ed., pp. 41–56). New York: Springer.

Achenbach, T. M., McConaughy, S. H., & Howell, C. T. (1987). Child/adolescent behavioral and emotional problems: Implications of cross-informant correlations for situational specificity. *Psychological Bulletin, 101*, 213–232.

Achenbach, T. M., & Rescorla, L. A. (2000). *Manual for the ASEBA preschool forms and profiles.* Burlington: University of Vermont, Research Center for Children, Youth, and Families.

American Academy of Pediatrics. (2001). Committee on Children with Disabilities: Developmental surveillance and screening of infants and young children. *Pediatrics, 108*, 192–196.

American Academy of Pediatrics. (2006). Identifying infants and young children with developmental disorders in the medical home: An algorithm for developmental surveillance and screening. *Pediatrics, 118*, 405–420.

American Psychiatric Association. (2000). *Diagnostic and statistical manual of mental disorders* (4th ed., text rev.). Washington, DC: Author.

American Psychological Association. (2003). Guidelines on multicultural education, training, research, practice and organizational change for psychologists. *American Psychologist, 58*, 377–402.

Atkinson, D. R., Morton, G., & Sue, D. W. (1998). *Counseling American minorities* (5th ed.). Boston: McGraw Hill.

Baron-Cohen, S., Allen, J., & Gillberg, C. (1992). Can autism be detected at 18 months?: The needle, the haystack, and the CHAT. *British Journal of Psychiatry, 161*, 839–843.

Baron-Cohen, S., Cox, A., Baird, G., Swettenham, J., Nightengale, N., Morgan, K., et al. (1996). Psychological markers in the detection of autism in infancy in a large population. *British Journal of Psychiatry, 168*, 158–163.

Benoit, D., Parker, K. C., & Zeanah, C. H., Jr. (1997). Mothers' representations of their infants assessed prenatally: Stability and association with infants' attachment classifications. *Journal of Child Psychology and Psychiatry, 38*, 307–313.

Bricker, D., & Squires, J. (1999). *The Ages and Stages Questionnaires: A parent-completed, child monitoring system* (2nd ed.). Baltimore, MD: Brookes.

Briggs-Gowan, M. J., & Carter, A. S. (1998). Preliminary acceptability and psychometrics of the Infant–Toddler Social and Emotional Assessment (ITSEA): A new adult-report questionnaire. *Infant Mental Health Journal, 19*, 422–445.

Briggs-Gowan, M. J., & Carter, A. S. (2006). *The Brief Infant–Toddler Social and Emotional Assessment* (BITSEA). San Antonio, TX: Psychological Corporation, Harcourt Assessment.

Briggs-Gowan, M. J., & Carter, A. S. (2007). Applying the Infant–Toddler Social and Emotional Assessment (ITSEA) and Brief-ITSEA in early intervention. *Infant Mental Health Journal, 28*, 564–583.

Briggs-Gowan, M. J., & Carter, A. S. (2008). Social–emotional screening status in early childhood predicts elementary school outcomes. *Pediatrics, 121*(5), 957–962.

Briggs-Gowan, M. J., Carter, A. S., Bosson-Heenan, J., Guyer, A. E., & Horwitz, S. M. (2006). Are infant–toddler social–emotional and behavioral problems transient? *Journal of the American Academy of Child and Adolescent Psychiatry, 45*, 849–858.

Briggs-Gowan, M. J., Carter, A. S., & Schwab-Stone, M. (1996). Discrepancies among mother, child, and teacher reports: Examining the contributions of maternal depression and anxiety. *Journal of Abnormal Child Psychology, 24*, 749–765.

Briggs-Gowan, M. J., Carter, A. S., Skuban, E. M., & Horowitz, S. M. (2001). Prevalence of social–emotional and behavioral problems in a community sample of 1- and 2-year-old children. *Journal of the American Academy of Child and Adolescent Psychiatry, 40*, 811–819.

Bugental, D. B., Ellerson, P. C., Lin, E. L., Rainey, B., Kokotovic, A., & O'Hara, N. (2002). A cognitive approach to child abuse prevention. *Journal of Family Psychology, 16*, 243–258.

Calkins, S. D., & Hill, A. (2007). Caregiver influences on emerging emotion regulation: Biological and environmental transactions in early development. In J. J. Gross (Ed.), *Handbook of emotion regulation* (pp. 229–248). New York: Guilford Press.

Campbell, S. B. (1995). Behavior problems in preschool children: A review of recent research. *Journal of Child Psychology and Psychiatry, 36*, 113–149.

Carter, A. S. (2002). Assessing social–emotional and behavior problems and competencies in infancy and toddlerhood: Available instruments and directions for application. In B. Zuckerman, A. Lieberman, & N. Fox (Eds.), *Emotion regulation and developmental health: Infancy and early childhood* (pp. 277–299). New York: Johnson & Johnson Pediatric Institute.

Carter, A. S., & Briggs-Gowan, M. J. (2006), *Infant–Toddler Social and Emotional Assessment (ITSEA): Examiner's manual.* San Antonio, TX: Harcourt Assessment.

Carter, A. S., Briggs-Gowan, M. J., & Davis, N. O. (2004). Assessment of young children's social–emotional development and psychopathology: Recent advances and recommendations for practice. *Journal of Child Psychology and Psychiatry, 45*, 109–134.

Carter, A. S., Briggs-Gowan, M. J., Jones, S. M., & Little, T. D. (2003). The Infant–Toddler Social and Emotional Assessment (ITSEA): Factor structure, reliability, and validity. *Journal of Abnormal Child Psychology, 31*, 495–514.

Carter, A. S., Garrity-Rokous, F. E., Chazan-Cohen, R., Little, C., & Briggs-Gowan, M. J. (2001). Maternal depression and comorbidity: Predicting early parenting, attachment security, and toddler social–emotional problems and competencies. *Journal of the American Academy of Child and Adolescent Psychiatry, 40*, 18–26.

Carter, A. S., Marakovitz, S., & Sparrow, S. S. (2006). Comprehensive psychological assessment: A developmental psychopathology approach for clinical and applied research. In D. Cicchetti & D. J. Cohen (Eds.), *Developmental psychopathology: Vol. I: Theory and method* (2nd ed., pp. 181–210). New York: Wiley.

Carter, A. S., & Murdock, K. K. (2001). The family as a context of psychological functioning. In E. L. Grigorenko & R. J. Sternberg (Eds.), *Family environment and intellectual functioning: A life-span perspective* (pp. 1–22). Mahwah, NJ: Erlbaum.

Christensen, M., Emde, R., & Fleming, C. (2004). Cultural perspectives for assessing infants and young children. In R. DelCarmen-Wiggins & A. Carter (Eds.), *Handbook of infant, toddler, and preschool mental health assessment* (pp. 7–23). New York: Oxford University Press.

Cicchetti, D. V., & Cohen, D. (Eds.). (2006). *Developmental psychopathology: Theory and method* (3 Vols., 2nd ed.). New York: Wiley.

Clark, R., Tluczek, A., & Gallagher, K. C. (2004). Assessment of parent–child early relational disturbances. In R. DelCarmen-Wiggins & A. S. Carter (Eds.). *Handbook of infant, toddler, and preschool mental health assessment* (pp. 25–60). New York: Oxford University Press.

De Los Reyes, A., & Kazdin, A. E. (2005). Informant discrepancies in the assessment of childhood psychopathology: A critical review, theoretical framework, and recommendations for further study. *Psychological Bulletin, 131*, 483–509.

De Los Reyes, A., & Kazdin, A. E. (2006). Informant discrepancies in assessing child dysfunction relate to dysfunction within mother–child interactions. *Journal of Child and Family Studies, 15*, 645–663.

Denham, S. A., Blair, K. A., DeMulder, E., Levitas, J., Sawyer, K., Auerbach-Major, S., et al. (2003). Preschool emotional competence: Pathway to social competence? *Child Development, 74*, 238–256.

Denham, S. A., & Holt, R. W. (1993). Preschoolers' likability as cause or consequence of their social behavior? *Developmental Psychology, 29*, 271–275.

Egger, H. L., & Angold, A. (2004). The Preschool Age Psychiatric Assessment (PAPA): A structured parent interview for diagnosing psychiatric disorders in preschool children. In R. DelCarmen-Wiggins & A. S. Carter (Eds.). *Handbook of infant, toddler, and preschool mental health assessment* (pp. 223–243). New York: Oxford University Press.

Egger, H. L., Erkanli, A., Keeler, G., Potts, E., Walter, B., & Angold, A. (2006). The test–retest reliability of the Preschool Age Psychiatric Assessment (PAPA). *Journal of the American Academy of Child and Adolescent Psychiatry, 45*,

538–549.

Ellingson, K. D., Briggs-Gowan, M. J., Carter, A. S., & Horwitz, S. M. (2004). Parent identification of early emerging child behavior problems: Predictors of sharing parental concern with health providers. *Archives of Pediatric Adolescent Medicine*, *158*, 766–772.

Fenson, L., Marchman, V. A., Thal, D. J., Dale, P. S., Reznick, S., & Bates, E. (2000). MacArthur–Bates Communicative Development Inventories (CDIs; 2nd ed.). Baltimore, MD: Brookes.

Fonagy, P., Target, M., & Gergely, G. (2006). Psychoanalytic perspectives on developmental psychopathology. In D. Cicchetti & D. J. Cohen (Eds.), *Developmental Psychopathology: Vol. 1: Theory and method* (2nd ed., pp. 701–749). New York: Wiley.

Glascoe, F. P. (2003). Parents' evaluation of developmental status: How well do parents' concerns identify children with behavioral and emotional problems? *Clinical Pediatrics*, *42*, 133–138.

Harrison, P. L., & Oakland, T. (2003). *Adaptive Behavior Assessment System* (ABAS-II; 2nd ed.). San Antonio, TX: Psychological Corporation.

Hays, P. A. (2001). *Addressing cultural complexities in practice: A framework for clinicians and counselors*. Washington, DC: American Psychological Association.

Hirshberg, L. M. (1993). Clinical interviews with infants and their families. In C. H. Zeanah, Jr. (Ed.), *Handbook of infant mental health* (pp. 173–190). New York: Guilford Press.

Houck, G. M. (1999). The measurement of child characteristics from infancy to toddlerhood: Temperament, developmental competence, self-concept, and social competence. *Issues in Comprehensive Pediatric Nursing*, *22*, 101–127.

Johnston, C., & Ohan, J. L. (2005). The importance of parental attributions in families of children with attention-deficit/hyperactivity and disruptive behavior disorders. *Clinical Child and Family Psychology Review*, *8*, 167–182.

Keenan, K., & Shaw, D. (1997). Developmental and social influences on young girls' early problem behavior. *Psychological Bulletin*, *121*, 95–113.

Keenan, K., Wakschlag, L. S., Danis, B., Hill, C., Humphries, M., Duax, J., et al. (2007). Further evidence of the reliability and validity of DSM-IV ODD and CD in preschool children. *Journal of the American Academy of Child and Adolescent Psychiatry*, *46*, 457–468.

Kerr, D. C., Lunkenheimer, E. S., & Olson, S. L. (2007). Assessment of child problem behaviors by multiple informants: A longitudinal study from preschool to school entry. *Journal of Child Psychology and Psychiatry*, *48*, 967–975.

Kraemer, H. C., Measelle, J. R., Ablow, J. C., Essex, M. J., Boyce, W. T., & Kupfer, D. J. (2003). A new approach to integrating data from multiple informants in psychiatric assessment and research: Mixing and matching contexts and perspectives. *American Journal of Psychiatry*, *160*, 1566–1577.

Mandell, D. S., & Novak, M. (2005). The role of culture in families' treatment decisions for children with autism spectrum disorders. *Mental Retardation and Developmental Disabilities Research Reviews*, *11*, 110–115.

Masten, A. S., Burt, K. B., & Coatsworth, J. D. (2006). Competence and psychopathology in development. In D. Cicchetti & D. J. Cohen (Eds.), *Developmental psychopathology: Vol. 3. Risk, disorder, and adaptation* (2nd ed., pp. 696–738). Hoboken, NJ: Wiley.

Masten, A. S., & Coatsworth, J. D. (1998). The development of competence in favorable and unfavorable environments: Lessons from research on successful children. *American Psychologist*, *53*, 205–220.

Mebert, C. J. (1989). Stability and change in parents' perceptions of infant temperament: Early pregnancy to 13.5 months postpartum. *Infant Behavior and Development*, *12*, 237–244.

Miller, S. A. (1995). Parents' attributions for their children's behavior. *Child Development*, *66*, 1557–1584.

Moore, G. A., & Calkins, S. D. (2004). Infants' vagal regulation in the still-face paradigm is related to dyadic coordination of mother–infant interaction. *Developmental Psychology*, *40*, 1068–1080.

Moye, E. P., Briggs-Gowan, M. J., & Carter, A. S. (2000, July). *Parent and childcare provider agreement across infant childcare setting*. Poster session presented at the International Conference of Infant Studies, Brighton, England.

Najman, J. M., Williams, G. M., Nikles, J., Spence, S., Bor, W., O'Callaghan, M., et al. (2000). Mothers' mental illness and child behavior problems: Cause–effect association or observation bias? *Journal of the American Academy of Child and Adolescent Psychiatry*, *39*, 592–602.

Perrin, E., & Stancin, T. (2002). A continuing dilemma: Whether and how to screen for concerns about children's behavior. *Pediatrics in Review*, *23*, 264–276.

Pinderhughes, E. (1989). *Understanding race, ethnicity, and power: The key to efficacy in clinical practice*. New York: Free Press.

Richman, N. (1977). Behaviour problems in preschool children: Family and social factors. *British Journal of Psychiatry*, *131*, 523–527.

Richters, J. E. (1992). Depressed mothers as informants about their children: A critical review of the evidence for distortion. *Psychological Bulletin*, *112*, 485–499.

Robins, D. L., Fein, D., Barton, M. L., & Green, J. (2001). The Modified Checklist for Autism in Toddlers: An initial study investigating the early detection of autism and pervasive developmental disorders. *Journal of Autism and Developmental Disorders*, *31*, 131–144.

Sameroff, A. J., Bartko, W. T., & Baldwin, A. (1998). Family and social influences on the development of child competence. In M. Lewis & C. Feiring (Eds.), *Families, risk, and competence* (pp. 161–185). Mahwah, NJ: Erlbaum.

Sattler, J. M. (2001). *Assessment of children: Cogni-*

tive applications (4th ed.). La Mesa, CA: Author.

Seifer, R. (2000). Temperament and goodness of fit: Implications for developmental psychopathology. In A. J. Sameroff, M. Lewis, & S. M. Miller (Eds.), *Handbook of developmental psychopathology* (2nd ed., pp. 257–276). New York: Springer.

Snyder, J., Cramer, A., Afrank, J., & Patterson, G. R. (2005). The contributions of ineffective discipline and parental hostile attributions of child misbehavior to the development of conduct problems at home and school. *Developmental Psychology, 41*, 30–41.

Sparrow, S. S., Cicchetti, D. V., & Balla, D. A. (2005). *Vineland Adaptive Behavior Scales—Second Edition (Vineland-II)—Survey Interview Form/Caregiver Rating Form.* Livonia, MN: Pearson Assessments.

Squires, J., Bricker, D., & Twombly, E. (2002). *Ages and Stages Questionnaires: Social–Emotional (ASQ: SE): A parent-completed, child-monitoring system for social–emotional behaviors* (2nd ed.). Baltimore, MD: Brookes.

Sue, D. W., & Sue, D. (2003). *Counseling the culturally diverse: Theory and practice* (4th ed.). New York: Wiley.

Suyemoto, K. L., & Dimas, J. M. (2003). Check one box only. In J. S. Mio & G. Y. Iwamasa (Eds.), *Culturally diverse mental health: The challenges of research and resistance* (pp. 55–81). New York: Brunner-Routledge.

Suyemoto, K. L., & Kim, G. S. (2005). Journeys through diverse terrains: Multiple identities and social contexts in individual therapy. In M. P. Mirkin, K. L. Suyemoto, & B. F. Okun (Eds.), *Psychotherapy with women: Exploring diverse contexts and identities* (pp. 9–41). New York: Guilford Press.

Tomlinson-Clarke, S. (1999). Culture. In J. S. Mio, J. E. Trimble, P. Arredondo, H. E. Cheatham, & D. Sue (Eds.), *Key words in multicultural interventions: A dictionary* (pp. 82–83). Westport, CT: Greenwood.

Tronick, E. Z. (1989). Emotions and emotional communication in infants. *American Psychologist, 44*, 112–119.

Tronick, E. Z. (1998). Dyadically expanded states of consciousness and the process of therapeutic change. *Infant Mental Health Journal, 19*, 290–299.

U.S. Public Health Service. (2000). *Report of the Surgeon General's conference on children's mental health: A national action agenda.* Washington, DC: Department of Health and Human Services.

Wakschlag, L. S., Briggs-Gowan, M. J., Carter, A. S., Hill, C., Danis, B., Keenan, K., et al. (2007). A developmental framework for distinguishing disruptive behavior from normative misbehavior in preschool children. *Journal of Child Psychology and Psychiatry, 48*, 976–987.

Youngstrom, E., Loeber, R., & Stouthamer-Loeber, M. (2000). Patterns and correlates of agreement between parent, teacher, and male adolescent ratings of externalizing and internalizing problems. *Journal of Consulting and Clinical Psychology, 68*, 1038–1050.

Zeanah, C. H., Jr., Keener, M. A., & Anders, T. F. (1986). Developing perceptions of temperament and their children to mother and infant behavior. *Journal of Child Psychology and Psychiatry, 27*, 449–512.

Zeanah, C. H., Jr., Keener, M. A., & Anders, T. F. (1987). Subjectivity in parent–infant relationships: A discussion of internal working models. *Infant Mental Health Journal, 8*, 449–512.

Zeanah, C. H., Jr., Keener, M. A., Stewart, L., & Anders, T. F. (1985). Prenatal perception of infant personality: A preliminary investigation. *Journal of the American Academy of Child and Adolescent Psychiatry, 24*, 204–210.

Zero to Three. (1994). *Diagnostic classification: 0–3: Diagnostic classification of mental health and developmental disorders in infancy and early childhood.* Washington, DC: Author.

第 15 章

观察法在童年早期人际关系评估中的临床应用

黛维·迈伦（Devi Miron）
玛瓦·L·刘易斯（Marva L. Lewis）
小查尔斯·H·泽纳（Charles H. Zeanah，Jr.）

252 童年早期临床医生一个极为重要的任务是用一些有效、可靠且适用于临床背景的发展测验来评估儿童与抚养人之间的关系（Crowell & Fleischmann，1993；Weston et al.，2003）。有人强调了多情境多背景下评估抚养人和儿童间关系的重要性（Leyendecker，Lamb & Scholmerich，1997），而另外一些研究人员则认为，仅仅通过观察儿童和抚养人在接待室（Crowell，2003）中的行为即可以得到许多有价值的信息。绝大多数早期儿童专家认为和抚养人之间建立工作关系对于获得有效的评估结果十分重要。

当然，观察儿童及其抚养人是一项主要的发展性研究，本章我们选择性地回顾了一系列具体的研究方法。这些方法一直用于实验性和临床性的研究，并且我们相信这些研究方法在临床工作中的价值。孤独症诊断观察量表（ADOS；Lord et al.，2000）为研究方法提供了用于研究和临床目的的模型，并且为每一种研究方法提供培训。然而这个ADOS是针对特定疾病的方法。我们对这种方法的综述比这种方法本身在互动模式和关系上的理解更有用。

临床背景下，童年早期评估的一个目的是有效可信地确定儿童和抚养人之间的关系。本章中我们通过“抚养人”和“父母”这两个可以替换的术语，借以了解评价许多不同类型的儿童和抚养人之间关系的重要性。一项评估程序的临床应用取决于它指导干预建议的能力。特别是通过不同的抚养关系，儿童行为临床差异的显著性肯定首先被觉察出来。评估程序为发展中的、文化契合的互动模式提供自然观察的机会，这也增加了对行为的深刻解释。

了解了这些首要目标，我们首先考虑在临床中应用哪些指导方针。这是泽纳及其同事（Zeanah，2008；Zeanah，Larrieu，Valliere & Heller， 253
2000）从克罗韦尔和弗莱施曼（Crowell & Fleischman，1993）的指导建议中提取出来的，也是我们从临床中对儿童抚养关系评估的发展研究等一系列结构程序的应用经验中得来的。接下来，我们回顾一下在临床中有价值的具体方法。尽管这些方法都有各自的信效度，但在临床上对诊断和干预都有很大的作用。最后我们充分考虑了临床背景下观察法对年幼儿童及其家庭的职业和伦理问题，并得出结论。

理论和实践中的指导方针

我们提出理论和实践指导方针，明确临床用途中如何选择特定的观察范式。这些要点基于克罗韦尔和弗莱施曼（Crowell & Fleischman，1993）提出的方针。我们将在表15.1中列举出来，并且详述以下内容。建议在选择观察方法时，把它们当做参考。

表15.1　观察范式在临床用途中的指导方针

1. 研究环境和程序的标准化。
2. 包含评估中的结构化和非结构化活动。
3. 评估过程中要确保效率。
4. 确保发展和文化尽可能适用的程序。
5. 确保观察结果的可解释性。
6. 如有可能使用录像程序。

研究环境和程序的标准化

儿童在家庭中和在不熟悉的环境中的行为可能有极大的不同。一项活动越是对亲子和环境加以标准化，越是可能在观察相互作用时发现不同，这些相互作用源于组合特定程序上的变数。我们建议对于每一种评估来说，以同一种形式在同样环境中执行亲子关系的评估程序。建立一系列的标准化说明并且培训出程序的操控人员是极为重要的。同样需要拥有专门房间和统一材料（比如玩具、游戏），用于评估，以保证不同机构之间的标准化。

人们普遍认为，对于不同的人际关系，儿童的行为会表现出极大的不同（Zeanah et al.，2000）。因此，将年幼儿童的行为和不同的抚养人进行比较，对判定他的总体功能很有价值，并且这些对比结果可加强程序的标准化。

严格遵守标准化程序的一项缺点是它不能弹性地满足双方的需求。比如当儿童发育迟缓，或者抚养人有生理上的障碍而不能跟随程序时，程序就要发生改变。它的另一个挑战是随着标准化程度的提高，抚养人和儿童之间可能会失去最自然的相互关系。这已经成为人们的困扰，比如陌生情境程序（Ainsworth，Blehar，Waters & Wall，1978），因为这项研究在很大程度上限制了抚养人的行为。限制抚养人行为的目的就是借以诱发儿童的特殊行为。这可能是有用的临床信息，但是对抚养人行为限制的程度涉及观察数据的意义需要重新考虑。

结构化和非结构化活动

观察评估活动的结构化程度是一个重要问题。作为更为灵活的评估方式，当抚养人对行为低要求低限制时，低结构化的活动更有利。在许多评估类型中，自由玩耍是一种很好的非结构化活动。
254 如果童年的“工作”就是玩耍，那么玩耍环境就是进入儿童感情世界的启迪窗口。更进一步地讲，在支持儿童玩耍的环境下观察，提高了解释观察结果的有效性。由此，发展科学的研究者和临床医生开始观察小朋友在操场上玩耍，并且观察了在大学实验室（这些实验室被装饰得看起来像婴儿自己家里的环境）里的婴儿。

从另一方面讲，更多的结构化活动具有诱发儿童特定行为的优势，而这些行为正是研究者感兴趣的，比如陌生情境程序的分离场景或者面对面（Face-to-Face）范式的静止面孔情境（Tronick，Als，Adamson，Wise & Brazelton，1978）。由于观察时间有限，结构化活动通常比非结构化活动在诱发儿童作出令研究者感兴趣的行为上有优势。这些“压力”，能检查个体在应对标准化情况时的不同反应。一些程序，如临床问题解决程序（The “Crowell”；Crowell & Feldman，1988；Crowell，Feldman & Ginsberg，1988）包括结构化的（完成教学任务）和非结构化的（自由玩耍）部分。其他方法可以构建一种综合性的活动，比如儿童护理随从评估训练（NCAST）中的喂养活动（Barnard，1979），或者在梳头任务中的梳理头发活动（Lewis，1999），但在活动中允许低结构化的变化。

评估有效性

理想地讲，观察程序有生态学的效度，也就是说，它们反映了互动行为的差异，这些行为表现在抚养人和儿童的真实生活中。观察程序的主要目的仍然是为了解双方面的关键特点提供一个简便方法。由此，陌生情境程序的效度取决于长时间观察婴儿出生后第一年在家的互动行为（Sroufe，1983）。由于这种观察不切合实际，所以提出了一种更为合理且简便的与家庭功能相近的 20 分钟实验室（或临床）程序。观察程序的效率通常意味着一种行为是被诱发的而不是等着它自己出现。比如，卡根（Kagan，1998）在行为抑制上所做的工作涉及创造一种新颖的刺激因素以诱发行为缺陷儿童的焦虑行为，而不是仅仅等待儿童面临新的经历。同样地，瓦克斯葛雷格和同事用挫折任务诱发早期儿童的气愤之情（Wakschlag，Briggs-Gowan et al.，2008；Wakschlag，Hill et al.，2008）。

发展的适用性

绝大多数观察早期儿童及其抚养人的程序是专为评估阶段性的突出行为而设计的。由于儿童在生命最初的几年发展极快，许多程序被限定在特定的年龄范围内，比如 NCAST 喂养量表（被限定在出生后的第一年）。有些程序的修改基于年龄和发展能力，或者解决临床问题的程序，适合于 6～12 月的儿童（Zeanah et al.，1997）。另外临床医生在对儿童的能力水平下结论时，仍需要考虑到被观察儿童的年龄和发展能力。比如 10 个月大的婴儿和 2 个月大的婴儿喂养差异较大，并且 12 个月大儿童的清洁环节和 36 个月大儿童之间也有巨大的不同。由此，所观察到的行为将具有不同的意义，这取决于儿童的年龄和发育水平。

文化的适用性

本章所涉及的所有研究由美国白人设计并使用。它们过去应用于其他民族和少数族群的儿童和家长时几乎不考虑或者不评价其文化的适合程度。过去 30 年中，适用于多个群体，最广泛的跨文化概念和方法论检验的可观测程序是陌生情境 255
程序，它用以评定儿童的依恋类型（van IJzendoorn & Kroonen-berg，1988）。然而，除了庞大的工作量外，这项工作在不同的文化团体中其效度还存在争议。另一方面，梳头任务是为非裔美国母子设计的，这来源于他们的文化实践。该实验对本土文化团体外的团体或许也具有适用性，但是这一点有待论证。

理论上，通过父母报告的方式（参见 Carter et al.，本书第 14 章），临床医生会严密思考他们打算运用到特定家庭上的方式，并判断它是否满足文化适当性的实验。对儿童和抚养人进行文化评估的指导方针由克里斯坦森、埃姆德和弗莱明（Christensen，Emde & Fleming，2004）提出，可以在选择观察程序时用于做一些概念性的决定。例如决定哪些抚养人被纳入评估中时，考虑儿童的养育网络是必不可少的，比如众多的亲戚和虚拟亲戚（Garcia Coll & Meyer，1993）。而且在解释观测行为时，探索抚养人关于儿童发展和子女被抚养的态度也是非常重要的。

观察和运用录像回放的解释力

所有这些我们所描述的观察程序都有具体的编码系统，需要通过培训来保证其可靠性。然而我们相信在常规编码系统中，即使临床医生没有接受培训，这种方法也是有临床意义的。关键在于行为观测中的个体差异反映了抚养人与儿童之间重要的关系质量。我们认同克罗韦尔和弗莱施曼（Crowell & Fleischmann，1993）提出的观点，即使临床观察法没有正式的编码系统，也能轻松地对其解释。

由于互动行为十分微妙，不能过度夸大录像回放的作用。在我们的实验里，录像回放能帮助研究者观察及回顾一些重要的瞬间。这些瞬间包括理解谁是主导，谁是跟从，哪些行为优先发生，哪些随后发生，还有一些情绪表达。此外，在实施过程中，有些行为对临床医生来说并不是显而易见的，而同抚养人一起回放录像并询问他们观察方面的问题，可以帮助临床医生发现那些在临床上还不显著的行为。不仅如此，它还有助于在实验过程中及时调查抚养人如何解释自己与孩子的行为，以及抚养人对互动的情绪反应。除了为抚养人创造一个观察的自我以外，回顾抚养人的想法以及他们对自己儿童思想感受的印象，可以加强抚养人的反思能力（Fonagy & Target，1997），并对儿童将心比心（Meins，Fernyhough，Fradley & Tuckey，2001）。许多的治疗形式都十分依赖抚养人的录像回放（参见 Powell et al.，本书第28章；Favez et al.，本书第29章；Suchman et al.，本书第30章），我们也体验到评估中和干预性发展计划中回放录像的作用。

观察程序

理解抚养人与年幼儿童之间周期性的互动模式能够提供有价值的信息，包括了解互动关系中的优缺点以更好地引导互动。在下文中，我们考虑了一些可行的结构化方法，这些方法来自于观察抚养人和年幼儿童的发展性研究，具有临床适用性。这些观察方法包括一系列有研究支持的健全的方法论，以及更加新颖、创新的观察程序。它们的特点总结在表15.2中。我们也报告了在过程中可能会被测量的结构和焦点变量，以及管理或操作这个程序所需要进行的培训。

在表15.3中，我们报告了不同人群使用信息及有关方法的信度和效度资料。为了明确不同群体使用的研究方法，我们用方法名称与相关的文化相结合的方式记录文献研究。尽管表15.3内容

表15.2　年幼儿童及其抚养人的选择观察程序样本的结构效度和信度概要

程序	测量结构的独特性	培训需要得分	儿童年龄	统计原始样本	报告信度	所需材料
FFSF（Tronick et al.，1978）	交互作用的同步性	是	1～6个月	双方均为低危白人	信度有效	摄录设备
NCAST（Barnard，1979）	并行交互行为的汇总	是	NCAFS（出生到12个月）；NCATS（出生到36个月）	高危婴儿及抚养人	85%内部一致性信度	教学手册、量表试剂盒（不录像）
ERA（Clark，1985）	交互作用的情感行为特性	不，婴儿心理健康与发展必需的基础技能	2～60个月	中上层阶级白人	信度良好	家庭或临床环境的摄录
SSP（Ainsworth et al.，1978）	婴儿依恋	是	11～20+个月	中产阶级白人	广泛研究信度	摄录设备

续前表

程序	测量结构的独特性	培训需要得分	儿童年龄	统计原始样本	报告信度	所需材料
克罗韦尔程序（Crowell & Feldman，1988）	问题解决、享受、儿童和抚养人的依恋	是	6～60 个月	主要是中产或中上层阶级白人	信度有效	摄录设备和专业玩具
HCT（Lewis，1999）	养育方式、母子亲近、触摸量、言语相互作用、母亲回应、儿童的顺从	是	出生到 60 个月	低收入中产阶级，美国黑人	内部一致性信度显著	家庭或临床环境的摄录

注：FFSF，面对面静止面孔程序；NCAST，儿童护理随从评估训练；ERA，亲子早期关系评估；SSP，陌生情境程序；HCT，梳头任务；NCAFS，儿童护理评估喂养量表；NCATS，儿童护理评估教学量表。

表 15.3　不同总体观察程序的使用、信度和效度

程序	多样化样本的使用	多样化样本信息的信度和效度
FFSF（Tronick et al.，1978）	7 月大的早产的中低层阶级美国黑人婴儿（Segal et al.，1995） 4 月大的低层阶级美国黑人母婴双方（Kogan & Carter，1996） 3～6 个月大的中国和加拿大不同的社会经济背景的婴儿（Kisilevsky et al.，1998）	信度显著 信度显著 样本内部一致性信度为 0.74～0.77；发现静止面孔效应的普遍性
NCAST（Barnard，1979）	多个种族和文化群体中的低收入、高风险的美国样本（Farel et al.，1991） 在美国的 10 688 个样本中，出生体重正常、低或非常低的儿童，包括双胞胎（Andreassen & West，2007）	信度显著；虽适用于多个群体，但结构效度不显著
ERA（Clark，1985）	用于精神分裂、抑郁和非心理疾病的女性，主要是黑人低收入者（Goodman & Brumley，1990）	同质者信度=0.85；没有跨文化效度的研究
SSP（Ainsworth et al.，1978）	适用于不同人群（例如抑郁症母亲；Radke-Yarrow，Cummings，Kuczynski & Chapman，1985）和不同的文化群体和国家（van IJzendoorn & Kroonenberg，1988）	各种社会经济文化群体信效度显著
克罗韦尔程序（Crowell & Feldman，1988）	适用于 12～60 月大的婴儿和 6～12 个月大的“Baby Crowell”（Zeanah et al.，1997） 各种社会经济和种族群体的寄养儿童（Zeanah et al.，1997）	信度不显著；一些群体的效度显著
HCT（Lewis，1999）	尚未用于其他的样本	

注：FFSF，面对面静止面孔程序；NCAST，儿童护理随从评估训练；ERA，亲子早期关系评估；SSP，陌生情境程序；HCT，梳头任务；NCAFS，儿童护理评估喂养量表；NCATS，儿童护理评估教学量表。

257 并不全面，但或许会对特定人群选择恰当的观察方法有所帮助。

面对面静止面孔程序

面对面静止面孔程序（FFSF）最初由特罗尼克及其同事提出（Tronick et al.，1978），是为评估抚养人与婴儿互动的同步性而设计的。在FFSF过程中，抚养人和婴儿（不超过 6 个月）面对面坐下，摄像机锁定在两人身上。临床医生会下达一些命令观察抚养人与婴儿间的感情交流，比如“像往常那样同婴儿交谈、玩耍”。“静止面孔”环节要违背婴儿对社会行为的预期，抚养人坐下并面无表情地直视婴儿。通过这种突然变化，临床医生不仅可以评估与往常互动的偏离程度，而且可以观察婴儿如何处理这种意料之外的无回 258

应。最常运用的过程如下：2分钟的正常互动，期间母亲会依照指令与婴儿玩耍；接下来2分钟“面无表情”互动，期间母亲会按要求面无表情地看着婴儿，并且不与他们交流或不安抚他们；第2个2分钟的正常互动。在最后两个2分钟之间会有15秒的间隔，期间母亲会背对婴儿（Weinberg & Tronick，1996）。在FFSF过程中会有一些变动，例如改变每个部分的时长，以及是否允许抚养人在正常互动环节抚摸婴儿。

在FFSF过程中观察一对被试的有趣之处不仅在于观察“面无表情”环节中婴儿是如何注意到抚养人的不同行为的，而且在于婴儿在交流环节如何从抚养人面无表情的那段期间恢复过来，以及抚养人如何在再交流环节安抚婴儿。温伯格和特罗尼克（Weinberg & Tronick，1996）指出，重聚环节的任务是在一段较长时间的互动分离之后修复抚养人和婴幼儿之间的互动。

最初，特罗尼克提出假说：“面无表情”环节的功能违背了婴儿关于管理社会互动调节规则方面的预期。但最近，特罗尼克重新思考了自己最初的假说（Tronick，2003）。他提出，“面对面”互动是“一个不间断的活跃进程的相互创新，这个进程会产生独特的相互改变以及独特的关系”（p. 477）。FFSF可以临床应用于解释实验者对双方关系的感知。

NCATS和NCAFS

NCAST中的两个分量表儿童护理评估教学量表（NCATS）和儿童护理评估喂养量表（NCAFS）（Barnard，1997）用于评价母亲和儿童的行为。这些工具对测量高低风险人群的儿童非常有用。它们已经被不同种族和民族的人们使用。这些参考标准由以下目标发展而来：（1）具有较高信度，可供健康专家在各种背景下使用；（2）从对实验者的数目及双方相互回应的可能性这两方面来描述互动中所有行为组成的一些特征；（3）对同一对母婴提供两类在概念上平行的观察方式，目的是在不同情境下增加其概括性；（4）允许灵活地选择评估情境。（Farel，Freeman，Keenan & Huber，1991）

不像本章中描述的其他一些程序，教育和喂养量表在临床使用上，建议使用正式的评分标准。作为“护士家庭合作干预”的一部分，训练有素的公共健康护士也能确保量表信度（参见Zeanah & Zeanah，本书第1章），这就是一个例子。在评估婴儿投入和分离的线索中，多运用自然主义的基础方法是特别有价值的。

NCATS被用于评估抚养人与婴儿（0～36个月）的行为。要求抚养人回想适用于从出生到4岁不同年龄段儿童的一系列活动，从中选出他们的孩子办不到的第一次活动。一旦他们决定了，临床医生会指导抚养人尽力教会儿童这项活动。NCAFS用于评估规律喂养期间的母婴（0～12月）行为。在每个过程中，婴儿通过自己产生暗示与回应抚养人的能力得到分数。抚养人会通过他们回应婴儿暗示，减轻压力及通过允许婴儿开始行为活动来促进成长—培育情形的能力得到分数。每个过程会立即得到一个分数，并将信息反馈给抚养人。

NCATS和NCAFS提供了一个直接观察婴儿及父母的机会。每个过程中都会通过比较抚养人的行为与儿童的发展水平来评估抚养人。这些评估是有时间效率的，而且每个过程的结构和所需材料都不太复杂。NCATS所需要的材料是教学手册、参照标准、工具及儿童活动卡。而NCAFS只需要教学手册和参照标准。因为所有过程都在监督下及时评分，所以录像是有用但非必需的。 259
NCAST表是为护士及专业人士设计的，他们的工作都与有儿童的家庭有关。NCAST的一个缺点是需要大量的训练才能在门诊中运用，包括在运用和修订量表中的职业培训时，编码必须达到85%的信度。由于一些自然的、自发的互动在观察过程中无法管理和操纵，它们需要及时的观测。

亲子早期关系评估

亲子早期关系评估（ERA；Clark，1985）是为评估婴儿或学步儿与其抚养人关系而进行的半结构化互动过程。ERA的目的是对高危家庭中亲子互动的情感和行为品质进行现象学评估，出于研究和临床的目的，这些家庭可能存在早期关系动荡的风险（Clark，Paulson & Conlin，1993）。ERA能够在诊所或家庭环境中实施并录像。实施前会告知抚养人这个过程类似即时快照；而且在录像后，会问他们这与平常有何相似或不同。

在录制互动过程前，会进行一个“热身”帮助其快速适应，诱发双方互动过程中的典型行为。然后给抚养人和儿童（2～60个月）录制4个5分钟片段。“喂养环节”将评估父母的养育及社会互动能力、对儿童暗示的敏感度。观察儿童表现的清晰性、感情控制力、社会交往以及对成人的回应。观察内容包括互动双方回应的舒适性、强度和规范。在构建任务部分会观察抚养人依照儿童的需求建造环境的能力。评估儿童的注意力、毅力以及顺应父母期望的意愿。并评估每对被试的联合注意、协商时的互动以及感情共鸣。在自由玩耍环节会对抚养人从玩耍性、对儿童的欣赏、促进儿童探索的能力以及假装游戏方面进行评估。评估每对被试的社会性互动和情感共鸣的相互运用。在最后的环节，即分离—重聚阶段，评估抚养人帮助儿童做好短暂分离准备时表现出的能力和安抚行为。观察还包括考察抚养人离开期间儿童的自我控制能力、情绪和玩耍情况。在重聚部分评估被试情感和再投入的品质。

之后，临床医生会和抚养人有选择地一起回看录像。抚养人会被问及他们对某一部分录像的想法和感觉，比如他们认为的典型互动是什么，抚养人一直在探索与儿童的关系，儿童的行为对他们的意义是什么，儿童看起来像谁或让他们想起了谁，他们对于父母角色中“称职”的理解，以及在与儿童互动中什么是困难的，什么是有趣的（Clark et al.，1993）。

ERA 在临床上既用于评估亲子关系，又用于指导互动。托马斯和克拉克（Thomas & Clark，1998）提倡将 ERA 运用于指导评估，以及抚养人与其具有行为障碍的儿童之间的互动。ERA 通过两种方式让可用于诊断的关系数据更加深刻：一种方式是通过识别亲子关系中力量与关心的区域；另一方式是通过识别儿童与儿童的行为对于抚养人的意义。这种类型的信息能够增加亲子互动数据的精确性。

ERA 为直接观察儿童及抚养人提供了一次机会。这个过程可以通过对比抚养人行为与儿童的发展水平对抚养人进行评估。整个评估完成需要大约 20 分钟，而与抚养人一起回放录像需要额外的时间。接受过婴儿发展与心理健康以及亲子互动关系培训的临床医生可以运用 ERA 范例观察实验者间的关系，而不需要
260 接受解释技巧的正式训练。对于与抚养人讨论养育方式和讨论父母自己与孩子的行为意义来说查看录像是一个有用的方式，同时也可以促进与抚养人在干预治疗的目标上的合作。ERA 任务提供了观察抚养人和儿童自然自发的相互作用的机会。

就实验程序本身来说，其结构和材料并不复杂。不过，摄录设备是必要的。正式的记分系统复杂而耗时，并建议对录像带进行至少 5 次审查。每段得分采用 5 点等级。研究 ERA 手册时，必须有临床经验和相应的具体培训。

陌生情境程序

陌生情境程序（SSP）最初由安斯沃斯及其同事（Ainsworth et al.，1978）提出，目的是诱发反映儿童依恋需要和探索需要的行为。这个实验获得了认可并被广泛使用，同时被认为是评估婴儿依恋类型的最有效方法（Goldberg，2001）。由最初适用于 11～20 个月的婴儿到后来的改编，它已被应用于少量的学前儿童身上。它也被用于跨文化的国家，如德国、日本、荷兰、以色列、中国（van IJzendoorn & Kroonenberg，1988）。因为该实验已经在其他地方做了充分的描述，我们不在这里详细说明。

虽然 SSP 得到很好的验证，并广泛用于研究婴儿依恋，但这个程序至今还没有应用于临床。因为在它的指导语中，抚养人的行为是自然和自发的这一点受到了限制。然而，自从引入安全圈干预（Circle of Security intervention；参见 Favez et al.，本书第 29 章），SSP 有了新的用处。在临床上，分类远没有对特殊行为进行描述重要，即描述探索和类似寻找的行为，以及儿童直接传递给抚养人的线索和“过失”。

克罗韦尔程序

克罗韦尔程序是一个已开发的用于临床上评估抚养人与年幼子女问题解决的程序（Crowell & Feldman，1988；Crowell et al.，1988）。最初这个程序的任务只适用于 24～54 个月的儿童（Matas，Arend & Sroufe，1978），但后来的修订将适用范围拓宽到 12～60 个月的儿童，并且修订了克罗韦尔程序，适用于 6～12 个月的婴儿（Zeanah et al.，1997）。在克罗韦尔程序中，抚养人和儿童要从事一系列不同情节、时间长度的互动。情节之间的转换作为儿童如何使用抚养人的支持指标，是特别重要的。以下的每个情节，都要依次进行：

（1）自由活动。要求抚养人和儿童“像平常在家里一样活动”，并提供了一套标准的玩具放在一个大箱子里。这个情节通常持续 10 分钟，暂不给出进一步的指导语。在自由活动这个情节中可以发现许多重要信息，包括家长和儿童在一起的舒适度、他们分享情感的种类和次数、在一起玩耍的亲密度、以任务为目标和以快乐为目标的活动时间比以及合作游戏与单独活动的对比。

（2）清理。观察的第 1 个转变发生在自由活动的末尾，抚养人被告知要告诉儿童现在是时候清理现场了。要求儿童将所有的玩具都放回原来

的大型集装箱内，如果需要的话抚养人可以帮助儿童共同完成该项任务。这个情节可以作为抚养人和儿童充分合作的证据，共同完成一项大多数年幼儿童都抵抗的任务。从这个情节中可以观测到在压力情境下抚养人与儿童是如何沟通的。

（3）泡泡。装满玩具的箱子移出房间后，要求抚养人打开装有泡沫的容器并开始“玩吹泡泡”（没有其他指导语）。这个情节是尝试引起儿童和抚养人之
261 间积极影响的一种方式。相互享受度与活动和谐度，都呈现在这个环节中，该环节持续约3分钟。

（4）教学任务（通常2～4个）。根据儿童的发展水平设定了一系列的教学任务，如下：选定的任务难度从略低于儿童的发展水平逐步上升到显著高于儿童发展水平，以至于儿童从“一般可以应对”到“需要依靠抚养人帮助”稳步增加。对于刚会走路的婴儿任务一般持续3～5分钟，而对年龄较大的儿童要持续6～8分钟。临床医师通过电话指导控制任务交接的过渡过程。儿童在有压力和结构化的活动中求助抚养人的能力比独自完成任务的能力重要。另外，需要观察双方如何合作应对过渡阶段，以及他们是否可以在有要求的环境中得到快乐。抚养人设置限制的能力，提供有效指导，给予鼓励，并保持实用性和对儿童的支持都是重要的。同时也要注意到儿童的自我管理、合作、情感表达和学习风格。

（5）分离。接下来是最后一个任务，临床医生打电话并要求抚养人打开玩具柜然后离开房间。关于帮助儿童准备应对离开，并没有给抚养人具体的说明，他们怎么做都被认为是有用的信息。抚养人离开房间后，如果儿童变得十分焦虑不安，抚养人可以选择离开3分钟或尽早返回屋子。分离不但是一个检验婴儿困难倾向的方式，还巧妙地激活了儿童的依恋系统。

（6）重聚。在重聚过程中，注意观察依恋行为，如寻求接近、逃避、控制行为或黏抚养人，尽管儿童的依恋模式没有被正式分类。然而，只要表现出来了，杂乱无章的依恋行为还是可以被注意到的（Main & Solomon，1990）。重点是经过短暂分离后两者重新建立联系的方式，以及儿童在抚养人预分离、分离和重聚阶段行为的组织一致性。整个活动过程都会被录像，以便可以解释审查。

虽然存在正式的编码系统，但该程序被用于临床时可以不顾及这方面编码（Larrieu & Bellow，2004；Zeanah et al.，2000）。完成这个程序需要30～45分钟，取决于各个情节的长度（年龄较大的儿童时间会长一些）。程序所需的材料非常多，包括一些标准的自由活动时的玩具、泡泡瓶，以及各任务中适应于6～60个月儿童不同发展阶段的不同等级的玩具（按难度排列），以及带锁和钥匙的玩具箱。程序本身的结构或材料不是很复杂，然而，必须考虑的是要在评估之前向父母说清楚每个任务。摄录设备对于我们观察是十分必要的。

梳头任务

梳头任务（HCT）提供了一种自然的、带有文化特征的方法来评估美国黑人母亲和儿童的关系（Lewis，1999）。虽然母亲和父亲都会参与日常的梳头任务，但母亲是主要的头发梳理者。美国黑人男婴直到接近12个月的时候才剪头。在这之前要像对女孩的头发一样编辫子、拉烫或梳理。因此，HCT对于系统的观察父母及其子女之间的相互作用是适当的。

研究表明，使用HCT作为一个观测情境确实可以发现一些显著的活动：母亲和儿童间口头交流与谈判、身体接触，以及父母对婴儿的暗示和非言语姿态的反应。HCT所需时间可能从几分钟到几小时，这主要取决于母亲选择的方式。婴儿必须听话地坐下来，使妈妈完成这项任务。

母亲（或接受评估的抚养人）只需像平时在 262
家里一样给孩子梳头。无论在家中或临床环境中，互动的录像片段对分析任务过程中呈现的相互作用模式是很关键的。回顾录像提供了评估母亲微小面部变化、细微行为反应和同步匹配情绪的机会，并且可以和母亲一起重新审查这一事件。

基于对美国黑人母亲为女儿梳理头发的样本（来自各种各样的社会经济学组别中）录像的分析，在HCT中母亲放置孩子离她身体距离的个体差异性已经被确定。在HCT中出现了3个不同距离的组别：亲密接触组、中度接触组和泛泛接触组。亲近性的范围从最近的接触即儿童坐在母亲的双腿之间，到完全没有接触即儿童坐在椅子上，母亲站着或坐在另外的椅子上。这种差异可以很容易地注意到，并可能暗示了发展着的母子关系。

理解代际遗传与皮肤毛发颜色刻板印象的情感差异的历史意义，是了解这种观察方法的基础（Neal-Barnett，López & Owens，1996；Russell，Wilson & Hall，1992）。任务中的观察、推断和相互理解的技能也是观察其他发展关系中所需要的。

通过观察和评价一系列触摸和言语互动，以及

抚养人在 HCT 中对儿童的回应，HCT 给临床医生提供了充分讨论抚养人与子女关系的机会。关于隔代问题的探究和母亲对于其儿童的认知是这个任务中产生的潜在主题。个体心理特征、特殊的关系和亲子互动的文化意义都是可以理解的。鲜为人知的是，这种方法在其他民族或种族的应用。

伦理和职业上的注意事项

对儿童进行评估时总需要考虑一些道德和职业问题。儿童，尤其是婴儿和学步儿，在参加评价时没有语言技能来表达同意。他们必须依靠抚养人，以确保他们的参与是有益的，或至少对他们的健康成长无害。此外，抚养人往往要与治疗者合作，因此可能需要鼓励孩子参加，尽管他表现出明显的抗拒。我们建议在进行评估时，应根据婴儿或年幼儿童的喂养和午睡常规，以促进儿童的参与计划。此外，即使诊断时间往往是有限的、短暂的，休息和进餐还是可以安排的。告知父母该程序是完全自愿的，并可随时终止。如果儿童的行为变得不安全，或者他有极端痛苦迹象，程序可以更改。例如，如果儿童变得过于心烦，克罗韦尔程序可以被分离一部分或 SSP 可以缩短。如果没有助手在相邻房间通过单向玻璃或录像看护设备监测，不能把儿童独自留在室内。

另一个需要考虑的具体事项是，评估亲子关系时，临床医生需要意识到自己对有关养育子女的做法和风格的偏见。当然，虐待或忽视儿童的现象必须向有关当局报告，以获取最客观和可靠的评估，临床医生应保留有关养育的判断，并应保留干预阶段的建议。和抚养人重新观看录像时，克制情绪显得尤为重要。临床医师应十分严谨地提问，并观察其非言语行为（例如声音和面部表情），以引出抚养人对孩子行为解释的真实反应。
263 我们建议选择录像中简短的一节，用最基本的问题作为与抚养人互动和探索的起点，以评估他们与儿童之间的关系。这些问题可能包括：儿童在做什么？儿童在想什么？儿童现在的感受是什么？

用录像记录年龄较小的儿童和抚养人之间的活动是十分有价值的。这样有助于在行为学中对具体行为进行编码，有利于家长对自己行为的反思，并能够为教学和培训提供一些好的案例。但是录制这些过程也存在道德争议。

用于保护个体隐私的两个标准是保密和匿名。参与者将被告知实验的程序和方法，并且需要自己签署同意书，表示了解所有的程序和风险。相似地，在临床上，患者需要签署治疗同意书，这些同意书，允许患者对治疗进行充分的了解。1996 年的《医疗保险可携性和责任法案》（HIPAA）将“受保护信息”（PHI）定义为健康状态、提供医疗保健、保护个人医疗支付信息。从广义上说，它包括病人的病例和医疗消费记录。

然而，与以往大量研究数据和医疗记录的信息不同，录像并不能很好地区分抚养人和儿童本人。数字的干扰或掩蔽，使研究者不能观察到他们情绪反应的面部表情。在临床背景下，录像成为受保护的信息。

在法定监护人没有同意的情况下不能进行录像。只有同意了目的说明才能进行录制，且需了解谁会观看录像，在什么情况下，出于什么目的。有时候录像带只能用于临床，只有医生和临床小组成员能够访问。在其他时候，抚养人可能会同意将录像用于临床研究、科研和教学，与学生或研究者共同观看。一些知情同意书可以指定何时终止。应主要集中在透明度和清晰度上，以防止滥用数据。

总结

这一章我们介绍了一些临床医生在选择观察抚养人与年幼儿童互动的方法时会考虑的准则。我们审查了选定建立新的观测程序或创新的观测程序的关键环节。此外，我们在表 15.3 中简要报告了每个环节在不同人群中的信度和效度信息。我们讨论了使用观察程序评估年幼儿童和抚养人时应注意的道德和职业问题，主要集中在抚养人的知情同意和儿童同意方面上，以及保留有关养育子女的建议，以获得一个客观的评估。结构性观测程序提供给从业者一个极好的工具来评估和治疗家长和他们的子女。现有程序的广度为从业人员提供了许多可用于临床的选择。

参考文献

Ainsworth, M. D. S., Blehar, M. C., Waters, E., & Wall, S. (1978). *Patterns of attachment: A psychological study of the strange situation.* Oxford, UK: Erlbaum.

Andreassen, C., & West, J. (2007). Measuring socioemotional functioning in a national birth cohort study. *Infant Mental Health Journal, 28,* 627–646.

Barnard, K. E. (1979). *Instructor's learning resource manual.* Seattle: University of Washington.

Christensen, M., Emde, R., & Fleming, C. (2004). Cultural perspectives for assessing infants and young children. In R. DelCarmen-Wiggins & A. Carter (Eds.), *Handbook of infant, toddler, and preschool mental health assessment* (pp. 7–23). New York: Oxford University Press.

Clark, R. (1985). *The Parent–Child Early Relational Assessment: Instrument and manual.* Madison: University of Wisconsin Medical School, Department of Psychiatry.

Clark, R., Paulson, A., & Conlin, S. (1993). Assessment of developmental status and parent–infant relationships. In C. H. Zeanah, Jr. (Ed.), *Handbook of infant mental health* (pp. 210–221). New York: Guilford Press.

Crowell, J. A. (2003). Assessment of attachment security in a clinical setting: Observations of parents and children. *Developmental and Behavioral Pediatrics, 24,* 199–204.

Crowell, J. A., & Feldman, S. S. (1988). Mothers' internal models of relationships and children's behavioral and developmental status: A study of mother–child interaction. *Child Development, 59,* 1273–1285.

Crowell, J. A., Feldman, S. S., & Ginsberg, N. (1988). Assessment of mother–child interaction in preschoolers with behavior problems. *Journal of the American Academy of Child and Adolescent Psychiatry, 27,* 303–311.

Crowell, J. A., & Fleischmann, M. A. (1993). Use of structured research procedures in clinical assessments of infants. In C. H. Zeanah, Jr. (Ed.), *Handbook of infant mental health* (pp. 210–221). New York: Guilford Press.

Farel, A. M., Freeman, V. A., Keenan, N. L., & Huber, C. J. (1991). Interaction between high-risk infants and their mothers: The NCAST as an assessment tool. *Research in Nursing and Health, 14,* 109–118.

Fonagy, P., & Target, M. (1997). Attachment and reflective function: Their role in self-organization. *Development and Psychopathology, 9,* 679–700.

Garcia Coll, C. T., & Meyer, E. C. (1993).The sociocultural context of infant development. In C. H. Zeanah, Jr. (Ed.), *Handbook of infant mental health* (pp. 56–70). New York: Guilford Press.

Goldberg, S. (2001). Attachment assessment in the Strange Situation. In T. L. Singer & P. S. Zeskind (Eds.), *Biobehavioral assessment of the infant* (pp. 209–229). New York: Guilford Press.

Goodman, S. H., & Brumley, E. H. (1990). Schizophrenic and depressed mothers: Relational deficits in parenting. *Developmental Psychology, 26,* 31–39.

Kagan, J. (1998). Biology and the child. In D. William & N. Eisenberg (Vol. Eds.), *Handbook of child psychology: Vol. 3. Social, emotional, and personality development* (5th ed., pp. 177–235). Hoboken, NJ: Wiley.

Kisilevsky, B. S., Hains, S. M. J., Kang, L., Muir, D. W., Xu, F., Fu, G., et al. (1998). The still-face effect in Chinese and Canadian 3- to 6-month-old infants. *Developmental Psychology, 34,* 629–639.

Kogan, N., & Carter, A. S. (1996). Mother–infant reengagement following the still-face: The role of maternal emotional availability in infant affect regulation. *Infant Behavior and Development, 19,* 359–370.

Larrieu, J. A., & Bellow, S. M. (2004). Relationship assessment for young traumatized children. In J. D. Osofsky (Ed.), *Young children and trauma: Intervention and treatment* (pp. 155–172). New York: Guilford Press.

Lewis, M. L. (1999). Hair combing interactions: A new paradigm for research with African-American mothers. *American Journal of Orthopsychiatry, 69,* 504–514.

Lewis, M. L. (2000). The cultural context of infant mental health: The developmental niche of infant–caregiver relationships. In C. H. Zeanah, Jr. (Ed.), *Handbook of infant mental health* (2nd ed., pp. 91–107). New York: Guilford Press.

Leyendecker, B., Lamb, M. E., & Scholmerich, A. (1997). Studying mother–infant interaction: The effects of context and length of observation in two subcultural groups. *Infant Behavior and Development, 20,* 325–337.

Lord, C., Risi, S., Lambrecht, L. K., Cook, E. H., Leventhal, B. L., DiLavore, P. C., et al. (2000). The Autism Diagnostic Observation Schedule—Generic: A standard measure of social and communication deficits associated with the spectrum of autism. *Journal of Autism and Developmental Disorders, 30,* 205–223.

Main, M., & Solomon, J. (1990). Procedures for identifying infants classified as disorganized/disoriented during the Ainsworth Strange Situation. In M. T. Greenburg, D. Cicchetti, & E. M. Cummings (Eds.), *Attachment in the preschool years* (pp. 121–160). Chicago: University of Chicago Press.

Matas, L., Arend, R. A., & Sroufe, L. A. (1978). Continuity of adaptation in the second year: The relationship between quality of attachment and later competence. *Child Development, 49,*

547–556.

Meins, E., Fernyhough, C., Fradley, E., & Tuckey, M. (2001). Rethinking maternal sensitivity: Mothers' comments on infants' mental processes predict security of attachment at 12 months. *Journal of Child Psychology and Psychiatry*, *42*, 637–648.

Neal-Barnett, A., López, I., & Owens, D. (1996, August). Neither black nor white: The impact of skin color in the Puerto Rican community. In A. Neal Barnett (Chair), *Women of color on color: Healing wounds and building legacies*. Round table discussion conducted at 104th annual meeting of the American Psychological Association, Toronto, Canada.

Radke-Yarrow, M., Cummings, E. M., Kuczynski, L., & Chapman, M. (1985). Patterns of attachment in two- and three-year-olds in normal families and families with parental depression. *Developmental Psychology*, *56*, 884–893.

Russell, K. Y., Wilson, M., & Hall, R. E. (1992). *The color complex: The politics of skin color among African Americans*. San Diego: Harcourt, Brace, Jovanovich.

Segal, L. B., Oster, H., Cohen, M., Caspi, B., Myers, M., & Brown, D. (1995). Smiling and fussing in seven-month-old preterm and full-term black infants in the still face situation. *Child Development*, *66*, 1829–1843.

Sroufe, L. A. (1983). Infant–caregiver attachment and patterns of adaptation in preschool: The roots of maladaptation and competence. In M. Perlmutter (Ed.), *Minnesota symposium in child psychology* (Vol. 16, pp. 41–81). Hillsdale, NJ: Erlbaum.

Thomas, J. M., & Clark, R. (1998). Disruptive behavior in the very young child: Diagnostic classification: 0–3 guides identification of risk factor and relational interventions. *Infant Mental Health Journal*, *19*, 229–244.

Tronick, E. Z. (2003). Things still to be done on the still-face effect. *Infancy*, *4*, 475–482.

Tronick, E. Z., Als, H., Adamson, L., Wise, S., & Brazelton, T. B. (1978). The infant's response to entrapment between contradictory messages in face-to-face interaction. *Journal of the American Academy of Child Psychiatry*, *17*, 1–13.

van IJzendoorn, M. H., & Kroonenberg, P. M. (1988). Cross-cultural patterns of attachment: A meta-analysis of the strange situation. *Child Development*, *59*, 147–156.

Wakschlag, L., Briggs-Gowan, M. J., Hill, C., Danis, B., Leventhal, B., Keenan, K., et al. (2008). Observational assessment of preschool disruptive behavior: Part II. Validity of the Disruptive Behavior Diagnostic Observation Schedule (DB-DOS). *Journal of the American Academy of Child and Adolescent Psychiatry*, *47*, 632–641.

Wakschlag, L., Hill, C., Carter, A. S., Danis, B., Egger, H. L., Keenan, K., et al. (2008). Observational assessment of preschool disruptive behavior: Part I. Reliability of the Disruptive Behavior Diagnostic Observation Schedule (DB-DOS). *Journal of the American Academy of Child and Adolescent Psychiatry*, *47*, 622–631.

Weinberg, M. K., & Tronick, E. Z. (1996). Infant affective reactions to the resumption of maternal interaction after the still-face. *Child Development*, *67*, 905–914.

Weston, D. R., Thomas, J. M., Barnard, K. E., Wieder, S., Clark, R., Carter, A. S., et al. (2003). DC: 0–3 assessment protocol project: Defining a comprehensive information set to support DC: 0–3 diagnostic formulation. *Infant Mental Health Journal*, *24*, 410–427.

Zeanah, C. H., Jr. (2008). Observational procedures and psychopathology in young children. *Journal of the American Academy of Child and Adolescent Psychiatry*, *47*, 611–613.

Zeanah, C. H., Jr., Boris, N. W., Heller, S. S., Hinshaw-Fuselier, S., Larrieu, J. A., Lewis, M., et al. (1997). Relationship assessment in infant mental health. *Infant Mental Health Journal*, *18*, 182–197.

Zeanah, C. H., Jr., Larrieu, J. A., Valliere, J., & Heller, S. S. (2000). Infant–parent relationship assessment. In C. H. Zeanah, Jr. (Ed.), *Handbook of infant mental health* (2nd ed., pp. 222–235). New York: Guilford Press.

第 16 章

亲子关系评估

父母对孩子内心世界的洞察力

大卫·奥本海姆（David Oppenheim）
尼娜·科伦-卡里（Nina Koren-Karie）

婴儿心理健康取向的核心原则是年幼儿童的发展与抚养人密切相关（Sameroff & Emde，1995），儿童与抚养人彼此间的相互影响决定了他们关系的质量，并对儿童的社会性、情绪性和认知发展有深远意义。因此，儿童与抚养人之间的关系对儿童的适应性至关重要。

抚养人是否对儿童的暗示具有敏感性，以及能否及时响应他们的情感信号是十分重要的，这是儿童安全感和健康情绪发展的基础。父母的洞察力即抚养者要“站在儿童的观点来看问题”（Ainsworth，1969）。本章将介绍评估洞察力的程序——洞察力评估（IA；Oppenheim & Koren-Karie，2002），有关正常和高危样本的研究结果支持了这一程序的有效性，并且讨论了它在婴儿心理健康临床中的应用。

洞察力的研究背景

IA 的发展起因于亲子临床医生和发展研究者的工作，他们认为全面理解亲子互动，特别是那些受压迫、有冲突或者不协调的亲子关系，需要提升父母对婴儿内心世界的理解。父母对儿童表征的理解至关重要，如理解特殊儿童的行为、情绪表达和性格。弗雷伯格和同事提出了大家熟知的情绪唤起理论（Fraiberg，Adelson & Shapiro，1975），其经典研究“托儿所的魔鬼”（Ghosts in the Nursery）描述了父母童年时未解决的内心冲突会扭曲父母心中对自己孩子表征的解释。母亲
267 可能因为受到强烈的童年期创伤或有未满足的需求，使她们无法真实地“了解”孩子，缺乏对儿童行为动机和情绪的洞察力。弗雷伯格等（Fraiberg et al.，1975）进一步探讨了怎样帮助儿童从母亲童年阴影中解脱出来，让母亲“了解”孩子，并在共情的基础上回应他们的情绪信号和需求。

在弗雷伯格的基础上，利伯曼提出一个模型解释母亲对儿童行为动机和自我意识封闭的消极归因。他（Liberman，1997；Silverman & Lieberman，1999）描述了消极归因的过程，即严厉的、闭锁的，甚至有时与观察到的儿童行为完全相反的。这种消极归因预示着一个忧虑和痛苦的自我实现阶段。母亲的消极归因（例如儿童是贪婪的，儿童是好争斗的）将导致抚养不当（例如，让儿童哭更长的时间，粗鲁并严厉地给予回应），反而使儿童的行为恶化（例如，儿童哭得更厉害，儿童变得更加具有侵犯性）。如果这种循环持续重复，将会导致两种消极结果：强化歪曲的母亲归因（儿童确实是贪婪的，儿童确实是咄咄逼人的）；儿童的行为与被曲解的归因变得更加一致。根据利伯曼的观点，儿童现在已经内化了母亲的归因，对发展结果产生潜在的危害。

除临床研究外，研究者也很重视父母对孩子内部表征的理解，特别是那些曾经运用依恋理论研究亲子关系的人。梅因和同事首先阐述了这种叙事评估的方法（Main，Kaplan & Cassidy，1985），泽纳和同事（Zeanah，Benoit & Barton，1986；Zeanah，Benoit，Hirshberg，Barton & Regan，1994）建立了儿童访谈工作模型评估母亲对儿童的理解。在访谈中，母亲被问及她们在儿童发展中的经验，要她们描述儿童的个性，儿童如何像或不像父母中的任何一方，通常情况下或特殊情况下儿童有怎样的行为表现（Zeanah，Larrieu，Scott-Heller & Valliere，2000）。泽纳等（Zeanah et al.，1994）发现，平衡表征，即将儿童描绘成一个独特的个体，对儿童的经历进行共情性的欣赏是典型的母亲保护孩子的方式，然而，非平衡表征（要么退出要么扭曲）是典型的母婴不安全型依恋。

斯莱德提出了父母发展访谈，可对孩子、父母，以及父母与孩子之间的关系进行访谈。访谈中，父母通过列举日常生活中的例子描述现在与孩子的关系。斯莱德目前的研究主要集中于如何通过访谈发现父母识别孩子心理状态的能力，包括感觉、思维、意图，以及与知觉儿童行为或其他内部状态之间的关系（Slade，2005）。

在对父母洞察力的探索中，我们对父母表征的调查做了一项更接近儿童的研究。在 IA 中，父母观看一些儿童录像片段，让他们回答录像中儿童的想法和感觉。因此，我们可通过这项评估观察父母如何运用对儿童的普遍理解来解释生活中

特殊或具体时刻的儿童表征。这个程序的目的是尽可能鼓励父母了解日常生活中孩子行为之外的原因和可能存在于行为背后的潜在动机和情绪。然而并不像“真实生活”，这些赋予意义的过程是隐含的，IA 进行“离线”操作，并需要父母通过回答采访者关于儿童思想和感觉的提问来详细了解这一过程。IA 通过这种方式使我们理解了父母的感觉和知觉方式，这些实质上构成了他们的抚养行为。在对 IA 过程进行更加细致的阐述之前，我们先来阐述洞察力构建的核心成分。 268

洞察力的核心成分

在我们看来，洞察力包括三个主要特点：洞察儿童行为的动机，认可儿童复杂的情绪性，以及开放地接受儿童出乎意料的新行为。

儿童作为独立个体有自己的计划、需求和意愿，有必要考虑他们的动机。父母的“洞察力”即鉴别孩子行为潜在动机的能力，通过自己的理解解释孩子的行为，父母应该“理解”儿童行为背后的动机，并在“理解”的同时“接受”这些动机。这构成了父母适当反应的基础，特别是对不可预期的儿童行为。

儿童是“情感复合体”的观点包括用积极和消极的方式把儿童描述为一个真实完整的个体。积极描述是开放的，时常伴有自豪感，有可信的日常生活例子作为支持，通常比消极叙述更有价值。消极叙述则尽力为孩子的表现开脱，将孩子的行为合理化，比较直白地描述儿童令人沮丧、令人苦恼的方面。

最后，“开放性”也是洞察力的核心。具有洞察力的父母是开放的，他们不仅能看到孩子熟悉且适宜的方面，同样能看到他们不期望却又真实存在的行为，不扭曲事实，当他们与孩子谈话时通常能更新对孩子的看法。开放性同样包括父母对自己的态度：父母通过观察自己和儿童重新认识自己。

上述提到的特点“促进”了父母的洞察力。但从对母亲的采访中也体现出洞察力的局限，如对孩子生气，担心孩子或是相关的问题，以及缺乏接受性。在深度采访中，生气和担心是洞察力的主要障碍。在这些案例中，情绪似乎具有“过滤器”的功能，它说明了父母能感知儿童并解释孩子的内部经验。有时，高焦虑水平的母亲过于关注自己或者其他（例如婚姻关系）问题，以至于几乎没有时间关注孩子的看法。录像部分显示出的以及在访谈中讨论的行为大多只反映出生气和焦虑等小部分问题，忽视了其他可能的动机，也缺乏解释儿童行为的灵活性。

缺乏接受性同样是洞察力的一种障碍。在采访中表现为贬低儿童，剥夺或漠视儿童的内部经验，拒绝儿童的特定行为或无视儿童作为一个完整的个体。这违反了洞察力的基本功能，不利于儿童的心理健康。有趣的是，中等洞察力的父母有时也缺乏接受性，但在一定程度上仍能理解是什么导致了儿童的行为和感受。例如，一对父母虽然完全明了她儿子的害羞、尴尬等，但仍嘲笑孩子的行为。因此，在同类或相似刺激下，父母对其动机和内心感受的理解并未使孩子受益。

总之，具有洞察力父母的显著特点是他们提供情绪的复合性，接受儿童表现的能力，包括广 269
阔情景下的适当动机，以及接受儿童的新行为。这反映了父母可以让儿童感到他们的内心世界是有意义的，他们的思想、感觉值得被欣赏、理解和接受。在与儿童交流时能充分考虑儿童观点的父母更可能营造一个安全的港湾——一个在他们感到需要帮助或安慰时可求助的地方。反之，如果父母缺少洞察力，孩子会感到他们的动机和愿望不被理解和接受；因此，他们不能依赖于父母帮助自己控制和调节消极情绪——这会导致挫败、孤独、内疚和羞耻感。

有些观点对培养洞察力十分重要。首先，父母谈论儿童内心世界时的洞察性、复杂性、开放性和接受性比父母描述的具体行为更重要（Koren-Karie & Oppenheim，2001）。因此，在父母的言辞中“对洞察力的倾听”不同于临床访谈，在临床访谈中父母对行为细致、准确的描述十分重要。在此，焦点不是描述的准确性，而是他们是不是整体洞察力的一部分，包括父母是否想了解儿童行为背后的动机。

其次，洞察力不一定反映了父母的热情回应，也不总是引起被儿童感知的情绪行为。例如限制学步儿进入不安全的环境或者强制规定儿童的上床时间，对儿童来说好像并不是积极的体验。然而，这样的行为基于合理的要求和科学的育儿常识，并通过洞察力充分表达出来。

最后，尽管我们强调亲子关系中的母亲方面，但母亲的洞察力也受到儿童特点的影响（例如性别、气质、特殊的发展难题）。虽然，这些特点可以影响父母的洞察力，但仍有观点（Belsky，1984；van IJzendoorn，Goldberg，Kroonenberg & Frenkel，1992）强调父母和孩子间固有的不一致性，以及父母洞察孩子行为的重要性和可能性。我们之后将举例说明母亲洞察儿童利他行为的研究。

洞察力的评估

IA 中首先录制父母与儿童在三种情境下的互动，随后让父母观看互动录像中的一部分，并访问他们的想法和感受。三个小片段代表了亲子关系的不同方面，如照顾、游戏和教育等方面。这些小片段都是从适龄孩子中截取而来。例如：研究学龄儿童的游戏可能涉及母子间的竞赛游戏，研究学前儿童的游戏可能涉及运用玩具和道具共同创造游戏；研究婴儿游戏则可能涉及一种自由有趣的游戏。IA 特别强调让父母相信孩子在思考并有感受，借此更好地理解儿童。然后问他们录像中所见的儿童行为是不是他们孩子的典型行为，最后问他们看录像的感受。具体来说，我们会问及孩子的行为是否使他们感到惊奇，是否与他们有关并使他们感到开心。以下三部分将分别阐述这些问题。访谈的末尾询问父母关于孩子的两个
270 主要特点以及什么地方最打动他们。同样邀请他们分享自己关于孩子的和作为父母的想法和感受。在整个访谈期间要求父母从观察录像和日常生活中找到支持他们陈述的例子。

采访记录通过 10 个量表进行评定，随后划分为四个组别。四组中有一个类别表明有洞察力，而其余三个表明缺乏洞察力。借助临床和科研上的使用，我们描述了一些量表的细节（见表 16.1）。尽管研究重点是洞察力的分类，但临床上 IA 的量表也非常重要。例如量表数据能帮助我们通过一定的方式明确父母的优势或劣势，这比把父母从总体上划分为有洞察力和没有洞察力要更加精确，以此帮助临床医生为个别家长量身定制一份治疗计划。此外，一些量表有重要的“预测”价值。例如在一项涉及母亲和她们学前儿童的干预研究中（Oppenheim，Goldsmith & Koren-Karie，2004），我们发现，在干预之前，被归类为缺乏洞察力的母亲，那些在取向量表中得分较高的比得分较低的母亲更有可能从干预中受益，并能促进洞察力的提高。因此，取向量表揭示了缺乏洞察力组中的变异，证明了它对预测治疗反馈的重要性。

最后，IA 量表可以用来检测干预效果。一些干预措施可能不足以促使家长从缺乏洞察力到有洞察力的转变，但通过如开放性、复杂性或洞察力的分量表可能有助于不同方面的提升。这种提升可能是实现改变的基石。

IA 的分类

如上所述，评定量表可以作为有洞察力（一组）和缺乏洞察力（三组）分类的基础。这种分类反映了量表分的总和。同时，编码手册提供了多种可进行特定分类的量表分组合。四类如下：

积极洞察型家长

这些家长的主要特点是他们可以通过孩子的眼睛看到其各种感受，并试着了解孩子行为背后的动机。他们对视频片段里儿童的观察结果是开放的，像他们所说的那样可能获得新的见解。积极洞察型家长认可孩子与其讲话的连贯性。他们公开谈论自己孩子的个性和行为的积极或消极方面，也谈论自己的抚养情况。即使涵盖了上述特点，也需要强调积极洞察力的家长分类，因为这些特点是多变的。一些家长和孩子会用一种温暖和充满情感的方式交谈，而另一些家长是不苟言笑和不带感情、突出重点的讲话风格。在本组中还有家长采取说教的风格，并注重孩子的认知能力和成就，还有一些是自我反省的家长。

片面型家长

片面型家长在观看录像片段时似乎已经对孩

子有一个预设的观念，并且不愿开放地改变这种观念。一些片面的家长谈话焦点难以维持在孩子上，而是转而讨论自己的感情或其他无关的问题。其他家长过分强调孩子的积极品质和他们的模范关系，而不能够用日常生活或视频片段中的情节来支持他们的发言。还有一些人可能将孩子形容为“完全消极”的，只谈论缺点和不良行为。但也有一些片面的家长在讨论他们的孩子时表现出温暖和亲情。

271 **表 16.1** **洞察力评估量表**

IA 量表	低	高
洞察儿童动机	母亲*没有谈及孩子行为的可能动机。	母亲试着理解儿童的想法和情感；她能将录像观察中与日常生活中对孩子的了解进行协调，使两者不发生冲突。
开放性	母亲不对录像展开分析，只用她固有的知识和思维来考虑，这样就会漏掉孩子的一些特点。	母亲对录像展开分析；通过录像了解孩子的行为，如果需要，她会改变认知。
描述孩子时的复杂性	母亲仅通过一个方面描述孩子，或者是积极的方面或者是消极的方面。	母亲将孩子视作“完整”的个体，提供可信而全面的描述，包括积极和消极两个方面。
维持对孩子的关注	孩子不是讨论的焦点；相反，焦点在母亲的情感、思维或者其他不相关的事情上。	儿童是讨论的焦点；如果母亲讨论她自己，她这样做是因为被问起自己或有关母亲角色的问题。
描述孩子时的丰富性	缺乏物质奖励时母亲仅提供有限的反应，或对不相关的方面给予过多回应。	母亲能给出一个全面、生动的回答。
思维的连贯性	母亲的谈话没有传达一致而清晰的画面，并且很难理解她们表达的意思；她们的反应带有攻击性和矛盾性，或者可能忽略了录像中的行为。	母亲集中在录像片段上，并且在回答时以一致、连贯和幽默的方式展开；她的语言在录像和孩子之间传达了一个清晰而一致的画面。
容忍性	母亲表达对孩子的不满或失望，或者以贬低的方式谈论自己的孩子。	母亲接受孩子全部行为，对于孩子的冒险行为表现出理解和容忍；勇于面对孩子的困难行为，并且表现出深深的理解。
生气	即使她可以谈及过去让她感到生气的行为，但她的谈话不涉及当前生气的行为。	一个特点是谈话间表现出对孩子现在行为的生气；这个孩子被描述为有很多敏感特征，录像中的很多行为让母亲生气。
担心	母亲相信自己和孩子有能力应对挑战。	母亲会担心孩子、自己的抚育行为，或作为核心的母婴关系，在访谈中反复出现。
孩子的分离	母亲发现在谈论孩子时很难有一个清晰的界限；她会用很大的声音谈论孩子的思维，根本不管孩子会怎么想或者感觉。	母亲把孩子视为一个独立的个体，接受孩子有自己的需要和愿望，甚至有与她存在争议的地方。

* 这个量表主要针对母亲，但是也适用于其他抚养人。

272 淡漠型家长

在访谈中，淡漠型家长的特点是缺乏情感投入。他们的回答都很简洁，并且很有限，并没有把观察当作反映孩子行为的一个机会。尝试理解孩子内心的想法对他们来说似乎很奇怪，他们也没有发现其中的乐趣或价值。他们可能觉得用“我不知道”来回答很舒服。淡漠的父母极少谈论孩子的情感，更多地谈论孩子的行为。很多父母强调孩子的能力，并且很乐意看到孩子似乎不需要别人。

混合型家长

这一类家长不会像上几类家长一样。相反，这些家长可能对录像中的某个部分用一种方式作出回应，而对其他部分用不同方式回应，难以判断哪种方式占主导。例如父母可能对三个录像部分表现出不关心，或者敌对，但是对两个一般性的问题反应很复杂和开放。

实证支持

洞察力评估和依恋

IA 的理论很大程度上植根于依恋理论，因此研究最初使用 IA 时是通过测量母婴依恋检验其效度。这些研究不仅试图在整体水平上将 IA 和婴儿依恋相匹配（即有洞察力或没有洞察力与安全或不安全），而且 IA 的四个类型（积极的、片面的、淡漠的、混合的）分别与婴儿依恋的四种类型（安全型、矛盾型、回避型和紊乱型）相对应（Ainsworth，Blehar，Waters & Wall，1978；Main & Solomon，1990）。这些一致性很重要，因为依恋理论说明了具体的适应性（例如安全型和不安全型依恋），即孩子对哪种类型的父母抚养敏感或特别不敏感。

我们假设积极洞察力的父母有助于孩子形成安全的依恋模式，因为他们的洞察力将会正确传递和充满感情地回应孩子的交流信号。他们的行为是以孩子的反应为前提的。这些抚养与儿童的情感需要相匹配，因此有助于形成安全的母婴依恋（Ainsworth et al.，1978）。

我们进一步假设片面型父母和不安全的依恋模式有关。我们认为不安全依恋模式的儿童可能与不一致的抚养方式有关：当孩子的行为与父母的期望一致时，她可能反应适当，但是当孩子的行为与母亲的期望不一致时，母亲可能忽略孩子或者以另外一种不能满足孩子需要的方式对待孩子。另一种回应方式是片面的，对孩子表示理解但是没有同情：这种类型的母亲表示对孩子行为潜在动机的理解，但是反对这些动机。片面型父母抚育的孩子可能体验到受挫和困惑——导致矛盾依恋模式的一种抚育方式（Cassidy & Berlin，1994）。

我们认为淡漠型父母的孩子最可能形成回避型依恋。和孩子缺少情感交流的父母可能使他们的孩子缺少亲密性和安全感，使孩子感受到敌对。这种原始的分离可能使孩子感受较少的感情，尽管他们的外部行为可能没什么区别，但是他们感受不到温情和用心的照料（Slade，1999）。这些经
273 历可能导致孩子不善于情感表达，特别是表达消极的情感和需要，因此形成了回避型依恋（Zeanah et al.，1994）。最后，我们认为混合型父母有可能使孩子形成不安全—紊乱型依恋。父母在谈论孩子时的不一致，反映出他们的抚养行为存在争议和矛盾。例如莱昂斯-鲁思和同事（Lyons-Ruth，Bronfman & Atwood，1999）认为这将会导致混乱型依恋。

两项致力于 IA 和母婴依恋关系的标准研究为这些联系提供了依据（Koren-Karie，Oppenheim，Dolev，Sher & Etzion-Carasso，2002；Oppenheim，Koren-Karie & Sagi，2001）。在这两个研究中，积极洞察型母亲很可能使孩子形成安全型依恋，片面型母亲很可能使孩子形成不安全—回避型依恋，混合型母亲将会使孩子形成不安全—混乱型依恋。预料之外的是，淡漠型父母与孩子依恋之间没有联系，可能因为我们的样本［这些研究都是基于伊斯雷尔（Israel）的操作；van IJzendoorn & Sagi，1999］中很少有孩子属于回避型依恋（尽管我们在之后的部分还会看到有关淡漠型分类的其他有效数据）。

洞察力表现为敏锐并受情感调控的抚养行为。因此 IA 效度的另一面包含了母婴互动的关系，尤其是母亲的敏感性。在一项研究中（Koren-Karie et al.，2002），我们发现积极洞察型母亲比其他母亲在实验室和家庭中与孩子的交流过程更敏感，这支持了洞察力通过敏感的抚养行为影响孩子依恋类型的假设。

有趣的是，敏感性并不能解释母亲洞察力和婴儿依恋之间的所有变异。这可能是因为评估敏感性时的局限性，也可能是洞察力通过其他的抚养行为对依恋类型产生影响，而这往往无法从敏感性的评估中获得。此发现具有临床意义，因为这说明了需要更好地理解和评估母婴互动中母亲的表现。

有关敏感性的发现也增进了我们对淡漠型父母的理解。尽管像上面提到的，孩子依恋和这个类型之间没有关系，但是我们发现这一类型和母亲不敏感性之间的联系：淡漠型母亲比积极洞察

型母亲更不敏感。对观察进行额外的分析可以发现（Fridman，2005），母亲淡漠与母亲对孩子的语气有很大的关系，尤其缺少“心灵对话”（Meins，Fernyough，Wainwright，Gupta & Tuckey，2002），即关系到孩子心理健康的话语。尤其可以通过判断心灵对话的恰当性，看是否符合孩子的行为和需要。这些发现支持了淡漠型父母表现出情感疏离的假设。

我们从纵向研究数据中获得了有关这一类别的额外支持。科伦-卡里等（Koren-Karie et al.，2002）的研究发现，当孩子4岁时，我们评估其心理理论——这些额外的内部行为都是以他们的信念、情感和思维为基础的，发现淡漠型父母在孩子1岁时不管他们，与积极洞察型父母的孩子相比，他们的心理理论分数很低。对这些研究发现综合考虑可以增加洞察力评估量表的有效性。在未来的研究中，需要澄清淡漠型父母和不安全型依恋的联系，特别是有关回避型依恋的那些孩子。

274 **高风险和低风险的样本**

父母和孩子的因素可能在洞察力方面起到了很大的作用，但是由于父母和儿童之间的不一致性，预计父母因素比儿童起到更大的作用。在讨论父母能力方面，贝尔斯基提出了类似的观点（Belsky，1984），贝尔斯基认为父母受到他们的人格特征、社会压力和支持、儿童个性的影响。并且只有其他因素受到损害时，如孩子的个性有缺陷，并且父母的个体心理资源完整时，才能发挥父母最佳的功能。伊杰泽多恩等提出了一个类似的观点（IJzendoorn，1992），他表示在以孩子或者母亲风险为样本的依恋数据分析中，母亲风险比孩子风险更显著地降低了安全依恋的百分数。

测量孩子或父母因素对洞察力相对影响的方法，就是测量样本中具有洞察力的父母的百分数，它是随着父母或儿童的相关风险因素而变化的。以先前的讨论为基础，相比与父母有关的风险因素，我们预测与孩子有关的风险因素对洞察力评估的影响很小。这些预期得到了先前研究的支持。在我们标准化的样本中，视为有洞察力的母亲有65人，占了68%（Koren-Karie et al，2002；Oppenheim et al.，2001；像上面提到的一样，在随后的研究中，这是在矫正不安全依恋样本数量时的比率）。在由孤独症谱系障碍（ASDs）儿童的母亲组成的样本中（Oppenheim，Koren-Karie，Dolev & Yirmiya，2009），交流上的严重障碍对父母的洞察力造成挑战，其中，46%的母亲被归为富有洞察力（详细研究见下一章）。在另一个样本中ASDs孩子的母亲55%被视为有洞察力（Kuhn，2007）。因此即使风险与孩子有关，也需要重视，就像ASDs的案例，尽管目前有一定比例的洞察力，但比样本常模稍低。进一步考察这一点可发现，我们当前研究洞察力的样本中孩子有智力缺陷的母亲，其孩子同时属于风险儿童。我们希望发现有洞察力和无洞察力母亲的比例是否存在显著差异。

父母困难比孩子困难对洞察力会产生更消极的影响。以下证据支持了此假设：我们发现，当母亲在童年时曾被近亲性虐待过时，她们具有洞察力的比例只占3%，而一项对治疗中的高风险母亲和儿童的研究中，此比例也仅为9%（Oppenheim et al.，2004）。另外，对高风险母亲进行持续研究发现，仅仅11%属于积极洞察型（Personal Communication with Tim Page，May 14，2007）。对父母和儿童风险变化的研究需要了解母亲洞察力对母亲和儿童的相关影响。在一项正在进行的研究中，我们在以家庭为单位的收容机构的看护背景下对相关问题进行了探讨，这种机构中每名养母约照顾10个孩子。我们对其中两个孩子的养母的洞察力进行评估，其中一个孩子是最困难儿童，而另一个孩子困难性最低。这个设计使我们可以考察儿童过去创伤对养父母洞察力的影响。

洞察力和孤独症的关系

如上所述，有洞察力的母亲比没有洞察力的母亲对孩子有更高的敏感性，表明洞察力是母亲敏感行为的基础。存在孩子和母亲在情感和信号 275
交流困难时的典型例子吗？它也可作为孤独症的案例吗？就像正常发展的儿童一样，母亲洞察力与敏感性仍然有一定的关系吗？孩子的缺陷是否由早期母婴交流决定，而不管母亲的洞察力水平如何？解决孤独症儿童母亲的洞察力问题就像上面提到的那样（Oppenheim et al.，2009）。另外，这种交流的敏感性在上文中已经提到了（Dolev，2006）。

第一个发现表明，洞察力与孩子的认知水平

和日常生活水平没有联系。尤其是低功能孩子的母亲并没有表现出较低的洞察力水平。因此，洞察力并不会对儿童认知功能水平的高低和好坏有影响。和这个发现一样，并没有发现儿童的精神障碍和母亲的洞察力水平有多大关系。这也表明了洞察力水平和儿童认知困难等没有多大关系。

第二个发现表明，洞察力水平和母亲敏感性有很大的关系；高洞察力水平的母亲比低洞察力水平的母亲有更大的敏感性。事实上，洞察力较高的母亲的敏感性分数诠释了母亲的敏感性行为。因此，在正常发展儿童中发现的洞察力和敏感性的相关在有孤独症儿童的母亲身上也同样体现了出来。胡特曼（Hutman，2007）报告了类似的结果，他发现孤独症儿童的母亲比作洞察力水平的母亲与孩子有更同步的交流，但是库恩（Kuhn，2007）没有验证洞察力与同步性的关系。尽管这是个不成功的例子，看起来好像儿童与父母的交流较为局限，但洞察力也有可能与照顾的敏感性行为有关。事实上，我们可以认为洞察力比与儿童的交流更重要，因为它们比儿童理解父母交流信号更直观。

洞察力和非父母抚养人

在以上讨论中，仅仅提及了洞察力和母婴关系，但是洞察力也可能和非父母的抚养人有很大关系，例如那些儿童养育中心的抚养人和在他们照顾下的儿童。事实上，为养育中心的抚养人提供可操作的反应监管模型（Fenichel，1992；Gilkerson，2003）能够提高他们的反思能力，增进对特殊儿童特殊需要的理解，会有利于儿童在日常生活中获得照顾和以后的发展。阿米尼-维尔马尼（Amnini-Virmani，2002）通过对比两个儿童养育点，测验了两类不同洞察力水平抚养人在监管方面的影响，一类是传统的抚养模式，另一类是反思监管模型。结果显示，两个月的监管抚养后，与传统抚养模式相比，反思组的抚养人在洞察力评估量表上有较高分数，包括复杂性、洞察性、开放性和连贯性。未来研究需要以此为基础并进一步检验，具有洞察力的非父母抚养人，如果使用与洞察型父母相似的方式照料儿童，是否对儿童有益。

洞察力和干预

IA 具有评估干预措施的潜在有效性，包括亲子关系，特别是那些有代表性的父母行为，认为干预最重要和关键的目标是关心孩子的内部世界（Lieberman & Van Horn，2005；Powell，Cooper，
276 Hoffman & Marvin，2007）。目前，已有几个运用 IA 作为前后测的研究正在进行中，但研究结果尚未公布。早先的研究中，在治疗前后评估洞察力与此有关，与其说是论证对洞察力干预的效果（因为对照组不提供证明洞察力的干预效果），不如说是在治疗过程中发现父母和子女之间的相互联系。

该研究（Oppenheim et al.，2004）是对一组 32 名学前儿童进行的治疗（Goldsmith，2007），涉及广泛的行为和情绪问题。他们的母亲，其中许多自身携带一个风险因素，如吸毒和酗酒、贫穷、虐待的历史，以及其他心理健康问题等，也参与了集中在子女教养问题上的治疗。调查结果显示，在治疗前，只有 9% 的母亲被归类为有洞察力，在随后治疗的 7 个月中，50% 分类为有洞察力。治疗师报告儿童的行为问题时表明，治疗后无论是内在问题还是外在问题都显著下降，但仅适用于那些从治疗前的无洞察力转变为有洞察力母亲的孩子。虽然这项研究设计并未使我们明确是不是母亲变化导致儿童变化，或反之亦然，但这个变化表明，减少儿童行为问题与洞察力的增强有密切关系，旨在提高儿童情绪和行为的监管/维护在这些领域的收益，洞察力可能起到关键的作用。

洞察力评估的临床意义

在对父母和儿童的干预中评估洞察力，成为临床评估过程的一个重要组成部分。它允许临床医生探索问题的根源是归于父母对孩子的抚养还是孩子的行为，并因此超越观察父母抚养而关注

之外其可能的来源。因此，IA 可以协助治疗师确定父母的“盲点”，弥补父母的能力，使其学会从孩子的角度来看事情。这种识别可以指向具体的治疗策略和目标，提高家长的洞察力，并帮助家长对孩子采取替代和更灵活的反应，这种反应将有助于孩子感受到被理解，提高孩子更有效地管理他的情绪和困难的能力。下一步，我们将讨论 IA 临床应用的几个具体问题，我们从 IA 问卷开始。

临床医生可能会发现使用 IA 问卷作为干预过程的一部分是有帮助的。例如，临床医生可以观察父母和孩子的互动，并在稍后要求父母回想孩子在特定互动中的想法与感受。我们强调询问具体的互动行为而不是孩子一些平常的想法，因为它提供了评估行动中的洞察力的机会——父母在特定时刻了解孩子内心世界的能力与困难。虽然在使用 IA 的研究中，父母反应是标准化的，但在临床案例中，治疗师可以选择那些尤为明显的情感上有特殊意义的时刻，来代表亲子关系中比较舒适的而非痛苦不协调的部分。类似的方法被运用于各种视频答复干预，如安全圈（Powell et al.，2007）或互动指导（McDonough，2004）。IA 的助益在于增加特定的维度，应该可以作为临床医生倾听父母反应的指导。例如，在寻找存在或缺乏洞察力、接受性、复杂性和开放性，以及重点转变和边界解散的过程中，它是有用的。换句话说，父母是参考他们孩子行为背后的动机，还是描述公开的行为而没有提及孩子的内心世界
277 呢？父母是持开放思维，以一个新鲜的方式对孩子，还是误解由观察所产生的新的信息？父母的答案是集中在他们孩子的角度，还是专注自己观点？

在听父母描述其孩子及孩子的内心世界时，需考虑一些额外的要点。首先，治疗前，很多家长都为自己孩子的问题行为而沮丧。他们往往束手无策，多数情况下经过几个月的焦虑和沮丧，试图处理他们孩子的行为或情绪问题，通常都受到限制或没有成功。因此，在 IA 期间，他们的回应可能表现出挫败、困惑，甚至带有相当大的敌意。然而，正如上面提到的，即使在这种没有洞察力并且语无伦次的表达中，也有可以识别的特征，即使很微弱，也可以用一种复杂和有洞察力的方式看待孩子。例如科伦-卡里、奥本海姆和戈德史密斯（Koren-Karie，Oppenheim & Goldsmith，2007）描述了两位参与干预研究的母亲，集中关注其子女的行为问题以及教养方式。两位母亲在干预前均未显示出具有洞察力，但一个表现出比较好的开放性，另一位在思考其孩子的问题时显示出复杂性，即在无洞察力的访谈中显现出来的两个积极特征。这种特征是重要的，因为它们可以预测治疗中的积极变化，可以帮助临床医生制定一套以父母优势为基础的治疗方案。事实上，两个案例中的母亲在干预后都能向着富有洞察力的方向转变，她们与孩子的互动可能会增强其处理孩子问题并打破负性循环的能力。

事实上，在前面提到的母亲和学前儿童治疗组（Oppenheim et al.，2004），其中几乎所有的母亲在治疗前是无洞察力的，其得分的连贯性越高，越有可能在治疗过程中转变为有洞察力。

其次，为了评估洞察力，重要的不仅是聆听家长关于其子女和自己的描述内容，其描述的方式也至关重要。洞察力的本质不涉及孩子的特点，临床上可能涉及问题行为——父母尽可能投入子女行为的背景下，谈论此类行为问题的可接受性。如上所述，客观地讲，即使孩子的行为是困难并富有挑战的，也可能洞察到孩子的经历。

随着时间的推移，当我们思考治疗进展时，负面内容和有洞察力的立场之间的区别就显得尤为重要。某些情况下，父母洞察力的增强比孩子积极的变化要快。在这些情况下，我们可能会看到这样一个新的发现，有洞察力的立场出现了，而儿童的行为及情绪问题尚未改善。这些情况家长需要获得来自治疗师的显著支持，以维护他们的洞察力，也可以挖掘有洞察力的潜力，这样才会更切合家长的行为。他们可能通过了解得到帮助，虽然他们的洞察力在改善儿童行为方面尚未得到显著提高，但很可能为今后的改进铺平了道路。事实上，正是洞察力的作用，使家长了解他们的洞察力对孩子的重要性，即使孩子还没有获得预期治疗的效益。

最后，就其治疗的反应，家长的 IA 分类可能有重要的意义。归类为有洞察力的家长在治疗时可能最敏感。他们具备基本的能力，认为了解一个孩子的内心对儿童的行为及其心理健康至关重要，因此他们更有可能寻找灵活和敏锐的新途径，

使用新的战略，以解决孩子的困难，促进孩子的行为和情绪调节。治疗师认为这些家长中有他们的伙伴，他们反映孩子的经历就如同回想自己的
278 经历一般，因此，联合治疗可能更有效。在这些案例里，许多孩子困难的根源可能是外部压力，例如失去抚养人、严重的疾病、父母离婚，或经历创伤性生活事件，或特别困难的气质类型、监管困难，或发展问题所导致的内部压力等。像大多数父母一样，有洞察力的父母也会在应对孩子的窘迫和症状时表现出苦恼、焦虑和其他情感，这些反应是对孩子症状的反应，而不是这种情况的根源，并有可能在父母认为适当的治疗计划落实到位，孩子响应这一计划时，症状得到缓解。

无洞察力的分类是怎样的？通过早期的回顾，这些分类与不安全依恋的不同模式是相关的，因此父母对治疗的反应也可能不同。

在无洞察力的归类中，我们推测，如果出发点是片面的，洞察力更有可能发生变化，因为片面型母亲的情感世界被误认为具有开放性。虽然这样的父母谈论他们的孩子和自己的父母角色时采用了一种混乱、不堪重负、以自我为中心的方式，但他们显示出对自己孩子的情感生活的参与兴趣。这种参与兴趣可能为配合治疗师的治疗计划提供了基础。

与子女分离的父母，显示出对孩子低水平的情感卷入，对孩子的动机或潜在情感缺乏兴趣及好奇心。这可能使他们很难参与到治疗过程之中，也很难广泛深入地了解自己及其孩子。在这种情况下，对这些淡漠型父母制订合适的干预计划就是必需的（Dozier&Sepulveda，2004）。例如在最初阶段，重点是关注孩子的行为问题，并讨论对淡漠型父母来说更好的养育策略。如此希冀只是拓展干预的第一步，最终是为了让父母对孩子的经历有更充分的考虑。未来使用的 IA 干预研究，无论是在治疗前还是治疗后，都将有助于阐明这个问题。

总之，帮助家长获得一个复杂的、有洞察力的，以及对孩子开放的观点，可以帮助他们将孩子视为一个独立的个体，了解其想法和愿望。这反过来又提供了一个能够表现出更多的宽容和接受孩子行为和情绪问题的机会。有洞察力的父母的孩子觉得，他们被父母视为一个完整个体，他们的心声都会被聆听和接受。这些感觉会促进自尊，且与积极的态度和主观幸福感有密切关系。我们相信，治疗师在与孩子的父母谈话时“注意其洞察力”，将能更好地协助父母在复杂、困难的旅程中，从孩子的角度来看他们的世界。

参考文献

Ainsworth, M. D. S. (1969). *Maternal sensitivity scales*. Available at *www.psy.sunysb.edu/ewaters/senscoop.htm*.

Ainsworth, M. D. S., Blehar, M. C., Waters, E., & Wall, S. (1978). *Patterns of attachment: A psychological study of the Strange Situation*. Hillsdale, NJ: Erlbaum.

Amini-Virmani, E. (2002). *Supervision and training in child care settings: A comparative study of reflective and traditional methods and their effect on caregiver insightfulness*. Unpublished MSc thesis, University of California, Davis.

Belsky, J. (1984). The determinants of parenting: A process model. *Child Development, 55*, 83–96.

Benoit, D., Parker, K., & Zeanah, C. H., Jr. (1997). Mothers' representations of their infants assessed prenatally: Stability and association with infants' attachment classifications. *Journal of Child Psychology, Psychiatry, and Allied Disciplines, 38*, 307–313.

Bowlby, J. (1982). *Attachment and loss: Vol. 1. Attachment* (2nd ed.). New York: Basic Books.

Cassidy, J., & Berlin, L. (1994). The insecure/ambivalent pattern of attachment: Theory and research. *Child Development, 65*, 971–991.

Dolev, S. (2006). *Insightfulness and reaction to diagnosis in mothers of children with autism: Associations with maternal sensitivity*. Unpublished doctoral dissertation, University of Haifa, Israel.

Dozier, M., & Sepulveda, S. (2004). Foster mother state of mind and treatment use: Different challenges for different people. *Infant Mental Health Journal, 25*, 368–378.

Fenichel, E. (Ed.). (1992). *Learning through supervision and mentorship to support the development of infants, toddlers, and their families: A sourcebook*. Washington, DC: Zero to Three.

Fonagy, P., Steele, M., Steele, H., Leigh, T., Kennedy, R., Mattoon, G., et al. (1995). Attachment, the reflective self, and borderline states: The predictive specificity of the Adult Attachment Interview and pathological emotional development. In S. Goldberg, R. Muir, & J. Kerr (Eds.),

Attachment theory: Social, developmental, and clinical perspectives (pp. 233–278). Hillsdale, NJ: Analytic Press.

Fonagy, P., Steele, M., Steele, H., Moran, G. S., & Higgit, A. C. (1991). The capacity for understanding mental states: The reflective self in parent and child and its significance for security of attachment. *Infant Mental Health Journal, 13*, 200–217.

Fraiberg, S., Adelson, E., & Shapiro, V. (1975). Ghosts in the nursery: A psychoanalytic approach to the problems of impaired infant–mother relationships. *Journal of the American Academy of Child Psychiatry, 14*, 387–421.

Fridman, A. (2005). *Maternal mind-mindedness: Relations with maternal insightfulness and infant behavior at one year.* Unpublished master's thesis, University of Haifa, Israel.

Gilkerson, L. (2003). Irving B. Harris Distinguished Lecture: Reflective supervision in infant–family programs: Adding clinical process to nonclinical settings. *Infant Mental Health Journal, 25*, 424–439.

Goldsmith, D. F. (2007). Challenging children's negative internal working models: Utilizing attachment based strategies in a therapeutic preschool. In D. Oppenheim & D. F. Goldsmith (Eds.), *Attachment theory in clinical work with children: Bridging the gap between research and practice* (pp. 203–225). New York: Guilford Press.

Hutman, T. M. (2007). *Relations between mothers' narratives about their child with autism and maternal responsiveness during play.* Unpublished Dissertation. University of California, Los Angeles.

Koren-Karie, N., & Oppenheim, D. (2001). *Insightfulness procedure administration and coding manual.* Unpublished manual, University of Haifa, Israel.

Koren-Karie, N., Oppenheim, D., Dolev, S., Sher, E., & Etzion-Carasso, A. (2002). Mothers' empathic understanding of their infants' internal experience: Relations with maternal sensitivity and infant attachment. *Developmental Psychology, 38*, 534–542.

Koren-Karie, N., Oppenheim, D., & Goldsmith, D. (2007). Keeping the inner world of the child in mind: Using the insightfulness assessment with mothers in a therapeutic preschool. In D. Oppenheim & D. F. Goldsmith (Eds.), *Attachment theory in clinical work with children: Bridging the gap between research and practice* (pp. 31–57). New York: Guilford Press.

Kuhn, J. C. (2007). *Maternal synchrony predicts joint attention and language gains in toddlers with autism.* Unpublished doctoral dissertation, University of Massachusetts at Boston.

Lieberman, A. F. (1997). Toddlers' internalization of maternal attributions as a factor in quality of attachment. In L. Atkinson & K. Zucker (Eds.), *Attachment and psychopathology* (pp. 277–291). New York: Guilford Press.

Lieberman, A. F., & Van Horn, P. (2005). *Don't hit my mommy: A manual for child–parent psychotherapy with young witnesses of family violence.* Washington, DC: Zero to Three press.

Lyons-Ruth, K., Bronfman, E., & Atwood, G. (1999). A relational diathesis of hostile–helpless states of mind: Expressions in mother–infant interaction. In J. Solomon & C. George (Eds.), *Attachment disorganization* (pp. 33–70). New York: Guilford Press.

Main, M., Kaplan, N., & Cassidy, J. (1985). Security in infancy, childhood, and adulthood: A move to the level of representation. In I. Bretherton & E. Waters (Eds.), Growing points in attachment theory and research. *Monographs of the Society for Research in Child Development, 50*(1–2, Serial No. 209), 66–104.

Main M., & Solomon, J. (1990). Procedures for identifying infants as disorganized/disoriented during the Ainsworth Strange Situation. In M. T. Greenberg, D. Cicchetti, & E. M. Cummings, *Attachment in the preschool years: Theory, research, and intervention* (pp. 121–160). Chicago: University of Chicago Press.

McDonough, S. (2004). Interaction guidance: Promoting and nurturing the caregiving relationship. In A. J. Sameroff, S. C. Mcdonough, & K. L. Rosenblum (Eds.), *Treating parent–infant relationship problems: Strategies for intervention* (pp. 79–96). New York: Guilford Press.

Meins, E., Fernyhough, C., Wainwright, R., Gupta, M. D., & Tuckey, M. (2002). Maternal mind-mindedness and attachment security as predictors of theory of mind understanding. *Child Development, 73*, 1715–1726.

Oppenheim, D., Goldsmith, D., & Koren-Karie, N. (2004). Maternal insightfulness and preschoolers' emotion and behavior problems: Reciprocal influences in a day-treatment program. *Infant Mental Health Journal, 25*, 352–367.

Oppenheim, D., & Koren-Karie, N. (2002). Mothers' insightfulness regarding their children's internal worlds: The capacity underlying secure child–mother relationships. *Infant Mental Health Journal, 23*, 593–605.

Oppenheim, D., Koren-Karie, N., Dolev, S., & Yirmiya, N. (2009). Maternal insightfulness and Resolution of the Diagnosis are related to secure attachment in preschoolers with Autism Spectrum Disorder. *Child Development, 80*, 519–527.

Oppenheim, D., Koren-Karie, N., & Sagi, A. (2001). Mothers' empathic understanding of their preschoolers' internal experience: Relations with early attachment. *International Journal of Behavioral Development, 25*, 16–26.

Powell, B., Cooper, G., Hoffman, K., & Marvin, R. (2007). The Circle of Security project: A case study—"It hurts to give that which you did not receive." In D. Oppenheim & D. F. Goldsmith (Eds.), *Attachment theory in clinical work with children: Bridging the gap between research and practice* (pp. 172–202). New York: Guilford Press.

Sameroff, A., & Emde, R. N. (1995). *Relationship*

disturbances in early childhood: A developmental approach. New York: Basic Books.

Slade, A. (1999). Representation, symbolization, and affect regulation in the concomitant treatment of a mother and a child: Attachment theory and child psychotherapy. *Psychoanalytic Inquiry, 19,* 797–830.

Slade, A. (2005). Parental reflective functioning: An introduction. *Attachment and Human Development, 7,* 269–281.

Silverman, R. C., & Lieberman, A. F. (1999). Negative maternal attributions, projective identification, and intergenerational transmission of violent relational patterns. *Psychoanalytic Dialogues, 9,* 161–186.

van IJzendoorn, M. H., Goldberg, S., Kroonenberg, P. M., & Frenkel, O. J. (1992). The relative effects of maternal and child problems on the quality of attachment: A meta-analysis of attachment in clinical samples. *Child Development, 63,* 840–858.

van IJzendoorn, M. H., & Sagi, A. (1999). Cross-cultural patterns of attachment: Universal and contextual determinants. In J. Cassidy & P. R. Shaver (Eds.), *Handbook of attachment: Theory, research, and clinical applications* (pp. 713–734). New York: Guilford Press.

Zeanah, C. H., Jr., Benoit, D., & Barton, M. (1986). *Working model of the child interview.* Unpublished manuscript.

Zeanah, C. H., Jr., Benoit, D., Hirshberg, L., Barton, M. L. & Regan, C. (1994). Mothers' representations of their infants are concordant with infant attachment classifications. *Developmental Issues in Psychiatry and Psychology, 1,* 9–18.

Zeanah, C. H., Jr., Larrieu, J. A., Scott-Heller, S., & Valliere, J. (2000). Infant–parent relationship assessment. In C. H. Zeanah (Ed.), *Handbook of infant mental health* (2nd ed., pp. 222–235). New York: Guilford Press.

第四篇　心理病理学

在最开始的几年中，有些人对心理病理学是很反感的。他们觉得把婴儿与心理疾病联系起来是不合 281
理的。在本书之前版本中，曾举例说明了在心理病理学中对儿童异常行为进行概念化的价值。有异常行为的儿童通常很痛苦，但是却拒绝接受治疗。研究显示随着时间的推移一些年幼儿童会表现出心理障碍导致的稳定的症状与信号，而且由于这些障碍大部分的儿童会遭受实质性的损害。现在有很多证据支持一个论点，就是在童年早期就会出现分类障碍。

事实上，对于童年早期的分类障碍已经了解得很完整了，甚至产生了一个新的问题：对于这个问题的研究是否已经脱离了原来的中心？相对于研究婴儿和学步儿心理障碍与年长儿童、青少年、成人的心理障碍的相似之处，我们更应该研究它们的不同点。一般的现象是，当对患儿的父母进行结构化的访谈时，童年与成年的相似之处比不同之处报告得更多（Angold & Egger，2007）。但是上述提到的仅仅是年幼儿童心理病理学的一个分支。

对于分类障碍的集中关注就意味着失去对于婴儿心理健康相关焦点的关注。这种失去关注焦点的后果是非常严重的。例如，那些过度医疗化（或过度用药）的躁郁症儿童就证明了这一点，如果他们的情绪调节过程中有干扰，那么需要的是全面的帮助而不是镇静剂。

对于心理病理学的研究才开始得到关注，还有很多问题亟待确定。在这一篇中我们明确了一点：心理障碍的分类与维度都是十分有价值的，同时我们需要多种方法与途径去完善它。因此，未来的研究方向是研究心理病理学的独特之处，而不是相似之处。

这几章中描述了各种类型的心理障碍，从“儿童内部”心理障碍到依恋障碍。并且研究也发现，儿童的主要抚养关系会影响其总体适应性。

这部分开始于第 17 章，在这章中安戈尔德（Angold）和埃格（Egger）阐明了对年幼儿童心理障碍 282
进行分类的显著优势。他们记录了提炼与验证对年幼儿童心理障碍分类的价值，也直接指出了把心理病理学与心理障碍分类混为一谈是最基本的错误。他们指出我们还有很多需要学习，预想了生物学对于心理病理学的贡献，即会出现更多有意义的对心理障碍的分类，进而使我们更加了解并缓解患儿的痛苦。

卡尔（Carr）与洛德（Lord）（第 18 章）回顾了过去十年中在孤独症谱系障碍研究中取得的实质性进展。对其更好的了解有助于我们及时鉴定早期信号，及时给予具有意义的干预。重要的是，他们记录了相关的社会各阶层孤独症家庭的迫切需要。

在第 19 章中，温莎（Windsor）、赖希勒（Reichle）与马霍瓦尔德（Mahowald）提醒我们重视与重要抚养人的交流与语言和社会交往技能发展的重要关系。他们认为早期鉴定语言发展延迟与偏离对儿童来说是十分关键的。他们讨论了当前语言筛查工具的可用性与局限性并指出了如何去完善它们，特别是对于不同文化、语言背景的儿童。在干预方面，他们呼吁把父母与其他抚养人视作可维持和促进年幼儿童交流技能的伙伴。

在第 20 章中霍达普（Hodapp）、桑顿-韦尔斯（Thornton-Wells）、戴肯斯（Dykens）描述了年幼儿童的智能障碍。他们记录了在定义智能障碍时的基本挑战，特别是如何及时准确地诊断婴儿或学步儿的智能障碍。他们回顾了过去 20 年在智能障碍遗传原因和遗传怎样导致大脑和行为功能异常方面的长足进步。他们也回顾了理解在与智能障碍儿童家庭合作时取得的进展，也预计了早期干预会对智能障碍儿童及家庭有良好的效果。

在第 21 章中舍尔丁格（Scheeringa）描述了年幼儿童的创伤后应激障碍（PTSD）。尽管在 1993 年本书第一版中已经有很多这方面的案例了，但是没有系统的对这类儿童的研究。从那之后舍尔丁格等对患儿进行了系统的研究，还有人研究了创伤后应激障碍与其他疾病的相关、结构效度与创伤后应激障碍的发展进程。这个信息告诉我们对照治疗研究有显著的功效。当然，即便如此，我们还是有很多知识不知道。舍尔丁格阐明了我们对于早期记忆容量与亲子的双向影响需要更好的理解，而且需要更多的对照治疗研究。也许从婴儿心理健康角度来看，最大的挑战莫过于觉察的有限性，以及因此而导致的治疗不当。

欧文斯（Owens）与伯纳姆（Burnham）（第 22 章）阐述了一个最常见的障碍：睡眠障碍。他们回顾 283
了我们对生命头 3 年中睡眠觉醒状态的发展理解的进程，讨论了在这个阶段最普遍的睡眠障碍，描述了在其他障碍影响下睡眠障碍的发展，最后对于干预情况进行了总结。他们强调公共医疗负担与医疗成本和年幼儿童睡眠障碍导致抚养人生产率损失的关系。他们也强调需要更全面的婴儿睡眠障碍分类，更多的以证据为基础的临床筛查/评估工具，以及对于抚养人教育性的干预。

在第23章中贝努瓦（Benoit）描述了年幼儿童中另一个普遍的问题：进食障碍，以及与之相关的发育停滞与肥胖症。她主要阐述了这些障碍的复杂性，并且指出这些障碍在定义和研究方法上不一致的地方。她也总结了过去十年中这方面研究的总体状况，预期了未来十年中可能的研究成果。

瓦克斯葛雷格（Wakschlag）与达尼斯（Danis）在第24章中描述了年幼儿童的破坏性行为障碍。一个中心问题是：怎样区分真性障碍与短暂的不当行为？事实上，已经有研究证明持久的侵犯与破坏性行为会从童年期延续到成年期。瓦克斯葛雷格与达尼斯的研究指出，破坏性行为障碍是经常性的、持续性的，不同于简短的、与环境相适应的、灵活的正常不当行为。放眼未来，他们呼吁能开发出一种针对破坏性行为障碍筛查的基于实证且具有发展敏感性的方法。

第25章中卢比（Luby）概述了童年早期的抑郁症。她回顾了验证学前儿童临床抑郁症的最初研究，但是她也发现还没有验证3岁之前儿童临床抑郁症的有效数据。因此未来研究的方向在于怎样把儿童展示出的各种情感联系起来。她同时呼吁对年幼儿童的心境障碍治疗展开研究。

斯梅克（Smyke）和我在第26章中主要探讨了依恋障碍。尽管关于这种障碍的研究较少，但是在过去十年中还是有一些实质性的进展。我们回顾了病因学数据、结构效度、相关性，以及这种障碍的发展进程在本书之前版本中没有出现的部分。我们还指出需要额外研究的领域，特别是对反应性依恋障碍的两种类型的个体易感性、依恋关系干预的敏感期，以及大家最迫切期待的部分治疗方法。

第 17 章

童年早期心理病理学的分类

海伦·林克·埃格(Helen Link Egger)
阿德里安·安戈尔德(Adrian Angold)

285 过去10年的婴儿心理健康领域中，我们在童年早期的心理病理学分类方面取得了长足进步，本章中我们将回顾目前对于此问题分类的研究，以及每一种方法的有效性和临床实用价值。尽管儿童早期心理病理学分类的研究近来发展很好，但还有一段很长的路要走，并且相比于稍大儿童的研究进展仍有很大差距。由美国精神病学会组建的DSM-Ⅴ工作组（婴儿和年幼儿童诊断工作组），认为“儿童早期心理病理学分类在病理学的应用是心理病理学分类方面最紧急的问题”（Chatoor，Pine & Narrow，2007，p. 145）。本章我们仍然提出这个议题，即未来婴儿心理健康领域如何阐述这一关键性问题。

婴儿心理健康领域内外的理论研究学者和临床医生都在考虑，在儿童阶段对心理疾病进行分类是否可取，甚至可行（有关这些问题可参见Angold & Egger，2004；Carter，Briggs-Gowan & Davis，2004；Egger & Angold，2006；Emde，Bingham & Harmon，1993）。具体来说，一些学者认为在儿童早期阶段诊断心理疾病是“不合适的”，因此在本书1993年版的章节中，埃姆德及其同事就认为童年早期心理健康领域的这种多规律的、发展的、基于关系的、以家庭为核心以及关注预防的定位，与医学的心理疾病领域的定位不同。他们认为这些不同观点使得在现有的心理疾病分类中形成儿童早期心理疾病的框架变得很难（Emde et al.，1993）。

我们来解释下关于婴儿和年幼儿童心理病理学分类问题的主要争论，有效的儿童早期心理病理分类方法必须反映埃姆德及其同事确立的儿童心理健康方法的必要特征，同时也要满 286
足其他分类系统发展的明确性、信度和效度。事实上，婴儿心理健康的观点不应该被看做童年早期病理分类发展在科学性和临床上的障碍，而应看做是儿童早期至整个生命进程中心理病理分类的一个必要补充。例如语言表达匮乏的婴儿抑郁情绪特征的难题，在智商较低的稍大儿童身上也会出现，并且语言表达能力受损的痴呆症老人也会面临同样的问题。了解问题行为和情绪毕生如何变化不仅对认识童年早期心理病理问题有重要作用，而且是理解和治疗整个生命进程中的心理病理问题的一个关键组成部分，例如家庭行为治疗即是很好的证明。婴儿心理健康领域在心理病理分类方面取得的进展，使我们能够报告并重塑其他年龄阶段的心理病理的分类方法，最终我们达成共识，即我们的心理病理分类在整个生命进程中一直具有发展上的敏感性和相关性。

为什么要有童年早期心理病理分类？

什么是疾病分类学？

疾病分类学即对疾病的分类——在本质上就是我们已知存在的所有独立疾病的一个表单。然而，要使疾病分类有实用的价值，我们就必须定义健康与疾病的边界（正常的变化或临床上有显著意义的征候）和个体失调之间的边界。在心理病理学领域，我们有用于定义这些边界的诊断手册。罗伯特·伯顿（Robert Burton）在1621年的《解剖忧郁：忧郁是什么，它的种类、原因、特征和相应的治疗手段》一书中，介绍了疾病分类学和其诊断手册的实质和实用价值。疾病分类，不管是在生理学领域还是心理健康领域，理论上都应来自于对症状、征候和定义特定疾病的医学测试等的一系列系统科学的调查。我们区分出一种疾病，就能够总结出它是什么，它怎样存在，它怎样影响一个人的现在和将来，以及我们怎样治疗它。所以疾病分类具有“共享语言”的功能，它能促进临床决定的制定和学术交流。

就像伯顿的研究反映17世纪医学知识的状况，我们现在的心理疾病分类及其诊断手册反映我们目前对心理失调的了解情况，并且一定会随着新知识的更新而改变我们对心理问题的理解。不仅仅在心理病理学领域，在医学领域也是这样。直到最近，从标准的医学角度讲，婴儿心理健康领域仍然没有反映不同临床效用的不同概念方法。例如对依恋类型和气质的描述，区分了在互动或情绪行为方式上的不同模式，但是没有具体关注心理病理学方面。我们在童年早期至青春期阶段的心理病理表征方面取得了进展，我们还需要探索其是否可以验证心理病理学分类：（1）关注早发性行为、情绪、发育以及关系紊乱和障碍。(2)与之后年龄段的心理障碍的表现保持连续性。对儿童早期的心理病理分类学的认识，也要考虑其他方面的重要性，例如儿童的社会性与情绪能力、依恋类型（双亲的心理病理状况），也更加强调心理健康失调特定框架的效用。回顾了儿童早期心理病理症状的两个主要诊断方法［DSM/ICD-10、
287 DSM-Ⅳ/ICD-10 和 DC（0-3R）］如何体现生物心理方法来区分和评估心理问题的重要性，我们同样强调心理疾病的分类仅仅是综合心理健康评估的一个部分，而不是唯一的目的。

什么是失调?

失调是以症状的剧烈程度、频率、持续时间和发病年龄等水平为特征的一种综合征。诊断失调的标准决定于综合征水平在“正常”和“病态”行为分界的何种位置。特定疾病的表征还表明失调是一个独特的综合征，而不是简单的单一综合征的变异。用于确定较大儿童和成人心理病理综合征效度的罗宾斯（Robins）和古兹（Guze）标准，也应该满足儿童早期心理病理综合征：失调应该反映出共同特征的系统模式，而这些特征总能被有效地观察到并且与自然发展历程有特定差异，与心理学和社会心理学相关，与神经生物学相关，环境风险、家庭和遗传因素以及可能的治疗反应也是如此（Robins & Guze，1970）。值得强调的是这些有效性标准不能满足其他年龄阶段的 DSM-Ⅳ失调症，但是对这些标准的探索有助于认识和处理许多心理失调。

通常个体至少符合一项失调（如通病）。在成人和儿童中心理失调通病的比例很高（包括学期儿童）（Angold，Costello & Erkanli，1999；Egger & Angold，2006），表明我们目前的疾病分类学可以鉴别的综合征不是明确的失调，我们目前无法充分展示潜在症状的变化形态，更多的是描述性的标准而已。正如我们更进一步理解心理疾病诊断引起和维持的行为与情绪征候的潜在机制，我们会更详细地描述不同失调的界限。尽管我们努力在将来建立基于病理学的分类，但在目前还很难完成。尽管我们对目前使用的描述性诊断会失望，但它们也具有科学和临床的实用价值。

概念化分类的（诊断）还是连续性的（识别症状的维度）心理病理学，关于二者哪个更好的争论持续了很长时间，对此的简单回答是两种方法都有其价值（Pickles & Angold，2003）。一般心理失调的大部分形式表现出持续性的分类而非正常和心理疾病的区别性描述。例如许多学龄前儿童都有一到两个注意缺陷/多动障碍（ADHD）的症状。我们发现每多出一个 ADHD 症状就会使学生注意力受损加倍。即使儿童因某项标准不符（即有 5 个注意力不集中特征而不是 6 个）而没有被诊断为 ADHD，他仍会受到这些症状的损害（Egger & Angold，2006）。很明显，ADHD 症状应该被看做连续的构造。然而在临床上特定的儿童是否需要治疗，在科学研究中被试儿童如何鉴别，所有这些都强调临床定义的重要性。

我们需要分界点（区分“有风险”和“病态”）来促进临床实践（是否进行治疗）、公共健康政策制定（哪类人群最易受威胁，哪类人群是我们早期干预努力的目标）和科学调查（如果我们要了解一个具体症状的原因和治疗方法，那么我们该如何定义被试的类别）。尽管疾病的分类有重要的临床和科研效用，但它们也并非与通常的维度构成完全不同。依据症状和征候的水平决定分界线的位置是基于现有的知 288
识，但可能会由于知识的更新而改变。在医学的其他领域也是同样。例如美国心脏学会介绍了对高血压的一种新的分类，数据显示，当血压（BP）水平低于高压 115 毫米汞柱低压 75 毫米汞柱时，缺血性心脏病和中风死亡率线性增加。高压 120～139 毫米汞柱和/或低压 80～89 毫米汞柱范围的患者都被认为处于“高血压前期”（Chobanian et al.，2003）。因此，符合这一标准范围的患者，之前被诊断为血压正常，但现在都被看作处于高血压前期。

从实践的角度看，我们需要分类系统以便与其他人交流，并在某种程度上有把握地说我们在谈论相同的事。使用心理病理方法对极年幼儿童进行治疗报告的增多，突出了维持这种一致性的重要性。学前儿童中使用心理病理治疗方法的人数自 1990 年至 1995 年间增长了 3 倍，并且现在仍然在持续增长（Zito，Safer，DosReis，Gardner，Soeken et al.，2002；参见 Gleason，本书第 32 章）。给学前儿童开精神药物处方的医师都或多或少地在应用疾病分类学诊断，这将导致个体对于问题本质、治疗方式和问题何时得到妥善解决

产生期望，然后采取行动。然而，用药比率的增加并没有反映出诊断年幼儿童失调的治疗研究的新进展。在大多数情况下，治疗的决定基于成人、青少年和较大儿童的研究。对精神性用药增加的报道导致了许多问题：如何诊断年幼儿童？标准是什么？发展标准敏感吗？它们能解释认知、社交、情绪和行为快速发展变化的这段期间的适当变化吗？如何区分正常的个体差异、气质变化和临床上具有显著意义的行为和情绪问题？怎样测量治疗是否有效以及药物是否该停？这些都不是抽象的问题，这些问题的答案可以显著推测治疗、早期干预以及心理疾病的早期存在。只有我们开始用统一标准来描述儿童早期心理疾病，我们才会发现上述问题的答案。

童年早期的分类诊断

童年早期心理病理学的分类有三个主要论点。第一个论点是，由于儿童早期的生理（包括神经），以及行为、情感和认知的发展，我们无法有效识别那些可以被可靠测量的症状。这些早发性问题是暂时的或者是“风险因素”，而不是失调。正常发展或者气质变化中的个体差异被认为是心理疾病症状或失调也是不恰当的。第二个论点是，诊断定位于“儿童的”问题行为而不是父母和儿童之间的关系。第三个论点是儿童被不恰当地“标记”为“疾病”，而这种“疾病”将不利于塑造他们的自我概念以及父母或其他抚养人对他们的感知。这个论点的另一面是，我们评估年幼儿童时应该是“集中于优点”的而非他们的缺点和问题。

每一个论点均起源于心理病理学诊断分类的本质和效力等重要问题——对于大部分年幼儿童来说，这些问题并不是童年早期的特定问题，而是与一生相关的。这些问题包括：

我们可以识别出年幼儿童的心理疾病吗？

对于心理疾病的识别是否忽视了儿童的优点、能力和潜力？

这种绝对的方法是否忽视了关系的重要性？

289 诊断方法对风险状况的忽视是否破坏了预防或者至少是早期预防的重要性？

对儿童的缺陷和损伤命名是否会导致孩子受到侮辱或造成伤害？

在这章的其他部分我们将尝试着去解决这些问题。

我们能在年幼儿童中识别出心理疾病吗？

有异议认为婴儿期和童年早期的快速发展导致我们无法有效识别那些能可靠测量的症状或综合征。十年前当研究者开始定义大龄儿童的心理失调的分类时，类似的研究已被提出了。特别是，成人抑郁诊断标准的争论并没有出现在学龄儿童和青少年中（参见 Rie，1966）。然而，对于特殊心理失调和失调的亚类型标准的操作定义，以及这些标准的可靠测量的发展被认为是证明儿童心理失调（或症状群）的效标，这是标准步骤的第一步，包括抑郁在内。现在开始考虑失调的生理、神经、基因以及环境因素，对治疗的反应也被考虑在内。举例来说，抑郁的 DSM 标准被认为是识别儿童心理失调的有效指标，这一失调能用结构化的心理访谈进行可靠的测量，这些对于医疗和认知—行为治疗都是很普遍的（Costello，Angold & Egger，2005）。

从历史角度来说，年幼儿童情感和行为的调节不良被认为是处于儿童个性特点分布的极端位置，这些特点包括：（1）正常行为和情感；（2）气质特质。在这些模式中，极端的问题和气质特质被认为是心理疾病晚期的前兆，或者说是风险因素，而不是生命后期所识别的心理失调的症状。有两种方法可以对童年早期心理疾病症状做出分类诊断：（1）适合年幼儿童发展的修订的或未修订的 DSM/ICD 疾病分类［例如学前儿童的分类标准研究（Task Force on Research Diagnostic Criteria：Infancy and Preschool，2003）］；（2）作为区分婴儿和学步儿心理健康失调分类替换系统的 DC（0-3）（Zero to Three，1994，2005）。这些分类方法试图去识别显著的临床症状，以严重性、普遍性、持续性和损害的症状为特点，这些是“失调”的早期症状，而不是后期失调的风险因素。每一种方法都提供了特殊的渠道来理解年幼儿童的行为问题和情绪失调现象。接下来我们从历史发展的角度总结，我们从这四个方法中学到了什么。

量化诊断方法

检测表和症状量表

从 1940 年至今大量的研究证实了个性症状如侵犯行为、敌意、过度活跃、恐惧和社交焦虑在年幼儿童中都是常见的（参见 Egger & Angold，2006）。这些研究的一个非常重要的贡献，就是对正常和异常行为的分布的描述。最近一些研究使用了症状检测表，包括 CBCL（Achenbach & Rescorla，2000）、适用于 12～36 个月婴儿和学步儿的社会性和情绪评估（ITSEA；Carter，Briggs-Gowan，Margaret，Jones & Little，2003）、DSM 参照等级量表如童年早期调查表第 4 版（ECI-4）（3～6 岁；Sprafkin，Volpe，Gadow，Nolan & Kelly，2002），或者是特殊症状检测表如学前焦虑量表（PAS；Spence，Rapee，McDonald & Ingram，2001），来定
290 义年幼儿童失调行为的特殊类型。特别是ITSEA，它适用于 12 个月大的儿童，包括心理病理学研究的典型量表（例如“内在化”和“外在化”量表）、生理和情绪“不良调节”量表，皆起源于气质相关文献以及儿童积极特质量表。这些研究的大多数都以学前儿童为被试。仅有少数的研究使用的是 12～24 个月大的儿童，但是缺乏婴儿生命第一年内的研究。

虽然这些检测表并没有包括足够的特殊症状（例如频率、持续时间、开端），使研究者和临床专家无法像人们熟知的生命其他阶段那样将心理病理诊断归类，但他们可以通过其他方式来了解这些症状：（1）心理病理症状具有相对稳定的特点，在学前儿童中较易识别；（2）有 7%～25%的年幼儿童具有“问题”行为（参见 Egger & Angold，2006）——这一比例与早期问卷调查中所报道的大龄儿童的症状比例类似（参见 Achenbach & Edelbrock，1978）；（3）对于某些明显的情绪性（内因）和行为（外因）的症状识别前后一致（参见 Egger & Angold，2006）；（4）学步期和学前期情感和行为问题以及童年后期的精神不正常（参见 Egger & Angold，2006），这些症状都能提供很可靠的证据，甚至成人亦是如此（Caspi，Moffitt，Newman & Silva，1996；Stevenson & Goodman，2001）；（5）广义和狭义的 DSM 诊断种类（Achenbach & Rescorla，2000）和 DSM 参照症状（Spence et al.，2001）能够识别这些症状；（6）特定行为和情绪的遗传性是基础（van den Oord，Verhulst & Boomsma，1996），包括焦虑症状的不同特质（Eley et al.，2003）。这些结果反驳了这样一种观点，即情绪和行为在学前阶段是可塑的，随着时间的推移其连续性不易被发现。

作为风险因素的学前儿童气质特征

40 年的气质研究发现其与心理病理学有重要的关联性，特别是由于气质概念产生于婴儿的研究领域（Rutter，Birch，Thomas & Chess，1964；Thomas & Chess，1977），因此采用了“自下而上”而非“自上而下”的方法来理解儿童早期情感和行为（Buss & Plomin，1975；Goldsmith et al.，1987；Rothbart & Bates，1998；Thomas & Chess，1977）。广泛的气质维度，特别是负性情感作用（与成人神经过敏相类似）以及极端的气质类型，如行为抑制（BI）和行为失控（BD），在儿童后期和成人的心理失调发展上都被认为是风险因素，并且被认为是与学前问题行为同时发生的。

正如用基础症状量表如 CBCL 来识别广义的内化结构，负性情感作用是负性情绪范围内的整体测量，包括悲伤、恐惧、生气和沮丧、不良适应，以及高情绪强度（Rothbart，Ahadi，Hersey & Fisher，2001）。儿童早期的负性情感作用被认为可以预测儿童晚期的内因和外因症状（Bates & Bayles，1988；Caspi & Silva，1995；Goldsmith & Lemery，2000；Shaw，Keenan，Vondra，Delliquadri & Giovannelli，1997），以及成人的反社会行为（Henry，Caspi，Moffitt & Silva，1996；Moffitt，Caspi，Dickson，Silva & Stanton，1996）。

儿童早期的气质特质模式也被看作是增加后期心理失调风险的相关因素。行为抑制和行为失控这两个极端的气质类型是婴儿和年幼儿童的特点（参见 Hirshfeld-Becker et al.，2003）。生理唤醒和反应模式的不同突出了这两种潜在的气质模式的情绪调节差异。大约有 15%的婴儿和学前儿 291
童被识别出 BI（如同年幼的恒河猴），它与害羞、恐惧，新环境下退缩和焦虑或担心苦恼相关。BI

具有遗传性，与父母的焦虑失调相关，伴随生理方面的症状（交感神经的、心血管的、高反应性皮质醇的），并且是儿童后期和成人焦虑失调和抑郁的风险因素（Hirshfeld-Becker et al.，2003）。BI的反面BD，具有易接近、高水平的探索性、低水平的避免伤害、苦恼易怒的特点。BD对于ADHD、破坏性行为障碍（DBDs）以及情绪失调和侵犯行为来说是一个潜在的风险因素（Caspi & Silva，1995；Tremblay，Pihl，Vitaro & Dobkin，1994）。

虽然气质特征大多被认为是生命全程中的心理失调的风险因素，但是早期测量的气质特征也能很好地表现出失调本身。气质和心理疾病测量中大量重复的项目反映出，关于气质和心理疾病的区分缺乏明晰的概念。这些重复的项目代表了一系列方法论和概念性的问题，用于理解气质和早期心理疾病的关系。举个例子，儿童行为问卷（CBQ；Rothbart et al.，2001）的94项中有24项是与CBCL项目等同或者直接相反的。莱希（Lahey，2004）指出，某种确定行为的“气质特征”和其他行为（甚至是相同的行为）“心理病理症状”并不是本质的固有反映，而是特殊理论观点的行为反映。两种观点都承认这样一种事实，即在正常发展的行为、情感、个体（气质）变量以及显著的临床症状之间存在连续性，并且在分布、强度、频率、呈现时间、持续性、损伤模式上逐渐变化。在这一点上，一些极端气质可以被看作心理失调（例如一些学步儿的行为抑制或许是符合DSM定义的社交恐惧症标准的），但是对于识别心理失调来说极端气质类型既不是必要条件也不是充分条件。心理失调包括许多症状，这些症状并没有在任何气质评估中呈现出来（例如自杀倾向、放火、强迫），并且从测量的角度来看，研究气质的方法并没有覆盖许多显著的临床症状。因此，对于心理病理学和临床的需要，气质结构并没有提供一个概念性的框架。

为了比较心理失调的分类（要么基于显著的临床症状，要么基于诊断分类）与基于情绪特质和类型的分类，研究需要同时测量情绪特质和精神症状、失调和损害，并且说明两种方法之间重复测量的部分。重要的是用气质的观察测量以及父母报告的测量，来解决两种分类系统间的重复部分。采用这种方法的研究（2岁以上的儿童）逐渐兴起，气质特征和类型将会对童年早期心理病理学的概念化起到非常有益的作用。

诊断方法

DSM-Ⅳ-TR和ICD-10

DSM-Ⅳ-TR（American Psychiatric Association，2000）和ICD-10（World Health Organization，1992）是全世界通用的心理疾病分类系统。由于DSM-Ⅳ-TR和ICD-10系统的相似性，以及缺乏对儿童早期ICD标准的研究，这里我们集中介绍DSM-Ⅳ-TR标准。DSM-Ⅳ（DSM前几版也是如此）的发展并没有涉及婴儿、学步儿和学前儿童的情感和行为问题。但仍有一些DSM失调含有针对于儿童的标准（例如易怒是儿童抑郁失调诊断的最主要情绪状态），或要求失调发病于童年早期（例如ADHD的一些损害症状一定发生在7
岁之前），还有一个名为“婴儿期、童年期或者青 292
春期第一次诊断中经常出现的失调”的分离的DSM部分。然而，这些标准没有一个是针对于非常年幼的儿童的（除非是对5岁前的遗尿症或4岁前的大便失禁的排除诊断）。

尽管缺乏发展性特性，但目前的DSM分类对诊断童年早期心理病理症状仍然是很有用的，至少在儿童2岁或者是年龄更大的时候。举例来说，DSM-Ⅳ诊断标准对于促进对孤独症的表现和病程的理解都具有很好的作用（Rutter，Birch，Thomas & Chess，2000；Volkmar，Lord，Bailey，Schultz & Klin，2004）。检验儿童早期的孤独症诊断标准的适用性，同时探索发展性诊断标准的有效性和临床效用，这一双重方法对于检测儿童早期特定行为和情感失调的效度提供了一个示范性的说明。相似的方法被用于目前的ADHD、焦虑失调、抑郁、PTSD，以及DBDs的儿童早期研究中，尽管研究只是集中于2岁及以上儿童（参见Egger & Angold，2006）。举例来说，我们的研究小组（Sterba，Egger & Angold，2007）使用了父母访谈的数据进行因素分析，发现学前儿童最常见的失调症状聚集在一起的方式，与DSM-Ⅳ诊断标准规定的方式极其相似。所提取因素的症状不同于DSM-Ⅳ的标准集（抑郁症和广泛性焦虑是单一因素，就像品行障碍、对立违抗性障碍的症状，然而ADHD征候群则是两因素的），这不同于先前对大龄儿童和青少年的描述（Lahey et al.，2004）。这些数据，以及从相似研究中得出的最新报告表明，DSM-Ⅳ失调的普遍适用性在学前儿童中占 10%～15%（Egger et al.，2006），有力地证明了儿童和青少年心理病理常见形式的总体结构，从学前阶段就已开始建立。

2002 年，婴儿和学前心理健康研究者提出（由美国儿童和青少年精神病学协会发起）适用于学前儿童的 DSM-Ⅳ诊断标准修订版。由于婴儿的研究缺乏经验，研究小组决定选择 2 岁及以上儿童。这些修订作为《学前研究诊断标准》（RDC-PA）发表于 2003 年（Task Force on Research Diagnostic Criteria：Infancy and Preschool，2003；RDC-PA 可以通过 www.infantinstitute.org 获得）。RDC-PA 的目的在于明确学前儿童心理病理学的适用标准，以促进学前儿童心理失调诊断效度的进一步研究。这个方法的模式取自发表于 1978 年的研究诊断标准（Spitzer，Endicott & Robins，1978），后者促进了 DSM-Ⅲ的操作性诊断标准的产生以及对成人、儿童及青少年的心理病理学的效度和信度的研究。RDC-PA 始自 DSM 系统并且修正了这一标准，而不是提出一个新的分类系统。

然而，我们认为这个自上而下的过程对于 2 岁以下的儿童是有限制的，因为按照目前常用的诊断标准，语言和行为的全部项目对于这个年龄的儿童来说太难了，不能被 DSM-Ⅳ标记。

DC（0-3）和 DC（0-3R）

DC（0-3）（Zero to Three，1994）与 RDC-PA 不同，其基本目标是对婴儿和学步儿的疾病进行分类，而这在 DSM 中是没有的（Emde，2003）。由于 DSM 对识别 3 岁以前儿童心理健康和发展失衡的临床方法的不足，DC（0-3）分类系
293 统在 1994 年随之出现。尽管没有得到认证，但 DC（0-3）已经广泛被用于诊断 0～5 岁儿童。1987 年国家婴儿、学步儿与家庭中心召集了 0～3 岁工作组，该组织呈现了它在婴儿发展和心理健康领域跨学科的领导能力。参加人员包括来自美国、加拿大、日本的临床医生和研究人员。依据讨论中汇集的信息，他们设计了行为问题循环模式。最初的诊断划分是参会人员一致决定的。这个过程出现了 DSM-Ⅳ诊断的替代版本（如焦虑和抑郁）、新的临床标准（如监管障碍、亲子关系失调），以及修订后的多轴系统，其中关系特征和失调位于轴Ⅱ，儿童“功能性情感发展水平”位于轴Ⅴ（Zero to Three，1994）。DC（0-3）最有价值的贡献之一是增加了一个单独的轴并对亲子关系的质量进行定义，并对此关系（以及对儿童的生理和情感产生重大影响的其他关系）中的干扰因素进行识别。

尽管研究已经开始（例如，Boris，Zeanah，Larrieu，Scheeringa & Heller，1998；Cordeiro，Caldeira da Silva & Goldschmidt，2003；Guedeney et al.，2003；Keren，Feldman & Tyano，2003；Reams，1999；Scheeringa，Zeanah，Drell & Larrieu，1995；Stafford，Zeanah & Scheeringa，2003；Thomas & Clark，1998），但许多失调仍缺乏操作标准（如定义清晰的症状、症状划分点，或者持续标准）和分界线，这限制了 DC（0-3）的发展。尽管缺乏充足的认证，但 DC（0-3）已经广泛用于相关领域，表明需要一个适当的方法来划分年幼儿童临床显著行为。

为了识别临床标准更显著的特异性并且把新知识纳入 DC（0-3），我们集合了一个修订 DC（0-3）的工作组（Zero to Three，2005），并且在 2005 年 8 月发表了它的结果。这个结果包括：（1）对 DC（0-3）使用者的初步调查；（2）关于 RDC-PA 研究的仔细回顾；（3）用户评论初步草案修订的第二次调查；（4）个人和临床鉴别组对特定的不确定性或观点差异的进一步意见；（5）最后由婴儿心理健康临床专家对倒数第二次修订的文件进行最后评判。

DC（0-3R）的重要目标是更好地界定临床标准和范围以用来提高其测量信效度。在 DC（0-3）的修订版中改变了对强度、频率、持续时间、症状发作的说明，对需要应用于临床的症状数量的说明，以及包含的类型和失调的图表说明。这些变化基于实证研究以及使用原版 DC（0-3）的婴儿心理健康研究者和临床医生的共识。RDC-PA 的一些修订条款被包含进 DC（0-3R）（如在 PTSD 中，睡眠失调、喂养失调、抑郁和紧张的一些特征）。当然，RDC-PA 重点针对 2 岁或者更大一点的孩子，这意味着一些调整已经被应用，使得它们能够帮助理解婴儿的症状学。不幸的是，缺乏对婴儿的实证研究，这意味着 DC（0-3R）用

于婴儿的标准不像学步儿和学前儿童的标准一样具有针对性，未来需要更多的注意力集中在等级划分上。

DC（0-3）包括一系列失调，称为“感知统和失调”。这些失调被定义为“如同回应感觉刺激的运动机能在发展和功能上的障碍，失调是调节情感和行为时出现困难”（Zero to Three，2005，p. 28）。
294 在最初的DC（0-3）中，这个分类被标记为“统和失调”，通过使用者的测量被广泛应用（Zero to Three，2005）。从职业的临床治疗学家和其他使用者得到的反馈，失调等级的划分标准被修改为每个子类型包括有感觉加工困难、运动困难、特定行为，以及发展与功能受损这一特有的模式。这些失调的有效性还不确定，然而与它们有关的证据几乎都是临床描述（Miller，Robinson & Moulton，2004），并且DC（0-3R）的子类型与焦虑症、DBDs/ADHD、抑郁症是否有区别还不清楚。专家和实证数据缺乏一致性使得没有足够的证据支持每个子类型的临床标准（或者标准的数量需要一个被给定的临床分类）。然而，已有信息提供了希望，将来的研究将带来更好的诊断标准。

DC（0-3R）是补充，而非取代DSM/ICD疾病分类。DC（0-3R）在主轴中明确地为DSM/ICD提供了位置。尤其是自从第一版DC（0-3）的出版，因为对DSM-Ⅳ标准的实证支持，普遍发展的失调的标准已经变得更强大了，DC（0-3）声明，在“相互联系的失调”的分类下，当一个儿童DSM-Ⅳ-TR标准为任何的广泛性发育障碍时（包括广泛性发育障碍，不是另外的PDD-NOS），临床上应该记录这个涉及DC（0-3R）800代码和适当的个人DSM代码的失调。同样，注意缺陷障碍（ADD）和DBDs包括相反的失调，这些失调应该被考虑和编码在DC（0-3R）轴中。

DC（0-3）的另一个重要的修订是儿童可能符合多个失调的标准。尽管DC（0-3）没有“禁止”对共病的识别，但治疗计划中的诊断评估过程和优先诊断指导的相关描述，使得一些使用者认为只有一种DC（0-3）临床诊断结果。因为我们目前分类系统范围内的心理失调，在生命的每个阶段是通用的（从学前到成年后期），也因为共病往往是疾病严重和损害程度的一个重要指标（Angold et al.，1999；Egger & Angold，2006），DC（0-3）恰当地反映了心理病理学的现实。

DC（0-3R）的其他四处删减修订集中在阐明和提高效用方面，例如在轴Ⅱ（相关等级）中，亲子关系整体功能评估（PIR-GAS）量表被修订为包含更精细的等级划分。原来的DC（0-3）中的关系问题检测表被亲子关系失调取代，因为它有足够证据去支持父母与不连续的失调之间的关系。轴Ⅳ记录心理和环境紧张性刺激，但一个已知的刺激和与之相关联的年龄、持续时间、程度、刺激内容作为这个部分的一个引导。最后，轴Ⅴ总结了儿童社会性与情绪功能发展的适当能力，修订后用以划分这个领域的范围。

应该被记录在DC（0-3R）等级中的儿童的症状，还有一个没有解决的争论是哪里受损害，是儿童发展功能还是儿童的家庭功能。在DSM中，损害的程度被轴Ⅴ记录，并作为整体功能评估的得分（GAF分数；American Psychiatric Assaciation，2000）。然而，DC（0-3）没有这样的维度，因为轴Ⅴ总结了儿童的社会性与情 295
绪功能的能力。在DC（0-3）中失调导致的损害不是简单的能力短缺。婴儿心理健康研究的下一个阶段应该进行婴儿心理损害的概念化和测量。早期儿童损害框架的发展不仅应该集中在儿童功能和关系的损害上，而且也应集中在家庭功能的损害上（如因为儿童脱离抚育，父母不能在外工作）。然而值得讨论的是识别来自于家庭而非单纯个体的损害，在整个年龄阶段是有临床价值的。它在童年早期至关重要，因为儿童的功能与家庭结构和功能有着不可分割的联系。如果孩子有严重的分离焦虑，父母就不会把孩子交给保姆照看。父母的离开可能暂时不会对儿童造成直接的影响，但是会造成对家长（作为父母和作为同伴）的否定作用并且因此直接影响儿童。相对于界定临床意义，损害的发展性概念化是必要的，据此确定哪些孩子应该接受治疗或者早期干预。提供一个临床方法是很重要的，它可以评估我们的治疗对改善孩子和家庭生活的有效性。

我们应该用什么样的分类系统?

我们希望制订一套敏感的针对儿童早期发展的心理病理学分类标准，以集成一个对较大儿童和成人的系统分类。工作开始于 DSM-Ⅴ，DSM 可能与发展相关，并且对儿童当前的心理病理学有所影响。未来的心理疾病分类反映了一个事实，即发展不单纯是一个年龄或阶段的现象，而是多种失调模式的一个特性，因为它们体现了时间的发展性。儿童早期心理病理学的真正分类始于对发展轨迹和机制的理解，这不仅仅关系到情感显露、行为症状和损害，也和神经生物学、遗传学和环境相关。根据这个观点，我们知道当前的分类是不完善的，它需要提高甚至随着我们知识的增长而替换为新的分类。现在，我们已有确凿的证据来说明不同方式的分类都有助于儿童早期的心理病理学识别。

至少对 12 个月到 5 岁的儿童，有可靠的工具允许我们解决这一群体在心理病理学上的发展性问题。这种工具可促进心理病理学在儿童期的发展。婴儿阶段几乎没有症状评估工具的存在。这个空白反映了我们在婴儿心理病理学方面缺乏共识。我们知道一些“消极”气质特征关系到以后普遍测量的心理病理学的分数水平，但是，除了可能在该范围上的抑制气质和随之而来的焦虑（例如，Guyer et al.，2006；Perez-Edgar et al.，2007），我们对继续建立和维持的途径所知甚少。分类和评估情绪困扰和行为失调的措施是婴儿第一年内的心理病理学评估迫切需要的。如果要填补这些差距，我们将需要一个更有效的测量手段追踪婴儿的具体症状。最有可能的是，婴儿的症状将通过哭、睡觉、吃饭、运动、知觉敏感性和社会联系受阻等一系列的失调模式来定义。我们需要相应措施来描述这些领域的全方位变化（如强度、频率、持续时间、发病期、周围环境和症状
296 的相关背景），以及凭经验确定的边界标准以及临床显著表现，正如我们对学前儿童所做的心理疾病症状描述一样。如盖德内和费尔曼尼安（Guedeney & Fermanian，2001）用以评估社会回避的婴儿痛苦警示量表，或者沃尔克（Wolke，2009）针对哭、睡觉和喂养上的干扰的分类规则，表明认识到当前早发心理疾病和测试新标准的局限的重要性。我们应该对这个工作有信心，就像我们对学前儿童（或较大儿童）的研究一样。

心理病理症状的识别否认了儿童其他重要的部分吗?

关于童年早期心理病理分类，尤其是采取一些诊断依据的分类，由于误认为疾病分类和评估是一回事，而忽略孩子关系的重要性，以致出现部分问题。明确病理学诊断手册是为了便于诊断评估和制定。DSM / ICD 和 DC（0-3）系统是生物心理学的框架内多轴向的方法，目的是要了解儿童在更广泛的范围内产生的症状。如上所述，DC（0-3）强调亲子关系是诊断框架的核心，反映了婴儿心理健康的宗旨，即在亲子关系的背景下了解儿童症状，对有效诊断的制定是极其重要的。使用 DSM / ICD 或 DC（0-3）系统的多轴方式评估一个儿童和其家庭的心理健康是不全面的。其他重要的信息也需要收集、记录和诊断评估。另外，一个好的临床医生会考虑一个分类又多维的方法，了解症状及损害，了解哪些孩子受损害，但是我们缺乏诊断标准来区分那些只出现一两个症状，但仍和显示全部症状的个体一样需要接受治疗的孩子。当然，早期的干预程序希望证明孩子“处于风险中”，以便帮助其他未受损的孩子。本书的其他章节，还有卡特和同事有关儿童评估方式的研究（Carter et al.，2004），以及德尔卡门-威金斯和卡特（DelCarmen-Wiggins & Carter，2004）有关婴儿和学步儿心理健康评估的著作，提供了童年早期心理病理学评估的方式、方法和测量的深入评论。所有这三个来源包括讨论不同测量的信度、未解决的评估问题（包括将多个报告人的信息相结合的方式）、儿童的诊断方法、评估年幼儿童内部失调的方法，以及评估损害的方式。

心理失调和心理症状受损并不意味着孩子缺乏优势，也不意味着主要的抚养关系不是儿童及家庭理解和治疗的核心。这一点的提出是为了澄

清一个误解，即“依据优点”的婴儿心理健康评估是“依据缺点”表现早期心理健康问题疾病分类的对立面（Perez，Newman，Bruton & Peifer，2004）。对婴儿、学步儿以及青少年进行心理健康评估是为了明确儿童的痛苦和损害。年幼儿童会出现临床上显著的情绪、行为和发展问题。当然，儿童作为一个完整的人，我们需要了解他所具有的能力、优势和潜力及其人际关系。另一方面，只评估优势而不关注失调会混淆画面，切断一个
297 完整的诊断评估。当然针对亲子关系方面，支持儿童的优点是一个明智和有效的干预措施，以减少儿童和家庭的痛苦和损害。但这代表的是治疗而非诊断的选择。

失调的分类，不是人的分类

心理病理的分类针对的是失调，而非个体本身。正如本章强调的，临床实践和科学研究是必要的。我们对失调的分类（综合征、症状学模式）是为了整合我们的观察和发现、定义治疗目标、追踪治疗的效用。我们需要注意的是不要用心理病理学的诊断给孩子贴“标签”，因为它会给孩子以羞辱。我们当前面临的真正限制是我们治疗早发性心理健康问题的能力不足。医学史上有很多例子，对一种疾病的了解和有效治疗可以减少对此种病患的羞辱和命名的恐惧。著名的赛跑疗法（Race for the Cure）和用红丝带支持乳腺癌患者的效果是惊人的，1974 年贝蒂·福特（Betty Ford）揭露了她与乳腺癌的战斗，这在当时是对公众禁忌癌症的挑战。这种与所患疾病的耻辱命名相抗争的勇气，如同乳腺癌治疗的进步，使得乳腺癌从那个可耻的标签中解脱出来。相同的解脱还有对于艾滋病（AIDS）的诊断，至少在发达国家是如此。

问题是抑制心理失调的命名（“非标签化”）并不能让儿童远离痛苦和损害。事实上，有时不命名失调也会带来伤害。例如那些符合ADHD全部标准的学步儿已经在多重人际关系（父母、照料者、兄弟姐妹、同伴）和功能方面受到极大的损害。他们中几乎半数已经停止去日托中心（Egger & Angold，2006）。不命名的问题是不能澄清孩子是否“有毛病”，并反而使疾病进一步造成伤害。不作出有效治疗的正确诊断是不道德的。当一个人对于肺炎或Ⅰ型糖尿病这种非心理病理性疾病，由于担心儿童受伤害所以争论是否应该对其进行诊断（命名）时，会显得非常古怪。当然，可以不告诉儿童或他人（如老师）这个孩子是个患者。这对一些心理病理性失调如 ADHD 或非心理病理性的医学性失调来说是可行的，并非反对儿童心理病理学的分类和发展。

对抗分类带来的羞辱和抵触最重要的途径是：（1）创建从婴儿期到学龄前这一时期有效的心理病理学分类；（2）制定以证据为基础的治疗和预防性干预措施。我们目前的心理病理学分类，不论对成人还是儿童，都建立在对特定行为和情绪状态的临床观察基础上。认知和情感神经科学、遗传学、流行病学的转化研究，有可能将重塑我们对心理疾病的神经生物学机制的理解。我们对于多重生物系统和行为的联系了解得越多，越能够界定富有生物和临床意义的失调，从而发现鉴别和减轻儿童痛苦的更好途径。到那时，我们有足够好的分类和测量工具来推进婴儿心理健康领域的发展，关心儿童的情感受损和行为问题。

参考文献

Achenbach, T. M., & Edelbrock, C. S. (1978). The classification of child psychopathology: A review and analysis of empirical efforts. *Psychological Review, 85*(6), 1275–1301.

Achenbach, T. M., & Rescorla, L. A. (2000). *Manual for the ASEBA Preschool Forms and Profiles: An integrated system of multi-informant assessment.* Burlington, VT: University of Vermont Department of Psychiatry.

American Psychiatric Association. (2000). *Diagnostic and statistical manual of mental disorders* (4th ed., text rev.). Washington, DC: Author.

Angold, A., Costello, E. J., & Erkanli, A. (1999). Comorbidity. *Journal of Child Psychology and Psychiatry, 40*, 57–87.

Angold, A., & Egger, H. L. (2004). Psychiatric diagnosis in preschool children. In R. DelCarmen-Wiggins & A. Carter (Eds.), *Handbook of infant, toddler, and preschool mental health assessment* (pp. 123–139). New York: Oxford University Press.

Bates, J., & Bayles, K. (1988). Attachment and the development of behavior problems. In J. Belsky & T. Nezworski (Eds.), *Clinical implications of attachment*. Hillsdale, NJ: Erlbaum.

Boris, N. W., Zeanah, C. H., Jr., Larrieu, J. A., Scheeringa, M. S., & Heller, S. S. (1998). Attachment disorders in infancy and early childhood: A preliminary investigation of diagnostic criteria. *American Journal of Psychiatry, 155*, 295–297.

Burke, M. G. (2003). Depression in preschool children. *Journal of the American Academy Child and Adolescent Psychiatry*, 42, 263–264.

Buss, A. H., & Plomin, R. (1975). *A temperament theory of personality development*. New York: Wiley.

Carter, A. S., Briggs-Gowan, M. J., & Davis, N. O. (2004). Assessment of young children's social–emotional development and psychopathology: Recent advances and recommendations for practice. *Journal of Child Psychology and Psychiatry, 45*, 109–134.

Carter, A. S., Briggs-Gowan, M. J., Jones, S. M., & Little, T. D. (2003). The Infant–Toddler Social and Emotional Assessment (ITSEA): Factor structure, reliability, and validity. *Journal of Abnormal Child Psychology, 31*(5), 495–514.

Caspi, A., Moffitt, T. E., Newman, D. L., & Silva, P. A. (1996). Behavioral observations at age 3 years predict adult psychiatric disorders: Longitudinal evidence from a birth cohort. *Archives of General Psychiatry, 53*(11), 1033–1039.

Caspi, A., & Silva, P. A. (1995). Temperamental qualities at age 3 predict personality traits in young adulthood: Longitudinal evidence from a birth cohort. *Child Development, 66*, 486–498.

Chatoor, I., Pine, D. S., & Narrow, W. E. (2007). Diagnosis of psychopathology in infants, toddlers, and preschool children. In W. E. Narrow, M. B. First, P. J. Sirovatka, & D. A. Regier (Eds.), *Age and gender considerations in psychiatric diagnosis: A research agenda for DSM-V* (pp. 145150). Washington, DC: American Psychiatric Association.

Chobanian, A. V., Bakris, G. L., Black, H. R., Cushman, W. C., Green, L. A., Izzo, J. L., Jr., et al. (2003). Seventh report of the Joint National Committee on Prevention, Detection, Evaluation, and Treatment of High Blood Pressure. *Hypertension*, 42(6), 1206–1252.

Cordeiro, M., Caldeira da Silva, P., & Goldschmidt, T. (2003). Diagnostic classification: Results from a clinical experience of three years with DC:0–3. *Infant Mental Health Journal*, 24, 349–364.

Costello, E. J., Angold, A., & Egger, H. L. (2005, May). *Epidemiology of child and adolescent depression*. Paper presented at the workshop on preventing depression in children and adolescents, Bethesda, MD.

DelCarmen-Wiggins, R., & Carter, A. (Eds.). (2004). *Handbook of infant, toddler, and preschool mental health assessment*. New York: Oxford University Press.

Egger, H. L., & Angold, A. (2006). Common emotional and behavioral disorders in preschool children: Presentation, nosology, and epidemiology. *Journal of Child Psychiatry and Psychology*, 47(3/4), 313–337.

Egger, H. L., Erkanli, A., Keeler, G., Potts, E., Walter, B., & Angold, A. (2006). The test–retest reliability of the Preschool Age Psychiatric Assessment (PAPA). *Journal of the American Academy of Child and Adolescent Psychiatry, 45*(5), 538–549.

Eley, T. C., Bolton, D., O'Connor, T. G., Perrin, S., Smith, P., & Plomin, R. (2003). A twin study of anxiety-related behaviors in pre-school children. *Journal of Child Psychology and Psychiatry, 44*, 945–960.

Emde, R. N. (2003). RDC-PA: A major step forward and some issues. *Journal of the American Academy of Child and Adolescent Psychiatry*, 42, 1513–1516.

Emde, R. N., Bingham, R. D., & Harmon, R. J. (1993). Classification and the diagnostic process in infancy. In C. H. Zeanah, Jr. (Ed.), *Handbook of infant mental health* (pp. 225–235). New York: Guilford Press.

Goldsmith, H., & Lemery, K. (2000). Linking temperamental fearfulness and anxiety symptoms: A behavior-genetic perspective. *Biological Psychiatry, 48*, 1199–1209.

Goldsmith, H. H., Buss, A. H., Plomin, R., Rothbart, M. K., Thomas, A., Chess, S., et al. (1987). Roundtable: What is temperament? Four approaches. *Child Development, 58*, 505–529.

Guedeney, A., & Fermanian, J. (2001). A validity and reliability study of assessment and screening for sustained withdrawal reaction in infancy: The Infant Alarm Distress Scale. *Infant Mental Health Journal*, 22(5), 559–575.

Guedeney, N., Guedeney, A., Rabouam, C., Mintz, A.-S., Danon, G., Huet, M., et al. (2003). The Zero-to-Three diagnostic classification: A contribution to the validation of this classification from a sample of 85 under-threes. *Infant Mental Health Journal*, 24, 313–336.

Guyer, A. E., Nelson, E. E., Perez-Edgar, K., Hardin, M. G., Roberson-Nay, R., Monk, C. S., et al. (2006). Striatal functional alteration in adolescents characterized by early childhood behavioral inhibition. *Journal of Neuroscience, 26*(24), 6399–6405.

Henry, B., Caspi, A., Moffitt, T. E., & Silva, P. A. (1996). Temperamental and familial predictors of violent and non-violent criminal convictions: From age 3 to age 18. *Developmental Psychology*, 32(4), 614–623.

Hirshfeld-Becker, D. R., Biederman, J., Calltharp, S., Rosenbaum, E. D., Faraone, S. V., & Rosenbaum, J. F. (2003). Behavioral inhibition and disinhibition as hypothesized precursors to psychopathology: Implications for pediatric bipolar disorder. *Society of Biological Psychiatry, 53*, 985–999.

Keren, M., Feldman, R., & Tyano, S. (2003). A five-year Israeli experience with the DC: 0–3 classification system. *Infant Mental Health Journal, 24*, 337–348.

Lahey, B. B. (2004). Commentary: Role of temperament in developmental models of psychopathology. *Journal of Clinical Child and Adolescent Psychology, 33*, 88–93.

Lahey, B. B., Applegate, B., Waldman, I. D., Loft, J. D., Hankin, B. L., & Rick, J. (2004). The structure of child and adolescent psychopathology: Generating new hypotheses. *Journal of Abnormal Psychology, 113*(3), 358–385.

McClellan, J., & Speltz, M. (2003). Psychiatric diagnosis in preschool children. *Journal of the American Academy of Child and Adolescent Psychiatry, 42*, 127–128.

Miller, L. J., Robinson, J., & Moulton, D. (2004). Sensory modulation dysfunction: Identification in early childhood. In R. DelCarmen-Wiggins & A. Carter (Eds.), *Handbook of infant, toddler, and preschool mental health assessment* (pp. 247–270). New York: Oxford University Press.

Moffitt, T. E., Caspi, A., Dickson, N., Silva, P., & Stanton, W. (1996). Childhood-onset versus adolescent-onset antisocial conduct problems in males: Natural history from ages 3 to 18 years. *Development and Psychopathology, 8*, 399–424.

Perez, L. M., Newman, M. C., Bruton, N., & Peifer, K. (2004). A strength-based and early relationship approach to infant mental health assessment. *Community Mental Health Journal, 38*(5), 375–390.

Perez-Edgar, K., Roberson-Nay, R., Hardin, M. G., Poeth, K., Guyer, A. E., Nelson, E. E., et al. (2007). Attention alters neural responses to evocative faces in behaviorally inhibited adolescents. *Neuroimage, 35*(4), 1538–1546.

Pickles, A., & Angold, A. (2003). Natural categories or fundamental dimensions: On carving nature at the joints and the rearticulation of psychopathology. *Development and Psychopathology, 15*, 529–551.

Reams, R. (1999). Children birth to three entering the state's custody. *Infant Mental Health Journal, 20*, 166–174.

Rie, H. E. (1966). Depression in childhood: A survey of some pertinent contributions. *Journal of the American Academy of Child and Adolescent Psychiatry, 5*, 653–685.

Robins, E., & Guze, S. B. (1970). Establishment of diagnostic validity in psychiatric illness: Its application to schizophrenia. *American Journal of Psychiatry, 126*, 107–111.

Rothbart, M., Ahadi, S., Hersey, K., & Fisher, P. (2001). Investigations of temperament at three to seven years: The Children's Behavior Questionnaire. *Child Development, 72*(5), 1394–1408.

Rothbart, M., & Bates, J. (1998). Temperament. In W. Damon & N. Eisenberg (Eds.), *Handbook of child psychology: Vol. 3. Social, emotional, and personality development* (5 ed., pp. 105–176). New York: Wiley.

Rutter, M. (2000). Genetic studies of autism: From the 1970s to the Millennium. *Journal of Abnormal Child Psychology, 28*, 3–14.

Rutter, M., Birch, H. G., Thomas, A., & Chess, S. (1964). Temperamental characteristics in infancy and the later development of behavioural disorders. *The British Journal of Psychiatry, 110*, 651–661.

Scheeringa, M. S., Zeanah, C. H., Jr., Drell, M. J., & Larrieu, J. A. (1995). Two approaches to the diagnosis of posttraumatic stress disorder in infancy and early childhood. *Journal of the American Academy of Child and Adolescent Psychiatry, 34*, 191–200.

Shaw, D. S., Keenan, K., Vondra, J. L., Delliquadri, E., & Giovannelli, J. (1997). Antecedents of preschool children's internalizing problems: A longitudinal study of low-income families. *Journal of the American Academy of Child and Adolescent Psychiatry, 36*, 1760–1767.

Spence, S. H., Rapee, R., McDonald, C., & Ingram, M. (2001). The structure of anxiety symptoms among preschoolers. *Behavior Research and Therapy, 39*, 1293–1316.

Spitzer, R. L., Endicott, J., & Robins, E. (1978). Research diagnostic criteria: Rationale and reliability. *Archives of General Psychiatry, 35*, 773–782.

Sprafkin, J., Volpe, R., Gadow, K., Nolan, E., & Kelly, K. (2002). A DSM-IV-referenced screening instrument for preschool children: The Early Childhood Inventory–4. *Journal of the American Academy of Child and Adolescent Psychiatry, 41*, 604–612.

Stafford, B., Zeanah, C. H., Jr., & Scheeringa, M. (2003). Exploring psychopathology in early childhood: PTSD and attachment disorders in DC:0–3 and DSM-IV. *Infant Mental Health Journal, 24*, 983–409.

Sterba, S., Egger, H. L., & Angold, A. (2007). Diagnostic specificity and nonspecificity in the dimensions of preschool psychopathology. *Journal of Child Psychology and Psychiatry, 48*(10), 1005–1013.

Stevenson, J., & Goodman, R. (2001). Association between behaviour at age 3 years and adult criminality. *British Journal of Psychiatry, 179*, 197–202.

Task Force on Research Diagnostic Criteria: Infancy and Preschool. (2003). Research diagnostic criteria for infants and preschool children: The process and empirical support. *Journal of the American Academy of Child and Adolescent Psychiatry, 42*, 1504–1512.

Thomas, A., & Chess, S. (1977). *Temperament and development*. New York: Bruner/Mazel.

Thomas, J. M., & Clark, R. (1998). Disruptive behavior in the very young child: Diagnostic classification: 0–3 guides identification of risk factors and relational interventions. *Infant Mental Health Journal, 19*, 229–244.

Tremblay, R., Pihl, R., Vitaro, F., & Dobkin, P. (1994). Predicting early onset of male antisocial behavior from preschool behavior. *Archives of*

General Psychiatry, *51*, 732–739.

van den Oord, E. J. C. G., Verhulst, F. C., & Boomsma, D. I. (1996). A genetic study of maternal and paternal ratings of problem behaviors in 3-year-old twins. *Journal of Abnormal Psychology*, *105*, 349–357.

Volkmar, F. R., Lord, C., Bailey, A., Schultz, R. T., & Klin, A. (2004). Autism and pervasive developmental disorders. *Journal of Child Psychiatry and Psychology*, *45*(1), 135–170.

Wolke, D. (2007). [Classification of regulatory disturbance in infancy.] 'Regulationsstorungen' in Lehrbuch der Verhaltenstherapie; Band 3. *Sturungen im Kindesund Jugendalter*, 295–312.

World Health Organization. (1992). *ICD-10: The ICD-10 classification of mental and behavioral disorders: Clinical descriptions and diagnostic guidelines*. Geneva, Switzerland: Author.

Zero to Three. (1994). *Diagnostic classification: 0–3: Diagnostic classification of mental health and developmental disorders of infancy and early childhood*. Arlington, VA: National Center for Clinical Infant Programs.

Zero to Three. (2005). *Diagnostic classification: 0–3R: Diagnostic classification of mental health and developmental disorders of infancy and early childhood: Revised edition*. Washington, DC: Zero to Three Press.

Zito, J. M., Safer, D. J., DosReis, J. F., Gardner, K., Soeken, M., et al. (2002). Rising prevalence of antidepressants among U.S. youths. *Pediatrics*, *109*(5), 721–727.

第18章

孤独症谱系障碍

滕巴·卡尔（Themba Carr）
凯瑟琳·洛德（Catherine Lord）

301 孤独症迹象在婴儿期和学前早期就已出现。孤独症的早期发展是区别孤独症和精神病的首要证据来源，DSM-Ⅲ（American Psychiatric Association，1980）将其称为“婴儿孤独症”。多年来，通过父母的描述，我们得知孤独症症状在生命第二年早期就可能出现（Di Giacomo & Fombonne，1998），发作早期经常但不总是伴有一些非特异性特征，比如饮食和睡眠困难、对环境高度敏感，甚至是一个异常“好”的孩子（Dahlgren & Gillberg，1989）。随着公众意识的增强和孤独症谱系障碍（ASDs）概念的扩展，ASDs 的一般范畴还包括具有轻微社交损害，表现为首个字词或使用短语出现不同程度的延迟或者智能障碍。在一些案例中，这些儿童开始被关注或识别已经是学前后期了。然而，人们相信，这些孩子中的大多数在早期就已经表现出与其他孩子的某些不同（Chawarska，Klin & Volkmar，2003；Zwaigenbaum et al.，2005）。早期鉴定对于后期干预、了解从病因到大脑信息和行为的通路非常重要。ASDs 发生率约为 1/150，即 150 个儿童中有 1 个会患病（Centers for Disease Control and Prevention，2007），心理健康专业研究人员主要关注的是童年早期教育越来越多地承担起对不断增长的 ASD 儿童进行评定和数量追踪的责任。

关注 3 岁及以下儿童的使用标准和诊断分类是合理的（Greenspan & Wieder，1997）。然而，如下所述，现在有很多关于孤独症婴儿的研究证明了具有 ASDs 行为的儿童从婴儿期和学步期开始的发展轨迹。现在我们有一些对临床观察和标准措施的明确指导，以帮助我们告知父母可能出 302
现的诊断结果。旨在使父母和医生能够沟通合作，在考虑每个儿童的优势与困难的基础上确定合适的治疗方法。因此，现在的形势很乐观，我们对婴儿和学步儿 ASD 的了解快速增加，并且确实在实践中看到了改变。

孤独症研究中的常见问题

现在 ASDs 的概念很宽泛，主要包括：孤独症、阿斯伯格综合征，以及其他未标明的广泛性发育障碍（PDD-NOS）。然而，对这些诊断类别进行区分尤其是针对年幼儿童，是相当随意的，并且经常与临床偏好有关（Ozonoff，South & Miller，2000）。大多数情况下，本章中的孤独症和 ASD 这两个概念是通用的。

诊断和治疗 ASD 儿童时必须考虑多水平发展。开始于实龄的因素包括沟通水平、非言语认知、问题解决、动作技能、家庭教育和社会环境等，都在准确识别和适当规划任务中起了重要作用，对极年幼儿童尤其如此。最后，我们不确定是基因的根本缺陷直接导致 ASD，还是它与表观遗传学或其他神经发展因素之间的交互作用，导致了 ASDs 的神经生物学风险。但是，可以确定的是，与其他像语言延迟这样的非特异性困难相比，在 ASD 儿童的兄弟姐妹中 ASD 复发的风险是增加的（Landa & Garrett-Mayer，2006；Zwaigenbaum et al.，2005）。尽管随着 ASD 风险增加有一些基因紊乱检验，但是这些紊乱只能解释少量的 ASD 儿童。有趣的头部发育模式，反映了婴儿和学步儿脑容积的改变（Courchesne，Carper & Akshoomoff，2003），表明了较大儿童在大脑结构和功能上具有差异，但是还没有适用于个人诊断的充分一致性。

三种方法各有优劣，它们为婴儿孤独症提供信息。对父母进行回顾性访谈或问卷调查都被父母回忆或观察的有限性所限制（Dahlgren & Gillberg，1989，Luyster et al.，2005，Stone，Hoffman，Lewis & Ousley，1994），但是他们提供了绝大多数孩子最广泛的信息来源。在诊断之前，婴儿期家庭录像与之后被诊断为孤独症的儿童得分（Adrien et al.，1991；Baranek，1999；Osterling & Dawson，1994）对儿童早期差异提供了重要的见解。录像带能够使研究人员记录父母没有意识到的行为，但是也被数据收集的即时性所限制。近十年来，对 ASD 儿童的兄弟姐妹进行研究是得出早期症状信息最为常用的策略。这些孩子有着越来越高的孤独症风险，ASD 的发病率几乎达到了 10%，还有很多相关的发展问题。这种方法囊括了先天性孤独症的孩子，但是昂贵又费时，因为大多数婴儿的兄弟姐妹没有 ASD。

此外，所有采用这些研究方法的研究都表现出了群组效应，那些在15年前甚至在2岁时就被确诊的儿童，可能代表了一个和现在孤独症中心的2岁孩子很不相同的群组。例如一项对1990年早期诊断的2岁孤独症儿童的研究发现，随着临床医生更加确定症状的显著性，2岁时被主要诊断为PDD-NOS的儿童在5岁时转变为孤独症（Lord et al.，2006）。相反，几项最新关于高机能儿童和临床医生（他们更有经验而且对早期诊断更有经验）的研究，发现很多脱离谱系的PDD-NOS儿童，表明医生对PDD-NOS的诊断越敏感，孩子受到的损害越少，这也许就是早期干预的效果（Kleinman， 303
Ventola et al.，2008；Turner & Stone，2007）。

孤独症本质理论

目前关于孤独症还没有统一确定的理论，无论是神经生物学方面还是高层次的模型都不能完全解释从婴儿时期观察到的发展性变化。对孤独症婴儿的研究为孤独症的表现提供证据，进而做出重大的理论贡献；非常希望这些信息能够和干预治疗有直接联系。

很多研究关注于孤独症的早期损伤是否只表现在社会信息（如面孔和声音）或社会环境（如与人而不是物体的相互作用）上（Dawson et al.，2004）。可以确定的是ASD儿童对社会信息和社会环境感到困难，但是，不能确定导致这些困难的原因是在于特定的社会性大脑系统的损伤、缺少社会经验导致的反馈系统的损伤（如果一个孩子注视面孔的频率与其他孩子相差很大，不管出于什么原因，都会导致缺乏面孔信息；Carver & Dawson，2002），还是在于与那些普遍受到参与和动机影响的社会技巧相关联的注意和认知能力的损伤（Mundy & Acra，2006）。认知研究者更加强调高层次的认知技能，例如心理理论（Baron-Cohen，2001）、中枢一致性（参见Happe & Frith，2006）和执行功能（Griffith，Pennington，Wehner & Rogers，2003），然后，在联合注意、反应抑制、社会事件的视觉追踪和分类学习这些领域中去寻找婴儿和学前儿童的代表。这些高层次的认知损伤影响社会性和非社会性技能（Minshew & Siegel，1995）。

独立于这些组织化方法的另一视角，即从孩子对刺激有选择性回答的行为抑制中区别行为激活系统，例如那些包含孩子努力的启动互动或联合注意（往往伴随着积极的影响）。“注意困难”是指婴儿在事和物之间转移目光的能力缺失（Landry & Bryson，2004；Zwaigenbaum et al.，2005）。过去几年有很多研究试图将这些假设与唤醒（之下或之上）的基本差异联系起来，但是到目前为止，这些假设在严格控制的研究中还没有被证实（Chawarska，Klin & Volkmar，2003；Sigman，Dissanayake，Corona & Espinosa，2003）。

最后根据人口和家庭研究，调查者认为可以把孤独症分成不同的类别。包括人际交流、社会性发展、限制或重复某种行为与兴趣，这些相互独立的因素都会对ASD造成影响（Bolton et al.，1994；Happe，Ronald & Plomin，2006；Piven，Palmer，Jacobi & Childress，1997）。另一些研究发现了更加普遍的“孤独症表现”，其中非语言交流、社会功能、重复行为和兴趣方面的缺陷不容易被分离（Hus，Pickles，Cook，Risi & Lord，2007）。受限制和重复行为的困难在孤独症儿童的家庭成员和一些人口学研究中更能被凸显出来，特别是同时存在社交困难和沟通困难时。语言水平对社会功能和测量都有影响。然而，这对于年幼儿童并不适用，因为他们中的很多还不能运用语言来进行交流。ASD和ADHD、ASD和语言或智力缺陷之间的并发症都会影响诊断、治疗及研究（Charman et al.，2005）。

有人提出将DSM-Ⅳ（American Psychiatric Association，1994）中的受限制约和重复性行为分为两种类型：与ASD和智能障碍相联系的感觉 304
运动行为；坚持固执，这点不是孤独症所特有的，但与智能和年龄的相关仅低于重复感觉运动行为（Bishop，Richler & Lord，2006；Bodfish，Symons，Parker & LewisBarbera，2000）。由于那些定义明确的有关孤独症的遗传综合征因研究而被识别，有关于这些领域独立发展程度的问题可能会更快地解决。

婴儿孤独症

在坎纳（Kanner，1943）最初的研究中，孤独症被认为是儿童的不适应症，然而，诊断系统还没有提出早期孤独症的定义。DSM-Ⅳ第一次针对ASD提出了一个发展性观点，但在建立它的诊断标准时不包括 3 岁以下儿童（Volkmar et al.，1994）。因此，DSM-Ⅳ提出的失调这一概念，包括与假装游戏、同伴交往和言语发展相关的行为，都是在两三岁之后才稳定出现的（Osterling，Dawson & Munson，2002）。

12 个月大的孤独症婴儿的社会交往和沟通水平较正常发展的儿童更差（Osterling & Dawson，1994）。很多父母和研究者发现定性的社会关系缺失可以细分为几个特征。孤独症儿童很少显示出对其他事物的兴趣（Osterling et al.，2002），很少显示出社会性微笑和社会兴趣，积极情绪表达频率也较低（Zwaigenbaum et al.，2005）。在注视一面红旗时，孤独症儿童比正常儿童表现出更少的热情和快乐（Wetherby et al.，2004）。

婴儿社会关系缺失的核心是注视异常。12 个月大婴儿非典型的目光接触很明显（Zwaigenbaum et al.，2005），并且在随后第二年中甚至有更长时间是不正常的（Chawarska，Klin，Paul & Volkmar，2007）。这表明孤独症儿童在适应社会刺激方面是有缺陷的（Osterling & Dawson，1994）。

非典型的视觉凝视和社会定向与婴儿和学步儿孤独症的核心特征之一注意缺陷相关（应答他人企图，让自己“分享”或“追随”注意，这在第一年出现，一直持续发展到第二年；Charwaska，Klin et al.，2007）。他们很少看人们所关注的客体，很少参与联合注意的指示行为（Wetherby et al.，2004）。

很多理论认为，联合注意的缺陷导致语言缺陷，这在孤独症婴儿和学步儿中很明显。12 个月大的孤独症儿童比同龄的正常儿童更多使用低频词和咿呀学语之声（Werner & Dawson，2005）。2 岁孤独症儿童的语言表达和接受能力都较差（Zwaigenbaum et al.，2005）。对于婴儿实质的口头言语，经常观察到的音调特征是不寻常的韵律（Wetherby et al.，2004）。比社会性和交流的个别机能更令人吃惊的是 ASD 儿童在综合视觉凝视、面部表情、姿势和声音时的困难程度（Wetherby et al.，2004）。这种综合和协调能力的基本缺乏是孤独症跨越一生的显著特征。

除了社会性和交流机能缺陷，孤独症婴儿也表现出动作发展和感觉加工异常、受限的重复性行为与兴趣方面的异常。12 个月大的儿童有高水平的感觉灵敏性和感觉适应性行为（Osterling & Dawson，1994；Zwaigenbaum et al.，2005）。一些儿童表现出高水平的不正常行为，即在有或没 305
有客体或自我刺激时重复的动作行为（Osterling & Dawson，1994；Wetherby et al.，2004）。2 岁时可观察到胳膊、手或手指等重复运动或姿势，以及动作习性例如跳、拍手或踮脚走路（Chawarska，Klin et al.，2007；Wetherby et al.，2004），但更多的兴趣限制和重复行为要等到学前期才能被观察到（Charman et al，2005；Lord，1995）。

那些最初发展正常，其实交流和社会技能缺失的婴儿，他们的父母报告推迟了研究者对婴儿和学步儿孤独症的诊断。事实上，只有 20%～40%孤独症儿童的父母报告出词汇和社会技能缺失的特征（Lord，Shulman & DiLavore，2004；Werner & Dawson，2005）。ASD 的独特发展模式，即在一段正常（虽然不一定完全）的发展时期后，会有一个社会技能和词汇缺乏的高原期出现（Lord，Shulman et al.，2004）。特别令人震惊的是，很多儿童后来恢复了缺失的语言技能，但仍达不到他们婴儿时就能拥有的简单社会交际水平。

一项研究对与 14 个月正常儿童无明显差异的一组婴儿进行评估，发现词汇发展速率下降，联合注意停滞，手势和积极情绪也减少（Landa et al.，2007）。尽管很多父母和家长团体声称孤独症与麻疹—腮腺炎—风疹三联疫苗（MMR）或一种含有局部抗菌的疫苗接种有联系（DeStefano，2007），但是很多研究没有发现这个联系（Chen，

Landau，Sham & Fombonne，2004；Richler，Bishop，Kleinke & Lord，2006）。随着更深入的评估成为可能，大多数经历退行的ASD儿童，在退行发生前已经表现出与其他同龄正常儿童微妙的差异（Lord，Shulman et al.，2004；Luyster et al.，2005；Siperstein & Volkmar，2004；Werner，Dawson，Munson & Osterling，2005）。然而，第二年开始技能和联结的减少（即使在那以前也不意味着这个儿童是真正正常的）等改变对于父母是痛心和毁灭性的。那也是对ASD发展的神经生物学解释的一个挑战。

关于退行和未退行的儿童发展轨迹是否有差异，其研究结果是令人喜忧参半的。一些研究已经报告，退化儿童组有更高水平的缺陷（Luyster et al.，2005），而其他儿童则没有差异（Lord，Shulman et al.，2004；Werner et al.，2005）。具有孤独症且退行的儿童是与一般ASD儿童具有不同发展轨道的异类群体（Richler et al.，2006）。

ASD症状和其他发展性障碍症状有很多是重叠的。大多数具有发展迟缓或语言障碍的儿童会表现出一些ASD的特征，这成为差异诊断的一个挑战（Ventola et al.，2007）。父母报告中最普遍的行为之一是语言发展的延迟，而表达情绪的语言可以作为区别与ASD相关或不相关的发展性延迟的微弱鉴别特征（Kleinman，Robins et al.，2008）。贫乏的语言理解（4个月时还不能理解情境中的任何词汇）可以作为ASD很好的标记（Abbeduto et al.，2006；Philofsky，Hepburn，Hayes，Hagerman & Rogers，2004）。通过比较在分享快乐、直接凝视和注意、面部表情变化与提供共享（Ventola et al.，2007）等方面的相对缺乏，来鉴别孤独症儿童与发育迟缓儿童，孤独症儿童随着自身发展更可能表现出重复和限制动作及不正常的感觉行为（Lord，1995）。

孤独症的缺陷研究，促使研究者关注这种缺陷是由于发展受损，还是社会支持不足造成的（Rogers，Ozonoff & Maslin-Cole，1993；Sigman & Un- 306
gerer，1984）。一项元分析（Rutgers，Bakermans-Kranenburg，van IJzendoorn & Beckelaer-Onnes，2004）推论依恋安全性与孤独症不矛盾，并认为诊断分类（即PDD-NOS与孤独症）和认知水平对依恋状态调节是非常重要的。这些研究都支持了婴儿依恋与孤独症有关联。有关孤独症的症状研究，已经预测了一种不安全的依恋关系，然而，心理迟滞和孤独症并发症可以预测依恋紊乱（Naber et al.，2007）。未来学步儿研究应厘清认知水平与孤独症严重程度之间的关系。

总而言之，一些行为指标显示了孤独症的年龄最早可以发生在12个月时。这些行为指标的轨迹，显示了它们在日后如何与孤独症有关。更为重要的是，早些发现迹象可以阻止病情发展到更为严重的程度。

诊断过程及评估

尽管ASD诊断波动令人担心，但大部分2岁ASD儿童已能得到可靠诊断；而这种“工作诊断”（Charman，2005）可以提早至12个月儿童。有经验和技能的检查人员进行跨学科评估，临床医生可以掌握儿童当前发展水平的丰富信息，对干预策略和目标是很有意义的，并且也可以让父母知道孩子目前的能力水平。这时最关键的是“经验”和“技能”；这些也许能在当地的早期干预计划中获得，但当地不一定有此计划，因此，专家不能依靠那些缺乏精确有效性的即时参考信息。心理学家、儿童精神病学家以及其他缺少ASD年幼儿童相关经验的研究者，当从事这项工作时，需要去获得参考提示，或者至少寻找建议。

虽然对低龄儿童标准测验的预测值存在一定限制，但对于那些熟练的临床医生来说，准确评估学步儿或学前儿童认知发展、语言及其他交流方式、运动和适应技能，以及社会性与情绪行为可以帮助父母去了解他们孩子的长处和缺点，并从发展的角度看待这些信息。这样的结果同样被认为是衡量发展的基线。建立这样一个基线非常重要，因为经过早期鉴定的少数儿童在经过若干年后，其认知与语言水平会发生变化，从而导致诊断结果也会发生一定改变。

在早期，评估年龄当量是通过观察儿童完成

不同任务而建立的，那些能够使任务完成得更轻松或更困难的因素比儿童在认知和语言任务上的标准得分要重要得多（或其他等值分数）。一种意外情况就是，得分极其低（整体智商或发展商数低于50）的儿童比那些接近平均分的儿童更易处于长期迟滞的风险，尽管后来必须小心排除其他会影响儿童发展的因素（听觉或运动障碍）。通常来说，得分接近平均值的儿童更稳定或者更易提高，然而，得分在50～100之间会具有更大可变性（Anderson et al.，2007；Venter，Lord & Schopler，1992）。但请注意：绝不能仅仅通过一个任务或附属任务就得出高分结论（如：快速完成插图谜题，命名图片或颜色，计数），因为这不能表明儿童的能力或不足的范围（Tager-Flusberg et al.，in press）。如果儿童在一系列任务中只能在很少的部分做得很好，而不能完成其他大部分任务，使用最高分可能会高估孩子的一般能力水平。

一份对学步儿或学前儿童的可能性ASD诊断评估必须包含从父母或观察者那里得到的信息。父母访谈可能会用到一些测量工具，如孤独症家长访谈临床版（PIA-CV；Stone，Coonrod，Pozdol & Turner，2003）和婴儿孤独症诊断访谈
307 修订版（ADI-R；Lord，Risi & Pickles，2004）。然而，经过验证的诊断算法并不适用于年幼儿童，很显然，标准ADI-R（Lord，Rutter & LeCouteur，1994）并未从心理年龄不足18个月的语前ASD儿童中区分出非孤独症的严重发育延迟儿童（Rutter，LeCouteur & Lord，2003）。无论如何，访谈中遇到的问题会使临床医生掌握儿童社会技能及早期发展轨迹（Chawarska，Paul et al.，2007；Lord et al.，2006）。对于大多数3岁的ASD儿童来说，ADI-R的运算任务应该可以完成得很好（LeCouteur，Haden，Hammal & McConachie，2008）。标准筛查测验，例如社会反应量表（SRS；Constantino et al.，2003）或社会交往问卷（SCQ；Rutter，Bailey，Berument Lord & Pickles，2001），结合结构性观察共同诊断年长学前儿童是有效的，而不仅仅是关注3岁及以下儿童。

总而言之，标准化诊断大部分聚焦于观察工具。2岁儿童的孤独症筛查任务（STAT）提供了一个简略、易操作的观察范式，把2岁孤独症儿童与其他功能失调的儿童区分开来（Stone，Coonrod & Ousley，2000）。孤独症婴儿观察量表（AOSI）也采用一个相似的简单任务，来鉴别婴儿中的ASD儿童（Bryson et al.，2008）。沟通和象征性行为量表（CSBS-DP；Wetherby & Prizant，2002），是另外一个简明、易于使用的适用于24个月以下儿童的量表。标准得分不能区分ASD儿童和其他功能失调儿童，但是其他项目（Wetherby et al.，2004）和录像带的得分可以提供重要的行为线索而有助于鉴别。一种新的孤独症诊断观察量表（ADOS），适用于学步儿（从12个月或独立行走的年龄，直到30个月）（Lord，Luyster，Gotham & Guthrie，in press），并且在临床诊断上可以区分出ASD与其他功能发展失调儿童。与ADOS的其他模块一样，学步儿的模块也需要训练和更多的经验。因为它需要更广泛范围的任务和线索来提供更多的信息，所以也更耗时、更难以管理和评分。

在涉及认知技能方面，早期学习的马伦量表（Mullen，1995），包含了大部分有用的发展测验以测量年龄非常小的ASD儿童。婴儿发展的贝利量表（Bayley，2006），最近被修订用来提供更多不同领域的不连续信息，斯坦福—比内量表（5th ed.；Roid，2005）是非常优秀的量表，因为它的年龄跨度非常大，但是解释起来很复杂。标准的语言任务也许对婴儿和学步儿不会有效，除非他们的发展接近18个月儿童的典型表现。这时雷内尔语言发展量表（Reynell & Gruber，1990）或是交流发展次序列表修订版（SICD-R；Hedrick，Prather & Tobin，1984）会更有效。标准语言测试不能够取代经验丰富的语言学家或者是受过良好培训的儿童心理学家（Tager-Flusberg et al.，in press）。麦克阿瑟交流发展列表（Fenson，1989），能够提供重要信息。除此之外，维兰德适应行为量表（Sparrow，Balla & Cicchetti，1984），即提供儿童独立技能信息的家 308
长访谈，也可以提供关于低龄儿童发展机能的完善描述。

治疗与干预

对于孤独症儿童治疗的一般建议，国家研究委员会（National Research Council，2001）的报告中有详细说明，并总结在表18.1中。对孤独症儿童的早期干预是“教育”和“支持”：（1）对儿童进行教育［包括针对性的疗法，例如言语治疗和应用行为分析（ABA）］；（2）为儿童提供符合个性化的环境的支持，这样的帮助能提升优势，弥补不足（如在家中或者日托中心这样的“自然环境”和在更多的治疗环境中）；（3）对养护人员的教育和支持。在这点上，没有治疗ASD“核心症状”的药物，只有治疗相关症状的，例如注意缺陷和癫痫。替代的疗法，如补充膳食的疗法（Levy & Hyman，2003）是家庭中常用的和被广泛推行的，但是这并没有体现出效果，有时甚至是有害的。

表18.1 国家研究委员会治疗建议总结（NRC，2001）

1. 在诊断和鉴别之前就直接开始治疗是具有风险的。
2. 每周、每天保证足够的时间积极参与（保证对年龄稍长儿童5小时/天和5天/周）。
例：对于年幼儿童，学习应该尽可能在自然环境中进行。
3. 考虑到儿童的特定需要和发展水平，需反复进行简短而有计划的教学。
例：目标能力对儿童来说应该是实用而有意义的。
4. 成人需保证足够的注意力，以确保在目标活动中的参与和学习。
例：学习必须有抚养人参与。

几乎没有针对学前ASD儿童的随机综合干预，针对婴儿的则更加没有。全面综合（“包含所有的”）的治疗表明密集的、个性化的行为治疗可以有效改善学前ASD儿童的认知技能。这种结果，在被诊断为轻度（例如PDD-NOS）还有高智商的孩子身上更容易实现（Smith，Goren & Wynn，2000）。到目前为止的所有文献显示，一些孩子取得很大成效，极少数儿童收获很小。收益的平均水平大概是，患有孤独症的儿童智商分数大约提高5分，患有PDD-NOS的孩子有20～25分的提高——差异很明显，但是这多取决于儿童在起初阶段遇到多少困难。

大量证据支持行为技术治疗的有效性。但是对两种为人熟知的治疗方法的对比，却没有系统的研究，所以很难知道一种治疗方案是否比另一种更好，尤其是当考虑到每个孩子和家庭的个性化差异时（McConachie，2002；NRC，2001）。许多研究使用缺乏良好控制的设计，例如那些基于前后测的研究，都认为学前ASD儿童在非行为干预过程中表现出变化，例如丹佛模式（Rogers，Hall，Osaki，Reaven & Herbison，2000）和自由活动模式（Greenspan & Wieder，2006），这两种治疗方式都强调ASD儿童的社会性与情绪发展像其他领域一样。许多小规模研究，已经处理了视觉以及其他各种支持（例如使用图片和材料以让孩子们的目标和期待更加清晰）的问题，例如TEACCH程序（孤独症与社交障碍儿童治疗和教育的结构化教育程序）（Mesibov，Shea & Schopler，2004；Ozonoff & Cathcart，2004）发起的，以及被很多教育者深度开发的部分（Cohen & Sloan，2007）。很多个案研究也表明了特定技术对于改善学前儿童交流的作用（NRC，2001）。哈里斯和汉德尔曼（Harris & Handleman，2000）有一本信息丰富的“最先进的”手册，它描述了针对不同ASD学前儿童的治疗计划。

最近一段时期，很多关于互补性治疗的研究，提出每周或者每月增加几小时对学前儿童的养护 309
和ABA服务（Aldred，Green & Adams，2004）。这些干预尽管强度较低，但似乎对行为有积极的效果。以下计划的效果存在细微差异，包括强调象征性游戏而不是联合注意的计划（Kasari，Freeman & Paparella，2006），或者专注于回应孩子提议而不是其他策略的计划（Yoder & Warren，2001），如此，社会互动促进了对联合注意的回应，而“应答”策略对于接受更多指导的家庭来说则更加有效。还有一些方法强调仿真教学（Ingersoll，2008），即培养与语言、游戏、社会互动相关的“关键”行为（Koegel & Koegel，2006；Sherer & Schreibman，2005）。同时，还提出了对口头行为（Barbera，Rasmussen & Sundberg，2007；Carbone et al.，2006）和其他早期强化行为等应用行为分析的各种改良方法（Eikeseth，Tristam，Jahr & Eldevik，2007）。

针对 2 岁以下儿童的治疗方法非常少。最具创造力也是最被熟知的针对学步儿的干预法是沃尔登（Walden）程序（McGee，1999）。这个程序是把 ASD 学步儿与正常发展儿童一起放置在一个精心设计的、能够很好看护的托儿所或日托中心，并在同伴群体中为这些 ASD 儿童设计个性化方案。哈宁（Hanen）程序（Sussman，1999），无须多说，是另一个为 ASD 儿童家长所设计的程序。两种方法都有很广泛的影响，虽然它们还未得到实证研究检验。

研究者开始思考如何对方法进行改良，以满足有 2 岁以下受影响儿童的家庭的需求。研究表明，母亲与孩子的协调一致能产生更好的结果（Siller & Sigman，2004），并且接收性语言和手势对语言获得的重要预测作用（Thurm，Lord，Lee & Newschaffer，2007）会影响这些方法的概念化。由父母执行的计划非常普遍，按照国家研究委员会的建议，治疗应该在“自然环境”中进行，以求出现“包含抚养人在内的……有意义的行为”。早期交际互动模式（Metherby & Woods，2006）和丹佛早期启动模式（Vismara，Colombi & Rogers，2009）是当前两种干预方式。教给父母一些影响 ASD 儿童学习的通则，然后提供支持和办法来帮助他们参与社会活动和积极与人沟通。目前正在进行相关随机控制试验（见 www.autismspeaks.org）。

与此同时，很多问题尚未解决。究竟多少治疗是足够的？如何帮助家庭平衡强化、积极参与和“有计划的学习机会”等与其他正常需求之间的关系？如何帮助抚养人满足他们作为父母的渴望（不仅是 ASD 儿童的父母，更多的还是正常儿童的父母），而不是承担作为治疗师的责任？作为 ASD 儿童的家长，要经历很多复杂的情感，他们也面临数以年计的交涉，并不可避免地为孩子争取权益与服务（Bailey，2008）。把服务个性化是非常重要的，这不仅是考虑到儿童本身情况，还考虑到家庭的需求和渴望。

病程和预后

ASD 早期诊断的长期影响是复杂的，研究者和临床医生已经从不同方向进行研究。一方面，孤独症和 ASD 是严重障碍，当 3 岁儿童被专家诊断为孤独症后，对于个人和家庭生活可能会产生长期影响。甚至是在大多数轻微的“高机能”个体和那些诊断为阿斯伯格综合征、PDD-NOS 以及孤独症的患者中情况都是如此（Howlin &
310 Goode，2004）。甚至对于生活独立的个体来说，在他们整个发展过程中，虽然有 ASD 症状的个体不会如 20 或 30 年前那样被影响，但是对其社交和人际关系的影响还是非常明显的。

另一方面，儿童在 2 岁及以前，临床专家对儿童孤独症的大部分诊断具有相对稳定性，然而对于 2 岁儿童的 PDD-NOS 和非典型孤独症诊断在学龄后会变得不再稳定（Lord et al.，2006；Turner & Stone，2007）。同时，随着公众对 ASD 的关注日益增长，轻微案例也被涉及，所以一些缺乏经验和训练的临床医生都很愿意承担孤独症的诊断工作，即使现在意义不大但长远来看是有效的。

根据以往纵向研究，对于一些学龄前但是即将入学的孩子来说，他们的社会技能和语言形成过程中的变化是非常明显的（Lord，Risi et al.，2004）。在这些变化中，有些儿童由于接受过治疗而改变，而有些则没有（Anderson et al.，2007）。我们甚至不知道，早期定向而持续的干预是否改变了学前儿童的发展，但我们希望情况确定如此。

简而言之，临床医生具有传达 ASD 具有潜在风险、需要及时进行治疗和干预的信息的责任。然而我们现有的知识还远远不能预测孤独症对人类的损害程度、长期影响的结果以及造成重大改变的可能性。对于学步儿和学前儿童来说，对他们以后发展最有效的预测指标便是非语言认知能力、运动技能和接受性语言的结合，对ASD进行心理病理学评估的重要性超越了多学科会诊和详尽的发展性评估（Anderson et al.，2007；Chawarska，Klin et al.，2007；Lord，1995；Turner & Stone，2007）。父母观察或报告的儿童重复性动作和社交中存在的严重缺陷也能对较大儿童长期的诊断预测有一定的作用（Lord et al.，2006）。表现出非常明显的孤独症症状（早期描述）、发育严重迟缓甚至影响非语言问题解决（机能水平低于正常发展的一半）、运动能力迟滞、接受性语言有限（2岁时仍无法理解情境外词汇）的儿童，最易受到严重损害（Thurm，2007）。

在发育初期，这些发展性因素与孤独症和PDD-NOS之间的差别比起来，要重要得多。当临床医生判定儿童患有PDD-NOS而非孤独症，或反过来说时，都必须谨慎小心。给父母的反馈应该指出当儿童属于ASD范围时，是一种具有潜在严重性的情况，但也可能发展出其他更广泛的行为症状，尤其是在对年幼儿童进行诊断和治疗时。必须要加大力度引起人们对任何关于听力、视力、癫痫、遗传学和基础健康的重视。假如孩子有严重发育迟缓，就有必要提醒家长注意。在对孩子发育过程的关注中，我们应该逐渐重视发育缓慢背后所隐藏着的重要信息。

孤独症筛查、流行病学和公共政策

没有人可以否认15年来我们为了解婴儿ASD所做的这些研究的重要性。这些成就值得颂扬，然而，把这些知识传播给公众的效力还是有所受限。在我们日益增长的识别ASD儿童的能力和总体人群中婴儿ASD比率之间有着显著差距。许多父母担心孩子2岁时的发展问题（Howlin & Asgharian，1999；Samms-Vaughan & Franklyn-Banton，2008），但这些孩子在美国被确诊的平均年龄都是4或5岁（Centers for Disease Control and Prevention，2007）。

有人提出了一种方法，即通过监督和管理那
311 些从事儿科健康保健职业的发展安检员来鉴别早期婴儿患ASD的风险。美国儿科学会推荐给9个月、18个月、30个月的小婴儿进行标准发展筛查测验。但是进一步研究应该集中在检查筛查工具的有效性上（American Academy of Pediatrics，2006）。

普通群体的发展重点在于感觉运动的发展，很少强调社会互动。两种最重要的筛查工具是丹佛-Ⅱ（Frankenburg et al.，1990）和ASQ（Squires，Bricker & Potter，1997）。丹佛-Ⅱ评估发展的一般方面，包括粗动作、细动作、社会和个人技能、语言。这个工具可以得到两种不同方式的计分，但两者的敏感性和特异性稍差（Glascoe et al.，1992）。ASQ评估的内容和丹佛-Ⅱ相似，但在检测一般智力迟缓上有更高水平的敏感性和特异性。对ASQ修订版进行分析（Squires et al.，1997），发现敏感性是75%，特异性是86%，这个筛查工具对于正确鉴别正常发展的孩子似乎是有效的，尽管对特定发育紊乱的鉴别有限制。

一般发展筛查工具如丹佛-Ⅱ和ASQ在鉴别ASD儿童有效性的限制，会指引研究者们将焦点放在能够鉴别紊乱的特殊工具上。其中以大众为目标群体的实证检验，孤独症学步儿检测表（CHAT；Baird et al.，2000），有希望通过简单的假装游戏和联合注意行为鉴别18个月的ASDs婴儿。CHAT的阳性预测值（PPV）很高，但是敏感性有限，无法应用于一般群体。

孤独症特质早期筛查工具（ESAT；Swinkels et al.，2006）有14个题目，可观察14个月儿童的一些行为。ESAT的阳性预测值不高（25%），对那些非ASD的心理迟缓、语言紊乱和其他儿童期心理失调有误报。

孤独症学步儿检测表修订版（M-CHAT；Robins，Fein，Barton & Green，2001）是有23道是非题目的父母报告清单，包含了原CHAT的一些题目。M-CHAT最近在一项预期人口研究中被检验（Kleinman，Robins et al.，2008）。其阳性预测值为74%，M-CHAT中后来确诊的ASD儿童的比例降低了，电话随访也有流失。

后续几年的阳性预测值是59%。单独的M-CHAT和结合着电话随访的M-CHAT二者之间的阳性预测值有显著的差异，表明仅仅在儿科医生的办公室做一个检测表可能是无效的，除非再进行后续研究。这在一般的低风险儿童身上的确如此（儿童尚未发现有发育迟缓）。总之，结合随后的访谈，M-CHAT是检验16～30个月ASD儿童的有效方式，但是它比大多数筛查程序需要更多的时间和努力，还要在总体中搜集更多数据。

一个多频筛查工具不仅特定用于筛查孤独症，还可以在未来的随访评估中有效鉴别儿童的孤独症，如婴儿和学步儿检测表（ITC；Wetherby & Prizant，2002），是CSBS-DP的一个组成部分。ITC包括24个评估社会交往敏感期的项目。韦瑟比等（Wetherby，Brosnan-Maddox，Pearce & Newton，2008）对ITC作为一个检验婴儿和学步儿社交迟滞的一个筛查工具的效度进行了检验。被ITC鉴定为社交迟
312 滞的婴儿，可作为CSBS-DP的行为样本。60名确诊的ASD儿童，56名接受了ITC检测（敏感度为93%）。6～8个月儿童敏感性较低，但在12～21个月时提高到了90%。与非孤独症的社交迟滞儿童相比，更多的孤独症儿童在社交能力方面表现较差，因此，把孤独症儿童从发育迟缓和社交迟滞儿童中区分出来，是建立在社会互动的基础上的（Lord，1995；Ventola et al.，2007）。

把ITC作为一个宽频的筛查工具，再结合孤独症特定的筛查工具比如M-CHAT，是种能在专业孤独症诊断之前识别出儿童患孤独症风险的有效手段。对高风险和低风险儿童后续的预测研究，不仅有助于我们对孤独症早期表现的理解，对识别和预测儿童在此领域发展轨迹的能力来说也是无价的。

为提高孤独症的筛查力度，对父母识别孤独症早期症状的能力和将这些症状与健康护理专家沟通的能力的影响因素进行研究是很重要的。疾病控制和预防中心（CDC）和其他一些全民公认的孤独症组织使家长可以获知早期ASD最有预测性的标志。这些组织有助于提高公众意识，鼓励父母关心孩子的发展，并寻求专业健康的意见。

另一个提高公众意识的问题，是确保孤独症早期标志是各种文化背景和社会经济背景的家庭都可以获知的。这个问题尤其值得关注，因为我们发现获取和使用孤独症服务与社会经济因素相关。在具有医疗补助资格的家庭的样本中，白人儿童第一次诊断出ASDs的年龄是6.3岁，而非裔儿童和拉美裔儿童分别是7.9岁和8.8岁（Mandell，Listerud，Levy & Pinto-Martin，2002）。少数族群家庭、教育水平低或居住在非大都市的人们接受ASD服务有较大的限制（Thomas，Ellis，McLurin，Daniels & Morrissey，2007）。现在美国几个州非西班牙裔白人儿童普遍比非西班牙裔的非裔儿童或者是拉美裔儿童接受的ASD服务要好一些。很有可能，这些服务差异是社会人口学因素影响的结果，而非障碍本身的差异（CDC，2007）。

对于很多父母来说，早期筛查的优势没有得到应用，因为直到孩子有资格享受服务才能得到诊断资源，而这可能需要三年或者更久时间。依据教育资源鉴别的儿童比例显著高于健康资源的比例（CDC，2007）。不同种族的诊断资源也不同，非裔儿童更有可能在教育资源上被鉴别而非健康资源（Yeargin-Allsop et al.，2003）。

社会人口因素也与父母对发展中重要事件的理解和识别早期的发展迟缓有关。一项研究发现，在牙买加，孤独症儿童的母亲的平均年龄普遍高于社会经济地位比较低的母亲（由母亲职业决定），从母亲最初关注到孩子被诊断的时间间隔较长（Samms-Vaughn & Franklyn-Banton，2008）。对ASD相关公共政策来说，最重要的是研究要考虑到被忽视的家庭。那些不能获得ASD服务的家庭经常不在研究范围之内。这个领域应该包括来自不同文化、族群、社会阶层的家庭，因此文化和社会经济地位的交互作用以及它们对孤独症早期鉴别的影响才可能被评估出来。

313 结论

总的来说，在过去的5～10年中，识别、理解和治疗3岁以下ASD儿童的研究取得了巨大进步。这些进展让我们对这种障碍有了一个清晰的理解。神经生物学的研究在快速推进中，这扩展了国际化研究，也推动了治疗和评估ASD儿童专业技术的发展。然而，仍存在三方面的挑战：（1）如何直接注意不同家庭在早期鉴别和治疗的复杂经验中的需求？（2）儿童和家庭的个体差异如何在策略和目标选择上提供帮助？（3）如何确定适合儿童和家庭的评估服务？

参考文献

Abbeduto, L., Murphy, M., Richmond, E., Giles, N., Bruno, L., & Schroeder, S. (2006). Cognitive, language, and social–cognitive skills of individuals with fragile X syndrome with and without autism. *Journal of Intellectual Disability Research*, *50*, 532–545.

Adrien, J. L., Faure, M., Perrot, A., Hameury, L., Garreau, B., Barthelemy, C., et al. (1991). Autism and family home movies: Preliminary findings. *Journal of Autism and Developmental Disorders*, *21*, 43–49.

Aldred, C., Green, J., & Adams, C. (2004) A new social communication intervention for children with autism: A pilot randomised controlled treatment study suggesting effectiveness. *Journal of Child Psychology and Psychiatry and Allied Disciplines*, *45*, 1420–1430.

American Academy of Pediatrics. (2006). Identifying infants and young children with developmental disorders in the medical home: An algorithm for developmental surveillance and screening. *Pediatrics*, *118*, 405–420.

American Psychiatric Association. (1980). *Diagnostic and statistical manual of mental disorders* (3rd ed.). Washington, DC: Author.

American Psychiatric Association. (1994). *Diagnostic and statistical manual of mental disorders* (4th ed.). Washington, DC: Author.

Anderson, D. K., Lord, C., Risi, S., DiLavore, P. S., Shulman, C., Thurm, A., et al. (2007). Patterns of growth in verbal abilities among children with autism spectrum disorder. *Journal of Consulting and Clinical Psychology*, *75*, 594–604.

Bailey, K. (2008). Supporting families. In K. Chawarska, A. Klin, & F. Volkmar (Eds.), *Autism spectrum disorders in infants and toddlers: Diagnosis, assessment, and treatment* (pp. 300–326). New York: Guilford Press.

Baird, G., Charman, T., Cox, A., Baron-Cohen, S., Swettenham, J., Wheelwright, S., et al. (2000). A screening instrument for autism at 18 months of age: A six-year follow-up study. *Journal of the American Academy of Child and Adolescent Psychiatry*, *39*, 694–702.

Baranek, G. (1999). Autism during infancy: A retrospective video analysis of sensory–motor and social behaviors at 9–12 months of age. *Journal of Autism and Developmental Disorders*, 29(3), 213–224.

Barbera, M., Rasmussen, T., & Sundberg, M. (2007). *The verbal behavior approach: How to teach children with autism and related disorders*. Philadelphia: Jessica Kingsley.

Baron-Cohen, S. (2001). Theory of mind and autism: A review. In L. Glidden (Ed.), *International review of research in mental retardation: Autism* (pp. 169–184). San Diego: Academic Press.

Bayley, N. (2006). *Bayley Scales of Infant and Toddler Development—Third Edition: Administration manual*. San Antonio, TX: Harcourt Assessment.

Bishop, S. L., Richler, J., & Lord, C. (2006). Association between restricted and repetitive behaviors and nonverbal IQ in children with autism spectrum disorders. *Child Neuropsychology*, *12*, 247–267.

Bodfish, J., Symons, F., Parker, D., & LewisBarbera, M. (2000). Varieties of repetitive behavior in autism: Comparisons to mental retardation. *Journal of Autism and Developmental Disorders*, *30*, 237–243.

Bolton, P., Macdonald, H., Pickles, A., Rios, P., Goode, S., Crowson, M., et al. (1994). A case-control family study of autism. *Journal of Child Psychology and Psychiatry*, *35*, 877–900.

Bryson, S., Zwaigenbaum, L., McDermott, C., Rombough, V., & Brian, J. (2008). The Autism Observation Scale for Infants: Scale development and reliability data. *Journal of Autism and Developmental Disorders*, *38*, 731–738.

Carbone, V., Lewis, L., Sweeney-Kerwin, E., Dixon, J., Louden, R., & Quinn, S. (2006). A comparison of two approaches for teaching VB function: Total communication vs. vocal-alone. *Journal of Speech–Language Pathology and Applied Behavior Analysis, 1*, 181–192.

Carver, L., & Dawson, G. (2002). Development and neural bases of face recognition in autism. *Molecular Psychiatry, 7*, 18–20.

Centers for Disease Control and Prevention. (2007). Prevalence of autism spectrum disorders: Autism and developmental disabilities monitoring network, 14 sites, United States, 2002. *Surveillance Summaries, Morbidity and Mortality Weekly, 56*, 12–28.

Charman, T. (2005). Ask the editor. *Journal of Autism and Developmental Disorders, 35*, 539–540.

Charman, T., & Baird, G. (2002). Practitioner review: Diagnosis of autism spectrum disorder in 2- and 3-year-old children. *Journal of Child Psychology and Psychiatry, 43*, 289–305.

Charman, T., Taylor, E., Drew, A., Cockerill, H., Brown, J., & Baird, G. (2005). Outcome at 7 years of children diagnosed with autism at age 2: Predictive validity of assessments conducted at 2 and 3 years of age and pattern of symptom change over time. *Journal of Child Psychology and Psychiatry, 46*, 500–513.

Chawarska, K., Klin, A., Paul, R., & Volkmar, F. (2007). Autism spectrum disorder in the second year: Stability and change in syndrome expression. *Journal of Child Psychology and Psychiatry, 48*, 128–138.

Chawarska, K., Klin, A., & Volkmar, F. (2003). Automatic attention cueing through eye movement in 2-year-old children with autism. *Child Development, 74*, 1108–23.

Chawarska, K., Paul, R., Klin, A., Hannigen, S., Dichtel, L. E., & Volkmar, F. (2007). Parental recognition of developmental problems in toddlers with autism spectrum disorders. *Journal of Autism and Developmental Disorders, 37*(1), 62–72.

Chen, W., Landau, S., Sham, P., & Fombonne, E. (2004). No evidence for links between autism, MMR and measles virus. *Psychological Medicine, 34*, 543–553.

Cohen, M., & Sloan, D. (2007). *Visual supports for people with autism*. Bethesda, MN: Woodbine House.

Constantino, J., Davis, S., Todd, R., Schindler, M., Gross, M., Brophy, S., et al. (2003). Validation of a brief quantitative measure of autistic traits: Comparison of the Social Responsiveness Scale with the Autism Diagnostic Interview—Revised. *Journal of Autism and Developmental Disorders, 33*, 427–433.

Courchesne, E., Carper, R., & Akshoomoff, N. (2003). Evidence of brain overgrowth in the first year of life in autism. *Journal of the American Medical Association, 290*, 337–344.

Dahlgren, S. O., & Gillberg, C. (1989). Symptoms in the first two years of life: A preliminary population study of infantile autism. *European Archives of Psychiatry and Neurological Sciences, 238*, 169–174.

Dawson, G., Toth, K., Abbott, R., Osterling, J., Munson, J., Estes, A., et al. (2004). Early social attention impairments in autism: Social orienting, joint attention, and attention to distress. *Developmental Psychology, 40*, 271–283.

Di Giacomo, A., & Fombonne, E. (1998). Parental recognition of developmental abnormalities in autism. *European Journal of Child and Adolescent Psychiatry, 7*, 131–136.

DeStefano, F. (2007). Vaccines and autism: Evidence does not support a causal association. *Clinical Pharmacology and Therapeutics, 82*, 756–759.

Eikeseth, S., Tristam, S., Jahr, E., & Eldevik, S. (2007). Outcome for children with autism who began intensive behavioral treatment between ages 4 and 7. *Behavior Modification, 31*(3), 264–278.

Fenson, L. (1989). *The MacArthur Communicative Development Inventory: Infant and Toddler Versions*. San Diego: San Diego State University.

Frankenburg, W., Dodds, J., Archer, P., Bresnick, B., Mashka, P., & Edelman. (1990). *Denver Developmental Screening Test* (Denver II). Denver: Denver Developmental Materials, Inc.

Glascoe, F., Byrne, K., Ashford, L., Johnson, K., Chang, B., & Strickland, B. (1992). Accuracy of the Denver-II in developmental screening, *Pediatrics, 89*, 1221–1225.

Greenspan, S. I., & Wieder, S. (1997). Developmental patterns and outcomes in infants and children with disorders in relating and communication: A chart review of 200 cases of children with autistic spectrum disorders. *Journal of Developmental and Learning Disorders, 1*(1), 87 –141.

Greenspan, S. I., & Wieder, S. (2006). *Engaging autism: Using the Floortime approach to help children relate, communicate, and think*. Cambridge, MA: Da Capo Press.

Griffith, E., Pennington, P., Wehner, E., & Rogers, S. (2003). Executive functions in young children with autism. *Child Development, 70*(4), 817–832.

Happé, F., & Frith, U. (2006). The weak coherence account: Detail-focused cognitive style in autism spectrum disorders. *Journal of Autism and Developmental Disorders, 36*, 5–25.

Happé , F., Ronald, A., & Plomin, R. (2006). Time to give up on a single explanation for autism. *Nature Neuroscience, 9*, 1218–1220.

Harris, S., & Handleman, J. (2000). *Preschool education programs for children with autism*. Austin, TX: Pro-Ed.

Hedrick, D., Prather, E., & Tobin, A. (1984). *Sequenced Inventory of Communication Development—Revised (SICD-R)*. Los Angeles: Western Psychological Services.

Howlin, P., & Asgharian, A. (1999). The diagnosis of autism and Asperger syndrome: Findings from a survey of 770 families. *Developmental Medicine and Child Neurology, 41*, 834–839.

Howlin, P., & Goode, S. (2004). Adult outcome for

children with autism. *Journal of Child Psychology and Psychiatry, 45*, 212–229.

Hus, V., Pickles, A., Cook, E., Risi, S., & Lord, C. (2007). Using the Autism Diagnostic Interview—Revised to increase phenotypic homogeneity in genetic studies of autism, *Biological Psychiatry, 61*(4), 438–448.

Ingersoll, B. (2008). The social role of imitation in autism: Implications for the treatment of imitation deficits. *Infants and Young Children, 21*, 107–119.

Kanner, L. (1943). Autistic disturbances of affective contact. *Nervous Child, 2*, 217–250.

Kasari, C., Freeman, S., & Paparella, T. (2006). Joint attention and symbolic play in young children with autism: A randomized controlled intervention study. *Journal of Child Psychology and Psychiatry, 47*, 611–620.

Kleinman, J., Ventola, P., Pandey, J., Verbalis, A., Barton, M., Hodgson, S., et al. (2008). Diagnostic stability in very young children with autism spectrum disorders. *Journal of Autism and Developmental Disorders, 38*, 606–615.

Kleinman, J. M., Robins, D. L., Ventola, P. E., Pandey, J., Boorstein, H. C., Esser, E. L., et al. (2008). The Modified Checklist for Autism in Toddlers: A follow-up study investigating the early detection of autism spectrum disorders. *Journal of Autism and Developmental Disorders, 38*, 827–839.

Koegel, R., & Koegel, L. (2006). *Pivotal response treatments for autism: Communication, social, and academic development*. Baltimore, MD: Paul H. Brookes.

Landa, R., & Garrett-Mayer, E. (2006). Development in infants with autism spectrum disorders: A prospective study. *Journal of Child Psychology and Psychiatry, 47*, 629–638.

Landa, R., Holman, K., & Garrett-Mayer, E. (2007). Social and communication development in toddlers with early and later diagnosis of autism spectrum disorders. *Archives of General Psychiatry, 64*, 853–864.

Landry, R., & Bryson, S. (2004). Impaired disengagement of attention in young children with autism. *Journal of Child Psychology and Psychiatry, 45*, 1115–1122.

LeCouteur, A., Haden, G., Hammal, D., & McConachie, H. (2008). Diagnosing autism spectrum disorders in pre-school children using two standardized assessment instruments: The ADI-R and the ADOS. *Journal of Autism and Developmental Disorders, 38*(2), 362–372.

Levy, S. E., & Hyman, S. L. (2003). Use of complementary and alternative treatments for children with autism spectrum disorders is increasing. *Pediatric Annals, 32*, 685–691.

Lord, C. (1995). Follow-up of two-year-olds referred for possible Autism. *Journal of Child Psychology and Psychiatry, 36*, 1365–1382.

Lord, C., Luyster, R., Gotham, K., & Guthrie, W. (in press). *Autism Diagnostic Observation Schedule—Toddler Module (ADOS-T)*. Los Angeles: Western Psychological Services.

Lord, C., Risi, S., DiLavore, P. S., Shulman, C., Thurm, A., & Pickles, A. (2006). Autism from 2 to 9 years of age. *Archives of General Psychiatry, 63*, 694–701.

Lord, C., Risi, S., & Pickles, A. (2004). Trajectory of language development in autistic spectrum disorders. In M. L. Rice & S. F. Warren (Eds.), *Developmental language disorders: From phenotypes to etiologies* (pp. 1–38). Mahwah, NJ: Erlbaum.

Lord, C., Rutter, M., & LeCouteur, A. (1994). Autism Diagnostic Interview—Revised: A revised version of a diagnostic interview for caregivers of individuals with possible pervasive developmental disorders. *Journal of Autism and Developmental Disorders, 24*(5), 659–685.

Lord, C., Shulman, C., & DiLavore, P. (2004). Regression and word loss in autistic spectrum disorders. *Journal of Child Psychology and Psychiatry, 45*(5), 936–955.

Luyster, R., Richler, J., Risi, S., Hsu, W., Dawson, G., Bernier, R., et al. (2005). Early regression in social communication in autism spectrum disorders: A CPEA study. *Developmental Neuropsychology, 27*, 311–336.

Mandell, D., Listerud, J., Levy, S., & Pinto-Martin, J. (2002). Race differences in the age at diagnosis among Medicaid-eligible children with autism. *Journal of the American Academy of Child and Adolescent Psychiatry, 41*, 1447–1453.

McConachie, H. (2002). Appropriate research design in evaluating interventions for children with disabilities. *Child: Care, Health, and Development, 28*(3), 195–197.

McGee, G. (1999). An incidental teaching approach to early intervention for toddlers with autism. *Journal of the Association for Persons with Severe Handicaps, 24*, 133–146.

Mesibov, G., Shea, V., & Schopler, E. (2004). *The TEACCH approach to autism spectrum disorders*. New York: Springer.

Minshew, N., & Siegel, D. (1995). Speech and language in high-functioning autistic individuals. *Neuropsychology, 9*, 255–261.

Mullen, E. (1995). *Mullen Scales of Early Learning—AGS Edition*. Circle Pines, MN: American Guidance Service.

Mundy, P., & Acra, F. (2006). Joint attention, social engagement, and the development of social competence. In P. Marshall & N. Fox (Eds.), *The development of social engagement: Neurobiological perspectives* (pp. 81–117). New York: Oxford University Press.

Naber, F., Swinkels, S., Buitelaar, J., Bakermans-Kranenburg, M., van IJzendoorn, M., Dietz, C., et al. (2007). Attachment in toddlers with autism and other developmental disorders. *Journal of Autism and Developmental Disorders, 37*, 1123–1138.

National Research Council. (2001). *Scientific research in education* (R. J. Shavelson & L. Towne, Eds.). Washington, DC: National Academy Press.

Osterling, J., & Dawson, G. (1994). Early recognition of children with autism: A study of first birthday home videotapes. *Journal of Autism and Developmental Disorders*, 24, 247–257.

Osterling, J., Dawson, G., & Munson, J. A. (2002). Early recognition of 1-year-old infants with autism spectrum disorder versus mental retardation. *Development and Psychopathology*, 14, 239–251.

Ozonoff, S., & Cathcart, K. (2004). Effectiveness of a home program intervention for young children with autism. *Journal of Autism and Developmental Disorders*, 28(1), 25–32.

Ozonoff, S., South, M., & Miller, J. N. (2000). DSM-IV-defined Asperger syndrome: Cognitive, behavioral, and early history differentiation from high-functioning autism. *Autism*, 4, 29–46.

Philofsky, A., Hepburn, S., Hayes, A., Hagerman, R., & Rogers, S. (2004). Linguistic and cognitive functioning and autism symptoms in young children with fragile X syndrome. *American Journal on Mental Retardation*, 109, 208–218.

Piven, J., Palmer, P., Jacobi, D., & Childress, D. (1997). Broader autism phenotype: Evidence from a family history study of multiple-incidence autism families. *American Journal of Psychiatry*, 154, 185–190.

Reynell, J., & Gruber, C. (1990). *Reynell Developmental Language Scales*. Los Angeles: Western Psychological Services.

Richler, J., Bishop, S., Kleinke, J., & Lord, C. (2006). Restricted and repetitive behaviors in young children with autism spectrum disorders. *Journal of Autism and Developmental Disorders*, 37(1), 73–85.

Robins, D., Fein, D., Barton, M., & Green, J. (2001). The Modified Checklist for Autism in Toddlers: An initial study investigating the early detection of autism and pervasive developmental disorders. *Journal of Autism and Developmental Disorders*, 31, 131–144.

Rogers, S., Hall, T., Osaki, D., Reaven, J., & Herbison, J. (2000). The Denver model: A comprehensive, integrated educational approach to young children with autism and their families. In J. S. Handleman & S. L. Harris (Eds.), *Preschool education programs for children with autism* (2nd ed., pp. 95–113). Austin, TX: Pro-Ed.

Rogers, S., Ozonoff, S., & Maslin-Cole, C. (1993). Developmental aspects of attachment behavior in young children with pervasive developmental disorders. *Journal of American Academy of Child and Adolescent Psychiatry*, 32, 1274–1282.

Roid, G. (2005). *Stanford–Binet Intelligence Scales–Fifth Edition (SB-5)*. Itasca, IL: Riverside.

Rutgers, A., Bakermans-Kranenburg, M., van IJzendoorn, M., & Berckelaer-Onnes, I. (2004). Autism and attachment: A meta-analytic review. *Journal of Child Psychology and Psychiatry*, 45, 1123–1134.

Rutter, M., Bailey, A., Berument, S., Lord, C., & Pickles, A. (2001). *Social Communication Questionnaire—Research Edition*. Los Angeles: Western Psychological Services.

Rutter, M., LeCouteur, A., & Lord, C. (2003). *ADI-R: The Autism Diagnostic Interview—Revised*. Los Angeles: Western Psychological Services.

Samms-Vaughan, M., & Franklyn-Banton, L. (2008). The role of early childhood professionals in the early identification of autistic disorder. *International Journal of Early Years Education*, 16, 75–84.

Sherer, M., & Schreibman, L. (2005). Individual behavioral profiles and predictors of treatment effectiveness for children with autism. *Journal of Consulting and Clinical Psychology*, 73, 525–538.

Sigman, M., Dissanayake, C., Corona, R., & Espinosa, M. (2003). Social and cardiac responses of young children with autism. *Autism*, 7, 205–216.

Sigman, M., & Ungerer, J. (1984). Attachment behaviors in autistic children. *Journal of Autism and Developmental Disorders*, 14, 231–244.

Siller, M., & Sigman, M. (2004). The behaviors of parents of children with autism predict the subsequent development of their children's communication. *Journal of Autism and Developmental Disorders*, 32(2), 77–89.

Siperstein, R., & Volkmar, F. (2004). Brief report: Parental reporting of regression in children with pervasive developmental disorders. *Journal of Autism and Developmental Disorders*, 34, 731–734.

Smith, T., Groen, A., & Wynn, J. (2000). Randomized trial of intensive early intervention for children with pervasive developmental disorder. *American Journal on Mental Retardation*, 105(4), 269–285.

Sparrow, S., Balla, D., & Cicchetti, D. (1984). *Vineland Adaptive Behavior Scales*. Circle Pines, MN: American Guidance Service.

Squires, J., Bricker, D., & Potter, L. (1997). Revision of a parent-completed development screening tool: Ages and Stages Questionnaires. *Journal of Pediatric Psychology*, 22, 313–328.

Stahmer, A. (2001). The effects of an accelerated parent education program on technique mastery and child outcome. *Journal of Positive Behavior Interventions*, 3(2), 75–82.

Stone, W., Coonrod, E., & Ousley, O. Y. (2000). Screening Tool for Autism Two-Year-Olds (STAT): Development and preliminary data. *Journal of Autism and Developmental Disorders*, 30, 607–612.

Stone, W., Coonrod, E., Pozdol, S., & Turner, L. (2003). The Parent Interview for Autism—Clinical Version (PIA-CV): A measure of behavioral change for young children with autism. *Autism*, 7, 9–30.

Stone, W., Hoffman, E. L., Lewis, S. E., & Ousley, O. Y. (1994). Early recognition of autism: Parental reports vs. clinical observation. *Archives of Pediatric and Adolescent Medicine*, 148, 174–179.

Sussman, F. (1999). *More Than Words: Helping parents promote communication and social skills in children with autism spectrum disorder*. Toronto: Hanen Centre.

Swinkels, S., Dietz, C., van Daalen, E., Kerkhof, I., van Engeland, H., & Buitelaar, J. (2006). Screening for autistic spectrum in children aged 14 to 15 months: I. The development of the Early Screening of Autistic Traits questionnaire (ESAT). *Journal of Autism and Developmental Disorders, 36*, 723–732.

Tager-Flushberg, H., Calkins, S., Nolin, T., Baumberger, T., Anderson, M., & Chadwick-Dias, A. (2005). A longitudinal study of language acquisition in autistic and Down syndrome children. *Journal of Autism and Developmental Disorders, 20*, 1–21.

Tager-Flusberg, H., Rogers, S., Cooper, J., Landa, R., Lord, C., Rice, M., et al. (in press). Defining language benchmarks and selecting measures of language development for young children with autism spectrum disorders. *Journal of Speech, Language, and Hearing Research.*

Thomas, K. C., Ellis, A. R. M., McLurin, C., Daniels, J., & Morrissey, J. P. (2007). Access to care for autism-related services. *Journal of Autism and Developmental Disorders, 37*, 1902–1912.

Thurm, A., Lord, C., Lee, L. C., & Newschaffer, C. (2007). Predictors of language acquisition in preschool children with autism spectrum disorders. *Journal of Autism and Developmental Disorders, 37*(9), 1721–1734.

Turner, L. M., & Stone, W. L. (2007). Variability in outcome for children with ASD diagnosis at age 2. *Journal of Child Psychology and Psychiatry, 48*, 793–802.

Venter, A., Lord, C., & Schopler, E. (1992). A follow-up study of high functioning autistic children. *Journal of Child Psychology and Psychiatry, 33*, 489–507.

Ventola, P., Kleinman, J., Pandey, J., Wilson, L., Esser, E., Boorstein, H., et al. (2007). Differentiating between autism spectrum disorders and other developmental disabilities in children who failed a screening instrument for ASD. *Journal of Autism and Developmental Disorders, 37*, 425–436.

Vismara, L., Colombi, C., & Rogers, S. (2009). Can one hour per week of therapy lead to lasting changes in young children with autism? *Autism: The International Journal of Research and Practice, 13*, 93–115.

Volkmar, F., Klin, A., Siegel, B., Szatmari, P., Lord, C., & Campbell, M. (1994). Field trial for autistic disorder in DSM-IV. *American Journal of Psychiatry, 151*, 1361–1376.

Werner, E., & Dawson, G. (2005). Validation of the phenomenon of autistic regression using home videotapes. *Archives of General Psychiatry, 62*, 889–895.

Werner, E., Dawson, G., Munson, J., & Osterling, J. (2005). Variation in early developmental course in autism and its relation with behavioral outcome at 3–4 years of age. *Journal of Autism and Developmental Disorders, 35*, 337–350.

Wetherby, A., Brosnan-Maddox, S., Pearce, V., & Newton, L. (2008). Validation of the Infant–Toddler Checklist as a broadband screener for autism spectrum disorders from 9–24 months of age. *Autism: The International Journal of Research and Practice, 12*, 487–511.

Wetherby, A., & Prizant, B. (2002). *Communication and Symbolic Behavior Scales Developmental Profile—First Normed Edition.* Baltimore, MD: Paul H. Brookes.

Wetherby, A., & Woods, J. (2006). Early social interaction project for children with autism spectrum disorders beginning in the second year of life: A preliminary study. *Topics in Early Childhood Special Education, 26*, 67–82.

Wetherby, A., Woods, J., Allen, L., Cleary, J., Dickinson, H., & Lord, C. (2004). Early indicators of autism spectrum disorders in the second year of life. *Journal of Autism and Developmental Disorders, 34*(5), 473–493.

Yeargin-Allsop, M., Rice, C., Karapurkar, T., Doernberg, N., Boyce, C., & Murphy, C. (2003). Prevalence of autism in a U.S. metropolitan area. *Journal of the American Medical Association, 289*, 49–55.

Yoder, P., & Warren, S. (2001). Intentional communication elicits language-facilitating maternal responses in dyads with children who have developmental disabilities. *American Journal on Mental Retardation, 106*, 327–335.

Zwaigenbaum, L., Bryson, S., Rogers, T., Roberts, W., Brian, J., & Szatmari, P. (2005). Behavioral manifestations of autism in the first year of life. *International Journal of Developmental Neuroscience, 23*, 143–152.

Zwaigenbaum, L., Thurm, A., Stone, W., Baranek, G., Bryson, S., Iverson, J., et al. (2007). Studying the emergence of autism spectrum disorders in high-risk infants: Methodological and practical issues. *Journal of Autism and Developmental Disorders, 37*, 466–480.

第 19 章

交流障碍

珍妮佛·温莎（Jennifer Windsor）
乔·赖希勒（Joe Reichle）
梅甘·C·马霍瓦尔德（Megan C. Mahowald）

318 交流是人类长期进化而来的复杂的认知与社会行为。然而，许多儿童在 3 岁时就已经掌握了语言的基本词汇（语义学）、语法（形态学和语法学）和语音系统（音韵学），并且可以在各种社会情境下交流（语用学）。有交流困难和患持续性交流障碍的年幼儿童，可能会经历大量来自学习上和社会上的负面影响。儿童期交流障碍包含几种情况，如口吃和发声障碍。语言障碍，包括语音障碍是最常见的交流障碍类型。本章首先介绍了典型的语言发展，其次论述了语言障碍的患病率、并发症和潜在风险因素。接下来对早期交流中呈现的与语用学、早期词汇和语法相关的语言障碍进行了概述。最后讨论了语言障碍的评估、干预策略及其功效。

交流与语言发展

在儿童能够使用常用词汇和句子前，语言发展已经开始。儿童的新兴语言与前言语行为和社会环境紧密相关。婴儿在生命的头一两个月就能够觉察到周围的环境。例如 2 个月大的婴儿就会追随成人的视线，去关注他感兴趣的对象。4 个月左右大的婴儿会表现出这样的倾向：每到快进食之前就表现焦躁，并且开始能预料到像饭后清理餐具这种熟悉的日常生活的方方面面。基于婴儿的这些行为，成人开始习惯性地对他们做出回应。成人经常做出回应，并且倾向于将婴儿的行为解释为有目的的交流。随着时间推移，成人的习惯性和可预测应答很可能促使婴儿产生有目的的交流
319 的尝试，包括 9 个月大婴儿的发声（Crais, Douglas & Camphell，2004）。韦瑟比和普赖泽特（Wetherby & Prizant，1993）描述了大量早期婴儿与成人交流的特征，以此可推测年幼儿童的行为是有目的的交流。其中包括，不断发生交际行为并改变行为方式直到达到目标，在目标与听者间轮流注视，并等待听者应答，达到目标时停止行为，没有达到时表示不满并重新组织表现出新的行为。观察到的这些特征的数量越多，便越能证明行为的目的性。

一旦儿童有了目的性交流，那么人们就可以观察到这种早期交流的功能和用于产生这些功能的方式。婴儿对目的的解释能力或社会认知，连同其从环境中抽象出范式的能力，是语言发展的基础（Tomasello，2003）。在可理解口语词汇产生之前，早期的目的性交流具备三个基础功能（Wetherby & Prizant，1993）。这三大基础功能包括：行为规则、联合注意和社会互动。如表 19.1 所示：常见的行为规则包括对物品或活动的需求和抗议；联合注意包括提供信息和意见；社会互动则包括目的，如打招呼等（参见 Wetherby & Prizant，1993，p. 32）。

表 19.1　目的性社会行为下的交流功能表现

功能	定义	举例分类
行为规则	交际行为用于规定具有特定行为结果的他人行为	请求：需求某物品或活动 拒绝：拒绝某物品或事件
联合注意	交际行为用于指导对某物、某事件或交际语言焦点的他人注意	评论：指导对某物的注意 请求信息：寻找信息 说明：说明之前的话语产生
社会互动	交际行为用于获得或保持他人对自己的注意	问候：通知或信号 呼叫：引起对自己的注意 个人：表达情绪或情感

联合注意的发起和应答一度让研究者产生兴趣。这些交流功能可能由不同功能的大脑系统操纵（Mundy, Card & Fox，2000）。当儿童对成人的匆匆瞥见作出反应，或者指向某物或事件时，或者甚至在成人第一次吸引儿童的注意后，这时对联合注意的应答就发生了。对成人发起的联合注意进行应答，以成人视线转移的形式在头几个月内发生。儿童模仿成人指向手势的能力在 9 个月到 2 岁间发生，具体取决于所指对象的位置和交流同伴。儿童通过眼睛注视、手势和发音引导

着听者对所指对象的注意，在这个过程中，儿童在大约或稍早于 12 个月时开始发起联合注意。

早期目的性交流有两种主要手段：手势（如指向或伸出）和发音（咿呀学语和非言语声音）。符合语法规范的辅音—元音音节形式的标准咿呀学语，与目的性交流大约在同一时间发生，而其发生和频率也预测了之后的发展（Oller，Eilers，Neal & Cobo-Lewis，1998）。然而，在 14～16 个月之前，手势或为主要的交流方式。第二年，随着手势和发音的结合或早期词汇的积累，儿童逐渐减少使用手势，甚至有时可以单独使用词汇。
320 儿童 2 岁时，单独发音在交流中约占 40%，手势与发音结合约占 50%（Iverson & Thal，1998）。儿童 30 个月大时，单独使用口语是习得出声言语交流的主要方式（Carpenter，Mastergeorge & Coggins，1983）。前言语交流与语言生成和理解之间有紧密联系，尽管这种联系模式在有或没有发展障碍的儿童中是不一样的。这些联系表明了一系列包括联合注意、手势和辅音产生等在内的早期交际行为（Bruinsma，Koegel & Koegel，2004；Camaioni，Aureli，Bellagamba & Fogel，2003；Yoder & Warren，2004）。

儿童大约在 1 岁时第一次表达口头语言，许多儿童理解了远远多于自己所能表达的数量的词汇。学步期儿童在表达和理解词汇上有很大的可变性。16 个月大且母语为英语的儿童可以理解平均 50 个单词。然而，10%的儿童几乎不能表达单词，90%的儿童能够运用超过 150 个单词。2 岁时，他们能表达的单词数量平均达到 200 个，从 10%的儿童掌握不足 60 个词汇，到 90%的儿童掌握超过 500 个词汇不等（Fenson et al.，1994）。尽管口语是最常见的交流方式，但手语，比如美式手语可能是儿童的母语。患重度听觉障碍的个体也可能使用表征语言的符号系统。听力正常婴儿也被抚养人教授使用符号手势去表达概念，比如“还要”和“没有了”，似乎在表达相同概念时使用手势要稍早于口语，可能是因为与词汇相比，手势更加明显可见（Goodwyn & Acredolo，1993）。

跨语种的词语搭配和语法词缀的形成与学步儿的词汇发展紧密相关（Devescovi et al.，2005）。大量关键性词汇的获得对语法技巧形成来说是必需的（参见 Dixon & Marchman，2007）。儿童过度规则化的错误比较常见（如 runned、thowed）。语法变化的规则在语言中是可预测的，并且可以反映正在学习的母语。例如英语中对有规律的过去时标记的掌握似乎要比西班牙语稍晚，然而，西班牙语中对以 in/on 为标志的介词的掌握，要比英语稍晚（Kvaal，Shipstead-Cox，Nevitt，Hodson & Launer，1987）。2～4 岁间，采用口头方式或更能解释语法复杂性方式所测量的儿童语句长度，与其实际年龄是高度相关的（Miller，1981）。儿童开始使用双词句是在 1 岁半，使用多词句是在 2 岁末。在儿童使用双词句或多词句的同时，也能够连贯使用诸如现在进行时-ing 和复数-s 等的英语语法标记（如 me going now、those dogs）。而诸如 is、am、are、has 和 does 这些动词形式出现得要晚些。由于儿童不止学习一种语言，所以语言发展中存在个体差异，这与学习第二语言的年龄、语言学习的社会性与情绪背景相关。由于年幼儿童是先后学习两种语言的，随着时间推移儿童对两种语言的熟练度可能存在变化（Kan & Kohnert，2005）。然而，并没有明确证据表明同时或相继学习两种语言的儿童更易患语言障碍（Kohnert，Yim，Nett，Kan & Duran，2005）。

儿童语音发展具有一致性，如辅音音丛弱化、音节减少以及忽略末尾辅音。正常 1～2 岁儿童可能会减少音丛（如把 stair 说成 tair）、省略重读音节（如把 banana 说成 nana）以及省略末尾辅音（如把 dad 说成 da）。甚至对于那些有听力和言语运动困难和唐氏综合征儿童来说，也会表现出这些发展性的语音过程（Stoel-Gammon，1997）。滑音（y 和 w）和流音（l 和 r）辅音发音特别困难，因其发音器官非常接近（Preisser，Hodson & Paden，1988）。科普兰和格利森（Coplan &
Gleason，1988）提出一个一般准则：言语发展正 321
常的 2 岁儿童可以理解陌生人 50%的交流内容，4 岁儿童则可以完全理解。

随着语言结构的发展，儿童也同时发展出用于对话和社交使用的语言。虽然没有统一的有关儿童早期会话功能的分类，但普遍接受的分类包括：会话起始、维持和结束。维持社会交际的会话功能，包括修复交流破裂的交际能力，与经验密切相关。儿童 1 岁左右已经出现试图修复多达 88%的原始语言交际行为。在最初的几年里，儿童扩大了使用修复策略的范围。到儿童使用双词句的时候，他们的大部分交际改善来自对原始信息的修正，以提高说话声音和增加手势、不同词汇，特别是减少最初信息的形式出现（Wetherby, Alexander & Prizant，1988）。

原发性与继发性语言障碍

语言障碍会以原发性障碍（通常被称为“特殊语言障碍”）的形式呈现，或表现为继发性障碍，如听力损失、神经性发作损伤、发育迟缓以及环境剥夺。原发性障碍的不同亚型已经被证实，包括表达性（产出）语言障碍、感受性（理解）与表达性混合型语言障碍与语音障碍（American Psychiatric Association，1994）。在有关阅读障碍（dyslexia）的研究中，原发性语言障碍通常被定义为在表达性或接收性语言行为与非语言智商或语音障碍下的发展期望之间的差异。然而，原发性语言障碍在语言行为中到底是离散类型还是处在正态分布尾端，仍然需要讨论。排除诊断问题，患语言障碍的年幼儿童确实易出现行为与学业困难，并且对同伴关系持有消极认知（Beitchman et al.，1996）。

语言障碍和一系列神经发育有关。若语言障碍是继发性的，沟通能力通常在原发性障碍的认知层面表现出来（Rice & Warren，2004）。语言障碍存在于许多已知带有疾病基因的临床人群中，比如唐氏综合征（Chapman & Henketh，2000）。语言障碍也表现在具有病灶性脑损伤和听力损伤的人群中（Kennedy et al.，2006；Vicari et al.，2000）。语言技能在某些情况下，可能与诸如威廉姆斯综合征等其他认知能力无关。不同临床组确实在跨语言领域各层面的近似检验中表现不同（Rice，Warren & Betz，2005）。然而，原发性与继发性语言障碍还是有很多相似之处的。例如它们在跨语言领域的发展速度可能不同，而语法都是其薄弱环节（Bates，2004；Müllen，2005）。

患病率

不论以何种标准衡量，语言障碍都一般在儿童期出现。美国教育部（The U. S. Department of Education，2004）报告，曾在遵循《残疾人教育法》的公立学校就读的6～21岁儿童中有18.7%可以接受针对原发性语言障碍与语音障碍的治疗。一项最新的流行病学研究表明，没有接受相关治疗的24个月大儿童中，13.4%早期语言发展会延迟（Zubrick，Taylor，Rice & Slegers，2007）。据估计，2～3岁儿童的原发性语言障碍或语音障碍的患病率在5%～7%不等。有2%～4%的年幼儿童受到单接受性与单表达性语言迟缓（无伴随性语音延
迟）的影响。男性患者比女性患者多，但不确定这 322
种差异是否反映了生物学上的差异（Law，Bolye，Harris，Harkness & Nye，2000a）。

病程

虽然存在显著异质性，但原发性迟缓更持久，特别是语法障碍（Rice，Taylor & Zubrick，2008）。劳等（Law et al.，2000a）报告，约70%的儿童直到7岁仍表现出语言障碍，伴随更持久的表达—感受性混合型障碍。虽然单独针对语音迟缓的研究较少，但语音迟缓似乎没有语言迟缓持久。对原发性语音迟缓的患病率进行估计，其范围覆盖整个童年早期，其中6岁儿童的患病率为3.8%，并且男孩患病多于女孩（Shriberg，Tomblin & McSweeny，1999）。

并发症

关于早期发育与原发性语言障碍并发症的可靠信息有限，并且关于跨语言领域的亚型与轮廓的可靠信息也很少（Tombin & Zhang，1999）。不同临床亚组经常是并发的或在随后的发育关键期中表现出重复的语言的、社会的或亚临床的非言语言行为（Bishop & Snowling，2004；Conti-Ramsden，Simkin & Botting，2006；Pickles et al.，2000）。例如在学前与学龄期，原发性语言障碍或学习障碍与注意缺陷/多动障碍和破坏性行为障碍之间存在大量交叉（American Academy of Child and Adolescent Psychiatry，1998）。目前对跨群体研究与发展轨迹的纵向调查的重视，可能削弱对跨临床组异同性的关注（参见 Beeghly，2006；Mervis，2004）。

病因与风险因素

非共享环境和遗传因素影响语言发展的变化。环境因素可能对年幼儿童的词汇发展起着更大的

作用（Bishop，Price，Dale & Plomin，2003）。现在有越来越多的关于原发性语言障碍的遗传组件的证据（Choudhury & Benasich，2003；SLI Consortium，2002）。但这就衍生出一个问题，即可能存在涉及语言障碍的特定基因，并且此时对语言障碍的遗传基础并没有明确的认识。考虑到与其他基因组的表型重叠，语言表达的变化以多基因为基础是个合理的假设（Tomblin & Zhang，1999）。有人认为，原发性语言障碍可能是神经延迟成熟的结果（Powell & Bishop，1992），但相关基础神经生物学方面的研究相对较少。各种心理建构体，包括语音工作记忆缺陷、加工速度、快速听觉处理以及注意，已经被用来描述原发性语言障碍和继发性语言障碍（Leonard，1998）。

尽管生物因素确实重要，但儿童的语言还反映了他们的生活经历、社会交往机会、接触不同语言形式的频率以及基础认知系统的完整性。例如，来自较低社会经济群体的儿童更容易患原发性语言障碍或学习障碍（Tomblin et al.，1997）。总体而言，儿童与成人社会互动的频率和响应率似乎是语言发展的核心框架（Hart & Risley，1995；Huttenlocher，Haight，Bryk，Seltzer & Lyons，1991）。哈特和里斯利（Hart & Risley，1995）发现，3 岁前与父母口语交流越多的孩子，具有越广泛的词汇技能。语言能力出众儿童的父母对孩子交际启蒙的响应远远多于其他父母。有无障碍儿童的抚养人在其他风格上可能会有所不同，如指导程度和语调变化。然而，这些风格差异似乎是对与孩子沟通的适应，而不是语言障碍的主要原因（Leonard，1998）。

323 **语言障碍的现象学**

鉴于原发性和继发性语言障碍的特点，交流障碍可能包括词汇、语法、语用、语音生成等方面不同程度的缺乏。正如其他发育现象一样，语言障碍可能以不同的方式发生，因为不存在一个单一途径导致相同的发育结果（Shonkoff & Phillips，2000）。然而，语言障碍的可识别模式，在早期发育的总体轨迹上，似乎是延迟发作而不是异常发作。有关早期语用、词汇和语法延迟的描述见下文。

前语言与早期语用延迟

临床研究对早期发育中的联合注意缺陷与语言概括能力特别感兴趣。一些存在发育障碍的儿童，特别是孤独症儿童，与正常群体相比，在联合注意发起与响应方面表现出显著差异。相比正常同伴，发育迟缓儿童可能较少发起沟通，引起交际功能的范围更小，也很少试图修复复杂的人际关系。身心障碍儿童可能需要更确定的、更多的教育机会，以在不同交流方式中归纳总结。当然，他们在有条件地使用新词汇时可能存在困难，即，识别何时该使用或者何时不该使用最新获得的沟通形式（Drasgow，Halle & Ostrosky，1998；Reichle & McComas，2004）。

早期词汇延迟

正常儿童词汇量的高可变性对确定早期延迟来说是一个挑战。一个核心的临床问题集中探讨了词汇表达发展缓慢（通常定义为低于第 10 个百分位）但正常发育的儿童，是否能赶上持续发展的同龄儿童。目前尚不清楚哪些特质能使儿童解决早期语言延迟的问题，这就为适当的干预服务提出了挑战。持续延迟可能导致一些风险因素的存在，特别是除表达性延迟之外的接受性语言延迟、辅音和音节贮存受限以及低水平的非语言认知能力也会导致风险因素出现（Oliver，Dale & Plomin，2004；Thal，Reilly，Seibert，Jeffries & Fenson，2004）。学步儿的“快速映射”（fast mapping，即在少量接触后理解并创造新词的能力）作为词汇学习的预测指标，已经受到特别关注。例如当哥哥谈论一个新玩具时，儿童可以通过比较新对象与生词而学习新词，并意识到自己已经了解了与其他客体相关联的名称。原发性语言障碍儿童可能与正常儿童在快速映射理解方面表现类似，但却不够熟练（Dollaghan，1987）。

总体来讲，晚说话儿童避免了一些语言延迟问题，但对这种改变的临床意义（clinical significance）仍存在争议。戴尔等（Dale，Price，Bishop & Plomin，2003）指出，2 岁时词汇量低于 10 个百分位的儿童，有 40%在 4 岁时词汇量低于 15 个百分位。调查结果显示，表达词汇量较少的学步儿在 5 岁时能够达到或接近标准化语言测试中的适龄标准；然而，他们在高级语言运用与阅读中仍旧存在明显的弱点（Rescorla，2005）。一些人建议将非干预情况下的抚养人教育与监测用于早期词汇延迟；而另一些人则主张早期干预（Paul，2007）。

区分晚说话和患孤独症谱系障碍的婴儿和学步儿

将晚说话儿童从孤独症谱系障碍易感年幼儿童中分离出来具有特殊的临床困难。由于语言能力在学龄前和学龄期更加成熟，患原发性语言障碍儿童的认知—语言属性是可从孤独症儿童中分离的。尽管在发展上有某种程度的重叠性（Ta-
324 ger-Flusberg，2004），但在非语言智力和语言表达质量上存在着本质区别。一般说来，患原发性语言障碍儿童的非语言智力在正常范围内。孤独症患者的情况则并非如此，其中75%的学龄儿童存在发育迟缓问题（Lord & Risi，2000），35%左右的儿童可能没有或者仅有非常有限的语言能力（Lord & Risi & Pickles，2004）。原发性语言障碍的学龄儿童表现出轻微的语法及对话困难。在孤独症患者身上出现的频繁的模仿语言（即过度的直接或延迟模仿）和特征刻板行为，也没有在原发性语言障碍儿童的身上出现。

对婴儿和学步儿来说，晚说话儿童和孤独症易感儿童之间的区别并不清楚。患有孤独症的学步儿可能会在社会交往方面表现出差异，比如模仿和联合注意的频率较低，但是并不会表现出年长儿童的刻板行为（Crais，Watson，Baranek & Reznick，2006）。晚说话儿童可能社交能力较差，特别是与害羞和内向性行为相关的社交能力（Irwin，Carter & Briggs-Gowan，2002）。然而，就同另一些研究一样，要分离这两个群体是困难的，因为孤独症的筛查措施并不适用于假定的晚说话儿童（Fitzgerald，2003）。

早期语法延迟

语法困难是患原发性语言障碍的学前儿童的特点。以英语为母语的患语言障碍的儿童，相比说相同平均长度句子的正常儿童，更常遗漏动词标记。动词标记包括有规律的过去式标志-ed（walked、kicked），第三人称单数标记-s（she sleeps、he runs）和动词is、are和am。一个有语言障碍的4岁孩子可能会说“he play”和“she happy”，但是正常同龄人则会说“he plays”和“she is happy”。尽管各种语言的语法似乎都是一个困难，但对有语言障碍的孩子来说，语言的特定特性多少导致了不同的语法轮廓。例如在动词标记方面，说意大利语的孩子比起说英语的孩子，可能不会表现出这么多困难，大概是因为意大利语中单词变化形式非常多（Leonard，2000）。对动词标记的特殊困难主要有两种解释。儿童很难掌握变形，可能是因为其持续时间相对短，重音也不明确，这使他们很难将其当做截然不同的语法形式。同时，儿童在理解语言时态标记方面很慢。尽管这两种解释都没有得到普遍支持，但是语法困难作为原发性语言障碍的临床指标已有足够的敏感性与特异性（Rice，2000）。

语言障碍评估

最近对年幼儿童的语言评估与干预，主要是围绕以家庭为中心的活动展开的，这些活动能促进除集中于儿童语言外的适度养护的家庭能力的提高（Paul，2007）。目前还没有一种能被广泛接受的筛查语言障碍的措施，但是系统回顾认为通用语言筛查并不适用（Law，Boyle，Harris，Harkness & Nye，2000b；Nelson，Nygren，Walker & Panoscha，2006）。人们宁愿将更多注意力集中于识别那些使孩子陷于沟通与学业困难危险中的因素，而不是识别那些独立的语言发育迟缓的临床类型（Law et al.，2000a）。这些风险因素包括诸如早熟、产前养护和复发性中耳炎（中耳炎）等并发症和医疗因素，以及家庭和社会经济因素。

行为观察、父母或其他抚养人报告、旨在推广使用目标行为的环境操纵，以及医疗和家族史仍然是评估婴儿的核心特征。早期语言发展符合总体发展方针（American Speech-Language-Hear-
ing，2007），更加关注婴儿是不是有意交流者，以 325
及其沟通功能和沟通方式。鉴定年幼儿童如何应对环境事件很重要，因为这是预测成人反应的基础。抚养人报告与诸如早期社会沟通量表（Seibert，Hogan & Mundy，1982）和沟通与象征性行为量表（Wetherby & Prizant，1993）等系统观察措施，对鉴定早期沟通能力都是有价值的方法。

词汇增长和双词组合的出现是语言发展的常规标记。抚养人报告的词汇量，如麦克阿瑟—贝茨交流发展问卷（Fenson et al.，2006）和语言发展调查表（Rescorla，1989），应用广泛。例如，语言发展调查表中显示了语言延迟的高敏感性和特异性。对单词量未达 50 个或单一语言为英语的 2 岁时还不会说词组的儿童进行阳性筛查时，是把父母的关心与多处耳部感染联系起来考虑（Klee，Pearce & Carson，2000）。句子长度和变形通常是关键的语法规则（Miller，1981）。对学前儿童来说，动词变形调查可能是有效的语法评估（Goffman & Leonard，2000）。

一般来说，由于儿童来自不同的经济、文化和语言背景，人们很少关注有效且可靠的标准，即可参考评估措施。然而现在，在无偏评估中，开始强调经验在语言中所扮演的角色。即使在上学期间，正常顺序学习语言的双语儿童的第二语言，与患原发性语言障碍的单语儿童的语言类似（Windsor & Kohnert，2004）。在鉴别更年幼儿童时，不要将第二语言学习者过分识别为语言障碍，这点非常重要。

语言病理学家与其他专家在评估儿童的语言能力时，可能对方言或年幼儿童语言不太熟悉，为了帮助解决这个问题，人们提出效标参照的方法。这是一种使用最低核心能力（Stockman，1996）的方法，其中，最低核心能力代表着特定年龄群体的语义、语法、语用和语音知识的最低水平。例如使用非洲美式英语的 3 岁儿童的最小能力核心，确定 3 岁时意义类型和最小复杂句子比例、正确辅音发音，以及可能会使用的会话修正类型。最新对年幼儿童的检验方法都是认知—语言措施，这些措施不强调语言能力，但与高水平语言表达有关。这些措施包括非词重复、迅速命名和数字回忆（Graf Estes，Evans & Else-Quest，2007；Windsor & Kohnert，2008）。动态评估过程是为通过中介学习机会确定直接语言增长的最大准备区而设计的，也用于确定可能的干预目标（Olswang & Bain，1996）。

干预与效果

来自关于语言障碍年幼儿童干预效果的随机控制试验的信息相当有限。随机分配可以呈现道德的与现实的关注，所以准实验和单样本实验设计经常被用于调查有效性。劳等（Law，Boyle，Harris，Harkness & Nye，1998）对直到 7 岁仍患有原发性语言障碍的儿童的干预进行了系统综述。鉴于 48 项研究均符合评审标准，直接（临床管理）与间接干预（受过培训的父母与教师）中表达性语言的效果量具有临床意义。儿童的语言能力平均从 5%提高到 25%。接受性语言的间接干预结果是相似的；几乎没有直接接受干预的有效数据。

最近，劳、加勒特和奈（Law，Garrett & Nye，2003，2004）公布了一项对 13 组随机控制试
326 验的元分析，该方法在结合干预措施上非常相似。这项研究主要针对患有原发性语言障碍的 2～3 岁儿童。对语音表达的干预有积极效果，直接干预的效果量比较大，但干预至少要持续 8 周。排除有严重接受性延迟的儿童，词汇和语法表达在直接干预和间接干预中都有积极效果。干预时间越长，语法表达效果越好。目前没有对接受性语音和语法干预效果的证据。劳等（Law et al.，2004）认为干预时间是需要思考的关键因素，对年幼儿童来说，对受过培训的父母进行系统干预是可行的方法。从小样本中很难得出更详细的结论，而且结果对患有继发性语言障碍的年幼儿童来说，可能并不一致（参见 Johnston，2005）。

个别试验和社会语用方法

一些实验研究已经验证了干预结果中成人响应率的作用。一般情况下，干预策略介于行为（个别试验）与更多发展性指导（社会语用）方法之间的连续体之中。普赖泽特等（Prizant，Weatherby，Rubin，Laurent & Rydell，2006）描绘了每种方法的核心属性（见表 19.2）。在一篇个案文献中记载了支持干预疗效的强有力证据，这篇文献大部分结果来自于对患孤独症谱系障碍的个体干预。例如，洛瓦斯（Lovaas，1997）创建了一个早期干预方案，结果表明，集中的个别试验方法显著促进孤独症儿童的交际获得。后续研究，在很大程度上通过使用较低的强度和较短的持续时间来复制最初的结果（Eikeseth，Smith，Jahr & Eldevik，2002；Smith，Groen & Wynn，2000）。总体上看，这些复制表明智商提高了的儿童，交流程度会大幅提高。

然而，个别试验方法试图将儿童从干扰项中分离出来，社会语用方法则强调在自然环境中遵循儿

童发起的教学机会，并为成人响应儿童的发起提供大量机会。教学目标的顺序要符合正常发育规律。社会语用方法经常包含一些指令，这些指令会使用略微先于儿童发展水平的句子。此外，干预主义者试图最大限度回应儿童发起的社会沟通。最后，社会语用方法使用常见的社会日常活动作为干预背景（Prizant et al.，2006）。这些变量作为干预策略有良好的表面效度，但缺乏系统性研究。

表 19.2　　个别试验与社会语用干预方法

个别试验	社会语用
可能是也可能不是基于发展预期的	基于发展预期
干预控制结构的一对一教学策略	高度接纳早期沟通形式的互动便利策略
规定的、客观确定的目标与程序以促进学习	调整语言和社会输入以促进学习
最低限度利用环境支持	基于功能沟通与情感语境的学习

情境语言干预

情境语言干预是一种混合干预，它结合了个别
327 试验与社会语用方法的部分成分。这种方法，最初被说成是随机教学（incidental teaching），随着时间推移而逐渐适用（Hart & Risley，1986）。成人提示儿童产生沟通目标（例如，通过询问“你想要什么”或者“那是什么”提示儿童产生新的对象标记），如果儿童没有响应，就提供一个模型以供模仿。一旦儿童可以一致响应，成人就在施加介入程度更深的口语模型之前实施一个时间延迟（为预期的交际行为的产生提供机会）。一旦儿童的参与一直处在这个水平，成人就可以在儿童发起的背景下深入进行随机教学。例如，儿童可能在他指向 dog 时会用“doggy”来发起会话。父母可能会说“big white dog”来扩大范围进行响应。对于没有在良好教学控制中的儿童与口头单词少于 10 个的儿童来说，前语言情境教学可以由专业人员、父母和其他抚养人来实施。

促进有意沟通的前语言情境教学，已引起越来越多的研究者的注意。沃伦等（Warren，Yoder，Gazdag，Kim & Jones，1993）检验了发育迟滞婴儿情境教学的短期效果。情境教学促进儿童请求行为的大幅增加。干预通过增加或扩大母亲和教师与儿童的沟通机会，在他们不知道干预重点的情况下，也影响了其沟通行为。约德和沃伦（Yoder & Warren，1998，2001）比较了前语言情境教学与类似的游戏疗法。治疗效果随着孕产妇响应的预处理效果而不同；有高响应母亲的儿童在情境教育中表现更好。母亲正规教育的数量与治疗组间的相互作用，预测了语言的发展结果。费伊等（Fey et al.，2006）发现，相比于在成人阐述前就能够沟通的儿童来说，发育迟缓儿童在情境教学中的沟通行为频率更高。沃伦等（Warren et al.，2008）没有发现低强度集中响应治疗的长期效果的证据。约德和斯通（Yoder & Stone，2006）比较了情境教学与图片兑换沟通系统（儿童使用图形符号的个别试验方法）。视觉干预导致孤独症儿童出现大量非模仿的口语行为；然而，那些目标探测比率低的儿童，则从前语言情境教学中获益更多。

需要增强口语交际的儿童的干预

许多重度语言障碍儿童不能有效表达口语。在美国，约有 47 万患有发展性能力丧失的儿童就读于公立学校，他们可以从强大的通信系统中获益（National lnstitute on Disability and Rehabilitation Research，1992）。记录在小皮夹或者笔记本上的手势符号（常规手势、手语和系统）与图形符号（图片、线图和正字法）可以用来补充口语。经由电子通信援助（语音生成装置）显示的图形符号，可以允许婴儿通过合成的或数字化语音，进行一次或多次按键去检索预存信息。显示图形符号可以同时提供符号选项，以降低检索词汇的回忆需求。越来越多的研究表明，丰富的通信系统至少对口语或听觉沟通有适度积极的影响。当儿童成功进行声音模仿时，图形和手势符号在促进语言生成上都可能是有利的（Millar，Light & Schlosser，2006；Yoder & Layton，1988）。

结论

沟通和语言在社会互动背景下发展。然而，尽管有足够的接触与经验，但一些婴儿并没有表

现出正常的语言能力。考虑到随时间推移语言延
328 迟的累积效应，对有延迟风险儿童的早期鉴定是
很关键的。当前语言的筛查措施可行，但是需要
细化和验证，特别是对来自不同文化和语言背景
的儿童。年长儿童的语言干预初显成效，但可能被日程安排和导致孩子特定干预时间减少的其他约束所限制。互动的频率和响应率可能会极大地影响语言学习发展。因此，父母、与儿童互动多的亲近抚养人、接受过沟通培训的抚养人，在促进儿童语言发展中是专业人员的关键伙伴。

参考文献

American Academy of Child and Adolescent Psychiatry. (1998). Practice parameters for the assessment and treatment of children and adolescents with language disorders. *Journal of the American Academy of Child and Adolescent Psychiatry*, 37(Suppl.), 49–62.

American Psychiatric Association. (1994). *Diagnostic and statistical manual of mental disorders* (4th ed.). Washington, DC: Author.

American Speech–Language–Hearing Association. (2007). *How does your child hear and talk?* Retrieved March 30, 2007, from *www.asha.org/public/speech/development/child_hear_talk.htm*.

Bates, E. (2004). Explaining and interpreting deficits in language development across clinical groups: Where do we go from here? *Brain and Language*, *88*, 248–253.

Beeghly, M. (2006). Translational research on early language development: Current challenges and future directions. *Development and Psychopathology*, *18*, 737–757.

Beitchman, J. H., Wilson, B., Brownlie, E. B., Walters, H., Inglis, A., & Lancee, W. (1996). Long-term consistency in speech/language profiles: II. Behavioral, emotional, and social outcomes. *Journal of the American Academy of Child and Adolescent Psychiatry*, *35*, 815–825.

Bishop, D. V. M., Price, T. S., Dale, P. S., & Plomin, R. (2003). Outcomes of early language delay: II. Etiology of transient and persistent language difficulties. *Journal of Speech, Language, and Hearing Research*, *46*, 561–575.

Bishop, D. V. M., & Snowling, M. J. (2004). Developmental dyslexia and specific language impairment: Same or different? *Psychological Bulletin*, *130*, 858–886.

Bruinsma, Y., Koegel, R. L., & Koegel, L. K. (2004). Joint attention and children with autism: A review of the literature. *Mental Retardation and Developmental Disabilities*, *10*, 169–175.

Camaioni, L., Aureli, T., Bellagamba, F., & Fogel, A. (2003). A longitudinal examination of the transition to symbolic communication in the second year of life. *Infant and Child Development*, *12*, 1–26.

Carpenter, R., Mastergeorge, A., & Coggins, D. (1983). The acquisition of communicative intentions in infants 8–15 months of age. *Language and Speech*, *26*, 101–116.

Chapman, R., & Hesketh, L. (2000). Behavioral phenotype of individuals with Down syndrome. *Mental Retardation and Developmental Disabilities*, *6*, 84–95.

Choudhury, N., & Benasich, A. (2003). A family aggregation study: The influence of family history and other risk factors on language development. *Journal of Speech, Language, and Hearing Research*, *46*, 261–272.

Conti-Ramsden, G., Simkin, Z., & Botting, N. (2006). The prevalence of autistic spectrum disorders in adolescents with a history of specific language impairment (SLI). *Journal of Child Psychology and Psychiatry*, *47*, 621–628.

Coplan, J., & Gleason, J. R. (1988). Unclear speech: Recognition and significance of unintelligible speech in preschool children. *Pediatrics*, *82*, 447–452.

Crais, E. R., Douglas, D., & Campbell, C. (2004). The intersection of the development of gestures and intentionality. *Journal of Speech, Language, and Hearing Research*, *47*, 678–694.

Crais, E. R., Watson, L. R., Baranek, G. T., & Reznick, J. S. (2006). Early identification of autism: How early can we go? *Seminars in Speech and Language*, *27*, 143–160.

Dale, P. S., Price, T. S., Bishop, D. V. M., & Plomin, R. (2003). Outcomes of early language delay: I. Predicting persistent and transient difficulties at 3 and 4 years. *Journal of Speech, Language, and Hearing Research*, *46*, 544–560.

Devescovi, A., Caselli, M. C., Marchione, D., Pasqualetti, P., Reilly, J., & Bates, E. (2005). A crosslinguistic study of the relationship between grammar and lexical development. *Journal of Child Language*, *32*, 759–786.

Dixon, J. A., & Marchman, V. A. (2007). Grammar and the lexicon: Developmental ordering in language acquisition. *Child Development*, *78*, 190–212.

Dollaghan, C. A. (1987). Fast mapping in normal and language-impaired children. *Journal of Speech and Hearing Disorders*, *52*, 218–222.

Drasgow, E., Halle, J. W., & Ostrosky, M. M. (1998). Effects of differential reinforcement on the generalization of a replacement mand in three children with severe language delays. *Journal of Applied Behavior Analysis*, *31*, 357–374.

Eikeseth, S., Smith, T., Jahr, E., & Eldevik, S.

(2002). Intensive behavioral treatment at school for 4- to 7-year-old children with autism: A one-year comparison controlled study. *Behavior Modification*, *26*, 49–68.

Fenson, L., Dale, P. S., Reznick, J. S., Bates, E., Thal, D. J., & Pethick, S. J. (1994). Variability in early communicative development. *Monographs of the Society for Research on Child Development*, *59*(5, Serial No. 242).

Fenson, L., Marchman, V., Thal, D., Dale, P., Reznick, J. S., & Bates, E. (2006). *MacArthur–Bates Communicative Development Inventories* (2nd ed.). Baltimore, MD: Paul H. Brookes.

Fey, M. E., Warren, S. F., Brady, N., Finestack, L. H., Bredin-Oja, S. L., Fairchild, M., et al. (2006). Early effects of responsivity education/prelinguistic milieu teaching for children with developmental delays and their parents. *Journal of Speech, Language, and Hearing Research*, *49*, 526–547.

Fitzgerald, M. (2003). Late talking toddlers. *Journal of the American Academy of Child and Adolescent Psychiatry*, *42*, 1141–1142.

Goffman, L., & Leonard, J. (2000). Growth of language skills in preschool children with specific language impairment: Implications for assessment and intervention. *American Journal of Speech–Language Pathology*, *9*, 151–161.

Goodwyn, S. W., & Acredolo, L. P. (1993). Symbolic gesture versus word: Is there a modality advantage for onset of symbol use? *Child Development*, *64*, 688–701.

Graf Estes, K., Evans, J. L., & Else-Quest, N. M. (2007). Differences in the nonword repetition performance of children with and without specific language impairment: A meta-analysis. *Journal of Speech, Language, and Hearing Research*, *50*, 177–195.

Hart, B., & Risley, T. (1986). Incidental teaching. In R. Schiefelbusch (Ed.), *Language competence: Assessment and intervention* (pp. 213–225). San Diego, CA: College-Hill Press.

Hart, B., & Risley, T. R. (1995). *Meaningful differences in the everyday experience of young American children*. Baltimore, MD: Paul H. Brookes.

Huttenlocher, J., Haight, W., Bryk, A., Seltzer, M., & Lyons, T. (1991). Early vocabulary growth: Relation to language input and gender. *Developmental Psychology*, *27*, 236–248.

Irwin, J. R., Carter, A. S., & Briggs-Gowan, M. J. (2002). The social–emotional development of "late-talking" toddlers. *Journal of the American Academy of Child and Adolescent Psychiatry*, *11*, 1324–1332.

Iverson, J., & Thal, D. (1998). Communicative transitions: There's more to the hand than meets the eye. In A. Wetherby, S. Warren, & J. Reichle (Eds.), *Transitions in prelinguistic communication* (pp. 59–86). Baltimore, MD: Paul H. Brookes.

Johnston, J. (2005). Re: Law, Garrett, and Nye (2004a). "The efficacy of treatment for children with developmental speech and language delay/disorder: A meta-analysis." *Journal of Speech, Language, and Hearing Research*, *48*, 1114–1120.

Kan, P. F., & Kohnert, K. (2005). Preschoolers learning Hmong and English: Lexical–semantic skills in L1 and L2. *Journal of Speech, Language, and Hearing Research*, *48*, 372–383.

Kennedy, C. R., McCann, D. C., Campbell, M. J., Law, C. M., Mullee, M., Petrou, S., et al. (2006). Language ability after early detection of permanent childhood hearing impairment. *The New England Journal of Medicine*, *354*, 2131–2141.

Klee, T., Pearce, K., & Carson, D. K. (2000). Improving the positive predictive value of screening for developmental language disorder. *Journal of Speech, Language, and Hearing Research*, *42*, 821–833.

Kohnert, K., Yim, D., Nett, K., Kan, P. F., & Duran, L. (2005). Intervention with linguistically diverse preschool children: A focus on developing home languages. *Language, Speech, and Hearing Services in Schools*, *36*, 251–263.

Kvaal, J. T., Shipstead-Cox, N., Nevitt, S. G., Hodson, B. W., & Launer, P. B. (1988). The acquisition of 10 Spanish morphemes by Spanish speaking children. *Language, Speech, and Hearing Services in Schools*, *19*, 384–394.

Law, J., Boyle, J., Harris, F., Harkness, A., & Nye, C. (1998). Screening for speech and language delays: A systematic review of the literature. *Health Technology Assessment*, *2*(9).

Law, J., Boyle, J., Harris, F., Harkness, A., & Nye, C. (2000a). Prevalence and natural history of primary speech and language delay: Findings from a systematic review of the literature. *International Journal of Language and Communication Disorders*, *35*, 165–188.

Law, J., Boyle, J., Harris, F., Harkness, A., & Nye, C. (2000b). The feasibility of universal screening for primary speech and language delay: Findings from a systematic review of the literature. *Developmental Medicine and Child Neurology*, *42*, 190–200.

Law, J., Garrett, Z., & Nye, C. (2003). Speech and language therapy interventions for children with primary speech and language delay or disorder. *Cochrane Database of Systematic Reviews*, *3*, CD004110.

Law, J., Garrett, Z., & Nye, C. (2004). The efficacy of treatment for children with developmental speech and language delay/disorder: A meta-analysis. *Journal of Speech, Language, and Hearing Research*, *47*, 924–943.

Leonard, L. B. (1998). *Children with specific language impairment*. Cambridge, MA: MIT Press.

Leonard, L. B. (2000). Specific language impairment across languages. In D. V. M. Bishop & L. B. Leonard (Eds.), *Speech and language impairments in children: Causes, characteristics, intervention and outcomes* (pp. 115–129). Hove, East Sussex, UK: Psychology Press.

Lord, C., & Risi, S. (2000). Diagnosis of autism spectrum disorders in young children. In A. M. Weatherby (Ed.), *Autism spectrum disorders:*

A transactional developmental perspective (pp. 11–30). Baltimore, MD: Paul H. Brookes.

Lord, C., Risi, S., & Pickles, A. (2004). Trajectory of language development in autistic spectrum disorders. In M. L. Rice & S. F. Warren (Eds.), *Developmental language disorders: From phenotypes to etiologies* (pp. 1–38). Mahwah, NJ: Erlbaum.

Lovaas, O. L. (1977). *The autistic child: Language development through behavior modification*. New York: Irvington Press.

Marchman, V. A., Martinez-Sussmann C., & Dale, P. S. (2004). The language-specific nature of grammatical development: Evidence from bilingual language learners. *Developmental Science*, *7*, 212–224.

Mervis, C. B. (2004). Cross-etiology comparisons of cognitive and language development. In M. L. Rice & S. F. Warren (Eds.), *Developmental language disorders: From phenotypes to etiologies* (pp. 153–185). Mahwah, NJ: Erlbaum.

Millar, D. C., Light, J. C., & Schlosser, R. W. (2006). The impact of augmentative and alternative communication intervention on the speech production of individuals with developmental disabilities: A research review. *Journal of Speech, Language, and Hearing Research*, *49*, 248–264.

Miller, J. F. (1981). *Assessing language production in children: Experimental procedures*. Baltimore, MD: University Park Press.

Müllen, R. (2005). Neurocognitive studies of language impairments: The bottom-up approach. *Applied Psycholinguistics*, *26*, 65–78.

Mundy, P., Card, J., & Fox, N. (2000). EEG correlates of the development of infant joint attention skills. *Developmental Psychobiology*, *36*, 325–338.

National Institute on Disability and Rehabilitation Research. (1992). *Consensus validation statement on AAC*. Washington, DC: Author.

Nelson, H. D., Nygren, P., Walker, M., & Panoscha, R. (2006). Screening for speech and language delay in preschool children: Systematic evidence review for the U.S. Preventive Services Task Force. *Pediatrics*, *117*, 298–319.

Oliver, B., Dale, P. S., & Plomin, R. (2004). Verbal and nonverbal predictors of early language problems: An analysis of twins in early childhood back to infancy. *Journal of Child Language*, *31*, 609–631.

Oller, D. K., Eilers, R. E., Neal, R. A., & Cobo-Lewis, A. B. (1998). Late onset canonical babbling: A possible early marker of abnormal development. *American Journal on Mental Retardation*, *103*, 249–263.

Olswang, L. B., & Bain, B. A. (1996). Assessment information for predicting upcoming change in language production. *Journal of Speech and Hearing Research*, *39*, 414–423.

Paul, R. (2007). *Language disorders from infancy through adolescence: Assessment and intervention*. St. Louis, MO: Mosby Elsevier.

Pickles, A., Starr, E., Kazak, S., Bolton, P., Papanikolaou, K., Bailey, A., et al. (2000). Variable expression of the autism broader phenotype: Findings from extended pedigrees. *Journal of Child Psychology and Psychiatry*, *41*, 491–502.

Powell, R. P., & Bishop, D. M. V. (1992). Clumsiness and perceptual problems in children with specific language impairment. *Developmental Medicine and Child Neurology*, *34*, 755–765.

Preisser, D. A., Hodson, B. W., & Paden, E. P. (1988). Developmental phonology: 18–29 months. *Journal of Speech and Hearing Disorders*, *53*, 125–130.

Prizant, B. M., Weatherby, A. M., Rubin, E., Laurent, A. C., & Rydell, P. J. (2006). *The SCERTS™ model: A comprehensive educational approach for children with autism spectrum disorders*. Baltimore, MD: Paul H. Brookes.

Reichle, J., & McComas, J. (2004). Conditional use of a request for assistance. *Disability and Rehabilitation: An International Multidisciplinary Journal*, *26*, 1255–1262.

Rescorla, L. (1989). The Language Development Survey: A screening tool for delayed language in toddlers. *Journal of Speech and Hearing Disorders*, *54*, 587–599.

Rescorla, L. (2005). Age 13 language and reading outcomcs in latc-talking toddlcrs. *Journal of Speech, Language, and Hearing Research*, *48*, 1459–472.

Rice, M. L. (2000). Grammatical symptoms of specific language impairment. In D. V. M. Bishop & L. B. Leonard (Eds.), *Speech and language impairments in children: Causes, characteristics, intervention and outcomes* (pp. 17–34). Hove, East Sussex, UK: Psychology Press.

Rice, M. L., Taylor, C. L., & Zubrick, S. R. (2008). Language outcomes of 7-year-old children with or without a history of late language emergence at 24 months. *Journal of Speech, Language, and Hearing Research*, *51*, 394–407.

Rice, M., Warren, S., & Betz, S. (2005). Language symptoms of developmental language disorders: An overview of autism, Down syndrome, fragile X, specific language impairment, and Williams syndrome. *Applied Psycholinguistics*, *26*, 7–27.

Rice, M. L., & Warren, S. F. (Eds.). (2004). *Developmental language disorders: From phenotypes to etiologies*. Mahwah, NJ: Erlbaum.

Seibert, J., Hogan, A., & Mundy, P. (1982). Assessing international competencies: The early social–communicative scales. *Infant Mental Health Journal*, *3*, 244–259.

Shonkoff, P., & Phillips, D. (Eds.). (2000). *From neurons to neighborhoods: The science of early childhood development*. Washington, DC: National Academy Press.

Shriberg, L. D., Tomblin, J. B., & McSweeny, J. L. (1999). Prevalence of speech delay in 6-year-old children and comorbidity with language impairment. *Journal of Speech, Language, and Hearing Research*, *42*, 1461–1481.

SLI Consortium. (2002). A genomewide scan identifies two novel loci involved in specific language impairment. *American Journal of Human Genetics*, *70*, 384–398.

Smith, T., Groen, A. D., & Wynn, J. W. (2000). Randomized trial of intensive early intervention for children with pervasive developmental disorder. *American Journal of Mental Retardation, 105*, 269–285.

Stockman, I. J. (1996). The promises and pitfalls of language sample analysis as an assessment tool for linguistic minority children. *Language, Speech, and Hearing Services in Schools, 27*, 355–365.

Stoel-Gammon, C. (1997). Phonological development in Down syndrome. *Mental Retardation and Developmental Disabilities, 3*, 300–306.

Tager-Flusberg, H. (2004). Do autism and specific language impairment represent overlapping language disorders? In M. L. Rice & S. F. Warren (Eds.), *Developmental language disorders: From phenotypes to etiologies* (pp. 31–52). Mahwah, NJ: Erlbaum.

Thal, D. J., Reilly, J., Seibert, L., Jeffries, R., & Fenson, J. (2004). Language development in children at risk for language impairment: Cross-population comparisons. *Brain and Language, 88*, 167–179.

Tomasello, M. (2003). *Constructing a language: A usage-based theory of language acquisition.* Cambridge, MA: Harvard University Press.

Tomblin, J. B., Records, N., Buckwalter, P., Zhang, X., Smith, E., & O'Brien, M. (1997). Prevalence of specific language impairment in kindergarten children. *Journal of Speech, Language, and Hearing Research, 40*, 1245–1260.

Tomblin, J. B., & Zhang, X. (1999). Language patterns and etiology in children with specific language impairment. In H. Tager-Flusberg (Ed.), *Neurodevelopmental disorders* (pp. 361–382). Cambridge, MA: MIT Press.

U.S. Department of Education. (2004). *Twenty-sixth annual report to Congress on the implementation of the Individuals with Disabilities Education Act.* Retrieved March 30, 2007, from *www.ed.gov/about/reports/annual/osep/2004/index.html.*

Vicari, S., Albertoni, A., Chilosi, A. M., Cipriani, P., Cioni, G., & Bates, E. (2000). Plasticity and reorganization during language development in children with early brain injury. *Cerebral Cortex, 36*, 31–46.

Warren, S. F., Fey, M. E., Finestack, L. H., Brady, N. C., Bredin-Oja, S. L., & Fleming, K. K. (2008). A randomized trail of longitudinal effects of low-intensity responsivity education/prelinguistic milieu teaching. *Journal of Speech, Language, and Hearing Research, 51*, 451–470.

Warren, S. F., Yoder, P. J., Gazdag, G. E., Kim, K., & Jones, H. A. (1993). Facilitating prelinguistic communication skills in young children with developmental delay. *Journal of Speech and Hearing Research, 36*, 83–97.

Wetherby, A. M., Alexander, D. G., & Prizant, B. M. (1998). The ontogeny and role of repair strategies. In A. Wetherby, S. F. Warren, & J. Reichle (Eds.), *Transitions in prelinguistic communication* (pp. 135–160). Baltimore, MD: Paul H. Brookes.

Wetherby, A. M., & Prizant, B. (1993). *Communication and Symbolic Behavior Scales.* Baltimore, MD: Paul H. Brookes.

Wetherby, A. M., Reichle, J., & Pierce, P. L. (1998). The transition to symbolic communication. In A. M. Wetherby, S. F. Warren, & J. Reichle (Eds.), *Transitions in prelinguistic communication* (pp. 197–230). Baltimore, MD: Paul H. Brookes.

Windsor, J., & Kohnert, K. (2004). The search for common ground: Part I. Lexical performance of linguistically diverse learners. *Journal of Speech, Language, and Hearing Research, 47*, 877–890.

Windsor, J., & Kohnert, K. (2008). Processing measures of cognitive–linguistic interactions for children with language and reading disorders. In M. Mody & E. Silliman (Eds.), *Language impairment and reading disability: Brain, behavior, and experience* (pp. 135–160). New York: Guilford Press.

Yoder, P. J., & Layton, T. L. (1988). Speech following sign language training in autistic children with minimal verbal language. *Journal of Autism and Developmental Disorders, 18*, 217–229.

Yoder, P. J., & Stone, W. L. (2006). Randomized comparison of two communication interventions for preschoolers with autism spectrum disorders. *Journal of Consulting and Clinical Psychology, 74*, 426–435.

Yoder, P. J., & Warren, S. F. (1998). Maternal responsivity predicts the prelinguistic communication intervention that facilitates generalized intentional communication. *Journal of Speech, Language, and Hearing Research, 41*, 1207–1219.

Yoder, P. J., & Warren, S. F. (2001). Relative treatment effects of two prelinguistic communication interventions on language development in toddlers with developmental delays vary by maternal characteristics. *Journal of Speech, Language, and Hearing Research, 44*, 224–237.

Yoder, P. J., & Warren, S. F. (2004). Early predictors of language in children with and without Down syndrome. *American Journal on Mental Retardation, 109*, 285–300.

Yoder, P. J., Warren, S. F., Kim, K., & Gazdag, G. E. (1994). Facilitating prelinguistic communication skills in young children with developmental delay: II. Systematic replication and extension. *Journal of Speech and Hearing Research, 37*, 841–851.

Zubrick, S. R., Taylor, C. L., Rice, M. L., & Slegers, D. W. (2007). Late language emergence at 24 months: An epidemiological study of prevalence, predictors, and covariates. *Journal of Speech, Language, and Hearing Research, 50*, 1562–1592.

第 20 章

智能障碍

罗伯特·M·霍达普（Robert M. Hodapp）
特里西娅·A·桑顿-韦尔斯（Tricia A. Thornton-Wells）
伊丽莎白·M·戴肯斯（Elisabeth M. Dykens）

332 在最新版本的DSM（American Psychiatric Association，2000）中，智能障碍被界定为“婴儿期、童年期以及青少年期首先要测量的障碍”。尽管智能障碍处于重要地位，但是关于儿童和成人智能障碍的研究落后于其他心理疾病领域。儿童或成人精神病学家、临床心理学家、社会工作者或其他心理健康工作者，很少专注于智能障碍的研究，大多数仅仅只是知道这个领域。

在心理疾病领域，人们对智能障碍的研究兴趣逐渐增长。大约80年前，在1927年，霍华德·W·波特（Howard W. Potter）认为智能障碍是精神病学领域被忽视的孩子，如同医学中的灰姑娘，很快就会在心理健康的舞台上获得其应有的最醒目的位置。塔尔加（Tarjan，1966）和金等（King，State，Shah，Davanzo & Dykens，1977）都同意这个灰姑娘隐喻，认为在不远的将来对智能障碍的研究会是心理健康领域的主导。

尽管人们怀疑一个在80年间反复出现的子领域，但是我们认为研究智能障碍的时期到来了。对更广领域的研究者来说，这个领域是充满生气的、重要的和有趣的。发展心理学家感兴趣的是，患有某些综合征的儿童和其他儿童相比，在某些领域的能力表现有什么差异；基因学家关注的是基因机制在某些遗传综合征中是如何起作用的；心理健康专家对某些父亲、母亲、兄弟姐妹可以很好相处，而有些不能很好相处存在疑惑。护士、儿科医生、早期干预者、特殊教育者、发展神经学家以及神经心理学家都有对智能障碍原因的兴趣。

对婴儿心理健康专家来说，智能障碍也有很多有意思的课题。本章中我们关注以下四个课题。首先，我们简单介绍了年幼儿童智能障碍的定义、分类、测量和诊断。其次，以唐氏综合征和威廉姆斯综合征的儿童早期成长为例，介绍了基于病因学的方法。再次，我们考虑了家庭功能，包括考察不同遗传条件的儿童在家 333
庭中的作用。最后，我们论述了早期干预服务和系统等课题。

定义

尽管关于智能障碍定义的争论反复出现，但是这个概念用了近40年。智能障碍的三个恒定和中心特征是：(1) 显著低于平均智能；(2) 出现行为适应缺陷；(3) 童年期（18～21岁之前）就表现出问题。(American Psychiatric Association，2000)

尽管年龄标准相对明确，但是另外两条诊断标准比较难操作。智力缺陷一般以智商（IQ）测验的表现来界定。考虑到大多数智商测验的缺点，“可以把智商在70～75之间，行为表现出明显的适应障碍的个体诊断为智能障碍”（American Psychiatric Association，2000，pp. 41－42)。不过通常来说智能障碍存在于智商低于70的人之中。

第二个标准与适应功能缺陷相关。尽管适应性行为的标准存在争议，但是大多数专家认为适应行为是个体在日常生活中的表现（如吃饭、仪表、如厕）能与别人很好地交流，并且明白社会规则（Carter，Marakovitz & Sparrow，2006)。由于传统上重视智商的结果，智商测试分数低和有适应性缺陷的个体才能被诊断为智能障碍。

分类

传统上，依据连续的智商分数，把智能障碍儿童分为轻度（智商55～69)、中度（智商40～54)、严重（智商25～39）和非常严重（智商小于25）四个等级。这种“损害程度”的分类法被一种功能性的分类法所取代了，该方法的依据是某些个体可能仅仅需要间歇的社会支持，其他个体则需要有限的、大范围的、普遍的环境支持（American Association on Mental Retardation，2002)。通常，专家依据缺陷程度、智商分数、能力和适应行为或是对环境的需要来划分儿童的智能障碍。

近些年，另一种分类方法成为主导。这个分类法的依据是个体智能障碍的原因或病理。你可以在齐格勒（Zigler，1967）对智能障碍的“两分法”中找到这种分类法的病理依据，这种方法把智能障碍者分为有一种或是多种功能性原因的（“器质性”智力缺陷）和没有明确功能性原因的（不特定的或遗传智力缺陷）。依据最近分子学和临床遗传学的研究成果，我们根据明确的功能性原因，主要是遗传学来诊断儿童。过去 20 年最激动人心的发现都与智能障碍的遗传条件有关。

评估

以往智能障碍的诊断依据是标准化的智力和适应性行为工具。大多数临床医生使用斯坦福—比内量表和韦克斯勒测验来测量智力，平均智商分数是评价儿童的标准。适应行为以维兰德适应行为量表或其他类似量表来判断，但很多时候还是根据临床判断。在这两个例子中，“黄金标准”与心理测量学经过标准化的、最佳的、提供很多标准分数的工具相关。

334 尽管来自标准化测验的智商分数仍然是主导，但是智力的测量将更加多样化（Sparrow & Davis，2000）。大多数新设计的测验把智商分为很多方面，这些方面更好地反映了智力的本质。甚至对于婴儿，贝利量表第三版（BSID-Ⅲ）把智力分为五个方面。同样，大多数学步儿和年幼儿童的智力测验都将智力分为很多方面（Lichtenberger，2005）。尽管这种智力的多维观未能一直影响诊断与干预，但也与智能障碍领域的很多进步相关。

诊断的挑战

即使智力和适应性测验取得了进步，精确测量婴儿期和童年早期的智能障碍仍然存在困难。婴儿没有单独成为早期干预者和心理健康专家以及其他关注专家的中心，而且父母也不知道儿童在不同年龄的“正常”意味着什么。造成这种情况的很大部分原因是智能障碍的患者从学前向学龄的转移（Roeleveld，Zielhuis & Gabreels，1997），确诊为智能障碍时他们仍在接受系统教育。另外，临床专家可能更倾向于把某种语言受损或是间歇性孤独症之类的行为作为诊断的标准，而这些与智能障碍有联系或是无关。

由早期干预者或是护士和公共健康组织制定的发展序列，诸如孤独症的“标志”，可以分辨出儿童在运动、语言、社会性发展等方面的迟缓，但是智能障碍的诊断是很多因素的复杂组合。诊断婴儿智能障碍的主要和固有困难是智商成绩跨时间的不稳定性。儿童 1 岁时的贝利发展商数（DQ）和他 3～5 岁时的斯坦福—比内量表分数或其他智商测验分数的稳定性很低；重测信度低至 0～1.5（Molfese & Acheson，1997）。缺乏预测效度是因为“发展过于迅速以及测验项目考察的是不同年龄的不同结构”（Lichtenberger，2005，p. 198）。

然而，智商分数的不稳定性导致其可能不适合评估婴儿和年幼儿童更严重的损害。梅斯托和杰曼（Maisto & German，1986）指出，对平均 11 个月婴儿的测量与 4 岁时再测的 DQ 和 IQ 分数的相关很高，大多数重测信度在 0.4～0.6 之间（参见 Niccols & Latchman，2002）。随着时间的推移，智商低于 50 的孩子，其智商分数比较稳定。

除了与障碍婴儿相关的条目外，其他条目与测验本身相关。尽管修订婴儿期和童年早期智力测验的需求一再被强调，但问题依旧存在。例如，贝利量表规定得分（DQ）最低为 50（尽管贝利量表第三版的最低分为 40），而将更低的机能仅仅表示为“DQ 低于”最低标准。因此，一些研究者致力于拓展较低 DQ 的下限，但是心理测量学能否这样向下拓展仍然未知。

因此，极年幼儿童智商测验成绩的不稳定性和评价其快速发展的困难，使对婴儿和年幼儿童智能障碍的诊断变得复杂。这种复杂性在轻微延迟发育的年幼儿童中更明显；这些儿童通常社会经济地位（SES）较低或者是来自少数族裔，并且可能或不能展示出适应行为上的共同缺陷（Gresham，MacMillan & Bocian，1996）。渐渐地，可以通过他们成长过程中的学习缺陷来诊断这些受轻微影响的儿童（MacMillan，Gresham & Bocian，1998）。当婴儿表现出更严重的缺陷时，诊断的争议便较少发生。

同样，与表现出明显智能障碍的儿童相关的
争议也变少了。唐氏综合征、威廉姆斯综合征、 335
脆性 X 染色体综合征和一些非遗传病症比如胎儿酒精综合征，患这些障碍的儿童都表现出更容易分辨的缺陷，他们的发展曲线也更容易追踪。这个领域很多有趣的发现与儿童的早期发展有关。

病因学

以往研究表明750到1 000名遗传缺陷者与智能障碍是相关的（Opitz，1996），遗传性综合征的个体在智能障碍者中占有稳定的比例（大约40%），在低智商水平中的比例更高（Heikura et al.，2005）。这些病因包括染色体异常，像染色体三倍体、染色体缺失、染色体移位、只复制单亲染色体（Biringen，Fidler，Barrett & Kubicek，2005）。研究者通过呈现分子和探讨模型来考察与特殊遗传性疾病相关的基因功能。这为从基因到大脑到行为之间的研究开辟了道路。神经成像研究说明了某些异常所包含的特殊脑区（Schaer & Eliez，2007）。

对可能是遗传性紊乱的婴儿进行药物治疗安全性的提高，反映了上述研究的益处。诊断为遗传性障碍的婴儿会表现出明显的心理、面部和行为标志，或者在心脏、肌肉、神经、运动和感知觉系统中有明显的损伤。指导说明了什么时候对婴儿进行辅助治疗，对某一综合征的药物治疗已经在婴儿、儿童和成人中实践过（Curry et al.，1997）。由于遗传性紊乱通常让婴儿更加倾向于表现出某种状态，因此需了解这些状态和使用药物的界限，并且提高对儿童不同健康需要的关注（Roizen，2003）。

了解遗传病因学的重要性还在于有不同遗传性紊乱的婴儿倾向于在社会性、认知、语言、情绪和运动方面有特殊的表现和缺陷；很多婴儿也表现出适应不良行为（Dykens，Hodapp & Finucane，2000）。另外，某种紊乱的儿童在发展速度上也会更快或更慢。这些发展信息被用来制定早期干预措施（Fidler，Philofsky & Hepburn，2007；Hodapp & Fider，1999）。

另外，基于病因学的信息可以在生育和家庭计划方面帮助父母。某种遗传性紊乱的出现可能提高将要出生孩子的患病风险，或者某种情况下提醒其他不知道自己孩子处于风险中的父母。相反，其他紊乱不会在同一个家庭里重复出现，这样生二胎的家庭不会比一般家庭有更多的风险。

遗传性紊乱

尽管综合介绍不同的遗传性紊乱不是本章的任务，但是我们要简单地介绍两种紊乱，唐氏综合征和威廉姆斯综合征。因为它们很普遍，表现出不同的行为特征，并且在发展和行为研究中数量很多。对它们的研究能更好地说明有关婴儿和年幼儿童遗传病理学的研究。

唐氏综合征

唐氏综合征是最为普遍的染色体异常，是智能障碍的一种，800～1 000个新生儿中就会有1例患者。然而母亲的年龄不同，发病率也不同，30岁母亲的发病率为1‰，而40岁母亲的发病率是9‰（Hook，1981）。大部分案例中，唐氏综合
336 征是由3种不同类型的第21号染色体引发的。患这种紊乱的儿童和成人有一些身体特征，包含身材矮小、四肢短，脸部特征包括眼距宽、鼻梁低平。大约50%的患儿会出现先天性心脏缺陷。90%的患儿听力丧失，并且导致学习障碍和智商低（Mazzoni，Ackley & Nash，1994）。对婴儿的研究表明，从出生开始，一般的患儿会出现肺炎、支气管炎等呼吸性问题（Urbano & Hodapp，2007）。

过去的几十年里，基因学家一直认为第21号染色体是智能障碍和唐氏综合征有关的面部特征的关键区域（Korenberg，1993）。唐氏综合征的关键区域基因1（DSCR1）也被牵连在心脏缺陷和智力残疾中。唐氏综合征患者的白血病风险增加，与关键区域的基因（FMS样酪氨酸激酶3，FLT3）和位于3号染色体上的基因之间的相互作用有关（Look，2002；Wechsler et al.，2002）。

对唐氏综合征产前筛查已成为建立产科实践的一部分，虽然没有一个基因测试的基础，但筛查涉及测量几个生化因素并结合风险归因，结果

显示假阳性率5%，检出率在63%到72%之间（Spencer，2007）。很多案例中，由于张力减退、心脏缺陷、听觉缺损，先天或婴儿早期表现出颅面骨畸形，因此要做基因检测（做最终诊断）。

尽管在心理学研究中，唐氏综合征经常被用来作为威廉姆斯综合征或孤独症儿童的“控制”或“对照”组，但患有唐氏综合征的孩子有其特有的行为特征。

在大多数儿童中，唐氏综合征的智力范围适度（智商40～54），虽然孩子们的智商有很大的不同，但大多数研究表明，这些儿童显示在最早的几年他们的智商随着年龄增大而提高（Hodapp，Evans & Gray，1999）。即使那些早年就患有唐氏综合征的婴儿和年幼儿童，智商也是缓慢变化的（Dunst，1990）。

患唐氏综合征的年幼儿童有与病因相关的长处和短处。米勒（Miller，1999）指出，整个学前期他们的接受性语言能力比表达性语言能力好（和孩子的心理能力总体水平相比）。越来越多的儿童研究使这种差异变得明显，研究儿童在学前期这种接受性语言比表达性语言能力好的模式，也可能与高比率的唐氏综合征儿童发音不清有关，还有语法反面的具体问题（Chapman & Hesketh，2000）。

作为一个群体，患有唐氏综合征的儿童被认为在社交技巧上具有长处。这些学步儿更多地注重他人（Kasari，Mundy，Yirmiya & Sigman，1990），在解决问题时，往往注重模仿成人行为和投入社会行为（Kasari & Freeman，2001；Pitcairn & Wishart，1994）。然而，在同一时间，患有唐氏综合征的儿童在更高层次的社会任务中表现得不是很好。例如这些孩子在情感识别任务中表现不佳（Kasari，Freeman & Hughes，2001），他们的心理理论能力比正常儿童的心理理论水平低（Abbeduto et al.，2006；Easterbrooks & Biringen，2005）。总之，虽然患有唐氏综合征的婴儿和年幼儿童能够与他人交流，但他们的“社交”局限于最低社会技能水平。

目前的研究将认知—言语缺陷与婴儿和学步儿的社会性整合到了一起。通过考察母婴交流中婴儿认知能力和行为的早期发展，菲德勒等（Fi-
337 dler，Philofshy，Hepburn & Rogers，2005）发现唐氏综合征的婴儿在手段—目标思维和行为中存在困难，这种行为需要知道把物品（棍子、凳子等）作为获得想要目标的手段。这些缺陷与儿童观察别人解决困难问题的发展有关。最后，“策略思维贫乏和社交关系优势的组合，理论上可以导致在人群中可以观察到更少的坚持性和过分的个人动机社交定向”（Fidler，2006，p.147）。尽管研究还在继续，但是早期发展可能是理解唐氏综合征中很多病理性相关行为的关键。

威廉姆斯综合征

威廉姆斯综合征由包含着25个基因的第7号染色体缺失两对基因造成，新生儿中的发生率为万分之一。有这种障碍的儿童和成人有着特殊的容颜，鼻子稍微上翘（由第7号染色体缺失两对基因造成），80%的患儿心脏有问题。

行为上，大多数威廉姆斯综合征儿童属于智能障碍的中等得分范畴（IQ＝55～69；Howlin，Davies & Udwin，1998），这种分数在成年期也是稳定的（Searcy et al.，2004）。大多数患儿善于言语；事实上，早期的研究者认为患儿的言语接近甚至略高于平均水平。尽管只有少部分患者拥有这种略高的言语水平（Bishop，1999），但是患儿的言语水平和交流能力都好于其他心理能力。相反，视空间加工能力非常弱，患儿在绘画、分辨左右和完成其他视空间任务中都存在困难（Bellugi，Wang & Jernigan，1994；Dykens，Rosner & Ly，2000）。最后，对于友谊，大多数患儿是担心和焦虑的（Dykens，2003；Einfeld，Tonge & Florio，1997）。从较小时开始，患儿对音乐表现出很大的兴趣，音乐可以作为降低焦虑和获得积极情感的方式（Dykens，2003）。

除了这些行为表现，关于威廉姆斯综合征还有三个方面值得注意：第一，研究者已经开始将特定生理和行为特征基因区域联系起来。例如弹性蛋白的基因导致了心脏缺陷和其他心脏问题。视空间、学习和记忆的缺陷与苏氨酸蛋白激酶1（LIMK1）基因相联系（Frangiskakis et al.，1996），一般转录因子基因（GTF2I、GTF2IRDI）的改变与威廉姆斯综合征中的心理缺陷和视空间缺陷有关（Morris et al.，2003）。第二，早期威廉姆斯综合征的诊断可以依据身体和医学特征。目前为止，童年早期的诊断因为症状表型的易变性和生理特点的不明显而十分困难。确实，大多数威廉姆斯综合征婴儿首先表现出心血管畸形或长时间的绞痛。黄等（Huang，Sadler，O'Riordan & Robin，2002）的研究表明尽管大多数父母能报告平均12个月大婴儿的健康和行为，但是直到3.66岁时才能诊断威廉姆斯综合征。而在评价过程中使用临床基因学等，诊断的延迟时间减少了一半，诊断的特征也由8.2个下降到5.2个。第三，成果还体现在威廉姆斯综合征的早期发展和表型的微小特点。除了婴儿在早期言语发展的指示、表现和其他交流姿态等方面延缓的研究（Mervis & Becerra，2007），研究的兴趣还在于患儿的面部和 338
异常的面部注视（Laing et al.，2002）。未来几年将会有更多关于威廉姆斯综合征和其他智能障碍症的患儿的早期发展的解释。

家庭适应

婴儿心理健康领域一直关注抚养关系背景下的婴儿，以及随着时间的推移婴儿和背景间的相互作用。最近一些研究描述了该领域关于家庭适应的结果，我们简要介绍该领域的过去和新进展。

改变观点

对残疾儿童家庭研究的特点随着时间的推移有明显变化（Hodapp，2002）。20世纪80年代中期占主导地位的观点可以定性为病态或消极的。以索尔尼特和斯塔克（Solnit & Stark，1961）的开创性工作为开端，如果新生儿是有残疾的，人们就会认为母亲会像面对死亡一样感到悲伤。人们认为母亲把震惊、否定、怀疑、愤怒或者失落的情绪传递给下一代。尽管不同的理论家改变了这个阶段的过程，但这个阶段并不总是具有预测作用（Blacher，1984），人们认为该模型可以描绘母亲的反应。大多数早期的研究重点放在母亲身上，虽然有少数研究适应不良行为和情绪问题的父亲（Friedrich & Friedrich，1981）和兄弟姐妹（Lobato，1983）。家庭整体被认为是处于风险中的，研究重点分别放在经济变动性、婚姻冲突和离婚、家庭无力抚育孩子（特别是那些有严重智力残疾的孩子们）"长大"上面（Farber，1960）

尽管有负面效应的家庭占主导地位，但大多数研究人员表示庆幸，因为只是一些家庭遇到困难，另一些则没有。但如何使这样的"非病理"母亲、父亲、兄弟姐妹和家庭与消极和病理的观点相适应呢？

茨尔尼奇、弗里德里克和格林伯格（Crnic，Friedrich & Greenberg，1983）提出了不同的方式来理解这些家庭。据这些观点，残疾儿童是被当作一个家庭中附加的压力来考虑的。像家庭的其他成员一样，也可以将残疾儿童的出生、诊断作为一个增加的压力，这可以是有害的或有利于家庭的。

这一变化包括理论和实践两方面。从理论上说，从导致压力和应对的角度来看，家庭成功的相关因素模型是一个双ABCX模型，最初由麦卡宾和帕特森（McCubbin & Patterson，1983）修订。根据这一模型，化解残疾儿童的危机（或"X"）依赖于儿童的特点（"A"）、家庭的内部和外部资源（"B"）和家庭成员对儿童的看法对儿童的影响（"C"）。"双"传递了一种观点，即随着时间的推移，孩子的特点、家庭资源和儿童的家庭观念都可以改变。这种类型的模型已经成功地用于理解应对残疾儿童家庭的进程（Minnes，1988）。

实践上，长期压力—应对的角度和双ABCX模型已经改变了干预行动的重点。首先，并不是所有的父母和家庭都需要干预，许多甚至大多数可以很好地应对。此外，考虑到不同的儿童和家庭因素，干预者可以更有效地筛查和介入。重点也随之变化，从考虑有无残疾的儿童的家庭（组间焦点）到考虑组间和组内问题。通过确定哪些变量会影响家庭功能，组内检验可以帮助确定哪些家庭更可能处理好，而哪些不能，以及为什么。压力和应对理论为这些家庭提供了更细致入微的支持。

在过去的5年中，虽然许多负面的家庭概念有所改善，但这种压力和应对的观点也饱受批评。 339
以下的批评有些并不符合压力和应对模式，但都将有可能在未来几年得到更多的关注。

新方向

积极影响

许多研究人员认为，压力和应对模型过分集中，要么关注负面影响，要么大量关注家庭应对或寻求“帮助”。然而，在许多情况下，家庭成员觉得他们可以从养育残疾儿童中获益。这些好处包括欣赏生活，更加了解生活的深层含义，更加倾向于社会正义，并帮助那些比自己不幸的人（Dykens，2006）。尽管这样的好处仅仅存在于残疾儿童的家庭中（Taunt & Hastings，2002），但这些积极影响的研究可以平衡负面（或至少是中性）的研究。

更加重视家庭其他成员

虽然压力—应对模型比早前的研究更少以母亲为中心，但今天依然很少有研究探讨其他家庭成员或整个家庭。我们需要对兄弟姐妹（Hodapp，Glidden & Kaiser，2005）、父亲（Krauss，1993）、家庭经济变动性（Farber，1960），以及父母离婚的次数、时间及其他因素（Risdal & Singer，2004）进行长期研究。

关注病因和病因相关的家庭结果

孩子的智力残疾的原因或病因可能涉及家庭功能。相比其他智力残疾的适龄儿童，患有唐氏综合征的儿童的家庭可能会更好地应对（Hodapp，Ly，Fidler & Ricci，2001；Seltzer & Ryff，1994）。然而，为什么存在这种“唐氏综合征优势”仍不清楚。父母可能会对社会性良好的儿童给出积极回应，他们一般都有较少程度的（但不至于没有）适应不良行为（Hodapp，1999），但唐氏综合征也可能更容易被接受，表现为有支持性团体。更普遍的是，有特定遗传疾病的儿童容易呈现出不同认知上的语言自适应情况，变得容易产生不同的行为问题，并同时显示在发展过程中的不同时间上的适应不良行为。某些疾病（如唐氏综合征、脊柱裂）也可能导致合作医疗和诊断（如孤独症）问题的发生。目前还不清楚这些孩子的特点是如何影响父母、兄弟姐妹或家庭的。

更加注重现实情况

最近的家庭研究都集中在母亲压力上，很少研究现实情况。例如很少有研究探讨母亲或父亲何时生病或住院及其次数，或他们何时决定要更多孩子、升职、进修、改变生活方式，或者搬到另一所房子、另一个城市甚至国家居住。我们知道残疾儿童的兄弟或姐妹，会因为一个智能障碍的兄弟姐妹而影响他们的学业、社交、婚姻或职业选择和成功。迄今为止，需要把重点放在现实情境中残疾孩子的父母和兄弟姐妹的关系上。

家庭研究发现小结

总体而言，残疾儿童的家庭只显示有轻微的负面影响。几十年研究的分析表明，作为一个群体，这些母亲比同年龄的非残障儿童的母亲更可能患有轻微到中度抑郁症（Singer，2006）。同样，有残疾儿童的夫妇的离婚比率只有小幅度的增加，只比控制组夫妇高6%（Risdal & Singer，2004）。同样，罗西特和夏普（Rossiter & Sharpe，2001）
发现残疾儿童对于兄弟姐妹有整体轻微的负面影 340
响，只有在用直接方式检查残疾儿童的兄弟姐妹并且其结果与焦虑和抑郁显著相关时，才会产生大的消极影响。

除这些发现外，在母亲和残疾儿童中还发现一些相关情况。在母亲方面，主要表现在母亲对待孩子的方式上。温和对待孩子的母亲，既不否认也不固执表现她的负性情绪，那些积极参与、力图解决问题的母亲做得更好（Essex，Seltzer & Krauss，1999）。从孩子的角度看，父母更难处理那些表现出更多行为问题的孩子，特别在行事方面（Glidden & Schoolcraft，2007）。孤独症儿童的父母较之同龄其他残疾患儿的父母，表现出更严重的抑郁（Singer，2006）。

当父母生下（或早期诊断出）残疾孩子时，他们体验到更多、更大的压力。在格利登和斯库克拉夫特（Glidden & Schoolcraft，2003）关于收养残疾儿童与亲生残疾儿童的父母对比研究中发现，在孩子的婴幼儿时期，亲生父母经历了更严重的抑郁，但是当孩子长大些后，这两组的区别不明显。在残疾儿童的婴儿期和童年早期，这种负面效果看起来是最大的。

此外，患唐氏综合征孩子的母亲较之患其他智能障碍儿童的母亲，体验到较少的家长压力（Hodapp，Ricci，Ly & Fidler，2003）。最近一项研究调查了历年行政记录。结果显示，与全国母亲和新生儿为先天异常的母亲相比，患唐氏综合征儿童的父母离婚率稍微低些。唐氏综合征患儿在2岁之前，母亲离婚率较高。其中，如果夫妻结婚很早，教育程度较低，来自农村，那么这样的夫妻更容易离婚（Urbano & Hodapp，2007）。

综合考虑，在过去十几年中家庭研究发生很大改变。除了不断变化的理论观点之外，近期研究得到了许多精确的发现，在必要的时候，这些发现可以直接导向更好的筛查和干预。但是，父母和家庭仍经历着悲伤和巨大的压力（在前几年中可能更经常），但是大多数家庭处理得很好，一些家庭在抚养残疾儿童时发现了一些积极因素，使得负面效果（平均起来）很小。尽管我们了解家庭幸福和残疾儿童发展的重要性，但对于这样的家庭还不能完全理解。

服务体系

在美国特殊教育服务系统中，婴儿和年幼儿童服务产生较晚。在20世纪六七十年代，经过一系列法院判决和立法之后，适用于所有残疾儿童的教育法案在1975年通过，即公法94～142（PL 94-142）。PL 94-142在最小的教育设置限制中，将美国儿童的权利纳入自由的、适当的公共教育中。无论孩子患有何种残疾都不再有接受公共教育的限制。这项法案就是现在的《残疾人教育法》（IDEA），它在1997年和2004年经过两次修订（只做了轻微改动）（Hallahan & Kaufman，2006）。

PL 94-142和IDEA适用于学龄儿童而不适用于3岁以下儿童。对这些儿童的关注引出了1986年PL 99-457的一段表述，它批准了3～5岁儿童接受特殊教育，以及对3岁以下儿童的自愿资助项目。尽管与IDEA相似，但是对3岁以下婴儿和学步儿的早期干预服务方式是不同的（Krauss & Hauser-Cram，1992）。

第一个主要差别涉及由谁来执行这些服务。尽管学龄服务处于儿童当地学区的领导下，但是
341 早期干预服务是由各州管理的。在每个州中，州指定的"领导机构"直接负责早期干预服务。这个代理机构可能是州教育、健康或精神发育迟滞或发育障碍部门。所有早期干预服务就都由此代理机构进行整合。

第二个区别在于孩子符合接受服务的资格以及提供干预服务的地区。对于学龄儿童来说，那些已经被诊断患疾病（由适当的测验以及诊断程序决定）的孩子具有接受特殊教育服务的资格。在早期干预中，学龄儿童不仅具有资格，而且被确定伴有生物学或环境风险（Buysse，Bernier & McWilliam，2002）。

第三个显著的差别在于家庭对早期干预服务的关注。除了需要他们同意孩子的个别教育计划（IEP），父母很少得到特殊教育法案和服务的注意。但这反映了一种长期的观点，即婴儿和家庭存在千丝万缕的联系，早期干预服务应以家庭为中心。例如，早期干预服务是基于个别家庭服务计划（IFSP）的。这份文件中，除了对年幼儿童水平和需要的描述外，也包含关于资源、优先权、关注儿童家庭的一份声明，以及关于早期干预服务如何满足家庭需要的说明。

超越IFSP文件本身，早期干预者试图使父母和其他家庭成员共同参与到残疾婴儿的概念化和干预之中（Bruder，2000）。特里维特等（Trivette，Dunst，Boyd & Hamby，1996）甚至提出了关于计划类型的类型学，两个端点分别为"以专业为中心"和"以家庭为中心"。区别在于专业人员帮助父母达到他们目标的程度以及完全成为早期干预参与者的程度。诚然，使父母完全参与到早期干预中的目标并不总能实现。不管计划实施者说他们做了什么，父母普遍报告多数早期干预计划没达到完全"以家庭为中心"（Dunst，2002）。尽管向婴儿实施的计划更接近家庭中心这个目标（Dunst，2002），但是父母完全成为早期干预的参与者这个目标只能偶尔实现。

除了这些早期干预服务和计划外，多数心理健康专家都认同尽早进行早期检测和干预的重要性。因而，婴儿和年幼儿童的早期检测、诊断以及干预成为惯例，不管他们是已经患病还是处于患智能障碍或其他心理疾病条件的风险中。不管父母及孩子是否抵达一家儿童指导诊所、大型医院的儿科或儿童精神病科，或者社区心理健康诊

所，专家都赞成在诊断和干预方面“越早越好”。早期作出诊断的儿童及家庭可以从整个早期干预服务当中获益。

结论性思考

婴儿心理健康领域的智能障碍研究是一个刚起步的领域。许多问题都很难解决，例如如何精确测量及诊断那些具有智能障碍的婴儿或学步儿。在其他问题上看起来进步较明显。甚至与 20 年前相比，我们现在知道更多关于遗传引起的智能障碍，包括患有这些疾病的婴儿如何建立行为结构以及遗传异常如何与脑和行为相联系。我们同样了解到了关于患儿的家庭如何处理各种情况的问题。在未来几年我们有理由相信，有关家庭的知识能更好应用于早期干预服务，为这些残疾婴儿和他们的家庭带来更理想的效果。

参考文献

Abbeduto, L., Murphy, M. M., Richmond, E. K., Amman, A., Beth, P., Weissman, M. D., et al. (2006). Collaboration in referential communication: Comparison of youth with Down syndrome or fragile X syndrome. *American Journal on Mental Retardation*, *111*, 170–183.

American Association on Mental Retardation. (2002). *Mental retardation: Definition, classification, and systems of supports* (10th ed.). Washington, DC: Author.

American Psychiatric Association. (2000). *Diagnostic and statistical manual of mental disorders* (4th ed., text rev.). Washington, DC: Author.

Bellugi, U., Wang, P., & Jernigan, T. (1994). Williams syndrome: An unusual neuropsychological profile. In S. H. Broman & J. Grafman (Eds.), *Atypical cognitive deficits in developmental disorders* (pp. 23–56). Hillsdale, NJ: Erlbaum.

Biringen, Z., Fidler D. J., Barrett, K. C., & Kubicek L. (2005). Applying the Emotional Availability Scales to children with disabilities. *Infant Mental Health Journal*, *26*, 369–391.

Bishop, D. V. M. (1999). An innate basis for language? *Science*, *286*, 2283–2284.

Blacher, J. (1984). Sequential stages of parental adjustment to the birth of the child with handicaps: Fact or artifact? *Mental Retardation*, *22*, 55–68.

Broman, S., Nichols, P., Shaughnessy, P., & Kennedy, W. (1987). *Retardation in young children: A developmental study of cognitive deficit*. Hillsdale, NJ: Erlbaum.

Bruder, M. B. (2000). Family-centered early intervention: Clarifying our values for the new millennium. *Topics in Early Childhood Special Education*, *20*, 105–115.

Buysse, V., Bernier, K. Y., & McWilliam, R. A. (2002). A statewide profile of early intervention services using the Part C data system. *Journal of Early Intervention*, *25*, 15–26.

Carter, A. S., Marakovitz, S. E., & Sparrow, S. S. (2006). Comprehensive psychological assessment: A developmental psychopathology approach for clinical and applied research. In D. Cicchetti & D. Cohen (Eds.), *Developmental psychopathology: Vol. 1. Theory and method* ((2nd ed., pp. 181–210). New York: Wiley.

Chapman, R. S., & Hesketh, L. J. (2000). Behavioral phenotype of individuals with Down syndrome. *Mental Retardation and Developmental Disabilities Research Review*, *6*, 84–95.

Crnic, K., Friedrich, W., & Greenberg, M. (1983). Adaptation of families with mentally handicapped children: A model of stress, coping, and family ecology. *American Journal of Mental Deficiency*, *88*, 125–138.

Curry, C. J., Stevenson, R. E., Aughton, D., Byrne, J., Carey, J. C., Cassidy, S., et al. (1997). Evaluation of mental retardation: Recommendation of a consensus committee. *American Journal of Medical Genetics*, *72*, 468–477.

Dunst, C. J. (1990). Sensorimotor development of infants with Down syndrome. In D. Cicchetti & M. Beeghly (Eds.), *Children with Down syndrome: A developmental perspective* (pp. 180–230). Cambridge, UK: Cambridge University Press.

Dunst, C. J. (2002). Family-centered practices: Birth through high school. *Journal of Special Education*, *36*, 139–147.

Dykens, E. M. (2003). Anxiety, fears, and phobias in persons with Williams syndrome. *Developmental Neuropsychology*, 23(1–2), 291–316.

Dykens, E. M. (2006). Toward a positive psychology of mental retardation. *American Journal of Orthopsychiatry*, *76*, 185–193.

Dykens, E. M., Hodapp, R. M., & Finucane, B. (2000). *Genetics and mental retardation syndromes: A new look at behavior and treatments*. Baltimore, MD: Paul H. Brookes.

Dykens, E. M., Rosner, B. A., & Ly, T. M. (2001). Drawings by individuals with Williams syndrome: Are people different from shapes? *American Journal of Mental Retardation, 106*(1), 94–107.

Easterbrooks, M. A., & Biringen, Z. (2005). Introduction: The Emotional Availability Scales: Methodological refinements of the construct and clinical implications related to gender and at-risk interactions. *Infant Mental Health Journal, 26*, 291–294.

Einfeld, S. L., Tonge, B. J., & Florio, T. (1997). Behavioral and emotional disturbance in individuals with Williams syndrome. *American Journal of Mental Retardation, 102*, 45–53.

Essex, E. L., Seltzer, M. M., & Krauss, M. W. (1999). Differences in coping effectiveness and well-being among aging mothers and fathers of adults with mental retardation. *American Journal on Mental Retardation, 104*, 454–563.

Farber, B. (1960). Family organization and crisis: Maintenance of integration in families with a severely mentally retarded child. *Monographs of the Society for Research in Child Development, 25*, No. 1.

Fidler, D. J. (2006). The emergence of a syndrome-specific personality profile in young children with Down syndrome. *Down Syndrome Research and Practice, 10*, 53–60.

Fidler, D. J., Philofsky, A., & Hepburn, S. L. (2007). Language phenotypes and intervention planning: Bridging research and practice. *Mental Retardation and Developmental Disabilities Research Reviews, 13*, 47–57.

Fidler, D. J., Philofsky, A., Hepburn, S. L., & Rogers, S. J. (2005). Nonverbal requesting and problem-solving by toddlers with Down syndrome. *American Journal of Mental Retardation, 110*, 312–22.

Frangiskakis, J. M., Ewart, A. K., Morris, C. A., Mervis, C. B., Bertrand, J., Robinson, B. F., et al. (1996). LIM-kinase1 hemizygosity implicated in impaired visuospatial constructive cognition. *Cell, 86*, 59–69.

Friedrich, W. L., & Friedrich, W. N. (1981). Psychosocial assets of parents of handicapped and nonhandicapped children. *American Journal of Mental Deficiency, 85*, 551–553.

Glidden, L. M., & Schoolcraft, S. A. (2003). Depression: Its trajectory and correlates in mothers rearing children with developmental disabilities. *Journal of Intellectual Disability Research, 47*, 250–263.

Glidden, L. M., & Schoolcraft, S. A. (2007). Family assessment and social support. In J. W. Jacobson, J. A. Mulick, & J. Rojahn (Eds.), *Handbook of intellectual and developmental disabilities* (pp. 391–422). New York: Springer.

Gresham, F. M., MacMillan, D. L., & Bocian, K. M. (1996). Learning disabilities, low achievement, and mild mental retardation: More alike than different? *Journal of Learning Disabilities, 29*, 570–581.

Hallahan, D. P., & Kaufman, J. M. (2006). *Exceptional learners: An introduction to special education* (10 ed.). Boston: Pearson Education.

Heikura, U., Linna, S. L., Olsen, P., Hartikainen, A. L., Taanila, A., & Jarvelin, M. R. (2005). Etiological survey on intellectual disability in the Northern Finland birth cohort, 1986. *American Journal on Mental Retardation, 110*, 171–180.

Hodapp, R. M. (1999). Indirect effects of genetic mental retardation disorders: Theoretical and methodological issues. *International Review of Research in Mental Retardation, 22*, 27–50.

Hodapp, R. M. (2002). Parenting children with mental retardation. In M. Bornstein (Ed.), *Handbook of parenting: Vol. 1. How children influence parents* (2nd ed., pp. 355–381). Hillsdale, NJ: Erlbaum.

Hodapp, R. M., Evans, D. W., & Gray, F. L. (1999). Intellectual development in children with Down syndrome. In J. Rondal, J. Perera, & L. Nadel (Eds.), *Down syndrome: A review of current knowledge* (pp. 124–132). London: Whurr.

Hodapp, R. M., & Fidler, D. J. (1999). Special education and genetics: Connections for the 21st century. *Journal of Special Education, 33*(3), 130–137.

Hodapp, R. M., Glidden, L. M., & Kaiser, A. P. (2005). Siblings of persons with disabilities: Toward a research agenda. *Mental Retardation, 43*, 334–338.

Hodapp, R. M., Ly, T. M., Fidler, D. J., & Ricci, L. A. (2001). Less stress, more rewarding: Parenting children with Down syndrome. *Parenting: Science and Practice, 1*, 317–337.

Hodapp, R. M., Ricci, L. A., Ly, T. M., & Fidler, D. J. (2003). The effects of the child with Down syndrome on maternal stress. *British Journal of Developmental Psychology, 22*, 137–151.

Hook, E. B. (1981). Rates of chromosome abnormalities at different maternal ages. *Obstetrics and Gynecology, 58*, 282–285.

Howlin, P., Davies, M., & Udwin, O. (1998). Syndrome specific characteristics in Williams syndrome: To what extent do early behavioural patterns persist into adult life? *Journal of Applied Research in Intellectual Disabilities, 11*(3), 207–226.

Huang, L., Sadler, L., O'Riordan, M. A., & Robin, N. H. (2002). Delay in diagnosis of Williams syndrome. *Clinical Pediatrics, 41*(4), 257–261.

Kasari, C., & Freeman, S. F. N. (2001). Task-related social behavior in children with Down syndrome. *American Journal on Mental Retardation, 106*, 253–264.

Kasari, C., Freeman, S. F. N., & Hughes, M. A. (2001). Emotion recognition by children with Down syndrome. *American Journal on Mental Retardation, 106*, 59–72.

Kasari, C., Mundy, P., Yirmiya, N., & Sigman, M. (1990). Affect and attention in children with Down syndrome. *American Journal of Mental Retardation, 95*, 55–67.

King, B. H., State, M. W., Shah, B., Davanzo, P., & Dykens, E. M. (1997). Mental retardation: A review of the past 10 years: Part I. *Journal of the American Academy of Child and Adolescent Psychiatry*, *36*, 1656–1663.

Korenberg, J. R. (1993). Toward a molecular understanding of Down syndrome. In C. J. Epstein (Ed.), *Progress in Clinical and Biological Research: The phenotypic mapping of Down syndrome and other aneuploid conditions* (vol. 384, pp. 87–115). New York: Wiley-Liss.

Krauss, M. W. (1993). Child-related and parenting stress: Similarities and differences between mothers and fathers of children with disabilities. *American Journal on Mental Retardation*, *97*, 393–404.

Krauss, M. W., & Hauser-Cram, P. (1992). Policy and program development for infants and toddlers with disabilities. In L. Rowitz (Ed.), *Mental retardation in the year 2000* (pp. 184–196). New York: Springer-Verlag.

Laing, E., Butterworth, G., Ansari, D., Gsodl, M., Longhi, E., Panagiotaki, G., et al. (2002). Atypical development of language and social communication in toddlers with Williams syndrome. *Developmental Science*, *5*, 233–246.

Lichtenberger, E. O. (2005). General measures of cognition for the preschool child. *Mental Retardation and Developmental Disabilities Research Reviews*, *11*, 197–208.

Lobato, D. (1983). Siblings of handicapped children: A review. *Journal of Autism and Developmental Disorders*, *13*, 347–364.

Look, A. T. (2002). A leukemogenic twist for GATA1. *Nature Genetics*, *32*, 83–84.

MacMillan, D. L., Gresham, F. M., & Bocian, K. M. (1998). Discrepancy between definitions of learning disabilities and school practices: An empirical investigation. *Journal of Learning Disabilities*, *31*, 314–326.

Maisto, A. A., & German, M. L. (1986). Reliability, predictive validity, and interrelationships of early assessment indices used with developmentally delayed infants and children. *Journal of Clinical Child Psychology*, *15*, 327–332.

Mazzoni, D. S., Ackley, R. S., & Nash, D. J. (1994). Abnormal pinna type and hearing loss correlations in Down's syndrome. *Journal of Intellectual Disability Research*, *38*, 549–560.

McCubbin, H., & Patterson, J. (1983). Family transitions: Adaptations to stress. In H. McCubbin & C. Figley (Eds.), *Stress and the family: Vol. 1. Coping with normative transitions* (pp. 5–25). New York: Brunner/Mazel.

Mervis, C. B., & Becerra, A. M. (2007). Language and communicative development in Williams syndrome. *Mental Retardation Development and Disability Research Review*, *13*, 3–15.

Miller, J. (1999). Profiles of language development in children with Down syndrome. In J. F. Miller, M. Leddy, & L. A. Leavitt (Eds.), *Improving the communication of people with Down syndrome* (pp. 11–39). Baltimore, MD: Paul H. Brookes.

Minnes, P. (1988). Family stress associated with a developmentally handicapped child. *International Review of Research on Mental Retardation*, *15*, 195–226.

Molfese, V. J., & Acheson, S. (1997). Infant and preschool mental and verbal abilities: How are infant scores related to preschool scores? *International Journal of Behavioral Development*, *20*, 595–607.

Morris, C. A., Mervis, C. B., Hobart, H. H., Gregg, R. G., Bertrand, J., Ensing, G. J., et al. (2003). GTF2I hemizygosity implicated in mental retardation in Williams syndrome: Genotype-phenotype analysis of five families with deletions in the Williams syndrome region. *American Journal of Medical Genetics*, *A123*, 45–59.

Niccols, A., & Latchman, A. (2002). Stability of the Bayley Mental Scale of Infant Development with high-risk infants. *British Journal of Developmental Disabilities*, *48*, 3–13.

Opitz, J. M. (1996, March). *Historiography of the causal analysis of mental retardation*. Paper presented at the 29th annual Gatlinburg conference on research and theory in mental retardation and developmental disabilities, Gatlinburg, TN.

Pitcairn, T. K., & Wishart, J. G. (1994). Reactions of young children with Down syndrome to an impossible task. *British Journal of Developmental Psychology*, *12*, 485–489.

Potter, H. W. (1927). Mental deficiency and the psychiatrist. *American Journal of Psychiatry*, *83*, 691–700.

Risdal, D., & Singer, G. H. S. (2004). Marital adjustment in parents of children with disabilities: A historical review and meta-analysis. *Research and Practice for Persons with Severe Disabilities*, *29*, 95–103.

Roeleveld, N., Zielhuis, G. A., & Gabreels, F. (1997). The prevalence of mental retardation: A critical review of recent literature. *Developmental Medicine and Child Neurology*, *39*, 125–132.

Roizen, N. J. (2003). The early interventionist and the medical problems of the child with Down syndrome. *Infants and Young Children*, *16*(1), 88–95.

Rossiter, L., & Sharpe, D. (2001). The siblings of individuals with mental retardation: A quantitative integration of the literature. *Journal of Child and Family Studies*, *10*, 65–84.

Schaer, M., & Eliez, S. (2007). From genes to brain: Understanding brain development in neurogenetic disorders using neuroimaging techniques. *Child and Adolescent Psychiatry Clinics of North America*, *16*, 557–579.

Searcy, Y. M., Lincoln, A. J., Rose, F. E., Kilma, E. S., Bavar, N., & Korenberg, J. R. (2004). The relationship between age and IQ in adults with Williams syndrome. *American Journal on Mental Retardation*, *109*(3), 231–236.

Seltzer, M. M., & Ryff, C. D. (1994). Parenting across the life-span: The normative and nonnormative cases. In D. L. Featherman, R. M. Lerner, & M. Perlmutter (Eds.), *Life-span development and behavior* (Vol. 12, pp. 1–40). Hillsdale, NJ: Erlbaum.

Singer, G. H. S. (2006). Meta-analysis of comparative studies of depression in mothers of children with and without developmental disabilities. *American*

Journal on Mental Retardation, *111*, 155–169.
So, S. A., Urbano, R. C., & Hodapp, R. M. (2007). Hospitalizations for infants and young children with Down syndrome: Evidence from inpatient person-records from a statewide administrative database. *Journal of Intellectual Disabilities Research*, *51*, 1030–1038.
Solnit, A., & Stark, M. (1961). Mourning and the birth of a defective child. *Psychoanalytic Study of the Child*, *16*, 523–537.
Sparrow, S. S., & Davis, S. M. (2000). Recent advances in the assessment of intelligence and cognition. *Journal of Child Psychology and Psychiatry*, *41*, 117–131.
Spencer K. (2007). Aneuploidy screening in the first trimester. *American Journal of Medical Genetics*, *145*, 18–32.
Tarjan, G. (1966). Cinderella and the prince: Mental retardation and community psychiatry. *American Journal of Psychiatry*, *122*, 1057–1059.
Taunt, H. M., & Hastings, R. P. (2002). Positive impact of children with developmental disabilities on their families: A preliminary study. *Education and Training in Mental Retardation and Developmental Disabilities*, *37*, 410–420.
Trivette, C. M., Dunst, C. J., Boyd, K., & Hamby, D. W. (1996). Family-oriented program models, help giving practices, and parental control appraisals. *Exceptional Children*, *62*, 237–248.
Urbano, R. C., & Hodapp, R. M. (2007). Divorce in families of children with Down syndrome: A population-based study. *American Journal on Mental Retardation*, *112*, 261–274.
Wechsler, J., Greene, M., McDevitt, M. A., Anastasi, J., Karp, J. E., Le Beau, M. M., et al. (2002). Acquired mutations in GATA1 in the megakaryoblastic leukemia of Down syndrome. *Nature Genetics*, *32*, 148–152.
Zigler, E. (1967). Familial mental retardation: A continuing dilemma. *Science*, *155*, 292–298.

第 21 章

创伤后应激障碍

迈克尔·S·舍尔丁格（Michael S. Scheeringa）

345 过去25年中，虽然有一些关于年幼受创伤儿童重度症状的病例报告，但是近15年才开始系统研究创伤后应激障碍（PTSD）。本章首先回顾了与创伤研究相关的发展问题，包括记忆发展与PTSD的神经生物学基础；其次，回顾了年幼儿童PTSD的诊断效度与并发症及相关情况；再次，考察童年早期PTSD的相关环境；最后，对评估方法以及治疗具有PTSD症状年幼儿童的相关内容进行总结。

发展的注意事项

记忆发展

记忆是PTSD中一个关键性问题。为说明这种障碍的关键信息，个体必须具有对过去事件某种形式的记忆：事件过后的伤痛、反复在脑海中出现的对事件的记忆、逃避事件或对事件的闪回。我们已经对许多记忆类型进行了研究。这里，主要关注对实际和临床问题最有益的两种记忆类型：关于过去事件，婴儿记住了什么？评估者和治疗者如何理解年幼受创伤儿童的记忆？

首先是记忆的第一种类型，即行为记忆（非陈述或内隐）。个体对这种记忆本质上是无意识的，不能口头回忆，但却可以通过行为表现出来。实验表明，对于6个月大的婴儿，若24小时之前频繁向他们展示玩具，他们就可以表现出回忆（Collie & Hayne，1999）。纳尔逊（Nelson，1995）假设负责长时记忆的大脑结构至少在八九个月时就已形成并开始起作用（Nelson，1995）。这些记忆类型可能是前言语期儿童反复经历创伤经历时所觉察到的（Terr，1981）。也就是说，个体对类似过去事件的情境，会有诸如无意识压力反应等行为记忆。

记忆的第二种类型，自传体记忆（autobiographical memory）（陈述或外显），是对个体经历的离散事件的口头回忆。这种记忆类型在18个月左右伴随言语产生而出现，18～36个月间逐渐发展，36个月后，形成一种清晰连贯的记忆形式。以上时间轴，同时适用于正常发育研究（Fivush，1999）和临床情况（Terr，1988）。

总之，记忆研究表明，未满6个月甚至18个月以前经历过创伤的儿童，对创伤事件没有补偿性的自传体式叙述。如果儿童在这段时间之前描述了对事件的记忆，很可能是他们偶尔从成人那里听到了关于事件的讨论，并开始相信他们所听到的就是自己的记忆。例如，特尔（Terr，1990）报告了关于一个小女孩的典型案例，她5岁的姐姐被泳池排水处吸住而严重受伤时，她才25个月大。虽然她当时也在场，但她没看见姐姐受任何伤。几年之后，姐姐意外死亡，妹妹坚持认为，她看见了最初的事故发生，并对创伤情景进行了详细的描述。结果是因为她在家里听见过家人对此的描述。

对压力事件的记忆

对自身事件的记忆即使不是决定儿童是否产生PTSD的限制性因素，也是一个非常重要的因素。儿童能记住多少个体压力经历的记忆，可能与儿童对日常事件记忆的多少相同或不同，对此有大量文献记载。梅里特等向24名接受了膀胱尿道造影检查的3～7岁儿童询问有关检查中具体环节的内容（Merritt，Ornstein & Spicker，1994）。6周后，这些儿童平均记住了83%的内容。用录像去观察程序进行中儿童的痛苦程度等级，发现与忆起的数量呈负相关。他们总结认为，年幼儿童记忆相当准确，但对使他们痛苦的过程，他们的记忆会明显减少。

另一些研究更加系统地证明了年龄因素。研究者要求140名3～7岁儿童去记忆一个情境，即一个孩子见儿科医生，约18.6秒（Baker-Ward，Gordon，Ornstein，Larus & Clubb，1993）。记忆准确性随年龄增长存在一个可预测的等级水平：测试之后，3岁儿童可立即回忆75%，5岁儿童为82%，7岁儿童为92%。并且，7岁儿童在几周之后基本上不会忘记，但3岁儿童的记忆准确性却明显下降至70%。

陈等（Chen，Zeltzer，Craske & Katz，2000）也对3～18岁儿童精确回忆数量的年龄等级进行了实证量化研究。研究者对这些儿童进行访谈，要求他们对癌症治疗方案中的腰椎穿刺过程（脊椎穿刺）进行回忆。根据对程序20个细节的系统访谈，发现3～4岁儿童的记忆量（42%）显著低于年长儿童：5～7岁组为69%，8～10岁组为78%，11～18

岁组为87%。3～4岁组相较于年长组儿童（成功被诱导的比例分别为18%、16%和0）更容易受诱导问题的诱导（61%）。儿童在检查过程中报告出的更高的焦虑水平与其回忆水平较差有关，此结果与梅里特等对痛苦与回忆的关系的研究结论一致（Merritt et al.，1994）。

特尔首创对临床创伤儿童的定性研究，认为只有3岁及以上有创伤经历的儿童，在多年以后才可以对相关事件进行清晰的自传式叙述（Terr，1988）。这个时间轴大致与彼得森（Peterson）及同事对接受急诊室治疗的儿童的非临床研究一致。在一项研究中，研究者对25个17～66个月大的儿童进行访谈（Howe，Courage & Peterson，
347 1994）。他们认为，未满24个月的儿童，一般不能对创伤性事件进行清晰的叙述。在另一项急诊室研究中，1岁和2岁儿童在急诊室治疗后，不能对在急诊室治疗时的情景进行准确回忆；但是，2.5岁或更大的儿童，则可以进行精确回忆，甚至在5年以后仍旧可以记起（Peterson & Whalen，2001）。

最后，费沃斯等再次对42个在3～4岁时经历过安德鲁飓风的9～10岁儿童进行访谈（Fivush，McDermott-Sales，Goldberg，Bahrick & Parker，2004）。首要目的是确定儿童在6年之后对曾经危及生命的经历能回忆多少。在两个时间点使用相同的访谈技术，他们发现儿童回忆的细节几乎是他们在经历飓风2～6个月后回忆的两倍。与梅里特和陈的研究相反，他们发现压力的大小对回忆没有影响。

总之，这些数据表明，即使2.5～3岁儿童在多年之后也能够清晰回忆压力事件，这些回忆至少和真实经历一样详细（Fivush，1999）。有证据表明，在经历事件时若产生过多的压力，回忆就会较少，但是这个研究结果并不确定。有关12个月及未满12个月的儿童的研究表明，婴儿在回忆先前学习经历时能用行为表现出来，但通常不能用口头叙述的方式来表达对这些事件的记忆，即使是稍年长的儿童也不能完成（Fivush，1999）。

心理病理学方面的记忆特征

尽管记忆对PTSD的发展有显著重要性，但对与实际心理产物相关的记忆评估的研究却相当少。唯一已知的有关儿童的前瞻性研究，是对35名3～4岁经历安德鲁飓风时进行过第一次评估的儿童，追踪6年后，进行第二次评估（McDermott-Sales，Fivush，Parker & Bahrick，2005）。第一次评估时，关于飓风事件回忆较多的儿童表现出较轻的PTSD症状。相反，第二次评估时，回忆数量与PTSD的严重程度未表现出相关，这与成人研究结果一致（Kangas，Henry & Bryant，2005）。但是，在第一次评估时，只是简单谈论更多（但是对创伤事件以外的内容却没有回忆更多）和使用更多积极情绪词汇的儿童，在第二次评估时没有表现出严重的PTSD症状，这些证据表明：主要是积极情绪词汇而非谈论的数量，与第二次评估时更好的PTSD结果相关。这个发现表明，记忆效价不同于记忆数量，可能与PTSD发展有关。与坎加斯等（Kangas et al.，2005）的研究一样，这个研究存在一个局限，即没有评估儿童记忆的准确性。

在常见的临床案例中，抚养人希望儿童忘记创伤事件，不想和儿童讨论这些，因此这些结果很重要。首先，一旦儿童记住了一件事情（大约2岁半后），就不会忘记。随着时间推移，儿童可能会忘记细节，但通常不会忘记发生了什么。其次，即使记住较多或较少的细节也似乎并不能阻止儿童的PTSD症状继续发展。因此，我们对2.5岁及以上儿童抚养人的建议是与儿童谈论过去的创伤事件。

但是，对于2.5岁以下的儿童，抚养人可以不去谈论创伤事件。讨论会促使缺少这方面记忆的儿童建立起记忆。但是如果儿童询问过去事件，并且似乎在进行回忆，那么就用对待年龄稍长儿童的方式来处理。

恐慌时刻

PTSD开始于最初的恐慌时刻或者是由于对绝望的短暂失控感而引起的不知所措。与这个定义一致，对PTSD风险因素的流行病学研究表明，感知到对生命的威胁和创伤事件发生时的恐惧是对PTSD的最可靠的两个预测（Ehlers，Mayou & 348
Bryant，1998）。这表明恐惧大约在9个月时出现（Lewis，2000），但是在早熟的个体身上也许会出现得更早一些。

目前的难题是，确定令婴儿和年幼儿童恐惧的是什么或不是什么。我们对这个领域了解得越

清楚，越有助于我们帮助成年抚养人理解症状如何开始以及如何最有效地安慰受创伤年幼儿童。对遭受身体虐待、性虐待、车祸、意外伤害和动物咬伤的儿童，最简单常用的方法就是精确确定引发当前恐惧反应的先前事件。但对目睹家庭暴力引发的因果关系，可能更加令人困惑。例如当妈妈还击或离家出走，或者当她们在隔壁房间只能听到而不能看到发生了什么的时候，儿童可能会更害怕。在外科医疗中，戴氧气面罩或被单独留在走廊中的病床上，也许比任何实际的医疗过程而更令人恐惧。

对于更加复杂的事件，如自然或人为的灾难，经常会有继发事件与其相关，这些事件引起的恐惧与前者相比有过之而无不及，并且我们并不确定到底是哪件事最令儿童恐惧。一项针对70名卡特里娜飓风受灾儿童的研究发现，50%的儿童患有PTSD。这些儿童中有24名一直待在城市里，遭受着暴风与随之而来的洪水，他们患PTSD的比例为62.5%。其余46个儿童在暴风来临之前被疏散了，因此他们并没有真正处于风险之中，但他们患PTSD的比例仍然出乎意料地高达43.5%（Scheeringa & Zeanah，2008）。对大多数被疏散的儿童来说，当他们回去第一眼看到被洪水淹没的家乡的那一刻，恐惧就产生了；我们的标准化访谈对这种经历进行了反复而清晰的描述。他们所有的玩具和衣服都毁了，他们周围的房子也遭受同样的命运。似乎，儿童感受到此时他们几乎处于风险之中，而不只是他们的想象，或者也许他们相信现在自己正处在风险之中。大多数我们访谈的被疏散儿童的家长，都能清晰地指出回到家乡目睹惨状的那天他们孩子的症状。

被疏散儿童中，有一个儿童是与母亲在深夜被疏散时受到惊吓，当时很黑，她们很累，交通拥挤。父亲在国外做生意，孩子担心父亲找不到她们。另一个被疏散儿童是在母亲准备开车离开而父亲拒绝与他们一起走时感到恐惧。这位父亲最终妥协并且上车，但是是在出现令孩子恐惧的僵局之后。

这些例子都发生在学前儿童而不是婴儿身上，但关键点是，在当下事件引发压力时，我们要思考与其相关的过去事件，即使很小的事件也应该被追踪，以证实是什么引起了恐惧，而不是单纯依赖抚养人的直觉。

神经生物学

成人研究集中显示了很多与PTSD有关的神经生物学差异（Kaufman & Charney，2001；Vermetten & Bremner，2002）；可是，几乎没有研究能确认成人研究结果是否适用于儿童。例如成人的形态学脑成像显示患PTSD被试的海马结构面积会持续减少，但是对学龄儿童的研究则没有得到这样的结论，而是发现其总体脑容量可能在变小（DeBellis et al.，2002）。

1岁是产生和巩固自身能力非常活跃的时期。除了广为人知的视敏度发展，区别他人面部表情能力的提高、爬行和走路、咿呀学语、情绪分化出现，在2～9个月时还出现了两种主要的高级社会性与情绪能力（Zeanah，Stafford，Boris & Scheeringa，2003）。婴儿期神经生物学研究开始勾画出这些新生发展能力的基础神经机制（Bell & Fox，1992；Marshall，Bar-Haim & Fox，2002）。用于欣赏外部事件的认知能力和潜在的神经网络在婴儿期发展相对迅速，因此，从 *349*
成人研究中做推断是存在风险的。

然而，为概括并简化受心理创伤成年人的研究，我们对主要神经网络进行了勾勒，发现杏仁核活动增强与前额皮质活动减弱（Shin et al.，2004）。和创伤相关的刺激与心率增强和心率控制的自主适应性降低（心率变化性减弱）相关（Cohen et al.，2000）。基础水平的研究结果和皮质醇反应的规则相矛盾（Kaufman & Charney，2001）。

少数对学前儿童的研究证实了对只接触过严厉且低响应的管教这种抚养品质的学前儿童，其心率反应的自主控制与患PTSD的相关降低了（Scheeringa，Zeanah，Myers & Putnam，2004）。目前已有大量对压力下和受虐儿童的皮质醇研究，但研究PTSD并行方法的缺乏限制了对临床水平失调儿童研究进行概括的能力（Cicchetti & Rogosch，2006；Gunnar & Vazquez，2001）。

尽管缺乏学前儿童方面的数据，但创伤引起的神经生物学中断可能会造成消极影响。佩里等引入神经网络整合的功能依赖性概念，以表明重复触发PTSD背景下的恐惧网络将会有选择地保持适应不良的神经回路，这是以损害生命早期网络和突触修剪正常过程中的适应性神经回路为代价的（Perry，Pollard，Blakley，Baker & Vigilante，1995）。对适应不良回路的记忆理论上会导致发育中的脑结构更加持久的改变，也许会导致适应不良的人格特质和更持久的慢性症状。到目前为止，仅有的学前儿童 PTSD 纵向研究，确实需要进行一个相较于正常成人研究过程更加漫长的 PTSD 研究过程（Scheeringa et al.，2005）。

此外，肖勒（Schore，2002）最后推测婴儿期虐待或忽视（婴儿与抚养人之间）造成了眶额皮层发展损伤并与 PTSD 发展有关。然而，没有针对 PTSD 儿童的大量可供引用的研究，其理论也停留在推测层面。

PTSD 的诊断效度

有 9 项研究系统调查了学前儿童 PTSD 的诊断标准（Bogat，DeJonghe，Levendosky，Davidson & von Eye，2006；Ghosh Ippen，Briscoe-Smith & Lieberman，2004；Levendosky，Huth-Bocks，Semel & Shapiro，2002；Ohmi et al.，2002；Scheeringa，Peebles，Cook & Zeanah，2001；Scheeringa & Zeanah，2008；Scheeringa，Zeanah，Drell & Larrieu，1995；Scheeringa，Zeanah，Myers & Putnam，2003；Stoddard et al.，2006）。调查的一致结果是：（1）确实可在学前儿童中检测到 PTSD；（2）它们验证了 PTSD 项目中的大多数（但不是所有）；（3）更重要的是，从发展角度看，替代标准比 DSM-Ⅳ标准更加敏感而有效。然而，这些研究都没有将 12 个月以下的儿童从年长儿童中分离开来进行单独的分析。

年幼儿童 PTSD 的替代标准（Scheeringa et al.，2003），修正了一些语法项目，以便对年幼儿童发育更加敏感。例如对 DSM-Ⅳ中的易怒与愤怒爆发的项目进行修正，以包含极端脾气暴躁。虽然修正主要是降低 C 标准（麻木和回避项目）要求，即从七个项目中的三个项目降低到只有一个项目。但这种修正是参考以往研究经验的，许多 C 标准项目反映了似乎在年幼儿童发展上不可能的（如一种预见未来的感觉）或者甚至当其出现时也很难检测的（如回避与创伤事件相关的想法与感觉，无法回忆起事件的重要方面）高度内化的现象。

当样本使用替代标准并直接和 DSM-Ⅳ标准比
350 较时，PTSD 比例明显升高。非临床（即非求助）案例中，日本一起瓦斯爆炸中个体患 PTSD 比例为 25%（Ohmi et al.，2002），各种创伤性事件（主要是车祸和目睹家庭暴力）中 PTSD 比例为 26%（Scheeringa et al.，2003），然而如果用 DSM-Ⅳ标准来衡量，PTSD 比例皆为 0。临床数据中，目睹家庭暴力的孩子罹患 PTSD 的概率超过 40%（Ghosh Ippen et al.，2004），两个小型临床研究中的 PTSD 比例分别为 69%（Scheeringa et al.，1995）和 60%（Scheeringa et al.，2001），但在 DSM-Ⅳ标准下，比例分别约为 2%、13%和 20%。随着使用方法和标准的愈加有效，年幼儿童的 PTSD 比例会接近年长群体。

可能罹患 PTSD 的最小年纪

根斯鲍尔（Gaensbauer，1982）曾经对一个遭受身体虐待的 3 个月女婴进行评估；她 2 周大时因为手臂骨折接受治疗，7 周时在健康婴儿检查中发现背部挫伤，3 个月时发现非挤压性颅骨骨折及另一只手臂骨折。根斯鲍尔没有给出诊断，因为他的目的是描述情绪发展，但已有大量细节可以确定女婴表现出了 PTSD 的大部分症状。医院立刻发现了她的症状，但持续症状是全部来自创伤还是来自混杂在一起的新异应激源和依恋相关障碍，就很难区分。她在最后一次受伤后被安置在寄养家庭，两周后她对男性的恐惧和身躯情感得到改善，表明这不是持久性的 PTSD 症状。所有这些伤害事件都牵涉到女婴的父亲。她在靠近男性时会有各种不同的痛苦，会尝试避免与男性互动，对日常活动失去兴趣，积极情感减少，过分急躁和高度警惕。这例案例牵涉女婴身体虐待伤害，入院就医，接受医疗程序，然后又离开父母被安置在寄养家庭。因此，不确定把她的症状归于 PTSD 是否合适。它可能更类似于适应障碍问题，即只要有害事件仍旧持续（虐待、疼痛、治疗、分离），它就存在，但有害事件一旦停止，它也就随之消失。

索尔特（Solter，2007）对一个 5 个月男婴进行过描述，为治疗先天性缺陷，男婴经历了一场开颅手术。男婴有 3 种 PTSD 症状，包括仰卧位（supine position）痛苦（可能是对他手术和住院经历的提醒）、夜间醒来、易怒。他还表现出夜间惊恐、运动能力退化、害怕陌生人，但这些并不符合PTSD标准。男婴没有特别表现或者缺失符合PTSD回避和麻木标准的项目。这个婴儿还有极端情绪障碍和常规功能（睡觉、吃饭、社交）受损。在第1个月内，用冲击疗法（flooding technique）进行治疗，包括让婴儿持续增加处在仰卧位置的时间，直到哭闹和痛苦有所减弱。这个案例是否为PTSD也是不确定的，因为在接下来的2个月中“没有出现其他的症状”。关于PTSD的文献资料显示，在威胁生命事件发生后的前1个月，大部分个体会显示出一些与PTSD一致的症状（Davidson，Hughes，Blazer & George，1991），但只有约30%的个体在1个月后继续显示出症状，并符合PTSD的诊断标准（Kessler，Sonnega，Bromet，Huges & Nelson，1995）。这个婴儿的症状消失可能是由于第1个月进行了冲击疗法，也可能是适应了术后的头部刺激，或者在其他刺激（运动限制、伤口疼痛、喉咙疼痛）消失后症状减轻了。

一个PTSD女孩，她9个月时遭遇了一场可怕的车祸（Gaensbauer，1995），22个月时进行诊断评估。她表现出明显的创伤后相关症状，由于在车里受到惊吓，而同时呈现出对暗示的痛苦和
351 回避。同时她还表现出睡眠困难、易怒、情感范围受限。最早已知的公开PTSD案例（由替代标准诊断的）是在9个月左右，此时正是行为记忆能力开始出现的时间（先前已经阐述过），这可能不是一个巧合。相比之下，符合PTSD的完整DSM-Ⅳ标准的最小案例是34个月大（Gaensbauer，1997），包括年幼儿童诊断疾病分类学中高度内化条目的疑难问题。

其他公开的典型案例包括：一个女孩0～6个月时遭受性虐待，35个月时接受评估（Terr，1988）；一个男孩在7个月时遭受性虐待和身体虐待，7岁时曾出现解离症状（Gaensbauer，1995）；一个女孩在12个月大时目睹了妈妈因暴力而死亡，她在4岁时接受第一次治疗（Gaensbauer，Chatoor，Drell，Siegel & Zeanah，1995）；一个男孩在13个月时因意外服药过量需住院治疗，25个月时接受评估（Gaensbauer，1995）；一个女孩在15个月时意外摔断腿，19个月时被治疗（Gaensbauer，1995）；一个16个月大的儿童在医院静脉注射时产生并发症（Gaensbauer，1997）；一个女孩1岁时全年目睹家庭暴力，17个月时可能遭受身体虐待，18个月时接受评估（Zeanah & Scheeringa，1997）；一个女孩从15个月到17个月期间遭受性虐待，5岁时接受评估（Terr，1988）。此外，科茨和谢克特（Coates & Schechter，2004）发表了两个来自“9·11”事件的案例：一个3岁女孩和一个2岁4个月的女孩。有关个案的临床指导，读者可以针对更多细节查阅以上著名案例，看是否接近感兴趣案例中的创伤类型和年龄。几乎所有这些报告都缺乏对PTSD总症状评估的综合分析。这可能会促进系统描述PTSD条目存在或缺失的案例报告出版，而且有助于确定真正的创伤是危难和逃避行为而不是对当前痛苦的普遍消极反应。

总之，即使使用替代标准，文献中也还没有出版过明显符合PTSD标准的婴儿（12个月以下）案例。这并不意味着对其诊断是不可能的，而是案例在这一目标上没有得到充分描述。婴儿（特别是9～12个月间）患PTSD似乎是可信的，但这类案例还没有公开过。即使案例可被系统地评估与描述，也缺乏足够的证据确信9个月以下儿童能出现PTSD症状可鉴定的条目。9个月以下儿童在痛苦环境下确实会表现出痛苦，但是目前还不清楚在多种刺激和威胁提醒间是否有认知上的联系。这个年龄段症状的调节可能是类似的，随着痛苦刺激的去除会较快消失。

亲子关系问题

多达17个研究几乎一致认为，创伤后显示出更严重心理病理症状的儿童，父母应患有严重精神性疾病或者存在家庭问题（Scheeringa & Zeanah，2001）。这类研究还没有关注到婴儿，只有少数几个涉及学前儿童，但考虑到抚养人背景与其相关的重要性，我们在本章中重点关注婴儿。对这些研究数据有以下几种解释。

养育模型。由于抚养人本身的心理疾病而缺

乏养育能力，导致儿童强烈的反应，此模型是通过说明儿童的强烈反应来解释这些数据的。

352 **双向模型**。当儿童情绪上被打扰时，许多父母的正常共情反应也是痛苦的，此模型就是通过说明这个问题来解释数据的。这些模型与养育模型的关键差异是儿童会先变得烦躁，养育并没有影响他们的心理病理症状。

共享基因易感模型。此模型认为，易产生情绪障碍的父母会把其易感基因传递给儿童。此模型与谁先变得烦躁以及教养无关。

临床实践中，大多时候是采用养育模型，因为我们一直相信养育的重要性。在养育模型中，要考虑额外的潜在假设：（1）养育完全导致了儿童的PTSD，儿童患上PTSD仅仅是因为他们的父母做得不好（完全调节模型）；（2）儿童由于自身原因患上PTSD，但是它被不太理想的父母机能强化了（部分调节或适度模型）；（3）不太理想的养育不会导致PTSD或使其更糟，但它会妨碍PTSD好转（部分适度模型）。然而，还没有可以证明或反驳这些模型的研究。事实上，早期研究用横断数据来分析养育模型，结果并不理想。

一项对95名7～12岁儿童的研究，首次对有家庭暴力的父母进行等级评定，结果发现家庭暴力严重程度与父母温情之间没有明显相关。但是对观察到的儿童行为、负性生活事件、社会支持、母亲抑郁和母亲创伤症状进行统计“控制”后，发现家暴可以解释17%的母亲温情变化（Levendosky & Graham-Bermann，2000）。然而，家暴的严重程度并不能预测权限控制，但如果家暴通过养育影响了操作的话，它就应该是可以预测的。作者知道先有鸡还是先有蛋的问题是不能通过这个研究来回答的，并且还有一种可能，即父母养育方式没有影响儿童，儿童症状反而影响了父母养育方式。此外，与预期不同，家暴的严重程度并不与观察到的亲社会或反社会的儿童行为直接相关。此研究的局限性在于没有评估儿童的心理病理症状。

然而，一项以亲子关系为中介的生态学模型研究，评估了对儿童的疗效（Levendosky，Huth-Bocks，Shapiro & Semel，2003）。这些研究者研究了103名3～5岁儿童，70%的母亲报告儿童成长期间有过身体虐待的家庭暴力。虽然没有检测到PTSD，但其设计与分析有助于阐明暴力如何与养育质量相关，及其如何转而与一般条件下的儿童发展相关。与预期不符，家暴的严重程度与自我报告的高养育效力相关。然而，母亲心理问题的严重程度似乎对养育质量有影响；即有严重心理问题的母亲自我报告的养育效力偏低，显而易见，这说明那些有心理问题的母亲，而不是那些经历了家暴的母亲，本身就显示了较低的养育效力。模型表明，有严重心理问题和较低养育效力的母亲使儿童在外化行为上表现更严重——但并不是这个群体的全部儿童都显示出严重的外化问题：群体在CBCL外化量表上的平均值仅为55.78，标准差是10.74，临床显著水平的分界是63。

这个研究组同样使用儿童访谈的工作模式（Zeanah & Benoit，1995），发现经历家暴的母亲与没有经历过家暴的母亲相比，对自己及孩子的态度更消极（Huth-Bocks，Levendosky，Theran & Bogat，2004）。此研究结果表明，母亲的创伤影响了母亲的养育质量，母亲的养育质量进而影响了孩子。然而，这个研究并没有测量实际的养育质量或儿童的成长结果。此外，这个研究受到了限制，即家暴不是在群体中随机发生的，并且 353
遭受暴力的母亲在其卷入虐待关系之前可能持有不同的工作模型。

德容格及其同事提供了婴儿被暴力养育环境影响的线索，他们对30个遭受家暴和59个没有遭受家暴的12个月大婴儿进行研究。遭受组在回应一个生气的女实验者打来的电话时表现出了更痛苦的面部表情（DeJonghe，Bogat，Levendosky，von Eye & Davidson，2005）。这些发现与表明此年龄段婴儿可被暴力影响的研究结果一致。目前还没有一致研究表明，婴儿面部痛苦是否随着症状和损害增加而同时出现。虽然这并不令人意外，但是研究没有得到更标准的可观察的实验室证据，表明12个月大的婴儿已经普遍有能力对环境中的这类显著事件进行浏览、处理并作出反应，并且在缺乏父母指导下独自表现出来。

研究组的另一项研究，对48名12个月大婴儿目睹家暴后的影响进行评估（Bogat et al.，2006）。PTSD的评估并不是十分严格，但是婴儿显示了平均1.04的创伤后症状（范围是0～7）。此外，评估是在创伤事件发生的两周内进行，因此考察这些真实的PTSD症状存在一个问题，即它必须在最短1个月的时间内完全呈现出来。然而，一个适度的关系显示了母亲创伤后的悲痛水平，即只有母亲有高水平的创伤症状，目睹较多暴力的婴儿才表现更多的创伤症状，而在目睹较少暴力的婴儿身上则没有出现这种关系。作者的解释是，暴力越严重，母亲的症状也会越明显，进而导致养育改变，这与PTSD关系模型一致，即母亲症状可能使儿童症状更加恶化（Scheeringa & Zeanah，2001）。

斯托达德及其同事（Stoddard etal.，2006）从52个12～48个月被烧伤的儿童及其抚养人中收集数据（Stoddard et al.，2006）。他们发现在替代标准下，29%符合PTSD标准（Scheeringa et al.，2003）。父母症状一定程度上调节了儿童痛苦水平和急性压力症状之间的关系。

评估

PTSD儿童可能不会对大多观察者表现出症状。这导致了对公共卫生的一个挑战，因为专家和抚养人都不能确认婴儿是否患有PTSD或者提供适合的治疗。例如之前描述的3个月女婴，“被医院观察者描述为一个‘可爱的婴儿’——快乐、可爱、社交广泛”（Gaensbauer，1982，p. 35）——尽管她有很多受伤经历和问题。一项对学前儿童的研究显示，临床观察只能发现12%的真实PTSD症状（Scheeringa et al.，2001）。因此，最有效的评估方法是对抚养人进行访谈。然而，一个额外问题出现了，即父母可能认可许多反应症状的项目，但是会拒绝治疗，因为他们认为他们的孩子不需要。那些行为使人讨厌并具有破坏性的严重外部混乱儿童，以及在临床上表现出PTSD症状的那部分学前儿童，则与此情况形成对比（Peebles，1997）。

另外一个问题是，PTSD并不是描述大多数人都知道的可观察现象的常规术语。我们都知道抑郁和活动过度大概是什么样子的。但是大多数人在他们的日常经历中，并不知道什么是对非风险性刺激的过度恐惧反应或者在没有压力呈现时的恒定常态反应。一次，一个儿科医师问我在儿科临床中怎样识别儿童PTSD。在我回答之前，他描述了一个被车撞过的小孩的轶事。孩子的妈妈告诉儿科医师，儿童现在害怕和她过马路。儿科医师告诉她这是正常的，基本上不要理睬它。不
354 幸的是，甚至是专业人员也错过了PTSD——这个疏忽成为了评估中的一个漏报。另一个漏报来自极度轻视、拒绝或只是不知道孩子症状的抚养人，这可能是由于他们自身症状造成的。

当临床医生把年幼儿童的创伤经历或阈下症状等同于PTSD时，误报就会产生，这同样是一个挑战。事实上，大多受创年幼儿童不会患PTSD。此外，抚养人可能过度夸大了孩子的PTSD症状，也许把自身症状也影射到孩子身上。

尽管并没有仔细研究父母对年幼儿童创伤后症状报告的准确度，但是有可供参考的相关数据。许多研究都是对抚养人和儿童进行同时评估，它们一般都会对集中症状进行适度报告（Scheeringa & Zeanah，2001）。这些数据与误报问题还是很吻合的，尽管也有一个比较合理的与之相悖的假设存在，即对于同时受过创伤的父母和孩子，父母的报告会比较准确。

访谈

为了使误报和漏报最小化，并评估年幼儿童PTSD，我们必须对抚养人进行全面、标准、严格的访谈。访谈包括对年幼儿童PTSD全部17项症状以及相关症状进行系统询问。特别是，访谈者必须要从一系列探查问题中询问可能的症状和标志，直到抚养人回答“是”为止，否则访谈者就要使用所有的探查问题。此外，在我们的访谈技术中，在我们认可当前呈现条目之前，我们需要一个包括开始日期、持续时间和频率的典型例子。

例如对于一个遭受过父亲身体虐待的婴儿，“心理不良应激作为创伤经历的提醒”这个项目的最初探查问题应该是：“当你的孩子接触可以提醒他有关创伤事件的事情时，他会痛苦吗?”如果抚养人回答“不会”，接着访谈者就会问些更详细的问题。“如果一些类似于之前发生过的事情发生了，他会怎么样，会像你告诉他那样停止做某些事情吗?”如果回答是不会，则继续。“如果某人对他或在他周围提高声音大喊大叫，他会怎样?”如果答案是否定的，继续。“如果被人打屁股会怎

么样？”如果答案是否定的，继续。“如果被置于特定的位置或是被粗鲁地对待，会怎么样？”如果答案是否定的，继续。“如果他们处在虐待他的人或处在任何会使他想起那个人的个体的身边，会怎么样？”如果答案是否定的，继续。直到访谈者把适用于那种特殊情境的所有可能发生的事件都问完，访谈才能停止。

临床医生可能对这项技术存有保留意见，因为他们接受过不能“诱导证人”的训练。然而，这不是诱导证人。相反，这是弄清探查问题的意义。多数抚养人对构成 PTSD 标志的内化和抽象条目没有一个参考框架，所以需要对他们进行一定的培训，告知他们这些标志如何在年幼儿童身上出现。这些标志与症状学的其他类型形成对比，就如之前提到的活动过度或抑郁，对多数人来说，很容易观察并且很直观。如果临床医生能坚持对他们认可的特殊例子进行持续追踪，包括相关症状的频率、持续时间以及开始时间，抚养人过度报告症状的机会就很低了。

未知创伤的 PTSD

若是婴儿或年长前言语阶段儿童已经受创，但却没有一个可以描述发生了什么的成人目击者，这就对诊断 PTSD 提出了一个挑战。一般情况下，有可能会知道发生了一些事，但却不清楚具体的细节。例如抚养人是祖父母或养父母，他们知道某些虐待方式会导致他们丧失对孩子的监护权。另一种常见情况是，不清楚创伤是否发生，但儿童行为异常。例如与其他的父母或临时保姆相处后，表现出具有性别特征的行为，但是没有成人可以确定是否发生创伤事件，因为没有任何物证。

355 在这些案例中，我们有必要记住 17 个 PTSD 条目中有 5 个属于被引发的现象（另外 12 个条目是非特定的）。这 5 个条目是：心理痛苦的提醒、身体痛苦的提醒、对事件的侵入性回忆（或是再现）、避免外部提醒、避免内部提醒。如果婴儿或年幼儿童患有 PTSD，那么抚养人应该报告可以触发他痛苦或是逃避的特定情境。从先前例子看出，如果抚养人发现，当她的丈夫大声说话时，孩子睁眼表示惊恐并且叫喊，那么这种反应不是正常的童年期行为。同时这还可以作为一个指示器，以表明儿童被一个与过去创伤类似的事情所引发。目前还没有来自目击儿童最初创伤的成人的口头确认，而这些类型的线索正是我们需要的。这些都是合理可靠的，因为它们包括非标准化行为和触发性恐惧反应。

具体测量

如前所述，唯一适合年幼儿童 PTSD 的评估是对抚养人进行全面、标准化和严格的访谈。两种标准化的诊断性访谈适用于年幼儿童的抚养人。

针对年幼儿童的创伤后应激障碍半结构性访谈（PTSD-SSI）和观察记录法，现已广泛应用于多项针对极年幼儿童的研究（Scheeringa et al.，2001；Scheeringa et al.，2003；Stoddard et al.，2006）。首先是筛查创伤事件，从 11 种不同类型的创伤事件中进行筛查。访谈者从 DSM-Ⅳ 中询问 17 个关于 PTSD 的条目，其中有 5 个条目提供了可供选择的发展上的敏感措词。此外，访谈还包括四个相关症状的问题，它们不属于 DSM-Ⅳ 标准的一部分，而是普遍存在于年幼儿童身上的问题。最后，由其中 5 个问题来确定功能损伤或明显悲痛是否与症状相关。对来自一个心理诊所的 11 个案例使用此种访谈，由第 2 位评估者从访谈录像中对测量进行编码，显示评分者信度良好（所有 17 个条目的平均 Cohen's Kappa 为 0.75），并且与用替代标准（Cohen's Kappa 为 0.79）进行完整诊断的结果相当一致。这种测量方法被翻译成荷兰语、德语、西班牙语和希伯来语等多种语言。

学前心理健康评估（PAPA）是一个针对2～5岁儿童的结构化诊断访谈，它包括关于 PTSD 症状的详细探查问题外加一个由 21 个不同事件组成的创伤事件筛查和一个功能损伤部分。症状部分包括 17 个 DSM-Ⅳ 条目中的 15 个；幻想未来与对日常活动失去兴趣这两种情况，必须从抑郁模块中分离出来。它同样包括 5 个普遍存在于学前儿童当中但并不属于 DSM-Ⅳ 标准的相关症状。一项研究中，大量学前儿童（307 名）在一周内的重测信度越来越好（Egger et al.，2006）。但未报告个别条目的重测一致性信度。

早前提到过一项在办公室中对婴儿和学前儿童进行的观察评估研究，这项研究仅仅发现了 12% 的实际 PTSD 症状（Scheeringa et al.，2001）。由于几乎所有 12%的症状在抚养人访谈中都出现了，因此试图直接从年幼儿童身上引发诊断信息既不高效也没有用处。当然，临床上的交互作用和观察评估可能在其他方面也是有价值的，但是并不适合诊断PTSD。

PTSD症状的自我管理清单（抚养人代替儿童完成）不应该用于常规临床实践中。由于大多数人对这些内部抽象条目没有参考框架，自我管理清单几乎没有训练有素的访谈者所引发的反应准确。这无疑是正确的，特别是对包含二次经历与回避触发事件的关键条目来说。当不能进行耗时访谈时，清单对大量学校儿童的筛查或调查很有用，但是他们总是具有上述提到的限制。 356

并发症及相关症状

成人常常是先发现年幼儿童行为（通常是外化行为）不对劲，再发现其患PTSD，而不是通过内部PTSD症状来鉴别。第1个极年幼PTSD儿童共病障碍的研究，对62名1～6岁经历一次或多次创伤事件的儿童进行了评估。符合PTSD诊断标准的16名儿童中，75%还符合对立违抗性障碍（ODD），63%患有分离焦虑障碍（SAD），38%患有注意缺陷/多动障碍（ADHD），6%有重度抑郁症（MDD）（Scheeringa et al.，2003）。这种高比例的ODD在最新一项对70个3～6岁经历过卡特里娜飓风的儿童的研究中再次出现。在35个被诊断为PTSD的儿童中，61%同时患有ODD，21%有SAD，33%有ADHD，43%有MDD（Scheeringa & Zeanah，2008）。超过一半（57%）的ODD障碍都是在飓风事件之后立刻出现的。

因此，在这两个研究中，超过3/4的PTSD儿童还同时患有至少一种其他的并发症，我们可以推测，超过一半的并发症是在创伤经历后立即出现的。此外，后续研究还发现，没有PTSD症状的情况下，也不会出现初始并发症。换句话说，引发创伤事件的非PTSD症状总是伴随着PTSD症状出现。这一发现与唯一已知的跟踪初始障碍研究的结果一致，即没有PTSD症状的情况下不会产生非PTSD障碍（McMillen，North，Mosley & Smith，2002）。

从这类研究中得到的实际启示是：对在创伤事件后产生新问题（不管何种类型）的年幼儿童的评估，需要包括PTSD评估。大多质量差却效率高的治疗方法将会首先治疗创伤后症状，然而这有可能对促使并发症有连锁反应。

病程

对创伤后幸存者的研究一致表明，在长期追踪研究中，虽然PTSD症状数量的均值在统计学方面显著降低，但超过1/3案例中的个体PTSD症状未能减轻（Norris & Slone，2007）。此外，障碍可以持续数十年之久（Lee，Vaillant，Torrey & Elder，1995）。在童年早期独特而迅速的大脑发育过程中，慢性但却不断发展的PTSD呈现出新的变化。考虑到之前对发育中的大脑、适应不良的人格特质及慢性症状（Perry et al.，1995；Schore，2002）的潜在永久性改变的推测，我们不禁提出疑问：对于年幼儿童的病程和PTSD预后，我们都知道什么？

令人担忧的是初始数据非常少。只有一项研究预期可以追踪年幼儿童PTSD。研究对35名儿童追踪两年，这些儿童接受第一次评估时的年龄在1～6岁（Scheeringa et al.，2005）。两年过去后，PTSD症状的数量未出现统计学意义上的降低。此结果与成人研究结果形成对比，大多数病患的症状会随着时间推移而有所改善（Norris & Slone，2007）。

其他研究也有年长儿童样本不足的现象。以色列儿童经历飞毛腿导弹攻击后30个月，拉奥尔等（Laor，Wolmer，Mayes & Gershon，1997）再次评估了他们的创伤后症状。没有被转移的这部分儿童（与由于房子损坏而转移的那部分儿童形成对比），随时间推移，没有表现出明显改善。被转移组的儿童表现出了统计学意义上的改善，因为他们在第一次评估时症状太突出，以至于追踪评估发现，他们多少都有点改善，但是症状依然明显。麦克法兰对808名经历过澳大利亚丛林 357
大火的学龄儿童的研究显示，经过18个月后这些儿童的创伤症状没有明显改善（McFarlane，

1987)。一项关于经历安德鲁飓风儿童的研究显示，21 个月后，53%儿童的 PTSD 症状没有改变，17% 儿童的 PTSD 症状竟然变得更加严重（Shaw，Applegate & Schorr，1995）。

治疗

目前没有对 PTSD 婴儿的可控心理治疗研究。包括对年长学龄儿童研究在内的少数控制性研究，使用了认知行为疗法（CBT；Cohen & Mannarino，1996a，1996b；Deblinger，Steer & Lipmann，1999；Scheeringa et al.，2007）和亲子心理治疗（CPP；Lieberman，Van Horn & Ghosh Ippen，2005）。CBT 不能用于婴儿和学步期的儿童，因为他们缺乏治疗需要的认知和语言能力，但是其他治疗方法是可以应用的。

急性（短于 1 个月）反应

对 PTSD 病程的研究已经清楚表明，遇到威胁生命的事件之后，多数个体在第 1 个月会出现一些类似 PTSD 的症状（Davidson et al.，1991），但是只有约 30%的个体会在 1 个月以后继续表现出症状（Kessler et al.，1995）。研究结果已被编入国家临床规范研究所报告，报告建议在第 1 个月内密切观察 PTSD 轻微症状出现的情况（National Institute for Clinical Excellence，NICE，2005）。然而，如果症状严重并在 1 个月内出现损伤，可能就需要马上开始相关治疗。

与抚养人合作

第一种途径是教导抚养人：（1）识别能引起婴儿 PTSD 中过度泛化的恐惧反应的情境；（2）保护婴儿远离那些诱发情境；（3）当婴儿感到痛苦时快速有效地安慰他们。

情境触发直接来源于儿童创伤经历，但并不总是直观明显的。一名学前儿童遭遇车祸，车祸中儿童乘坐的小汽车被一辆超速行驶的卡车追尾。车祸导致油箱破裂，汽油的气味强烈刺鼻。儿童对车祸产生了认知扭曲，认为车祸发生是因为家人用完了汽油，每当汽车停止时，就会触发他的 PTSD 反应（Scheeringa er al.，2007）。另一个年幼儿童在卡特里娜飓风发生时被困在家里，在那段日子里经历了一系列压力事件。最初，他妈妈认为孩子最害怕的时刻，是他不得不被疏散到一条船上，而她不能陪伴在他身边。然而，治疗过程中，孩子的症状明显是被黑暗环境所诱发，他最明显的恐惧其实是来源于在热的令人窒息的阁楼里等待救援的两个黑暗的夜晚（Scheeringa er al.，2007）。

如果父母的敏感反应没有促使孩子症状在一个月内得以改善，那么在诊室治疗中就应该尝试更加系统的方法。

CPP 重在增强亲子相互间的情感交流，因此也许对治疗更年幼的儿童有效。利伯曼等（Lieberman et al.，2005）对 75 名目击过家庭暴力的 3～5 岁儿童进行评估，并随机将他们分为两组，一组儿童接受 50 周的 CPP 治疗，另一组儿童接受个案管理外加标准社区治疗。在降低创伤后应激症状方面，CPP 明显比社区治疗更有效。有趣的是，CPP 还明显降低了所有母亲的 PTSD 严重程度评分，这主要由回避群体的减少而引起。CPP 特别强调，结合母亲与孩子的自由游戏，要配合着个体与母亲的对话，并重视在治疗中抚养人的意义。在进行治疗的 50 周里，留守家庭的实际问题也造成了对疗效的限制。

一项新近研究（Schechter et al.，2006）对 32 名 8～50 个月孩子的母亲进行录像，录像情境包含自由游戏、分离与重聚的结构化实验互动过程。临床医生选出 4 个 30 秒的录像片段，在母亲下次治疗时给她们播放。这些录像片段同时包括了母子积极互动与消极互动的部分。当把录像片段给母亲播放 358
时，临床医生用一系列标准问题对母亲进行调查，以引导母亲思考关于她们及其孩子在那些积极和消极互动中的感受，并对与孩子互动时表现出的父母积极特质进行评价。对消极特质母亲如何描述其孩子（母亲归因）的连续测量表明，在临床医生引导的视频反馈条件下，母亲对孩子的描述更积极。这类新兴研究表明，在暴力与创伤问题中与抚养人合作对改变教养具有潜在价值。

亲子互动疗法（PCIT）是治疗对抗行为时发展起来的，但是也可以对受虐学步儿进行治疗，因为该疗法主要关注第一阶段的亲子关系（Timmer，Urquiza & Zebell，2005；Urquiza & McNeil，1996）。亲子和谐疗法改编自 PCIT，对 23

个月大儿童的行为问题有改善作用（Dombrowski，Timmer，Blacker & Urquiza，2005）。目前还没有关于这种方法对 PTSD 的控制性的研究，也没有对创伤婴儿的案例报告。理论上来看，PCIT 对关系问题可能有效，特别是在虐待案例中，但还不能定位过去创伤事件或引发的恐惧反应。

如果抚养人也不能有效消除儿童的症状和损伤，就应该考虑再加入一个程序来帮助消除儿童的过度恐惧反应。

游戏疗法

目前没有运用游戏疗法对 12 个月或更年幼婴儿的 PTSD 进行治疗的控制试验和公开出版的案例报告。由于婴儿认知发展的局限性，对婴儿来说，建立从过去到现在的抽象概念网络，即使可能的话，也是很难做到的。当婴儿 2 岁，最好到 3 岁时，游戏疗法更加适宜。我们可以就如何对稍大些的学步儿实施游戏疗法，进行以案例为中心的、详实的描述（Gaensbauer，1995，1997；Gaensbauer et al.，1995）。

暴露疗法

暴露疗法告诉患者，当持续暴露在恐惧刺激面前时，要实施积极的应对技能。因为婴儿不能根据指令进行自我安抚，对婴儿应用暴露疗法会表现为更多的无意识冲击体验。之前描述过索尔特（Solter，2007）用冲击疗法治疗 5 个月男孩的案例。婴儿对程序的无意识感觉和可能的痛苦，以及使儿童症状恶化的任何程序，都要引起相当的重视。

眼动脱敏与再加工治疗

在对 10 例以上顺利实施的随机临床实验进行总结后，我们发现眼动脱敏与再加工疗法（EMDR）和其他 PTSD 疗法同样有效（Bradley，Greene，Russ，Dutra & Westen，2005），但这些研究都没有涉及年幼儿童。目前有对 4 岁和 5 岁儿童成功应用 EMDR 的几项个案报告（Cocco & Sharpe，1993；Greenwald，1994；Tufnell，2005），以及对更年幼儿童治疗的报告（Lovett，1999；Tinker & Wilson，1999）。

对年幼儿童运用 EMDR 的潜在优势非常大。EMDR 不要求病患口述他们的想法。双侧加工并非必须涉及眼动，也不是必须运用双侧听觉或触觉刺激才有效。治疗效果常常比其他治疗方式更快见效。但需要在年幼儿童的控制试验中进行预处理。

结论

生命头几年非常重要，因为大脑正在发育，神经回路也在持续完善。我们现在还不清楚，这个阶段是否提供了保护性因素或对极端压力更加敏感。
359 对障碍婴儿的案例研究和对学前儿童的控制性研究均表明，稍年长婴儿与其他年龄组婴儿同样易感，并且可能具有更大的易感性。对欠缺知识的探索是非常迫切的。其中包括：确定最初患 PTSD 的可能年龄，确定最初的记忆能力，确定亲子关系的双向影响以及欠缺的控制治疗研究。一个主要问题是，如何觉察年幼的患病儿童以及如何治疗。只有确保健康和心理健康专业人士理解了年幼儿童 PTSD 的微妙情况，我们才能迎接挑战。

参考文献

Baker-Ward, L., Gordon, B., Ornstein, P., Larus, D., & Clubb, P. (1993). Young children's long-term retention of a pediatric examination. *Child Development*, *64*, 1519–1533.

Bell, M., & Fox, N. (1992). The relations between frontal brain electrical activity and cognitive development during infancy. *Child Development*, *63*, 1142–1163.

Bogat, G., DeJonghe, E., Levendosky, A., Davidson, W., & von Eye, A. (2006). Trauma symptoms among infants exposed to intimate partner violence. *Child Abuse and Neglect*, *30*, 109–125.

Bradley, R., Greene, J., Russ, E., Dutra, L., & Westen, D. (2005). A multidimensional meta-analysis of psychotherapy for PTSD. *American Journal of Psychiatry*, *162*, 214–227.

Chen, E., Zeltzer, L., Craske, M., & Katz, E. (2000). Children's memories for painful cancer treatment procedures: Implications for distress. *Child Development*, *71*, 933–947.

Cicchetti, D., & Rogosch, F. (2006). Personality, adrenal steroid hormones, and resilience in maltreated children: A multilevel perspective. *Development and Psychopathology*, *19*, 787–809.

Coates, S., & Schechter, D. (2004). Preschoolers' traumatic stress post-9/11: Relational and developmental perspectives. *Psychiatric Clinics of North America*, *27*, 473–489.

Cocco, N., & Sharpe, L. (1993). An auditory variant of eye movement desensitization in a case of childhood post-traumatic stress disorder. *Journal of Behavior Therapy and Experimental Psychiatry*, *24*, 373–377.

Cohen, H., Benjamin, J., Geva, A. B., Matar, M. A., Kaplan, Z., & Kotler, M. (2000). Autonomic dysregulation in panic disorder and in posttraumatic stress disorder: Application of power spectrum analysis of heart rate variability at rest and in response to recollection of trauma or panic attacks. *Psychiatry Research*, *96*, 1–13.

Cohen, J., & Mannarino, A. (1996a). Factors that mediate treatment outcome of sexually abused preschool children. *Journal of the American Academy of Child and Adolescent Psychiatry*, *35*, 1402–1410.

Cohen, J., & Mannarino, A. (1996b). A treatment outcome study for sexually abused preschool children: Initial findings. *Journal of the American Academy of Child and Adolescent Psychiatry*, *35*, 42–50.

Collie, R., & Hayne, H. (1999). Deferred imitation by 6- and 9-month-old infants: More evidence for declarative memory. *Developmental Psychobiology*, *35*, 83–90.

Davidson, J., Hughes, G., Blazer, D., & George, L. (1991). Posttraumatic stress disorder in the community: An epidemiologic study. *Psychological Medicine*, *21*, 713–721.

DeBellis, M., Keshavan, M., Shifflett, H., Iyengar, S., Beers, S., Hall, J., et al. (2002). Brain structures in pediatric maltreatment-related posttraumatic stress disorder: A sociodemographically matched study. *Biological Psychiatry*, *52*, 1066–1078.

Deblinger, E., Steer, R., & Lipmann, J. (1999). Maternal factors associated with sexually abused children's psychosocial adjustment. *Child Maltreatment: Journal of the American Professional Society on the Abuse of Children*, *4*, 13–20.

DeJonghe, E., Bogat, G., Levendosky, A., von Eye, A., & Davidson, W. (2005). Infant exposure to domestic violence predicts heightened sensitivity to adult verbal conflict. *Infant Mental Health Journal*, *26*, 268–281.

Dombrowski, S., Timmer, S., Blacker, D., & Urquiza, A. (2005). A positive behavioural intervention for toddlers: Parent–child attunement therapy. *Child Abuse Review*. *14*. 132–151.

Egger, H. L., Erkanli, A., Keeler, G., Potts, E., Walter, B. K., & Angold, A. (2006). Test–retest reliability of the Preschool Age Psychiatric Assessment (PAPA). *Journal of the American Academy of Child and Adolescent Psychiatry*, *45*, 538–549.

Ehlers, A., Mayou, R., & Bryant, B. (1998). Psychological predictors of chronic posttraumatic stress disorder after motor vehicle accidents. *Journal of Abnormal Psychology*, *107*, 508–519.

Fivush, R. (1999). Children's recollections of traumatic and nontraumatic events. *Development and Psychopathology*, *10*, 699–716.

Fivush, R., McDermott-Sales, J., Goldberg, A., Bahrick, L., & Parker, J. (2004). Weathering the storm: Children's long-term recall of Hurricane Andrew. *Memory*, *12*, 104–118.

Gaensbauer, T. (1982). The differentiation of discrete affects: A case report. *Psychoanalytic Study of the Child*, *37*, 29–66.

Gaensbauer, T. (1995). Trauma in the preverbal period. *Psychoanalytic Study of the Child*, *50*, 122–149.

Gaensbauer, T. (1997). Traumatic stress disorder. In A. Lieberman, S. Wieder, & E. Fenichel (Eds.), *DC:0–3 casebook* (pp. 31–46). Washington, DC: Zero to Three.

Gaensbauer, T., Chatoor, I., Drell, M., Siegel, D., & Zeanah, C. (1995). Traumatic loss in a one-year-old girl. *Journal of the American Academy of Child and Adolescent Psychiatry*, *34*, 520–528.

Ghosh Ippen, C. G., Briscoe-Smith, A., & Lieberman, A. F. (2004, November). *PTSD symptomatology in young children*. Paper presented at the International Society for Traumatic Stress Studies 20th annual meeting, New Orleans.

Greenwald, R. (1994). Applying eye movement desensitization and reprocessing (EMDR) to the treatment of traumatized children: Five case studies. *Anxiety Disorders Practice Journal*, *1*, 83–97.

Gunnar, M., & Vazquez, D. (2001). Low cortisol and a flattening of expected daytime rhythm: Potential indices of risk in human development. *Development and Psychopathology*, *13*, 515–538.

Howe, M., Courage, M., & Peterson, C. (1994). How can I remember when "I" wasn't there: Long-term retention of traumatic experiences and emergence of the cognitive self. *Consciousness and Cognition*, *3*, 327–355.

Huth-Bocks, A., Levendosky, A., Theran, S., & Bogat, G. (2004). The impact of domestic violence on mothers' prenatal representations of their infants. *Infant Mental Health Journal*, *25*, 79–98.

Kangas, M., Henry, J., & Bryant, R. (2005). A prospective study of autobiographical memory and posttraumatic stress disorder following cancer. *Journal of Consulting and Clinical Psychology*, *73*, 293–299.

Kaufman, J., & Charney, D. (2001). Effects of early stress on brain structure and function: Implications for understanding the relationship between child maltreatment and depression. *Developmental Psychopathology*, *13*, 451–471.

Kessler, R., Sonnega, A., Bromet, E., Hughes, M., & Nelson, C. (1995). Posttraumatic stress disorder in the National Comorbidity Survey. *Archives of General Psychiatry*, *52*, 1048–1060.

Laor, N., Wolmer, L., Mayes, L. C., & Gershon, A. (1997). Israeli preschool children under Scuds: A 30-month follow-up. *Journal of the American Academy of Child and Adolescent Psychiatry*, *36*, 349–356.

Lee, K., Vaillant, G., Torrey, W., & Elder, G. (1995). A 50-year prospective study of the psychological sequelae of World War II combat. *American Journal of Psychiatry*, *152*, 516–522.

Levendosky, A., & Graham-Bermann, S. (2000). Behavioral observations of parenting in battered women. *Journal of Family Psychology*, *14*, 80–94.

Levendosky, A. A., Huth-Bocks, A. C., Semel, M. A., & Shapiro, D. L. (2002). Trauma symptoms in preschool-age children exposed to domestic violence. *Journal of Interpersonal Violence*, *17*, 150–164.

Levendosky, A., Huth-Bocks, A. C., Shapiro, D., & Semel, M. (2003). The impact of domestic violence on the maternal–child relationship and preschool-age children's functioning. *Journal of Family Psychology*, *17*, 275–287.

Lewis, M. (2000). The emergence of human emotions. In M. Lewis & J. Haviland-Jones (Eds.), *Handbook of emotions* (2nd ed., pp. 265–280). New York: Guilford Press.

Lieberman, A., Van Horn, P., & Ghosh Ippen, C. (2005). Toward evidence-based treatment: Child–parent psychotherapy with preschoolers exposed to marital violence. *Journal of the American Academy of Child and Adolescent Psychiatry*, *44*, 1241–1248.

Lovett, J. (1999). *Small wonders: Healing childhood trauma with EMDR*. New York: Free Press.

Marshall, P., Bar-Haim, Y., & Fox, N. (2002). Development of the EEG from 5 months to 4 years of age. *Clinical Neurophysiology*, *113*, 1199–1208.

McDermott-Sales, J., Fivush, R., Parker, J., & Bahrick, L. (2005). Stressing memory: Long-term relations among children's stress, recall, and psychological outcome following Hurricane Andrew. *Journal of Cognition and Development*, *6*, 529–545.

McFarlane, A. (1987). Posttraumatic phenomena in a longitudinal study of children following a natural disaster. *Journal of the American Academy of Child and Adolescent Psychiatry*, 26, 764–769.

McMillen, C., North, C., Mosley, M., & Smith, E. (2002). Untangling the psychiatric comorbidity of posttraumatic stress disorder in a sample of flood survivors. *Comprehensive Psychiatry*, *43*, 478–485.

Merritt, K., Ornstein, P., & Spicker, B. (1994). Children's memory for a salient medical procedure: Implications for testimony. *Pediatrics*, *94*, 17–23.

National Institute for Clinical Excellence (NICE). (2005). *Post-traumatic stress disorder: The management of PTSD in adults and children in primary and secondary care* (No. Clinical Guideline 26). London: Author.

Nelson, C. (1995). The ontogeny of human memory: A cognitive neuroscience perspective. *Dęvelopmental Psychology*, *31*, 723–738.

Norris, F., & Slone, L. (2007). The epidemiology of trauma and PTSD. In M. Friedman, T. Keane, & P. Resick (Eds.), *Handbook of PTSD: Science and practice* (pp. 78–98). New York:. Guilford Press.

Ohmi, H., Kojima, S., Awai, Y., Kamata, S., Sasaki, K., Tanaka, Y., et al. (2002). Post-traumatic stress disorder in pre-school aged children after a gas explosion. *European Journal of Pediatrics*, *161*, 643–648.

Peebles, C. (1997). The infant and preschool psychiatry clinic: A model of evaluation and treatment. *Infant Mental Health Journal*, *18*, 221–230.

Perry, B., Pollard, R., Blakley, T., Baker, W., & Vigilante, D. (1995). Childhood trauma, the neurobiology of adaptation, and "use-dependent" development of the brain: How "states" become "traits." *Infant Mental Health Journal*, *16*, 271–291.

Peterson, C., & Whalen, N. (2001). Five years later: Children's memories of medical emergencies. *Applied Cognitive Psychology*, *15*, S7–S24.

Schechter, D. S., Myers, M. M., Brunelli, S. A., Coates, S. W., Zeanah, C. H., Davies, M., et al. (2006). Traumatized mothers can change their minds about their toddles: Understanding how a novel use of videofeedback supports positive change of maternal attributions. *Infant Mental Health Journal*, *27*, 429–447.

Scheeringa, M., Salloum, A., Arnberger, R., Weems, C., Amaya-Jackson, L., & Cohen, J. (2007). Feasibility and effectiveness of cognitive-behavioral therapy for posttraumatic stress disorder in preschool children: Two case reports. *Journal of Traumatic Stress*, *20*, 631–636.

Scheeringa, M., & Zeanah, C. H., Jr. (2008). Reconsideration of harm's way: Onsets and comorbidity patterns in preschool children and their caregivers following Hurricane Katrina. *Journal of Clinical Child and Adolescent Psychology*, *37*, 508–518.

Scheeringa, M., Zeanah, C. H., Jr., Myers, L., & Putnam, F. (2005). Predictive validity in a prospective follow-up of PTSD in preschool children. *Journal of the American Academy of Child and Adolescent Psychiatry*, *44*, 899–906.

Scheeringa, M. S., Peebles, C. D., Cook, C. A., & Zeanah, C. H., Jr. (2001). Toward establishing procedural, criterion, and discriminant validity for PTSD in early childhood. *Journal of the American Academy of Child and Adolescent Psychiatry*, *40*, 52–60.

Scheeringa, M. S., & Zeanah, C. H., Jr. (2001). A relational perspective on PTSD in early childhood. *Journal of Traumatic Stress*, *14*, 799–815.

Scheeringa, M. S., Zeanah, C. H., Jr., Drell, M. J., & Larrieu, J. A. (1995). Two approaches to the diagnosis of posttraumatic stress disorder in infancy and early childhood. *Journal of the American Academy of Child and Adolescent Psychiatry*, *34*, 191–200.

Scheeringa, M. S., Zeanah, C. H., Jr., Myers, L., & Putnam, F. W. (2003). New findings on alternative criteria for PTSD in preschool children. *Journal of the American Academy of Child and Adolescent Psychiatry*, *42*, 561–570.

Scheeringa, M. S., Zeanah, C. H., Jr., Myers, L., & Putnam, F. W. (2004). Heart period and variability findings in preschool children with posttraumatic stress symptoms. *Biological Psychiatry*, *55*, 685–691.

Schore, A. N. (2002). Dysregulation of the right brain: A fundamental mechanism of traumatic attachment and the psychogenesis of posttraumatic stress disorder. *Australian and New Zealand Journal of Psychiatry*, *36*, 9–30.

Shaw, J., Applegate, B., & Schorr, C. (1995). Twenty-one-month follow-up study of school-age children exposed to Hurricane Andrew. *Journal of the American Academy of Child and Adolescent Psychiatry*, *35*, 359–364.

Shin, L., Orr, S., Carson, M., Rauch, S., Macklin, M., Lasko, N., et al. (2004). Regional cerebral blood flow in the amygdala and medial prefrontal cortex during traumatic imagery in male and female Vietnam veterans with PTSD. *Archives of General Psychiatry*, *61*, 168–176.

Solter, A. (2007). A case study of traumatic stress disorder in a 5-month-old infant following surgery. *Infant Mental Health Journal*, *28*, 76–96.

Stoddard, F., Saxe, G., Ronfeldt, H., Drake, J., Burns, J., Edgren, C., et al. (2006). Acute stress symptoms in young children with burns. *Journal of the American Academy of Child and Adolescent Psychiatry*, *45*, 87–93.

Terr, L. (1981). "Forbidden games": Post-traumatic child's play. *Journal of the American Academy of Child Psychiatry*, *20*, 741–760.

Terr, L. (1988). What happens to early memories of trauma?: A study of twenty children under age five at the time of documented traumatic events. *Journal of the American Academy of Child and Adolescent Psychiatry*, *27*, 96–104.

Terr, L. (1990). *Too Scared to Cry*. New York: Basic Books.

Timmer, S., Urquiza, A., & Zebell, N. (2005). Parent–child interaction therapy: Application to maltreating parent–child dyads. *Child Abuse and Neglect*, *29*, 825–842.

Tinker, R., & Wilson, S. (1999). *Through the eyes of a child: EMDR with children*. New York: Norton.

Tufnell, G. (2005). Eye movement desensitization and reprocessing in the treatment of preadolescent children with post-traumatic symptoms. *Clinical Child Psychology and Psychiatry*, *10*, 587–600.

Urquiza, A., & McNeil, C. (1996). Parent–child interaction therapy: An intensive dyadic intervention for physically abusive families. '*Child Maltreatment*, *1*, 134–144.

Vermetten, E., & Bremner, J. (2002). Circuits and systems in stress: II. Applications to neurobiology and treatment in posttraumatic stress disorder. *Depression and Anxiety*, *16*, 14–38.

Zeanah, C. H., & Benoit, D. (1995). Clinical applications of a parent perception interview. In K. Minde (Ed.), *Infant psychiatry: Child psychiatric clinics of North America* (pp. 539–554). Philadelphia: W. B. Saunders.

Zeanah, C. H., Jr., & Scheeringa, M. (1997). The experience and effects of violence in infancy. In J. Osofsky (Ed.), *Children in a violent society* (pp. 97–123). New York: Guilford Press.

Zeanah, C. H., Jr., Stafford, B., Boris, N., & Scheeringa, M. (2003). Infant development: The first 3 years of life. In A. Tasman, J. Kay, & J. Lieberman (Eds.), *Psychiatry* (2nd ed., Vol. 1, pp. 91–117). West Sussex, UK: Wiley.

第 22 章

睡眠障碍

朱迪丝·欧文斯 (Judith Owens)
梅利莎·M·伯纳姆 (Melissa M. Burnham)

362 虽然“睡得像婴儿一样”常常指睡得深而时间长的状态，但睡眠发展研究者和任何一个曾经和婴儿生活过的人都清楚地知道，“典型的”婴儿睡眠只在生命早期出现，且表现出特有的行为、模式和一些结构特征（睡眠结构）。而且，在生命的头三年，睡眠的规律和时间（比如生物钟学）都会发生重要的变化，这个时期婴儿常常经历短暂或持久的睡眠失调。本章我们将回顾生命最初三年中睡眠—觉醒状态发展的典型过程，讨论这一时期见到的最常见的睡眠失调问题，以及在其他障碍背景下出现的睡眠失调，并综述治疗婴儿和学步儿睡眠问题的一般干预方法。

3 岁前个体的睡眠发育过程

研究者认为一般在胎儿期的最后三个月睡眠状态就已经很明显了。米尔米兰、马斯和阿里亚尼奥（Mirmiran，Maas & Ariagno，2003）指出，早在怀孕的第 32 周就能够区别主动睡眠和静态睡眠，并且从怀孕的第 32～40 周，随着不定型睡眠的减少，静态睡眠逐渐增加，主动睡眠在怀孕的最后几周都没有什么变化，早产儿在相同孕期观察到的结果是相同的。在怀孕后期高比例的主动睡眠与大脑的快速成熟平行发展，这意味着主动睡眠在大脑发展过程中发挥着潜在的作用（Mirmiran et al.，2003）。此外，不仅胎儿期睡眠结构发生变化，怀孕最后三个月的生物周期节律也很明显。米尔米兰（Mirmiran，1996）、鲁恩肖夫等（Lunshoff et al.，1998）报告了胎儿的心率节奏受母亲的静息活动、皮质醇、褪黑激素、体温和心率的影响。因此，即使在胎儿期，生物钟也具有调节功能。

胎儿期之后，孩子出生头三年的睡眠会有巨大变化，包括睡眠平均持续时间、睡眠结构和一天 24 小时内的睡眠和觉醒时间。刚出生时，婴儿睡眠时间显著多于觉醒时间，主动睡眠相对于静态睡眠占较大比例，而且白天和夜晚睡眠时间几乎相同（Kleitman & Englemann，1953；Roffwarg，Dement & Fisher，1964）。到了 3 岁，所有的这些特点都会改变，3 岁儿童已经把睡眠合并成漫长的夜间睡眠和一段白天的午睡，开始显示出像成人一样的主动睡眠和静态睡眠的比例，每天大概平均睡 12 个小时（Jacklin，Snow，Gahart & Maccoby，1980）。我们将依次讨论这些变化。

20 世纪中期，有些研究误导了婴儿睡眠的时间，使得人们普遍认为婴儿早期睡眠总量下降。比如发现了在新生儿期，孩子平均每天睡 16～17 个小时，这与 20 世纪 50 年代儿科教材中报告的 20～22 个小时形成鲜明的对比（Kleitman & Englemann，1953；Parmelee，Schulz & Disbrow，1961）。然而克莱特曼和恩格尔曼（Kleitman & Engelmann，1953）具有开创性的纵向研究表明，出生后前 3 个月睡眠时间不会变化，更确切地说，一天 24 小时之中的睡眠分布发生了变化，因此在夜间明显睡得更久。这一发现被后来的研究所证实（例如，Anders & Keener，1985，Coons & Guilleminault，1984）。一天中总的睡眠时间在 3 个月后稍微下降，但大多数婴儿在 2 岁之前每天睡 12～14 个小时。夜间不间断睡眠时期连续增加，直到第一年剩下的 3～6 个月之间趋于稳定（Anders & Keener，1985；Burnham，Goodlin-Jones，Gaylor & Anders，2002）。尽管发生了这些变化，但需要指出，大多数 3 岁前的婴儿和学步儿都能“睡到天亮”是不对的。多数年幼儿童在夜间会醒，但大部分儿童会自我舒缓（睡眠“调节”），让他们自己在醒的时候再回到睡眠状态（Burnham et al.，2002）。

除了睡眠总体时间的变化外，夜间的睡眠结构也会有实质性的变化。例如成人睡眠通常是从非快速眼动睡眠（non-REM）阶段开始的，而婴儿是从主动睡眠阶段进入睡眠的。孔斯和吉耶米诺（Coons & Guilleminault，1984）报告，主动睡眠阶段时间分别在 3～6 周和 4～6 个月时开始显著减少。除了进入主动睡眠阶段外，年幼婴儿与成年人和年长儿童相比，主动睡眠占总睡眠时间的比例更大（Ficca，Fagioli & Salzarulo，2000；Jenni，Borbély & Achermann，2004）。出生第一年，晚上主动睡眠减少，伴随着静态（或“慢波态”）睡眠的增加（Anders & Keener，1985；Burnham et al.，2002；Dittrichova，1996；Louis，Cannard，Bastuji & Challamel，1997）。例如詹尼等（Jenni

et al.，2004）发现，2周大的婴儿在晚上主动睡眠大概占51%、静态睡眠占39%，到了9个月时这些比例分别变为30%和70%。如胎儿期发展所提到的，早期发展阶段的主动睡眠优势对大脑发
364 展有一定作用（Peirano，Algarín & Uauy，2003）。与90分钟的成人睡眠周期相比，婴儿期和童年早期的一个活动—静息睡眠周期也比较短。这所谓的昼夜循环在婴儿期大概是60分钟/次（Aserinsky & Kleitman，1955；Dittrichova，1966；Harper et al.，1981），而成人的循环模式大约在儿童中期出现（Roffwarg et al.，1964）。

也许早期婴儿睡眠变化中最显著的发展是生理节奏系统的成熟和婴儿节律逐渐与24小时的昼夜循环同步。大量的研究数据证明，婴儿出生时睡眠、觉醒的时间关系并不明晰，睡眠模式更多地取决于饥饿、安全感和喂养时间。因此，白天和晚上的睡眠对婴儿几乎同等重要。早期婴儿典型的睡眠是每睡3～4小时醒1～2小时。值得注意的是，到了大概3个月时，大多数婴儿已经在晚上有了习惯的睡眠周期（Bamford et al.，1990；Burnham，2007；McMillen，Kok，Adamson，Deayton & Nowak，1991）。

虽然在讨论"普遍的"或"典型的"睡眠时会严重忽视个体差异，但必须提到：在睡眠的总量、睡眠—觉醒周期时间、睡眠过程中每个阶段睡眠所占比例、巩固睡眠阶段的长度和其他睡眠—觉醒变量上都存在个体差异（例如，Anders，Halpern & Hua，1992；Emde & Walker，1976；Fazzi et al.，2006；Navelet，Benoit & Bouard，1982；Sadeh，Hauri，Kripke & Lavie，1995；St. James-Roberts & Plewis，2006）。例如瑞士一项对493名1个月到16岁儿童进行的流行病学调查研究表明，在总睡眠时间、夜间睡眠时间和白天睡眠时间上存在显著差异（Iglowstein，Jenni，Molinari & Largo，2003）。虽然研究始于发现并检验年长儿童（例如，Buckhalt，El-Sherkh & Keller，2007）和成人（Tucker，Dinges & Von Dongen，2007）的个体差异和具有可能性的原发性因素，但更多有关早期阶段儿童个体差异的研究具有十分重要的意义。因为它们阐明了复杂的问题，如对早期儿童的正常睡眠和病理性睡眠之间的边界问题进行明确的定义，也使识别和治疗这一时期的睡眠障碍成为可能。

睡眠失调

定义

正如上文提到的，界定个体"正常"睡眠存在巨大差异，而对婴儿和学步儿睡眠"问题"的定义比较复杂，还存在另外一些复杂的因素。在讨论婴儿和学步儿普遍的睡眠障碍类型之前，要先考虑这些定义对阐明诊断和治疗婴儿和学步儿睡眠失调的重要性。例如什么是"普遍的"，存在着文化间或文化内的差异，在这一年龄阶段是发展急剧变化的时期，实际上睡眠障碍与亲子关系有关，定义该年龄组睡眠问题的复杂性体现在临床上有各种对睡眠"障碍"的系统界定。例如关于含义、重要性和睡眠在日常生活中角色的文化价值和信念，睡眠习惯中根本的文化差异不仅对父母怎样定义睡眠问题，而且对不同治疗策略的可接受程度都有着深远的影响。

此外，病人很少抱怨失眠。因此，父母对他们孩子的睡眠模式和行为的关心和主观观察经常在临床背景下定义为构成睡眠"失调"的因素。父母关于孩子睡眠问题的认识和报告在儿童期也会改变，因为与学龄儿童相比婴儿和学步儿的家长更容易关注孩子的睡眠。例如白 365
天睡眠不充分或者被打扰的后果不容易被意识到，儿童白天极度嗜睡这一表现经常被当作行为或神经机能障碍。医师们在诊断和治疗这些问题时要小心，而且要多考虑会对睡眠失调产生影响的环境和发展因素。

发生率

目前尚无清晰、普遍认可的婴儿和学步儿"问题睡眠"定义，因为睡眠往往是父母在抚养期间极其常见的难题（Thiedke，2001）。有15%～20%的3岁以下婴儿被抱怨夜晚频繁醒来（Mindell，1993）。在学步期，问题经常转移到就寝时间的入睡困难上。入睡困难常见于5%～10%的2岁及以上的儿童（Mindell，1993）。其发生率大

部分来自父母报告，但有些研究使用睡眠的客观评定和早期建立的研究标准也显示出同样的比率（Gaylor，Goodlin-Jones & Anders，2001）。最常见的婴儿和学步儿睡眠问题类型发生率是25%左右（Lozoff，Woff & Davis，1985；Richman，1981）。然而，最近国家睡眠基金会（The National Sleep Foundation）进行的投票表明只有6%的婴儿父母和11%的学步儿父母报告了他们孩子的睡眠问题。因此，为了得出清晰而精确的发生率，进行团体随机抽样研究显得非常重要。

临床医生通常只依靠父母报告的问题来断定与治疗婴儿和学步儿的睡眠障碍，已经发现婴儿和学步儿的睡眠问题和以下因素相关：母亲的抑郁、父母的疲劳、家庭生活的重大变故、贫穷母亲的精神和身体健康、父母的低幸福感（例如，Bayer，Hiscock，Hampton & Wake，2007）。一些父母的确发现了一些变故使孩子的睡眠变成了问题，然而个体容忍水平和期望有很大的差异。因此，临床医生的工作之一是传达信息，即告之父母在婴儿期和学步期什么是典型的睡眠问题。

夜间觉醒问题

正如上述所讨论的，婴儿期和学步期最普遍的抱怨是夜间觉醒。最普遍的夜间觉醒问题的病因学名称叫做“童年时期的行为失眠症”（American Academy of Sleep Medicine，2005）。DSM-Ⅳ将这种类型的睡眠归为“肌张力障碍”，或者入睡困难或持续睡眠困难（American Psychiatric Association，1994）。DSM-Ⅳ分类仅适用于婴儿期，没有针对年幼儿童的明确标准，而年幼儿童所受的损伤又没有达到成人诊断的严格标准。在婴儿期，大多数夜晚觉醒的原因是婴儿已经学会了依赖或需要明确的环境或需要抚养人安抚入睡。这些是孩子睡觉时利用的典型方式。然而，婴儿在夜晚觉醒后为了回到睡眠状态，通常需要这些相同的入睡条件。因此，当孩子在晚上醒来时，为了使孩子重新入睡，父母必须重新引导他们。孩子一个晚上平均发生4～6次觉醒，这是睡眠循环的一般节奏，这些夜晚觉醒可能每90～120分钟发生一次。

夜间觉醒只被认为是一种失调，即存在“一种特殊征兆，定义为在特殊时期对儿童、父母或是家庭的一些功能损害的程度”（Mindell，Kuhn，Lewin，Meltzer，Sadeh & American Academy of Sleep Medicine，2006）。由于缺乏这些标准，无法确诊障碍。不是所有父母都觉得婴儿或学步儿需要他们帮助睡觉是很烦恼的事。因此，只有当两个孩子表现出相同症状时，父母发现或许孩子在白天受到损害时，才能被诊断为障碍。 366

父母安排的入睡环境不对，会加剧婴儿夜间觉醒，这种环境使婴儿在午夜醒来后，不容易再次入睡。费林斯、韦斯和斯蒂芬斯（Fehling，Weiss & Stephens，2001）发现，参考睡眠临床的案例，与控制组相比，6个月到4岁经历“睡眠不适”的儿童存在较高的觉醒率。尤其是当儿童昏昏欲睡却仍然醒着的时候，儿童的自我缓和能力与将其放到床上的方式有关（如将要入睡时避免父母的干预）。另外，父母对夜晚觉醒的回应（如喂食、长时间的互动）可能会被强化。尽管睡眠问题一部分与夜晚觉醒有关，但显然夜晚觉醒还有其他原因。令人关注的是，入睡时对孩子身体上的安慰只能解释婴儿睡眠问题3%的变异，但是在出生后第一年里，其他的变异，如母亲认知、气质、焦虑/抑郁，解释了1～2岁时一系列的睡眠问题的诸多变异（Morrell & Steele，2003）。显然，需要更多的研究来全面解释婴儿和学步期夜间觉醒背后的真正原因。

入睡困难

第二个婴儿和学步儿群体中最普遍的睡眠障碍是ICSD-2定义的“儿童时期的行为失眠症，表现为抵制入睡的时间”，它被定义为拒绝或抵抗就寝时间。它通常发生在2岁以上儿童中，随着儿童更为自主并体验到更多的恐惧，他们会表现出拖延就寝时间和强烈反对睡觉（Crowell，Keener，Ginsburg & Anders，1987；Jenkins，Owen，Bax & Hart，1984；Salzarulo & Chevalier，1983）。父母不适当地强化就寝时间或者对孩子“床帘里的呼唤”（如提要求，拖延入睡时间，要再听一个故事，再喝一杯水或一个拥抱，再多给5分钟等等）作出回应会加剧入睡困难（并因此被强化）。研究表明抵制就寝时间和抵制父母行为二者之间存在很大关系（Bates，Viken，Alexander，

Beyers & Stockton，2002)。日间和夜间儿童抵抗睡觉都被认为是父母没有制定出明确的规则所导致的。

当然，许多孩子有睡眠觉醒和抵制就寝时间的问题，源于内因和外因共同作用。入睡困难应该基于前3个月表现出的主要问题和影响因素。

这里也有一系列突发的因素和长期的因素与婴儿和学步儿的夜间觉醒、入睡困难有关，它包含了外在（如环境条件、父母问题）和内在的（如气质、体质问题）两种因素，通常这些问题同时出现。入睡困难通常和儿童的气质有关（Carey，1974；Keener，Zeanah & Anders，1988；Sadeh，Lavie & Scher，1994；Van Tassel，1985)。例如“易烦躁的”儿童可能坚持一种特殊的安慰或睡眠安抚方式，而拒绝替换为别的方式。有些抚养人自己有问题（如心理疾病、长时间的工作），这些问题使得他们缺乏在日间和夜间设定明确时间规则的能力。另外，父母期望的睡眠行为和正常发展之间还存在不适当的匹配（Mindell，2006)。最后，环境因素，比如生存适应，要求兄
367 弟姐妹、父母或额外的家庭成员（如祖父母）与其分享卧室，也可能弱化睡眠时间的限制或导致消极的入睡状况。

其他的睡眠障碍，比如妨碍睡眠的呼吸困难、不安综合征、周期性的手足多动症，可能也会延迟入睡并引起夜间觉醒。如果出现了症状和风险因素（如打鼾、扁桃体肥大、家族史阳性），就要考虑不同的诊断方法。最初的睡眠障碍可能也与更多基于失眠性的行为共存，潜在地加剧了日间后遗症。例如睡眠恐怖可能引起夜间发生的觉醒，但是，与入睡困难相比，容易觉醒的儿童并不常见。他们普遍存在于学前期和有睡眠障碍或梦游家庭病史的家庭中。睡眠障碍有个高峰，先是抵制睡眠，然后进入短暂的安静睡眠。当慢波睡眠占主导地位时，睡眠障碍通常发生在三阶段的第一个阶段。儿童没有这段事件的记忆，并且在白天也不会有后遗症。短期睡眠失调，也叫做适应性睡眠障碍，通常发生在儿童正常睡眠之前。短暂的睡眠觉醒可能是压力性生活事件，如睡眠安排（如远足、时差感）或是一场疾病导致的。然而如果父母回应的方式不当（如强化夜间觉醒），短暂的睡眠失调就可能会成为习惯性的睡眠失调。

损害

显然，婴儿和学步儿存在的两种主要睡眠问题导致一些父母对此很焦虑。而且睡眠问题发生的背景因素十分复杂，影响了其定义和诊断。也有证据表明睡眠问题对一些家庭影响显著，一些研究认为孩子自己也能感到睡眠问题对家庭的影响。然而，由于这一领域的研究相对新颖，通常没有使用因果研究设计或数据分析技术，在孩子和家庭睡眠问题上，我们用“相关”来描述它的重要影响。

家庭

家庭中婴儿和学步儿的睡眠问题与母亲抑郁、父母疲劳、家庭生活分裂、母亲的心理和身体健康较差、较少的父母间的幸福感有关（Bayer et al.，2007；Eckerberg，2004；Hall，Clauson，Carty，Janssen & Saunders，2006；Lam，Hiscock & Wake 2003；Meijer & van den Wittenboer，2007；Meltzer & Mindell，2007；Wake et al.，2006)。霍尔等（Hall et al.，2006）指出，6～12个月婴儿睡眠问题的解决可以有效提高父母的睡眠质量，提高父母对婴儿睡眠的认识，并增进家庭和睦。重点是在一些调查中很难厘清影响的潜在方向。有研究确实发现在2～24个月时持久的睡眠障碍并不常见（占6%），但是在24个月以内，睡眠障碍与母亲抑郁和抚养压力相关（Wake et al.，2006)。相反，至少一项调查已经报告，一旦控制了母亲的睡眠质量，婴儿睡眠问题和母亲心理健康的相关便被排除（Bayer et al.，2007)。大多数儿童睡眠状况调查和父母报告的幸福感调查潜在地混淆了其他报告的相互联系。

儿童

综上所述，婴儿和学步儿睡眠障碍确实与几类消极的家庭状况存在相互影响的关系。研究者对儿童自身是否产生影响还不清晰。然而对年长儿童以及青少年的研究发现，睡眠问题和日间行 368
为存在联系（例如，Owens-Stively et al.，1997；Smedje，Broman & Hetta，2001；Wolfson & Carskadon，1988)，但实质上缺少有关婴儿和学步儿群体的数据。研究睡眠问题对年幼儿童的潜在影响极具挑战性，因为这些孩子白天保持着有规律的小睡。可能是因为孩子利用白天来“补偿”

不安或较短的夜间睡眠，夜间睡眠问题对日间行为的影响会减小。

尽管很少有研究可以支持婴儿和学步儿的睡眠问题是白天行为的后遗症，但对动物的研究发现睡眠和脑发育存在关联。例如一些数据显示快速眼动睡眠有助于巩固记忆和促进认知功能发展（Stickgold，2005）；睡眠还可能与促进大脑可塑性有关（Frank，Issa & Stryker，2001）。这一连串的证据支持了睡眠为认知神经的发育和生长提供基础的可能性（Cheour et al.，2002；Stickgold，Whidbee，Schirmer，Patel & Hobson，2000）。这样，发育期间因缺少睡眠导致的问题都可能影响认知功能。然而，目前还没有有关人类发展的研究来支持这一假设。

研究显示学龄儿童的睡眠质量和他们认知、情绪功能及身体健康相关。众所周知，失眠和间断性的睡眠直接影响心境（更为易怒、积极心境减少、情绪调节不良）。儿童少眠的行为征候群表现为各种外化行为变化，从冲动性、过度活跃性、好斗性增强，到不稳定的心境和注意迟钝（Smedje et al.，2001）。例如研究发现学前儿童的适应不良（Bates et al.，2002），以及学龄儿童受损的认知和行动力都与失眠相关（Sadeh，Gruber & Raviv，2003）。睡眠可能也是值得注意的认知神经执行障碍的结果，包括认知灵活性、言语创造力降低，抽象推理能力变弱，动作技能受损，注意力和警觉性下降，以及记忆力受损（Dahl，1996；Randazzo，Muehlbach，Schweitzer & Walsh，1998）。然而以上许多研究与实际父母所提供的睡眠和行为的客观测量数据相矛盾（例如，Randazzo et al.，1998）。绝大多数研究证明，儿童睡眠缺失与日间行为的失调相关。最后，应该强调其他因儿童不充分睡眠导致的潜在健康问题，包括危及心血管与免疫力、各种葡萄糖代谢异常、内分泌功能紊乱以及意外伤害增加等潜在的有害影响。例如3岁时较短的夜间睡眠时间与童年中期肥胖相关（Reilly et al.，2005）。

有研究也报告了在很小的儿童中睡眠紊乱和随后的行为问题有一定的联系（例如，Dearing，McCartney，Marshall & Warner，2001；Gregory，Eley，O'Connor & Plomin，2004），尽管不单是睡眠紊乱对后来出现的行为问题发挥作用。例如谢尔．祖克尔曼和爱泼斯坦（Scher，Zukerman & Epstein，2005）发现，婴儿期的夜间觉醒只解释了儿童42个月时行为得分3%的变异。与婴儿期的夜间觉醒相比，持续的夜间觉醒或安置问题能更好地预测随后的消极行为问题。韦克等（Wake et al.，2006）也发现婴儿和学步儿长期的而不是短暂的睡眠问题与后来出现的儿童行为问题相关。因此，在整个婴儿期与学步期出现持续的睡眠问题很可能影响日间行为；但轻度问题的潜在影响还不是很清楚。

其他障碍情况下的睡眠失调

患有神经发展障碍的儿童睡眠问题发生率极高（范围在13%～85%），这可能与其他因素群
369 有关，包括先天的睡眠调节和昼夜节律异常、知觉障碍，以及与使用药物相关的症状等（Johnson，1996；Wiggs，2001）。对于特殊儿童来说，睡眠问题会长期存在，除非出现有效的治疗方式，否则难以解决。另外，在这些儿童中，睡眠障碍对整个家庭的生活质量都有深远的影响。这些儿童也经常同时或连续出现多种睡眠障碍。更高程度的认知损伤与更频繁和更严重的睡眠问题相关。

据估计，在重度精神障碍的儿童中，严重睡眠问题的发生率为30%～80%，至少一半的儿童有轻度的认知损伤。在患有孤独症或广泛性发育障碍的儿童中，估计50%～70%的儿童有睡眠问题。这些儿童经历各种睡眠障碍状况十分普遍，并且比普通人群出现得更频繁也更严重，典型地反映了儿童的发展水平不是实际年龄应有水平。针对各种不同神经发展障碍（包括阿斯伯格综合征、雷特综合征、史密斯—马吉利综合征和威廉姆斯综合征）的报告显示，由睡眠引发并持续发展为显著的问题，包括睡眠持续时间的缩短、不规律睡眠方式、早醒等。

睡眠卫生学的基本原则认为预防和处理睡眠问题对有发展延迟的儿童特别重要（Didden，Curfs，Van Driel & de Moor，2002）。要确保这

些儿童的安全，特别是有夜间觉醒问题或有自残行为史的儿童，在管理中也需要重点考虑。一系列用于改善正常儿童夜间觉醒和拖延就寝时间的行为管理策略，如去习惯化和积极强化，可运用于发展延迟儿童中。如果是复杂、持续、多样化的睡眠问题，或最初的行为学策略失败了，就需要寻求与一个行为临床医生合作。最后，运用药理学的优势，包括与行为学技术相关的褪黑色素，对某些案例也是有效的（Weiss，Wasdall，Romben，Rea & Freeman，2006）。

患有注意缺陷/多动障碍（ADHD）儿童的父母经常报告孩子有睡眠失调，特别是入睡困难、焦虑和睡得不安等问题。对ADHD儿童及其父母的调查都报告了睡眠问题普遍增加，包括延迟入睡、睡眠质量低、夜间觉醒频繁和睡眠持续时间短，因而应该提出一个测量睡眠和睡眠结构更为客观的方法（如多导睡眠描记术、体动记录仪）。总之，除了研究睡眠障碍和各种与日俱增的睡眠方式差异，更应该揭示ADHD儿童和控制组最小的或不一致的差异。ADHD儿童的睡眠问题本质上可能是多方面因素导致的，潜在的病因涉及帮助抵抗入睡儿童调节延迟入睡的安眠药剂，以及躁郁或对立违抗性障碍儿童的精神药剂。在某些儿童中，难以固定入睡时间可能与ADHD中的知觉缺陷有关，对于其他儿童，生理发育延迟可能是抵制入睡的病理主因。

身体健康状况也能解释入睡困难和睡眠困难，包括逆性食道炎、过敏症、过敏性鼻炎、哮喘、牛奶过敏、慢性肠胃炎、痉挛和疼痛（如中耳炎）。另外，在有些情况中，由于持续的生理症状（如疝气），特别需要父母的夜间干预，父母可能很难区别夜间觉醒和习得行为（如父母只注意到孩子哭泣）。过去或当前有病史的父母在解决儿童睡眠问题时也可能有局限性，因为他们有内疚感，他们感到儿童是“脆弱的”或容易受到心理伤害。药物的影响也可能导致睡眠紊乱和夜间觉醒。许多病人和环境因素的关系，如反复住院的影响、家庭变动、潜在的疾病、心理异常、 370
焦虑症，对评估儿童睡眠问题和慢性疾病两方面都有重要作用。

睡眠失调的干预

行为干预是处理婴儿和学步儿睡眠时间问题和夜间觉醒的主要方式。来自52项治疗的研究表明，行为治疗对年幼儿童入睡抵制和夜间觉醒产生了有效而持久的改变（Mindell et al.，2006）。94%的研究报告行为干预是有效的，80%的儿童一直到3～6个月都维持了临床上显著的进步。虽然值得一提的是大多数研究没有对小婴儿（如小于6个月）治疗的功效和影响进行测试，但也没有研究报告其不利影响。因此，临床心理学家应该谨慎提出对小婴儿睡眠训练的建议。这些研究证明，与治疗相关的多种干预引发的改变体现在短期（小于6个月）、中期（6～12个月）和长期追踪（大于12个月）研究过程中（Mindell et al.，2006）。许多研究也发现了睡眠干预对儿童的其他发展结果有间接的积极效应。一些研究报告，与睡眠相关的行为干预也使父母的幸福感（心境、压力或婚姻满意度）得到提高。

绝大多数行为治疗研究中的干预可以概括为以下类别：消退及其相关变式、制定有规律的睡眠时间、设定唤醒时间、用回应的方式缓和入睡困难、父母的教育或预防。以下介绍的一些干预尤其有助于调整入睡困难或夜间觉醒，但这两点经常同时存在，所以所有治疗形式都应包括在内。永久消退和父母的教育或预防是实证主义者强烈支持的两种干预行为。

一般的“消退”程序包括将父母的“注意”作为消除不恰当行为（如哭、叫）的激励物。以消除夜间觉醒问题为例，目的是能让一个孩子养成“自我安慰”，以便孩子不再需要父母在场而能独自入睡。

消退程序

永久消退

在“哭的行为消退”的过程中，父母在规定的入睡时间把孩子放在床上，之后忽视如哭、发脾气、叫父母等抗拒行为（但要排除生病、受伤等），直到第二天早晨预定的时间。消退过程中最大的障碍是：(1) 要求父母一直保持严格的干预，因为抚养人不一致的回应会导致间歇强化和持续觉醒；（2）消除可能发生的“爆炸式回应”（即反抗行为临时增强就立即干预）。从临床角度出发，永久性消退过程中较大的障碍是父母感到有压力，许多父母不能很长时间忽视孩子的哭，以致达不到预期效果。

父母在场的消退

一个修正消退的方法是父母在入睡时间待在孩子的房间里，但是忽视孩子和他的反抗行为。

逐渐消退

“睡眠训练”涉及各种技巧。典型的是指导父母依据儿童特定的年龄段和气质特征，还有父母对他们忍受儿童哭泣时间长短的判断、忽视儿童
371 睡眠期间的哭泣和特定时间段的吵闹。父母设定一个固定间隔（如 5 分钟）或在检查孩子前等待更长的间隔（如 5 分钟、10 分钟、15 分钟）。随着逐渐消退的增加，当晚连续检查或连续几晚的检查间隔也逐渐增加了。在检查过程中，父母安抚孩子通常是 15 秒到几分钟。通常会指导父母减少检查孩子睡眠时的互动行为，因为这可能强化孩子的注意行为。

用反应成本建立积极规律并使入睡困难消退

类似于消退技术，这些方法和孩子自然睡眠时间相匹配，并有赖于作为行为改变的基本中介的刺激控制技术。同消退策略相比，这两种治疗方式的目标都是使适当的行为增多、提高情绪控制和社会心理唤起能力，而不是聚焦于减少不适当行为。采用此方法，父母需设定一个有规律的睡眠时间表，以孩子喜欢的安宁和平静活动为特征。“用回应缓和入睡困难”的方法，即当孩子在规定的时间不睡觉时，让孩子离开床并与其交谈。为了确保快速睡眠的开始，睡觉时间可能会被临时推迟。一旦一系列的行为链建立起来，孩子就会快速地入睡，然后睡觉时间可以慢慢提前 15～30 分钟，直到建立一个稳定的睡眠时间。

计划性唤醒技术

这种方法就是要增加固定睡眠时间。这种干预是在孩子自发觉醒前，父母唤醒孩子并安抚其约 15～30 分钟。抚养人必须首先建立一个常数基线和夜晚自发觉醒的时间表，然后设定预备唤醒的时间。通过在唤醒期间系统地增加时间跨度，计划唤醒可以逐渐地减少。

当然，以上所描述的所有行为干预，特别是当用于学龄儿童或更年长的儿童时，可以结合积极的巩固策略（如贴图标）来增加期望行为出现的可能性。

父母教育项目

这些方法基本集中在建立早期积极的睡眠习惯上，其本身是一种预防而不是干预策略。几乎所有的项目都包括应对 3～4 个月大婴儿放上床后“疲乏但仍清醒”状态的建议，帮助他们建立独立的睡眠习惯。父母睡眠教育项目的其他特征通常包括下列内容：

- 保证充足的睡眠，保持正常的睡眠规律，因为睡眠剥夺会导致睡眠觉醒的增加。一个良好的睡眠习惯培养计划应该适合儿童的年龄，并能提供充足的睡眠时间。持续的睡眠将帮助儿童增强生物钟，并确保他们更容易入睡。
- 建立一个大约持续 20～45 分钟的睡眠习惯，包括三到四种安抚活动（沐浴、穿宽松的衣服、讲故事），而不包括刺激活动，如看电视。
- 保证白天的小睡，至少在 3～3.5 岁，都应避免睡眠剥夺。
- 借助外物，如毯子、球等方便被儿童夜晚使用的物品等。

父母坚持运用这些行为项目以避免强化夜间
觉醒行为是十分必要的。专家们应该预先告知父 372
母，治疗开始阶段孩子会出现很强的短暂反抗行为。

药物干预的局限性

只有少量的研究验证了针对有睡眠问题和夜间觉醒的儿童的药物治疗效果，并且通常和行为治疗相结合。尽管缺乏这方面的研究，但甚至是在年幼儿童中，一些药物如非处方镇静的抗组胺剂，也经常用来解决睡眠障碍的临床问题（Owens，Rosen & Mindell，2003）。然而至少有一项研究证明这种实践是无效的，容易和药物滥用的副作用联系起来（Merenstein，Diener-West，Halbower，Krist & Rubin，2006）。另外，药物策略对提高父母坚持行为治疗的一致性并没有必

要的帮助，也没有长期持续的作用。整体上，这些证据表明行为策略或许更有效果，父母更容易接受，也可以避免药物干预的负面伤害。行为睡眠管理策略对白天睡眠的管理的确具有潜在优势。然而，在可选择的临床情况（如住院病人、特殊需要的人群）中，明智地将药物和行为治疗进行结合可能会成为一种模式。

对临床医生来说，一个重要的治疗目标是协调ADHD或其他神经心理病理学情况（如孤独症），满足儿童的特殊需要，如伴随着行为诊断或药物的干预，对共存的睡眠问题进行评估。比如ADHD儿童使用兴奋剂出现的生理反应，将会导致入睡困难。一些儿童出现睡眠延误，是因为睡眠期间药物消退的限制作用，而不是药物的直接刺激作用。ADHD儿童和其他神经病理障碍者在睡眠期间使用褪黑素会出现睡眠潜伏期减少的现象，并且副作用较小（Smits et al. ，2003；Weiss，Wasdell，Bomben，Rea & Freeman，2006）。α-激动剂如可乐定经常用在临床实践中以延长ADHD儿童的睡眠（Klein-Schwartz，2002；Prince，Wilens，Biederman，Spencer & Wozniak，1996）；然而，也应该指出（尤其是在较年幼的儿童中），目前还很少有关于药物干预有效性和安全性的实证证据。

其他的方法

其他的治疗，如婴儿睡眠问题治疗中附加的安全、简单的婴儿按摩在全世界被广泛运用，特别是在非洲和亚洲。尽管在儿科睡眠中还没有广泛地研究婴儿按摩的效果，但最近的研究发现，给新生儿按摩对褪黑素综合征和正常生理节律有长期作用（Ferber，Laudon，Kuint，Weller & Zisapel，2002）。按摩的积极效果可以解决许多与拖延入睡相关的问题，包括婴儿高觉醒、父母焦虑和消极的亲子互动。很少有人研究按摩对儿科睡眠问题的干预效果，仅有的研究也只报告了睡前有规律的按摩后，睡眠潜伏期缩短了，夜间觉醒减少了，还促使儿童白天的精神状态好转等（Field & Hernandez-Reif，2001；Field，Kilmer，Hernandez-Reif & Burman，1996）。

结论

我们对生命早期睡眠正常发展的轨迹，以及婴儿期睡眠障碍的治疗和病因学的基本理解进展迅速。睡眠是人类的基本机能，反映并影响年幼儿童其他重要的成熟领域（如社会性、情绪性和认知），对睡眠的重新认识将引发大量
373 探索睡眠和发展的双向关系的研究。关于儿童睡眠障碍的本质和影响还有很多需要研究，因为进一步说明这些基本问题可能对我们理解特定的脑功能、神经调质、睡眠和白天的行为有显著的贡献。

需要进一步研究的关键领域包括：

- 正常和异常睡眠发展的神经病学和神经生理学基础。
- 说明相关领域的自然历史背景对基本人群中儿童睡眠障碍发病率的影响，研究对象应该包括有行为和发展障碍的儿童。
- 影响睡眠问题的发展相关风险和保护性因素（如气质、父母教养方式、心理创伤）。
- 针对年幼儿童的干预策略和治疗形式的有效性，以及睡眠障碍病史对儿童、青少年后期治疗的影响。
- 睡眠问题在预测其他心理障碍的发生时的潜在效用。

综合描述婴儿睡眠障碍的疾病分类很重要；这些分类必须精确地抓住成人和儿童睡眠障碍的相似性和区别，即区分“病理学”与不同年龄段的正常发展之间的变异。应该设计系统评估和拓展儿童睡眠问题的临床筛查和评估工具，这些特别适用于初级看护和门诊病人的心理健康，同时结合对抚养人的教育性指导和该领域专业人员的支持。最后，应该进一步研究睡眠障碍的实质影响，包括从神经内分泌系统的影响，与肥胖相关的代谢途径，认知神经的缺陷，与学习、家庭和社会关系相关的能力，与医疗保健费用和抚养人失去生活能力相关的公共医疗卫生负担。

参考文献

American Academy of Sleep Medicine. (2005). *International classification of sleep disorders* (2nd ed.). Washington, DC: Author.

American Psychiatric Association. (1994). *Diagnostic and statistical manual of mental disorders* (4th ed.). Washington, DC: Author.

Anders, T. F., Halpern, L. F., & Hua, A. (1992). Sleeping through the night: A developmental perspective. *Pediatrics, 90*, 554–560.

Anders, T. F., & Keener, M. A. (1985). Developmental course of nighttime sleep–wake patterns in full-term and premature infants during the first year of life. *Sleep, 8*, 173–192.

Aserinsky, E., & Kleitman, N. (1955). A motility cycle in sleeping infants as manifested by ocular and gross bodily activity. *Journal of Applied Physiology, 8*, 11–18.

Bamford, F. N., Bannister, R. P., Benjamin, C. M., Millier, V. F., Ward, B. S., & Moore, W. M. (1990). Sleep in the first year of life. *Developmental Medicine and Child Neurology, 32*, 718–724.

Bates, J. E., Viken, R. J., Alexander, D. B., Beyers, J., & Stockton, L. (2002). Sleep and adjustment in preschool children: Sleep diary reports by mothers relate to behavior reports by teachers. *Child Development, 73*, 62–74.

Bayer, J. K., Hiscock, H., Hampton, A., & Wake, M. (2007). Sleep problems in young infants and maternal mental and physical health. *Journal of Paediatrics and Child Health, 43*, 66–73.

Buckhalt, J. A., El-Sheikh, M., & Keller, P. (2007). Children's sleep and cognitive functioning: Race and socioeconomic status as moderators of effects. *Child Development, 78*, 213–231.

Burnham, M. M. (2007). The ontogeny of diurnal rhythmicity in bed-sharing and solitary-sleeping infants. *Infant and Child Development, 16*, 341–357.

Burnham, M. M., Goodlin-Jones, B. L., Gaylor, E. E., & Anders, T. F. (2002). Nighttime sleep–wake patterns and self-soothing from birth to one year of age: A longitudinal intervention study. *Journal of Child Psychology and Psychiatry, 43*, 713–725.

Carey, W. B. (1974). Night waking and temperament in infancy. *Journal of Pediatrics, 84*, 756–758.

Coons, S., & Guilleminault, C. (1984). Development of consolidated sleep and wakeful periods in relation to the day/night cycle in infancy. *Developmental Medicine and Child Neurology, 26*, 169–176.

Crowell, J., Keener, M., Ginsburg, N., & Anders, T. (1987). Sleep habits in toddlers 18 to 36 months old. *Journal of the American Academy of Child and Adolescent Psychiatry, 26*, 510–515.

Dahl, R. E. (1996). The regulation of sleep and arousal. *Development and Psychopathology, 8*, 3–27.

Dearing, E., McCartney, K., Marshall, N. L., & Warner, R. M. (2001). Parental reports of children's sleep and wakefulness: Longitudinal associations with cognitive and language outcomes. *Infant Behavior and Development, 24*, 151–170.

Didden, R., Curfs, L. M., van Driel, S., & de Moor, J. M. (2002). Sleep problems in children and young adults with developmental disabilities: Home-based functional assessment and treatment. *Journal of Behavior Therapy and Experimental Psychiatry, 33*, 49–58.

Dittrichová, J. (1966). Development of sleep in infancy. *Journal of Applied Physiology, 21*, 1243–1246.

Eckerberg, B. (2004). Treatment of sleep problems in families with young children: Effects of treatment on family well-being. *Acta Paediatrica, 93*, 126–134.

Emde, R. N., & Walker, S. (1976). Longitudinal study of infant sleep: Results of 14 subjects studied at monthly intervals. *Psychophysiology, 13*, 456–461.

Fazzi, E., Zaccagnino, M., Capsoni, C., Orcesi, S., Spada, G., Cavallini, A., et al. (2006). A questionnaire on sleep behavior in the first years of life: Preliminary results from a normative sample. *Functional Neurology, 21*, 151–158.

Fehlings, D., Weiss, S., & Stephens, D. (2001). Frequent night awakenings in infants and preschool children referred to a sleep disorders clinic: The role of nonadaptive sleep associations. *Children's Health Care, 30*, 43–55.

Ferber, S. G., Laudon, M., Kuint, J., Weller, A., & Zisapel, N. (2002). Massage therapy by mothers enhances the adjustment of circadian rhythms to the nocturnal period in full-term infants. *Journal of Developmental and Behavioral Pediatrics, 23*, 410–415.

Ficca, G., Fagioli, I., & Salzarulo, P. (2000). Sleep organization in the first year of life: Developmental trends in the quiet sleep–paradoxical sleep cycle. *Journal of Sleep Research, 9*, 1–4.

Field, T., & Hernandez-Reif, M. (2001). Sleep problems in infants decrease following massage therapy. *Early Child Development and Care, 168*, 95–104.

Field, T., Kilmer, T., Hernandez-Reif, M., & Burman, I. (1996). Preschool children's sleep and wake behavior: Effects of massage therapy. *Early Child Development and Care, 120*, 39–44.

Frank, M. G., Issa, N. P., & Stryker, M. P. (2001). Sleep enhances plasticity in the developing visual cortex. *Neuron, 30*, 275–287.

Gaylor, E. E., Goodlin-Jones, B. L., & Anders, T. F. (2001). Classification of young children's sleep problems: A pilot study. *Journal of the American Academy of Child and Adolescent Psychiatry, 40*, 61–67.

Gregory, A. M., Eley, T. C., O'Connor, T. G., & Plomin, R. (2004). Etiologies of associations between childhood sleep and behavioral problems in a large twin sample. *Journal of the American Academy of Child and Adolescent Psychiatry*, *43*, 744–751.

Hall, W. A., Clauson, M., Carty, E. M., Janssen, P. A., & Saunders, R. A. (2006). Effects on parents of an intervention to resolve infant behavioral sleep problems. *Pediatric Nursing*, *32*, 243–250.

Harper, R. M., Leake, B., Miyahara, L., Mason, J., Hoppenbrouwers, T., Sterman, M. B., et al. (1981). Temporal sequencing in sleep and waking states during the first 6 months of life. *Experimental Neurology*, *72*, 294–307.

Iglowstein, I., Jenni, O. G., Molinari, L., & Largo, R. H. (2003). Sleep duration from infancy to adolescence: Reference values and generational trends. *Pediatrics*, *111*, 302–307.

Jacklin, C. N., Snow, M. E., Gahart, M., & Maccoby, E. E. (1980). Sleep pattern development from 6 through 33 months. *Journal of Pediatric Psychology*, *5*, 295–303.

Jenkins, S., Owen, C., Bax, M., & Hart, H. (1984). Continuities of common behavior problems in preschool children. *Journal of Child Psychology and Psychiatry*, *25*, 75–89.

Jenni, O. G., Borbély, A. A., & Achermann, P. (2004). Development of the nocturnal sleep electroencephalogram in human infants. *American Journal of Physiology: Regulatory, Integrative and Comparative Physiology*, *286*, R528–R538.

Johnson, C. (1996). Sleep problems in children with mental retardation and autism. *Child and Adolescent Psychiatric Clinics of North America*, *5*, 673–681.

Keener, M. A., Zeanah, C. H., & Anders, T. F. (1988). Infant temperament, sleep organization, and nighttime parental interventions. *Pediatrics*, *81*, 762–771.

Klein-Schwartz, W. (2002). Trends and toxic effects from pediatric clonidine exposures. *Archives of Pediatric and Adolescent Medicine*, *156*, 392–396.

Kleitman, N., & Englemann, T. G. (1953). Sleep characteristics of infants. *Journal of Applied Physiology*, *6*, 269–282.

Kuhn, B. R., & Elliott, A. J. (2003). Treatment efficacy in behavioral pediatric sleep medicine. *Journal of Psychosomatic Research*, *54*, 587–597.

Lam, P., Hiscock, H., & Wake, M. (2003). Outcomes of infant sleep problems: A longitudinal study of sleep, behavior, and maternal well-being. *Pediatrics*, *111*, E203–E207.

Louis, J., Cannard, C., Bastuji, H., & Challamel, M. J. (1997). Sleep ontogenesis revisited: A longitudinal 24-hour home polygraphic study on 15 normal infants during the first two years of life. *Sleep*, *20*, 323–333.

Lozoff, B., Wolf, A. W., & Davis, N. S. (1985). Sleep problems seen in pediatric practice. *Pediatrics*, *75*, 477–483.

McMillen, I. C., Kok, J. S., Adamson, T. M., Deayton, J. M., & Nowak, R. (1991). Development of circadian sleep–wake rhythms in preterm and full-term infants. *Pediatric Research*, *29*, 381–384.

Meijer, A. M., & van den Wittenboer, G. L. (2007). Contribution of infants' sleep and crying to marital relationship of first-time parent couples in the 1st year after childbirth. *Journal of Family Psychology*, *21*, 49–57.

Meltzer, L. J., & Mindell, J. A. (2007). Relationship between child sleep disturbances and maternal sleep, mood, and parenting stress: A pilot study. *Journal of Family Psychology*, *21*, 67–73.

Merenstein, D., Diener-West, M., Halbower, A. C., Krist, A., & Rubin, H. R. (2006). The trial of infant response to diphenhydramine: The TIRED study—a randomized, controlled, patient-oriented trial. *Archives of Pediatrics and Adolescent Medicine*, *160*, 707–712.

Mindell, J. A. (1993). Sleep disorders in children. *Health Psychology*, *12*, 151–162.

Mindell, J. A. (1999). Empirically supported treatments in pediatric psychology: Bedtime refusal and night wakings in young children. *Journal of Pediatric Psychology*, *24*, 465–481.

Mindell, J. A., Kuhn, B., Lewin, D. S., Meltzer, L. J., Sadeh, A., & American Academy of Sleep Medicine. (2006). Behavioral treatment of bedtime problems and night wakings in infants and young children. *Sleep*, *29*, 1263–1276.

Mindell, J. A., Meltzer, L. J., Carskadon, M. A., & Chervin, R. (in press). Developmental aspects of sleep hygiene: Findings from the 2004 National Sleep Foundation sleep in America poll. *Sleep Medicine*.

Mirmiran, M., & Lunshof, S. (1996). Perinatal development of human circadian rhythms. *Progress in Brain Research*, *111*, 217–226.

Mirmiran, M., Maas, Y. G., & Ariagno, R. L. (2003). Development of fetal and neonatal sleep and circadian rhythms. *Sleep Medicine Reviews*, *7*, 321–334.

Morrell, J., & Steele, H. (2003). The role of attachment security, temperament, maternal perception, and care-giving behavior in persistent infant sleeping problems. *Infant Mental Health Journal*, *24*, 447–468.

Navelet, Y., Benoit, O., & Bouard, G. (1982). Nocturnal sleep organization during the first months of life. *Electroencephalography and Clinical Neurophysiology*, *54*, 71–78.

Owens, J., Rosen, C., & Mindell, J. (2003). Medication use in the treatment of pediatric insomnia: Results of a survey of community-based pediatricians. *Pediatrics*, *111*, E628–E635.

Owens-Stively, J., Frank, N., Smith, A., Hagino, O., Spirito, A., Arrigan, M., et al. (1997). Child temperament, parenting discipline style, and daytime behavior in childhood sleep disorders. *Journal of Developmental and Behavioral Pediatrics*, *18*, 314–321.

Peirano, P., Algarín, C., & Uauy, R. (2003). Sleep–wake states and their regulatory mechanisms throughout early human development. *Journal of Pediatrics*, *143*(4 Suppl.), S70–S79.

Prince, J. B., Wilens, T. E., Biederman, J., Spencer, T. J., & Wozniak, J. R. (1996). Clonidine for sleep disturbances associated with attention-deficit hyperactivity disorder: A systematic chart review of 62 cases. *Journal of the American Academy of Child and Adolescent Psychiatry, 35*, 599–605.

Randazzo, A. C., Muehlbach, M. J., Schweitzer, P. K., & Walsh, J. K. (1998). Cognitive function following acute sleep restriction in children ages 10–14. *Sleep, 21*, 861–868.

Reilly, J. J., Armstrong, J., Dorosty, A. R., Emmett, P. M., Ness, A., Rogers, I., et al. (2005). Early life risk factors for obesity in childhood: Cohort study. *British Medical Journal, 330*, 1357.

Richman, N. (1981). Sleep problems in young children. *Archives of Disease in Childhood, 56*, 491–493.

Roffwarg, H. P., Dement, W. C., & Fisher, C. (1964). Preliminary observations of the sleep–dream pattern in neonates, infants, children, and adults. In E. Harms (Ed.), *Problems of sleep and dream in children* (pp. 60–72). New York: Macmillan.

Sadeh, A., Gruber, R., & Raviv, A. (2003). The effects of sleep restriction and extension on school-age children: What a difference an hour makes. *Child Development, 74*, 444–455.

Sadeh, A., Hauri, P. J., Kripke, D. F., & Lavie, P. (1995). The role of actigraphy in the evaluation of sleep disorders. *Sleep, 18*, 288–302.

Sadeh, A., Lavie, P., & Scher, A. (1994). Maternal perceptions of temperament of sleep-disturbed toddlers. *Early Education and Development, 5*, 311–322.

Salzarulo, P., & Chevalier, A. (1983). Sleep problems in children and their relationship with early disturbances of the waking–sleeping rhythms. *Sleep, 6*, 47–51.

Scher, A., Zukerman, S., & Epstein, R. (2005). Persistent night waking and settling difficulties across the first year: Early precursors of later behavioral problems? *Journal of Reproductive and Infant Psychology, 23*, 77–88.

Smedje, H., Broman, J. E., & Hetta, J. (2001). Associations between disturbed sleep and behavioural difficulties in 635 children aged six to eight years: A study based on parents' perceptions. *European Child and Adolescent Psychiatry, 10*, 1–9.

Smits, M. G., van Stel, H. F., van der Heijden, K., Meijer, A. M., Coenen, A. M. L., & Kerkhof, G. A. (2003). Melatonin improves health status and sleep in children with idiopathic chronic sleep-onset insomnia: A randomized placebo-controlled trial. *Journal of the American Academy of Child and Adolescent Psychiatry, 42*, 1286–1293.

St. James-Roberts, I., & Plewis, I. (1996). Individual differences, daily fluctuations, and developmental changes in amounts of infant waking, fussing, crying, feeding, and sleeping. *Child Development, 67*, 2527–2540.

Stickgold, R. (2005). Sleep-dependent memory consolidation. *Nature, 437*, 1272–1278.

Thiedke, C. C. (2001). Sleep disorders and sleep problems in childhood. *American Family Physician, 63*, 277–284.

Tucker, A. M., Dinges, D. F., & Von Dongen, H. P. (2007). Trait interindividual differences in the sleep physiology of healthy young adults. *Journal of Sleep Research, 16*, 170–180.

Van Tassel, E. B. (1985). The relative influence of child and environmental characteristics on sleep disturbances in the first and second years of life. *Journal of Developmental and Behavioral Pediatrics, 6*, 81–85.

Wake, M., Morton-Allen, E., Poulakis, Z., Hiscock, H., Gallagher, S., & Oberklaid, F. (2006). Prevalence, stability, and outcomes of cry-fuss and sleep problems in the first 2 years of life: Prospective community-based study. *Pediatrics, 117*, 836–842.

Weiss, M. D., Wasdell, M. B., Bomben, M. M., Rea, K. J., & Freeman, R. D. (2006). Sleep hygiene and melatonin treatment for children and adolescents with ADHD and initial insomnia. *Journal of the American Academy of Child and Adolescent Psychiatry, 45*, 512–519.

Wiggs, L. (2001). Sleep problems in children with developmental disorders. *Journal of the Royal Society of Medicine, 94*, 177–179.

Wolfson, A. R., & Carskadon, M. A. (1998). Sleep schedules and daytime functioning in adolescents. *Child Development, 69*, 875–887.

第 23 章

进食障碍、发育停滞和肥胖症

戴安 · 贝努瓦（Diane Benoit）

377 工业化国家婴儿期和童年早期的进食障碍（FDs）和发育停滞（FTT）问题是普遍存在的问题。25%～40%的婴儿和年幼儿童受到这些问题的影响，其中80%的婴儿和年幼儿童患有发育障碍（Kerwin，1999；Manikam & Perman，2000）。在美国，门诊和市内急诊室的婴儿中有30%受到了FTT的影响，其中22%是天生的早产儿与低重儿，1%～5%的婴儿接受住院治疗，并有多达57%的婴儿生活在低收入地区或贫困线以下的农村和城市（Benoit，2000a；Mackner，Black & Starr，2003）。在英国，足月出生婴儿的患病率为1.8%～4.8%（Blair et al.，2004；Drewett，Corbett & Wright，1999；Wright，Parkinson & Drewett，2006b）。在以色列，大约3.9%足月出生婴儿患有FTT（Wilensky et al.，1996）。在英国，虽然案例中47%的婴儿同时患有FTT和FDs（Drewett et al.，1999），但还不确定它们之间是否有联系。印度的初步研究显示，171个足月出生的婴儿中，有17%～18%出生在公共医院，这些医院主要是为社会低保家庭服务的。这些婴儿在7周至6个月间会呈现出FTT症状（Patel，DeSouza & Rodrigues，2003）。

在发达国家，肥胖正在大规模蔓延。在英国、美国和澳大利亚，有超过一半的青少年体重过重、极度肥胖，最新数据显示，过去20年中这个趋势明显增长（Crawford，2002）。在美国，肥胖的增长速度影响了约10%的婴儿的发展（Whitaker，Wright，Pepe，Seidel & Dietz，1997）。英国的数据显示，1993年至2005年，2～10岁儿童中，男孩的肥胖比率由9.6%增长到16.6%，女孩则由10.3%增长到16.7%（East Midlands Public Health Observatory，2006）。本章主要回顾1997年来关于FDs、FTT和肥胖的研究。

进食障碍

定义、分类和病因

目前并没有普遍适用于婴儿的FDs定义及明确分类。重度FDs在DSM-Ⅳ-TR里有说明（Ameri-
378 can Psychiatric Association，2000）。其中包括反刍性障碍，表现为重复反刍、咀嚼食物的非正常进食，以及摄入不符合个人发展水平的、不被文化所认可的非营养物质的异食癖。DSM-Ⅳ-TR也有关于婴儿期和童年早期进食障碍的诊断分类，其表现是受影响的儿童不能正常进食，体重非但不增长，甚至在一个月内大幅下降。虽然没有诊断的测量指标，但仍显示出DSM-Ⅳ-TR诊断和FTT是同类障碍。

另一种分类系统，即DC（0-3R）（Zero to Three，2005），列出了六种进食"行为障碍的分类"：

（1）一般的FDs症状，从刚出生时出现进食困难，并持续保持这种困难的状态。

（2）母婴互惠层面的FDs症状，进食缺乏社会互惠性，并不能只归结于身体失调和广泛的发展性症状。

（3）小儿厌食症，即拒绝适量进食，对食物缺乏兴趣，但对探索和交流很有兴趣，无明显饥饿感。

（4）感知食物厌恶，表现为不能接受某种特定的食物，但是可以吃喜欢的食物，缺乏特定的营养或口腔运动发展延迟。

（5）药物条件引起的FDs，即起初接受食物，而后表现痛苦，继而拒绝进食，都是由药物条件和同期发育引起的，但是药物管理之后没有得到充分缓解。

（6）伴有胃肠道不适的FDs，即持续拒绝食物，并且伴有对事件的厌恶或者重复吞咽、胃肠道不适，那种痛苦是由创伤性事件的暴露而出现的。

大部分的分类（除了4和6）要求有"发育不足"的症状，或者体重不增长甚至减轻，因此，这些诊断分类和FTT有部分重合。

有研究报告了DC（0-3）在医院儿科联络服务中确诊和治疗FDs的效用（Scheer，Dunitz-Scheer，Schein & Wilken，2003）。同样，观察证据也证明了这些诊断分类的有效性（Chatoor et al.，2000；Chattoor，Hirsch，Ganiban，Persinger & Hamburger，1998）。

FDs的病因不易理解并且是多因素的（Winters，2003），伴有生理的、行为的和环境因素的相互作用。这些因素还包括解剖学或感知异常、运动功能障碍、气质和抚养人行为特征、健康问题、创伤性经历、吃饭时的行为和抚养人的性格、母婴关系和家庭社会环境（Benoit，Wang & Zlotkin，2000；Chatoor et al.，2000；Chatoor et al.，1997；Cooper，Whelan，Woolgar，Morrell & Murray，2004；Kerwin，1999）。

相关特征和成果

目前发现了与FTT、睡眠问题、各种调节困难和健康问题相关的并发症（Benoit，2000a，2000b；Benoit & Coolbear，1998；Beniot et al.，2000；Drewett et al.，1999；Kerwin，1999；Manikam & Perman，2000）。3%～10%的儿童经历了持续的进食问题，并且愈发严重。越来越多的儿童出现身体残疾（26%～90%）、心理迟缓（23%～43%）、内科疾病、早熟或者出生体重过
379 低（10%～49%）等问题（Kerwin，1999）。严重的FDs和FFT后果被认为是严重的潜在风险，易导致重病，甚至死亡（Manikam & Perman，2000）。

评估

马尼卡姆和珀曼（Manikam & Perman，2000）建议FDs的评估应该由各学科的专业团队实施评估，至少包括胃肠病专家、营养学家、行为心理学家和职业言语治疗师。一个全面的评估应该包括对儿童健康的回顾，对儿童发展情况的评估、对儿童进食情况的评估、对家长监管和对儿童成长历史过程的了解程度的评估，对成长决定因素的判断，关于吃饭时行为和营养摄入量的父母报告和对主要抚养人的观察（例如同时在办公室和家中录像；Arts-Rodas & Benoit，1998）。婴儿的FDs评估应该对以下问题作出回答：（1）孩子是否有FTT？（2）孩子的进食是否安全？（如果安全，那么孩子是否主动或者发展性地进食？如果是，那么孩子愿意吃东西吗？）（3）食物和孩子之间是否有某种关联问题或者其他环境问题？

干预

基于评估中对这些问题的回答，可以确定干预的类型。例如：（1）没有进食因为进食是不安全的；（2）当存在口腔运动、口咽、口头感知功能障碍或者神经性吞咽困难时的专业和语音语言治疗；（3）当存在FTT或其他药物环境时的营养或儿科病症；（4）当父母和婴儿关系存在问题时的母婴综合治疗；（5）处理进食行为问题的行为疗法；（6）当多种问题存在时包含多种治疗形式。（Arts-Rodas & Benoit，1998）因为严重FDs的评估通常是由多学科的进食研究团队进行的，典型的干预是根据婴儿的需要进行多种成分的调整。如果可能的话，应该避免单一的治疗方式（Manikam & Perman，2000）。

克尔温（Kerwin，1999）回顾了重度进食障碍问题的文献，发现不同的治疗形式都曾被使用过（行为疗法、个别儿童心理治疗、治疗厌食的认知行为疗法、互动疗法和面向家庭的干预治疗）。她认为干预方法的有效性因为方法论问题停滞不前，包括：进食障碍定义不一致，实验设计简陋，样本过小，控制组或条件不合理或者缺失，缺乏标准化结果和干预方法描述不完整。尽管存在问题，实验数据表明，仍有一些偶然的处理治疗可以有效地对FDs进行干预，包括对适宜进食回应的正向强化，忽视或者引导不正确的回应。有效的干预包括对接受和消除的正向强化（拒绝移动汤匙）和吞咽训练。没有一种非行为的干预方法在方法论上足够严谨，以至于可以成为被实证支持的疗法。

然而已知的大部分行为干预都是案例报告或小样本研究。已知最大的研究样本是64名36个月以下的儿童，他们被随机分配到实验组和控制组。结果表明，使用消退和正强化的行为疗法能有效解决吸管进食儿童问题，效果要优于其在解决患有严重进食和健康问题的吸管进食儿童问题上的作用（Beniot et al.，2000a）。虽然希尔（Scheer，2003）等报告的93个吸管进食的婴儿在1997—2001年之间接受了他们的治疗，并在医院成功治愈，但是对干预没有很好的描述，没有实验证明其有效性。

虽然已证实行为治疗对治疗进食问题有效，但是这些实际操作过程要比实验报告所揭示的更复杂、更困难（Linscheid，2006）。

380 发育停滞

定义和分类

FTT 的本质是营养缺乏，这是共识，但对于 FTT 的定义仍然有一些问题（Gahagan，2006）。2003 年 1 月至 2004 年 6 月的文献显示，虽然大多数研究者将 FTT 定义为体重增长较慢，并有基于人体测量的总协议来定义 FTT，但在使用生长参数和是否使用取得值或速度上仍存在较大的差异（Olsen，2006）。例如现在许多英国研究报告体重增加时，使用体重改变的标准差评分，以出生体重为条件，提供了一个线性测量体重标准差的得分，把儿童实际的体重标准差得分和他应该达到的体重标准差得分相比较，儿童应该达到的体重就是调整后应回归到的水平。大多数英国研究人员将 FTT 定义为条件化体重增加，并且低于第 5 个百分位（Wright，Avery，Epstein，Birks & Croft，1998）。自 21 世纪初，英国的 FTT 有关文献已经提到"体重不正常增长"的状况。其他国家的研究人员经常将 FTT 定义为：在标准化的年龄和性别的成长图标上体重低于第 5 个百分位，或从出生到现在体重增加的速率在降低（在标准化的生长曲线图上下降至少 2 个百分位），或相对于身高年龄其体重小于 80%的群体（或在某些情况下小于 90%）（Block，Krebs，Committee on Child Abuse and Neglect & Committee on Nutrition，2005）。

雷纳和鲁道夫（Raynor & Rudolf，2000）用五种人体测量的方法，对 83 名儿童在 FTT 方面进行体重参数评估：（1）同年龄的体重中位数；（2）身高中位数；（3）体重的平均数除以身高、年龄的中位数；（4）身体质量指数（BMI），体重除以身高的平方；（5）茁壮成长指数［体重标准差减去（出生体重标准差×0.4）］。他们发现根据所使用的索引，FTT 程度差别很大。

虽然 FTT 婴儿都有严重的潜在营养不良问题，但在一些临床情境中 FTT 仍被看作"器质性的"（潜在的医学问题引发 FTT）、"非器质性的"（非医学问题引发 FTT）和"混合型"（两种因素同时存在）问题。自 1997 年以来，英国两项以人口为基础的研究发现 5%或者更少的孩子有一项重度器质性病变与 FTT 有关（Drewett et al.，1999；Wright，Callum，Birks & Jarvis，1998）。

相关特征和成果

FTT 是一种涉及生物和环境等多因素的问题（Block et al.，2005）。这些因素包括：（1）婴儿特点，如细微的神经发育障碍和口腔运动功能障碍（Ramsay，Gisel，McCusker，Bellavance & Platt，2002）；（2）抚养人特点，如产妇抑郁（Drewett et al.，2004；O'Brien，Heycock，Hanna，Jones & Cox，2004；Patel et al.，2003）和贫乏的问题解决能力（Robinson，Drotar & Boutry，2001）；（3）抚养人与婴儿的关系问题，如婴儿和成人的不安全依恋或父母对儿童的观念及互动的混乱（Benoit，Zeanah，Parker，Nicholson & Coolbear，1997；Chatoor et al.，2000，2004；Chatoor，Ganiban，et al.，1998；Coolbear & Benoit，1999；Ward，Lee & Lipper，2000）；（4）家庭和社会环境的特点，如贫困、虐待或忽视（Kerr，Black & Krishnakumar，2000；Mackner，et al.，2003；Mackner，Starr & Black，1997）。

美国的两项研究已经开始使用累积风险模型探讨 FTT 的影响和虐待对认知的影响（Mackner et al.，1997），包括认知表现（标准化测试）、学校适应性功能（老师报告）、课堂上的行为（老师的报告）、在家行为（产妇报告）（Kerr et al.， 381
2001）。研究结果表明，累积的风险因素不利于认知功能发展：与没有风险因素的儿童相比其认知能力和学校交际功能更差，有虐待经历和 FTT 的 6 岁儿童表现出更多的行为问题，而只有一个风险因素的儿童（FTT 或虐待）得到的是中间分数。研究结果认为风险累积的情况下比单一风险因素更不利于孩子发展。

从表 23.1 可以看出，虽然患有 FTT 的儿童受虐待的可能性是对照组的 4 倍（Wright，2000），但英国的研究文献中那些已经被确定为

FTT的儿童受虐待和忽视的概率更低（Wright & Birks，2000）。因此，某些情况下，FTT儿童可能更倾向于被忽视（Block et al.，2005），但结果并不绝对（Black et al.，2006）。研究人群主要是由足月出生的英国白人婴儿构成（出生体重大于或等于2 500克、家长和环境因素似乎只能解释少数案例，潜在的器质性病变也是如此）。在英国，FTT在人口较多的家庭比在贫困家庭更常见。这可能是因为针对有年幼儿童的家庭，食物相对便宜，福利制度更为合理（Blair et al.，2004）。

英国的研究（表23.1）表明，研究者曾经试图逐步改善学前儿童的FTT情况，但存在生长方面的持久缺陷，证据显示在认知方面，7～10的发展商数可以推测1岁时产生的发展缺陷。1997年在英国和以色列实施了两项研究，每项大约包括50个患有FTT的孩子（Wilensky et al.，1996；Wright，2000）。然而，追踪至6岁（英国的研究）时，没有发现在智商方面的显著差异。美国的一项研究将128例（57%；$N=226$）来自低收入家庭的已接受治疗的FTT婴儿，与98例正常发育的4～6岁儿童进行对比发现了相似的结论（Mackner et al.，2003）。马克纳等（Mackner et al.，2003）发现，虽然在这两个群体中认知能力的发展随着时间的推移在延长，并且FTT儿童认知得分较低，但4岁、5岁和6岁儿童成长阶段所得到的认知得分没有差异。此外，在埃塞俄比亚出生的足月婴儿（$N=1\,563$）其出生体重大于或等于2 500克，德鲁伊特等（Drewett，Wolke，Asefa，Kaba & Tessema，2001）将这些儿童0～4个月大的时候与40名“存在体重不正常问题”的同龄儿童进行比较，并在其10～12个月的时候与70名“存在体重不正常问题”的儿童相比，结果发现这些控制组儿童并没有出现这种情况。早期营养不良除了能影响头两年的生活，在发展中未发现有特定的影响。因此，FTT的影响在短期内有效，会导致早期发育延迟，但是随着时间的推移影响逐渐减弱（Boddy，Skuse & Andrews，2000；Drewett et al.，1999），不可能对大脑发育产生永久性影响（Wright，2000）。

针对患有长期外显FTT的婴儿（包括1997年以前的研究），不论这些婴儿是否被干预过，鲁道夫和洛根（Rudolf & Logan，2005）设计了13项研究（8个研究和5个随机控制试验），其中8个试验组包括控制组，5个随机控制试验包括在社区环境中发现的儿童。研究报告的结果表明，FTT儿童与那些本就差于标准状态的临床样本相比，在运动发展上表现为运动的时间更短，得分较低。身高和体重在组间差异更大且显著，但有几个孩子的得分低于第三个百分位数（即为极值）。四项研究均指出IQ组间差异等于3倍IQ得分，其临床意义存在疑问。然而，作者指出了方法上的问题，包括缺乏高质量的后续研究。事实 386
上，包括较小团体的以人口为基数的研究，没有充分调整潜在的混杂因素，也很少以元分析的形式报告出来。此外，可用数据的相对缺乏、密切关联诊断实验的减少、认知能力的自然发展，都是无法排除的可能影响。

鲁道夫和洛根（Rudolf & Logan，2005）的研究结果与科比特和德鲁伊特（Corbett & Drewett，2004）研究的结果是不同的，证据显示，以人口为水平线，婴儿期的FTT与智力的缺陷有显著的相关，且差异较大。总体来看，在许多风险研究或在临床病例系列研究中已经确定了一些相关因素，但是在控制因素的研究中涉及非常少且在基于总体的研究中被完全忽略了。

382 **表23.1　自1997年以来以英国人为样本的一些FTT研究成果**

研究	被试	年龄的评估/跟进	健康/营养/成长的结果	发展/认知结果	心理学特征或结果
Dowdney，Skuse Morris & Pickles（1998）	23名发育迟缓的4岁儿童	11岁		● 11岁时的智商标准差是12（4岁时的发展商数标准差是20）	

续前表

研究	被试	年龄的评估/跟进	健康/营养/成长的结果	发展/认知结果	心理学特征或结果
Wright, Callum, Birks & Jarvis (1998)	随机控制试验；基于229名FTT患儿	3～4岁	● 以社区为基础进行干预的儿童，在第1/2百分位或者更高的位置上，其干预结果是体重更正常并有较好的食欲 ● 少于5%的FTT婴儿有器质性病变		
Drewett, Corbett & Wright (1999)	107名FTT患儿（Wright et al., 1998）+136名儿童（来自相同的实践和社区的控制组）	7～9岁	● FTT患儿显著矮小（处于第3/4百分位或矮5厘米），比控制组的儿童体重也更轻 ● 少于5%的FTT患儿有器质性病变 ● 6.6%的FTT患儿需要转介到医院或门诊	● 在智商上差异不显著 ● 在口语、阅读理解方面没有组间差异 ● 调整后双方父母的身高与儿童身高的对照差别不大，但统计学上差异显著 ● 孩子的智商很大程度上取决于母亲 ● 有器质性病变的儿童的智商明显低于没有患病的儿童	● 47%的FTT患儿有进食障碍（控制组是2.5%；差异显著） ● 以社区为基础的干预，对于FTT患儿的食欲有很大改善 ● 因为进食问题，有1.5%的FTT患儿被转介到医院或门诊
Raynor, Rudolf, Cooper, Marchant & Cottrell (1999)	随机控制试验；42名FTT患儿（"常规看护"+专科医疗专家进行家庭干预）+42名控制组儿童（常规看护）	4～30个月	● 两组在1年后体重增加均良好 ● 两组在能量摄入方面均有提高 ● 干预组中1岁以内儿童体重的平均标准差高于控制组	● 两组在发育分数上均有提高 ● 在贝利评分上没有明显差异	● 在行为量表、焦虑和抑郁量表和应用健康看护资源上没有显著差异 ● 在生长和进食方面无显著差异，但是控制组有明显的进食转介，社会服务、入院依赖性较低
Boddy, Skuse & Andrews (2000)	42名15个月大的FTT患儿+42名控制组儿童	6岁	● 在BMI指数上身高和体重的年龄*Z*分数上，FTT患儿较小 ● FTT在婴儿期的历史显示在体重和BMI指数上存在显著差异	● 在婴儿期FTT的存在时间预测在6岁（与15个月的调查结果相反）没有任何认知方面的表现，虽然儿童在婴儿期的FTT历史表现明显高于相关测试项目、相匹配的同行差定量和记忆能力 ● 产妇的智商是6年里对认知表现指数有显著预测力的唯一指标	

续前表

研究	被试	年龄的评估/跟进	健康/营养/成长的结果	发展/认知结果	心理学特征或结果
Wright & Birks（2000）	97名FTT患儿和28名控制组儿童	16～18个月			● 根据每个家长的报告，并与控制组相比，FTT患儿（显著）胃口较差，摄入的食物范围较窄，行为更散漫和害羞，更少的饥饿表达，更少的享受食物的表现，进食固体食物的行为发展延迟
	11 718名FTT患儿	6～8周；9个月	● 30/11 718（0.3%）的患儿，从出生到6～8周、从6～8周到9个月体重增长缓慢 ● 8个个案表明许多个头较矮父母的婴儿比个头较高父母的婴儿体重增长慢		● 产妇年龄、饮酒、吸烟、低教育/职业地位都与FTT无关 ● 产妇身材矮小，比例不协调，和低BMI数据＝从出生到9个月体重缓慢增加的最有力预测指标 ● 第四位出生或后来孕育的孩子＝2×长子从出生到9个月可能无法正常成长
Parkinson，Wright & Drewett（2004）	30名FTT患儿和从961名被试中挑出的57名控制组儿童	13～21个月			● 与控制组相比，FTT组的母亲在吃饭时更多用勺子喂孩子；FTT组中婴儿自己进食的情况更多；FTT组婴儿获取更少的能量，不太可能整个进餐都在高椅上；“填鸭式食品”的消耗量更多，但能量摄入不高（两组）；组与组之间针对实际的取食行为没有明显的差异
Drewett，Corbett & Wright（2006）	89名FTT患儿和91名控制组儿童	12岁	● 有FTT患史的儿童＝显著矮小和在12岁时体重也显著低于正常水平，即有显著较低的BMI指数 ● 有FTT患史的儿童的症状并没有持续到青春期后		● 有FTT患史的儿童：胃口显著低于他们的同伴；他们分数的降低与食物摄入量的减少有显著的相关；在焦虑、抑郁、自尊方面没有显著差异
Wright，Parkinson & Drewett（2006a）	从一出生就测量出的923名潜在被试（利用不同时间不同方法测量时被试数量不同）	6周；4个月；8个月；12个月	● 92/923（10%）的患儿体重在一段时间内增长缓慢 ● 照顾者回应拒食的程度（产妇报告）：即使调整了饮食，体重的增加也导致了反向预测 ● 在6周内体重增加与食欲和口腔运动功能障碍有独立的相关		● FTT与经济地位、母爱剥夺、教育程度或饮食失调无关 ● 使用未经验证的问卷产妇报告：在6周和12个月的食欲可以独立预测12个月时的体重；大多数儿童在12个月时会出现回避的饮食行为，但这与体重增加和调整饮食后的发展无关

管理/治疗

各方面（心理、医疗、家访、多学科）和各种机构（住院、门诊、家庭、社区）已开始建立干预机制。克鲁格曼和杜博维茨（Krugman & Dubowitz，2003）主张给患有 FTT 的所有儿童增加额外的卡路里。尽管对 FTT 进行了干预，但当它严重时还是要坚持使用多学科的方法。目前，来自随机控制试验的证据表明，在 FTT 方面的干预措施成效显著（Hutcheson et al.，1997；Reifsnider，1998；Rudolf & Logan，2005；Wright，Callu et al.，1998）。

肥胖症

定义及病因

婴儿肥胖的定义是有争议的（Baird et al.，2005）；一些定义依据的是 BMI 指数、体重、高度、皮褶厚度。然而，BMI 指数越来越多被用作肥胖的一项指标（Sowan & Stember，2000）。

肥胖是一个多因素问题，也是各种遗传（Maes，Neale & Eaves，1997）和环境（例如饮食、运动）因素相互作用的结果。自从 1994 年发现肥胖基因，成倍的研究开始关注其生理机制、体重控制和食欲调节方面的问题（详见 Jebb，Kopelamn & Butland，2007）。此外，虽然发现一些医学状况可能与婴儿肥胖有关（Barlow & Dietz，1998），但这种情况很少。在过去 10 年里，肥胖的发展达到了爆炸的程度，研究发现，肥胖在许多工业化国家已极为盛行。

相关特征和结果

现在我们已经认识到，肥胖的婴儿可以成为肥胖儿童，肥胖儿童可能成为肥胖的成年人。在婴儿期和童年期，持续的肥胖会增加青春期和成年期的潜在风险，并且与成人严重的健康问题有关，如心血管疾病、动脉粥样硬化、高血压、糖尿病、癌症、关节炎、身体能力减弱和心理问题等。

尽管样本大，但以总体为基础和控制婴儿肥胖的纵向实验结果还是充满了矛盾（Sowan & Stember，2000）。例如在研究社会经济地位的影响时，一些结果表明，社会经济地位的降低与肥胖儿童数量的增加相关，一些研究则显示较高的社会经济地位与婴儿期和童年期肥胖相关，还有研究显示二者没有关系（Hernandez，Uphold，Graham & Singer，1998；Sowan & Stember，2000；Stunkard，Berkowitz，Schoeller，Maislin & Stallings，2004）。还有类似如孕妇吸烟影响的矛盾研究（Sowan & Stember，2000）。

一些研究调查了几种产前因素与婴儿肥胖的关系。例如对妊娠糖尿病母亲进行纵向或控制研究，显示出她们的后代中超重比例较高，这与子宫内生长和父母肥胖都有相关（Schaefer Graf et al.，2005；Vohr & McGarvey，1997）。对糖尿 387
病母亲的纵向研究表明，母亲孕前的 BMI 指数与后代出生时的体重、身高及 BMI 指数显著相关，这个相关会一直持续到 2 岁（Knight et al.，2007）。其他来自父母的风险因素包括：（1）母亲的产前体重变化（正常母亲体重每增长 25 磅，7 个月婴儿肥胖的几率就会增加 20%～30%）；（2）孕期体重增加（母亲体重每增长 5 磅，1 个月时婴儿肥胖的几率就会增加 10%，而在产前少于正常体重的母亲每增长 5 磅，14 个月时婴儿肥胖的几率大约为 20%；（3）母亲年龄大（母亲的年龄每增长 5 岁，10 个月大婴儿肥胖的几率就会增加 20%～40%）（Sowan & Stember，2000）。

与婴儿出生后（以及后来）肥胖可能相关的因素，包括父母的 BMI 指数与子女出生 12 周之内的体重、身高以及子女 1 年之内的 BMI 指数相关（Knight et al.，2007），还包括婴儿出生时的体重，并且成人 BMI 指数和婴儿出生体重呈正相关（Baird et al.，2005；Monteiro & Victoria，2005）。出生时的 BMI 指数（或患妊娠糖尿病母亲的婴儿腹围）与之后的 BMI 指数和后来增加的体重相关（Schaefer-Graf et al.，2005，2006）。糖尿病母亲的孩子出生时有较高的 BMI 指数，当父母双方的 BMI 指数都小于 30kg/m²时，有 20% 的婴儿超重，如果是一个家长肥胖，比率则增加到 34%，当双亲都肥胖时，则有 69% 的婴儿是肥胖的（Schaefer-Graf et al.，2005）。

研究者对24份发表的研究结果进行了系统回顾（包括22个同类型研究和2个病例对照研究），检查了婴儿的身高或体重增长率是否与继发性肥胖有关。贝尔德等（Baird et al.，2005）发现11个研究结果具有相当的一致性（包括25 499个来自美国、芬兰、法国、巴西、英国的案例）：在婴儿时期较重的或被定义为肥胖的病人更容易在其儿童期、青少年期和成年期发展出肥胖症。与非肥胖婴儿相比，继发性肥胖在确诊为肥胖的个体中比例和风险指数要增加1.35～9.38。10项评估继发肥胖与婴儿成长关系的大多数研究结果表明婴儿的快速成长增大了肥胖的风险。与其他婴儿相比，快速成长的婴儿在4.5～20岁时肥胖比率或相对风险指数增加1.17～5.70。1927—1944年期间出生的人或多或少与肥胖症相关。进一步说，并没有证据显示，在婴儿期某一特定时间内的经历是关键的：在1岁到2岁期间体重大幅增长或者体重间隔的大幅增长都会发展为将来的肥胖。

在一项对40个肥胖母亲的婴儿和38个纤瘦母亲的婴儿前瞻性纵向研究中，斯顿卡德等（Stunkard et al.，2004）发现，在婴儿1～2岁时，能量消耗是身体尺寸的决定因素。

另一个最近的研究涉及母乳喂养对预防肥胖的影响。确切地说，母乳喂养可以预防肥胖的证据尚处于起步阶段（Scholtens et al.，2007），包括糖尿病母亲的婴儿（Mayer-Davis et al.，2006）和妊娠糖尿病母亲的婴儿（Schaefer-Graf et al.，2006）。另外，斯克尔滕斯等（Scholtens et al.，2007）进行了纵向调查，并收集了2 347名1996—1997年出生的荷兰儿童的数据，发现母乳喂养超过16周的1岁儿童往往比没有母乳喂养的孩子BMI指数较低，母乳喂养和BMI指数的关联在1～7岁间是可以忽略的，然而一个1岁婴儿的高BMI指数与1～7岁的BMI指数有显著的正相关。本研究结果表明，母乳喂养的孩子有较低的BMI指数，因此在1岁时的超重风险会降低。

一项对包含超过100 000个孩子的17项研究的元分析（Harder，Bergmann，Kallischnigg & Plagemann，2005）显示，长时间母乳喂养和减少体重超标或肥胖风险之间存在联系。另一项对包 388
含355 310名儿童的70个案例的元分析（Owen，Martin，Whincup，Davey Smith & Cook，2005b）表明，虽然母乳喂养孩子中的平均BMI指数比较低，但差别很小，在很大程度上受其他因素的影响，由此可见虽然母乳喂养由于其他原因显得重要，但其似乎难以减少平均BMI指数。还有一项对包含298 900名儿童的28个案例的元分析（Owen，Martin，Whincup，Davey Smith & Cook，2005a）发现，初期母乳喂养可防止未来肥胖，但值得注意的是，对混合因素（例如父母肥胖、吸烟和社会地位）进行大量分析还是必要的。

最近对35 526名25～42岁女性护士进行的大型纵向调查显示，母乳喂养（基于受试母亲的报告）并没有防止女性超重或肥胖（Michels et al.，2007）。

治疗/预防

巴洛和迪茨（Barlow & Dietz，1998）推荐用儿科实践来评估与治疗儿童或青少年的肥胖。但是，除了对于2岁以下孩子严重超重的情况，对于婴儿肥胖的临床评价还没有具体建议。事实上，没有公认的方法是可以防止或干预婴儿肥胖的，就如成人的肥胖一样，治疗的重点在于预防。例如最近的研究证明，要通过促进母乳喂养来预防童年、青少年、成人超重和肥胖。从一般情况来看，无论是在母亲怀孕期或是出生的第一年都要试图控制婴儿体重增长的速度。此外增加身体的活动，会使体重下降。对其他病症的干预涉及控制父母体重、BMI指数和生活方式等问题，如饮食（能量摄入）和体力活动的水平（能量消耗），直到生理学和遗传学研究可以提供其他手段来预防、控制或治疗各年龄组的肥胖，包括婴儿。

结论

FDs、FTT、肥胖一直被看做常见的多因素问题，经常存在不一致的定义和争议。尽管干预研究中存在许多方法论、不一致的研究结果、令人失望的干预结果等问题，但在过去十年中已经有了全面高质的研究。虽然下一个十年可能无法提出解决FDs、FTT、肥胖所有方面的明确答案和方法，但近年来研究的近况已经预示了未来十年的研究进展。

参考文献

American Psychiatric Association. (2000). *Diagnostic and statistical manual of mental disorders* (4th ed., text rev.). Washington, DC: Author.

Arts-Rodas, D., & Benoit, D. (1998). Feeding problems in infancy and early childhood: Identification and management. *Paediatrics and Child Health, 3*, 21–27.

Baird, J., Fisher, D., Lucas, P., Kleijnen, J., Roberts, H., & Law, C. (2005). Being big or growing fast: Systematic review of size and growth in infancy and later obesity. *British Medical Journal, 331*, 929–934.

Barlow, S. E., & Dietz, W. H. (1998). Obesity evaluation and treatment: Expert Committee Recommendations. *Pediatrics, 102*, E29.

Benoit, D. (2000a). Feeding disorders, failure to thrive, and obesity. In C. H. Zeanah, Jr. (Ed.), *Handbook of infant mental health* (2nd ed., pp. 339–352). New York: Guilford Press.

Benoit, D. (2000b). Regulation and its disorders. In C. Violato, E. Oddone-Paolucci, & M. Genuis (Eds.), *The changing family and child development* (pp. 149–161). Aldershot, UK: Ashgate.

Benoit, D., & Coolbear, J. (1998). Post-traumatic feeding disorders in infancy: Behaviors predicting treatment outcome. *Infant Mental Health Journal, 19*(4), 409–421.

Benoit, D., Wang, E. E. L., & Zlotkin, S. H. (2000). Discontinuation of enterostomy tube feeding by behavioral treatment in early childhood: A randomized controlled trial. *Journal of Pediatrics, 137*, 498–503.

Benoit, D., Zeanah, C. H., Jr., Parker, K. C. H., Nicholson, E., & Coolbear, J. (1997). "Working Model of the Child Interview": Infant clinical status related to maternal perceptions. *Infant Mental Health Journal, 18*, 107–121.

Black, M. M., Dubowitz, H., Hutcheson, J., Casey, P. H., Cutts, D., Drewett, R. F., et al. (2006). Failure to thrive as distinct from child neglect. *Pediatrics, 117*, 1456–1458.

Blair, P. S., Drewett, R. F., Emmett, P. M., Ness, A., Emond, A. M., & ALSPAC Study Team (2004). Family, socioeconomic, and prenatal factors associated with failure to thrive in the Avon Longitudinal Study of Parents and Children (ALSPAC). *International Journal of Epidemiology, 33*, 839–847.

Block, R. W., Krebs, N. F., Committee on Child Abuse and Neglect, & Committee on Nutrition. (2005). Failure to thrive as a manifestation of child neglect. *Pediatrics, 116*(5), 1234–1237.

Boddy, J., Skuse, D., & Andrews, B. (2000). The developmental sequelae of nonorganic failure to thrive. *Journal of Child Psychology and Psychiatry, 41*(8), 1003–1014.

Chatoor, I., Ganiban, J., Colin, V., Plummer, N., & Harmon, R. J. (1998). Attachment and feeding problems: A reexamination of nonorganic failure to thrive and attachment insecurity. *Journal of the American Academy of Child and Adolescent Psychiatry, 37*, 1217–1224.

Chatoor, I., Ganiban, J., Hirsch, R., Borman-Spurrell, E., & Mzarek, D. A. (2000). Maternal characteristics and toddler temperament in infantile anorexia. *Journal of the American Academy of Child and Adolescent Psychiatry, 39*(6), 743–751.

Chatoor, I., Getson, P., Menvielle, E., Brasseaux, C., O'Donnell, R., Rivera, Y., et al. (1997). A feeding scale for research and clinical practice to assess mother–infant interactions in the first three years of life. *Infant Mental Health Journal, 18*, 76–91.

Chatoor, I., Hirsch, R., Ganiban, J., Persinger, M., & Hamburger, E. (1998). Diagnosing infantile anorexia: The observation of mother–infant interactions. *Journal of the American Academy of Child and Adolescent Psychiatry, 37*(9), 959–967.

Chatoor, I., Surles, J., Ganiban, J., Beker, L., McWade Paez, L., & Kerzner, B. (2004). Failure to thrive and cognitive development in toddlers with infantile anorexia. *Pediatrics, 113*(5), E–40–E447.

Coolbear, J., & Benoit, D. (1999). Failure to thrive: Disturbance of attachment? *Infant Mental Health Journal, 20*, 87–104.

Cooper, P. J., Whelan, E., Woolgar, M., Morrell, J., & Murray, L. (2004). Association between childhood feeding problems and maternal eating disorder: Role of the family environment. *British Journal of Psychiatry, 184*, 210–215.

Corbett, S. S., & Drewett, R. F. (2004). To what extent is failure to thrive in infancy associated with poorer cognitive development? *Journal of Child Psychology and Psychiatry and Allied Disciplines, 45*(3), 641–654.

Crawford, D. (2002). Editorials: Population strategies to prevent obesity. *British Medical Journal, 325*, 728–729.

Dowdney, L., Skuse, D., Morris, K., & Pickles, A. (1998). Short normal children and environmental disadvantage: A longitudinal study of growth and cognitive development from 4 to 11 years. *Journal of Child Psychology and Psychiatry, 39*, 1017–1030.

Drewett, F., Corbett, S. S., & Wright, C. M. (1999). Cognitive and educational attainments at school age of children who failed to thrive in infancy: A population-based study. *Journal of Child Psychology and Psychiatry, 40*, 551–561.

Drewett, F., Corbett, S. S., & Wright, C. M. (2006). Physical and emotional development, appetite, and body image in adolescents who failed to thrive as infants. *Journal of Child Psychology and Psychiatry*, *47*(5), 524–531.

Drewett, R., Blair, P., Emmett, P., Emond, A., & ALSPAC Study Team. (2004). Failure to thrive in the term and preterm infants of mothers depressed in the postnatal period: A population-based birth cohort study. *Journal of Psychology and Psychiatry and Allied Disciplines*, *45*(2), 359–266.

Drewett, R., Wolke, D., Asefa, M., Kaba, M., & Tessema, F. (2001). Malnutrition and mental development: Is there a sensitive period? A nested case–control study. *Journal of Child Psychology and Psychiatry*, *42*(2), 181–187.

East Midlands Public Health Observatory. (2006). *Obesity—Introduction*. Available at *www.empho.org.uk/THEMES/obesity/obesity.aspx*.

Gahagan, S. (2006). Failure to thrive: A consequence of undernutrition. *Pediatrics in Review*, *27*(1), E1–E11.

Harder, T., Bergmann, R., Kallischnigg, G., & Plagemann, A. (2005). Duration of breastfeeding and risk of overweight: A meta-analysis. *American Journal of Epidemiology*, *162*, 397–403.

Hernandez, B., Uphold, C. R., Graham, M. V., & Singer, L. (1998). Prevalence and correlates of obesity in preschool children. *Journal of Pediatric Nursing*, *13*(2), 68–76.

Hutcheson, J. J., Black, M. M., Talley, M., Dubowitz, H., Howard, J. B., Starr, R. H., et al. (1997). Risk status and home intervention among children with failure to thrive: Follow-up at age 4. *Journal of Pediatric Psychology*, *22*, 651–668.

Jebb, S. A., Kopelman, P., & Butland, B. (2007). Executive summary: Foresight—"Tackling Obesities: Future Choices" project. *Obesity Reviews*, *8*(Suppl. 1), vi–ix.

Kerr, M., Black, M. M., & Krishnakumar, A. (2000). Failure-to-thrive, maltreatment, and the behavior and development of 6-year-old children from low-income urban families. *Child Abuse and Neglect*, *24*(5), 587–598.

Kerwin, M. E. (1999). Empirically supported treatments in pediatric psychology: Severe feeding problems. *Journal of Pediatric Psychology*, *24*(3), 193–214.

Knight, B., Shields, B. M., Hill, A., Powell, R. J., Wright, D., & Hattersley, A. T. (2007). The impact of maternal glycemia and obesity on early postnatal growth in a nondiabetic Caucasian population. *Diabetes Care*, *30*, 777–783.

Krugman, S. D., & Dubowitz, H. (2003). Failure to thrive. *American Family Physician*, *68*(5), 879–884.

Linscheid, T. R. (2006). Behavioral treatments of pediatric feeding disorders. *Behavior Modification*, *30*(1), 6–23.

Mackner, L. M., Black, M. M., & Starr, R. H. (2003). Cognitive development of children in poverty with failure to thrive: A prospective study through age 6. *Journal of Child Psychology and Psychiatry and Allied Disciplines*, *44*(5), 743–751.

Mackner, L. M., Starr, R. H., & Black, M. M. (1997). The cumulative effect of neglect and failure to thrive on cognitive functioning. *Child Abuse and Neglect*, *21*(7), 691–700.

Maes, H. H. M., Neale, M. C., & Eaves, L. J. (1997). Genetic and environmental factors in relative body weight and human adiposity. *Behavior Genetics*, *27*(4), 325–351.

Manikam, R., & Perman, J. A. (2000). Pediatric feeding disorders. *Journal of Clinical Gastroenterology*, *30*(1), 34–46.

Mayer-Davis, E. J., Rifas-Shiman, S. L., Zhou, L., Hu, F. B., Colditz, G. A., & Gillman, M. W. (2006). Breast-feeding and risk for childhood obesity. *Diabetes Care*, *29*, 2231–2237.

Michels, K. B., Willett, W. C., Graubard, R. L., Vaidya, R. L., Cantwell, M. M., Sansbury, L. B., et al. (2007). A longitudinal study of infant feeding and obesity throughout life course. *International Journal of Obesity*, *31*, 1078–1085.

Monteiro, P. O. A., & Victora, C. G. (2005). Rapid growth in infancy and childhood and obesity in later life: A systematic review. *Obesity Review*, *6*, 143–154.

O'Brien, L. M., Heycock, E. G., Hanna, M., Jones, P. W., & Cox, J. L. (2004). Postnatal depression and faltering growth: A community study. *Pediatrics*, *113*(5), 1242–1247.

Olsen, E. M. (2006). Failure to thrive: Still a problem of definition. *Clinical Pediatrics*, *45*(1), 1–6.

Owen, C. G., Martin, M. M., Whincup, P. H., Davey-Smith, G., & Cook, D. G. (2005a). The effect of breastfeeding on mean body mass index throughout life: A quantitative review of published and unpublished observational evidence. *American Journal of Clinical Nutrition*, *82*(6), 1298–1307.

Owen, C. G., Martin, M. M., Whincup, P. H., Davey Smith, G., & Cook, D. G. (2005b). Effect of infant feeding on the risk of obesity across the life course: A quantitative review of published evidence. *Pediatrics*, *115*, 1367–1377.

Parkinson, K. N., Wright, C. M., & Drewett, R. W. (2004). Mealtime energy intake and feeding behaviour in children who fail to thrive: A population-based case–control study. *Journal of Child Psychology and Psychiatry*, *45*(5), 1030–1035.

Patel, V., DeSouza, N., & Rodrigues, M. (2003). Postnatal depression and infant growth and development in low income countries: A cohort study from Goa, India. *Archives of Disease in Childhood*, *88*, 34–37.

Quigley, M. A. (2006). Letter to the Editor, re: "Duration of breastfeeding and risk of overweight: A meta-analysis." *American Journal of Epidemiology*, *163*(9), 870–872.

Ramsay, M., Gisel, E. G., McCusker, J., Bellavance, F., & Platt, R. (2002). Infant sucking ability, non-organic failure to thrive, maternal characteristics, and feeding practices: A prospective cohort study. *Developmental Medicine and Child Neurology*, *44*, 405–414.

Raynor, P., & Rudolf, M. C. J. (2000). Anthropometric indices of failure to thrive. *Archives of*

Disease in Childhood, *82*, 364–365.

Raynor, P., Rudolf, M. C. J., Cooper, K., Marchant, P., & Cottrell, D. (1999). A randomized controlled trial of specialist health visitor intervention for failure to thrive. *Archives of Disease in Childhood*, *80*, 500–505.

Reifsnider, E. (1998). Reversing growth deficiency in children: The effect of a community based intervention. *Journal of Pediatric Health*, *12*, 305–312.

Robinson, J. R., Drotar, D., & Boutry, M. (2001). Problem-solving abilities among mothers of infants with failure to thrive. *Journal of Pediatric Psychology*, *26*(1), 21–32.

Rudolf, M. C. J., & Logan, S. (2005). What is the long-term outcome for children who fail to thrive?: A systematic review. *Archives of Disease in Childhood*, *90*, 925–931.

Schaefer-Graf, U. M., Hartmann, R., Pawliczak, J., Passow, D., About-Dakn, M., Vetter, K., et al. (2006). Association of breast-feeding and early childhood overweight in children from mothers with gestational diabetes mellitus. *Diabetes Care*, *29*, 1105–1107.

Schaefer-Graf, U. M., Pawliczak, J., Passow, D., Hartmann, R., Rossi, R., Bührer, C., et al. (2005). Birth weight and parental BMI predict overweight in children from mothers with gestational diabetes. *Diabetes Care*, *28*(7), 1745–1750.

Scheer, P., Dunitz-Scheer, M., Schein, A., & Wilken, M. (2003). DC:0–3 in pediatric liaison work with early eating behavior disorders. *Infant Mental Health Journal*, *24*(4), 428–436.

Scholtens, S., Gehring, U., Brunekreef, B., Smit, H. A., de Jongste, J. C., Kerkhof, M., et al. (2007). Breastfeeding, weight gain in infancy, and overweight at seven years of age. *American Journal of Epidemiology*, *165*, 919–926.

Sowan, N. A., & Stember, M. L. (2000). Parental risk factors for infant obesity. *American Journal of Maternal/Child Nursing*, *25*(5), 234–241.

Steward, D. K. (2001). Behavioral characteristics of infants with nonorganic failure to thrive during a play interaction. *Journal of American Maternal/Child Nursing*, *26*(2), 79–85.

Stunkard, A. J., Berkowitz, R. I., Schoeller, D., Maislin, G., & Stallings, V. A. (2004). Predictors of body size in the first 2 years of life: A high-risk study of human obesity. *International Journal of Obesity*, *28*(4), 503–513.

Vohr, B. R., & McGarvey, S. T. (1997). Growth patterns of large-for-gestational-age and appropriate-for-gestational-age infants of gestational diabetic mothers and control mothers at age 1 year. *Diabetes Care*, *20*(7), 1066–1072.

Ward, M. J., Lee, S. S., & Lipper, E. G. (2000). Failure-to-thrive is associated with disorganized infant–mother attachment and unresolved maternal attachment. *Infant Mental Health Journal*, *21*(6), 428–442.

Whitaker, R. C., Wright, J. A., Pepe, M. S., Seidel, K. D.,& Dietz, W. H. (1997). Predicting obesity in young adulthood from childhood and parental obesity. *New England Journal of Medicine*, *337*, 869–873.

Wilensky, D., Ginsberg, G., Altman, M., Tulchinsky, T., Ben Yishay, F., & Auerbach, J. (1996). A community based study of failure to thrive in Israel. *Archives of Disease in Childhood*, *75*, 145–148.

Winters, N. C. (2003). Feeding problems in infancy and early childhood. *Primary Psychiatry*, *10*(6), 30–34.

Wright, C., Avery, A., Epstein, M., Birks, E., & Croft, D. (1998). New chart to evaluate weight faltering. *Archives of Disease in Childhood*, *78*, 40–43.

Wright, C., & Birks, E. (2000). Risk factors for failure to thrive: A population-based survey. *Child: Care, Health and Development*, *26*(1), 5–16.

Wright, C., Callum, J., Birks, E., & Jarvis, S. (1998). Community based management of failure to thrive: A randomized control trial. *British Medical Journal*, *317*, 571–574.

Wright, C. M. (2000). Identification and management of failure to thrive: A community perspective. *Archives of Disease in Childhood*, *82*, 5–9.

Wright, C. M., Parkinson, K. N., & Drewett, R. F. (2006a). How does maternal and child feeding behavior relate to weight gain and failure to thrive?: Data from a prospective birth cohort. *Pediatrics*, *117*, 1262–1269.

Wright, C. M., Parkinson, K. N., & Drewett, R. F. (2006b). The influence of maternal socioeconomic and emotional factors on infant weight gain and weight faltering (failure to thrive): Data from a prospective birth cohort. *Archives of Disease in Childhood*, *91*, 312–317.

Zero to Three. (2005). *Diagnostic classification of mental health and developmental disorders of infancy and early childhood: Revised edition (DC:0–3R)*. Washington, DC: Author.

第 24 章

童年早期的破坏性行为

增强发展的敏感性

劳伦·S·瓦克斯葛雷格（Lauren S. Wakschlag）
芭芭拉·达尼斯（Barbara Danis）

392 尽管破坏性行为起源于早期生活（Shaw，Bell & Gilliom，2000），但在过去 10 年中，童年早期破坏性行为的临床识别模式研究已经有了实质性进展。很大程度上，这一进步是由于此时期 4 个科学进步的结合：（1）发育敏感方式中临床模式评估在测量上的创新（DelCarmen-Wiggins & Carter，2004）；（2）发展轨迹的统计模型的研究进展（Nagin & Tremblay，1999）；（3）童年早期破坏性行为研究的成熟（提供了纵向数据解释这些早期模式的预测）（Campbell et al.，2006；Shaw，Gilliom，Ingoldsby & Nagin，2003）；（4）童年早期临床病理学教学有效性的实证研究（Egger & Angold，2006；Task Force，2003）。

心理病理症状出现在童年早期的观念似乎过于绝对（Zeanah，2000）。在破坏性行为下这种观点被放大，因为临床研究发现它与童年早期规范行为同时发生并在区分行为规范变化时具有整合困难（Wakschlag，Briggs-Gowan et al.，2007）。大量关于早期认同与过分识别的风险性研究（Keenan & Wakschlag，2003；McClellan & Speltz，2003；Wilens，Biederman & Spencer，2003；Zeanah，2000），使临床医生、教师和家长认识到长期以来年幼儿童的破坏性行为问题确实存在，破坏性行为问题是年幼儿童心理健康障碍中最常见的现象（Wakschlag & Danis，2004）。对童年早期心理病理学价值的争论还在继续，随着童年早期精神药理学治疗的广泛使用以及管理行为问题增多，说明需要更强的实证基础来正确识别临床意义的破坏性行为，这样才可以直接处理更具体的问题（Barbaresi，2003；Zito et al.，2000）。

综合最新研究发现，临床模式早在儿童生活的第 1 年就已经存在，这是毋庸置疑的。这里，“临床”不再指从维度或分类角度对心理病理症状 393
进行概念化的争论，最新科学进展已经超越了对这些问题“非此即彼”的方法（Pickles & Angold，2003；Rutter，2003）。更精确地说，我们使用“临床”一词意味着在发展范围内确定非典型个体行为模式的框架。问题不再是在童年早期是否存在心理疾病，而是心理疾病是如何患上的。怎样对童年早期临床模式进行评估，以及随着时间的推移他们怎样特殊发育并出现连贯的临床现象？我们如何评估童年早期（18 个月至 5 岁）的破坏性行为？

为了解决这种迫切的临床问题，我们近期工作的重点是探讨年幼儿童破坏性行为发展关键期的概念（Wakschlag，Leventhal & Thomas，2007）。特别是，我们重点整合了年幼儿童破坏性行为发展的临床表现及保护性因素。

发展背景下的破坏性行为

童年早期发展的中心任务是实现自主调节情绪与行为（Kochanska，Coy & Murray，2001）。这些技能通过儿童认知、语言日益发展而得到巩固整合，成熟的要求和环境的限制使得抑制能力和社会化程度得到了提高。童年早期自主内化发展的动力导致沮丧和愤怒、出现不良行为、富有攻击性和发脾气。这种行为称为“标准不良行为”（Wakschlag，Briggs-Gowan et al.，2007）。事实上，2 岁组大约有 75%的儿童会表现出攻击性和发脾气（Potegal & Davidson，2003；Tremblag et al.，1999）。通常，标准不良行为出现在 1 岁之后，就是当发展进程使自主功能和交流自动化时，或者是当分化过程使自己能理解行为的意义和手段—目的的关系时（Hay，2005）。这些不规范行为在婴儿早期就开始表现出差异（Hay，2005）。

不良行为

攻击，是一种表达愤怒的自然方式。攻击性行为本身不能测定，但逐步发展的“攻击性能力”是可以测量的（Hay，2005）。一般的攻击性是当目标没有达到时而出现的（例如，争抢玩具）（Tremblay，2003）。但也会发生在追逐打闹的游戏中，这使年幼儿童获得与同伴一起调整行为的机会（Peterson & Flanders，2005）。

违规行为反映了抵抗和不遵守规则、指令、社会规范的情况。它有多种表现形式，包括简单拒绝、主动挑衅、打破规则以及忽略。发脾气表现为一些行为的不确定发作（包含吞咽、大喊大叫、哭泣或破坏性行为）以及交流失败、愤怒和痛苦（Einon & Potegal，1994）。

DSM-Ⅳ中关于破坏性行为障碍（DBDs）的

核心部分写道，测定早期儿童在临床意义上的破坏
394 性行为尤其具有挑战性（Campbell，2002）。例如对立违抗性障碍（ODD）的典型特征是脾气失控和不服从要求。尽管DSM-Ⅳ品行障碍（CD）症状属于年长儿童的反社会行为表现，但品行障碍的潜在特征，即调节攻击性和缺乏对他人关注的问题，在不同发展阶段都很明显（Wakschlag，Tolan & Leventhal，2009）。因此，用发展的办法来了解儿童的临床现象是至关重要的。下文中，我们回顾了对年幼儿童应用DSM中DBD临床概念的有效性证据。然后，检验了发展科学的研究结果，这是推动对年幼儿童破坏性行为理解的基础。此外，我们还检验了新的观测方法，这反映了试图将临床与发展途径相结合的最初努力。最后，我们概述了综合性发展/临床途径作为未来研究的框架。

DSM中针对年幼儿童的DBD的结构效度

过去10年，很多研究对2～5岁儿童的DBDs进行研究，早期研究中的破坏性行为一般根据维度测量、具体行为（例如“不顺从”和“攻击”）或者像注意、对抗、行为问题等“外化问题行为”来评估（Shaw，Keenan & Vondra，1994）。这项工作表明“学前行为问题”是适度稳定、可遗传的，往往预示着削弱破坏性行为的长期轨迹（Bates，Bayles，Bennett，Ridge & Brown，1991；van den Oord，Verhulst & Boomsma，1996）。

学前行为问题是真实、可测量的，并且常常是破坏性行为长期轨迹的最初有效证据，第二代研究重点是试图通过临床测试，使临床诊断的应用更适用于这一年龄阶段。这项工作的目标是通过观察使临床概念与终身破坏行为的概念更加一致。因为没有有效的发展评估手册，所以统一使用DSM-Ⅳ（Task Force，2003）。例如，某些品行障碍症状在学前是不可能发生的，所以需要做进一步修订（参见Keenan et al.，2007）。

许多研究组都认为，与DSM-Ⅳ中DBD相关症状的行为模式目前都可在童年早期检测到（Keenan & Wakschlag，2004；Kim-Cohen et al.，2005；Lavigne et al.，1998；Speltz，McLellan，DeKlyen & Jones，1999）。如学前精神状况评估及破坏性行为障碍研究计划，在最近两项研究中得到了更多的验证（Egger et al.，2006；Keenan et al.，2007）。这些研究表明破坏行为是与儿童是否受损相联系的。此外，它们提到：（1）实际符合DBD症状标准的学前儿童，是通过父母报告得到数据的20倍和通过教师报告得到数据的2倍（Keenan et al.，2007）；（2）DBD症状与破坏性行为相关，包括可观察破坏性行为（Wakschlag，Briggs-Gowan et al.，2007）和在柏克利木偶访谈中自我报告的反社会行为（Kim-Cohen et al.，2005）；（3）DBD症状具有一定的稳定性（Lavigne et al.，2001；Speltz et al.，1999）；（4）对学前DBDs进行
干预最为有效（Webster-Stratton & Reid，2007）。 395

随着破坏性行为模式与当前功能、之后诊断以及随后发展中的损害明显相关逐渐得到认可，越来越多的人开始关注DSM中童年早期的DBD（Wakschlag，Leventhal et al.，2007）。出现这种关注是因为：（1）不同发展时期的破坏性行为表现特点并不以异质连续性的框架为特征；（2）未检验准确识别的可能偏差；（3）儿童时期不断变化的发育能力尚未被纳入症状定义或临床诊断。

异质连续性假设不同发展阶段的潜在特质具有连续性，但是它们在发展过程中的表达是非连续的（Rutter & Sroufe，2000）。伴随年长儿童幼年时DSM中DBD症状的大量出现，研究者很少研究这些症状在童年早期破坏性行为发展中的“适应性”。适应性问题是多层面的。首先，年幼儿童具有这些症状吗？如果有，那么可以在多大程度能抓住童年早期的诸多表现？许多CD症状在发展上是不可能的，并且不会把发展的结果放置在预定的框架内（Wakschlag，Leventhal，et al.，2007）。其次，如何在年龄段内捕获症状的关键临床特征？很多奇怪的症状是由于儿童发育不遵循规则，造成大量不规范行为重叠，而无法准确地区分（例如发脾气、无视成人）（Wakschlag，Leventhal et al.，2007）。通过PAPA的数据，埃格和安戈德（Egger & Angold，2006）发现ODD会造成多达57%的过分识别。

目前的症状定义除了行为发生频率外不包括其他的行为特征。许多行为因为典型特征而定义，在定义时并没有抓住这一行为在发展阶段内的临床突出特征和主要个体差异。例如巴亚尔容等最近证明（Bailargeon，Normand et al.，2007；Bailargeon，Zoccolillo et al.，2007），在17个月时，男孩比女孩更多地表现出“打、踢或咬人”，但并未在更严重的行为如“身体攻击”中发现性别差异。

迄今为止，临床研究中缺少对识别准确性的关注，特别是在发展适应性以及差异诊断方面。无论童年早期损伤行为是否一直存在，检验这些行为的预测意义对于阐明临床意义都具有十分重要的作用。在临床疾病分类学中对于疾病描述的贫乏可能会导致不准确的识别。某些儿童有高水平的破坏性行为，但是随着年龄增长这种行为不再持续，对于儿童这些特点的研究少之又少。例如许多在幼儿时期的破坏性行为已经稳定了下来。研究证据一致表明，大约 50%的儿童将继续表现出破坏性行为（Campbell，Kim-Cohen et al.，2005；Lavigne et al.，2001），在研究样本中这一比率甚至更高（Speltz et al.，1999）。不过，这些数据还表明，大约 50%的学前儿童的破坏性行为将不会持续。

金-科恩和同事（kim-Cohen，Arseneault et al.，2005）已经开始通过检验团体样本中儿童的发展结果来探讨连续性和间断性这一问题，此团体样本为 4.5～5 岁符合 CD 标准的儿童。将近一
396 半的学前儿童在两年之后即 7 岁时不符合 CD 标准。两年之后将近一半的 7 岁儿童没有达到 CD 标准。这种“非连续性”组与那些学前没有达到 CD 标准的儿童相比在早期中表现出更多的行为和学业受损。然而这些发现可能表明在 7 岁时的亚模式，以及其他发育障碍（如学习问题和社会技能不足），预示着童年早期表现出破坏性行为的可能性。因此，学步儿高水平的适应性社交行为减少了破坏性行为从童年早期持续到学龄早期的风险（Brigges-Gowan & Carter，2007；Brigges-Gowan，Jones，Waskchlag & Carter，2007）。概括起来说，这些研究强调广泛发展性运作背景下评估儿童行为障碍的临床意义，也凸显了心理破坏性行为模式中的连续性和非连续性。

由于过分识别的风险问题已成为童年早期心理病理学争论的中心（Zeanah，2000），因此人们对识别不足的风险重视不够。例如，缺乏对 DSM 中 DBD 疾病分类的系统检验（包括很多表现在年龄稍大的青少年中的极端反社会行为）可能有助于“俯瞰”患儿在童年早期具有差异的临床模式。基于发展的疾病分类更可能增强准确识别率（Kim-Cohen et al.，2005）。

太多研究都强调破坏性行为在不同发育时期存在的有效性（例如，学前和学龄期的发病率相似吗?），童年早期破坏性行为症状的有效性则很少得到检验。从 18 个月到 5 岁的发展期间包括语言和认知技能、道德发展、自我调节能力（Espy & Bull，2005；Kochanska et al.，2001；Shaw，Bell & Gilliom，2000）的快速发展变化。此外，抑制能力、内化规则、语言技能、意图、观点采择能力的变化会显著影响早期儿童行为表现与频率。例如，随着幼儿对预期结果的口头谈判技巧和能力变得更加成熟，2～5 岁儿童的攻击性频率可能会降低。因此，发展性研究为理解童年早期典型与非典型行为之间的界限作出了很大贡献。这是下一阶段的重点。

先兆行为的发展模式

很大程度上，学步儿（12～36 个月）研究侧重于特定先兆行为，其表现和过程说明了对正常发展模式的偏离（Baillargeon，Normand et al.，2007；Hay，Castle & Davies，2000；NICHD，2004）。“先兆”是指反映早期临床模型的具体行为混乱（Hay & Angold，1993；Wakschlag，Leventhal，Pine，Pickett & Carter，2006）。然而，风险因素一般会增强适应不良的可能性，先兆表明了特定临床问题的进展（Pickles，1993）。发展研究中有足够证据表明，发展模式中会表现这些行为。先兆反映了偏离预期过程和表现的行为模式或品质。当行为属于早期儿童临床问题，挑战之一便是这样做需要对“偏离标准”进行定义，然而，几乎没有 397
来自年幼儿童标准样本中有关攻击性、违规和发脾气真实频率的实证数据。

到目前为止，发展研究主要强调早期攻击性模式（Shaw，Gilliom & Giovannelli，2000）。特别是，尽管年幼儿童有时会出现攻击性行为，但这种情况并不常见（Hay，2005）。因此，即使攻击性行为在高峰期时，亲社会或中性行为的相互作用也占主导地位（Hay，2005；Tremblay & Nagin，2005）。表 24.1 列出了年龄在 2～3 岁的被试在 3 个社区样本中的攻击性行为（Baillargeon，Tremblay & Willma，2005；Carter，Briggs-Gowan，Jones & Little，2003；NICHD，2004）。虽然与偶然攻击性行为上的增长率不同，但是这些数据中值得注意的是，2 岁儿童报告经常打别人的比例不到 10%。

表 24.1 三个社区样本中童年早期侵犯他人的比率

	2岁			3岁		
	从来没有/很少有	有时	经常	从来没有/很少有	有时	经常
NICHD："打其他孩子"	28%	66%	6%	35%	61%	5%
NLSCY："打、踢、咬其他孩子"	61%	35%	4%	67%	31%	2%
CEDP："打、推、踢、咬其他孩子"	71%	26%	3%	77%	20%	3%

注：这些研究结果源自一份曾在若干出版物上公开发表的论文。例如，NICHD早期儿童养护研究网络（n=1 100）、国家儿童和青少年纵向调查（NLSCY；n=1 962），以及加拿大家庭调查（CEDP；Baillargeon，Tremblay & Willms，2005）。数据取自康涅狄格早期发展项目（n=1 279）（Carter et al.，2003，2009）。

虽然NLSCY和NICHD的研究只集中在攻击性方面，但是从ITSEA数据中也发现了类似模式（Carter et al.，2003）。ITSEA的研究中，10%的2岁孩子和8%的3岁孩子"经常发脾气"，6%的2岁孩子和7%的3岁孩子"经常挑衅"（Carter，Briggs-Gowan，McCarrhy & Wakschlag，2009）。

这些数据跨样本的一致性在掩饰虚构的"顽皮年龄"时相当惊人。因此，尽管这一发展时期的标准不良行为有所增加，但实际上这些行为并没有描述大多数幼儿间的相互作用。这些调查结果与观察性研究（Hay，2005）的调查结果一致，不同年龄幼儿攻击性、违规、发脾气的客观频率的数据（例如每天的次数）对提供临床上有意义的信息是关键的。在童年早期不同年龄段从经验上确定行为的实际频率，将使我们产生以经验为基础的可系统应用的临床切割点。

阐明破坏性行为先兆的其他主要进展是识别童年早期的非典型模式。特伦布莱和同事认为攻击性不是随自身发展而具备的，它是与生俱来的，但随着时间推移，攻击性会随着因成熟而获得的自我控制、语言和适应性解决问题能力的发展而降低（Cote，Vaillancourt，LeBlanc，Nagin &
398 Tremblay，2006）。因此，在此框架内，它不是指幼儿攻击性的出现，而是抑制失败，这一直是临床关注的一个指标。

为验证这一理论，特伦布莱在加拿大社区样本中检验了攻击性的轨迹，其中儿童年龄为17～42个月（Tremblay et al.，2004）。三个轨迹被确定下来——最常见的是适度攻击性的上升模式（58%）。略高于1/4（28%）的儿童表现出稳定的低攻击性模式，14%的样本表现出高攻击性的上升轨迹。

这些发现已经通过不同的样本和方法进行过验证：童年早期稳定而高攻击性的模式是非典型的，并且它意味着这个长期高攻击性模式会延伸至整个青少年期（Cote et al.，2006；NICHD，2004；Shaw et al.，2003）。对模型的临床意义进一步研究发现，这种非典型轨迹与破坏性行为早期就确立好的风险进程相关，包括年轻母亲第一胎生育的年龄、产前吸烟、养育苛刻和无响应或被定义为强制互动循环（Granic & Patterson，2006；NICHD，2004；Shaw et al.，2003；Tremblay et al.，2004；Wakschlag er al.，2006）。

与攻击性相对，很少有人对正常儿童发脾气进行研究。大多数已知的关于发脾气的发展进程可以追溯到20世纪20—60年代的小样本、可观察研究。最常被引用的研究是古迪纳夫在20世纪20年代做的。在这项研究中，45位母亲记录了1个月中她们孩子发脾气的次数，共1 000多次（Goodenough，1931）。近期研究也发现了儿童发脾气次数的数据（Earls，1983；Jenkins，Owen，Bax & Hart，1984；MacFarlane，Allen & Honzik，1962）。尽管受测量的限制，但攻击性研究中类似的数据证实发脾气的高峰期为17～24个月，并在差不多3岁的时候开始下降（Goodenough，1931；MacFarlane et al.，1962；Potegal & Davidson，2003）。

超过80%的学步儿在2岁时开始发脾气。然而，如同攻击一样，尽管发脾气很常见，但它们不是婴儿固有的秉性。2岁时，近20%的儿童会经常发脾气，几乎每天都有。3岁时，父母报告的经常发脾气的儿童不足10%（Carter et al.，2009；Earls，1980；Jenkins et al.，1984）。还有一些证据表明学前阶段发脾气的概率高而稳定，迟早会导致行为问题（Jenkins et al.，1984；Stevenson & Goodman，2001）。我们以往的研究中，没有关于童年早期违规概率的研究。

作为临床指标的行为品质

DSM-Ⅳ疾病分类用频率（如“经常发脾气”）来定义破坏性症状（American Psychiatric Association，1994）。以前面描述的证据为基础，实际上，高频率的破坏性行为是非典型的，甚至对幼儿也是如此。然而，频率不太可能单独成为定义幼儿临床重要破坏行为的充足条件，因为这个年龄阶段行为变化性高，并且很难区分短暂的烦扰和担心的行为。

目前的工作重心主要是找到除频率外标志着破坏性行为出现的证据（Wakschlag et al.，2007a，2008b）。根据凯瑟琳·洛德的建议，以其使用孤独症诊断观察量表（ADOS；Lord et al.，2000）的相关工作为基础，首先以大量临床经验作为操作化临床诊断的基础：“为什么说幼儿行为是关注的焦点?”举个例子，当临床医生观察到一个儿童大发脾气，有破坏行为，对成人的帮助没有回应时，他们知道“忧虑的时候到了”，因为短暂地发脾气通过父母的安慰很容易得到改善。同样，观察到没有缘由的暗中伤害对临床医生来说也是“红色警
399 报”，尽管在游戏中拍打同伴是有争议的。最后，对任何问题都不作反应才是临床上应该关心的。

把从关于学前行为问题（Campbell，2002；Shaw，Keenan et al.，2000）、发展研究（Hay，2005；Kuczynski & Kochanska，1990）、发展心理病理学角度（Cicchetti & Richters，1997）的大量研究中得到的理论和实验证据与临床知识相结合，将“行为特性”定义为幼儿临床诊断的关键因素。我们认为行为特性是一个范围，在这个范围中行为在背景条件下是可调节、可预期的。“调节”涉及强度、灵活性和行为组织性。“背景下的预期”评估了某一背景是否能诱发特殊的反应（Cole，Martin & Dennis，2004；Goldsmith & Davidson，2004）。

尽管行为特性还没有被系统化操作，也没有作为检验早期儿童破坏性行为的中心特质或一个长期的预测因素，但是发展研究对这个概念有足够的支持。科查斯卡和同事关于服从的发展模型已经很好地描述了内化过程的发展，以及幼儿适应性服从特性的系统差异的影响。虽然生命第一年涉及多种导致幼儿服从能力标志性发展改变的发展性转变，但这种能力早在学步时期就已出现（Kuczynski & Kochanska，1990）。举个例子，学步儿（18～24 个月）的这种能力表现在，即使没有监督，他们做错事之后也会表现出自发的悔恨、自责（Kochanska，Aksan & Koenig，1995）。还有研究证明服从的发展模式依据所需要的背景而变化，比如尽管在 14～45 个月服从父母的要求（服从“做”）非常稳定，但这个年龄段儿童在没有父母监督的情况下，服从禁令（服从“不做”）迅速上升（Kochanska et al.，2001）。

必须确定童年早期在规范和不服从的问题表现形式之间的根本区别。克罗肯伯格认为这种区别可以由行为的动机因素加以解释。不服从这种适应形式的最初目的是维护自主权，然而违抗的目的是抵抗成人要求（Crockenberg & Litman，1990）——“反抗被控制”的自发反应模式（Bates，Petit，Dodge & Ridge，1998）。沿着这条线，科查斯卡等（Kochanska et al.，1995）界定了多种有技巧（如协商、简单拒绝）和没有技巧（被动的不服从或忽视、直接违抗和抱怨）的不服从，并且评估了其与童年早期不服从特性结合后的适应性。这些研究表明，不管早期发现的不服从行为是否上升，破坏性行为的风险仍旧取决于不服从“特性”。学步儿毫无技巧的不服从策略预示了学前儿童破坏性行为的风险较高，而有技巧的不服从却不会（Drabick，Strassberg & Kees，2001；Kuczynski & Kochanska，1990）。

早期攻击性行为的特性也已经被作为临床关注点进行研究。在这个领域，研究的主要线索就是区分“反应性”攻击和“主动性”攻击。反应性攻击反映了情感驱动的攻击性，这是对挫折或刺激的反应（Dodge，1991；Vitaro，Gendreau，Tremblay & Oligny，1998）。反应性攻击可以被认为是“无条件的喜怒无常反应”（Vitaro & Brendgen，2005）。特别是童年早期，反应性攻击可能反映了自我控制能力不成熟，因此可以被定义为标准不良行为。相反，主动性攻击是可控而有计划的，并不是刺激或生气的结果（Hay et al.，2000；Vitaro et al.，1998）。反应性攻击与 400
主动性攻击的差异已经在相关 18 个月大学步儿的研究中得到证实（Hay et al.，2000）。正常人群中的幼儿反应性攻击发生频率更高。举个例子，

家长在 ITSEA 中的报告显示 19%的 2 岁儿童和 15%的 3 岁儿童经常“在受挫时表现出攻击性”，而这个年龄阶段只有 1%的儿童会“故意伤害他人”（Carter et al.，2009）。进一步说，观察到的同伴间反应性攻击（如争抢玩具）与母亲评定的高攻击性没有太大联系，而强制性的主动性攻击却相反（Hay et al.，2000）。其他的攻击特性，包括强烈的驱动攻击、不可控的破坏性攻击和指向成人的攻击可以作为临床指标进行研究（Hay，2005；Zahn-Waxler et al.，1990）。

把发脾气特性作为临床指标的研究较少。埃格和同事（Egger，Erkanli，Wakschlag & Angold，2007）最近在早期儿童团体样本的研究中发现“破坏性地发脾气”（即直接针对自己或他人使用暴力）有临床鉴别意义，而非破坏性地发脾气则没有。另外，强烈而无规律的“严重”发脾气与损伤有关（Needleman，Stevenson & Zuckerman，1991）。

总之，不同的发展研究表明不良行为的特性对幼儿的典型和非典型模式有鉴别意义。然而不幸的是这些研究是沿着不同的思路进行的（如攻击研究和不服从研究），并且在幼儿中还没有整合为关于破坏性行为的综合临床概念。为了检验评估行为特性是否已经有了临床效用，这些特点必须在临床工作中被广泛地系统化鉴定和操作，同时被实证所证实。为达此目的需要大量研究对临床或发展途径进行多层面整合，包括检验与临床症状、损伤相关的发展模型，以及操纵使行为变为可观察形式的标准方法。为了阐明这种整合方法，我们对新开发的诊断观察方法进行描述，以提供敏感而直接的评估方法，以便从临床意义的破坏性行为中将标准不良行为区分出来。

破坏性行为诊断观察一览表

诊断观察提供了关于儿童行为连同父母访谈的额外“信息”的标准方法，它还可以生成表型特征的基本信息（Wakschlag，Briggs-Gowan et al.，2008；Wakschlag，Hill et al.，2008）。作为一个典型的例子，诊断观察对确立另一种早期儿童障碍——孤独症——的发展效度和表型起着关键作用（Lord et al.，2000）。对幼儿行为的直接观察长期以来被视作从发展角度评估幼儿的核心（American Academy of Child and Adolescent Psychiatry，1997；Zeanah，Larrieu，Heller & Valliere，2000），因为观察提供了儿童行为发展的情境信息。与实验室情境相比，在家庭情境中评估这些行为可以比较自然地捕捉到儿童的行为模式。有关学前行为问题的很多研究还囊括了对亲子互动的观察评估（Campbell，Breaux，Ewing，Szumowski & Pierce，1986；Webster-Stratton，1985）。然而，这些示例不是为诊断信息服务，它们缺乏临床功效（Mash & Foster，2001）。相反，基于检验的评估可将成人对儿童临床行为的反应进行标准化，因此具有临床敏感性，但却缺少亲子评估的生态效度。因此，把基于检验和父母行为观察结合起来，提供了一种把社会行为的自然
401 互动和有临床意义的评价结合起来的补充方法。

为此，我们编制了破坏性行为诊断观察一览表（DB-DOS；Wakschlag，Briggs-Gowan et al.，2008；Wakschlag，Hill et al.，2008）。这个过程的中心方面是定义这个年龄阶段的临床模式，在某种程度上，把它们从童年早期的“标准不良行为”中区分出来（Wakschlag，Briggs-Gowan et al.，2007）。这需要一个强化过程，在这个过程中，利用大量幼儿临床研究、发展研究和临床文献开发一个在发展上具有敏感性的范式。这就是DB-DOS编码系统，主要描绘行为特性和评估行为的跨文化普遍性。

在DB-DOS中，行为特性被操作化了，两个范围内的 21 种行为被定义为破坏性行为的“典型成分”（Weems & Stickle，2005）：“在行为调控中的问题”和“在愤怒调整中的问题”。设计这种多领域方法是为在发展范围内定义破坏性行为，而不是将其仅仅作为一系列症状而进行描述。DB-DOS中的编码是连续性的（见表 24.2）。因此，DB-DOS行为调控领域抓住了不顺从和攻击性的特性差异，因此以一种在发展上敏感的方式将临床关注从标准不良行为中区分出来。这种差异在于对预期的行为（对转变进行抵抗，而不是反思性的接受）和对环境的反应（例如，即使有成人支持，反抗也持续存在）。与之相似，愤怒调整领域中对愤怒表达的多种维度，包括强度、激起

程度和预期，进行评估的DB-DOS问题，在某种意义上是为将“愤怒失控”从童年早期的正常发脾气和低挫折耐受力中区分出来。

表 24.2　DB-DOS编码说明

	标准变异		临床关注	
	标准行为（0）	标准不良行为（1）	关注的（2）	非典型的（3）
行为调控领域：行为的稳定性	没有或很快消失。儿童是灵活的、很容易改变的。	稳定，比如转变偶尔会出现困难。	儿童相当稳定，有时会抵制成人指导，但在成人要求下会不情愿地转变。	儿童高度稳定或可控。坚持以他自己的方式做事情，对成人的关注没有反应。在不同任务需求中都是稳定的。
愤怒调整领域：容易被激起	愤怒不容易被激起。即使受挫，也只有很低的水平。	受挫、受限或需要未满足后，愤怒有时被激起。	低水平受挫、受限或需要未满足时，愤怒被激起多次，但不是在社会互动中。	低水平受挫、受限、需要未满足和社会互动中，愤怒经常性的、很快被激起。

402 最近报告了DB-DOS的心理测量内容（Wakschlag，Briggs-Gowan et al.，2008；Wakschlag，Hill et al.，2008）。DB-DOS显示了很好的评分者信度和重测信度，还有很好的因子结构（Wakschlag，Hill et al.，2008）。也有关于概念、聚合思维、发散思维、预测效度的证据。初期研究结果显示了区分 DBDs 的良好敏感性和特异性，约75%的学前儿童能在DB-DOS得分的基础上正确分类。此外，DB-DOS得分显著提高了对损伤的预测能力，这超过了父母报告法的预测能力（Wakschlag，Briggs-Gowan et al.，2008）。目前，心理测量学的工作是开发一种衡量行为临床显著性的算法，以体现这些行为在考虑了性别和年龄差异的不同DB-DOS交互背景下的普遍性。这项工作的一个重要目标是提供一种发展敏感性的直接评价工具，使临床医生可以运用标准化方法把临床判断整合到幼儿的诊断结果之中。

父母和检验者用DB-DOS共同评估儿童的破坏性行为，父母教养质量也被直接评估。结果，DB-DOS提供了在关系背景中开始研究童年早期破坏性行为的机会，这是一个在婴儿心理健康领域被长久关注的问题（Sameroff & Emde，1989）。

问题之一是 DBDs 学前儿童是否在父母或老师鉴定时表现出可观察的破坏性行为，还是在父母鉴定时才显著地表现出来。在 DBDs 儿童愤怒调整和行为调控领域的抑制问题中，平均 24%的破坏性行为只在父母面前表现，34%只在检验者面前表现，42%既在父母面前表现也在检验者面前表现。就如预期的一样，在父母和检验者背景下，愤怒调整和行为调控领域中的这种普遍性与临床显著性问题是有关的（$\chi^2 = 21.5$ 和 26.8，$p < 0.001$）。

第二个问题是被观察的破坏性行为是否只在有问题的养育情况下发生。为解决这个问题，基于母亲的养育方式，把母亲分为有问题组或能胜任组。对有问题组和能胜任组进行比较，发现DBDs 学前儿童的母亲对子女的养育方式更可能存在问题（$\chi^2 = 11.15$，$p < 0.05$；Hill et al.，2008）。但是，有趣的是，每组中有破坏性行为儿童的母亲比例是大致相当的（有问题组中是 25%，胜任组中是 20%）。最后，研究把养育情况考虑进来，探讨被观察的破坏性行为是否预示着损害行为。事实上，即使是在养育情况被控制的条件下，DB-DOS中行为调控和愤怒调整领域中高水平的可观察问题行为也显著提高了儿童损伤的风险性（调整比值 = 4.5 和 2.8；Wakschlag，Briggs-Gowan et al.，2008）。

这些从DB-DOS中得到的最初估计表明检验这个问题不能从“二择一”的角度切入，而需要一种更细致的方法。家庭环境在破坏性行为发生和发展上扮演了病因的角色（Tolan，Guerra & Kendall，1995）。但是，一些婴儿自出生起在生理上就表现出处理情绪和行为问题的脆弱性（Stieben et al.，2007），这种脆弱性增加了他们表现出破坏性行为的风险性，也增加了问题养育的可能性（Dishion，
Patterson & Kavanagh，1992），以及对环境中风 403
险的易感性（Van Lier et al.，2007）。也许最重要的是，这些数据说明了儿童破坏性行为表现的异质性以及发生的环境，在这种环境中，破坏性行为发生并暗示了探讨模式中个体差异的必要性。

比如，在存在或不存在亲子关系障碍的情况下，童年早期破坏性行为是否具有不同的起因和发展情况。如果这一假设被支持，这些模式可能为早期干预提供帮助。

总结和结论

我们建议将临床和发展科学结合起来，并强调异质连续性，这有助于增强对年幼儿童破坏性行为的理解，并开发一个在发展上更适合童年早期的分类系统，以增强鉴定的精确性。尽管我们对童年早期临床现象的发生比 10 年前更加了解，但为了解个体早期破坏性行为特征的真实发展还需进行大量研究工作。

工作的重点是整合以情绪和行为调节能力为基础的各种能力的发展进程及其与临床概念和病因分类的不同之处。比如：发脾气的正常发展过程是什么？临床上关注的发脾气特征的指标是什么？哪个年龄段具有面对挫折的自我控制能力，这种能力在童年早期是怎样变化和巩固的？基于发展方面的专业知识，我们就能更有效地鉴别童年早期的破坏性行为。

以发展上敏感的并且和破坏性行为有关的方式，来定义童年早期的临床现象，对辨别最初几年的行为模式是非常关键的。这需要联结“自上而下”和“自下而上”的方法。打破生命连贯性和发展敏感性的平衡需要描述“潜在构造”，这种潜在构造以破坏性行为的核心特征为基础。我们认为，需要首先做一些与发展敏感性多维度相关的工作以将此概念引入学前儿童破坏性行为研究之中（Wakschlag，Henry et al.，2008），这些破坏性行为有四个不同的行为维度：脾气失控、侵犯、违规、不关心别人（见表 24.3）。未来研究应检验学前儿童多维度方法的有效性，包括鉴别一些能区分破坏性行为和标准不良行为的目标行为，并检验这种方法和传统 DSM 疾病分类相比的有效性。

表 24.3　对学前儿童破坏性行为的发展敏感性的多维度框架说明

	行为说明	
	DSM-Ⅳ	童年早期表现
脾气失控	●“经常发脾气” ●“经常生气或厌恶”	●“一天发怒很多次” ●“生气时很难冷静下来”
侵犯	●“经常否定或拒绝遵守成人的要求” ●“夜不归宿”	●“在听清要求做什么之前就说‘不’” ●“即使被警告也坚持不遵守”
违规	●“经常打架” ●“恃强凌弱或恐吓”	●“无原因的或出人意料的好斗” ●“在别人不注意时捏或伤害其他孩子”
不关心别人	●“对他人进行身体攻击” ●“强行发生性行为”	●“不关心别人的感受” ●“以让其他人心烦意乱、生气或悲伤为乐”

我们以“评估年幼儿童破坏性行为时，怎样表达‘何时开始担忧’”的问题来开始这一章。首先，我们提出了定义童年早期临床关注的一个框架。即，当年幼儿童破坏性行为经常、持久发生，且明显不同于标准不良行为时，我们就该担心了。这个框架着重于临床经验、临床研究的前期证据和发展科学的连续证据。然而，为获得确定的实证参数，以供实践者和研究者广泛应用，框架研究必须在年幼儿童代表性样本中进行操作化系统
化的检验。在实证基础上，以学前阶段测量为基 404
础，理解童年早期破坏性行为的发展敏感性现象，对发展的非典型行为提供详细描述，对于标准不良行为何时转变为破坏性行为的问题暂且搁置。学前儿童破坏性行为主要特征在发展上的描述，对精确辨别并捕捉有意义的临床异质性进而进行目标干预是至关重要的。

参考文献

American Academy of Child and Adolescent Psychiatry (AACAP). (1997). Practice parameters for the psychiatric assessment of infants and toddlers (0–36 months). *Journal of the American Academy of Child and Adolescent Psychiatry, 36*, 215–365.

American Psychiatric Association. (1994). *Diagnostic and statistical manual of mental disorders* (4th ed.). Washington, DC: Author.

Baillargeon, R., Normand, C., Seguin, J., Zoccolillo, M., Japel, C., Wu, H., et al. (2007). The evolution of problem and social competence behaviors during toddlerhood: A prospective population based study. *Infant Mental Health Journal, 28*, 12–38.

Baillargeon, R., Tremblay, R., & Willms, J. (2005). Gender differences in the prevalence of physically aggressive behaviors in the Canadian population of 2–3 year old children. In D. Pepler, K. M. Madsen, C. Webster, & K. Levene (Eds.), *The development and treatment of girlhood aggression* (pp. 55–73). Mahwah, NJ: Erlbaum.

Baillargeon, R., Zoccolillo, M., Keenan, K., Cote, S., Perusse, D., Wu, H., et al. (2007). Gender differences in physical aggression: A prospective population-based survey of children before and after 2 years of age. *Developmental Psychology, 43*, 13–26.

Barbaresi, W. (2003). Use of psychotropic medications in young, preschool children: *Primum non nocere. Archives of Pediatric and Adolescent Medicine, 157*, 121–123.

Bates, J., Bayles, K., Bennett, D., Ridge, B., & Brown, M. (1991). Origins of externalizing behavior at eight years of age. In D. Pepler & K. Rubin (Eds.), *The development and treatment of childhood aggression* (pp. 93–120). Hillsdale, NJ: Erlbaum.

Bates, J., Petit, G., Dodge, K., & Ridge, B. (1998). Interaction of temperamental resistance to control and restrictive parenting in the development of externalizing behavior. *Developmental Psychology, 34*, 982–995.

Briggs-Gowan, M., & Carter, A. (2007). *Prediction of elementary school age emotional/behavioral problems from social–emotional screening in toddlers*. Manuscript submitted for publication.

Briggs-Gowan, M., Jones, S., Wakschlag, L., & Carter, A. (2007). *Not just two sides of the same coin: The interrelationship and developmental course of disruptive behavior and adaptive social behavior in early life*. Manuscript submitted for publication.

Campbell, S. (2002). *Behavior problems in preschool children: Clinical and developmental issues* (2nd ed.). New York: Guilford Press.

Campbell, S., Breaux, A., Ewing, L., Szumowski, E., & Pierce, E. (1986). Parent-identified problem preschoolers: Mother–child interaction during play at intake and 1 year follow-up. *Journal of Abnormal Child Psychology, 14*, 425–440.

Campbell, S., Spieker, S., Burchinal, M., Poe, M., & NICHD Early Childcare Research Network. (2006). Trajectories of aggression from toddlerhood to age 9 predict academic and social functioning through age 12. *Journal of Child Psychology and Psychiatry and Allied Disciplines, 47*(8), 791–800.

Carter, A., Briggs-Gowan, M., Jones, S., & Little, T. (2003). The Infant–Toddler Social and Emotional Assessment (ITSEA): Factor structure, reliability, and validity. *Journal of Abnormal Child Psychology, 31*, 495–514.

Carter, A., Briggs-Gowan, M., McCarthy, K., & Wakschlag, L. (2009, April). *Developmental patterns of normative misbehavior in early childhood: Implications for identification of early disruptive behavior.* Paper presented at the symposium, *The evolution of disruptive behavior problems in young children* (R. Baillargeon, Chair) at the Meetings of the Society for Research in Child Development, Denver, Co.

Cicchetti, D., & Richters, J. (1997). Examining the conceptual and scientific underpinnings of research in developmental psychopathology. *Developmental Psychopathology, 9*, 189–191.

Cole, P., Martin, S., & Dennis, T. (2004). Emotion regulation as a scientific construct: Methodological challenges and directions for child development research. *Child Development, 75*, 317–333.

Cote, S., Vaillancourt, T., LeBlanc, J., Nagin, D., & Tremblay, R. (2006). The development of physical aggression from toddlerhood to pre-adolescence: A nation wide longitudinal study of Canadian children. *Journal of Abnormal Child Psychology, 19*, 71–85.

Crockenberg, S., & Litman, C. (1990). Autonomy as competence in 2 year olds: Maternal correlates of child defiance, compliance, and self assertion. *Developmental Psychology, 26*, 961–971.

DelCarmen-Wiggins, R., & Carter, A. (2004). *Handbook of infant, toddler and preschool mental health assessment*. New York: Oxford University Press.

Dishion, T., Patterson, P., & Kavanagh, K. (1992). An experimental test of the coercion model: Linking theory, measurement, and intervention. In J. McCord & R. Tremblay (Eds.), *Preventing antisocial behavior: Interventions from birth to adolescence* (pp. 253–282). New York: Guilford Press.

Dix, T., Stewart, A., Gershoff, E., & Day, W. (2007). Autonomy and children's reactions to being controlled: Evidence that both compliance and defiance may be positive markers in early development. *Child Development, 78*, 1204–1221.

Dodge, K. (1991). The structure and function of reactive and proactive aggression. In D. Pepler & K. Rubin (Eds.), *The development and treatment of childhood aggression* (pp. 201–218). Hillsdale, NJ: Erlbaum.

Drabick, D. A., Strassberg, Z., & Kees, M. R. (2001). Measuring qualitative aspects of preschool boys' noncompliance: The Response Style Questionnaire (RSQ). *Journal of Abnormal Child Psychology, 29*, 129–139.

Earls, F. (1980). Prevalence of behavior problems in 3-year-old children. *Archives of General Psychiatry, 37*, 1153–1157.

Earls, F. J. (1983). An epidemiological approach to the study of behavior problems in very young children. In S. B. Guze, F. J. Earls, & J. E. Barrett (Eds.), *Childhood psychopathology and development* (pp. 1–15). New York: Raven Press.

Egger, H. L., & Angold, A. (2006). Common emotional and behavioral disorders in preschool children: Presentation, nosology, and epidemiology. *Journal of Child Psychology, Psychiatry and Allied Disciplines, 47*, 313–337.

Egger, H. L., Erkanli, A., Keeler, G., Potts, E., Walter, B., & Angold, A. (2006). The test–retest reliability of the Preschool Age Psychiatric Assessment (PAPA). *Journal of the American Academy of Child and Adolescent Psychiatry, 45*, 538–549.

Egger, H. L., Erkanli, A., Wakschlag, L., & Angold, A. (2007). *Temper tantrums and preschool mental health: When to worry.* Manuscript in preparation.

Einon, D., & Potegal, M. (1994). Temper tantrums in young children. In M. Potegal & J. Knutson (Eds.), *The dynamics of aggression: Biological and social processes in dyads and groups* (pp. 157–194). Hillsdale, NJ: Erlbaum.

Espy, K., & Bull, R. (2005). Inhibitory processes in young children and individual variation in short-term memory. *Developmental Neuropsychology, 28*, 669–688.

Goldsmith, H., & Davidson, R. (2004). Disambiguating the components of emotion regulation. *Child Development, 75*, 361–365.

Goodenough, F. (1931). *Anger in young children.* Minneapolis: University of Minnesota Press.

Granic, I., & Patterson, G. R. (2006). Toward a comprehensive model of anti-social development: A dynamic systems approach. *Psychological Review, 113*, 101–131.

Hay, D. F. (2005). The beginnings of aggression during infancy. In R. Tremblay, W. Hartup, & J. Archer (Eds.), *Developmental origins of aggression* (pp. 107–132). New York: Guilford Press.

Hay, D. F., & Angold, A. (Eds.). (1993). *Precursors and causes in development and psychopathology.* New York: Wiley.

Hay, D. F., Castle, J., & Davies, L. (2000). Toddlers' use of force against familiar peers: A precursor of serious aggression? *Child Development, 71*, 457–467.

Hill, C., Maskowitz, K., Danis, B., Keenan, K., Burns, J., & Wakschlag, L. (2008). Validation of a clinically sensitive observational coding system for parenting behaviors: The Parenting Clinical Observation Schedule (P-COS) *Parenting: Science and Practice, 8*, 53–185.

Jenkins, S., Owen, C., Bax, M., & Hart, H. (1984). Continuities of common behaviour problems in preschool children. *Journal of Child Psychology and Psychiatry, 25*, 75–89.

Keenan, K., & Wakschlag, L. S. (2003). Authors' reply to "Psychiatric diagnosis in preschool children": Reply. *Journal of the American Academy of Child and Adolescent Psychiatry, 42*(2), 129–130.

Keenan, K., & Wakschlag, L. S. (2004). Are oppositional defiant and conduct disorder symptoms normative behaviors in preschoolers?: A comparison of referred and nonreferred children. *American Journal of Psychiatry, 161*, 356–358.

Keenan, K., Wakschlag, L. S., Danis, B., Hill, C., Humphries, M., Duax, J., et al. (2007). Further evidence of the reliability and validity of DSM-IV ODD and CD in preschool children. *Journal of the American Academy of Child and Adolescent Psychiatry, 46*, 457–468.

Kim-Cohen, J., Arseneault, L., Caspi, A., Tomas, M., Taylor, A., & Moffitt, T. (2005). Validity of DSM-IV conduct disorder in 4½–5-year-old Children: A longitudinal epidemiological study. *American Journal of Psychiatry, 162*, 1108–1117.

Kochanska, G., Aksan, N., & Koenig, A. L. (1995). A longitudinal study of the roots of preschoolers' conscience: Committed compliance and emerging internalization. *Child Development, 66*, 1752–1769.

Kochanska, G., Coy, K., & Murray, K. (2001). The development of self-regulation in the first four years of life. *Child Development, 72*, 1091–1111.

Kuczynski, L., & Kochanska, G. (1990). Development of children's noncompliance strategies from toddlerhood to age five. *Developmental Psychology, 26*, 398–408.

Lavigne, J., Arend, R., Rosenbaum, D., Binns, H., Christoffel, K., & Gibbons, R. (1998). Psychiatric disorders with onset in the preschool years: I. Stability of diagnoses. *Journal of the American Academy of Child and Adolescent Psychiatry, 37*, 1246–1254.

Lavigne, J., Cicchetti, C., Gibbons, R., Binns, H., Larsen, L., & DeVito, C. (2001). Oppositional defiant disorder with onset in preschool years: Longitudinal stability and pathways to other disorders. *Journal of the American Academy of Child and Adolescent Psychiatry, 40*, 1393–1400.

Lord, C., Risi, S., Lambrecht, L., Cook, E., Leventhal, B., DiLavore, P., et al. (2000). The Autism Diagnostic Observation Schedule—Generic: A standard measure of social and communication deficits associated with the spectrum of autism. *Journal of Autism and Developmental Disorders, 30*, 205–223.

MacFarlane, J., Allen, L., & Honzik, M. (1962). *A*

developmental study of the behavior problems of normal children between twenty-one months and fourteen years. Los Angeles: University of California Press.

Mash, E., & Foster, S. (2001). Exporting analogue behavioral observation from research to clinical practice: Useful or cost-defective? *Psychological Assessment, 13*, 86–98.

McClellan, J., & Speltz, M. (2003). Psychiatric diagnosis in preschool children [Letter]. *Journal of the American Academy of Child and Adolescent Psychiatry*, 42, 127–128.

Nagin, D., & Tremblay, R. (1999). Trajectories of boys' physical aggression, opposition, and hyperactivity on the path to physically violent and nonviolent juvenile delinquency. *Child Development, 70*, 1181–1196.

Needleman, R., Stevenson, J., & Zuckerman, B. (1991). Psychosocial correlates of severe temper tantrums. *Journal of Developmental and Behavioral Pediatrics*, 12, 77–83.

NICHD Early Child Care Research Network. (2004). Trajectories of physical aggression from toddlerhood to middle childhood *Monographs of the Society for Research in Child Development* (Serial 278, Vol. 69). Boston: Blackwell.

Peterson, J., & Flanders, J. (2005). Play and the regulation of aggression In R. Tremblay, W. Hartup, & J. Archer (Eds.), *Developmental origins of aggression* (pp. 133–157). New York: Guilford Press.

Pickles, A. (1993). Stages, precursors and causes in development. In D. Hale & A. Angold (Eds.), *Precursors and causes in development and psychopathology* (pp. 23–50). New York: Wiley.

Pickles, A., & Angold, A. (2003). Natural categories or fundamental dimensions: On carving nature at the joints and the rearticulation of psychopathology. *Development and Psychopathology, 15*, 529–552.

Potegal, M., & Davidson, R. J. (2003). Temper tantrums in young children: 1. Behavioral composition. *Developmental and Behavioral Pediatrics*, 24, 140–147.

Rutter, M. (2003). Categories, dimensions, and the mental health of children and adolescents. *Annals of the New York Academy of Sciences*, *1008*, 11–21.

Rutter, M., & Sroufe, L. A. (2000). Developmental psychopathology: Concepts and challenges. *Development and Psychopathology, 12*, 265–296.

Sameroff, A., & Emde, R. (1989). *Relationship disturbances in early childhood*. New York: Basic Books.

Shaw, D. S., Bell, R. Q., & Gilliom, M. (2000). A truly early starter model of antisocial behavior revisited. *Clinical Child and Family Psychology Review, 3*, 155–172.

Shaw, D. S., Gilliom, M., & Giovannelli, J. (2000). Aggressive behavior disorders. In C. Zeanah, Jr. (Ed.), *Handbook of infant mental health* (2nd ed., pp. 397–411). New York: Guilford Press.

Shaw, D. S., Gilliom, M., Ingoldsby, E. M., & Nagin, D. S. (2003). Trajectories leading to school-age conduct problems. *Developmental Psychology, 39*, 189–200.

Shaw, D. S., Keenan, K., & Vondra, J. I. (1994). Developmental precursors of externalizing behavior: Ages 1 to 3. *Developmental Psychology, 30*, 355–364.

Speltz, M., McLellan, J., DeKlyen, M., & Jones, K. (1999). Preschool boys with oppositional defiant disorder: Clinical presentation and diagnostic change. *Journal of the American Academy of Child and Adolescent Psychiatry, 38*, 838–845.

Stevenson, J., & Goodman, R. (2001). Association between behaviour at age 3 years and adult criminality. *British Journal of Psychiatry, 179*, 197–202.

Stieben, J., Lewis, M., Granic, I., Zelazo, P., Segalowitz, S., & Pepler, D. (2007). Neurophysiological mechanisms of emotion regulation for subtypes of externalizing children. *Development and Psychopathology, 19*, 455–480.

Task Force on Research Diagnostic Criteria: Infancy and Preschool. (2003). Research diagnostic criteria for infants and preschool children: The process and empirical support. *Journal of the American Academy of Child and Adolescent Psychiatry*, 42, 1504–1512.

Tolan, P., Guerra, N., & Kendall, P. (1995). A developmental ecological perspective on antisocial behavior in children and adolescents: Toward a unified risk and intervention framework. *Journal of Consulting and Clinical Psychology, 63*, 579–584.

Tremblay, R. (2003). Why socialization fails: The case of chronic physical aggression. In B. Lahey, T. Moffitt, & A. Caspi (Eds.), *Cause of conduct disorder and juvenile delinquency* (pp. 182–226). New York: Guilford Press.

Tremblay, R., Japel, C., Perusse, D., Boivin, M., Zoccoillo, M., Momtplasir, J., et al. (1999). The search for the age of "onset" of physical aggression: Rousseau and Bandura revisited. *Criminal Behavior and Mental Health, 9*, 8–23.

Tremblay, R., & Nagin, R. (2005). The developmental origins of physical aggression in humans. In R. Tremblay, W. Hartup, & J. Archer (Eds.), *Developmental origins of aggression* (pp. 83–106). New York: Guilford Press.

Tremblay, R., Nagin, D., Seguin, J., Zoccolillo, M., Zelazo, P., Boivin, M., et al. (2004). Physical aggression during early childhood: Trajectories and predictors. *Pediatrics, 114*, 43–50.

van den Oord, E., Verhulst, F., & Boomsma, D. (1996). A genetic study of maternal and paternal ratings of problem behaviors in 3-year-old twins. *Journal of Abnormal Psychology, 105*, 349–357.

Van Lier, P., Boivin, M., Dionne, G., Vitaro, F., Brendgen, M., Koot, H., et al. (2007). Kindergarten children's genetic vulnerabilities interact with friends' aggression to promote children's own aggression. *Journal of the American Academy of Child and Adolescent Psychiatry, 46*, 1080–1087.

Vitaro, F., & Brendgen, M. (2005). Proactive and

reactive aggression: A developmental perspective. In R. Tremblay, W. Hartup, & J. Archer (Eds.), *Developmental origins of aggression* (pp. 178–201). New York: Guilford Press.

Vitaro, F., Gendreau, P., Tremblay, R., & Oligny, P. (1998). Reactive and proactive aggression differentially predict later conduct problems. *Journal of Child Psychology and Psychiatry and Allied Disciplines*, *39*, 377–386.

Wakschlag, L. S., Briggs-Gowan, M., Carter, A., Hill, C., Danis, B., Keenan, K., et al. (2007). A developmental framework for distinguishing disruptive behavior from normative misbehavior in preschool children. *Journal of Child Psychology and Psychiatry and Allied Disciplines*, *48*, 976–987.

Wakschlag, L. S., Briggs-Gowan, M., Hill, C., Danis, B., Leventhal, B., Cicchetti, D., et al. (2008). Observational assessment of preschool disruptive behavior: Part II. Validity of the Disruptive Behavior Diagnostic Observation Schedule (DB-DOS). *Journal of the American Academy of Child and Adolescent Psychiatry*, *47*, 632–641.

Wakschlag, L. S., & Danis, B. (2004). Assessment of disruptive behavior in young children: A clinical–developmental framework. In R. DelCarmen-Wiggins & A. S. Carter (Eds.), *Handbook of infant, toddler and preschool mental health assessment* (pp. 421–440). New York: Oxford University Press.

Wakschlag, L. S., Henry, D., Tolan, P, Carter, A., Burns, J., & Briggs-Gowan, M (2008e). Developmental specification of preschool disruptive behavior: Does a multidimensional approach have added value? *Manuscript in preparation.*

Wakschlag, L. S., Hill, C., Carter, A., Danis, B., Egger, H., Keenan, K., et al. (2008). Observational assessment of preschool disruptive behavior: Part I. Reliability of the Disruptive Behavior Diagnostic Observation Schedule (DB-DOS). *Journal of the American Academy of Child and Adolescent Psychiatry*, *47*, 622–631.

Wakschlag, L. S., & Keenan, K. (2001). Clinical significance and correlates of disruptive behavior symptoms in environmentally at-risk preschoolers. *Journal of Clinical Child Psychology*, *30*, 262–275.

Wakschlag, L. S., Leventhal, B., Briggs-Gowan, M., Danis, B., Keenan, K., Hill, C., et al. (2005). Defining the "disruptive" in preschool behavior: What diagnostic observation can teach us. *Clinical Child and Family Psychology Review*, *8*, 183–201.

Wakschlag, L. S., Leventhal, B., Pine, D., Pickett, K., & Carter, A. (2006). Elucidating early mechanisms of developmental psychopathology: The case of prenatal smoking and disruptive behavior. *Child Development*, *77*, 893–906.

Wakschlag, L. S., Leventhal, B., & Thomas, B. (2007). Disruptive behavior disorders and ADHD in preschool children: Characterizing heterotypic continuities for a developmentally informed nosology for DSM-V. In W. Narrow, M. First, P. Sirovatka, & D. Regier (Eds.), *Age and gender considerations in psychiatric diagnosis: A research agenda for DSM-V* (pp. 243–258). Washington, DC: American Psychiatric Association.

Wakschlag, L. S., Tolan, P., & Leventhal, B. (2009). Research review: "Ain't misbehavin": Towards a developmentally–sensitive nosology for preschool disruptive behavior. *Journal of Child Psychology and Psychiatry*, Invited review, forthcoming.

Webster-Stratton, C. (1985). Mother perceptions and mother–child interactions: Comparison of clinic-referred and a nonclinic group. *Journal of Clinical Child Psychology*, *14*, 334–339.

Webster-Stratton, C., & Reid, M. (2007). Incredible Years parents and teachers training series: A Head Start parternship to promote social competence and prevent conduct problems. In P. Tolan, J. Szapocznik, & S. Sambrano (Eds.), *Preventing youth substance use: Science-based programs for children and adolescents* (pp. 67–88). Washington, DC: American Psychological Association.

Weems, C., & Stickle, T. (2005). Anxiety disorders in childhood: Casting a nomological net. *Clinical Child and Family Psychology Review*, *8*, 107–134.

Wilens, T., Biederman, J., & Spencer, T. (2003). Re: Psychiatric diagnosis in preschool children [Letter]. *Journal of the American Academy of Child and Adolescent Psychiatry*, *42*, 128–129.

Zahn-Waxler, C., Iannotti, R., Cummings, E. M., & Denham, S. (1990). Antecedents of problem behaviors in children of depressed mothers. *Development and Psychopathology*, *2*, 271–293.

Zeanah, C. H., Jr. (2000). Psychopathology. In C. H. Zeanah, Jr. (Ed.), *Handbook of infant mental health* (2nd ed., pp. 269–270). New York: Guilford Press.

Zeanah, C. H., Jr., Larrieu, J., Heller, S., & Valliere, J. (2000). Infant–parent relationship assessment. In C. H. Zeanah, Jr. (Ed.), *Handbook of infant mental health* (2nd ed., pp. 222–248). New York: Guilford Press.

Zito, J., Safer, D., dosReis, S., Gardner, J., Boles, M., & Lynch, F. (2000). Trends in the prescribing of psychotropic medications to preschoolers. *Journal of the American Medical Association*, *283*, 1025–1030.

第 25 章

抑郁症

琼·L·卢比（Joan L. Luby）

409 在过去60年里，心理健康发展组织对早期抑郁症研究的观点已经发生变化。早在20世纪40年代，就有研究对缺乏基础护理关系的婴儿的临床抑郁症状进行过观察和描述（Spitz，1946）。但很多理论指出年幼孩子太不成熟，不能体验到抑郁的核心情绪，从而排除其出现临床抑郁的可能性（Rie，1966）。近年来对基础情绪发展的研究已有了新进展，提出了先前不被认可的婴儿和学步儿存在复杂情绪之说，从而彻底驳斥了之前的看法（Denham，1998；Shonkoff & Philips，2000）。尽管有这样的发展，但是至今仍无充分实验数据证实3岁前儿童可能具有抑郁症，并描述其症状的表现。

为了证实抑郁症是否会在人类生命早期出现并把握其呈现方式，了解正常的早期情绪发展轨迹很重要。早在20世纪初，基于对面部表情的观察，达尔文指出几种核心情绪是人们与生俱来的。其后，实证研究学派极力支持这一假说（Izard，Huebner，Risser，McGinness & Dougherty，1980）。尽管有了这些人的早期观察，但是直到20世纪80年代末期，以实证数据来勾勒早期情绪发展轨迹才逐渐形成一个体系。在过去的20年里，数据慢慢揭示了儿童如何认识和表达各种情绪，如何形成调节情绪反应的能力，如何理解情绪产生的因果关系，就连需要更多经历的那些复杂情绪也变得有价值（Denham，1998；Saarni，1999）。尽管这些数据在广义上解释了情绪形成于婴儿时期，驳斥了人们原来认为婴儿期和学前期不存在情绪的这一看法，但是关于情绪发展在婴儿及学前阶段何时形成及形成方式等诸多细节问题仍然有待研究。深入研究早期情绪发展轨迹，对理解抑郁症的发病原因以及发展过程中的特征尤为重要。

从公共健康的角度来看，准确定义抑郁症发 410
展的初始形态是很重要的目标。因为这不但可以减轻儿童的痛苦，而且能够同时采取不同疗法为早期干预提供更好的时机。学前教育阶段的早期干预已被应用于几种特殊的儿童精神障碍，如孤独症及其他破坏性行为障碍（Eyberg et al.，2011；Faja & Dawnson，2006）。为了给那些受抑郁症折磨的孩子提供最理想的治疗，在抑郁症形成初期采取早期干预非常重要（Kennard et al.，2006）。为便于临床观察并为公共健康带来更多希望，探索抑郁症的初始形态具有重大意义。

本章主要介绍婴儿、学步儿和学前儿童抑郁症治疗的实践和理论文献。首先从学前期谈起，因为相应的数据相对充分。接着介绍婴儿和学步儿相关文献和数据。对此，还没有关于临床症状和并发症的可用实验数据，但是有高危人群情感表达的早期干预和临床观察方面的相关文献，从而利于进一步研究年幼群体中抑郁症的症状表现。

早发性抑郁症的情绪发展

早期抑郁症研究兴趣的发展，是为了解决情绪发展能否被识别的问题。这一领域非常重要，不仅在于辨别抑郁症的形成，更在于为临床研究提供参考，从而为早期干预提供潜在的发展目标和建议。情绪能力的发展要比研究发现的早，在婴儿期和学前期便有一个快速发展的轨迹。因此，在这个领域早期精神障碍和抑郁症是有联系的。

查尔斯·达尔文首次提出人类有几种与生俱来的情绪。接着发展心理学家卡罗尔·伊扎德和其同事证明，婴儿期特定刺激能够激发出某些特定的、清晰的面部表情（Corroll Izard et al.，1980）。婴儿期有关悲喜情绪正常发展的研究与抑郁症研究相关，伊扎德、亨布里和休布纳（Izard，Hembree & Huebner，1987）已提出两个月大婴儿的悲伤可以很清晰地与其他负面情绪区分开，6个月大婴儿的悲伤则与事件相关（Izard et al.，1995）。类似研究表明，6～8个月大的婴儿会有喜悦的面部表情，而那些更细微复杂的表情将会在1岁之后出现（Demos，1986）。这些研究表明，婴儿悲喜情绪的体验出现在生命头6个月，暗示着消极负面的情绪很可能在这一阶段形成。然而，除了临床观察外，没有实验数据证明抑郁症开始于婴儿期。

对于悲喜等基本情绪的认知，以及如内疚等复杂情绪的研究，已得到很多关注，但多见于对较大年龄儿童的研究中。其中的一个关注点就是那些患抑郁症的学前儿童是否比没有抑郁症的儿童更早表现出负面情绪。以往研究表明，与攻击性儿童相 411
比，患有抑郁症的学前儿童更容易识别女性的悲伤表情（Mrakotsky，2001）。这说明，识别负面情绪的能力，尤其悲伤情绪，在患抑郁症的学前儿童中发展更为迅速，未来需要对这一问题进行深入研究。

今后，我们对学前儿童抑郁症的研究将更加关注内疚和羞耻等复杂情绪。科查斯卡等（Kochanska，Gross，Lin & Nichols，2002）之前就提出，3岁儿童就能理解内疚的感受。据此，我们提出如下假设：患有抑郁症的学前儿童和年龄稍大的抑郁个体一样，比非抑郁的学前儿童更容易产生内疚感。我们通过两种不同的定性研究方法测量内疚感：方法之一是“我的孩子”（My Child），即采用父母报告法，报告儿童产生内疚感的难易程度，以及儿童是否具有采取措施补救过错的倾向（Kochanska，1992）。另外利用麦克阿瑟情绪故事来研究内疚情绪（Bretherton，Oppenheim，Buchsbaum，Emde & the MacArthur Transition Network Narrative Group，2001），即给出一个使孩子产生罪恶感的两难情境主题（和其他情境），并让他们自己进行角色扮演，该技术适用于 DSM-Ⅳ 中破坏性失调（ADHD、ODD、CD）儿童和焦虑症儿童。两种方法的研究结果都表明，抑郁症儿童比其他儿童更容易产生内疚感，并且更不愿采取补救措施来缓解内疚感。这些结果都表明，学前阶段的极度内疚感是抑郁的一个重要特征。因此，应充分关注早期干预策略。

婴儿期抑郁症

尽管公众及媒体对婴儿期抑郁症非常关注，但现在仍然缺乏系统数据说明抑郁症是否在 3 岁前出现。最早对婴儿抑郁症的关注要追溯到 20 世纪 40 年代中期，精神分析学家勒内·斯皮茨（Rene Spitz，1946）提出了福利院中退缩、冷漠、情绪低落和适应不良儿童发展的权威报告。斯皮茨把这种症状称为“依恋性抑郁症”，他推测这种症状是源于与最初抚养人分离时婴儿的反应。与早期抚养人的关系非常重要，即使后来给予婴儿充足的营养和良好的生活条件，这些婴儿也不能健康成长。他的研究表明，心理创伤会给生理上的成长带来负面影响。尽管斯皮茨的发现是开创性的，但是这并没有促进心理健康专业人员重视早期抑郁。

抑郁母亲的孩子

在斯皮茨有关抑郁症对婴儿影响的精彩描述后，发展心理学家又提出新的方法探讨母亲抑郁对婴儿情绪和心境的影响，一种假设认为遗传和心理因素可能是导致抑郁的风险因素（Cohn & Tronick，1989；Field，1984；Murray，1992）。这个假设很有意义，因为母亲的抑郁对于发展并不完善的儿童来说是一个众所周知的风险因素（Diego et al.，2004；Murray，Sinclair，Cooper，Ducournau & Turner，1999）。母亲抑郁会延长原本短暂的“产后抑郁”并致使其超过临界值达到临床抑郁的程度，甚至达到慢性抑郁的程度，经证明，这些都与缺少支持和敏感关怀紧密相关（Downey & Coyle，1990；Goodman & Gotlib，1999）。患有抑郁症的母亲缺乏对孩子的响应，很少给孩子展示积极的影响因素，注视婴儿的频率也更少。已有研究证明，与未患抑郁症的母亲相比，患有慢性抑郁症的母亲很少向婴儿提供社会性刺激，如很少与婴儿接触、很少与婴儿游戏、很少与婴儿沟通等。这些育儿技巧上的不足与婴儿消极情绪的发展息息相关，从而使婴儿处于风险情境之中（Field，Healy，Goldstein，Perry & Bendell，1988；Hernandez-Reif，Field，Diego，Vera & Pickens，2005；Murray et al.，1999）。 412

许多研究均证实，母亲抑郁对孩子情绪方面的不良影响从婴儿期和学前期便开始出现（Downey & Coyle，1990）。通过观察范式发现婴儿的面部表情和活动是为了回应唤起的可观察和可评估事件，由此设计婴儿情绪推断研究。在静止面孔程序（Cohn & Tronick，1989）中，要求妈妈保持平静的面部表情去回应婴儿，这个范式被广泛应用于各项研究，以区分高风险儿童与控制组的正常婴儿。

抑郁症母亲的孩子是相对不活跃的、退缩的，母子面对面交流中，与正常儿童相比，他们的积极性更低。更重要的是在静止面孔程序中，这些孩子比正常孩子的反抗性更低，这也表明，他们习惯了母亲的不充分回应。在婴儿对成人情绪敏感性的首次研究中，我们发现，早期人际和环境因素对婴幼儿情绪发展有很大影响，对发展性精神障碍患者的情绪障碍也有重要影响。

菲尔德等（Field，1988）证明，母亲抑郁对儿童的消极影响表现在儿童与其他成人（陌生人）的互动上。然而，进一步研究指出，在与其他关注者进行互动时，如护士、教师和未患抑郁症的父亲，抑郁症母亲的孩子表现出更少的抑郁行为（Hossain et al.，1994；Pelaez-Nogueras，Field，Cigales，Gonzalez & Clasky，1994）。换言之，即使婴儿与母亲或者陌生人的互动存在抑郁倾向，如果让婴儿与未患抑郁症的监护者保持良好关系，这种关系便会缓冲母亲抑郁给孩子带来的影响。这个发现强调了保持与非抑郁患者之间的支持关系在高风险儿童生活中的必要性。

母亲抑郁与婴儿的心理过程

为了消除基于婴儿面部表情或身体动作的情绪反应差异，大脑活跃性或者心率变化等心理反应标志，也可以作为婴儿时期影响其情绪发展的因素。脑电图（EEG）的不对称性显示抑郁症患者的大脑左侧额叶活性下降（Davidson & Fox，1983）。有关成人和小婴儿的大量研究都发现左侧额叶活性和功能的不确定性与不良情绪有关。也就是说，右侧额叶活性在哭泣和悲伤时激活，左侧额叶活性在快乐时激活。这个结果表明潜在的神经生理变化与抑郁情绪有关。

道森及其同事假设，儿童左侧额叶活性的差异或许是生活经验所致，而非先天的生物学因素。父母在儿童情绪能力（例如调节、表达和理解）发展中扮演的重要角色也会对儿童大脑额叶的活动产生重要作用。实证研究指出，与早期抚养人有着愉快游戏活动的儿童，左侧额叶大脑左侧额叶区域显示出更大活性。道森 413
和同事发现抑郁母亲的孩子大脑左右两侧额叶的活性没有明显区别，这些孩子没有体验到母婴之间互动产生的快乐（Dawson，Klinger，Panagiotides，Hill & Spieker，1992）。这种变化是否也存在于与其他抚养人的互动之中依然未知。研究结果说明，抚养人的社会化程度影响大脑额叶的不对称性。与抚养人的关系是早期儿童情绪发展的重要影响因素。但额叶活性和不对称性是否能够预测情绪障碍者在当前和以后生活中的不足依然有待探究。

婴儿和学步儿抑郁症

需要说明的是，并没有大规模关于婴儿和学步儿抑郁的临床实验和调查。除此之外，临床经验的累积和个案描述倒是指出这种综合征很容易出现在婴儿和学步儿身上。基于观察，人们概括出了一种多样性、发展性、科学性的适合婴儿和学步儿抑郁症诊断和症状描述的标准，即DC（0-3R）（Zero to Three，2005）。这个诊断标准是基于婴儿心理健康临床医生多项训练的经验和大量的实验数据而建立的。关于婴儿和童年早期抑郁的研究指出，抑郁可分为两类：重度抑郁和未标明（NDS）的抑郁障碍。DC（0-3R）包括“持久的悲痛反应”这一特有类别，它强调了当儿童年幼就失去抚养人时会出现短暂的抑郁加重。这些分类为临床医生诊断障碍患者提供了有效平台，也为将来的实验研究提供引导。但目前还没有关于这种推断的研究报告。

学前儿童的抑郁症

第一个关于学前儿童抑郁症的临床实验研究是由卡沙尼和同事在20世纪80年代开创的。这些研究者的兴趣在于证明学前儿童是否显示出DSM-Ⅲ（American Psychiatric Association，1981）所描述的抑郁症状。该团队提供了符合DSM-Ⅲ抑郁障碍诊断标准的学前儿童临床案例报告（MDD；Kashani & Carlson，1985）。此外，他们对一般学前儿童样本中的障碍患者能否被识别进行了研究，结果发现，对大量有抑郁症状但未达到DSM-Ⅲ的MDD标准的学前儿童研究来说，修订发展性分类标准十分必要（Kashani，Holcomb & Orvaschel，1986；Kashani，Ray & Carlson，1984）。

卡沙尼及其同事发现，包含母亲抑郁的影响因素在内，华盛顿大学医学院早期情绪发展项目，引领了一系列大规模关于学前儿童抑郁症的调查研究。这些研究在早期方法论研究方面提出了几种不同方式。首先，它采用适当年龄样本，扩大了症状发展变化的诊断视角。比如，兴趣缺失被描述为不能体验活动和游戏的乐趣（与力比多缺乏相反，出现在成人中）。此外，通过比较健康组与抑郁组被试，可以确定抑郁组与健康组不同的特异性特征。

该结果为 3～5.5 岁学前儿童稳定抑郁症状的
414 出现提供了证据（Luby et al.，2002）。另外有关学前精神障碍治疗情况的数据显示，患抑郁症的学前儿童更多来自于有相关疾病史的家庭。这与以往研究一致（例如，Jaffee et al.，2002；Neuman，Geller，Rice & Todd，1997）。像罗宾斯和古兹（Robins & Guze，1970）所描述的一样，不管是身体上或心理上的家族遗传，除明确而稳定的症状外，都是精神障碍发生的主要因素。

如果年龄较小的儿童患躯体疾病，那么如成长过程中的躯体退化，是否会使抑郁症症状具有“掩蔽性”，这一问题还需要调查。研究者感兴趣于该领域的原因是，低龄儿童不能证明抑郁核心症状的存在，反而能显示掩蔽的症状，这一观点虽被广泛认可，但却是未经临床调查的经验性言论。然而，在适当的年龄阶段，抑郁症儿童表现出比掩蔽症状更加频繁的典型 DSM 症状（Luby et al.，2003a）。而与对照组相比，掩蔽症状在抑郁组发生的频率更高。

该发现与对年龄较大抑郁症儿童的早期研究具有惊人的相似之处（Carlson & Cantwell，1980）。年龄较小的儿童能表现出核心的抑郁症状，并且这些核心的抑郁症状比掩蔽症状出现的频率更高，这一发现非常重要，它说明即使在学前儿童中，临床医生也能找到抑郁症的年龄变化症状，以此作为精神紊乱最明确和敏感的标记。

此研究也探讨了学前儿童抑郁症发生的有效标记，关键是损害的证据决定了 DSM 系统中的“实例”。这在抑郁症学前儿童中也被检测到了，要在学前儿童中获取损害程度是一个难度很大的构想，因为结构化设置机能的需求在减少，同时测量中的结果极其含糊（Carter，Briggs-Gowan & Davis，2004）。因此，我们专注于社会性发展程度的测量，因为在社会性发展阶段，这一要素是能力和适应功能的一个关键元素，抑郁症学前儿童与携带核心分裂性紊乱的儿童十分相似。这一点通过得分较低得以验证。在近期社会性发展中发现，与健康状况良好的儿童相比，他们在发展的关键领域受到了损伤（Luby et al.，2002）。

有相关疾病史和社会损害都是精神障碍和学前抑郁的关键标记，这虽然是明确而稳定的症状，但是客观迹象提供了更加科学有效的原因。对于这个原因，生物性测量（HPA 轴）作为学前儿童抑郁的有效标记是十分有趣的，在成人抑郁症中同样发现了对压力变化的生理反应（Plotsky，Owens & Nemeroff，1998；Rubin，Poland，Lesser & Martin，1987）。基于这些发现，内梅罗夫（Nemeroff，2004）认为发展心理学和抑郁病因学的一个核心元素，是已经成为功能失调的压力反应。遵循这种模式，对带有抑郁症状的学前儿童压力反应进行研究，分别同没有抑郁症的精神障碍对照组及健康对照组进行对比是十分有趣的。

学前儿童抑郁的生物相关性

在适度压力的实验室实验之前、进行中，以及以后，我们分别测量了唾液浓度（Luby et al.，2003b）。实验中由变化因素引起了中度的心理紧张，从而对抑郁症儿童与其他精神障碍儿童（例如，DSM-Ⅳ轴Ⅰ的破坏性失调）及健康儿童进行 415
调查。在压力反应中，与健康组和精神障碍组相比，抑郁学前儿童显示出不同的压力应答模式。尤其是在抑郁年长儿童和成人的皮质醇水平增长类型中，显示出一致性，通过后续评定，抑郁学前儿童显示出独特的皮质醇水平增长模式。在两个比较组中这个模式与更多典型和假定的适应性模式相反。对学前儿童的测量发现，皮质醇水平在进入实验室后下降了，这是适应环境的表现。这些发现证明了学前儿童抑郁症研究的一个重要进步，因为它们提供了有关生理变化的客观证据，与以往在成人精神障碍模式和学前儿童抑郁症中得到的论证十分相似。

压力应答的 HPA 轴反应性的相似变化在抑郁症母亲的后代中也被检测出来（Ashman，Dawson，Panagiotides，Yamada & Wilkinson，2002）。这一发现说明，抑郁症的潜在生理源有连续性。进一步研究指出，关于连续性的更多迹象能够为抑郁紊乱的精神障碍患者提供指导。

抑郁的子类型

在学前儿童身上已经发现以缺乏快乐感为特点的更为严重的抑郁子类型。符合所有 DSM-Ⅳ症状标准和 MDD 的缺乏快乐感症状的学前儿童，抑郁分值显著高于缺乏快乐感的抑郁组儿童（Luby, Mrakotsky, Heffelfinger, Brown & Spitznagel, 2004）。另外，抑郁学前儿童与抑郁成人有很多相似之处，例如对待积极事件缺乏乐观的反应。这些发现说明，成人身上与生理因素有明显相关的很多抑郁类型，在学前儿童身上也同样出现了。未来纵向研究应集中于对抑郁症小组人群的研究，探讨怎样引出同其他生理标记一样的结果和过程，例如大脑结构和功能是怎样改变的。有神经症抑郁病史的学前儿童的神经影像是十分清晰的。

观察学前儿童抑郁症的迹象

在与学前儿童的抚养人进行相互交流之后，对于抑郁症学前儿童的大量观察为判断婴幼儿精神紊乱的准确性提供了更多的客观证据（Luby, Sullivan et al., 2006a）。对抚养人的半结构化双重反应，以及学前儿童的情感和健康反应都被治疗者进行了系统编译。在这些损伤的交互影响中，学前抑郁的孩子比起健康孩子来说，活动性更低，逃避性更高，不服从性更高。同时在损伤任务中，抑郁儿童表现得比较消极。这些发现为缺乏快乐感的症状、儿童抑郁的特殊诱因以及学前抑郁的消极行为和情绪提供了有力的证据。

在一项独立研究中，蒙·劳斯及其同事，在对抑郁症儿童和正常儿童的对比观察（和伙伴一起或者独自）中发现了不同（Mol Lous, de Wit, De Bruyn & Riksen-Walraven, 2000）。对于那些自我报告很困难或者经常错误报告的儿童，观察研究和诊断性观察是评估抑郁儿童症状的重要方法。

416 一个独立样本：学前儿童抑郁症的确认

大多数研究都是基于圣路易斯抑郁中心的小样本。这表明独立样本研究在临床上是可操作的。圣路易斯抑郁中心对此独立样本进行了深入研究，验证并扩展了先前的学前儿童抑郁研究。在这个大样本中，符合抑郁标准的学前儿童和异常狂躁并符合 DSM-Ⅳ 诊断标准的学前儿童，他们的每个适龄 DSM-Ⅳ 抑郁症状，除了易激惹性之外，都比健康控制组儿童症状出现得更频繁。另外，学前儿童的抑郁症状也不同于那些焦虑症患者，这就是抑郁和其他内化情绪障碍之间最基本的区别（Luby et al., 2009）。

同时，严格的抑郁等级也被建立，抑郁组的抑郁得分最高，这与先前研究一致（Luby et al., 2004）。这些发现证明，特殊的抑郁综合征可从学前儿童中辨别出来。这种方法使得从学前儿童分裂症中将抑郁儿童区分出来成为可能。

此外，这项研究结果还表明，学前儿童抑郁症与功能损害相关。根据 DSM-Ⅳ 标准，障碍对于"个例"是一个必要的先决条件。正如前面所述，在学前阶段，很难确定损害，因此需要对发展敏感的测量。可使用几种方法衡量障碍，包括：维兰德适应功能量表（Sparrow, Balla & Cicchetti, 1984）、学前和学龄早期功能评估量表（PECFAS; Hodges, 1994）及健康和行为问卷（HBQ; Armstrong, Goldstein & MacArthur Working Group on Outcome Assessments, 2003）。值得注意的，HBQ 揭示出，教师对抑郁学前儿童进行损害评价时，没有发现抑郁和破坏组之间的差异。

学前儿童抑郁症的治疗

鉴于学前儿童抑郁症只是近期才进入公众视野，还没有系统的治疗研究，或是包含病例的文献报告以及各种治疗类型的文献。然而，使用标准方法和控制评估的大规模实证研究是需要临床实践的。

在年幼弱势群体中，由于安全性和神经系统也存在不确定性，因此心理治疗也更加不确定。心理治疗，包括认知行为和人际心理治疗，在年长儿童和青少年抑郁症治疗中已有了疗效。不过，需要将与年龄相适应的心理治疗策略应用到年幼儿童组。目前已确定一些心理治疗的策略，并用于治疗学前期各种疾病。为评估早发性抑郁症风险，并治疗抑郁症的母亲，旨在减轻婴儿和学步儿负面影响的策略也已被开发和测试（Cicchetti, Rogosch & Toth, 2000）。然而，迄今还没有与年龄相适应的心理治疗用于治疗学前儿童抑郁症。

亲子互动疗法（PCIT），通过增进情绪发展（ED），可以治疗学前儿童抑郁症（Luby, Stalets, Blankenship, Pautsch & McGrath, 2008）。PCIT 可以有效治疗学前儿童的破坏性障碍（Eyberg, 417
1974）。PCIR-ED 有一个附加组件，是具体处理情绪调节与情感的条目。正如 PCIT 原来的形式，加强父母与子女的关系并使父母作为“治疗师的手臂”是治疗的中心。学前儿童抑郁治疗的修订形式，即 PCIT-ED，尚未在抑郁学前儿童中进行测试，但已经成功应用在症状改善治疗中。

药物使用经常出现问题，特别是用于治疗抑郁学前儿童的抗抑郁药。但目前没有研究可以说明学前适龄儿童抗抑郁药的安全性和有效性。5-羟色胺再摄取抑制剂（SSRI）抗抑郁药的副作用，可能导致学前儿童抑郁的比率增高，进而使这一治疗选择更为复杂且不可行（Zuckerman et al.，2007）。

未来研究：下一个步骤

由其他独立研究小组进行的相关研究，例如跨文化研究，是下一步的研究方向。此外，对患抑郁症的学前儿童追踪到学龄期和青春期早期是至关重要的，这样可以确定生命形式是否有连续性。学前儿童抑郁障碍的纵向连续性，可以证明早期干预的必要性。研究还需要探讨异型连续性以有助于得出年轻人抑郁发展的特点。生物相关研究可能为儿童抑郁症发展的病理生理学提供线索，对于理解、预防和治疗这种疾病仍然是至关重要的。

案例

A. B. 是一个 3 岁半女婴，她的儿科医师认为胃肠道检查对她是无效的，因此她被送到婴儿与学前儿童心理健康诊所。自弟弟妹妹出生后，她持久性胃痛，与如厕训练中的周期性呕吐和退行相关。另外，她存在食欲下降和睡眠障碍问题。此外，她的父母有心理疾病史，她在学校中还表现出社交退缩，当需求不能立即满足时，悲伤、易怒反复发作，社交退缩时间明显延长。她的父母还报告说，她最近似乎不喜欢以前喜欢的游戏活动。值得注意的是，她似乎对她的弟弟有兴趣并以积极的方式参与抚养弟弟，但据母亲描述，在弟弟妹妹出生前，她有很强的预期焦虑。父母否认他们的女儿有任何分离焦虑或拒绝上学的行为，但是他们确实注意到，她总是害羞和慢热。孩子的老师说，她总在操场上自己玩，虽然她表现出与年龄相适应的象征性游戏并参与哥哥姐姐的互动游戏，但并没有与同龄伙伴进行自发的合作游戏。她的父母也表示，安抚她非常复杂和困难。

临床观察发现，这个孩子慢热、害羞，但并没有出现持续的悲伤，在观察性游戏课程中有时会玩得很开心。在一个动态的互动期间，母亲积极地参与抚养，但偶尔疲劳并欠缺热情，孩子表现出与年龄相适应的象征性行为。收玩具时，她 418
眼泪汪汪的，感到受伤害并离开。此外，与母亲短暂分离时，她开始分神，停止玩耍，坐着，出现悲伤但并没有尝试寻找她的母亲。

这一案例证明了学前儿童中典型的和掩蔽的抑郁症状。值得注意的是，躯体形式的掩蔽症状作为第一症状引起了父母的注意。然而，在进一步的采访中，典型抑郁症状如悲伤、易怒、兴趣缺失（anhedonic）、社交退缩和自主神经症状也是存在的。孩子在整个观察期没有表现出明显的抑郁症状，并且能开心地玩。然而，在非抑郁的同龄孩子表达自信或生气的情况下，她在临床中却产生强烈的悲伤和失望反应。此外，该案例同时存在若干个关键风险因素。即，有强烈的抑郁症家族病史，具有害羞和慢热的气质，以及经历了年幼弟弟妹妹诞生的生活压力，这些都可以作为抑郁突然发作的诱因。这种风险因素造成的结果与纵向研究的老年人样本以及学前儿童抑郁症的风险轨迹非常相似（Caspi et al.，2003；Luby，Belden & Spitznagel，2006b）。

结论

目前已有越来越多的研究确认并描述了学前儿童的临床抑郁症。双独立样本研究结果以及生理和观测证据验证了这种早发性综合征的临床重要性。虽然还没有相关治疗数据，但与年龄相适应的 PCIT 已被修改为适用于抑郁症并进行了实证检验。尽管学前适龄儿童研究取得了相关进展，但是目前没有任何数据显示有 3 岁以内的临床有效诊断。未来研究应针对更年幼的儿童，以便尽早对抑郁症进行干预。

参考文献

American Psychiatric Association. (1981). *Diagnostic and statistical manual of mental disorders* (3rd ed.). Washington, DC: Author.

Armstrong, J. M., Goldstein, L. H., & MacArthur Working Group on Outcome Assessments. (2003). *Health and Behavior Questionnaire.* In D. J. Kupfer (Ed.), *Manual for the MacArthur Health and Behavior Questionnaire* (HBQ 1.0). Pittsburgh: University of Pittsburgh.

Ashman, S. B., Dawson, G., Panagiotides, H., Yamada, E., & Wilkinson, C. (2002). Stress hormone levels of children of depressed mothers. *Development and Psychopathology, 14*, 333–349.

Bretherton, I., Oppenheim, D., Buchsbaum, H., Emde, R., & MacArthur Transition Network Narrative Group. (2001). *MacArthur Story Stem Battery Manual (MSSB).* Unpublished manuscript, Denver, CO.

Carlson, G. A., & Cantwell, D. P. (1980). Unmasking masked depression from childhood through adulthood: Analysis of three studies. *American Journal of Psychiatry, 145*, 1222–1225.

Carter, A. S., Briggs-Gowan, M. J., & Davis, N. (2004). Assessment of young children's social–emotional development and psychopathology: Recent advances and recommendations for practice. *Journal of Child Psychology and Psychiatry, 45*, 109–134.

Caspi, A., Sugden, K., Moffitt, T. E., Taylor, A., Craig, I., Harrington, H., et al. (2003). Influence of life stress on depression: Moderation by a polymorphism in the 5-HTT gene. *Science, 18*(301), 291–293.

Cicchetti, D., Rogosch, F. A., & Toth, S. L. (2000). The efficacy of toddler–parent psychotherapy for fostering cognitive development in offspring of depressed mothers. *Journal of Abnormal Child Psychology, 28*(2), 135–148.

Cohn, J. F., & Tronick, E. (1989). Specificity of infants' response to mothers' affective behavior. *Journal of the American Academy of Child and Adolescent Psychiatry, 28*, 242–248.

Davidson, R. J., & Fox, N. (1983). Asymmetrical brain activity discriminates between positive versus negative affective stimuli in human infants. *Science, 218*, 1235–1237.

Dawson, G., Klinger, L. G., Panagiotides, H., Hill, D., & Spieker, S. (1992). Frontal lobe activity and affective behavior of infants of mothers with depressive symptoms. *Child Development, 63*(3), 725–737.

Demos, V. (1986). Crying in early infancy: Affect, cognition, and communication. In T. B. Brazelton & M. Yogman (Eds.), *Affect and early infancy* (pp. 39–73). New York: Ablex.

Denham, S. A. (1998). *Emotional development in young children.* New York: Guilford Press.

Diego, M. A., Field, T., Hernandez-Reif, M., Cullen, C., Schanberg, S., & Kuhn, C. (2004). Prepartum, postpartum, and chronic depression effects on newborns. *Psychiatry, 67*, 63–80.

Downey, G., & Coyle, J. C. (1990). Children of depressed parents: an integrative review. *Psychological Bulletin, 108*(1), 50–76.

Emslie, G., Rush, J., Weinberg, W., Kowatch, R., Hughes, C., & Carmody, T. (1997). A double-blind, randomized, placebo-controlled trial of fluoxetine in children and adolescents with depression. *Archives of General Psychiatry, 54*(11), 1031–1037.

Eyberg, S. M. (1974). *Manual for the coding of parent–child interactions of children with behavior problems.* Unpublished manuscript, Oregon Health Sciences University, Portland, OR.

Eyberg, S. M., Funderburk, B. W., Hembree-Kigin, T. L., McNeil, C. B., Querido, J. G., & Hood, K. K. (2001). Parent–child interaction therapy with behavior problem children: One and two year maintenance of treatment effects in the family. *Child and Family Behavior Therapy, 23*, 1–20.

Faja, S., & Dawson, G. (2006). Early intervention for autism. In J. Luby (Ed.), *Handbook of preschool mental health* (pp. 388–416). New York: Guilford Press.

Field, T. (1984). Early interactions between infants and their post-partum depressed mothers. *Infant Behavior and Development, 7*, 537–542.

Field, T., Healy, B., Goldstein, S., Perry, S., & Bendell, D. (1988). Infants of depressed mothers show "depressed" behavior even with non-depressed adults. *Child Development, 59*, 1569–1579.

Goodman, S. H., & Gotlib, I. H. (1999). Risk for psychopathology in the children of depressed mothers: A developmental model for understanding mechanisms of transmission. *Psychological Review, 106*, 458–490.

Hernandez-Reif, M., Field, T., Diego, M., Vera, Y., & Pickens, J. (2005). Happy faces are habituated more slowly by infants of depressed mothers. *Infant Behavior and Development, 29*(1), 131–135.

Hodges, K. (1994). *The Preschool and Early Childhood Functional Assessment Scale (PECFAS).* Eastern Michigan University, Ypsilanti, MI.

Hossain, Z., Field, T., Gonzalez, J., Malphurs, J., del Valle, C., & Pickens, J. (1994). Infants of "depressed" mothers interact better with their non-depressed fathers. *Infant Mental Health Journal, 15*(4), 348–357.

Izard, C. E., Fantauzzo, C., Castle, J., Haynes, O., Rayais, M., & Putnam, P. (1995). The ontogeny and significance of infants' facial expression in the first 9 months of life. *Developmental Psychology, 31*, 997–1013.

Izard, C. E., Hembree, E., & Huebner, R. (1987). Infants' emotional expressions to acute pain: Developmental change and stability of individual differences. *Developmental Psychology*, *23*, 105–113.

Izard, C. E., Huebner, R. R., Risser, D., McGinness, G., & Dougherty, L. (1980). The young infant's ability to produce discrete emotional expression. *Developmental Psychology*, *16*, 132–140.

Jaffee, S. R., Moffitt, T. E., Caspi, A., Fombonne, E., Poulton, R., & Martin, J. (2002). Differences in early childhood risk factors for juvenile-onset and adult-onset depression. *Archives of General Psychiatry*, *59*(3), 215–222.

Kashani, J. H., & Carlson, G. A. (1985). Major depressive disorder in a preschooler. *Journal of the American Academy of Child and Adolescent Psychiatry*, *24*(4), 490–494.

Kashani, J. H., Holcomb, W. R., & Orvaschel, H. (1986). Depression and depressive symptoms in preschool children from the general population. *American Journal of Psychiatry*, *143*(9), 1138–1143.

Kashani, J. H., Ray, J. S., & Carlson, G. A. (1984). Depression and depressive-like states in preschool-age children in a child development unit. *American Journal of Psychiatry*, *141*(11), 1397–1402.

Kennard, B., Silva, S., Vitiello, B., Curry, J., Kratochvil, C., Simons, A., et al. (2006). Remission and residual symptoms after short-term treatment in the treatment of adolescents with depression study (TADS). *Journal of the American Academy of Child and Adolescent Psychiatry*, *45*(12), 1404–1411.

Kochanska, G. (1992). *My child*. University of Iowa, Iowa City, IA.

Kochanska, G., Gross, J., Lin, M., & Nichols, K. (2002). Guilt in young children: Development, determinants, and relations with a broader system of standards. *Child Development*, *72*(2), 461–482.

Luby, J. L., Belden, A., & Spitznagel, E. (2006). Risk factors for preschool depression: The mediating role of early stressful life events. *Journal of Child Psychology and Psychiatry*, *47*(12), 1292–1298.

Luby, J. L., Belden, A., Sullivan, J., Hayin, R., et al. (in press). Shame and guilt in preschool depression as early as age 3. *Journal of Child Psychology and Psychiatry*.

Luby, J. L., Belden, A. C., Pautsch, J., Yemei, S., & Spitznagel, E. (2009). The clinical significance of preschool depression: Impairment in functioning and clinical markers of the disorder. *Journal of Affective Disorders*, *112*, 111–119.

Luby, J. L., Heffelfinger, A., Mrakotsky, C., Brown, K., Hessler, M., & Spitznagel, E. (2003b). Alterations in stress cortisol reactivity in depressed preschoolers relative to psychiatric and no-disorder comparison groups. *Archives of General Psychiatry*, *60*(12), 1248–1255.

Luby, J. L., Heffelfinger, A., Mrakotsky, C., Hessler, M., Brown, K., & Hildebrand, T. (2002). Preschool major depressive disorder: Preliminary validation for developmentally modified DSM-IV criteria. *Journal of the American Academy of Child and Adolescent Psychiatry*, *41*(8), 928–937.

Luby, J. L., Heffelfinger, A. K., Mrakotsky, C., Brown, K. M., Hessler, M. J., Wallis, J. M., et al. (2003a). The clinical picture of depression in preschool children. *Journal of the American Academy of Child and Adolescent Psychiatry*, *42*(3), 340–348.

Luby, J. L., Mrakotsky, C., Heffelfinger, A., Brown, K., & Spitznagel, E. (2004). Characteristics of depressed preschoolers with and without anhedonia: Evidence for a melancholic depressive subtype in young children. *American Journal of Psychiatry*, *161*(11), 1998–2004.

Luby, J. L., Stalets, M., Blankenship, S., Pautsch, J., & McGrath, M. (2008). Treatment of preschool bipolar disorder: A novel parent–child interaction therapy. In B. Geller & M. DuBello (Eds.), *Treatment of childhood bipolar disorder* (pp. 270–186). New York: Guilford Press.

Luby, J. L., Sullivan, J., Belden, A., Stalets, M., Blankenship, S., & Spitznagel, E. (2006). An observational analysis of behavior in depressed preschoolers: Further validation of early onset depression. *Journal of the American Academy of Child and Adolescent Psychiatry*, *45*(2), 203–212.

Mol Lous, A., de Wit, C. A. M., De Bruyn, E. J., & Riksen-Walraven, J. (2000). Depression markers in young children's play: A comparison between depressed and nondepressed 3- to 6-year-olds in various play situations. *Journal of Child Psychology and Psychiatry*, *43*(8), 1029–1038.

Mrakotsky, C. (2001). *Visual perception, spatial cognition, and affect recognition in preschool depressive syndromes*. Unpublished dissertation, University of Vienna/Washington University, St. Louis.

Murray, L. (1992). The impact of postnatal depression on infant development. *Journal of Child Psychology and Psychiatry and Allied Disciplines*, *33*, 543–561.

Murray, L., Sinclair, D., Cooper, P. J., Ducournau, P., & Turner, P. (1999). The socioemotional development of 5-year-old children of postnatally depressed mothers. *Child Development*, *67*, 2512–2526.

Nemeroff, C. (2004). Neurobiological consequences of childhood trauma. *Journal of Clinical Psychiatry*, *65*, 18–28.

Neuman, R. J., Geller, B., Rice, J. P., & Todd, R. D. (1997). Increased prevalence and earlier onset of mood disorders among relatives of prepubertal versus adult probands. *Journal of the American Academy of Child and Adolescent Psychiatry*, *36*(4), 466–473.

NICHD Early Child Care Research Network. (1999). Chronicity of maternal depressive symptoms, maternal sensitivity, and child functioning at 36 months. *Developmental Psychology*, *35*(5), 1297–1310.

Pelaez-Nogueras, M., Field, T., Cigales, M., Gonzalez, A., & Clasky, S. (1994). Infants of depressed mothers show less "depressed" behavior with their nursery teachers. *Infant Mental Health Journal, 15*(4), 358–367.

Plotsky, P. M., Owens, M. J., & Nemeroff, C. B. (1998). Psychoneuroendocrinology of depression. *Psychiatric Clinics of North America, 21*, 293–307.

Rie, H. E. (1966). Depression in childhood: A survey of some pertinent contributions. *Journal of the American Academy of Child and Adolescent Psychiatry, 5*(4), 653–685.

Robins, E., & Guze, S. B. (1970). Establishment of diagnostic validity in psychiatric illness: Its application to schizophrenia. *American Journal of Psychiatry, 126*(7), 983–986.

Rubin, R. T., Poland, R. E., Lesser, I. M., & Martin, D. J. (1987). Neuroendocrine aspects of primary endogenous depression: IV. Pituitary–thyroid axis activity in patients and matched control subjects. *Psychoneuroendocrinology, 12*(5), 333–347.

Saarni, C. (1999). *The development of emotional competence* (Vol. 18). New York: Guilford Press.

Shonkoff, J. P., & Phillips, D. A. (2000). *From neurons to neighborhoods: The science of early child development*. Washington, DC: National Academy Press.

Sparrow, S., Balla, D., & Cicchetti, D. (1984). *Vineland Adaptive Behavior Scales—Interview Edition, Survey for Manual*. Circle Pines, MN: American Guidance Service.

Spitz, R. (1946). Anaclitic depression: An inquiry into the genesis of psychiatric conditions in early childhood. *Psychoanalytic Study of the Child, 1*, 47–53.

Zero to Three. (2005). *Diagnostic classification of mental health and developmental disorders of infancy and early childhood—Revised (DC:0–3R)*. Washington, DC: Author.

Zuckerman, M., Vaughan, B., Mayfield-Jorgensen, M., March, J., Kollins, S., Murray, J., et al. (2007). Tolerability of selective serotonin reuptake inhibitors in forty children under age seven: A retrospective chart review. *Journal of Child and Adolescent Psychopharmacology, 17*(2), 165–174.

第 26 章

依恋障碍

小查尔斯·H·泽纳（Charles H. Zeanah，Jr.）
安娜·T·斯梅克（Anna T. Smyke）

421 依恋描述的是人类婴儿从抚养人那里寻求安慰、支持、抚育和保护的倾向。随着与抚养人的定期交流，婴儿逐步学会了选择性地从抚养人那里寻求安慰和保护。根据依恋理论，婴儿的行为与抚养人的关系受其“内部工作模式”的指导，鲍尔比（Bowlby，1969）的启发式教育法，以独特的方式描述了一系列在密切关系中的经验和行为倾向。也就是说，早在生命的第一年，婴儿就开始对人与人交流时的感觉和行为方式建构一种期望。内部工作模式不仅仅是一种期望，还包括对传入的外界信息和突出的社会线索进行选择性注意，并在与他人的亲密互动中引起先前类似的回忆，随后对他人行为做出回应。依恋被认为是早期社会性与情绪发展的重要组成部分，在早年，依恋关系质量的个体差异被认为是婴儿心理健康的重要指标。约翰·鲍尔比在20世纪中叶提出依恋理论时指出：“对心理健康至关重要的是婴幼儿在与母亲的互动中应体验到持久温暖而亲密的关系，并在此关系中感到满足和愉悦。”（Bowlby，1953，p. 13）

人类婴儿形成选择性依恋的倾向很强大，只有在极不寻常和不适应的养育环境中，依恋才无法发展。然而，在非典型养育环境中，婴儿的依恋会受到严重干扰，并发展出不适当的依恋关系。非典型环境，包括特殊机构（即孤儿院）、抚养人的频繁变动（有时发生在寄养中）、忽视或虐待、由不敏感或反应迟钝的抚养人来照料。在这些极端情况下，年幼儿童可能会发展出与依恋相关的临床疾病。

在本章中，我们回顾了依恋障碍的构成，重点是反应性依恋障碍（RAD）。虽然其起源至少可以追溯到20世纪40年代的描述性研究，但对这些疾病的系统研究仅有十年左右，而且经常被误 422
解（Chaffin et al.，2006）。因此，我们对依恋发展观点的回顾涉及了现象学、关联学、流行病学和RAD过程。最后，我们还讨论了RAD的评估和治疗。

发展的观点

形成依恋的能力在刚出生时并未表现，在生命的第一年里依恋才逐渐发展起来的。出生后的前两个月，婴儿的社会性并没有发展，大多时间他们在睡觉、吃和啼哭。大约两个月大时，他们开始显示出更多的社会性，表现出应答性的“社会性”微笑，以及“咕咕”响应和更持久的目光接触。他们似乎对社会交往更感兴趣，并愿意随时与成人互动。虽然6个月大的婴儿能够区分不同的互动伙伴，但他们不会对某个特定的抚养人表现出明显的偏好。

明显的偏好在7～9个月时发生变化。在这个年龄阶段，婴儿开始表现出对陌生人的警觉和分离焦虑，这两种行为预示着“重点”或“选择性”依恋的出现。婴儿对陌生人的警觉从温和抵抗到彻底发怒，这与婴儿选择性地寻求某个特定抚养人的支持、抚育、保护形成对比。“分离焦虑”描述了婴儿对与依恋对象实际的或预期的分离的反应。一旦婴儿具备了认知能力而表现出分离焦虑和陌生人警觉，他们便会与那些和其有积极互动的抚养人形成新的依恋。

重要的是，婴儿有可能认识到，其他抚养人对他们可能比他们的依恋对象提供更好的照料。鲍尔比（Bowlby，1969）强调，游戏伙伴不一定是依恋对象。婴儿与抚养人之间的交流是从相识到熟悉，从熟悉到对抚养人的照料感到舒适、体验到快乐，再从快乐到形成依赖，最终达到依赖偏好的一个连续体。只有达到依赖偏好水平，我们才能说，婴儿已经完全形成了与抚养人的依恋关系。

虽然年龄较大的儿童可维持超越时间和空间的依恋关系，但在头3年左右，孩子需要与抚养人真实互动，才能与他们形成依恋。这种特定的需要，对监护、探视和寄养的婴儿具有重要意义。

依恋的类型

测量生命早期的依恋类型通常采用陌生情境程序（SSP）。该范式主要包括年幼儿童与依恋对象和与陌生人之间的一系列互动（Anisworth，Blehar，Waters & Wall，1978）。设计这种程序的目的就是通过比较儿童对依恋对象的反应和对陌生人的反应，检验年幼儿童的依恋和实验室行为之间是否一致。由于与依恋对象的分离会激发年幼儿童寻求接近和安慰，因此，陌生情境程序包含两次短暂的分离和重聚，可以直接观察儿童在适度的压力情境下利用抚养者调节情绪的情况。

根据儿童的依恋行为、寻求与依恋对象亲近的倾向和离开依恋对象时的探索倾向，可以区分儿童和抚养者之间的依恋类型。安斯沃斯与同事（Ainsworth et al.，1978）描述了三种主要的依恋类型。安全型依恋儿童会直接表达痛苦，毫不犹豫地寻求安慰，且容易接受抚慰。而对分离很少
423 表现出痛苦、重聚时很少寻求亲近和安慰的儿童被划分为回避型依恋。最后，在分离时表现出强烈痛苦，但重聚阶段不能被安抚的儿童被划分为反抗型（有时称之为矛盾型）。本质上，这三种类型代表了压力情境下，儿童寻求安慰的需要被适度地（安全型）、过低地（回避型）和过高地（反抗型）激发。后来，梅因和同事（Main & Hesse，1990；Main & Solomon，1990）又补充了第四种类型，他们称之为混乱型依恋，包含各种异常行为和带有安全、回避、反抗型依恋的复杂策略。混乱型依恋是目前最能预测随后的心理病理疾病及其并发症的类型（Green & Goldwyn，2002）。

斯鲁夫（Sroufe，2005）和同事证实了陌生情境程序在评价年幼儿童亲子依恋质量上的结构效度（参见Weinfield，Sroufe，Egeland & Carlson，2008）。特别是混乱型依恋扩大了陌生情境程序应用于年幼儿童临床的价值。目前陌生情境程序在基于依恋的干预（如安全圈）中十分有效（参见Powell et al.，本书第28章）。陌生情境程序已经运用于全世界数以百计的依恋研究中，并被广泛评价为评估早期依恋质量的黄金标准。

我们已经反复强调陌生情境程序划分出的安全、回避、反抗型依恋，同时认为混乱型依恋是失调的风险和保护性信号，而不是被视为疾病。许多研究已经证实，与主要抚养者形成不安全依恋尤其是混乱型依恋的儿童患焦虑症、分裂行为障碍、分裂性障碍、物质滥用、行为不良和人格障碍的风险更高（Allen，Hauser & Borman-Spurrell，1996；Carlson，1998；DeKlyen，1996；Lyons-Ruth，1996；Rosenstein & Horowitz，1996；Warren，Huston，Egeland & Sroufe，1997）。需要注意的是：第一，特定依恋类型和某种心理疾病间不存在明显的关联。在某些案例中，缺少关联性的原因可能是由于缺乏重复性的案例。第二，越来越明朗的是，虽然依恋类型的长期预测力有限，但如果和其他变量一同被考虑，其重要性就会表现出来（Sroufe，2005）。

考虑到婴儿依恋的普遍性，我们面临一项重要的临床挑战，即区别依恋的典型变异和实际的依恋临床障碍。为了区别二者，我们转而从临床的视角考虑依恋障碍。

依恋的临床视角

RAD是依恋的临床障碍，目前已有很多针对它的描述和研究。在1980年出版的DSM-Ⅲ（American Psychiatric Association，1980）中首次正式提出RAD。此后，这一标准被官方［DSM-Ⅳ-TR（American Psychiatric Association，1999）、ICD-10（WHO，1992）］和非官方的疾病分类标准［DC（0-3R）（Zero to Three，2005）、《学前研究诊断标准》（American Academy of Child and Adolescent Psychiatry，2003）］分别重新修订过。然而，只是近十年人们才集中精力研究诊断标准。RAD的现象学标准源于极端抚养环境中对年幼儿童的描述性研究，例如受虐儿童或福利机构中的儿童（Goldfarb，1945；Main & George，1979；Spitz，1945；Wolkind，1974）。根据这些研究，蒂泽德和里斯（Tizard & Rees，1975）报告了从出生开始就在留宿日托中心长大的英国年幼儿童，大部分（18/26）在4岁时表现出异常的依恋行为。8名儿童出现情绪性退缩和反应迟钝，10名 424
儿童显示出无辨别的、注意寻求、社交肤浅的障碍。

RAD的标志和症状来自于对两组儿童的研究，在蒂泽德和里斯的描述性研究（Tizard &

Ress，1975）中得到证实。RAD在DSM-Ⅳ（American Psychiatric Association，1999）和ICD-10（WHO，1992）中的标准类似，都被描述为情绪性退缩（抑制型）和无辨别（非抑制型）。二者的主要区别是DSM-Ⅳ标准包括抑制（情绪性退缩）和非抑制（无辨别）子类型，而ICD-10标准将其描述为两种不同的障碍，即反抗性依恋障碍（情绪性退缩或抑制型）和非抑制型依恋障碍（无辨别型或非抑制型）。

除了描述构成依恋障碍核心的异常行为之外，DSM和ICD都指出了极端的不良抚养是这些障碍的病因。DSM-Ⅳ标准称其为“致病的抚养”（American Psychiatric Association，1994，p. 130），ICD-10强调要在没有虐待时做诊断。实际上，RAD只在有受虐史或在福利机构接受抚养的儿童中被报告，可能是由于致病的抚养标准造成的。一项对抚养环境质量和RAD个体差异的评估显示，抚养质量和情绪性退缩（抑制型）RAD存在中等程度的相关，但是，抚养和无辨别型（非抑制型）RAD不存在相关（Zeanah，Smyke，Koga，Carlson & BEIP Core Group，2005）。

情绪性退缩（抑制型）RAD

虽然儿童的依恋行为可以被激发，但情绪性退缩（抑制型）RAD仍表现出最少或无辨别的依恋行为（见表26.1）。从现象学来说，这类儿童缺乏有组织的依恋行为，社会交往和互惠较少，情绪调节困难（即积极情感水平低、易怒、莫名恐惧和过分敏感）。这种类型的儿童不会一直寻求安慰或者压根不会寻求安慰，即使在痛苦的时候，也不容易镇静下来。

DSM-Ⅳ和ICD-10中对情绪性退缩（抑制型）RAD的描述受到了批判，很多人认为这种描述冗长而模糊，没有关注依恋行为（O'Connor & Zeanah，2003a；Zeanah，1996）。情绪性退缩（抑制型）RAD的另一种现象学描述强调严重受限或缺失的、与成人抚养人间的依恋行为，如寻求安慰和接受抚慰。另外，受影响的儿童会表现出情绪调节上的失调，例如恐惧或过度警觉、易怒和积极情感有限。这种描述在受虐儿童（Oosterman & Schuengel，2007；Zeanah et al.，2004）和福利机构儿童（Smyke et al.，2002；Zeanah，Smyke & Dumitrescu，2002；Zeanah et al.，2005）身上得到证实。

同样，也有一些人通过行为观察评估RAD儿童抚养者报告的聚合效度。例如泽纳等（Zeanah et al.，2005）发现，有情绪性退缩（抑制型）RAD表现的福利机构儿童对其抚养者也有依恋，观察者称之为不完全的发展。然而，同样的一组儿童被试，其无辨别型/非抑制型RAD与依恋形成的程度并无关联。

无辨别型（非抑制型）RAD

无辨别型（非抑制型）RAD的本质就是无法逐渐展示出对陌生人意料之中的沉默（见表26.1）。这显示出儿童在陌生环境中不再来回寻找抚养人，取而代之的是愿意接近陌生人，与陌生人互动，或外出。慢慢地，陌生人警觉在儿童1岁半时开始出现。尽管存在明显的个体差异，但陌生人警觉或多或少在所有典型发展中的儿童身 425 上都得到体现。无辨别型或非抑制型RAD儿童不存在或很少表现出陌生人警觉。

以下是三种操作性的无辨别行为。奇泽姆（Chisholm，1998）对非福利机构收养儿童的追踪显示，独自一人时他们没有表现出痛苦、接近陌生人、与陌生人外出、面对陌生人从不害羞及对陌生人很友好。奥康纳和拉特（O'Connor & Rutter，2000）也研究了非福利机构收养的儿童，发现这些儿童不会有区别地对待成人，易于与陌生人活动，不与父母交流。我们又研究了福利机构儿童和受虐儿童，发现他们不愿与陌生人交流，不能与父母交流信息，也不愿与陌生人进行活动（Zeanah et al.，2002，2004，2005）。尽管有定义上的差异，但当评估一组福利机构儿童的状况时，这三种不同的方式显示出一致性（两两相关系数为0.64～0.97）。

两项研究已经描述了对无辨别行为的评估。拉特和同事（Rutter et al.，2007）以离开罗马尼亚福利机构的儿童为被试，使用陌生情境程序和标准化的程序考察了他们在6～11岁时的父母报告和儿童与父母、陌生人在一起的行为反应二者间的一致性。他们发现父母报告与观察者报告非抑制行为（缺少社会抑制）的比率一致性较低，与陌生人的亲密接近也没有达到显著性水平。也有其他研究证实无辨别行为和儿童对陌生人的可观察的反抗间有较高的一致性（Zeanah，Smyke，Fox & Nelson，2008）。

流行病学

RAD是一种不太常见的疾病。在从北加利福尼亚儿科门诊抽取的300多名2～5岁儿童中，没有发现RAD的案例（Egger et al.，2006）。即便是在贫困线以下生活的年幼儿童中，也很少发现这种疾病。比如鲍里斯等（Boris et al.，2004）研究发现，在参加开端教育计划的贫困儿童中，没有RAD病例，只有8%的无家可归儿童符合ICD-10非抑制型依恋障碍的诊断标准。

在受虐待儿童样本中，这种疾病则很常见。在一项回溯研究中，使用结构性访谈问卷访谈临床医生，他们报告有35%的被收养儿童符合RAD标准。奥斯特曼和申格尔（Oosterman & Schuengel，2008）的研究显示情绪性退缩（抑制型）和无辨别（非抑制型）RAD在被收养的年幼儿童身上表现很明显。

我们很容易在福利机构儿童身上发现RAD的表现。在罗马尼亚的布加勒斯特的一家大型福利机构中，3/4的年幼儿童有情绪性退缩（抑制型）和无辨别（非抑制型）依恋的表现（Smyke，Dumitresc & Zeanah，2002）。在另一所福利机构中，大多数年幼儿童是不完全发展的依恋类型，RAD两种类型的特征在临床上表现显著（Zeanah et al.，2005）。

不同的诊断

尽管RAD的特征与其他某些疾病类似，由于独特的临床子类型，诊断通常是非常清楚的，然而在临床上，很难知道某个孩子的发展细节，这就意味着必须仔细评估以区别RAD和其他疾病。另一个被忽视的临床问题是，语言和认知延迟可能重现，有时会使临床情况复杂化。

最大的临床问题是很难将情绪性退缩（抑制
426 型）RAD与广泛性发育障碍（PDDs）区别开来。DSM-Ⅳ-TR（American Psychiatric Association，2000）和ICD-10（WHO，1992）都强调了RAD和PDDs的区别。尽管这两类患儿的社会反应都会受损或被剥夺（如刻板行为），但他们仍有重要差异。贫穷的抚养条件造成了RAD，但在PDD中，却是疾病引起了贫穷（M. Sigman，Personal Communication，2000）。因此，PDD通常在富裕的抚养条件下出现，而RAD则不然。此外，RAD中不存在想象游戏的选择性缺乏或者语言的反常发展（如模仿言语症），然而在PDD中这些却很常见。另外，频繁的约束、重复、刻板行为、兴趣、活动更多地属于PDD特征，而不是RAD。焦虑障碍可能有相当的抑制，但与抚养者的积极情感也很明显，也存在有选择的依恋行为。

把无辨别（非抑制型）RAD与威廉姆斯综合征、胎儿酒精综合征等与无辨别的社会行为有关的疾病相区别时，致病的抚养标准尤其重要（Jacobson & Jacobson，2003；Jones et al.，2000）。此外，一些注意缺陷/多动障碍（ADHD）儿童具有社会冲动性。如果儿童有明显的ADHD特征——冲动性，同时还表现出与陌生人的无辨别行为，那么需要同时考虑ADHD和RAD。

病程

童年早期疾病要考虑的重点就是它的预测效度，但有关RAD特征的纵向研究并不常见。有关RAD预测效度的证据来自蒂泽德与同事的早期研究（Hodges & Tizard，1989；Tizard & Hodges，1978；Tizard & Rees，1975），他们考察了非福利机构收养的儿童和随机抽取的收养儿童与正常抚养儿童。

情绪性退缩（抑制型）RAD在非福利机构收养儿童身上并不明显。布加勒斯特早期干预项目（BEIP）研究发现，生命的头4～5年情绪性退缩（抑制型）RAD的症状是一个连续体（Zeanah et al.，2008）。如果情绪性退缩（抑制型）RAD儿童被置于一个有利的环境中，疾病症状就会消失（Chisholm，1998；O'Connor，Marvin，Rutter，Olrick & Britner，2003；Zeanah et al.，2008）。

无辨别（非抑制型）RAD更持久。蒂泽德和里斯（Tizard & Ress，1975）第一次描述了有福利机构抚养史的4岁儿童的无辨别行为。当孩子8岁时，这些症状仍然存在（Tizard & Hodges，1978）。当他们16岁时，这些在4岁和8岁与抚养者有无辨别行为的青少年，其与同伴的依恋也是无辨别的（Tizard & Hodges，1989）。另外，无辨别行为的特征在非福利机构收养儿童的纵向研究中也有很持久的表现（Chisholm，1998；O'Connor et al.，2003）。拉特等（Rutter et al.，2007）研究显示，罗马尼亚福利机构中被领养到英国的6～11岁儿童的无辨别行为具有中等程度的稳定性。在BEIP中，有福利机构抚养史的54个月大的儿童即使已经进入收养家庭，仍继续表现出无辨别RAD类型的特征（Zeanah et al.，2008）。

总之，以上结果显示，RAD的两种类型都有一定的稳定性。二者的区别就是情绪性退缩（抑制型）只有在不利的抚养环境下才会持续，而无辨别（非抑制型）即使在抚养环境改善的情况下也会持续。

评估问题

定义RAD标准的争论使得对其评估变得复杂（AACAP，2003；Chaffin et al.，2006；O'Connor & Zeanah，2003a，2003b）。正如大
427 多数心理疾病一样，RAD通常通过父母报告法加以测量，要么是结构性的精神访谈（例如，Egger et al.，2006），要么是RAD特征的评估访谈（Smyke et al.，2002；Zeanah et al.，2002）。

鲍里斯等（Boris et al.，2004）提出了一种结合行为观察和结构访谈的评估方法来判断年幼儿童是否达到RAD标准。这一观察程序就是临床依恋观察，用于临床诊断。通过一系列事件，来比较在各种中等程度的压力情境下儿童对无辨别的依恋对象的行为和对陌生人的行为（如偶遇、分离、恐怖的新奇玩具）。这种结构化访谈符合DSM-Ⅳ或ICD-10标准的分类诊断。

为了诊断RAD，美国儿童和青少年精神病协会（American Academy of Child and Adolescent Psychiatry，2005）建议除了收集详细的早期抚养环境历史资料，还要连续观察儿童与抚养人和陌生人的相处。协会还建议使用对比的结构观察范式，以便在不同的关系中进行比较性观察。

尽管陌生情境程序在诊断上存在局限（Boris，Aoki & Zeanah，1999），但作为综合评估的一部分它仍有价值（参见Powell et al.，本书第28章）。作为临床评估的一种手段，它不但能区分依恋的类型，更有助于我们理解儿童如何组织对抚养人或父母的依恋行为。

表26.1 两种RAD类型的异同

RAD类型	抑制（情绪性退缩型）	非抑制（无辨别型）
病因	与社会剥夺和忽视有关	与社会剥夺和忽视有关
虐待	受虐待儿童更易出现	受虐待儿童会出现
福利机构养育	成长于福利机构的儿童易出现	成长于福利机构的儿童易出现
从福利机构中被领养	不会出现	被领养的儿童易出现
SSP类型/行为	与SSP中的依恋行为相关（非依恋类型）	SSP中的依恋类型、行为均不相关
养育质量	与养育质量相关	不相关
干预	加强养育	减少加强养育的措施

干预

两个随机控制试验的结果显示，受虐待儿童依恋类型的改善与亲子心理治疗相关（Cicchetti，Rogosch & Toth，2006；Toth et al.，2002）。不幸的是，对受虐待儿童的研究中还没有关于减少

RAD 的干预方法。这是值得注意的领域。

到目前为止，关于 RAD 唯一的干预研究，是在有福利机构养育史的儿童样本中进行的，目的
428 在于改变福利机构的养育实践，以及对那些被领养儿童进行干预。

在机构中进行干预

麦考尔和同事（McCall et al.，2008）提出一种干预方法，来改变机构中年幼儿童的养育质量。对随机选择的机构中的儿童给予更多细致细心的抚养，并且试图在抚养人与儿童之间建立积极的关系。在一个年幼儿童养育机构中，实施这些改变；在另一个年幼儿童养育机构中，仅仅提供培训；在第三个年幼儿童养育机构中，不予以干预。

尽管这项研究没有直接对疾病进行评估，但研究者发现这些接受培训和结构性变化的机构，其儿童表现出更积极的情感。具有更多情感与活动的儿童，在自由游戏中以及与抚养人的短暂分离时，表现出更多消极的情感。但采用同种方法对残疾儿童进行实验，统计结果不显著。研究者发现，在接受培训的儿童中显示出更多的寻找和维持关系的行为，与其他组比较有更少的回避行为。

斯梅克等（Smyke et al.，2002）对罗马尼亚一个大型机构中的儿童进行了研究。他们检验了慈善机构和试点单位的儿童的 RAD 迹象，然后将这些儿童与那些和父母一起生活的儿童（定期去日托中心）进行比较。但是在慈善机构里一个儿童在一周之内有几个不同的抚养人，在试点单位每个儿童每天有 4 名抚养人轮流照顾。也就是说，在固定抚养人和儿童的比例（大约为 1∶12）的情况下，研究者可以推算出减少抚养人更换的数量对儿童的影响。

标准水平上，情绪性退缩（抑制）RAD 组和无辨别（非抑制）RAD 组儿童的组间差异显著。慈善机构试点单位的抚养人与儿童有更多的心理交流。例如在试点机构的儿童都有名字（如狗仔、猫咪、幼仔），并且抚养人在访谈时用“我的孩子”来称呼。这样与缺乏这些标准的养育形成了鲜明对比。

国际收养的研究

两个关于罗马尼亚福利机构中被收养儿童的纵向研究，报告了关于 RAD 的结果。奇泽姆（Chisholm，1998）和同事（Chisholm，Carter，Ames & Morison，1995）的报告基于两组出生于罗马尼亚而被领养到加拿大的儿童。第一组有 46 名儿童，在出生 8 个月之后被收养。第二组 30 名儿童，在出生 4 个月之内被收养。这两组将与 46 名加拿大的正常发展儿童进行对比。依据父母报告评估依恋状况。

奥康纳与同事（O'Connor，Bredenkamp & Rutter，1999；O'Connor & Rutter，2000）评估了 165 名出生于罗马尼亚而后被领养到英国的儿童。其中 111 人在出生 6 个月之内被收养，54 人在出生 24～42 个月被收养。与 52 名无受虐待史的在出生 6 个月内被领养到英国的儿童进行比较。

尽管设计不同，两个研究中仍然有相同之处。首先，都未报告孩子有情绪性退缩（抑制型）RAD，但都存在无辨别（非抑制型）RAD。事实上，这种无辨别的行为在那些被报告出社交异常且有机构养育史的儿童中是非常普遍的（Zeanah， 429
2000）。研究结果指出，无辨别（非抑制型）RAD 的迹象甚至发生在环境改善后。这两项研究都表明，无辨别行为增加的风险和机构养育时间的增长有关。如奥康纳和拉特（O'Connor & Rutter，2000）发现，6 岁时表现无辨别行为的儿童其经验剥夺的时间（22 个月）是没有表现出此行为儿童（11 个月）的两倍。

尽管这些发现很重要，但仍存在局限。有关领养的研究并没考察儿童被领养之前的个体差异，也没有考察儿童产生依恋的机构环境。此外，机构养育的儿童缺乏代表性，因为他们并不是依据随机因素被领养的。

布加勒斯特早期干预项目

RAD 相关的干预研究是 BEIP（Zeanah et al.，2003）。在罗马尼亚福利机构的儿童中进行了一项研究，寄养儿童作为随机控制组与机构照料儿童进行比较。被收养儿童的年龄从 6 个月至 30 个月。首先对所有儿童进行全面评估，而后将儿童随机分配到一般养育组和寄养组。对所有儿童纵向追踪 54 个月。BEIP 干预的主要目的是测试寄养模式的实效性、经济性和文化敏感性。而且，最新的临床研究也在报告寄养实验（Nelson et al.，2007；Zeanah & Smyke，2005）。寄养父母由报纸广告和口口相传征募。在法国和美国寄养模式的基础上，使用罗马尼亚版本手册对家长进行培训。

项目招录了三个社会工作者，他们给儿童及其养父母提供一系列的服务。除了起初的培训，

社会工作者每周要进行一次会诊或是管理讨论会，学习美国受虐儿童临床医生的丰富经验。目的是让社会工作者给寄养家庭中的孩子提供稳定一致的情感上的帮助，并且让养父母对儿童投入情感，把他们当做自己的孩子。社会工作者根据需要对养父母进行支持、看护和干预。

BEIP的研究结果显示，寄养组儿童的情绪退缩（抑制型）RAD迹象明显减少（Zeanah et al.，2008)。在这点上，环境的影响都是早期和持续的。实际上，寄养组的情绪退缩（抑制型）RAD与群体养育组没有差别。相反环境对无辨别（非抑制型）RAD的影响更明显（Zeanah et al.，2008)。接下来的实验要试图找出持续症状的预测因素。

临床启示

基于研究数据，可以很清楚地发现：治疗的第一要务是建立一个更加安全稳定的养育环境并训练出温和持久的抚养人。对RAD的治疗一开始应该认真评估抚养人与儿童的关系。首要问题是孩子是否有依恋关系，如果没有，那就应该帮助孩子建立这种关系。安全型依恋的抚养人应当是情感有效、敏感和反应迅速的，把孩子当做独立的个体，并且把孩子的需要放在首位。这些都是孩子建立依恋关系的基础（Zeanah & Smyke，2008a，2008b)。

如果和孩子之间建立起依恋，那么第二个问
430 题就是这种关系的质量。目的就是提高适应性并减少不适应的行为。治疗可以应用到抚养者或者抚养者与孩子之间，关键是，必须聚焦于儿童和首要抚养人之间。治疗的首要目的是通过抚养人与儿童之间的互动来帮助儿童学习，抚养人可以给予儿童更多的安慰、支持、教育和保护。对于语言和认知延迟、攻击行为和创伤后症状等问题，要给予适当的干预。

这种观点与斯托瓦尔和多齐尔（Stovall & Dozier，2000）的研究相符合。他们认为儿童的依恋是在进入新环境后的几天或几周内通过每日抚养对新的主要抚养人形成的。如果儿童形成了强烈的依恋倾向，在典型的抚养条件下（如在家中），这种依恋就会更加稳固。这种假设得到了所有研究者的验证，包括对抚养机构里成长的儿童的研究，以及国际上对收养的儿童和寄养儿童的研究。

诚然，研究的理论基础还很薄弱，但是研究一致发现情绪性退缩（抑制型）RAD模式是由于依恋缺失或几近缺失造成的。事实上，这种模式的研究只针对处于极为不利的养育环境的儿童（Zeanah et al.，2004，2005）而非那些环境转变为更优质的儿童（Chisholm，1998；O'Connor & Rutter，2000)。对于儿童与抚养人形成持久的依恋关系，并且在环境改善后儿童是否能保持这种能力，是一个非常重要的问题。

这与无辨别（非抑制型）RAD有所差异，无辨别行为的测量显然偏离了依恋质量，实际上，儿童的无辨别行为被认为是检测依恋是否缺失的标准（Chisholm，1998；O'Connor et al.，2003；Zeanah et al.，2005)。这种非抑制模式相比抑制模式，在提高抚养质量时变化不明显（Zeanah et al.，2005)。但令人不解的是有研究发现已经和抚养人或养父母建立起依恋（甚至是安全型依恋）的儿童也表现出显著水平的无辨别行为（Chisholm 1998；O'Connor et al.，2003)。

关系型依恋障碍

先前对依恋失调的争论主要集中在有病症的儿童上。在临床上，有人认为儿童与抚养人之间的紊乱是由于存在特殊关系。事实上，我们认为依恋障碍的其他形式，越过RAD，可以尝试用特殊关系的心理病理学来解释（Lieberman & Pawl，1988；Lieberman & Zeanah，1995；Zeanah & Boris，2000；Zeanah，Mammen & Lieberman，1993)。对于关系型依恋障碍的基本假设是儿童与有差别的抚养者间存在依恋关系，但这种依恋关系是不安全的。利伯曼和波尔（Lieberman & Pawl，1988）认为，这种不安是“基于安全的变形”。随后，一些混乱关系模式被提出，包括“自我危机”、“警惕”和“角色颠倒”（Zeanah & Boris，2000)。这些描述都对个体间或个体内部的失调进行了定义。

试图验证这种关系失调是一个巨大的挑战。也就是说，我们缺少语言来描述斯特恩（Stern，2006）定义的“两个人”心理。DC（0-3R）（Zero to Three，2005）中有关系障碍的维度，但对于15岁之后才首次被描述为关系型依恋障碍的儿童，其被验证是无效的。关系型依恋障碍的研究正在努力进行中，但是并不包括儿童与父母（Beach et al.，2006)。

基于临床儿童图表分析的一项研究，证明了安全基础变形的编码的区间信度（Boris，Zeanah，
431 Larrieu Scheeringa & Heller，1998）。除了足够的评分者信度，研究还显示，相比于有其他临床问题的儿童，安全基础变形的儿童其自适应质量的关系编码低，这为这种结构提供了初步的效度。显然，在这种关系型依恋障碍被认为是有效的临床干扰之前，仍有许多工作有待完成。

总结及其未来方向

虐待和身处收养机构会增加儿童依恋紊乱的风险。在收养机构中，接受良好抚养的儿童会增强依恋，同时减少儿童发生情绪退缩（抑制型）RAD的可能性。虽然没有足够的证据，但是，无辨别（非抑制）依恋表现与养育质量有关系，严重的剥夺行为与无辨别行为的发生有关。

被家庭领养的福利机构儿童的 RAD 发生几率减少，其情绪性退缩（抑制型）RAD 显著少于无辨别（非抑制）RAD 模式。被领养儿童的研究表明，没有儿童有显著的情绪性退缩（抑制型）RAD 迹象。综合考虑，如果儿童处于适宜的养育环境中，情绪性退缩（抑制型）RAD 是可以治疗的。

但这样的情况会持续多久尚不清楚。基于已经得到的结论，要尽早为儿童建立一个良好的依恋关系。另外，我们还不知道潜在的长期依恋质量的损害是否影响 RAD 儿童未来的发展。奥康纳等（O'Connor et al.，2003）和马科维奇等（Marcovitch et al.，1997）的研究指出，不良抚养环境会导致不良依恋出现。

此领域也面临一些其他挑战，例如相似的条件会导致不同的抑制或非抑制 RAD。另外，养育方面最关键的补救仍待确定。从神经层面对依恋展开的研究很少。某些问题的解决还需要更加清晰的解释。最后的挑战是超越当前 RAD 的概念对依恋失调进行概念化是不是有效的。

有人认为，依恋关系障碍是个体间而非是个体内部的问题（Zeanah，1996；Zeanah & Boris，2000，Zeanah et al.，1993），但很少针对这一框架的有效性进行研究。相关领域的进展加深了我们对家庭和社会依恋失调的理解，并对鲍尔比的启发性理论进行补充。

致谢

本章是由泽纳和斯梅克（Zeanah & Smyke，2008）更新。密歇根婴儿心理健康协会 2008 年出版。转载许可。

参考文献

Ainsworth, M. D. S., Blehar, M. C., Waters, E., & Wall, S. (1978). *Patterns of attachment*. Hillsdale, NJ: Erlbaum.

Allen, J. P., Hauser, S. T., & Borman-Spurrell, E. (1996). Attachment theory as a framework for understanding sequelae of severe adolescent psychopathology: An 11-year follow-up study. *Journal of Consulting and Clinical Psychology, 64*, 254–263.

American Academy of Child and Adolescent Psychiatry Task Force on Research Diagnostic Criteria: Infancy and Preschool. (2003). Research diagnostic criteria for infants and preschool children: The process and empirical support. *Journal of the American Academy of Child and Adolescent Psychiatry, 42*, 1504–1512.

American Academy of Child and Adolescent Psychiatry. (2005). Practice parameter for the assessment and treatment of children and adolescents with reactive attachment disorder of infancy and early childhood. *Journal of the American Academy of Child and Adolescent Psychiatry, 44*, 1206–1219.

American Psychiatric Association. (1980). *Diagnostic and statistical manual of mental disorders* (3rd ed.). Washington, DC: Author.

American Psychiatric Association. (1994). *Diagnostic and statistical manual of mental disorders* (4th ed.). Washington, DC: Author.

American Psychiatric Association. (2000). *Diagnostic and statistical manual of mental disorders* (4th ed., text rev.). Washington, DC: Author.

Beach, S. R., Wamboldt, M. Z., Kaslow, N. J., Heyman, R. E., First, M. B., Underwood, L. G., et al.

(Eds.). (2006). *Relational processes and DSM-V: Neuroscience, assessment, prevention and treatment.* Arlington, VA: American Psychiatric Association.

Boris, N. W., Aoki, Y., & Zeanah, C. H. (1999). The development of infant–parent attachment: Considerations for assessment. *Infants and Young Children, 11*, 1–10.

Boris, N. W., Hinshaw-Fuselier, S. S., Smyke, A. T., Scheeringa, M., Heller, S. S., & Zeanah, C. H., Jr. (2004). Comparing criteria for attachment disorders: Establishing reliability and validity in high-risk samples. *Journal of the American Academy of Child and Adolescent Psychiatry, 43*, 568–577.

Boris, N. W., Zeanah, C. H., Jr., Larrieu, J. A., Scheeringa, M. S., & Heller, S. S. (1998). Attachment disorders in infancy and early childhood: A preliminary investigation of diagnostic criteria. *American Journal of Psychiatry, 155*, 295–297.

Bowlby, J. (1953). *Child care and the growth of love.* London: Penguin Books.

Bowlby, J. (1969). *Attachment.* New York: Basic Books.

Carlson, E. A. (1998). A prospective, longitudinal study of disorganized/disoriented attachment. *Child Development, 69*, 1107–1128.

Chaffin, M., Hanson, R., Saunders, B. E., Nichols, T., Barnett, D., Zeanah, C., et al. (2006). Report of the APSAC task force on attachment therapy, reactive attachment disorder, and attachment problems. *Child Maltreatment, 11*, 76–89.

Chisholm, K. (1998). A three year follow-up of attachment and indiscriminate friendliness in children adopted from Romanian orphanages. *Child Development, 69*, 1092–1106.

Chisholm, K., Carter, M. C., Ames, E. W., & Morison, S. J. (1995). Attachment security and indiscriminately friendly behavior in children adopted from Romanian orphanages. *Development and Psychopathology, 7*, 283–294.

Cicchetti, D., Rogosch, F. A., & Toth, S. L. (2006). Fostering secure attachment in infants in maltreating families through preventive interventions. *Development and Psychopathology, 18*, 623–649.

DeKlyen, M. (1996). Disruptive behavior disorders and intergenerational attachment patterns: A comparison of normal and clinic referred preschoolers and their mothers. *Journal of Consulting and Clinical Psychology, 64*, 357–365.

Egger, H. L., Erkanli, A., Keeler, G., Potts, E., Walter, B. K., & Angold, A. (2006). Test–retest reliability of the Preschool Age Psychiatric Assessment (PAPA). *Journal of the American Academy of Child and Adolescent Psychiatry, 45*, 538–549.

Goldfarb, W. (1945). Psychological privation in infancy and subsequent adjustment. *American Journal of Orthopsychiatry, 14*, 247–255.

Green, J., & Goldwyn, R. (2002). Annotation: Attachment disorganisation and psychopathology: New findings in attachment research and their potential implications for developmental psychopathology in childhood. *Journal of Child Psychology and Psychiatry, 43*, 835–846.

Hodges, J., & Tizard, B. (1989). Social and family relationships of ex-institutional adolescents. *Journal of Child Psychology and Psychiatry and Allied Disciplines, 30*, 77–97.

Jacobson, S., & Jacobson, J. (2003). FAS/FAE and its impact on psychosocial child development. In R. E Tremblay, R. G. Barr, & R. D. V. Peters (Eds.), *Encyclopedia of early childhood development* (pp. 1–7). Retrieved April 18, 2008, from *www.excellence-earlychildhood.ca/documents/JacobsonANGxp.pdf.*

Jones, W., Bellugi, U., Lai, Z., Chiles, M., Reilly, J., Lincoln, A., et al. (2000). Hypersociability in Williams syndrome. *Journal of Cognitive Neuroscience, 12*, 30–46.

Lieberman, A., & Pawl, J. (1988). Clinical applications of attachment theory. In J. Belsky & T. Nezworski (Eds.), *Clinical implications of attachment* (pp. 375–398). Hillsdale, NJ: Erlbaum.

Lieberman, A., & Zeanah, C. H. (1995). Disorders of attachment in infancy. In K. Minde (Ed.), *Infant psychiatry* (pp. 571–588). Philadelphia: Saunders.

Lyons-Ruth, K. (1996). Attachment relationships among children with aggressive behavior problems: The role of disorganized early attachment patterns. *Development and Psychopathology, 3*, 207–226.

Main, M., & George, C. (1979). Social interactions of young abused children: Approach, avoidance, and aggression. *Child Development, 50*, 306–318.

Main, M., & Hesse, E. (1990). Parents' unresolved traumatic experiences are related to infant disorganized attachment status: Is frightened and/or frightening parental behavior the linking mechanism? In M. T. Greenberg, D. Cicchetti, & E. M. Cummings (Eds.), *Attachment in the preschool years: Theory, research, and intervention* (pp. 161–182). Chicago: University of Chicago Press.

Main, M., & Solomon, J. (1990). Procedures for identifying infants as disorganized/ disoriented during the Ainsworth Strange Situation. In M. T. Greenberg, D. Cicchetti, & E. M. Cummings (Eds.), *Attachment in the preschool years: Theory, research, and intervention* (pp. 121–160). Chicago: University of Chicago Press.

Marcovitch, S., Goldberg, S., Gold, A., Washington, J., Wasson, C., Krekewich, K., et al. (1997). Determinants of behavioural problems in Romanian children adopted into Ontario. *International Journal of Behavioral Development, 20*, 17–31.

Nelson, C. A., Zeanah, C. H., Fox, N. A., Marshall, P. J., Smyke, A. T. & Couthrie, D. (2007). Cognitive recovery in socially deprived young children: The Bucharest early intervention project. *Science, 318*, 1937–1940.

O'Connor, T., & Zeanah, C. H. (2003a). Attachment disorders: Assessment strategies and treatment approaches. *Attachment and Human De-*

velopment, *5*, 223–244.

O'Connor, T., & Zeanah, C. H. (2003b). Current perspectives on attachment disorder: Rejoinder and synthesis. *Attachment and Human Development*, *5*, 321–326.

O'Connor, T. G., Bredenkamp, D., & Rutter, M. (1999). Attachment disturbances and disorders in children exposed to early severe deprivation. *Infant Mental Health Journal*, *20*, 10–29.

O'Connor, T. G., Marvin, R. S., Rutter, M., Olrick, J. T., & Britner, P. A. (2003). Child–parent attachment following early institutional deprivation. *Development and Psychopathology*, *15*, 19–38.

O'Connor, T. G., & Rutter, M. (2000). Attachment disorder behavior following early severe deprivation: Extension and longitudinal follow-up. *Journal of the American Academy of Child and Adolescent Psychiatry*, *39*, 703–712.

Oosterman, M., & Schuengel, C. (2008). Attachment in foster children associated with sensitivity and behavioral problems. *Infant Mental Health Journal*, *29*, 609–623.

Rosenstein, D. S., & Horowitz, H. A. (1996). Adolescent attachment and psychopathology. *Journal of Consulting and Clinical Psychology*, *64*, 244–253.

Rutter, M., Colvert, E., Kreppner, J., Beckett, C., Castle, J., Groothues, C., et al. (2007). Early adolescent outcomes for institutionally-deprived and non-deprived adoptees: I. Disinhibited attachment. *Journal of Child Psychology and Psychiatry*, *48*, 17–30.

Smyke, A. T., Dumitrescu, A., & Zeanah, C. H. (2002). Disturbances of attachment in young children: I. The continuum of caretaking casualty. *Journal of the American Academy of Child and Adolescent Psychiatry*, *41*, 972–982.

Spitz, R. A. (1945). Hospitalism: An inquiry into the genesis of psychiatric conditions in early childhood. *Psychoanalytic Study of the Child*, *1*, 53–74.

Sroufe, L. A. (2005). Attachment and development: A prospective longitudinal study from birth to adulthood. *Attachment and Human Development*, *7*, 349–367.

St. Petersburg–USA Orphanage Research Team. (2008). The effects of early social–emotional–relationship experience on the development of young orphanage children. *Monographs of the Society for Research in Child Development*, Serial no. 291, *73*, No. 3.

Stern, D. (2006). Introduction to the special issue on early preventive intervention and home visiting. *Infant Mental Health Journal*, *27*, 1–4.

Stovall, K. C., & Dozier, M. (2000). The development of attachment in new relationships: Single subject analyses for ten foster infants. *Development and Psychopathology*, *12*, 133–156.

Tizard, B., & Hodges, J. (1978). The effect of early institutional rearing on the development of eight-year-old children. *Journal of Child Psychology and Psychiatry*, *19*, 99–118.

Tizard, B., & Rees, J. (1975). The effect of early institutional rearing on the behavior problems and affectional relationships of four-year-old children. *Journal of Child Psychology and Psychiatry*, *16*, 61–73.

Toth, S. L., Maughan, A., Manly, J. T., Spagnola, M., & Cicchetti, D. (2002). The relative efficacy of two interventions in altering maltreated preschool children's representational models: Implications for attachment theory. *Development and Psychopathology*, *14*, 877–908.

Vorria, P., Papaligoura, Z., Dunn, J., van IJzendoorn, M. H., Steele, H., Kontopoulou, A., et al. (2003). Early experiences and attachment relationships of Greek infants raised in residential group care. *Journal of Child Psychology and Psychiatry*, *44*, 1208–1220.

Warren, S. L., Huston, L., Egeland, B., & Sroufe, L. A. (1997). Child and adolescent anxiety disorders and early attachment. *Journal of the American Academy of Child and Adolescent Psychiatry*, *36*, 637–644.

Weinfield, N. S., Sroufe, L. A., Egeland, B., & Carlson, E. A. (2008). The nature of individual differences in infant–caregiver attachment. In J. Cassidy & P. R. Shaver (Eds.), *Handbook of attachment* (2nd ed., pp. 78–101). New York: Guilford Press.

Wolkind, S. N. (1974). The components of "affectionless psychopathy" in institutionalized children. *Journal of Child Psychology and Psychiatry*, *15*, 215–220.

World Health Organization. (1992). *The ICD-10 classification of mental and behavioral disorders: Clinical descriptions and diagnostic guidelines*. Geneva, Switzerland: Author.

Zeanah, C. H. (1996). Beyond insecurity: A reconceptualization of attachment disorders in infancy. *Journal of Consulting and Clinical Psychology*, *64*, 42–52.

Zeanah, C. H. (2000). Disturbances of attachment in young children adopted from institutions. *Journal of Developmental and Behavioral Pediatrics*, *21*, 230–236.

Zeanah, C. H., & Boris, N. W. (2000). Disturbances and disorders of attachment in early childhood. In C. H., Jr. Zeanah (Ed.), *Handbook of infant mental health* (2nd ed., pp. 353–368). New York: Guilford Press.

Zeanah, C. H., Mammen, O., & Lieberman, A. (1993). Disorders of attachment. In C. H. Zeanah, Jr. (Ed.), *Handbook of infant mental health* (pp. 332–349). New York: Guilford Press.

Zeanah, C. H., Nelson, C. A., Fox, N. A., Smyke, A. T., Marshall, P., Parker, S., et al. (2003). Effects of institutionalization on brain and behavioral development: The Bucharest Early Intervention Project. *Development and Psychopathology*, *15*, 885–907.

Zeanah, C. H., Scheeringa, M. S., Boris, N. W., Heller, S. S., Smyke, A. T., & Trapani, J. (2004). Reactive attachment disorder in maltreated toddlers. *Child Abuse and Neglect: The International Journal*, *28*, 877–888.

Zeanah, C. H., & Smyke, A. T. (2005). Building attachment relationships following maltreatment and severe deprivation. In L. Berlin, Y. Ziv, L. Amaya-Jackson, & M. Greenberg (Eds.), *Enhancing early attachments: Theory, research, intervention, and policy* (pp. 195–216). New York: Guilford Press.

Zeanah, C. H., & Smyke, A. T. (2008a). Attachment disorders in family and social context. *Infant Mental Health Journal, 29,* 219–233.

Zeanah, C. H., & Smyke, A. T. (2008b). Attachment disorders and severe deprivation. In M. Rutter et al. (Eds.), *Rutter's child and adolescent psychiatry* (pp. 906–915). London: Blackwell.

Zeanah, C. H., Smyke, A. T.,& Dumitrescu, A. (2002). Attachment disturbances in young children: II. Indiscriminate behavior and institutional care. *Journal of the American Academy of Child and Adolescent Psychiatry, 41,* 983–989.

Zeanah, C. H., Smyke, A. T., Fox, N. A. & Nelson, C. A. (2008, May). *The Bucharest Early Intervention Project: Emotional responsiveness, attachment, and inhibitory control.* Paper presented at Zero to Three, Washington, DC.

Zeanah, C. H., Smyke, A. T., Koga, S., Carlson, E., & BEIP Core Group. (2005). Attachment in institutionalized and community children in Romania. *Child Development, 76,* 1015–1028.

Zero to Three: National Center for Clinical Infant Programs. (2005). *Diagnostic classification 0–3: Diagnostic classification of mental health and developmental disorders of infancy and early childhood* (rev. ed.). Washington, DC: Zero to Three Press.

第五篇　干　预

纵观全书，没有比成长时期有效的干预手段更加吸引人的部分。事实上，这一篇提到的所有疗法都 435
在实践中证明了它们的有效性，大部分疗法都在一个或多个家庭中验证过，其他的方法如今也已经接受过评估了。

心理治疗干预引人注目的关键在于其建立在历史上两种儿童二元心理疗法的稳定基础上。弗雷伯格等（Fraiberg，Adelman & Shapiro，1975）描述了第一个二元心理疗法，这一疗法后来被称为亲子心理疗法。这一取向引起了对婴儿治疗的普遍重视。儿童的参与开始成为所描述疗法的一个重要组成部分。除此之外，弗雷伯格的取向包含了婴儿对父母关注的意义，这是另一个重要基础。总之，亲子心理疗法聚焦于情感交流，这也是该治疗方法的另一个中心特征。另一个二元疗法是交互指导（McDonough，2000），它引入了录像带回顾，这为父母提供了对儿童的行为和他们的反应进行认真反思的机会。这一方法包含在安全圈和三元家庭疗法中，同时也包含在其他童年早期干预方法里。

在第 27 章，利伯曼（Lieberman）和范·霍恩（Van Horn）描述了一种最新的亲子治疗方法，婴儿
的年龄适用范围可扩大至 36 个月。作为现存最老和最好的关于婴儿心理健康的治疗干预，有两组不同的 436
调查人员通过 5 次随机控制试验证明了这种治疗的有效性。除此之外，这一干预技术也可以用于 36 个月及以上的儿童。利伯曼和范·霍恩还对亲子心理疗法修订版进行了描述，指出它更注重父母和儿童的情感交流而很少重视过去关系中的冲突。

在第 28 章，鲍威尔（Powell）、库珀（Cooper）、霍夫曼（Hoffman）、马尔温（Marvin），描述了一个新的有前途的干预方法：安全圈。以依恋为基础的干预依赖于亲子交往的录音记录，亲子交往是依据父母的情感可用性以及孩子探索行为和寻求行为的平衡来确定的。治疗，不仅强调了对于父母依恋挣扎的普遍性，也用了一系列的手段帮助父母领会他们自己领域的矛盾，因为这些矛盾也涉及孩子的依恋需要。

在第 29 章，法韦（Favez）、弗拉斯卡罗洛（Frascarolo）、克伦（Keren）、菲瓦-德珀辛格（Fivaz-Depeursinge）拓展了亲子心理疗法，目的是为了超越二元而在三元的水平上了解儿童的发展。他们收集到了心理疗法对家庭是有益处的证据，但是仍未获得关于母亲—父亲—儿童三口之家的数据。同时，他们还指出研究过程需要关注治疗中的变化。根据观察到的互动，家庭成员间关系的质量（就联合是一个有效的"诊断"家庭功能的方法而言），可以轮流地让治疗专家依照现存的儿童—母亲—父亲三人结构家庭的困难对干预方法进行校正。

在第 30 章，萨奇曼（Suchman）、德科斯特（DeCoste）和梅斯（Mayes）指出物质滥用母亲普遍对儿童成长的基本需求缺乏了解，而且对拥有和抚养孩子没有清楚的感觉。然后，作者对此进行概述并得到初步结论：干预疗法对物质滥用母亲及其孩子的有效性，主要体现在母亲对孩子的表现和反思上。萨奇曼和同事明确指出，这一结论不仅适用于治疗大多数人，而且与传统行为上父母的训练方式相比，这一方法也可能更能促进亲子间互动。

在第 31 章，斯梅克（Smyke）和布赖登斯坦（Breidenstine）描述了关于寄养儿童的干预方法。重点强调了看护儿童的特殊挑战，他们证明看护年幼儿童与看护年长儿童的方法必须有本质上的不同，因为年幼儿童有强烈的依恋需要。他们回顾了看护儿童的模式，发现存在支持儿童自我效能的证据，并且重点强调了一些包含在第 27～29 章中这些模式所运用到的治疗方法的特点。

本书中最具有挑战性的一章是第 32 章：童年早期的精神药理学。那么本书涉及药理学的原因是什么呢？像格利森（Gleason）写的一样，原因很简单：针对年幼儿童的处方药正在以惊人的速度增加，但通
常使用时都没有任何指导。因此，药理、生理、伦理和监管问题需要被广泛地考虑并关注。格利森指出， 437
建立在有效的和直接的证据之上，3 岁以下的儿童接受非心理治疗的处方，3～5 岁的儿童只能够接受仅有的几次药物治疗，她提供了明确的指导方法来帮助医师如何在处方可能会伤害年幼儿童的情况下做出选择。

第 27 章

亲子心理治疗

婴儿期和童年早期心理健康治疗方法的发展

艾丽西亚·F·利伯曼（Alicia F. Lieberman）
帕特里夏·范·霍恩（Patricia Van Horn）

439 亲子心理治疗（CPP）需要建立一种新关系，原有关系是那些心理健康有问题的，或者正在受父母心理疾病影响，或者在不稳定亲子关系的婴儿、学步儿和学前儿童与抚养人之间形成的。治疗的目的是帮助父母合作，形成良好的关系去迎合儿童情感上发展和独立的需要，提升其在正常生活中的社交技巧和阅读能力。CPP 能够提升儿童和家长的感受力和行为表现，使之能够相互积极地影响，自主地适应年龄发展，并且能够建设性地解决冲突。它旨在帮助那些受过惊吓、感到危险的儿童，改变父母与儿童的不正确行为。具体问题有过度控制、惩罚、自我威胁和攻击性，儿童自身内部的问题则包括紧张、躯体化和情绪隐藏（Lieberman，2004）。

核心概念与发展背景

CPP 是根据附表中的养育、保护和文化中适合年龄的社会化要求，帮助婴儿形成包括婴儿心理健康的基础和童年早期形成的互动模式，即儿童一生中内在的稳定的心理“结构”。这种治疗的前提就是心理健康治疗方法的发展。CPP 是以婴儿、学步儿和学前儿童在养育、保护和文化认可模式的获得过程中，以及在人际关系形成过程中不断发展的需要为基础的。治疗师采用自发行为、
440 互动和自由游戏帮助父母理解儿童行为，通过这些方法促进儿童在适当年龄理解父母行为的动机。

儿童发展阶段

治疗者在初步诊断后根据临床病例和持续观察调整儿童发展阶段的治疗目标。根据 CPP，从出生到 5 岁统一的临床治疗主题是亲子关系的质量。因此，“亲子心理治疗”代表着一个总体结构，这个结构有着特殊年龄标签，包括“亲子心理治疗”（Fraiberg，1980；Lieberman，Silverman & Pawl，2000）、“婴儿期亲子心理治疗”（Cicchetti，Toth & Rogosch，1999；Lieberman，1992）、“学步期亲子心理治疗”和“学前期亲子心理治疗”（Toth，Maughan，Manly，Spagnola & Cicchetti，2002）。为了研究那些还不会说话，做事还没有动机的婴儿及其父母，CPP 依赖于更为广泛的治疗技术，这种治疗技术是弗雷伯格（Fraiberg，1980）首先发现的。弗雷伯格阐述了父母是怎样通过爱心、抚养和保护来影响婴儿的。随着婴儿的成长，他们逐渐成为谈话中的积极参与者，治疗者把治疗的中心从父母的主观经验转移到解决亲子之间相互的看法，这些治疗的依据则是儿童目前的情感需要。当儿童能够运用语言并进行象征游戏的时候，他们能够表达感觉，在会话过程中能表露自己的内心世界，这时父母的主观经验可以介入，我们就不用将所有的视线都放在游戏上面了。

CPP 的发展框架结合了焦虑的发展规律，它是最先由弗洛伊德（Freud，1926/1959）定义的，在接下来的几十年里一直被反复阐述（参见 Brenner，1976；Marans，2005；Pynoos，1995）。焦虑，即对分离和损失的恐惧，害怕失去父母的宠爱，害怕身体损伤，以及害怕没有达到社会上大家所期望的地位。儿童的这些恐惧通过行为表现出来，但是父母却觉得迷惑，因此用拒绝和惩罚来应对这些行为。但是儿童的这些恐惧如果没有得到及时的处理，那么这些恐惧便会扩大。

接下来这些条目是用来帮助父母理解孩子们的行为的，列出了在孩子发生那些行为时父母应该做出什么合适的反应（Lieberman & Van Horn，2008）：

（1）孩子哭泣或紧贴着大人是为了表达他们需要大人亲近和照顾。

（2）对分离的恐惧表明孩子们害怕失去父母。

（3）孩子希望能够做些能让父母高兴的事，不希望自己让父母失望。

（4）孩子很害怕身体受伤或者失去身体的某一部分。

（5）孩子模仿父母的行为是为了成为父母那样的人。

（6）不管父母是为什么不高兴，小孩子都会因此而感觉到罪恶感。

（7）孩子深信父母什么都知道，并且什么时候都是对的。

（8）孩子需要知道风险的明确界限和文化能接受的行为，以确保自己是安全和被保护的。

（9）孩子会用“不”来表达自己，并且开始

自我管理了。

（10）记忆开始于出生时；婴儿和年幼儿童在能说话之前就有记忆了。

（11）孩子需要父母的帮助来学会表达自己强烈的情感，同时不会伤害到自己或者其他人。

（12）亲子之间的冲突是不可避免的，解决的
441 方法就是提升信任和支持。

这些发展的原则是CPP进行干预的前提。CPP的临床医生用这些规则指导自己在进行干预时的行为，并且会向家长解释一种或几种原则，来让家长理解孩子发展的需要。也可以把这些规则用简单易懂的语言说出来，让孩子们也理解，从而推动亲子关系，与家长一起分享情绪。总而言之，治疗师给家长解释孩子的现状就是为了让家长理解孩子的感受。

游戏的作用

游戏是孩子努力表达自己思想的一种主要交流形式。通过游戏，孩子会表达他们对内心世界和外部环境的认识，他们会预演将来在现实中遇到的问题（Erikson，1964）。孩子们运用游戏来体验焦虑—发怒的经验，来表达自己最美好的幻想，这些都使游戏成为治疗干预的一种天然手段。就像其他的治疗一样，CPP鼓励游戏。CPP不仅仅鼓励孩子独自进行游戏，同时鼓励孩子和家长一起参与游戏，因为参加游戏可以成为一种创造性的交流工具，在游戏中有些情绪问题可以很轻松地解决。此外，游戏也使得孩子和家长一起享受愉悦的时间，这是斯莱德（Slade，1994）“简单游戏”的核心观点。

家长的发展阶段

由于发展是一个毕生的过程，因此家长的发展阶段也是治疗的一个部分。家长的整体能力受到自身发展的影响，包括自我意识、伴侣之间成熟的亲密关系，还有对每天生活的满意程度。上面提到的这些发展规则不仅能提升父母对孩子的理解能力，而且能提高成人对过去经历的理解能力。

成人角色的适应是家长抚养、保护孩子是孩子社会化中一个重要的组成部分。不利的生活环境、压力创伤和心理健康问题会妨碍父母适应的良性循环，因为这些因素会影响孩子即时的直接经验，还因为这些因素扭曲了父母关注、解释和回应孩子需求的能力。

孩子中心的关注点

CPP的一个特点是孩子在谈话中会出现。即使不是在现场，CPP的治疗师们也不会忘记在干预的过程中维护孩子出现的权利。与家长的单独谈话是为了让他们能更好地维护孩子，包括告诉
家长他们的行为和心理状态是怎么影响孩子的 442
（Lieberman & Van Horn，2005）。

理论的影响

CPP按照精神分析原始疗法产生的影响去治疗亲子关系，这种方法被喻为“托儿所中的魔鬼”（Fraiberg，Adelson & Shapiro，1975）。这表述了心理学上的代际传递，即亲子关系的重演，解决了父母在他们儿童时代没有解决的问题。这种“托儿所中的魔鬼”持续的影响模式在CPP的注意事项中有所显示：（1）父母和孩子共同努力去适应环境中的角色；（2）心理压力的问题；（3）父母和孩子学会应对策略和对于内部情绪状态和外部风险的潜意识的防御机制。拉帕波特和吉尔（Rapaport & Gill，1959）对这些前提进行定义，这种基础性和建设性的假设也是鲍尔比（Bowlby，1969）依恋理论的一部分。

此外，CPP融合了一些先进的理论，这些理论包括：（1）婴儿在生理上的倾向明显受到了母亲的影响；（2）这些方面的缺失会导致长期的人格障碍；（3）敏感的母亲对于婴儿的健康适应具有促进作用；（4）在生态基础上对于儿童行为的观察说明环境是早期心理发展的基石；（5）我们必须了解风险因素和儿童关键期表现的关系（Ainsworth，Blehar，Waters & Wall，1979；Bowlby，1969）。

此外对于心理分析理论，CPP也包括一些其他理论性的观点。发展心理病理学推动了我们对发展现状的了解，是基于生物学、心理学、社会学和文化水平的分析总结，并且关注这些

领域内或领域间的风险和积极因素（Cicchetti & Sroufe，2000）。CPP 的认知行为治疗（CBT）中引入了这些跨学科见解，旨在通过改变认知使行为发生改变（Cohen，Mannarino & Deblinger，2006），而且通过社会学习理论，我们也发现家庭模式会促使孩子学习家庭的角色（Patterson，1982）。当成人和儿童经历创伤事件时，就需将理论和临床治疗策略结合起来（Pynoos，Steinberg & Piacentini，1999；van der Kolk，1987）。

在活动中积极的接触是成功的主要成分。一种新的模式“托儿所中的天使”，是相对于“托儿所中的魔鬼”的必要抗衡，主要集中在未解决的冲突和心理病理症状上（Lieberman，Padron，Van Horn & Harris，2005）。痛苦、气愤、绝望的产生是缘于过去不利的关系和生活环境，“托儿所中的天使”模式支持现实中需要调整的那些回忆，帮助儿童和家长体验到幸福。

干预方式

CPP 对于不同的临床表现有不同的干预方式（Lieberman & Van Horn，2005）。这些方式旨在
443 促进儿童和家长的发展，使儿童和家长有良好的关系。CPP 的天然训练由在社会工作中的干预方式所反映，这些干预方式都是基于发展心理学、心理病理学、创伤、社会学习理论和 CBT。弗雷伯格（Fraiberg，1980）在亲子心理治疗中首先描述了这几种方式。

利用游戏、身体接触和语言

很多亲子关系问题都是源于对对方行为意义上的误解和扭曲。CPP 旨在解释特殊儿童行为的动机和功能，以及怎样应对婴儿童年早期的焦虑。由于在发展的关键期儿童会逐渐和家长磨合，因此干预通常也会解决家长的适应性问题。把自己的感情投入文字、游戏和身体接触，这样有助于建立信任，提高共情能力。

在干预的不同阶段，根据儿童的发展来挑选玩具，不同的玩具具有不同的效用，包括：玩具会引起相关主题（如娃娃与儿童和家庭的种族、农场动物、野生动物相匹配）；玩具会促进成长和自我照顾（如厨房和餐具、玩具食物）；材料会促进期望的转移（如纸和蜡笔）；玩具能反映儿童特殊的压力（如警车、救护车）；玩具可以促进治愈（如医疗箱）。玩具的挑选会影响治疗过程中的关键期，比如一些旧的主题会消失，而新的主题会出现。CPP 鼓励儿童和家长一起游戏，医生会帮助儿童和家长进行沟通。

把情绪用语言表达出来，有助于儿童的理解。强烈的情绪最先通过身体被感知到，而小孩子需要把那些身体的感觉转化成语言，从而对内心的情感加以调节。

接触和注意在治疗中扮演重要的角色，因为身体接触在建立信任和传递爱之间起着重要的作用。当孩子害怕或者是烦心的时候，家长不要干预，此时，治疗师会让家长在孩子害怕的时候把孩子抱到大腿上。

非结构化反思发展指导

CPP 的发展指导没有固定的结构，因为它反映的是当前这一时刻的需要，而不是一系列的课程和规定，CPP 鼓励家长整合思想并站在孩子的角度上去理解他们（Fonagy，Gergely，Jurist & Target，2002）。发展指导也通过共情等来反映儿童的行为。学步儿和学前儿童也从专门为他们定制的认知和情感的发展指导中获益。发展指导不会局限于那些已知的普遍发展规律。在受到压力或创伤的案例中，给他们提供针对适合年龄的心理教育，会对孩子和家长很有帮助，而对孩子来 444
说，那些可以帮助孩子标准化的反应，也使他们更容易和别人沟通。

适当保护行为的塑造

在这个塑造过程中，治疗师会采取行动去阻止危险或自我毁灭的行为。同时也会将保护行为反映给家长和孩子，让他们知道哪些最后也许会变成威胁家庭或社会的危险行为。小孩子对于危险的适应是具有毁灭性的，会对以后的某些事物产生永久的恐惧。当发生这种情况的时候，治疗师的保护措施就不仅仅是针对安全感的保护，也是对于家长和孩子沟通之间的帮助。

以洞察为导向的解释

以洞察为导向的解释用于澄清那些潜意识或具有象征意义的行为，借此深入了解自己。解释能帮助家长和孩子找到彼此都能够接受的语言。及时的解释能帮助家长意识到孩子的动机、消极的原因，了解哪些行为会干扰孩子的培养和保护。然而，临床治疗师在决定是否进行解释前必须进行正确的临床判断，因为这可能影响到对父母隐私的保护。解释也能帮助那些责怪父母问题的孩子提高自身对家庭中角色的理解。

解决创伤提醒

当孩子在创伤事件后接受治疗时，治疗必须能解决因创伤造成的影响，通过游戏、绘画或者口头描述减少创伤事件对孩子的影响，为孩子提供放松和安心的氛围去解释经历、重现行为。很多事件使孩子和父母形成了创伤性经验，就像是车祸和家庭暴力。家长也会因为看到孩子发生了什么而产生替代性创伤经验，比如孩子被成人虐待或者是被狗袭击了。在这些案例中治疗也需要确定创伤对于家长的影响。

和谐的记忆

和确定创伤线索一样重要，在治疗中要意识清楚，确定威廉·哈里斯（William Harris）（personal communication，May 2004）所谓的“有利线索”——幸福的时刻能加强自我价值，因为那些值得回忆的记忆中有被支持和被珍惜的感动。把过去的记忆和现在联系起来与把和谐的经验和充满冲突的经验相联系一样重要。关爱照顾的记忆能促进父母把这种经验提供给孩子。当这些和谐的记忆不存在的时候，治疗就必须提供一系列能够创建信任、愉悦和提升自我价值感的新记忆。

情感支持

治疗师的情感能力是心理治疗最核心的部分。治疗过程通过词语和行动来进行传递，从而实现：（1）一个实际的愿望，就是能够达到的治疗目标；（2）达到个人目标和发展阶段；（3）有效的应对策略；（4）阶段性的成效；（5）有效的自我解释；（6）准确的临床测试（Luborsky，1984；Wallerstein，1986）。在CPP中，治疗师的部分目标是建立另一种家长与孩子的交流方式。情感支持对孩子和家长的治疗特别重要。在这些情境中，情感支持就像是一种治疗工具，因为它肯定了孩子和父母的尊严，同时提升了孩子 445
作为社会一员的自我价值。

危机干预和案例管理

当治疗师介入家长的生活环境中时，面对生活问题的家长就会接受精神治疗。治疗活动包括提供不同的机构，带着孩子去咨询，阻止孩子的不当行为，调节亲子关系。体验过创伤如虐待、社会暴力或意外的孩子通常首先要接受危机干预。在这种情况下，确保安全是最重要的，具体的干预会提供给陷入困境的父母，使父母感觉到情况有所改善。

选择切入治疗的方法

选择怎么切入治疗是治疗过程中比较难的环节，因为总是有太多的刺激需要治疗师去注意和辨认。在斯特恩（Stern，1995）发现的CPP“切入的方法”概念中，需要适合亲子关系系统中的多种元素，任何部分都会成为干预的切入点（Lieberman & Van Horn，2005）。CPP以消极归因、父母和孩子的不良适应行为为目标，治疗师必须在一开始的临床过程中就确定哪里是需要注意的，并且以此为切入点。之所以选择这个点介入，是因为它能改变情感意义，或者因为在家长和儿童的精神世界中它是极其重要的一部分。一旦选择一个初始点，就会很快地发现其他的切入方法（尽管有时努力得到的切入点好像没有很大的作用）。以下列举不同的干预切入点。

儿童或父母的个人行为

这是一个在厨房发生的家庭访问，一个三周大的婴儿哭得很大声，因为妈妈还在剖宫产的创伤中，并且晚上没睡好感到筋疲力尽了，她还在抱怨产科医生，因为医生坚持要进行剖宫产，而不顾她的恳求等等。治疗师必须在母亲谈论恐惧或者痛苦时表现出同情心，母亲也许会以儿童的行为作为初始切入点：“孩子哭得那么大声，好像在说他也是非常痛苦的。”母亲重复那些气愤的事情，“孩子是非常痛苦的，他甚至不能正常地活动。”回顾母亲关于孩子的抱怨，治疗师会把切入点放在母亲的经历上，说：“你好像对他很失望。”不一会儿孩子和母亲就哭成了一团。治疗师发现母亲对孩子有一种扭曲的感觉，并且对于做妈妈感到很绝望。

在一阵寂静之后，母亲挣扎着选择出最有帮助的干预切入点，治疗师把母亲和对于孩子的同情建立起一种联系。她温柔地说：“最开始的几周都是筋疲力尽的，并且你还受到剖宫产伤口的影响。我现在能帮你做点事情吗？”母亲和孩子还在不停地哭。治疗师给母亲倒了一杯水。母亲喝了水后用微弱的声音谢谢治疗师。

治疗师问：“我能试试安抚你的孩子吗？你现在看起来真的很累。”母亲不说话，只是点头。治疗师抱起孩子给予抚慰。当孩子不哭了的时候，治疗师对孩子说：“你的妈妈也不想剖宫产。她希望能自然生产。”母亲还是冷冷地看着孩子。治疗师继续对孩子说：“你的妈妈希望你能更健壮并且能有更大的力气，但是你还太小，不知道怎么去做。你试了又试，但是你还是不能。”母亲的脸色
446 开始缓和了，并且轻轻地说：“医生和我说我子宫的收缩不够强壮。”治疗师温和地说：“你们俩都尽力了。”母亲又开始哭了，治疗师问她现在的感觉。母亲回答说：“我感觉很失败。”治疗师说：“我知道你非常伤心和烦躁。但是你不是一个失败者。你生了一个健康漂亮的宝宝。”母亲以一种就像那些事没发生在自己身上一样的惊喜的声调说：“是吗？真的吗？”治疗师对她微笑：“你当然做到了。”接下来她靠近孩子补充道：“他真的很好。”

谈话因孩子的父亲要给孩子洗澡而转移到孩子的洗发水上。治疗师又给母亲讲了这些心情的变化是因为激素的转变，并且说孩子需要时间去改变。在谈话的最后，母亲的心情好转了。

在这个例子中，治疗师利用孩子和母亲的个体行为作为切入点。通过和孩子认真地谈话，治疗师帮助孩子和母亲改变了对于剖宫产的消极归因，使其没有失败感。治疗师也帮助母亲了解其他方面的变化是由于激素的原因。这个干预中，倒水和轻轻地安抚孩子都是重要的组成部分。

家长和孩子的互动交流

3 岁大的萨姆把自己 18 个月大的弟弟曼尼推倒了，因为弟弟把他搭的塔形积木拿走了一块，塔倒塌了。小男孩倒在地上后开始号啕大哭。母亲抱起他并且对着萨姆尖声叫喊：“你想当谋杀凶手吗？你差点杀了他！”萨姆也开始哭泣，因为妈妈不管他的感受而抱紧弟弟。治疗师对萨姆说：“妈妈在你打曼尼的时候会很生气，而你因为曼尼把你的塔弄塌了而生气。”治疗师开始重新把塔搭好，并且邀请萨姆一起来：“让我们把塔重新搭起来。”萨姆开始和治疗师一起搭塔，并且停止了哭泣。

当他投入这个活动时，治疗师问母亲：“你告诉萨姆他是凶手是什么意思呢？”母亲还是在生气，回答说萨姆对曼尼很具有攻击性，她很害怕萨姆有一天会真的伤害曼尼。治疗师为了抑制母亲的这种想法就直接告诉她，这是不切实际的害怕。治疗师也提醒自己，她是一位童年时长期受到虐待而当前又长期受孩子父亲虐待的母亲。她回答说：“我同意你的说法，萨姆需要学习而不是去打曼尼。你怎么教他不要打人呢？”母亲耸耸肩说：“我告诉他‘不行’，但是他不听啊！”治疗师转身对萨姆说：“你的妈妈不喜欢你打曼尼。她希望你知道打别人是会伤害别人的。”萨姆继续搭积木而不回答。母亲又开始尖叫：“注意听治疗师的话！”治疗师同时对母亲和孩子说：“学习不去打别人是需要很长时间的。即使是成长了也还是需要学习。”发现母亲的身体开始放松，并且已经不那么生气了之后，治疗师说：“我认为在任何时间你看到打人的现象时，你就会觉得很生气了。”这就开始了一个令萨姆的母亲担忧的话题。

治疗师帮助母亲对于萨姆的暴力事件进行正确的归因。治疗师说：“也许你现在看到萨姆比他的弟弟更大更强壮，但是你要知道，他同时也是一个小小的需要别人保护的孩子。也许萨姆认为弟弟比他更大更强壮呢。”母亲听得很认真。治疗 447
师对萨姆说：“打人真的是很可怕的。妈妈只是想确保每个人都安全。”

在这个过程中，需要两个月的时间进行治疗，治疗师用母亲把萨姆当成凶手作为切入点。治疗师很小心地没有直接指出母亲的那个想法是不对的，因为母亲对于心理治疗还不是很确定。治疗师要教萨姆不要打人，以此来达到使母亲不会对孩子的行为进行不良的回应。

儿童心理表征

一个两岁半的儿童正在试图把玩具放到模子中。由于多次不成功，孩子突然砰的一声向墙撞去。母亲一边笑一边说："不要那样做哦。"小男孩却又那样做了。母亲这时就和治疗师说："他是那么怪异。"因为治疗师要同时关注母亲和孩子，所以治疗师对孩子说："妈妈不喜欢你打自己的身体，但是我知道你这样撞墙是因为你不能把玩具完好地放进模子里。"孩子很迷惑地看着治疗师，同时又用头撞墙，但是这次慢得多了。这时治疗师向母亲说："孩子需要知道他即使不能很好地把玩具放进模子里也是很好的孩子。"母亲说："他是太怪异了。"但是一会儿后转身对孩子说："来我这吧，宝贝。"孩子跑到了母亲身边，母亲把孩子放在大腿上，并且用手臂环抱着孩子。治疗师总结说："这样好多了。"这时治疗师让孩子再次试试把玩具放回去，这次母亲直接教孩子怎么放，孩子也成功地把玩具放进模子了。

这个治疗的方法是发现孩子心理表征和孩子对于妈妈怎么看待自己的观念之间的复杂关系。为了让孩子和母亲转变根深蒂固的消极归因，治疗师必须让孩子和母亲知道孩子是可以在母亲的帮助下达到目标的。

上面的每个例子都代表了一种特别的方法，治疗师的干预是努力了解孩子与父母的认知和行为背后的相关动机，帮助他们形成社会支持和寻找良性发展方向。干预必须围绕着父母和孩子的行为、情绪和心理表征来进行。切入点的选择是很广泛的，因为关系之间相互影响，这样就会形成很多种干预方式（Emde，Everhart & Wise，2004；Lieberman & Van Horn，2005；Sameroff & Emde，1989）。特殊的切入点是由某些因素决定的，例如亲子关系心理治疗理论的喜好，父母的文化习俗、受教育水平和气质类型，儿童的气质类型和能力，家长和治疗师之间的工作关系质量。

一些家长很喜欢反映孩子的思想和情绪，但是会很排斥治疗师对自己进行指导。而还有一些家长只关心自己的情况，完全没把孩子放在心上。由于这些原因，在CPP里没有典型的案例，治疗对策是根据每个家长和孩子的特殊性而制定的。询问、提建议和干预时间控制是治疗中的重要元素。治疗师需要很小心地来控 448
制这些要素的平衡。

实证支持

CPP在一些以学步儿和学前儿童作为被试的随机控制试验的文献中已经得到证实。样本中包括那些未被社会化的抚养有焦虑症的学步儿的拉美裔妈妈（有创伤史）（Lieberman，Weston & Pawl，1999）、抑郁母亲抚养的学步儿（Cicchetti，Rogosch & Toth，2000；Cicchetti et al.，1999）、正在儿童保护系统中接受治疗的学前儿童（Toth et al.，2002；Toth，Rogosch，Manly & Cicchetti，2006），还有那些经历过暴力事件的学前儿童（Lieberman，Van Horn & Ghosh Ippen，2005；Lieberman，Ghosh Ippen & Van Horn，2006）。这些随机控制试验证明了CPP可以显著改善各领域的问题，包括减少孩子和孕妇的症状，增强对孩子的积极影响（包括父母、自己，还有亲子关系的改善），增强亲子关系，提高孩子注意力和认知能力。在四组随机对照试验中，包括了主要的少数族裔样本，也包括了多语言的使用者，说明这种方法适用于不同文化群体。这些研究都有力证明，关注于亲子关系的治疗对于遭受压力和创伤的儿童是非常有效果的。

参考文献

Ainsworth, M. D. S., Blehar, M., Waters, E., & Wall, S. (1979). *Patterns of attachment: A psychological study of the Strange Situation*. Hillsdale, NJ: Erlbaum.

Bowlby, J. (1969). *Attachment and loss: Vol. I. Attachment*. New York: Basic Books.

Brenner, C. (1976). *Psychoanalytic technique and psychic conflict*. New York: International Universities Press.

Cicchetti, D., Rogosh, F. A., & Toth, S. L. (2000). The efficacy of toddler–parent psychotherapy for fostering cognitive development in offspring of depressed mothers. *Journal of Abnormal Child Psychology*, *28*, 135–148.

Cicchetti, D., & Sroufe, L. A. (2000). The past as prologue to the future: The times, they've been a-changing [Editorial]. *Development and Psychopathology*, *12*(3), 255–264.

Cicchetti, D., Toth, S. L., & Rogosch, F. A. (1999). The efficacy of toddler–parent psychotherapy to increase attachment security in offspring of depressed mothers. *Attachment and Human Development*, *1*, 34–66.

Cohen, J. A., Mannarino, A. P., & Deblinger, E. (2006). *Treating trauma and traumatic grief in children and adolescents*. New York: Guilford Press.

Emde, R. N., Everhart, K. D., & Wise, B. K. (2004). Therapeutic relations in infant mental health and the concept of leverage. In A. J. Sameroff, S. C. McDonough, & K. L. Rosenblum (Eds.), *Treating parent–infant relationship problems* (pp. 267–292). New York: Basic Books.

Erikson, E. (1964). *Childhood and society* (2nd ed.). New York: Norton.

Fonagy, P., Gergely, G., Jurist, E., & Target, M. (2002). *Affect regulation, mentalization, and the development of self*. New York: Other Press.

Fraiberg, S., Adelson, E., & Shapiro, V. (1975). Ghosts in the nursery: A psychoanalytic approach to the problems of impaired infant–mother relationships. *Journal of the American Academy of Child Psychiatry*, *14*, 387–421.

Fraiberg, S. H. (1980). *Clinical studies in infant mental health: The first year of life*. New York: Basic Books.

Freud, S. (1926/1959). Inhibitions, symptoms and anxiety. In J. Strachey (Ed. & Trans.), *The standard edition of the complete psychological works of Sigmund Freud* (Vol. 4, 87–156). London: Hogarth Press.

Lieberman, A. F. (1992). Infant–parent psychotherapy with toddlers. *Development and Psychopathology*, *4*, 559–575.

Lieberman, A. F. (2004). Child–parent psychotherapy: A relationship-based approach to the treatment of mental health disorders in infancy and early childhood. In A. J. Sameroff, S. C. McDonough, & K. L. Rosenblum (Eds.), *Treating parent–infant relationship problems: Strategies for intervention* (pp. 97–122). New York: Guilford Press.

Lieberman, A. F., Ghosh Ippen, C., & Van Horn, P. (2006). Child–Parent Psychotherapy: Six month follow-up of a randomized control trial. *Journal of the American Academy of Child and Adolescent Psychiatry*, *45*, 913–918.

Lieberman, A. F., Padron, E., Van Horn, P., & Harris, W. (2005). Angels in the nursery: Intergenerational transmission of beneficial parental influences. *Journal of Infant Mental Health*, *26*(6), 504–520.

Lieberman, A. F., Silverman, R., & Pawl, J. H. (2000). Infant–parent psychotherapy: Core concepts and current approaches. In C. H. Zeanah, Jr. (Ed.), *Handbook of infant mental health* (2nd ed., pp. 472–484). New York: Guilford Press.

Lieberman, A. F., & Van Horn, P. (2005). *Don't hit my mommy: A manual for child–parent psychotherapy with young witnesses of family violence*. Washington, DC: Zero to Three Press.

Lieberman, A. F., & Van Horn, P. (2008). *Psychotherapy with infants and young children: Repairing the effects of stress and trauma on early attachment*. New York: Guilford Press.

Lieberman, A. F., Van Horn, P., & Ghosh Ippen, C. (2005). Towards evidence-based treatment: Child–parent psychotherapy with preschoolers exposed to marital violence. *Journal of the American Academy of Child and Adolescent Psychiatry*, *44*, 1241–1248.

Lieberman, A. F., Weston, D., & Pawl, J. H. (1991). Preventive intervention and outcome with anxiously attached dyads. *Child Development*, *62*, 199–209.

Luborsky, L. (1984). *Principles of psychoanalytic psychotherapy: A manual for supportive–expressive treatment*. New York: Basic Books.

Marans, S. (2005). *Listening to fear: Helping kids cope, from nightmares to the mighty news*. New York: Holt.

Patterson, G. R. (1982). *Coercive family process*. Eugene, OR: Castalia.

Pynoos, R. S. (1995, December). *The traumatic moment revisited: Toward developmental psychoanalytic model of internal and external dangers*. Paper presented at the American Psychoanalytic Association Vulnerable Child Discussion Group, Los Angeles, CA.

Pynoos, R. S., Steinberg, A. M., & Piacentini, J. C. (1999). Developmental psychopathology of childhood traumatic stress and implications for associated anxiety disorders. *Biological Psychiatry*, *46*, 1542–1554.

Rapaport, D., & Gill, M. M. (1959). The points

of view and assumptions of metapsychology. *International Journal of Psychoanalysis, 40*, 153–162.

Sameroff, A. J., & Emde, R. N. (1989). *Relationship disturbances in early childhood: A developmental approach*. New York: Basic Books.

Slade, A. (1994). Making meaning and making believe: Their role in the clinical process. In A. Salde & D. Wolf (Eds.), *Children at play: Clinical and developmental approaches to meaning and representation* (pp. 81–110). New York: Oxford University Press.

Stern, D. N. (1995). *The motherhood constellation: A unified view of parent–infant psychotherapy*. New York: Basic Books.

Toth, S. L., Maughan, A., Manly, J. T., Spagnola, M., & Cicchetti, D. (2002). The relative efficacy of two interventions in altering maltreated preschool children's representations models: Implications for attachment theory. *Developmental Psychopathology, 14*, 877–908.

Toth, S. L., Rogosch, F. A., Manly, J. T., & Cicchetti, D. (2006). The efficacy of toddler–parent psychotherapy to reorganize attachment in the young offspring of mothers with major depressive disorder: A randomized preventive trial. *Journal of Consulting and Clinical Psychology, 74*, 1006–1016.

van der Kolk, B. (1987). *Psychological trauma*. Washington, DC: American Psychiatric Association.

Wallerstein, R. (1986). *Forty-two lives in treatment: A study of psychoanalysis and psychotherapy*. New York: Guilford Press.

第 28 章

安全圈

波特·鲍威尔（Bert Powell）
格伦·库珀（Glen Cooper）
肯特·霍夫曼（Kent Hoffman）
罗伯特·S·马尔温（Robert S. Marvin）

450 随着早期干预领域的不断发展，理论上合理并且经验上有效的新的临床模型正在开发。奥利弗·温德尔·霍姆斯（Oliver Wendell Holmes）提到过复杂性原则，而与其相反，干预模型符合简易性原则，对父母和心理医生来说，具有易操作性与直观性的特点。制订一份实证支持的、临床合理的、易理解、易记忆的临床治疗方案，在安全圈（Circle of Security，COS）计划全面启动后，使之成为其治疗计划的中心环节。起初，它被设想为教授父母依恋理论的方法，现已演变为一个用于多种临床环境中的更综合的治疗模式。

COS 治疗方案是一个基于依恋的早期干预方法，旨在帮助抚养人为孩子提供安全基地或者安全港（Hoffman，Marvin，Cooper & Powell，2006；Marvin，Cooper，Hoffman & Powell，2002）。治疗方案以 COS 图呈现，阐明安全基地或安全港现象，并列出儿童的探索和依恋需要（Ainsworth，Blehar，Waters & Wall，1978；见图 28.1）。COS 的概念在整个治疗方案中以不同方式被使用，以促进对干预的四个关键点的理解。首先，COS 图引导着治疗师，通过提供关系型治疗（relationship-based）和干预的首要组织，为抚养人创造安全基地和安全港。其次，COS 充当了一个学习工具，以帮助抚养人去看、去理解，并且支持孩子的依恋和探索需要。再次，使用 COS 关系评估图（图 28.1），临床医生可以对每组亲子关系进行评估。最后，治疗计划是针对特定亲子组在安全圈的优势与发展而制订的。关系型治疗、父母教育、评估与个人治疗计划是治疗方案的基础，也是 COS 在早期干预中应用的四个方面。

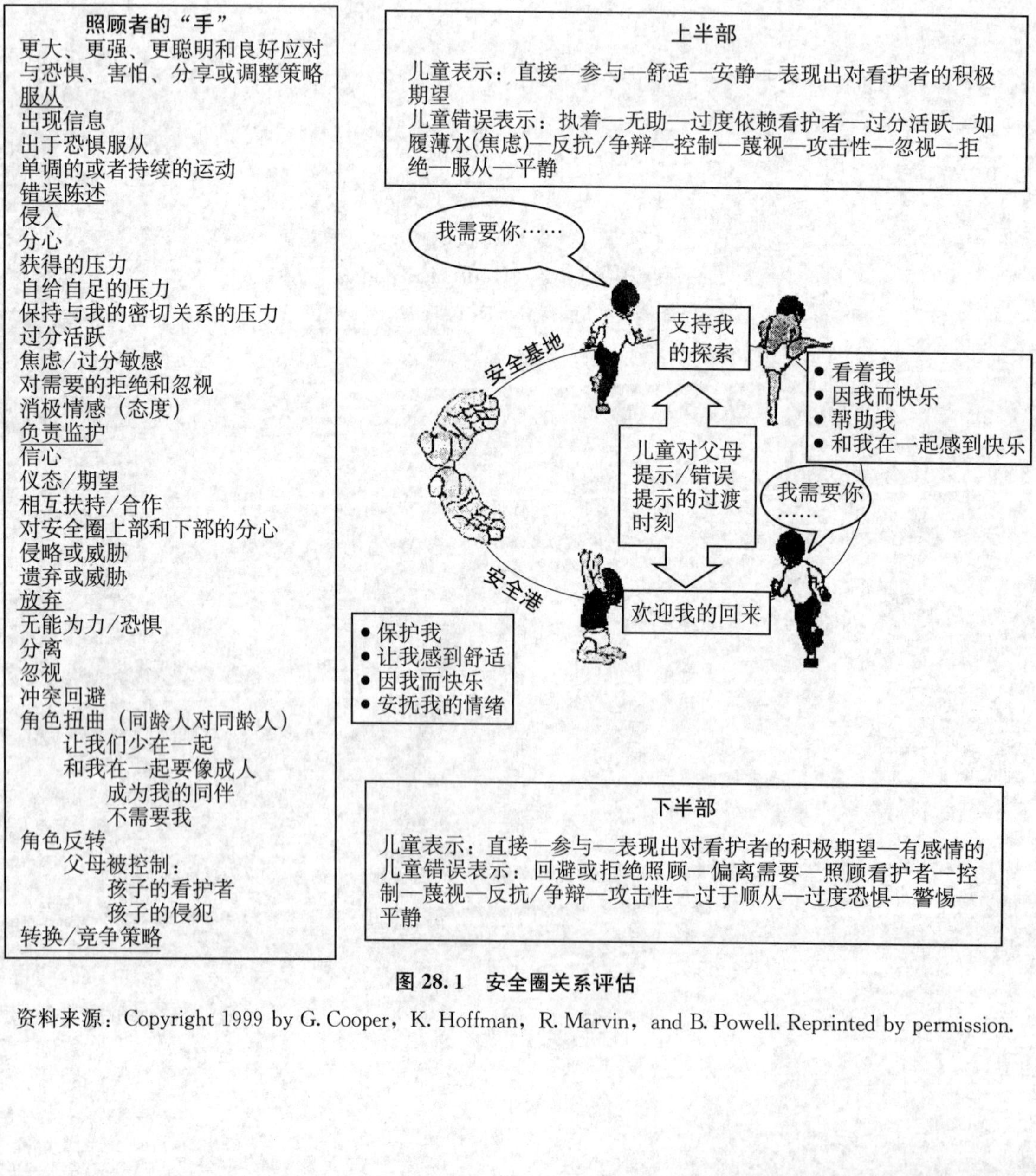

图 28.1 安全圈关系评估

资料来源：Copyright 1999 by G. Cooper，K. Hoffman，R. Marvin，and B. Powell. Reprinted by permission.

除 COS 图外，我们使用一种称为安全圈访谈（COSI）的方法，以获得抚养人与孩子关系的内
451 部工作模式。这个访谈有助于定义抚养人认为由基于依恋的互动所引起的内部表征的特性。抚养人需要着眼于自身去思考他们与孩子和父母间关系的许多方面。拥有最低限度的“反思”能力（Fonagy，Steele，Steele & Target，1997），是抚养人在安全圈治疗中成功的必不可少的组成部分。COSI 还有助于治疗师识别抚养人的“核心灵敏度”的内部工作模式。治疗方案由于从抚养人的核心灵敏度角度来组织干预而变得更加个性化。本章会向读者介绍 COS 的基本特点。

452

COS 治疗方案

COS 治疗方案中，抚养人以 5～6 人为一组，每 20 周见面一次，每次持续 75 分钟。第 1、2 和 9 周针对心理教育方面，主要是教给抚养人怎样最先看出他们关系中的优势，并且尽力以 COS 做指导。接下来的几周，观看干预前的陌生情境程序（SSP；Ainsworth et al.，1978）中的视频片段以及日常亲子录像带，并进行对话交流，集中指导个别参与者如何处理与孩子的特殊关系。第 20 周为所有学习者举办一个庆祝会。

为抚养人提供安全基地

许多父母是为给孩子提供更好的照顾而寻求帮助的，特别是那些高风险父母，他们在这方面不被信任，而且自己也缺乏信心。那么，这样的父母如何接受治疗师的支持和信任，以使自己变得敏感并且愿意配合？正是因为这一原因，所有亲子心理治疗的必要初始步骤就是建立联盟治疗，一种父母与治疗师之间的安全且值得信赖的关系。联盟的基础是参与者对治疗中涉及的独特需求与父母情况具有敏感性。英国儿科医生与精神分析学家温尼科特（Winnicott，1965）使用“扶持环境”来描述所有儿童和成人的主要情感需求。温尼科特阐明，我们每一个人都需要另一个愿意并且能够“支持”和“赞同”我们情感需求的人具有可获得的敏感性。如果父母对此一无所知，那又如何给予孩子这种可获得性与响应性？因此，COS 干预的基础主要集中于治疗师为每个父母提供真实的扶持环境。通过提供环境的一致性和移情作用并真诚地信任父母，治疗师可以提供一种可能的新选择。贯穿 COS 干预的过程，我们了解到当父母承受这种“被扶持”的经历时，他们更容易为孩子提供相同的扶持环境。

父母教育

COS 治疗方案在头两周主要是为父母创建一个安全基地，并且教授基本的依恋理论和观察技巧。依恋理论的基本原理是通过 COS 图来教授的。对 COS 的解释是：如果孩子感到安全，他们会“发自内心地”对周围世界感兴趣，并且乐于探索。探索过程中，孩子寻找抚养人充当安全基地。有时，他们希望抚养人和他们在一起只是看着他们，有时他们需要帮助，而有时他们希望父母在游戏中获得乐趣甚至欣喜。探索时，儿童势必需要回到基地接近抚养人，因为他们可能需要感情上的抚慰、帮助，以及保护或者共享欢乐的经历。当儿童需要抚养人充当安全港时，他们会寻找抚养人来支持自己。当观看自己与孩子在录像中的互动时，父母需要形成关于这些互动的行为描述。一旦抚养人可以不受推理的影响而描述孩子的行为，他就会去猜测在片段里显示的最初依恋或探索需要。这个程序叫做“观察并猜测”，是全组观看影片的基本程序。

COS 计划里第二条主要原则是：“保持更大、更强、更聪明和良好应对。只要可能，满足孩子的需要。如果需要，就要掌控。”有时，当父母试着掌控并且表现得更大更强时，他们便牺牲掉了良好应对，而变得吝啬和严厉。这类父母经常认为，他们的表现必须严厉并引起敬畏以赢得孩子的尊重。另一些父母，当他们试图表现良好应对时，放弃表现更大更强，放弃了他们的领导力，并且容许孩子来掌控他们间的关系。同时表现出更大、更强、良好应对，并且能够理解孩子对安全的需求依赖 453
于父母的提供，这对所有父母来说都是持续的挑战。除有明确的理由必须掌控外，我们鼓励父母对孩子任何 COS 需要的暗示予以回应。

父母了解到，如果儿童可以利用 COS 周围的抚养人，他们则更倾向于安全型依恋，并且对生活中的困难表现出更强的适应性。能为孩子提供

安全基地和安全港的抚养人可以使儿童的“心理免疫系统”发展（Lyons-Ruth，Bronfman & Gwendolyn，1999）。免疫系统并不保证我们永远不会生病，但是当我们生病时，它能提供最重要的治愈机制。安全依恋的儿童在遇到压力时可以求助抚养人，抚养人会帮助他们平静下来并解决问题。有充足证据显示，安全型依恋儿童在未来发展中做得更好（Carlson & Sroufe，1995；Kobak，Cassidy，Lyons-Ruth & Ziv，2006；Sroufe，Egeland，Carlson & Collins，2005）。这是一个“有重要作用的差异”，也是抚养人可以对此做些什么的差异。

评估

本章讨论了一些实用的成功诊断和干预，主要是针对正在经历相关苦恼的父母以及年幼儿童。依恋理论及其相关研究结果，有助于更清晰地理解孩子和抚养人是如何对关系中的特殊力量进行协商并努力协调的。这里，我们描述了鉴别诊断的过程，鉴别诊断是专门识别关键抗衡的——核心互动过程与抚养人想维持不稳定或紊乱关系模式的平衡心态。

我们分两部分进行评估。第一部分是科研中用到的评估，包含已被可靠编码器验证的正式双盲编码。第二部分描述了一个非正式但更易操作的评估程序，由我们自行设计（Cooper，Hoffman & Powell）并被临床医师在非科研型早期干预应用中使用。临床评估进一步再分成互动评估与心态评估。

科研评估

在COS干预之前，要通过陌生情境程序对每组亲子进行评估。如果儿童不到2岁，就使用安斯沃斯（Ainsworth et al.，1978）编码系统，将儿童分成B（安全型）、A（回避型）、C（抵抗型或矛盾型）或D（混乱型），也可用梅因和所罗门系统（Main & Solomon，1990）。对2～5岁儿童，使用学前编码系统（Cassidy & Marvin，1992）。学前系统将儿童分成B（安全型）、A（回避型）、C（抵抗型或矛盾型）、D（混乱型、角色颠倒型、控制型或惩罚型）和I/O（分散移动的混乱型但非控制型）。采用抚养人行为分类系统来识别父母照顾模式（Britner，Marvin & Pianta，2005；Marvin & Britner，1995）。接下来的SSP，我们添加了两段固定时长的情景：5分钟情景中，父母给孩子阅读一本与其年龄相符的书；3分钟情景中，父母组织孩子拾起玩具并放进玩具箱。

COSI在SSP完成后进行，用来评估抚养人的内部工作模式。访谈持续约1小时并进行录像。旨在引起当前亲子关系的情景记忆，以及抚养人自身发展史中亲子互动的记忆，进一步引起抚养人对那些互动和关系的反思。访谈问题包括三部分：第一部分是抚养人和孩子刚刚完成的关于陌生情境体验的5个问题；第二部分是关于父母对孩子及其关系的感知的20个问题（改编自父母发展访谈；Aber，Slade，Berger，Bresgi & Kaplan，1985）；第三部分是关于父母在童年期与自 454
己父母关系的6个问题（改编自成人依恋访谈；George，Kaplan & Main，1996）。访谈旨在为每组亲子创建个性化的干预目标。

临床评估

COS关系评估

自从2002年第1个干预组完成，帮助临床医师规划治疗的系统已经成熟。根据研究目的编码SSP，重视父母作用有助于探讨儿童行为，父母作用包括其作为儿童探索的安全基地和作为分离后儿童感到紧张时寻找的安全港。这种编码由于忽视了抚养人的行为而只阐明了一半关系。抚养人行为分类系统主要集中于抚养人在SSP中的行为。这需要从两个系统中描述每组亲子“跳跃”时每个成员的角色，以供临床使用。

由于需要评估的是关系，以制定清晰的干预计划，因此COS关系评估是让临床医师用易操作的方法去评价父母与孩子的行为。目的是帮助临床医师发展技能，包括测量依恋、抚养关系质量的技能，并组织对治疗计划和亲子依恋进行观察的技能。换句话说，这是一个尝试，即发展一个基于研究并与研究一致，但是耗费时间远远低于学习与实施的方法。

事实上，COS的核心目标就是将复杂的发展信息整合到易操作的形式上而不丧失概念本质。

父母通过 COS 图已经成功理解了（早在 15 岁时）安全基地和安全港概念，并且在与孩子的互动中能够利用这些信息。COS 关系评估为临床医师而设计，特别是那些没有受过陌生情境评分正式训练的临床医师，以促进在临床评估和治疗计划中高效掌握并运用依恋理论。关系维度理论强调，即使 COS 关系评估报告仅有 1 页（图 28.2），我们也相信，它已为临床医师评估提供了较高标准。

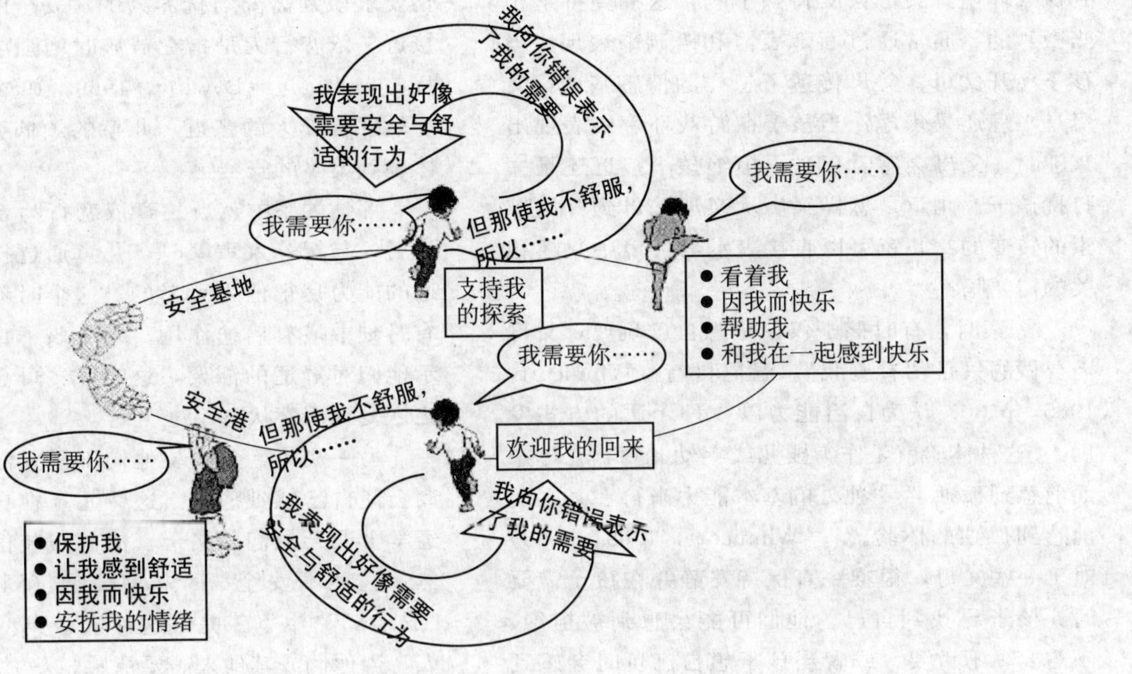

图 28.2　安全圈限制

资料来源：1999 by G. Cooper，K. Hoffman，R. Marvin，and B. Powell. Reprinted by permission.

COS 评估集中于三种互动类型："上半部"、"下半部"和称为"手"的抚养人角色（见图 28.1）。"上半部"是指儿童将抚养人当做安全基地并以此去探索的能力；"下半部"是指儿童将抚养人当做安全港以寻求舒适与保护的能力；"手"的牵引是指抚养人维持"更大、更强、更聪明和良好应对"姿态的能力，表现为倾听孩子的需要并且在需要时适当掌控。许多不安全型抚养人在没必要掌控时就要去掌控，在游戏中过度管理和控制。相反，当孩子真正需要掌控的时候他们可能已经失去掌控。评估的关键点在于，父母应该何时指导，何时听从。

COS 需要

COS 区分了四种安全基地需要、四种安全港需要、两种过渡需要。评估阐明了：每组亲子是否可以协调所有这些需要，如果不能的话，哪些代表了努力协调的结果？儿童是否直接提示需要，或者如果直接提示让父母感到压力，儿童是否已经学会迂回提示需要？COS 治疗方案将提示解释为满足儿童特定需要的直接或间接信号，然而迂回提示是用于保护儿童免受伤害的误导或反向信号，这种伤害是指未满足特定需要（Cooper，Hoffman，Powell & Marvin，2005）。尽管所有儿童都进行迂回提示，但儿童越感到不安全，其迂回提示就越多，特别是当依恋行为系统激活后。例如儿童离开父母去玩玩具时，孩子明显不安并且需要安抚就是一个迂回提示。

"因我而快乐"在安全圈的上半部和下半部都可以找到。真正因孩子而快乐的父母，不管孩子是探索还是需要更亲近，都促进孩子更倾向于安 455
全型积极关系。在混乱亲子关系中，很难找到共享的欢乐时光。欢乐的简单唤起是由于孩子是谁而不是孩子完成了什么。虽然自豪于他们的成功也对孩子有帮助，但自尊的核心是某人因你是你和你的存在而快乐的一种感觉。自尊的获得需要坚持，自尊是不管任何时候都具备的持久而积极的自我感知。大多不安全型父母，从未体验过因自己是谁而高兴，因此对于如何将这种情感体验传递给孩子所知甚少。我们相信，如果父母在干预中学到了怎样从孩子身上体验更多的快乐，这个计划就是成功的。

安全圈上半部。“上半部”是指，把父母当做安全基地并以此去探索。当孩子从亲近父母过渡到探索环境，父母会支持孩子吗？这种支持是相当微妙的，通常通过面部表情和语调来表现。当孩子离开父母，父母传达了怎样的情感基调？父母是平静还是焦虑？当孩子在游戏环境中表现出兴趣时，父母会感觉孤独，拒绝孩子接近还是去打扰孩子？儿童是怎样经历从亲近父母到开始探索的转变的？儿童可以直接表示与环境中兴趣相关的需要吗？

456 探索时，有时孩子仅仅是想自己玩耍，父母需要做的只是“看着我”。温尼科特（Winnicott，1965，p.30）认为自治能力以一种矛盾的方式发展：“这种体验就是作为婴儿或年幼儿童，在母亲面前感到孤独。”“独处的基本能力来自在某人面前感到孤独的体验。”（Winnicott，1965，p.36）对于一些父母，很难一直保持安静并在孩子需要时让孩子寻找到自己。他们可能会感到被拒绝、不需要、不重要，或者当孩子想自己玩时会感到孤独。他们可能通过对孩子施加压力或者退缩来表现自己的苦恼。当父母继续对孩子施压，就代表督促孩子去满足许多需要。有时，父母不想孤独，就强迫孩子参与。或者，父母可能迫使孩子完成任务，以便使父母感到或看上去是成功的。有时父母需要孩子只对父母感兴趣的事感兴趣，由此来加强孩子“就像我一样”的观念。所有这些情况都代表了一类样例，即父母利用孩子帮助自己处理不安情绪，并将这种需要强加于孩子身上以维持自身的情绪稳定性。

SSP过程中，许多孩子暗示父母在游戏娱乐中与自己分享。成功时，经常表现为微笑和大笑。一些父母的情绪非常贫乏抑或分散，他们看上去并不能提供这种积极的互动。儿童经常会因玩具而寻求父母的帮助。父母会提供支持框架而支持孩子学习吗？有些父母当孩子需要他们时会感到不安，就会强迫孩子“自己去做”。另一些父母从孩子的角度与孩子商量问题时会感到不安，就特别关注工作是否做完，他们完全接管了孩子的任务，而忽视了孩子不再有兴趣的事实。

安全圈下半部。随着儿童的探索，必然会有这样一个时期，此时，他们感到了亲近与亲密的需要并且将抚养人当作情感上的安全港。当这些真的发生了，抚养人如何应对？至于到探索的过渡，抚养人给孩子的信号则相当微妙。通常，是一种态度或者面部表情而不是外显行为。COS评估要求谈判需要与抚养人的“安全圈下半部”相接近。依恋行为是指在苦恼时增强或维持儿童与抚养人的接近（Bowlby，1969，1982）。由于获得了敏感抚养人的亲近，儿童的烦恼会减少，进而体验到更多的安全感。

评估关系中，当儿童依恋行为系统被分散激活后，与抚养人重聚时，儿童通过抚养人寻求舒适的能力是很值得思考的。这个时刻在安全圈所有时刻中最有启迪作用。一些孩子直接向父母表示他们对舒适的需要，这时，父母会安慰他们使之恢复到探索状态。

另一些儿童会假装他们不需要舒适，即使分离会使自己感到痛苦。这些儿童在自己苦恼时已经学会误导他们的父母，他们假装很好但其实不然。这种不安全—回避型依恋（图28.2）称作“下半部”斗争。提供这种依恋类型经历的抚养人，当他们或其他人需要情感慰藉时会感到苦恼。当他们的孩子由于亲密关系不佳而感到不安，或者由于集中于探索而转移了对依恋相关感情的注意力时，他们通常能够成功处理这种不适的感觉。

一些儿童寻求舒适却又拒绝感到舒适。这种不安全—矛盾型依恋称为“上半部”斗争（见图28.2）。然而这种斗争似乎可以表现儿童对舒适（安全圈下半部）的拒绝，它经常与支持儿童自治（安全圈上半部）的抚养人不适相联系。这类儿童已经学会了保持依恋需要的激活状态，并且不易被安抚，因为平静和探索行为都会使抚养人感到痛苦。在这个例子中，是抚养人渴望被人需要， 457
只要不感到孤单、分离或被抛弃。有时儿童拒绝舒适并保持依恋需要处于激活状态，是因为抚养人仅仅是断断续续地参与其中；儿童已经学会持久表现依恋行为并迫使父母参与进来。如果没有风险，抚养人情感上倾向于离开。

我们称之为“整合情感”的“下半部”需要，是关于观察亲子情绪管理能力的（图28.1）。一些理论家目前集中探讨了情绪管理在个人与健康人际关系中的作用（Cassidy，1994；Schore，2003；Siegel，1999）。适度控制情感的能力不是与生俱来的，而是婴儿期前后与依恋对象交往时习得的

(Schore，2003)。儿童在抚养人帮助下，管理超出自我管理能力的强烈消极和积极情感经历。凭借人际关系中的情绪管理过程，儿童自我管理的能力越发成熟与增强。

伴随亲子互动，儿童可能经历从恐惧和悲伤到喜悦和兴奋等一系列情绪。儿童可以向抚养人表达更多的情绪吗？如果是这样，就证明了卡西迪（Cassidy，1994，p. 232）提出的与安全依恋相关的“开放、灵活的情感表达”。相反，如果儿童表达受限，又体现在哪方面？抚养人可以对哪种情感敏感回应，哪种情感可以引起抚养人的压力和防御？一些抚养人会因为儿童的某种特殊情感而非常苦闷，比如生气。另一些抚养人会由于情感强度而感到苦闷。在评估中值得注意的是，儿童的哪种情感状态可以在亲子关系中起主导作用，而哪种不可以。对许多父母来说，他们还不知道要帮助儿童去学习如何管理自己的内部状态和经验。

“手”。随着亲子互动的展开，可以清楚知晓安全圈上哪种需要是可以协商的而哪种是不可以的，父母是否承担或放弃我们称之为“手”的核心领导作用。这里的中心问题是，抚养人表现得“更大、更强、更聪明和良好应对”，还是与之相对，由于照顾策略多变而表现得令人恐惧、害怕、不关心或靠不住。问题的答案表明了亲子关系表现正常还是紊乱。术语“紊乱”在这里既表示紊乱型也表示其他不安全类型，紊乱型使用梅因和所罗门（Main & Solomon，1990）系统，其他不安全类型使用卡西迪和马尔温（Cassiby & Marvin，1992）的学前评分系统。这三种分类都预示了儿童经历恐惧但是“面对恐惧却没有解决方案”(Cassidy & Mohr，2001，p. 285）的关系，当恐惧来临，儿童没有可以求助的人。

在人物COS图上，“手”的图标代表了提供“更大、更强、更聪明和良好应对”等基础功能的抚养人。如果安全圈上没有抚养人的帮助，孩子就会由于没有安全港而生活在恐惧中。这是一个主要区别，因为混乱依恋的发展结果比不安全—回避或矛盾型依恋更加消极（van IJzendoorn，Schuengel & Bakermans-Kranenburg，1999)。虽然回避与矛盾型依恋是不安全依恋，因此也不是最理想的，但是他们是按照自己预期的那样被管理。当孩子不安和害怕时会产生一个关系对策，不安全依恋类型至少会提供一个方向，混乱型关系不能给孩子提供可预测的解决办法。

如果安全圈上有抚养人的“手”，那做决定时需要探索的问题包括以下这些：当儿童依恋处于激活状态，谁组织了这个过程？到了该整治的时候，谁负责？父母对引导互动负责，还是孩子学着对组织关系负责？孩子组织关系的方式是明显而又微妙的。当自身还是孩子时，儿童的组织就已清晰表现，当其感到不安时，在与父母重聚后，还是会急切地试着抚慰父母。更加微妙的是，孩 458
子可能会不由自主地用“可爱”的互动引父母发笑，试着让其一直高兴。当孩子需要父母帮助时，父母会通过表现无助、“飘飘然”、心不在焉或疏忽来放弃提供帮助。一些父母小心谨慎，急切想避开与孩子的强烈情感或冲突。在孩子有需要从而必须去管理关系的时候，“手”的基本功能就被妥协掉了，儿童就会生活于不确定和焦虑中。如果儿童将要体验可预测性、结构化、具有安全保障的经历而使自身在组织化依恋关系中向更好的方向发展，抚养人就必须承担其作为抚养人的责任而不能置之不理。

该重整的时候去掌控，会使父母在让孩子完成任务的谈判中看起来更有信心吗？或者，父母会借口表现得无助以让孩子顺从吗？父母会把恐惧作为工具让孩子服从吗？如果这样，要使用哪种恐惧：惩罚、抛弃抑或敌对？大多紊乱型儿童的父母在保持善良的同时，会与有效的掌控做斗争；他们会崩溃或者以一种可怕的方式进行掌控。

一些亲子组存在角色歪曲，即要求孩子为成人提供与自身发展不一致的情感功能。一些父母似乎是需要一个玩伴，好像他们自己就是两个孩子。另一些父母是需要一个伙伴，他们对待孩子就像对待知己和同伴。然而，还有一些父母是需要一个根本不需要他们的完全独立的孩子。在所有这些例子中，成人只是指望孩子帮助自己在情绪上感到稳定。在紊乱或控制组中，父母和孩子的角色颠倒了。当孩子的依恋需要被激活，孩子假装控制关系，通过表现严厉和命令父母，或者通过抚慰、逗乐与照顾父母而扮演父母的抚养人。简言之，父母是否能同时提供安全基地和安全港，是有效治疗计划顺利开展的主要问题。

COS心态评估

我们将COS模型建立在所有父母都使用的鲍尔比称为“工作模型”的识别基础之上（Bowlby，1973）。我们每个人都会使用这种内部模式去理解与儿童当前及未来的关系。鲍尔比的感知建立在这样一个理念的基础上，即早期依恋关系是关于晚期关系的信念与期待的组成部分。思考鲍尔比的工作模式理念连同詹姆斯·马斯特森（James Masterson，1976；Masterson & Klein，1995）和奥托·克恩贝格（Otto Kernberg，1975）的客体关系理论（object relations theory）以及海因茨·科胡特（Heinz Kohut，1971）的自我心理学工作，安全圈方法是集中于对每个父母特定关系范例的鉴别诊断。这种理念基于父母处理与自我感知和他人感知的特定计划有关的依恋关系的信念。这个计划由过去重大关系引起，渐渐变成组织抚养人与孩子的当前互动的基本观点。拥有一系列有助于理解父母关于关系的世界观的潜在模式，有助于有效干预，特别是当治疗焦点在父母目前持有的关于自我和儿童的不确定表达上。

当涉及不同个性斗争时，建立于使用鉴别诊断的多样临床传统之上，COS模式集中于区分防卫策略而不是使用人格障碍的DSM-Ⅳ术语。由此，我们标记了三种明显但是可预测的模式作为“核心灵敏度”，并以以下方式描述：分离敏感（普遍意义上，为边缘性人格障碍）、尊重敏感（普遍意义上，为自恋型人格障碍）、安全敏感（普遍意义上，为分裂型人格障碍）（Hoffman，Cooper，Marvin & Powell，1997；Masterson & Klein，1995）。核心灵敏度形式，从灵活、适应
459 （适度防御）的策略，最后变成普遍的人格障碍。不夸张地说，COS模型使用核心灵敏度术语并没有遭到贬损与责备，与此同时，还囊括了有关自我与其他的适用于大多数父母寻求的治疗。

依恋经常被忽视的部分，是对抛弃的恐惧。我们都需要生活在关系中，我们都害怕剩下自己一个人。分离导致难以应对的痛苦，因此，需要防御分离以生存。不安全或防御策略背后的中心动机是避免马斯特森（Masterson，1976，p. 39）提出的“抛弃情感”与温尼科特等（Winnicott，Sheperd & Madeleine，1989，p. 89）提出的“原始痛苦”。

每个核心灵敏度代表了一套必须坚持个人信念的潜意识程序，以避免先前未经调节的痛苦情绪的影响——例如：“当我表现得机智，她却待在原地不动，因此我只能继续那样。当我寻求安慰，她冷漠或退缩，我就会不再寻求。”对关系的需求及其想象被抛弃时的恐惧被认为是防御性人格结构发展过程的中心环节（Masterson，1976）。虽然这些潜意识规则会变化，但若没有反映和支持，他们也会保持不变，并且经常导致不良亲子互动。

核心灵敏度的COS评估来自于父母在标准COSI中的反应（Cooper，Hoffman，Marvin & Powell，1999）。接下来是一个简短的描述，以阐明这些灵敏度的性质。

- 分离敏感的父母相信，为避免被抛弃，他们必须服从于包括孩子在内的他人的希望、需要和感受，而否认自己的希望、需要和感受。潜在的信念是，如果他们按照自己的利益做事，他们就会被那些他们最需要的人抛弃。如果生活中不能感到自己对重要他人（significant others）的持续可用性，他们就会有一种无力感。他们总是相信，他们的工作集中于另一个人的需要，而不是自己的需要。分离敏感的父母会尽力允许孩子在探索（安全圈上半部）时有自治的经验，与此同时，又不能真诚地支持孩子对舒适（安全圈的下半部）的完整体验。儿童在SSP中重聚时则会表现出矛盾—抵抗的反应。

- 尊重敏感的父母相信，他们是什么样的人，正如他们本身的样子（不完美、有缺陷、普通的），没有受到足够的重视。因此，为保护自身远离批评和判断的恐惧，他们试图通过成绩和成就来证明他们的孩子是可尊敬的（独特的、特别的、特殊的而绝不是普通的）。感知对尊重敏感的父母来说非常重要。因此，他们对作为父母的任何失败或不够好的暗示或者让他人发现孩子不够好的暗示都很警惕。这些父母经常由于成绩和成就（安全圈上半部）给孩子压力，并且尽力提供情感的舒适和组织性（安全圈下半部）。这些孩子在SSP中表现为回避和矛盾。

- 安全敏感的父母相信，与孩子的关联和情感上接近的代价就是减少自我决定，进而导致被控制和被打扰。因此，他们相信，拥有完整自我感知的唯一方式就是维持一个自足的位置，去期待来自孩子的自足。安全敏感父母的孩子经常因为

父母持续寻求控制亲近的方式而受挫。当这些孩子的真实需要是寻求舒适和安全圈下半部的联系时，他们经常被强迫到安全圈的上半部（接近自足）。因此他们缺乏满足感，经常需要确认父母对重要他人的态度是需要和控制。这些孩子在 SSP 中表现为回避和矛盾。

460 由于“单标准”治疗不适合于所有抚养人，重要的是要注意任何抚养人都必须面对的特殊的内心挣扎。比如，自尊—敏感的抚养人面对的特殊挣扎显著不同于分离—敏感或安全—敏感抚养人面对的特殊挣扎。自尊—敏感父母很可能感到一种内部压力，让自己的孩子比他人拥有更高技能并处于中等偏上水平（“蒂米知道他的颜色与数字，但他只是第二名”）。分离—敏感父母每当孩子离开去寻找新玩具时，可能会变得焦虑并鼓励孩子回来（“看，珍妮弗，快回来，看看我这里有什么”）。安全—敏感父母可能会找到许多方式来使儿童集中在探索上，作为维持与孩子可接受距离的方式（“我喜欢约翰尼可以自己玩得很好”）。向自尊—敏感父母夸赞其孩子过早成熟的能力，只会使亲子关系在安全圈上半部的趋向更加恶化。集中于分离—敏感父母的温暖和照顾技能，有力表现出保持孩子独立是件好事。为安全—敏感父母提供孩子适应自己游戏的支持，只是为一个已经建立好的防御系统增加更多燃料而已。

总结以往经验，理解核心灵敏度的差异，很大程度上会影响联盟治疗的建立。具体来说，鉴别诊断的实际知识，可以从如何使用特殊照顾策略着手治疗而排除。不单凭任何对特定父母有效的直觉，鉴别诊断的知识在干预选择中提供确定性。

COS 方法使用 COSI 作为最初洞察抚养人核心灵敏度的方式。虽然建立精确鉴别诊断的决策方法超出了本章探讨的范围，但一个更简单的方法，即询问“你认为你的孩子对待分离是怎样反应的”经常可以提供所需要的有关抚养人内心世界的深刻理解。倾向自尊—敏感的父母可能会骄傲地回答，他的孩子表现得有创造力而且没有感到不安。安全—敏感的抚养人可能会说，看着孩子如此独立自主她是如何地放心。分离—敏感抚养人提到，她总是担心孩子不是真的需要她。

总之，COS 模型利用每个抚养人的潜意识防御模式的系统鉴别诊断，作为理解干预核心主题的方法。具体来说，抚养人用核心灵敏度来保持与未调节情感的距离，这种未调节情感是与自我和他人的问题经验相关的。为更精确地理解哪种防御方式可被所有抚养人使用，临床医师最好针对最需要改变的问题而设计干预方案。

COSI 中，抚养人显示了他们有关“反思”的能力，“反思”定义为理解自身心理状态，如思维、感觉、意图等的心理能力（Fonagy et al.，1997）。比如当抚养人被问到“当你不安或痛苦时，你的孩子会安慰你吗”时，大多父母回答“是”。当进一步问到“他（她）的安慰让你感觉如何”与“当他（她）安慰你，你猜想他（她）是什么感觉”时，抚养人的反思能力被激发了。大多父母对孩子安慰自己感觉良好。高反思的父母随后还会补充说，他们不想孩子觉得自己有责任这样做或者担心那样会使他们感到痛苦。低反思的父母认为孩子安慰自己没有任何问题，甚至可能对此产生依赖。在此情况下，当记住一个是父母一个是孩子的关系背景时，反思是有关抚养人描述自身内部状态和孩子内部状态的能力的。询问 30 个依恋相关的问题之后，抚养人的反思能力非常突出，并能预期在被问到依恋期间如何反应时会怎样应答。提供抚养人反思与其孩子关系的安全基地，是促使改变的关键治疗手段，治疗 461
计划的实现依赖于抚养人反思的能力（Fonagy，Steele & Steele，1991）。

治疗计划

初步评估过后，与父母初次会面之前，需要制定治疗计划。COS 治疗计划的核心就是选择关键抗衡，即依恋—照顾相互影响与不安全类型的抚养人内部工作模式的关键防御模式（参见 Cooper et al.，2005；Powell，Cooper，Hoffman & Marvin，2007）。它对引起情感压力互动中的亲子关系起到保护作用（如反抗—回避型的亲子关系对抗情感亲密，迷恋—矛盾型亲子关系对抗分离）。孩子为响应父母并满足其特定需求，就开始误导父母。先是改变关键点，接着多米诺效应（Domino effect）发生了，即通过治疗指导使亲子组具有更实用且安全的互动模式。例如抚养人的主要问题是害怕照管孩子，证据显示当她4岁的孩子在陌生情境程序中抑制重聚时，她总是表现“崩溃”（参见 Powell et al.，2007）。

程序脚本是关键。程序是这样的，抚养人学习如何从自身依恋角色中以这种方式互动，并且假定几乎没有发生学习，如果有，也是基于语言的。当然，父母会依据脚本发展成长时自身依恋需要的心理状态，并以此来看孩子的需要。莱昂斯-鲁思等（Lyons-Ruth et al.，1998）把这种学习定义为“内隐关系认知”，并将这些依恋—照顾行为描述为基于规则的有经验且组织化的使用或不使用语言的程序。依恋也是一个程序，是一个先于语言发展而基于“程序记忆”（procedural memory）的程序，并且代表了在需要时期成为抚养人的特定方式的“内隐关系认知”。

关键的脚本还包括一系列先引导抚养人继而引导孩子进行依恋相关情感管理的“如果……那么……”（if-then）命题。例如，一个普通的回避脚本可能是这样的：“如果我的孩子表现出了对舒适的需求，那么我会感到忧虑。我可以通过不让孩子表现出对舒适的需求而减轻忧虑。我可以通过将他的注意力转移到玩具上而让孩子停止表现出对舒适的需求。”COS将这些内隐关系脚本看做一种策略，通过这种策略，抚养人可以保护自身，以免遭受由孩子真实依恋需求引起的、与自身依恋历史中不安全性相关的痛苦情感。这种脚本依次引起孩子的确定行为。干预的重点是，通过帮助抚养人发展一致的共情叙述以描述自己与孩子的经历，而使这些内隐关系脚本变得清晰。

关键的选择符合简单的决策树模式。父母通过为孩子提供领导力、安全和结构而提供“手”的基本功能了吗？如果答案是否定的，关键就是弥补缺少的功能。如果答案是肯定的，那接下来的问题就是：当孩子感到不安时，父母可以提供舒适和照顾吗？如果答案是否定的，那这就是关键。如果答案是肯定的，最后一个问题就是：孩子可以将父母作为安全基地并据此去探索吗？如果父母提供了所有这些功能，关系就是安全的，关键将会集中于支持和加强现存的优势。

通观COS方案，治疗者与抚养人商议的关系质量是关键。在方案的每个阶段，抚养人通过日渐增多的对更敏感材料的探究来增加易感性。起初，他们需要对孩子的需求和感受进行观察并做出结论，然后被询问自身经验，尤其是当他们对孩子的依恋需求感到忧虑的时候。为使抚养人达 462
到这个程度的反思，他们必须感到安全，并获得治疗师的支持和理解。

COS方案使用首字母缩略词RAR来描绘治疗改变的基本方面以组织治疗。

- R代表治疗者与父母之间的关系（relationship）。要想治疗成功就需商议一个安全的“扶持环境”（Winnicott，1965）。治疗者及团队成为安全基地，父母可以以此探索他们与孩子的关系。
- A代表情感调节（affect regulation）（Cassidy，1994）。每个父母诉说自己唯一一次在团体中调节情感的经历。分组讨论中，不可避免地对抚养人如何管理长期痛苦情感的某些方面产生质疑。长期妨碍父母应答其孩子的能力的感觉，现在可以被治疗者、团体、父母自身所“掌握”（Winnicott，1965）。共享不同情感的理解与管理的经验是父母提供更安全照顾能力的基础。
- R（reflection）代表反思，指抚养人反思孩子与自身的思想、感觉、需求和行为并且最后做出新决定的能力。

一系列亲子互动的录像显示了抚养人意识之外的程序脚本。当抚养人意识到自己没有像期望的那样尽可能敏感地回应孩子时，他们就会感到忧虑与痛苦。当互动的参与者变得不安时，他们就会把治疗者当做避风港，他们可以以此分享、处理并理解显露出的情感。如果参与者可以把治疗者当做安全基地和安全港，干预就会顺利进行。如果参与者可以思考孩子可能的需求，以及他们如何行动，他们就有可能获得成功。即使安全或不安全依恋由行为变化而测量，治疗重点也还是去反思、感受以及分享的能力。几乎没有抚养人可以尝试的行为处方，即使有，也已经给过了。

COS方案中改进的观点是父母有能力和意愿去响应孩子的需求，但是对发展经历中与剥夺相关的痛苦情感的防御，阻碍了他们观察并响应孩子的基本依恋需求（Fraiberg，Adelson & Shapiro，1975）。依我们看，这些关键防御是内隐关系认知的一部分，依靠很低程度的意识或语言得以组织。发展 COS 方案的关键挑战就是怎样帮助抚养人理解并创建一个如此复杂的构造，在相对简洁的无强迫干预模式中代表已确立的关系类型。

为帮助父母理解程序组织的心理防御状态构造，我们通过设置音乐的音频和视频片段来达到目的。第一部分始于悬崖边的美丽海洋景观。片段设置为帕赫贝尔的卡农（Pachelbel's Canon）D 大调。视频片段是一些人沿着通向海洋的丛林小道漫步的景象。片段持续 50 秒，画面定格在人们站在海滩远望海水，意在引起平静、快乐而安全的感觉。片段的第二部分使用相同的录像，但被设置为一个音乐作品，与电影《大白鲨》的主题曲相似。这个片段倾向于引起非常不同的感觉。突然，经由平静丛林小道的漫步转变成了若隐若现的树木间可怕的艰难跋涉，灌木丛中充满隐患。通往海滩的最后这段路让人不禁有种想逃离的欲望。

抚养人很快理解了音乐明显转变成这两个相同可视经验引起的情绪。我们认为心理状态就像头脑中上演的音乐。心理状态可以粉饰乃至规定我们的主观经验，而音乐是心理状态的一个极好的隐喻，它是不基于语言的感情唤起。

由孩子的依恋和探索行为而唤起的音乐类型，是基于我们关于这些行为的经历。例如如果我们
463 童年时获得了安全感与对分离和探索的支持，那么孩子探索的内心愿望会引起非威胁性的音乐。如果我们自身探索和个性化的历史与侵犯、抛弃或者与侵犯和抛弃的威胁相关，那么孩子独立自主的需求就会引起团体中参与者所指出的“鲨鱼音乐”。阐明鲨鱼音乐包含对实际上安全的事物的恐惧反应是很重要的。

与寻求或维持亲近相关的感觉或生理亲密，可以影响由孩子依恋行为引起的心理状态，也是同样的道理。另外，早期经历可构建与负责、设限、创建边界以及父母其他功能的积极或消极的联合。

有时，一个表达特殊需求的孩子会引起抚养人的防御心理状态，因为当抚养人还是孩子的时候，在他表达同样需求时回应他们的是虐待。然而，对一些抚养人来说，表现出防御反应仅仅是因为自己儿时的抚养人也对同样的特定需求表现出防御反应。例如假若一个抚养人的祖父经历了对舒适需求的创伤反应。这个祖父认识到要避免生理和情感亲密，所以选择一个不寻求或不需要亲昵行为的配偶。因此，抚养人最初的依恋对象就是在一个感情淡漠的家庭中逐渐形成的，并且通过回避双方父母来满足舒适的需求。当抚养人还是孩子的时候，他们试图获得舒适，但那些努力却换来了焦虑和回避。现在想象我们的抚养人成为父母的时候，试图理解他们正在传达给第四代的这种鲨鱼音乐的根源。

不管这种鲨鱼音乐是由创伤历史还是世代传递引起的，抚养人都需要发展一种安全的内隐关系认知，这种内隐关系认知对他们来说是可选择的。我们用大脑—行为关系上的思维跳跃，来向抚养人解释当前情境中“边缘系统警报”与“前额叶评估”之间的不同。在对父母的陈述中，我们认为边缘系统警报更快而不是更精确，而前额叶传达的解释较慢却更精确。通过帮助父母理解他们可被边缘系统“劫持”（Goldman，1995）到鲨鱼音乐的心理状态，我们设置了创建选择点（choice points）的基础。

当抚养人意识到杏仁核和边缘系统的一部分总是搜索风险信号时，选择点就被创建了。我们每个人会基于恐惧经验的历史建立一个“杏仁核数据库”。一些人由于创伤、虐待和忽视的童年而有大量数据库，然而其他人仅有数量有限的杏仁核数据库。当人们有大量杏仁核数据库时，可能就会有大量与极端风险相关的事件存在，以至于即使一个较小的事件也会引起主要的边缘系统反应。对此的解释是，我们的“感觉大脑”（边缘系统）没有对这些数据库盖上日期邮戳，或者没有对最初情境与当前情境进行比较，因为它被设计为通过一个直接警告以发起一个快速防御的策略。因此，比如说，如果童年时寻求舒适，却面对父母的生气和拒绝而感到渺小和无力，那么，成年时，从小孩身上寻求舒适就足以引发杏仁核的假阳性（false-positive）警告与相应防御的关联。

由于意识到那个恐怖但不风险的经验是假阳性杏仁核警报，选择点就被创建了。选择就是继续防御不存在的“鲨鱼”或者占用前额叶（称作父母的“思考脑”）对此进行反映。通过讨论感觉脑和思考脑，抚养人可发展一种基于对当前情境更精确评估之上的反应。

当和孩子一起工作，父母谨记这个准则：“当

我的孩子在做 X 时，我可以听鲨鱼音乐，而不是通过做 Y 来保护自己，我会忍受自己情感上的不适并反思当前情境，这样我才可以适当地应答孩
464 子的需求。当父母冒险去经历并思考而不是防御时，由鲨鱼音乐引起的感觉以及先前未经探查和调节的消极情感就可以被带入反思性对话中，同时治疗转变就发生了。

COS 方案中的第一轮视频对应的是阶段一，从治疗第三周开始持续到第八周。每周父母和团体都会处理一个编辑好的父母 SSP 视频片段。阶段一的考察还是探索限制父母充分使用其不发达能力的防御过程的基础。考察时，分别给其他父母一张工作表以增强他们的观察能力，同时邀请他们分享各自的领悟，并支持那个正在考察的录像带中相对应的父母。

在开始阶段，给父母介绍安全依恋的概念。他们直到第 9 周才正式体验不同类型的不安全依恋，即在录像带考察的第一阶段完成之后。在所有团体会面中，抚养人的表现是标准化的，团体成为一个安全的地方，在团体中，参与者可以探索并确认对他们来说安全圈中最舒适的那一部分。

第 9 周，在进入鲨鱼音乐之前，通过让所有团体成员大声宣读一份叫“欢迎参加俱乐部”的宣传单，证明父母表现是标准化的。传单强调了所有父母都付出努力的要点。当允许父母像往常一样表现时，他们开始放松。为帮助抚养人探索他们标记在图 28.1 即安全圈上的相对舒适的需要，我们建议他们反思涉及安全圈多种成分的自己父母的舒适度。当参与者开始讨论他们自身的成长经历时，就可以反思他们将什么或没将什么传递给了孩子。我们确实对责备不感兴趣。我们感兴趣的是，反思自身历史有助于阐明当前的优势和表现。

除了看到正常抚养人的表现之外，这个练习的潜在目标是概述抚养人期望遇到的特定表现。抚养人被告知，他们的表现可能会很好地揭露有关手的问题、上半部问题、下半部问题，或者三个部分问题的结合。同时，考虑到父母已经无意识经历了鲨鱼音乐的痛苦，这些努力是可理解的。此外，“欢迎参加俱乐部”的主题使所有父母的积极意向性得到尊重。如此，一个“没有责备”的情境就建立了，这加深了父母对团体治疗积极意向性的信任感，并且，通过暗示，也加深了团体作用。

“欢迎参加俱乐部”之后，父母通过使用“鲨鱼音乐”理解心理状态是如何影响感知觉以及受限的 COS 图（见图 28.2）的，以初次了解不安全依恋。这个图是回避型和矛盾型依恋的简化形式，但可用来向父母说明构造的功能。接下来我们表达了这样一个观点，即不论我们在安全圈的上半部还是下半部，我们都倾向于获得舒适。如果我们没能使自己处于至少让自己感到舒适的那半安全圈，我们就会处于这样的风险之中，即失去孩子的线索并且不经意地教给孩子一些关于他们在那半安全圈上的需要的错误提示。

10～15 周，父母参与阶段二的录像考察。重点就是帮助父母鉴别他们的关键表现与相关的鲨鱼音乐影响。如同先前研究一样，每周呈现一个父母在干预前评估时重新编辑过的视频片段。阶段二考察的目标是帮助父母认识到他们有能力，因此当孩子的依恋需要激活防御时，他们可以选择更安全的策略。

16 周，父母在改良 SSP 中被录像。这些录像带是为发生在 17～19 周的阶段三的录像考察而编辑的（每周完成两个录像考察）。阶段三的重点是庆祝积极的改变并商议未来改善的方向。

20 周举行毕业礼。每个父母收到一个“毕
业证书”。届时鼓励父母分享他们参与方案的经 465
历，最后是为快速干预评估作准备。最终评估过后，赠予父母录像考察中使用的录像片段副本。

实证评估

一个对 75 对亲子组使用 SSP（Ainsworth or Cassidy & Marvin）的干预前—干预后设计，评估了 COS 治疗方案的有效性（Hoffman et al.，2006）。接受 20 周干预的 75 个抚养人中，有 65 人（86%）完成了计划。我们验证了假设，干预后，混乱型依恋显著下降并且安全型依恋显著增

加。混乱型依恋（控制、不安全或其他）从治疗前的 60%下降到治疗后的 25%，安全依恋从治疗前的 20%增加到治疗后的 54%。

在干预前 SSP 中划分为安全型的 13 个孩子中，有 12 人在干预后 SSP 中还是安全型。从安全型变为不安全型的那一个孩子，其抚养人在此期间沉迷吸毒。92%的安全型儿童 6 个月后还是安全型的数据表现出的稳定性，比其他纵向非干预样本报告的稳定性比率要高（Moss，Cyr，Bureau，Tarabulsy & Dubois-Comtois，2005；Weinfield，Whaley & Egeland，2004）。干预时安全型的稳定性表明，干预不仅无害而且为安全型亲子组维持安全提供支持。使用随机试验设计的进一步研究，需要核实这里报告的结果是否真的来自于干预。

本研究结果提供了令人鼓舞的初步数据，证明 COS 治疗方案有利于学步期到学龄早期的儿童降低紊乱并增加安全。现在需要用随机控制试验和其他研究者的重复实验，说明这种方法的疗效。

总结

COS 方法满足了早期干预领域中临床模型的需要，这个临床模型在理论上是基于实证研究的，对父母及精神治疗医师来说易操作。有代表性的是，参与 COS 干预的人（如父母和专业人员）可把 COS 范式作为思考自身依恋历史的机会。就专业人员而言，自身依恋努力所增加的共情会直接转变成帮助父母建立亲密关系中的共情。因此，模型可以排除那些提供和接受治疗间的明显界限。事实上，我们作为一个物种不断进化，病理学的重要性逐渐消失。取而代之的是对特殊依恋需要的共情，以及如何更好地回应。

致谢

我们要感谢来自“儿童方舟”（Children's Ark）的珍妮特（Janet）和保罗·曼（Paul Mann）对编辑本章的帮助。他们给了我们一个的可以顺利写作的安全基地。

参考文献

Aber, J. L., Slade, A., Berger, B., Bresgi, I., & Kaplan, M. (1985). *The Parent Development Interview.* Unpublished manuscript, City University of New York.

Ainsworth, M. S., Blehar, M. C., Waters, E., & Wall, S. (1978). *Patterns of attachment: A psychological study of the Strange Situation.* Hillsdale, NJ: Erlbaum.

Bowlby, J. (1973). *Attachment and loss: Vol. 2. Separation.* New York: Basic Books. (Original work published 1969)

Bowlby, J. (1980). *Attachment and loss: Vol. 3. Loss.* New York: Basic Books.

Bowlby, J. (1982). *Attachment and loss: Vol. 1. Attachment.* New York: Basic Books.

Britner, P. A., Marvin, R. S., & Pianta, R. C. (2005). Development and preliminary validation of the caregiving behavior system: Association with child attachment classification in the preschool Strange Situation. *Attachment and Human Development, 7,* 83–102.

Carlson, E. A., & Sroufe, L. A. (1995). Contribution of attachment theory to developmental psychopathology. In D. Cicchetti & D. J. Cohen (Eds.), *Developmental psychopathology: Vol. 1. Theory and methods* (pp. 581–617). New York: Wiley.

Cassidy, J. (1994). Emotion regulation: Influences of attachment relationships. In N. Fox (Ed.), *The development of emotion regulation* (pp. 73–134). Monographs of the Society for Research in Child Development, Vol. 59. Chicago: Society for Research in Child Development.

Cassidy, J., & Marvin, R. S. (1992). *Attachment organization in preschool children: Procedures and coding manual.* Unpublished manual, University of Virginia, Charlottesville, VA.

Cassidy, J., & Mohr, J. (2001). Unsolvable fear, trauma, and psychopathology: Theory, research, and clinical considerations related to disorganized attachment across the life span. *Clinical Psychology: Science and Practice, 8*, 275–298.

Cooper, G., Hoffman, K., Marvin, R., & Powell, B. (1999). *The Circle of Security Interview.* Unpublished manuscript, Marycliff Institute, Spokane, WA.

Cooper, G., Hoffman, K., Powell, B., & Marvin, R. (2005). The Circle of Security intervention: Differential diagnosis and differential treatment. In L. J. Berlin, Y. Ziv, L. M. Amaya-Jackson, & M. T. Greenberg (Eds.), *Enhancing early attachments: Theory, research, intervention, and policy* (pp. 127–151). New York: Guilford Press.

Fonagy, P., Steele, H., & Steele, M. (1991). Maternal representations of attachment during pregnancy predict the organization of infant–mother attachment at one year of age. *Child Development, 62*, 891–905.

Fonagy, P., Steele, M., Steele, H., & Target, M. (1997). *Reflective-functioning manual, Version 4.1, for application to Adult Attachment Interviews.* Unpublished coding manual, University of London.

Fraiberg, S. H., Adelson, E., & Shapiro, V. (1975). Ghosts in the nursery: A psychoanalytic approach to the problem of impaired mother–infant relationships. *Journal of the American Academy of Child Psychiatry, 14*, 387–422.

George, C., Kaplan, N., & Main, M. (1996). *The Adult Attachment Interview, Third Edition.* Unpublished manuscript, University of California, Berkeley.

Goldman, D. (1995). *Emotional intelligence: Why it can matter more than IQ.* New York: Bantam Books.

Hoffman, K., Cooper, G., Marvin, R., & Powell , B. (1997). *Seeing with Joey.* Unpublished manuscript, Marycliff Institute, Spokane, WA.

Hoffman, K., Marvin, R., Cooper, G., & Powell, B. (2006). Changing toddlers' and preschoolers' attachment classifications: The Circle of Security intervention. *Journal of Consulting and Clinical Psychology, 74*(6), 1017–1026.

Kernberg, O. F. (1975). *Borderline conditions and pathological narcissism.* New York: Aronson.

Kobak, R., Cassidy, J., Lyons-Ruth, K., & Ziv, Y. (2006). Attachment and developmental psychopathology. In D. Cicchetti (Ed.), *Developmental psychopathology* (2nd ed., pp. 333–369). New York: Wiley.

Kohut, H. (1971). *The analysis of the self.* New York: International Universities Press.

Lyons-Ruth, K., Bronfman, E., & Gwendolyn, A. (1999). A relational diathesis model of hostile–helpless states of mind. In M. Solomon & C. George (Eds.), *Attachment disorganization* (pp. 33–71). New York: Guilford Press.

Lyons-Ruth, K., & members of the Change Process Study Group. (1998). Implicit relational knowing: its role in development and psychoanalytic treatment. *Infant Mental Health Journal, 19*, 282–289.

Main, M. (1981). Avoidance in the service of attachment: A working paper. In K. Immelmann, G. Barlow, M. Main, & L. Petrinovitch (Eds.), *Behavioral development: The Bielefeld interdisciplinary project* (pp. 651–693). New York: Cambridge University Press.

Main, M., & Solomon, J. (1990). Procedures for identifying infants as disorganized/disoriented during the Ainsworth Strange Situation. In M. T. Greenberg, D. Cicchetti, & E. M. Cummings (Eds.), *Attachment in the preschool years: Theory, research, and intervention* (pp. 121–160). Chicago: University of Chicago Press.

Marvin, R. S., & Britner, P. A. (1995). *A classification system for parental caregiving behavior patterns in the preschool Strange Situation.* Unpublished classification manual, University of Virginia, Charlottesville, VA.

Marvin, R. S., Cooper, G., Hoffman, K., & Powell, B. (2002). The Circle of Security project: Attachment-based intervention with caregiver–preschool child dyads. *Attachment and Human Development, 4*, 107–124.

Masterson, J. (1976). *The psychotherapy of the borderline adult.* New York: Brunner/Mazel.

Masterson, J., & Klein, R. (Eds.). (1995). *The disorders of the self: New therapeutic horizons—The Masterson approach.* New York: Brunner/Mazel.

Moss, E., Cyr, C., Bureau, J.-F., Tarabulsy, G. M., & Dubois-Comtois, K. (2005). Stability of attachment during the preschool period. *Developmental Psychology, 41*, 773–783.

Powell, B., Cooper, G., Hoffman, K., & Marvin, R. (2007). The Circle of Security project: A case study. In D. Oppenheim & D. Goldsmith (Eds.), *Clinical application of attachment theory: Bridging the gap between theory, research, and practice.* New York: Guilford Press.

Schore, A. (2003). *Affect regulation and repair of the self.* New York: Norton.

Schore, A. (2003). *Affect dysregulation and disorders of the self.* New York: Norton.

Siegel, D. J. (1999). *The developing mind: Toward a neurobiology of interpersonal experience.* New York: Guilford Press.

Sroufe, L. A., Egeland, B., Carlson, E. A., & Collins, W. A. (2005). *The development of the person: The Minnesota Study of Risk and Adaptation from birth to adulthood.* New York: Guilford Press.

van IJzendoorn, M. H., Schuengel, C., & Bakermans-Kranenburg, M. J. (1999). Disorganized attachment in early childhood: Meta-analysis of precursors, concomitants, and sequelae. *Development and Psychopathology, 11*, 225–249.

Weinfield, N. S., Whaley, G. J. L., & Egeland, B. (2004). Continuity, discontinuity, and coherence

in attachment from infancy to late adolescence: Sequelae of organization and disorganization. *Attachment and Human Development*, 6, 73–97.
Winnicott, C., Sheperd, R., & Madeleine, D. (1989). *D.W. Winnicott: Psycho-analytic explorations*. Cambridge, MA: Harvard University Press.
Winnicott, D. W. (1965). *The maturational processes and the facilitating environment*. London: Hogarth Press.

第 29 章

婴儿期家庭治疗的原则

尼古拉斯·法韦（Nicolas Favez）
弗朗斯·弗拉斯卡罗洛（France Frascarolo）
米里·克伦（Miri Keren）
伊丽莎白·菲瓦-德珀辛格（Elisabeth Fivaz-Depeursinge）

468 核心家庭是由父亲、母亲和孩子组成的，它是社会环境的基本组成单元，儿童在家庭中成长并学习社交技能（Parke & Buriel，1998）。尽管已有事实表明，早期干预模型大多青睐母婴互动的干预方式，是因为和母亲的关系在理论以及概念上是最重要的，而且将父亲加入治疗过程比较困难。但是，不断增加的临床和调查证据强调家庭中三者为一个单位，都有各自的权利，在孩子的发展和干预中扮演着不同的角色。本章我们呈现了一个结构化的方法来评估以及指导家庭干预。我们从回顾作为孩子发展背景的家庭关系开始研究，并会简单地提及家庭治疗领域中基于实践的证据。

婴儿期家庭关系水平机制的案例

儿童一出生，就被牵扯到了一个复杂的关系网络：首先是和母亲的关系，根据大部分常见的社会角色分配模式，这是和孩子相互影响最多的一个人（参见 Cowan & Cowan，1992），然后是和父亲，和兄弟姐妹之间，以及家庭单位之外的关系，例如祖父母还有整个大家庭。在这个关系网络中，儿童必须将影响其社会性与情绪发展的环境与自身的发展结合起来。因此一个相互适应的安宁幸福的发展将会在孩子和他的家庭之间发生。构造主义认为，家庭关系网络可以从分层次且相互关联的系统和子系统中来分析（Minuchin，1985）。孩子不单是双向系统（母—子、父—子）的成员也是三者系统（父—母—子）的成员。在成为父母之前，夫妻构成了婚姻，在这之中形成了一个系统。当第 1 个孩子出生的时候，这个系统的复杂性就提高了：父—母—子三者构成了一个家庭系统，这个系统细分为父母—孩子子系统、婚姻子系统，以及具体到集中于孩子的父母间的子系统（家长交互系统；Minuchin，1974）。这些子系统之间是相互联系并且自主的，它们相互依赖，但从儿童的视角来看，每一个特殊关系的形式都受到发展心理学家的重视。

亲子关系

传统观点重视母子关系。大量调查和临床研究显示，母亲的心理状态和养育“天赋”以及孩子的发展有着错综复杂的关系。有两个层面上的研究显示，第一，在自然情境下观察母婴的互动，使我们可以从原始状态“剖析”母婴间这种最平常的交往，（参见 Brazelton，Koslowski & Main，1974），互动过程中的误差主要来自母亲或孩子的变量。第二个层面的研究是母亲的表现（在孩子出生之前和之后），这个和她在互动中的敏感性和反思能力有关（参见 Benoit，Zeanah，Parker，Nicholson & Coolbear，1997）。临床医生们的兴趣迅速转向了母婴关系的系统功能；即他们不再单独地关注病理学本身，而是诊断伴随着互动出现的能力（Anders，1989；Stern，1977）。这种互动障碍被认为是情绪差异或心理病理学上母亲对孩子产生影响的主要中介变量（母亲抑郁的影响值在 0.53～0.60 之间；参见 Goodman & Gotlib，1999；Tatano Beck，1999）。早期对三者关系表现出兴趣的很多研究强调，孩子和父亲的关系对孩子的发展十分重要，关系是否正常（参见 Lamb，1996；Phares，Duhig & Watkins，2002）受到父亲精神状况的影响。相比关注父亲与孩子关系的研究，大概有五倍以上的研究专注于母亲的精神状况，但是元分析表明父亲的健康程度对孩子发展有更显著的影响（在0.28～0.32 之间）。有趣的是，预测孩子心理病理学上的不同类型取决于父母：和父亲互动困难与外显行为症状有关，然而和母亲的问题却与内部心理症状有关（Connell & Goodman，2002）。最后，从三者的关系就可以发现，在角色认同上当母亲有困难时父亲成为一个支持者。因此，为了防止产后抑郁症，母亲报告获得父亲的支持可以预测母亲心理问题和孩子发展的相关；通过父亲角色提供的支持成为了调节变量（Bost，Cox，Burchinal & Payne，2002）。

要了解父母如何影响孩子的发展，必须同时考虑他们的行为而不是割裂来看。父母和孩子两者都不是孤立的（即使在离异家庭中），而是相互影响的，就像父母间的关系同样影响着与孩子的关系（Emery，Fincham & Cummings，1992）。

婚姻关系

很多研究首先考虑父母关系对孩子的影响，

专注父母在婚姻关系中身份的转变。应特别关注这种关系的某一方面：夫妻双方的冲突管理和婚姻冲突对孩子发展的影响。孕期成为父母关系高度紧张的阶段之一。

其实在孕期，父母间的交流变得更为有针对性，越来越少直接地向对方表达情感，他们反而专注在孩子身上，关注孩子得到的关怀，并安排好每天的生活（Cowan & Cowan，1992；McHale，2007）。这种明显带有针对性的交流通常降低了婚姻满意度，这种影响将持续一年或两年然后慢慢减退，但这可能引发持久的冲突，特别是如果家长之间的冲突在孩子的概念形成之前已经产生了（Fearnley Shapiro，Gottman & Carrere，2000；Frosch，Mangelsdorf & McHale，1998；Hein-
470 icke & Guthrie，1996；Katz & Gottman，1991）。婚姻关系的质量能预测交流减少后是否会发展为持久的冲突。比如刘易斯（Lewis，1988a）将“婚姻胜任力”描述为伴侣坦率地表达情感的一种能力，互述温情，以坦诚的态度解决冲突，使双方都获得满意的结果。这种胜任力似乎和他们适应父母的身份相关（Lewis，1988b）。此外，每对父母对“对方作为父母”抱有的期望也发挥了重要作用。一旦孩子出生，这些期望可能导致婚姻关系恶化，因为在孩子出生后母亲期望能从父亲那里得到更多对于孩子的照顾。

夫妻关系的恶化可能导致：（1）破坏孩子的社会适应能力；（2）孩子出现症状。父母冲突对孩子心理发展的影响作用已经显而易见。

根据班杜拉的社会学习理论（Bandura，1973），夫妻冲突对孩子首先有直接影响，孩子通过替代学习学会了破坏性行为，看到父母之间的敌对和攻击性行为继而模仿。另外，冲突中的父母不能够为孩子提供必要的“情绪安全感”去调节孩子的情绪。所以孩子可能试图直接缓解父母的冲突（像中间人那样去调节），或者以退缩的方式反应——不参加社会交往以免面对潜在的消极情绪（Davies，Cummings & Winter，2004；Davies & Forman，2002；Davies，Harold，Goeke-Morey & Cummings，2002；Gottman & Katz，2002）。即使是婴儿面对父母间未解决的冲突，也会通过生理失调（例如非典型迷走神经调节）反映出来，当孩子面对新的情况时倾向于退缩（Crockenberg，Leerkes & Lekka，2007）。

第二个影响是间接的；对子女的养育受父母间关系破裂的影响，这种现象被叫做“扩散效应”（Erel & Burman，1995）。冲突型父母的典型教养方式是易怒、无应答、明显缺乏温暖以及情感给予、拒绝和控制、纵容——这些导致孩子养成了对父母和伙伴的火爆脾气和对抗行为（Davies et al.，2002；Webster-Stratton & Hammond，1999）。冲突不仅会改变父母的行为，而且会通过消极的光环效应影响到孩子的表现。就是说父母会认为孩子比外表看起来更难相处，这反过来导致父母把孩子当成问题儿童对待（Katz & Gottman，1991，1996）。也有人对婴儿期的扩散效应进行论证（Crockenberg & Leerkes，2003a）。然而，婚姻冲突对孩子的影响似乎主要集中在适应性问题上而不是心理病理学的发展（平均效应值为0.16；参见Reid & Crisafulli，1990）。

共同养育

共同养育（Abidin，1992）表明，父母关系的特殊功能与孩子的需要有关。米努奇（Minuchin，1974）用专业术语“父母子系统”首先提出当完成孩子社会化任务的时候，共同养育的形式与婚姻系统不同。共同养育与婚姻关系密切相关（Frosch et al.，1998；Margolin，Gordis & John，2001），即使这两个系统在概念和功能上有明显的区别，例如，在时间上离婚后的共同养育关系比婚姻关系更经久（Cowan & McHale，1996；Schoppe-Sullivan，Mangelsdorf，Frosch & McHale，2004）。二者是互相影响的：孩子出生之前婚姻的满意程度预见了孩子出生之后的共同养育关系（Van Egeren，2003）；而反过来，共同养育形式对婚姻关系也有影响，因为随着孩子的出生，它会变成恢复不满婚姻关系最有预见性的
因素之一（Belsky & Hsieh，1998；Schoppe-Sul- 471
livan et al.，2004）。父母的合作和团结构成了共同养育的驱动力，通过父母增加对孩子的照顾和家庭的完善，当孩子发展到言语关键期时，夫妻间情感上积极的、互相支持的交流更为显著（McHale，1997）。

当冲突也影响了共同养育时，可能会造成一些后果。第一，一方公然否定另一方做的决定（明显冲突）或者说另一方坏话，是一种敌对的抚养方式，这会逐渐破坏儿童心目中（隐性冲突）不

在场父母的形象。第二，参与共同养育的差异可能表明他们自己是家庭生活中退缩的一方（通常是父亲）。早期敌对的抚养方式给孩子一种不一致的信号，使孩子反复体验到不确定和不稳定。孩子不得不处理这种关系的矛盾因素甚至是矛盾信息（Gable，Crnic & Belsky，1994），这会造成孩子认知和情感上的不一致，这往往预示着老师报告的孩子 4 岁时的外显行为症状（攻击性行为）（McHale & Fivaz-Depeursinge，1999；McHale & Rasmussen，1998；Schoppe，Mangelsdorf & Frosch，2001）。在父母退缩的情况下，孩子经历情感的“空窗期”，可预测孩子的外显症状，像焦虑和不安全感——退缩成为逃避冲突的一种方式。共同养育过程中的这些变化破坏了孩子对家庭完整的感觉，影响了孩子把家当做一个安全港湾的信心（McHale，Kuersten & Lauretti，1996）。

第三种类型的共同养育修正为“以孩子为中心”（McHale et al.，2002），通常发生在当父母间交流减少，或者父母表面看起来和谐但实际以强硬的语气表达情感时。这种亲子交流仍然是温暖的，但是夫妻之间没有真正交流。就人际关系而言，可能不允许对离异夫妻进行任何全面的评估测量，然而，家庭作为一个整体，在相聚的时候表现出积极情绪和快乐的缺乏——这就可以作为一个关注点。

通过共同评估婚姻关系（自陈满意度或者冲突中谈论的问题）和共同养育（在与孩子的交流中一方作为父母在另一方心中的形象或者为对方提供的支持），研究已经证实共同养育冲突的不同形式和抚养孩子过程中存在的问题有关，甚至与婚姻关系相关的变量都是可控制的（Frosch，Mangelsdorf & McHale，2000；McHale，1995）。最后，甚至在怀孕阶段就可预测共同养育，因为它与父母亲想象三口之家的能力，或者在孩子出生前他们想象三口之家不同角色的交互作用有关（Burgin & von Klitzing，1995；Carneiro，Corboz-Warnery & Fivaz-Depeursinge，2006；Van Egeren，2003，2004）。

孩子对共同养育关系的贡献是一个开放性问题。对父母共同养育和联合养育最为广泛的测量，包括测量父母与孩子的关系或者父母间的互动，但通常不包括测量孩子自己（Schoppe-Sullivan et al.，2004）。值得关注的是，麦克海尔指出临床观察者进行评定时倾向于对同样的共同养育冲突进行更为严格的评定，如果它的确影响了孩子。这个观察结果表明当评估家庭交互作用时把孩子列入考虑范围是必要的，因为共同养育行为的意义将随着它对儿童的影响而不同（McHale & Alberts，2003；Van Egeren & Hawkins，2004）。

孩子的贡献

孩子的贡献可以从两方面进行评价：就性别或气质而言可通过关注孩子的能力，或者通过关注个体差异来显现（McHale，Kazali et al.，2004；McHale，Kuersten-Hogan & Rao，2004）。

越来越多的证据表明，孩子早在生命的第 1 个月就有管理多重人格交互作用的能力。最近来自不 472 同国家的研究结果共同表明，在某种情况下，3 个月婴儿就有注意、交流和情绪能力，这使他们表现出一些联合注意行为，包括注视追随、情感分享、社会参照倾向（Fivaz-Depeursinge & Favze，2006；Fivaz-Depeursinge，Favez，Lavanchy，de Noni & Frascarolo，2005；Tremblay & Rovira，2007）。

更重要的是，对孩子气质的研究表明，情绪控制倾向可能影响父母的教养方式。用观察法对“问题孩子”的父母进行评估，在开始的几个月他们会采取一种更多回应的教养方式，但是最后，他们努力使孩子平静失败后将导致他们表现出一种更为冷漠和疏远的教养方式（Crockenberg & Smith，1982；van den Boom，1994）。这种气质的影响似乎被父母人格中的一些风险因素——他们的社会经济地位或者孩子出生前的婚姻关系质量——所改变（Crockenberg & Leerkes，2003b；Schoppe-Sullivan，Mangelsdorf，Brown & Szewczyk Sokolowski，2007）。一方面，孩子出生前夫妻关系满意度高的父母，对 3 个月大的困难型气质的孩子表现出支持性共同养育。另一方面，如果在孩子出生之前夫妻关系不和睦，那么他们与问题儿童的冲突会破坏共同养育。在对处在生育过渡期的 51 个标准家庭的研究中，我们发现在 3 个月时，母亲报告的儿童气质和共同养育家庭在孕期的互动，预测了 18 个月时家庭三方的互动质量（Favez，Frascarolo & Lavanchy，2007）。由于评定气质的方法不同，实验结果在该领域尚无定论

（如“客观的”评估对父母陈述问卷）。

儿童的性别也会对家庭互动产生影响，尽管元分析并没有揭示任何显著的差异（McHale, Crouter & Whiteman, 2003）。然而，观察家庭内部互动时，根据父母和儿童性别的不同，我们可以看到个体的差异（Maccoby, 2003；McHale & Crouter, 2003）。在性别因素上，当家庭结构能够很好地匹配时（如两个不同性别的父母有两个不同性别的孩子），每个父亲或母亲会趋于花更多的时间与相同性别的儿童在一起，并且与他开展不同性别类型的活动（McHale & Crouter, 2003）。

找出儿童社会性发展中显著相关的影响因素并不容易。实际上，通过自身的某种特殊关系在广阔背景下去调整儿童的独立发展似乎并不可能。经过复查，在数据库中有一种持久性特征：每次关注构成家庭单位的二元关系中的一个时，发现第三者有可以影响或者促进二元关系的功能。同时，在这些复杂的子系统中所有联系暗示性地支持了一个直接的家庭观点，在这一点上对已有理论进行补充。可是，所有已经发表了的研究有一种趋势，即强调各种子系统的累积影响，而不是一个有差别的或特殊的影响。但共同养育子系统将儿童的发展解释为“更多相同的变化”，这不是婚姻子系统所能解释的；依然不清楚家庭层次是否有特殊的影响，以及对相同变化是否有更多的解释。

家庭干预

与核心家庭或者主要的家庭单元合作，这是从家庭的范围入手。家庭干预总体上基于这样一个假设：行为问题在家庭中以一个最显著的方式与社会系统中相关的行为模式有关（Sexton & Alexander, 2002）。而且，根据经典系统方法描述的平衡动态作用，对一个家庭成员的直接干预总是会影响其他家庭成员——在某种程度上孩子的“积极”改变可能伴随着家长一方的“消极”变化（Jackson, 1965）。家庭干预的特殊性体现 473
在不仅要干预个人，还要干预整个关系系统。许多研究指出了家庭干预的影响（实验组70%的被试表现要优于控制组），并报告影响区间为0.47～0.53（Carr, 2000；Sexton, Alexander & Leigh Mease, 2004；Shadish et al., 1993）。大多数研究评估家庭干预的结果依据孩子障碍症状的减少（要么测量诊断出的变化，要么依据各维度列表上减少的症状）。在其他方面也观察到了家庭治疗显著的积极影响，如儿童和青少年中的品行障碍、孤独症、攻击行为以及在注意缺陷/多动障碍（ADHD）中的不服从、物质滥用和饮食障碍等方面（Cottrell & Boston, 2002；Kazdin, 2000；Pinsof, Wynne & Hambright, 1996）。可是历史上婴儿期的家庭治疗研究几乎没有。塞克斯顿等（Sexton et al., 2004）在60个关于3岁以下儿童的研究中仅查到两个。很显然在这一领域还需要更多的数据。

LTP范式

观察和评估家庭互动对了解家庭互动模式十分有益，在有限的时间内透彻地评价了家庭作为一个互动群体而表现出家庭功能的核心原则（McHale & Alberts, 2003；Minuchin, 1985）。在讨论我们方法的基本原则之前，我们要描述一个LTP（洛桑市三方对话游戏）观察范式，它是家庭评估的核心，并且充当了我们已经研究出的观测情况的基本构造。LTP允许从三个关系上对家庭相互作用进行系统观察，这些关系是父亲、母亲与婴儿之间的。LTP的目的是三个家庭成员能够分享令人高兴的时刻。

LTP的体系包括几个可能每天都可以重现的相互作用结构（Corboz-Warnery, Fivaz-Depeursinge, Gertsch Bettens & Favez, 1993）：

（1）父母一方与婴儿做游戏，而另一个则作为第三方（2+1）；

（2）父母互换角色（2+1）；

（3）三个人一起做游戏；

（4）父母之间互相交流，让婴儿成为第三方（2+1）。

父母坐在已经安排好的有一定距离的、可进行对话的、呈三角形排列的椅子上。这些椅子是固定不动的。婴儿坐在婴儿椅上，这个椅子可以朝向父母任何一方，也可以朝向父母中间的位置。

给予他们下列说明："你们全家人要一起参与游戏，你们让孩子坐在椅子上，同时，在练习的四个部分你们分别要遵守不同的要求。在第一部分，你们其中一位与儿童做游戏，另一位则安静地坐在那里。在第二部分，父母角色互换。第三部分，你们一起与儿童做游戏。在最后一部分，你们全家人要一起参与会话，让孩子独自坐在那里。"父母决定每一部分要进行多长时间（1 岁前整个游戏持续的时间平均在 12 分钟左右）(Favez，Frascarolo & Fivaz-Depeursinge，2006)。这一设计与年龄相适应，因此，12 个月后，父母与儿童围坐在一个小圆桌前，儿童的手边有多种不同的玩具。整个游戏过程会被录像，方便治疗师后期使用。

对特定的评估设计了不同的情境。家庭的 LTP 允许临床医生对父母进行评估，通过一个娃娃作为刺激，看充满期望的父母和儿童进行偶遇的游戏时如何参与和扮演；这一方法的指导语与 LTP 的指导语相同（Carneiro et al.，2006)。静止面孔的 LTP 可以对儿童应变能力进行评估；具体地，就是父母当中的一个面孔静止时儿童转向父母中另一人的趋势（Fivaz-Depeursinge et al.，2005）。最后，一个经过修改的 LTP 被设计出来，
474 用于双方互动和三方互动的系统评估。这一结构分为 5 个部分：（1）父母中的一个（P1）和婴儿做游戏，另一个（P2）在屋外；（2）P2 进入房间，在第二把椅子上坐下，是一个"普通的参与者"，而 P1 继续和婴儿做游戏；（3）三个人一起做游戏；（4）P1 成为一个"普通的参与者"，而 P2 与婴儿继续做游戏；（5）P1 离开房间，而 P2 继续与儿童做游戏。这一 LTP 的设置在其他方面与经典的 LTP 相同。

LTP 情境限制了相互作用，为了情境的需要，家庭成员不得不适应他们言语或非言语的交流。这是首次家庭能够通过身体语言进行一个双方都能遵守说明的互动，同时这也是首次允许伙伴之间有感情上令人满意的交流。以第一部分为例，坐在后面的那个父亲（母亲）面对一个微妙的情况：根据座椅的位置，他会发现他自己就紧挨着坐在儿童旁边的伴侣，但是他却什么都不能做，面对这种情况，这个父亲（母亲）总是靠在椅子上。积极的父亲（母亲）通常向前倚靠和儿童互动。这一评估主要基于家庭成员在不同部分表现出的身体行为，包括伴侣间的情感表达和分享。从一个结构到另一个相同任务的变化，使得对家庭协商过渡的方式以及在结构变化后自身重组的评估成为可能。

这种观察和评估状况同样在一些方面适用于干预。基于家庭的互动，这种情况下可以以没有问题的方式直接干预替换，或者是源于这种状况的信息限定家庭的两个时间段中实施的规定性行为习惯。除此之外，录像反馈作为一种有效的方式，通过支持积极和消极互动的意识增强家庭间三者的交往体验（Fivaz-Depeursinge，Corboz-Warnery & Keren，2004；McDonough，1993）。这些干预同时也针对可以观察的行为和互动方式，影响着伴侣的表现和三者互动的主观经验。

一个特殊的家庭关系模式

为了进行家庭干预，依据家庭功能模式确定具体的干预目标是必要的。系统方法必须是整体的。回顾一下那些家庭治疗的动态系统理论的贡献，考克斯和佩利（Cox & Paley，1997）总结了家庭系统的几个属性：（1）整体性——整体比各部分的总和更重要，拥有各部分特性结合也不能解释的特性；（2）层次结构——每个系统都由其自身的子系统组成；（3）适应的自我稳定性——通过协调系统内部运作的变化，系统的平衡弥补了环境中的变化；（4）适应的自我组织性——系统通过重组以应对外部力量作用于内部控制的能力。根据系统方式，临床医师聚焦于家庭结构（家庭成员的相互影响关系）和他们的适应性，换言之，即以改变来回应内部和外部需求的能力。稳定和变化的平衡决定着家庭系统的功能，这就是系统加强所有家庭成员间稳定性的能力，他们中有人至少体验了最低程度的认知一致性；反过来，这种稳定性给他们提供了一种情感安全（Favez，Frascarolo & Lavanchy，2005；Wertheim，1975）和灵活应变的能力。

我们从联合的视角来定义家庭结构，那就是，在执行某一任务时家庭成员能够达到的协作程度（Fivaz-Depeursinge & Corboz-Warnery，1999）。这种联合依赖于四种交互功能：参与、组织、聚焦和情感分享。这些因素是分等级嵌入的；每一部分都是实现下一部分的重要条件。所有的家庭成员都要参与到活动中，以便分配角色（例如谁是这个游戏的"发动者"），并依据任务而组织互

动。一旦给这所有参与者分配了角色，为了共同构建这个活动，每个人的注意力都要聚焦到同一个主题上。参与者的关注促进了家庭成员间的情感分享（Frascarolo，Favez，Carneiro & Fivaz-Depeursinge，2004）。这些功能的等级或许没有说明联合的几种类型：无组织的、有争执的和合作的。对联合的评估是家庭协调干预整体的一个部分，因为家庭干预允许对三者关系进行评估并决定了干预的对象（Fivaz-Depeursinge et al.，2004；Keren，Feldman & Tyano，2001：Ron-Miara，Keren & Sharf，2006）。

评估参与性

首要的先决条件，也是最基本的一点，就是所有家庭成员必须参与其中。操作中，临床医师评估在参与活动中什么程度的缺陷可以排除。在LTP的背景下，参与活动意味着婴儿为互动做准备（例如把孩子放在正确的位置，当婴儿在适合玩耍的状态下选择什么游戏）和父母给出他们可以互动的信号，并回应来自孩子的信号。无法进行三方互动或系统排除一个家庭成员将导致一个“无组织的”联合模式。

通过回避或情感缺失的方式，父母中的一人可能把自己排除在互动之外；这种阻碍只是一个例子。或者二元模式可能没有给三方模式留出余地。例如母亲对孩子的过度保护就会自然地把父亲排除在外，阻碍了父子之间“2＋1”的互动模式。最终，父母双方可能因为没有把孩子放在一个适合互动的位置而把孩子排除在外（例如，没有把孩子放在一个合适的位置，而是在不适当的时刻寻求孩子的注意或者过度刺激她，这些都会引起孩子的退缩）。父母有可能因为一个共同的目的而表现出合作的样子，但是把孩子排除在外难以成功地进行真实的三方互动。

父母双方达成一致对评估还是不够的，我们来看看孩子如何能参与到这种互动中。防止以两个人为中心——而三个人的互动从未发生——构成了一个没有组织的形式。在这种情况下，干预可能直接针对这种排除现象，例如在心理教育方面的干预。在某些过激的情况下，家庭没有能力组织任何水平的互动；三者关系的一个简单事实是共同引起了一定程度的压力，从而压制了某些参与者的策略，甚至是二者之间也没有合适的互动方式。在这些情况下，联合成为“无秩序的组织”。参与者在复杂的背景下进行互动，角色关系不明确，无法进行分享活动。此外，给孩子提供的刺激不适应他们的发展水平。尽管他们努力了，父母还是不能为孩子创造一个舒适的环境，不能充分地回应他们的行为和情感信号。在家庭中观察到这种联合的父母有严重的精神问题。孩子可能由于角色颠倒而出现退缩行为。放到家庭的平衡作用中，在三方进行互动活动时，他们的交往能力受到更大阻碍。例如孩子可能增加“三方趋向”（孩子的注意力在父母间快速转移）作为协调父母间的策略（Fivaz-Depeursinge，Frascarolo，Lopes，Dimitrova & Favez，2007）。

评估组织性

当所有的家庭成员都参与到互动中时，他们就不得不组织可以遵循的规则（Jackson，1965）来规定他们的行为并区分每个人的角色。在一些家庭中，几乎所有的成员都参与互动、干预或竞赛。父母可能难以相互协调、一起协商活动或合作。例如父母双方都干扰另一个人的活动，这不 *476* 是偶然的；在“2＋1”部分，尽管还没轮到她或他和孩子玩耍，但另一个人会通过面部表情和手势来吸引孩子的注意。通过这种干扰，父亲或母亲打破了其和另一半或者是和孩子之间的关系。这些竞争与不和谐的活动给我们留下了这样一个印象，就是父母尽力去吸引孩子的注意力，和他们进入到一个特殊的关系中，损害了他们和另一半及孩子之间的关系。互动显然难以区分夫妻的角色，揭示了一种冲突的联合关系。

冲突可能首先表现为“隐秘的冲突”形式。父母表现出明显的放松，但是他们经常作出对彼此的伪积极评论。这可以看作建议的形式，父母一方通过告知另一方应该对孩子做什么而管理互动。这种反复的评论扰乱了父母和孩子间的交流，尽管也会表现出积极面，但这种评论还是不适合直接针对对方。这些评论可能伴随着假笑。有可能在父母双方没有对某一问题达成一致时，父母双方都可能对孩子提出批评性的评论。观察者随后就理解了批评孩子可能使父母关系更密切，这使他们找到自我，感觉像一个团队。这种态度暗示着夫妻中隐藏的冲突。

冲突也有可能是“公开的”。这里，父母间交流时的口头评论明显消极并带有批评性；他们有时在孩子面前争吵，甚至打断游戏来继续争吵。冲突显示出他们本身也是在一个非言语的水平上；这也导致了对孩子注意点的竞争，父母双方尽量减少对方对孩子的刺激作用。在这种情境下，婴儿在三者间的偏向会被父母忽视或者误解；例如父母都可能会认为孩子注视他们是对他们的偏爱而排除对父母另一方的关系。

评估聚焦性

一旦三个成员都参与其中，并承担好各自负责的角色，就可以评估他们共同构建活动的能力。有时完成联合活动需要经过很多努力。共同构建可能遭遇失败的开端，情感上可能有点被强迫。缺乏创造力的游戏，即使能使家庭成员出现共情，其中的情感表现也很平淡。任何交流中小错误都是不可避免的，但被纠正得更慢并造成一种紧张的气氛，使得这个任务以不稳定的方式进行下去。不同关系结构中的转变可能使成员感到困惑，打破继续的交流。因此任务的进展往往一波三折。全面互动的特征是集体的凝聚力，但是在游戏建构和表达在一起的愉悦时缺乏变化，意味着这是一个“迫于压力合作”的联盟。这里，干预比先前两个案例更容易；治疗师或咨询师会鼓励父母，通过直接的干预或使用录像反馈追踪孩子的主动性活动，坚持自主性游戏，使孩子自己更加有活力。

评估情感共享

第四项功能是评估成员间情感的协调程度。不仅运用于评价积极情绪，即使在一个标准的游戏序列中，也期待积极情绪占据主导地位，它也评估家庭成员是否能意识到并控制家庭互动中表达的消极情绪。理想地联合的家庭可归类为“融洽的合作团体”，主要依据其功能对联合进行分类，汇总在表 29.1 中。

表 29.1 依据互动功能的家庭联合类型

	混乱的	冲突的	合作的
参与性	（混乱的）－/－（高级的）	＋	＋
组织性	－	（公开的）－/＋（隐蔽的）	＋
聚焦性	－	－	（有压力的）－/＋
情感分享	－	－	＋（和谐的）
有问题的			足够好的

综合评估家庭关系水平

对四个功能的评估涉及对 LTP 中的如下概念化特性的相互作用：每位家长在游戏环节中的参与度；伴随着不同结构间自然的转变，通过指
477 导成功地完成设定的角色任务；确保家庭成员始终参与到活动中，在一起使他们充实；有一个叙述性的提纲，可以持续地、条理清晰地、连贯地进行活动。总体的情感氛围是温暖的、有共鸣的。同伴的面部表情和言语表达证明，他们彼此交流时带着强烈的感情。如果孩子不能很好地合作或者表现出消极的情绪，父母会用适当的方式鼓励他，允许孩子进行自我管理。总体来说，分享积极的情感，观察彼此的微笑和些许的幽默。

联合评估由经过培训的临床医生进行，运用一些有效的测量工具，如家庭联合评估量表（Favez，Lavanchy & Cuenner，2004）。因此，评估能同时应用于临床和研究。在对普通家庭进行纵向研究时，我们强调，从孕期第五个月直至孩子出生这段时间内的家庭联合会非常稳定。这些资料证实联合构成了一个稳定的关系背景，孩子学习或多或少的社会技能促进他们的情绪发展（Carneiro et al.，2006；Favez，Frscarolo & Fivaz-Depursinge，2006；Favez，Frascarolo et al.，2006）。有问题的联合占多数，一些家庭由于父母的精神机能障碍（产后抑郁症）被归于此类，联合测量可区分应被归于和不应被归于此类的家庭（Fivaz-Depeursinge，Frascarolo & Lob-lzraelski，2000；McHale & Fivaz-Depeursinge，1999）。

案例

接下来，我们回顾两个使用了LTP范式和家庭测量的案例：一个案例是瑞士家庭研究中心（洛桑大学精神病学系）的一个纵向预防探究；另一个是以色列一家婴儿健康社区中心针对2岁儿童对抗性失调的干预。

研究草案中的预防性干预

LTP的一个重要方面是它在临床治疗与研究上的适用十分复杂。LTP确保了对家庭联合的客观评价，与家庭主体间的经历共同解释了他们怎样一起工作，怎样分享他们的思想状态。这个经验通过录像反馈得以提高质量。因此，根据不同的情况，评价干预、发展、预防和治疗。

我们用家庭研究中心提供的一项纵向研究草案为背景，以一个家庭面临的心理疾病危机为例阐述治疗过程。两个家长都在社区中接受严重的精神机能障碍治疗。他们在怀第一个孩子的时候，就参与到我们的研究中并采取预防措施。他们签署了一份研究协议，依靠这份协议向我们提供研究的数据信息，而我们提供专业的反馈。

首先要了解他们的原生家庭和怀孕6个月后
478 他们对家庭状态的描述。通过产前LTP评估他们的联合抚养情况。他们女儿出生时没有并发症。当他们的女儿11周、9个月和18个月大时在研究中心观察三方互动或分开的亲子互动。每两个研究阶段中间召开一次录像反馈会议。下面，我们经过观察比较了LTP中相似的事件，总结录像反馈期间家长主要关注的问题。

11周时的LTP

和母亲的相处结束后，与父亲的互动作为第三个部分。第一个优势是可以评估三个成员是否都参与到互动中或者其中一个或几个被排除在外，评估他们是否遵守规则：母亲和孩子积极地互动，父亲只是作为参与的观察者。然后，他们都能充满感情地相互交流吗？特别是，孩子会让父母双方分享他的经验吗？父母能否满足孩子？

我们来看看以下模式。母亲与孩子之间的交往是热切的。实际上，孩子被母亲吸引，母亲经验娴熟以至于孩子很难有空间做出反应，甚至不能转向与父亲的交往。她始终将注意力放在母亲身上，不管父亲如何试图介入母亲与孩子的二人空间：父亲身体向前靠、评论，甚至表现出极端认同母婴的互动。他在游戏中途打断母亲，以继续进行三个人的互动。当他们用平等的、非常活跃的方式相处时，女婴同父母分享她的快乐，直到她不知所措地、不停地拍手，然后开始揉搓自己的脸。父母接收到这个信号，父亲立即放慢了速度。但是父母不是让女婴完全恢复平静，而是共同使她重新生机勃勃，迅速达到更高的刺激水平。令人惊讶的是，女婴适应并继续以这样的方式和父母相处。

评论。虽然三个成员都参加互动——但难以分配角色：在“2＋1”模式中，父亲没有经过协商强行打断母亲与孩子的交流，在由二者互动到三方互动的过渡过程中也是如此。往往会出现这样的情况，父亲越是破坏，母亲与孩子的互动越热烈，好像是为了强化与父亲的界线，能够继续维持两人一组的母婴游戏。女婴从未像他人期望的那样在这个年龄向父亲分享自己的经验，哪怕是一次或两次。但是她的父母之间从未爆发公然的战争。在三人一起时，父母成功地和孩子玩一个合作的联合游戏，孩子会同时和父母双方分享自己的愉悦。然而，父母过度满足自己的互动需要超出了低龄婴儿的承受能力，执意不顾孩子（不可否认的）抑制反应的微弱信号。观察者惊讶于婴儿惊人的警觉能力，以及适应刺激的速度水平。

录像反馈。在仔细回顾LTP和独立专家评估的基础上，临床研究员与父母一起回顾录像带，准备展示他们第一次的加强，特别是凭直觉做出的父母化行为和他们孩子的能力（和父母互动时她的机敏和交往能力）。父母是高兴而开放的，也愿意了解自己的缺点，所以也会涉及一些干扰和过渡刺激的问题。简单地说，他们得到的实际信息是父母为做一个足够好的家长需要的知识，和孩子作为一个足够好的孩子需要的知识。虽然女婴趋向于配合父母的风格并增强自己的智慧以面对父母的期望，但是当孩子疲倦并需要自己一个人时，父母没有注意到这一点。父母感到获得了

释放。父亲表示无论何时，只要孩子表现出消极的态度，他都感到做得不够好，并尝试做更多。母亲也是，尽管她有更多的保留。我们强烈建议他们给自己一个机会，试着跟随孩子的信号。

479 9 个月时的 LTP

妈妈与孩子在“2＋1”期间，我们观察到与 11 周时进行的 LTP 明显不同。第一，爸爸不再是向前靠，而是坐下来，给妈妈和孩子充分的互动空间。第二，仍然是爸爸的真实风格，有时干扰妈妈，但是妈妈会开玩笑地指给他一种修复性行为。第三，是妈妈率先主动转换为三方活动。第四，妈妈也会给孩子一些独自行动的时间和空间。例如孩子与爸爸的互动阶段，孩子开始摆一些手势，或者表现出对她座位的兴趣，妈妈只是短暂地看看她。但是，当父母开始三人活动时，一些无组织的现象出现了。孩子表示她累了，妈妈调整了座位的角度，但是爸爸和孩子都会表示抗议。最后，当妈妈坐回去的时候，爸爸过来安慰孩子。在三人游戏期间，父母大多数时候是轮流的，尽管他们努力了，但并没有成功地协调好营造一个真正的三人游戏。

评论。总之，9 个月时父母与孩子之间的界限比在 3 个月时更清晰明了。然而，父母之间的竞争在三人活动中表现得明显了，也开始允许孩子表达抗议。这表明这些改变之间可能有联系，尽管有缺陷，但有一部分是积极的。

录像反馈。父母报告说他们的家庭生活更容易了，他们让孩子独立活动，有时很享受这样的时光。关键信息显现得很清晰：当我们一起回顾录像时，父母才意识到他们之间的竞争与矛盾，但是，这其中的信息在我们的观察中仍然是隐藏的。在 9～18 个月期间，父母与孩子经历第三个过程后，他们之间的界限加剧了夫妻间的矛盾，父母自发地请求婚姻咨询。

总之，这个家庭能够利用临床调查所提供的资源更好地发展父母功能。他们的经验有效地帮助解决一些严重的问题（包括烟瘾、母亲躁郁症，还有其他的一些困难），对他们来说，和临床研究者共同参与的积极联合工作背景下，带给他们的信任感对建立一个家庭联合是必要的。

了解一个孩子的症状

在这里，我们简单地概括一个无组织家庭联合的治疗性评估。这个模型的重点是家庭内部的隐性交流以及与治疗师的交流，强调排除现象，通过非言语探索作为对治疗评估的例证。主要对三种活动进行了治疗评估：家庭的无组织活动、父母的活动、治疗计划中的家庭活动。值得注意的是，对这一案例的评估中没有运用先前的 LTP 程序，决定家庭联合最基本的要素在三人的自由活动期间是显而易见的。

Y，一对年轻夫妇的 3 岁独生女，被一个基布兹发展心理学家选为以交流为基础的婴儿心理健康研究的被试。她的症状是罕见的，她强烈拒绝与父亲互动或单独相处，即使排除了任何形式的虐待。父母结婚 3 年，均接受过良好教育。

第一阶段（父母与孩子）

临床医师请他们坐在自己想坐的地方。父母两人选择坐在地毯上，母亲交叉着腿和胳膊将 Y 抱在怀里，与此同时，父亲坐在较远的右侧，他们的表情十分哀伤。接着临床医师也坐到了地毯上，这个位置距离他们三个人都差不多。她通过邀请 Y 一起玩作为开始。Y 看了看她但拒绝玩耍，这时爸爸向妈妈靠近了一点，Y 被抱得更紧了。480
一开始他们都没参加到游戏当中，但是他们的注意力都集中在治疗师身上——暗示着他们需要帮助。接下来，治疗师保持沉默，拿起一个软球，假装做了个要将球传给 Y 的姿势；Y 仍然待在妈妈的怀里。母亲没有鼓励 Y 在治疗师面前“放开”自己，治疗师将球传给了爸爸。爸爸把球投给了 Y。作为回应，Y 朝爸爸笑了笑，接住球，立即将球给了妈妈。但是妈妈没有成功地进行接下来的一系列活动，终止了四方互动过程。她紧紧地抱着 Y，看起来更加悲伤。

评论。家庭最初构成的形态在第一阶段立刻显露无遗。Y 拒绝她的爸爸；她与母亲过分亲密，与父亲有隔阂，她没有参与和治疗师的互动。但是仍然存在一些愿意发生改变的线索：不仅仅家庭需要帮助，爸爸也需要，他从治疗师那里接到球，把球传给 Y，但 Y 立即把球又传给了妈妈。从妈妈终止这个游戏中可以看出妈妈的抗拒。有趣的是，通过一个简单的传球活动，治疗师能够探查到这个家庭工作网络中的优势和缺陷。她将带领父母继续类似的对话。

治疗师通过询问妈妈怀孕和分娩的情况开始

了对话。值得注意的是，当妈妈开始讲到难产时，她不经意地松开了手臂，因此Y可以走开了。治疗师一边听母亲讲述，一边再一次尝试用玩具引起Y的兴趣。这时，Y站起来但是离她妈妈很近。她看着玩具，好像犹豫着是要继续关注妈妈还是在屋里玩。Y和妈妈都没有看爸爸。妈妈详细地描述着生Y时痛苦的经历：Y发育缓慢且有神经功能缺陷，还表现出后来被诊断为先天性脑瘫（CP）的张力减退。当妈妈的眼里噙满了泪水时，Y立刻跑了回来坐在妈妈腿中间。爸爸只是无助地看着，没有移动也没有说话。

我们还记录下了其他的优势和缺陷：当妈妈发现治疗师很乐意听她叙述时，她放开了Y。Y站了起来，但是在走去探索和继续关注妈妈之间感觉到矛盾——她经历着角色的倒错，这种倒错在她跑回正在哭泣的妈妈那里时得以确信。相比之下，爸爸在面对妈妈的失意时表现出无助。

第二阶段（只有父母）

在这个阶段中治疗师与父母可以明确地讨论在第一阶段中隐含的部分，这涉及这个家庭的根源问题。妈妈讲述她愿意为了女儿“一直在那儿”，不像她母亲在基布兹时的经历。她吐露出保护Y的根本原因是对其他人缺乏信任，包括她的丈夫。爸爸由于缺乏信任而感到很沮丧，因此出现退缩行为甚至收回了对女儿的关心。

第三阶段（家庭）

基于之前讨论过的阶段，治疗师提出了一个三人一组的治疗方法。有趣的是，听了治疗师的建议后，Y转向她的爸爸，说：“爸爸?”然后又一脸疑惑地转向妈妈，好像在问：“你同意这个计划吗?”治疗师对Y说：“爸爸和妈妈会学着跟你一起玩，因为他们都很爱你，并且你需要他们。”

结果是，孩子对爸爸的抗拒在家庭三人的游戏环境下出现了不同。从Y的视角看，父母矛盾引发了难以承受的焦虑，而这似乎是应对焦虑的方法。但是被妈妈当成有缺陷的孩子也会阻碍他们之间角色的转换：她代替爸爸关心沮丧的妈妈。从父母的角度看，他们关于孩子对自己配偶抗拒的矛盾帮助他们阻碍了保护自己不被抗拒的矛盾。他们因为互相缺少信任而对对方产生抗拒。在家庭结构模型中，这种变化与固定联合模式相一致：父母一方与孩子绑定在一起对抗另一方。孩子抗拒母亲或父亲的这种情况在相关的案例中并不常见。 481

在此次咨询中，第一阶段中家庭成员的自由活动表现出无组织的联合：不仅仅是可参照的抗拒现象，还形象地表现出这个家庭成员自发采用的家庭形态。因此，以上所提到的传统的LTP不适合评估这个家庭。尽管如此，后期在三人一组的治疗时还是采用了传统的模式，家庭可以体验到三种方式的交流，通过录像反馈回顾和详细描述治疗过程。这个过程往往会强化联合治疗，因为他们察觉到在三人游戏中自己所表现的控制力。这是促使迅速改变的因素之一。的确，根据我们临床经验，父母与孩子双向游戏与父母治疗任务的结合（Fivaz-Depeursinge et al.，2004）似乎可以缩短治疗（5个环节对12个平常的互动或三者无组织的互动）的时间。人们尤其希望在第一阶段自由活动后问题还不明显时用传统的LTP程序评估这些家庭，我们发现在观察亲子之间无组织的互动时所提及的原因严重性与临床理解之间存在差距。婴儿期通常会出现拔毛发癖的症状，但家庭评估中没有发现潜在的阻碍情感交流的症状（Keren，Ron-Miara，Feldman & Tyano，2006）。

结论

发展研究结果显示考虑三人家庭关系以全面了解儿童发展的重要性。心理学调查显示家庭干预的作用是有效的；然而，缺少关于早期母亲—父亲—婴儿三口之家的数据，以及记录治疗改变过程的数据。我们呈现的模型是目标中的第一步。基于以上观察的互动，就联合而言家庭关系的质量决定于四种互动功能，这是一个有效且可靠地进行家庭功能“诊断”的方法，反过来使临床医生根据三人游戏中合作困难的类型适当地调整干预措施。

参考文献

Abidin, R. (1992). The determinants of parenting behavior. *Journal of Clinical Child Psychology, 21*, 407–412.

Anders, T. (1989). Clinical syndromes, relationship disturbances and their assessment. In A. Sameroff & R. Emde (Eds.), *Relationship disturbances in early childhood* (pp. 125–162). New York: Basic Books.

Bandura, A. (1973). *Aggression: A social learning analysis*. Englewood: Prentice-Hall.

Belsky, J., & Hsieh, K. (1998). Patterns of marital change during the early childhood years: Parent personality, coparenting, and division-of-labor correlates. *Journal of Family Psychology, 12*, 511–528.

Benoit, D., Zeanah, C. H., Jr., Parker, K., Nicholson, E., & Coolbear, J. (1997). "Working Model of the Child Interview": Infant clinical status related to maternal perceptions. *Infant Mental Health Journal, 18*(1), 107–121.

Bost, K., Cox, M., Burchinal, M., & Payne, C. (2002). Structural and supportive changes in couples' family and friendship networks across the transition to parenthood. *Journal of Marriage and Family, 64*, 517–531.

Brazelton, T., Koslowski, B., & Main, M. (1974). The origins of reciprocity: The early mother–infant interaction. In M. Lewis & L. Rosenblum (Eds.), *The origins of behavior: The effect of the infant on its caregiver* (pp. 49–76). New York: Wiley.

Bürgin, D., & von Klitzing, K. (1995). Prenatal representations and postnatal interactions of a threesome (mother, father, baby). In J. Bitzer & M. Stauber (Eds.), *Psychosomatic obstetrics and gynaecology* (pp. 185–191). Bologna: Monduzzi Editore.

Carneiro, C., Corboz-Warnery, A., & Fivaz-Depeursinge, E. (2006). The prenatal Lausanne Trilogue Play: A new observational assessment tool of the prenatal coparenting alliance. *Infant Mental Health Journal, 27*(2), 207–228.

Carr, A. (2000). *What works for children and adolescents*. London: Routledge.

Connell, A., & Goodman, S. (2002). The association between psychopathology in fathers versus mothers and children's internalizing and externalizing behavior problems: A meta-analysis. *Psychological Bulletin, 128*(5), 746–773.

Corboz-Warnery, A., Fivaz-Depeursinge, E., Gertsch Bettens, C., & Favez, N. (1993). Systemic analysis of father–mother–baby interactions: The Lausanne triadic play. *Infant Mental Health Journal, 14*(4), 298–316.

Cottrell, D., & Boston, P. (2002). Practitioner review: The effectiveness of systemic family therapy for children and adolescents. *Journal of Child Psychology and Psychiatry, 43*(5), 573–586.

Cowan, C., & Cowan, P. (1992). *When partners become parents: The big life changes for couples*. New York: Basic Books.

Cowan, P., & McHale, J. (1996). Coparenting in a family context: Emerging achievements, current dilemmas, and future directions. In J. McHale & P. Cowan (Eds.), *Understanding how family-level dynamics affect children development: Studies of two-parents families* (New Directions for Child Development, Vol. 749, pp. 93–106). San Francisco: Jossey-Bass.

Cox, M., & Paley, B. (1997). Families as systems. *Annual Reviews of Psychology, 48*, 243–267.

Crockenberg, S., & Leerkes, E. (2003a). Parental acceptance, postpartum depression, and maternal sensitivity: Mediating and moderating processes. *Journal of Family Psychology, 17*, 80–93.

Crockenberg, S., & Leerkes, E. (2003b). Infant negative emotionality, caregiving, and family relationships. In A. Crouter & A. Booth (Eds.), *Children's influence on family dynamics: The neglected side of family relationships* (pp. 57–78). Mahwah: Erlbaum.

Crockenberg, S., Leerkes, E., & Lekka, S. (2007). Pathways from marital aggression to infant emotion regulation: The development of withdrawal in infancy. *Infant Behavior and Development, 30*(1), 97–113.

Crockenberg, S., & Smith, P. (1982). Antecedents of mother–infant interaction and infant irritability in the first 3 months of life. *Infant Behavior and Development, 5*, 105–119.

Davies, P., Cummings, E., & Winter, M. (2004). Pathways between profiles of family functioning, child security in the interparental subsystem, and child psychological problems. *Development and Psychopathology, 16*, 525–550.

Davies, P., & Forman, E. (2002). Children's patterns of preserving emotional security in the interparental subsystem. *Child Development, 73*(6), 1880–1903.

Davies, P., Harold, G., Goeke-Morey, M., & Cummings, E. (2002). Child emotional security and interparental conflict. *Monographs of the Society for Research in Child Development, 67*(3, Serial No. 270).

Emery, R., Fincham, F., & Cummings, E. (1992). Parenting in context: Systemic thinking about parental conflict and its influence on children. *Journal of Consulting and Clinical Psychology, 60*(6), 909–912.

Erel, O., & Burman, B. (1995). Interrelatedness of marital relations and parent–child relations: A meta-analytic review. *Psychological Bulletin, 118*(1), 108–132.

Favez, N., Frascarolo, F., Carneiro, C., Montfort, V., Corboz-Warnery, A., & Fivaz-Depeursinge,

E. (2006). The development of the family alliance from pregnancy to toddlerhood and children outcomes at 18 months. *Infant and Child Development*, *15*, 59–73.
Favez, N., Frascarolo, F., & Fivaz-Depeursinge, E. (2006). Family alliance stability and change from pregnancy to toddlerhood and marital correlates. *Swiss Journal of Psychology*, *65*(4), 213–220.
Favez, N., Frascarolo, F., & Lavanchy, C. (2005). From family play to family narratives. *The Signal*, *12*(3–4), 1–7.
Favez, N., Frascarolo, F., & Lavanchy, C. (2007). Prenatal predictors of family interactions during the first two years in primiparous families. In A. Karreman (Chair), *Prenatal and postnatal predictors of triadic family interactions*. Paper presented at symposium of the Society for Research in Child Development biennial meeting, Boston.
Favez, N., Lavanchy, C., & Cuennet, M. (2004). *The Family Alliance Assessment Scales manual*. Unpublished manuscript, Department of Psychiatry, University of Lausanne, Switzerland.
Fearnley Shapiro, A., Gottman, J., & Carrère, S. (2000). The baby and the marriage: Identifying factors that buffer against decline in marital satisfaction after the first baby arrives. *Journal of Family Psychology*, *14*(1), 59–70.
Fivaz-Depeursinge, E., & Corboz-Warnery, A. (1999). *The primary triangle: A developmental systems view of fathers, mothers, and infants*. New York: Basic Books.
Fivaz-Depeursinge, E., Corboz-Warnery, A., & Keren, M. (2004). The primary triangle: Treating infants and their families. In A. Sameroff & S. McDonough (Eds.), *Treating parent–infant relationship problems* (pp. 123–151). New York: Guilford Press.
Fivaz-Depeursinge, E., & Favez, N. (2006). Exploring triangulation in infancy: Two contrasted cases. *Family Process*, *45*(1), 3–18.
Fivaz-Depeursinge, E., Favez, N., & Frascarolo, F. (2004). Threesome intersubjectivity in infancy: A contribution to the development of self-awareness. In D. Zahavi, J. Parnas, & T. Grünbaum (Eds.), *The structure and development of self-consciousness* (pp. 21–34). Amsterdam: Benjamins.
Fivaz-Depeursinge, E., Favez, N., Lavanchy, C., de Noni, S., & Frascarolo, F. (2005). Four-month-olds make triangular bids to father and mother during Trilogue Play with Still-Face. *Social Development*, *14*(2), 361–378.
Fivaz-Depeursinge, E., Frascarolo, F., & Lob-Izraelski, R. (2000). Exploring triangular relationship in infancy. In J. Osofsky & H. Fitzgerald (Eds.), *WAIMH handbook of infant mental health* (Vol. 3, pp. 372–401). New York: Wiley.
Fivaz-Depeursinge, E., Frascarolo, F., Lopes, F., Dimitrova, N., & Favez, N. (2007). Parents–child role reversal in Trilogue Play: Cases studies of trajectories from pregnancy to toddlerhood. *Attachment and Human Development*, *9*(1), 17–31.
Frascarolo, F., Favez, N., Carneiro, C., & Fivaz-Depeursinge, E. (2004). Hierarchy of interactive functions in father–mother–baby three-way games. *Infant and Child Development*, *13*, 301–322.
Frosch, C., Mangelsdorf, S., & McHale, J. (1998). Correlates of marital behavior at 6 months postpartum. *Developmental Psychology*, *34*(6), 1438–1449.
Frosch, C., Mangelsdorf, S., & McHale, J. (2000). Marital behavior and the security of preschooler–parent attachment relationships. *Journal of Family Psychology*, *14*(1), 144–161.
Gable, S., Crnic, K., & Belsky, J. (1994). Coparenting within the family system: Influences on children's development. *Family Relations*, *43* (4), 380–386.
Goodman, S., & Gotlib, I. (1999). Risk for psychopathology in the children of depressed mothers: A developmental model for understanding mechanisms of transmission. *Psychological Bulletin*, *106*, 458–490.
Gottman, J., & Katz, L. (2002). Children's emotional reactions to stressful parent–child interactions: The link between emotion regulation and vagal tone. *Marriage and Family Review*, *34*(3–4), 265–283.
Heinicke, C. M., & Guthrie, D. (1996). Prebirth marital interactions and postbirth marital development. *Infant Mental Health Journal*, *17*, 140–151.
Jackson, D. (1965). The study of the family. *Family Process*, *4*, 1–20.
Katz, L., & Gottman, J. M. (1991). Marital discord and child outcomes: A social psychophysiological approach. In J. Garber & K. Dodge (Eds.), *The development of emotion regulation and dysregulation* (pp. 129–155). Cambridge: Cambridge University Press.
Katz, L., & Gottman, J. M. (1996). Spillover effects of marital conflict: In search of parenting and coparenting mechanisms. In J. McHale & P. A. Cowan (Eds.), *Understanding how family-level dynamics affect children's development: Studies of two-parents families* (pp. 57–76). San Francisco: Jossey-Bass.
Kazdin, A. (2000). *Psychotherapy for children and adolescents: Directions for research and practice*. New York: Oxford University Press.
Keren, M., Feldman, R., & Tyano, S. (2001). Diagnoses and interactive patterns of infants referred to a community-based infant mental health clinic. *Journal of the American Academy of Child and Adolescent Psychiatry*, *40*(1), 27–35.
Keren, M., Ron-Miara, A., Feldman, R., & Tyano, S. (2006). Some reflections on infancy-onset trichotillomania. In R. King, P. Neubauer, S. Abrams, & A. Scott Dowling (Eds.), *The psychoanalytical study of the child* (Vol. 61, pp. 254–277). New Haven, CT: Yale University Press.
Lamb, M. (Ed.). (1996). *The role of the father in child development* (3rd ed.). New York: Wiley.

Lewis, J. (1988a). The transition to parenthood: I. The rating of prenatal marital competence. *Family Process, 27*, 149–165.
Lewis, J. (1988b). The transition to parenthood: II. Stability and change in marital structure. *Family Process, 27*, 273–283.
Maccoby, E. (2003). The gender of child and parent as factors in family dynamics. In A. Crouter & A. Booth (Eds.), *Children's influence on family dynamics: The neglected side of family relationships* (pp. 191–206). Mahwah, NJ: Erlbaum.
Margolin, G., Gordis, E., & John, R. (2001). Coparenting: A link between marital conflict and parenting in two-parents families. *Journal of Family Psychology, 15*(1), 3–21.
McDonough, S. (1993). Interaction guidance. In C. H. Zeanah, Jr. (Ed.), *Handbook of infant mental health* (pp. 414–426). New York: Guilford Press.
McHale, J. (1995). Coparenting and triadic interactions during infancy: The roles of marital distress and child gender. *Developmental Psychology, 31*, 985–996.
McHale, J. (1997). Overt and covert coparenting processes in the family. *Family Process, 36*, 183–210.
McHale, J. (2007). *Charting the bumpy road of coparenthood: Understanding the challenges of family life.* Washington, DC: Zero to Three.
McHale, J., & Alberts, A. (2003). Thinking three: Coparenting and family-level considerations for infant mental health professionals. *The Signal, 11*, 1–11.
McHale, J., & Fivaz-Depeursinge, E. (1999). Understanding triadic and family group interactions during infancy and toddlerhood. *Clinical Child and Family Psychology Review*, 2(2), 107–127.
McHale, J., Kazali, C., Rotman, T., Talbot, J., Carleton, M., & Lieberson, R. (2004). The transition to coparenthood: Parents' prebirth expectations and early coparental adjustment at 3 months postpartum. *Development and Psychopathology, 16*, 711–733.
McHale, J., Kuersten, R., & Lauretti, A. (1996). New directions in the study of family-level dynamics during infancy and early childhood. In J. McHale & P. Cowan (Eds.), *Understanding how family-level dynamics affect children's development: Studies of two-parent families* (pp. 5–26). San Francisco: Jossey-Bass.
McHale, J., Kuersten-Hogan, R., & Rao, N. (2004). Growing points for coparenting theory and research. *Journal of Adult Development, 11*(3), 221–234.
McHale, J., Lauretti, A., Talbot, J., & Pouquette, C. (2002). Retrospect and prospect in the psychological study of coparenting and family group process. In J. McHale & W. Grolnick (Eds.), *Retrospect and prospect in the psychological study of families* (pp. 127–165). Mahwah, NJ: Erlbaum.
McHale, J., & Rasmussen, J. (1998). Coparental and family group-level dynamics during infancy: Early family predictors of child and family functioning during preschool. *Development and Psychopathology, 10*, 39–58.
McHale, S., & Crouter, A. (2003). How do children exert an impact on family life? In A. Crouter & A. Booth (Eds.), *Children's influence on family dynamics: The neglected side of family relationships* (pp. 207–220). Mahwah, NJ: Erlbaum.
McHale, S., Crouter, A., & Whiteman, S. (2003). The family contexts of gender development in childhood and adolescence. *Social Development, 12*(1), 125–148.
Minuchin, P. (1985). Families and individual development: Provocations from the field of family therapy. *Child Development, 56*, 289–302.
Minuchin, S. (1974). *Families and family therapy.* Cambridge, MA: Harvard University Press.
Parke, R. (1996). *Fatherhood.* Cambridge, MA: Harvard University Press.
Parke, R., & Buriel, R. (1998). Socialization in the family: Ethnic and ecological perspectives. In N. Eisenberg & R. Fabes (Eds.), *Handbook of child psychology: Vol. 3. Social, emotional and personality development* (pp. 463–552). New York: Wiley.
Phares, V., Duhig, A., & Watkins, M. (2002). Family context: Fathers and other supports. In S. Goodman & I. Gotlib (Eds.), *Children of depressed parents* (pp. 203–225). Washington, DC: American Psychological Association.
Pinsof, W., Wynne, L., & Hambright, A. (1996). The outcomes of couple and family therapy: Findings, conclusions, and recommendations. *Psychotherapy, 33*(2), 321–331.
Reid, W., & Crisafulli, A. (1990). Marital discord and child behavior problems: A meta-analysis. *Journal of Abnormal Child Psychology, 18*, 105–117.
Ron-Miara, A., Keren, M., & Sharf, R. (2006, July). *The link between infants' symptoms and DC 0–3 diagnoses with the quality of family alliances.* Presented at a poster workshop for the 10th World Congress of the World Association of Infant Mental Health, Paris.
Schoppe, S., Mangelsdorf, S., & Frosch, C. (2001). Coparenting, family process, and family structure: Implications for preschoolers' externalizing behavior problems. *Journal of Family Psychology, 15*(3), 526–545.
Schoppe-Sullivan, S., Mangelsdorf, S., Brown, G., & Szewczyk Sokolowski, M. (2007). Goodness-of-fit in family context: Infant temperament, marital quality, and early coparenting behavior. *Infant Behavior and Development, 18*(1), 194–207.
Schoppe-Sullivan, S., Mangelsdorf, S., Frosch, C., & McHale, J. L. (2004). Associations between coparenting and marital behavior from infancy to the preschool years. *Journal of Family Psychology, 30*, 82–96.
Sexton, T., & Alexander, J. (2002). Family-based empirically supported interventions. *Counseling Psychologist, 30*(2), 238–261.

Sexton, T., Alexander, J., & Leigh Mease, A. (2004). Levels of evidence for the models and mechanisms of therapeutic change in family and couple therapy. In M. Lambert (Ed.), *Psychotherapy and behavior change* (5th ed., pp. 590–646). New York: Wiley.

Shadish, W., Montgomery, L., Wilson, P., Wilson, M., Bright, I., & Okwumabua, T. (1993). Effects of family and marital psychotherapies: A meta-analysis. *Journal of Consulting and Clinical Psychology, 61*, 992–1002.

Stern, D. (1977). *The first relationship: Infant and mother.* New York: Basic Books.

Stern, D. (1995). *The motherhood constellation.* New York: Basic Books.

Tatano Beck, C. (1999). Maternal depression and child behaviour problems: A meta-analysis. *Journal of Advanced Nursing, 29*(3), 623–629.

Tremblay, H., & Rovira, K. (2007). Joint visual attention and social triangular engagement at 3 and 6 months. *Infant Behavior and Development, 30*(2), 366–379.

van den Boom, D. (1994). The effect of infant irritability on mother–infant interaction: A growth curve analysis. *Developmental Psychology, 30*, 581–590.

Van Egeren, L. (2003). Prebirth predictors of coparenting experiences in early infancy. *Infant Mental Health Journal, 24*(3), 278–295.

Van Egeren, L. (2004). The development of the coparenting relationship over the transition to parenthood. *Infant Mental Health Journal, 25*(5), 453–477.

Van Egeren, L., & Hawkins, D. (2004). Coming to terms with coparenting: Implications of definition and measurement. *Journal of Adult Development, 11*(3), 165–177.

Webster-Stratton, C., & Hammond, M. (1999). Marital conflict management skills, parenting style, and early-onset conduct problems: Processes and pathways. *Journal of Child Psychology and Psychiatry and Allied Disciplines, 40*, 917–927.

Wertheim, E. (1975). The science and typology of family systems: II. Further theoretical and practical considerations. *Family Process, 14*(3), 285–309.

第 30 章

母婴计划

基于依恋理论对物质滥用母亲的治疗与干预

南希·萨奇曼（Nancy Suchman）
辛迪·德科斯特（Cindy DeCoste）
琳达·梅斯（Linda Mayes）

485 由于反复沉迷于物质滥用，并且疏于对孩子的照顾，物质滥用的母亲失去孩子抚养权的可能性比正常母亲高出两倍，尽管如此，并不是所有物质滥用的母亲都会寻求治疗帮助（Eiden，Foote & Schuetze，2007；Pelton，2008；Schilling，Mares & El-Bassel，2008；Wobie，Eyler，Garvan，Hou & Behnke，2008）。过去 20 年的研究表明，尽管一些使用违禁药物的母亲有能力提供家庭环境并抚养孩子，但在实际抚养过程中她们比正常母亲更可能出现适应不良（Mayes & Truman，2002）。孩子出生后的头三年，我们可以观察到亲子互动中存在的问题，包括不安全依恋、协调性差、投入少、回应慢、适应性低和家庭结构混乱，以及母亲的肢体动作增多，更容易被激怒，并带有攻击性（Burns，Chethik，Burns & Clark，1997；Hans，Bernstein & Henson，1999；Rodning，Beckwith & Howard，1991）。研究报告物质滥用母亲缺乏育儿观念，不懂儿童发展的基本问题，对孩子的出生和抚养问题感到很矛盾（Mayes & Truman，2002；Murphy & Rosenbaum，1999）。

目前只有少量的研究报告了关于物质滥用母亲的临床干预评估结果（她们的孩子在 5 岁以下；参见 Pajulo，Suchman，Kalland & Mayes，2006；Suchman，Pajulo，DeCoste & Mayes，2006）。尽管这些干预总体上有益于家长（如药物使用、心理疾病和抚养知识），但没有增进亲子间的互动或儿童的适应性。干预的范围从行为技能训练到必要的童年早期教育。然而，很少强调亲子关系的情感质量或儿童的情绪发展。由于物质滥用的女性通常有过情感忽视的发展史（Luthar & Walsh，1995），因此为了增进亲子关系，优化儿童发展，486
抚养干预必须首先加强亲子间的情感交流（Suchman，Mayes，Conti，Slade & Rounsaville，2004）。

抚养的依恋机制

鲍尔比最早提出的依恋理论强调，早期抚养中父母及时掌握孩子的情绪线索是促进婴儿和学步儿社会性与情绪发展的关键（参见 Karen，1994）。过去 30 年的依恋研究表明，早期养育中抚养人如果能准确觉察并及时回应孩子的情感需要，这些孩子就更可能表现出抚养人希望的样子，并且在应对困境时表现出更好的自控能力。这种自控能力作为一种保护性因素，提高了学龄期和青春期的社交能力，降低了产生行为问题的风险（Sroufe，Carlson，Levy & Egeland，1999）。

鲍尔比认为，渐渐长大的婴儿会习得一种基于早期与抚养人关系（如对自我和抚养人的持久知觉）的内在“表征”，它将影响儿童发展的预期，指导儿童往后的行为方式。就积极和消极影响而言，敏感的抚养人抚养的儿童大体上表现出平衡的表征，而不敏感的抚养人抚养的儿童的心理表征的特点是，逃避或歪曲痛苦的消极影响（Slade & Cohen，1996）。

母亲的表征与亲子交往

观察物质滥用的母亲及其孩子可发现，这些母亲很难准确地察觉并及时回应孩子的情感需要（Mayes & Truman，2002）。依恋理论一般认为这些母亲没有察觉到孩子的痛苦情绪是受到自己早期经历的影响，所以采取回避或歪曲的方式（Suchman et al.，2004）。因为在早期的亲子交往中孩子没有痛苦情绪对母亲来说是有效的安慰，所以母亲可能通过心理防御回避或歪曲回应孩子的痛苦情绪，保护自己不再重复童年的痛苦记忆。例如，早期经历过抚养缺失的母亲可能潜意识感到早年创伤造成的情感冲击，因此不愿意面对孩子表现出的害怕情绪，以免激起自己早年经历过的害怕情绪。同样，如果一个母亲受到家庭暴力，她可能将孩子平时的攻击性解释为受到了凶恶对待的驱使。

要使一个母亲准确地觉察并理解孩子的意图和情感需要，首先要让母亲有能力意识并调节自己的痛苦经历，明确痛苦的来源（如来自孩子或者其他重要人物），要将它们与来自孩子的痛苦区分开来。例如，母亲如果首先自己意识到并愿意接受情感分离焦虑，那么她才可能意识到、接受并安慰孩子的分离焦虑。因此，虽然她们受到自己早期抚养缺失的影响，但母亲可以通过认识到并调整对孩子未知的预期和归因，避免对他们造成影响并能够准确地掌握孩子的个性、意向和行为。比如一个母亲有调整成为完美母亲这样不现实的期望，那么在对待孩子的不服从行为时可能较少使用惩罚策略。目前还没有针对母亲与孩子的情感互动中流露出的情绪、期望和归因的干预，她们可能继续以错误的归因来解释孩子的行为，不能及时给予回应或不敏感。换而言之，根据依恋理论的核心原理之一，行为本质上受到无意识的内在表征和归因的驱使，行为的改变未必能改
487 善亲子交往或孩子的发展，除非直接受到母亲行为改变的影响。

母亲反思能力的中介作用

福纳吉和他的同事（Fonagy，Gergely，Jurist & Target，2002；Fonagy & Target，1997）提出，抚养人的“反思能力”或能够知觉孩子行为的潜在意图的能力，是抚养人能够认识并解释孩子情绪表达的关键。事实上，抚养人的反思能力是一种机制，可以解释为何父母对孩子的错误回应，会干扰父母准确觉察并及时回应孩子情绪线索的能力。因此，父母可能：（1）在无关的或孩子正经历的环境中错误归因孩子的行为；（2）将孩子的行为全部归因为个性特质或外部因素。父母无法感知孩子行为下潜藏的思想、愿望、感觉和意向，就难以以一种恢复双方情绪管理方式感受或回应孩子潜在的情感需要，这对孩子尤其重要。像歪曲和逃避这样适应不良的表征被认为是一代抚养人传给下一代抚养人的，这种观点重新受到反思能力的影响。

母亲的反思能力与高危父母抚养行为的敏感性相关已经得到了实证支持（Fonagy et al.，2002；Fonagy & Target，1997）。不良的抚养行为（如退缩、敌意、侵扰）以及婴儿难以直接表达的痛苦情绪都与母亲缺乏或较低的反思能力有关（Grienenberger，Kelly & Slade，2005；Slade，Grienenberger，Bernbach，Levy & Locker，2005）。还有研究发现母亲的低反思能力调节着母亲使用可卡因与婴儿心理机能（注意、社会技能和回避）下降的关系（Levy & Truman，2002）。

物质滥用、抚养压力和母亲的情感调节

坎齐恩（Khantzian，1997）设想，物质滥用作为企图自我调控痛苦或困境的一种手段，并没有很好地解决心理上的问题。通常，物质滥用被认为是对情绪控制障碍，尤其是抚养压力的补偿。研究成瘾的证据说明了抚养压力和物质滥用之间的联系，认为情绪压力是造成成瘾的一个原因（Barrett & Turner，2006）。另外，情感危机也是导致女性陷入长期物质滥用的原因之一（National Center on Addiction and Substance Abuse，2006；U. S. Department of Health and Human Services，1999）。

依恋理论认为，物质滥用的母亲回避或过度干涉孩子的情绪表达，可能是因为感到高度的内心痛苦和消极情绪，这与她们儿时未满足的依恋需要有关，这种经历被孩子类似的痛苦表现激活了（Solomon & George，1996）。母亲受到孩子情绪的激发并不是导致孩子痛苦的诱因，一位难以控制自己痛苦感情的母亲可能想逃避或控制孩子的痛苦。她也可能寻求药物来控制内心的痛苦，这样能够迅速转变自己的情绪，缓解精神伤痛，使她恢复到内心平静的状态。

成瘾和抚养的神经回路

有关抚养和成瘾的神经回路的论证大致上和行为观察的结果一致。初步的论证表明，与那些没有物质滥用史的母亲相比，可能有成瘾问题母亲不同的神经回路可能被婴儿的情绪表达激活了 488
（Fleming，Steiner & Corter，1997）。研究表明，没有物质滥用史的母亲的应激系统的敏感性在新生儿出生期间显著提高了，这是一种典型的适应性激活。研究发现没有物质滥用史的父母通过视觉和听觉感受婴儿的情绪表达，激活了与奖赏和愉悦有关的脑区，并且抑制了与消极情绪和回避行为有关的脑区活动（Bartels & Zeki，2004；Nitschke et al.，2004；Ranote，Elliot，Abel et al.，2004）。这些神经反应调节着抚养人的行为，表现在照顾孩子的投入程度、对孩子行为的觉察和正视孩子的痛苦情绪等方面。

许多的物质滥用（如可卡因、海洛因）影响大脑的中脑多巴胺能通路，这一脑区与行为的发生、快乐的奖赏和动机有关（Koob，1996；Koob &

LeMoal，1997）。这些核心中脑多巴胺能通路尤其影响成人的抚养能力（Edelman & Tononi，1995）。有关成瘾和抚养的神经回路的研究（Bartels & Zeki，2004；Volkow，Fowler & Wang，2003）认为，对有长期物质滥用习惯的母亲来说，婴儿的情绪表达不能激活她们神经元的奖赏回路，因为毒品改变了神经奖赏系统对多巴胺能的控制，使其无法再感受作为奖赏或满足的愉悦感（包括人类的依恋）。自从同样的神经奖赏系统受到非法毒品（如可卡因、海洛因）的控制，继而减少了对孩子的照顾，由于神经回路中药物的作用部分地改变了与孩子情绪表达（如缺乏情感回应）有关的神经反应，因而不能及时感受并回应孩子的情感需要（Leckman & Mayes，1998）。总之，该系统一旦反复受到药物的影响，在渴望毒品和照顾孩子的对抗中可能降低抚养人照顾孩子的能力。反过来，由于抚养人愿意对孩子投入更多精力，同时因使用毒品带来的快乐感也随之下降了。

对物质滥用母亲干预的启示

依恋、抚养和成瘾复杂的行为和神经心理机制，可能解释了对物质滥用父母通过行为训练和教育干预难以成功的原因（参见 Suchman et al.，2006）。虽然基于依恋的行为干预旨在提高母亲对孩子行为的知觉性，但对于高危母亲群体来说，这并没有显著提高她们对孩子痛苦情绪的回应（参见 Egeland，Weinfield，Bosquet & Cheng，2000；van IJzendoorn，Juffer & Duyvesteyn，1995）。但是，日渐增多的证据似乎表明，针对物质滥用母亲来制订有效干预计划至少有五点基本原则：

第一，干预过程中同时掌握父母的缺点和物质滥用情况，达到抚养和戒瘾相互促进的效果。这表示戒除毒瘾有助于恢复神经奖赏系统，抚养（尤其是依恋形成）因此转化为一种回报或愉悦的体验。同样地，亲子交往过程中父母逐渐提高能“激活”奖赏系统的敏感性，从而在与孩子交流感情时降低了渴求用毒品转变心情的愿望。

第二，失败的早期抚养干预引发了对改变亲子交流和帮助孩子适应的思考，长期不良的抚养方式需要进行多方面的干预（如具体的、认知的和行为的）。例如，母亲的抚养方式融合了歪曲和逃避的情感是母亲知觉孩子痛苦情绪的必要基础，489
有益于区分母亲自身和孩子的感受，从而更好地觉察并回应孩子的痛苦情绪。

第三，依恋和成瘾的研究表明，母亲情绪失调是形成不安全型依恋和复吸毒品的关键。因此，母亲更协调的行为和更积极的反思能力表现在必须特别关注外部环境中的情绪失调，因而与压力源引起的痛苦情感相关的行为和元认知水平才能发生改变。例如，并不是说利用针对抚养压力的一系列课程或干预，或了解母亲的情感体验就能确保压力源的唯一性。不仅要融合更稳定、现实的抚养方式，也要在抚养压力再次出现时能够维持良好的情绪控制。

第四，与其从单一的切入点进行干预，不如利用多方位的切入点（如个体的和交互的治疗方法）以促进依恋系统更为持久的转变。例如，转变发生在个体治疗过程中母亲的曲解行为和亲子交往中母亲更为积极地试图了解孩子潜在的心理状态，这种转变可能促进干预的力度和全面性，从而维持了依恋系统的转变。

第五，父母的抚养能力训练和基于依恋的抚养干预之间逐渐达成共识，有物质滥用障碍的母亲存在患上多种社会心理缺陷的风险，因此需要结合抚养干预的同时提供综合性的服务。埃格兰及其同事（Egeland et al.，2000）指出，单凭基于依恋的抚养干预不足以有效地解决母亲面临的多种问题（如毒瘾、并发的心理疾病以及日常生活困难）。对于高危母亲来说，在综合的治疗背景下进行干预，包括对其他心理问题和日常生活困难（如住房、食物和抚养孩子）的治疗，基于依恋的干预才可能有效促进她们的亲子关系。

母婴计划

概述

我们目前提出的一种辅助治疗干预“母婴计划”（MTP），主要针对那些由于物质滥用而接受门诊治疗的母亲，她们至少抚养了一个 12～36 个月大的孩子。MTP 定位于物质滥用母亲接受的临床治疗，使她们同时能接受心理治疗、职业咨询、医疗养护，并提供基本需求和法律援助。母亲及其孩子参加 MTP 约持续 28～40 周，并且配备单独的治疗师。母亲们每周都要和治疗师见面探讨她们的抚养经历并观看与孩子交往的录像带。MTP 的目标是促进母亲平稳的表征和反思能力，以改变她们对孩子的敏感性和回应性，反过来，将培养孩子良好的情绪控制能力。通过治疗结果来评估所接受项目的成效，包括母亲平稳的表征、反思能力、在亲子交往中的敏感性、心理适应和药物使用。还要评定孩子尝试亲近母亲的努力。在评估治疗结果时还要考虑儿童气质和母亲对儿童发展情况的了解。治疗过程中的影响因素（如
490 治疗师的合作、治疗次数和治疗的完整性）也被纳入测评。接下来我们将陈述干预的发展模型，概述当前项目评估数据中的结论。

干预形式

初始评估

在计划的头四周，母亲要接受社会心理评估（如个人或家庭的物质滥用或心理疾病史、发展的里程碑和事件问题、怀孕和生产、目前的社会心理能力、社会经济压力）。物质滥用治疗计划还包括记录母亲的尿毒病理检查结果。向母亲们介绍治疗师，他们将组织两次关于依恋的访谈：儿童访谈工作模型（WMCI；Zeanah & Benoit，1995）和父母发展访谈（PDI；Slade，Aber，Berger，Bresgi & Kaplan，2002）。还会录制一个简短的亲子互动录像带：NCAST 教学任务（Barnard & Eyres，1979）。母亲还要完成一系列调查问卷，关于心理健康状况（如抑郁、焦虑或其他心理症状）、抚养压力、对儿童气质和发展的了解程度（参见 Suchman，DeCoste，Schmitt，Legow & Mayes，2008）。

治疗阶段

基本评估完成后，母亲每周都要和治疗师进行会面，12 周后则进行治疗后的评估（如依恋访谈、亲子交谈、心理健康问卷）。之后母亲可以选择继续和治疗师见面，增加 12 周的治疗，或者直接进入下一个阶段。（70%的母亲在完成了 12 周的见面后选择继续进行 12 周的治疗。）

治疗的进程随后集中在建立稳定的治疗关系上，鼓励母亲意识到并控制抚养中的强烈感情以及治疗过程中出现的其他危机。与治疗师的关系有助于母亲安心和自控，治疗师开始感知到母亲的行为方式，治疗的重心随之转移到更深入地了解母亲行为，即如何正视自己的母亲角色，以及孩子在家庭中的地位。治疗师继而鼓励母亲思考生活中与孩子或其他重要的人交往时，驱使她们行为的潜在的思想、感觉和意图，尤其要重视令人不愉快的交往。在这一阶段，母亲和孩子还要共同录制一些结构性和非结构性的交流录像。治疗师将和母亲一起来观察这些录像，进一步了解可能影响母婴交往的潜在思想、意图和情绪反应。

最后，MTP 包括由研究者、临床治疗师和儿童特殊养护组成的团队共同帮助母亲。该团队提供支持的环境，为参与计划的母亲建立了模型。治疗师团队中的每个成员都经过训练，熟知母婴间的交往策略，即坚持营造一个能积极回应的环境，在这里母亲和孩子的情绪感受都能被意识到并及时给予回应。治疗中包括以下主要组成部分，建立治疗关系，加强情感控制，深入探索表征世界，鼓励反思，营造治疗的环境。

建立治疗关系

在为期 4 周的基本评估中，母亲开始每周和她们的治疗师会面，治疗师也开始了解母亲们对抚养困难、孩子和家庭以及其他难题引起压力的看法。治疗师仔细聆听母亲关心的抚养问题，尽 491
量理解她们所面临的难题。治疗师接受（但不必认可）母亲关于抚养的一些异常观点，并试图了解母亲如何应对抚养难题。虽然强大的社会道德力量抵制物质滥用，但很难使母亲相信治疗师的干预，一旦她们感觉受到了治疗师的道德评判后很可能中断治疗。因此，治疗师必须协调与母亲的关系并鼓励她们勇敢地讨论自己所关心的问题。治疗前几周的目的是确定母亲痛苦情绪的来源，这也是治疗持续关注的问题。

无论什么样的问题正在压迫着母亲，治疗师都会尽力提供帮助，包括具体的问题（如需要物资或服务）或其他相关的问题，这是为了使母亲感受到治疗师能够给她们提供帮助和支持。计划中保证随时提供基本的物品（如尿布、健康食品）和咖啡、儿童保健，必要时还有交通工具。治疗师可能要帮助母亲联系服务机构、资助或住房，还要接听母亲的求助电话。尽管治疗师可能需要一次又一次地忍受随叫随到的感觉，但帮助母亲

使治疗师能够维持这种治疗关系，并且在治疗中及时开展进一步的工作。

许多母亲日复一日的生活通常是混乱的，且担负着人际交往和现实经济的危机。家庭事件、身体疾病和损伤是相同的。一些母亲感染了肝炎、艾滋病或其他社会性传染病。现金、交通工具、食物、家庭供给和药物这些平常的东西突然变得不可用了。才过去一周，生活环境却可能发生戏剧性的改变，比如住房、家庭成员出席或缺席、伴侣出狱或入狱、朋友或家庭成员病倒或者因为突如其来的疾病、交通意外或吸毒过度去世。母亲及其伴侣的职业通常不固定，被裁员或解雇时有发生。家庭每天都在担心来自人身安全和贫困的威胁。通常有不止一个男人充当这些孩子的父亲，孩子与父亲的交往从一个家庭变换到另一个家庭。在治疗的任何一周，真实的风险可能突然发生并影响母亲的身体和情绪健康、经济和物质资源、合法的抚养权、人际交往处境和职业地位，更深层次地影响到孩子成长环境的稳定性。

帮助客户处理危机并提供有效资源是一笔生意中首先要完成的任务，因为这样可以快速取得对方的信任，并使他们感到自己受到了帮助，这在MTP中表现为鼓励母亲充满希望，努力在计划中寻求帮助。治疗师帮助母亲解决困难，提供她们与危机相关的需要，因为随着危机日渐明确也可以掌握潜在的问题。

情绪感知与控制

治疗师总是将治疗的重点放在母亲的情感上。失控或未知的情绪（如积极或消极的）会增大重新虐待儿童的风险。关注母亲的痛苦情绪可以使她们感到自己受到了帮助和安慰。控制或释放痛苦情绪能保证母亲在治疗关系（如将治疗师视为避风港）下展现真实的自我，继而促使她们在与孩子的交往中也能如此表现（如为孩子们提供一个避风港）。治疗师时刻关注突发事件和行为线索（如躁动、多动、防御、反叛或心理埋怨），这些都暗示着情绪上的痛苦，让母亲也关注到这些行为，使她们在平时生活中认识、控制和理解情绪
492 问题。母亲试图忽略或强烈否认生活中出现的困难或压力时，在观察中要特别照顾并小心探究她们的情感痛苦。

探索母亲的表征世界

治疗师尽力理解母亲对正在经历的困难（抚养和其他相关的问题）的看法和她们感受到的痛苦情绪，还关注母亲描述这些问题时所暗含的表征世界（如她们对自己、其他成人、孩子及其各自关系的主要看法）。治疗师考虑的许多问题都是为了探寻母亲的内心世界。例如：

母亲能否说出孩子个性中令她欣赏和满意的方面、令她感到头疼的方面？

何种程度上，母亲会认为孩子与其他儿童或家庭成员的性格或气质不同？

母亲是否低估或高估了孩子对痛苦情绪的承受力？

当她看到孩子的担心和恐惧时，是否觉得这是可笑的？

当她发现孩子的强烈情绪，如害怕或痛苦时，她是否感到不知所措？

母亲是否认为她们的孩子有一系列难以改变的性格（如顽固、意志坚强、懒惰、温顺）？

她是否将孩子视为无生命的或类似动物、卡通人物一类的小丑、宠物、猪、瓷娃娃、猴子？

她是否认为孩子长大后不会出现父母那样的行为和倾向？

母亲如何看待自己和她的母亲角色？成为母亲后她是否感到责任的改变？

她是否能放弃自己的愿望，而将孩子或家人的幸福放在心上？

什么占据了她的思想：对孩子的关心，对自己的关心，还是对其他人或事的关心？

她是将孩子看作一个玩伴，还是一个灵魂伴侣，抑或一个正在接受训练的战士？

孩子是否满足了母亲的需求，即母亲从前的抚养人或目前的伴侣未能满足母亲的一种需求，一种关于抚养、关注、尊重或爱的需求，抑或关于限制、纪律、组织或分散的需求？

她是否理想化地认为孩子能够知道并理解发生在她周围的事情，认为孩子是无所不知的？

另一方面，她是否将孩子看作是她的对手，是长期存在的威胁、魔鬼的化身，故意捣乱或烦她，狡猾而喜欢控制人，故意表现

出恶意？

她能否详尽而细致地描述自己的孩子，令人信服或很容易就想象到？

她在描述孩子的个性时是否与其他的孩子有区别？

她是否主要谈论孩子令她厌烦或难缠的那方面，而较少谈论孩子个性的其他方面？

母亲是否过度在意孩子的幸福，担心一些不可预料的事情发生，或者在特殊事件中陷入极度的风险，如被绑架、被袭击或突如其来的重病？

母亲对于自己抚养孩子是否有自信？有时会觉得很艰难，通常觉得应付得过来？

对于孩子那些不连贯的表达，她是否感到困惑？例如她是否将孩子描述为“有时像个天使”，其他时候却“表现得像个恶魔”？她是否割裂地或混乱地看待孩子个性中的不同方面，或者在某些特殊的情境下才能够理解孩子，这种特殊情况包括孩子气质、她自己的气质、孩子的发展能力和情境的性质？

493 以上所述都只是其中一种可能性而已；事实上，这些都是我们在临床工作中与母亲接触时所获得的经验。重要的是，治疗师的工作并不是“纠正”失衡或扭曲的表征，而是说明、澄清并帮助母亲整合这些表征。治疗师通过一种天真而好奇的姿态，找机会进一步探索母亲的表征（如“当你称女儿为‘恶魔’的时候，是不是因为她的确对你做了一些邪恶的事情，或者她的行为吓到了你？”），治疗师反思母亲的表征世界，尝试从逻辑上和情有可原的背景下明确那些混乱或分离的部分（如“所以多数时候你的女儿似乎故意做出一些事情，其实通常都是想要获得你的喜爱和安慰？”）。母亲的表征世界进一步明朗化，使治疗师明白了母亲情感歪曲、严酷、不连贯和不敏感的方面，继而和母亲共同探索，使她们更好地联系并整合对自己和孩子的理解。探索的最终目的是使母亲的表征世界变得更为稳定、连贯，能敏锐地觉察孩子的情感需要。治疗师努力实现这些目标，但改变比预想发生的慢且不显著。治疗师所设想的改变是：接受并探索母亲的表征和感受，监督她们的改变，以至于能够意识到她们的思想将如何影响她们的抚养。

亲子交流中的反思

探索母亲表征模型的同时，治疗师也特别鼓励母亲考虑可能左右她自己、孩子甚至生活中重要他人的行为的情感需要、意图、愿望和想法。这一过程“充实”了行为的心理模型，使其更易理解和预测。这种策略称之为“心智化”（mentalizing）（Fonagy，Target，Steele & Steele，1998），对维持情绪控制也十分重要。比如，抚养过程中认识到孩子的依附行为通常是对情感安全的真实需要，这样能防止父母过激或冲动的行为。此外，治疗师很注意不对母亲的表征或心理状态给出假设或定论，而是以纯粹的眼光进一步探究问题的本质。否则，很可能因为治疗师的观点阻止了母亲认识并调整自己观点的机会。

治疗师建议母亲在与孩子交往中尽量表现出潜在的心理状态，这样治疗师和母亲可以更好地了解在这种充满压力的交往中母亲能够承受自己或孩子反应的程度。例如治疗师会提醒：母亲是否首先从行为的角度来描述这些事情，她是否思考或观察自己和孩子行为下的内在感受？当母亲阐述某个时候感到自己与女儿不同步时，她是不是只谈女儿的行为，比如“她拒绝吃给她准备的所有食物”，或者是否考虑到女儿可能因为晚睡而感到烦躁或疲倦，或者是母亲自己因为女儿不吃食物而感到烦恼和焦虑？母亲是否能意识到随着时间的过去孩子的心理状态可能发生改变？母亲能否感到孩子焦虑的状态也影响了她自己？或者她感到烦恼的事情（如账单未付，可能面临离婚）影响了孩子的依附或吵闹行为？如果她正在经历一股强烈的情绪，她是否感到必须处理自己的情绪？她能否毫无负担地谈论自己和孩子的情绪状态？治疗师通过观察母亲的反思过程，与她们共同探索和认识潜在的心理状态，引导她们进一步发展自己反思能力。

虽然最终的目的是从心理上促进母婴关系，但并非总是如此，因为母亲对其他的关系已经先入为 494
主了（如与伴侣、其他家庭成员、法律系统和财产）。然而，以好奇和关心的角度检验任何有压力的关系都能有效地发挥调节功能（通过确定情感的痛苦来源），使我们明确驱使这种交往模式的表征型，也有助于“释放”母亲的心灵，给孩子更多的情感慰藉。

当孩子或者亲子关系成为治疗会谈中的首要问题，治疗师会鼓励母亲探索自己对孩子的情感回应，尤其是在充满压力的情境下与孩子交往。鼓励母亲设想孩子的完成能力（如认知的、情感的、行为的），要考虑孩子可能存在的任何发展局限。治疗师和母亲一起设想理解孩子行为并及时给予回应的情境。例如，一位母亲可能提到尽管她一直陪伴在孩子身边，但孩子仍在不停地哭。治疗师会提醒这位母亲要特别注意是什么压力导致了孩子的哭泣，然后强调母亲细微的态度或领悟力（如他的父亲最近被送进了监狱，孩子可能因此而不安）。母亲总是期望孩子拥有一些超出现实的能力（如长时注意、守规矩、观点采择），当她们没有看到孩子的这些表现时就会感到很担心，通常治疗师都会引导母亲以更为现实的期望去看待孩子的能力。

观看交谈录像

每隔四周，母亲要和孩子一起参与半个小时的交谈活动，包括结构性的教导谈话和非结构性的自由谈话。在结构性教导谈话中，母亲要从一个发展任务清单中选择一个她的孩子还不会的活动来教孩子。在自由谈话中，连续向母亲和孩子介绍四种不同的活动，包括身体的（如支帐篷、跳房子、接隧道）、智力的（如谜语），以及互动的（如耕种、做饭和玩具屋）游戏。每个活动只有5分钟的互动时间。摄像机将记录下所有谈话的内容，然后治疗师和母亲一起观看录像。治疗师首先会在闭路电视上观察他们的交往活动。治疗师可能指出母亲和孩子是如何相互合作的，在游戏过程中孩子是否看到了母亲的示范，活动中母亲是鼓励孩子探索还是尝试新的方法，交流品质如何（如愉快的、压抑的、严肃的、焦躁的），母亲是直接命令还是耐心解释，孩子是将注意力紧随母亲还是自顾自地玩耍，或者母亲如何应对孩子的分心。

通过一起观看交谈录像，治疗师可以了解互动中母亲的观点。治疗师和母亲共同见证了一个具体的互动过程，共同探索潜藏的思想、意图和情感，探索不同交谈时刻母亲和婴幼儿的想法。观看交谈录像时要特别指出互动过程中，亲子关系特别一致或者完全不同步的时候。目的是让母亲思考驱使她的行为、孩子的行为和他们互动的潜在思想、意图和情感因素（参见 Powell et al.，本书第28章；Favez et al.，本书第29章）。

治疗环境

治疗中每一次会谈都有多次加强母亲能力的机会。通常，在同一次会谈中，母亲都会花很多时间询问专家如何帮助她的孩子在托儿所被安顿好，和研究者见面填写一些问卷，参与访谈或摄制录像（和孩子一起），还要和她的治疗师见面。团队的精神面貌和交谈能力也可能影响母亲在整个计划中的经历。因此，要努力确保团队中的每 495 一个人都能支持、管理、引导治疗并与母婴良好互动（在我们计划中都是女性工作者）。

学步儿每周都往返于抚养人和母亲之间，临床医生和团队工作者可以很好地利用这个时机观察母婴如何应对分离焦虑。例如：

> 母亲为分离做了哪些准备？
>
> 她如何与孩子谈论离开的问题？
>
> 在母亲离开前，母婴之间是否有眼神交流？
>
> 孩子面对分离时如何控制自己的情绪？孩子是否停止自己的活动而注意到母亲的离开？一旦母亲离开房间，孩子是如何反应的？
>
> 母亲如何回应与孩子的分离？
>
> 每一对母婴能承受多长时间的分离？
>
> 母亲重新回来时，她们如何回应彼此？
>
> 当母亲回来时，她如何回应孩子正沉浸在活动中？
>
> 母亲看起来是否需要孩子立即注意到她的回来？
>
> 孩子是跑着迎向回来的母亲，还是仅远远地看着母亲回来？

每一种互动方式都能揭示母婴关系的特征。

研究者和临床工作者指向“三方心智化”——他们自己、母亲、孩子。工作者可能用和孩子对话的技巧温和地向母亲解释孩子的经历。例如，如果孩子在托儿房哭着要妈妈，而母亲似乎不理解或感到有压力，这时抚养人可能（用一种温和的语调模仿孩子的声音）说：“妈妈，我好想你！你能回来我简直太兴奋了。”或者母亲正抱怨孩子活动时不能集中注意力，抚养人可能说：“妈咪，我厌倦了这些游戏！它们不再吸引我了。我能玩点别的吗？”同样，如果孩子试图向母亲扔东西以吸引母亲的注意，工作人员可能通过安抚孩子间接地向母亲解释孩子的行为：“我知道你现在真的很需要妈妈看到，但向妈妈扔东西可不是最好的办法。”母亲渐渐意识到在这样的临床情境下，她可能对自己的抚养能力更为敏感，工作者也会支持并尊重母亲的角色。例如会谈结束后，当一个家长正以命令的口吻要求不愿回家的孩子离开托儿房时，工作者会换一种方式来处理这种情况，她可能对母亲说：“看，你最了解娜塔莎了，你不认为她是想在离开前多花几分钟把这些玩具都收起来吗？”

第一次参与计划的许多母婴都难以应对分离（母亲或孩子都存在这个问题）。在基础评估中，我们安排母亲在托儿房的隔壁进行访谈，这样孩子可以定时进来看看母亲，母亲也可以看到孩子。通常，母亲投入治疗后这样的情况就不会出现了，孩子和母亲会越来越习惯并熟悉临床工作者和这里的环境。

最后，全体工作者将参加每周的案例讨论会，讨论每一位参与计划的母亲。通过会议可以更好地帮助临床医生处理复杂案例，控制倦怠或反移情，以头脑风暴的创造性方式处理临床困境，控制那些可能旧态复发的病人。鼓励队员将工作时间和私人时间分开，参加自己的重要活动（如婚礼、生日、毕业典礼、生育），重视团队合作，保证大家在一个温暖、紧密的人际环境中工作。

治疗背景

MTP 是母亲接受物质滥用临床治疗的一部分。所有加入 MTP 的母亲必须同时接受物质滥用治疗。作为她们正在接受的物质滥用治疗的一部 496
分，母亲可以使用或寻求：个人和团体的认知行为疗法治疗物质滥用；能开精神科药物的心理医生；美沙酮（Methadone）维持计划（为那些长期或间歇性复吸鸦片的母亲提供）；能提供一般成人医疗养护的内科医师；专门为有物质滥用史的成人提供就业能力培训、职业发展和就业推荐的职业咨询师；育儿和基本需求援助（如住房、教育、食物、儿童保健、法律援助、州和城市福利和其他权利）。临床门诊的治疗费用由病人的保险或她们自己支付（基于变动的费用区间）。到诊所的交通费由保险公司或诊所承担（专为孕妇提供）。因此，除了 MTP 提供的治疗，母亲还必须现场接受诊所治疗的综合服务。

改善和评估干预

在一项由国家药物滥用研究所（NIDA）赞助的计划中，我们正在改善并评估 MTP 干预。作为准备工作，我们编写了治疗师手册，指导试点研究考察干预和评估的初步可行性，对治疗模型中提出的改变机制进行初步检测，编制治疗师依附等级量表，为检测治疗的完整性而编写程序，将 MTP 干预的初步效果与亲子教育控制组在小型随机试验中进行对比评估。这一部分，我们总结了研究中母婴的初步结果，概括了治疗模型中提出的改变机制的初步检测结果（有关母亲测验和初步结果的详细报告，参见 Suchman et al.，2008）。

初步结果

先前（Suchman et al.，2008）我们曾报告，12 周时，母亲对 MTP 在目标表征结果上（如 WMCI 和 PDD）的回应，表明其对孩子的表征更为平稳，且反思能力也提高了。在 NCAST 教学任务中，母亲对孩子的行为在如下方面表现出相应改进：对孩子提示的敏感性、对孩子痛苦的回应、在孩子成长过程中给予社会性与情绪和认知方面的培养以及应急反应。

我们还检验了为期 12 周的亲子互动中孩子对母亲的回应是否显著提高（DeCoste，Schmitt &Suchman，2007）。治疗前的评估中，孩子的 NCAST 得分与提示是否清晰有关，对母亲的响应能力以及响应母亲的可能性下降了 1.0～1.3 个标准差（但在标准分以上），这表明在教学任务中，孩子非常努力地向母亲传达其情感需要。母亲对孩子行为的敏感性维度的分数在标准分内有所下降，但回应痛苦情绪，以及给予抚养中的社会情感和可能的回应下降了 0.43～1.2 个标准差且都在标准分以下，这表明母亲对孩子的敏感性受损了。

在 12 周的治疗中，除了表现出的明确行为，孩子行为明确性、对母亲的反应性和回应母亲的可能性分数都在标准分内有所下降，这些分数下降显著影响了整体分数（例如，$d>0.07$）。我们已经解释了这些发现，说明孩子不再需要努力争取母亲的注意（所有量表上母亲分数的增长从边缘显著到显著，因为母亲对孩子已经变得越来越敏锐了）。

治疗原理的预测试

我们已经完成了一系列检验治疗原理的测验
497 (DeCoste et al.，2007；Schmitt，DeCoste & Suchman，2007；Suchman et al.，2008)。第一，我们对此十分感兴趣：在亲子交往中如果要提高母亲的敏感性，那么改善母亲的反思能力是否可以调节母亲表达能力提高后的影响？我们发现改善反思能力起到了50%的显著中介效应。换言之，母亲反思能力的提升解释了母亲敏感性获得的51%的变异，这最初是通过提高母亲的表达能力来解释的（参见Suchman et al.，2008）。

第二，在12周的治疗内母亲敏感性的提高是否调节了母亲反思能力改善和孩子分数在标准阈限内下降之间的关系（DeCoste et al.，2007）？换言之，在亲子交往中母亲反思能力的改善，是否可以通过母亲敏感性的提高来解释？再者，我们发现母亲的敏感性达到了70%的显著中介效应，即母亲敏感性的提高解释了儿童行为70%的变异，这最初是由母亲反思能力的提高来解释的。

第三，母亲平稳的表征和反思能力的提高是否分别与12周治疗中母亲物质滥用的减少相关（Suchman，DeCoste，Schmitt & Mayes，2007）？研究发现母亲平稳的表征解释了16%的变异，而母亲反思能力的提高解释了母亲物质滥用减少68%的变异。

第四，考虑到母亲处在心理创伤和伴随的PTSD中将对母亲的稳定性造成影响（参见Schechter et al.，2005），我们也想知道母亲经受心理创伤和PTSD的严重程度是否分别受到了母亲的稳定性和母亲整体抚养质量的消极影响（Schmitt et al.，2007）。我们还有兴趣检验母亲的稳定性是否调节了经受心理创伤和PTSD的严重程度与之后的母亲抚养行为之间的关系。预测的这种关联性已经被证实。再者，母亲的稳定性解释了97%经受心理创伤的严重性和抚养质量之间的联系，100%说明了PTSD症状的严重性和抚养质量间的联系。换言之，母亲经受心理创伤和PTSD对抚养行为的影响很大程度上受到母亲稳定性的调节。

启示、忠告和未来方向

以上我们总结的一些初步发现认为，针对物质滥用母亲稳定性和反思能力的治疗不仅是可行和可接受的，并且可能成为比传统行为训练更为有效的改善亲子关系的方法，以前还没有用传统行为训练取得成功的例子。改善母亲的表征水平也能有效提高母亲的心理调节能力，控制物质滥用。收集和解释来自随机实验的数据前，必须首先考虑这些结论，因为其他治疗和成熟效应也可能促成了以上所述的母亲的改变。

值得一提的是，在提出的治疗模型中，许多基于依恋的行为机制得到了实证的初步支持。然而，由于研究设计的局限性，这些发现也必须提前考虑到。更重要的是，由于横断设计的特点，无法决定自变量、中介变量和因变量的时序。未来的研究需要检验事件的预测时序，控制潜在的混淆因素。

尽管有局限性，但针对母亲和孩子的干预初步可行，很少有关注母婴发展的系统性抚养干预研究，这将激发儿童发展专家和成瘾治疗服务者努力搭建理论和实践的桥梁。这并不会损失什么， 498
反而会有益于继续将抚养干预中相关的方法引入物质滥用治疗中，将成瘾的神经生理学和社会心理学机制引入儿童发展研究领域。

致谢

本章的写作受到美国国立卫生研究所的资助（Nos. R01DA017294）。感谢布鲁斯·朗斯维尔（Bruce Rounsaville）、凯西·卡罗尔（Kathy Carroll）、托马斯·麦克马洪（Thomas McMahon）、阿里耶特·斯莱德（Arietta Slade）、伊莱恩·费根（Elaine Fagan）、卡罗琳·帕尔-麦克雷（Carolyn Parler-McCrae）、琼·拉松（Jean Larson）、卡萝尔·韦伯（Carol Weber）、安迪·坎贝尔（Andy Campbell）、克里斯蒂·洛扎诺（Christine Lozano）、朱莉·斯科特（Julie Scott）、杰西·博雷利（Jessie Borelli）、达林·大卫（Daryn David）和APT基金会对我们的支持。

参考文献

Barnard, K. E., & Eyres, S. J. (Eds.). (1979). *Child health assessment, Part 2: The first year of life.* (Publication No. DHEW No. HRA 79-25). Washington, DC: U.S. Government Printing Office.

Barrett, A. E., & Turner, R. J. (2006). Family structure and substance use problems in adolescence and early adulthood: Examining explanations for the relationship. *Addiction, 101*, 109–120.

Bartels, A., & Zeki, S. (2004). The neural correlates of maternal and romantic love. *NeuroImage, 21*, 1155–1166.

Bowlby, J. (1982). *Attachment and loss: Vol. 1. Attachment* (2nd ed.). New York: Basic Books.

Burns, K. A., Chethik, L., Burns, W. J., & Clark, R. (1997). The early relationship of drug abusing mothers and their infants: An assessment at eight to twelve months of age. *Journal of Clinical Psychology, 53*, 279–287.

DeCoste, C., Schmitt, N., & Suchman, N. (2007, June). *Preliminary findings on dyadic interactions from the Mothers and Toddlers Program (MTP), an attachment-based parenting intervention for substance abusing mothers.* Poster presented at the College on Problems of Drug Dependence annual meeting, Quebec City, Quebec.

Edelman, G. M., & Tononi, G. (1995). Neural Darwinism: The brain as a selectional system. In J. Cornwell (Ed.), *Nature's imagination: The frontiers of scientific vision* (pp. 78–100). New York: Oxford University Press.

Egeland, B., Weinfield, N. S., Bosquet, M., & Cheng, V. K. (2000). Remembering, repeating, and working through: Lessons from attachment-based interventions. In J. D. Osofsky & H. E. Fitzgerald (Eds.), *WAIMH handbook of infant mental health: Vol. 4. Infant mental health in groups at high risk* (pp. 38–89). New York: Wiley.

Eiden, R. D., Foote, A., & Schuetze, P. (2007). Maternal cocaine use and caregiving status: Group differences in caregiver and infant risk variables. *Addictive Behaviors, 32*, 465–476.

Fleming, A. S., Steiner, M., & Corter, C. (1997). Cortisol, hedonics, and maternal responsiveness in human mothers. *Hormones and Behavior, 32*, 85–98.

Fonagy, P., Gergely, G., Jurist, E. L., & Target, M. (2002). *Affect regulation, mentalization, and the development of the self.* New York: Other Press.

Fonagy, P., & Target, M. (1997). Attachment and reflective function: Their role in self-organization. *Development and Psychopathology, 9*, 679–700.

Fonagy, P., Target, M., Steele, H., & Steele, M. (1998). *Reflective-functioning manual: Version 5.* Unpublished manuscript, University College, London.

Grienenberger, J., Kelly, K., & Slade, A. (2005). Maternal reflective functioning, mother–infant affective communication, and infant attachment: Exploring the link between mental states and observed care giving behavior in the intergenerational transmission of attachment. *Attachment and Human Development, 7*, 299–311.

Hans, L. L., Bernstein, V. J., & Henson, L. G. (1999). The role of psychopathology in the parenting of drug-dependent women. *Development and Psychopathology, 11*, 957–977.

Karen, R. (1994). *Becoming attached.* New York: Oxford University Press.

Khantzian, E. (1997).The self-medication hypothesis of substance use disorders: A reconsideration and recent applications. *Harvard Review of Psychiatry, 4*, 231–244.

Koob, G. F. (1996). Hedonic valence, dopamine, and motivation. *Molecular Psychiatry, 1*, 186–189.

Koob, G. F., & LeMoal, M. (1997). Drug abuse: Hedonic homeostatic dysregulation. *Science, 278*, 52–58.

Leckman, J. F., & Mayes, L. C. (1998). Understanding developmental psychopathology: How useful are evolutionary accounts? *Child and Adolescent Psychiatry, 37*, 1011–1021.

Levy, D. W., & Truman, S. (2002, June). *Reflective functioning as mediator between drug use, parenting stress, and child behavior.* Paper presented at the College on Problems of Drug Dependence annual meeting, Quebec City, Quebec.

Luthar, S. S., & Walsh, K. G. (2005). Treatment needs of drug-addicted mothers: Integrated parenting psychotherapy interventions. *Journal of Substance Abuse Treatment, 12*, 341–348.

Mayes, L., & Truman, S. (2002). Substance abuse and parenting. In M. Bornstein (Ed.), *Handbook of parenting: Vol. 4. Social conditions and applied parenting* (2nd ed., pp. 329–359). Mahwah, NJ: Erlbaum.

Murphy, S., & Rosenbaum, M. (1999). *Pregnant women on drugs: Combating stereotypes and stigma.* New Brunswick, NJ: Rutgers University Press.

National Center on Addiction and Substance Abuse at Columbia University (NCASA). (2006). *Women under the influence.* Baltimore: Johns Hopkins University Press.

Nitschke, J. B., Nelson, E. E., Rusch, B. D., Fox, A. S., Oakes, T. R., & Davidson, R. J. (2004). Orbitofrontal cortex tracks positive mood in mothers viewing pictures of their newborn infants. *NeuroImage, 21*, 583–592.

Pajulo, M., Suchman, N. E., Kalland, M., & Mayes, L. C. (2006). Enhancing the effectiveness of residential treatment for substance abusing pregnant and parenting women: Focus on maternal reflective functioning and mother–child relationship. *Infant Mental Health Journal*, *27*, 448–465.

Pelton, L. H. (2008). An examination of the reasons for child removal in Clark County, Nevada. *Children and Youth Services Review*, *30*, 787–799.

Ranote, S., Elliott, R., Abel, K. M., et al. (2004). The neural basis of maternal responsiveness to infants: An fMRI study. *Neuroreport*, *15*, 1825–1829.

Rodning, C., Beckwith, L., & Howard, J. (1991). Quality of attachment and home environments in children prenatally exposed to PCP and cocaine. *Development and Psychopathology*, *3*, 351–366.

Schechter, D. S., Coots, T., Zeanah, C. H., Jr., Davies, M., Coates, S., Trabka, K. A., et al. (2005). Maternal mental representations of the child in an inner-city clinical sample: Violence-related posttraumatic stress and reflective functioning. *Attachment and Human Development*, *7*, 313–331.

Schilling, R., Mares, E., & El-Bassel, N. (2004). Women in detoxification: Loss of guardianship of their children. *Children and Youth Services Review*, *26*, 463–480.

Schmitt, N., DeCoste, C., & Suchman, N. (2007, June). *Maternal trauma exposure, PTSD, mental representations and caregiving behavior: Implications for the mother–toddler attachment system*. Poster presented at the College on Problems of Drug Dependence annual meeting, Quebec City, Quebec.

Slade, A., Aber, J. L., Berger, B., Bresgi, I., & Kaplan, M. (2002). *The Parent Development Interview—Revised*. Unpublished manuscript, Yale Child Study Center, New Haven, CT.

Slade, A., & Cohen, L. J. (1996). The process of parenting and the remembrance of things past. *Infant Mental Health Journal*, *17*, 217–222.

Slade, A., Grienenberger, J., Bernbach, E., Levy, D., & Locker, A. (2005). Maternal reflective functioning, attachment, and the transmission gap: A preliminary study. *Attachment and Human Development*, *7*, 283–298.

Solomon, J., & George, C. (1996). Defining the care giving system: Toward a theory of care giving. *Infant Mental Health Journal*, *17*, 183–197.

Sroufe, L. A., Carlson, E. A., Levy, A. K., & Egeland, B. (1999). Implications of attachment theory for developmental psychopathology. *Development and Psychopathology*, *11*, 1–13.

Suchman, N., DeCoste, C., Schmitt, N., Legow, N., & Mayes, L. (2008). The Mothers and Toddlers Program: Preliminary findings from an attachment-based parenting intervention for substance abusing mothers. *Psychoanalytic Psychology*, *25*, 499–517.

Suchman, N., DeCoste, C., Schmitt, N., & Mayes, L. (2007, June). *Maternal representations, reflective functioning, and caregiving behavior: Implications for intervention development*. Poster presented at the College on Problems of Drug Dependence annual meeting, Quebec City, Quebec.

Suchman, N. E., Mayes, L., Conti, J., Slade, A., & Rounsaville, B. (2004). Rethinking parenting interventions for drug dependent mothers: Fostering maternal responsiveness to children's emotional needs. *Journal of Substance Abuse Treatment*, *27*, 179–185.

Suchman, N. E., Pajulo, M., DeCoste, C., & Mayes, L. C. (2006). Parenting interventions for drug dependent mothers and their young children: The case for an attachment-based approach. *Family Relations*, *55*, 211–226.

U.S. Department of Health and Human Services. (1999). *Blending perspectives and building common ground: A report to Congress on substance abuse and child protection*. Washington, DC: U.S. Government Printing Office.

van IJzendoorn, M. H., Juffer, F., & Duyvesteyn, M. G. C. (1995). Breaking the intergenerational cycle of insecure attachment: A review of the effects of attachment-based interventions on maternal sensitivity and infant security. *Journal of Child Psychology and Psychiatry*, *36*, 225–248.

Volkow, N. D., Fowler, J. S., & Wang, G. (2003). The addicted human brain: Insights from imaging studies. *Journal of Clinical Investigation*, *111*, 1444–1451.

Wobie, K., Eyler, F. D., Garvan, G. W., Hou, W., & Behnke, M. (2004). Prenatal cocaine exposure: An examination of out-of-home placement during the first year of life. *Journal of Drug Issues*, *34*, 77–94.

Zeanah, C. H., Jr., & Benoit, D. (1995). Clinical applications of a parent perception interview. In K. Minde (Ed.), *Infant psychiatry: Child Psychiatric Clinics of North America* (pp. 539–553). Philadelphia: Saunders.

第31章

童年早期的寄养

安娜·T·斯梅克（Anna T. Smyke）
安杰拉·S·布赖登斯坦（Angela S. Breidenstine）